上海科学技术志

2000—2010

《上海科学技术志（2000—2010）》编纂委员会　编

上海古籍出版社

2001 年 11 月 16 日，2001 上海国际知识产权保护研讨会在华亭宾馆举行

2004 年 7 月 14 日，上海市研发公共服务平台建设推进大会召开

2006 年 2 月 20—21 日，第六次中国—欧洲联盟能源合作大会在沪举行

2006 年 10 月 10 日，上海—荷兰生命科学研讨会在上海科技馆举行

2007 年 11 月 21 日，第三届上海国际纳米技术合作研讨会召开

2008年5月18日，首届浦江创新论坛在上海举行

2009年8月3日，上海市生物医药产业推进大会在上海展览中心举行

2001 年 11 月 8 日，2001 上海科技节开幕式在科学会堂举办

2002 年 5 月 18 日，2002 年上海科技活动周在
新天地广场开幕

2004 年 5 月 19 日—6 月 20 日，"挪威极光展"在上海科技馆举办。图为参观展览的小朋友带上耳机试听北极光发出的声音（电磁信号）

2005 年 7 月 12 日，2005 上海国际青少年科技博览会在上海科技馆开幕

2006年4月30日，"溯梦神舟，再创辉煌"——"神舟六号"飞船实物展在上海科技馆开幕，航天英雄费俊龙（右一）、聂海胜（右二）出席

2007年7月10日—9月2日，"消逝的恐龙王国——自贡恐龙化石国宝精品展"在上海科技馆举行

2008年5月20日，"节能减排，建设生态文明家园"科普展览在上海科技馆举行

2010年，"相约名人堂——与院士一起看世博"活动

2000 年 4 月，市科委与荷兰交通部签订智能交通合作与交流的合作备忘录

2002 年 9 月 16 日，上海交通大学与丁肇中博士（右一）正式签署 AMS（阿尔法磁谱仪实验计划）
项目合作备忘录

2008 年 8 月 26 日，上海市人民政府、中国工程院合作委员会第六次会议召开

2009 年 5 月 17 日，长三角科技资源共享
服务平台科技文献共享系统开通仪式

2010 年 12 月 26 日，中国科学院上海高等研究院入驻浦东科技园仪式

设计严格安全软件的完备演算系统获上海市科技进步奖一等奖（2000）、国家自然科学奖二等奖（2002）

氨基酰–tRNA合成酶及其相关tRNA的相互作用获上海市科技进步奖一等奖（2000）、国家自然科学奖二等奖（2001）

树突状细胞的免疫学功能及其来源的全长新基因的克隆与分析获上海市科技进步奖一等奖（2001）、
国家自然科学奖二等奖（2003）

阿片类物质介导的神经信号转导的调控和耐受成瘾机理研究获上海市科技进步奖一等奖（2001）、
国家自然科学奖二等奖（2002）

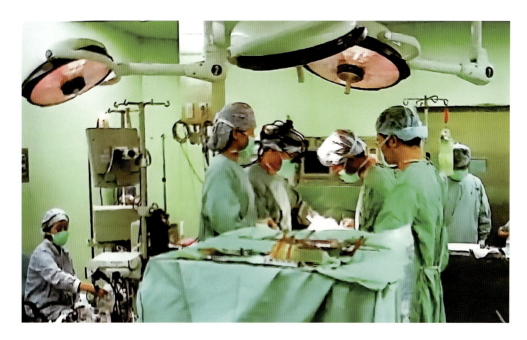

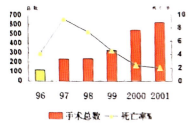

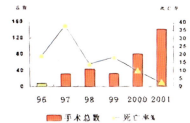

提高婴幼儿危重和复杂先心病外科治疗疗效的实验与临床获上海市科技进步奖一等奖（2001）、国家科学技术进步奖二等奖（2005）

通过金属配位作用而实现的一些高选择性合成反应获上海市科技进步奖一等奖（2001）、
国家自然科学奖二等奖（2002）

宝钢高炉喷煤技术获上海市科技进步奖一等奖（2001）、国家科学技术进步奖二等奖（2002）

有机分子簇集和自由基化学的研究获国家自然科学奖一等奖（2002），填补该奖项连续4年的空缺

神经网络的非线性映照理论、盲信号分离和主成分（微小成分）分析获国家自然科学奖二等奖（2002），在国际上首次建立一个无限维空间中非线性映照问题神经网络模型

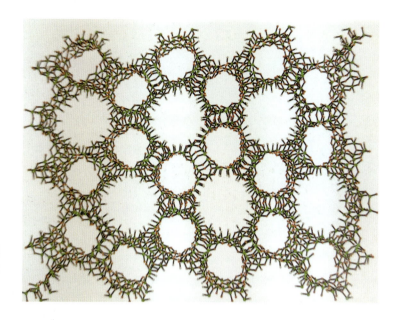

有序排列的纳米多孔材料的合成与组装获
上海市科技进步奖一等奖（2002）、国家
自然科学奖二等奖（2004）

水稻基因组第四号染色体测序及分析获上海市科技进步
奖一等奖（2003）、国家自然科学奖二等奖（2007），
被评为2002年世界十大科技突破、2002年中国十大科
技进展，这是中国完成的最大的基因组单条染色体精确
测序任务

小型化 OPCPA 超短超强激光装置研究获上海市科技进步奖一等奖（2003）、国家科学技术进步奖一等奖（2004），在国际上首次建成基于 OPCPA 新原理的小型化十太瓦级超短超强激光装置

现代集装箱码头智能化生产关键技术获上海市科技进步奖一等奖（2003）、国家科学技术进步奖二等奖（2004）

苏州河水环境治理关键技术研究与应用获国家科学技术进步奖二等奖（2003）

大型源水生物处理工程工艺研究与应用获国家科学技术进步奖二等奖（2004）

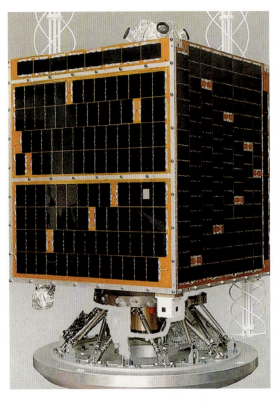

"创新一号"低轨通信小卫星系统获上海市科技进步奖一等奖（2004）、国家科学技术进步奖二等奖（2005）

高维非线性守恒律方程组与激波理论获国家自然科学奖二等奖（2005）

GSMGPRS手机核心芯片关键技术获上海市科技进步奖一等奖（2005）、国家科学技术进步奖一等奖（2006）

光场时—频域精密控制的研究获上海市科技进步奖一等奖(2005)、国家自然科学奖二等奖(2006)

溶葡萄球菌酶的复配技术开发、应用及产业化获上海市科技进步奖一等奖（2005），在国际上首先实现
溶葡萄球菌酶大肠杆菌胞外分泌表达

结构抗震防灾新理论新技术研究获上海市科技进步奖一等奖（2005）、国家科学技术进步奖二等奖（2006）

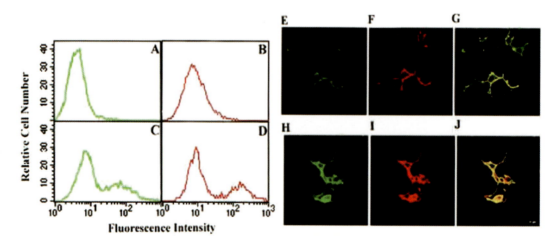

G蛋白偶联受体信号与其他细胞信号通路间的对话机制获上海市自然科学奖一等奖（2006）、
国家自然科学奖二等奖（2007）

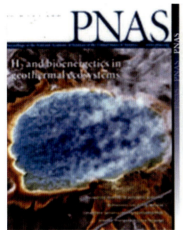

SARS冠状病毒分子进化及其相关流行病学规律的研究获上海市自然科学奖一等奖（2006），相关成果发表在《科学》（Science）、《美国科学院院刊》（PNAS）等杂志

注射用重组人Ⅱ型肿瘤坏死因子受体—抗体融合蛋白获上海市技术发明奖一等奖（2006），国内第一个实现产业化批准上市的人源化单克隆抗体类药物

高性能宽带信息网 (3TNET) 关键技术获上海市科技进步将一等奖（2007）、国家科学技术进步奖二等奖（2008）

燃料电池轿车动力系统集成与控制技术获上海市科技进步奖一等奖（2007）、国家科学技术进步奖二等奖（2008）

超临界 600 兆瓦火电机组成套设备研制与工程
应用获国家科学技术进步奖一等奖（2008）

香菇育种新技术的建立与新品种的选育获
国家科学技术进步奖二等奖（2008）

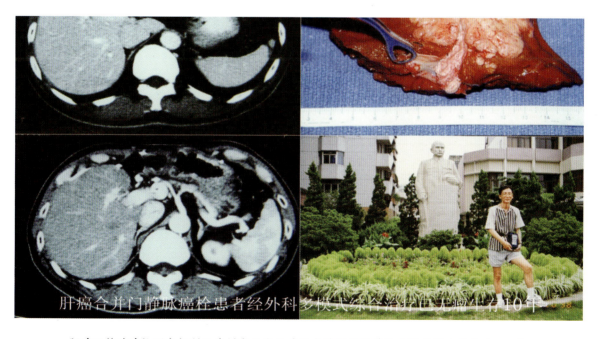

肝癌门静脉癌栓形成机制及多模式综合治疗技术获国家科学技术进步奖二等奖（2008）

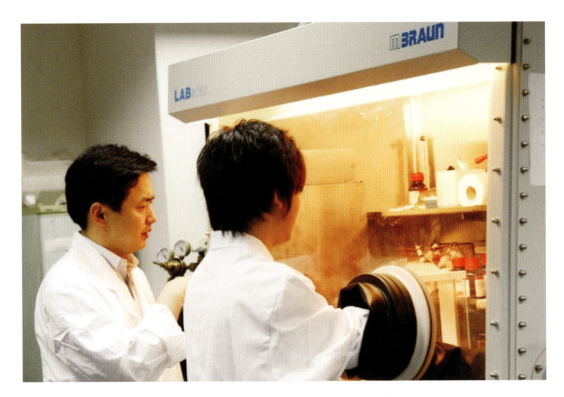

基于组合方法与组装策略的新型手性催化剂研究获上海市自然科学奖一等奖（2008）、
国家自然科学奖二等奖（2009）

水溶性医用几丁糖的制备技术及应用获上海市技术发明奖一等奖（2008）、国家科学技术进步奖二等奖（2009），
在国际上首先解决几丁糖的水溶性和生物安全性难题

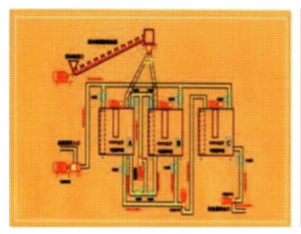

重交通沥青路面设计的理论体系、关键技术与工程应用获上海市科技进步奖一等奖（2008）、
国家科学技术进步奖二等奖（2009）

上海国际航运中心洋山深水港区（外海岛礁超大型集装箱港口）工程关键技术获上海市科技进步奖一等奖（2008）、
国家科学技术进步奖二等奖（2010）

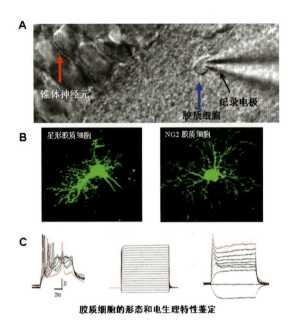

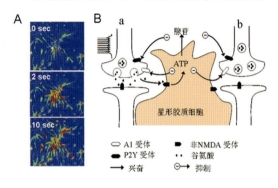

星形胶质细胞释放ATP引起神经元异突触抑制

胶质细胞的形态和电生理特性鉴定

胶质细胞新功能的研究获上海市自然科学奖
一等奖（2009）、国家自然科学奖二等奖（2010）

全国第一、世界领先的1.65万吨自由式油压机获上海市科技进步奖一等奖（2009）

亚洲风尘起源、沉积与风化的地球化学研究及古气候意义获国家自然科学奖二等奖（2010）

高产抗锈病小麦品种"川麦42"（左）及其对照（右）

人工合成小麦优异基因发掘与川麦 42 系列品种选育推广获国家科学技术进步奖二等奖（2010）

肾阳虚证的神经内分泌学基础与临床应用获国家科学技术进步奖二等奖（2010）

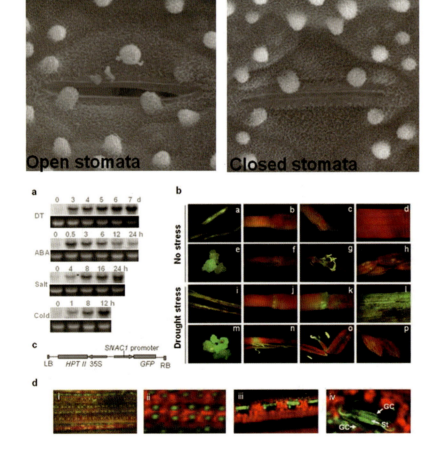

节水抗旱稻不育系、杂交组合选育和抗旱基因发掘技术获上海市技术发明奖一等奖（2010），首次育成旱稻不育系"沪旱1A"，育成世界首例杂交节水抗旱稻"旱优2号"和"旱优3号"

《上海科学技术志（2000—2010）》科技领域指导专家名单

（以姓氏笔画为序）

王拥军　王海春　王渠东　方广虹　田贵超　江世亮

孙中峰　李建华　李积宗　李　敏　张文军　张利权

陈　军　周朝晖　郑龙坡　赵由才　胡卫生　胡伟家

施国粹　姚锦瑜　夏平建　郭斯宏　黄　鹏　童裕孙

《上海科学技术志（2000—2010）》评审会专家名单

组　长　　巴兆祥

成　员　　（以姓氏笔画为序）

王拥军　王海春　田贵超　刘光顺　李积宗　张利权　茅伯科

周　敬　周圆圆　胡伟家　施国粹

《上海科学技术志（2000—2010）》验收单位和人员名单

验收单位　　上海市地方志办公室

验收人员　　王玉梅　姜复生　黄晓明　过文瀚　杨军益

指导人员　　李洪珍

序

　　2000—2010年，在上海市委、市政府的正确领导下，上海科技创新工作按照"自主创新、重点跨越、支撑发展、引领未来"的方针，围绕国家科技创新部署和建设创新型国家的总体战略布局，以自主创新能力和知识竞争力为手段，构建良好的创新体系，实施"三个支撑"，即支撑产业结构优化升级，支撑可持续发展，支撑城市功能提升。抓好"三个聚焦"：聚焦国家战略，优化创新前瞻布局，培育创新源泉；聚焦重大产业，促进产业结构调整；聚焦创新基地，培育特色产业集群。着力"四个强化"：强化对民生和社会发展领域的关注，强化基础性研究和人才队伍建设，强化对全球创新资源的开发利用，强化与相关兄弟省市的合作互动。重点围绕增强科技原创力、提升企业核心竞争力、提高科技对经济社会的支撑力、强化科技融入世界的亲和力，推进知识生产中心、知识服务中心和高新技术产业化基地建设。形成"以创新为动力，以企业为主体，以应用为导向，政府引导，市场推进，部市联动，产学研结合，国内外互动"的自主创新格局；形成综合性政策法规、专题性政策法规及相关实施细则的多层次法规体系；形成与社会主义市场经济相适应、遵循科技发展规律、符合现代科技发展特点和趋势的管理体制和机制；形成包括青年人才、顶尖人才和海外人才等，覆盖大学、科研机构、企业等，层次分明、布局合理、高效透明的科技人才体系等。在基础研究、产业科技和民生科技等领域取得众多世界一流的科技成果，为上海经济、社会的全面发展打下坚实基础。

　　目前，上海以习近平新时代中国特色社会主义思想为指导，全面贯彻落实党的二十大精神，深入贯彻习近平总书记关于科技创新的重要论述精神和对上海工作重要指示要求，把科技创新作为上海现代化建设的关键、提高劳动生产率和核心竞争力的关键以及当好排头兵和先行者的关键。我们要切实把思想和行动统一到总书记重要讲话精神上来，提高站位，勇担使命、勇毅前行，自觉以科技创新"国家队"的标准要求自我，全力强化科技创新策源功能,努力在科技自立自强上取得更大进展,为我国建设世界科技强国作出应有贡献。

上海市科学技术委员会副主任
《上海科学技术志(2000—2010)》编委会副主任、主编
朱启高

2023 年 9 月

凡　例

一、本志坚持以马克思列宁主义、毛泽东思想、邓小平理论、"三个代表"重要思想、科学发展观和习近平新时代中国特色社会主义思想为指导。遵循辩证唯物主义和历史唯物主义原理,实事求是记述2000—2010年上海科技发展的历程和成就,力求思想性、科学性和资料性的统一。

二、本志接续《上海科学技术志(1991—1999)》,上限为2000年,下限为2010年,个别内容适当追溯或下延。

三、本志记述的范围为上海市行政区划范围内科学技术活动情况、发展历程、主要成就和科技成果。

四、本志综合运用述、记、志、传、图、表、录等体裁,以志为主。

五、本志采用规范的现代语体文、记述体。行文遵循《〈上海市志(1978—2010)〉编纂行文规范》,力求严谨、朴实、简洁、流畅,以第三人称记述。

六、本志主要内容为八编。一至三编为科研基础,包括科研机构、管理、服务、科技普及与合作、技术创新与科技园区等内容;四至六编为科技成就,包括基础研究、高技术、农业、制造业、服务业、健康、建设、生态环境等内容;七编为区县科技,包括高新技术、科学普及和知识产权等内容;八编为人物,包括人物传、人物简介、人物表和人物名录等。卷首设图照、凡例、总述、大事记,卷末设附录、编后记。

七、本志人物传遵循"生不立传"原则。入传人物为2000—2010年去世、上海出生或在上海工作的中国科学院院士和中国工程院院士,排列以卒年为序;在世人物以人物简介(2000—2010年在上海当选的中国科学院院士和中国工程院院士,排列以生年为序)、人物表(2000—2010年评选的上海科技功臣和科技精英)、人物名录(2000—2010年入选上海科技人才计划)记载。

八、本志计量单位遵循《〈上海市志(1978—2010)〉编纂行文规范》第六部分的相关规定,科技术语遵循2015年发布的新闻出版领域行业标准CY/T 119-2015《学术出版规范 科学技术名词》,英文缩写加注全文和中文翻译。

九、本志相关机构名称以编为单位,首次出现时用全称,再次出现时用简称,特殊情况下仍用全称。主要单位全称与简称见附录《2000—2010年上海科技机构、企业、事业单位全称和简称对照表》。

十、本志资料来源于公开出版物、年鉴、年报、档案及有关单位提供的资料。

目　　录

总　述

上海科技的历史源远流长,元代纺织专家黄道婆大胆革新棉纺织技术;明朝科学家徐光启翻译宣传西方科学,总结先人经验,在历法和农业方面著书立说。开埠以后,上海成为西方文化、科技影响最大的城市和西学传播中心,设立了一些研究机构,出现了若干先进技术。20 世纪初,中国留欧美学生逐渐回国,出现了一些中国学者办的研究所、学术团体,上海集中了约占全国半数的研究机构和众多著名的科研人员,有中国科学研究的"半壁河山"之称。

新中国成立以后,上海科技工作贯彻"经济建设必须依靠科学技术,科学技术必须为经济建设服务"的方针,推进科技与经济的结合,大力发展高新技术产业,促进上海产业结构调整。提出"抢时间、争速度,为在本世纪内把上海建设成为一个具有世界先进水平的科学技术基地而奋斗"的目标。实施科技经费分类管理、科研机构分类改革等方面的科技体制改革,围绕实施"科教兴市"战略、科技与经济结合、科技体制改革、加速高新技术成果转化制定了一系列科技政策法规。取得了首次在世界上人工合成酵母丙氨酸转移核糖核酸、世界首例断肢再植手术,发现了第一个人类疾病(白血病)相关基因,在世界上首次成功构建了水稻基因组物理全图,研制成国际上首创治疗腹泻的新药培菲康,首例双下肢再植术填补了世界医学史上的一项空白等成果,为上海经济社会发展奠定基础。

进入 21 世纪后,上海科技坚持"体制创新与科技创新相结合、抢占科技制高点与培育经济增长点相结合、政府推动与发挥市场机制作用相结合";以增强自主创新能力和知识竞争力为手段,构建城市创新体系;以坚持走中国特色、上海特点的自主创新道路为主线,贯彻"自主创新、重点跨越、支撑发展、引领未来"的方针,着眼抢占科技制高点、培育经济增长点、服务民生关注点,加强前瞻布局、加快推进高新技术产业化,逐步优化创新创业环境,努力提升城市的自主创新能力,不断提升科技创新支撑和引领经济社会发展的能力,为实现"四个率先",建设创新型城市打下坚实基础。

从"科教兴市"到自主创新,科技发展战略引领科技创新工作,加快经济社会转型发展。2003年 12 月,市委制定《上海实施科教兴市战略行动纲要》,进一步明确科技工作在实施"科教兴市"主战略中的地位和作用。2004 年签署《科技部和上海市人民政府工作会商制度议定书》,为上海科技创新工作服务国家战略、承接和参与国家重大科研任务奠定基础。2005 年,市政府设立科教兴市重大产业科技攻关项目专项基金,用于支持符合国家和上海市产业发展战略需求,能迅速形成知识产权的研发项目。2006 年 1 月,中共中央召开全国科技大会,提出加强自主创新、建设创新型国家。2006 年 3 月,上海召开第三次科技大会,提出积极探索中国特色、上海特点的自主创新道路。5 月,根据《国务院关于实施〈国家中长期科学和技术发展规划纲要(2006—2020 年)〉若干配套政策的通知》精神,市政府发布《关于实施〈上海中长期科学和技术发展规划纲要(2006—2020 年)〉若干配套政策的通知》,旨在解决城市创新体系和自主创新能力建设中的瓶颈问题。2008 年 2 月 29 日,国家发展改革委举行国家高技术产业基地授牌大会,上海获准建设"综合性国家高技术产业基地"。2009 年 5 月 15 日,市委、市政府印发《关于进一步推进科技创新加快高新技术产业化的若干意见》。5 月 16 日,市政府印发《关于加快推进上海高新技术产业化的实施意见》,确定新能源等 9 个领域为上海市推进高新技术产业化发展的重点领域。

改革科技计划管理体制、科研院所管理机制等,建立与社会主义市场经济相适应的科技管理体制。在计划管理体制方面,建立科学技术专家库;实行科技项目管理新机制,即重大项目招标制、专家评议责任制、重大项目协调人制、全成本核算课题制和研究经费拨款节点制;实施科研计划项目网上评审和科技项目绩效评估管理,强化科研项目经费使用的监督管理;建立"政府资助科技和产业化项目信息共享系统",实现跨系统政府信息资源共享和高效利用。实施科研院所分类管理,更好为科技创新和经济发展服务。对全市90个地方开发性研究所进行转制,76个研究所转制为科技企业,9个进入企业集团,其余转为中介机构或并入大学等其他单位。全面实施公益类科研机构改革,具有面向市场能力的机构,要向企业化转制;从事应用基础研究或公共服务的科研机构,作为事业单位,按非营利性机构运行和管理;鼓励科研机构进入高等学校,与高等学校合并或开展多种形式的合作。

科技政策法规形成体系,为上海科技创新提供法律保障和政策指引。围绕科技创新体系建设,为培育创新源泉、塑造创新主体、培养创新人才、优化创新创业环境服务,进一步完善创新政策环境。科技政策法规向科技创新政策法规演化,对一批科技政策法规进行了修改和完善,如《上海市促进高新技术成果转化的若干规定》(简称"18条")、《上海市科技进步奖励规定》、《上海市科学技术进步条例》等。科技政策法规实现由零散、单向到整体、配套的转变,制定若干综合性科技政策法规,如《实施〈上海中长期科学和技术发展规划纲要〉的若干配套政策》(简称"36条")、《上海市促进大型科学仪器设施共享规定》等。更加注重科技政策法规的执行和操作,制定若干政策法规的操作细则,如与《上海市科技进步奖励规定》配套的就有《实施细则》《社会力量设奖管理办法》和《奖励委员会章程》等,与《上海市促进大型科学仪器设施共享规定》配套的有关于信息、评估、资金、采购等方面的实施细则,与"36条"配套的实施细则多达34项。

科普工作成效显著,创新文化氛围浓郁。先后制定"十五""十一五""十二五"科普工作规划,建立科普工作联席会议制度,实施"四个一百"、"2211"、"科普示范专项"、科普能力建设等工作,成立公民科学素质工作领导小组、科普工作处、科普基金会等机构,开展科技节、科技周等科普活动,开展名家科普讲坛、上海科普大讲坛等科普讲座,建设自然博物馆分馆、上海科技馆、专题科普场馆、科普教育基地等科普活动场所,出版"科学原来如此"原创科普图书等,启动《神秘的中国野生动物世界》系列科普影片的拍摄。《多彩的昆虫世界》、"嫦娥书系"丛书获2008年上海科技进步二等奖。"上海市科普资源开发与共享信息化(一期)工程"项目通过验收。开展青少年科技创新大赛、青少年科技创新月等青少年科普活动。

科技合作迈上新台阶,上海科立足上海、面向全国、融入世界,抓住科技全球化的历史机遇,充分利用国内、国际科技创新资源。2001年7月成立上海市人民政府、中国工程院合作委员会,组建上海市中国工程院院士咨询与学术活动中心(院士中心)。同年11月23日,中国科学院与市政府在上海市府会议厅签署新一轮5年全面合作协议。2003年,在科技部的指导和协调下,江苏省、浙江省和上海市人民政府签订《关于沪苏浙共同推进长三角创新体系建设协议书》,建立由两省一市主管领导组成的长三角区域创新体系建设联席会议制度。2004年7月14日,科技部与上海市人民政府签署工作会商制度议定书。在国际科技合作方面,由一般的派遣访问考察、举办中小型的学术会议、开展一些科技项目合作,向加强政府间科技合作、举办大型化国际性科技活动、开展重要的合作研究、发展技术贸易,进而吸纳国际创新资源、加强科技孵化和风险投资的国际化、共建研究机构和基地、促进科技型企业海外上市等方面提升。

企业技术创新能力进一步提升,形成企业为主体、市场为导向、产学研结合的技术创新体系。

2000 年以后,高新技术企业认定更加重视企业技术创新能力和拥有自主知识产权,企业技术中心建设形成国家级、市级和区县级的三个层次的企业技术创新体系。2005 年,设立科技创新考核指标,促进国有大型企业的科技创新。2006 年,实施科技小巨人工程,促进科技中小企业的发展。2009 年,实施"研究开发费用加计扣除"政策,激励企业开展研发和技术创新活动;同年 8 月,启动技术先进型服务企业评选。2010 年,开展创新型示范企业试点工作;同年,建立产业技术创新战略联盟,提升产业技术创新能力;同年,启动科技企业"加速器"试点,加速培育科技企业,探索加速培育优质潜力企业的模式。

高新技术园区加快发展,成为高新技术产业发展的主要载体和基地。2000 年,市委、市政府制定"聚焦张江"的战略决策;同年 1 月,组建张江高科技园区领导小组和办公室,出台《上海市促进张江高科技园区发展的若干规定》(简称"19 条")。2003 年,上海市高新技术产业开发区全面实施"二次创业"。2005 年,经国务院批准,上海高新技术园区"一区六园"的规划面积为 42.13 平方千米。2006 年,经国务院批准,"上海高新技术产业开发区"正式更名为"上海张江高新技术产业开发区"。2007 年,《上海张江高新技术产业开发区"十一五"发展规划》经上海张江高新技术产业开发区领导小组全体会议审议通过。2010 年,市委、市政府决策向国务院申报张江高新区建设国家自主创新示范区;同年 6 月,张江高新区管理委员会成立。2010 年,张江高新区形成门类齐全、技术密集、层次合理且具有一定规模的高新技术产业集群,成为上海科技和经济发展的重要增长点,全年实现工业总产值 4 202.59 亿元,出口创汇 214.97 亿美元,实现税收 441.81 亿元。

科技创新能力大幅提高,科技投入显著增加,科技成果大量涌现。通过实施科技创新攻关计划等,通过参与国家重大专项以及相关人才计划的资助等,上海科技创新能力大幅提高,科技成果大量涌现。"有机分子簇集和自由基化学的研究"获得国家自然科学奖一等奖,填补了该奖项连续 4 年的空缺;完成"国际水稻基因组计划"第四号染色体精确测序任务,这是中国完成的最大的基因组单条染色体精确测序任务;完成第一个扁形动物基因组序列——日本血吸虫基因组测序和基因功能分析工作;建设中国最大的大科学装置和大科学平台上海光源。在国际上首创纳米材料的大面积操控排布新技术,研制成功代表国内 CPU 研制最高水平的高性能嵌入式 32 位微处理器——神威 I 号,研制成功世界上第一个为 TD-SCDMA 标准量身制作的 3G 手机核心芯片,中国下一代芯片工艺核心技术——极紫外光刻机光源技术研究获突破,启动基于高性能宽带信息网 3TNet 技术的中国下一代广播电视网。成功施行一例世界首创、体外循环长达 23 小时的动脉搭桥手术,世界首创的大胰腺癌分阶段治疗使手术切除率达到 36%,在亚洲首先成功实施中末期双肺慢性阻塞性肺病患者同种异体左全肺移植手术,在世界上率先完成第一例幼儿全耳全撕脱再植术。中国第一个自主研制、进入临床试验的疟疾疫苗——重组疟疾疫苗进入一期临床阶段,益赛普成为国内第一个实现产业化批准上市的人源化单克隆抗体类药物,一类新药 H101 成为世界上第一个被准许上市的溶瘤病毒药物,研制成功中国首个肠促胰岛素分泌肽类药物"谊生泰"。首台国产 5 000 吨汽车大梁液压机研制成功,世界上锻造能力最强的 165MN 自由锻造油压机正式投产;上海外高桥电厂 90 万千瓦超临界机组辅助成套设备研制成功,总装机容量百万千瓦以上的重型燃机国产化示范工程华能石洞口燃机电厂顺利投产;高档自主品牌轿车荣威 750 上市,帕萨特领驭燃料电池轿车服务北京奥运会、上海世博会,研制成功国内首列国产化率达 85% 具有自主知识产权的 A 型地铁列车;中国吨位最大、技术最新的 30 万吨海上浮式生产储油船顺利下水,中国第一艘拥有完全自主知识产权的 8530 标准箱超大型集装箱船"新亚洲"号出坞,中国自主研制的 7 500 吨全回转浮吊研制成功。

大事记

2000 年

1月7日　海军 411 医院成功实施首例术中微波保肢术。

1月11日　上海市转基因研究中心在国内首次利用胚胎移植技术批量繁育波尔山羊。

1月17日　上海大学自行设计制造的具有完全自主知识产权的国内首条精密机芯机器人自动装配线投入使用。

同日　上海市人民政府发布实施《上海市促进张江高科技园区发展的若干规定》。

1月23日　中国科学院上海有机化学研究所研究员田庚元等科研人员首创一种新型免疫型药物——牛膝多糖。

1月25日　上海市人大常委会审议通过《上海市鼓励引进技术的吸收与创新规定》。

2月13日　上海医科大学教授曹世龙等科研人员完成的"肺癌 INK4a/ARF 基因状态及该基因转染对其增殖、放射敏感性影响的研究",通过卫生部组织的鉴定。

2月20日　全国首家集成电路设计产业化基地——上海集成电路设计产业化基地在上海科技京城建立。

同日　第二军医大学教授郭葆玉等研究人员在国际上首次发现具有中国人特征的人胸腺素原 α 基因,并被美国国立卫生研究院基因库收入登录正式命名。

2月23日　上海华虹集成电路有限公司设计开发的国内首张具有自主知识产权的非接触式 IC 卡通过鉴定。

3月9日　上海市科学技术专家库建立。

3月15日　上海市人民政府召开"上海信息港主体工程建设大会",上海信息港建设取得阶段性成果,完成"九五"规划的"1520"工程建设目标。

同日　第二军医大学附属长海医院在国内率先运用世界先进的"纯化造血干细胞移植法",对一名多发性骨髓癌患者进行治疗并获得成功。

4月1日　上海制造的第一台 60 万千瓦亚临界国产引进型燃煤机组,在吴泾热电厂八期工程中安装完毕,进入总体调试阶段。

4月5日　中国科学院上海植物生理生态研究所、上海交通大学生命科学研究中心部分揭开人类短指基因秘密。

4月6日　国内第一只具有自主知识产权的大屏幕多媒体彩管——上永牌 29 英寸多媒体彩管在上海永新彩色显像管有限公司研制成功。

4月7日　国家"863"工程重大项目"10 兆瓦高温气冷实验堆"的两项关键设备——氦气风机及控制棒驱动机构在上海研制成功。

4月13日　上海市科学技术委员会正式发布《应用开发类科技项目招标投标实施办法》,并对"应用性 DNA 芯片的研究和开发"采取招投标方式。

4月14日　上海市第六人民医院成功施行一例世界首创、体外循环长达23小时的动脉搭桥手术。

4月18—19日　由市政府、科技部、外经贸部、教育部、中国科学院、中国工程院和联合国开发计划署共同主办的"世界企业孵化与技术创新大会"在上海举行。

4月　上海市科学技术委员会与荷兰交通部签订智能交通合作与交流的合作备忘录。

5月22日　上海设立全国首家科技成果拍卖中心。

5月28日　上海超级计算中心在张江高科技园区动工兴建,12月正式建成。

6月5—7日　由联合国、联合国开发计划署、上海市人民政府、信息产业部、中国科学院共同主办的"亚太地区城市信息化高级论坛(CIAPR)"在上海举行。

6月16日　秦山二期工程60万千瓦核电站关键设备、被列入国家"九五"科技攻关项目的核电蒸发器在上海锅炉厂有限公司制造完成。这是在国内首次完整制造整台60万千瓦核电蒸发器。

6月17日　上海医科大学首次发现造成先天性近视的两个基因点。

6月20日　上海应用型研究所科技体制改革工作会议召开,90家地方应用型研究所在2000年内完成企业化转制。

6月22日　上海市首例机器人辅助微创心脏手术在上海市第一人民医院获得成功。

6月26日　美、日、德、法、英和中国科学家共同参与的人类历史上最重要的科研工程——人体遗传密码草图正式公布,中国科学家负责测定人类基因组全部序列的1%,北京与上海的科学家承担主要工作。

7月4日　上海第二医科大学附属第九人民医院应用组织工程技术分别成功复制羊颅骨、鸡肌腱和猪关节软骨。

7月11日　江南造船集团有限公司为美国航海人控股公司建造的"航海人火星"2.2万立方米半冷半压式乙烯液化气船在沪下水。时为世界上规模最大的乙烯液化气船。

7月12日　全国首家技术专利免费转让网站(www. trimencom. cn)在上海开通。

7月24日　第十九届国际金属有机化学会议在沪开幕。

7月27日　2000年上海大都市生态、环境与可持续发展国际研讨会举行,市长徐匡迪在开幕式上作报告。

7月29日　国家上海生物医药科技产业基地领导小组召开第三次会议,市长徐匡迪强调要大力推动祖国医药产业发展。

8月2日　上海市科学技术委员会科技项目管理改革工作会议决定实行科技项目管理新机制,科技项目管理中心的一中心、二中心和三中心正式揭牌成立。

8月4日　上海东方肝胆外科医院在国际上首次阐明蛋白质Z在调节凝血过程中的重要生理功能。

8月30日　上海市科普工作会议召开,确定"十五"期间上海市民科技素质指标要保持全国领先水平,领导干部和青少年群体的科技素质指标要高于市民总体科技素质水平。

9月1日　上海大学开发研制的集群式高性能计算机系统自强2000—SUHPCS,峰值速度高达每秒3 000亿次。

9月2日　上海航天技术研究院研制的长征四号乙型运载火箭成功将"中国资源二号"卫星送入预定轨道。

9月4日　第二军医大学教授曹雪涛等利用大规模DNA测序技术,从人体重要的免疫细胞——树突状细胞的基因文库中,首次发现一种新型免疫分子的全长新基因。

9月17日　上海血液中心和南京454医院合作实施的上海首次、中国首例采用脐带血移植医治淋巴癌获得成功。

9月21日　中共中央政治局委员、上海市委书记黄菊到市科技党委、市科委调研,并作重要讲话。

9月26日　《上海科技年鉴》创刊十周年大会在上海技贸宾馆召开。

10月5日　中国科学院上海生物工程研究中心定位并克隆成功两个与白内障和乳光牙疾病相关的基因。

10月5—6日　2000年先进机器人及应用国际研讨会在沪举行。

10月19日　第三届国际人类基因组组织(HUGO)亚太地区会议和第四届亚太人类遗传学会议在上海召开。

10月24—28日　第二届上海工业博览会和上海国际工业博览会论坛在上海展览中心举办,技术交易馆成为热点,近400个项目成交,总成交额达24.4亿元。

10月30日　中国科学院上海生物化学与细胞生物学研究所在世界上首次实现"绿色荧光蛋白与蜘蛛拖牵丝融合基因"在家蚕丝基因中的插入。

11月3日　上海华显数字影像技术有限公司引进美国的最新技术进行二次创新,开发出首台具有自主知识产权的大屏幕高清晰度全数字化投影机。

同日　上海通用卫星导航有限公司研制成功"智能化汽车自主导行系统"。

11月6日　国内首例非开胸治疗"肌部室间隔缺损"手术在上海儿童医学中心获得成功。

11月7—10日　2000年上海科技论坛举行,市长徐匡迪做"工程科技与城市经济"首场专题报告。论坛共举办10场主题报告、8个研讨会、36个专题讨论会以及青年学者论坛。

11月8日　第一座由中国人自己制造的高水平自控玻璃温室在浦东孙桥现代农业园区竣工。

11月9日　市科委和市新闻出版局共同集资设立"上海科技专著出版资金",年投入不低于200万元。

11月15日　中国科学院上海原子核研究所与德国莎莱大学首次通过单个DNA分子纳米操纵技术,用DNA分子长链"书写"出"DNA"三个字母。2002年1月21日,《纳米通讯》在封面作报道。

11月17日　复旦大学附属中山医院教授王春生、赵强与美国专家合作完成中国首例机器人辅助冠状动脉搭桥手术。

11月20日　第一届国际机械工程学术会议和第六次国际机械工程学会联合会会议在上海国际会议中心召开。

11月25日　全国首家气象科普馆——上海浦东气象科普馆在世纪公园落成。

11月28日　上海卢浦大桥设计方案正式确定,跨径550米,时为世界第一拱桥。2002年10月7日,卢浦大桥工程准确合龙就位;12月12日,通过市科委鉴定。

同日　上海交通大学"深亚微米集成电路设计技术"课题通过鉴定。其中运用的"逻辑综合与物理设计一体化理论"属国际首例。

12月3日　上海信息港主体工程建成世界级规模城市宽带网。

12月7日　市政府在市信息化工作会议上颁布《关于上海市鼓励软件产业和集成电路产业发展的若干政策规定》。

12月10日　第二军医大学附属长征医院为一名1型糖尿病肾病尿毒症患者进行胰-肾联合移植手术，填补上海的医学空白。

12月14日　复旦大学附属华山医院同种异体黑素细胞移植治疗白癜风获得成功，填补国内外白癜风治疗的空白。

同日　上海第二医科大学附属瑞金医院神经外科在国内率先采用眶上眉弓内钥匙孔手术，成功为一位患者切除前颅窝底脑膜炎。

12月19日　2000版《促进高新技术成果转化的若干规定》出台。该政策自1996年6月发布以来第二次修改。

12月30日　上海自然博物馆和复旦大学的专家成功从化石的骨骼中提取出通过X染色体代代相传的线粒体DNA，使人类了解祖先的来龙去脉和生老病死。

2001 年

1月4日　国内最大的100—125瓦的太阳能光伏组件在上海交通大学诞生。具有自主知识产权、可年产2兆瓦晶体太阳能电视关键设备及生产线通过专家鉴定。

1月6日　上海市科学技术委员会在全国率先启动五年一度的技术预见研究，该项目由上海市科学学研究所承担。

2月19日　2000年度国家科学技术奖揭晓，上海市获奖21项，占全国获奖项目总数的7.2%。

2月25日　8 200立方米半冷半压式石油液化气（LPG）船在江南造船（集团）有限公司下水。

2月27日　被誉为光电子产业"基石"的新一代半导体材料——铟镓铝磷外延片在沪研制成功并投入批量生产。

3月2日　中国科学院上海生命科学研究院研究员张永莲课题组首次克隆生殖系统中第一个天然抗菌肽基因的重要成果在美国《科学》杂志发表。

3月20日　复旦大学教授郑兆鑫和上海市农业科学院研究员徐泉兴等经过18年潜心攻关，研制出世界上首个抗口蹄疫基因工程疫苗。

3月28日　第五届中国上海国际生物技术与医药工业展暨研讨会开幕。

4月16日　市委、市政府举行上海市科学技术奖励大会。中共中央政治局委员、上海市委书记黄菊作报告，市委副书记、市长徐匡迪主持会议。266项科技成果获奖。

4月20日　科技部认定浦东生产力促进中心为国家级示范生产力促进中心。

5月9日　上海交通大学生命科学技术学院领衔的中国科学家在国际上率先研制出具有广谱、高效、安全，能有效控制真菌性根腐和茎腐的生物农药——抗菌剂农乐霉素（M18）。

5月14日　首届"科技活动周"上海地区活动揭开序幕。活动以"科技在我身边——珍惜生命、热爱生活、崇尚科学、反对邪教"为主题。

5月28日　上海市科学技术协会组织实施的《跨世纪上海公众科学素养调查与研究》公布。

5月30日　上海交通大学研制的"电子束大角度偏转系统及其优质图像扁平管"通过市科委鉴定。

5月31日　全国最大的垃圾焚烧厂——浦东新区生活垃圾焚烧厂发电机组开始安装，12月项目竣工，2002年9月1日投产运行。日处理垃圾1 000吨，每年可供电1亿度。

6月10日　国内首部网络运用的3G（第三代）样机由上海贝尔研制成功。

6月16日 中国第一个拥有自主知识产权的计算机安全防火墙软件——上海瀚博信息安全技术有限公司研制的 PC 安全卫士在上海通过鉴定。

6月17日 复旦大学附属华山医院成功实施世界首例成人神经干细胞自体移植。

6月19日 上海众托科技有限公司开发的"易扫通"扫通托填补国内笔式扫描仪的空白。

7月3日 第二军医大学附属长征医院将国际上先进的铜离子电化学技术应用于血管瘤的治疗。

7月5日 沪产首台"家用血糖仪"由上海新立工业微生物科技有限公司研制完成,并在上海市各大医药商店销售。

7月10日 上海市首例肠道引流式胰肾联合移植在上海市第一人民医院获得成功。

同日 通过电化学反应连续把燃料中的能量直接转化成电能的发电方式工作的 1—1.5 千瓦熔融碳酸盐燃料电池系统(MCFC)在上海交通大学问世。

7月15日 上海飞机制造厂生产的第 100 架波音 737-NG 飞机平尾,按计划交付美国波音飞机公司。

同日 由武汉烽火通信科技股份有限公司、上海交通大学等承担研制的"863"跨主题重大项目光交叉连接设备(OXC)、光分插复用设备(CDMA)通过验收。

7月17日 《自然遗传学》杂志刊登,A-1 型家族性短指症基因被中国科学院上海生命科学院研究员、上海交通大学 Bio-X 生命科学研究中心主任贺林领导的课题组成功定位并克隆。

7月18日 上海第二医科大学附属瑞金医院利用全基因组筛查技术发现,在人体 9 号染色体内,有两处 2 型糖尿病易感基因的新位点,是中国糖尿病患者所特有的精细位点。这一发现使中国的糖尿病基因研究获得重要突破。

7月22日 第二军医大学药学院海洋药物研究中心首次在国际上发现叶托马尾藻、铁钉菜和蓝斑背肛海兔等三种海洋生物中,具有多种抗癌活性的化合物。

7月27日 上海市纳米科技与产业发展领导小组召开上海市纳米科技与产业化创新发展推进会议。

7月29日 上海交通大学特聘长江学者张文军等科研人员研制成功拥有自主知识产权的"高密度数字光盘高清晰度电视码流播放仪"通过技术鉴定,这一成果为国内首创。

8月5日 中国科学院上海生物化学与细胞生物学研究所利用"cDNA 阵列"技术发现一百多个基因表达的变化与人类肝癌有关。

9月3日 中国科学院上海植物生理生态研究所科研人员做成世界首批动物角蛋白转基因棉服装(兔毛棉花)。

9月12日 复旦大学附属华山医院与上海联合基因公司合作利用基因芯片检测乙肝病毒变异,在国内率先开发、研制出检测乙肝病毒变异的基因芯片。

9月30日 中国首根用于磁悬浮铁路工程的 50 米长、重达 350 余吨的轨道梁,在上海磁悬浮制梁基地诞生。

10月10日 上海市农业科学技术大会召开。中共中央政治局委员、上海市委书记黄菊和市委副书记、市长徐匡迪发来贺信。副市长冯国勤出席大会并讲话。

10月23日 上海市第五人民医院承担的"腔隙性脑梗塞患者血浆组织因子途径抑制物的测定"通过专家鉴定。该成果填补国内空白,为腔隙性脑梗死病的防治提供新途径。

10月28日 第二军医大学研制成功囊虫病和钩端螺旋体病的基因疫苗并完成临床试验。

10月29日　国家人类基因组南方研究中心宣布在国际上率先独立完成钩端螺旋体、表皮葡萄球菌、黄单胞菌3种重要人类和植物病原体的全基因组精细测序。

11月4日　上海锻压机床厂自行设计制造、拥有自主知识产权的首台国产5 000吨汽车大梁液压机通过专家鉴定。

11月6日　"上海创业国际论坛"在沪揭幕。全国人大常委会副委员长成思危出席论坛并发表主题演讲。

11月8—14日　以"生物科技——为新世纪人类的幸福"为主题的2001年上海科技节举行。

11月9日　上海市第六人民医院成功完成国内首例微创食管癌切除术,患者术后生命体征平稳。

11月16日　国家"973"计划组织工程首席科学家、上海市组织工程重点实验室主任曹谊林取小狗5毫升骨髓造出"狗头盖"补窟窿,这是中国运用组织工程的技术和方法,首次为高等哺乳动物在体外再造组织并成功移植。

同日　2001上海国际知识产权保护研讨会举行。

11月21日　上海第二医科大学附属第九人民医院经过10年攻关,在国内外率先提出并开展对颌面部各类血管瘤及血管畸形的综合治疗法通过鉴定。

12月7日　复旦大学附属华山医院胰腺癌诊治中心的大胰腺癌分阶段治疗使手术切除率达到36%,该技术在世界上为首创。

12月18日　上海科技馆举行试开馆仪式。

12月27日　国内首台自行设计、自行制造的秦山二期工程60万千瓦核电反应堆压力容器在上海锅炉厂有限公司诞生。

2002 年

1月4日　上海第二医科大学附属第九人民医院应用组织工程技术将体外大量扩增的雪旺氏细胞复制"鼠神经"获得成功。

1月8日　中国科学院上海生命科学研究院生物化学与细胞生物学研究所研制成功的"多肿瘤标志物蛋白芯片检测系统",能同时检测10种常见肿瘤。

1月9日　上海第二医科大学附属第九人民医院、上海交通大学在国内首次采用数字信息技术研制成功仿生人耳赝复体。

1月17日　上海建材集团开发的国内自行设计制造的首条新一代环保型75吨/日生活垃圾焚烧处理生产线,在奉贤区泰日镇上海华环热能实验厂内建成。

2月1日　国家科学技术奖励大会在北京召开,2001年度由上海市完成或与其他省市合作完成的14个项目获得国家科学技术奖励,占全国获奖项目总数的6.28%。

2月25日　复旦大学附属华山医院首次在国内应用"水刀"——新技术喷水分离器,成功为一名患者切除直径达30厘米的巨大肝血管瘤。术后一星期,患者即康复出院。

3月18日　市委、市政府召开上海市科学技术奖励大会。中共中央政治局委员、市委书记黄菊讲话。297项科技成果获奖。

3月30日　中国首套60万千瓦核电站反应堆堆内构件——秦山二期核电站2号核电反应堆堆内构件,在上海第一机床厂竣工。

4月1日　上海外高桥造船有限公司为中远集团开工建造第一艘17.5万吨好望角型散货轮。

4月3日　中国科学院上海光学精密机械研究所宣布：激光聚变实验装置"神光Ⅱ"建成,这标志着中国大型强激光和激光核聚变研究跨上一个新台阶。

4月15日　2002年度国际人类基因组大会在沪开幕。全球1000多位学者与专家参加。

5月18日　以"科技创造未来"为主题的上海科技活动周在新天地广场举行开幕式。副市长严隽琪等出席开幕式。

5月21日　上海第二医科大学人类基因治疗研究中心在国际上率先制备出胃癌"瘤苗",并成功进行8例小样本临床试验,被国家药品监督管理局批准进入临床研究。

5月30日　中国科学院上海光学精密机械研究所成功观测到玻色—爱因斯坦凝聚奇观,世界上仅有德、美、日等少数发达国家获得过玻色—爱因斯坦凝聚。

6月4日　中国科学院上海有机化学研究所成功合成埃坡霉素A、C和异埃坡霉素D等化合物的化学结构,创制具有自主知识产权的埃坡霉素新类似物。

6月6日　上海华虹集成电路公司率先开发出新型高端智能卡芯片,成为国内第一款具有自主知识产权的带RSA协处理器的IC卡芯片。

6月11日　上海市肿瘤研究所首次克隆到肿瘤抑癌基因——"肝癌抑制因子1",为寻找新的肝癌诊断和治疗方法提供重要线索。

6月14日　第三届亚太地区城市信息化论坛在沪举行。中共中央政治局委员、国务院副总理吴邦国发来书面致辞。全国政协副主席胡启立出席开幕式并致辞。

同日　第二军医大学附属长征医院骨科专家运用肩胛骨、肋骨和背阔肌肌皮瓣联合组织游离移植手术,为一小腿胫骨缺失长达12厘米的患者重新再造缺损的小腿骨。

6月19日　直径11.2米的超大型盾构进入大连路隧道施工井,产生中国建设史上两个新的纪录——两台大型盾构联袂推进、四条隧道平行排在一起,平行距离仅350米。

6月24日　中国科学院上海光学精密机械研究所获得国际上OPCPA激光研究中输出功率3.6太瓦的国际同类研究新的最高水平。

7月11日　上海市电力公司、国家电力公司等共同投资建设的2万千瓦风力发电项目正式在沪启动。

7月25日　国内第一艘跨海火车渡轮——琼州海峡火车渡轮的主船体建造工作在江南造船厂全部结束。

同日　第二医科大学附属瑞金医院肝移植小组,成功完成国内首例劈离式肝移植手术。这是继26年前瑞金医院在国内首次成功施行同种原位异体肝移植后,再次在肝移植领域写下的一项"第一"。

8月6日　中国科学院上海生命科学研究院首次揭示控制神经轴突生长方向新机制,《自然·神经科学》发表这一最新成果：G-蛋白偶联受体能够控制神经轴突生长的方向。

8月7日　为贯彻落实《科普法》,上海设立上海科普创作专项出版资金。2002—2005年,每年投入不低于100万元。

8月19日　国内首套集成电路生产线质量跟踪分析软件(EDSS)在上海贝岭股份有限公司投入运行。

同日　全国第一个城市多功能GPS综合应用网成功在中国科学院上海天文台上海全球定位系统(GPS)中心工作站试运行。

8月28日　中国船舶工业集团公司第七○八研究所设计的世界首艘抗台风油船"南海奋进"号交付中国海洋石油总公司，用于南中国海文昌油田。

9月2日　上海大学、上海机电一体工程有限公司自主研制成功GMU-VAN后桥机器人弧焊生产线。

9月12—18日　首届浦东新区"科技创新创业周"开幕。

9月16日　上海迪塞诺生物医药有限公司生产的治疗艾滋病的新药——去羟肌苷及散剂，获得国家药品监督管理局的新药证书及生产批号。

同日　上海交通大学与丁肇中博士正式签署阿尔法磁谱仪实验计划项目合作备忘录。

9月19日　上海阿尔斯通交通设备有限公司建造的第一列轨道交通列车正式下线。

9月20日　为鼓励中青年科技人员开展原创性科技成果的研究，上海市设立的牡丹奖开始评选。从事自然科学研究的45岁以下的中青年科技人员可参与评选。

10月11日　由上海沪东中华造船（集团）公司建造的国内第一艘超巴拿马型集装箱船在上海顺利出坞下水。

10月22日　第二军医大学教授郑秀龙课题组研制的甘氨双唑钠原料药和冻干粉针剂获得国家一类新药证书，填补国内外在肿瘤放化疗增效药物研究领域的空白。

10月24日　上海重型机器厂制造的万吨油压双动铝挤压机在山东龙口试车成功。

10月29日　中国首个转基因植物检测基因芯片在上海博星基因芯片技术公司诞生，并通过专家鉴定。

11月3日　第五届亚太地区国际分子生物学大会在上海开幕。会议的主题是"分子生物学的新领域——新纪元的挑战与机遇"，来自世界各国的200位专家参加会议。

11月18日　上海交通大学研制成功世界最大体积SmBCO超导单晶体。

11月19日　上海市科学技术委员会与德国巴符州科学研究与艺术部签订新一轮合作备忘录。

11月21日　上海复旦微电子股份有限公司成功研制代表国内CPU研制最高水平的高性能嵌入式32位微处理器——神威Ⅰ号。

11月28日　上海市第一人民医院用最新技术联合移植胰肾，全国首例手术患者具有正常人胰肾功能。

12月9日　上海市胸科医院成功实施右中、下叶肺移植，成功填补上海市大脏器移植的空白点，实现上海市肺移植零的突破。

12月10日　复旦大学在纳米沸石多级孔材料组装及研究方面取得重要进展。《自然》杂志详细报道他们的结果。

12月11日　第二医科大学附属瑞金医院的"染色体平衡易位46，xy，t（2；16）（q23；q22）一例报告"，经国际人类染色体异常核型库鉴定，发现未有相同登记，为全球首先报道。

12月16日　同济大学附属东方医院完成亚洲首例永久性植入型人工心脏植入手术。

12月23日　"十五"上海科技重大项目技术预见计划取得阶段性研究成果——132位专家联合撰写的330多万字《上海技术预见报告》完成。

同日　上海汽轮发电机有限公司为国内首次制造完成90万千瓦发电机定子。

12月25日　国内第一辆燃料电池电动自行车由上海绿亮电动自行车有限公司和美国Powerzinc公司博信电池（上海）有限公司合作开发成功。

12月26日　上海交通大学微纳米科学技术研究院在国际上首创纳米材料的大面积操控排布

新技术,结束全世界缺少可实际应用的大面积纳米操控排布手段的状况。

同日　中国科学院上海药物研究所将抗癌新药"沙尔威辛"的专利技术转让给上海绿谷集团,转让费3 000万元,这是上海当时成交标的最大的专利技术转让合同之一。

12月31日　世界上第一条商业化磁浮运营示范线——上海磁浮示范运营线试运行通车,国务院总理朱镕基和德国总理施罗德剪彩。

2003 年

1月13日　上海市科学技术协会和上海科技发展基金会联合主办"市科协青年科技人才飞翔计划"。

同日　上海燃料电池汽车动力系统有限公司、上汽集团和同济大学联合开发的国内首台燃料电池汽车"超越一号"在问世。

1月17日　上海南方模式生物科技发展有限公司承接的市科委2001年重大项目"利用小鼠动物模型进行大规模基因功能研究"通过专家验收。

1月21日　上海市肿瘤医院泌尿外科主任叶定伟等研究发现:雄激素及其雄激素受体和表皮生长因子及其受体之间存在的互动关系是雄激素非依赖性前列腺癌生成的机制之一。

1月23日　东华大学"舱外航天服外层防护材料研究项目"被列入教育部发布的2002年度中国高校十大科技进展,成为华东地区唯一连续三届获此殊荣的高校。

同日　上海交通大学机械与动力工程学院教授上官文峰领衔的研究小组提出的新的柴油机尾气后处理技术路线经过实验获得成功。

2月11日　2002年上海市国民经济和社会发展统计公报公布,在科技领域中上海全年用于研究与发展(R&D)经费支出相当于国内生产总值的比例达到1.89%。

同日　第二军医大学附属长征医院成功完成国内首例经腹腔镜胰腺癌根治术。

2月13日　上海市肺科医院胸外科为一名63岁的终末期双肺慢性阻塞性肺病患者,成功实施同种异体左全肺移植手术,这是亚洲首获成功的老年人肺移植术。

2月15日　第二军医大学教授潘卫庆领导的课题组和上海万兴生物制药有限公司共同合作自主开发研制的"重组疟疾疫苗"获得国家药品监督局及世界卫生组织的批准。

2月20日　复旦大学附属中山医院在国际上首次采用一种新的手术微创疗法,成功治疗9例大动脉炎脑缺血。

2月26日　《自然·材料学》杂志刊登由复旦大学教授赵东元研究组完成的"酸碱对路线自我调节合成有序度高、稳定的介孔矿物"的研究论文。

2月28日　国家科学技术奖励大会在北京隆重召开,上海31个项目获奖,占全国获奖总数的11.8%。

3月3日　中国科学院上海有机化学研究所研究员蒋锡夔领衔的课题组在有机分子簇集和自由基化学研究取得进展,提出和验证6个创新概念,均为国内外首次发现及提出。

3月5日　上海第二医科大学附属第九人民医院宣布,应用显微外科技术,在世界上率先成功完成第一例幼儿全耳全撕脱再植术。

3月6日　博信电池(上海)有限公司和浙江大学共同研制的世界首辆锌空气燃料电池车在沪露面。

3月10日　国内迄今为止建造的最大吨位散货船——绿色环保型17.5万吨好望角型散货船，在上海外高桥造船有限公司顺利下水。

3月22日　国内第一套拥有自主知识产权的新药筛选体系在张江建成。

4月8日　复旦大学肝癌研究所、复旦大学附属中山医院等联合完成"应用基因表达谱预测肝细胞癌转移"的重要科研成果，被英国《自然医学》杂志所引用。

4月10日　市委、市政府召开上海市科技技术奖励大会。市委主要领导讲话，313项科技成果获奖。

4月16日　上海市第一家国家级软件专业孵化器——国家863软件专业孵化器（上海）基地，在闵行区浦江镇动工兴建。

4月21日　上海市科学技术委员会宣布，启动"非典"科研攻关计划，从检测、治疗和预防三方面研究相关药物。

5月7日　复旦大学成功分离出流行的非典冠状病毒样颗粒。

同日　东华大学成功研制出国内首家预防"非典"的超细纤维无纺布。

5月9日　上海新华医院主任医师孙锟等人研制出可方便移动的"非典型肺炎专用专家远程会诊系统"。

5月12日　上海首个"与抗SARS病毒相关专利数据库"完成。

5月17日　中国科学院上海生命科学研究院院长裴钢宣布完成SARS病毒基因克隆和主要蛋白表达。

同日　2003年上海科技节开幕，主题为"依靠科学，战胜非典"。

5月24日　上海市第一个用SARS康复病人血液样品构建的抗体基因库建成。

5月27日　上海市启动"一网两库"（科学仪器设施共享及专业服务协作网、科技基础数据库和科技文献资源库）建设。

5月30日　中国科学院上海生命科学研究院生化与细胞研究所孙兵等人制备出针对SARS病毒的特异性抗体。

6月10日　中国科学院上海光学精密机械研究所"小型化10太瓦级OPCPA超短超强装置研究"通过鉴定。

6月12日　中国科学院上海技术物理研究所完成"风云3号"气象卫星中模样阶段样机和初样结构热控星产品的研制。

6月17日　上海交通大学Bio-X生命科学研究中心邓子新实验室提出南昌霉素生物合成模型并使南昌霉素生物合成基因簇克隆成功。

6月19日　中国船舶工业集团公司第七〇八研究所开发出国际领先水平浮式生产储油船。

6月20日　第二军医大学药学海洋药物研究中心主任易杨华等科研人员从海洋生物分离出新的天然化学成分中，发现具有抗SARS病毒和保护被感染细胞的作用的新成分。

6月22日　国内最大盾构法施工隧道——翔殷路隧道开工，副市长杨雄出席开工仪式。

同日　上海最大吨位"海上石油城"15万吨的海上浮式生产储油装置（FPSO）今天竣工。

6月24日　上海贝尔阿尔卡特公司开发的国内首个利用NGN网络技术的宽带视频系统面世。

7月4日　《全民科学素质行动计划》开始在上海实施。

7月16日　第四届上海市自然科学牡丹奖颁奖大会召开，4名在上海市从事自然科学基础性研究工作中成绩突出的中青年科技工作者获表彰。

8月5日　上海技术产权交易综合指数诞生。

8月6日　上海首个提供大学生科技创业的园区——杨浦大学城大学生科技创业园正式成立。

8月19日　上海首个以市场化手段运作的科普服务公司——上海科普技术发展有限公司成立。

8月21日　复旦大学生命科学院教授李昌本、赵寿元等科研人员研制出能杀灭或抑制恶性肿瘤的"特诺丰注射液",获得国家食品药品监督管理局颁发的基因衍生物抗癌新药证书。

同日　上海第二医科大学教授盛慧珍领衔的"治疗性克隆"课题研究获得突破,在国际上率先证明可以对人体细胞核进行重新编程。《自然》杂志刊登评述性新闻。

8月22日　上海市胸科医院成功用种上细胞的猪骨修复胸壁破损,世界上首例人工制造存活的胸骨由此诞生。

9月15日　中国科学院和上海市签署《会谈纪要》,全国人大常委会副委员长、中国科学院院长路甬祥和上海市委副书记、市长韩正出席签字仪式。

9月16日　复旦大学留日博士俞燕蕾研制成功光响应式可弯曲材料,有关论文发表在《自然》杂志上。

9月19日　由市科委、徐汇区政府和企业共同出资筹建的纳米技术中试平台,在徐汇区华泾镇的上海市纳米产业化基地建成并启用,这是上海第一个纳米技术专用公共平台。

同日　同济大学教授林正浩领衔的同济和清华学术团队完成32位嵌入式计算机中央处理器的设计,交付中芯国际进行试验。这块芯片是国内第一块完全自主设计开发的计算机中央处理器。

9月23日　第二医科大学附属长海医院对外宣布,该院营养科成功研制出世界首台"临床营养治疗专家系统"(CNTMS)。

9月29日　复旦大学公共卫生学院教授俞顺章等研究人员宣布发现水污染的罪魁祸首——藻类植物中含有致癌的毒素节球藻和促癌毒素微囊藻毒素。

10月15日　上海第二医科大学教授陈国强领导的课题组在国际权威杂志《白血病》上提出,低氧模拟化合物和低氧能够诱导白血病细胞分化。

同日　"神舟五号"载人飞船发射成功,由中国航天科技集团公司所属的中国空间技术研究院和上海航天技术研究院为主研制的推进系统,保证飞船顺利上天。

10月21日　上海隧道股份研发制造的世界第一超大型矩形顶管机在工程施工中取得成功。

10月29日　上海交通大学成功研制出非典疑似病人远程会诊系统。

11月6—11日　第五届上海国际工业博览会在浦东新国际博览中心举行,主题为"信息化与工业化(现代装备)"。市人大常委会主任龚学平,市政协主席蒋以任,市委副书记殷一璀、王安顺,以及中央有关部委和部分省市领导出席开幕式。

11月8日　第五届上海国际工业博览会科技论坛院士圆桌会议在科学会堂举行。

11月10日　上海首次航天展在上海科技馆开幕,观者如潮,市民争睹"神舟五号"飞船。

11月17日　中国科学院上海光学精密机械研究所研究员、中国科学院院士王育竹等人首次在我国实现量子信息存储。

12月3日　上海市委副书记殷一璀、副市长严隽琪到市科技党委、市科委调研工作。

12月6日　中国科学院上海生命科学研究院神经科学研究所研究员段树民及其学生张景明、杨云雷等发现一种形状像海星的胶质细胞能够抑制神经元的过度兴奋。神经科学顶级杂志《神经元》报道这一重要进展。

12月10日　市人大常委会受全国人大常委会的委托，对上海贯彻实施《科技进步法》作执法检查。市人大常委会副主任周慕尧、刘伦贤、包信宝、任文燕、朱晓明、胡炜等同志听取市科委主任李逸平的汇报。

12月14日　"创新一号"小卫星总结会暨上海市微小卫星工程中心——中国科学院微小卫星联合重点实验室在上海举行挂牌仪式。全国人大常委会副委员长、中国科学院院长路甬祥出席会议。

12月15日　中国科学院上海生命科学研究院营养科学研究所成立。全国人大常委会副委员长、中国科学院院长路甬祥，上海市市长韩正共同为其揭牌。

12月16—17日　中共上海市委召开第八届委员会第四次全会，审议通过《上海实施科教兴市战略行动纲要》。纲要明确：科教兴市是推进上海城市经济社会发展的主战略。

12月18日　"上海科技成果转化项目展示会"开幕。市委主要领导为展示会的开幕剪彩，市政协主席蒋以任致辞。

同日　上海联合产权交易所成立。上海市委副书记、市委组织部部长、市国资委党委书记王安顺，副市长冯国勤等出席成立大会。国务院国资委领导到会祝贺，科技部部长徐冠华发来贺信。

12月23日　上海市科技系统党政负责干部会议召开，传达中共上海市委八届四次全会精神，总结2003年上海市科技工作和科技系统党建、精神文明建设工作，布置2004年工作。上海市委副书记殷一璀、副市长严隽琪出席会议。

2004 年

1月2日　上海交通大学化学化工学院教授颜德岳及其博士生周永丰、侯健在国际上率先报道宏观超分子自组装现象。《科学》杂志对这一成果进行报道。

1月6日　上海隧道工程股份有限公司承建的中国第一条地铁双圆隧道贯通。

1月27日　上海交通大学Bio-X生命科学研究中心和中国科学院上海营养科学研究所在试管中完成DNA计算机的雏形研制工作。

1月29日　上海市科学技术委员会和上海科学普及促进中心等单位联合送出一份特别的"科普年夜饭"——首批25台"科普之窗"多媒体触摸屏正式开通。

2月3日　《科学》全文发表中国科学家揭示的SARS病毒"演变"规律。参与课题研究的15家单位中，上海占6席。市科委通过不同形式对该项目予以支持和资助。

2月9日　被誉为捕鼠"神探"的电子探鼠仪在上海投入生产。外形似手杖的电子探鼠仪是一项获专利的国际首创的新成果，可节约大约90%以上的投药量。

同日　17.5万吨绿色环保型好望角散货船"和泰"号在外高桥造船公司启航。这是国内建造的最大吨位货轮，也是国内第一个获得美国ABS船级社颁发的"绿色入级符号"证书。

2月13日　国家人类基因组南方研究中心的科学家成功发现肝炎病毒导致肝癌的基因，找到肝癌发病的两条主要基因传导途径。这一发现刊登在《美国科学院院报》上。

2月19日　上海率先创办的专利集市向长三角地区拓展。专利集市采用登记入场、自由洽谈、自主交易、规范管理的方式运作。

同日　上海微小卫星工程中心研制出"创新一号"存储转发通信小卫星系统，是中国第一代低轨道数据通信小卫星。

同日　中国科学院上海硅酸盐研究所所发明专利"非真空下降法生长掺铊碘化铯晶体的工艺技术",通过国家知识产权局的评审,被评为第八届中国专利奖优秀奖。

2月20日　国家科学技术奖励大会在京举行。上海市26个项目获奖,占全国获奖总数的10.2%。

2月25日　同济大学"人类心房颤动致病基因的发现"和第二军医大学"烧伤后全身炎症反应综合征和多器官损伤的基础与临床研究"上榜2003年度中国高等学校十大科技进展。

3月2日　中国科学院上海有机化学研究所开发出两种新型高效油菜田除草剂——丙酯草醚和异丙酯草醚原药及其10%的乳油制剂,获得国家新农药登记证书和生产批准证书。

同日　中国科学院上海微系统与信息技术研究所"中远红外量子级联激光器材料、器件及物理"通过国家基金委信息科学部中期检查。中国成为第四个实现单模可调谐分布反馈量子级联激光器的国家。

3月4日　上海大学承担的国家863高科技项目"介入式内窥诊疗机器人关键技术"用机器抓手代替医生的手做手术,通过科技部组织的863专家组的验收。

3月10日　在镇江谏壁电厂排水隧道工程中,上海城建集团隧道股份完成坡度为负8.5%的钢结构顶管隧道工程,刷新中国顶管隧道顶进坡度新纪录。

3月15日　同济大学研制一种可广泛用于电气、汽车、建筑、纺织等领域的新型纳米复合材料,解决普通塑料的高性能与低成本化问题。

3月22日　华东师范大学光谱学与波谱学教育部重点实验室"光钟"研究取得重大突破,检验了光学齿轮箱的精确度。成果发表在《科学》杂志上。

4月2日　中国科学院上海微系统与信息技术研究所在国内首次研制成功集成毫米波雷达前端关键MMIC混频器和MMIC VCO芯片。

4月15日　市委、市政府召开上海市科学技术奖励大会。市委主要领导讲话,市委副书记、市长韩正宣布表彰决定。317项科技成果获奖。

4月16日　复旦大学人类新基因研究组从多细胞动物的几种细胞膜蛋白及细胞外蛋白中鉴定出一个新的蛋白质结构域,命名为MANSC。英国《生物化学趋势》杂志发表这一成果。

同日　《2004—2010青少年科技人才培养计划》正式启动,与"科技启明星计划""曙光计划"接轨。

4月18日　上海科技馆二期展项工程正式开工。2005年5月14日建成并全面开放。

4月21日　国家人类基因组南方研究中心和上海瑞金医院代表中国与12国同行联手,从4万多个基因中整合出2万多个功能基因。这是继人类基因组测序后的又一重大成就。

4月27日　上海展讯通信有限公司研制成功国产3G手机核心芯片。

5月9日　中国科学院上海生命科学研究院首次发现交感神经系统调控免疫系统的一个潜在的分子机制。国际权威杂志《分子细胞》发表这项研究的论文。

5月12日　复旦大学研制成功"中视一号"高清数字电视地面传输移动接收系统专用芯片。这是国内首块具有完全自主知识产权的专用芯片。2005年1月22日,在上海通过由教育部主持的技术验收。

5月18日　上海国际科普论坛首次亮相申城,专家们讨论中国和世界科技、经济、社会与自然发展的新成果、新趋势和新问题。

5月19日—6月20日　"挪威极光展"在上海科技馆举办。

5月22日　中国科学院上海光学精密机械研究所的小型化超短超强激光功率成功突破100太瓦大关。

6月8日　拥有自主知识产权的国内第一代含药缓释血管支架由浦东留学生企业微创医疗器械(上海)有限公司研制成功,从而打破进口同类产品对国内市场的垄断。

6月23日　上海复旦张江公司研制成功先天愚型产前筛查系统。这是国内自2000年启动"出生缺陷干预工程"以来,首个获准上市的筛查系统。

6月24日　同济大学研制成功"超越二号"燃料电池轿车,其所有关键零部件都由国内自主开发。

7月14日　上海市研发公共服务平台正式运行,这是国内第一个研发公共服务平台。科技部部长徐冠华,上海市委副书记、市长韩正出席大会并讲话。

同日　科学技术部与市政府签定工作会商制度议定书。

7月21日　中国科学院上海植物生理生态研究所研制的"注射用重组葡激酶"获得国家一类新药证书,成为全球首个注册的重组葡激酶类溶血栓药物。

7月27日　中国船舶重工集团第七一一研究所研制成功国内唯一的热气机发电技术。

7月29日　上海交通大学水下工程研究所研制的国内下潜深度最大、功能最强的取样型水下机器人——"海龙"首次亮相,进行现场调试,"海龙"可在3500米水下轻松取物。

7月30日　上海首批29项重大产业科技攻关项目正式签约启动,项目涉及生物技术、信息产业、新材料、现代装备制造业等领域。市委副书记殷一璀出席大会并讲话。

8月11日　复旦大学基因免疫和疫苗研究中心研制的国内第一个用于肺结核疫苗的基因疫苗配方出炉。

8月15日　复旦大学研制出具有自主知识产权的第一款国产可编程逻辑电路10万门规模器件及软件系统原型。

8月24日　上海华谊(集团)公司研制成功世界上唯一使用基因技术制备肽的新药。

8月30日　中国科学院、市政府和法国巴斯德研究所在上海举行正式合作协议签字仪式。根据合作协议,三方共建中国科学院上海巴斯德研究所。

9月2日　国内首个高内涵药物筛选技术平台在张江正式启用,这一项目的实施有望大大提高新药研发的效率,缩短研制周期。

9月9日　上海航天技术研究院研制的长征四号乙运载火箭在太原卫星发射中心将实践六号A、B两颗空间环境探测卫星送入太空。

9月21日　国内首幢真正意义上的生态建筑办公示范楼在莘庄建成。该大楼汇集10项生态技术,比国内同类建筑超前5～10年。

同日　首届"中国青年女科学家奖"评选在北京揭晓,中国科学院上海药物研究所研究员龙亚秋为4位获奖者之一。

9月29日　中华人民共和国科学技术部、意大利环境与国土部、上海市科学技术委员会和意大利隆巴底大区在上海共同签署关于在氢能开发利用方面加强合作的谅解备忘录。

10月1日　上海第二医科大学博士生蔡倩和苏庆林研究揭示神经突触蛋白转运新模式。此成果是神经生物学领域的重大突破。《自然·细胞生物学》发表该学术论文。

10月7日　上海市工程师学会成立。

10月19日　上海航天局为主研制的国内第一颗业务型地球静止轨道气象卫星——风云二号C星,在西昌卫星发射中心由长征三号甲运载火箭发射升空。

10月20日　上海市农业生物基因中心研制的世界上首例杂交旱稻组合在上海诞生,在上海地区小面积试种的结果表明,杂交旱稻的产量与大面积生产的杂交水稻产量基本持平,米质也较为优良。

11月3日　2004年世界工程师大会在上海正式开幕。来自70个国家和地区的近3 000名工程界精英共同探讨"工程师塑造可持续发展的未来"。

11月15日　中国首台10万亿次超级计算机——曙光4000A系统启动仪式在上海超级计算机中心举行。

11月21日　上海首批重大产业科技攻关项目"人源化单克隆抗体类新药产业化"取得重要突破,获美国发明专利。

11月23日　第二军医大学发现一种新型细胞群体——新树突状细胞亚群。该研究成果刊登在《自然·免疫学》杂志上。

同日　上海电气集团股份有限公司与德国西门子股份公司签约,在上海组建国内首个F级和E级重型燃机核心部件的制造基地。

11月25日　上海广电集团生产的、中国首批拥有自主核心技术的第五代TFT - LCD液晶显示屏面世。

12月11日　国家上海生物医药科技产业基地领导小组会议召开。市委副书记、市长韩正主持会议并讲话,副市长严隽琪出席。

12月13日　上海交通大学研制成功高清数字电视最核心的三块芯片,这是国内首次全面掌握高清晰度数字电视产业的芯片级关键技术。

12月25日　国家重大科学工程"上海光源"在浦东张江高科技园区举行开工典礼。2009年4月29日,举行竣工典礼,中共中央政治局委员、国务委员刘延东,中共中央政治局委员、上海市委书记俞正声,全国人大常委会副委员长、中国科学院院长路甬祥,中国工程院院长徐匡迪共同启动竣工装置并为上海光源国家科学中心(筹)揭牌。2010年1月19日,"上海光源"通过国家发改委组织的国家验收。

12月29日　国内首个地面交通工具风洞中心——上海地面交通工具风洞中心在同济大学嘉定校区开工建设。2009年9月19日落成启用。

2005 年

1月14日　中国科学院上海生命科学研究院研究生蒋辉等发现GSK蛋白激酶活性对确定神经细胞极性起关键作用。这一研究成果发表在美国《细胞》杂志。

1月23日　上海第二医科大学附属第九人民医院组织工程重点实验室和上海组织工程研究与开发中心从家兔角膜上成功分离1平方米的角膜缘干细胞。

2月4日　"世博科技行动计划"领导小组成立大会暨第一次全体会议在北京召开,标志着世博科技行动正式启动。

2月18日　上海市科普基金会成立。

2月20日　中国首台具有自主知识产权的国产地铁盾构"先行号",由上海隧道工程股份有限公司研制成功。"洋盾构"在国内地下施工界一统天下的局面被打破。

2月22日 复旦大学附属眼耳鼻喉科医院的重要科技成果"国产多道程控人工耳蜗"实施技术转让并产业化。

2月24日 复旦大学生命科学院郑兆鑫课题组研制成功猪口蹄疫O型基因工程疫苗。获得农业部授予一类"新兽药注册证书"。

3月1日 2005年长三角区域创新体系建设联席会议办公室工作会议在江苏省扬州市召开。苏浙沪共商加强三地合作，推进长三角创新体系建设大计。

3月2日 上海第二医科大学与中国科学院上海生命科学研究院完成"骨桥蛋白在类风湿性关节炎中的病理机制"研究。成果发表在美国《临床研究杂志》。

3月13日 上海绿谷集团的"双灵固本散"通过美国国家食品与药品管理局（FDA）审核，这是国内首个进入美国临床试验的抗癌中药。

3月9—11日 上海—法国罗纳-阿尔卑斯大区第九次科技合作与创新混合委员会会议在沪召开。

3月21日 同济大学附属同济医院发现，人类第21号染色体上一个离子通道基因KCNE2"功能获得"性突变可导致心房颤动的发生。成果发表在《美国人类遗传学杂志》。

3月25日 中国科学院上海天文台研究员景益鹏运用电脑为宇宙"画"一张粒子数为5123的模拟"图片"。该"图片"时为全球精度最高的样本，揭示暗物质晕的分布规律。

3月28日 2004年度国家科技奖揭晓。上海42个项目获奖，占获奖总数的13.95%。

4月13日 中国科学院上海生命科学研究院发现老年性痴呆的致病原因：蛋白质中4个相邻的氨基酸率先"变形"是整个蛋白质变形的关键。成果发表在《美国科学院院刊》。

4月14日 英国《自然》杂志发表中国科学院上海生命科学研究院神经科学研究所王以政、袁小兵等的研究论文。该研究发现引导神经生长方向的细胞膜离子通道机制。

4月22日 中国科学院上海生命科学院生物化学与细胞生物学研究所研究员徐国良在染色质组蛋白H3K79甲基化的调控机制和在白血病发生中的作用方面取得重要成果，论文发表在美国《细胞》杂志。

4月26日 华东师范大学脑功能基因组学研究所在世界上首次发现大脑记忆的编码单元，提供解读大脑密码的可能性，成果发表在《美国科学院院刊》。

5月10日 市委、市政府召开上海市科学技术奖励大会。市委主要领导讲话，市委副书记、市长韩正宣布表彰决定。316项科技成果获奖。

5月14日 主题为"科技以人为本，全面建设小康"的2005年上海科技节在上海科技馆开幕，上海科技馆二期展馆同时试开放。

5月19日 中国科学院上海健康科学研究所研究员臧敬五领衔的研究小组，在多发性硬化的免疫病理机制研究方面获突破性进展。成果发表在《美国科学院院刊》。

同日 中国科学院上海药物研究所研制出具有中国自主知识产权的丹参多酚酸盐及其注射剂，使心血管疾病患者有中国自主知识产权的特效药。

7月1日 上海市浦江人才计划启动。市人事局和市科委每年投入4 000万元人民币作为支持留学人员来沪工作、创业的政府专项资助。

7月5日 振华港机公司研制成功一种全新的"双小车双40英尺起重机"，最多能同时搬运4个40英尺集装箱，成为全球最能干的"港口大力士"。

7月10日　中国科学院上海生命科学研究院神经科学研究所等单位研究发现：果蝇在同时使用嗅觉和视觉时，它的记忆能力会得到增强。成果发表在《科学》杂志。

7月12日　2005上海国际青少年科技博览会开幕。

7月18日　同济大学经过8年研发，研制成功名为"聚乳酸"的"玉米塑料"。

7月21日　复旦大学将一种源于飞蛾的PB转座因子用于小鼠和人类细胞的基因功能研究，在世界上首次创立高效实用的哺乳动物转座因子系统。成果发表在《细胞》杂志。

8月11日　国际水稻基因组计划完成，中国科学家的贡献率达20%。以中国科学院上海生命科学研究院国家基因研究中心为首的项目组负责第4号染色体精确测序任务。

8月18日　拥有当代世界最先进技术的F级重型燃气轮机在沪诞生。

8月18—19日　受国务委员陈至立的委托，科技部部长徐冠华率国务院调研组在沪召开科技政策座谈会。

8月25日　中国科学院上海生命科学研究院神经科学研究所揭示吗啡镇痛作用的新原理，并一举找出其间产生耐受性的"罪魁祸首"。成果发表在《细胞》杂志。

同日　由上海纺织控股集团公司自主研发的芳砜纶纤维千吨级生产线研制成功，填补中国原创高性能纤维空白。

8月29日　中国科学院上海硅酸盐研究所合成一种纳米"药物分子运输车"，并给它装上"开关"和"磁性导航仪"。成果发表在《美国化学会志》。

9月11日　中国科学院上海生命科学研究院植物生理生态研究所成功克隆出一个与水稻耐盐相关的功能基因。成果在线发表在《自然遗传学》杂志。

9月15日　复旦大学教授卓敏、李葆明带领的研究团队首次发现：大脑前扣带皮层及其神经元NR2B受体在恐惧记忆形成过程中起到重要作用。成果发表在国际神经学顶级刊物《神经元》。

9月26日　上海市和加拿大魁北克省政府在上海签署加强科技合作的协议，市长韩正、加拿大魁北克省省长夏雷出席签字仪式。

9月28日　市政府召开常务会议，研究进一步加快上海高新技术产业开发区发展的政策措施。

9月30日　中英"零碳城市"系列活动在上海科技馆启动。

10月12日　中国载人飞船神舟六号发射成功。上海航天局承担神舟号载人飞船的大部分研制工作。

10月13日　中国科学院和德国马普学会双方组建的中国科学院-马普学会计算生物学伙伴研究所在上海揭牌，中国科学院院长路甬祥，市委副书记、市长韩正出席仪式并致辞。

11月5日　国家科技部与上海市政府共同在沪发布《世博科技行动计划》。

11月17日　"中国科学社和《科学》杂志90周年纪念学术研讨活动"在科学会堂举行。中国科协主席、《科学》杂志编委会主编周光召主持纪念会并作主旨讲话，市委副书记殷一璀应邀出席会议并讲话。

11月26日　上海市转基因研究中心从波尔山羊耳朵上提取细胞核，由莎能奶山羊代孕产仔，成功培育出世界上首批由亚种间体细胞克隆获得的波尔山羊。

12月2日　中国科学院上海生命科学院生物化学与细胞生物学研究所裴钢研究组与复旦大学药理研究中心马兰研究组专家研究发现，β抑制因子同时具有向细胞核传递信息的功能。成果发表在《细胞》杂志。

12月6日　经两年攻关，上海交通大学牵头研制的无人驾驶智能车首辆样车问世。车头装有计算机图像分析技术和电脑摄像头、磁感应器和激光雷达指挥车辆前行。

12月7日　复旦大学教授邵正中研究发现蛛丝内部分子链排列方式，把两种截然相反的分子链排列过程称为"取向"和"解取向"。成果发表在英国《自然材料学》杂志。

12月8日　中国科学院上海天文台徐烨等4位中外科学家成功测得太阳系到银河系最近的"英仙臂"距离为6 370光年。2006年1月6日，论文发表在《科学》杂志。

12月12日　上海三维生物技术有限公司历经7年，自主研发重组人5型腺病毒注射液，获得国家一类新药证书，并成为国内第一个拥有全球知识产权的新型肿瘤生物治疗药物。

12月14日　上海银晨智能识别有限公司和中国科学院计算技术研究所历时7年研制成功嵌入式人脸识别系统技术。

12月20日　上海交通大学教授邓子新领衔的科研团队在众多细菌DNA分子上发现一种新的硫（S）修饰，阐明一项DNA不稳定现象的分子机理。成果发表在英国《分子微生物学》。

同日　首个胃癌治疗性中药在张江高科技园区问世。该项新成果是国内中药抗癌领域第一个专门用于胃癌等消化系统肿瘤的治疗性药物，填补国内空白。

2006 年

1月5日　上海三维生物技术有限公司成功研制生物新药H101，获国家一类新药许可，成为世界上第一种被批准上市的个体化的体内肿瘤疫苗。

1月9日　2005年度国家科技大奖揭晓。上海有44个项目获奖，首次囊括5大奖项，占全国获奖项目的14.01%，获奖比例创历史新高。

1月12日　市政府发布《上海中长期科学和技术发展规划纲要（2006—2020年）》。

1月17日　在清华大学水木清华BBS上，有人公开指责上海交通大学微电子学院院长、教授陈进发明的"汉芯一号"造假。1月28日，科技部、教育部和上海市政府成立专家调查组。2月18日，调查组得出结论："汉芯一号"造假基本属实。5月12日，上海交通大学向有关媒体通报表示，陈进被撤销各项职务和学术头衔，国家有关部委与其解除科研合同，并追缴各项费用。

1月18日　上海浦东知识产权中心挂牌成立。

1月22日　上海市人民政府与中国航天科技集团公司在闵行区签署战略合作框架协议并召开战略合作座谈会，上海航天科技产业基地建设同时启动。上海市委副书记、市长韩正，中国航天科技集团公司党组书记、总经理张庆伟共同为上海航天科技产业基地揭牌。

2月9日　中国科学院上海生命科学研究院发现抑制"过激"免疫反应的新机制，为治疗"过激"免疫性疾病提供可能的药物作用靶点。成果发表在《自然·免疫学》。

2月10日　上海科华生物工程股份有限公司自主研发出艾滋病病毒试剂盒，为艾滋病诊断提供快捷、方便的新途径。

2月22日　上海中信国健药业有限公司自主研发的抗体类新药"注射用重组人Ⅱ型肿瘤坏死因子受体-抗体融合蛋白"（商品名为"益赛普"）成功上市，打破国产抗体药物为零的纪录。

3月23日　上海市科学技术大会举行。会议强调全面贯彻落实全国科技大会精神，大力实施科教兴市战略，着力突破制约发展的制度瓶颈，积极探索中国特色、上海特点的自主创新道路。会议还对《上海市中长期科学和技术发展规划纲要（2006—2020年）》作说明。

4月17日　上海交通大学克隆农用抗生素井冈霉素的生物合成基因簇，提出井冈霉素生物合成机理的新模型。成果发表在《化学生物学》。

4月18日　国务院正式批准"上海高新技术产业开发区"更名为"上海张江高新技术产业开发区"。

4月27日　中国船舶工业集团公司第七○八研究所自主研发设计的中国第一艘超大型油船——30万吨级巨型油轮研制成功。

4月30日　航天英雄费俊龙、聂海胜出席在上海科技馆开幕的"溯梦神舟,再创辉煌——神舟六号飞船实物展"。

5月4日　中国科学院上海生命科学研究院发现神经元突触发育的新机制。《神经元》杂志以封面文章报道这一重要成果,这是中国科学家成果首次登上该杂志的封面。

5月13日　上海建工集团机施公司研发的中国首台遥控式大截面矩形隧道掘进机成功推进,标志着中国享有自主知识产权的国内最大可变截面矩形盾构成功问世。

5月25日　市政府举行专题新闻发布会,正式发布《实施〈上海中长期科学和技术发展规划纲要〉的若干配套政策》。

5月29日　上海交通大学成功构建能够长期存活的人/山羊异种移植嵌合体干细胞。成果发表在《美国科学院院刊》。

6月3日　上海农业生物基因中心育成的杂交旱稻品种"旱优2号"和"旱优3号"成为世界上最早商品化的杂交旱稻品种。

6月9日　中国科学院上海生命科学研究院发现,神经元与NG2胶质细胞之间的突触存在功能可塑性。成果发表在《科学》杂志。

6月22日　中国科学院上海应用物理所研制出一种新型电化学DNA纳米生物传感器,使DNA检测更便捷。成果发表在《美国化学会志》。

7月8日　第二军医大学研发的大肠癌树突状细胞治疗性疫苗,获得国内首个国家食品药品监督管理局Ⅱ期临床批文,临床试验疗效显著。

7月9日　中国科学院上海硅酸盐研究所自主研发的透明陶瓷首次成功射出激光。成为世界上仅有的几个掌握这一尖端技术的国家之一。

7月10日　中国科学院上海硅酸盐研究所成功使氧化铈(100)面纳米晶体按一定尺寸、一定方向,自动组装成特定的形状,实现纳米结构可控制备和组装。

7月21日　上海张江高新技术产业开发区领导小组第一次会议召开,上海市委副书记、市长、上海张江高新技术产业开发区领导小组组长韩正到会并讲话。

8月3日　世界顶级的科普展览"极致探索——穿越科学时空之旅"在上海科技馆开幕。全国人大常委会副委员长、中国科学院院长路甬祥,市委副书记、市长韩正,德国马普学会主席彼得·格鲁斯等为展览揭幕。

同日　上海科学院自主研发出"雾化冷却式高效节能空调技术",可使能效比为5级的空调节电21％,直接晋升为2级,该技术属世界首创。

8月9日　上海大学引入特征选择方法,使机器学习精度提高近6个百分点,相关论文在第九届亚太地区人工智能会议上获选"最佳论文"。

8月15日　中国科学院上海巴斯德研究所首次发现某种结构蛋白在SARS病毒致病过程中可能具有一定调节作用。成果发表在《美国科学院院刊》。

8月17日　复旦大学等单位在国际上首次发现决定水稻产量的"基因钥匙"——一组含连续8

个基因的区段,位于野生稻 2 号染色体短臂末端。成果发表在《基因研究》。

8 月 24 日　全国第一辆采用电容电池混合动力的环保型、新能源高压道路冲洗车由上海瑞华集团开发研制成功。

8 月 26 日　复旦大学在国际上首次发现可使谷类种子变成"大个子"的基因片断——位于开花基因 FCA 中名为 RRM1 的结构域。RRM1 基因片断可使植株的所有细胞变大。研究成果发表在《整合植物生物学》。

8 月 28 日　超级电容公交电车 11 路示范线正式开通,成为世界首条超级电容公交商业示范线路。

9 月 1 日　上海市人民政府、中国工程院合作委员会第五次会议召开,会议审议通过第五届合作委员会成员名单,审议"上海院士中心"2005 年度工作报告和 2006 年度工作要点。

9 月 18 日　中国科学院上海生命科学研究院与美国合作,发现视黄斑病失明的罪魁祸首——吸烟烟雾中的丙烯醛,还找到"万能抗氧化剂"硫辛酸来防治此病。成果发表在《眼科与视觉科学研究》。

9 月 19 日　上海国际港务(集团)股份有限公司担纲,振华港机和上海交大共同参与的国内首个集装箱自动化无人堆场正式投入生产运行,该项目采用的"接力式"装卸工艺、集卡全自动定位落箱技术和双倍的装卸模式均属世界首创。

10 月 2 日　中国科学院上海生命科学研究院与德国合作发明"多抗原配体图谱(MELK)"技术,能同时在单个细胞内检测跟踪上百个蛋白质,有助于正确诊断、治疗癌症等疾病。成果以封面文章形式发表在《自然·生物技术》。

10 月 9 日　上海交通大学医学院附属第九人民医院在国内率先开展"血管内膜下血管成形术"。

10 月 10 日　上海—荷兰生命科学研讨会在上海科技馆举行。

10 月 11 日　上海市科普工作联席会议召开,会议审议通过《上海市科普事业"十一五"规划》。

10 月 31 日　中国科学院上海硅酸盐研究所设计并制备出半导体"纳米管",成果发表在《德国应用化学》。

11 月 1 日　上海广电集团自主设计研发出国内第一款 47 英寸(120 厘米)液晶高清电视屏。

同日　上海复旦微纳电子有限公司、复旦大学等单位携手研制成功第一款基于中国数字地面传输标准的信道解调模块系统"中视 2 号"。

11 月 13 日　中国科学院上海技术物理所研制出氮化镓紫外探测器。

同日　上海交通大学医学院附属第九人民医院为一位患者实施自体"预制脸"换脸手术,实现面部烧伤治疗的突破。

11 月 14 日　中国科学院上海药物研究所在国际上率先破解人体"葡萄糖监控器"的工作原理。成果发表在《美国科学院院刊》。

10 月 16 日　复旦大学和中国科学院上海药物研究所首次发现 DARC 在乳腺癌生长过程的负调控作用。成果发表在《肿瘤基因》杂志。

11 月 20 日　中国科学院上海生命科学研究院发现,名为 β2 -肾上腺素受体被激活后,会增加 β 淀粉样蛋白在大脑中沉淀,并导致老年痴呆症。成果发表在《自然·医学》。

11 月 22 日　上海市科学技术协会(市科协)第八次代表大会开幕。会议确定未来 5 年市科协发展目标,并选举产生市科协第八届委员会。

12月1日　锐迪科微(上海)电子有限公司开发的国内首颗采用数字模拟混合信号(CMOS)工艺的FM收音机芯片在沪问世。

12月12日　国家"863"计划重大专项"高性能宽带信息网"(3Tnet)在沪通过专家组验收。

同日　国内第一台商品化国产地铁盾构"先行2号"由上海城建隧道股份机械制造公司制造安装完成。

12月13日　同济大学与上汽集团等多家企业研制的第四代燃料电池汽车"超越—荣威"成功装配。

12月17日　第二军医大学发现一种抗病毒免疫反应调节新机制,成果发表在《免疫》杂志。

12月27日　上海青少年科技探索馆开馆。

2007 年

1月1日　中国科学院上海生命科学院/上海交通大学医学院健康科学研究所筛选并识别出琢-连结蛋白基因可能是白血病干细胞肿瘤抑制基因。成果发表在《自然·医学》杂志。

1月15日　上海血液学研究所、上海交通大学以及中国科学院上海生命科学院的研究人员发现白血病相关蛋白EEN基因的基因组结构特征,为进一步揭示白血病致病分子机理提供重要资料。成果发表在《血液》杂志。

1月18日　中国科学院上海生命科学院揭示抑制癫痫病新机制。成果发表在《神经科学杂志》。

1月31日　国家新药筛选中心与中国科学院上海药物研究所的科学家找到一种新型雌激素替代类小分子化合物,其表现优于同类化合物,既可治疗骨质疏松,又可预防乳腺癌。成果发表在《英国药理学杂志》。

2月15日　2006年度"中国基础研究十大新闻"评选揭晓,上海科学家完成的两项成果入选,分别是位居第七的"研究证明人类干细胞可存活于山羊体内",以及位居第九的"研究发现神经元-胶质细胞间的突触具有长时程可塑性"。

2月16日　上海重型机器厂完成时为世界上最大的"16 500吨自由锻造油压机框架结构"设计与制造。2008年10月4日,16 500吨自由锻造油压机在上海重型机器厂有限公司投产。

2月19日　中国科学院上海硅酸盐研究所在世界上首次成功制备出具有多达4层结构的纳米级空心球。成果发表在《德国应用化学》。

2月27日　国家科学技术奖励大会举行。由上海牵头和完成的42个项目获得2006年度国家科学技术奖励,占全国获奖项目的12.88%,获奖比例连续5年保持两位数。

3月6日　中国科学院上海应用物理研究所发现纳米水通道的电学开关特性,并阐明相关的物理机理。成果发表在《美国科学院院刊》的提前版。

3月13日　《上海市实施〈全民科学素质行动计划纲要〉工作方案(2006—2010)》发布。

4月1日　中国科学院上海生命科学院发现TRPC的通道对于保护小脑颗粒神经元的存活十分重要。成果发表在《自然·神经科学》。

4月5日　中国科学院上海应用物理研究所发现一种离子液体填充到碳纳米管内部后可以形成一种超高熔点的晶体。成果发表在《美国化学会志》。

4月6日　中国科学院上海生命科学院与国外科学家合作发现,神经细胞轴突的生长和导向存在新机制。成果发表在《自然·细胞生物学》。

4月8日　中国科学院上海植物生理生态研究所成功克隆出一个与控制水稻粒重的数量性状相关的功能基因GW2。成果发表在《自然·遗传学》。

4月10日　华东师范大学在小鼠大脑发现能编码"窝"概念的脑细胞，这一发现对研究人类大脑的抽象概念及高级认知功能具有指导意义。成果发表在《美国科学院院刊》。

4月18日　2006年度上海市科学技术奖励大会举行，上海市委书记习近平出席会议并作重要讲话。市委副书记、市长韩正主持会议。309项科技成果获奖。

4月19日　中国科学院上海生命科学院发现脑胚胎发育重要协调机制。成果在线发表在《细胞》杂志。

5月9日　中国科学院上海生命科学院的科学家发现，果蝇利用先期学习的经验，可以显著提高随后的视觉特征抽提能力。成果发表在《神经科学杂志》。

5月17日　上海张江高新区领导小组会议召开，上海市委副书记、市长韩正对上海张江高新区的未来发展提出新的要求。会议下发《上海张江高新技术产业开发区"十一五"发展规划纲要》。

5月28日　中国拥有完全自主知识产权的第一艘8530标准箱超大型集装箱船在沪东中华造船公司顺利出坞。

5月29日　华东师范大学研究发现控制革兰氏阳性菌感应抗菌肽的三原素感应系统，为开发新型抗菌药物提供新的靶点。成果发表在《美国科学院院刊》。

6月1日　中国科学院上海应用物理研究所利用一种自主研发的特殊纳米操纵技术"动态组合纳米蘸笔"，使DNA"分子手术"迈出走向实际应用的关键一步。成果发表在《美国化学会志》。

6月4日　复旦大学研究发现一个名为Sun1的蛋白可能是造成不育的重要原因之一。成果发表在《发育细胞》杂志，并被《科学》杂志选为"值得关注的论文"。

6月21日　浙江、江苏、上海两省一市政府在杭州联合召开2007长三角区域创新体系建设联席会议。三方共同签署《长三角科技资源共享服务平台共建协议书》。

6月29日　中国科学院上海生命科学院发现位于果蝇脑中的多巴胺系统和蘑菇体结构能帮助果蝇做出抉择。《科学》杂志以报告形式发表这一研究成果。

7月9日　中国科学院上海生命科学院/上海交通大学医学院健康科学研究所发现β-arrestin2蛋白在生命体内可能导致免疫系统攻击自身器官的现象发生。成果发表在《自然·免疫学》。

7月10日—9月2日　"消逝的恐龙王国——自贡恐龙化石国宝精品展"在上海科技馆举行。

7月12日　《自然》杂志的新闻特写栏目撰文介绍上海交通大学研究人员的中药代谢组学研究新方法。

7月13日　中国科学院上海生命科学院发现抑制炎症反应新机制，有望为化脓性脑膜炎、急性呼吸窘迫症等炎症性疾病开辟治疗新途径。成果在线发表在《自然·免疫学》。

7月19日　国家科技部公布的《2006全国及各地区科技进步统计监测报告》显示：2006年，上海科技进步监测综合指数达74.64%，继续居于全国31个省、自治区、直辖市之首。

同日　中国科学院上海生命科学院科学家发现：神经肌肉接头（NMJ）在突触形成过程中存在"正反相克"机制。成果发表在《神经元》。

7月23日　上海中医药大学、上海现代中医药技术发展有限公司等联合研制的抗肝纤维化新药——扶正化瘀胶囊（片）获准进入美国启动FDA Ⅱ期临床研究。

8月16日　《上海市促进大型科学仪器设施共享规定》经市第十二届人大常委会第三十八次会议表决通过,这是国内首部促进创新资源共享的地方性法规。

8月23日　中国科学院上海生命科学院发现强迫症生理机制。《自然》杂志发表该项研究并配发评论文章。

9月4日　中国科学院上海生命科学院发现一种Raf－1调控蛋白,为治疗癌症提供新靶点。成果发表在《美国科学院院刊》。

9月5日　上海神力科技有限公司自主研发的新一代燃料电池城市客车"神力一号"首次亮相。

9月14日　全球首台基于AVS标准的嵌入式网络摄像机"龙眼"在中国科学院计算研究所上海分所研制成功。

同日　世界首例转基因克隆兔在上海交通大学医学院附属新华医院诞生。这只转基因克隆兔携带有绿色荧光蛋白基因,为今后大规模建立转基因兔动物模型、定向研究人类疑难杂症奠定基础。

9月19日　中国首台自主研制的船舶自动电站成套设备由中国船舶重工集团公司第七〇四研究所研制成功。

9月27日　华东师范大学、复旦大学与英国达勒姆大学学者发现,早在7 700年前,人类已知道如何利用烧荒筑坝的方式来营造适合种植水稻的土地环境。论文发表在《自然》杂志。

10月10日　华东师范大学和美国加州大学合作研究发现,幼年时造成的大脑听觉功能损伤,成年后通过科学的听觉强化训练有望得到修复。成果发表在《美国科学院院刊》。

10月18日　上海交通大学与美国麻省理工学院合作,发现细菌DNA大分子上的磷硫酰化现象。成果发表在《自然·化学生物学》。

10月19日　华东师范大学科研人员与英国科研人员合作研究发现,与人类语言进化有关的Foxp2基因对蝙蝠的回声定位产生很大影响。成果发表在《公共科学图书馆·综合》杂志。美国《科学》杂志专栏对此进行评述。

10月24日　中国第一颗绕月探测卫星"嫦娥一号"发射成功并进入预定地球轨道。上海的科研人员为探月工程作出巨大贡献。

11月2日　上海交通大学医学院发现调控"缺氧诱导因子1"功能的分子机制,有望阻断肿瘤血管生长。成果发表在《细胞》杂志。

同日　中国科学院上海植物生理生态研究所的科学家找到破坏棉铃虫解毒机制新方法。成果发表在《自然·生物技术》。

11月8日　被誉为上海"硅谷指数"的张江创新指数首次对外发布。经测算,2006年度张江园区创新指数为131.3点,比2004年上升31.3点,比2005年上升12.8点。

11月15日　科技部在沪召开"长三角地区科技管理部门学习十七大座谈会"。科技部部长万钢出席会议并讲话,上海市副市长杨定华到会并发言,科技部副部长尚勇主持会议。

11月21日　第三届上海国际纳米技术合作研讨会召开。

11月24日　世界最大、中国第一的COREX熔融还原清洁冶炼系统在宝钢集团浦钢公司罗泾工程基地建成出铁。中共中央政治局委员、上海市委书记俞正声,全国政协副主席、中国工程院院长徐匡迪等出席仪式。

11月30日　《英国整形外科杂志》以封面文章和主编述评形式发表上海交通大学附属第九人民医院整形专家在严重脸面畸形治疗上的研究成果。

12月21日　中国第一架具有完全自主知识产权的喷气支线客机在上海飞机制造厂总装下线。

2008 年

1月9日　2007年度国家科技奖励大会召开。上海54个项目(人)获得四大类科技奖励,占全国获奖总数的15.4%,为历年最高。

1月10日　上海市科技精英评选20年暨第十届上海市科技精英颁奖大会举行,中共中央政治局委员、上海市委书记俞正声,中国科协党组书记邓楠出席颁奖大会并讲话。市委副书记、市长韩正,市委副书记殷一璀,副市长杨定华出席并为获奖者颁奖。

1月15日　2007年度上海市科普工作联席会议和上海市公民科学素质工作领导小组联会召开,副市长杨定华等出席。

1月16日　中国科学院上海光学精密机械研究所研制成功拥有完全自主知识产权的下一代多功能光盘NVD母盘和盘片样片,其存储容量是普通DVD的两倍以上。

1月18日　市委、市政府召开上海市科学技术奖励大会。中共中央政治局委员、上海市委书记俞正声为科技功臣奖获得者颁发证书和奖金,市委副书记、市长韩正出席大会并讲话。2007年度上海市科学技术奖授奖项目共319项。

2月18日　首批4家国家环保科普基地揭晓,上海东方绿舟和上海市浦东新区环境监测站榜上有名。

2月28日　上海市科学技术委员会、英国驻上海总领事馆、英国文化协会上海代表处举行中英科技合作备忘录签约仪式。

2月29日　上海获批成为首批6个综合性国家高技术产业基地之一。

3月10日　集装箱上带有国产电子标签的"中海宁波"号集装箱船从上海外高桥码头起航,驶往美国萨瓦纳港,标志着全球首条集装箱电子标签国际航线开通。

3月19日　市科委党政主要负责人调整宣布会议召开,市委副书记殷一璀出席会议并作重要讲话。市委组织部领导宣读有关人事任免通知,陈克宏任上海市科教党委副书记、市科委党组书记,寿子琪任上海市科委主任,李逸平另有任用。

3月22—23日　市科委、市科协等在闸北区新中高级中学联合举办第23届英特尔上海市青少年科技创新大赛。副市长沈晓明、中国科学院院士叶叔华等出席开幕式。

4月3日　中国第一艘液化天然气(LNG)船"大鹏昊"号在上海沪东中华造船公司交付船东。这艘海上"巨无霸"能让6.5万吨液化天然气在-163℃下保持稳定状态远涉重洋。

4月20日　上海华谊集团自主研发制造的国内首台2万吨级顺酐反应器竣工。

5月18日　首届浦江创新论坛开幕。全国政协副主席、科技部部长万钢,上海市委副书记、市长韩正,论坛主席、全国政协科教文卫体委员会主任徐冠华,全国政协外委会主任赵启正,市委副书记殷一璀等领导出席。

5月20日　科技部和上海市政府在上海科技馆举办大型"节能减排,建设生态文明家园"科普展览。

6月5日　张江高科技园区被授予全国产学研合作教育示范基地称号,成为全国第一个获此称号的高科技园区和企业集团。

6月23日　由上海市高新技术成果转化服务中心编制的《上海市科技创新政策申报服务指南》

发布。

6月24日　上海苏州河梦清园环保主题公园落成并向公众开放。

7月15日　以"科技创造美好生活"为主题的2008年上海国际青少年科技博览会拉开帷幕。

同日　由上海、江苏和浙江三地科技部门协商编制的《长三角科技合作三年行动计划（2008—2010）》公布。

7月27日　国产最长、最重的船用曲轴在上海电气临港重装备基地下线。

8月22日　上海交通大学医学院附属仁济医院成功实施上海市首例成人间辅助性原位活体肝移植手术。

8月27日　上海最大水源地工程青草沙水源地原水工程三大主体工程项目全面开工建设。其过江管工程创同口径盾构一次性推进长度的世界纪录，原水输水泵站达到亚洲第一、世界第二的规模。

8月28日　国内首台100万千瓦发电机组锅炉给水泵在沪成功下线，标志着上海发电机组关键配套设备自主创新跃上一个新台阶。

9月22日　上海开展2008科普日活动，活动主题为"节约能源资源、保护生态环境、保障安全健康"。

9月24日　2008中国国际嵌入式大会暨第八届全国嵌入式系统学术研讨会在上海举行。

9月25日　中国自行研制的神舟七号载人飞船在酒泉卫星发射中心发射升空。在整个"神七"的研制过程中，上海航天人承担三分之一的任务。

9月26日　中国科学院、上海市人民政府进一步深化院市合作协议签字仪式在沪举行。中共中央政治局委员、上海市委书记俞正声，全国人大常委会副委员长、中国科学院院长路甬祥出席仪式并为中国科学院上海浦东科技园揭牌。市委副书记、市长韩正在仪式上致辞。

10月7日　上海电气第一机床厂公司自主制造的中国首台核岛关键设备秦山二期扩建工程3号机组堆内构件实现全部国产化，10月29日通过预验收。

10月24日　上海市农业科学院培育的水稻新品种"花优14""申优繁15"通过验收。"花优14""申优繁15"产量潜力达到800千克以上，品质达到国家优质米标准，示范应用效果显著。

11月3日　由科技部和上海市政府共同主办的2008科技奥运论坛在沪举行。全国政协副主席、科技部部长万钢，上海市委副书记、市长韩正等出席论坛。

11月5日　中国科学院上海微小卫星工程中心自主研制的"创新一号02星"搭载长征二号丁运载火箭顺利升空。

11月19—20日　"低碳经济建设——上海临港新城和崇明生态岛的可持续发展"国际论坛在上海举行。

11月28日　中国自主设计研发、拥有完全知识产权的新型支线客机ARJ21-700在沪首飞。

12月1日　中国酒泉卫星发射中心用长征二号丁运载火箭将遥感卫星四号成功送入太空。长征二号丁运载火箭由中国航天科技集团公司所属上海航天技术院研制。

12月5日　上海科技界举行纪念改革开放30周年座谈会。上海市委副书记殷一璀在会上为上海科技改革开放30周年系列丛书首发揭幕。

12月23日　市科协成立50周年庆祝大会举行。中共中央政治局委员、上海市委书记俞正声，市委副书记、市长韩正出席庆祝大会。

12月26日　上海隧道工程股份有限公司研制成功的首台国产大直径泥水平衡盾构"进越号"

在打浦路隧道复线工程中首次应用。

12 月 30 日　中国科学院上海浦东科技园暨新技术基地建设开工仪式举行。中共中央政治局委员、上海市委书记俞正声,全国人大常委会副委员长、中国科学院院长路甬祥出席并共同启动开工装置。市委副书记、市长韩正出席并致辞。

2009 年

1 月 9 日　中共中央、国务院在北京隆重举行国家科学技术奖励大会。在 2008 年度国家科学技术奖中,由上海牵头或合作完成的 57 个项目获奖,获奖总数占全国 16.4%,是历年来最高的一次。

2 月 17 日　上海首度采用风云三号卫星遥感的方式,从 820 千米的高空观察城市臭氧和霾的变化,并在全国率先推出一项全新的气象服务产品——臭氧健康指数。

2 月 24 日　由上海雷博新能源汽车技术公司自主研发的纯电动(超级电容＋锂电池)公交客车投入商业营运。

2 月 27 日　市委、市政府召开上海市科学技术奖励大会。中共中央政治局委员、上海市委书记俞正声出席会议并讲话,市委副书记、市长韩正主持会议。299 项科技成果获奖。

3 月 28 日　市委举行常委会,听取关于推进科技创新增强发展能力课题调研和上海市推进高新技术产业化工作情况的汇报。中共中央政治局委员、上海市委书记俞正声主持会议并讲话。

4 月 20 日　中国海洋工程装备制造标志性工程——世界第 6 代 3 000 米深水半潜式钻井平台在上海外高桥造船有限公司顺利下坞,进入搭载总装阶段。2010 年 2 月 26 日,3 000 米深水半潜式钻井平台出坞。

4 月 22 日　上海交通大学医学院附属瑞金医院宣布,正在尝试的骨髓移植治疗 1 型糖尿病获得 7 例成功案例。

5 月 11 日　中国第一个具有自主知识产权的沙星类抗菌药盐酸安妥沙星由中国科学院上海药物研究所研制成功。

5 月 15 日　2009 科技活动周暨上海科技节在上海科技馆开幕。

5 月 17 日　长三角科技资源共享服务平台科技文献共享系统开通仪式举行。

5 月 25 日　世界上规模最大、由 4 座振动台组合而成的"多功能振动实验中心"在同济大学嘉定校区奠基开工。

同日　全长 280 米的新一代船模拖曳水池试验室在中国船舶工业集团公司七〇八所闵行分部投入使用,这是世界上唯一一座具有制造斜浪和横浪能力的拖曳水池。

5 月 27 日　由上海科技馆、上海科普教育发展基金会主办,市科委支持举办的上海科普大讲坛开讲,中国工程院院长徐匡迪作《应对气候变化,发展低碳经济》演讲。

5 月 31 日　上海召开推进高新技术产业工作会议,中共中央政治局委员、上海市委书记俞正声出席会议并讲话,市委副书记、市长韩正出席会议并作工作部署。

6 月 11 日　上海外高桥第三发电有限公司世界首创的"低能耗脱硫"系统在第一台机组上正式投运。

6 月 15 日　由上海超级计算中心参与研制的百万亿次超级计算机——"魔方"正式开通运转。上海市委副书记、市长韩正出席开通仪式并致辞。

6月26日　上海自然博物馆新馆工程开工建设。上海市委副书记、市长韩正，市委副书记殷一璀，副市长沈晓明等共同为新馆开工奠基培土。

7月3日　中国科学院上海生命科学研究院建院10周年。中共中央政治局委员、上海市委书记俞正声致信祝贺。

8月2日　第21届国际生物化学与分子生物学联盟学术大会暨第12届亚洲大洋洲生物化学家与分子生物学家学术大会在上海国际会议中心开幕。

8月3日　上海市生物医药产业推进大会在上海展览中心举行。市发展改革委、市科委在会上联合发布《关于促进上海生物医药产业发展的若干政策规定》，以及《上海市生物医药产业发展行动计划》。

8月15日　世界最大的1.65万吨自由锻造油压机、250吨/630吨·米锻造操作机和450吨电渣重熔炉在上海重型机器厂有限公司全面投运。中共中央政治局委员、市委书记俞正声出席1.65万吨自由锻造油压机开锤仪式并宣布开锤。

9月4日　亚洲首座海上风力发电场——东海大桥风电场首批3台机组正式并网发电。

9月8日　联合利华全球第6个研发网络核心——上海研发中心正式落成使用，标志着中国成为联合利华全球研发重镇。

9月14日　第13届亚洲化学大会在上海国际会议中心开幕。中国科学院常务副院长、中国化学会理事长白春礼出席大会，并任新一届亚洲化学联合会会长。

9月18日　市科协发布2008年度上海公众科学素养调查。调查显示：14.4%的上海公众具备基本的科学素养，比2005年提高3.7个百分点。

9月23日　市科技党委、市科委举办"上海科技界庆祝中华人民共和国成立60周年系列活动"。上海市委副书记、市长韩正启动展览开幕装置。

9月28日　"见证辉煌——上海市科技界庆祝中华人民共和国成立60周年大型文艺晚会"在东方艺术中心隆重上演。上海市委副书记殷一璀、副市长沈晓明等领导出席。

10月14日　哈曼国际工业集团宣布其东北亚及大中华区总部在上海正式成立，同时启用在上海的研发及工程中心。

10月16日　世界500强企业ABB机器人业务部全球研究中心在上海研制出ABB最小一款工业机器人。

10月18日　外高桥造船公司建造的绿色环保型31.9万载重吨超级油轮"九华山"号命名仪式举行。

10月20日　中国科学院上海硅酸盐研究所和上海市电力公司研制出容量为650Ah的钠硫储能单体电池，使中国成为继日本之后世界上第二个掌握大容量钠硫单体电池核心技术国家。

10月31日　世界上规模最大的隧桥结合工程——上海长江隧桥正式建成通车。中共中央政治局委员、上海市委书记俞正声出席仪式，并宣布上海长江隧桥建成通车。市委副书记、市长韩正，国家交通运输部副部长冯正霖致辞。

11月2日　市政府与瑞士诺华公司《关于在上海进一步加大研究开发投资战略合作备忘录》签约仪式举行。

11月4日　具有完全自主知识产权的年产15万吨碳五分离装置在中国石化上海石化股份公司打通全流程，生产出合格产品。

11月7日　青草沙水源地原水工程严桥支线C4标分项工程——一号管顶管实现结构贯通，并创出国内同类型、大口径、超长距顶管施工新纪录。

11月11日　上海天文台等利用"嫦娥一号"探月卫星获取的数据,在月球正面发现未被探明的两处大火山,新地标被分别称为"玉兔"和"桂树"。

11月25日　国家蛋白质科学研究上海设施项目和交叉前沿科学中心,同时在张江高科技园区奠基开建。

11月28日　中共中央政治局常委、国务院总理温家宝到上海考察高新技术企业和科研院所,就加快转变经济发展方式、产业结构调整和升级等进行调研,并听取中共中央政治局委员、市委书记俞正声代表市委、市政府所作的工作汇报。

12月8日　上海交通大学研发成功中国下潜深度最大、功能最强的无人遥控潜水器。

12月10日　沪东中华造船(集团)有限公司建造的液化天然气船(LNG)"大鹏星"号正式命名。

12月29日　上海65米射电望远镜工程奠基仪式在佘山举行。中国科学院副院长江绵恒、詹文龙,市委常委、常务副市长杨雄,副市长沈晓明共同启动奠基装置。

2010 年

1月6日　上海市肿瘤医院在国内率先开展肺癌诊断新技术"气管镜超声引导针吸活检术"临床诊断。

1月11日　中共中央、国务院在北京举行2009年度国家科学技术奖励大会。上海获奖数占全国总数的15%,连续第8年获奖总数占全国比重保持两位数。

1月20日　市政府公布最新制订完成的《崇明生态岛建设纲要(2010—2020)》,力争到2020年形成崇明现代化生态岛建设的初步框架。

2月21日　上海2010年推进高新技术产业化工作会议召开,确定2010年的具体工作目标是,高新技术产业化重点领域新增规模1 000亿元以上,产业规模达到8 400亿元以上,比上年增长14%以上,计划完成高新技术产业化投资700亿元。

2月25日　全国第一家由科技创业孵化器牵头的创业投资基金在上海成立。

2月27日　中国首座、也是亚洲首座大型海上风电场上海东海大桥10万千瓦海上风电场34台风机全部安装完成,当年7月6日正式并网发电。

3月16日　由上海交通大学主导制定的光网络测试领域RFC标准,被IETF国际标准组织作为最高级别的推荐性标准发布。

3月24日　2009年度上海市科学技术奖励大会在上海展览中心友谊会堂举行。中共中央政治局委员、上海市委书记俞正声出席会议并讲话,市委副书记、市长韩正主持会议。296项科技成果获奖。

4月12日　上海市高新技术成果转化服务中心主办的2010年科技创新政策宣传周启动。

4月15日　以"绿色出行、让世博更清洁"为主题的2010年上海世博科技——新能源汽车交车仪式在世博园中国馆的南广场举行,全国政协副主席、科技部部长万钢,科技部副部长杜占元、工信部副部长娄勤俭、副市长沈晓明等出席并剪彩。

4月19日　全国人大常委会副委员长陈至立率全国人大执法检查组到上海,对上海实施《中华人民共和国科学技术进步法》情况开展执法检查。市委副书记、市长韩正作专题汇报。市人大常委会主任刘云耕主持汇报会。

5月9日　市政府举行2010上海世博会"世博科技"专题新闻发布会,就如何实现世博会高效、便捷的管理和运营,世博信息和服务等方面进行全方位说明。

5月14—20日　2010年上海科技活动周举行,活动的主题是"携手建设创新型国家",副题是"城市·创新·世博让生活更美好"。

6月15日　长征二号丁运载火箭成功将"实践十二号"卫星送入太空。"实践十二号"卫星由中国航天科技集团公司上海航天技术研究院为主研制。

6月22日　2010中国国际物联网大会暨第3届上海通信发展论坛开幕。

7月1日　国内技术最先进、容量最大的风力发电机组3.6兆瓦大型海上风机在上海电气临港重装备基地下线。

7月8日　世界上首条电压等级最高、输电距离最远、输送容量最大的特高压直流输电工程向家坝上海±800千伏特高压直流输电示范工程正式投入运行。

7月9日　国内首个"上海芯"盾构机由上海建工基础公司研制成功。

7月28日　上海推进高新技术产业化工作会议召开,中共中央政治局委员、上海市委书记俞正声,市委副书记、市长韩正出席并讲话。

7月30日　国家技术创新工程上海市试点工作推进大会举行。中共中央政治局委员、上海市委书记俞正声,全国政协副主席、科技部部长万钢出席并讲话。

8月9日　上海国际港务集团包起帆领衔制定的《集装箱RFID货运标签系统》正式成为国际标准化组织(ISO)认可的国际公共规范。

8月28日　国内首台自主设计和制造的第二代改进型核电百万千瓦级蒸汽发生器在上海电气集团临港基地制造成功。

9月17日　《上海市科学技术进步条例》由上海市第十三届人民代表大会常务委员会第二十一次会议修订通过,自2010年11月1日起施行。

10月13日　2010年度长三角地区合作与发展联席会议召开。

10月13—14日　"2010年国际技术转移大会——中国·上海"举行。

10月19日　以"促进全球技术产权交易,大力发展低碳经济"为主题的2010年南南全球技术产权交易峰会在上海举行。

11月5日　国家科技部与上海市人民政府在上海举行部市工作会商制度议定书签字仪式暨2010年部市工作会商会议。全国政协副主席、科技部部长万钢,上海市委副书记、市长韩正出席会议并讲话。市委副书记殷一璀,市委常委、常务副市长杨雄出席会议。

11月8日　上海振华重工集团设计研发的8 000吨浮式起重船在上海长兴岛成功交付韩国三星重工。该起重船是世界上最大的海上作业浮式起重船。

11月10日　科技部和教育部在沪召开第3次全国大学科技园工作会议,部署"十二五"期间的国家大学科技园工作。教育部党组书记、部长袁贵仁在会上代表科技部、教育部做工作报告。科技部党组书记、副部长李学勇,上海市市长韩正出席会议。

11月16日　轨道交通11号线启用世界最先进的CBTC列车控制信号系统。

同日　2010上海军民两用技术促进大会暨项目对接会召开。

12月2日　市科委与市金融办联合推出"上海市科技型中小企业履约保证保险贷款"试点,首批10家科技型中小企业共获得2 380万元贷款。

12月26日　中国科学院上海高等研究院入驻浦东科技园仪式、国家重大科技基础设施项目蛋白质科学研究(上海)设施开工仪式在张江高科技园区举行。市委副书记、市长韩正出席。

第一编

机构、管理
与服务

2000年后,中央部委所属科研机构进行属地化管理,大部分划归上海科学院。建立新型科研院所,对标世界科学技术前沿;在基础科学方面,建立上海交通大学 Bio-X 生命科学研究中心、同济大学海洋科学技术研究中心、华东师范大学脑功能基因组学研究所等科研机构;在前沿技术方面,建立上海集成电路设计研究中心、上海市纳米科技与产业发展促进中心、上海太阳能电池研究与发展中心等研究中心。建立合作研究机构,由中科院上海生命科学研究院和上海第二医科大学共建的健康科学中心、上海师范大学、中科院上海天文台共建的"天体物理联合研究中心"等国内合作研究机构,由中国科学院和德国马普学会组建的中国科学院-马普学会计算生物学伙伴研究所,及中国科学院、上海市人民政府和法国巴斯德研究所合作的中国科学院上海巴斯德研究所等中外合作研究机构。上海广电集团公司、上海电气(集团)总公司、上海汽车工业(集团)总公司等建立研发实力更强的中央研究院,形成中央研究院、子公司技术中心、生产企业技术开发机构三级技术创新体系。2010年,全市有国有独立科技机构247个,附属于高等院校的研究开发机构214个,大中型工厂办技术开发机构638个。

2000年以后,继续实施科教兴市发展战略,2003年,审议通过《上海实施科教兴市战略行动纲要》。2006年,发布《上海中长期科学和技术发展规划纲要(2006—2020年)》,提出以应用为导向的自主创新发展思路,实施自主创新发展战略。科技体制改革全面展开。在科技项目管理中,全面推行项目招标、专家评议、委托管理、节点管理、成本核算等"五制"建设;实施科研计划项目网上评审、科技项目绩效评估和政府资助科技和产业化项目信息共享等;确定项目管理"8+1"的基本构架。应用型研究所实施企业化转制,公益类研究院所实施分类改革,大型科研院所进行现代多元化改制,支持转制科研院所开展新型科研院所改革试点,鼓励其承担促进产业发展的公共职能。科技政策与法规更加完善。形成《上海市科学技术进步条例》《〈上海中长期科学和技术发展规划纲要(2006—2020年)〉若干配套政策》为主、若干配套政策和实施细则为辅的综合化、系统化、整体化的政策法规体系。科技人才体系逐渐完备。2003年,市科委启动实施"交叉领域创新团队专项",实现上海科研人才培养由个体向团队整体的重大转变。2005年,市科委与市人事局联合推出"上海市浦江人才计划",吸引海外留学人才落户上海;同时增设上海青年科技启明星计划"B类"和优秀学科带头人计划"B类",强化对企业科技人才的培养。

2000年,开始设立"上海市科技发展基金软科学研究博士生学位论文资助计划"。2001年,上海科技发展研究中心正式启动,负责软科学研究项目的管理。2002年,市科委对于软课题研究项目实行项目节点拨款制。2008年,制定《上海市科技发展基金软科学研究项目管理细则》,开展软科学项目的过程管理和节点检查。形成以重点实验室和工程技术中心为主体的研发基地,到2010年,上海有40个国家重点实验室、81个市级重点实验室、15个国家工程技术研究中心、93个上海工程技术研究中心。建设上海光源、上海超级计算中心、上海地面交通工具风洞中心等大科学装置。2003年,《上海市技术市场条例》进行修改,更加符合改革不断深化及中国加入世贸组织后的要求。2006年,推出全国首创的"技术交易实时显示系统"。2008年,对"上海市技术合同网上预审"网站进行全面改版,推出全新"技术合同信息服务系统"。2010年技术合同成交金额超过 500 亿元。2004 年,召开上海研发公共服务平台建设推进大会,启动上海研发公共服务平台。2005 年,上海研发公共服务平台牵头建设开通"长三角大型科学仪器设备共用协作网"。2006 年,上海研发公共服务平台呼叫中心正式开通运行。2010 年,上海研发公共服务平台十大服务系统全部开通。

第一章 科 研 机 构

第一节 中国科学院上海分院

　　1950年3月,中国科学院经政务院批准成立华东办事处,接管并改造原中央研究院和北平研究院在上海、南京的研究机构。1958年11月成立上海分院,1961年改为华东分院,1970年中国科学院撤销分院体制。1977年11月恢复成立中国科学院上海分院(简称上海分院),划给上海市的原院属研究所,以及原分院附属机构全部划归中国科学院领导,所有独立机构实行以院为主、与上海市双重领导的体制。1994年8月,中国科学院正式批准建立"中国科学院上海生命科学研究中心";11月15日,"上海生命科学研究中心"正式挂牌运转。1995年8月,中国科学院与市政府签订全面合作协议,在沪合作建设一流科学研究基地。1998年成立"上海生命科学研究院筹备委员会"及其工作小组。1999年7月,中国科学院上海生命科学研究院成立。

　　进入21世纪,中国科学院上海分院及其各科研单位不断深化科技体制改革,根据实际需要推动改革发展。2000年5月,按照高效、优化的原则,对原有的体制结构进行大规模整合调整,使学科布局更为合理,力量更为集中,上海生命科学研究院形成"四所一中心"的全新格局,即上海生物化学与细胞生物学研究所、上海植物生理生态研究所、上海神经科学研究所、上海药物研究所、上海生物工程研究中心。至年底,建立三大生物学技术平台(模式生物、生物信息、生物芯片),确立七大重点研究领域(基因组学、蛋白质组学与生物信息学、细胞活动的分子机制及调控、脑发育与脑功能的分子与细胞机制等)。2001年,冶金研究所更名为微系统与信息技术研究所。2002年3月,中国科学院上海交叉学科研究中心成立。该中心的目标是建成面向国内外,具有国际先进水平的、围绕生命科学的多学科交叉的前瞻性和战略性理论研究场所,并成为培养国内大学科带头人的摇篮。2003年,原子核研究所重组更名为应用物理研究所。2004年,建立上海巴斯德研究所。2010年,建立上海高等研究院。截至2010年,上海分院系统有14个法人研究机构:上海微系统与信息技术研究所、上海硅酸盐研究所、上海光学精密机械研究所、上海应用物理研究所、上海技术物理研究所、上海有机化学研究所、上海生命科学研究院、上海天文台、上海药物研究所、上海巴斯德研究所、上海高等研究院、福建物质结构研究所、宁波材料技术与工程研究所、城市环境研究所。其中,福建物质结构研究所、宁波材料技术与工程研究所、城市环境研究所不在上海。

表 1-1-1　2000—2010 年中国科学院上海分院(沪区)所属研究机构情况表

机构名称	研究领域	获奖情况(2000—2010)	人员情况(2010)
中国科学院上海微系统与信息技术研究所	电子科学与技术、信息与通信工程:微小卫星、无线传感网络、未来移动通信、微系统技术、信息功能材料与器件等	国家科技进步奖一等奖1项,上海科技进步奖一等奖3项、二等奖5项、三等奖3项,上海技术发明奖二等奖2项	职工774人,科技和管理人员607人,中国科学院院士2人,中国工程院院士1人,美国国家科学院外籍院士1人

机 构 名 称	研 究 领 域	获奖情况（2000—2010）	人员情况（2010）
中国科学院上海硅酸盐研究所	人工晶体、高性能结构与功能陶瓷、特种玻璃、无机涂层、生物环境材料、能源材料、复合材料及先进无机材料等	国家技术发明将二等奖2项、上海自然科学一等奖2项、二等奖4项、三等奖1项、上海科技进步一等奖3项、二等奖3项、上海技术发明奖一等奖1项、二等奖1项	职工691人，高级技术人员219人，中国科学院院士2人，中国工程院院士3人（1人为双院士）
中国科学院上海光学精密机械研究所	强激光技术、强场物理与强光光学、信息光学、量子光学、激光与光电子器件、光学材料等	国家自然科学奖二等奖1项，国家科技进步奖一等奖1项、二等奖2项，上海自然科学奖一等奖1项、二等奖1项，上海科技进步奖一等奖7项、二等奖3项、三等奖2项	职工890人，专业技术人员747余人，中国科学院院士7人，中国工程院院士1人
中国科学院上海应用物理研究所	光子科学、加速器科学技术、核能科学技术、核科学技术与前沿交叉科学	上海科技进步奖二等奖3项、三等奖3项，上海自然科学奖二等奖1项、三等奖2项	职工829人，科技人员631人，研究员及正高级工程技术人员63人，中国科学院院士1人
中国科学院上海技术物理研究所	红外、光电探测系统技术，红外焦平面和红外、光电系统核心元部件，红外基础物理理论与应用基础研究	国家自然科学奖二等奖1项，国家科技进步奖二等奖1项，上海科技进步奖一等奖10项、二等奖14项、三等奖7项，上海自然科学奖一等奖2项	职工771人，专业技术人员648人，中国科学院院士6人，中国工程院院士2人，国际欧亚科学院院士1人
中国科学院上海有机化学研究所	化学生物学、金属有机化学、有机合成化学、元素有机化学、物理有机化学、化学信息学、有机材料化学和有机分析化学等	国家自然科学奖一等奖1项、二等奖6项，国家科技进步奖二等奖1项，上海自然科学奖一等奖2项、二等奖3项，上海科技进步奖一等奖6项、二等奖6项、三等奖1项	职工658人，科技人员520人，中国科学院院士8人
中国科学院上海生命科学研究院	分子细胞、脑与智能、分子植物、人口健康等	国家自然科学奖二等奖4项，国家科技进步奖二等奖1项，上海自然科学奖一等奖8项、二等奖8项、三等奖4项，上海科技进步奖一等奖8项、二等奖10项、三等奖8项，上海发明奖三等奖2项	职工1985人，中国科学院院士22人，中国工程院院士2人，中国科学院外籍院士1人，美国国家科学院院士2人，发展中国家科学院院士9人
中国科学院上海天文台	天文地球动力学、天体物理、行星科学、现代天文观测技术和时频技术等	国家自然科学奖二等奖1项，上海自然科学奖一等奖1项、二等奖2项，上海科技进步一等奖3项、二等奖2项	职工222人，科研人员160人，中国科学院院士1人，中国工程院院士1人

(续表)

机 构 名 称	研 究 领 域	获奖情况(2000—2010)	人员情况(2010)
中国科学院上海药物研究所	创新药物基础和应用基础研究,发展药物研究新理论、新方法和新技术,围绕恶性肿瘤、心脑血管、神经、代谢性、免疫性及感染性等疾病开展新药研发	国家自然科学奖二等奖2项,国家科技进步奖二等奖1项,上海自然科学奖一等奖1项,上海科技进步奖一等奖4项、二等奖5项、三等奖2项,上海技术发明奖一等奖1项	职工600余人,正高级职称90人,两院院士6人
中国科学院上海巴斯德研究所	传染性疾病、公共卫生健康事业、流行病监测体系和新生病毒鉴定等各种技术服务	无	职工124人,科研人员100人,学科带头人15人
中国科学院上海高等研究院	交叉前沿与先进材料、信息科学与技术、空间科技、能源与环境、生命科学与技术等	无	人员240人,科技人员143人,研究员及正高级工程技术人员48人,副研究员及高级工程技术人员41人

2010年,上海分院有专业技术人员6400多人,高级研究人员2476人,中国科学院院士51人,中国工程院院士13人,国家杰出青年基金获得者138人,国家自然科学基金委创新群体19个,国家"973"项目首席科学家189人次。上海分院研究领域主要包括同步辐射、核科学与核技术、高能量密度物理、有机化学与有机材料、无机非金属材料和金属材料、天体物理、天文地球动力学和技术方法、通信技术、微电子技术、光电子技术、激光技术、红外技术、生物化学与分子生物学、细胞生物学、神经生物学、植物生理学、分子遗传学、创新药物和生物技术、病毒学与免疫学、健康营养研究等。截至2010年,上海分院各研究院所作为第一完成单位获得国家自然科学一等奖3项,占中科院的15.8%;国家科技进步一等奖6项,占中科院的19.4%;国家技术发明一等奖3项,占中科院的75%;国家科技进步特等奖(参与)4项,占中科院的100%。

表1-1-2 2000—2010年中国科学院上海分院主要科技贡献情况表

领域	科 技 成 果
基础研究	物理有机化学前沿领域两个重要方面——有机分子簇集和自由基化学研究(国家自然科学一等奖)
	世界首次发现与附睾内在防御系统相关的基因
	A-1型家族性短指症基因成功定位并克隆
	世界上首次发现大脑记忆的编码单元
	发现神经元突触发育的新机制
	完成水稻4号染色体精确测序和分析
	染色体水平的水稻籼粳比较基因组学研究
	揭示阿尔茨海默病致病的新机制
	克隆控制水稻粒重的基因GW2
	发现支持"我们太阳系所在的银河系的中心存在超大质量黑洞"观点的证据
	基于原子力显微镜的单个纳米颗粒蘸笔纳米刻蚀技术

（续表）

领域	科　技　成　果
高技术研究	神舟飞船应用系统中有效载荷和相关材料与器件（国家科技进步特等奖）
	探月工程测控系统 VLBI 精密测量
	月球轨道激光高度计
	创新一号 01、02 微小卫星，神舟七号载人飞船伴星，风云二号 C 业务静止气象卫星及地面应用系统
	多种有效载荷、机载高光谱分辨率成像遥感系统
	小型化 OPCPA（光学参量啁啾脉冲放大）超短超强激光装置（国家科技进步一等奖）
	神光 II 高功率实验装置单元器件
	高端硅基 SOI 材料（国家科技进步一等奖）
	大尺寸人工晶体制备技术
	"特种高温润滑油"（国家科技进步特等奖）
	宽带无线视频应急系统
	万吨级 CO 气相催化合成草酸酯和草酸酯催化加氢合成乙二醇
新药	盐酸安妥沙星、丹参多酚酸盐及其粉针剂、希普林、磷酸奥司他韦

第二节　上海科学院

上海科学院成立于 1977 年 11 月，在管理体制上实行与中国科学院上海分院两块牌子一套班子，办公地点在岳阳路 319 号。根据市委通知的要求，由中国科学院上海分院和上海科学院统一领导有关科研单位，涉及单位共计 31 个。上海科学院的主要职能是归口管理有关科研单位 11 个，其中包括中央在沪单位 9 个。

1987 年 7 月上海科学院实行独立建制，其任务是管理下放到上海的中央各部门科研机构和部分市科委所属的独立的研究单位和事业单位，组织协调原属市科委、上海科学院代管的中央部属所的工作，组织这支科技力量为上海经济建设和科技事业的发展服务，并积极探索技术开发机构与企业紧密结合的途径。同年，院部办公地点迁至中山南二路 969 号；1995 年 9 月，迁至斜土路 2140 号；2000 年 1 月，迁至钦州路 100 号；2007 年 10 月，迁至浦东新区科苑路 1278 号。截至 2010 年底，上海科学院系统成员单位增加到 35 个，其中直属单位 8 个，市属单位 8 个，中央在沪单位 19 个。

2010 年，全院总人数 9 648 人，技术人员 6 493 人，高级职称 1 434 人、中级职称 2 120 人，博士 295 人、硕士 1 653 人、中国科学院院士 2 人、中国工程院院士 7 人。上海科学院主要从事计算机科学，船舶与海洋工程，电子通信与自控，光电子学与激光，材料科学，机械工程与机电一体化，动力与电气工程，能源与环保，生物、医药与遗传优生，应用物理，情报信息，科技政策与管理学等方面研究开发。有国家和地方级重点实验室 8 个、国家和地方级工程技术研究中心 9 个、国家和地方级检测中心 15 个、博士后流动站和科研工作站 4 个、博士点 12 个、硕士点 31 个，与上海多所高等院校合作建立研究生联合培养基地。

2010 年，上海科学院有市属单位 8 个：上海材料研究所、上海市计算技术研究所、上海市激光技术研究所、上海市计划生育科学研究所、上海市科学学研究所、上海科技管理干部学院、上海专利商标事务所有限公司(2004 年改现名)、上海市能源研究所(上海材料研究所代管)。

表 1-1-3　2000—2010 年上海科学院市属单位情况表

机 构 名 称	研 究 领 域	获奖情况(2000—2010)	人员情况(2010)
上海材料研究所	特种金属材料、高分子及复合材料、陶瓷材料、硬质合金和粉末冶金材料、材料先导技术等	国家科技进步奖二等奖 1 项,上海科技进步奖二等奖 2 项、三等奖 2 项	职工 344 人,专业技术人员 138 人,正副高级科研人员 67 人
上海市计算技术研究所	嵌入式系统硬件、软件的设计开发技术、无线传感器网络技术与通信技术、色谱分析技术及软件技术等	无	职工 152 人,专业技术人员 119 人,正副高级科研人员 28 人
上海市激光技术研究所	激光加工装备及工艺、激光生物医学设备、多媒体艺术激光、激光光学元器件、激光全息与防伪等	无	无
上海市计划生育科学研究所	新型计划生育/生殖健康药具、生殖调控机制及相关疾病发生机制、生殖流行病学、新药临床前评价等	上海科技进步奖二等奖 1 项	职工 155 人,专业技术人员 131 人,正副高级科研人员 44 人,中国工程院院士 1 人
上海市科学学研究所	技术预见、科技评估、科学普及、科技统计等	上海科技进步奖二等奖 1 项	职工 39 人,专业技术人员 35 人,正副高级科研人员 9 人
上海科技管理干部学院	科技管理、技术创新管理、技术管理、知识产权管理、人力资源开发咨询	无	职工 107 人,专业技术人员 54 人,正副高级科研人员 12 人
上海专利商标事务所有限公司	知识产权保护代理、知识产权法律咨询、法律事务服务及知识产权法律、法规的培训	无	职工 229 人,专业技术人员 105 人,正副高级科研人员 23 人

截至 2010 年,上海科学院直属单位 8 个:上海仪器仪表研究所、上海市脑血管病防治研究所、上海市纳米科技与产业发展促进中心、上海集成电路技术与产业促进中心、上海计算机软件技术开发中心、上海实验动物研究中心、上海知识产权培训中心、上海科耀科技发展有限公司。

表 1-1-4　2000—2010 年上海科学院直属单位情况表

机 构 名 称	研 究 领 域	获奖情况(2000—2010)	人员情况(2010)
上海仪器仪表研究所	电测仪器、元器件测试设备、通用计量电测设备、儿童医疗保健诊断仪器等	无	职工 65 人,专业技术人员 56 人,正副高级科研人员 8 人
上海市脑血管病防治研究所	中风基础理论、流行病学、脑血管病预防、中风预警、检测、中药物、综合干预与管理等	无	员工 13 人,专业技术人员 11 人,博士 1 人,硕士 3 人,高级职称 4 人、中级职称 5 人

（续表）

机 构 名 称	研 究 领 域	获奖情况（2000—2010）	人员情况（2010）
上海市纳米科技与产业发展促进中心	纳米压印的工艺研究、应用研究，尤其适用于 LED 以及光刻胶的制作	无	职工 19 人，专业技术人员17 人，高级科研人员 4 人
上海集成电路技术与产业促进中心	集成电路设计技术服务、信息技术领域项目管理、产业化促进	无	职工 31 人，专业技术人员27 人，高级科研人员 3 人
上海计算机软件技术开发中心	软件工程技术标准、软件开发与系统集成、信息系统设计等	上海科技进步奖二等奖 2项、三等奖 1 项	职工 70 人，专业技术人员66 人，高级科研人员 21 人
上海实验动物研究中心	实验动物管理和培训，检测和科研，引进、培养、推广新的实验动物品系，动物实验服务等	上海科技进步三等奖 1 项	职工 29 人，专业技术人员24 人，高级科研人员 8 人
上海知识产权培训中心	知识产权培训、专利再创新、专利代理、企业咨询、知识产权战略研究	无	职工 17 人，专业技术人员6 人

截至 2010 年，上海科学院中央在沪单位 19 个：中国电子科技集团公司第二十一研究所、中国电子科技集团公司第二十三研究所、中国电子科技集团公司第三十二研究所、中国电子科技集团公司第五十研究所、中国电子科技集团公司第五十一研究所、中国船舶重工集团公司第七〇一研究所上海分部、中国船舶重工集团公司第七〇二研究所上海分部、中国船舶重工集团公司第七〇四研究所、中国船舶重工集团公司第七〇五研究所上海技术工程部、中国船舶工业集团公司第七〇八研究所、中国船舶重工集团公司第七一〇研究所试验站、中国船舶重工集团公司第七一一研究所、中国船舶重工集团公司第七二六研究所、中国船舶重工集团上海工程建设技术开发处、中国工程物理研究院上海激光等离子体研究所、核工业第八研究所、中国工程物理研究院上海办事处、中国煤炭科工集团上海研究院、中国图书进出口公司上海公司。

表 1-1-5　2000—2010 年上海科学院中央在沪单位情况表

机 构 名 称	研 究 领 域	获奖情况（2000—2010）	人员情况（2010）
中国电子科技集团公司第二十一研究所（上海微电机研究所）	主要从事各类微特电机与组件的研究、开发、试制、生产	无	职工 736 人，专业技术人员 301 人，高级科研人员 66 人
中国电子科技集团公司第二十三研究所（上海传输线路研究所）	光、电信息传输线、连接器及组件，光纤、光缆、光器件、光电传输系统和线缆专用设备等	无	职工 508 人，专业技术人员 321 人，正副高级科研人员 98 人
中国电子科技集团公司第三十二研究所（华东计算技术研究所）	基础软件、关键芯片、嵌入式计算机等	上海科技进步奖一等奖 1项、二等奖 1 项	职工 984 人，高级科技人员 104 人，中级及以上科技人员 312 人

47

（续表）

机构名称	研究领域	获奖情况(2000—2010)	人员情况(2010)
中国电子科技集团公司第五十研究所(上海微波技术研究所)	军工电子,电力电子,市政电子,安全电子	上海科技进步奖三等奖1项	职工人数771人,专业技术人员670人,正副高级科研人员89人
中国电子科技集团公司第五十一研究所(上海微波设备研究所)	微波设备与技术、电路与系统、信号与信号处理、、计算机等	无	职工393人,专业技术人员239人,正副高级科研人员40人
中国船舶重工集团公司第七〇一研究所上海分部	护卫舰、军贸产品、军辅船、公务船、特种船舶、高新船舶等的总体设计,以及相关硬件与系统总承供货	无	职工173人,专业技术人员122人,正副高级科研人员45人,中国科学院院士1人
中国船舶重工集团公司第七〇二研究所上海分部(中国船舶科学研究中心上海分部)	船舶及海洋工程、水利工程、水中兵器试验、实船性能试验检测、计算机等	无	在编人员58人,专业技术人员48人,高级科研人员23人,中国工程院院士1人
中国船舶重工集团公司第七〇四研究所(上海船舶设备研究所)	船舶电站、特种机械、减摇装置、环境工程、特种推进、甲板机械等	无	员工897人,专业技术人员679人,正副高级科研人员213人
中国船舶重工集团公司第七〇五所上海技术工程部	无	无	无
中国船舶工业集团公司第七〇八研究所(中国船舶及海洋工程设计研究院)	舰船产品的研究与设计:军用舰船、民用船舶海洋工程装备等	国家科技进步奖二等1项,上海科技进步奖一等奖1项、二等奖2项、三等奖1项	职工900多人,专业技术人员700多人,高级科研人员200多人,中科院院士1人,中国工程院院士1人
中国船舶重工集团公司第七一〇研究所试验站	目标特性测试研究、国防预研课题研究和型号产品研制生产等	无	职工22人,专业技术人员17人,正副高级科研人员3人
中国船舶重工集团公司第七一一研究所(上海船用柴油机研究所)	柴油机、热气机、动力系统集成、舰船机舱自动化、热能工程与技术、能源服务等	国家科技进步奖一等奖1项,上海科技进步奖一等奖1项、二等奖2项、三等奖1项	职工907人,专业技术人员548人,高级科研人员247人,中国工程院院士1人
中国船舶重工集团公司第七二六研究所(上海船舶电子设备研究所)	水声对抗、水下近程防御、舰艇消防等专业技术研究和系统及装备设计、生产等	无	职工463人,专业技术人员273人,正副高级科研人员68人
核工业第八研究所	粉末冶金、复合材料、膜过滤材料、电子材料、磁性材料等	无	职工137人,专业技术人员36人,正副高级科研人员6人

（续表）

机构名称	研究领域	获奖情况（2000—2010）	人员情况（2010）
中国工程物理研究院上海激光等离子体研究所	高功率激光光学工程、高功率激光驱动器、激光等离子体物理、高压物理等	上海科技进步奖一等奖1项	职工46人，专业技术人员40人，正副高级科技人员16人，中国科学院院士1人，中国工程院院士2人
中煤科工集团上海研究院	主要从事煤矿井下与矿山系统成套设备与技术的开发、研究和制造	无	无

第三节　上海市农业科学院

前身是上海市农业科学研究所，1959年7月成立。1960年扩建为上海市农业科学院，设作物育种栽培、园艺、食用菌、土壤肥料、植物保护、畜牧兽医（附设畜牧试验场）、农业机械化（附设农机实验工厂）7个研究所，1个农业试验场。1989年，设作物育种栽培、土壤肥料、植物保护、园艺、食用菌、畜牧兽医、科技情报7个研究所和生物技术研究中心、测试中心、饲料产品质量监督检验站等。1999年，设作物育种栽培研究所、园艺研究所、食用菌研究所、环境科学研究所、植物保护研究所、畜牧兽医研究所、农业科技信息研究所、饲料质量监督检验站、农业生物技术和测试中心、动植物引种研究中心、重固良种繁育中心和花卉研究开发中心等。

2000年，国家科委对农科院国家家禽工程技术研究中心进行验收，批准正式运行。2001年，建立全国首个为农服务的"农科热线"，并公示每周咨询专业范围。同年11月，获批设立博士后科研工作站；2002年，建立林木果树研究所，环境研究所与植物保护研究所合并成生态环境保护研究所；成立"上海市农业生物基因中心"，隶属于上海市农业农村委，委托上海市农业科学院管理。2005年8月，与上海海洋大学（原上海水产大学）组建上海水产大学农业研究院；2006年4月，农业部食用菌产品质量监督检验测试中心（上海）、上海市饲料质量监督检验站和上海市农业科学院测试中心合并组建农产品质量标准与检测技术研究所。2009年，国家科技部正式批文，批准在上海市农业科学院食用菌研究所建立国家食用菌工程技术研究中心。

2010年，全院在职职工908名，其中专业技术人员555名，国家及地方领军人才16名，高级专业技术职务科技人员221名（研究员95名），硕、博士386名（博士133名），享受国务院特殊津贴专家71名，拥有博士后科研工作站1个；形成粮油作物种质创新与推广应用、园艺作物新品种选育与高效栽培、食用菌种质创制与产业化技术、畜禽新品种选育与健康养殖、生态农业与植物病虫害绿色防控、农产品质量安全与保鲜加工技术、农业生物技术与资源评价利用、现代农业经济与数字农业技术等八大优势学科（领域）。2000—2010年，获得国家科技进步奖二等奖1项，上海科技进步奖一等奖7项、二等奖27项、三等奖46项，上海技术发明将一等奖2项、二等奖1项、三等奖3项。截至2010年，上海市农业科学院主要有作物育种栽培研究所、林木果树研究所、设施园艺研究所、食用菌研究所、畜牧兽医研究所、生态环境保护研究所、农业科技信息研究所、生物技术研究所、农产品质量标准与检测技术研究所、上海市农业生物基因中心等。

表 1-1-6 **2010 年上海市农业科学院主要研究机构情况表**

机 构 名 称	成立年份	研 究 领 域
作物育种栽培研究所	1960	水稻、油菜和玉米等作物新品种、新组合选育;林木、果树引进和新品种选育;相关植物生物技术研究;农产品保鲜加工研究和辐照灭菌服务
林木果树研究所	2002	桃、梨、草莓、葡萄等果树种质资源的收集、保存、鉴定评价与利用以及新品种选育研究;果树栽培新技术、新模式研究;中高档盆花及彩叶观赏苗木新品种选育研究
设施园艺研究所	1960	蔬菜、瓜果新品种选育及栽培技术研究
食用菌研究所	1960	遗传育种、栽培工艺、食用菌的加工、药用菌开发、菌种保藏和利用、病虫害防治、信息资源等领域的研究
畜牧兽医研究所	1952	猪、禽新品种培育及杂交优势利用,饲料饲养、畜禽疫病防治及环境保护等
生态环境保护研究所	2002	环境科学和绿色技术、持续农业和新型肥料、水肥现代化调控技术、病虫草害综合治理技术、有益微生物的开发、生态环境保护等
农业科技信息研究所	1985	都市型现代农业理论体系研究、宏观与微观农业技术经济研究、新农村发展规划研究、区域农业经济研究、市场物流信息研究、科技兴农发展战略研究、农业科技发展政策研究等
生物技术研究所	1989	功能基因分离、克隆与元件构建和高效转基因技术、农作物新种质、新品系、人龋齿疫苗、饲料添加剂、酶制剂等生物工程产品、转基因作物及其加工产品检测和安全性评价等
农产品质量标准与检测技术研究所	2006	兽药和农药残留评价及快速检测技术研究、农产品安全生产配套监控技术体系的研究、新型添加剂检测技术的研究、农业投入品质量检测技术研究和食用菌生理生化研究等
上海市农业生物基因中心	2002	农业生物基因资源收集、保存、研究和利用,野生稻、药用植物资源和球宿根花卉的超低温保存,节水抗旱稻品种选育等

第二章 管 理

第一节 决 策

一、发展战略

1995年8月30—31日,市委、市政府在上海展览中心友谊会堂召开上海市科学技术大会。市长徐匡迪作题为《实施"科教兴市"战略,为加快实现上海宏伟目标奋斗》的总结讲话,提出"科教兴市"战略。1999年11月26—27日,上海市技术创新大会在上海展览中心召开,这次会议的主要任务是:认真贯彻全国技术创新大会精神,明确面向21世纪上海技术创新工作的目标与思路,动员全市各级党政组织和社会各界,进一步实施科教兴市战略,认清形势,明确任务,加强技术创新,构建创新体系,加速科技成果转化为现实生产力,加快高科技产业化进程,提高上海经济发展的整体素质,为全面实现上海跨世纪发展的宏伟目标奠定坚实的基础。

2003年2月16日,上海市第十二届人民代表大会第一次会议在上海展览中心中央大厅举行,上海市主要领导在政府工作报告中明确指出要坚持"科教兴市"战略,大力提升企业核心竞争力、国有经济主导竞争力、区域经济整体竞争力和城市综合竞争力;坚持整体推进国际化、市场化、信息化,大力改善城市发展软环境;坚持可持续发展战略,坚持以举办一届出色的世博会为动力,推动城市能级不断提升。12月16—17日,市委召开第八届四次全会,审议通过《上海实施科教兴市战略行动纲要》。纲要明确:科教兴市是推进上海城市经济社会发展的主战略。2004年4月,为保障和促进"科教兴市"主战略顺利实施,上海市科教兴市领导小组成立。领导小组是在市委、市政府的领导下负责协调和推进"科教兴市"主战略的议事协调机构,主要负责审定科教兴市中长期规划和年度计划,指导科教兴市政策和项目推进、平台建设等各项工作的落实,统筹协调科教兴市相关重要事项等。为解决科技发展过程中体制、机构瓶颈,上海打破部门壁垒和资源分割,将中共上海市科学技术工作委员会和中共上海市教育工作委员会合并为中共上海市科技教育工作委员会,科技、教育党委的合并有利于科技、教育改革发展的整体规划和科教工作无空隙推进。6月18日,上海市科教兴市领导小组召开第一次工作会议。明确实施科教兴市战略的重点任务和工作要求。在科学发展观的统领下,做到统一思想、深化认识,形成合力、扎实推进,最大限度把"第一生产力"和"第一资源"能量释放出来,实现经济社会全面、协调、可持续发展。年内,首批科教兴市重大产业科技攻关项目启动实施;公共服务平台建设取得新进展;产学研合作联盟的步伐进一步加快;企业自主创新能力逐步加强;教育工作会议顺利召开;科技教育体制改革不断深化;知识产权意识逐步渗透社会;人才资源开发步伐不断加快;具有区域特色的科技产业有新的进展;市区联动、园区建设出现新局面;服务长三角、服务全国,部市、院市合作领域加快拓展;制定《上海优先发展先进制造业行动方案》和《上海加速发展现代服务业实施纲要》;颁布实施《上海实施知识产权战略纲要》和《上海市实施人才强市战略行动纲要》;修订《上海市促进高新技术成果转化的若干规定》;基本编制完成上海中长期科学和技术发展规划的战略研究工作。12月16—17日,市委八届六次全会举行,市委主要领导强调要加强自主创新能力,推进"科教兴市"主战略向纵深发展,并指出大力实施"科教兴市"主战略,是坚持"两个第一"思想兴市,是科技、教育、人才兴市;要牢牢抓住自主创新这个核心,切实把增强自主创新能力作为重中之重;要坚持以企业为主体,加快推进"产学研"战略联盟,大力扶植和培育具有自主知识产权的高新技术企业,切实提高企业的研究开发能力;要高度重视人才特别是科技人才的培养集聚,高度重视市民整体素质特别是科技文化素质的提高,为科教兴市夯实基础;要切实发挥"科教兴市"主战略对全社会的引领作用,进一步形成社会共识、社会尊重和社会合力,促进经济社会全面协调可持续发展。

2006年1月,中共中央召开全国科技大会。部署实施《国家中长期科学和技术发展规划纲要(2006—2020)》,提出加强自主创新、建设创新型国家的战略。1月12日,市政府发布《上海中长期科学和技术发展规划纲要(2006—2020年)》,确立以知识竞争力为衡量指标的城市创新体系建设目标,提出以应用为导向的自主创新发展思路,凝练出上海中长期技术创新和科学研究任务。3月6日,中共中央总书记胡锦涛在参加十届全国人大四次会议上海代表团的审议时,对上海提出实现"四个率先"的要求。希望上海率先转变经济增长方式,把经济社会发展切实转入科学发展轨道;率先提高自主创新能力,为全面建设小康社会提供强有力的科技支撑;率先推进改革开放,继续当好全国改革开放的排头兵;率先构建社会主义和谐社会,切实保证社会主义现代化建设顺利进行。3月23日,市委、市政府在展览中心友谊会堂召开上海市科学技术大会。大会明确增强自主创新能力的基本思路和重点任务:围绕国家科技创新部署和建设创新型国家的总体战略布局,以自主创新能力和知识竞争力为手段,构建良好的创新体系,实施"三个支撑",即支撑产业结构优化升级,支撑可持续发展,支撑城市功能提升。要求通过"三个聚焦"(聚焦国家战略、聚焦重大产业、聚焦创新基地)和"三个加强"(加强投融资机制创新、加强市和区县联动、加强人才培养),突破自主创新的瓶颈和障碍,发挥上海自主创新的潜力,攀登科技制高点,培育经济增长点。2007年4月18日,上海市科技奖励大会指出:要按照胡锦涛总书记对上海工作的要求,按照中央建设创新型国家的战略,按照科学发展观要求,切实增强危机感、使命感和紧迫感,把推动科技自主创新放在科技工作的突出位置,把提高自主创新能力作为调整经济结构和转变经济增长方式的中心环节,聚焦国家战略、重大产业项目和创新基地,积极探索具有中国特色、时代特征、上海特点的自主创新之路。5月24日,市委书记习近平在中国共产党上海市第九次代表大会指出:按照建设创新型国家的要求,把增强自主创新能力贯穿于全市工作的各方面、各环节,加快实施《上海中长期科学和技术发展规划纲要》,突出创新体系和创新环境建设,以自主创新驱动城市持续发展。加快建立以企业为主体、市场为导向、同行业技术前沿为目标、产学研相结合的技术创新体系。2009年3月28日,中共中央政治局委员、市委书记俞正声在市委常委会指出:进一步推进科技创新、加快高新技术产业化,要着眼于抢占科技制高点、培育经济增长点、服务民生关注点,以率先提高自主创新能力为主线,以实施重大项目为抓手,以加强共性技术研发为支撑,以优化创新政策体系为保障,着力发挥各类创新要素的功能,促进各类创新主体之间的互动融合,不断完善以市场为导向、企业为主体、产学研相结合的技术创新体系。2010年7月30日,中共中央政治局委员、市委书记俞正声在国家技术创新工程上海市试点工作推进大会指出:上海正处在发展转型的关键时期,要在转变经济发展方式上率先取得突破性进展,就必须依靠科技进步,推动经济发展从资源依赖型、投资驱动型向创新驱动型为主转变。我们要充分认识实施国家技术创新工程的重要性,抓住这一工程在上海试点的难得契机,按照建设创新型国家的总体要求,聚焦国家战略、聚焦重大产业化项目、聚焦创新基地,推动上海尽快走上科学发展、创新驱动、内生增长、率先转型的发展轨道,为全国深入贯彻落实科学发展观、转变经济发展方式探索先行和积累经验。

二、发展规划

1999 年，开始研究制订"上海市科技发展'十五'计划与 2015 年长远规划"（以下简称"规划"）。市科委组成规划领导小组、总体组、专家小组和课题研究小组。参加"规划"编制的人员中包括从事宏观经济和专业科技方面的专家，还有长期从事科研计划和规划的政府部门和企业、科研、情报机构的管理人员和研究人员。总体组先后召开多次各方面专家座谈会和工作会议，就"规划"思路框架的构建进行讨论和修改，产生出许多对规划编制有益的新思路和新观念。2002 年 7 月 8 日，市政府印发《上海市"十五"科技与教育发展专项规划》。"十五"规划着眼于提高城市综合竞争力，以培养创新人才和提高持续创新能力为抓手，加快科技教育的互相融合和资源共享，基本建成适应现代科技发展要求的创新体系，显著提高科技持续创新能力，使上海成为国家重要的科学技术研究开发与高科技产业化基地，整体实力处于全国前列，为提高上海城市综合竞争力提供强大的技术支撑。主要任务是：以生命科学与生物技术、信息科学与信息技术、材料科学与材料技术为重点，瞄准世界学科前沿开展相关的高科技与基础性研究，力争重点突破，在有优势的科技前沿取得一批具有世界先进水平的科技成果。以市场为导向，以企业为主体，以提高科技原创力为突破口，开发、培育并形成一批符合上海产业发展方向、有自主知识产权、有市场竞争力的技术、产品，培育有明显特色的高科技产业集群。以资源集聚和共享为主线，进一步优化和完善全市高新技术园区和大学园区的布局和规模，建设若干开放的应用性研究、基础性研究和高层次人才培养基地。

2004 年 3 月，市科委按照市委、市政府的部署，根据《2004—2005 年上海科教兴市工作计划》提出的"制定上海市中长期科技发展规划"的要求，启动上海中长期科技发展规划战略研究工作，成立覆盖全市、由 300 余人组成的规划编制核心工作小组，内容涵盖先进制造业、现代服务业、人口与健康科技、城市建设与公共安全等 10 个专题。10 月 17 日，市科委广邀院士、专家，就编制中的"上海中长期科技发展规划"进行为期两天的研讨。这是上海首次大范围制定中长期科技发展战略。2005 年 8 月 5 日，市委召开专题会议，听取科教兴市有关工作汇报。市科委党组书记、主任李逸平作关于上海中长期科技发展规划编制情况的汇报。10 月 31 日，市长韩正主持召开市政府常务会议，审议并原则通过《上海中长期科技发展规划纲要》（送审稿）。2006 年 1 月 12 日，市政府发布《上海中长期科学和技术发展规划纲要（2006—2020 年）》。确立以知识竞争力为衡量指标的城市创新体系建设目标，提出以应用为导向的自主创新发展思路，凝练出上海中长期技术创新和科学研究任务，提出以重点围绕核心资源形成机制、企业动力激活机制、市场价值实现机制以及科技统筹管理体制的"三机制，一体制"为核心的上海科技创新体系的建设任务。在技术创新方面，围绕"健康（Healthy）上海、生态（Ecological）上海、精品（Advanced manufacturing）上海和数字（Digital）上海"四个方面，实施"引领（HEAD）工程"；围绕 11 个应用方向、研发 33 个战略产品或功能、攻克相关的 60 项关键技术；科学研究任务围绕生命科学、材料科学与工程、物质科学与信息、空天与地学、交叉科学等 5 个重点领域，开展 23 个优先主题的研究，力争在生命科学和材料科学等领域抢占世界科技制高点，推进纳米、生物、信息、认知等学科的交叉和融合，形成新的学科优势。明确规划实施的相关保障措施。

2005 年 5 月 11 日，市长韩正、副市长周禹鹏、副市长严隽琪等市领导及市规划小组听取市科委关于"十一五"科技发展规划纲要编制工作的汇报。"十一五"是上海发展的关键时期，上海国际大都市建设将进入攻坚阶段，世博会将在上海举办，科学技术肩负着重要的历史使命。"十一五"纲要提出的战略重点是：坚持科学发展观，实施科教兴市主战略，发挥知识资本与人力资本的主导作用,持续增强科技自主创新能力,支撑引领经济社会协调发展,提升上海面向全球的知识竞争力。围绕知识竞争力提升的目标,贯彻以应用为导向的自主创新竞争策略,确定科技发展重点领域。布局开发12项重大战略产品,建设能集中体现和发挥科技引领经济社会发展作用的四大重大科技示范工程,即科技世博园、智能新港城、崇明生态岛、张江药谷。围绕未来五年上海国民经济和社会发展的需求,部署41项技术创新项目和17项科学研究项目。启动生命健康研究院、城市生态研究院、产业技术研究院以及计量标准研究院的建设。继续推进全社会各方资源全面共享、标准统一、分工有序、高效互动的研发公共服务体系。

2009年11月,按照市委、市政府关于研究编制"十二五"规划的总体部署,以及国家"十二五"科技发展规划研究编制的安排,市科委会同相关委办局正式启动上海"十二五"科技发展规划的研究编制工作。在科学评估"十一五"规划执行情况的基础上,研究确定"十二五"科技发展目标、重点任务布局。"十二五"期间是上海率先实现发展方式转变、由投资拉动向创新驱动转型的关键时期,也是贯彻落实中长期科技发展规划、建设创新型城市的冲刺阶段。在规划研究编制过程中,重点把握"三个坚持":坚持有效对接国家"十二五"科技发展规划和市"十二五"国民经济和社会发展规划;坚持以上海中长期科技发展规划纲要为基本框架;坚持开门办规划,集中各方智慧。规划启动以来,市科委聘请一大批科学家、经济学家、社会学家和企业家作为专家或起草组成员,一起参与规划的研究编制,并组织开展规划大讨论、开通网上意见征集平台,广泛吸纳各方智慧。经过一年的研究编制工作,到2010年底,完成上海市"十二五"科技发展规划(框架稿)。"十二五"科技发展规划框架稿体现"五个注重":在发展的重点上,注重战略性新兴产业的培育和民生科技的发展,以及世博效应的发挥;在发展的主体上,注重企业技术创新主体的培育;在发展的载体上,注重张江高新区和区县的创新发展;在发展的基础上,注重创新源泉培育和创新环境建设;在发展的保障上,注重体制机制的改革创新和效率提升,充分体现科技规划支撑"创新驱动,转型发展"的特点,坚持对接国家战略和全市目标,明确指导思想和发展主线,创新规划结构,提出"四大工程"的规划方式等。

三、大会

2006年1月9—11日,全国科技大会在北京隆重召开,提出建设创新型国家战略目标。市委副书记、市长韩正在会上作题为"集成创新资源增强城市国际竞争力"的讲话。3月23日,上海市科学技术大会隆重举行。会议强调,高举邓小平理论和"三个代表"重要思想伟大旗帜,以科学发展观为指导,按照胡锦涛总书记提出的"四个率先"要求,全面贯彻落实全国科技大会精神,大力实施科教兴市战略,着力突破制约发展的制度瓶颈,积极探索中国特色、上海特点的自主创新道路。会议还对《上海市中长期科学和技术发展规划纲要(2006—2020年)》作说明。大会明确增强自主创新能力的基本思路和重点任务:围绕国家科技创新部署和建设创新型国家的总体战略布局,以自主创新能力和知识竞争力为手段,构建良好的创新体系,实施"三个支撑",即支撑产业结构优化升级,支撑可持续发展,支撑城市功能提升。要求通过"三个聚焦"(聚焦国家战略、聚焦重大产业、聚焦创新基地)和"三个加强"(加强投融资机制创新、加强市和区县联动、加强人才培养),突破自主创新的瓶颈和障碍,发挥上海自主创新的潜力,攀登科技制高点,培育经济增长点。国家科技部部长徐冠华参加会议并致辞,市委、市人大、市政府、市政协主要领导出席会议。大会颁发2005年度上海市科学技术进步奖318项,其中一等奖44项,二等奖109项,三等奖165项。中国科学院院士蒋锡夔和中国工程院院士汤钊猷荣膺2005年度上海市科技功臣。

2009 年 3 月 28 日，市委举行常委会，听取关于推进科技创新增强发展能力课题调研和上海市推进高新技术产业化工作情况的汇报。中共中央政治局委员、市委书记俞正声主持会议并讲话。5 月 31 日，上海召开推进高新技术产业化工作会议，中共中央政治局委员、市委书记俞正声出席会议并讲话，市委副书记、市长韩正出席会议并作工作部署。会上公布《关于加快推进上海高新技术产业化的实施意见》，聚焦新能源、民用航空制造业、先进重大装备、新能源汽车、海洋工程装备、生物医药、电子信息制造业、新材料、软件和信息服务业等 9 个重点高新技术产业领域，为上海高新技术产业发展绘制一幅全新的发展蓝图。

2010 年 2 月 21 日，上海 2010 年推进高新技术产业化工作会议召开，确定 2010 年的具体工作目标是，高新技术产业化重点领域新增规模 1 000 亿元以上，产业规模达到 8 400 亿元以上，比上年增长 14% 以上，计划完成高新技术产业化投资 700 亿元。同时围绕 41 个产业基地，实现重点项目、关键零部件、龙头企业集聚，加快产业发展。围绕目标，将大力推进十项举措：一是加快推进重点项目实施，二是加快推动产业化基地建设，三是加大招商引资力度，四是推进重点领域专业对接，五是发布 2010 年度重点项目指南，六是培育战略性新兴产业，七是完善高新技术产业化市场运作机制，八是落实扶持政策，九是加强高新技术产业化宣传工作，十是加大人才队伍建设。7 月 28 日，上海推进高新技术产业化工作会议召开，中共中央政治局委员、上海市委书记俞正声，市委副书记、市长韩正出席并讲话。会议宣布，2010 年上海市高新技术产业化重点领域将新增智能电网、物联网和云计算，同时公布三大领域未来 3 年的产业发展行动方案。到 2012 年，智能电网方面，上海将力争培育 3～5 家智能电网行业龙头企业，产业规模达到 500 亿元左右。重点发展新能源接入与控制、电力储能、电力电子应用及核心器件、智能配电网与智能用户端等产业和技术；物联网方面，突破传感器、控制芯片、短距离无线通信、组网和协同处理等核心技术；推进环境监测、物流管理等 10 个应用示范工程，推进嘉定、浦东等物联网产业化基地建设；云计算方面，培育 10 家在国内有影响力、年销售额超亿元的云计算技术与服务企业，建成 10 个面向城市管理、产业发展、电子政务、中小企业服务等领域的云计算示范平台；推动百家软件和信息服务业企业向云计算服务转型；带动信息服务业新增经营收入千亿元。重点突破虚拟化核心技术、研发云计算管理平台、建设云计算基础设施、鼓励云计算行业应用和构建云计算安全环境。会前，俞正声、韩正等市领导出席上海市高新技术产业化展开幕式，并参观展览。

2010 年 7 月 30 日，国家技术创新工程上海市试点工作推进大会举行。中共中央政治局委员、市委书记俞正声，全国政协副主席、科技部部长万钢出席并讲话。市委副书记、市长韩正主持会议，科技部党组书记、副部长李学勇宣读《关于对国家技术创新工程上海市试点方案的复函》。

第二节　政　策　法　规

2000 年以后，上海科技法制建设认真贯彻国家技术创新决定和上海市技术创新决定，围绕科技创新体系建设，为培育创新源泉、塑造创新主体、培养创新人才、优化创新创业环境服务，进一步完善创新政策环境、促进政府职能转换，为上海面向新世纪、适应新形势、开创新局面打下基础。

一、政策

2000 年，市政府批转《市科委、市经委关于上海地方应用型研究所深化体制改革实施意见》，全市 90 个地方开发性研究所的转制初步完成。2001 年,颁布《进一步加强上海市区(县)科技工作的若干意见》,明确区(县)科技工作的目标、任务和具体要求等。2002 年 6 月 12 日,市政府颁布《关于加快实施农业科技化进程的若干意见》,提出重点扶持方向和相关政策措施。2003 年 7 月 30 日,市政府发布《关于进一步加强知识产权工作的若干意见》,提出从企业、高校、科研院所、环境、服务和管理体系等方面加强知识产权工作。2004 年,《上海知识产权战略纲要(2004—2010 年)》和《上海市实施人才强市战略行动纲要》相继颁布。2005 年 1 月 11 日,市政府发布《关于上海市转制科研机构深化产权制度改革的若干意见》,提出科研机构产权制度改革的原则、形式、程序、要求和措施等。

2006 年 5 月 23 日,市政府印发《关于实施〈上海中长期科学和技术发展规划纲要(2006—2020年)〉若干配套政策的通知》(简称"36 条")。从加强政府科技投入和管理、大力提升企业自主创新能力、增强产学研创新合力、加快推进高新技术成果转化、加强引进消化吸收再创新、加大政府采购力度、改善投融资环境、加强知识产权的创造、运用和保护、加强人才队伍建设、完善推进落实机制10 个方面,提出 36 条具体政策措施。"36 条"以加快构建企业为主体、市场为导向、产学研相结合的技术创新体系为核心;以大力提升自主创新能力,推进理念、主体和机制创新为着力点,在政策设计上,重点把握"三个结合、三个强化":一是把落实国家政策和上海市好的经验做法相结合,强化政策的有效性和操作性;二是把梳理和整合上海市现有政策与创新推进机制相结合,强化政策的延续性和突破性;三是把切实帮助企业解决实际问题与加强面上指导相结合,强化政策的针对性和系统性。7 月 11 日,市政府办公厅印发《"36 条"配套政策实施细则(第一批)工作方案》,提出 50 项实施细则及其责任分工和时间节点要求。在 15 项实施细则或方案出台实施的基础上,9 月,市领导召开市政府专题会议明确工作部署,由市发改委、市科委、市财政局等三部门牵头,抓紧做好实施细则的协调平衡工作,包括认定标准、政策资源、考核评估、法规等,并研究实施细则出台的步骤和方式。市政府各部门陆续制定 23 项实施细则、6 项实施意见(方案)和工作措施(见表 1－2－1);出台 11 个与配套政策或科技创新有关的政策法规,并对 2006 年以来的 7 项政策进行修订。

表 1－2－1　上海中长期科技发展规划(2006—2020)主要配套政策一览表

细　目	政策法规名称	颁布时间
配套政策	《上海中长期科学和技术发展规划纲要(2006—2020 年)》若干配套政策	2006 年 5 月 23 日
政府投入	国家重大(科技)专项和上海市重大科技项目资金配套管理办法(暂行)	2007 年 4 月 26 日
企业创新	关于印发《上海市国资委系统推进科教兴市管理工作试行办法》等五个办法的通知	2006 年 9 月 7 日
	上海市企业自主创新专项资金管理办法	2007 年 5 月 29 日
	上海市科技小巨人工程实施办法	2006 年 5 月 29 日
	"计量基地技术创新和开放共享机制"实施办法	2007 年 2 月 28 日
创新合力	关于推进科技兴农项目的实施意见	2006 年 9 月 8 日
成果转化	高新技术成果转化专项资金扶持办法	2006 年 12 月 29 日
引进创新	关于应用信息技术改造提升传统产业的若干政策意见	2007 年 1 月 12 日
	上海市关于支持重大技术和装备引进消化吸收再创新的实施意见	2007 年 5 月 30 日

细　目	政策法规名称	颁　布　时　间
政府采购	市政府采购支持自主创新产品暂行规定	2006 年 12 月 11 日
	上海市重大基础设施采购自主创新成果的试行办法	2006 年 10 月 27 日
	上海市鼓励重大技术装备首台业绩突破实施办法（试行）	2007 年 2 月 2 日
	上海市重大技术装备首台业绩突破项目认定办法（试行）	2007 年 11 月 1 日
融资环境	关于上海市担保机构代偿损失实施补偿的暂行办法	2006 年 9 月 8 日
	上海市创业投资企业备案管理操作暂行办法	2006 年 12 月 1 日
	关于加强中小企业信用制度建设的实施意见	2006 年 12 月 30 日
	上海市创业投资风险救助专项资金管理办法	2007 年 1 月 1 日
知识产权	知识产权投资入股登记办法	2006 年 10 月 26 日
	上海市专利资助办法	2007 年 3 月 1 日
	上海市加快自主品牌建设专项资金管理暂行办法	2007 年 10 月 23 日
	上海市标准化推进专项资金管理办法	2008 年 2 月 14 日
	上海市发明创造的权利归属与职务奖酬实施办法	2007 年 4 月 29 日
	关于加强上海市无形资产评估管理的通知	2006 年 12 月 1 日
人才发展	上海市人才发展资金管理办法	2007 年 1 月 18 日
	上海领军人才队伍建设工作实施办法	2006 年 7 月 8 日
	关于实施《上海中长期科学和技术发展规划纲要（2006—2020）》若干人才配套政策的操作办法	2007 年 1 月 19 日
	关于上海市进一步加快高技能人才培养工作的通知	2007 年 12 月 26 日
	上海市促进科普事业发展的实施意见	2006 年 12 月 26 日
	关于开展利用科普教育基地拓展上海市中小学课程资源试点工作的意见	2006 年 7 月 19 日

　　2009 年 5 月 15 日，市委、市政府印发《关于进一步推进科技创新加快高新技术产业化的若干意见》。该"意见"分别从组织实施高新技术产业化重大项目、鼓励和促进科技创业、增强企业创新动力和能力、培育和发展创新集群、加强共性技术研发和公益性服务、推动科技投融资体系建设 6 个方面具体提出 32 条意见，推进科技创新、加快高新技术产业化。5 月 16 日，市政府印发《关于加快推进上海高新技术产业化的实施意见》。该《意见》确定新能源、民用航空制造业、先进重大装备、生物医药、电子信息制造业、新能源汽车、海洋工程装备、新材料、软件和信息服务业 9 个领域为上海市推进高新技术产业化发展的重点领域，并提出推进高新技术产业化的 8 项具体措施：建立推进工作体系、明确项目实施主体、完善高新技术产业化服务平台、优先落实支持政策、设立高新技术产业化专项资金、推动产业链配套建设、不断完善产业发展规划、引导推进产学研合作。市科委开展调研起草和征求意见工作。

二、法律

2000年1月25日,市人大常委会审议通过《上海市鼓励引进技术的吸收与创新规定》。以推进产业升级和技术进步。2002年,市科委组织上海市科学学研究所、市政府法制办、市人大教科文卫委员会办公室、市科协共同开展"上海市科普立法研究",起草《上海市科普条例(草案)》。2004年6月3日,市人大常委会着手组织开展上海市促进科教兴市战略实施地方性法规框架的课题研究。市科委成立科技立法框架研究分课题组,组织专家进行研究。课题总报告——"上海市科技立法规划研究课题报告"通过市人大组织的专家评审。2005年,市科委委托上海市政协教科文卫委员会和有关部门专家,就上海科普立法问题进行专题研究。6月,市科委对《科技进步条例》修订进行预研究,由市人大教科文卫委员会、市科委、上海政法学院等单位为主共同组织各有关部门和专家进行研究。

2006年3月,市人大决定将《上海市促进科学仪器设施共享规定》正式列入2006年度立法计划,市科委组织落实该《规定》起草工作。通过调研、讨论及专题汇报,形成《上海市促进科学仪器设施共享规定(草案送审稿)》。11月,在听取政府有关委、办、局和部分区县科委的意见后,对《草案》作进一步的修改。2007年3月21日,市科委向市人大常委会作《关于〈上海市促进大型科学仪器设施共享规定(草案)〉的解读》汇报。2007年4月25日,市十二届人大常委会第三十五次会议对《上海市促进大型科学仪器设施共享规定(草案)》进行第一次审议。2007年6月28日,市人大常委会第三十六次会议进行第二次审议。市科委专门就《上海市促进大型科学仪器设施共享规定(草案)》(表决建议稿)中有关中央在沪单位的大型科学仪器设施共享问题,征求科技部、教育部和中国科学院三部门的意见。8月16日,《上海市促进大型科学仪器设施共享规定》经市第十二届人大常委会第三十八次会议表决通过,这是中国首部促进创新资源共享的地方性法规,对于鼓励科技创新资源的共享,进一步提高财政科技投入的效率效益将产生积极的推动和保障作用。《共享规定》针对上海实际,围绕三条立法基本思路进行规范:一是以科学仪器设施的信息公开促进科学仪器的共享;二是以财政性投入的资源共享促进社会资源的有效利用;三是以调控科学仪器设施的增量激活科学仪器的存量共享。围绕着上述立法基本思路,《共享规定》建立三项基本制度:一是信息公开制度;二是新购评议制度;三是评估奖励制度。三项制度相互联系,互为补充。为贯彻落实《共享规定》,市科委组织相关行政部门在《共享规定》颁布起六个月内围绕这三项基本制度共同研究制定并发布三个配套实施细则:2007年10月25日发布的《上海市大型科学仪器设施信息报送暂行办法》、2008年1月3日发布的《上海市新购大型科学仪器设施联合评议实施办法(试行)》和2008年1月29日由市政府办公厅发布的《上海市大型科学仪器设施共享服务评估与奖励暂行办法》,明确操作流程,形成较为完整的配套执行规范,率先在全国建立仪器共享基本制度体系。11月1日《上海市促进大型科学仪器设施共享规定》正式施行。

2008年10月10日,《上海市促进农业科技进步若干规定》在市十二届人大常委会第三十九次会议上通过。"规定"从上海率先实现农业现代化要求出发,致力于依靠科技进步转变农业经济增长方式,实现农业集约生产、清洁生产、安全生产和可持续发展,对农业科技政府投入、农业科技项目、农业科技成果转化、基层农业技术推广体系、农民的农业技术培训等作出具体规定。

2009年10月,市科委向市人大报送《〈上海市科学技术进步条例〉立项论证报告》《上海市科学技术进步条例(草案建议稿)》《〈上海市科学技术进步条例〉修订对照稿》《〈科技进步法〉配套情况实证表》等材料。11月,市人大将《上海市科学技术进步条例》修订工作列入市人大2010年立法正式项目。2010年5月12日,市人大常委会听取市科委主任寿子琪所作的"《上海市科学技术进步条例（修订草案）》内容解读",并随后对《上海市科学技术进步条例（修订草案）》进行第一次审议。7月进行第二次审议。9月17日,《上海市科学技术进步条例（修订）》经上海市第十三届人民代表大会常务委员会第二十一次会议通过,并于2010年11月1日起施行。《上海市科学技术进步条例》重点就企业技术创新主体、财政科技投入、科技人员、公共服务、科技金融、科学普及6个方面内容作修订。修订条款90%以上,更突出行政部门职能,特别是行政部门在市场经济条件下的引导作用。新修订的"条例"共8章49条,由总则、企业技术进步、科学技术研究开发机构和科学技术人员、科学技术资源共享与服务、科学技术普及、保障措施、法律责任和附则组成,涵盖科技进步的主要方面和领域,注重科技进步的持续性,既强调技术创新和成果转化、产业化,也重视基础研究和前沿高技术研究;注重科技进步的协调性,既强调科技创新,也重视发展科普事业;注重科技进步的系统性,既明确政府责任和行为规范,也重视引导和发挥全社会的力量和作用。

三、规章

2000年,市政府再次修订发布《上海市促进高新技术成果转化的若干规定》（"18条"）。该规定体现上海科技成果转化政策导向的连续性和开拓性相结合、政府扶持与市场运作机制相结合、成果转化政策创新性与操作性相结合的指导思想,抓住当前全市高新技术成果转化中的薄弱环节,贯彻"融入全国、融入世界"的思想,在内容上体现"六个加大力度",即在营造科技创业投资环境上,加大科技与资本结合的政策支持力度;在鼓励外商转让先进技术方面,加大对外开放的力度;在激活创新机制上,加大技术要素参与分配的力度;在创新主体建设上,加大支持企业技术开发的力度;在构筑科技成果转化的人才高地上,加大吸引国内外优秀技术和经营人才的力度;在科技成果转化的重点上,加大对以信息化为主导的高新技术成果的支持力度。为进一步推进科技型中小企业的技术创新活动,上海设立"上海市科技型中小企业技术创新资金",发布《上海市科技型中小企业技术创新资金管理办法》以及匹配资金、种子资金和融资辅助资金3个实施细则。

2001年,市科委颁布《应用开发类科技项目招标投标实施办法》《上海市高新技术产业开发区高新技术企业认定办法》《上海市高新技术企业认定办法》《上海市申请国家重点科技项目地方匹配资金试行办法》《上海市软件著作权登记费资助办法》和《白玉兰科技人才基金管理办法》等法规文件。3月22日,市政府发布《上海科学技术奖励规定》。《规定》指出,市政府设立"上海市科学技术进步奖",奖项包括:科学技术功臣奖;科学技术进步一等奖;科学技术进步二等奖;科学技术进步三等奖。上海市科学技术功臣奖每两年评审一次,每次授予人数不超过2名;上海市科学技术进步一等奖、二等奖、三等奖每年评审一次。市政府设立上海市科学技术奖励委员会,负责对全市科学技术奖励工作的指导和管理,审定上海市科学技术进步奖的获奖个人和组织。7月5日,市政府发布《上海市促进张江高科技园区发展的若干规定》。根据《规定》,张江高科技园区重点扶持列入《国家高新技术产品目录》的产业为生物医药产业、信息产业和市政府规定的工业化产业。经市有关行政管理部门、机构或张江高科技园区办公室认定的企业和项目,在园区内可以享受国家和市有关鼓励技术创新的各项优惠政策;国家和市有关鼓励科技成果转化和产业化的各项优惠政策;国家和市鼓励软件产业和集成电路产业的各项优惠政策;市促进中小企业发展的有关优惠政策。同时,鼓励国内外专业人才到园区内企业从事科研项目开发和成果转化工作;鼓励园区内企业开发具有自主知识产权的技术;鼓励企业对于知识产权的职务发明者、设计者、作者和主要实施者给予与其实际贡献相当的报酬或股权收益;鼓励国内外机构在园区内设立创业投资机构。

2002年,根据《上海市人民政府关于上海市行政审批制度改革的通知》要求,市科委组织各处室认真清理行政审批事项,汇总结果由委领导办公会议讨论通过后,上报市政府。经核定市科委共有37项行政审批事项,保留20项,其余17项经市政府二次公布为取消或不再审批项目。在20项保留项目中,除5项涉及外事的项目和1项国家科技部近期实施的项目外,全部实行政务公开。在政务公开的基础上,开展电子政务工作,进一步规范和简化办事流程,实行网上受理、网上办事。9月10日,颁布市科委会同市财政局、市计委、市经委等部门共同起草的《上海市科研计划课题制管理办法(暂行)》,并于10月1日实施。2003年,市科委进一步加强科研计划项目的知识产权管理,印发《上海市科学技术委员会科研计划项目研究成果知识产权管理办法(试行)》,于8月1日起实施,建立以知识产权为中心的科研成果管理制度。2月14日,市科委发布《上海市自然科学牡丹奖章程》和《上海市自然科学牡丹奖实施办法》,就自然科学牡丹奖的奖励范围、组织、评选等作出规定。

2004年,《上海科技创新登山行动计划》正式实施,《上海市促进高新技术成果转化的若干规定》完成第三次修订。发布《上海市科普税收优惠政策实施细则》和《上海市重点实验室评估办法》等。2005年,市科委与市财政局、市教委共同制定《上海市新购大型科学仪器设备联合评议工作管理办法(试行)》,结合上海市市级财政项目支出预算管理工作,启动新购大型科学仪器设备联合评议工作。研究修订《上海市科学技术奖励规定》(修订稿),增设针对企业科技人才的相应计划,颁发《上海市青年科技启明星计划(B类)管理办法》和《上海市优秀学科带头人计划(B类)管理办法》;颁发《上海市大学生科技创业基金管理办法(试行)》,支持大学生创业,开展科技创新活动。

2006年,市科委根据国家科技奖励规定修订情况,结合上海市实际,研究修订《上海市科学技术奖励规定》。先后制定《上海市科技计划项目招标投标管理办法》《上海市科研计划课题制管理办法》《上海市科学技术委员会科研计划项目研究成果知识产权管理办法》《上海市科学技术委员会网上评审管理办法(试行)》《上海市科学技术委员会评审费发放管理办法(试行)》《上海市科学技术委员会科技计划项目过程管理办法(暂行)》《上海市科技项目绩效评估管理(暂行)办法》等一系列规定。2007年,《上海市促进大型科学仪器设施共享规定》出台后,市科委起草制定《信息报送办法》《评估与奖励办法》《专项资金管理办法》《大型科学仪器设施新购评议办法》等配套实施文件。

2008年,市科委与市质监局共同发布《上海市标准化推进专项资金管理办法》。市科委会同市财政局、市质监局、市教委共同制定《上海市大型科学仪器设施基本信息报送实施暂行办法》和《上海市大型科学仪器设施共享服务评估与奖励暂行办法》;联合市财政局、市发展改革委修订《上海市新购大型科学仪器设施联合评议实施办法》;联合市财政局制定《上海市大型科学仪器设施共享服务奖励资金暂行管理办法》。

2009年,主要在高新技术产业、科技重大专项、技术创新和科技企业发展等方面制定若干规章制度。高新技术产业方面有《上海市自主创新和高新技术产业发展重大项目专项资金管理办法》《关于促进上海生物医药产业发展的若干政策规定》《关于促进上海新能源产业发展的若干规定》《关于促进上海新能源汽车产业发展的若干政策规定》《上海市生物医药产业发展行动计划(2009—2012年)》等。重大科技专项方面有《上海参与国家重大科技专项组织实施工作机制》《国家科技重大专项资金配套管理办法(暂行)》等。技术创新方面有《关于加快推进上海市技术改造工作的实施意见》《上海市重点技术改造专项资金管理办法》《上海市自主创新产品认定管理办法(试行)》《上海市高新技术成果转化项目认定程序(修订稿)》等。科技企业方面有《关于上海市加大对科技型中小企业金融服务和支持实施意见》《上海市技术先进型服务企业认定管理试行办法》等。

2010年,科技规章主要涉及科技创业、科技改革、科技企业和高新技术产业等。科技创业方面有《上海市创业投资引导基金管理暂行办法》《关于鼓励和促进科技创业的实施意见》《上海市科技创业孵化器考核与补贴试行方案》等。科技改革方面有《政府资助科技和产业化项目信息共享管理办法》《上海市科技事业单位岗位设置管理实施办法》《上海市重点实验室评估实施规则》等。科技企业方面有《关于推进上海市创新型企业建设的工作方案》《上海市技术先进型服务企业认定管理试行办法(修订版)》《上海市科技小巨人(含培育)企业研发后补助计划项目试行方案》等。高新技术产业方面有《上海市振兴工业软件专项行动方案(2010—2012年)》《上海推进物联网产业发展行动方案(2010—2012年)》《上海推进智能电网产业发展行动方案(2010—2012年)》《上海推进云计算产业发展行动方案(2010—2012年)》等。

四、执法与服务

2001年,市科委对全市近100家实验动物生产和使用单位按10%抽查率抽取10家单位(其中市卫生系统3家,市药监系统2家,市农委系统1家,中国科学院系统1家和实验动物生产单位3家)进行执法检查。从检查情况来看,实验动物管理生产和使用单位基本上能执行《上海市实验动物管理办法》中所规定的要求,但也存在一些问题,如设施建设发展不平衡,部分单位设施相对较差;市场尚不规范;质量监控中的标准方法和试剂尚未统一等。针对检查中的问题,各单位及时着手整改。市科委将依照上海市实验动物管理办法的要求,进一步强化实验动物管理,实施国家许可证制度和推行质量一票否决制以及完善质量监督体系,制定相关标准等工作,加快实验动物管理法制化建设。

2003年,全国人大常委会决定对《中华人民共和国科学技术进步法》(简称《科技进步法》)开展执法检查。11月4日,市人大常委会办公厅向市政府办公厅发出"关于商请做好《中华人民共和国科学技术进步法》执法检查相关工作的函",转送全国人大常委会的通知和"上海市人大常委会《科学技术进步法》执法检查工作方案"。12月9日,根据市人大执法检查工作方案中关于各部门自查的要求,市科委经过认真总结和研究,形成"实施《科学技术进步法》建设上海科技创新体系"汇报材料,报送市人大常委会办公厅。2004年1月13日,市人大常委会向全国人大常委会报送"关于上海市贯彻实施《中华人民共和国科学技术进步法》情况的报告"。5月初至6月中旬,市人大常委会执法检查组对上海市实施《中华人民共和国科学技术进步法》和《上海市科学技术进步条例》的情况进行调研和执法检查。市科委会同市发改委、市经委、市教委、市知识产权局完成《关于上海市科技公共服务平台建设及执法检查整改情况的报告》,同时,起草完成"上海市科学技术委员会实施《上海市专利保护条例》情况报告"。

2007年3月26日,市科技成果转化服务中心在张江高新区功能园区举办第一次政策宣讲活动,共举办116场各类政策宣传培训会,参会人数达到9 871人次。2008年,市科委根据市领导的要求,组织市科技成果转化中心加强与各相关委办局的沟通联系,做好"36条"政策的宣传、落实工作,建立起政策协调联络员制度、政策培训讲师团,完善"一门式"服务窗口。市科委组织市科技成果转化中心对国务院"60条"政策和上海市"36条"配套政策,以及实施细则等进行汇编,先后印发三辑《实施细则汇编》,共1万多套,免费发放;同时为使企业更方便地知晓科技创新政策,在政府各相关部门的支持和协助下,收集上海市正在实施的促进科技创新的 29 项相关政策的操作方法,包括细则和流程,编制《上海市科技创新政策申报服务指南》。共举办 243 场科技创新政策宣传培训,参会人数达到 2 万多人。3 月 7 日,针对"企业研发费用 150%加计扣除",举办"科技创新政策专题研讨会"。自 8 月 20 日起,连续组织 14 场次高新技术企业认定申请培训和辅导活动,累计参会人员达3 850 人次,参会企业逾千家,其中 500 人以上大型讲座 3 次,150 人以上的区、县专题辅导会 6 场。

2010 年 4 月 19—22 日,全国人大常委会副委员长陈至立率全国人大执法检查组抵沪,对上海实施《中华人民共和国科技进步法》情况开展执法检查。陈至立等领导在听取市长韩正的工作汇报以及参加相关高校、科研院所和企业座谈会后,对上海执行《中华人民共和国科技进步法》的情况给予充分肯定。

表 1 - 2 - 2　2000—2010 年上海市科技政策、法规一览表

名　　　称	颁 布 时 间
上海市鼓励引进技术的吸收与创新规定	2000 年 1 月 25 日
上海市技术市场条例	1995 年 4 月 7 日(2003 年修订)
上海市科学技术进步条例	1996 年 6 月 20 日(2000、2010 年修订)
上海市促进大型科学仪器设施共享规定	2007 年 8 月 16 日
上海市促进农业科技进步若干规定	2007 年 10 月 10 日
上海市科学技术奖励规定	2001 年 3 月 22 日
上海市促进高新技术成果转化的若干规定	1998 年 6 月 1 日(1999、2000、2004 年修订)
上海科技馆捐赠办法	2000 年 9 月 20 日
上海市社会公共安全技术防范管理办法	2001 年 1 月 9 日
上海市促进张江高科技园区发展的若干规定	2001 年 7 月 5 日
《进一步加强上海市区(县)科技工作的若干意见》	2001 年 11 月 29 日
关于上海市鼓励软件产业和集成电路产业发展的若干政策规定	2000 年 12 月 1 日
上海中长期科学和技术发展规划纲要(2006—2020 年)若干配套政策	2006 年 5 月 23 日
上海市鼓励跨国公司设立地区总部的规定	2008 年 7 月 7 日
关于上海市实施国家知识产权战略纲要的若干意见	2008 年 9 月 28 日
关于促进上海市服务外包产业发展实施意见的通知	2009 年 5 月 26 日
市政府贯彻国务院关于推进上海加快发展现代服务业和先进制造业建设国际金融中心和国际航运中心意见的实施意见	2009 年 5 月 11 日
关于加快推进上海高新技术产业化的实施意见	2009 年 5 月 16 日
上海市人民政府关于批转市发展改革委、市财政局制订的《上海市自主创新和高新技术产业发展重大项目专项资金管理办法》的通知	2009 年 7 月 30 日
上海市科研计划课题制管理办法	2002 年 9 月 10 日
国家重大(科技)专项和上海市重大科技项目资金配套管理办法(暂行)	2007 年 4 月 26 日

名 称	颁 布 时 间
上海市大型科学仪器设施共享服务评估与奖励暂行办法	2008 年 1 月 14 日
上海市国家级重要科研设施和基地建设的配套支持试行办法	2009 年 3 月 12 日
上海参与国家重大科技专项组织实施工作机制	2009 年 2 月 13 日
市政府办公厅转发市金融办等七部门关于上海市促进知识产权质押融资工作实施意见的通知	2009 年 8 月 10 日
关于进一步加快转制科研院所改革和发展的指导意见	2009 年 9 月 16 日
国家科技重大专项资金配套管理办法(暂行)	2009 年 9 月 29 日
关于转发市商务委、市发展改革委、市财政局制订的《上海市促进服务外包产业发展专项资金使用和管理试行办法》的通知	2009 年 11 月 3 日
关于加大对科技型中小企业金融服务和支持实施意见	2009 年 11 月 27 日
关于促进上海新能源产业发展的若干规定	2009 年 12 月 7 日
上海市中长期人才发展规划纲要(2010—2020 年)	2010 年 8 月 25 日
上海市人民政府贯彻国务院关于进一步促进中小企业发展若干意见的实施意见	2010 年 4 月 3 日
上海市人民政府关于进一步加快上海中医药事业发展的意见	2010 年 6 月 13 日
上海市引进人才申办上海市常住户口试行办法	2010 年 8 月 6 日
上海市创业投资引导基金管理暂行办法	2010 年 10 月 26 日
关于鼓励和促进科技创业的实施意见	2010 年 4 月 19 日
关于加强金融服务促进上海市经济转型和结构调整的若干意见	2010 年 8 月 9 日
关于推进上海市创新型企业建设的工作方案	2010 年 6 月 22 日
上海市技术先进型服务企业认定管理试行办法(修订版)	2010 年 11 月 29 日
政府资助科技和产业化项目信息共享管理办法	2010 年 12 月 1 日
上海市科技事业单位岗位设置管理实施办法	2010 年 12 月 2 日
上海市重点实验室评估实施规则	2010 年 7 月 20 日
上海市科技创业孵化器考核与补贴试行方案	2010 年 8 月 9 日
上海市科技小巨人(含培育)企业研发后补助计划项目试行方案	2010 年 11 月 20 日
上海科普图书创作出版专项管理办法	2010 年 8 月 9 日
上海科普图书创作出版专项实施细则(试行)	2010 年 8 月 9 日
上海市振兴工业软件专项行动方案(2010—2012 年)	2010 年 3 月 19 日
上海推进物联网产业发展行动方案(2010—2012 年)	2010 年 4 月 19 日
上海推进智能电网产业发展行动方案(2010—2012 年)	2010 年 4 月 22 日
上海推进云计算产业发展行动方案(2010—2012 年)	2010 年 7 月 21 日
现代农业产业技术体系(上海)建设实施方案	2010 年 6 月 7 日

第三节 计 划

一、年度计划

2000年，上海市科技发展基金增加国内科技合作计划，包括科技援疆、振兴东北、长三角科技合作等。上海市科技发展基金立项1424项，投资约3.89亿元，包括科技攻关、科技决策咨询、科技产业化、基础性研究、人才培养、科技事业发展、局管基金、国际科技合作和国内科技合作等计划。市科委重点围绕信息、生物和医药、新材料、环保等领域组织科技攻关，确立低轨小卫星、全光网试验网、集成电路芯片设计、疾病基因研究等14个重大科技项目。2001年，将科技事业发展基金改成科技环境支撑计划，将科技产业化计划改成科技型中小企业创新资金计划。上海市科技发展基金立项1856项，投资约5.148亿元，包括科技攻关、科技决策咨询、基础性研究、人才培养、国际科技合作、国内科技合作、科技环境支撑、科技型中小企业创新资金和局管基金等计划。

2002年，上海市科技发展基金立项2327项，投资7.39亿元，包括科技攻关、科技咨询、基础性研究、人才培养、国际科技合作、国内科技合作、科技环境支撑、科技型中小企业创新资金和局管基金等计划。2003年，上海市科学技术发展基金下达的各类项目总体以"科技创新登山行动计划"予以实施。上海市科技发展基金立项2671项，投入约8.37亿元，包括科技攻关、科技咨询、基础性研究、人才培养、国际科技合作、国内科技合作、科技环境条件支撑、科技型中小企业创新资金和局管基金等计划。2004年，增加研发公共服务平台和科普计划。上海市科技发展基金立项2160项，投入约11.09亿元，包括科技攻关、科技咨询、基础性研究、人才培养、国际科技合作、国内科技合作、科技环境条件支撑、科技型中小企业创新资金、研发公共服务平台、科普和局管基金等计划。

2005年，上海市科技发展基金立项2892项，投入约13.5亿元，包括科技攻关、科技咨询、基础性研究、人才培养、国际科技合作、国内科技合作、科技环境条件支撑、科技型中小企业创新资金、研发公共服务平台、科普和局管基金等计划。2006年，科技型中小企业创新资金也称为企业技术创新工程。上海市科技发展基金立项2643项（含课题数），投入约15.5亿元，包括科技攻关、科技咨询、基础性研究、人才培养、国际科技合作、国内科技合作、科技环境条件支撑、科技型中小企业创新资金、研发公共服务平台、科普和局管基金等计划。2007年，增加国家项目匹配计划。上海市科技发展基金立项2001项，国家科技匹配项目821项，投入约18.4亿元，包括科技攻关、科技咨询、基础性研究、人才培养、国际科技合作、国内科技合作、科技环境条件支撑、科技型中小企业创新资金、研发公共服务平台、科普和国家科技项目匹配等计划。

2008年，科技攻关计划改为科技支撑计划。上海市科技发展基金立项4226项，国家科技匹配项目1100项，投入约21.56亿元，包括科技支撑、科技咨询、基础性研究、人才培养、国际科技合作、国内科技合作、科技环境条件支撑、企业技术创新工程、研发公共服务平台、科普和国家科技项目匹配等计划。2009年，上海市科技发展基金立项4358项，国家科技匹配项目731项，投入资金约22.03亿元，包括科技支撑、科技咨询、基础性研究、人才培养、国际科技合作、国内科技合作、科技环境条件支撑、企业技术创新工程、研发公共服务平台、科普和国家科技项目匹配等计划。2010年，上海市科技发展基金立项4074项，国家科技匹配项目520项，投入约22.55亿元，包括科技支撑、科技咨询、基础性研究、人才培养、国际科技合作、国内科技合作、科技环境条件支撑、企业技术创新工程、研发公共服务平台、科普和国家科技项目匹配等计划。

表 1-2-3 2006—2010 年上海市科技发展基金计划落实统计表 单位：项、万元

年 份	2006		2007		2008		2009		2010	
	项目	金额	项目	金额	项目	金额	项目	金额	项目	金额
科技攻关/支撑	645	73 428	220	95 140	750	113 337	832	72 536	1 259	120 421
科技咨询	105	1 230	59	550	69	1 647	83	1 588	94	1 550
基础性研究	317	7 450	229	7 600	464	12 400	583	11 500	628	11 490
人才培养	209	6 700	578	7 330	579	9 000	460	10 200	430	13 830
国际科技合作	77	3 400	69	4 330	169	3 550	158	5 500	144	4 950
国内科技合作	54	3 230	40	3 140	76	2 950	88	37 950	95	3 230
科技环境条件支撑	32	2 240	27	3 600	55	4 300	56	2 800	212	12 800
企业技术创新工程	508	14 792	625	19 795	803	26 842	1 160	37 160	1 013	30 540
研发公共服务平台	83	17 000	78	22 150	112	19 407	145	22 950	115	12 475
科普	4	3 000	19	3 000	23	3 000	46	3 150	60	3 632
国家项目匹配	无	见其他	821	15 303	1 100	17 789	731	10 016	520	6 872
局管基金	11	600	—	—	—	—	—	—	—	—
其他	598	21 930	57	2 062	26	1 378	16	4 950	24	3 730
合计	2 643	155 000	2 822	184 000	4 226	215 600	4 358	220 300	4 594	225 520

二、专项计划

市科委结合"十五"计划的实施,自 2000 年起第一次从战略的角度开始实施专项行动计划。至 2001 年底,先后启动 4 项专项行动计划,即集成电路设计、中药现代化、纳米科技和光科技。2002 年,启动技术标准和专利再创新专项行动计划。至 2003 年底,6 项专项行动计划第一阶段完成。

2000 年,上海集成电路设计专项行动计划(集成电路专项)启动实施,集成电路专项包括平台建设、人才培养、产品开发、企业孵化、国际合作等多方面的内容。设立集成电路专项,旨在鼓励集成电路设计公司、制造公司与整机单位合作,联合开发自主设计 100 个有市场前景的消费类电子产品和装备类电子产品的专用集成电路,形成 10 亿元产值的规模,带动工业新增长点的形成。至年底,整个计划共支持金融一卡通 IC 芯片设计、32 位 CPU 芯片设计技术等 24 个产品设计芯片项目,芯片的设计与投产形成 5 亿元的产值规模。2001 年,建立电子设计自动化(EDA)工具服务平台,继续实施集成电路设计创新项目(PDC)专项资助计划,提供多项目晶圆(MPW)和培训服务。上海集成电路设计企业及机构数量从 24 家发展到 100 多家,年销售额占全国的 1/3,凝聚专业从业人员 2 000 多人,占全国总量的 40%。形成以科技京城为龙头,张江、漕河泾三足鼎立的集聚效应,上海设计企业标准工艺设计能力从 2000 年的 0.6 微米跃升至 2001 年的 0.18 微米。获得市科委等各级各类集成电路设计创新基金支持的创新设计项目突破 200 项,涉及通讯、高端消费类电子等 200 多种高档次产品设计。上海集成电路设计产业化基地进驻企业增至 46 家,基地的多目标芯片计划

完成 38 项,涉及人员 150 多人。同年 2 月,市科委投资 1 亿元建设的国内最大、最先进的上海集成电路设计(ICC)技术平台正式启用。2002 年,上海有集成电路设计人才 3 800 多人,占全国的 40%。科技部首次在国家重大科技专项中设立国家集成电路设计产业化基地建设课题。上海市获得集成电路设计领域国家"863"计划项目近 30 项,经费近亿元。上海市 74 个项目获得国家集成电路布图设计登记,占全国总量的 51.04%,连续两年保持全国第一。上海设计企业标准工艺自主设计能力从 2000 年的 0.6 微米跃升至 2002 年的 0.13 微米。科技京城孵化器入驻企业 62 家,其中有国内首家集成电路设计上市企业——上海复旦微电子股份有限公司和连续两年成为全国五大产值超亿元设计公司的上海华虹集成电路有限公司。至 2003 年底,上海集成电路设计企业突破 118 家,上海累计吸引 1 600 多名海外留学生和优秀华人设计工程师来沪工作,中高级集成电路设计人才增长 11 倍。集成电路自主设计开发能力从 2000 年的 0.6 微米线宽跃升到 2003 年的 0.13 微米线宽,获得中国集成电路布图设计知识产权的总量和百分比连续三年全国第一,集成电路设计业总产值从 2000 年的 4.3 亿元增加到 2003 年的 10 亿元。

中药现代化专项行动计划紧紧围绕《上海中药三年行动计划》,在中药新药的研究开发、中药标准化研究、中药现代化相关的物质基础和作用机制研究,以及中药创新体系与有关的设施建设方面开展工作。2001 年,中药新药的研究开发、中药标准化研究项目采用向社会公开招标的方式,来自全国 43 家单位共申报 80 个项目,经过专家评审后,遴选出 28 个中标项目。在中药现代化相关的物质基础和作用机制研究方面,重点就中药现代化的两个关键问题进行立项研究,旨在建立中药的物质基础和作用机制方面的研究方法,力求取得新的突破,揭示中药抗肿瘤等的依据。在中药创新体系和有关设施建设方面,重点推进中药标准化研究中心的建立和中药临床 GCP 研究中心的建立,积极筹备在张江建立中药创新园。2002 年,上海获得 5 项新药生产批文,其中二类新药 2 项,三类新药 3 项;2 项完成新药临床研究;8 项获得临床研究批文;14 项完成新药临床前研究。上海中药标准化研究中心与上海雷允上药业有限公司、江西汇仁药业有限公司、吉林修正药业有限公司等 12 家中药企业和研究单位开展合作,促进上海企业与外省市,特别是云南、贵州和宁夏等西部地区的优良中药材基地的联合。2003 年,共投入 1 亿元资金用于中药新产品的研究与开发、中药的标准化研究和中医药的应用基础研究。建立上海中药创新研究中心、上海中药标准化研究中心和上海针灸经络研究中心,涵盖中药新药研发的制药工程、标准规范、应用创新、临床研究等环节,基本形成中药创新体系,中药研发能力进一步提升。完成近百种化合物抗肿瘤活性筛选,获得 2 种活性单体,获得野山人参的特定 DNA 指纹图谱。开展 70 多种中药饮片的炮制规范和质量标准研究,10 个中药材的 GAP 研究,推动中药标准化进程,提高中药质量。在中药新技术应用方面,大孔吸附树脂、超临界萃取、微波萃取、超微粉碎等研究取得较大进展。从 2001 年至 2003 年 6 月,上海获得 10 项新药证书,27 项正在进行临床研究,34 项正在申请临床研究批文,其中一类新药 1 个,二类新药 31 个。

2001 年,成立上海市纳米科技与产业发展领导小组,组建上海市纳米科技与产业发展促进中心及专家委员会,组建国家纳米技术与应用工程研究中心、纳米颗粒和纳米生物材料工业化示范基地、纳米材料和纳米医药为主的孵化和产业化示范基地和点面结合、开放的纳米测量应用服务机构。市科委在纳米材料和工业化及测试评估、纳米生物医药、纳米电子器件、纳米测量和标准化等领域做好布局,支持科研项目 79 项。2002 年,市科委投入 8 000 多万元纳米专项计划资金,组织 194 项科研项目和公共平台建设,在徐汇和宝山地区建立 12 000 平方米的创业大楼和中试产业化基地,以及 8 000 平方米的专业孵化基地,吸引企业 40 多家。6 月,创建全国第一家以联盟形式运作的纳米材料检测中心,建立40多家单位参与的纳米科技产学研协作网络,聚集1 000多人的研发队伍。2003年,上海获得的"863"计划纳米专项项目数和经费均列全国第二,纳米中心负责申报的纳米生物医药攻关项目获科技部立项,并得到同类项目的最大资助。成立上海纳米科技紧缺人才培训中心和考核办公室,建立和完善上海纳米科技产学研网络,建立上海纳米科技项目数据和纳米科技文献数据库,纳米产业产值达数亿元。

2001年,光科技专项行动计划在关键技术攻关、战略技术研究和前沿技术探索三个层面上做好布局,争取形成100项左右的中国发明专利,带动200项左右的创新产品的开发。2001年,通过发布项目指南,共收到项目申请262份。经专家评审,确定第一批支持信息、先进制造和分析测试、先进材料、探测、照明以及能源等9个领域的92个项目,总投资近3.5亿元,其中基础性研究项目8个,应用开发项目84个。到2002年,光科技专项行动计划共资助项目146项,其中应用开发类项目137项,提出专利申请223件,其中近一半为发明专利。在国内首次获得12瓦高功率的连续单横激光输出,并首次在铷原子中观察到玻色—爱因斯坦凝聚现象;在国内率先试制成功新型DVD-R光盘专用染料等。开展飞秒脉冲提供长度频率与时间测定的最高标准的制定;开始制定中国的正投影液晶数码投影机标准等。至2003年,共投入经费8 700多万元,支持项目180多项。上海光电子产业的产值达到300多亿元。形成漕河泾、嘉定、张江和崇明4个有集聚效应的光电子产业化基地。

2002年,市科委新设立专利技术二次开发专项。设立专利技术二次开发专项主要目的是提高全市企业的技术创新能力,引导企业充分利用专利战略。它规定必须以企业为第一申请单位,鼓励以产学研合作的方式联合申请项目,通过引进专利,利用专利文献,在消化吸收他人有效专利的基础上开展技术创新。有效专利的获得可以通过专利许可实施、专利权转让和专利文献检索。该专项以自主创新和取得专利权为目标,争取突破技术壁垒,形成新的自主知识产权和有良好市场前景的高新技术产品,实现生产力的跨越式发展。市科委共落实项目53项,资助经费2 760万元。2003年,专利技术二次开发专项共落实项目68项,资助经费2 000万元。有10多家企业在承担专项的基础上申请新的专利。

2002年,市科委新设立技术标准专项。该专项将从四方面进行部署:一是重要技术标准的研究和制定,将在软件、信息安全、仪器等领域研究制定一批能代表国家技术水平的重要技术标准;二是标准化示范基地的建设,支持建设现代物流、现代农业等标准化示范基地;三是研究先进的技术和方法,重点支持纺织品材料、农产品和食品成分的检测,提出相关的测量标准、校正标准等文档和细则;四是研究上海市技术标准发展战略和推进模式,构筑上海重要行业、重点产品进出口贸易技术性贸易壁垒预警机制和上海市技术标准培训教材等。2003年,技术标准专项共资助57个课题,资助经费1 185万元。在57个课题的考核指标中,总计提出55项标准的制定草案,其中1项国际标准、14项国家标准、25项国家行业标准和15项上海市地方标准。

三、世博科技行动计划

2002年12月中国获得世博会主办权。2003年7月,市科委向国家科技部提议,在国家科技部的指导和支持下,组织实施"世博科技行动计划"。2004年7月,科技部与上海市签署"工作会商制度协定书",建立"部市合作"制度,并将"世博科技行动计划"确定为"部市合作"的重要内容。2005年2月,科技部与市政府会同教育部、建设部、信息产业部等相关部门,制订《世博科技行动计划》。

到 2010 年,通过《世博科技行动计划》,科技世博设置 235 个专项,投入 10 亿多元,取得 1 000 多项成果。

《世博科技行动计划》围绕"城市,让生活更美好"的世博会主题,突出"科技改变城市生活"的内涵,围绕上海世博会园区规划、场馆建设、新能源利用、节能环保、交通运营、安全健康及展览展示等领域的科技需求,在世博科技行动专项中进行有针对性的项目安排。

在园区场馆规划和建设方面,形成适用于世博会建设的现代建筑技术体系和景观规划技术体系,为世博园区和场馆规划建设提供技术支撑和依据;在园区能源技术应用和示范方面,组织开展清洁能源技术的科技攻关和大规模示范应用,支撑世博园区节能减排的实现,促进清洁能源技术的应用和产业化;在园区生态环境建设方面,开展生态环保技术的集成应用研究,保障世博园区的环境质量,体现城市与生态环境的和谐统一;在世博运营方面,进行园区内外交通高强度客流的安全计算、引导,多语言信息汇聚与发布,保障世博会运营的安全、高效和畅通;通过食品安全、应急防范等科技攻关,为食品检测、应对化学生物袭击等提供技术手段;将因特网、多媒体、虚拟现实等技术整合到世博会展示中,通过网上世博会等更好展示城市文明的发展轨迹、提高观众参与及关心世博的热情。

四、科教兴市重大专项

2004 年,为推动科教兴市主战略的深入实施,市委、市政府设立专项资金,以资本金注入、无息委托贷款等方式支持重大产业科技攻关项目。2004 年 7 月 30 日,首批 29 个上海市科教兴市重大产业科技攻关项目正式签约启动,项目集中在五大领域,其中现代装备制造业 9 项、信息产业 8 项、生物医药及农业 4 项、新材料及化工 2 项、公共服务平台 6 项。首批 29 个科教兴市重大产业科技攻关项目总体进展情况良好,取得阶段性成果。截至 2005 年底,在完成投资和销售方面,项目资金到位总额 42.25 亿元,实际完成投资 34.1 亿元,达到项目计划总投资的 50%,部分项目开始形成产业化,共形成销售收入 26.9 亿元,利润 1.08 亿元。在产学研合作方面,首批项目共与全国 23 所大专院校、15 家科研机构、2 家国外科研机构建立产学研合作,投入资金达 2.12 亿元。在知识产权方面,29 个项目共获得知识产权 406 件,其中发明专利 232 件,实用新型专利 35 件,外观设计专利 14 件;版权 84 件,商标 41 件。

2005 年 3 月 24 日,上海市科教兴市领导小组推进办公室通过主要报刊、网络等媒体向全社会公布《上海市科教兴市重大产业科技攻关项目指南》,面向海内外寻找征集项目。截至 6 月 15 日,通过市政府相关委办和 19 个区(县)共 27 个项目申报受理点,收到申报项目 153 项。经科学论证,遴选确定 19 个项目,经上海市科教兴市领导小组审定,全面启动实施。第二批 19 个项目主要集中在四大产业领域,均属于上海科技中长期发展重大专项领域,其中交通运输领域 8 项、新能源领域 2 项、信息技术领域 4 项、生物技术与医药领域 5 项。从创新类型看,有 5 项属于原始创新,主要集中在生物医药和信息领域;3 项属于引进消化吸收再创新,主要集中在船舶领域;10 项属于集成创新;1 项为产业共性技术平台。

自 2004 年 7 月以来,上海市共启动实施 53 个科教兴市重大产业科技攻关项目,科教兴市专项资金 27.11 亿元,带动社会各方投入资金 130 亿元。这些项目主要围绕国家战略、立足上海优势,针对全市重大产业链中的关键或缺失环节,聚焦重大产业领域和重大项目。其中,电子信息类 16 项,占 29%;装备类 12 项,占 23%;生物技术类 11 项,占 21%;平台类 10 项,占 19%;新材料和新能源 4 项,占 8%。截至 2006 年底,43 个产业化项目,有 24 个项目实现销售,共实现销售收入(含合同销售额)达 278 亿元。53 个项目共申请专利 789 件,其中发明专利占总数 77%;获授权的专利 185 件,其中发明专利 111 件,实用新型 57 件,外观设计 17 件,主要集中在电子信息、生物技术与医药、软件等新型产业领域。在国家科技奖励大会上,上海新傲科技公司、展讯通信(上海)公司、微创医疗器械(上海)公司、上海超算中心等 4 家单位承担的科教兴市项目科技成果分别荣获 2006 年度国家科技进步一、二等奖。53 个项目,共凝聚 4 000 多名高端创新人才,其中项目领军人才 58 名,成为上海构筑人才高地的重要平台。

五、示范工程

2007 年,上海启动四个科技示范工程:科技世博园(见世博科技专项)、崇明生态岛、智能新港城、张江药谷。

崇明生态岛建设科技支撑工作结合崇明三岛规划,围绕自然生态、产业生态和人居生态三者协调,加强技术集成创新和深化科技成果的示范,突出应用,推动和引导产业的发展,引领崇明岛发展成为"健康、安全、经济、持续"的生态岛。2007 年,自然领域根据崇明不同区域承载目标的发展差异,开发崇明岛数字生态建设决策支持系统,开展湿地生态系统合理利用与保护技术研究等。人居领域结合 2005 年的示范重点在前卫村开展的生态人居科研项目成果,建立一批示范样板;在陈家镇推进先进适用技术在生态办公楼与新型农村社区建设的应用;开展宽带无线移动接入应用等示范工程;开展水资源合理调度关键技术研究、农村分散式污水处理适用技术的应用与示范等项目。产业领域建设循环型生态农业示范园,构建东滩农业循环经济区,开展芦笋功能食品深度加工和综合利用技术研究、崇明岛林下产业关键技术集成与示范、东滩现代农业循环经济技术区试点研究等项目。2008 年,重点组织开展崇明生态岛综合评价指标体系研究,围绕引领崇明生态建设方向、规范建设行为、调控建设进程的总体目标,构建一套能体现崇明岛生态建设先进性和可操作性要求的指标体系;开展生态城镇建设技术导则研究,针对生态城镇建设技术导则缺失现状,整合生态岛科研成果,落实、细化评价指标,建立适用于生态城镇生态保护、节能减排、建设管理方面的导则和规范;开展生态村建设关键技术研究与应用,结合示范重点瀛东村进行建筑生态改造和产业生态建造工程示范区,包括生态人居建设工程、生态景观营建、生态农业关键技术研究与示范;开展东滩低碳园区建设关键技术研究与示范,以东滩的综合居住社区为目标,开发低碳居住社区碳减排与扩碳汇关键技术;开展生态产业发展关键技术研究,根据崇明的特色农产品和高效作物种质库,建立相应种质资源展示示范基地,包括商品虾养殖核心示范基地、宝岛玫瑰生态化种植基地、柑橘核心示范基地等。2009 年,"崇明岛生物质能循环型应用技术的研究与示范"项目针对中国大量废弃农作物秸秆尚待有效利用的问题,进行一系列的机理研究和创新设计,开发出两段式气化炉;完成 60 千瓦级生物质气内燃发电机组研究;研究以生物质气为燃料的分布式供能系统技术,设计万头集约化养猪场沼气工程;以村为单位进行系统的能源规划研究,为构建农村能源与生态系统提供创新的思路和技术。"崇明研发基地水环境研究实验室建设专项"项目,围绕水域生态学与生态修复、环境污染过程模拟与防治、水质安全评价与保障等 3 个主要研究方向开展相关的科学研究,在崇明河网水系结构及水环境特征模拟、高浊度富营养水体污染控制与生态修复、河口边滩湖泊水环境演化过程、崇明饮用水安全保障等研究方向均取得重大进展和成果。"崇明生态农业与食品安全实验室完善与提升"项目,建立起以天然植物和功能食品开发、种质资源创新与深加工、循环农业环境生态安全、水产养殖和现代农业区域规划为特色的崇明生态农业与食品安全研发技术平台,并以此为基础,成功申报"农业部都市农业(南方)重点开放实验室"。"崇明生态岛域建设中的科技研究与应用"项目,主要围绕 8 个方面展开研究:崇明发展高效生态农业科技支撑研究、低碳经济发展需求与技术路径研究、生态旅游产业发展模式研究、数字生态旅游系统建设技术研究、能源结构优化配置与可再生能源应用技术体系研究、可再生能源在建筑节能中的可应用性研究、新农村建设与发展科技问题研究以及崇明生态县建设规划技术体系研究。"崇明岛数字生态建设决策支持系统的开发与利用"项目针对崇明生态岛建设过程中的重大生态和环境问题,利用 SDSS、数据库、计算机网络等专业技术,建立崇明生态岛建设基础共享信息数据库,实现生态岛建设信息要素的挖掘、共享、管理和可视化,进行实验区域的多目标决策支持系统的开发与示范。

"智能新港城"按照科技发展的趋势,面向临港新城在海洋城市、生态城市、物流产业、重装备制造业、智能城市等方面的战略需求,把海洋、生态、物流、重装备、数字城市等作为临港新城科技创新和示范的主要任务,围绕这五个重点应用方向,攻克一系列关键技术,形成一批有竞争力的产品和示范应用服务平台。截至 2007 年底,"智能新港城"建设取得许多阶段性成果:在智能标签领域,通过 RFID 技术,对仓库内的货物、货架、托盘和出入库运输等实现有效控制和监管,降低货物仓储管理的差错率,提高对货物的管理效率,降低仓储管理的综合成本,在临港国际物流园区内建设一座试验性智能仓库管理系统。在无线接入领域,为解决洋山深水港港务建设中无线网络的安全问题,实施无线移动网络安全接入管控系统关键技术研究与港务应用,该成果在上海洋山港海事处首先应用示范。在信息处理领域,上海美华公司的"面向异构系统的信息处理关键技术研究"成果,在上海洋山深水港信息平台中的"港证系统"和"江海联运信息平台"子项目中得到集成应用。在多媒体展示领域,上海大学研发的"基于嵌入式智能机器视觉的多媒体展示系统"在"临港新城多媒体展示"中得到应用。2008 年临港新城科技工作的重点为:临港地区海洋灾害预警关键技术研究与应用示范,提出防御超强台风的应对措施,将风暴潮灾害经济损失减少到最低程度,形成城市风暴潮防灾减灾技术体系和应用体系,保障临港新城城市安全。海底观测与海底管道建设关键技术研究,建立低成本、安全可靠、自动化程度高的远程海洋环境监测系统,实现风向、风速、气压、气温、波高和波周期等要素的综合观测及相应数据的实时传输;开展海底观测网布放、维护和通用接驳技术研究,为未来的海底观测组网建设提供技术保障。临港新城建设低碳城市实践区科技支撑方案研究,从临港地区低碳产业的培育和发展、现有产业的低碳化、低碳人居、低碳能源、低碳交通、生态保护、修复和利用以及临港地区科技能力提升与发展等方面提出临港低碳发展的科技支撑综合方案。洋山深水港建设与安全保障关键技术研究,解决外海深水软土地基加固、码头结构稳定、水工结构耐久性、航道设计技术等关键技术,开展海上搜救目标方位计算关键技术研究,研制一套可靠的海难搜救目标漂移轨迹数值预报模式,建立基于 GIS 技术的可视化搜救预报综合服务平台。2009 年,在海洋临港方面,推进上海临港海洋高新技术产业化基地建设,以海洋科技研发孵化和科技成果转化为核心,打造国内"海洋高新科技集聚区、海洋科技创新区、海洋科技人才培养区"。在生态临港方面,组织临港供排水发展有限公司等申报"污水回用于电厂循环冷却水的光催化深度处理技术研究"项目;组织港城集团与华东师范大学联合申报"临港新城环湖绿带生态优化关键技术研究与示范"项目;临港新城管委会与上海市科学学研究所联合申报"临港新城低碳城市实践区建设指标体系与建设导则研究"项目。在重装临港方面,组织上海电气临港重型机械装备有限公司与上海市房地产科学研究院联合申报"工业建筑规模利用浅层地热关键技术研究与示范"项目。临港新城管委会委托上海投资咨询公司完成临港新城能源开发利用课题研究,对临港新城未来用能规模、产业合理用能标准、低碳能源开发等进行专题研究。在物流临港方面,2月11日,市科委项目"基于RFID技术的智能仓储管理应用技术研究"通过验收,促进临港地区RFID技术在物流领域的推广应用。在智能临港方面,组织有关专家对临港地区的建筑节能标准进行论证,进行建筑智能化与节能技术应用方面的交流。

张江药谷科技专项工程围绕张江国家生物医药科技创业基地建设,开展生物医药技术攻关,形成完整的研发创新体系,促进生物医药技术和产业的发展。1996年由国家科技部、国家卫生部、国家食品药品监管局和市政府发起,同年中国科学院加入,国家上海生物医药科技产业基地的建设在张江高科技园区正式启动。截至2007年底,园区内共有生物医药制造业企业32家,全年完成工业总产值70.21亿元。基地内企业R&D投入共16.55亿元,生物医药科研项目立项数2 083个。专利授权133件。申报国家一类新药40多个,获得临床批件130多个,药品证书100多个,医疗器械产品证书270多个。国家新药筛选中心利用构建的300种筛选模型,为全国29个省、市和自治区的近300家企业和科研机构提供筛选服务;国家新药安全评价中心先后为全国18个省市的86家单位提供服务;中药标准化中心累积200多个中药标准品,为全国19个省市的57家单位提供标准研究服务。2008年,浦东新区设立10亿元的生物医药产业发展专项资金,加快科研集聚、产业集聚和人才集聚。基地内集聚生物医药及相关机构400余家,生物医药产业产值为78.06亿元,占全市20.6%,占浦东新区61.5%。张江药谷公共服务平台(二期)全面建设,涵盖共性技术服务、产业化服务、公共实验(检测分析)服务、专业信息服务、运营保障服务、集成软服务等。建成以国家人类基因组南方研究中心、国家新药筛选中心、国家上海新药安全评价研究中心等国家级研发中心为核心的,由18家研发中心组成的生物医药创新技术平台。园区内集聚国家级、市级共40余个平台,以及建成的仪器设备共享网络、风险投资广场等基本涵盖生物医药研发创新链的各个环节。2009年,张江生物医药基地实现工业总产值106.55亿元。新吸引外资1.19亿美元、内资1.33亿元;引进企业40家,其中自主创新型企业比例达70%。获批新药产品229个,其中新药证书超过50个;在研药物品种260个,其中创新药物127个;国际临床研究药物48个。"张江药谷公共服务平台"投入运行,"上海生物医药技术创新公共服务平台联盟""中国生物医药基金联盟"、化学中试服务平台等积极组建,高标准cGMP生物中试服务平台立项筹建。

第四节　投　　入

2000年,上海市财政科技拨款总额6.97亿元;其中科技三项经费2.12亿元,科研事业经费3.06亿元,重大基础性研究专项经费0.30亿元,专项科技经费1.50亿元。2001年,上海市财政科技拨款中由市科委管理的总额为9.1亿元,其中科技三项经费2.32亿元,科研事业经费3.95亿元,重大基础性研究专项0.3亿元,专项科技经费2.83亿元。通过市科委争取到的国家科技经费5.15亿元。2002年,上海市财政科技拨款总额达9.88亿元(市科委管理部分),其中科学事业费2.35亿元,科技项目费7.53亿元。科技项目费中含科技三项经费2.55亿元、重大专项经费4.38亿元、重大基础性研究专项0.3亿元、燃料车辆排污专项0.3亿元。获得国家支持项目1 200多项,经费14.36亿元。2003年,上海市财政科技拨款总额达11.74亿元(市科委管理部分),其中科学事业费2.67亿元,科技项目费9.07亿元。科技项目费中含科技三项经费2.81亿元、重大专项经费

5.72亿元、重大基础性研究专项0.3亿元、燃料车辆排污费0.24亿元。获得国家支持项目876项,经费6.31亿元。2004年,全年财政对科技总投入为40.02亿元,其中,科学事业费10.30亿元,科技三项费3.79亿元,其他科技专项25.23亿元,科技基建费0.70亿元。市科委管理总经费13.97亿元,其中,科学事业费2.88亿元,科技项目费11.09亿元(含科技三项费3.09亿元,重大专项经费8.00亿元)。获得国家支持项目1 348项,经费8.37亿元。

2005年,市科委管理总经费16.75亿元,科学事业费3.25亿元,科技三项等科研经费合计为13.50亿元(其中科技三项费3.50亿元,重大专项经费10.0亿元)。争取国家"863"计划、"973"计划、国家重大科技攻关项目和国家自然科学基金等专项计划项目,新申请到项目363项,经费8.9亿元。2006年,市科委管理总经费19.167亿元,科学事业费3.667亿元,比2005年增长12.8%;科技三项等科研经费合计为15.5亿元(其中科技三项费4亿元,重大专项经费11.5亿元)。2007年,市级财政共安排科学事业支出预算59.5亿元,重大科技专项经费预算达13.5亿元,"科学技术"大类项目经费预算1.32亿元。市级投入财政性科技兴农项目资金21 561万元。2008年,通过上海财政部门与相关部门共同积极争取,中央财政共投入科技经费71.51亿元,市级财政共安排科学事业支出67.6亿元,其中安排给市科委的重大科技专项经费14.05亿元,市级投入财政性科技兴农项目资金23 503.49万元。

2009年,市级财政共安排科学事业支出预算155.13亿元。科技兴农项目的立项聚焦重点项目、重点领域和区域特色,坚持以应用为导向,促进产业可持续发展。市级预算安排专项资金用于扶持上海自主创新和高新技术产业发展重大项目,主要有:高新技术产业化重大项目、重大产业科技攻关项目和高新技术产业领域的创业投资基金项目。2010年,全市财政共安排科学技术支出202.0亿元。市级财政拨付自主创新和高新技术产业化重点项目资金20.36亿元;成立上海市创业投资引导基金,拨付首批资金10亿元。市级财政支持上海市高新技术成果转化企业1 058户,拨付资金6亿元。上海市科技兴农项目支出16 283万元。在农业发展重点领域方面,共立项44项,安排资金10 326万元左右。在农业重点区域方面,共安排资金约4 000万元。

表1-2-4　2000—2010年上海地方财政支出中科技部门费用情况统计表　　　单位:亿元

年　份	地方财政支出总额(A)	科研部门费用(B)	B/A(%)
2000	622.84	10.08	1.62
2001	726.38	12.39	1.71
2002	877.84	15.25	1.74
2003	1 102.64	19.84	1.80
2004	1 395.69	39.32	2.82
2005	1 660.32	79.34	4.78
2006	1 813.80	94.89	5.23
2007	2 201.92	105.77	4.85
2008	2 617.68	120.27	4.64
2009	2 989.65	215.31	7.20
2010	3 302.89	202.03	6.12

表 1-2-5 2000—2010 年上海科技活动人员按执行部门分类情况统计表

年 份	科技活动人员合计(人)	科学家工程师	科研机构	科学家工程师	大中型工业企业	科学家工程师	高 校	科学家工程师
2000	182 769	119 478	37 369	22 368	74 619	43 174	20 985	19 322
2001	175 728	122 536	37 410	25 194	65 024	40 882	22 304	21 749
2002	178 875	125 632	26 106	18 013	65 347	43 235	22 793	22 421
2003	175 859	123 255	25 611	16 653	62 193	41 462	22 837	22 651
2004	182 463	122 261	24 669	16 090	58 550	37 420	26 113	21 219
2005	196 736	145 492	31 219	21 812	60 889	42 140	30 211	24 720
2006	200 681	150 359	30 340	21 708	67 979	48 463	34 608	28 472
2007	227 866	169 477	32 839	25 189	83 739	56 298	36 998	30 145
2008	230 756	172 375	32 741	26 492	82 702	54 928	40 223	33 005
2009	339 027	无	33 746	无	117 088	无	60 012	无
2010	334 627	无	32 497	无	226 038	无	62 115	无

表 1-2-6 2000—2010 年上海全社会研究与试验发展(R&D)经费占国内生产总值(GDP)的比重统计表

年 份	R&D经费投入(亿元)	国内生产总值(GDP)(亿元)	R&D/GDP(%)
2000	76.73	4 551.15	1.69
2001	88.08	4 950.84	1.78
2002	102.36	5 408.76	1.89
2003	128.92	6 250.81	2.06
2004	170.28	7 450.37	2.29
2005	213.77	9 144.00	2.34
2006	258.84	10 572.24	2.45
2007	307.50	12 494.01	2.46
2008	362.30	14 069.87	2.58
2009	423.38	15 046.45	2.81
2010	481.70	17 165.98	2.81

第五节　体制改革

一、管理机构改革

1977 年 11 月 28 日,市委决定:恢复设立上海市科学技术委员会、在上海市科学技术委员会设立党组,任命杨士法为上海市科学技术委员会主任兼党组书记。1983 年 7 月 4 日,为加强党对科技工作的全面领导,市委决定设立中共上海市科学技术工作委员会,统一领导市科委系统、市科协、中国科学院上海分院、上海科学院的党的工作,由吴邦国任书记。

2000年,市科委机构改革,重新设置为:办公室、人事教育处、监察室、机关党委、发展研究处、体制改革与法规处、发展计划处、条件财务处、事业监管处、国际合作处、高新技术产业开发区管理处、基础研究处、高新技术产业化处、信息技术处、生物医药处、社会发展处。2004年取消事业监管处,新设研发基地建设与管理处。2004年4月,中共上海市科学技术工作委员会(市科技党委)与中共上海市教育工作委员会合并成立中共上海市科技教育工作委员会(市科教党委),李宣海任市科教党委书记,李逸平任市科教党委副书记、市科委党组书记。2006年新设科普工作处。2008年10月,中共上海市科技教育工作委员会撤销,分别成立中共上海市科学技术工作委员会与中共上海市教育工作委员会,陈克宏任市科技党委书记。2010年高新技术产业开发区管理处取消,新设张江高新区管委会综合协调处、张江高新区管委会发展规划处、张江高新区管委会政策研究处、张江高新区管委会企业服务处。

表1-2-7 1992—2010年中共上海市科学技术工作委员会书记或党组书记情况表

时　　间	书　记	副　书　记	党组书记
1992.7—2001.11	朱寄萍	李明轩(1996.10—2000.12) 李宣海(1999.10—2000.8) 赵为民(2000.11—2001.11) 李明轩(2000.12—2001.4) 吴　捷(2001.9—2003.7)	
2001.11—2003.2	赵为民	吴　捷(2001.9—2003.7) 朱寄萍(2001.12—2003.4)	
2003.4—2004.4	李铭俊	吴　捷(2003.7—2004.4) 李逸平(2003.7—2004.4)	
2004.4—2008.2			李逸平
2008.10—	陈克宏	陆晓春(2008.10—　) 陈　龙(2009.8—　)	陈克宏

表1-2-8 2000—2010年上海市科学技术委员会正副主任情况表

时　　间	主　任	副　主　任	
1999.9—2003.4	朱寄萍	李明轩(回族,1996.10—2001.4) 赵为民(2000.11—2003.3) 张　鳌(满族 1991.6—2004.10) 丁薛祥(1999.10—2001.8) 李铭俊(2001.10—2004.4)	李宣海(1999.10—2000.8) 曹　臻(1995.8—2004.10) 张其标(1995.2—2004.1) 李逸平(2001.4—2003.4)
2003.4—2008.2	李逸平	陈克宏(2004.10—2008.10) 曹　臻(1995.8—2004.10) 李铭俊(2001.10—2004.4) 王　奇(兼,2004.4—2008.10) 张　鳌(满族,1991.6—2004.10) 陆晓春(2005.7—　)	俞国生(2003.8—2004.4) 丁文江(2004.10—2006.12) 乐景彭(兼,2004.4—2008.6) 张其标(1995.2—2004.1) 寿子琪(2004.1—2008.2) 徐祖信(2007.9—　)

（续表）

时　间	主　任	副　主　任	
2008.2—	寿子琪	王　奇(兼,2008.10—2010.12) 陆晓春(2005.7—　) 于　晨(2010.6—　)	陈克宏(2004.10—2008.10) 徐祖信(2007.9—　) 陈鸣波(2010.12—　)

表 1-2-9　2000—2010 年上海市科学技术委员会内设机构情况表

年份	机　构
2000	办公室、人事教育处、监察室、机关党委、发展研究处、体制改革与法规处、发展计划处、条件财务处、事业监管处、国际合作处、高新技术产业开发区管理处、基础研究处、高新技术产业化处、信息技术处、生物医药处、社会发展处
2010	办公室、人事教育处、监察室、机关党委、发展研究处、体制改革与法规处、发展计划处、条件财务处、研发基地建设与管理处、国际合作处、基础研究处、高新技术产业化处、信息技术处、生物医药处、社会发展处、科普工作处、张江高新区管委会综合协调处、张江高新区管委会发展规划处、张江高新区管委会政策研究处、张江高新区管委会企业服务处

二、计划体制改革

2000 年上半年,结合国家《招标法》的出台,市科委开始在较大范围内组织科技项目招投标工作,正式制定《应用开发类科技项目招标投标实施办法》《市科委应用类科技项目招投标管理办法》。完善专家同行评议制,第一次大规模运用定性和定量相结合,书面独立评审与小组讨论相结合的方式,组织专家进行项目评审。重建科技专家库,4 200 多位专家的信息入库。以市场方式为主配置科技资源,扩大以智力成本进入课题成本为主要内容的课题制试点。会同市财政局,先行在部分重大基础研究项目中实施。加强对科技项目的动态管理和过程管理,实行工作节点管理和资金审计制。建立市科委重大项目协调人制度,项目协调人参与项目的立项工作和全程管理,确保项目取得预期成果。建立 4 个项目管理中心,管理中心接受市科委委托,负责受理指定领域的课题申请,按照项目运作规范和程序,对应用开发类科技项目进行全程管理。

2001 年,在科技项目管理中全面推行"五制"建设。项目招标制:2001 年招标项目占应用开发型项目的 40%,其中招标下达项目的 36.2% 为民营企业,打破高校、科研院所、国企三家包揽的局面;专家评议制:彻底改革专家"有评议无责任"的形式化评议,每位专家均不代表任何单位利益,评议与责任并存;协调人制和委托管理制:采用决策与过程的合理分工,对项目协调人与项目管理中心采取考核和竞争的手段,使政府资金的有效性大增;工作节点管理制:对每个项目设置一定的考核点,视情况决定经费后续,用最有效的管理手段使资金控制成为一种动态的过程,被停拨及追回投入近 2 000 万元;全成本核算制:将科研课题人工成本计入项目中。"五制"的实施,提高立项的科学性和资助经费的有效性,并逐步将科技管理工作重心从项目管理向宏观规划、指导与协调转移,着力加强技术预见和前瞻性研究,提升科技管理层次。4 月 9 日,市科委启动第一批招标项目,组织工程研究、中药开发和农业新品种选育 3 个重大科技攻关项目正式向全社会公开招标。

2002 年 8 月 21 日,市科委、市财政局、市计委、市经委发布《上海市科研计划课题制管理办法(暂行)》,规定实施课题制管理的主要内容及适用范围、课题的确立,课题的组织管理、经费管理、课题验收与资产、成果管理以及课题的监督与检查等。全市80％科技项目向全社会公开招标,招标从应用性研究向基础研究、软课题、中小型企业创新基金申请等领域广泛普及。2003年,市科委、市财政局联合发布政府科研经费的重要管理办法《上海市科研计划课题预算编制说明》;市科委颁布《科研计划项目研究成果知识产权管理办法》《上海市科研计划课题制管理办法》,使科研人员的"智力成本"进入课题总成本,改变科研计划"见物不见人"的局面。

2004,市科委专门为课题申报、立项和跟踪开发一套科研项目网上管理系统。科研计划项目课题申报、年度执行情况报告、科普活动年报、专家库在线登记、民营科技企业年检等11项日常业务实现网上办事。2005年,市科委颁布《上海市科学技术委员会网上评审管理办法》,正式实施科研计划项目网上评审。从项目申报、评审、中间考核、验收管理到报奖评审等全部过程均在网上执行,为全国首创。出台"项目管理中心规范管理要求",并制定相应的管理办法,以"协议制"和引入竞争机制来确定任务和责任,促进项目管理中心向专业化和优质化方向发展。开展科技项目"绩效评估"试点。

2006年,市科委将科技项目的全部管理过程,包括项目指南的征集、指南发布、网上评议、项目合同拨款、项目过程管理、验收等环节全部在网上执行。同年,市科委研究制订《上海市科技项目绩效评估管理(暂行)办法》,对科技评估的组织管理、服务方式、评估原则、评估机构资质与考核、评估程序等内容作规定。依托上海市科技成果转化服务中心成立"上海市科技项目(评估)管理中心"。确定项目管理"8＋1"的基本构架,建立上海市火炬高技术产业开发中心等8个组织结构优化、专业能力强、功能定位准确、服务意识到位、廉政高效的科技项目管理中心(管理团队)和1个科技项目评估中心(试点)。上海科技计划管理制度总体框架初步形成。2007年,上海市科技项目(评估)管理中心初步制订出一套上海科技项目绩效后评估工作的实施方案并加以实施,对40个项目做出相应的评估结论并提出相关建议。评估中心还接受市科委委托,对生物医药类的13个上海市重点实验室进行评估,这也是市科委进行重点实验室第三方评估的第一次试点。

2008年,上海市科技项目(评估)管理中心对80个重大科技项目进行绩效评估,对29个2008年上海市重大科技项目进行预算评估,对40个上海市重点实验室进行评估;开展科技计划评估的专项研究,对上海市浦江人才计划的146个项目进行调查评估。2009年,市科委、市财政局发布《上海市科研计划课题预算编制要求的说明》,强化科研项目经费使用的监督管理,提高上海市科研课题中科技人员劳务费的支持力度,劳务费占课题经费总额的比例上限最高可达50％。进一步优化科研项目计划管理体系,聘请专家评估论证项目指南的必要性、可行性和研究内容的科学性。加强重大项目预算评估,委托第三方机构对实验动物平台运行服务体系建设等19个500万元以上重大项目进行预算评估。改进立项机制,调整优化自然科学基金项目立项办法,实行专家委员会终审制。加强项目实施跟踪管理,委托审计事务所对部分项目进行验收前经费支出审计。开展结题项目绩效评估,评价计划项目实施成效及相关管理主体的管理工作。

2010年,为在全市范围内避免科技计划项目重复立项,市科委、市财政局、市发改委和市经信委牵头筹建"政府资助科技和产业化项目信息共享系统"。经过市教委、市审改办、市农委和市卫生局等15家单位共同努力,实现跨系统政府信息资源共享和高效利用。通过项目审批信息交流,提升上海市的科技和产业化管理的整体水平,提高政府公共资金的实际使用效益。完成28个项目(101个子课题)的预算评估,预算总额132 414.06万元,对50个重大科技项目进行绩效后评估,对生物医药类(含农业)的28家上海市重点实验室进行评估,开展"世博科技专项计划"(含218个项目)的绩效后评估,开展《上海市促进大型科学仪器设施共享规定》立法后评估等。

三、科研院所改革

自 1979 年以来,上海先后进行对研究院所扩大自主权、实行经费预算包干、科技责任制和有偿合同制、所长负责制和建立技术交流网络等 10 个方面的配套改革。1992 年对科研开发型科研单位实施综合改革。1999 年对开发型科研单位实施转制改革。2009 年实施新型科研院所改革。

2000 年 3 月 31 日,市政府批转《市科委、市经委关于上海地方应用型研究所深化体制改革实施意见》,明确上海地方应用型研究所体制改革方案。6 月 20 日,市政府召开上海应用型研究所科技体制改革工作会议,对上海地方部门所属的 90 家应用型研究所企业化转制改革作全面部署。全市 90 个地方开发性研究所,76 个研究所转制为科技企业,9 个进入企业集团,其余转为中介机构或并入大学等其他单位。通过深化改革,一批转制院所逐步成为技术创新的先导力量。2001 年全面实施公益类科研机构改革。上海地方部门所属的公益类科研机构有 50 多家,都在筹划自身的改革方案,以适应改革的形势。公益类研究院所的改革不实行划一的改革政策:具有面向市场能力的机构,要向企业化转制;从事应用基础研究或公共服务的科研机构,仍作为事业单位,按非营利性机构运行和管理;鼓励科研机构进入高等学校,与高等学校合并或开展多种形式的合作。

2002 年,科技部研究起草《非营利性科研机构管理实施办法》和《非营利性科研机构试行理事会制度暂行办法》两个征求意见稿,以期进一步规范科研机构的管理。通过借鉴国家科研院所的改革经验,上海市进一步明确公益类科研机构的改革思路,按照国家改革的总体要求,结合上海市的特点,以内部改革为主,集中在调整院所内部的人员结构、组织结构、专业发展领域,实行岗位聘任制,适度分流人员方面。2003 年 9 月 25 日,上海市科学技术研究所协会在科学会堂召开科研机构在上海新一轮发展中的功能与作用研讨会,作为市科协首届学术年会的组成部分,该会受到市科委、市科协和广大科研院所的重视和欢迎。研讨会主要围绕上海新一轮发展中,各类科研机构的功能、定位和作用问题展开研讨。科研院所的院所长、转制科技企业的经理共 80 余人与会。

2004 年 7 月,科技部和市政府签署《关于推进科技体制改革综合试点的合作协议》,上海科研院所改革是其中的重要内容,得到科技部以及市政府各部门的积极支持与配合。国家和地方给予转制院所的科研经费专项支持、税收优惠等政策到期后将延续一段时间。11 月 20 日,上海"国有科研院所改革与发展论坛"举行,副市长严隽琪出席并讲话。2005 年 4 月 22 日,市委、市政府同意撤销上海市电子仪表标准计量测试所、上海市机电工业技术监督所、上海市化学工业技术监督所、上海市轻工技术监督所、上海市产品质量监督检验所建制,组建上海市质量监督检验技术研究院。7 月 12 日,上海电器科学研究所转制为上海电器科学研究所有限公司。这是上海国资系统大型科研所进行现代多元化改制的首次尝试。

2009 年 9 月 16 日,市科委、市发展改革委、市国资委、市财政局等部门联合发布《关于进一步加快转制科研院所改革和发展的指导意见》。该"意见"确立转制科研院所改革和发展的基本原则为"聚焦功能、分类指导、自主选择、循序渐进";提出在继续保持转制科研院所改革市场化和运行企业化前提下,对转制科研院所承担的经济社会发展和维护国家安全所需、但通过市场无法得到相应经济回报的研发功能和服务功能给予支持;倡导建立以推进产业科技进步为宗旨,承担产业基础技术、共性技术和前瞻技术的研究开发及专业技术服务等公共职能及准公共职能的新型科研院所。

2010 年,支持转制科研院所开展新型科研院所改革试点,鼓励其承担促进产业发展的公共职能。8 月 9 日,市科委、市发展改革委、市财政局、市工商局、市国资委五部门联合批复同意上海电缆研究所开展新型科研院所改革试点及其改革试点工作方案,改革试点期为2010—2014年。在试点期内,市科委与市财政局依据研究制定的《关于转制科研院所履行公共职能的绩效评价与补贴暂行办法》,对上海电缆研究所履行公共职能的情况进行绩效评价,并根据评价结果,通过后补贴方式予以支持,所支持的经费应全部用于其他公共职能以及与公共职能相关的能力建设。

第六节 人 才

一、人才计划

1987年8月6日,市科委决定设立上海市青年科学基金,资助35岁以下优秀青年科技工作者,鼓励他们进行创造性劳动。1991年,市科委开始实施青年科技"启明星"专项计划。启明星计划是上海市科学技术发展基金计划的一个组成部分,凡在当年1月1日未满35周岁的科技人员可以按规定申请启明星计划项目。申请者提出的项目应符合上海市科技发展的方向,有较好的应用价值,有利于提高科学技术研究、应用开发、成果转化等总体水平,具有新颖性、创新性等特点。评审专家由学术威望高、造诣深的科学家、工程技术专家和有关部门的管理专家组成,其中科学家、工程技术专家不得少于80%。"上海科技启明星计划"对入选对象实行动态管理,对优秀者实施跟踪培养,连续资助。1993年,上海推出"启明星跟踪计划",旨在对"启明星"优秀人才提供"续航动力"。按照"启明星"规则,当资助对象的第一个研究课题完成验收后的3年内,可以提出"启明星跟踪计划"申请,这也意味着入选人有连续获得科研经费的机会。据统计,每5个"启明星"中就有一个得到跟踪资助。同年,上海市开始实施"上海市优秀学科带头人资助计划"。选择年龄40—50岁、在基础学科和专业技术领域崭露头角、做出优异成绩的优秀中青年学科带头人为资助对象,以高起点、高目标、高强度资助的"三高"培养形式,结合上海市重点基础性研究计划的实施,有计划地造就一批跨世纪的国家级科技专家。1994年,市科委颁布《上海市优秀学科带头人资助计划管理办法》,年龄规定为55周岁以下。1997年1月,"白玉兰杰出科技人才基金"开始实施,基金管理按《白玉兰科技人才基金实施管理暂行办法》执行。该基金资助境内外优秀人才来沪合作开展长期或短期的科学研究、技术开发、成果孵化和转化、科学知识普及教育以及科技管理等活动期间所需的部分交通、生活费用,以及资助上海地区优秀科技人才参加境外有一定影响的国际学术会议所需的部分交通、生活费用。该基金由市科委和市财政局共同设立。来沪合作者应具备博士学位或具有高级专业技术职称;上海地区承担的国家或上海市重大研究开发项目所急需的人才;在科技管理、科学知识普及教育等科技活动中对上海科技进步、经济建设和社会发展有指导作用的人才;在科学研究中,取得国内外同行公认、具有前瞻性创新成果的人才;在技术开发与成果孵化和转化中,取得较明显的社会、经济效益的人才,都可提出申请。

2001年,对《白玉兰科技人才基金管理办法》进行修订,市科委每年从专项经费中划出200万元用作基金经费。修订《上海市博士后科研资助计划管理暂行办法》,资助强度从1万元提升到2万元。2003年,通过"上海市青年科技启明星评价指标体系的优化和管理研究"软课题研究,完善"启明星计划"管理办法和评价指标。市科委对《上海市优秀学科带头人资助计划管理办法》进行修改,年龄改为50周岁以下,人均支持金额从15万元增加到25万元。2004年,博士后科研资助计划分为面上项目和重点项目,面上项目资助2万元,重点项目资助8万元。

2005年,增设上海青年科技启明星计划和上海市优秀学科带头人计划"B类",强化对企业科技人才的培养。上海市博士后科研资助计划首次采用网上受理申请、网上进行评审方式。市委组织部、市人事局共同起草的《关于加强上海领军人才队伍建设的指导意见》(《指导意见》)正式出台。《指导意见》明确提出领军人才队伍建设的目标是,到2010年,形成500名以两院院士、国家百千万人才、突出贡献专家等为主体的领军人才国家队,1 000名左右以各行各业学术技术带头人为主体的领军人才地方队,5 000名左右由各区县、系统选拔培养的优秀青年人才为主体的领军人才后备队等三个层次的梯队结构。7月1日,市人事局和市科委联合设立并实施"上海市浦江人才计划",每年投入4 000万元作为支持留学人员来沪工作、创业的政府专项资助。资助类型分为科研开发("A类")、科技创业("B类")、社会科学("C类")和特殊急需人才("D类")等4类资助。资助强度分为3类:一类为50万元;二类为20万—30万元;三类为10万元左右,为海外留学人员来沪工作和创业提供"第一桶金"。市科委负责"A类"和"B类"项目的评审、立项和后续管理工作,市人事局负责"C类"和"D类"项目。

2006年,根据市委组织部、市人事局发布的《关于加强上海领军人才队伍建设的指导意见》,制订并发布《上海领军人才队伍建设实施办法》(《办法》)。《办法》将领军人才分类为基础研究类、应用开发类、社会科学和文化艺术类、经营管理类,对领军人才的选拔标准、选拔程序、培养措施、资助服务、考核管理等环节进行规范,形成完整的领军人才开发体系,具有较强的操作性。市科委、市人事局共同研究修订《上海市博士后科研资助计划管理办法》,首次将上海博士后创新实践基地的博士后研究项目正式纳入重点项目资助计划。2008年,上海开展新一轮领军人才推荐选拔工作。经市委组织部、市人力资源和社会保障局研究决定。128人列入上海领军人才"地方队"培养计划。2009年,通过单位推荐、个人自荐、社会团体和专家举荐,经各行业主管部门、区县评选审核后推荐,全市组织专家按照自然科学与技术、哲学社会科学、文化艺术和经营管理四大类进行评审,评审结果经审核并公示后,最终105人入选上海领军人才"地方队"培养计划。2010年,通过各单位推荐、个人自荐、社会团体和专家举荐,经各行业主管部门、区县评选审核后推荐,上海市组织专家按照自然科学与技术、哲学社会科学、文化艺术和经营管理(含金融经济)等4大类进行评审,评审结果经审核并公示后,最终126人入选上海领军人才"地方队"培养计划。

表1-2-10　2000—2010年上海市青年科技启明星计划资助情况表

年份	资　助　人　数	资助经费
2000	计划资助56名、跟踪资助12名	600万元
2001	计划资助53名、跟踪资助11名	600万元
2002	计划资助60名、跟踪资助14名	832万元
2003	计划资助70名、跟踪资助15名	995万元
2004	计划资助86名、跟踪资助18名	1 100万元
2005	A类资助76名、跟踪资助16名	1 000万元
	B类资助40名	400万元
2006	A类资助70名	700万元
	跟踪资助18名	270万元
	B类资助53名	530万元

（续表）

年份	资 助 人 数	资助经费
2007	A类资助 70 名	910 万元
	B类资助 44 名	440 万元
	A、B类联合资助 8 名	100 万元
2008	A类资助 79 名	869 万元
	B类资助 40 名、联合资助 4 名	297 万元
	跟踪资助 31 名	434 万元
2009	A类资助 76 名、B类资助 43 名、跟踪资助 29 名	无
2010	A类资助 87 名、B类资助 47 名、跟踪资助 31 名	2 240 万元

表 1－2－11　2000—2010 年上海市优秀学科带头人计划资助情况表

年份	资 助 人 数	资助经费
2000	资助 30 名	300 万元
2001	无	无
2002	无	无
2003	资助 20 名	500 万
2004	无	572 万元
2005	A类资助 29 名	700 万元
	B类资助 19 名	450 万元
2006	A类资助 39 名	920 万元
	B类资助 29 名	580 万元
2007	A类资助 40 名	1 348 万元
	B类资助 17 名	532 万元
2008	A类资助 55 名、B类资助 30 名、联合资助 2 名	无
2009	A类资助 60 名、B类资助 34 名	无
2010	A类资助 65 名、B类资助 32 名	3 260 万元

表 1－2－12　2005—2010 年上海市浦江人才计划资助情况表

年份	资 助 人 数	资助经费
2005	"A类"114 人、"B类"20 人、"C类"54 人、"D类"13 人	4 000 万元
2006	A类 124 人、B类 22 人、C类 50 人、D类 26 人	4 500 万元
	A类 124 人、B类 22 人	3 500 万元
2007	A类 110 人、B类 24 人、C类 59 人、D类 24 人	4 000 万元

年份	资　助　人　数	资助经费
2008	A类118人、B类17人、C类45人、D类29人	4 000 万元
2009	A类119人、B类17人、C类84人、D类30人	4 409 万元
2010	A类126人、B类20人、C类72人、D类16人	4 030 万元

表 1 - 2 - 13　2000—2010 年白玉兰杰出科技人才基金资助情况表

年份	资　助　人　数	资助经费
2000	来沪科研和讲学41人、赴国外参加会议4人、在沪主持国际学术会议2人	96 万元
2001	来沪科研和讲学48人次、在沪主持国际学术会议2人	80 万元
2002	116 人次	195.7 万元
2003	合作科研43人次、讲学45人次、在沪召开国际会议20项、参加国际会议18人次	199.7 万元
2004	424 人次	276.5 万元
2005	无	无
2006	无	无
2007	无	无
2008	126 人次	350 万元
2009	无	无
2010	152 人次	435 万元

表 1 - 2 - 14　2000—2010 年上海市博士后科研资助计划资助情况表

年份	申 请 数 量	资 助 数 量	资助经费
2000	170 人	50 名	50 万元
2001	144 人	35 名	70 万元
2002	160 人	35 名	70 万元
2003	282 人	35 名	70 万元
2004	无	面上 35 个、重点 10 个	150 万元
2005	221 个,其中面上 190 个、重点 31 个	面上 60 个、重点 10 个	200 万元
2006	289 个,其中面上 245 个、重点 44 个	面上 65 个、重点 15 个	250 万元
2007	400 个,其中面上 352 个、重点 48 个	面上 65 个、重点 15 个	250 万元
2008	334 个,其中面上 282 个、重点 52 个	面上 65 个、重点 15 个	250 万元
2009	356 个,其中面上 306 个、重点 50 个	面上 85 个、重点 20 个	500 万元
2010	336 个,其中面上 291 个、重点 45 个	面上 85 个、重点 20 个	500 万元

二、人才管理

2000年，施行以"智力流动"为特征的只流动智力，不流动人事关系的"柔性流动"政策。市人事局和市劳动和社会保障局联合出台《上海市引进人才工作证实施办法》。加强高新科技人才培养选拔工作，组织实施高新技术成果转化类高中级专业技术职务任职资格的评定工作，组建工程经济复合型高级专业技术任职资格评审委员会。全市118人获得政府特殊津贴，其中从事高新技术领域工作的有31人，45岁以下有51人，55岁以下的有91人。2001年，全面推行专业技术职称（资格）评定与专业技术职务聘任相分离（即"职称评聘分离"），实行"个人申报，社会评审，单位聘用"的职称工作新模式。建立全市第一个面向社会的网上政务服务系统——上海市引进人才网上政务服务系统，创立并发布上海市人才指数体系。制定人才社会化评价标准体系，建立社会监督制度，完善社会化评价机制。举办"2001年上海市技术、经营管理人才交流洽谈会"。7月7日，上海市科技人才开发交流中心正式挂牌成立，是一家以科技人才中介服务为主的面向全国的人才交流机构。

2002年，出台《引进人才实行〈上海市居住证〉制度暂行规定》，颁布《上海市人才中介职业资格制度暂行规定》等一批规范性文件；组建上海市人才市场监督管理处，成立全国首家人才中介行业协会，建立统一的公共人事服务平台和网络，举行首次人才中介职业资格考试，并对相关专业人员的管理办法作调整。7月30日，市委组织部、市人事局联合召开"上海市专业技术人才队伍建设工作会议"，约500人与会。会议下发市委、市政府《关于加强上海市专业技术人才队伍的实施意见》。2003年，下发《上海市高级专业技术职称评定工作纪律》，简化专业技术资格考试报名程序，推动全市高校教师专业技术职务全面实行聘任制改革。首次组织针对应届高校毕业生的公益型人才招聘服务专场，全年举办人才招聘会70余场，新建立固定人才市场10个，新建"金才"等人才网站5个。市委组织部、市人事局、世博办等部门联合下发世博人才培训工作意见，推出一批培训项目，启动世博人才培训工程。

2004年，26家网站联合举办首届"沪上知名网站联合招聘会"。启动《百千万质量人才工程》《上海知识产权人才战略》《2004—2010青少年科技人才培养计划》；成立世博人才发展中心，启动世博人才培训。4月19日，上海市人力资源和社会保障局印发《上海市专业技术水平认证暂行规定》。8月23日，上海市人力资源和社会保障局颁发《关于上海市专业技术职称（职务）评聘工作有关事项的通知》。2005年，全市新增人才中介机构94家，机构总数达到509家。全市共有2 161人取得人才中介师或人才中介员证书。出台《上海人才派遣服务行约行规试行办法》和《上海人才培训服务行约行规试行办法》等。6月22日，上海市人力资源和社会保障局印发《上海市重点领域人才开发目录》。

2006年，成立市科教党委人才办公室，强化党对人才工作的领导。加大企业科技人才培养力度，各项人才计划增大对企业科技人才的支持。5月8日，市人事局发布《上海市"十一五"人才发展规划纲要》。8月4日，上海颁发第二批《上海市重点领域人才开发目录》。2007年，出台《关于〈上海市专利管理专业工程技术人员任职资格暂行办法〉的实施意见》，培养上海首批专利管理工程师。贯彻国家专业技术人才知识更新工程有关精神，在信息技术、现代制造、现代管理及现代农业等领域开展知识更新工作。5月，市人事局会同上海市企业联合会下发《上海市现代管理领域专业技术人才知识更新工程实施意见》，成立现代管理领域专业技术人才知识更新工程协调小组。2008年，市科委围绕新兴产业紧缺人才队伍的发展和技术创新体系建设，围绕科研项目、基地、人才一体化建设,在 RFID、嵌入式系统与软件、数字媒体技术、纳米技术、技术经纪人和技术创新管理方面,以产业发展为目标,以自主创新为重点,引导各类社会资源,谋略策划,积极实践,提升新兴产业人才培养能级,截至 2008 年底,累计培育各类紧缺人才 2.5 万余人。

2009 年,市科委针对科技人才做相关调研。对科技工作者的工作环境、待遇、权利、义务及相关政策进行调研;对科技人才发展的相关政策环境进行调研,并形成报告上报;对《中长期人才发展规划》中关于科技人才的相关内容进行进一步调研和深入完善。2010 年,出台《上海中长期人才发展规划纲要(2010—2020 年)》,明确新时期上海市科技创新人才队伍建设目标。按照市委组织部的整体部署,市科技两委开展"十二五"科技人才发展规划和"十二五"生物医药产业人才发展规划的编制工作。开展高端人才、科技管理人才(创新工程师、企业技术管理、科技干部等)、紧缺人才(纳米、数字媒体、热核聚变等)的培养工作。

第七节　成果与奖励

一、国家奖

1978 年 12 月,国务院发布重新修订的《发明奖励条例》。1979 年 11 月,国务院发布《中华人民共和国自然科学奖励条例》。1984 年 4 月,国务院重新修订发布《中华人民共和国发明奖励条例》和《中华人民共和国自然科学奖励条例》。1984 年 9 月 12 日,国务院发布《中华人民共和国科学技术进步奖励条例》。1986 年 12 月 15 日,国家科学技术进步奖评审委员会发布《中华人民共和国科学技术进步奖励条例实施细则(试行)》。1987 年 8 月 2 日,国家科委发布《中华人民共和国发明奖励条例实施细则》。1999 年 5 月 23 日,国务院公布《国家科学技术奖励条例》。《国家科学技术奖励条例》在设立权威性最高奖项、加强奖励力度、减少奖项的基础上,规定基本不设部级奖,地方上除一项省级科学技术奖外,不得再设其他奖项。《条例》分总则、国家科学技术奖的设置、国家科学技术奖的评审和授予、罚则、附则 5 章 26 条。国家科学技术奖包含 5 个奖项:国家最高科学技术奖、国家自然科学奖、国家技术发明奖、国家科学技术进步奖和中华人民共和国国际科学技术合作奖。2002 年起,上海获国家科技奖励占全国获科技奖励项目的比重超过 10%,2008 年达 16.4%。上海在 2005 年、2009 年和 2010 年获得最高科学技术奖,从而三度包揽国家科技奖励五大奖项。2008 年起,国家科学技术进步奖首次将企业技术创新工程项目纳入奖励范围,设立自主创新企业评审组,上海振华港口机械(集团)股份有限公司是全国 5 个获奖企业中的一个。

2000 年,上海市获得国家科学技术奖励项目 21 项,占全国获奖项目总数的 7.2%,名列前茅,其中获国家自然科学奖 3 项,国家技术发明奖 1 项,国家科技进步奖 17 项。2001 年,由上海市完成或与国内合作完成的 14 个项目获得国家科学技术奖励,占全国获奖项目总数的 6.28%。其中获得国家自然科学奖 3 项,国家科技进步奖 11 项。14 个项目中,3 项获得一等奖,11 项获得二等奖。2002 年,由上海市单位完成或由上海市科技人员牵头参与全国科研大协作完成的 31 个项目获得 2002 年度国家科学技术奖励,获奖比例占全国 263 项的 11.8%,突破上海市多年来获国家科技奖励比例在 5% 左右徘徊的局面,其中获国家自然科学奖 8 项、国家技术发明奖 1 项、国家科技进步奖 22 项。另有 1 人获中华人民共和国国际科学技术合作奖。

2003 年,由上海单位完成或由上海科技人员牵头参与全国科研大协作完成的 26 个项目获得 2003 年度国家科学技术奖励,获奖比例占全国 254 项的 10.2%,其中获国家自然科学奖 3 项,占全国 19 项的 15.8%;获国家科技进步奖 23 项,占全国 216 项的 10.2%。2004 年,由上海科技人员牵头或参与完成的 42 个项目获得 2004 年度国家科学技术奖励,获奖比例占全国 301 项的 13.95%,其中获国家自然科学奖 3 项,占全国 28 项的 10.71%;获国家科技进步奖 39 项,占全国 245 项的 15.92%。中科院上海光学精密机械研究所、宝山钢铁股份有限公司(合作)、上海重型机器厂(合作)、华东电力设计院(合作)等单位摘取国家科技进步通用项目 10 项一等奖中的 4 项。

2005 年,上海有 46 个项目(人)获得 2005 年度国家科技奖励,占全国 321 项(人)的 14.33%,创历史新高。中国科学院院士吴孟超成为上海首位获国家最高科学技术奖的科研工作者。3 个项目获国家技术发明奖,占全国获奖项目 40 项的 7.5%,实现重大突破。7 个项目获得国家自然科学奖,占全国 38 项的 18.42%。2006 年,由上海市牵头或合作完成的 42 个项目获得 2006 年度国家科学技术奖励,占全国 326 个获奖项目的 12.88%,获奖比例连续 5 年保持两位数。其中,4 个项目获得国家自然科学奖,占全国 29 项的 13.7%;5 个项目获得国家技术发明奖,占全国获奖项目 56 项的 8.92%;33 个项目获得国家科技进步奖,占全国获奖项目 241 项的 13.69%。其中,有 1 个项目被授予国家科技进步奖特等奖、5 个项目被授予国家科技进步奖一等奖。

2007 年,由上海市牵头和合作完成的共有 54 项(人)获奖,占全国比例为 15.4%。其中,国家自然科学奖 9 项,占全国比例为 23%;国家技术发明奖 4 项,占全国比例为 7.8%;国家科学技术进步奖 39 项,占全国比例为 15.3%;中华人民共和国国际科学技术合作奖 2 人,占全国比例为 40%。2008 年,由上海市牵头或合作完成的 57 个项目获奖,占全国的比例为 16.4%。其中,国家自然科学奖全国授奖项目 34 项,上海市有 3 项,占全国的 8.8%;国家技术发明奖全国授奖项目 55 项,上海市有 6 项,占全国的 10.9%,上海市在国家技术发明奖上获奖比例首次突破 10%;国家科技进步奖全国授奖项目共 254 项,上海市有 48 项,占全国 18.9%,其中合作完成的特等奖项目有 3 项,一等奖项目有 6 项。

2009 年,上海有 4 项成果获国家自然科学奖,占全国授奖项目 28 项的 14.3%.;上海有 3 项成果获国家技术发明奖,占全国授奖项目 55 项的 5.5%;上海有 47 项成果获国家科技进步奖,占全国授奖项目 282 项的 16.7%。著名数学家、中国科学院院士、复旦大学教授谷超豪荣膺国家最高科学技术奖。2010 年,上海科学家和科技创新成果第 3 次在同一年度包揽国家科技奖励五大奖(另两次为 2005 年和 2009 年),获奖数共 58 项(人),占全国授奖总数的 16.3%。其中,中国工程院院士、上海交通大学医学院附属瑞金医院终身教授王振义荣膺国家最高科学技术奖,成为第 3 位获此殊荣的上海科学家;德国籍环境规划专家克劳斯·托普弗获国际科学技术合作奖;56 项上海牵头或合作完成的项目分获国家自然科学奖、国家技术发明奖和国家科技进步奖(2 项特等奖、4 项一等奖、50 项二等奖),其中国家自然科学奖上海获奖比例 20%,国家技术发明奖上海获奖比例 8.7%,国家科技进步奖上海获奖比例 16.9%。这是上海连续第 9 年获奖总数占全国比重保持两位数,连续 4 年获奖比例达 15%以上。

表 1-2-15　2000—2010 年上海获国家科学技术奖情况统计表　　　　单位:项

奖项	国家科技进步奖			国家技术发明奖		国家自然科学奖		合计
等级	特	一	二	一	二	一	二	
2000 年	0	1	16	0	1	0	3	21
2001 年	0	3	8	0	0	0	3	14

（续表）

奖　项	国家科技进步奖			国家技术发明奖		国家自然科学奖		合计
等　级	特	一	二	一	二	一	二	
2002 年	0	4	18	0	1	1	7	31
2003 年	1	0	23	0	0	0	3	27
2004 年	0	4	35	0	0	0	3	42
2005 年	0	4	30	0	3	0	7	44
2006 年	1	5	27	0	5	0	4	42
2007 年	1	4	34	0	4	0	9	52
2008 年	3	6	39	0	6	0	3	57
2009 年	2	4	41	0	3	0	4	54
2010 年	2	4	40	0	4	0	6	56

表 1－2－16　2004—2020 年上海获最高科技奖和国际科技合作奖情况统计表　　　　单位：项

年　份	2004	2005	2006	2007	2008	2009	2010
最高科学技术奖	0	1	0	0	0	1	1
国际科技合作奖	1	1	0	2	0	1	1
合　计	1	2	0	2	0	2	2

表 1－2－17　2000—2010 年上海获国家科技奖励占全国获奖项目比重统计表

年　份	2000	2001	2002	2003	2004	2005	2006	2007	2008	2009	2010
获奖情况（项）	21	14	31	27	43	46	42	54	57	56	58
占全国比重（%）	7.29	6.3	11.8	10.2	14.0	14.3	12.9	15.4	16.4	15.0	16.3

二、上海奖

1985 年 12 月 16 日，为加强"科学技术进步奖"的评审工作，市政府决定成立上海市科技进步奖评审委员会，下设办公室作为评审工作的日常办事机构。1985 年 12 月 25 日，市政府公布《上海市科学技术进步奖励规定》，对申请科技进步奖的条件和奖励等级、奖金等作具体规定。1992 年 7 月，市政府决定设立上海科技功臣奖。对在面向经济建设主战场、推动科技与经济结合方面，在发展高科技、实现产业化方面，在调整人和自然关系的若干领域方面以及在基础研究方面作出突出贡献的优秀科技人员，由市政府授予"上海科技功臣"称号，并发给证书和 5 万元奖金。上海科技功臣奖每两年评选一次，每次评选 6～10 人。

2000 年，国务院颁布《国家科学技术奖励条例》，国家科技部发布《国家科学技术奖励条例实施细则》《省、部级科学技术奖励管理办法》和《社会力量设立科学技术奖励管理办法》等 3 个配套文件后，市科委同市人事局、市计委、市财政局、市知识产权局和市政府法制办公室等有关部门，研究提

出《上海市科学技术奖励制度改革方案》,并于 2000 年 6 月批准实施。上海保留"上海市科学技术
进步奖",把原"上海市科技功臣奖"并入"上海市科学技术进步奖",并设置为"上海市科技进步奖"
的最高等级。把原来的"上海市科技进步奖"8 大类成果调整为 5 大类成果,即自然科学类、技术发
明类、技术开发类、社会公益类和重大工程类成果,取消科技著作类、科技管理类和国防专用类成果
的奖励。把原来的 17 个专业评审组调整为 16 个专业评审组,撤销国防、科技著作评审组。制定新
的科技成果奖励评价指标体系和相应的专家评审打分表,对不同类别的科技成果有不同的评价指
标和重点,使评审标准和评价体系更加合理、准确,使评奖工作更加客观和科学。

2001 年 3 月 22 日,市政府发布实施《上海市科学技术奖励规定》,按照《国家科学技术奖励条
例》要求对上海市科技奖励制度进行重大改革。市科委制定《〈上海市科学技术奖励规定〉实施办
法》使科技奖励工作法制化、规范化。调整奖励对象范围,扩大为上海科技和经济发展作出贡献的
个人和组织,包括"三资企业"及外国人、外地企业及外地人;对原有专业评审组进行合并、撤销和调
整,共设立专业评审组 15 个;根据自然科学、技术发明、技术开发、社会公益和重大工程五大类成果
设计五种不同的评分标准,采用与评分指标相配套的光电判读专家自动阅卷评分系统等。2003
年,经市政府批准,上海市科技进步奖奖金标准,从原来的一等奖 6 万元、二等奖 2 万元、三等奖 1
万元增加到一等奖 10 万元、二等奖 5 万元、三等奖 2 万元,上海市科技功臣奖金从每人 30 万元增
加到 50 万元。上海市科技进步奖获奖证书改加盖上海市人民政府印章。所有被推荐申报上海市
科技进步奖并通过形式审查的项目,其主要内容首次在初评前通过上海科技网站公布,征求科技界
和社会各界对参评项目的意见。首次聘请全国各地专家参与上海市科技进步奖的评审。

2007 年 1 月 11 日,《上海市人民政府关于修改〈上海市科学技术奖励规定〉的决定》对《上海市
科学技术奖励规定》进行修正,上海市科学技术奖按照修订的要求设置,首次按科技功臣奖、自然科
学奖、技术发明奖、科技进步奖和国际科技合作奖 5 个奖励类别进行评审,与国家五大科技奖项对
接。2009 年,在上海市科技进步奖评审中增设自主创新企业评审组。

表 1 - 2 - 18　　2000—2010 年上海市科学技术奖获奖情况统计表　　　单位:项

奖 项	科技进步奖			技术发明奖			自然科学奖			科技功臣奖	国际科技合作奖	合计
等 级	一	二	三	一	二	三	一	二	三			
2000 年	10	81	175	无	无	无	无	无	无	无	无	266
2001 年	64	115	151	无	无	无	无	无	无	2	无	297
2002 年	39	108	166	无	无	无	无	无	无	无	无	313
2003 年	34	111	172	无	无	无	无	无	无	2	无	317
2004 年	41	107	168	无	无	无	无	无	无	无	无	316
2005 年	44	109	165	无	无	无	无	无	无	2	无	318
2006 年	32	93	130	4	7	14	9	12	8	无	无	309
2007 年	27	90	137	5	12	23	8	10	7	2	2	323
2008 年	32	91	131	7	8	9	7	11	3	无	1	300
2009 年	33	80	131	5	11	10	11	4	11	2	2	300
2010 年	36	68	136	7	11	14	6	9	10	无	1	298

三、成果鉴定与登记

为落实国家科技成果鉴定和登记制度,市科委分别于1987年6月颁行《上海市科技成果登记暂行规定》,于1989年9月颁发《上海市科学技术成果鉴定办法实施细则》。2002年8月8日,市科委在全国率先宣布不再主持科技成果水平鉴定,取消由政府主管部门组织的各类成果鉴定会,但科技成果登记工作仍按有关规定进行。

2000年,上海市登记科技成果1 102项,按意义技术水平划分,国际先进以上的507项,国内领先水平的452项,国内先进的117项。2001年,上海市认真贯彻执行国家科技部《科技成果登记办法》,按照基础理论类成果、软科学类成果和应用技术类成果进行登记,统一使用国家成果登记系统软件,规范科技成果登记工作,对科技奖励、统计和信息交流起到良好的作用,有利于科技成果的转化和推广应用。全市登记科技成果1 338项,按应用技术水平划分,国际领先水平的项目78项,国际先进的542项,国内领先水平的444项,国内先进的116项。2002年,上海市登记科技成果1 418项,按应用技术水平划分,国际领先水平的65项,国际先进的603项,国内领先水平的463项,国内先进的106项。2003年,上海市登记科技成果1 508项,其中应用技术类成果共1 281项,按应用技术水平划分,国际领先水平的71项,国际先进的532项,国内领先水平的481项,国内先进的155项。2004年,上海市共登记科技成果1 629。按应用技术水平分,属国际领先水平的项目147项,国际先进的669项,国内领先水平的480项,国内先进的155项。

2005年,上海市共登记科技成果1 701项。其中应用技术类成果共1 261项,按应用技术水平分,属国际领先水平的项目123项,国际先进的629项,国内领先水平的588项,国内先进的189项。2006年,上海市共登记科技成果1 953项。其中应用技术类成果共1 799项,按应用技术水平分,属国际领先水平的项目250项,国际先进的675项,国内领先水平的655项,国内先进的191项。2007年,上海市共登记科技成果2 396项。其中应用技术类成果共2 161项,按应用技术水平分,属国际领先水平的项目180项,国际先进的761项,国内领先水平的938项,国内先进的254项。2008年,上海市共登记科技成果1 866项。其中应用技术类成果共1 695项,按其成果水平分,属国际领先水平的项目125项,国际先进的664项,国内领先水平的663项,国内先进的226项。2009年,上海市共登记科技成果2 166项。其中应用技术类成果共2 009项,按其成果水平分,属国际领先水平的项目260项,国际先进的651项,国内领先水平的831项,国内先进的247项。2010年,上海市共登记科技成果2 318项,其中应用技术类成果共2 104项,按其成果水平分,属国际领先水平的项目188项,国际先进的698项,国内领先水平的724项,国内先进的202项。

表1－2－19　2000—2010年上海市科技成果登记及应用数统计表　　单位:项

年　份	2000	2001	2002	2003	2004	2005	2006	2007	2008	2009	2010
成果登记	1 102	1 338	1 418	1 508	1 629	1 701	1 953	2 396	1 866	2 166	2 318
其中应用成果	809	929	948	1 045	1 204	1 261	1 799	2 162	1 695	2 009	2 104

第三章 服 务

第一节 决 策 咨 询

2001年,上海加强软科学专家库的建设,新增160余位专家。同时对软科学项目进行中期检查,软科学研究项目共有31项课题通过专家评审,中止1项,未通过评审2项。6月,上海科技发展研究中心正式启动,具体负责上海软科学研究项目的管理工作。2002年,市科委对于软课题研究项目实行项目节点拨款制,即项目的经费分三期下达,先期下达课题经费的40%;课题经中期检查合格后,下达课题经费的30%;课题最终通过评审后,再下达剩余经费。当年经中期检查,终止1项课题研究,4项课题因研究进度等问题,后续经费被暂缓下拨。

2005年,市科委在软科学研究成果的基础上,通过凝练和消化吸收有价值的研究报告,编辑出版36期《科技发展研究》。向市领导提供《上海创业投资的"强"与"弱"》《美国创新所面临的新形势》《创新,正以新的形式不断涌现》(上、下)等重要研究成果,对科技决策具有重要参考价值。同时对可以公开学习的研究成果,及时编辑在科技网上公开发表,发挥软科学研究成果资源共享和决策咨询的作用。2006年,市科委编辑出版49期《科技发展研究》。向市领导提供《组织与机制,未来创新的重要平台》《上海知识服务业发展现状及对策建议》《如何把基础研究优势转化为产业竞争优势》等研究成果。

2007年,市科委围绕国外创新战略(芬兰创新计划、创新型欧洲、创新网络伦敦创新战略等)、知识产权战略(专利和技术标准战略的实施)、研发与全球化(研发全球化、外资研发机构、国际研发中心的运行机制)、服务型政府建设(上海科技公共服务的提升和优化)、创新体系建设(产学研合作、国家实验室、知识服务业)等研究热点,组织人力对研究成果进行深入挖掘,提炼研究成果的精华,共编制《科技发展研究》简报50期。2008年,开发编辑软科学研究成果形成共19期《科技发展研究》简报,向有关方面领导和专家提供《上海创新能力的新特点与新变化》等研究成果,并初步完成构建软科学研究成果共享平台,将研究成果在上海科技网站和上海研发公共服务平台网站上公开,更好地促进软科学研究成果资源共享、应用转化和决策咨询作用。对部分重要研究成果,以专报方式报送市委、市政府有关领导和相关部门参阅。根据《上海市科研计划课题制管理办法(暂行)》要求,市科委制定《上海市科技发展基金软科学研究项目管理细则》,依托"软科学项目过程管理平台",开展软科学项目的过程管理和节点检查,并适时组织部分研究项目进行阶段性成果交流。对于结题完成优秀的项目,项目承担人可获得在下一年度自由选题的机会。对有开发价值的软科学研究成果,组织人力对其进行深入挖掘,提炼课题的研究精华,加快后期开发与应用。

2009年,共开发21期《科技发展研究》成果简报,其中包括应对国际金融危机需要的"发达国家金融危机时期扶持中小企业的对策""发达国家及地区推进创业的成功经验"等简报;应对创新集群建设需要的"日本产业集群计划""创新集群的内涵、要素及形成条件""上海集成电路创新集群形成条件分析"等简报;以及结合战略性新兴产业培育需要的"物联网的发展态势、现状及相关建议""云计算的发展现状、态势及相关建议"等简报。编译国外优秀研究成果,如日本的《2008产业集群工程报告》、美国的BCG高级管理年度调研报告《创新2008》,提供给有关部门参阅。对2008年度软科学研究成果进行梳理汇编,并刻制成光盘转送有关领导和部门参阅。探索实施"重点项目—命题作文"和"引导项目—自选题目"分类资助模式。软科学研究在过程管理上根据课题组研究进展情况,多形式、多途径地加强与课题组的交流互动,促进研究工作高质量进行。一方面,充分发挥信息技术作用,依托"软科学项目过程管理平台",引导和促进课题组按照时间节点完成研究工作任务,并及时就课题组研究成果质量进行点评,提出意见和建议;另一方面,充分发挥专家作用,邀请一批立项评审专家,对在研课题进行辅导支持,特别是对应用导向性明确的项目,及时指导明晰研究思路和研究重点。2009 年内共组织 6 批 102 项次的节点成果交流,促进研究成果质量的提高。

2010 年,市科委共组织 8 批 92 项次的节点成果交流,邀请立项评审专家和相关决策部门,对课题研究进行辅导,既促进研究质量提高,又为研究者搭建与决策部门信息对接的平台。全年共开发 21 期《科技发展研究》成果简报,报送各级领导部门和机构。编译韩国《新增长动力产业规划及发展战略》等国外优秀研究成果。举办 5 期软科学研究沙龙,邀请各方面专家围绕"欧盟创新战略""上海研发产业发展""区县科技创新"等科技经济发展问题,进行主题研讨,提出政策建议。

表 1-3-1　2000—2010 年上海市软科学研究计划情况表

年份	研 究 方 向	研 究 领 域	主要研究课题	资助情况	
				项目(项)	经费(万元)
2000	科技促进经济、社会发展;科技发展规律及政策	科技促进经济、社会发展、科技创新系统建设、科技发展的热点	科技发展与战略产业培育预可行性研究、上海知识产业发展的前景预测、科技创业支持系统研究、加入 WTO 与地方科技行政法规体系研究、上海高科技产业投入产出效益分析、京深沪高科技产业发展比较研究、科研院所向企业化转制研究	45	197.8
2001	知识产权、科技企业与产业、科技园区	知识产业的发展、加入 WTO 后上海科技竞争力的提升、国内外高科技园区的比较等	上海知识产业发展的前景预测、加入 WTO 与上海科技竞争力、国内外高科技园区发展研究、科技发展与战略产业培育可行性研究、民营科技企业技术开发现状与发展对策研究、上海科技企业孵化器建设比较发展研究	60	484
2002	科技体制创新、科技企业创业环境、科技中介功能建设	技术跨越、科技原创力提升、海外科技人才回流、科技中介功能建设、创新文化建设、若干优势领域发展战略	上海市科技紧缺人才预测研究、技术要素与收益分配的理论与实践、提高未来上海能源系统安全性研究、科技体制创新与实现技术跨越、上海推进清洁生产技术发展及应用研究	54	553.3
2003	"科教兴市"相关战略问题及方案研究	"科教兴市"战略与科技宏观管理体制与机制、知识生产中心和知识服务中心的形成与推进、世界一流研究机构评价指标、提升上海企业核心技术竞争力	创新文化建设、上海市产业技术跨越模式研究、未来 5 年上海纳米科技发展战略研究、海外科技人才回流研究、跨国公司的研发全球化及对应策略研究、上海技术创新水平的国际地位及其战略	64	无

（续表）

年份	研究方向	研 究 领 域	主要研究课题	资助情况	
				项目（项）	经费（万元）
2004	"上海实施科教兴市战略行动纲要"	"科教兴市"主要瓶颈及其破解对策、上海科研机构布局调整与功能定位、研发服务平台运行和管理机制、产学研联合模式与机制、上海科技发展与学科建设关联性研究、重大产业化项目跟踪管理与评估方法研究	科教兴市战略实施评价体系与对策研究、OECD国家研究资助模式的演变及其对上海科技政策的启示、美欧科技框架计划研究、上海市科教兴市立法规划研究、科学发展观视野中的上海城市科技创新体系研究	78	无
2005	自主创新、绩效评价、职能转变	提高科技自主创新能力、科技创新绩效评估、专利与技术标准战略、规划编制的方法与有效实施、资源共享与知识服务、市民科普普及、科技政策与立法、研发管理体制与运行机制、创新互动与服务全国、区县科技发展与产业集群创新	推进"科教兴市"主战略向纵深发展研究、影响上海科技自主创新能力的瓶颈制约及突破口选择研究、技术预见对区域发展贡献和影响的测评方法研究、上海知识型服务业发展模式构建和实证研究、上海市科研机构的知识产权战略及相关制度的研究、科技创新绩效评估研究	重点研究43、定向研究42、统计分析13	无
2006	"知识竞争力、以应用为导向的自主创新"、区域创新体系、自主创新政策	增强上海的知识竞争力、加快企业创新主体的到位、构建创新价值实现的市场环境、夯实创新的研发基地与服务平台	上海知识密集制造业与高技术服务业互动发展机理和案例研究、促进上海优势领域军民融合创新机制与相关政策研究、非连续性技术创新的产学研合作机制研究、科技小巨人企业发掘和培育机制与相关政策研究——以浦东为例、上海建设区域技术创新扩散中心研究、国家实验室管理体制与运行机制研究及国际案例分析	重点研究43、定向研究29、统计分析9	无
2007	上海中长期和"十一五"科技发展规划、创新体系建设和创新环境建设、聚焦国家战略、聚焦重大产业化项目、聚焦创新基地	有利于促进产学研合作的信用体系建设研究、国有及民营企业总工程师队伍建设现状及对策研究、已转制应用类科研院所改革绩效评估与功能定位研究、公益类研究院所的功能定位与运行机制研究	上海产学研合作的信用体系建设研究、企业总工程师队伍建设的现状和对策研究、基于研发公共服务平台的知识服务发展战略和政策研究、创意产业研发公共服务平台的市场化运行机制研究、长三角联合推进战略产业发展的领域和路径研究	41	无
2008	科技创新、人才培育、创新政策（企业、园区、创新集群）	创新型城市的构建与创新方法研究、培育和壮大特色创新集群、知识密集型服务业相关政策研究、完善产学研相结合的技术创新体系	知识竞争力与创新型城市的评价研究、卓越创新模式及企业技术创新方法研究、创新集群内企业创新网络的构建及应用、发展知识服务战略研究、轨道交通列车运行控制系统自主创新战略研究、临港新城孵化器建设与发展研究	重点研究40、定向研究28	无

（续表）

年份	研究方向	研 究 领 域	主要研究课题	资助情况	
				项目（项）	经费（万元）
2009		金融危机下世界主要国家和地区科技应对战略与政策研究、研发全球化与上海研发产业发展研究、上海共性技术研发机构布局与运行机制研究	上海创新型企业的绩效评估方法及应用研究、不同领域创新集群发展规律的研究、推进和培育上海知识密集型服务业发展的政策研究、基于专利地图、技术路线图和技术预见的上海超大规模集成电路自主创新研究	81	无
2010		上海"十二五"科技发展环境研究、战略性新兴产业上海发展机遇研究、世博会上各国科技成果跟踪研究	金融危机下世界主要国家和地区科技应对战略与政策研究、科研项目评价机制研究、知识产权评估与质押运用研究、研发全球化与上海研发产业发展研究、上海新兴产业创新集群发展的评估研究、上海区县创新集群培育和发展推进方案研究	82	无

为加强软科学研究基础，培养年轻的软科学研究人才，增强软科学研究队伍，市科委决定从2000年开始设立"上海市科技发展基金软科学研究博士生学位论文资助计划"，对选题好、研究思路新、有较强研究能力的全日制在读博士研究生给予立项资助。每人资助1万元。博士论文的资助范围为：科技促进经济、社会发展研究、科技发展规律、政策研究。按照《市科委博士生论文资助专项协议书》规定的时间节点，市科委依托"软科学研究博士生学位论文资助管理平台"，对资助论文撰写情况进行跟踪和检查。经过几年的引导，选择科技发展相关领域作为论文研究方向的博士生数量和论文质量明显提升。经过10年的持续资助，截至2010年底市科委累计资助博士生160余位。

表1-3-2 2000—2010年市科委软科学研究博士生论文资助计划情况统计表　　　　单位：项

年份	2000	2001	2002	2003	2004	2005	2006	2007	2008	2009	2010
数量	7	7	7	5	8	15	22	26	18	20	18

第二节　基地与设施

一、国家重点实验室

国家重点实验室作为国家科技创新体系的重要组成部分，是国家组织高水平基础研究和应用基础研究、聚集和培养优秀科学家、开展高层次学术交流的重要基地。国家计委于1984年起正式启动国家重点实验室建设计划。从1989年起，国家自然科学基金委员会受当时的国家计委和国家科委的委托，对国家重点实验室进行评估。1999年，科技部根据当时的情况修订《国家重点实验室评估规则》。国家自然科学基金委员会采用新的评估综合指标体系对化学学科的 18 个国家重点实验室和 11 个部门开放实验室进行评估。

2001 年,科技部委托国家自然科学基金委员会组织对生命科学实验室的评估工作,在包括 33 个国家重点实验室和 23 个部门开放实验室在内的参评实验室中,上海第二医科大学的人类基因组研究开放实验室和中科院上海药物研究所的新药研究国家重点实验室被评为优秀实验室(全国共评出 6 个优秀实验室);中科院上海生物化学与细胞生物学研究所的分子生物学国家重点实验室、复旦大学的遗传工程国家重点实验室、华东理工大学的生物反应器工程国家重点实验室、上海市肿瘤研究所的癌基因及相关基因国家重点实验室等 5 个实验室被评为良好实验室,显示出上海地区生命科学实验室近年来在组织建设、学术研究和人才培养方面做出突出的成绩。原三束材料改性国家重点实验室复旦大学分部被国家科技部批准改建为"先进光子学材料与器件国家重点实验室",华东理工大学生物反应器工程国家重点实验室通过国家级重点实验室评估。11 月 26 日,医学基因组学国家重点实验室经科技部正式批准建设。

2002 年,科技部颁发《国家重点实验室建设与管理暂行办法》。2003 年起,科技部开始在基础好、实力强、水平高的研究型大学和科研院所内,高起点建设国家实验室。在国家实验室评估中,中科院上海技术物理研究所红外物理国家重点实验室连续 4 次被评为"A"级实验室。2003 年,经国家教育部批准,由复旦大学立项建设公共卫生安全教育部重点实验室和波散射与遥感信息教育部重点实验室。以复旦大学为主,筹建先进材料国家实验室;以上海交通大学为主,筹建船舶与海洋工程国家实验室。7 月 21 日,科技部印发新的《国家重点实验室评估规则》,并在 2004 年开始的新一轮的国家重点实验室评估中使用。12 月,教育部批准华东理工大学筹建结构可控先进功能材料及其制备教育部重点实验室。

2004 年 3 月 17 日,由国家自然科学基金委员会组织的专家组对化学工程联合国家重点实验室(华东理工大学)进行现场评估和考察,对化学工程联合国家重点实验室取得的成果给予充分肯定。12 月 23 日,科技部在京召开国家重点实验室计划 20 周年、国家重点基础研究发展计划("973"计划)5 周年纪念大会,国务委员陈至立出席会议并做重要讲话。上海 6 个国家重点实验室被授予"国家重点实验室计划先进集体"称号(全国共 37 个单位获此殊荣);上海 10 人被授予"国家重点实验室计划先进个人"称号(全国共 82 人获此殊荣)。

2005 年,强场激光物理、免疫学 2 家国家重点实验室落户上海。3 月,科技部批准建设强场激光物理国家重点实验室。该实验室前身为中科院上海光学精密机械研究所强光光学重点实验室,是中国在激光物理,特别是在强场激光物理及相关新前沿、新方向开拓研究方面,开展高水平基础研究与应用基础研究的基地,高层次国际交流与合作研究的基地,吸引与聚集优秀科学家和培养青年科技人才的基地。上海海事大学航运仿真中心经交通部专家组评审,被确认为交通部首批 17 个部重点实验室之一。经教育部组织评审,上海中医药大学"中药标准化重点实验室"、上海水产大学"水产种质资源与创新重点实验室"列入省部共建教育部重点实验室建设。6 月 29 日,细胞分化与凋亡教育部重点实验室获准建立,由上海交通大学医学院承担。

2006 年 2 月至 5 月,国家自然科学基金委员会组织实施生命科学领域的国家和部门重点实验室的评估工作。全国获评优秀的实验室 12 个,其中上海 4 个,医学基因组学国家重点实验室是连续第三次被评优秀,新药研究国家重点实验室是连续第二次被评优秀,分子生物学国家重点实验室是首次被评优秀;中科院分子细胞生物学重点实验室作为部门重点实验室,参与国家重点实验室评估并取得较好成绩。9 月 21—23 日,教育部组织评估专家对华东师范大学光谱学与波谱学教育部重点实验室进行评估。被评为信息科学领域教育部重点实验室优秀类实验室,位居第一。上海出入境检验检疫局工业品与原材料检测技术中心危险品鉴定及包装检测实验室,列入国家级化学品分类鉴别与评估重点实验室。

2007年,科技部发布计划建设的27个国家重点实验室和首批36个企业国家重点实验室清单,上海共有4个入围,分别是:依托华东师范大学的精密光谱科学与技术国家重点实验室,依托中国科学院上海生命科学院的神经科学国家重点实验室,依托上海医药工业研究院的创新药物与制药工艺国家重点实验室和上海药明康德新药开发有限公司的先导化合物研究国家重点实验室。国家自然科学基金委员会对上海市信息科学领域的4个国家重点实验室进行评估,依托中国科学院上海技术物理研究所的红外物理国家重点实验室评为"优秀",其他3个实验室评为"良好"。依托于上海交通大学医学院附属儿童医院医学遗传研究所、由中国工程院院士曾溢滔领衔的卫生部医学胚胎分子生物学重点实验室以94.58分荣登卫生部重点实验室榜首。上海大学新型显示技术及应用集成教育部重点实验室、上海交通大学医学院细胞分化与凋亡教育部重点实验室、华东理工大学结构可控先进功能材料及其制备教育部重点实验室通过教育部验收。

2008年,上海师范大学资源化学实验室和上海海洋大学大洋渔业资源可持续开发实验室列入2008年度省部共建教育部重点实验室。国家数字化造船工程实验室落户上海,该实验室是经国家发展改革委批准组建的中国船舶行业首个国家工程实验室。1月,上海市特种光纤与光接入网重点实验室——省部共建国家重点实验室培育基地获科技部筹建批准。3月1—10日,受科技部委托,国家自然科学基金委对上海市制造和材料领域的7个国家重点实验室进行评估。高性能陶瓷与超微结构国家重点实验室、机械系统与振动国家重点实验室被评为"优秀",其他均为"良好"。3月3日,科技部、财政部联合宣布,设立国家重点实验室专项经费,持续稳定支持基础研究和前沿技术研究,制定发布《国家重点实验室专项经费管理办法》,规范专项经费的管理,提高资金使用效率。8月29日,科技部和财政部发布"关于印发《国家重点实验室建设与运行管理办法》的通知"。12月17日,科技部修订发布《国家重点实验室评估规则》。至2010年,上海共有国家重点实验室40家,其中,2000以后新建15家国家重点实验室。在历年国家科技部组织的评估工作中,上海共有9个国家重点实验室被评为"优秀",约占全国"优秀"类总数的33%。

表1-3-3　2000—2010年上海市国家重点实验室情况表

序号	实验室名称	领域	依托单位	成立年份
1	金属有机化学国家重点实验室	化学	中国科学院上海有机化学研究所	2000
2	医学基因组学国家重点实验室	生命	上海交通大学医学院	2001
3	强场激光物理国家重点实验室	数理	中国科学院上海光学精密机械研究所	2004
4	海洋地质国家重点实验室	地学	同济大学	2004
5	医学免疫学国家重点实验室	生命	第二军医大学	2006
6	精密光谱科学与技术国家重点实验室	信息	华东师范大学	2007
7	神经科学国家重点实验室	生命	中国科学院上海生科院神经所	2007
8	创新药物与制药工艺企业国家重点实验室	生命	上海医药工业研究院	2007
9	先导化合物研究企业国家重点实验室	生命	上海药明康德新药开发有限公司	2007

序号	实验室名称	领域	依 托 单 位	成立年份
10	抗体药物企业国家重点实验室(筹)	生命	上海张江生物技术有限公司	2010
11	汽车钢板材料企业国家重点实验室(筹)	材料	上海宝钢集团有限公司	2010
12	航运技术与安全企业国家重点实验室(筹)	信息	上海船舶运输科学研究所	2010
13	特种电缆制备企业国家重点实验室(筹)	工程	上海电缆研究所	2010
14	民用飞机模拟飞行企业国家重点实验室(筹)	信息	中国商用飞机有限责任公司	2010
15	乳业生物技术企业国家重点实验室(筹)	生命	上海光明乳业股份有限公司	2010

二、上海市重点实验室

市科委自"七五"计划期间建成 7 个国家级重点实验室以来,为适应上海经济发展及生产结构调整的需要,根据上海市科技发展方针,加强科技自身发展和建设做好科技储备,促进高新技术领域的探索,"八五"期间,集中资金 3 000 万元,重点支持上海市地方科研单位、地方大专院校中以应用研究为主,并有一定基础条件的 20 个实验室为上海市重点实验室。1990 年,为加强对重点实验室的管理,确保实验室建设目标顺利实现,市科委制订《上海市重点实验室建设管理办法》(《办法》)。该《办法》分为 6 章(总则、申请条件、申请步骤、实施办法、管理和其他),其主要内容为集中财力、物力,投向基础好又有开发能力的科研院所和大专院校;实验室应有具备较高水平的学科带头人和必备条件与基础,依托单位能保证实验室运行;申请实验室资助单位须填报实验室建设项目申请书,由主管部门审批后报市科委,在组织专家组评审及综合平衡后经市科委审批同意签订建设合同等。

2000 年 8 月,上海市眼底病重点实验室建设项目通过市科委组织的验收。在建设过程中,引进德国 Heidelberq 共焦激光眼底扫描及血流分析系统等,改善对视觉细胞分子生物学、眼底病形态与动能学研究的实验手段;基础与临床研究方面,承担国家、市、局和香港基金资助项目 16 项。2001 年,"现代应用数学上海市重点实验室"被市科委批准在复旦大学筹建。市科委正式批准依托华东理工大学化学与制药学院药物化工研究所,建设上海市化学生物学(芳香杂环)重点实验室。6 月 29 日,"工程材料应用评价重点实验室"通过筹建验收。9 月 30 日,华东师范大学"脑功能基因组学"被批准为上海市重点实验室。在 2001 年度 21 个上海市重点实验室评估中,上海市农业遗传育种重点实验室荣获优秀类实验室第三名,上海市设施园艺技术重点实验室被评为良好类实验室。

2002 年,共新建 5 个重点实验室,分别是上海市分子催化和功能材料研究重点实验室、上海市绿色化学与化工过程绿色化研究重点实验室、上海市低温超导高频腔技术重点实验室、上海市动物细胞工程研究重点实验室和上海市信息安全综合管理技术重点实验室。对上海市血管生物学、发育生物学和工程材料应用评价等 3 个重点实验室进行评估考核,总体情况良好。2003 年,开始筹建口腔医学等 5 家上海市重点实验室,投入 740 万元,使上海市重点实验室的总数达到 39 家。上海市口腔医学重点实验室的筹建依托上海第二医科大学附属第九人民医院,上海市智能信息处理重点实验室的筹建依托复旦大学,上海市金融信息化技术研究重点实验室的筹建依托上海复旦金仕达计算机有限公司,上海市新药(中药)代谢产物研究重点实验室的筹建依托第二军医大学,上海市数字化汽车车身工程重点实验室的筹建依托上海交通大学。市科委组织专项调研,起草《关于进一步加强在沪重点实验室建设和管理的若干意见》。10月8日,市科委印发《上海市重点实验室建设和管理办法》。

2004年,上海市新增重点实验室8个,上海市分子催化和功能材料重点实验室通过验收,该实验室是以复旦大学化学系的全国重点学科"物理化学"为主体,组合化学系相关优势力量于2002年10月获得市科委批准建设,2004年8月通过验收。上海理工大学现代光学系统实验室在2004年度被市科委评定为上海市重点实验室。近几年来,该实验室在光学系统理论、设计、制造、测试、材料、标准及应用等方面展开创新性的研究,将高新技术应用于光学系统领域取得很大成就,包括光学系统的广义成像、超分辨技术及设计理论,衍射光学系统及元器件研究、光学系统测试方法及标准研究、特殊光学材料研究等。2005年,新建网络制造与企业信息化、数字媒体处理与传输、分子男科学、能源作物育种及应用、功能磁共振成像、免疫学研究、胰腺疾病和周围神经显微外科等8家上海市重点实验室。2006年,市科委批准新建6家上海市重点实验室。至此,上海市重点实验室数量达60家。2月16日,上海交通大学与上海市电信有限公司在长期良好合作的基础上,签署共建"上海市网络化制造与企业信息化重点实验室"协议。10月27日,上海市数字化汽车车身工程重点实验室通过市科委主持的建设项目验收。12月29日,上海市环境与儿童健康重点实验室通过市科委组织的验收。

2007年,市科委批准新建6个重点实验室。至此,累计批准建设上海市重点实验室68个。市科委组织验收13个上海市重点实验室筹建项目。上海市科技项目(评估)管理中心对生物医药领域内的上海市重点实验室独立开展评估工作。依托上海交通大学医学院附属仁济医院的上海市激光医学重点实验室、上海交通大学的上海市发育生物学重点实验室和上海市医学检验重点实验室等3个实验室被评为"较差"类实验室。2008年2月,市科委决定上述3个实验室不再列入上海市重点实验室序列。2008年,市科委批准新建5个重点实验室。至此,市科委累计批准建设上海市重点实验室70个。受市科委委托,上海市科技项目(评估)管理中心对40个上海市重点实验室开展评估工作。评估结果分"优秀(5个)""良好(31个)"和"较差"(4个)3个等级,被评为"较差"的实验室将不再纳入支持序列。

2009年市科委修订和完善《上海市重点实验室建设与管理办法》《上海市重点实验室评估实施细则》,制定《上海市重点实验室运行经费使用实施细则》。2010年,市科委根据《上海市重点实验室建设和运行管理办法》和《上海市重点实验室评估实施细则》,委托上海市科技项目(评估)管理中心对28个上海市重点实验室(生物医药领域)开展评估。其中上海市口腔医学重点实验室、上海市内分泌肿瘤重点实验室、上海市脑功能基因组学重点实验室、上海市化学生物学(芳香杂环)重点实验室等4个实验室被评为"优秀"类实验室,上海市胚胎与生殖工程重点实验室、上海市血管生物学重点实验室、上海市抗感染药物研究重点实验室等3个实验室被评为"一般"类实验室,其他21个实验室被评为"良好"类实验室。至2010年,上海共建成市级重点实验室81家。

表1-3-4　2000—2010年上海市重点实验室情况表

序号	实 验 室 名 称	领域	依 托 单 位	成立年份
1	上海市脑功能基因组学重点实验室(教育部)	生命	华东师范大学	2001
2	上海市血管生物学重点实验室	生命	上海市高血压研究所	2001

序号	实验室名称	领域	依 托 单 位	成立年份
3	上海市化学生物学(芳香杂环)重点实验室	生命	华东理工大学	2001
4	上海市现代应用数学重点实验室	信息	复旦大学	2001
5	上海市工程材料应用与评价重点实验室	材料	上海材料研究所	2001
6	上海市绿色化学与化工过程绿色化重点实验室	环境	华东师范大学	2002
7	上海市分子催化和功能材料重点实验室	材料	复旦大学	2002
8	上海市电磁兼容重点实验室	制造	上海计量测试技术研究院	2002
9	上海市信息安全综合管理技术研究重点实验室	信息	上海交通大学、格尔软件股份有限公司	2002
10	上海市细胞工程重点实验室(企业国家重点实验室)	生命	上海张江生物技术有限公司	2002
11	上海市低温超导高频腔技术实验室	制造	中国科学院上海应用物理研究所	2002
12	上海市口腔医学重点实验室	生命	上海交通大学医学院附属第九人民医院	2003
13	上海市金融信息技术研究重点实验室	信息	复旦金仕达计算机有限公司、财经大学	2003
14	上海市数字化汽车车身工程重点实验室	制造	上海交通大学、上海汽车工业(集团)公司	2003
15	上海市电气绝缘与热老化重点实验室	制造	上海交通大学、上海汽轮机有限公司	2004
16	上海市环境与儿童健康重点实验室	生命	上海交通大学医学院附属新华医院	2004
17	上海市周围神经显微外科重点实验室	生命	复旦大学附属华山医院	2005
18	上海市胰腺疾病重点实验室	生命	上海交通大学附属第一人民医院	2005
19	上海市智能信息处理重点实验室	信息	复旦大学、宝信软件股份有限公司	2005
20	上海市数字媒体处理与传输重点实验室	信息	上海交通大学、上海文广(集团)有限公司	2005
21	上海市功能磁共振成像重点实验室	制造	华东师范大学	2005
22	上海市激光制造与材料改性重点实验室	制造	上海交通大学	2006
23	上海市力学在能源工程中应用重点实验室	制造	上海大学	2006
24	上海市空间导航与定位技术重点实验室	制造	中国科学院上海天文台	2006
25	上海市医学图像处理与计算机辅助手术重点实验室	生命	复旦大学上海医学院	2006

序号	实验室名称	领域	依 托 单 位	成立年份
26	上海市空间飞行器机构重点实验室	制造	上海宇航系统工程研究所	2006
27	上海市船舶工程重点实验室	制造	中国船舶工业集团公司第七○八研究所	2006
28	上海市药物(中药)代谢产物研究重点实验室	生命	第二军医大学	2007
29	上海市免疫学研究重点实验室(国家重点实验室)	生命	第二军医大学	2007
30	上海市医学生物防护重点实验室	生命	第二军医大学	2007
31	上海市能源作物育种及应用重点实验室	生命	上海大学	2007
32	上海市内分泌肿瘤重点实验室	生命	上海交通大学医学院附属瑞金医院	2007
33	上海市结核病(肺)重点实验室	生命	同济大学附属上海市肺科医院	2007
34	上海市抗感染药物研究重点实验室	生命	上海医药工业研究院	2007
35	上海市分子男科学重点实验室	生命	中国科学院上海生科院生化细胞所	2007
36	上海市虚拟环境下的文艺创作重点实验室	社发	上海戏剧学院	2007
37	上海市声乐艺术重点实验室	社发	上海音乐学院	2007
38	上海市法医学重点实验室	社发	司法部司法鉴定科学技术研究所	2007
39	上海市星系与宇宙学半解析研究重点实验室	天文	上海师范大学	2007
40	上海市高可信计算重点实验室	信息	华东师范大学	2007
41	上海市网络制造与企业信息化重点实验室	制造	上海交通大学、上海电信有限公司	2007
42	上海市电站自动化技术重点实验室	制造	上海大学、上海电力学院	2007
43	上海市现代光学系统重点实验室	制造	上海理工大学	2007
44	上海市特殊人工微结构材料重点实验室	材料	同济大学、上海航天技术研究院	2007
45	上海市稀土功能材料重点实验室	材料	上海师范大学	2007
46	上海市城市化生态过程与生态恢复重点实验室	环境	华东师范大学	2007
47	上海市先进聚合物材料重点实验室(筹)	材料	华东理工大学	2008
48	上海市全固态激光器与应用重点实验室	制造	中国科学院上海光学精密机械研究所	2008
49	上海市妇科肿瘤重点实验室	生命	上海交通大学医学院附属仁济医院	2008

（续表）

序号	实验室名称	领域	依 托 单 位	成立年份
50	上海市糖尿病重点实验室	生命	上海交通大学附属第六人民医院	2008
51	上海市骨科内植物重点实验室	生命	上海交通大学医学院附属第九人民医院	2008
52	上海市脏器移植基础研究重点实验室（筹）	生命	复旦大学附属中山医院	2009
53	上海市信号传导与疾病研究重点实验室（筹）	生命	同济大学	2009
54	上海市胃肠肿瘤重点实验室（筹）	生命	上海交通大学医学院附属瑞金医院	2009
55	上海市现场物证重点实验室（筹）	社发	上海市公安局刑侦所	2009
56	上海市空间智能控制技术重点实验室	制造	上海航天控制工程研究所	2009
57	上海市核电重点实验室	制造	上海核工业研究院	2009
58	上海市医学真菌分子生物学重点实验室（筹）	生命	第二军医大学附属长征医院	2010
59	上海市中医临床重点实验室（筹）	生命	上海中医药大学附属曙光医院	2010
60	上海市女性生殖内分泌相关疾病重点实验室（筹）	生命	复旦大学附属妇产科医院	2010
61	上海市可扩展计算与系统重点实验室（筹）	信息	上海交通大学	2010
62	上海市功能性材料化学重点实验室（筹）	材料	华东理工大学	2010

三、国家工程技术研究中心

为探索科技与经济结合的新途径,加强科技成果向生产力转化的中心环节,缩短成果转化的周期,同时,面向企业规模生产的实际需要,提高现有科技成果的成熟性、配套性和工程化水平,加速企业生产技术改造,促进产品更新换代,为企业引进、消化和吸收国外先进技术提供基本技术支撑,1993年2月4日国家科委颁发《国家工程技术研究中心暂行管理办法》。1994年上海成立第一家依托中国科学院上海冶金研究所的"国家金属薄膜功能材料工程技术研究中心"。1997年华东理工大学参与"国家生化工程技术研究中心"建设,设立"上海中心"。

2003年3月17日,全国化纤行业唯一一家合成纤维国家工程研究中心在上海石油化工股份有限公司通过竣工验收。该中心是原国家计委于1995年批准设立,1997年开工,建设周期6年;由中国石油化工集团公司领导,依托上海石油化工股份有限公司建设;采用国产嫁接方案,利用世界银行贷款,建有涤纶高模低收缩工业长丝纺丝试验装置(HMLS装置)、二部位HOY涤纶长丝试验装置(HOY装置)和丙纶长丝纺丝试验装置(PP装置)等3个主要项目及基础设施,总投资为6400多万元。

2005年,市科委协调和组织相关单位进行生物信息国家工程技术研究中心,汽车电子、核电装备、燃气轮机和电动汽车国家工程研究中心的申报工作。10月,城市水资源开发利用(南方)国家工程研究中心获得国家发展改革委正式批复,落户上海。11月9日,组织工程国家工程研究中心奠基典礼在闵行区紫竹科学园区举行。市发改委、市科委、市建委、上海交通大学、闵行区紫竹科学园区等部门主要领导出席奠基仪式。2006年,上海高校共有10个教育部工程研究中心获批准成立,上海理工大学作为上海市属高校首次获教育部工程研究中心建设项目。6月24日,超细粉末国家工程研究中心建设项目通过教育部组织的专家验收。

2007年,以同济大学为依托单位筹建的国家燃料电池汽车及动力系统工程技术研究中心落户上海,上海有国家工程技术研究中心8个。上海交通大学申报的细胞工程及抗体药物教育部工程研究中心获教育部批准立项建设,东华大学报送的纺织装备教育部工程研究中心建设项目列入教育部立项建设计划,集装箱供应链技术教育部工程研究中心在上海海事大学立项建设,上海大学材料复合及先进分散技术教育部工程研究中心建设项目正式批准立项。10月12日,依托华东师范大学建设的软硬件协同设计技术与应用教育部工程中心批准建设,上海大学材料复合及先进分散技术工程研究中心、上海中医药大学中药现代制剂技术工程研究中心和上海海事大学集装箱供应链技术工程研究中心批准列入2007年度省部共建教育部工程研究中心建设计划。2008年,上海大学自动化制造装备及驱动技术工程研究中心、上海理工大学光学仪器与系统工程研究中心和上海海事大学航运仿真技术工程研究中心列入2008年度教育部工程研究中心。2009年,华东理工大学参与建设"国家盐湖资源综合利用工程技术研究中心(上海)"。至2010年,上海共有国家工程技术研究中心15家,参与建设2家。

表1-3-5 2000—2010年上海市国家工程技术研究中心情况表

序号	国家工程技术研究中心名称	依 托 单 位	成立年份
1	国家家禽工程技术研究中心	上海市新杨种畜禽场	2000
2	国家染整工程技术研究中心	东华大学	2000
3	国家信息安全工程技术研究中心	上海信息安全工程技术研究中心	2001
4	国家光刻设备工程技术研究中心	上海微电子装备有限公司	2002
5	国家磁浮交通工程技术研究中心	上海磁悬浮交通发展有限公司	2006
6	国家燃料电池汽车及动力系统工程技术研究中心	同济大学	2007
7	国家宽带网络与应用工程技术研究中心	上海未来宽带技术及应用工程研究中心有限公司	2008
8	国家盐湖资源综合利用工程技术研究中心(上海)	华东理工大学	2009
9	国家中小型电机及系统工程技术研究中心	上海电器科学研究院	2009
10	国家海上起重铺管核心装备工程技术研究中心	上海振华重工(集团)股份有限公司	2009
11	国家食用菌工程技术研究中心	上海市农业科学院	2009
12	国家民用飞机工程技术研究中心	中国商用飞机有限责任公司	2009
13	国家设施农业工程技术研究中心	上海都市绿色工程有限公司	2010
14	国家半导体应用系统工程技术研究中心	上海科学院	2010

四、上海工程技术研究中心

上海工程技术研究中心是上海市研发基地的重要组成部分,工程中心的建设能有效根据产业的实际需要,提高现有科技成果的成熟性、配套性和工程化水平,加速产业技术升级,促进产品更新换代,为企业引进、消化和吸收国外先进技术提供技术支撑。

2005年,市科委起草《上海工程技术研究中心建设和管理办法》。按照机制体制创新和资源整合的原则,结合科研院所的改制工作,通过精心组织,成立上海半导体照明工程技术研究中心,整合上海市的研发力量,围绕产业培育和发展壮大的目标,搭建该领域的共性技术服务平台,帮助和扶持企业做大做强,协调组织申请国家和地方重大攻关产业化项目。围绕高新技术、关键共性技术和公益性技术研究,根据上海现有科技优势和有关产业的需求,筹建药物代谢等7个工程技术研究中心。2006年1月6日,市科委正式颁发《上海工程技术研究中心建设与管理办法(暂行)》。在新能源汽车、新一代无线通信、新药开发等领域中批准建设7个上海工程技术研究中心。至此,上海工程技术研究中心的数量达14个。4月22日,上海水域环境生态工程研究中心在上海水产大学成立。4月25日,由市科委组织的上海太阳能工程技术研究中心成立暨揭牌仪式在科学会堂思南楼举行。

2007年,市科委批准新建7个工程技术研究中心。至此,累计批准建设上海工程技术研究中心21个。2008年,市科委批准新建12个工程技术研究中心。至2010年,上海累计批准建设93个上海工程技术研究中心,覆盖全市九大高新技术产业化领域中的主要攻关内容,带动上海市各产业链上相关企业的技术进步,培养和储备优秀的科研和技术团队,实现产业化关键瓶颈的持续突破,切实增强产业发展后劲。

表1-3-6　2005—2010上海工程技术研究中心情况表

序号	上海工程技术研究中心名称	依 托 单 位	成立年份
1	上海半导体照明工程技术研究中心	上海科学院、张江(集团)公司	2005
2	上海平板显示工程技术研究中心	上海广电电子股份有限公司	2005
3	上海太阳能工程技术研究中心	上海太阳能科技有限公司	2005
4	上海抗体工程技术研究中心	上海中信国健药业有限公司	2005
5	上海复方中药(绿谷)工程技术研究中心	绿谷(集团)有限公司	2005
6	上海中药制剂(汇仁)工程技术研究中心	汇仁(集团)有限公司	2005
7	上海药物代谢工程技术研究中心	上海新药研究开发中心、中国科学院上海药物研究所	2005
8	上海分子治疗与新药创制工程技术研究中心	华东师范大学	2006
9	上海抗艾滋病病毒药物工程技术研究中心	上海迪赛诺医药发展有限公司	2006
10	上海稳定性同位素工程技术研究中心	上海化工研究院	2006
11	上海电动汽车工程技术研究中心	同济大学	2006
12	上海宽带无线移动通信工程技术研究中心	上海无线通信研究中心	2006

（续表）

序号	上海工程技术研究中心名称	依 托 单 位	成立年份
13	上海新能源汽车检测工程技术研究中心	上海机动车检测中心	2006
14	上海建筑改建与持续利用工程技术研究中心	上海市第四建筑有限公司	2006
15	上海超级电容器工程技术研究中心	上海奥威科技开发有限公司	2007
16	上海电机系统节能工程技术研究中心	上海电器科学研究所(集团)有限公司	2007
17	上海高压电器工程技术研究中心	上海思源电气股份有限公司	2007
18	上海天然气供应保障及高效利用工程技术研究中心	上海航天能源有限公司	2007
19	上海盾构工程技术研究中心	上海盾构设计试验研究中心有限公司	2007
20	上海轨道交通工程技术研究中心	上海轨道交通设备发展有限公司	2007
21	上海嵌入式系统应用工程技术研究中心	上海计算机软件技术开发中心	2007
22	上海港口机械工程技术研究中心	上海振华港口机械(集团)股份有限公司	2008
23	上海汽车电驱动工程技术研究中心	上海电驱动有限公司	2008
24	上海核电装备工程技术研究中心	上海重型机器厂有限公司	2008
25	上海建筑节能工程技术研究中心	上海建筑科学研究院(集团)有限公司	2008
26	上海风电工程技术研究中心	上海电气风电设备有限公司	2008
27	上海数字农业工程技术研究中心	上海市农业科学院	2008
28	上海设施农业工程技术研究中心	同济大学	2008
29	上海热交换系统节能工程技术研究中心	上海电力学院	2008
30	上海无机能源材料与电源工程技术研究中心	中国科学院上海硅酸盐研究所	2008
31	上海资源环境新材料及应用工程技术研究中心	上海大学	2008
32	上海绿色化学工程技术研究中心	中国科学院上海有机化学研究所	2008
33	上海Med-X重大疾病物理治疗和检测设备工程技术研究中心	上海交通大学	2008
34	上海射频识别工程技术研究中心	上海集成电路技术与产业促进中心	2009
35	上海移动电话系统设计与测试工程技术研究中心	上海中通标通信技术有限公司	2009
36	上海基础软件工程技术研究中心	上海中标软件有限公司	2009
37	上海航运物流信息工程技术研究中心	上海海事大学	2009
38	上海制造业能源管理系统工程技术研究中心	上海宝信软件股份有限公司	2009
39	上海集成电路制造设备和工艺材料工程化应用工程技术研究中心	上海集成电路研发中心有限公司	2009
40	上海煤基多联产工程技术研究中心	上海华谊(集团)公司	2009
41	上海轨道交通通信信号工程技术研究中心	上海铁路通信工厂	2009

（续表）

序号	上海工程技术研究中心名称	依托单位	成立年份
42	上海超导传输线工程技术研究中心	上海电缆研究所	2009
43	上海镁材料及应用工程技术研究中心	上海交通大学	2009
44	上海中药固体制剂创新工程技术研究中心	上海和黄药业有限公司	2009
45	上海免疫诊断试剂工程技术研究中心	上海科华生物工程股份有限公司	2009
46	上海水产养殖工程技术研究中心	上海海洋大学	2009
47	上海乳业生物工程技术研究中心	光明乳业股份有限公司	2009
48	上海可控环境农业工程技术研究中心	上海电气(集团)总公司	2009
49	上海道路交通智能诱导系统工程技术研究中心	上海电科智能系统股份有限公司	2009
50	上海生活垃圾处理和资源化工程技术研究中心	上海市环境工程设计科学研究院有限公司	2009
51	上海工业固体废弃物资源化利用工程技术研究中心	上海市建筑科学研究院(集团)有限公司	2009
52	上海卫生信息工程技术研究中心	上海市卫生局信息中心	2009
53	上海智能电网用户端设备与系统工程技术研究中心	上海电器科学研究所(集团)有限公司	2010
54	上海节能工业锅炉工程技术研究中心	上海工业锅炉研究所	2010
55	上海航天工艺与装备工程技术研究中心	上海航天设备制造总厂	2010
56	上海商用飞机发动机工程技术研究中心	中航商用飞机发动机有限责任公司	2010
57	上海数控装备工程技术研究中心	上海电气集团股份有限公司中央研究院	2010
58	上海激光加工装备工程技术研究中心	上海团结普瑞玛激光设备有限公司	2010
59	上海光电玻璃装备工程技术研究中心	中国建材国际工程集团有限公司	2010
60	上海仓储物流设备工程技术研究中心	上海精星仓储设备工程有限公司	2010
61	上海动力与储能电池系统工程技术研究中心	上海空间电源研究所	2010
62	上海特种轴承工程技术研究中心	上海市轴承技术研究所	2010
63	上海电力能源转换工程技术研究中心	上海市电力公司	2010
64	上海电站泵工程技术研究中心	上海凯泉泵业(集团)有限公司	2010
65	上海活性天然产物制备工程技术研究中心	第二军医大学	2010
66	上海呼吸系统药物工程技术研究中心	上海医药工业研究院	2010
67	上海模式动物工程技术研究中心	上海南方模式生物研究中心	2010
68	上海光子生物医学设备工程技术研究中心	上海康奥实业发展有限公司	2010
69	上海转基因动物育种与制药工程技术研究中心	上海杰隆生物工程股份有限公司	2010
70	上海生物样本库工程技术研究中心	上海医药临床研究中心	2010

序号	上海工程技术研究中心名称	依 托 单 位	成立年份
71	上海激光医学设备工程技术研究中心	上海市激光技术研究所	2010
72	上海消能减震工程技术研究中心	上海材料研究所	2010
73	上海粉末冶金汽车材料工程技术研究中心	上海汽车粉末冶金有限公司	2010
74	上海绿色路面材料工程技术研究中心	上海建设机场道路工程有限公司	2010
75	上海石油管工程技术研究中心	海隆石油工业集团有限公司	2010
76	上海防腐蚀新材料工程技术研究中心	华东理工大学华昌聚合物有限公司	2010
77	上海金属材料改性工程技术研究中心	上海市机械制造工艺研究所有限公司	2010
78	上海表面纳米工程技术研究中心	上海宝钢工业检测公司	2010
79	上海汽车用塑料材料工程技术研究中心	上海普利特复合材料股份有限公司	2010
80	上海电子政务工程技术研究中心	万达信息股份有限公司	2010
81	上海传感用特种光纤与应用工程技术研究中心	上海亨通光电科技有限公司	2010
82	上海数字化教育装备工程技术研究中心	华东师范大学	2010
83	上海创意产品设计工程技术研究中心	上海工程技术大学	2010
84	上海互动媒体工程技术研究中心	上海文广互动电视有限公司	2010
85	上海防伪工程技术研究中心	上海复旦天臣新技术有限公司	2010
86	上海三维动画技术与创意设计工程技术研究中心	上海幻维数码创意科技有限公司	2010
87	上海激光影像工程技术研究中心	上海三鑫科技发展有限公司	2010
88	上海低碳农业工程技术研究中心	上海市农业科学院	2010
89	上海城市植物资源开发应用工程技术研究中心	上海植物园	2010
90	上海黄酒工程技术研究中心	上海金枫酒业股份有限公司	2010
91	上海城市雨洪管理工程技术研究中心	上海市城市建设设计研究院	2010
92	上海地面沉降控制工程技术研究中心	上海市地质勘查技术研究院	2010
93	上海轨道交通网络化运营工程技术研究中心	上海申通地铁集团有限公司	2010

五、上海光源

由中国科学院和上海市人民政府共同建议建造的上海同步辐射装置（上海光源）是世界上最先进的第三代同步辐射光源之一。其预制研究的关键非标设备，几乎涵盖第三代同步辐射装置重大关键技术和上海光源工程所有系统批量大、技术难度高的重要关键非标设备。绝大多数研制项目的技术指标均属第三代光源的国际先进水平，技术难度大，国内缺乏制造经验。

2001年，完成工程指挥部主持研究的41项预制研究项目，并通过国家鉴定。预制研究项目的主要性能均达到或优于设计指标，实现预期目标，掌握建造第三代同步辐射装置的关键技术，其中

26项设备的技术指标达到第三代光源同类设备的国际先进水平。上海光源预制研究二期的主要研究内容确定,包括重大关键技术系统集成、重大关键技术和新技术、同步辐射应用研究、优化设计以及建设安装前期四个部分。2002年,中科院上海原子核研究所启动100 MeV电子直线加速器研制工作,完成加速器的初步设计、扩初设计和设计方案的评审,以及项目任务书、详细经费预算、经费使用计划和各分系统实施方案的制定与评审,落实大多数关键设备和部件的订购或加工单位。

2003年,中科院上海应用物理研究所优化上海光源工程的总体方案,调整完善各系统的设计参数和方案,完成上海光源工程项目建议书,顺利通过中国科学院和上海市组织的评审。在国家发展和改革委的评估中,获得高度评价,上报国务院审批。2004年8月,受国家发改委委托,中国科学院和市政府在中科院上海应用物理研究所组织召开"上海同步辐射装置预制研究项目"国家验收会议,一致同意该项目通过国家验收。12月25日,上海光源在浦东张江高科技园区开工建设,这是国内第一个由中央和地方(上海市)共建的大科学工程,总投资约14.4亿元。

2006年6月22日,完成加速器集成单元的试安装工作;11月10日,150 MeV电子直线加速器开始在直线隧道中进行现场安装,绝大部分设备安全交货并安装到位;增强器和储存环均完成样机研制,并启动设备的批量生产。光束线站方面,完成调整后首批线站的初步设计,进入工程设计阶段,并启动关键设备的招标采购工作。年底,上海光源工程主体建筑的安装工程基本完成,公用设施设备开始调试和试运行。2007年,全面进入设备安装和调试阶段,先后取得直线加速器出束、增强器出束两个重要成果。4月,150兆电子伏电子直线加速器完成设备安装,并开始联调和调束;5月16日,实现电子束出束,至6月基本达到设计指标。4月16日,增强器正式开始设备总体安装,至9月底完成全部机械和电气设备的安装以及分系统的联调、测试,随即开始调束;10月1日,实现束流注入和多圈循环,10月2日,实现150兆电子伏电子束储存,10月5日,实现3 500兆电子伏电子束升能,达到储存环注入的能量要求。6月11日,正式启动储存环设备总体安装,至10月完成总共20个单元中15个单元的机械安装及5个单元的电气安装。光束线站工程全面进入设备加工制造阶段,并于10月启动光束线前端区设备试安装。12月21日,周长为432米的储存环正式启动第一阶段的调束(采用常温高频腔),12月24日,实现3吉电子伏电子束储存,并在同步光诊断线和BL16B光束线前端区观测到同步辐射光。

2008年,光束线站全面进入安装和调试阶段。其中首批7条光束线站的前端区和辐射防护棚屋完成现场安装和调试。5月12日,X射线小角散射线站获得首轮调束的成功;6月5日,衍射线站获得首轮调束的成功;8月6日,储存环启动第二阶段调束(采用低温超导高频腔);8月8日,获得3.5吉电子伏能量下50毫安束流储存;9月30日,储存环在3.5吉电子伏能量下实现200毫安束流储存(束流寿命大于13小时),达到能量3.5吉电子伏、流强200~300毫安、束流寿命>10小时的设计指标。10月4日,XAFS线站、X射线成像及生物医学应用线站实现首轮调试目标,将单色光顺利引到实验站。

2009年4月29日,上海光源举行竣工典礼。5月6日,首批7条光束线和实验站向用户试开放。在首轮用户开放的39天内,上海光源开机率93.8%,无故障平均运行时间25.2小时,故障平均持续时间1.8小时,达到或超过国际同类装置第一年运行水平。首轮开放接待用户640人次,执行60个单位的163个课题,涉及生命、材料、医学和环境等10多个学科。至年底,共接待用户1 520人次。2010年1月19日下午,上海光源在上海顺利通过国家验收,标志着中国这一性能指标达到世界一流的中能第三代同步辐射光源,历经10年立项和52个月建设,按期完成工程建设任务,正式对中外各学科领域的科研用户开放。

六、上海超级计算中心

2000 年 12 月，上海超级计算中心成立，是 2000 年上海市一号工程——上海信息港主体工程之一，由市政府投资建设，坐落于浦东张江高科技园区内。2002 年，上海超级计算中心的中心主机平均使用率稳定在 80％左右，累计上机用户 16 家，应用项目 30 多个，应用领域涉及气象预报、生物基因、药物设计与开发、生命科学、汽车设计与制造、环境保护、新材料、建筑工程、物理、化学等 10 多个领域，并继续向航天航空、石油勘探、生物物理、船舶设计等其他关系国计民生的重点领域和行业拓展。为经济、科技、社会等领域提供大量的高性能计算服务，高性能计算应用取得新的突破，并取得一批极有价值的应用成果。

2004 年 6 月，曙光 4000A 超级计算机在国家智能计算机研发中心按计划研制成功，成为当时名列全球第十的超级计算机，是中国计算机研发史上具有重大意义的里程碑；8 月，曙光 4000A 顺利落户上海，于 11 月 15 日正式开通运行，标志着上海超级计算中心的总计算能力实现 10 万亿次/秒计算机研发与应用的双跨越。曙光 4000A 投入应用后，主要在科学计算、公益事业、工业工程、商业应用等四个方面发挥作用，行业分布在气象、环保、船舶、航空、航天、核电、汽车、建筑、钢铁、石油、机电、高校、科学院等领域。2005 年，上海超级计算中心加强与汽车制造、航空航天、船舶，及宝钢研究院、上海核工院和上海隧道设计院等单位的合作，全年系统平均使用率达到 56.13％，新增各类用户 85 个，新增应用领域近 10 个。配置 21 个商业软件，12 个共享源代码软件，建立适合工业应用软件平台。全年发表学术论文 5 篇。"基于超级计算机的结构动力学并行算法设计、软件开发与工程应用"课题获得 2005 年上海市科技进步一等奖。

2008 年，上海超级计算中心启动三期扩建工程，引进性能超强的国产超级计算机"魔方"（曙光 5000A）。在 11 月 17 日公布的第 32 届世界超级计算机 TOP500 排名中，它以峰值速度 230 万亿次、Linpack 测试值 180.6 万亿次的性能排名世界第 10 位、亚洲第 1 位。至 2010 年，拥有曙光 4000A（2004 年世界排名第十）和"魔方"（曙光 5000A，2008 年世界排名第十、亚洲第一）等 3 台超级计算机。使上海超级计算中心跃升为世界上计算能力最强的高性能计算中心之一。该中心同时配备丰富的科学和工程计算软件，致力于为国家科技进步和企业创新提供高端计算服务。自投入运行以来，该中心为上海市的各个行业提供大量的高性能计算应用服务，主机资源得到充分有效地利用，在气象预报、药物设计、生命科学、汽车、新材料、土木工程、物理、化学、航空、航天、船舶等 10 个应用领域取得一批重大成果。

七、上海地面交通工具风洞中心

2004 年 12 月，在同济大学校长万钢的呼吁下，上海市将上海地面交通工具风洞中心项目列为首批科教兴市重大产业科技攻关项目，在建设资金和建设条件方面重点给予支持，同济大学为项目承建单位，项目总投资 4.9 亿，国家发改委、科技部、财政部、教育部等部门也给予鼎力支持。同济大学汽车学院、建筑设计研究院和德国斯图加特风洞中心共同就风洞设计、关键设备选型、风洞运营技术开发等方面联合攻关，攻克地面模拟系统、减小流道损耗、收风口变截面设计等技术难题，并完成风洞的流道设计及确定关键设备的技术标书，形成中国汽车风洞领域的自主知识产权。

2005 年 12 月 28 日，上海地面交通工具风洞中心在同济大学嘉定校区打下第一根桩。项目总体目标是建设具有国际一流水平的公共性汽车和轨道车辆技术平台,包括国内首座汽车气动声学整车风洞、国内首座热环境整车风洞和一个集汽车造型、加工、设备维护、科研和管理于一体的多功能中心。建成后的风洞中心与同济大学新能源汽车工程中心、上海汽车质量检测中心、汽车试验场共同组成具有国际一流水准、配套齐全的地面交通工具测试研究基地。2009 年 9 月 19 日,中国第一个专用汽车风洞——上海地面交通工具风洞中心在同济大学嘉定校区落成启用。它的建成,标志着中国汽车工业在自主研发的道路上迈出关键一步。

风洞是汽车和轨道交通车辆自主研发所不可缺少的重大基础设施,是中国汽车工业从制造走向设计的标志性装备平台。风洞中心能够进行包括轿车、客车、SUV、卡车在内的各类汽车整车和零部件、轨道车辆模型等系列试验,以优化造型,降低油耗;提高车辆行驶安全性和操纵稳定性;控制车辆内外空气动力噪声;实现优化发动机冷却系统及空调系统等目的;可在较短的时间内完成车型开发、改性设计以及热力学性能测评等内容。除支持汽车企业外,为中国高速列车自主研发和大飞机项目提供不可缺少的关键技术支撑平台。建成后的风洞在噪声控制、地面模拟、空气动力测量精度、环境模拟等关键技术指标上均达到世界领先的水平,并拥有风洞项目的全部自主知识产权。

八、神光Ⅱ装置

神光Ⅱ装置建在位于上海嘉定的中国科学院上海光学精密机械研究所(光机所),总占地面积约 3 000 平方米。神光Ⅱ装置由激光器系统、激光光路自动准直系统、激光精密靶场系统、激光参数测量系统、激光储能供电系统、环境保障及精密超净装校系统六个部分组成,是数百台套的各类激光单元或组件的集成。

1994 年 5 月 18 日,神光Ⅱ装置立项,工程正式启动。2000 年,神光Ⅱ装置 8 路基频达标(8×1 012 瓦),开始试运行打靶。2001 年,神光Ⅱ三倍频达标,圆满完成两轮三倍频试打靶物理实验。同年 8 月,神光Ⅱ装置建成,总输出能量达到 6 千焦耳/纳秒,或 8 太瓦/100 皮秒。同年 12 月底,神光Ⅱ装置通过鉴定与验收。2002 年,神光Ⅱ装置获上海市科技进步奖一等奖,并入选 2002 年中国十大科技进展。2003 年,神光Ⅱ装置获中国科学院杰出科技成就奖。2005 年,神光Ⅱ装置获国家科技进步奖二等奖。

2006 年 4 月 13 日,用于神光Ⅱ的固体激光器的泵浦光源获得第九届中国专利金奖。同年 6 月 1 日,863 专家组组织有关专家在光机所对"神光Ⅱ多功能高能激光系统(第 9 路)"项目进行阶段验收,同意该项目通过"十五"阶段验收。同年 12 月 24 日,神光Ⅱ精密化技术研究项目通过"863"专题专家组验收。2007 年 9 月 29 日,神光Ⅱ升级工程初步设计通过评审。2008 年 10 月 25 日,"神光Ⅱ多功能高能激光系统"通过验收。2009 年 3 月中旬至 4 月初,高功率激光物理国家实验室倍频课题组在神光Ⅱ装置第九路上进行"Ⅰ+Ⅱ类"KDP 晶体实现三倍频激光输出的实验。2009 年 6 月,高功率激光物理国家实验室测量课题组按期完成大口径方形能量计的研制任务。

第三节　技　术　市　场

1986—1990 年,市政府颁发《上海市技术转让实施办法》《上海市技术服务和技术培训管理办法》《上海市技术合同登记管理暂行办法》《上海市专利纠纷调处暂行办法》等;市科委和市财政局颁发《上海市专利基金试行办法》;市外经贸委和市科委发布《上海市技术出口暂行办法》等一系列法规。1986 年 5 月，上海成立"上海技术市场协调指导小组"；1987 年 10 月建立"上海市科技协作联合办公室"；1989 年 9 月，成立上海市技术市场管理办公室（市技术市场办），统一管理全市技术市场。1992 年上海制订《关于支持科技进步的财税政策的规定》《关于扶植技术市场的有关补充规定》等。1994 年，相继在嘉定区、浦东新区、黄浦区、杨浦区成立区级技术市场管理办公室。除崇明县外，建立区县级技术市场管理办公室 16 个，遍布全市的技术合同登记处扩建到 39 个。1995 年 4 月，上海市人大审议通过颁布实施《上海市技术市场条例》，市科委着手制订《上海市技术交易服务机构许可证暂行办法》等相应配套规章。

2000 年，上海市技术市场工作蓬勃向上。对技术开发、技术转让及从属于它的技术咨询和技术服务可以免征营业税。政策上的倾斜大大激发全市各行各业从事"四技"活动的积极性。上海技术交易所、上海技术产权交易所等做好技术与资本相结合的工作，交易内容从成果买卖、技术入股，发展到股权出让、产权置换等，吸引科研院校、中小企业竞相进场。2001 年，市技术市场办组织 41 位从事技术市场管理工作的人员赴国家科技部黄山培训（基地）中心进行 10 天的专业培训，经统一考试合格，取得技术市场管理经营人员资格证书。市技术市场办及各技术合同登记处组织 19 次讲习班，约 1 150 人参加学习。市技术市场办与市工商局市场监督处联合举办 4 期技术经纪人培训班，共 291 人参加学习。成立"上海市经纪人协会"，建立全市技术经纪人登记档案。"上海技术交易网"网站新增"用户社区"栏目和"投资沙龙"栏目，开展即时科技新闻的发布工作，新建英文版网页。

2003 年，市技术市场办在全市各区县科委、各系统设立 34 个技术合同登记处，授权这些登记处进行技术合同的认定登记工作，对调整后的 34 个登记处全部统一启用新的技术合同认定登记章。完善技术合同审批制度，拟制技术合同免征营业税审批程序。全年培训近 500 人，为规范管理上海市技术合同打下基础。建立由 13 名持有行政执法资格证的人员组成的执法队伍。6 月 26 日，上海市第十二届人民代表大会常务委员会第五次会议通过《关于修改〈上海市技术市场条例〉的决定》，修改后的条例更加符合改革不断深化及中国加入世贸组织后的要求，为营造上海技术市场法制环境提供法律依据。市科委根据《合同法》和《上海市技术市场条例》要求，积极会同市工商、财税、物价等部门开展调研，共同研究，制定出 2003 版上海技术合同示范文本，并与市工商局联合拟制"关于推行使用技术合同示范文本的通知"，进一步规范技术交易行为，从源头上减少合同纠纷，确保合同的正常履行。同时，与市税务局协调，对有关技术市场政策进行梳理，共同制定发布《关于技术开发、技术转让项目免征营业税的实施意见》和《关于技术转让合同认定登记实施办法》。

2004 年，市技术市场办通过办好开通技术合同网上预审、印发《上海市技术合同认定登记办事指南》、开展执法检查、推进技术经纪人培训等一系列实事，将"服务政府、责任政府、法治政府"工作落到实处。2005 年，市技术市场办对技术市场管理和经营人员进行定期培训，并前往各登记处进行各类政策宣讲和业务指导，组织宣传培训人员达 300 多人次；对于各登记处新进人员，进行技术市场管理方面的上岗培训和考核；对于技术合同登记处工作人员，组织其进行上岗证的年检；定期组织全市技术市场管理人员参加"新知识、新技术"的讲座，以丰富管理人员的业务知识。2005 年底，技术市场网络的二期建设完成，技术合同可全部实行网上预审，同时还增加信息发布、登记处网上论坛、网站的各种统计分析等功能。随着网上预审功能的逐步拓展，为进一步参与国家科技基础条件平台和上海研发公共服务平台的建设打下基础。

2006 年，上海技术市场加强市场体系中监管层、交易层和经纪层的衔接和互动。率先推进规范技术市场秩序试点工作，积极营造科技创新的法制环境；率先推出技术交易实时显示系统，将科技创新资源集聚到上海研发公共服务平台技术转移子系统中，进一步发挥科技资源优化配置作用。9月，市技术市场办推出全国首创的"技术交易实时显示系统"，得到科技部和市领导的充分肯定；率先推行促进技术经纪新机制，成立上海市执业经纪人协会技术经纪专业委员会，出台《上海市技术经纪发展促进资金管理办法》。2007年，市技术市场办通过丰富上海研发公共服务平台技术转移系统的实时显示功能，及时反映重大产业项目在技术市场供需和交易的情况，聚焦重点产业，展示技术市场发展趋势。为配合"36条"配套政策的落实，市技术市场办按照市科委"全覆盖、全过程、全透明"的要求，将政策法规、办事流程等相关内容整合至科技成果转化服务中心"一门式"服务平台。通过多种途径，多种方式让办事单位更便捷和全面地了解并享受政策，从而降低办事单位享受政策的成本，促进企业自主创新能力的提升。上海探索完全按《公司法》要求建立，以市场化方式运作的技术经纪公司。截至2007年底，上海市培养技术经纪人近900人，成立技术经纪公司22家。

2008年，对"上海市技术合同网上预审"网站进行全面改版，将"全国技术合同网上登记"（上海部分）整合入其中，推出全新的"技术合同信息服务系统"，使合同信息的本地化使用更加便捷。制定《医药类、船舶类、软件类的技术合同认定指导意见》，使得《技术合同认定规则》在落实过程中更加符合上海本地的实际情况。编写《2007年上海技术市场统计年报》，组织《上海市技术交易指标体系》的研究，新指标体系增加体现上海科技发展特色的指标，可针对性地查询和归纳分析上海市技术市场的发展现状和趋势。市技术市场办制定《上海市技术合同登记处资质认定规范》，对全市各登记处进行重新资质评估和全面规范管理。

2009年，市技术市场办根据市科技党委、市科委关于"助企业、促创新、渡难关"的10项措施安排，协同各相关部门做好优惠政策落实工作。8月，市教委、市科委和杨浦区政府签订三方共建协议书，联合筹建"上海高校技术市场"。市技术市场办邀请市政府法制办、市工商局、市仲裁委、市科委体改处等有关部门的负责人，组织多场行政执法培训讲座。在完成编制"技术市场行政处罚程序、行政处罚法律文书"的基础上，还专门开辟救济渠道，设立投诉电话和举报邮箱。在全市各登记处试行推广"医药、船舶、计算机软件类技术合同认定指导意见"的基础上，制定具体的《疑难合同专家评审》流程，成立技术专家和合同专家2个评审小组，采取分级审批流程，确保重大疑难技术合同认定工作的公正性和科学性。在"上海市技术合同信息服务系统"基础上，升级系统服务界面，确保用户能快速查询到所需信息。在网络答疑的基础上，开通对外咨询服务热线，全年接听来电咨询超过5 000个。

2010年，开展行政执法培训、技术市场管理与经营工作培训、上岗证考核和业务培训工作，参加全国技术转移公共政策与实务的培训等；不断规范合同认定流程，确保程序公正，拟订《技术合同审批管理办法》，对技术合同审批采用个人审批和办公室复审相结合，并形成技术合同认定指导意见，在上海市高校中试点推行技术咨询、技术服务合同简易程序等；修订《技术合同认定规则》和《上海市技术合同登记管理暂行办法》等；承担并完成上海市科技发展基金软科学研究项目"上海技术市场现状及政策效应研究"。11月17日，上海市技术市场协会成立。12月20日，市政府修正并重新发布《上海市技术合同登记管理暂行办法》。

表1－3－7　2000—2010年技术合同情况统计表　　　　　　　　　　单位：项、亿元

年　份	类　别	合　计	技术开发	技术转让	技术咨询	技术服务
2000	项目	20 974	1 561	888	3 905	14 620
	金额	73.90	9.96	36.44	3.51	23.99

（续表）

年 份	类 别	合 计	技术开发	技术转让	技术咨询	技术服务
2001	项目	23 816	2 385	1 294	5 012	15 125
	金额	106.16	28.24	50.71	4.63	22.58
2002	项目	26 010	2 984	1 156	4 983	16 887
	金额	120.22	45.40	46.18	4.63	24.01
2003	项目	27 292	3 512	2 112	5 306	16 362
	金额	142.78	50.96	50.79	6.11	34.92
2004	项目	27 327	4 398	2 453	4 814	15 662
	金额	171.70	61.31	42.32	6.00	62.07
2005	项目	30 290	5 256	2 444	4 753	17 837
	金额	231.73	87.47	110.08	6.42	27.76
2006	项目	28 191	6 165	2 172	3 592	16 262
	金额	344.43	142.79	165.18	7.60	28.86
2007	项目	27 742	6 425	2 133	3 086	16 098
	金额	432.64	181.50	212.49	5.50	33.15
2008	项目	28 713	7 154	1 749	3 873	15 937
	金额	485.75	213.24	229.53	6.41	36.57
2009	项目	27 109	8 071	1 549	3 034	14 455
	金额	489.86	266.30	174.34	5.39	43.83
2010	项目	26 185	8 894	1 370	2 685	13 236
	金额	525.45	264.68	213.86	4.93	41.98

第四节 研发公共服务平台

2003 年,市科委启动"一网两库"(科学仪器设施共享及专业服务协作网、科技基础数据库和科技文献资源库)的建设计划,并将其确定为"一号工程"予以实施,建立以大型仪器和科研设施共享服务平台、科技基础数据库和科技文献资源库为核心的科技资源共享和服务系统,通过开发技术、完善机制及规范标准,推动资源共享,为上海成为知识生产中心、知识服务中心及高技术产业化基地奠定基础。为落实、保障数据共享制度的建立,市科委初步制定科学数据共享地方性政策——上海市科研项目知识产权管理办法,试点开展科学数据汇交制度。初步建立科学数据共享管理组织体系,筹建成立上海生命科学数据中心和上海化学化工数据中心。

2004 年,市科委在《科技创新登山行动计划》中明确上海研发公共服务平台的建设任务。7 月 14 日,上海研发公共服务平台(研发平台)建设推进大会召开,会上启动上海研发公共服务平台。科技部部长徐冠华、市长韩正出席大会并讲话。7 月 30 日,"一网两库"工程被列入上海市"科教兴市"重大产业化项目。科学数据共享、科技文献服务、仪器设施共用三个子系统率先实现科技资源共享并初见成效。根据研发平台建设的需要,构建由市政府有关领导和相关委办局同志组成的"指导协调小组",成立"上海大型科学仪器设备共享及专业协作网服务管理中心"和"上海科技数据信息资源共享服务管理中心"。研发平台注册用户总量达2.24万人,累计访问量32.94万人次,日均访问量约1700人次,累计对外服务量6.2万项次。2005年,研发平台牵头建设开通"长三角大型科学仪器设备共用协作网",包括上海、江苏、浙江、安徽等省市的199家成员单位的1500余台(套)仪器设备入网。11月,研发平台对平台网站进行有针对性的改版工作,内容涉及调整页面视觉效果,补充、更新和梳理各类应用及宣传信息,改进、调整部分系统的管理与服务功能。12月1日,上海研发公共服务平台管理中心成立,主要任务是围绕市科委牵头制订的发展规划,统筹研发平台的建设管理和运行服务等工作,落实研发平台发展行动计划,整合多方资源,加强统一管理,强化制度建设,提升服务水平,推进中介服务,实现"共享、共用、协作、服务"的目标。

2006年,搭建起由十大子系统组成的网络平台,形成由400多个服务网点构成的综合服务网络。5月31日,2006年度上海研发公共服务平台指导协调小组工作会议召开。市科委介绍"2005年度研发平台建设进展及2006年度工作计划"和"上海研发公共服务平台建设三年行动计划",并通报长三角科技创新公共服务平台的建设情况。会议还对研发平台今后的工作提出新的部署和要求。7月10日至8月15日,研发平台针对上海35家孵化基地内企业和2000余家上海高新技术认证企业开展企业科技服务需求市场调查工作。10月,研发平台在闸北、普陀等区县相继成立研发平台数字动漫影视技术服务平台、研发平台金属材料检测诊断及改性应用服务平台、武宁检测认证平台等专业服务站点。截至年底,研发平台累计对外提供各类科技共享服务75万次,网站访问量达677万次。2007年,研发平台加快推进长三角科技资源共享服务平台建设,强化研发平台综合服务功能。6月,由研发平台牵头建设的"长三角大型科学仪器设备协作共用网"开通。8月16日,经上海市十二届人大常委会第三十八次会议表决通过《上海市促进大型科学仪器设施共享规定》(《共享规定》)。《共享规定》明确信息报送、新购评议、共享服务评估和奖励等制度和政策。截至2007年底,研发平台注册用户达12.8万个,服务量累计达203.2万人次,访问量累计1610.4万人次。

2008年,上海首次按照《共享规定》实施共享服务奖励。市科委组织专家对申请奖励的共享服务进行严格的审查和精确的计算,44个单位的409台(套)仪器设施的共享服务获得奖励,获奖励的共享服务数达3.92万次,年度奖励资金总额达到405.2万元。1月17—18日,全国地方科技平台建设典型经验交流会在上海召开,科技部、财政部、国务院有关单位、各省、市、自治区代表100多人参加会议。7月29日,国家级动漫公共技术服务平台落户上海。截至2008年底,研发平台注册用户达15.5万个,服务量累计达510.2万项,访问量累计3555.6万人次。2009年5月,研发平台启动"百千万礼包推送计划",向100家重点企业赠送价值10000元的服务礼包,向1000家企业赠送价值5000元的服务礼包,向10000家企业赠送价值2500元的服务礼包。5月8日,研发平台都江堰市服务驿站正式成立。8月12日,研发平台开通5周年暨平台服务企业推进大会在上海科学会堂召开。会议总结5年来研发平台的建设成效,表彰在上海市大型科学仪器设施共享服务中表现卓越的先进集体和先进个人。11月27日,研发平台2009年区县工作会议在松江召开,会议充分肯定研发平台区县服务中心建设所取得的成效。12月28日,2009年研发平台指导协调小组会议在上海科学会堂召开。会议听取市科委关于研发平台建设工作进展、2010年工作计划的汇报、上海市质量技术监督局关于研发平台行业检测服务系统的建设思路和目标介绍。截至2009年底,研发平台注册用户达24.7万名,其中80%以上为企业用户;对外总服务量为1452万次,其中2009年服务量941.5万次,超过最近4年总和;网站日均访问量超过12万次,网站排名在国内同类网站中稳居第一位。

2010年,研发平台十大服务系统全部开通,建立由全市18个区县服务中心、52个服务站点、7家行业协会、30个高新园区、12家技术创新服务平台和786家加盟服务机构组成覆盖全市的服务推广体系。研发平台在生命科学、化学化工、电子信息、先进制造、中医药和资源环境等领域进行的科学数据共享分系统建设,自建和新建科学数据库总数据量超过3.1TB;加盟研发平台的786家服务机构覆盖生物医药、新材料、软件信息、先进装备制造、精细化工等各个高新技术产业。网上登记的30万元以上大型科学仪器5 805台。研发平台集聚全市32家主要文献图书情报机构,包括34家国家级检测中心在内的各类检测机构、235家各类重点实验室和工程中心、78家专业技术服务平台、数十家技术转移服务机构和创业孵化服务机构等,推动科技资源使用率。研发平台6年来累计对外服务达到2 880万次,研发平台的注册用户数达到31.4万户。

一、科技文献服务系统

科技文献服务系统是一项科技综合情报咨询与信息分析支持系统,可为用户提供一站式信息服务。该系统为用户提供科技信息资源在线联合目录查询和跨系统数据库检索服务,组织联合采购和专题信息数据库建设,建立馆际互借和网络化原文远程传递体系、虚拟参考咨询和用户培训系统、情报咨询与查证系统等。

2003年7月启动建设,2004年7月正式开通。该系统的建设目标是综合利用上海高等院校、科研院所、公共图书馆和专利、标准、行业科技情报等机构文献资源,遵循"统一规划、集中优势、分类协调"的建设思路,形成以数字资源为主的全市科技文献资源联合保障体系和以网络为基础的整合集成与快速响应服务体系,打造"集成创新,资源共建,服务优化,协调发展"的科技文献情报资源与公共服务系统,实现"资源到桌面、服务到精致"的服务新局面,提高科技文献资源保障率。截至2004年底,系统汇集网罗全市50多家综合、科技图书馆,科技情报所,知识产权和技术标准机构的科技文献资源,包括:外文期刊(电子版)1万多种,外文期刊(印刷版)15 900种,上海科技期刊300多种,专业检索数据库100多个,专业网站导航近2万个,可检索国内科技会议资料40万件。重点建设技术标准库,搜集集成国家标准、行业标准、上海市地方标准、沿海发达地区的地方标准等资源,共50多个大类,约80个品种,国内外标准题录数据库的信息总量近60万条。

2005年,启动上海市城域联合目录和全文传递服务系统,引入"万方文献数据库",建设行业科技情报平台和各类专题文献数据库。4月25日—5月25日,开展首届"科技文献服务宣传月"活动。7月,开展科技文献服务下基层活动,免费为上海市高科技企业开展服务。12月28日,举行科技文献服务单位加盟仪式,28家单位正式加入上海研发公共服务平台。2006年,研发平台科技文献服务系统先后联合CALIS、NSTL、CSDL及万方数据公司等四大文献系统,编制跨四大系统和上海城域的西文期刊联合目录;联合上海市馆藏资源丰富的图书馆,建成由28家加盟单位服务信息构成的文献服务信息库;引入标准全文库、会议论文全文库(中西文)、医药专利全文库等多种符合企业创新需求的文献资源,免费为中小企业和科技人员提供在线服务。全年,文献系统在线查询次数达到95 508次,文献下载量达154 339篇,数据量达41 537 MB,实现线下的全文传递服务502 486篇次。截至2007年12月底,外文文献数据库更新到13 852 813篇,数字化期刊全文数据库更新到7 892 513篇,中国会议论文全文数据库更新到452 566篇,中国学位论文全文数据库更新到691 425篇。

全年共有199万人次使用过平台提供的科技文献服务,科技文献服务卡注册用户30 684人,申请文献传递922 845篇。

2008年3月,数字图书服务正式上线试运行,收录国内400余家正规、专业出版社2000年以后出版的精品图书1.5万余册,覆盖计算机网络技术、生物医药、化学化工等各个领域。2009年,由中国科学院上海生命科学信息中心、上海之目信息技术有限公司及上海市研发公共服务平台管理中心等多家单位共同参与建设,国内首个面向区域重点研发领域的个性化知识服务体系项目建设完成。6月,研发平台流感信息服务平台上线,为相关部门和人员提供与甲型H1N1流感防治和研究相关的情报、维修、数据等服务。11月,上海市生物医药行业科技情报服务网正式开通,向有关单位报道国内外最新科技进展和行业信息,每天的更新量在30条左右。2010年,标准文献服务系统正式开通试运行。面向全市中小企业,在线提供标准文献题录检索、全文阅读、购买、咨询及有效性查证等一站式服务。

二、科学数据共享系统

科学数据共享服务系统于2003年7月启动建设,2004年7月正式开通。该系统的建设目标是整合集成上海地区各类离散的科学数据资源,建设一批自建特色主体数据库,充分利用国内外科学数据资源和专业数据分析软件资源,形成面向科研和产业的区域科学数据共享服务网络,打造国内领先、资源丰富、功能完备的科学数据共享服务平台。截至2004年底,该系统建成两个数据中心——上海生命科学数据中心和上海化学化工数据中心,组织131个本地自建的拥有自主知识产权的特色数据库对外服务,涵盖生命科学、化学化工、中医药、极地科学、软件构件等领域,实现9 331个国内外数据库的导航服务,共享数据量达3.083 TB。

2005年,建立化工、环境、先进制造、生命科学等数据中心和中医药、电子信息等主题数据库,完成自建特色数据库40多个,实现5 000多个国内外数据库和300多个专业数据分析软件的目录导航系统,建成生命科学数据在线分析平台7个。2006年,数据库从原有的47个增至65个,可提供共享服务的数据量增加0.218 TB,总计可提供的共享服务的数据量为5.628 TB,编写元数据381条。同时,平台制定规范标准及管理办法10余篇,内容主要涉及数据服务、数据管理和系统建设等规范。

2007年,生命科学领域新增数据资源达100 G,中医药领域数据资源新增约200 M,化学化工领域新增约80万条数据记录。在对外服务方面,化学化工数据中心新增注册用户达10 090个,数据库数据检索达195 240人次。2008年,研发平台数据共享服务系统可提供共享服务的科学数据量为5.63 TB,累计访问量2 391 511次,累计数据服务量21 035项。上海化学化工数据中心提供网上检索服务数据库有30个,总记录数超过400万条,注册用户达到50 640人。由上海集成电路技术与产业促进中心承担的世界RFID技术专利信息平台建设完成。

2009年,上海气象科学数据共享平台完成现有可共享气象数据资源的梳理工作,完成地面气象基本资料、高空气象基本资料、非常规气象探测资料、台风基本资料、实时气象资料和气象预报信息等6个气象核心数据库的建设。11月,由上海生物信息技术研究中心承担的"国家生物信息科学数据共享平台建设培育"通过研发平台的验收。该项目制定25项生物信息科学元数据标准。截至2009年底,上海化学化工数据中心注册用户69 054人,其中大专院校用户占51.18%,企业用户占25.44%,研究机构用户占8.75%;2009年网站查询服务54万次,其中数据库查询35万次。2010

年 10 月 1 日,市地震局、上海大学、上海市计算科学研究所共同完成的上海地震科学数据共享服务平台投入使用。

三、仪器设施共用系统

仪器设施共用系统是研发平台的重要组成部分,其基础(前身)是始建于 1997 年的"上海市科学仪器协作共用网",作为平台先期建设项目"一网两库"的主要内容之一,2004 年 7 月正式开通。该系统的建设目标是依托信息、网络等现代技术和共享机制,推进分散在大学、研究所、企业等单位的大型科学仪器和设备、试验设施、先进加工装备的开放共用,提高其使用率、应用水平和服务水平;减少仪器设备的重复购买和闲置,为政府采购大型仪器设备提供评议和咨询。截至 2004 年底,该系统集合入网设备 712 台(套)。

2005 年,新增仪器设备设施 194 台(套),新增服务单位 15 家,截至年底,入网仪器设备设施总量达到 906 台(套),入网服务单位增至 89 家;完成各类服务 14 570 次,服务区域覆盖除青海省外全国各省、市、自治区(港澳台除外)。10 月 22 日,上海牵头构建的长三角大型科学仪器设施协作共用网正式对外开通运行,有上海、苏州、无锡、扬州、宁波、嘉兴等长三角区域 14 个城市的 1 500 余台(套)仪器设备入网,为长三角区域累计提供服务约 900 次。2006 年,入网仪器设备设施总量达到 124 台(套),入网服务单位增至 114 家;完成各类服务 41 959 次,累计访问量为 64.07 万人次。

2007 年,新增大型科学仪器设备设施 286 台(套),入网价值 50 万元以上大型科学仪器设备设施总量达到 1 516 台(套),入网服务单位增至 151 家,共计完成各类服务 57 864 次,服务区域覆盖除青海省及港澳台地区外的各省、自治区和直辖市。围绕《上海市促进大型科学仪器设施共享规定》的实施,组织开发大型科学仪器信息填报系统,完善仪器设施共用服务系统功能。2008 年,新增服务量 51 472 次,累计服务量达到 139 109 次。9 388 家中小企业共获得 35 591 次仪器共享服务,占服务总量的 58%,其中 70% 的中小企业属于电子信息、先进制造、生物医药等新兴产业领域。

2009 年,研发平台继续组织推进《上海市促进大型科学仪器设施共享规定》各项落实工作,仪器信息填报工作稳步推进。截至 2009 年底,完成涉及 243 家单位、价值 46.53 亿元的 4 421 台(套)仪器的信息填报;汇集科学仪器总量达 5 011 台(套)、仪器原值总计约 51.12 亿元;51 家加盟单位的 460 台(套)仪器获得 605 万元共享奖励资金。同时,对 8 个委办局的大型科学仪器设施开展联合评议及市科委项目新购评议工作,总预算金额 8 561 万元,总计核减 3 828.1 万元。2010 年,《上海市促进大型科学仪器设施共享规定》及其 4 个相关配套办法的深入落实进一步提高科技公共投入的产出效率。截至年底,平台汇集的仪器总量达 5 805 台(套),仪器原值总计约 57.93 亿元。

四、资源条件保障系统

根据上海市实验条件和自然资源的学科领域、区域分布的特点,构建以实验条件保障和自然资源保存利用为目标的服务保障系统。

2004 年,建设实验动物和模式生物中心,提高上海实验动物的生产服务、实验研究、种质保存、质检技术及模式生物研发技术水平;构筑特种化学试剂服务平台,开展仪器分析专用试剂、超高纯试剂、微电子化学品等高尖端特种试剂的研制等。2005 年,由市发改委立项,市科委组织,在上海实验动物研究中心和上海南方模式生物研究中心两个单位的基础上,建设"上海实验动物资源公共服务平台"。建成上海市实验动物资源综合信息网(www.la-res.cn),为上海乃至全国提供与实验动物有关的政策、资源、信息等服务。

2006年,引入国家科技基础条件平台对自然资源的分类体系和数据标准,以实物资源的信息共享为突破,强调资源拥有单位的对外公共服务建设,为相关的研究机构和企业提供各类服务。同时,根据各类实物资源的特点,开展实物资源共享和服务的管理规范、组建服务联盟、资源的准入机制等的各种管理制度的研究。当年加盟资源条件保障系统的服务单位有12家,资源类型涉及实验动物、模式生物、试验细胞、试剂、人类重要遗传物质等各类重要资源。2007年,整合模式动物、化学试剂、实验细胞、农业种质、动植物病原和人类基因等相关资源。上海南方模式生物研究中心、中国科学院上海生命科学研究院细胞资源中心、上海农业生物基因中心、上海化学试剂研究所、国药集团化学试剂有限公司、上海人类基因组研究中心等加盟研发平台并对外提供服务,可对外提供人类基因全长ORF克隆、农业生物种质、渔业动植物病原、标准化细胞株、标准物质和遗传工程小鼠等实物资源及定制服务。

2009年3月,研发平台资源条件保障系统正式上线对外运行。系统资源量包含:细胞株资源300余株,实验动物资源25个大小鼠品系,商品化小鼠模型5种,转基因和基因剔除动物模型100多种(服务能力),人类遗传资源样本1万余例,生物种质资源3万种,动植物病原500余种,化学试剂品种规格数量30万条,中文品名11万条,中药标准物质400余种,人类基因全长ORF克隆4500个。2010年,经过组织动员、培训宣讲、在线填报、校核审核、汇交研讨、数据上报6个阶段,23家委办的119家单位上报涉及人员、仪器、研究实验基地、生物种质、科学数据等更新数据并通过审核,数据更新上报完成率达100%。为进一步分析科技资源的分布、利用现状与问题,开展《上海科技基础条件资源配置状况与分析研究》专题工作,并整理出《上海各区县的科技创新资源》数据集,为各区县的科技管理工作提供参考。

五、试验基地协作系统

研发平台试验基地协作系统建设目的是以自主创新能力为核心,完善试验基地布局,创新机制、推动上海地区各类试验基地的开放与协作,增强多学科交叉研究能力,推动试验基地与企业形成技术创新联盟,实现跨领域,高水平的研究实验基地整合共享。产学研联合投资组建市重点实验室,释放各类实验室潜能,为上海经济社会发展提供技术支撑。

2005年,试验基地协作系统立项研发。由上海软件中心、上海万达公司、上海科技信息中心为承担单位,联合上海市智能信息处理重点实验室、信息安全综合管理技术研究重点实验室、金融信息技术重点实验室组成项目研发团队。该系统围绕"一个试验基地基础共享库,工程应用和科学研究两类协作模式,协作、管理和公众三个工作门户,嵌入式、金融信息、研究和信息安全四项示范应用"进行建设,推动嵌入式系统与软件、金融信息等产学研联盟的形成,并取得协作系统软件著作权。2006年4月,试验基地协作系统完成分析设计(原型分析),7月完成主要编码,9月完成系统测试,并进行内部试运行。试验基地基础信息库采集导入上海市包括核心层、紧密层、联系层等832家实验室的基本信息,示范试验基地的21类服务,并通过相关示范开展3项服务,例如通过嵌入式示范为"上海视讯科技有限公司"的宽带IPTV研发提供的服务等。

2007年,试验基地协作系统围绕"一个基础共享库、两类协作模式、三个工作门户、四项示范应用"建立一个试验基地基础信息库,提炼面向工程应用和面向科学研究的两类产学研协作模式,研发面向试验基地协作共享服务的协作门户、面向管理层决策支持服务的管理门户和面向社会公众开放的公众门户三个门户,形成嵌入式示范应用、金融信息示范应用、研究示范应用和信息安全示范应用四类示范应用。为企业和社会提供各类专业化服务共 640 项,开展各类专业技术培训共 1 460 余人次;为软件基地、企业提供咨询和技术服务 416 次,编发各种宣传简报和专业期刊 30 多期;承担科研项目 14 项,其中国家级项目 2 项,获得 3 项软件著作权。

六、专业技术服务系统

专业技术服务系统围绕与重点产业发展相关的新兴领域,布局新建若干重要的专业技术平台,形成系统和完善的专业技术服务链。

2004 年,在生物、信息、新材料、先进制造和工业设计等领域,建设新药筛选、集成电路设计、多媒体、信息安全、纳米、微机电系统等专业服务平台。2005 年,上海多媒体专业技术服务平台为 96 家中小企业提供 300 多项,近 6 000 小时的宣传、后期编辑、产品测试和专业培训等服务。中科院上海药物研究所建立的"新药研发应用网格"技术平台,安装含 120 万个化合物信息的数据库和各类药物靶标蛋白结构数据库。上海动漫研发公共服务平台建设启动,软件技术、分析测试等专业技术中介服务平台相继建立,以及微机电系统(MEMS)平台、高通量药物筛选平台的功能完善等,为上海市的创新创业活动提供各类专业化服务。

2006 年,形成 28 个不同专业的技术服务平台,在浦东形成针对生物医药产业的服务链的 10 余个专业技术服务平台,涉及基因、细胞、实验动物、毒理、药筛、药效等各个环节。注重发展集技术服务、成果转化服务、创业服务等的综合性服务平台,如纺织技术服务平台、浦东张江生物医药专业技术中介服务平台等。2007 年,专业技术服务系统的生物医药领域专业技术服务体系建设、上海纺织研发公共服务平台、张江生物医药企业专业技术中介服务能力建设等 8 个项目通过市科委验收,并对外开展服务。以深化能源与环境、生物医药、电子信息等领域专业技术服务平台建设,完善设计、试验、检测、推广等专业技术服务链为主要目标,设立 27 个平台建设专项。

2008 年,系统整合 77 家专业技术服务平台、300 余家专业服务单位,以及各类机构提供的专业技术服务 1 000 余项。服务内容涵盖电子信息制造业、生物医药、新材料、先进重大装备、新能源与节能、环境保护、农业、社会事业、民用航空制造业、新能源汽车、海洋工程装备、软件和信息服务业等技术领域。2009 年,专业技术服务平台的服务次数超过 40 万次,累计涉及企、事业单位和个人达到 8 000 余家,服务总收入累计超过 2.5 亿元,主要服务涉及计算机行业、集成电路行业、生物医药行业、纺织印染等行业领域。4 月 23 日,研发平台召开专业技术服务加盟单位工作会议,77 家专业技术平台获准加盟研发平台。2010 年,市科委从 9 月开始组织开展上海市专业技术服务平台的评选工作,共涉及 14 个区县的 128 家企事业单位。评选出 13 个区县的 61 个平台成为首批上海市专业技术服务平台,涉及生物医药、电子信息制造、新材料、先进重大装备、软件与信息服务、新能源汽车、环境保护等产业领域。研发平台制定《上海市专业技术服务平台评定命名的条件标准》《上海市专业技术服务平台建设与管理暂行办法》等规范,为下一步工作的顺利开展奠定基础。

七、行业检测服务系统

行业检测服务系统推进国家和上海市技监部门授权的具有一定资质的分析测试中心和行业检

测机构提供系统全面、质量可靠的行业检测和专业测试服务，成为全市乃至长三角地区的检测服务窗口。委托认证后，出具有行政效力的检测报告，或者提交专业性的分析测试报告。同时，为用户提供检测需求咨询，促进检测机构之间的技术和服务交流。

2004年，组织电力工业、有色金属、粮油制品、轻工、纺织、机电、化学、建筑材料等108家专业测试与行业检测单位入网服务。例如，新药安评中心通过国家GLP认证，自成立以来，累计接受来自全国28个省市的210个新药的安全评价任务，其中一类新药15个。2005年，坐落于张江的"上海检测中心"总投资超过10亿元，占地15万平方米，9幢大楼结构封顶，置办一大批先进的计量仪器。编制《关于构建上海质量技术监督系统食品安全检验机构（实验室）设想及初步方案》《上海市质量技术监督系统食品安全检测实验室建设规范》和《上海市质量技术监督系统食品安全检测实验室管理规范》等规范性文件，对上海食品生产安全检测实验室的建设起到指导作用。上海市质量技术监督局组织开展全市质量技术监督系统内的6家国家质检中心的能力自查评估工作，重点对机构运行状况、技术能力、工作业绩、科研水平、人才状况和发展建设情况等方面进行全面自查和评估，编制完成《上海市技术基础"十一五"发展规划纲要》。2007年3月22日，中国上海测试中心承担的"分析测试资源整合及综合应用中介服务平台的研究"课题，通过市科委的验收。通过项目的实施，建立分析测试中介服务平台，该平台提供有特色仪器装备777台，拥有7500多项分析测试能力的信息数据库；建立分析测试中介服务门户和服务统计后台管理系统，实现信息发布与交流、委托测试中介、实验室支撑服务、综合性中介等服务功能；组织50多个加盟单位对外提供服务，组建一支由157名专家组成的分析专家队伍。

2008年，中国铁路通信信号上海工程有限公司申报的上海中铁通信信号电信检测技术公共服务平台正式加盟上海研发公共服务平台。该公司在铁路通信信号检测方面具有创新实力和业务专长，在城市轨道交通、铁路通信信号等方面形成专业服务能力，初步形成检测资源较为齐全、服务功能较为完整、产业特色明显的专业技术服务平台。该平台的正式加盟，将有利于进一步整合社会资源，运用市场化的运作方式，拓展服务渠道，更好地为相关企业提供通信信号检测、咨询等专业技术服务。2009年，在沪的34家国家级产品质量监督检验中心陆续加盟上海研发公共服务平台，在充实研发平台行业检测系统的同时，也为企业用户带来更多的优质资源。作为上海研发公共服务平台子系统之一的行业检测服务系统通过积聚各领域计量检测资源、推动组建各类检测协作组织，为企业科研创新提供检测服务支持。其中，部分质检中心凭借自身良好的资源和实力，获得项目支持，承担相关公共服务平台建设任务。如国家机动车检测中心承担新能源汽车及关键零部件检测公共服务平台的建设，在2009年承接世博新能源汽车的检测任务；国家食品监督检验中心承担食品质量安全检测公共服务平台的建设任务，承接世博食品安全监控任务。34个国家质检中心加盟研发平台，为进一步发挥在沪国家质检中心资源优势、扩大其服务的辐射强度和范围扩充实力，双方的合作将更好地发挥国家级质检中心在企业创新创业中的支持、服务作用，提升企业自主创新能力，为上海市营造良好的科技创新环境。

八、技术转移服务系统

技术转移服务系统鼓励科研院所、大专院校建立技术转移中心，构建全市技术转移网络。该系统依托上海技术交易所和在沪的国家级技术转移中心，共同构筑集企业技术攻关项目需求发布、高校和科研院所科研成果供给、委托研发及技术成果交易等功能于一体的技术交易平台，促进技术流动和高效利用,实现与全国技术市场互动。同时,该系统组织全市从事国际技术转移的有关力量,形成上海国际技术转移联盟,构建跨单位、跨部门的国际技术转移信息服务平台,促进资源共享和技术交流合作。

2004年,技术转移服务子系统的重要组成部分"上海国际技术转移协作网络"和"上海国际技术转移信息平台"网站(www.stti.cn)相继开通。以国家级技术转移中心和上海技术交易所为龙头,科研机构、企业、高校设立的技术转移办公室为支撑,广泛分布在各区县的技术交易登记点为依托,初步形成覆盖全市的技术转移网络。2005年,上海加快建立成果转化服务网络,正式开通上海技术市场交易信息系统,大力发展专业技术转移平台,依托研发基地建设成果转化网络服务平台,联手教育部共建上海能源化工技术转移服务平台,提高上海市能源与石油化工的成果转化效率。

2006年5月11日,技术转移服务系统全新改版后正式运行。该系统汇集上海高新技术成果转化服务中心、上海技术交易所等机构的技术交易信息和服务成果,突出网上技术转移服务的能力,提高技术转移、成果转化效率,并实现与合作机构的数据信息实时交互,为社会公众提供服务。一期系统改版后,其基本功能包括技术转移需求信息、攻关招标、投融资招商等;特色功能包括技术转移政策咨询、签约技术经纪人、市技术市场办等,系统还会实时提供上海地区的技术交易的动态数据信息。2008年,市技术市场办对"上海市技术合同网上预审"网站进行全面改版,推出全新的"技术合同信息服务系统",将"全国技术合同网上登记"(上海部分)整合入其中,使合同信息的本地化使用更加便捷。结合上海本地情况,市场办还制定《医药类、船舶类、软件类的技术合同认定指导意见》,使得《技术合同认定规则》在落实过程中更加符合上海本地的实际情况。12月16日,中国科学院上海分院、上海交通大学、华东理工大学、上海联合产权交易所、上海市高新技术成果转化服务中心等7家在沪的首批国家技术转移示范机构共同发起成立上海技术转移服务联盟。联盟旨在加快建立以企业为主体,产学研相结合的技术创新体系和科技中介服务体系,进而促进企业提高自主创新能力。

九、创业孵化服务系统

为中小科技企业提供包括政策、管理、金融、人力资源、开办场地,以及专业化支撑等在内的综合性企业孵化服务。

2004年孵化器更趋向"四化"建设:专业化:按照"一区一新"目标创建专业技术孵化器,建成12家。网络化:搭建上海孵化器资源整合和技术共享的服务平台,成立"上海科技企业孵化协会"。国际化:与法国、英国等十几个国家建立交流合作关系,举办"第8期国际企业孵化器培训班"等。规范化:有4家孵化器通过ISO9001—2000质量管理体系认证;制定科技中小企业入驻孵化基地的条件和孵化毕业的标准;出台上海企业孵化器考核和评价体系。截至2004年底,上海共有各类科技企业孵化器31家,孵化基地面积71.4万平方米,孵化资金1.7亿元,在孵企业1 698家,就业人数23 900人,累计孵化企业247家。

2005年,全市各类孵化器35个,孵化面积55.2万平方米,在孵企业2 095家,其中留学生企业94家,外资企业134家;毕业企业109家,累计毕业企业396家,就业人数2.68万人。全年技工贸总收入55.10亿元,实现利税4.58亿元,有一家企业在美国纳斯达克上市。2006年,上海科技企业孵化器35家,基地孵化面积59万平方米,孵化器资金总额5.95亿元,孵化专项基金1.57亿元;孵化器总收入2.37亿元,净利润2 879万元,上缴税金3 825万元;基地在孵企业2 123家,技工贸总收入 71.76 亿元,企业净利润 2.15 亿元,上缴税金 3.3 亿元;在孵企业从业数 33 216 人;累计毕业企业 481 家。

2007 年 6 月 28 日,上海科技企业孵化协会第一次理事长会议在上海市科技创业中心召开。会上提出孵化协会的工作思路是"聚集重点、突破难点、做出亮点",努力实现协会的引领作用。具体工作目标有:培育 1~2 家专业孵化器示范点;培育 3 家准国家级孵化器,争取进入国家级行列;推进 10 家以上孵化器实施辅导员制度,在全市建百人辅导员队伍;培育科技小巨人苗子 20 家,争取进入市科委、上海市经委小巨人或小巨人培育企业行列 4 家;列入科技部创业项目企业达到 20 家以上;加强调查研究,完成若干相关软课题。2008 年,上海研发公共服务平台创业孵化子平台启动。该子平台由上海市科技创业中心牵头,聚集市科委及各区县科委、大学生创业基金会、创投协会、小企业服务中心、科技成果转化中心等机构,以及全市的 35 家孵化器,分为孵化功能、共享服务、支撑实现、协调管理 4 个系统,为中小科技企业提供包括政策、管理、金融、人力资源、开办场地,以及专业化支撑等在内的综合性企业孵化服务。

2009 年,上海科技企业孵化器新认定孵化器 10 家。创业孵化系统明确提出"百、千、万"的工作目标,即建立一支 100 人规模的创业导师队伍,重点服务 1 000 家创业企业,培训 10 000 名科技创业者的工作目标。7 月中旬,上海市科技创业中心、上海张江药谷公共服务平台有限公司、上海漕河泾新兴技术开发区科技创业中心、上海慧谷高科技创业中心、上海集成电路设计孵化基地、上海杨浦科技创业中心、上海大学科技园和上海精细化工火炬创新创业园等 8 家单位成为全市首批"科技创业苗圃"试点单位,分布在徐汇、浦东、杨浦、金山、闸北、黄浦 6 个区。10 月 12—17 日,由上海国际企业孵化器主办、上海市科技创业中心承办的第 12 届企业孵化器国际培训研讨班在上海举行。来自法国、意大利、韩国、泰国、马来西亚、越南等 11 个国家和地区的 50 多名中外科技企业孵化器管理方面的代表以"企业孵化模式和有效创业扶持体系"为主题进行专题演讲和研讨、案例分析、圆桌讨论等活动,并参观上海科技企业孵化器和高新园区。10 月 26—28 日,第 8 届华东科技企业孵化器网络年会在常州举行,来自科技部火炬中心、江苏省科技厅、中国高新区协会创业中心专委会的相关领导和专家以及华东六省一市科技企业孵化器的 300 多位代表参加会议。12 月 28—29 日,由上海市科技创业中心主办的上海新建孵化器管理人员培训在上海康桥先进制造技术创业园有限公司举行,来自 16 家单位的 31 名学员参加培训。

2010 年,上海基本构建完成以"创业苗圃+孵化器+加速器"为载体的孵化服务链和以"专业孵化+创业导师+天使投资"为核心的孵化服务模式的新型孵化服务体系,有效帮助企业发展。创业苗圃、孵化器、加速器 3 个载体针对创业企业不同的发展阶段为企业提供孵化服务。截至 2010 年底,上海共建成创业苗圃 23 家,科技企业孵化器 59 家,基地孵化面积 72.02 万平方米,孵化器资金总额 11.57 亿元,孵化专项基金 3.02 亿元;基地在孵企业 2 744 家,在孵企业研发投入 8.78 亿元,在孵企业累计获得财政资助额 27.48 亿元,在孵企业累计获得风险投资额 27.48 亿元,在孵企业从业人数 41 533 人;累计毕业企业 1 193 家,组建来自投资、管理咨询等机构的 100 多名资深人士组成的创业导师队伍。

十、管理决策支持系统

科技管理决策支持系统基于电子政务系统,建立包含国家和地方财政资助的科技项目、科技成果、科技人才、科学仪器与科学设施、科技文献等各类科技资源在内的管理决策信息支持系统,面向政府管理部门、高等院校、科研院所、企业及个人等不同用户提供分级分类的信息发布,优化配置科技资源的决策管理,减少科技资源的重复投资。

2007年,完成政府科技资源信息共享系统构架、软件设计和硬件采购,经过测试和试验,符合预期目标。政府科技资源信息共享系统数据库信息主要包括两部分:科技计划项目库、科技计划项目机构库。2008年,由上海市科技信息中心开发完成的"政府科技资源信息共享系统"进入准备验收、系统调试等最后阶段,该系统进入研发平台十大服务功能系统的"管理决策支持系统"中。该系统具备信息发布、信息查询、综合查询、信息维护、统计分析、系统管理等6项功能。

2009年,由上海市科技信息中心承担建设的"政府科技资源信息共享系统"项目通过市科委验收。该项目旨在落实国家和上海中长期科技发展规划纲要精神,为减少重复立项,避免政府各部门间科技投入的条块分割、重复交叉现象。该系统成为上海研发公共服务平台"管理决策支持系统"中的重要组成部分。2010年,市科委、市财政局、市发改委和市经信委牵头筹建的"政府资助科技和产业化项目信息共享系统"经过市教委、市审改办、市农委和市卫生局等15家单位共同努力,实现跨系统政府信息资源共享和高效利用。

第五节 出 版

一、图书出版

2000年11月16日,设立上海科技专著出版资金,由市科委和市新闻出版局共同建立。资助的科技专著主要指自然科学领域内各学科、各门类优秀的原创性科技著作。资金由政府和社会各方面共同投入,在2000—2004年的5年中,每年投入不少于200万元作为年度出版资金。资金来源主要有:市科委每年投入资金不少于50万元;市新闻出版局每年拨款50万元;国内外企事业单位、社会团体的赞助和个人捐赠;其他收入。资金用于资助自然科学范围的优秀科技著作的出版,以及有关评审、管理费用。2001—2005年,共有110种受资助的科技图书出版,兑现资助金额467万元。其中,《热河生物群》《中国医籍大辞典》《分子材料》《汽车摩擦学》《敏捷制造的理论、技术与实践》《真空动力学》《线性模型中的最小二乘法》《顾恺时胸心外科手术学》等20余种专著,分别获得国家图书奖和上海市优秀图书奖;《电力网络规划的方法与实用》《板壳后屈曲行为》《现代毒理学及其应用》《骨科修复重建手术学》等20余种专著分别获得华东地区科技出版社优秀图书奖和华东地区大学出版社优秀教材、学术专著奖。2002年,上海有42种科技专著受到出版资金的资助,出版《中国遗传学史》《充血性心力衰竭》《丹顶鹤研究》《汽车摩擦学》和《全球技术预见大趋势》等20余本。2003年,科技专著出版资金资助30种科技专著,资助金额为165万元,并通过专家评审确定2004年资助的17种科技专著。2006年资助出版的项目21种,资助金额58.5万元。同时,通过专家评审推荐,决定对《超级杂交稻研究》《量子光学方法新探索和经典光学变换》等28种专著予以立项资助。2007年通过专家评审确定资助项目28项,对出版的18种资助项目予以兑现,金额共54.5万元。2008年通过专家评审确定资助项目31项,对出版的23种资助项目予以兑现,金额66万元。2009年,上海受国家出版基金资助的科技类项目有6种,资助金额264万元。2009年通过专家评审确定资助项目31种,对出版的21种资助项目予以兑现金额75万元。2010年通过专家评审确定资助项目34项,对出版的16种资助项目予以兑现,资助金额共98.2万元。

表 1-3-8 2001—2010 年上海科技专著出版资金资助情况统计表

年 份	2001—2005	2006	2007	2008	2009	2010
确定资助项目(项)	—	28	28	31	31	34
实际出版项目(项)	110	21	18	23	21	16
兑现资助金额(万元)	467	58.5	54.5	66	75	98.2

2002 年,为落实《科普法》,推动科普著作原创,加大对自然科学范围优秀科普著作(包括各类科普专著、科普剧本,列入国家或上海市重点图书出版规划的科普研究和推广应用新技术读物等)出版的资助力度,繁荣上海科普创作和出版事业,推动科学普及和加快人才培养,市科委和市科协研究决定,共同出资、集资设立"上海科普创作出版专项资金"。由政府和社会团体等各方面共同投入,在 2002 年至 2005 年的 4 年中,每年投入不低于 100 万元人民币作为年度出版资金。资金主要来源有:市科委每年投入资金 50 万元;市科协每年投入资金 50 万元;其他部门资助;国内外企事业单位、社会团体赞助和个人捐赠;其他收入等。从 2002 年 7 月下旬至 12 月底,相继收到上海市和全国各地寄来的 72 份"上海科普创作出版专项资金"申请书,上海占到总数的 86%。作品内容涉及生命科学、生物工程、医疗卫生、海洋科学等领域。作品体裁包括丛书、实用、资料、趣味、哲学、科学和艺术等 6 大类。管委会办公室邀请 9 名长期从事科普创作工作和科普教育工作的专家,对申请材料逐份进行审阅。并按有关领域分成 3 个评选小组,复评出 23 部优秀科普作品供管委会审定,最终决定首批资助书目,资助金额达到 80 万元。2010 年,上海科普创作出版专项资金对《我们的科学文化》等 38 部科普图书进行专项资助。

2000—2010 年,上海每年出版科技图书 2 000 余种,其中新出图书 1 000 多种。"十一五"期间(2006—2010 年),上海重点图书出版规划项目共 326 项(含国家重点项目 140 项),其中科技类图书 78 项(含国家重点项目 35 项),许多重要项目在 2006 年启动,如《竺可桢全集》《科学前言进展》等。

表 1-3-9 2000—2010 年上海科技类图书出版情况统计表

年 份	科技类图书(种)	新出图书(种)	总印数(万册)	总定价(万元)
2000	2 485	1 462	4 965.15	55 457.39
2001	1 966	1 118	3 952.60	37 099.07
2002	2 194	1 371	3 611.90	40 817.16
2003	2 279	1 438	4 025.76	43 751.12
2004	2 618	1 636	3 388.81	43 751.12
2005	2 160	1 457	2 079.32	40 163.14
2006	2 242	1 400	1 522.41	39 084.25
2007	无	无	无	无
2008	1 450	无	无	无
2009	2 365	无	无	无
2010	无	无	无	无

表1-3-10 2000—2010年上海重点科技类图书出版情况表

年份	图 书
2000	"材料科学丛书"(共3种)、"先进制造技术丛书"(共5种),《高温超导基础研究》,《科学对话——转基因动物与医药产业》,《中国科技的基石——叶企孙和科学大师们》
2001	"新世纪农业丛书",《微机械传感器研究》,《100年科技大突破》,《两系法杂交水稻的理论与技术》,《DNA和命运——人类行为的天性和教养》,《驾驭光——21世纪光科学与工程学》,《九十初度说数学》
2002	《中华本草》"药学卷",《轨道交通"明珠线"一期工程》,《长江重要鱼类生物多样性和保护研究》,《大系统试验选优理论和应用》,《逻辑人生——哥德尔传》
2003	《飞天梦——目击中国航天秘史》,《倒计时——航天器的历史》,《世界史上的科学技术》,《与真理为友——现代科学的哲学追思》,《扬子鳄研究》
2004	《组织工程学理论与实践》,《硅锗超晶格及低维量子结构》,《中国玉米栽培学》,《中国茶树栽培学》,"生命科学专著丛书","科学前沿丛书",《技术史(Ⅰ—Ⅷ)》,《科学革命》,《科学的统治》
2005	《竺可桢全集》(5—7卷),《彩图科技百科全书》(2007年上海市科技进步二等奖,2008年国家科技进步二等奖),《城市环境土工学》,《中国古代玻璃技术的发展》,《非线性互补理论与算法》,《权谋——诺贝尔科学奖的幕后》,《"深蓝"揭秘——追寻人工智能的圣杯》
2006	《中华民族基因多样性》,《超级杂交水稻研究》,《中国灸法学》,《异种移植》,《脆弱的领地——复杂性与公有域》,《一种文化——关于科学的对话》
2007	《全民科学素质行动计划纲要》,《超级杂交稻研究》,《中华民族遗传多样性研究》,《药学大辞典》,《诺贝尔奖百年鉴》(29卷,上海市科技进步三等奖)
2008	《嫦娥书系》(上海市科技进步二等奖),《再生医学原理与实践》,《人类怎样认识宇宙》,《实用热处理手册》,《爱因斯坦年谱》,《邬达克百年建筑》
2009	《药用植物种质资源》,《盲信号处理——理论和实践》,《面神经疾病》,《中华海洋本草》(5卷),《多彩的昆虫世界》(2008年上海市科技进步二等奖、2009年国家科技进步奖二等奖),《原来如此》(上海市科技进步奖二等奖)
2010	《海洋波浪能量综合利用》,《中国玉米品种及其系谱》,《科学编年史》,《冰川学导论》,《空间静电学》,"青少年科学人文素养丛书",《世博园及世博场馆建筑与规划设计研究》,《追星——关于天文、历史、艺术与宗教的传奇》(国家科技进步奖二等奖),《幻想——探索未知世界的奇妙旅程》(上海市科技进步奖三等奖)

二、期刊出版

2000年,全国有24种优秀学术期刊获国家自然科学基金会"专项基金"资助,其中上海有4种。同年,全国有75种基础性学术期刊获中国科协"专项基金"资助,其中上海有5种。6月29日,上海市科技期刊管理工作会议在上海图书馆召开,会议以"抓精品、创名牌、走向世界"为主题。会议肯定上海科技期刊工作的成绩,提出上海科技期刊管理工作的要求和目标。2001年,上海共有29种科技期刊入选中国期刊方阵,其中高知名度、高学术水平的"双高"期刊1种;获国家期刊奖和国家期刊奖提名奖的"双奖"期刊1种;百种重点社科期刊和百种重点科技期刊的"双百"期刊5种;社会效益、经济效益好的"双效"期刊22种。1月23日,市新闻出版局、市科委在上海图书馆召开上海市方阵期刊工作会议,市新闻出版局领导、市科委领导及全市方阵期刊获奖杂志的主编和负责人出席会议。11月21—30日,市科委科技期刊管理办公室举办一期科技期刊编辑上岗培训班,共有151

人参加。

2002 年,开展第二届国家期刊奖评选活动,共评出获奖期刊 60 种(社科期刊和科技期刊各 30种),上海地区有 13 种科技期刊获奖。2003 年,上海市科技期刊编辑学会分别于 2 月和 12 月举办编辑上岗培训。共有 271 位学员参加培训,通过考试取得新闻出版总署颁发的"岗位培训合格证书"。2004 年 11 月 27 日至 12 月 6 日,由上海市科技期刊编辑学会、新闻出版总署教育培训中心上海分中心共同举办"第九期上海市科技期刊编辑(主编)上岗培训班"。169 位编辑(主编)通过考试取得上岗证书。

2005 年,市科委支持,上海市科技期刊编辑学会等单位承办的"长三角科技论坛"的"科技期刊发展专题论坛"在沪举办。140 余位代表与会。11 月 17 日,由《科学》杂志编委会和市科协主办,上海世纪出版集团上海科学技术出版社和市科技传播学会承办的"中国科学社和《科学》杂志 90 周年纪念学术研讨活动"在科学会堂举行。中国科协主席、《科学》杂志编委会主编周光召主持纪念会并作主旨讲话,上海市委副书记殷一璀应邀出席会议并讲话。2006 年 6 月 8—9 日,首届"科研与科技期刊发展论坛"在沪举行。论坛由中国科学院出版委员会办公室等共同主办,中国科学院上海生命科学信息中心承办。来自全国近百种科技期刊的百余位代表与会。论坛就科学研究与科技期刊的互动与发展、科技期刊的发展规律与实践、防范和甄别学术造假、中国科技期刊国际合作等主题进行研讨。

2008 年 6 月 26—28 日,第 5 届长三角科技期刊发展论坛暨 2008 上海科技期刊国际研讨会在上海交通大学举行,来自上海市科技期刊学会、浙江省科技期刊编辑学会和江苏省科技期刊编辑学会的代表,期刊主管部门、省市科委(科技厅)及科协有关人员以及国内外特邀专家等,就"科技期刊体制创新与文化产业发展"进行广泛研讨,共谋新时期科技期刊发展之路。2009 年 9 月 22 日,海峡两岸科技期刊合作交流研讨会在南京举行。苏浙沪三地科技期刊编辑学会、两岸交流专门委员会及台北市杂志同业公会有关人士共 50 余人参加会议。会上两岸同行交流办刊理念,分享办刊经验,探讨合作模式,促进两岸期刊进一步交流。10 月 27—28 日,由中国科协和国家新闻出版总署联合主办、市科协承办的第 5 届中国科技期刊发展论坛在上海召开。

2010 年,全市共有自然科学类期刊 360 种。8 月,上海市科技期刊学会编辑的《科技期刊发展与导向(第七辑)》由上海科学技术文献出版社正式出版。该论文集展示上海、长三角地区乃至全国的科技期刊工作者近年来开展的相关研究与探索,反映中国科技期刊的发展与导向。9 月 7—8 日,由中国科协和新闻出版总署联合主办、市科协承办的第 6 届中国科技期刊发展论坛在上海召开。全国人大常委会副委员长、中国科协主席韩启德为该次论坛的主席。中国科协党组成员、书记处书记冯长根,新闻出版总署副署长李东东,市政协副主席、市科协副主席高小玫等领导和国内外逾 450名嘉宾出席论坛开幕式。11 月 26—27 日,由浙江省科技期刊编辑学会、上海市科技期刊学会及江苏省科技期刊编辑学会主办的第 7 届长三角科技期刊发展论坛在杭州举行,近 130 位苏浙沪三地科技期刊编辑代表出席。

第六节　专利申请与授权

2000 年,上海专利申请量首次突破 1 万件,达 11 318 件,年申请量由 1999 年的全国第 8 位跃升为第 2 位,其中发明专利申请量从 1999 年全国第 4 位跃升为第 1 位。2001 年,上海专利申请量达到 12 769 件,其中发明专利申请量 3 260 件,实用新型专利申请量 3 610 件,外观设计专利申请量5 899 件。上海专利授权量 5 370 件,其中发明专利授权量 241 件,实用新型专利授权 2 220 件,外观设计专利授权 2 909 件。

2002 年,上海专利申请 19 963 件,位居全国第二;其中发明专利申请 3 961 件,实用新型专利申请 4 952 件,外观设计专利申请 11 050 件。专利授权量 6 693 件,其中发明专利授权量 339 件,实用新型专利授权 2 805 件,外观设计专利授权 3 549 件。职务专利申请比例高,占 82.5%,企业成为专利申请的主力,其专利申请量占 71.7%,上海企业的专利申请量及其占年申请量的比例,两项指标均列全国第一。2003 年,全市专利申请量 22 374 件,其中发明专利申请 5 936 件,大专院校和企业专利申请分别达 1 794 件和 15 289 件。全年专利授权 16 671 件。2004 年,全市专利申请量 20 471 件,其中发明专利申请量 6 737 件,首次超过实用新型专利申请量;区县专利申请量上升,其中闵行区专利申请量 3 717 件,居各区县之首。全年专利授权量 10 625 件。

2005 年,全市专利申请量达 32 741 件,首次突破 3 万件大关,其中发明专利申请量为 10 441 件,职务发明专利申请为 27 912 件,占总量的 85.2%。职务发明专利申请中,大专院校 2 955 件,占 10.6%,为全国各省市高校排名之冠。科研院所 1 522 件,占 5.4%。工矿企业 22 880 件,占 82%。申请集成电路布图设计 96 件,占全国集成电路布图设计申请总量的 29.3%。全市共获专利授权 12 603 件,其中发明专利授权 1 997 件。全市专利申请量和授权量均居全国第 4 位。2006 年,全市专利申请量为 36 042 件,其中发明专利申请量为 12 050 项。全市共获专利授权 16 602 件,其中发明专利授权 2 644 件。

2007 年,全市专利申请量为 47 205 件,其中发明专利申请量为 15 212 件。全市获专利授权 24 481 件,其中发明专利授权 3 259 件。2008 年,上海市专利申请量为 52 835 件,位居全国第五。其中发明专利申请量为 17 829 件。获专利授权 24 468 件,其中发明专利授权 4 258 件。2009 年,上海市专利申请量 62 241 件,其中发明专利申请量 22 012 件。全市共获专利授权 34 913 件,其中发明专利授权 5 997 件。上海市 PCT 国际专利申请量为 493 件,居全国第三位。2010 年,上海市专利申请量 71 196 件,其中发明专利申请量 26 165 件,比上年增长 18.9%。全市共获专利授权 48 215 件,其中发明专利授权 6 867 件。

表 1 - 3 - 11　2000—2010 年上海专利申请情况统计表　　　　　　　单位:件

年份	总量	发明	实用新型	外观设计	职务	非职务	大专院校	科研单位	工矿企业	机关团体
2000	11 318	4 694	2 760	3 864	9 182	2 136	604	610	7 935	33
2001	12 769	3 260	3 610	5 899	8 100	4 669	630	584	6 846	40
2002	19 963	3 961	4 952	11 050	16 460	3 503	898	1 132	14 305	125
2003	22 374	5 936	5 992	10 445	18 566	3 808	1 794	1 348	15 289	135
2004	20 471	6 737	6 131	7 603	16 344	4 127	2 212	1 091	12 762	279
2005	32 741	10 441	8 711	13 589	27 912	4 829	955	1 522	22 880	555
2006	36 042	12 050	9 881	14 111	30 658	5 384	3 066	1 428	24 835	1 329
2007	47 205	15 212	12 112	19 881	41 149	6 056	5 604	1 601	30 643	3 301
2008	52 835	17 829	14 327	20 679	45 975	6 860	7 787	1 743	34 162	2 283
2009	62 241	22 308	19 650	20 579	54 951	7 290	8 699	1 959	41 667	2 741
2010	71 196	26 165	23 188	21 843	62 523	8 673	8 173	2 311	45 490	6 549

表 1-3-12　2000—2010 年上海专利授权情况统计表　　　　单位：件

年份	总量	发明	实用新型	外观设计	职务	非职务	大专院校	科研单位	工矿企业	机关团体
2000	4 048	302	2 083	1 663	2 532	1 516	183	215	2 099	35
2001	5 379	241	2 220	2 909	3 722	1 648	160	219	3 320	23
2002	6 693	339	3 805	3 549	4 424	2 269	179	253	3 952	40
2003	16 671	880	3 844	11 947	14 734	1 937	466	523	13 654	91
2004	10 625	1 687	4 040	4 898	8 634	1 991	837	621	7 099	77
2005	12 603	1 997	4 437	6 169	10 381	2 222	1 096	645	8 486	154
2006	16 602	2 644	6 739	7 219	14 242	2 360	1 586	864	11 503	289
2007	24 481	3 259	9 718	11 504	21 384	3 097	2 616	1 001	15 383	2 384
2008	24 468	4 258	11 973	8 237	21 123	3 345	3 318	1 088	14 946	1 771
2009	34 913	5 997	13 159	15 758	31 346	3 567	4 189	1 096	22 293	3 839
2010	48 215	6 867	21 821	19 527	43 617	4 598	5 897	1 226	34 151	2 343

第二编

社团、普及
与合作

2000 年起,上海市科学技术协会(市科协)主要开展学术交流(上海科技论坛、世界工程师大会、院士圆桌会议、学术年会、长三角论坛等)、科学普及("上海科普"网站、讲座、展览、夏令营、青少年科技竞赛等)、科技评选(科技精英、大众科学奖、青年科技英才等)、科技咨询(围绕人才培养、科技创新、民生科技等主题)、科技培训、科技出版等。到 2010 年,有学会、协会、研究会 184 个,个人会员 21.6 万人,团体会员 1.4 万个。

上海先后制定"十五""十一五""十二五"科普工作规划,建立科普工作联席会议制度,实施"四个一百""2211""科普示范专项"、科普能力建设等工作,成立公民科学素质工作领导小组、科普工作处、科普基金会等机构,开展科技节、科技周等科普活动,开展名家科普讲坛、上海科普大讲坛等科普讲座,建设自然博物馆分馆、上海科技馆、专题科普场馆、科普教育基地等科普活动场所,出版"科学原来如此"原创科普图书等,启动《神秘的中国野生动物世界》系列科普影片的拍摄。《多彩的昆虫世界》、"嫦娥书系"丛书获 2008 年上海市科技进步二等奖。"上海市科普资源开发与共享信息化(一期)工程"项目通过验收。开展青少年科技创新大赛、青少年科技创新月等青少年科普活动。

群众性发明创造活动活跃,在全国发明展览会、日内瓦国际发明与新技术展览会、萨格勒布国际展览会上获得众多奖励,开展上海市发明家、上海市优秀发明选拔赛、实施发明成果优秀企业家等发明评选活动,举办青少年创造发明设计竞赛、科技创业杯、明日科技之星等青少年发明创造活动。

在国内科技合作和交流方面,上海开展对口支援、长三角合作、振兴东北、沪港澳台合作与交流、院市合作、部市合作等。2000 年起,设立西部科技合作专项和振兴东北科技合作专项。2003 年,建立长三角区域创新体系建设联席会议制度,开展重大科技专项合作项目,制定长三角科技合作三年行动计划等。2001 年,与中国工程院建立合作委员会,与中国科学院签署新一轮 5 年全面合作协议。2004 年,与科技部建立工作会商制度,在国家重大专项、世博科技、科技示范工程等方面开展合作。

在国际科技合作和交流方面,与法国、德国、日本、加拿大、意大利、俄罗斯、美国等国家的相关地区和机构签订科技合作协议,与联合国工业发展组织(UNIDO)、联合国开发计划署(UNDP)、联合国教科文组织(UNESCO)、世界银行、世界卫生组织(WHO)、国际原子能机构(IAEA)、世界粮农组织(FAO)、欧洲经济共同体(CE)等,开展有实质内容的科技合作。

第一章　社　团

第一节　沿　革

1958年11月23日,上海市科学技术协会(简称市科协)在其第一次代表大会上宣告成立。1977年,市科协恢复。1990年初,市科协等在全市开展青少年生物百项科技活动。1993年,市科协承办"高技术产业、产品发展国际研讨及展示会"。1994年,市科协提出科协工作新思路:弱化行政属性,成为在党领导下的公益性的科技社团法人;反映和展示上海高层次的学术水平;促进公众理解科学技术;发表对科技、经济以及社会发展等方面的观点、意见和建议。1996年,举办首届以"国际大都市与科学技术"为主题"科技论坛"。1998年10月,市科协召开市科协区县工作会议,提出规范学术交流活动的5点要求。1999年,市科协建立"决策咨询工作联席会议"制度。

2000年,制订"市科协学术基金+学术经费管理办法"等制度,建立和完善学会管理制度,开展第三届市科协星级学会评选活动。9月28日,上海市科普教育基地联合会成立。发挥科普教育基地作用,实现科普资源共享,推广科普教育基地的经验,探索科普教育基地运行机制,推进上海科普教育基地的发展。2001年,召开首次企业科协工作会议,与市经委联合下发《关于巩固和发展企业科协工作的若干意见》。5月15日,上海市反邪教协会成立大会在科学会堂举行。协会由上海市教育、医学、法律、宗教、新闻、体育及文学艺术等一批知名人士发起成立。10月29—31日,市科协"七大"在市委党校召开。中共中央政治局委员、上海市委书记黄菊作重要讲话,中国科协党组书记张玉台致辞,市科协六届主席叶叔华代表六届委员会作工作报告。2002年,对市科协会刊《上海科坛》进行改版,并将其定位为"科技工作者的精神家园"。1月30日,上海市集成电路行业协会设计专业委员会举行成立大会,这是继智能卡专业委员会后成立的第二家隶属于上海集成电路行业协会的专业性民间组织。5月15日,时值同济大学95周年校庆之际,举行同济大学科学技术协会成立揭牌仪式。

2003年3月2日,市科协七届三次全委会议在科学会堂举行,市委副书记殷一璀出席并讲话,副市长严隽琪出席会议。6月28日,上海市科学技术普及志愿者协会成立大会暨首届会员代表大会举行,协会发起人叶叔华、邓伟志、朱能鸿、杨秉辉等出席会议。2004年,推出"推进学会改革与发展的实施方案",推动市科协机关和直属事业单位的改革与发展。10月27日,上海市工程师学会成立。副市长严隽琪、中国科协书记处书记冯长根、中国工程院院士翁史烈等出席成立大会。2005年9月14日,上海市科学与艺术学会成立暨一届一次理事会议召开。会议听取学会筹备工作汇报;审议并通过学会章程;协商产生学会第一届理事会。

2006年8月14日,上海市老教授协会成立大会举行。市委副书记殷一璀出席会议并讲话。11月22日,市科协第八次代表大会开幕。市委代理书记、市长韩正到会并讲话。2007,提出"十一五"期间上海贯彻落实国务院《全民科学素质行动计划纲要》工作的主要工作任务,提出上海市科普资源开发与共享信息化工程建设的框架。1月25日,上海第一个中学科协——华东师范大学第二附属中学科学技术协会成立。5月18日,上海市张江高科技园区科学技术协会正式揭牌。11月6日,上海理工大学国家大学科技园科学技术协会在翔殷路园区总部召开成立大会。2008年,市科协举办科技精英评选 20 年系列宣传活动和市科协成立 50 周年系列庆祝活动。12 月 22 日，上海军民两用科学技术促进会在上海召开成立大会暨首届一次理事会。12 月 23 日，市科协成立 50 周年庆祝大会举行。中共中央政治局委员、市委书记俞正声，市委副书记、市长韩正出席庆祝大会。全国人大常委会副委员长陈至立、严隽琪发来贺信。中国科协党组书记、常务副主席邓楠到会致贺辞。

2009 年 3 月 4 日，"市科协学会会员动态会籍管理系统"项目通过专家评审。9 月 18 日，上海半导体照明工程技术协会成立大会暨首次会员大会在浦东张江举行。11 月 30 日，上海市技术经纪促进会成立大会暨首届理事会召开。2010 年，有市级学会 184 个，个人会员人数约 20 万，其中外籍会员 120 名，团体会员有 13 838 个；所属分科学会有 922 个；理事有 7 526 人；专职工作人员有 877 人。9 月 28 日，上海市射频识别工程技术协会成立大会暨首届理事会首次会议在上海集成电路技术与产业促进中心举行。

表 2 - 1 - 1　2000—2010 年市科协所属学会情况统计表

年份	学会（个）	会员人数（万人）	理事人数（人）	专职人员（人）
2000	156	20.1	6 071	679
2001	162	20.5	6 359	699
2002	167	20.4	6 683	668
2003	172	18.2	6 792	680
2005	176	17.6	7 009	683
2006	179	17.9	7 173	752
2007	180	18.6	7 212	777
2008	181	18.6	7 225	756
2009	180	18.5	7 317	742
2010	184	20	7 526	887

第二节　活　动

一、学术交流

在学术交流方面，市科协抓住上海的优势学科以及与上海经济发展、城市建设密切相关的综合性问题来推动全市的学术交流和学科发展。多年来，形成院士圆桌会议、学术年会、长三角论坛等特殊学术交流活动。

2001 年 11 月 2—4 日，江浙沪三地科协联合主办的江浙沪首届青年基因科技学术研讨会在南京举行。来自上海、江苏、浙江的 120 多名青年科学家分别围绕"基因功能与应用""基因筛选""生物信息"等专题进行交流研讨。2003 年，市科协举办首届学术年会；围绕第五届工博会"信息化与工业化（现代装备）"主题，举办工博会科技论坛，共组织 12 项活动。2004 年，承办世界工程师大会，组织中国重大工程成就展暨论坛、未来工程师联展暨论坛、女工程师论坛、院士圆桌会议、上海现代制造业与世界工程大师对话等近10项学术交流活动。2010年7月1日,联合主办2010年上海世博会中国船舶馆科技论坛。论坛以"船舶科技,让城市和生活更美好"为主题。

院士圆桌会议由市科协于2000年创办,2001年纳入中国国际工业博览会科技论坛,每年举办一次。院士圆桌会议旨在以院士专家为主体打造高端科技智库平台,就科技与经济、社会的发展问题展开讨论,并提出意见和建议,发挥"引领思潮"和"决策咨询"的作用。2001年11月24日下午,第三届上海国际工业博览会论坛院士圆桌会议在通贸大酒店举行。会议主题为"信息技术对制造业的影响",由IT制造业从传统向现代迈进的必由之路、运用信息技术改造传统企业的方法和途径、中国制造业面临的机遇与挑战等三个议题构成。2002年11月21日下午,第四届上海国际工业博览会院士圆桌会议在上海科学会堂举行。会议由市科协主办,上海市中国工程院院士咨询与学术活动中心协办。邀请中国科学院和中国工程院院士15人与会。会议围绕"如何推进信息化与工业的协同发展"的议题进行研讨。2004年11月5日,第六届上海国际工业博览会院士圆桌会议在上海科学会堂举行。主题为"现代工程与社会发展",分设"技术前瞻与上海产业发展"和"科学发展观与国际化大都市建设"两个议题。中国科学院院士、中国工程院院士、有关领导、专家学者和代表等近180人(次)与会。2005年11月15日,第七届上海国际工业博览会院士圆桌会议在科学会堂举行。本次会议的主题是"新型工业化道路中的自主创新"。中国科学院院士、中国工程院院士、有关领导、企业负责人、专家、科技工作者等100多人与会。2006年11月15日,第八届上海国际工业博览会院士圆桌会议在上海科学会堂举行。主题是"创新人才与创新型国家建设"。来自全市机关、企业、高校、科研院所的120名专家与会。2007年11月14日,第九届上海国际工业博览会院士圆桌会议在上海科学会堂国际会议厅举行。主题为"自主创新与造就杰出科技人才"。有关领导、企业负责人、专家、科技工作者和媒体记者等200多人与会。2008年11月6日,以"未来科技进展与上海产业结构调整优化"为主题的2008中国国际工业博览会科技论坛院士圆桌会议在上海科学会堂举行。10位院士、专家就上海金融中心建设、数字化与先进高端制造业、大飞机项目与产学研模式创新、传统产业的发展机遇以及科技发展与产业结构调整的良性互动机制等话题展开讨论。2009年10月31日,以"金融危机下的上海城市竞争力"为主题的2009中国国际工业博览会科技论坛院士圆桌会议在上海科学会堂举行。院士、专家围绕"基础科学研究与上海可持续发展""科技创新与九大高科技领域技术产业化"和"服务科学与提升上海城市竞争力"等议题展开讨论。2010年11月16日,以"'十二五'期间高层次创新型科技人才的培育和集聚"为主题的2010中国国际工业博览会院士圆桌会议在上海科学会堂举行。议题包括上海高层次创新型科技人才发展现状探讨,如何更好引进高层次创新型科技人才并充分发挥他们作用,如何根据国际化要求培养高层次创新型科技人才,促进高层次创新型科技人才发展的环境问题等。会议由市科协主席沈文庆主持,中国科学院院士王迅、杨福家、汪品先、戴立信,中国工程院院士方家熊、赵文津出席会议并参加讨论,20余位来自相关部门、高校的专家参与互动。

表 2-1-2 2000—2010 年院士圆桌会议情况表

年 份	会 议 主 题
2000	关于提高中国科学技术的原创能力的若干问题
2001	信息技术对制造业的影响

（续表）

年　份	会　议　主　题
2002	如何推进信息化与工业化的协同发展
2003	信息化与工业化——论当代装备业的发展趋势
2004	现代工程与社会发展
2005	新型工业化道路中的自主创新
2006	创新人才与创新型国家建设
2007	自主创新与造就杰出科技人才
2008	未来科技进展与上海产业结构调整优化
2009	金融危机下的上海城市竞争力
2010	"十二五"期间高层次创新型科技人才的培育和集聚

　　一年一度的市科协学术年会是市科协所属学会和会员进行学术交流、展示整体形象的重要平台,旨在充分发挥广大科技工作者在推动国家科技进步中的作用,为经济社会的全面可持续发展服务。自2003年创办以来,年会成功举办八届,成为科技工作者之间,以及科技工作者与公众、政府、企业之间交流与互动的重要平台。2003年9月5日—10月19日,举办首届市科协学术年会。整个学术年会共有69个项目,举行170多场次的学术交流活动,参加者达1.6万人次,其中与会的两院院士有20多位。2004年,举办市科协第二届学术年会,吸引50多个学会和区县科协、企业科协组织119个项目230余场次的各类学术交流活动,有2.1万人次的科技人员参加,并开辟"网上学术年会"。大会为第二届上海青年科技英才、星级学会、上海优秀科技期刊进行颁奖、授证。2005年9月22日上午,市科协第三届学术年会、第二届长三角科技论坛开幕式在上海图书馆举行。市科协第三届学术年会有50余个学会(协会、研究会)参加,包括近80个项目170余场分会,与会人数接近2万。2006年9—10月,市科协第四届学术年会暨首届上海工程师论坛在上海科学会堂举行。该论坛围绕推动自主创新,涉及基础学科发展、工程技术创新、城市建设、产业发展、工程师队伍建设等诸多领域,共推出40多个学术交流项目,120多场次,包括两院院士在内的7 000多名科技工作者和工程师参与。2007年9月22日,市科协第五届学术年会暨第二届上海工程师论坛在上海科学会堂开幕。年会紧紧围绕推动自主创新,就涉及基础学科发展、工程技术创新、城市建设、产业发展、工程师队伍建设等诸多领域展开研讨。2008年9月24日,市科协第六届学术年会暨第三届上海工程师论坛开幕式在上海科学会堂举行。学术年会重点围绕上海世博会、科技与能源、环境与产业、人才、健康管理等主题开展学术交流和思想碰撞。共有近60家学会、协会、研究会参与,开设77个交流项目、180多场次活动,有2万人次参加。2009年9月16日,市科协第七届学术年会暨第四届上海工程师论坛开幕式在上海举行。学术年会以上海社会、科技、经济发展形势为背景,以2010年上海世博会为契机,围绕国际金融危机,聚焦城市建设、经济发展等进行交流。2010年9月20日,市科协第八届学术年会暨第五届上海市工程师论坛开幕式在上海科学会堂举行。有60多家所属学会、协会、研究会组织80多个交流项目、180多场次专题交流活动,参加人数达2万人次。

表 2－1－3　2003—2010 年学术年会情况表

年　份	届	主　要　内　容
2003	第一届	不设主题
2004	第二届	电力系统和输送、疾病与基因治疗、工程技术对生态及社会的影响
2005	第三届	生态环境、气象、能源、水利、生物工程、营养等 12 个专题
2006	第四届	落实科学发展观,着力自主创新,建设世界造船大国和强国
2007	第五届	基础学科、工程技术、城市建设、产业发展、工程师队伍建设等
2008	第六届	上海世博会、科技与能源、环境与产业、人才、健康管理等
2009	第七届	上海世博会、"四个中心"建设等
2010	第八届	后世博时代的科技发展:新技术的推广应用、产业转型、人才培养等

　　长三角科技论坛是江浙沪两省一市科协共同创办的高层次、综合性、大规模的学术交流平台。2004 年 10 月 12 日,"首届长三角科技论坛"在浙江省人民大会堂开幕。论坛以"科技以人为本、共建人才高地"为宗旨,全国政协原副主席、中国工程院院士钱正英在开幕式上作特邀科技报告。参加首届长三角科技论坛的专家学者及科技工作者 3 000 余人,收集学术论文 900 多篇,有 8 位院士和 200 多位专家学者和政府官员在论坛上作专题报告。2005 年 9 月 22 日,第二届长三角科技论坛开幕式在上海图书馆举行。第二届长三角科技论坛由市科协承办,有 12 个专题论坛,内容涉及生态环境、空间技术、包装、水环境治理、气象、生物工程、科技期刊、营养产业、农业、纺织和能源。与会人数近 1 200 人,交流论文约 800 余篇。2006 年 10 月,第三届长三角科技论坛在江苏南京举行。主题为"科技自主创新与区域发展",论坛分 16 个分论坛,来自上海、江苏、浙江、安徽近千人与会。2007 年 11 月 4 日,以"科技创新与民企发展"为主题的第四届长三角科技论坛在浙江台州开幕。中国科协名誉主席周光召院士宣布论坛开幕。来自江浙沪两省一市、浙江省各市科协、浙江省省级学会及各个分论坛的 1 300 多名科技工作者参加开幕式暨特邀报告会。2008 年 10 月 20 日,第五届长三角科技论坛在上海举行。论坛以"自主创新与长三角一体化发展"的主题,围绕船舶工业、循环经济、新型纤维材料等产业,在航天航空、地理空间信息、气象气候等技术领域展开交流研讨。论坛设立 18 个分论坛,超过 60 个学会,4 000 人次参与学术交流。2009 年 10 月 13—14 日,第 6 届长三角科技论坛在江苏南通举行,以"加快长三角一体化进程,大力发展低碳经济"为主题。分论坛活动有 16 项,市科协所属 15 个学会、协会和研究会等参加本次活动。2010 年 11 月 4 日,第 7 届长三角科技论坛在浙江省嘉兴市举办。本届论坛以"区域统筹和创新发展"为主题,设主论坛一个,分论坛二十多个。分论坛内容涉及低碳经济、环境保护、光电产业、生物工程、药学、能源等多个方面,有5 000 多名科技工作者参加学术交流。

表 2－1－4　2004—2010 年长三角科技论坛情况表

年　份	届	主　要　内　容
2004	第一届	科技以人为本,共建人才高地
2005	第二届	生态环境、气象、能源、水利、生物工程、营养等
2006	第三届	科技自主创新与区域发展

(续表)

年　份	届	主　要　内　容
2007	第四届	科技创新与民企发展
2008	第五届	自主创新和长三角一体化
2009	第六届	加快长三角一体化进程,大力发展低碳经济
2010	第七届	区域统筹和创新发展

二、科普

市科协在全市建立遍及各街道、乡镇的科普网络。并充分调动所属学会、区县科协的力量,联合全市大众传播媒介、各专门机构及社会团体积极从事科学技术的普及和推广。每年举办科普讲座、科普展览、科普夏令营等系列科普活动。

2000年,在全市开展以"崇尚科学、破除迷信"为主题的科普宣传月活动。继续做好科普"四个一百"工程的创建工作。结合农村党员干部实用技术培训和科技下乡,做好农村科普工作。开展青少年科普活动,拓展科普宣传手段,提高公众科技素养。2003年,组织和参与上海科技节和科技活动周,开展2049中国青少年科学素质培育行动计划上海推广试点项目,全面提升青少年科技教育课程和科技活动的层次与质量。建设电子科普画廊,建成电子科普画廊80个,制作科普短片9部150分钟,科普卡通片3部29分钟,电子版科普画33分钟。每月举办一次"名家科普讲坛",坚持关注每月焦点,邀请权威主讲。与上海航天局、徐汇区政府共同举办"神舟天行,梦圆神州"大型科普知识传播活动。组建市反邪教讲师团,并面向普通市民进行宣讲。2004年,参与上海科技活动周,设计科普论坛、科普展览、社区科普活动、青少年科技活动、网上科技活动周等五大板块,开展科普活动328项,有350多万人次的市民参加各项活动。组织策划"6.29全国科普行动日上海地区活动",建成电子科普画廊200多个,制作科普短片75集(224分钟),建立全市的电子科普画廊协作网。与江苏、浙江两省科协共同发起成立长三角科普合作指导委员会,建立长三角青少年科普竞赛活动合作机制,扩大"2049中国青少年科学素质培育行动计划"开展范围,建立青少年科学教育资源的区域共享平台,联手打造科普品牌。

2005年,策划上海科技节,在全国科普日前后,共策划重点科普活动630余项,有150余万公众参与。筹划相关的节约型科普宣传活动,于10月启动第七次上海公众科学素养调查,建成电子科普画廊350块,与上海人民广播电台合作举办"科普天天谈",与新民晚报合作开设的"新民科学咖啡馆"举办12期,"名家科普讲坛"举办49期,与市科委共同主办上海城市科普发展国际论坛。2006年,明确上海市公民科学素质工作领导小组成员,召开实施《全民科学素质行动计划纲要》动员大会,启动以"节约资源、保护生态"为主题的系列活动,举办《全民科学素质行动计划纲要》解读报告会。参与主办2006上海科技活动周。在全国科普日期间,围绕"预防疾病,科学生活"及"节约能源"的主题,重点策划科普活动262项,全市共有180多万人次参加活动。举办第21届英特尔上海青少年科技创新大赛、首届上海市大学生工程问题挑战赛,开展"2049"上海试点项目和"做中学"上海试点项目。

2007年,制定《上海市实施〈全民科学素质行动计划纲要〉工作方案(2006—2010)》等一系列文件,提出"十一五"期间上海贯彻落实国务院《纲要》工作的主要工作任务;组织专家团编撰《〈纲要〉

解读》教材,建立"上海市公民科学素质行动网"专题网站,举办《纲要》论坛暨第十四届全国科普理论研讨会。提出上海市科普资源开发与共享信息化工程建设的框架。承办第8届亚洲物理学奥林匹克竞赛和第22届英特尔上海青少年科技创新大赛。继续推广实施中国青少年科学素质行动——上海试点项目。参与承办主题为"携手建设创新型国家"的上海科技节,开展以"节约能源资源、保护生态环境,保障安全健康"为主题的全国科普日上海地区活动,组织第七届上海市大众科学奖评选。2008年,与市科委合作,开展2008年上海科技活动周,19个区县共开展300多项科普活动,有300多万人次参与。围绕"节约能源资源、保护生态环境、保障安全健康"主题,从区县、街道和乡镇三个层面开展全国科普日上海地区活动。与市教委合作,进一步开展"青少年科学素质行动计划",试点学校由161个扩展到255个;由92个学会的220名科技工作者和550名科技教师联合编写的科学课程资料包70种。建设科普资源开发与共享服务平台,一期工程联合完成848G的科普资源信息,开发科普搜索引擎。与教育部、中国科协等单位联合举办2008上海国际未成年人科学素质发展论坛。与《新闻晨报》合作开办"科学生活点点通"栏目,与上海人民广播电台合作开设"与科学对话"互动科普广播专栏节目,在科学会堂举办"健康管理周周讲",与《新民晚报》合作"新民科学咖啡馆"。

　　2009年,与市科委合作,组织开展2009年上海科技活动周(节),组织参加全国科普日上海地区活动。开通"上海市科普资源开发与共享信息化(二期)工程",新增"科普114"服务板块。2010年,与市科委合作,组织开展2010年上海科技活动周(节),组织参加全国科普日上海地区活动。与市委宣传部、市科委联合主办"相约名人堂——与院士一起看世博"活动,与市科委联合主办2010中日科技研讨会,主办第四届上海科普多媒体作品大赛,与市委宣传部、市科委联合主办"看世博、讲科学"上海市民节能科普知识网上竞赛活动。

表 2-1-5　2000—2010 年科普讲座统计表

年　　份	科普讲座次数(次)	参加人次(万人次)
2000	9 222	99.6
2001	7 567	73.2
2002	7 102	49.7
2003	3 620	44.6
2005	6 609	100.88
2006	6 778	101.12
2007	7 616	104
2008	10 910	638
2009	10 711	178.9
2010	10 905	161.6

表 2-1-6　2000—2010 年科普展览统计表

年　　份	科普展览次数(次)	参加人次(万人次)
2000	1 361	158.5
2001	1 029	104.1

年　　份	科普展览次数(次)	参加人次(万人次)
2002	822	100.4
2003	535	100.96
2005	1 385	406
2006	1 089	189
2007	1 210	189.8
2008	1 942	773
2009	1 452	348.6
2010	4 179	1 130.7

2000—2010年,市科协系统举办各种形式的科普夏(冬)令营,组织青少年参加各类科技竞赛活动。

表2-1-7　2000—2010年科普夏(冬)令营和青少年科技竞赛统计表

年　　份	科普夏(冬)令营(次)	青少年科技竞赛(次)
2000	337	691
2001	256	1 057
2002	49	50
2003	21	50
2005	248	704
2006	198	756
2007	218	684
2008	276	813
2009	171	644
2010	181	935

三、咨询

市科协利用科技人才集中、学科涵盖面广的特点,为政府及企业作决策和工程咨询。1979年起,上海科协组织的宝钢顾问委员会在宝钢的建设过程中发挥咨询智囊作用;1987年,市科协汽车顾问委员会对上海20世纪末达到年产30万辆轿车建设项目进行反复论证,为上海汽车工业的发展提供科学依据;1989年5月,成立市科协高级顾问委员会(高顾委),委员会提出的"对上海市水资源利用和黄浦江二期引水工程的建议",得到市领导的重视。1990年起,围绕环境污染、高新技术开发区、科教兴市等开展科技咨询工作。2000年起,围绕人才培养、科技创新、民生科技等开展科技咨询。

2000 年,市科协召开 3 次座谈会,组织市政协委员参观上海华虹 NEC 电子有限公司和上海张江高科技园区,对参政议政工作起到良好的推动作用。在年初召开的市政协九届三次会议期间,建议制订《上海科学技术普及工作条例》,提出加大对科普事业的经费投入和相关措施的落实等要求。市政协科协团体的委员围绕上海市科技发展和社会关心的热点问题参政议政,为市政府的重大决策,提供科学的依据,共提出团体提案 8 项,市政协科协团体的委员中有 10 位委员以个人名义提交提案 18 项。高顾委积极参与上海科技论坛活动,担任研讨会主席或参加专家组工作,提出相关意见和建议,提出研讨会题目等。高顾委完成"优化上海城市空间环境形象"的决策咨询课题。12 月 8 日,市科协系统举行咨询工作会议,市科委、市计委、市经委、市建委、市农委和各区县的领导,以及来自市科协所属学会、区县科协及企业科协的代表 300 余人出席会议。2001 年,在市政协九届四次会议期间,市科协分别作"提高科学技术原创力刻不容缓"和"要进一步重视国有企业人才资源的开发和使用"的大会发言,共提出"关于创建上海自来水博物馆的建议""关于有序开发利用上海市城市地下水空间的建议"等 7 项团体提案和"关于尽快筹建上海佘山国家天文科普公园"等 25 项个人提案。高顾委"优化上海城市空间环境形象研究""海洋产业与上海的可持续发展"等软课题项目分获上海市决策咨询研究成果类一等奖和三等奖。

2002 年,在市政协九届五次会议上,市科协提交团体提案 7 项、个人提案 36 项,内容涉及科普出版和传播基金、落实社团编制、建设社会公用数据安全存放库、苏州河及其支流生物治污技术、推进清洁生产、发展交通旅游和完善都市交通等问题,有多个提案被评为优秀提案。高顾委完成"中国上海市—美国休斯敦市环境保护与综合治理比较研究"等课题,并向市政府、市人大等提交"关于充实完善黄浦江、苏州河两岸规划和合理引导开发的建言",得到市领导的重视。2003 年,新组建的市政协科协团体组重点对市政协十届一次会议期间提交的"关于增设上海电视科技频道的建议"等 7 项团体提案进行追踪,对"留作参考"的提案继续进行呼吁。在市政协十届二次会议上,提交"关于减免学会营业税和所得税的建议""关于重视我市医疗市场健康发展的建议"等 6 项团体提案和 20 余项个人提案,并在大会上作题为"加快电子科普画廊建设,大力推进上海科普工作信息化进程"的书面发言。委员对上海市和长三角地区的科普场馆、科普设施、科普活动等进行多次考察,完成题为"加大科学普及力度,提高市民科学素养"的政协调研课题。6 月 12 日,市科协启动建立"市科协高级科技专家库"项目。

在 2004 年市政协全会上,科协团体组共提交 6 项团体提案和 20 余项个人提案,均得到承办部门的肯定,其中"关于改革科技成果评价工作的建议"团体提案被评为市政协优秀提案。签订科技咨询项目 655 项,合同金额 6 800 万元。与市气象、公路等学会联合开展的"灾害性天气精确预报示范及高等级公路安全技术"研究。市灾害防御协会形成《2004 年度上海市综合灾情预测及对策报告》,为政府有关部门减灾决策提供参考意见。2006 年,在广泛开展决策咨询,促进科技与经济结合方面,成立一个联席会议,重整一个载体——《科技建言》。完成《构建上海知识型城市的公共科学素养目标体系研究》和《上海企业科技工作者状况抽样调查》两项重点课题调研。完成 9 期《科技建言》,先后提交 6 项团体提案,其中 4 项被采纳。

2007 年,开展企业创新评估指标体系研究、促进科技型非公有制企业自主创新相关政策作用的研究、开展上海现代服务业的科技支撑系列研究等。针对高等教育整体结构、实施教授治学、加强研究生创新能力培养等问题提出建议。其中《科学家对优化高等教育整体结构的几点建议》和《科学家对实施教授治学的若干建议》,由中国科协上报中央办公厅和国务院办公厅。国务委员陈至立对《科学家对优化高等教育整体结构的几点建议》的建言作出重要批示。《科技建言》共出 10

期,其中《建议将健康服务业培育为上海新的支柱产业》被市政府办公厅《今日要情专报》和《每日动态》采用,引起市领导和相关部门的重视。市科协系统共有5项课题获得第6届上海市决策咨询研究成果奖,在年初召开的市政协十届五次全会上,科协界别组共提交6项团体提案和30多项个人或联名提案,其中1项团体提案被市政协评为年度优秀提案,在各人民团体中居首位。2008年,在市政协十一届一次会议上,科协界别提交7项团体提案,两项提案被评为优秀提案并受到表彰,科协界别优秀提案数量居参加政协的人民团体首位。

表 2‑1‑8　2000—2010 年科技咨询统计表

年　　份	咨询合同(项)	咨询合同实现金额(万元)
2000	3 103	4 514
2001	6 459	8 113
2002	2 465	11 389
2003	3 087	12 289
2005	6 240	37 311
2006	8 233	83 231
2007	1 559	33 373
2008	1 808	76 803
2009	1 196	87 808
2010	1 257	153 325

四、人才培养

2003年1月13日,市科协和上海科技发展基金会联合开始主办"市科协青年科技人才飞翔计划"。"市科协青年科技人才飞翔计划"旨在支持和鼓励上海优秀青年科技人员积极参加国际学术会议。受资助对象是由市科协作为主管单位的市级各学会、协会、研究会的会员;受资助条件是会员参加国际学术会议,并至少做口头学术报告以上的学术交流;资助用途为会员的往返交通机票等费用;暂定每年的资助总名额不超过10名。2004年,"市科协青年科技人才飞翔计划"资助上海市化学化工学会、现代设计法研究会和科技启明星联谊会推荐的5名青年会员参加国际学术会议。2005年,市科协所属各学会推荐"飞翔计划"申请者9人,6人得到资助,共计资助金额4.5万元。2006年,市科协继续支持人才飞翔计划受理市科协所属学会的会员申请7名,同意资助申请7名,实际资助6名,资助金额为43 428元。2007年,资助8名青年科技人才出国参加国际学术会议。2008年,资助14名青年科技人才出国参加国际学术会议。2009年,资助8名青年科技人才出国参加国际学术会议。

2003年4月25日,经市科协行政办公会议讨论,决定实施市科协资助青年学者出版科技著作"晨光计划"。"晨光计划"旨在支持和鼓励学有所成的上海青年科技人才著书立说,加快青年科技人才的培养,切实推动"科教兴市"战略的实施。"晨光计划"由市科协、上海科技发展基金会联合主办,上海科学普及出版社协办。市科协负责"晨光计划"的组织和实施;上海科技发展基金会负责资助出版书籍的费用和资金管理;上海科学普及出版社负责出版事务。"晨光计划"专门资助市科协所属各学会、协会和研究会的 40 岁以下会员出版自然科学范围内各学科、各门类优秀的个人原创性科技著作。每年资助不超过 5 人,每人资助一种著作 1 500 册的出版费用。截至年底,市科协所属部分学会推荐 3 名"晨光计划"申请者。2004 年,由上海市土木工程学会推荐的青年会员的学术著作获得市科协资助青年学者出版著作晨光计划资助。2005 年,收到申请书稿 2 本,同意资助出版 1 本,约 6.5 万元,是上海市医学会会员蔡清萍博士所著《现代外科临床基础》。2006 年,市科协资助青年学者出版科技著作晨光计划受理市科协所属学会的会员申请出版首部个人专著 4 本,同意资助出版 3 本,共计资助 15.9 万元。2007 年,资助青年科技人才出版首部学术专著 3 本。

2002 年,设立"上海青年科技英才"奖,评选出首届"上海青年科技英才"5 名,提名奖获得者 5 名。2004 年 9 月 1 日,第二届上海青年科技英才评选揭晓,王如竹、刘昌胜、李建华、陈国强、周鸣飞、常兆华等 10 人榜上有名。其中,常兆华是首位当选"青年科技英才"的民营企业科技工作者。2006 年 9 月 5 日,第三届上海十大青年科技英才评选揭晓。丁奎岭等 10 位青年获此殊荣。2008 年 7 月 24 日,产生第四届青年科技英才 20 名正式候选人。8 月 29 日,产生第四届上海青年科技英才及提名奖获得者各 10 名。2010 年 7 月,产生第五届青年科技英才 20 名正式候选人。8 月,产生第五届上海青年科技英才及提名奖获得者各 10 名。

市科协自 1985 年起设立青年优秀科技论文奖,每两年评选一次。2000 年 3 月 13 日,第八届市科协青年优秀科技论文奖评选活动启动。申报参加初评的论文总数为 886 篇,复评为 548 篇论文,评出获奖论文 115 篇,其中一等奖 7 篇,二等奖 26 篇,三等奖 82 篇。2003 年,市科协、上海科技发展基金会开展第九届市科协青年优秀科技论文奖评选活动,共有 97 个学术团体和单位组织申报 849 篇论文,其中学会 77 个,区科协 9 个,高校、科研院所、企业 11 个。经过专家评审和社会评议,产生一等奖 14 篇、二等奖 25 篇、三等奖 65 篇和优秀奖 53 篇。

五、星级学会评选

为规范学会、协会、研究会管理,加强学会建设,推进和引导学会的改革与发展,上海市科学技术协会,从 1996 年起开展星级学会评估工作,制定实施《上海市科学技术协会星级学会评估标准(试行稿)》。

2000 年 4 月 21 日,启动第三届星级学会评选,122 个学会上报,占应报学会总数的 73.1%。12 月 11—15 日,评选委员会召开两次评选会议,对各学会的"学会建设""功能发挥""完成科协任务"三项内容,进行无记名的加权评选,评出 53 个学会为市科协第三届星级学会入围学会。根据异议期间的反馈情况等,召开第三次评选委员会进行复议终评,评选出三星学会 5 个,二星学会 15 个,一星学会 33 个,并经市科协六届十六次常委审议通过。2003 年,启动星级学会评估工作。新构建的星级学会评估体系突破原有评选先进学会的模式,取消名额限制,分设 3 个级别(一星、二星、三星)、4 个方面(组织管理能力、活动能力、经济自主能力和其他),共 35 项指标。学会响应积极,最终有 7 个学会达到三星级学会标准,21 个学会达到二星级标准,26 个学会达到一星级标准。2004 年 5 月 26 日,市科协正式启动学会改革与发展工作,力争用 3 年时间使 50% 的学会达到星级学会标准。

2005 年度,经评估与复审,新申报的 13 个学会中,4 个学会获得二星级学会称号;8 个学会获得一星级学会称号。获得星级学会称号的学会申报上一星级评估的 16 个学会中,5 个学会从二星升为三星;5个学会从一星升为二星。43个学会通过复查,保持原来星级。有80个学会达到相应的星级学会标准,占学会总数的46.24%。2007年,对首批10个入选"311学会建设工程"学会、对18个学会建设示范项目进行专项资助。进一步规范星级学会评估及复查工作,共有89家学会达到星级学会相应标准,占学会总数的49.4%。2008年,共有21个学会获得中国科协省级学会之星称号,有10个学会获得学术交流五十佳、5家学会获得科普活动五十佳、2家学会获得科技服务五十佳等称号。2009年,市科协继续在主管及所属学会中开展星级学会评估及复查工作,经市科协第八届常务委员会第十一次会议审议通过,评估及复查结果如下:2009年市科协星级学会总数为98个,三星级学会33个,二星级学会33个,一星级学会32个。

表 2-1-9　2000—2009 年星级学会评选统计表　　　　　单位:个

年　份	三　星　级	二　星　级	一　星　级
2000	5	15	33
2003	7	23	25
2004	2	6	8
2005	12	25	28
2006	5	9	13
2007	18	24	23
2008	26	36	35
2009	33	33	32

第二章 普 及

第一节 规 划

"十五"(2000—2005)科普发展规划是第一个正式列入市政府编制规划的科普规划。该规划提出"十五"期间上海科普工作要遵循"以人为本、四位一体;注重规范、促进开放;有限目标、重点实施"的战略思路,努力实现3个战略目标:上海市民科技素养指标要领先全国;上海科普基础设施水平要争全国一流;积极营造良好的科普工作环境,完善科普工作管理体系、政策法规体系、社会化服务体系及多渠道投入体系。要围绕大力提高市民科技素质、营造良好科普环境、推进科普基础设施和科普队伍建设、繁荣科普宣传和科普创作、举办各类科普活动等五大任务。实施5个科普发展行动计划:即市民创新意识和能力提高计划、科普"四个一百"工程深化计划、科普工作体系发展计划、重点科普作品扶持计划和重点科普场馆建设计划。2003年4月,市科委、市发改委等21家科普工作联席会议成员单位联合制定《上海科普工作"十五"后三年滚动发展计划》,根据"科教兴市"战略决策,从建设世界级城市目标出发,提出上海科普工作的进一步发展必须体现融入全国、融入世界的发展特色;体现率先迈进国际大都市的发展特点;体现当代知识经济与信息化时代的发展特征的要求,明确发展目标,为上海科普工作跃上新台阶创造条件。

2006年,由市科委牵头,会同上海市科普工作联席会议办公室各成员单位,组织各方面专家对上海未来5年科普工作的目标、任务和举措进行调研,编制完成《上海市科普事业"十一五"规划》,提出夯实3类科普资源(基础设施、科技传媒、科普队伍)、关注5大目标人群(领导干部和公务员、青少年、农民、在职职工、其他人群)、实施7项示范专项(科普示范社区、专题性科技类场馆、科技教育特色示范学校、大学生科普志愿者服务社、科普场馆旅游示范线、职工技术创新优秀成果、优秀科普作品),人均科普经费在"十五"基础上翻一番,每50万人拥有1家科技类场馆,2010年上海市民科学素质在全国率先达到世界主要发达国家20世纪末水平。

2006年11月23日,上海市实施《全民科学素质行动计划纲要》正式启动。该《纲要》围绕未成年人、学生、农民、城镇劳动人口、领导干部和公务员及社区居民展开。上海贯彻实施《纲要》工作重点围绕目标人群、基础工程、科普活动、示范专项和保障条件等几个方面,提炼出8项主要任务。2007年,上海市科普工作联席会议和上海市公民科学素质工作领导小组坚持联会制度,根据国务院《全民科学素质行动计划纲要》的目标和任务,并结合上海的具体实际和特点,制定和印发《上海市实施〈全民科学素质行动计划纲要〉工作方案(2006—2010)》,目标是到2010年,上海公民的科学素质指标将领先于《科学素质纲要》中提出的全国总指标,达到世界主要发达国家20世纪末的水平。

2010年,在广泛征求意见的基础上,《上海市科普事业"十二五"发展规划》编制完成。围绕国家、上海中长期科技发展规划纲要重点任务,从关注目标人群、创新科普活动、推进资源共享、促进人才集聚、繁荣科普市场等5方面,提出"十二五"科普重点任务,力争通过"十二五"的推动实施,将上海打造成为全国科学素质引领区、科普活动创新区、科普人才集聚区、科普资源共享区和科普市场开拓区。

第二节 工 作

一、会议

2000年8月30日,第二次全市科普工作会议召开。会议总结"九五"期间上海科普工作取得的成绩,部署新一轮科普工作的目标和任务,确定"十五"期间上海市民科技素质指标要保持全国领先水平,领导干部和青少年群体的科技素质指标要高于市民总体科技素质水平。会议命名表彰6个全国青少年科技教育基地、5个全国科普工作先进集体、10位全国科普工作先进工作者,以及上海1999年度19个科普教育基地、22所科技特色学校、20部科普优秀作品、10个"十佳科普村"。2002年,召开上海市科普工作联席会议,组织学习《科普法》;根据科普法的规定,要求各县区应当尽快建立科普工作联席会议制度;对当前存在的科普公益性宣传问题、青少年科普教育问题、社会科技资源对公众开放问题、现有部分科技场馆功能问题等要求择期开展相关调研。

2004年3月30日,市科委召开"推进2004年上海市科普实事工程工作会议"。确定今年科普实事工程的重点是对科普展示的内容和形式进行提升和改造。2005年10月11日,上海市科普工作联席会议召开,会议审议通过《上海市科普事业"十一五"规划》。2006年,市科委成立科普工作处。作为推动科普工作的政府主要责任部门。由上海市科普工作联席会议办公室牵头,开展全市科普政策执行情况分析及制定科普实施意见的有关工作。成立公民科学素质工作领导小组。首次组织召开2006年度上海市科普工作联席会议和上海市公民科学素质工作领导小组联会,明确以上海市科普工作联席会议和上海市公民科学素质工作领导小组联会的形式定期会商,负责组织领导《全民科学素质行动计划纲要》贯彻实施工作。

2007年,上海市科普工作联席会议和上海市公民科学素质工作领导小组坚持联会制度,制定和印发《上海市实施〈全民科学素质行动计划纲要〉工作方案(2006—2010)》。召开年度科普工作联会和各成员单位联络员会议,推进落实《上海市促进科普事业发展的实施意见》和《上海科普工作任务分解表》等配套政策和阶段任务。2008年1月15日,2007年度上海市科普工作联席会议和上海市公民科学素质工作领导小组联会召开,副市长杨定华等出席。通过工作例会、简报交流、专题调研等方式,加强各成员单位之间的协调与联络,落实《上海市促进科普事业发展的实施意见》,推进实施《上海市实施〈全民科学素质行动计划纲要〉工作方案(2006—2010)》和《上海科普工作任务分解表》等配套政策和阶段任务。

二、"四个一百"工程

根据上海"九五"科普发展规划,九五期间上海实施"四个一百"工程,即创建100个科普文明村(里弄),100个科技特色学校,100个科普教育基地,创作100种优秀科普影视、书籍作品。

2000年评出"十佳科普村"10个、科普教育基地19个、科技教育特色学校22所、优秀科普作品20部(本)。2001年,从115个市级科普村(里弄)中推选出10个"十佳科普村","十佳科普村"的居民科学素养指数达9.9%,高出全市平均指数5个百分点。上海城市规划展示馆、上海青少年素质教育基地、"东方绿舟"等一批知名场馆,12家少科站、活动中心被评定为科普教育基地(33个),使上海的科普教育基地专业分类更完善,科普教育示范点的社会辐射能力更强。评出31所科技教育特色学校,不少学校开设科技类的研究性课程并增设选修课程,服务社区、辐射社区。评出 20 部优秀科普作品,包括 4 部影视作品、16 部著作。上海累计创建科普村 115 个,评选出"十佳科普村"20 个,建立科普教育基地 114 个,培植科技特色学校 125 所,创作优秀科普作品 104 部。超额完成"四个一百"工程计划。

三、"2211"工程

根据上海市"十五"科普发展规划,上海市科普工作联席会议办公室决定,从 2002 年起开展科普"2211"工程创建工作,即每年创建 20 个科普街道(社区)、20 所科技特色教育示范学校、10 个科普工业企业和 10 个科普商业企业。评选每年进行一次,末位淘汰,不搞终身制。2002 年度,实际评出上海市科普示范街道(镇)20 家、上海市科技教育特色示范学校 28 家、上海市科普示范工业企业 4 家、上海市科普示范商业企业 3 家和上海市科普教育基地 14 家。2004 年,"2211"科普示范工程评选出 22 个科普示范街道(乡镇)、6 家科普示范工业企业和 1 家科普示范商业企业。

四、示范专项

2007 年,开展科普示范专项的组织、申报、评审和表彰工作,创建 25 个科普示范社区、33 所科技教育特色示范学校、2 条科普场馆旅游示范线路,培育 16 部优秀科普作品与 200 项职工技术创新优秀成果。2008 年,根据科普事业"十一五"规划的"科普示范专项"创建目标,市科普工作联席会议办公室命名 29 个街道(镇)为 2007 年度科普示范社区,34 所学校为 2007 年度上海市科技教育特色示范学校,授予 21 件作品(书籍、文章、影视)上海市优秀科普作品奖。2009 年市科普工作联席会议办公室命名 31 个街道(镇)为 2008 年度科普示范社区、34 所学校为 2008 年度上海市科技教育特色示范学校,授予 20 部作品(书籍、文章、影视)上海市优秀科普作品奖。2010 年,市科普工作联席会议办公室命名黄浦区半淞园路街道、徐汇区凌云路街道等 32 个街道(镇)为 2009 年度科普示范社区;授予《青少年生物与环境科技活动指南》《幻想——探索未知世界的奇妙旅程》等 21 部作品(图籍、文章)上海市优秀科普作品奖;命名上海市敬业中学、上海市育才初级中学、上海市横沙中学等 32 所学校为"2009 年度上海市科技教育特色示范学校"。

五、素养调查

2001 年 5 月 28 日,市科协组织实施的《跨世纪上海公众科学素养调查与研究》公布。2002 年,上海市组织第六次科学素养调查,上海市民具备科学素养的比例为 6.9%。这一水平是 2001 年全国水平(1.4%)的近 5 倍,与美国 1990 年的水平(6.9%)持平。2003 年 7 月 4 日,《全民科学素质行动计划》(简称 2049 计划)开始在上海实施。9 月 1 日,"2049 中国青少年科学素质培育行动计划上海推广试点项目"(简称 2049 上海推广试点项目)正式启动。"2049 上海推广试点项目"致力于青少年科学教育改革与发展,全面提升青少年科技教育课程和科技活动的层次与质量,构建适合市情和国情的教学纲要、教学内容和教学模式,建立规范的评估体系,让青少年科技英才获得充分发展的机会。

2006 年 3 月 21 日,市科协召开第七次上海公众科学素养调查新闻发布会。2005 年的调查结果为10.7%,比2002年提高3.8个百分点,为历次调查中增幅最高的一次。在具备基本科学素养的人群中,18—30岁的公众比例较高,为20.3%。上海公众对科学技术影响社会的认识趋于理性,持"利大于弊"态度比例为74.9%。88.5%的上海公众认为科学使我们的生活更健康、更轻松、更舒适。报纸和电视仍然是上海公众获取科技信息的主要来源(分别为57.2%、55.8%)。在其他媒体中,上海公众利用互联网获取科技信息为16.7%,比2002年提高5.9个百分点。2009年,形成《中国公民科学素质基准(试行)》,包括科学生活能力、科学劳动能力、公共参与能力、终身学习和全面发展能力4个方面,以及知识构成、价值取向、行为表现3个维度,共169条基准。4月1日,上海启动"上海公民科学素质世博行动计划",通过评选上海科学生活大使等活动,提升上海公民科学素质。9月18日,市科协发布2008年度上海公众科学素养调查。调查显示:14.4%的上海公众具备基本的科学素养,比2005年提高3.7个百分点。2010年,在完成《中国公民科学素质的基准制定与试测》国家课题的基础上,研究制定测评指标体系与充实测评题库,并在徐汇、奉贤等区县试点开展以能力为导向的公民科学素质测评工作;启动区县科普工作测评,重点对18个区县科普投入、科普能力建设及科普绩效等进行评估,促进区县对科普资源的匹配。

六、能力建设

2007年,为及时掌握科普工作运行状况,分析形势,指导科普工作的有效开展,强化政府对科普工作的监测、评估功能,上海启动科普工作监测评估试点工作。选择科普场馆、科普社区、科技活动周、科普网站等作为先期试点,主要从"三效"(效果、效率和效益)方面进行指标设计,并完成《上海科普工作绩效评估研究报告》的研究,为构建科学规范的科普评估指标体系和开展科普评估工作建立规范。12月12—14日,国家科技部政策体改司和市科委联合举办国家科普能力建设培训班暨上海论坛。来自国务院有关部委、各省市科技厅(委)科普工作分管负责人以及其他有关方面的专家出席论坛。在论坛上,科技部宣布在上海市率先启动国家科普能力建设试点工作,以充分发挥上海科普工作的服务、辐射和示范作用。

2008年,在全国率先启动科普工作监测评估试点,完成"中国公民科学素质基准的制定与试测"的正式立项;开展2008年度上海科普资源状况调查,成立上海科普资源开发与共享服务中心。2009年,加快推进国家科普能力建设试点工作,启动《中国公民科学素质的基准制定与试测》项目。

第三节　活　　动

一、科技节(周、日)

1991年,市政府采纳20多位市人大代表和政协委员的建议,由市长办公会议确定举办"上海科技节",致力于促进科学技术进步与推动公众理解科学的大型科学技术传播活动,这也是世界上第一个由地方政府确立的科技节。市长办公会议明确:"上海科技节由市科委牵头,每两年举行一次,要有主题、有内容。"2001年,经国务院批准,在每年5月的第三周举办全国科技活动周活动。2003年,经市政府批准,每两年举办一次的上海科技节与每年举行的全国科技活动周合并,形成逢单年同时举办科技活动周与科技节,逢双年举办科技活动周的格局。

表 2-2-1　2000—2010 年科技节(周)活动情况表

时　间	主　题	主　要　活　动	活动数量(项)	参与人数(万人次)
2001 年 5 月 14—20 日(周)	科技在我身边——珍惜生命、热爱生活、崇尚科学、反对邪教	"百会百校"科技传播活动、"百会百村"科普示范活动、百位科学家进社区进学校活动、百家基地科技成果展示活动、百场科普影视巡回展映活动	167	150
2001 年 11 月 8—14 日(节)	生物科技——为新世纪人类的幸福	生命科学、生物技术、生活质量、院士报告、生命伦理研讨等	300	350
2002 年 5 月 18—23 日(周)	科技创造未来	科普广场、科普文艺汇演、科普演讲、科普超市、院士报告会、青少年专题活动	322	350
2003 年 5 月 17—23 日	依靠科学,战胜非典	"科普之友网上行""先进制造技术网上行""虚拟技术的发展与应用""社会科学论坛""第五届青少年科技节""第二届老年数字生活活动周""明日科技之星"	无	无
2004 年 5 月 15—21 日	科技以人为本,全面建设小康——科技创造绿色生活	"科技创造绿色生活"主题展、日本"时间探索展"和挪威"极光展"	328	300
2005 年 5 月 14—20 日	科技以人为本,全面建设小康	"建设资源节约、环境友好型城市"主题展览、上海未来社区科普展和上海市科技创新、登山行动计划专项主题展	285	300
2006 年 5 月 20—26 日	携手建设创新型国家	《上海中长期科学与技术发展规划纲要》主题展、"创新的力量"主题展、"院士与小院士携手话创新"报告会、上海国际科普论坛及"跨越百年的美丽——居里夫人"多媒体展	450	350
2007 年 5 月 19—25 日	携手建设创新型国家	科技馆院士长廊、科普基地参观卡、上海国际科学与艺术展	398	400
2008 年 5 月 17—23 日	携手建设创新型国家——节能减排,生态文明	2008 上海国际科学与艺术展、2008 上海科普艺术展、"节能减排、生态文明"知识竞赛	400	300
2009 年 5 月 15—21 日	"携手建设创新型国家"和"科技·人·城市——与世博同行"	国际科学与艺术展、科普基地联合展、科普论坛	490	500
2010 年 5 月 14—20 日	携手建设创新型国家——城市·创新·世博让生活更美好	"启思带你揭秘世博,科技点亮美好生活"大型科普社区巡展、相约名人堂——与院士一起看世博、科技活动周十周年回顾展、2010 上海国际科学与艺术展、上海科普大讲坛、流动科技馆、上海市青少年创新峰会	439	500

2002 年 6 月 29 日,中国第一部关于科普的法律——《中华人民共和国科学技术普及法》正式颁布实施。2003 年 6 月 29 日,在《科普法》颁布一周年之际,为在全国掀起宣传贯彻落实《科普法》的热潮,中国科协在全国范围内开展一系列科普活动。自此,中国科协每年都组织全国学会和地方科

协在全国开展科普日活动。从 2005 年起,为便于广大群众、学生更好地参与活动,活动日期由原先的 6 月份改为每年 9 月第三个公休日,作为全国科普日活动集中开展的时间。

表 2－2－2　　2005—2010 年全国科普日上海活动情况表

时　　间	主　　题	主　要　活　动	活动数量(项)	参与人数(万)
2005 年 9 月 15 日	树立科学发展观,共建和谐社会——科学普及,你我共参与	科普报告会、科普知识展览、培训班、制作科普展板、发放科普资料、科普挂图、播放科普录像	630	150
2006 年 9 月 16 日	"预防疾病,科学生活"及"节约能源"	无	262	180
2007 年 9 月 15 日	科技促进环境友好型国家建设	10 个市级项目(沪藏科技启蒙万里行等)、93 项区县级活动、近 20 项学会活动	123	无
2008 年 9 月 22 日	节约能源资源、保护生态环境、保障安全健康	科普讲座、竞赛(上海科普多媒体作品大赛等)、咨询等	无	无
2009 年 9 月 20 日	节约能源资源,保护生态环境,保障安全健康"科技·城市·和谐"	无	无	无
2010 年 9 月 18 日	坚持科学发展,走进低碳生活	无	无	无

二、科技下乡

2000 年,上海、浙江、江苏三地农科院建立三地联合科技兴农服务团。到 2010 年,共组织大型科技下乡活动 100 余次,举办各种技术培训活动近千次,受教人员 100 余万人,发放科普资料 300 多万份。2001 年,农科院创建"农业四季技术行动",即春季新品种推荐、夏季安全生产技术、秋季农产品市场融入、冬季技术培训。3 月 18 日,市科协在浦东新区张江镇科技文化广场举行 2001 年科技下乡活动开幕式。全年共组织 4 500 人次的农业科技人员和医务工作者下乡,为农村送去科技图书 1 万余册、科技资料 8.2 万份、科技录像带 400 盘,放映科技录像 1 500 余场,举办科技培训班 1 600 余次,培训农民人数达 11.2 万余名。2002 年 1 月 5 日,由市委宣传部组织 11 个委办参加的 2002 年上海市"科技、文化、卫生"三下乡活动,在松江区九亭镇举行,赠送《上海农村群众性实用技术集粹》等书籍。1 月 27 日,市科协在南汇区惠南镇举行 2002 年度科技下乡开幕式,举行科普挂图展示,向南汇区 23 个乡镇赠送科普和农业实用技术方面的书籍,并组织上海市农村实用技术讲师团、市农学会、市营养学会的专家作现场咨询。共为农村送去科技图书 2 万余册,科技资料 16 万份,举办科技培训班近千次,组织 3 000 人次的农业科技人员和医务工作者下乡,共培训农民人数达 6 万余人次。2003 年市科协系统"科技下乡"活动涉及郊区 10 个区县 111 个乡镇 329 个行政村,参加"科技下乡"活动的农民有 36.3 万人次;共组织科技下乡服务团 72 支,组织科技人员和医务工作者下乡 3 363 人次;举办科普大集 78 次、农业技术培训班 592 期,培训人数 5.77 万人次;向农村赠送科普图书 4.4 万册,科普挂图 7 500 套,科技录像片 69 部,科普光盘 1 857 套,科技资料 70.66

万份。

2004年,上海农业科技下乡活动在上海各郊区举行,活动的主题是"科技入户"。有300名科技人员参与下乡,约3 000名农民到现场咨询。结合当地农业生产实际,围绕种源农业、设施农业、生态农业和创汇农业向广大农民推广名优品种的种养技术,向农民展示、推广新型农机产品,宣传各项农业政策法规条例,并向农民赠送优质种子、新肥料、新农药等。2005年1月16日,市科委在金山区廊下镇举办2005上海市科技下乡活动启动仪式。主题是"以科技为龙头,促进传统农业向现代化高效农业转变"。启动仪式上,来自全市的农业科研所和农业企业带来具有市场潜力的农业实用技术,上海交通大学农学院、农科院等单位的100多位科技专家作现场演示和咨询服务,举办科技致富的信息集市及价值20万元的现代农用物资的赠送活动等。上海交通大学、市农业推广中心、农科院分别与上海板扎果业有限公司、金山区农业推广中心、金山现代农业园区管委会进行科技项目的洽谈签约活动。

2007年,市科协与市财政局共同实施"科普惠农兴村计划",科协系统全年共举办各类科技培训班1 100多次,培训农民12万多人次。2008年,继续实施"科普惠农兴村计划",编印大量相关的科普资料和科普挂图。进一步推进"科技下乡",232名科技人员为2 000多农民举行现场技术咨询活动,展示宣传版面155块,发放技术资料1.7万份;组织各类科技服务小分队84支,426名科技人员参加,入户农户1 493户,赠送农资20多万元;举办专题培训讲座60次,培训3 300多人次。2009年,在科技活动周期间,上海东方永乐农村数字电影院线联合上海金山农村数字电影院线开展科技数字电影下乡放映活动,通过1 300余个行政村的综合文化活动数字电影放映点、116个农村数字电影流动放映队,以优秀国产科教电影展映的形式,共计放映科技数字电影长片2 261场,科教短片4 072场,观众数达708 372人次,在丰富农民文化生活的同时,进一步普及新的科学知识,提高广大农民的科学素质。

三、讲座

根据《上海市1998—2000年农村党员、基层干部实用技术和市场经济知识培训规划要点和实施意见》,3年来,各区县、镇、村共举办各类实用技术培训班2 000多期,农村党员、基层干部154 202人次参加培训,占应培训人数的100%,通过培训掌握1~2门实用技术。2000年10月9日,上海市首届"世界空间周"科普报告会举行。2001年6月25日,市委组织部、市郊区党委、市科协召开"上海市农村党员、基层干部实用技术培训工作会议"。会议对1998—2000年上海市农村党员、基层干部实用技术培训工作中涌现出来的20个先进集体和49名先进个人进行表彰。

2002年,结合上海发展都市型农业的要求,市委组织部、市郊区党委、市科协制定《2003—2005年上海市郊区党员基层干部适用技术和市场经济知识培训规划要点》,加大培训示范基地建设力度。2003年8月26日下午,上海市天文学会联合上海图书馆讲座中心在上海图书馆举办"走近火星——探索神秘红色星球之谜"科普讲座,教授卞毓麟主讲,内容包括火星基本知识、火星生命之争、火星的太空探测之路等,上海天文学会首次进行网络视频直播,由上海图书馆网站负责直播、上海网上天文台负责转播,"新浪网""上海东方网"和"牧夫天文论坛"等网站提供转播链接,全国天文爱好者通过网络听取讲座。

2005年,上海市中国工程院院士咨询与学术活动中心遵循公益性原则,开展包括"院士讲坛""院士课堂"等科普活动。院士讲坛是面向市民的科普讲座,层次高、信息量大,贴近实际、贴近生活、贴近群众,集中展现科学魅力和院士严谨治学、科学求实的个人风采。全年共举办 4 期讲坛,每季度 1 期,累计参与观众 1 100 多人次,形成一批较固定的、由不同年龄层次组成的观众群。院士课堂突破科普活动授课型传统模式,采用现场互动的形式,由院士在科普基地或实验室为观众讲解科普知识或演示实验过程,让观众与院士能近距离交流,对科学技术有直接、感性的认识。观众大多是学校里的科技活动积极分子,院士课堂拓宽学生的眼界,激发他们对科研工作的兴趣,为其今后从事相关工作提供思路。2007 年 4 月 10—11 日,由市科协、英国工程技术学会主办的 2007 法拉第大型公益科普讲座在上海艺海剧院举行。来自全市近 20 所中学的 2 000 名学生与教师参加此次科普讲座。法拉第讲座是英国最大的巡回科普讲座,2007 年首次登陆中国内地。此次讲座的主题为"致胜的方程式——快车道上的工程技术展示"。4 位来自英国工程领域的主讲者通过实物(赛车),结合力学、空气动力学等物理学知识,通过亲身传授以及现场互动的方式,丰富学生工程科技方面的理论与实践知识,引起学生对工程科技领域的兴趣。

2008 年 12 月 5 日,由市科委、上海航天局、市科协主办,上海科技馆、上海市宇航学会、上海科学技术开发交流中心等单位承办的第 3 届上海航天科技论坛特邀报告会在上海科技馆举行。该次报告会特邀中国科学院院士匡定波作题为"航天遥感与水资源、水环境"的报告;风云三号气象卫星总设计师董瑶海作题为"新一代极轨气象卫星及应用"的报告;神舟七号飞船伴随卫星总设计师朱振才作题为"微小卫星伴随飞行技术及应用"的报告。2009 年 4 月 23 日,由上海市新闻出版局组织的"农家书屋"科技文化讲座在崇明县图书馆举行。上海科技教育出版社编审卞毓麟结合多年来从事科普工作的实践经验和积累的丰厚素材、图片,通过 PPT 的演示,从人类认识月球的历程、世界各国探月的态势、举世瞩目的"嫦娥工程"和月球开发的美好前景 4 个部分,为 100 余位崇明县的高中学生和社区居民送上一道丰盛的"月球大餐"。5 月 10 日,上海科技教育出版社与文汇报共同举办"文汇讲堂"2009 年第 4 期人类与流感的竞争讲座暨《大流感——最致命瘟疫的史诗》签名售书活动。讲坛邀请中国科学院院士、分子生物学家赵国屏和该书主译、复旦大学生命科学院教授钟扬。赵国屏介绍有关病毒的科普知识,客观地分析 5 年前"非典"在中国和全世界肆虐的经过,以及政府、民众、科学家同"非典"作斗争的难忘经历。钟扬为听众讲述《大流感——最致命瘟疫的史诗》一书的翻译经过和重要内容以及书中提供的历史经验。

2003 年,市科协在科学会堂每月举办一次"名家科普讲坛",并在上海科普网采用视频与图文现场直播,广泛宣传科普知识。"名家科普讲坛"通过专家与听众面对面的方式传播最新的科学技术知识,吸引大批听众。全年现场听众 2 500 人次左右,每次约有 5 万~6 万人通过互联网了解"名家科普讲坛"信息和内容,并有 3 000~4 000 人在线观看"名家科普讲坛",有 30~100 名网友参与提问。1 月 16 日,中国科学院院士、曾经担任市科协主席的叶叔华在上海科学会堂为"名家科普讲坛"做首场演讲。2005 年内,举办 26 期,并由上海科普网进行网上直播,内容丰富,受众广泛。2006 年,共举办 25 期名家科普讲坛。截至 2008 年 8 月,名家科普讲坛邀请 100 多位科学技术专家面向全市公众进行 114 次科普演讲,受到广泛的欢迎和好评。2009 年 3 月 23 日,由上海市中国工程院院士咨询与学术中心、市科协、九三学社市委主办的第 19 期院士讲坛暨第 125 期名家科普讲坛望远镜和天文学——400 年的回顾与展望在复旦大学举行,中国天文学会原理事长、南京大学教授苏定强应邀主讲。苏定强在报告中介绍望远镜的 4 个发展阶段,阐述中国天文学发展曲折历程,展望中国天文学研究的前景。

2009 年 5 月 27 日,由上海科技馆、上海科普教育发展基金会主办,市科委支持举办的上海科普大讲坛在上海科技馆正式开讲,中国工程院院长徐匡迪作"应对气候变化,发展低碳经济"演讲。讲坛聚焦进化论、转基因、低碳经济、日全食、艾滋病的防控、应对气候变化等当前科技发展的重点和市民关注的热点,2009 年举办 6 讲,邀请中国工程院院士徐匡迪、中国科学院院士叶叔华、中国科学院院士汪品先等 17 位中外著名科学家作精彩的科普演讲,并与市民开展近距离的交流与对话,近 1 500 名听众来到现场参加讲坛活动。2010 年,全年共举办上海科普大讲坛近 70 场,受到各层次市民的热烈欢迎。2 月 10 日,由市科委、中科院上海分院和中国工程院上海院士中心等单位联合主办的上海科普大讲坛 2010 年首讲举行,共同探讨"科技世博城市未来"。该次活动邀请中国科学院院士、同济大学建筑与城市空间研究所所长郑时龄,复旦大学图书馆馆长、中国历史地理研究所教授葛剑雄等,与公众共同探讨、思考世博会对于城市发展的重要意义——它将给城市、生活带来些什么,又留下些什么? 唐士芳博士作题为"上海世博会节能和生态技术应用"的主题报告。郑时龄作题为"世博会塑造上海城市空间的辉煌"的主题报告。4 月 10 日,由中国工程院上海院士中心、上海科技馆、中科院上海分院、上海科普教育发展基金会共同主办第 9 期上海科普大讲坛举行,共同探讨"中国特色能源之路,能走多远"。论坛邀请中国工程院上海院士中心主任翁史烈院士,中科院上海生命科学研究院植物生理生态研究所研究员张鹏,上海勘测设计研究院副院长、总工程师陆忠民,围绕中国的能源结构现状、清洁能源发展等作主题报告。4 月 27 日,由中国工程院上海院士中心、市科协、共青团市科委机关直属单位委员会等共同举办的上海科普大讲坛暨第 26 期院士专家讲坛"核科学是美丽的"在上海科学会堂召开。论坛邀请中国工程院副院长、院士,应用物理学专家杜祥琬,围绕核科学的发展历史、核能的优越性以及中国发展核能的必要性,向来自在沪高校、科研院所、企事业单位的科技工作者和青年学生 300 余位听众,阐述中国核能的发展历程。5 月 17 日,由中国工程院上海院士中心承办的上海科普大讲坛暨第 27 期院士专家讲坛举行,讲坛邀请中国工程院院士、华南理工大学教授、2010 年上海世博会中国馆项目联合团队总设计师何镜堂,为广大市民讲解传统文化与世博会中国馆创新设计。6 月 30 日,上海科普大讲坛暨第 28 期院士专家讲坛举行,讲坛特邀在乙肝病毒研究领域驰骋半个多世纪的法国巴斯德研究所名誉教授、法国科学院院士、中国工程院外籍院士皮埃尔·蒂奥莱(Pierre Tiollais)主讲。7 月 28 日,由中国工程院上海院士中心、中国船舶工业第七〇八研究所、上海市科技艺术教育中心联合主办的第 8 期院士课堂邀请船舶工程专家、中国工程院院士张炳炎,向来自全市各区青少年科技活动中心的 40 多名学生阐述造船工艺的发展历程。11 月 8 日,由中国工程院上海院士中心和上海市久隆模范中学共同主办的第 29 期院士专家讲坛开讲。讲坛邀请中国工程院院士、土木结构专家江欢成为全校师生讲解"更好的设计使城市更美、生活更好"。在报告中,江欢成运用 300 多张照片,将世博场馆的精髓之处一一分解,阐述科技创新对建筑设计的影响,深入浅出地向在场师生们揭示世博会建筑之美。12 月 15 日,由中国工程院上海院士中心和上海市徐汇区青少年活动中心共同主办的第 30 期院士专家讲坛开讲。讲坛邀请儿童和青少年精神疾病专家、上海交通大学医学院附属精神卫生中心教授杜亚松主讲,来自徐汇区中小学教育一线的 100 余名科技辅导老师出席。

四、展览和论坛

2000 年以后,举办各种科普展览和论坛,如载人航天展、国际科学与艺术展、抗震救灾科普主题展等和国际科普论坛、城市科普论坛、科普素质论坛等,为学生和广大市民提供爱国与教育的广大舞台。

表 2-2-3 2000—2010 年上海主要科普展览情况表

时　　间	地　　点	主　　题
2000 年 7 月 10 日—9 月 10 日	上海中山公园	世界太空宇航展
2003 年 11 月 11 日	上海科技馆	中国首次载人航天展
2004 年 8 月 3 日	上海科技馆	极致探索——穿越科学时空之旅
2006 年 4 月 3—16 日	上海科技馆	"溯梦神舟　再创辉煌"——"神舟六号"飞船实物展
2006 年 5 月 18—22 日	上海东方明珠塔零米大厅及上海国际新闻中心	2006 上海国际科学与艺术展
2007 年 3 月 28 日	中国极地研究中心	中国极地科学考察展
2007 年 5 月	上海浦东展览馆	2007 上海国际科学与艺术展
2008 年 12 月 3—9 日	上海科技馆	上海 2008 航天科技展
2008 年 5 月 17—23 日	上海科技馆	"众志成城、抗震救灾"科普主题展
2008 年 5 月 16—23 日	上海浦东展览馆	2008 上海国际科学与艺术展
2009 年 5 月 15 日	上海浦东展览馆	2009 上海国际科学与艺术展
2009 年 9 月 23 日—10 月 11 日	上海科技馆	上海科技 360°——新中国成立 60 周年上海科技成就展
2010 年 2 月 14 日	上海科技馆	原创科普展览"华夏虎啸"
2010 年 5 月 26—31 日	上海浦东展览馆	2010 上海国际科学与艺术展

表 2-2-4 2004—2010 年上海科普论坛情况表

时　　间	地　　点	主　　题
2004 年 5 月 16 日	上海科学会堂	上海国际科普论坛
2004 年 11 月 3—4 日	上海科技馆	城市科普发展国际论坛
2007 年 5 月 23 日	上海科技馆	"科技传播与公众科技素质"中美科普论坛
2007 年 6 月 22—23 日	无	"落实《全民科学素质行动计划纲要》2007 论坛暨第十四届全国科普理论研讨会"
2007 年 10 月 13 日	上海科学会堂	2007 上海国际未成年人科学素质发展论坛
2008 年 10 月 19—24 日	上海国际会议中心	第 7 届国际水族馆大会(首次在中国召开)
2010 年 11 月 16 日	上海科学会堂	2010 上海国际未成年人科学素质发展论坛

五、旅游

2002 年,上海首次推出科普旅游专线,供各地游客领略"科技上海"的创新风采。首期共排出浦东线的上海科技馆、上海超级计算中心和浦东新区气象中心;浦西线的上海美术电影制片厂和上海工程技术大学(汽车学院)汽车工程实训中心;松江线的佘山天文台、地震科普馆和上海泗泾都市农艺园八大科普景点。时间为一天,主要安排在双休日,使游客在旅游的同时能够学习有关科学知识。2003年元旦,在上海科技馆举行科普旅游专线首发式。除通过广播电台、电视台及报刊等新闻媒体进行广泛的宣传外,还有由上海交通大学出版社和上海科普出版社联合出版《上海科普旅游手册》,以翔实的资料和生动的图片介绍市级科普教育基地。

2007年12月19日,上海开辟首批两条上海科普场馆旅游示范线路。一条是由上海科技馆、上海孙桥农业开发区、上海海洋水族馆等主要景点组成的旅游示范线,另一条是由上海天文博物馆、上海地震科普馆、佘山国家森林公园等主要景点组成的旅游示范线路。2010年科普旅游示范专线8条,上海科技馆成为国内首家被评为5A级旅游景点的科普场馆。

第四节　场　　馆

一、上海自然博物馆

1956年,上海自然博物馆正式成立。2001年,上海自然博物馆撤销建制,归并入上海科技馆。2007年,上海自然博物馆新馆正式立项,总投资13亿元,2009年6月26日破土动工,总建筑面积为45 257平方米,2011年底建成。新馆展示以"自然·人·和谐"为主题,以演化为主线,通过"演化的乐章""生命的画卷""文明的史诗"三大主题单元构建展示体系,阐述自然界中纵横交错、相辅相成的种种关系,下设10个展区、26个主题区和81个展项群。为更好诠释新馆的展示主题,丰富展示内容,2010年,上海自然博物馆新馆建设启动面向全球的标本征集工作。征集对象包括矿物、古生物、现生生物和人文历史等类别的标本,以及反映自然演化、生态变化的实物、图片和音像资料;征集方式包括捐赠、收购、合作办展、长期借展等形式。

二、上海科技馆

1998年12月18日动工,2001年12月18日一期工程建成并对外开放。上海科技馆位于浦东新区行政文化中心,是上海特色的综合性科技馆,全国文明单位。该馆总投资17.55亿元,占地面积6.8万平方米,建筑面积9.8万平方米,其建筑风格独特,呈西低东高、螺旋上升的不对称结构,象征生命的孕育,寓意宇宙的宽广无垠,体现历史的广博和现代科技的震撼。馆内设有天地馆、生命馆、智慧馆、未来馆和生物万象馆等5个主要展馆,它们分别象征着混沌初开的无机世界、生命的诞生和发展、人类智慧的象征、创造的精神力量以及向往未来世界。首期开放的有地壳探秘、生物万象、智慧之光、儿童科技园、视听乐园、设计师摇篮等六大展区,以及巨幕、球幕、四维三大影院和APEC上海科技馆纪念展等。2004年底,二期展项工程完工,二期工程由6个主题展区和一个浮雕长廊组成,展示面积11 700平方米,比一期面积略大。上海科技馆以"自然　人　科技"为主题,12个主题展区风格各异,以科学综合的手段、寓教于乐的方式,使参观者在赏心悦目的娱乐中接受现代科技知识的熏陶。12个主题展区与馆内亚洲最大的科学影城、六大新媒体剧场、两个意识浮雕长廊以及蜘蛛展、动物世界展等共同构筑起现代化的科技乐园。开馆以来,平均每年接待参观者200多万人次。

表 2-2-5　2002—2010 年上海科技馆科普活动情况表

年份	主 要 活 动	参观者(万人次)
2002	张家浜水上环保行、"上海科技馆精彩一瞬间"青少年摄影大赛和摄影展、第四届全国青少年"动手做"大赛答辩颁奖会及上海市青少年太阳能制作大赛	280
2003	院士系列讲座、科学小讲台"与虫共舞——昆虫世界的奥秘""小朋友玩科学"、青少年《动手做》大赛、"挑战机器人"大赛、"小小化学家"、"中华金鱼生态博览会"、"科学与健康同行"	155
2004	上海科技周活动主会场、第十九届英特尔上海市青少年创新大赛成果展、上海市青少年科技人才培养计划启动仪式暨"明日科技之星"大会论坛、"科技教师走进上海科技馆"、"流动科技馆"、"科技创造绿色生活"展、"中英机器人全国大赛"、中英科技馆论坛	160
2005	"飞翔的精灵——鸟类,人类的朋友"大型主题活动、"庆'国际物理年'系列活动"、"零碳城市"活动、"氢动未来、氢新生活"氢经济及燃料电池汽车科普展、"建设资源节约型、环境友好型城市"科普展览	150
2006	迎世博"生态上海、健康上海"——上海科技馆杯大型科普教育系列活动、科普夏令营、科普讲座、健康咨询	无
2007	"消逝的恐龙王国——自贡恐龙化石国宝精品展""世界动物展"	无
2008	第 2 届上海科技馆科普特种电影周、"随源而动——汽车·能源·未来"展、中国的摩尔根——谈家桢百年华诞展、上海 2008"梦圆神七·辉煌航天"航天科技展	无
2009	"外星生命探索展"、"科技新发展·生活大变样"大型临展	无
2010	原创展"华夏虎啸"、南京科技馆巡展、泰国巡展、引进展"深海奇珍"、"极地探索"展	359

三、专题场馆

2001 年 12 月,上海地震科普馆一期工程建成并正式对外开放。该馆坐落于松江区佘山基准台内,面积 300 平方米,整个展区由放映厅、展板区和地震观测仪器展示长廊组成。放映内容有"瞬间抉择"等一批科普录像带;展板区分为地球构造、防震减灾知识和法规知识三部分;展示长廊内陈列的"维歇尔"等几十台地震观测仪是佘山基准台百年老台的历史见证。2003 年 1 月 18 日,上海交通大学董浩云航运博物馆开馆。该馆由香港董氏东方海外基金会捐资 500 万元人民币,与上海交通大学联合创办。坐落在上海交通大学徐汇校区内建于 1910 年的"新中院"内。该馆楼高两层,为西式建筑,建筑面积 1 300 平方米,展厅面积 600 平方米。一楼为中国航运史陈列室,二楼为董浩云生平陈列室。7 月 26 日,"上海交通大学船舶数字博物馆"通过验收。该项目于 2001 年底立项,经过两年半时间建设完成。展示船舶知识、船舶历史、造船科技及相关知识,为国内外首创。

2004 年,10 所专题科普场馆的改造和提升被列为市政府十大实事工程之一。其重点是提升和改造科普展示内容、形式和手段,大幅增加高科技展项和互动参与性项目,确保每年开放时间不少于 200 天,对青少年实行优惠或免费开放的时间不少于 20 天。10 所专题科普场馆为:上海中医药博物馆、上海昆虫博物馆、上海天文博物馆、上海地震科普馆、上海铁路博物馆、上海银行博物馆、江南造船博物馆、上海隧道科技馆、上海东方地质科普馆、中国乳业博物馆。11 月 20 日,上海市地震局科普馆二期项目举行扩馆启动仪式。经过扩馆工程建设,地震科普馆展馆面积增加一倍,修改扩充 2 个系统,增加 4 个系统,一次性接待能力提高到原来的 4 倍。2005 年,上海邮政博物馆、上海风电科普馆、上海市政博物馆、上海青少年科技探索馆、上海儿童博物馆、上海眼镜科普馆、上海磁浮交通科普馆、上海自来水科技馆、上海近现代科技发展史展示馆等 9 个场馆被列入第二阶段提升改造计划。2004 年建成的 10 个专业类科普馆的软硬件建设得到进一步提升,科普教育功能得到有效发挥,全年接待参观人数近 60 万人次。

2006 年,上海市科普工作联席会议办公室发布《上海市专题性科普场馆标准》,对专题科普场馆的基础设施和管理提出要求。完成对上海邮政博物馆、上海风电科普馆、上海眼镜博物馆、上海儿童博物馆、上海自来水科技馆、上海青少年科技探索馆等 6 家场馆的改造提升并向市民开放,对上海中医药博物馆、上海昆虫博物馆进行二期扩建,将上海农业科普馆松江馆、上海农业科普馆金山馆、上海纺织服饰博物馆、上海民防科普教育馆等场馆列入下阶段改造提升计划。截至年底,全市新增科普场馆面积达 1 万余平方米。1 月 10 日,国内首家石油化工专业展馆——上海市石油化工科技馆在上海石化开馆。该馆占地约 1 500 平方米,由市科委和上海石化共同投资建设。馆内设 4 个展厅,以上海石化概貌、石油形成与勘探、炼油化工等为主要展示内容,包括上海石化大型沙盘模型、上海石化发展历程等 14 个展项。2007 年,专题性科普场馆的建设按规划有序进行。随着上海电信信息生活体验馆、上海磁浮交通科技馆、上海消防博物馆和上海沪杏视频科技图书馆等的建成开放,全市专题性科普场馆总数达 20 家,展示面积近 4 万平方米。完成上海科技馆自然博物分馆、上海集成电路科技馆、苏州河梦清园环保主题公园等新建项目以及中国乳业博物馆、上海铁路博物馆、上海隧道科技馆二期改造项目的立项。10 月 29 日,筹备 4 年多的国内首家冷藏史陈列馆——上海冷藏历史发展陈列馆在上海水产大学正式开馆。上海市原副市长庄晓天和上海水产大学校长潘迎捷共同为上海冷藏历史发展陈列馆揭幕。该展馆是在 2003 年 6 月由上海冷藏库协会、上海市制冷学会、上海水产大学和上海上枫制冷设备有限公司共同筹建的。该展馆展出的内容是以上海近百年来冷藏业历史发展的过程为主线,并叙述制冷科技在整个历程中所起的重要作用。

2008 年,完成梦清园环保主题公园、上海农业科普馆松江馆、上海农业科普馆金山馆、上海集成电路科技馆、上海纺织服饰博物馆等科普场馆建设。全市专题性科技场馆总数达 26 家,展示面积达 4 万多平方米。完成 8 部科普场馆宣传片制作、发放 5 万余册科普参观护照、开展科普场馆讲解员的培训、继续推进利用科普教育基地拓展中小学课程资源工作,让更多的中小学生和市民走进科普场馆。2009 年,启动上海科技馆(自然博物分馆)的建设,完成中国兵器博览馆、上海动漫博物馆和长江河口科技馆等的建设立项,上海民防科普教育馆、上海禁毒科普教育馆、上海菇菌科普馆等建成开放。全市科普场馆达 31 家,场馆面积超过 10 万平方米,年接待参观人数达 170 余万人次。上海市科普工作联席会议办公室发布《上海市专题性科普场馆管理办法(试行)》,对专题性科普场馆的管理、申报、开放、活动和评估等提出要求。1 月 5 日,上海集成电路科技馆在上海张江高科技园区向公众开放。全馆设集成电路探秘、集成电路发展渊源、无所不在的集成电路、集成电路与移动通信和未来的集成电路 5 个展区。5 月 12 日,上海民防科普教育馆在民防大厦向公众开放。该馆建筑面积 4 400 平方米,分序馆、人民防空馆、防灾减灾馆、回顾展望馆 4 个部分。9 月 24 日,上海菇菌科普馆向公众开放。场馆总展示面积近 3 000 平方米,设菇菌科学馆、菇菌历史馆、菇菌民俗艺术馆 3 个分馆。9 月 25 日,上海天文博物馆二期改造工程通过市科委专家验收。该改造工程由市科委和中国科学院上海天文台共同投资,3 月正式动工,7 月 15 日建成并开始试运行。

2010 年,新增上海动漫博物馆、上海科技发展展示馆和上海市科学节能展示馆 3 个专题性科普场馆。全市专题科普场馆达 33 家,场馆面积达 10 余万平方米。完成上海航宇科普馆、上海观赏鱼文化科普馆、上海玻璃博物馆、上海院士风采馆、上海排水科技馆、崇明生态科技馆 6 家场馆的建设立项,完成上海动漫博物馆、上海科技发展展示馆、上海市科学节能展示馆 3 家场馆的建成开馆。通过编印《我们身边的科普场馆》图书、印制新版科普教育基地护照、制作场馆宣传片等形式,进一步提升科普场馆的功能。

四、教育基地

2000 年 9 月 28 日,上海市科普教育基地联合会(科普基地联合会)正式成立,并在市科委的指导下开展工作。2001 年 11 月,市科委、文汇报、浦东新区科委科协和科普基地联合会联合举办"科普教育基地发展研讨会"。研讨会就上海科普教育基地如何在新的形势下,面对新一轮的科普工作发展态势,从完善科普教育基地运行机制,积极应对中国进入 WTO 后形成的开放、竞争、创新的科普工作新局面和进一步提升科普基地科技教育含量及最大限度地发挥其科普阵地的功能等问题,提出一系列发展方向和对策思路。2002 年,科普基地联合会与市旅游委联合考察、调研 20 多个科普教育基地,首期推出上海科技馆等 8 家科普教育基地为科普旅游新景点。5 月,创刊《上海科普教育》(季刊),聘请叶叔华、左焕琛等科学家、知名人士担任顾问。筹划开展"上海科普教育大联展"活动,组织 40 多家市级科普教育基地,制作 200 多块宣传版面,吸引 7 000 余人参加。8 月 20—21 日,举办"科普教育基地负责人培训班",学习宣传、贯彻实施《中华人民共和国科学技术普及法》,共有 76 人参加培训班。在开展市科普教育基地复查的基础上,推举上海天文台佘山工作站、农科院、公安博物馆、上海超级计算中心、上海工程技术大学、浦东新区气象科普馆、中科院上海植物生理研究所昆虫馆等 7 家基地申报全国青少年科技教育基地,并获批准。

2003 年 1 月,市科委、市旅游委与科普基地联合会联手推出 3 条科普旅游专线,开设 3 期科普讲解员(导游)培训班,共培训 80 多家基地 155 名科普讲解员,其中 153 名获得科普讲解员(导游)上岗资格。1 月,联合会编辑出版《上海科普旅游——上海市科普教育基地纵览》一书;4 月编辑出版《上海科普精品集》,普及科普知识。举办"2003 年上海市青少年百科科普知识竞赛"活动,共有近 2 万名青少年参与初赛。有 100 名优秀选手参加决赛,评出一、二、三等奖各 10 个。8 月举办"上海市科普教育基地深化发展研讨会",学习《科普法》,探讨基地科普运行机制,促进基地的进一步发展与规范化管理。超过 2/3 的基地负责人参加学习与研讨。2004 年,新增 9 个市级科普教育基地,启动百个科普教育基地提升和改造工程计划,推出上海动物园、上海植物园、上海昆虫博物馆等 12 个市科普教育基地为全市青少年服务,成为学校科技教育的第二课堂。由市科委策划,上海市测绘院编制,出版发行全国首张科普教育基地地图,向市民免费赠阅。2005 年,上海新认定 15 家科普教育基地。12 月 16 日,上海市科普工作联席会议办公室颁布并实施《上海市科普教育基地暂行标准》。该标准对科普教育基地的基本设施建设、制度和管理建设、活动开展等作规范和要求,适用于市内高校、科研院所、厂矿企业的科技实验室、实验基地、工作场地、科技场所及可用于科普教育并愿意向社会开放的各类场所。

2006 年,上海新认定 19 家科普教育基地,市级科普教育基地总数达 150 家。上海科技馆、上海隧道科技馆、上海昆虫博物馆、上海铁路博物馆、上海邮政博物馆等 10 家科普教育基地作为首批试点基地,被列入结合中小学二期课改开展科学探究学习活动的校外课堂,全市共有 10 多万学生走进首批试点基地开展探究性学习。根据《上海市科普税收优惠政策实施细则》的有关规定,有 20 家科普教育基地享受科普税收优惠政策。2007 年,上海新认定上海高新技术成果转化展示厅、上海市科学节能展示厅等 13 家科普教育基地,市级基础性科普教育基地总数达 143 家。2007 年,结合中小学二期课改,继续深化利用科普教育基地拓展中小学课程资源工作。在试点的基础上为更好地做好此项工作,通过投入科普教育基地配合二期课改专项运行经费,强化对活动的资金保障;通过实施上海中医药博物馆、上海昆虫博物馆等场馆的二期改造,强化对活动的硬件保障;通过制作 10 家场馆"双语播客"场馆导览系统,开展科普场馆讲解员专业培训等,强化对活动的服务保障。据不完全统计,超过 30 万人次中小学生进入科普教育基地开展探究性学习活动。

2008 年,上海新认定上海电气集团股份有限公司中央研究院、宝贝科学探索馆等 24 家科普教育基地。与此同时,通过制作 10 家科普教育基地宣传片、发放科普护照、继续推进科普教育基地与中小学二期课改的结合等方式,使科普教育基地的功能得到进一步加强。2009 年,上海新增上海节能环保科普园、上海 LED 半导体照明科普馆等 33 家科普教育基地,市级科普教育基地总数达 218 家。与此同时,通过颁布《上海市科普场馆管理办法(试行)》,推进上海市科普教育基地数据库及管理系统的建设,编印 3 万份新版科普教育基地地图,印制 2 万册科普教育基地参观护照,制作 30 部科普场馆科普宣传片,培育 3 条科普场馆旅游示范线等形式,进一步提升科普教育基地的功能。2010 年,上海新增闻道园、上海水晶石多媒体科普体验馆等 27 家科普教育基地,与此同时,依托上海市科普教育基地数据库和管理系统的建设,进一步强化科普教育基地功能的提升。

五、科学商店

2006 年 11 月,在华东师范大学挂牌成立全国首家大学生科普志愿者服务社——华东师范大学科学商店。服务社以在校大学生为主体,拓展 9 项服务(理财咨询、儿童发展与教养、绿色生活、绿色家园、法律援助、数字产品、心理咨询、体质测试),徐家汇街道、石泉路街道、吴泾镇等社区与服务社签订协议。2007 年,上海水产大学、同济大学、东华大学先后成立大学生科普志愿者服务社,加上 2006 年成立的华东师范大学科普志愿者服务社,上海拥有 4 家高校"科学商店"。完成虹江河石泉路街道段生物种类调查等多个课题的研究,数十个有关市民生活和工作的科技类研究项目,为社区居民养成良好的生活习惯和生活方式提供具体指导,举办 200 余次的专题科技活动,实现 2 万余次的服务社网站点击,吸引 10 余万人次的社区居民参与。

2008 年,新挂牌成立上海中医药大学、华东理工大学、上海电力学院、上海交通大学医学院、上海电机学院等 5 家科学商店,全市科学商店总达 9 家,形成遍及全市 17 个区县 100 余个社区的 63 个服务门店。科学商店全年立项课题 145 项,开展科普讲座 200 余次,参与课题研究、科普活动的高校师生近万人,受益社区人群达 10 万余人。2009 年,上海交通大学、上海工程技术大学科学商店先后挂牌成立。12 月 28 日,上海大学生科学商店总店在上海海洋大学揭牌,将受理各高校新增科学商店的申请和审批,并开展星级评定。截至 2009 年底,上海先后成立华东师范大学、上海海洋大学、东华大学、同济大学、华东理工大学、上海中医药大学、上海电力学院、上海电机学院、上海交通大学医学院、上海工程技术大学、上海交通大学 11 家科学商店,这些科学商店在 17 个区县分别建立 52 个服务部及 98 家社区门店。在社区服务调研中开展"0—3 岁婴幼儿家庭早期教养、常见蔬菜水果的保鲜贮藏、注水猪肉的识别、电脑键盘卫生状况、家庭电脑防沉迷系统"等 300 余项关于市民生活和工作的科技类研究项目;围绕惠及民生和改善民生、节能减排和生态文明、绿色奥运和科技世博等方面的内容开展论坛、讲座、展览等活动 100 余次,高校学生参与近 3 000 人,惠及民众

45 000 余人,有效推进高校智力资源的辐射、人才培养机制的创新、社区生活质量的提升,也为上海市的科普工作创造一个全新的载体和平台。

六、青少年科技实践工作站

2007 年 12 月 27 日,全市首个青少年科技人才培养基地实践工作站——同济大学物理实践工作站揭牌。截至 2008 年底,上海市成立同济大学、上海海洋大学、华东师范大学、上海师范大学 4 个青少年科技实践工作站。这些科技实践工作站充分利用各高校、研究所等科技资源,运用多种手段将知识性与趣味性有机结合,为青少年提供一个开放式、全方位的科技实践研究平台。2009 年,新增上海中医药大学龙华中医药实践工作站和上海交通大学工程科技实践工作站 2 个青少年科技实践工作站,连同原有的同济大学物理实践工作站、上海海洋大学生命科学实践工作站、华东师范大学化学实践工作站、上海师范大学纳米科普实践工作站,全市共有青少年科技实践工作站 6 个,接待学生 1 万余人。2010 年新增复旦大学计算机科学、华东师范大学动植物科学、上海大学数学和上海理工大学环境科学 4 个青少年科技实践工作站,全市青少年科技实践工作站数量达 10 家,全年接待中小学生 1 万余人。这些工作站依托高校专业、设施、师资等资源优势,在发挥科普教育功能的同时为青少年提供开放式、全方位的实践探究平台,接待中小学生一万余名。

第五节　创　作　与　宣　传

2000 年,上海全年出版科普图书 400 多种,科普类报纸 6 种,科普类期刊 32 种,科普类专栏 20 多个,每天播出科普类广播电视节目 400 分钟,为上海科普宣传经常化奠定基础。科普图书《院士展望 21 世纪》由上海科学技术出版社正式出版发行。上海人民广播电台的《院士展望 21 世纪广播系列讲座》,上海东方电视台的"十万个为什么"科普专栏,上海电视台的《一、二、三、四、五》数学科普节目,上海《文汇报》的《科普文摘》等在全市产生深远影响。4 月 4 日上海教育电视台开播《信息技术应用基础》系列电视讲座教学录像片。2001 年 6 月 11 日,《科学技术的现在与未来》举行首发式。2002 年 10 月,市科委与市科协共同出资,每年各拿出 50 万元,合计 100 万元人民币,设立"上海科普创作出版专项资金",计划在 2002—2005 年的四年中,资助优秀科普著作出版。5 月 18 日,全国第一块液晶显示电子科普画廊在浦东新区第一八佰伴商业广场揭幕。标志着中国传统的板报式科普画廊从此进入电子网络时代。

2003 年 5 月,由市科委和市科协共同投资建设的上海科普网正式建成开通。全市共建成 70 多块电子科普画廊,首期 25 台科普多媒体触摸屏在社区、学校和地铁车站等公共场所试放。在预防"非典"传播期间,共编印预防非典的小册子 5 万册、编印科普宣传画 12 期;同时,为配合《科普法》颁布一周年,专门编印《科普法》宣传手册 5 万本和科普教育基地精品集 2 万册,送到街道与学校。5 月 29 日,"上海科普创作出版专项资金"首批资助出版的科普书籍名单确定,著名遗传学家谈家桢院士的《基因宝库(丛书)》和中国极地研究所的《走进南极》系列丛书等 23 部科普书籍入选。10 月 13 日,"新世纪科普创新研讨会——纪念全国科普创作座谈会在沪举行 25 周年"在上海举行。2004 年,"上海科普创作出版专项资金"共资助 24 本科普创作的出版。建成电子科普画廊 207 个,社会总投资为 5 000 万元。1 月 1 日,市科协与上海文广新闻传媒集团联手合作,在上海人民广播电台 990 新闻频率中开设科普节目"科普天天谈"。1 月 29 日,市科委和科普促进中心等单位联合送出一份特别的"科普年夜饭"——首批 25 台"科普之窗"多媒体触摸屏正式开通,至年底,246 台"科普之窗"多媒体触摸屏遍布全市 19 个区县的社区。5 月 10 日,由 10 辆科普大篷车组成的"流动科技馆"开馆,率先奔赴聋哑学校、民工子弟学校及社区等。

2005 年,科普丛书"科学原来如此"出版。该丛书是上海组织 100 多名科普工作者,经过数十次论证、研讨、修改,历时 2 年,编写完成的大型科普丛书,由上海科学技术文献出版社出版。2006 年,上海市科普创作出版专项资金共资助出版 35 部原创性科普著作,其中包括自然科学和社会科学领域的多学科、多门类的科普著作。上海市科普工作联席会议办公室委托有关方面制作"生态上海"、地震灾害防灾自救等 8 部科普多媒体宣传短片。上海市中国工程院院士咨询与学术活动中心与上海教育电视台"世纪讲坛"合作,将院士讲坛搬上电视荧幕,扩大院士讲坛的受众面,增加社会影响力,让更多不能到现场的普通市民在家中享受科普大餐。

2007 年,编印 20 多万册《节能减排手册》,赠送给全市各机关、企事业单位、学校和社区;在全市 19 个区县举办节能减排社区科普巡展;开展"我为节能减排献一计"宣传征文活动。制作 10 部内容丰富、形式新颖的抗震、防台等科普多媒体公益短片,并通过东方明珠移动电视等媒介进行播放。举办首届上海科普多媒体作品大赛。大赛征集到作品 235 件,形式有 DV、FLASH、二维动画(2D)、三维动画(3D)。经过评审,DV 作品一等奖和动画作品一等奖空缺,评出 DV 作品二等奖 2 个、三等奖 1 个、优胜奖 2 个,最佳 FLASH 动画表现奖 1 个,最佳(2D、3D)动画表现奖 1 个,动画作品优胜奖 2 个;长宁区科协普及部等 10 个单位获优秀组织奖。10 月 22 日,《科学发展观百科辞典》在沪出版。

2008 年,利用东方明珠移动电视对上海科技馆、上海天文博物馆等科普旅游景点进行宣传,全年共播放 220 小时;支持办好《科学画报》《上海科普教育》《世界科学》等科普杂志,通过整合改版,策划节能减排、载人航天、科技活动周等多期专题栏目。更新"科普之窗"电子科普触摸屏内容 12 期,视频容量 60 多个小时;制作各类科普挂图 12 期,印制 6 万多份;通过市委组织部干部远程教育网平台以及 IPTV、东方有线专栏对各级各类领导干部开展科普教育,全年共播放科普教育视频内容 50 多小时。加强各出版社科普图书出版指导,《多彩的昆虫世界》、"嫦娥书系"丛书获 2008 年上海市科技进步二等奖,是科普作品首次获科技进步奖。8 月 6 日,市科协牵头承担的"上海市科普资源开发与共享信息化(一期)工程"项目通过验收。

2009 年,上海市科普活动工作联席会议办公室继续开展上海市优秀科普作品的评选,《大流感——最致命瘟疫的史诗》等 20 部作品被评为上海市优秀科普作品。上海市科普工作联席会议办公室针对世博科技、应急防灾、甲型 H1N1 病毒防治等内容,开发一批高质量的科普内容资源,包括针对青少年的"启思一家游未来""启思一家看上海""启思一家讲安全"等科普多媒体动漫作品,面向社区居民的《生命的春天》科普剧,全市 1 200 余台电子科普触摸屏科普内容 12 期共 15G 等。5 月 20 日,上海科技发展网上展示馆正式启动对外运行。上海科技发展展示馆反映上海科学技术发展脉络、主要成就、重大事件、重要人物。网上馆是实体展示馆的延伸版块,所有馆内的展项及内容均在三维虚拟的网上馆里有所体现。9 月 2 日,由市科协牵头承担的上海市科普资源开发与共享信息化(二期)工程通过市科委组织的专家验收。9 月 16 日,市科委与上海文广新闻传媒集团共同签署《携手共同打造品牌电视科普栏目框架协议》和《共同合作制作及播出科普电视专题栏目的协议》。9 月 20 日,上海市科普志愿者网正式开通,为科普志愿者招募、科普活动信息的发布提供网络平台。

2010 年,上海科普创作出版专项资金对《我们的科学文化》等 38 部科普图书进行专项资助,评选出《幻想——探索未知世界的奇妙旅程》等 21 部上海市优秀科普作品。上海电视台纪实频道"科技密码"科普栏目,被中国广播电视协会科教传播工作委员会评为全国科教专题类优秀节目奖。上海市科普多媒体内容制作 10 部以"启思带你走近世博"为主题的二维 Flash 科普动画短片。上海科技馆与上海电视台纪实频道合作,启动《神秘的中国野生动物世界》系列科普影片的拍摄。首集《中国大鲵之谜》电视专题片于年内摄制完成,这是全国首部全面介绍中国大鲵的专题片。该片先后获 2010 年青海国际山地电影节最佳科普摄影提名奖、2010 年中国科普作家协会优秀科普作品提名奖、2010 年中国广播电视协会优秀科技节目专家评析一等奖、上海市文广影视局年度科技进步奖一等奖、2010 年度上海市优秀科普作品(影视类)、国家广播电影电视总局 2010 年度科技创新奖科普(影视类)一等奖等奖励,并排名 2010 年度中国优秀纪录片"短片十佳"作品首位。结合玉树地震、H1N1 流感、"11·15"高楼火灾等重大灾害事件的应急科普宣传,全年开展应急宣传活动数十项、编制应急科普挂图 3 期共 15 000 余份、制作各类应急科普小册子数十种、向全市 25 万户家庭配置家庭应急包并开展相关逃生培训,及时、有效地向公众普及应急防灾知识、提高自救互助能力。

第六节　青少年科普

上海青少年生物和环境科学实践活动历时 2000、2001 两年,共有 19 个区县的 70 万中小学生参加,申报各类项目 1 000 多项,选送市级评审 385 项,其中研究课题 246 项,科普主题活动 90 项,先进学校 41 个,优秀组织工作 8 项。共评出市级优秀项目一等奖 22 项,二等奖 50 项,三等奖 93 项;科普主题活动一等奖 16 项,二等奖 31 项,三等奖 43 项;先进学校奖 36 项;优秀组织奖 7 项。2001 年,由上海市科普教育委员会与英国驻沪总领馆文化教育处合作,以英方提供的"活灵活现的科学活动"为内容,通过科普舞台剧、讲座、教师培训等形式,举办青少年暑假科普活动。举办上海市第四届青少年科技节。以"立足普及、积极参与、注重实效、培育创新"为原则,通过丰富多彩、动手动脑、寓教于乐的科普活动激发学生的科技创新意识,培养青少年的创新精神和创造能力。4月,尊重保护知识产权——上海市青少年科技传播行动日活动在全市举行,开展保护知识产权有奖征答、科普讲座、科普报告会、知识竞赛、青少年与专家座谈会等一系列活动,吸引全市 3 000 多名中小学生参加。8 月,在福州召开的全国第六届青少年生物和环境科学实践活动成果展示暨颁奖大会上,上海选送的 10 个科学研究课题项目共获得一等奖 6 个、二等奖 4 个;英才奖 4 个,获奖总数居全国第二(高中组获奖数位居全国第一)。11 月 10 日,上海中学生科技论坛在上海图书馆举行,论坛以学生为主体,围绕上海市科技节的主题——造福新世纪人类的生物技术,分四个专题展开讨论。每个专题由主讲学生讲演、专家点评指导、台下学生提问三部分组成。

自 2002 年始,市科协把 10 月定为中学生科技创新月,活动分为知识问答、专题讲座、方案征集和专家咨询四个部分。2003 年,市科委、市教委联合发起青少年"明日科技之星"评选活动。第五届上海市青少年科技节所举办的"高校网页设计制作比赛"等 10 项重要活动,吸引全市高、中、小学生的积极参与。举办 2003 英特尔上海市青少年科技创新月系列活动;举办首届"上海市青少年科技创新市长奖",11 名获奖者来自企业、研究所、高校、中学、小学等多家单位。上海"青少年机器人工作室"揭牌。2004 年,举办"2004 英特尔上海市青少年科技创新月系列活动""第一届大学生工程技术创新大赛"等一系列内容丰富、寓教于乐的活动。

2005 年 1 月 29—30 日,举行第五届上海市青少年机器人竞赛,由市科协、中国福利会、上海科技馆和上海市关心下一代工作办公室联合主办。3 月 26—27 日,举行第二十届英特尔上海市青少年科技创新大赛,由市科协、市教委、市科委等 13 家单位共同主办,主题为"体验科学·健康成长",参与单位 108 家。首次邀请江苏、浙江两省参赛,并首次有外籍学生参加。大赛分科技创新成果竞赛、优秀科技实践活动展示、科学幻想画展示、机器人创意设计作品竞赛和优秀科技教师评选 5 个板块。最终评选出优秀科技论文和创造发明奖等各类专项奖 285 个,共计颁发奖项 1 370 个。7 月 9—12 日,第五届全国青少年电脑机器人竞赛在陕西省西安市举行。上海代表团参赛的 12 个项目(46 名选手)共获得 16 金、16 银、14 铜的好成绩。8 月 6—8 日,主题为"体验科学·健康成长"的第二十届全国青少年科技创新大赛在北京举行。上海代表队获得一等奖 5 项、二等奖 9 项。徐汇区向阳小学李祯忠老师获杰出科技教师和十佳优秀科技教师称号。10 月 15 日,由市科协等单位共同组织的 2005 英特尔上海市青少年科技创新月活动在大同中学举行。来自上海市和广西柳州、浙江、江苏的近千名中小学生和科技教师带着 700 多项研究课题参加系列活动。中国台湾地区的中等学校科学教育代表团观摩这次活动,并就两岸科学教育情况作交流。

2007 年,评选出第五届"明日科技之星"20 名,"科技希望之星"78 名;成立同济大学、复旦大学附属中学、南洋模范中学三个青少年科技实践工作站。举办校园气候酷派行动、第五届"杜邦杯"上海市中小学安全教育竞赛活动、第五届"上汽教育杯"上海市高校学生科技创新作品展示评优活动、青少年科技电影展映等特色活动。校园气候酷派行动就吸引全市 19 个区县 50 多万名中小学生参加。2008 年,举办第二届上海国际青少年科技博览会。博览会以"科技创造美好生活"为主题,吸引来自中国、美国、澳大利亚、英国、德国、日本等 16 个国家和地区的 400 余名青少年和教师代表参会,近 5 万人次的上海师生和市民观摩展览。2 月 4 日,上海科学会堂青少年英才俱乐部揭牌。2 月 22 日,由市科协、市教委联合印发的《上海市未成年人科学素质行动——科学教育推广项目(2008—2012)实施方案》正式发布。3 月,市科协等 5 家单位联合开展"为一行动"——2008 年上海市青少年节能、减材、环保系列活动。10 月 11 日,2008 长三角青少年科技创新月活动在杨浦区举行。该次活动由江苏、浙江、上海两省一市科协和杨浦区人民政府共同主办,来自上海、江苏、浙江、广西、山东、江西、河南、安徽、甘肃、青海、重庆、贵州等地的 1 000 多名中小学生和科技教师参加系列活动。

2009 年 10 月 16 日,2009 上海国际未成年人科学素质发展论坛在上海科学会堂举行。来自美国和中国的专家代表及长期从事未成年人科学教育的专家、学者共同就"未成年人科学素质发展问题"展开讨论。10 月 17 日,2009 长三角青少年科技创新月活动在上海市闵行区举行。来自上海、江苏、浙江等地的 1 000 多名中小学生和科技教师参加系列活动。共收到各区县学生创新项目 800 项,经过第一轮筛选,480 多项创新项目入选。2010 年 7 月 13—17 日,由市科委和市教委共同主办的 2010 上海国际青少年科技博览会举行。博览会以"世博·科技·创新·未来"为主题,开展文体演艺、展览展示、师生论坛、现场制作、参观考察五大类 10 余项活动,吸引来自英、法、意、澳、美等 18 个国家和地区 50 个学校的 400 余名师生代表参会,提交科技论文 164 篇。11 月 14 日,2010 年长三角青少年科技创新月活动举行。市科协副主席俞涛平等领导出席开幕式并现场观摩活动。来自全市各区县的 700 多位有志于参加科技创新大赛的教师和学生带着自己的科学研究课题来到复兴中学,与学科专家进行面对面交流,听取专家的建议,在创新大赛开始前完善自己的研究课题。11 月 16 日,2010 上海国际未成年人科学素质发展论坛在上海科学会堂举行。来自上海市 18 个区县及云南省"上海赴西部、山区科技传播活动"优秀教师代表、专家、学者就未成年人科学素质发展问题展开广泛而深入的研讨。

第七节 群 众 发 明

一、上海发明协会

1986年5月9日下午,市科委、市总工会联合在上海展览中心召开上海发明协会成立大会。市长江泽民、市政协主席李国豪等近千人出席。全国总工会和中国发明协会发来贺电。协会确定宗旨为"办实事,求实效,为发明者提供实质性服务"。协会不以营利为目的,重点支持、扶植非职务发明项目,包括提供发明方案的咨询论证、申请和实施专利的经费资助、发明项目的开发实施、技术评审、技术转让等一系列服务工作。成立以来,协会与有关单位一起举办各种发明评选和奖励,举办"上海市发明和新技术展览会";组织评选上海市的优秀发明项目参加全国发明展览会;组织参加国际发明展览会等。1996年,编辑印制《上海发明协会成立10周年纪念》画册。

2000年,上海发明协会首次举办"2000年上海机器人技术自主创新奖"活动,共评出12项。上海发明协会举办的"实施发明成果优秀企业家和总工程师"活动,评出27名优秀企业家和总工程师,实施45项科技成果。举办的高校学生"创造发明三枪杯"活动,共评出37项。举办"上海农业科技创新人"评选活动,共评出14人。联合举办"上海市优秀发明选拔赛",评出302项优秀发明。主办"上海市青少年创造发明设计竞赛",有10万名中小学生参加,最终评出110名优胜者。首次联合试办"青少年创新设计方案远程邀请赛",采取命题式比赛和创新设计赛相结合,收到全国各地参赛方案618件。2001年,与上海总工程师协会联合举办"科技型中小企业技术创新基金"培训班,评选2001年"实施发明成果优秀企业家、总工程师奖"和"上海农业科技创新人奖",组团参加第十三届全国发明展览会,表彰18位三大奖项评选工作的优秀组织者,授予3个单位"团体会员积极活动奖";参与举办2001年"中国人寿杯"上海企业青年创新成果大赛。

2002年,与上海技术产权交易所、上海市总工程师协会联合举办"上海科技沙龙"活动。每月活动一次,旨在为促进创新成果转化、繁荣营销市场提供信息服务。组建"上海发明协会科技成果推广专业委员会",获市民政局同意登记。2003年,以上海发明协会为主要出资单位的股份制企业——"上海创立发明技术有限公司"成立。该公司旨在为发明成果的转化实施创造条件,提供服务。参加发起上海科技成果转化促进会。召开"2003年上海发明协会会员大会",报告协会工作。2004年,召开2004年协会工作研讨会,探讨新形势下如何拓展协会工作的问题。上海发明协会等承办的第五届中国国际发明展览会在上海展览中心举行,上海参展项目352项。

2005年5月,上海发明协会进行理事会换届选举。新产生的第四届理事会由105位理事组成,市科委原主任华裕达任会长。10月,由上海发明协会主办的"上海发明网"开通运行。包括"发明信息""发明项目""发明人""发明学堂""发明论坛""会员之窗""相关政策""资料下载"等版块和数十个栏目。2006年,上海发明协会成立二十周年纪念暨颁奖大会举行。会上,表彰一批在上海科技发明领域作出突出贡献的先进人物和高校学生的发明项目。新组建的"发明人俱乐部"进行首次活动,该俱乐部旨在为会员提供新的活动平台。召开"促进科技自主创新技术转移机制研究和实施对策"课题专家研讨会,与会专家呼吁扶植非职务发明。参与承办2006年科技活动周"创新的力量"主题展览会,其中展示协会20年的发展历程、协会评选的优秀发明人风采及推荐的30余项非职务发明成果等。

2007年,召开实施发明成果优秀企业家联谊会。上海发明新产品服务中心宣告成立并开始运作。上海发明新产品服务中心是上海发明协会发起组建的为发明人服务的实验运作基地。上海发明协会召开四届四次常务理事会，讨论 2007 年工作总结和 2008 年工作计划以及上海首届"上海民间发明创新大赛"的初步方案。2008 年，《上海发明》会刊建立通讯员队伍。上海发明协会常务副会长周玉麒主持和召开首次通讯员会议，向 11 位通讯员颁发聘书。召开上海发明协会 2008 年工作研讨会，协会领导、团体会员和个人会员代表近 50 人出席。会议由上海发明协会常务副会长周玉麒主持。上海发明协会副会长兼秘书长薛惠珍作《2008 年上海发明协会工作总结》报告，周玉麒作《2009 年上海发明协会工作计划》报告。

2009 年，举行 2009 沪—台发明协会合作交流会，会议主题为"加强沪、台发明协会交流合作，促进发明创新成果商品化"。召开发明协会四届五次常务理事会。会议由上海发明协会会长华裕达主持。常务副会长周玉麒汇报 2009 年上半年工作总结和下半年工作计划，副会长兼秘书长薛惠珍汇报 2008 年度上海高校学生创造发明"科技创业杯"奖及第 16 届上海实施发明成果优秀企业家的评选情况。上海发明协会和德正国际知识产权事务所联袂在上海市科技创业中心举办知识产权专题讲座。上海发明协会与澳大利亚"发明之路有限公司"联合举办"让你的发明走进国际市场"讲座。2010 年，召开"2010 年上海发明协会工作研讨会"。协会团体会员单位和个人会员代表 30 多人出席。上海盛大网络有限公司与上海发明协会签订"盛大网络技术创新"奖合作协议。上海发明协会组织会员在崇明召开"发明创业经验交流会"。66 名会员参加会议。召开发明创新新产品技术咨询研讨会，参加会议的发明人有企业家、退休工程师、设计师、教师、医生等民间发明人 29 人。

二、群众发明竞赛

1987 年，上海市总工会、上海发明协会等单位开始联合举办上海市优秀发明选拔赛。上海市优秀发明选拔赛每年举办一次，按职务发明、非职务发明、青少年发明分别评选。1999 年首次设立特等奖。2000 年起不再分类，统一为：一、二、三、四等奖和推广实施奖。2000 年，上海市优秀发明选拔赛共有 392 项报名参赛，经评审有 302 项获奖，其中一等奖 39 项，二等奖 78 项，三等奖 114 项，四等奖 25 项，发明产品推广实施奖 46 项。2001 年，第十五届上海市优秀发明选拔赛共有 412 个发明项目参赛，经组织评审，330 个项目获奖，其中一等奖 40 项、二等奖 119 项、三等奖 137 项、四等奖 15 项、发明产品推广实施奖 19 项。2002 年 12 月 11 日，上海市第十六届优秀发明选拔赛从 559 个参赛项目中择优选出 382 项获奖，其中一等奖 45 项、二等奖 89 项、三等奖 144 项、四等奖 32 项、技术创新奖 42 项、发明产品推广实施奖 30 项。2003 年，上海市第十七届优秀发明选拔赛参赛项目共为 550 项，其中大中型企业、大专院校、科研院所的参赛项目约 200 多项，成为全年群众性发明创造的中坚力量。评出 385 项发明成果分别为一、二、三、四等奖，36 项成果为职工技术创新奖。2004 年，第十八届上海市优秀发明选拔赛有 543 项参赛。经专家评选，41 项获优秀发明一等奖，107 项获优秀发明二等奖，181 项获优秀发明三等奖，41 项获优秀发明四等奖，20 个项目获发明产品推广实施金奖，34 项获职工技术创新奖。2005 年，第十九届上海市优秀发明选拔赛参赛项目共 734 项。经专家评审委员会评审，评出一等奖 41 项、二等奖 132 项、三等奖 256 项、四等奖 73 项、发明产品推广实施金奖 22 项、职工技术创新奖 50 项。2006 年，第二十届上海市优秀发明选拔赛参赛项目 790 项，其中 414 项申报专利，占 71%；职务发明中的 90% 以上实施，创经济效益 150 亿元。经专家评审，共评出优秀发明成果 594 项，其中优秀发明一等奖 50 项、二等奖 130 项、三等奖 279 项、四等奖 116 项，发明产品推广实施金奖 19 项，职工创新项目 71 项。2007 年 12 月 18 日，第二十一届上海市优秀发明选拔赛表彰大会召开,本届优秀发明选拔赛报名参赛项目达 1 008 项,参赛人数达 3 800 多人,申请和授权的专利项目共有 623 项,其中发明专利有 258 项,占专利总数的41.4%;转化实施项目 778 项,实现经济效益 131 亿元。共评出获奖项目 656 项,其中一等奖 52项、二等奖 161 项、三等奖 443 项。2008 年,第二十二届上海市优秀发明选拔赛活动从 8 月 1 日起至 9 月 30 日接受报名,3.1 万人次参赛,收到报名参赛项目数达到 1 218 项,其中职务发明项目 635项、非职务发明项目 280 项、职工创新技术成果 167 项、青少年发明项目 110 项、"五一"巾帼创新成果 27 项。评选出金奖 107 项、银奖 158 项、铜奖 261 项。本届选拔赛首次设立活动主题,即"节能·环保·创新"。2009 年,第二十三届上海市优秀发明选拔赛活动从 9 月 16 日—11 月 16 日接受报名,主题为"岗位创新·节能减排·促进发展"。参赛项目 1 471 项,其中职务发明 744 项、非职务发明 179 项、职工技术创新项目 255 项、"五一"巾帼创新项目 73 项、青少年项目 220 项。有 1 155个项目申请或获得技术专利,其中发明专利 504 项,实用专利 630 项,外观设计专利 21 项。最终673 个项目获奖,其中,97 个项目为优秀发明金奖,129 个项目为优秀发明银奖,268 个项目为优秀发明铜奖;19 个项目为职工技术创新成果金奖,36 个项目为职工技术创新成果银奖,53 个项目为职工技术创新成果铜奖,51 个项目为职工技术创新成果入围奖;20 个项目为五一巾帼创新奖;21个项目为发明产品推广实施金奖。

1992 年,上海发明协会首次举办评选"实施发明成果优秀企业家"活动,共评选出 30 名实施发明成果的优秀企业家。1995 年,上海发明协会开展第四届评选实施发明成果优秀企业家的活动,并首次评选实施发明成果的优秀总工程师。2000 年,评选出 27 名实施发明成果优秀企业家和优秀总工程师,实施由企业自主开发或与高校、研究所联合开发的 45 项科技成果。这些成果全部是经上海市高新技术认定办公室认定的高新技术项目,实施后获得产值 55.9 亿元,利税 776 亿元。2001 年,评选出实施 24 名实施发明成果优秀企业家和 5 名总工程师,他们是实施 54 项成果的决策者、组织者,参与实施的负责人;54 项成果实施后,累计实现产值超过 168 亿元,获利税 17.6 亿元。2002 年 9 月,2002 年上海"实施发明成果优秀企业家和优秀总工程师"评选结果揭晓,28 人入选,其中优秀企业家 20 名、优秀总工程师 8 名。共实施发明成果 48 项,实现产值 42.10 亿元,利税 7.30亿元。2003 年,评选出 20 名实施发明成果优秀企业家和 5 名优秀总工程师。共实施发明成果 40项,实现产值 65.42 亿元,利税 16.65 亿元。2004 年,评选出 18 名实施发明成果优秀企业家和 5 名优秀总工程师。共实施发明成果 40 项,实现产值 37.00 亿元,利税 3.60 亿元。2005 年 11 月,2005年上海实施发明成果优秀企业家和总工程师奖评选结果揭晓,共有 27 人入选,其中 19 人获"2005年上海实施发明成果优秀企业家"称号,8 人获"2005 年上海实施发明成果优秀总工程师"称号。2006 年,20 人获奖并被授予"2006 年上海实施发明成果优秀企业家"称号,实施发明成果 25 项。2009 年 12 月 24 日,举行第十六届上海实施发明成果优秀企业家暨第十届上海农业科技创新人、优秀企业家奖颁奖会。大会对 16 名上海实施发明成果优秀企业家、12 名上海农业科技创新人和 5 名上海农业科技创新优秀企业家予以表彰,并颁发奖杯和证书。

1996 年,为表彰奖励发明人中的拔尖人物,上海发明协会首次在上海市以中青年为主的发明者中评选优秀发明人。在各系统推荐申报的基础上,经专家评审委员会评选出 6 名拔尖人才,授予"上海发明家"的称号。他们是:中国科学院上海硅酸盐研究所研究员范世,上海第二医科大学附属第九人民医院教授戴尅戎,中国纺织大学环境科学与工程系教授陈季华(女),上海港龙吴港务公司总经理、高级工程师包起帆,上海冶金控股(集团)公司所属上海钢铁工艺技术研究所高级工程师郁竑,上海建工(集团)总公司所属上海市机械施工公司高级工程师王大年。2006 年 6 月 24 日,第二届"上海发明家"揭晓。本次共有9位新入选的"上海发明家"分别是：上海医药工业研究院研究员王文梅、上海振华港口机械股份有限公司高级工程师田洪、复旦大学上海医学院教授宋后燕、复旦大学教授陈芬儿、展讯通信有限公司首席技术官陈大同、华东理工大学教授钱锋、东华大学教授顾利霞、上海交大附属第九人民医院教授曹谊林、中石化上海石油化工研究院教授级高工程文才。

2002年3月，由市科协、上海发明协会等17家单位联合主办的第十二届"星火杯"创造发明竞赛，共征集到全国21个省市和地区的1080项参赛作品，其中青少年发明116项，发明实施产品100项。经评选，376个项目获奖，其中一等奖6项、二等奖30项、三等奖101项、四等奖174项、发明实施优秀产品奖65项。2003年3月到2004年8月，市科协、上海发明协会等17家单位联合主办第十三届全国"星火杯"创造发明竞赛。竞赛组织委员会从1020项参赛作品中评出278个获奖项目，其中一等奖10名、二等奖28名、三等奖68名、四等奖121名、发明实施优秀产品51项。2005年4月到2007年5月，市科协、上海发明协会、上海专利商标事务所有限公司等18家单位联合举办第十四届全国"星火杯"创造发明竞赛。竞赛组织委员会从来自全国20个省市和地区的1012项参赛项目中评出获奖项目230项。其中一等奖12项、二等奖32项、三等奖54项、四等奖98项、发明实施优秀产品奖34项。

2008年4月到10月，上海发明协会等举办首届上海民间发明创新大赛。大赛主题是：发明实现梦想，创新改变生活。目的是通过大赛选拔表彰一批民间发明家和优秀发明项目，进而提倡和弘扬人人热爱发明、尊重发明、参与发明的风气，在全社会宣传和树立发明创新的氛围。经过初赛、复赛、决赛等，发掘出120项优秀的民间发明创新项目，并在上海发明网和上海科技网进行公示，动员公众投票。邀请各个领域资深专家，进行最终答辩和评审。大赛评出一等奖12项、二等奖19项、三等奖50项、优秀项目奖39项。2009年2月10日，上海发明协会、浦东新区知识产权保护协会、上海科学技术开发交流中心和上海技术交易所联合在上海科学会堂召开首届上海民间发明创新大赛（浦东杯）获奖项目推介会。25位民间发明人，24家企业、投融资机构的代表，22位经纪人参加。5位民间发明人在会上介绍自己的发明项目：陆丕禾发明水性建筑保温及滚坛法制备工艺项目，刘策发明太阳能建筑光电与光热复合装置项目，彭健飞发明新型的骨科外固定系统项目，陈汇宏发明废旧软胎资源全额高值绿色化循环利用技术及成套设备项目，叶衍铭发明荧光图像早期癌症诊断仪项目。

三、青少年发明竞赛

1995年上海发明协会和上海市少年科技指导站共同举办"上海市青少年创造发明设计竞赛"活动。2000年，第五届青少年创造发明设计竞赛共有10万名中小学生参加，最终评出110名。2001年，第六届青少年创造发明设计竞赛共收到经学校和区县少科站筛选后的设计方案1800多项。经初评和复审，评出获奖项目242项，其中一等奖17项、二等奖39项、三等奖186项。获奖项目中自选题项目有168项，命题项目有74项。本届竞赛还评出50名教师获"优秀组织奖"，17个区（县）少科站获"区（县）优秀组织奖"。2002年9月，第七届上海市青少年创造发明设计竞赛揭晓，共有171项优秀设计方案获奖，其中一等奖17项、二等奖35项、三等奖119项。另有71名指导老师获得优秀组织奖。2003年12月，上海市第八届青少年创造发明设计竞赛揭晓，共有164个优秀设计方案获奖，其中一等奖18项、二等奖50项、三等奖96项。56个中小学校、少科站获优秀组织奖。2005年1月，第九届上海市青少年创造发明设计竞赛揭晓。竞赛共收到3万多个参赛设计方案。

有 317 个优秀设计方案获奖,其中一等奖 45 项、二等奖 96 项、三等奖 176 项。2005 年 6 月,第十届青少年创造发明设计竞赛活动揭晓。300 多所中小学的 4 万多人次参加,征集到有效设计方案 2 万余份,终评出 495 个优秀设计方案获奖,其中一等奖 80 项、二等奖 150 项、三等奖 265 项。2006 年 12 月,第十一届青少年创造发明设计竞赛活动揭晓,征集到设计作品约 4 万件。最终评出获奖作品 290 件,其中一等奖 51 件、二等奖 104 件、三等奖 135 件。2007 年 6 月,第十二届上海市青少年创造发明设计竞赛活动揭晓,298 件中小学学生参赛作品获奖,其中获一等奖 41 件(中学生组 21 件、小学生组 20 件),二等奖 106 件(中学生组 56 件、小学生组 50 件),三等奖 151 件(中学生组 78 件、小学学生组 73 件)。全市 19 个区县两万余名中小学生参加此届竞赛活动。2008 年 7 月 1 日,"上大附中杯"第十三届上海市青少年创造发明设计竞赛暨首届创新能力公开赛在上大附中举行。2009 年 7 月 1 日,"上大附中杯"第十四届上海市青少年创造发明设计和创新能力竞赛在上海大学附属中学举行,有 400 多名中小学生参加活动。"创意风暴"是该次新创设的一个项目。30 个团队围绕社会关注的城市垃圾处理问题刮起一场头脑风暴。"未来校园设计""火箭车设计""塔吊承重" 3 个项目采用现场制作形式。近万名中小学生提交发明方案,400 多名中小学生参加活动,500 多项发明方案获奖。

1995 年,上海发明协会设置上海高校学生"创造发明杯"奖,旨在鼓励和推动在读大学生、研究生培育崇尚科学、勤奋务实及创新开拓精神。1996 年,上海三枪(集团)有限公司捐资赞助该奖项的评奖工作,更名为"创造发明三枪杯奖"。2005 年,更名为"科技创业杯"。2009 年,特别设立"科技创业项目奖"。2000 年度上海高校"创造发明三枪杯"奖有 9 所高校申报 51 个项目,经上海发明协会组织专家评审委员会评审,评出 40 项荣获上海市高校学生"创造发明三枪杯"奖,获奖者中博士生 11 名,硕士生 21 名,本科生 8 名。2002 年 6 月,2001 年度上海高校学生"创造发明三枪杯"奖揭晓,共有 56 名学生完成的 51 项研究成果获奖,其中,复旦大学和上海交通大学各 9 项,华东理工大学 8 项,东华大学 7 项,上海理工大学 6 项,同济大学和华东师范大学各 4 项,上海大学和上海电力学院各 2 项。2003 年 6 月,2002 年度上海高校学生"创造发明三枪杯"奖评选结果揭晓,上海 7 所高校的 55 名学生完成的 49 项科研成果获奖,其中,上海交通大学和东华大学各 9 项,复旦大学和上海理工大学各 7 项,同济大学和华东理工大学各 6 项,华东师范大学 5 项。2004 年 7 月,2003 年度上海高校学生"创造发明三枪杯"奖评选结果揭晓,上海 12 所高校的 60 项学生科研成果获奖。60 个项目中有 51 个项目申报发明专利,其中 8 个项目申报 2 个以上发明专利,3 个软件项目申报软件登记。2005 年 7 月,2004 年度上海高校学生"创造发明三枪杯"奖评选结果揭晓,10 所高校 67 位学生完成的 50 项科研成果获奖。50 个项目中有 42 项申请专利。2006 年,来自上海 12 所高校的 121 名学生参加完成的 71 项优秀科研成果获得 2005 年度上海高校学生创造发明"科技创业杯" 奖,其中一等奖 2 项、二等奖 17 项、三等奖 52 项。2007 年 7 月,2006 学年度上海高校学生创造发明"科技创业杯"奖评选结果揭晓,14 所高校 198 名博士生、硕士生和本科生完成的 94 项优秀科技成果获奖,其中一等奖 6 项、二等奖 23 项、三等奖 65 项。2008 年 3 月,2007 年度上海高校学生创造发明"科技创业杯"评选活动启动,有 14 所高校参加,参评项目 215 项。87 个优秀项目获 2007 年度"科技创业杯"奖,其中一等奖 2 项、二等奖 23 项、三等奖 62 项。87 个发明中申报发明专利 77 项、实用新型专利 12 项,获软件著作权 3 项。2009 年 7 月 4 日,2008 年度上海高校学生创造发明 "科技创业杯"奖颁奖大会举行。评选出优秀创造发明成果 82 项,其中一等奖 3 项、二等奖 20 项、三等奖 59 项。该届首设并评出科技创业项目奖 4 项。

2000 年,第八届上海市青少年科技创新大赛以"创新——迎接知识经济的挑战"为主题,除发明创造和科学论文两项传统项目,又增加创新设计比赛、科幻画比赛和口号征集等活动。全市 30 万名学生参加本届大赛,其中参加市级评选的发明作品 250 项、科学论文 150 篇、创新设计 300 项、科幻画 1 000 幅、口号征集 17 000 条。经评审,共评出发明创造作品一等奖 14 项、科学论文一等奖 10 篇、创新设计一等奖 10 项、口号获奖数 100 条和科幻画获奖 60 幅。8 月,在全国青少年科技活动领导小组和国家自然科学基金委员会组织的第十届全国青少年科技创新大赛中,上海获得 5 金、7 银、10 铜、8 个专项奖和 7 个优秀口号的好成绩。上海市第十届青少年科技创新大赛组委会获得全国青少年科技创新大赛优秀组织奖。2002 年,在英特尔产品上海有限公司的大力支持下,上海地区赛更名为"英特尔上海市青少年科技创新大赛"。第十七届英特尔上海市青少年科技创新大赛共收到参赛作品 1 100 多项,参与的学生有 100 多万人次。大赛评出发明创造一等奖 16 项、二等奖 45 项、三等奖 70 项;科学论文一等奖 22 项、二等奖 62 项、三等奖 106 项;科技实践活动一等奖 20 项、二等奖 29 项、三等奖 30 项;科学幻想绘画一等奖 30 项、二等奖 100 项、三等奖 320 项;优秀组织奖 30 项。7 月 25—31 日,上海市代表队参加在河南省郑州市举行的第十七届全国青少年科技创新大赛决赛,获得优异成绩,其中获科学发明、论文一等奖 10 个、二等奖 10 个、三等奖 8 个;专项奖 9 个;获优秀科学实践活动一等奖 3 个、二等奖 3 个、三等奖 2 个;获科学幻想画一等奖 4 个、二等奖 10 个、三等奖 16 个。2003 年 4 月 5—6 日,第十八届英特尔上海市青少年科技创新大赛成果展在南洋中学举行。大赛主题为"让创新的智慧闪光",吸引 100 多万中小学生参与,100 多位专家教授参加各学科的评审活动。进入市级比赛的作品共有 1 000 多项,其中,380 多项科技创新成果、600 多幅科学幻想画、90 多项科学实践活动、80 多台机器人。2004 年 3 月 20—21 日,第十九届英特尔上海市青少年科技创新大赛在上海科技馆举行,主题为"探究身边的科学"。大赛由科技创新成果竞赛、优秀科技实践活动展示、科学幻想画展示、机器人创意设计作品展示和优秀科技教师评选五个项目组成;共有来自全市 19 个区县的 1 000 多位中小学生、1 000 多项作品参加比赛。大赛最终评选出优秀科技论文、创造发明一等奖 48 个、二等奖 139 个、三等奖 212 个;优秀科技实践活动一等奖 20 个、二等奖 28 个、三等奖 30 个;优秀科幻画一等奖 20 个、二等奖 60 个、三等奖 280 个;优秀机器人创意设计一等奖 10 个、二等奖 29 个、三等奖 40 个;优秀组织奖 20 个;优秀科技教师奖 10 个、提名奖 8 个以及各类专项奖 159 个。8 月 20—24 日,第十九届全国青少年科技创新大赛在四川成都举行。上海项目在"青少年科技创新成果竞赛"板块中,共获得一等奖 7 项、二等奖 11 项、三等奖 5 项、英特尔英才奖 5 项以及其他专项奖。2006 年 3 月 23—26 日,第二十一届英特尔上海青少年科技创新大赛在上海大学附属中学举行。以"勇于探索·自主创新"为主题,吸引来自全市共计 1 300 多位中小学生和科技教师参赛,参赛项目总计 459 项。有 100 多位专家教授参与奖项终评,各类专项奖设置高达 289 项。全市有近 100 万师生参与创新大赛项目的培育过程和青少年科技教育活动。2007 年 3 月 24—25 日,第二十二届英特尔上海市青少年科技创新大赛在浦东举行,来自全市 19 个区县和浙江参赛队的 1 200 多名中小学生、教师参加大赛,邀请 200 多位评审专家。此届大赛以"节约、创新、发展"为主题,共有 523 项优秀科技创新成果竞赛项目、103 项机器人创意设计项目、390 幅优秀少年儿童科学幻想绘画作品、112 项优秀科技实践活动和 10 位科技教师参与竞赛、展示、交流。2008 年 3 月 22—23 日,以"体验·创新·成长"为主题的第二十三届英特尔上海市青少年科技创新大赛在闸北区新中高级中学举行。来自全市 19 个区县和长三角地区参赛队的 1 200 多名中小学生、教师,200 多位评审专家相聚一堂,共赴为期两天的科技创新盛会。该届大赛共分 6 大板块,吸引全市近 70 万名学生和教师的参与,各区县收到参赛作品 9 000 多项,并从中评选优秀的作品参加市级大赛。进入终评展示的青少年科技创新成果共有 416 件、机器人工程创意设计作品90件、436幅少年儿童科学幻想画和118项科技实践活动。2009年3月21—22日,第二十四届英特尔上海市青少年科技创新大赛在杨浦区举行。来自全市18个区县、江苏和浙江参赛队近2000名中小学师生、专家参加该次活动。大赛以"体验、创新、成长"为主题,300多家单位参与该届大赛活动。大赛专项奖设置的数量和范围均有所扩大,设奖单位增至55家,专项奖奖项数量达358个。2010年,第二十五届英特尔上海市青少年科技创新大赛在上海举行。来自全市18个区县和浙江、江苏、云南以及外籍参赛队1500多名中小学生、教师参加活动,收到769件青少年创新成果、446幅科幻画、120项青少年机器人创意设计作品、113项科技实践活动、51件教师发明作品、50部科学DV短篇以及47件教师科技教育方案。

2003年,市科委和市教委开始主办"明日科技之星"评选活动。整个活动参加人数约10多万人(次)。首届评选出16名"明日科技之星"、34名"科技希望之星"。2004年5月,上海市第二届百万青少年争创"明日科技之星"评选活动举办,共有20名优秀学生经过三轮严格的筛选脱颖而出。2006年,上海举办第四届百万青少年争创"明日科技之星"评选活动,评选出"明日科技之星"22名、"科技希望之星"69名。2007年,第五届百万青少年争创"明日科技之星"评选活动经专家综合测试和推荐,并经评选活动组委会批准,20名学生荣获"明日科技之星"称号,78名学生荣获"科技希望之星"称号。2008年,第六届百万青少年争创明日科技之星评选活动评出22名明日科技之星、10名明日科技之星提名奖、70名科技希望之星。2009年,第七届百万青少年争创"明日科技之星"评选活动共评出"明日科技之星"20名、"明日科技之星"提名奖10名、"科技希望之星"70名。2010年,第八届百万青少年争创"明日科技之星"评选活动共评出"明日科技之星"20名、"明日科技之星"提名奖10名、"科技希望之星"70名。截至2010年,上海评选出100多位"明日科技之星",他们均得到市科委提供的万元奖学金资助、考大学加20分和提供升学"绿色通道"的待遇。

四、发明博览会

2001年9月1—25日,第十三届全国发明展览会在昆明市举行。通过评审,1211项参展项目中,801项获奖,获奖率66.1%,其中金奖203项、银奖295项、铜奖303项。上海有21个项目参展,获奖17项,获奖率80.9%,其中金奖5项,银奖和铜奖各6项。2003年10月24—28日,在厦门国际会议展览中心举办的第十四届全国发明展览会上,由上海市总工会职工技协、职工科技中心组团参展的14项发明成果中有11项获奖,其中金奖2项、银奖4项、铜奖5项。2005年9月,上海发明协会和上海职工技协组织115个发明项目参加由中国发明协会主办的第十五届全国发明展览会。上海有78项展品获得展览会奖,其中金奖19项、银奖25项、铜奖34项。上海展团获优秀展团奖。2006年9月21—24日,由中国发明协会、广东省科技厅等联合主办的第十六届全国发明展览会在广东省东莞市举行。展会上,由上海发明协会、上海市职工技协和职工科技中心组织参展的159项发明有116项获奖,其中金奖25项、银奖46项、铜奖45项。2007年9月24—27日,在河北省廊坊举行的第十七届全国发明展览会上,分别由上海发明协会、上海市职工技术协会和上海市职工科技中心、上海宝钢集团公司组织参展的374项上海发明中,有246项获得展览会奖,其中获金奖53项、银奖80项、铜奖113项。2009年8月15日,上海发明协会参展团参加第十八届全国发明展览会,有182个项目参展,共获奖112项,占总参展项目的61%。其中金奖21项、银奖44项、铜奖47项、专项奖2项。2010年9月8—11日,参加在西安市举行的第十九届全国发明展览会,上海发明协会组织126个发明创新项目参展。获奖77项(占参展项目的61%),其中金奖项目19个、银奖项目 23 个、铜奖项目 35 个。

2000 年 11 月 16—19 日，上海组团参加中国发明协会主办、香港生产力促进局承办的"2000 年香港国际发明展览会"，14 个送展项目获奖。2004 年 9 月 10—13 日　第五届中国国际发明展览会在上海展览中心举行。11 个国家和地区的 40 多个展团共展示 1 115 项最新发明成果。上海参展项目 352 项，241 项获展览会金奖，19 项获专项奖。上海发明协会在展会设立一个专项奖"2004 年第五届中国国际发明展览会优秀发明成果转化奖"，并被评为优秀展团。在 4 月 29 日至 5 月 9 日举行的第九十五届巴黎国际发明展览会上，上海国际港务（集团）有限公司参展的 6 项发明成果获得 3 块金牌、1 块银牌和 2 块铜牌奖。2005 年，"2005 年巴黎国际发明博览会"上，中国发明协会组团参展的 17 个项目中获得 4 金 5 银 3 铜和 2 项荣誉奖共 14 枚奖牌。上海的发明成果获得 2 金 1 银，其中上海宝钢集团曹国京的"陶瓷内衬钢管制造方法"和茅卫东的"电炉使用脱磷铁水冶炼不锈钢母液工艺"获"列宾发明竞赛"金奖，高玉田的"按工艺要求定滚筒飞剪机构参数方法"获"列宾发明竞赛"银奖。2006 年 4 月 28 日—5 月 8 日，在 2006 年巴黎国际发明展览会上，上海参展项目获 4 金、2 铜和 1 项"列宾竞赛奖"。2007 年 5 月 8 日，巴黎国际发明展览会闭幕。由中国发明协会组团参展的中国发明者共带去 28 个项目，获 4 项金奖、15 项银奖及 8 项铜奖。上海的送展项目有 19 项获奖，其中金奖 3 项、银奖 9 项、铜奖 6 项，还有 1 项获"列宾竞赛奖"。2008 年 10 月 19 日，第六届中国国际发明展，上海发明协会参展团参展项目中有 82 项获奖，其中金奖 17 项、银奖 30 项、铜奖 35 项。上海发明协会参展团获优秀组织奖。2009 年 4 月 30 日至 5 月 10 日，第 108 届巴黎国际发明展览会在法国凡尔赛门展览馆举行，来自中国、美国、英国、波兰、意大利、西班牙等 14 个国家和地区的 600 多个发明项目参加展览会。上海发明家、上海发明协会副会长、上港集团包起帆及其团队研发的散货自动化卸船系统和散货自动化装船系统获得 2 项金奖。

第三章 合作交流

第一节 国内合作

2000年,上海与11个省市自治区签订全面科技合作的协议。上海的科研单位、大专院校和科技企业与西部地区达成的项目合同与意向285个。项目总投资83.21亿元。上海市相继参与和组织召开"华东六省一市科委主任联席会议""上海、重庆、北京、天津科委主任联席会议"等围绕加强技术创新、科技体制改革的深入进行、高新技术产业化发展、西部大开发与发展高新技术等专题开展交流和研讨。4月起,市科委随市委、市政府领导开展调研,部署科技合作,先后访问河南、陕西、宁夏、内蒙古、新疆、甘肃、青海、四川、重庆、云南,并派出工作组与广西和贵州取得联系。2001年,市科委以"融入全国"为目标,继续推动国内科技合作五大工程,即科技合作开发工程、技术市场辐射工程、星火西进工程、科技设施形象亮点工程和科技人才培训交流工程。按照"优势互补、互惠互利、联手发展、共同繁荣"的原则,重点抓合作项目的落实和管理工作。共接待来访159批(其中部级30批)、1 329人次。

2002年,市科委重点抓国内科技合作项目的落实以及进一步开拓,共资助经费1 828万元。组织参加中国第六届东西部合作与投资贸易洽谈会,以科技为主组成上海展团,防沙治沙板块、现代农业板块和水处理技术板块受到欢迎。2003年,市科委开展对口支援、实施西部项目、推动国内展览、开拓长三角科技和东北三省科技合作等,共安排65项国内科技合作项目,投入1 731万元。长三角三地签署加强区域创新的协议,并在网上技术市场、技术产权交易等方面启动。接待国内科技交流团组84批、693人次,其中国家领导人1批,部级领导20批。

2004年,市科委下达国内科技合作经费2 280万元。上海与江苏和浙江实现科技资源共享无阻碍、科技信息传输无"慢车"、人才流动无障碍。上海市支持西部省区经济发展的科技合作项目共133个,总投资3.3亿元,安排65个国内科技合作项目,合作金额约2.2亿元,遍及新疆、甘肃、陕西、四川、内蒙古等12个省市区。市科委共接待来沪国内科技团组87批、704人次,其中国家领导人2批、部级领导21批。2005年,市科委结合上海科技"服务长三角、服务长江流域、服务全国"的发展战略,以"坚持两个并举、加速两个转变",即在合作的内容上坚持硬件建设与软件输出并举、在合作的层面上坚持政府引导与社会参与并举,加速以中西部合作为主向融入全国的转变、加速以帮扶支援为主向互惠互利的转变为工作思路。全年共下达国内科技合作经费2 085万元。共接待科技部、各省、市科技厅(局)100批、934人次,其中国家领导人1批、部级27批。

2006年,共下达国内科技合作经费2 170万元。共接待科技部和全国各省、市的科委、科技厅(局)来沪考察、调研、检察团133批、1 158人次,其中部级40批。上海市西部开发科技合作项目管理中心正式更名为上海市国内科技合作项目管理中心,承担国内科技合作计划项目的过程管理工作,包括西部开发、振兴东北与长三角联合攻关项目的过程管理。2007年,建立由30多家科技管理和中介服务机构、高校等组成的国内科技合作联络员网络,形成上海市科技界参与国内科技合作的合力;以帮助当地农民脱贫致富为目标,实施19项科技帮扶项目,支持经费450万元。西部科技合作项目和振兴东北老工业基地专项共征集到西部项目129项,项目总投资额8 533.8万元,其中上海投入 2 921.3 万元。市科委支持立项 39 个,资助金额 500 万元。

2008 年,共下达国内科技合作经费 3 250 万元;帮助科技管理干部学院获得上海市合作交流办 65 万元培训经费补贴。市科委荣获"全国东西扶贫协作先进单位",荣获第 10 届中国国际高新技术成果交易会"优秀组织奖"和"优秀展示奖",荣获第 5 届中国—东盟博览会"优秀组织奖"。市科委安排 60 万元专项经费支持灾区抗震防灾减灾技术应用项目。2009 年,市科委共下达国内科技合作经费 3 795.3 万元,其中组织开展科技对口支援项目 14 项,下达经费 500 万元;支持西部开发科技合作项目 32 个,资助经费 425 万元;支持振兴东北科技合作项目 4 项,资助经费 80 万元;支持开展长三角科技联合攻关项目 17 项,资助经费 945 万元;支持国内科技交流活动 21 项,资助经费 1 845.3 万元;同时帮助上海科技管理干部学院获得上海市合作交流办培训经费补贴 75 万元。

2010 年,完成《上海市国内科技合作与对口支援"十二五"规划纲要》的编制工作,开展科技对口支援项目 9 项,下达经费 500 万元;支持西部开发和振兴东北科技合作项目 28 项和 7 项,共资助经费 520 万元,带动社会投入 3 155.5 万元,可产生经济效益 1.83 亿元;开展长三角科技联合攻关项目 28 项,资助经费 980 万元,带动社会投入 2.05 亿元。在全国 9 个省市参加或举办包括世博科技巡展、西博会、新疆喀什交易会等展会交流活动 11 个,共组织 170 多家上海大专院校、科研院所、企事业单位近 400 个项目参展参会,达成意向合作项目 86 个,实际成交金额达 4.51 亿元。由上海科技管理干部学院承担的科技管理干部培训在全国(除港、澳、台外)开展培训班共 36 期,培训干部 1 631 人次。由科技部上海培训中心负责实施的革命老区科技管理干部培训班从 2000 年起开展西部科技人才培训工程,10 年来,中心举办西部培训班 20 余期,累计培训西部地区人员 600 余人次。

一、部市合作

2004 年 7 月 14 日,科技部部长徐冠华与上海市市长韩正签署《科学技术部上海市人民政府工作会商制度议定书》。双方围绕科技体制改革综合试点、E-上海建设、海水淡化、清洁能源、生命科学和医药产业发展、国家食品安全工程技术研究中心等方面达成合作意向。11 月 1 日,科技部与市政府有关部门就"部市合作"的思路和具体项目进行协商讨论。2005 年 8 月 18 日,科技部与上海市部市合作委员会 2005 年工作会议在沪召开。明确将战略产品研发与产业化、重大工程科技应用示范以及科技体制改革综合试点作为下一阶段"部市合作"三大核心任务。

2006 年 11 月 2 日,科技部与市政府 2006 年部市工作会商会议召开,科技部和市政府确定新的合作重点:在极大规模集成电路制造技术及成套工艺、新一代宽带无线移动通信网、重大新药创制等重大项目上开展新一轮合作,抢占科技制高点。建设以"上海宽带技术及应用工程中心"为平台的国家级网络试验床,提升"国家 RFID(射频识别)产业化基地"的能级。使上海研发公共服务平台成为国家科技基础条件平台的区域试点示范,提高平台服务长三角、服务全国的能力。支持张江园区创建国家一流高新区,强化对企业自主创新活动的引导,实施技术创新引导工程和科技型中小企业成长路线图计划。科技部部长徐冠华,上海市委代理书记、市长韩正出席会议并讲话。2007 年 11 月 5 日,科技部与市政府 2007 年部市工作会商会议在沪举行。科技部部长万钢、上海市市长韩正等领导出席会议。经会商,双方确立共同推进国家重大专项、加强世博科技攻关、推进崇明岛生态和经济建设协调发展、推进重大战略产品的研发应用、推进高新区建设、营造自主创新创业环境等新一轮合作工作重点。

2008 年 11 月 3 日,科技部与市政府 2008 年部市工作会商会议在沪举行。双方对下一步推进

"部市合作"各项工作进行认真研究和磋商，确定下一步合作重点。全国政协副主席、科技部部长万钢，上海市委副书记、市长韩正出席会议并讲话。通过会商，科技部与上海市人民政府确定在全面推动科技让世博更精彩、全力实施国家重大专项任务、加快推动产业结构调整升级、营造自主创新良好环境等方面开展深入合作。2009年11月5日，科技部、市政府在上海举行2009部市会商工作会议。全国政协副主席、科技部部长万钢，上海市委副书记、市长韩正出席会议并讲话。经双方商议，新一轮"部市合作"将重点围绕培育新兴战略性产业、开展崇明生态岛绿色经济试点示范、实施技术创新工程、完善创新创业环境等方面展开。2010年11月5日，科技部与市政府在上海举行部市工作会商制度议定书签字仪式暨2010年部市工作会商会议。全国政协副主席、科技部部长万钢，上海市委副书记、市长韩正出席会议并讲话。签署科技部、上海市工作会商制度议定书，确定5个方面为新一轮（2011—2015年）部市合作重点：共同培育战略性新兴产业，共同实施重大科技示范工程，共同建设高水平研发基地，共同推进技术创新工程实施，共同支持张江自主创新示范区建设。

2004年签订部市合作框架协议以来，"部市合作"取得丰硕成果：为世博会成功举办提供强有力的科技支撑，从2005年起启动实施的世博科技行动计划，聚焦世博建设、能源、环境、运营、展示及安全等领域的科技需求，部市累计投入财政资金超过8亿元，组织开展技术攻关和集成应用，取得自主创新成果约1500项，绝大多数实现应用。实现重点领域的重大技术突破，在"极大规模集成电路制造装备及成套工艺""重大新药创制""新一代无线移动通信网"等国家重大专项中承接和实施一大批重大专项任务，部分阶段性成果实现产业转化。围绕崇明生态岛建设要求，一批国家级项目、基地、人才先后落户崇明，通过技术攻关和集成应用，为崇明实现低碳、生态、可持续发展提供强有力的科技支撑，特别是"崇明生态岛建设指标体系"研究提出的24个核心指标，正在引领崇明生态岛建设。在创新体系建设上迈出重要步伐，作为部市合作的重要内容，上海创新体系建设以实施国家技术创新工程试点为重大契机，加快推进企业主体培育、张江高新区发展、创新政策完善、公共服务体系建设等，着力营造良好的创新创业环境。

二、院市合作

自1995年8月，中国科学院与市政府建立全面合作关系以来，双方在重大工程项目、科学研究中心、高新技术产业化和人才培养等方面的合作取得令人振奋的进展，双方优势得到充分体现。

2001年7月，成立上海市人民政府、中国工程院合作委员会，组建上海市中国工程院院士咨询与学术活动中心（院士中心）。11月23日，中国科学院与市政府在市政府会议厅签署新一轮5年全面合作协议。双方面向上海市社会经济发展的战略需求，共同组织实施基础性、前瞻性重大科研项目。中国科学院与上海合力推动技术创新，为上海市传统产业改造和高新技术产业发展作出实质性贡献。上海市市长徐匡迪、中国科学院院长路甬祥等出席签字仪式。双方同意成立市院合作委员会，协调重大合作事项。

2002年，中科院上海分院在嘉定工业区内，联手共建"上海光电子科技产业园"。有6个中国科学院项目入园，园区招商金额3亿多美元。创建科技合作网，筹建国家技术转移中心。继续做好与上海电气、广电集团的合作外，同时开展与上海医药集团公司、上海华谊集团公司的合作。10月3日，上海市人民政府、中国工程院合作委员会第二次会议在上海科学会堂召开。中国工程院党组书记、院长徐匡迪，上海市主要领导等及合作委员会委员和来宾约30人参加会议。会议审议合作委员会拟调整的成员名单;审议院士中心 2002 年度的工作报告。

2003 年 9 月 15 日,中国科学院和上海市签署进一步开展合作的《会谈纪要》,双方共建国家级大科学工程装置"上海光源",以及上海微小卫星工程中心,全国人大常委会副委员长、中科院院长路甬祥和上海市委副书记、市长韩正出席签字仪式。中国科学院上海分院与上海嘉定区科技合作,推进上海光电子科技产业园建设;与浦东新区科技合作,推动中国科学院计算所上海分部在浦东落户发展;与徐汇区合作,签署全面合作协议;与上海电气集团、上海广电集团科技合作,取得重大成效;与华谊集团签订科技合作协议,签订 7 个合作项目。2004 年,中科院上海分院组织上海分院各所申报 37 个科教兴市产业化重大科技攻关项目,组织相关项目集成技术。与上海专利局签署"共同推进知识产权工作的行动计划",获得上海市对研究所专利申请定向资助 120 多万元。协调组织分院系统 126 台仪器进入大型仪器设备协作共用网;协调完成上海质谱专业技术服务平台的组建工作。建成上海天文博物馆、上海昆虫博物馆。加强与徐汇区科委、浦东科技局的合作,推动种子资金项目落实,筛选出 9 个资助项目,资助金额 300 万元。

2005 年 8 月 29 日,市政府与中国科学院签订合作共建上海辰山植物园协议书,中科院院长路甬祥,上海市委副书记、市长韩正出席签约仪式。坐落于松江区佘山镇的辰山植物园是集科研、科普和观赏游览于一体的综合性植物园。2006 年 8 月 4 日,中国科学院上海浦东科技园筹备处揭牌仪式在中科院上海分院举行,中国科学院副院长江绵恒出席并为筹备处揭牌。经过上海分院与浦东新区关于规划论证、功能定位、运行模式、运行机制的多次研讨,形成浦东科技园总体可行性研究报告和 6 个创新基地的可行性研究报告,完成新技术基地和医药生物技术基地两个基建项目的初步方案,形成《世界科技园发展与战略的研究报告》。9 月 1 日,市政府、中国工程院合作委员会第五次会议在上海科技馆召开。"合作委员会"主任、副市长严隽琪,"合作委员会"主任、中国工程院副院长杜祥琬等和"合作委员会"委员等 30 余人出席会议。严隽琪和杜祥琬共同启用"上海院士中心"标志。

2008 年 9 月 26 日,中国科学院、上海市人民政府进一步深化院市合作协议签字仪式在沪举行。中共中央政治局委员、上海市委书记俞正声,全国人大常委会副委员长、中国科学院院长路甬祥出席仪式并为中科院上海浦东科技园揭牌。市委副书记、市长韩正在仪式上致辞。12 月 29 日,中国科学院、上海市人民政府院市合作委员会工作会议在上海召开。中国科学院副院长江绵恒,市委常委、常务副市长杨雄出席会议并讲话。会议由副市长沈晓明主持。会议宣布中国科学院、上海市院市合作委员会名单。全国人大常委会副委员长、中国科学院院长路甬祥和市委副书记、市长韩正担任名誉主任,江绵恒、杨雄任主任。12 月 30 日,中国科学院上海浦东科技园暨新技术基地建设开工仪式举行。中共中央政治局委员、上海市委书记俞正声,全国人大常委会副委员长、中国科学院院长路甬祥出席并共同启动开工装置。市委副书记、市长韩正出席并致辞。推进蛋白质科学设施、上海浦东科技园二期、绿色智能城网示范等上海市与中科院的重大合作项目建设。与中国工程院开展低碳能源、纺织科技、转化医学、人口老龄化等方面的学术探讨。

2009 年,落实 2009 年院市合作委员会主任工作会议精神,推进上海浦东科技园暨上海高等技术研究院建设,继续部署重大项目,加强前瞻技术和高技术产业化布局。开展量子精密测量及其相关技术的研究,实现汞原子的激光冷却和囚禁,提供用于光钟及其他精密测量所需的冷原子源,开展超细气态悬浮煤粉燃烧技术研究,开展地铁突发事故应急处置关键支撑技术研究及应用推广,开展高效率电动汽车回馈制动技术、一体化 AMT 传动技术、广域高效可变励磁永磁电机和高功率密度集成控制器技术的研发,实现以永磁电机驱动、制动能量回馈为主的纯电动汽车能源动力系统核心技术的突破。2010年,市科委会同中国科学院继续部署重大项目,加强前瞻技术和高技术产业化布局。在前沿技术领域,开展增强硅基薄膜光吸收效率的新技术研发。在新能源利用和节能减排领域,开展生物燃料丁醇的生产与车用关键技术研究与示范,开展 CH_4 和 CO_2 重整制合成气中新型催化剂关键技术研究。在新材料和新器件领域,开展亲水性高性能聚偏氟乙烯中空纤维膜生产关键技术研究,开展有机薄膜晶体管阵列面向电子纸显示的器件设计及工艺优化研究。2010年3月22日,上海市人民政府、中国工程院合作委员会第7次会议在上海召开。中国工程院党组副书记周济、副院长杜祥琬,副市长沈晓明出席会议。3月30日,中国科学院、上海市人民政府院市合作委员会第2次工作会议举行,中共中央政治局委员、上海市委书记俞正声,全国人大常委会副委员长、中国科学院院长路甬祥,市委副书记、市长韩正出席并讲话。

三、长三角合作

2003年,在科技部的指导和协调下,江苏省、浙江省和上海市人民政府签订《关于沪苏浙共同推进长三角创新体系建设协议书》,建立由两省一市主管领导组成的长三角区域创新体系建设联席会议制度。联席会议下设办公室,负责长三角科技合作具体任务的组织和协调,并设立相应的专项资金。4月11日,科技部高新技术发展及产业化司在江苏苏州市东山召开国家"863"计划"高性能宽带信息网"重大专项长江三角洲地区示范应用研讨会。有关领导和专家出席会议。2004年,市科委、浙江省科技厅、江苏省科技厅签订联合协议,并于6月24日在相关媒体上颁布《关于联合开展长三角重大科技攻关的公告》。共征集项目117项,其中上海65项。经三地专家评审后确认9项(上海、江苏、浙江各3项)为重大科技联合攻关项目。上海的3个立项项目总投入为7 370万元,分别是:上海市自来水市北有限公司的"长三角区域城镇饮水安全保障技术研究",上海华腾软件系统有限公司的"长三角城际一卡互通交换清分平台原型系统",上海华美系统有限公司的"长三角加工贸易企业供应链管理"。

2005年,苏浙沪两省一市决定重点推进环保、能源、科技资源共享、交通合作等四个科技合作专题。上海、江苏和浙江科技部门组织研究"长三角区域'十一五'科技发展规划战略研究"课题,为制定《长三角区域"十一五"科技发展规划》奠定基础。3月1日,2005年长三角区域创新体系建设联席会议办公室工作会议在江苏省扬州市召开。苏浙沪共商加强三地合作,推进长三角创新体系建设大计。市科委提出加强合作4项原则。10月22日,长三角大型科学仪器设备协作共用网开通,南通、无锡、扬州、嘉兴、徐州、淮安、马鞍山、上海等14个首批开通城市的入库资源总量达1 500余台(套)。2006年,《长三角"十一五"科技发展规划纲要》的编制启动。两省一市联合承办"2006长三角·中俄科技与创新合作活动周",举办"俄罗斯科技创新展"。5月19日,长三角区域创新体系建设联席会议办公室2006年工作会议在上海召开。会上讨论江浙沪三地共建长三角科技资源共享服务平台、联合开展重大科技项目攻关和推进区域科技政策对接工作等有关事项。9月11日,长三角大型仪器网平台第一阶段建设基本完成,启动长三角科技创新公共服务平台文献服务和技术转移两大系统的建设工作,建立长三角技术交易网络系统。

2007年,沪苏浙三地联合编制《长三角科技合作三年行动计划(2008—2010年)》,谋划长远发展。5月15日,中共中央政治局常委、国务院总理温家宝在上海主持召开长江三角洲地区经济社会发展座谈会。指出,要促进长江三角洲地区实现率先发展、科学发展,增强综合实力、创新能力、可持续发展能力和国际竞争力。今后一个时期要实施科教兴国战略,显著增强自主创新能力,尽快把长三角建设成为创新型区域。6 月 21 日,浙江、江苏、上海两省一市政府在杭州联合召开 2007 长三角区域创新体系建设联席会议。三方共同签署《长三角科技资源共享服务平台共建协议书》。副市长杨定华等领导开通"长三角大型科学仪器设备协作共用网"。10 月 18 日,长三角地区科协合作联盟在上海成立。苏浙沪科协每年轮流举办联席会议,共同研究制定合作交流、联动发展规划。2008年 5 月 28 日,江苏、浙江、上海两省一市科技厅(委)在南京联合召开 2008 年长三角区域创新体系建设联席会议。6 月,由上海、江苏和浙江三地科技部门协商编制的《长三角科技合作三年行动计划(2008—2010 年)》正式印发,提出推进长三角科技创新与合作的 21 条政策性建议。7 月底,两省一市对 2008 年科技联合攻关项目的领域进行研讨,确定江苏负责太湖水治理,浙江负责长三角血液和食品安全,上海负责长三角集成电路、数字多媒体产业联动。长三角重大科技联合攻关项目经费从 1 000 万元提高到 3 000 万元,两省一市各出资 1 000 万元。10 月 29 日,以建立技术经纪机制、促进技术转移为主题的建立长三角技术经纪机制促进技术转移研讨会在上海召开。

2009 年,长三角区域创新体系建设工作座谈会暨联席会议 2009 年工作会议在上海召开。全国政协副主席、科技部部长万钢出席会议。致公党中央和江苏省、浙江省、安徽省、上海市领导出席会议。沪苏浙皖科技部门在科技部的指导下,成立联合工作组,启动研究制订推进长三角地区建设国家级自主创新综合示范区建设方案。4 月 16 日,市科委与安徽省科技厅在合肥签署《关于进一步加强科技合作与交流协议书》。5 月 17 日,2009 年长三角职工科技创新工作论坛在上海举行。2010年,2010 年度长三角地区合作与发展联席会议召开,上海市、浙江省、江苏省、安徽省相关领导出席会议并发言。征集到长三角联合攻关项目 140 项,立项 28 项,涉及新能源与节能减排技术、海洋工程装备、生物医药,以及公共安全四大领域。立项总投资 16 817.7 万元,其中上海投资 13 949.4 万元,苏浙皖地区投资 1 888.3 万元,市科委支持 980 万元。"长三角大仪网"集聚区域内 627 家单位的 10 541 台(套)科学仪器加盟,跨区域的仪器设施服务量超过 2.3 万次。长三角科技文献系统正式开通运行,文献系统中跨库检索下载、特色数据库等服务量超过 15.5 万次,注册人数近 2 万人。11 月 19 日,长三角园区共建合作专题工作推进会暨长三角园区共建联盟成立大会在合肥市召开,会议审议通过《长三角园区共建联盟章程》,签署《长三角园区共建联盟合作框架协议》。

四、对口支援

20 世纪八九十年代,市科委开始开展科技对口支援,包括对西藏的"科技援藏"工作、对云南的"科技扶贫"工作等。1996 年,市科委成立科技援藏工作领导小组;1997 年,与云南省科技厅签订科技合作协议。上海的科技援藏工作围绕日喀则的经济建设和社会发展,重点扶持市场前景好,有明显造血功能的短、平、快项目,逐步构筑由输血向造血功能转化的科技援藏框架。截至 2000 年,援助金额累计达 322 万元。

2000 年,建成 3 000 平方米的日喀则上海科技馆,填补该地区没有科技馆的空白。实施"边雄乡良种猪引进示范推广""新农牧业耕作技术及科普培训"和"太阳能技术综合开发利用"等项目。市科委共支持新疆阿克苏地区科委 70 万元的项目经费,用于筹建阿克苏上海科技活动中心和实施对当地经济有促进作用的科技成果项目。市政府拨出 100 万元,市科委配套 100 万元,重庆市科委拨出 50 万元,共 250 万元,在重庆万州区五桥区援建重庆上海科技中心;拨出 18 万元支持湖北宜昌县(现宜昌夷陵区)科委开展"茶叶品种改良的研究"项目。6 月 5—6 日,上海与中西部地区科技合作情况交流会在上海召开。8 月 10 日在沪召开西部大开发研讨会暨科技合作项目招标信息发布会。9月,市科委与云南省科技厅召开科委联席会议和沪滇科技合作领导小组例会,明确科技合作和帮扶工作的方向。由市政府拨出750万元,云南省科技厅拨出150万元,在思茅地区、文山州、红河州各援建一个科技中心。2001年,在对口支援方面,从输入硬件转向输入软件,着重抓"造血"功能的建设。云南红河上海科技中心走出科技援助新路;重庆上海科技中心于4月份正式开工,并重点探索运行机制模式。上海加强对西藏、新疆、重庆、云南和三峡库区等地的科技援助工作,共支持经费260万元。5月23—30日,上海市经贸代表团科技组赴四川、重庆等地考察洽谈。上海科技企业携带的项目涉及现代农业、通信、信息、新材料、生物基因工程、环保、节能和水产养殖等方面,共签订协议、合同意向47项,金额达16.16亿元。

2002年,在对口支援方面,着重抓机制、抓项目配套,完成项目34项。继续征集西部开发科技合作项目243项,项目总投资18.95亿元,上海投资5.88亿元,市科委支持项目数57项,支持项目经费570万元。完成鉴定项目34项。以红河上海科技中心为依托筹建的云南红河农业高新技术示范园被科技部批准为云南唯一的国家级园区。重庆上海科技中心正式竣工,投入运行。为配合"三峡科技行"活动,科技部确定实施5个重大项目,其中有同济大学教授赵建夫主持的"重庆三峡研究院"建设。9月,作为上海市对口云南帮扶合作任务之一,沪滇远程医学教育网试播。2003年,上海科技管理干部学院通过政府支持和市场运作的结合,全年为新疆、陕西、内蒙古、西藏、云南等中西部省、区培训科技管理干部11期,共297名。在科技援藏方面,市科委下达的"上海市肿瘤医院与西藏自治区人民医院肿瘤研究项目合作"项目,在5年内为西藏建立肿瘤诊治专业学科,并培养一批技术骨干,形成一支专业队伍,改变西藏医疗没有肿瘤专科的现状。

2004年,上海市在西藏日喀则、重庆五桥区、云南四地州、湖北宜昌夷陵区继续实施科技对口援助工作,支持经费300万元。上海与新疆阿克苏地区、西藏日喀则等8个上海重点对口西部支援地区,共同签署"一对八"《2005—2007年人才开发合作交流备忘录》。5月13日,复旦大学附属肿瘤医院与西藏自治区人民医院共建肿瘤科挂牌,这是西藏自治区第一个肿瘤专科,填补西藏地区肿瘤治疗领域的空白。上海专家举办关于肿瘤治疗的讲座,对第一批肿瘤患者进行会诊。7月,上海选派医生、护士赴藏援建。2005年,在西藏日喀则、云南四州市、重庆五桥区、湖北宜昌夷陵区、新疆阿克苏地区继续实施科技对口援助工作,全年支持经费370万元。7月24日,市科委和云南省红河州人民政府签约共建云南红河国家农业科技园区。11月,举办"沪疆科技合作项目推介会",11家单位与新疆地区签订17份协议。

2006年,在西藏日喀则、重庆五桥区、云南四州市、湖北宜昌夷陵区、新疆阿克苏地区继续实施科技对口援助工作,支持经费400万元。4月,上海科技代表团访问四川华蓥市,并签订市科委与华蓥市政府《加强科技合作帮扶工作的协议书》,市科委支持20万元,建设上海—华蓥市科技协作网络信息服务平台。2007年,市科委结合对口支援地区科技发展的需求,依托建成的各个上海科技中心,在西藏日喀则、新疆阿克苏、云南四州市、三峡库区、四川广安华蓥市继续实施科技对口援助工作,组织实施19项科技帮扶项目,支持经费450万元。10年来,市科委共援助科技帮扶资金1 500多万元,实施援助项目60多项。6月26日,市科委启动第五批科技援藏工作,明确将对第五批科技援藏工作给予400万元的支持,重点支持农牧业科技示范、科技能力建设、科普工作、科技培训等项目。8月28日,"上海-新疆科技合作洽谈会暨沪疆科技创新国际论坛"在新疆乌鲁木齐市举行。市科委共组织80多家企事业单位携200多个项目参展。9月12日,在云南迪庆州建州50周年之际,由上海市援建的迪庆上海科技中心开工奠基。

2008年,市科委结合对口支援地区科技发展的需求,在西藏日喀则、新疆阿克苏、云南四州市、三峡库区、四川广安华蓥市继续实施科技对口援助工作,组织实施 17 项科技帮扶项目,支持经费 500 万元。1 月 7 日,市科委、云南省科技厅在沪举行加强科技合作座谈会,回顾总结 2007 年沪滇科技合作工作,并对 2008 年沪滇科技合作计划进行深入讨论。7 月 3 日以"合作、共赢、发展"为主题的沪滇科技成果洽谈会在昆明开幕。云南与上海两地 21 项科研合作项目签约,合同总金额达 2.39 亿元。9 月 3 日,由市科委援助举办的四川省都江堰市科技管理干部研修班在上海科技管理干部学院开班。9 月 12 日,都江堰市灾后重建(产业发展)项目推介会在沪举行。11 月 4 日,市科委与都江堰市人民政府签订《汶川地震灾后恢复重建科技特派团对口帮扶工作合作协议书》。

2009 年结合对口支援地区科技发展的需求,在西藏日喀则,新疆阿克苏,云南红河、普洱、迪庆、文山四州(市),三峡库区,四川广安华蓥市开展 14 项科技帮扶项目,支持经费 500 万元。市科委与云南省科技厅签署《2010 年沪滇科技对口帮扶与科技合作工作备忘录》,帮扶项目 6 个。2007—2009 年第五批援藏资金共下达 400 万元,资助项目 6 个。5 月 8 日,由市科技党委、市科委、上海市对口支援都江堰指挥部与都江堰市政府共同举办的上海—都江堰科技援助与合作交流活动在都江堰市举行。2010 年,市科委结合对口支援地区科技发展的需求,在西藏日喀则,新疆阿克苏,云南红河、普洱、迪庆、文山四州(市),三峡库区,四川广安华蓥市开展 9 项对口科技帮扶项目,支持经费 500 万元。6 月 28 日至 7 月 2 日,市科委组织信息安全、新能源与节能环保、现代农业三大板块的 14 家上海科技型企业的近 20 个项目,参加第 6 届中国新疆喀什中亚南亚商品交易会。9 月,市科委组织上海市的 12 家科研院所、企事业单位赴喀什开展项目对接交流活动。

五、与其他省市合作

20 世纪 80 年代末,上海所属 12 个区与国内 200 多个地、市、州、县以及京津所属的一些区建立横向联合,形成一批联合体。90 年代,上海与有关省市签订科技合作项目 271 项,技术交易额达 5 667.5 万元,与 11 个省市自治区签订全面科技合作的协议,上海高新技术成果转化服务中心和上海技术产权交易所在重庆、成都、河南、宁夏、内蒙古和甘肃等地区设立 25 个分中心和交易信息部。

2000 年以来,上海实施西部开发专项和振兴东北科技合作专项。市科委在国内科技合作专项中设立西部开发专项,上海科技开发交流中心在与中西部地区签订各类合同、意向书 215 项,金额 41.727 1 亿元。4 月 21—25 日,上海商品博览会在郑州市举办。上海与河南两地领导就联手合作、共同发展进行洽谈,并观看上海商品博览会科技展馆。市科委组建的上海科技展团在博览会高新技术成果交易馆中推出 400 余项成果,5 天签订合同与意向协议 50 项,标的 75 亿元。6 月 20—22 日,陕西省与上海市就全面开展科学技术合作与交流达成合作协议。2001 年,市科委批复成立上海市西部开发科技合作项目管理中心。制定《西部开发科技合作项目管理试行办法》。全年共征集到与西部地区合作的项目近 300 项,批准资助西部开发科技合作项目 93 项,资助经费 1 000 多万元。为拓展与西南地区及江西等地的科技合作,市科委组团出访四川、重庆、江西与贵州,共签订协议、合同意向 109 项,金额 40 多亿元。

2002 年 4 月,2002 年度征集西部开发科技合作项目信息发布会暨上海市西部开发科技合作项目管理中心成立揭牌仪式在上海技贸宾馆举行。市科委介绍 2001 年上海市西部科技合作项目进展情况,部署 2002 年重点开展的工作,并发布 2002 年度征集西部开发科技合作项目信息。西部项目管理中心成立后,组织上海 22 家单位参加第六届东西部合作与投资贸易洽谈会、沪赣科技合作洽谈会、新疆科技产业合作洽谈会、"科技三峡行"大型活动,组织 30 多家西部项目单位参加 2002

年上海工业博览会。征集科技西进及合作项目 243 项,带动东西部合作资金总量 18.95 亿元。2004 年,上海扩大科技西进地域的项目确定。市科委与西部地区 11 个省、市、自治区签订全面科技合作协议,专门组建上海西部地区科技合作项目管理中心。征集西部项目 260 项,实际立项 65 项,遍布新疆、四川、广西等 12 个省市自治州,投资总额达到 21 142.7 万元,市科委支持 550 万元,创历史新高。

2005 年,西部项目共征集项目 178 项,涉及西部 12 省区,以及湖北恩施、湖南湘西、吉林延边 3 个自治州,主要集中在电子信息技术、现代农业、生物医药技术、先进材料与清洁能源四大领域。经评审,共立项支持 46 项,下达项目资金 320 万元。市科委下达东北科技合作项目 12 项,拨款 100 万元,带动双方投入 2 800 万元,这些项目涉及农业、新材料、信息化和环境保护等领域。2006 年,西部科技合作项目和振兴东北老工业基地专项计划共征集到西部项目 140 项,涉及现代农业、信息技术、生物医药技术及新材料与装备制造四大领域;东北项目 54 项,涉及现代农业、现代制造业及生物医药技术三大领域。市科委正式立项的西部项目 53 项,涉及甘肃、广西、贵州、内蒙古、宁夏、新疆、云南、东北三省等 17 个地区,立项项目总投资额 8 977.5 万元,其中上海投入 2 401 万元,西部地区投入 6 276.5 万元,科委资助 400 万元。市科委正式立项的东北项目 13 项,立项项目总投资额 4 054.1 万元,其中上海投入 2 764.9 万元,东北地区投入 1 189.2 万元,科委立项投放资金 100 万元,预期经济效益 8 875 万元。

2007 年,根据市科委发布的《2007 年度参与西部开发科技合作课题指南》,项目中心面向上海市共征集到西部项目 129 项,涉及现代农业、信息网络建设、疾病防治与药物开发和环保及装备制造四大领域。经专家评审后,有 30 个项目获市科委支持立项,立项项目总投资额 8 533.8 万元,其中上海投入 2 921.3 万元,西部地区投入 5 112.5 万元,市科委立项投放资金 500 万元,预期经济效益 41 382 万元。根据市科委发布的《2007 年度振兴东北科技合作项目指南》,项目中心共征集东北项目 15 项,涉及现代农业和现代制造业两大领域,经专家评审,有 9 个项目获市科委立项支持,立项项目总投资额 2 309.1 万元。其中上海投入 387.7 万元,东北地区投入 1 821.4 万元,市科委立项投放资金 100 万元,预期经济效益 7 510 万元。12 月 6 日,市科委和内蒙古科技厅签订新五年科技合作协议。2008 年,西部科技合作项目和振兴东北老工业基地专项共征集项目 58 项(西部 44 项、东北 13 项)。市科委支持立项 38 项(西部 29、东北 9 项),资助金额 520 万元(西部 400 万元、东北 120 万元),立项项目总投资额 5 315.3 万元,其中上海投入 2 288.6 万元,西部和东北地区投入 3 026.7 万元。11 月 20 日,市科委与江西省科技厅签署赣沪科技合作协议。双方将在科学研究、高新技术开发和产业化、科技管理人才培养、信息资源共享等方面开展长期合作。

2009 年,上海继续加强与西部、东北的科技合作,共征集西部项目 46 项,共投入资金 1 258 万元,西部地区投入 6 636 万元,市科委资助 425 万元,预期经济效益 31 073 万元。东北项目合作领域涵盖现代农业和现代装备制造业两大类。现代农业征集到 2 项,其中 2 项获得立项;现代制造业征集到 5 项,其中 2 项获得立项。5 月 21 日,市科委与贵州省科技厅、安顺市政府签署科技合作框架协议。2010 年,上海国内科技合作项目管理中心共征集到西部科技合作项目 38 项,立项 28 项,立项总投资 2 788 万元,其中上海投资 1 158 万元,西部投资 1 210 万元,市科委支持 420 万元,预期经济效益 12 402 万元。项目中心共征集东北科技合作项目 13 项,立项 7 项,涉及现代农业和现代制造业两大领域。立项总投资 888.5 万元,其中上海投资 503.5 万元,东北投资 285 万元,市科委支持 100 万元。10 月 22—26 日,第 11 届中国西部国际博览会在四川省成都市举行,上海展团共组织 30 多家企业、80 多个项目参加展示和洽谈,展览面积近 300 平方米。该届西博会上,上海展团组织信息技术、绿色能源与节能环保、环境改善与生态综合治理等领域的项目和产品进行参展。

六、与港澳台合作

2000年，上海科技界赴台交流活动有9批49人次，其形式包括研讨、座谈、考察、展示等；台胞科技事宜来沪10批约50人次。市科委负责接待的台湾团组16批约110人次，其中包括台湾工艺博物馆馆长，台湾积体电路、华新立华等知名企业代表。4月，上海市科学学研究所与科技开发交流中心联合举办沪台技术转移研讨会，上海和台湾商业界、学术界、知识产权管理单位的知名人士约60人与会，其中台湾代表25人。8月20—28日，应香港特别行政区政府消防处的邀请，上海防灾救灾研究所2位代表，赴香港考察城市灾害管理体制、行政法规、运行机制、消防培训、现代化消防与救护装备、消防处牌照及管制总区和防火安全总区的管理工作。10月29日—11月9日，上海科技开发交流中心组团，由科研所、科技企业、咨询企业及科技园区的负责人组成上海科技代表团一行12人，赴台湾考察科技创新、创业投资和中小企业发展情况。

2001年，市科委共接待或参与接待台湾团组15批，逾300人次，包括台湾交通大学、中华软体协会、电机电子商业同业公会、模具同业公会等各类学术机构和组织。经市科委办理有关手续的赴台交流项目有8项48人次，包括研讨、考察、布展与合作研究等形式。5月19—20日，由国家科技部海峡两岸科技交流中心、上海科技开发交流中心和台湾孙运璇学术基金会联合主办的"海峡两岸中医药学术研讨会"在上海新锦江大酒店举行。来自北京、成都、上海的中医药专家、学者约200人，以及台湾科技界、医学界专家50余人参加研讨会。10月31日—11月2日，国际应用科技开发协作网第六次全体大会在上海交通大学召开。上海市有关领导，上海交通大学、香港理工大学和东南大学等协作网各成员高校领导，以及香港企业与高校科技合作产业化考察团代表60余人与会。11月11—13日，第三届沪港科技合作研讨会在上海科学会堂思南楼举行。会议主题为城市群体运输，沪港两地及部分省市的近300位专家学者与会，会议发表论文28篇，沪港双方各14篇。

2002年6月27—28日，2002年沪港技术与资本联动研讨会在沪召开。会议主题是加快科技与资本结合的步伐，推动内地中小科技企业走向国际资上海市场。9月23—24日，由市科协、中国台北政治大学商学院和上海大学知识产权学院联合主办的2002年海峡两岸产业发展学术研讨会，在上海科学会堂思南楼举行。2003年10月5—17日，上海科技中介机构访问台湾，并与台湾科技界人士进行广泛的交流。2004年5月17—19日，市科协代表团一行26人参加在香港召开的第四届港沪科技合作研讨会。该届会议共收到论文26篇，其中香港代表9篇，上海代表17篇。

2006年7月6—7日，市科协与中国台湾政治大学科技管理研究所在科学会堂联合主办2006海峡两岸科技自主创新研讨会。来自海峡两岸的知名专家、学者分别以台湾和上海的企业为例，围绕"自主创新""创造力与自主创新""科技与自主创新""自主创新与事业绩效"4个主题进行交流。8月21日，来自中国内地、台湾、香港的化工类博士点的50多所高校及科研院所的博士研究生、博士生导师、专家学者300余人，参加华东理工大学承办的"2006年海峡两岸三地化工类博士生学术论坛"。8月25—26日，由市科协与香港工程师学会联合主办，上海国际科技交流中心承办的"沪港科技合作研讨会"在上海科学会堂召开。该研讨会旨在关注两地科技与经济发展的前沿热点，促进两地技术知识和资讯的交流互换，努力拓宽两地合作领域，共同提高各自的城市竞争力，以促进两地的科技与经济的长期繁荣发展。

2007年9月20日，以创业为主题、以青年为对象，海峡两岸青年与创业论坛在上海科学会堂举行。台湾共有 46 位专家学者与青年创业者来沪交流。而上海有近 150 人参加该论坛,其中 80%与会者来自创业型中小企业。10 月 18—19 日,由市科协和香港工程师学会共同举办的第六届港沪科技合作研讨会在香港举行。论坛分为两组主题进行讨论:一是智能交通管理、废物处理及物流;二是节能与绿色建筑。围绕两组问题,沪港两地工程师介绍各自经验,并展开研讨。

2008 年 7 月 4 日,内地与澳门科技合作委员会第 2 次会议在澳门旅游活动中心举行。会上,双方就中医药科技与产业工作组、节能及环保科技与产业工作组、电子及信息技术与产业工作组和科学技术普及工作组一年来的工作情况进行回顾总结,并对 2008—2009 年工作打算提出具体设想。9 月 16 日,由市科协、上海市交通工程学会和台北市交通安全促进会共同发起举办的上海—台北城市交通论坛在上海科学会堂召开。论坛针对上海、台北交通发展中的难题,共同探讨解题之道。台北市 20 位交通专家与会,并与上海同行就 2010 上海世界博览会整体交通规划、2010—2011 台北国际花卉博览会整体交通规划、城市机场功能之探讨、捷运系统之经营管理等议题进行研讨。11 月 3—5 日,首届海峡两岸中医药传承与发展论坛在上海中医药大学举行。130 多名来自中国大陆、台湾的代表参加论坛,就中医药传承与发展进行研讨。

2009 年 4 月 11 日,2009 沪台发明协会合作交流会在台北市举行。会议以"加强沪台发明协会交流合作,促进发明创新成果商品化"为主题。上海发明协会与台湾杰出发明家交流协会签署《沪台发明协会联合拓展发明成果商业化合作协议》。5 月 18 日,沪台数字动漫与创意产业论坛在上海召开,出席会议的沪台专家学者围绕海峡两岸在全球动漫产业的发展契机、文化创意产业知识产权保护与经营、科学教育电影的创作与发展、品牌与国际行销等议题进行交流。6 月 17 日,2009 沪港科技资源共享及技术合作交流会在香港召开。该次会议旨在推进两地科学仪器、信息资源共享、供需技术推介,努力为建设沪港两地科技体系,全面增强城市综合竞争力作出新的贡献。8 月 27—31 日,由中国科学院上海生命科学研究院主办的第 8 届海峡两岸三地植物分子生物学与生物技术学术研讨会在上海召开。来自两岸三地的高校、科研院所的科研人员、专家学者参加会议。10 月 29 日,由市科协、香港工程师学会和闵行区政府共同主办,以"聚科技智慧,与世博同行"为主题的 2009 沪港科技合作研讨会在上海召开,来自两地的 200 多名政府官员、专家学者和企业界人士出席会议。

2010 年 6 月 12—14 日,第 2 届海峡两岸中医药传承与发展论坛在上海举行。150 多名来自海峡两岸和香港的代表参加论坛,就中医药高等教育进行广泛深入的研讨。论坛上,与会专家就"中医药教育及人才培养的途径及实施策略""中医药文化的传承在教学策略中的实施"等六大议题进行探讨和交流,并对今后继续定期举办海峡两岸中医药传承与发展论坛、进一步加强两岸中医药界的交流与合作达成共识。

第二节　国　际　合　作

2001 年,国际科技合作按照"先导、服务、协作、创新"的思路,坚持以我为主的方针,利用原有的国际合作渠道,以新的思路和方式,积极拓展地区间合作与交流,市科委共投入经费 1 200 万元。由市科委运作的与国外共同设立的研发基金有 4 个,分别是上海—(美国)应用材料研究与发展基金、上海—联合利华研究与发展基金、上海—罗·阿大区科研合作基金、上海—(韩国)SK 研究与发展基金,引资 535 万元。配合集成电路设计、电动汽车、智能交通、磁悬浮技术等重大项目开展中外双边、多边政府间合作项目。支持设立海外研发机构和技术出口专项,与联合利华公司达成新一轮合作协议,与瑞士开展环境技术合作,举办欧盟第五个框架计划推介会,与日本科学技术振兴事业团共同主办第七届亚太科技管理会议,与法国罗纳-阿尔卑斯大区政府共同组织上海—罗-阿大区经济论坛,在意大利米兰举办"今日中国科技展览会",在沪举办第十一届国际海事会展。

2002年,上海国际科技合作与交流工作遵循"进一步分享全球科技资源"的工作思路,通过与国外政府或著名公司共同出资设立和管理研发基金,以项目、奖学金、会议或出访等形式支持科技研发和交流,增强上海科技融入世界的亲和力。在沪举行的各类合作交流活动吸引众多的全球知名人士、政府高级代表团、学术界知名学者和市政府有关领导的关注和支持,推动上海市对外科技合作与交流的发展。

2003年,市科委共安排31项国际科技合作项目,8个大型国际学术会议及4项国际合作基金计划项目,共投入1 200万元。市科委共向科技部提交双边政府间合作建议近50个,科技兴贸项目建议7个,16个双边政府间合作项目、5个科技兴贸项目获科技部立项支持。会同有关部门联合制定《上海市关于鼓励外商投资设立研究开发机构的若干意见》和《〈上海市鼓励外国跨国公司设立地区总部暂行规定〉的若干实施意见》,发布《关于对具有研发功能的地区总部享受优惠政策有关事项的通知》。市科委与市外经贸委(外资委)共同认定联合利华(中国)有限公司等3家跨国公司地区总部为具有研发功能的地区总部,共同批准101家外商投资研发机构落户上海。

2004年,来自欧美和亚洲等国家和地区的60余批科技代表团先后来访。市科委共对50项国际合作项目、20项科技兴贸项目给予资助,涉及14个国家和地区。上海26个国际科技合作项目列入双边政府间合作计划。其中,10个项目得到科技部国际合作专项经费支持。市科委认定联合利华等六家跨国公司为具有研发功能的地区总部,会同上海市外经贸委等认定上海汽轮发电机有限公司等12家单位为上海市外商投资技术密集型、知识密集型企业。10月28日,成立"上海国际技术转移协作网络",开通"上海国际技术转移信息平台"。

2005年,全市共批准509批科技因公出访团组,接待70余批重要境外来访团组。组织参与中意氢能合作、中欧伽利略计划等国家级合作计划和交流活动,深化与法国罗-阿大区、德国巴符州等传统友好地区和机构的合作关系。获得各类科技部国际合作项目立项61项,其中2005年重点国际合作项目6项,其余为双边政府间合作项目。市科委有64个国际合作项目立项,12个国际技术转移项目立项,支持包括科技兴贸体系建设在内的16个科技兴贸项目。全年由上海市单位在沪举办的国际科技展览共28个,总面积111 500平方米,外省市单位在沪办展22个,总面积263 000平方米,在沪举办国际会议16个,与会代表6 070人,其中境外代表1 700人。完善和规范《具有研发功能的跨国公司的地区总部认定细则》,认定联合利华等8家跨国公司地区总部为具有研发功能的地区总部,认定上海松下半导体有限公司等15家企业为上海市外商投资技术密集型、知识密集型企业。

2006年,来自欧洲、美洲、大洋洲、独联体和东欧等十几个国家和地区的政府、科研单位和企业代表团先后访沪。全市科技类因公出国(境)团组共413批,1 447人次;接待来访团组60余批,400多人次。全年共确定42项国际合作项目、19项科技兴贸项目、9项国际技术转移项目。16个项目列入科技部国际科技合作专项计划,31个项目列入科技部双边政府间合作计划。全市有190多家注册登记的外商投资研发机构,其中超过一半是跨国公司研发机构。上海—(美国)应用材料研究与发展基金等7个基金共资助各类研发项目43项,研究生奖学金50位,出国参加国际会议13人。由上海市单位在沪举办的国际科技展览共27个,总面积102 350平方米,外省市单位在沪办展20个,总面积200 000平方米。

2007年,全市科技类因公出国(境)团组372批,1 260人次。与加拿大艾伯塔省高等教育和技术部代表团签署两地合作备忘录;支持5个上海与德国巴符州的系统生物学合作研究项目。有34项申报项目被列为双边政府间科技合作项目,涉及15个国家和地区。14项申报项目分别被列入科技部国际科技合作重点计划(11项)、中国—欧盟合作计划(2项)和非洲援外项目(1项),并获得2 660万元的经费支持,项目数和经费数在各省市中排名第一。上海中医药创新园等被科技部认定为国际科技合作重点科研机构,上海无线通信研究中心等被科技部认定为国际科技合作基地。上海张江高新技术开发区被科技部和商务部联合认定为"国家科技兴贸创新基地"。

2008年,全市因公出国(境)科技考察106批,506人次。接待国外重要来访团组24个。市科委与法国罗纳-阿尔卑斯大区举行上海与法国罗纳-阿尔卑斯大区科技创新合作第10次混合委员会会议,与英国英格兰东北地区共同举办上海—英格兰东北地区第2次科技合作工作指导委员会会议。市科委组团赴加拿大魁北克省、艾伯特省等友好合作地区进行工作访问。上海市共争取到国家科技部22项各类国际科技合作项目的支持。市科委共支持政府间合作项目、非政府间合作项目、科技兴贸项目和国际技术转移项目等共98项。上海市举办的国际科技展览活动共44项,总面积达到353 850平方米。

2009年,共接待国外重要科技团组25批,166人次。组织科技代表团赴澳大利亚昆士兰等友好城市考察访问。与丹麦中央大区签署地区政府间科技合作备忘录1项,与加拿大艾伯塔省、澳大利亚联邦科学和工业研究院、法国罗纳·阿尔卑斯大区、德国黑森州等联合举办多个双边科技合作研讨会。在"上海科技"网站上发布海外技术供需信息近700条,其中海外技术供应项目信息580多项,海外技术需求项目信息100多项。在沪举办的国际科技展览共45项,总面积达到443 630平方米。第15届中国国际海事会展、2009年中国国际嵌入式大会、第11届上海国际生物技术与医药研讨会、国际标准化组织/船舶和海洋技术委员会国际标准会议、蛋白质组学国际研讨会等活动在沪举办。

2010年,上海世博会期间共接待72批国外重要科技团组来访,邀请多位国际知名专家参加上海世博科技论坛,组织20余次科技交流活动,推荐与组织上海市科研机构和企业参与芬兰"埃斯波市日",法国罗纳-阿尔卑斯大区创新活动周、健康活动周、低碳建筑活动周和水活动周,上海—昆士兰科学与创新论坛,丹麦中央大区与上海友好合作的庆典活动以及波兰滨海大省"高等教育与学术推介会"等活动。18个项目获得科技部国际科技合作专项计划支持,总经费3 429万元。市科委在生物医药、电子信息、能源环保、先进材料等领域启动一批合作研发项目。全年在沪举办展览共34项,总面积38.49万平方米,其中上海市单位主办21项,总面积11.99万平方米。

一、国际合作协议

2000年4月,市科委与荷兰交通部签署合作协议,确定开展有关"改善上海市高架道路交通堵塞症结的分析和解决方案的可行性研究"。6月,受科技部国际合作司的委托,市科委率团出席在瑞士举行的中瑞第二次固体废弃物管理和技术研讨会,进行为期一周的交流和实地参观,双方表示在环保领域加强合作的愿望,并签署合作备忘录。11月,由上海市与荷兰交通部共同发起,与欧洲智能交通协会共同主办的"2000上海国际智能交通研讨会"在沪举行,期间,市科委与欧洲智能交通协会监事会签署合作备忘录。2001年,与英国联合利华公司、美国应用材料公司、法国罗纳·阿尔卑斯大区政府以及韩国SK公司达成协议,共同设立4个研发基金。3月29日,市科委与荷兰交通部共同签署"上海-荷兰智能交通系统(ITS)应用与发展的合作备忘录"。2002 年 9 月 19 日,上海交通大学与丁肇中博士正式签署 AMS(阿尔法磁谱仪实验计划)项目合作备忘录,该项目以丁肇中为总负责人。标志着上海交大将正式参与这一大型国际科研的合作项目,与国内外科学家一起,深入探索宇宙奥秘——寻找宇宙中的反物质与暗物质。11 月 19 日,市科委与德国巴符州科学研究与艺术部签订新一轮合作备忘录。双方一致同意在 2003—2004 年每年各投入 20 万欧元用于支持信息技术、纳米技术和生物技术领域的项目。

2003 年 10 月,副市长严隽琪等率政府科技代表团访问法国的罗纳-阿尔卑斯大区、巴黎市,以及加拿大魁北克省等地区。在科研人员交流,开展科技创业企业间的合作及共同组织软件开发等方面与法国巴黎市达成合作意向;出席在法国里昂市举行的第二届"上海-罗纳-阿尔卑斯大区科技创新经济论坛";与加拿大魁北克省政府达成在多媒体技术和产业开发方面进行合作的意向。2004 年 9 月 29 日,中华人民共和国科学技术部、意大利环境与国土部、市科委和意大利隆巴底大区在上海共同签署关于在氢能开发利用方面加强合作的谅解备忘录。市科委与加拿大国家研究委员会工业援助计划署(NRC‐IRAP)共同签署科技合作谅解备忘录。

2005 年 1 月 19 日,中英联合举办的大型科技合作项目——"精英科技年"在上海启动。英国科技大臣盛伯理勋爵与上海市副市长严隽琪出席启动仪式,双方签订谅解备忘录。3 月 9—11 日,法国罗纳阿尔卑斯大区代表团访沪,与市科委举行第九次科技合作混委会,双方签署上海—罗-阿大区科技合作与创新第九次混合委员会备忘录。5 月 11 日,市科委和意大利环境与领土部研究发展司签署"清洁能源合作谅解备忘录",双方共建"中意合作上海氢能研究中心",加强清洁能源研究合作。9 月 12 日,市科委与芬兰国家技术局签署合作备忘录,芬兰总理马蒂·万哈宁和上海市副市长唐登杰见证签字仪式。9 月 26 日,上海市和加拿大魁北克省政府在上海签署加强科技合作的协议,上海市市长韩正、加拿大魁北克省省长夏雷出席签字仪式。10 月 15 日,上海伽利略导航有限公司投资加入中国伽利略卫星导航有限公司的签字仪式在上海举行。

2007 年 10 月 22 日,市科委与加拿大艾伯塔省合作备忘录在上海正式签订。双方将共同推动通信技术、生命科学、纳米技术、环境技术和新能源等领域的交流与合作。2008 年 2 月 28 日,庆祝中英两国正式缔结科技合作 30 周年的特别仪式在上海科技馆举行,市科委副主任徐祖信、英国驻上海总领事艾琳与英国文化协会上海领事安格文代表三方签署科技合作备忘录。3 月 1—4 日,市科委和新加坡媒体发展管理局签署《服务于互动数字媒体的网络技术研发试验示范谅解备忘录》。3 月 18 日,丹麦中部大区主席本特·哈森一行率团访问上海,市科委副主任徐祖信与来宾交流两地科技发展的总体情况,并就在 IT、健康、环境和能源领域开展科技合作签署意向书。11 月 12 日,市科委与英格兰东北经济发展署混委会签署合作备忘录。

2009 年 5 月 21 日,市科委与美国通用电气(GE)中国研发中心签署技术合作谅解备忘录,双方将在能源、水处理、医疗卫生、生物医药等领域的新技术研发,以及人才培养方面加强合作。11 月 2 日,市政府与瑞士诺华公司《关于在上海进一步加大研究开发投资战略合作备忘录》签约仪式举行。上海市市长韩正和诺华公司董事长兼首席执行官丹尼尔·魏思乐共同出席签约仪式。诺华公司将在未来 5 年内投资 10 亿美元,在上海建立全球第三大研发中心,针对中国的高发疾病从事新药的基础研发。2010 年 6 月 2 日,中德电动汽车论坛在同济大学新能源汽车工程中心开幕。全国政协副主席、科技部部长万钢和德国教育与科研部部长安妮特·沙万共同出席、致辞,并为"中德电动汽车联合研究中心"揭幕。双方签署《中德电动汽车科学合作备忘录》。同日,市科委与德国巴符州科研和艺术部签署有关科技合作的备忘录。

二、合作研究与项目

2000年，在政府间合作框架下的地区间合作项目共立项32个，合作国家与地区达19个。市科委投入合作经费676万元，项目总投入达4 033万元。合作领域包括生物医药、新材料、计算机软件、通讯、能源、环保、智能交通、现代农业和机电一体化等。与法国罗-阿大区政府确定设立合作研究发展基金。与德国、芬兰的合作侧重于信息技术应用领域，实施上海—巴伐利亚州虚拟校园和中芬远程教育和远程商务合作项目。市科委分别与应用材料公司签署上海—应用材料研究与发展基金更新协议和章程，与联合利华合作的基金第二轮项目进展顺利，举办"学术研讨会暨颁奖仪式"。与韩国SK集团设立合作研究发展基金，用于支持双方共同感兴趣的生物医药领域的应用性研究。

2001年，市科委配合重大项目开展关键技术攻关的国际合作，其中包括燃料电池电动汽车、智能交通系统、集成电路设计和莱赛尔纤维产业化等4个重大和重点项目。2002年，由市科委向科技部申报获准立项的政府间合作项目有53项，在研双边政府间合作项目13项，完成4项。市科委向全市大学、科研院所和企业征集全年国际合作项目建议，经专家论证和项目建议人的答辩，确定立项支持国际合作重点项目27项。"上海—应用材料研究与发展"基金确立资助项目15项，其中集成电路项目10项，材料类项目4项，人才培养类项目1项。上海—SK生物医药研究与发展基金正式启动，在确立的14项资助项目中有生物5项、中药9项。上海—联合利华研究与发展基金总额度为166万元人民币，为5个项目提供约132万元的资助；为10名博士生颁发人均6 000元的奖学金；资助13人参加国际会议。上海—罗纳·阿尔卑斯大区研究与发展基金确定立项支持生物技术和创新研究等8个项目，资助经费为140万元。

2003年，市科委共安排31项国际科技合作项目，4项国际合作基金计划项目，共投入1 200万元。市科委列项支持的24个国际合作项目完成鉴定和验收。"上海—应用材料研究与发展基金"收到上海市16个单位上报的66个项目，11个单位的18个项目获准立项。"上海—SK研究与发展基金"所资助的研究项目发表论文12篇，申请专利4项。2004年，上海—SK研究与发展基金重点支持糖尿病、中枢神经系统、结肠癌等疾病的相关药物的研究。9月16日，市科委和英国联合利华公司共同设立的"上海—联合利华研究和发展基金"第三期合作协议签字仪式在沪举行。该基金主要资助天然药物的开发应用研究、神经系统感觉功能和认知的研究、细胞分化和发育的研究及生物技术的研究等。11月1日，美国应用材料公司与市科委签署新一轮的合作计划。合作内容主要包括市科委与美国应用材料公司关于上海—AM基金的第三轮合作协议，共同开展"上海市青少年科技人才培养计划"及"明日科技之星"活动。

2005年10月25日，市科委—壳牌国际天然气有限公司可持续能源项目全面启动仪式举行。双方就清洁能源方面进行全方位的合作，包括氢能、清洁替代能源、可再生能源等方面的技术研发、交流和推广工作。2006年，共有21个国际合作项目、11个科技兴贸支持项目和8个国际技术转移项目完成验收。21个国际合作项目共发表SCI论文104篇，申请发明专利42项。11个科技兴贸支持项目共申请发明专利17项，新增产值5.3亿元，出口创汇超过5 000万美元。8个国际技术转移项目共发表论文17篇，申请专利11项，获专利授权4项。

2007年，共有34项申报项目被列为双边政府间科技合作项目，涉及15个国家和地区。14项申报项目分别被列入科技部国际科技合作重点计划（11项）、中国—欧盟合作计划（2项）和非洲援外项目（1项），并获得2 660万元的经费支持，项目数和经费数在各省市中排名第一。2008年，上海市共争取到国家科技部22项各类国际科技合作项目的支持。市科委为鼓励和支持上海市大学和科研机构开展对外科技合作,共支持政府间合作项目、非政府间合作项目、科技兴贸项目和国际技术转移项目等共98项,推动上海市科研人员的对外合作和交流。

2009年,上海19个项目获得国家科技部国际合作专项计划的资助,涉及资金共3902万元。上海新增3家"国际科技合作基地"。市科委继续实施科技兴贸行动计划,支持企业的高新技术研发和产品出口,共对14个项目进行资助,通过投入450万元带动企业研发经费6280万元。上海-应用材料基金共立项资助13个项目,涉及"集成电路材料与设计""太阳能光伏电池材料""半导体照明"等领域。2010年,由上海市高校、科研院所和企业承担的18个项目获得科技部国际科技合作专项计划支持,总经费3429万元。市科委继续推进与加拿大,芬兰,法国罗-阿大区、朗格多克-鲁西永大区、蒙彼利埃大区、德国巴符州,丹麦中央大区,瑞典哥德堡市,英国东北地区,澳大利亚昆士兰州等国家和地区的政府间科技合作,在生物医药、电子信息、能源环保、先进材料等领域启动一批合作研发项目。

三、合作研发机构

2000年10月23日,上海交通大学与韩国SK集团共建"交大SK创业孵化中心"。10月27日,北美最大的工业自动化供应商罗克韦尔自动化公司与上海宝钢(集团)公司合作建立"宝钢—罗克韦尔实验室"。2001年2月28日,联合利华投资1.7亿元在上海设立中国研究发展中心。2003年,市科委与市发改委、外经贸委(外资委)等制定《上海市关于鼓励外商投资设立研究开发机构的若干意见》和《〈上海市鼓励外国跨国公司设立地区总部暂行规定〉的若干实施意见》。市科委与市外经贸委共同发布《关于对具有研发功能的地区总部享受优惠政策有关事项的通知》。市科委与市外经贸委(外资委)和市财税局等部门共同认定联合利华(中国)有限公司等3家跨国公司地区总部为具有研发功能的地区总部,共同批准101家外商投资研发机构落户上海。11月29日,上海中医药大学与英国伦敦城市大学举行联合组建的中英合作天然药物应用联合研究室揭牌仪式。该室在中药标准化、生物技术、药理等相关领域进行合作研究,并联合培养博士研究生。

2004年7月26日,中科院上海生命科学研究院—美国加州大学(伯克利)分子生命科学研究中心在沪揭牌。8月30日,中国科学院、市政府和法国巴斯德研究所在上海举行正式合作协议签字仪式。根据合作协议,三方将共建中国科学院上海巴斯德研究所,全面展开预防和抗击新生传染性疾病领域的合作。2005年10月13日,中国首个计算生物学研究所——中科院上海生命科学研究院计算生物学研究所正式揭牌。该所由中国科学院与德国马克斯·普朗克学会在上海生命科学研究院内合作共建。全国人大常委会副委员长、中国科学院院长路甬祥,上海市市长韩正,德国马普学会主席彼得·格鲁斯(Peter Gruss)等出席成立典礼并分别讲话,路甬祥和彼得·格鲁斯为研究所揭牌。

2007年4月25日,中国科学院上海生命科学研究院—瑞士苏黎世联邦理工大学联合共建的上海木薯生物技术中心成立揭牌与签约仪式在中国科学院上海植物生理生态研究所举行。中瑞合作联合成立的上海木薯生物技术中心,共同开展薯类资源、材料、生物能源的研究与开发。6月,法国朗格多克—鲁西荣大区副区长谢克梅蒂与上海市科技创业中心党委书记姚福根共同为中法合作崇明生态实验室揭牌。双方将针对生态农业、水处理利用与水资源保护、环境保护等优先领域开展科研研究。7月12日,荷兰外贸大臣亨斯科克一行访问中国科学院上海生命科学研究院植物生理生态研究所,为植生生态所与荷兰科因(Keygene)公司共同组建的"植物分子育种联合实验室"揭牌。10 月 26 日,上海大学与 ESSILOR 国际集团联合共建的"上海大学 ESSILOR 联合研发中心"合作签约仪式在沪举行。研发中心以建立健全纳米材料及技术研发平台为目标,共同开发高性能纳米材料。

2008 年 5 月 9 日,由中国科学院上海生命科学研究院、中国科学院系统生物学重点实验室和安捷伦科技有限公司共同发起的"SIBS - Agilent 系统生物学中心(SIBS-Agilent Center for Systems Biology)"成立签约仪式在上海生命科学研究院举行。双方同意在系统生物学及其基因组学、蛋白质组学、代谢组学和生物信息学等学科开展全面合作。6 月 27 日,科技部和外国专家局在北京为首批 33 家"国家级国际联合研究中心"授牌。上海中医药国际创新园、同济大学新能源汽车工程中心、中国科学院上海生命科学研究院、上海交通大学系统生物医学研究中心等 4 家科研机构被授予"国家级国际联合研究中心"。7 月 17 日,超威半导体技术(中国)有限公司(AMD 中国)与上海超级计算中心(SSC)在市政府举行"AMD - SSC 联合技术实验室"揭牌仪式。

2009 年,市科委设立专项资金支持企业实施引进国外先进技术和并购海外研发机构的战略。该计划对上海飞机制造有限公司和上海医药集团有限公司等 26 个项目进行资助,力争通过引进国外技术在上海市经济社会发展的重要领域取得突破。截至 2009 年底,上海共有复旦大学(储能技术)、上海宽带信息交互中心(通讯、数字媒体)、中国科学院—马普学会计算生物学伙伴研究所(计算生物学)等国际科技合作基地 8 家,国家级联合研究中心 4 家。8 月 6 日,中国科学院、中国科学院上海生命科学研究院与丹麦诺和诺德公司联合举办的糖尿病前期转化型研究中心落成仪式暨中国科学院—诺和诺德长城教授奖颁奖典礼在上海举行。9 月 8 日,联合利华全球研发中心落成开幕典礼在上海举行,该中心是联合利华公司在上海成立的全球六大研发中心之一。

四、访问与交流

2000 年,通过官方渠道接待的来访团组逾 90 个,约 400 人次,其中副部级及市长以上级别团组有 13 个,87 人次。2001 年,仅市科委就接待来访团组逾 80 批,800 多人次,其中副部级以上的团组有 19 个。11 月,副市长严隽琪率团分别对位于比利时的欧盟总部和德国巴伐利亚州进行友好访问,双方就上海"城市信息化全球论坛"和欧盟面向信息社会的"全球城市对话"进行交流与合作达成初步意向。

2002 年,上海市共接待境外官方科技代表团组共 84 批,逾 600 人次,其中高级别的代表团有27 批。2003 年 8 月,联合利华全球 IT 负责人阿米泰及亚太区 IT 中心负责人卡利米一行访问上海,将上海作为联合利华建立全球 IT 中心的重点选择城市之一。代表团在市科委有关领导的陪同下,与上海市副市长周禹鹏进行会谈,介绍全球 IT 中心项目的设想,并解上海相关政策。

2004 年 9 月 27—30 日,加拿大国家研究委员会主席迈克尔·雷蒙德等来访上海,与市科委等举办安保技术及商务研讨会。11 月 5—8 日,奥地利副总理兼交通、创新技术部部长戈尔巴赫一行访问上海,并和上海市市长韩正进行友好会晤,双方就各自在不同技术领域的情况进行交流和会谈。2005 年,全市共批准 509 批科技因公出访组团,接待 70 余批重要境外来访组团。5 月 19—22日,古巴科技与环境部代部长一行访问上海。9 月 26—27 日,加拿大魁北克省省长沙雷访问上海,市长韩正会见沙雷省长。

2006 年,来自欧洲、美洲、大洋洲、独联体和东欧等十几个国家和地区的政府、科研单位和企业代表团先后访沪。全市科技类因公出国(境)团组共 413 批,1 447 人次。2007 年,全市科技类因公出国(境)团组 372 批,1 260 人次。2008 年,全市因公出国(境)科技考察 106 批,506 人次。接待国外重要来访团组 24 个,其中包括来自德国、挪威、丹麦、芬兰、斯洛伐克、波兰、哈萨克斯坦、西班牙、阿根廷和越南等国家的副部级以上高级访问团组。

2009 年,共接待来自芬兰、德国、瑞士、丹麦、荷兰、加拿大、澳大利亚、英国、法国和塞尔维亚等国家重要科技团组 25 批、166 人次,其中副部级以上代表团 5 个,跨国公司全球副总裁以上代表团 3 个。2010 年,市科委利用上海世博会契机,上海世博会期间共接待 72 批国外重要科技团组来访,邀请多位国际知名专家参加上海世博科技论坛,并组织 20 余次科技交流活动,促进与各国各地区的友好交流与相互解,形成一批合作研发的意向。

五、国际学术会议与国际展览会

2000—2010 年,上海每年举行数十次国际学术会议,以促进中外学术界的交流与合作;每年举办若干次国际展览会,以推动国际科技创新的共同发展。2002 年,市科委共组织和参与组织国际学术研讨会及培训班 14 次。2003 年,市科委向市发改委提交"上海加速发展现代服务业科技会展领域行动纲要",介绍科技系统几年来的国际科技会议和展览会情况,提出未来上海市科技会展的发展方向和目标。2004 年,共有 35 项国际科技会议获得批准,参加国际科技会议的代表达 8 000 多人次,其中境外代表超过 2 000 人次。共有国际展览或会议暨展览 21 项,展览会的总面积达到 98 000 平方米。2006 年,由上海市单位在沪举办的国际科技展览共 27 个,总面积 102 350 平方米,外省市单位在沪办展 20 个,总面积 200 000 平方米。市科委资助举办一批学术层次高、国际影响大的重要会议,如上海国际生物技术与医药研讨会、上海国际导航科技与产业化论坛、第五届国际介孔材料研讨会、第五届国际电力电子与运动控制会议、国际区域科学学会 2006 学术专题研讨会、第十九届极端相对论核-核碰撞国际会议等。2008 年 5 月 18 日,以"创新型国家之路"为主题的首届浦江创新论坛开幕,来自国内外的 56 位政府官员、著名专家学者、知名企业家在会上发表见解,为推动中国经济社会发展从资源依赖型向创新驱动型转变积极建言献计。浦江创新论坛由科技部和市政府共同主办,是以创新为主题的最高层次国际论坛。2009 年,在沪举办的国际科技展览共 45 项,总面积达到 443 630 平方米,其中由上海市各单位主办的展览 24 项,总面积 130 130 平方米。2010 年,上海国际科技展览有序发展,全年在沪举办展览共 34 项,总面积 38.49 万平方米,其中上海市单位主办 21 项,总面积 11.99 万平方米。

表 2-3-1　2000—2010 年国际学术会议情况表

年份	时　间	会　议　名　称	备　　注
2000	1 月 23 日	2000 年上海国际计算机应用与发展趋势研讨会	无
	4 月 18—19 日	世界企业孵化与技术创新大会	主题为"21 世纪世界企业孵化展望与技术创新"
	6 月 5—7 日	亚太地区城市信息化高级论坛(CIAPR)	市政府首次与联合国合作实施地区性项目
	7 月 4—7 日	第三届亚洲控制会议(ASCC'2000)	第一次在上海举行的大型国际控制会议
	11 月 17—18 日	2000 上海国际智能交通(ITS)及管理技术研讨会	无

（续表）

年份	时　间	会　议　名　称	备　注
2001	3月28日	第五届中国上海国际生物技术与医药工业展暨研讨会	无
	5月24日	第二届亚太地区城市信息化高级论坛	无
	6月21日	知识产权保护高级研讨会	世界知识产权组织主办
	11月6日	上海创业国际论坛	无
	11月6—8日	第七届亚太科技管理研讨会	这是该研讨会第一次在中国召开
	12月4—7日	中国国际海事技术学术会议	无
2002	4月15日	2002年度国际人类基因组大会	无
	6月14日	第三届亚太地区城市信息化论坛	无
	7月29日	2002上海国际纳米科技合作研讨会	无
	8月20日	第十届国际东亚科学史会议	上海第一次主办此类国际学术会议
	11月3日	第五届亚太地区国际分子生物学大会	主题是"分子生物学的新领域——新纪元的挑战与机遇"
2003	4月8—9日	2003上海国际生物技术和医药研讨会	无
	7月30日	"传染病生物学的探讨及展望"国际学术研讨会	无
	8月26日	Intel企业信息化论坛	无
	10月11—13日	IFAC冶金自动化研讨会	无
	12月11—13日	WHO传统医学政策和规划发展网络地区会议	无
	12月15—17日	生物过程与生物分子工程国际研讨会（ISBBE）	无
2004	5月24日	第83届世界纺织大会	主题"高品质纺织、高品质生活"
	6月28日	第四届全球华人物理学大会（OCPA4）	无
	7月25日	21世纪医药国际学术大会暨2004上海国际生物技术与医药研讨	无
	10月11日	国际技术经济合作项目信息交流大会	主题"国际技术经济合作与发展"
	11月3—7日	2004年世界工程师大会	无
	12月5—10日	"架起科学家和科学教育者桥梁"亚太区域性研讨会	无
2005	4月26—28日	2005上海国际生物技术与医药研讨会	主题"全球化战略与中国生物医药产业"
	10月17日	国际科学联合会第28次会议上海科学论坛	无
	11月18日	2005（上海）国际新材料发展趋势高层论坛	无
2006	2月20—21日	第六次中国—欧洲联盟能源合作大会	无
	5月24日	第28届世界软件工程大会（ICSE）	主题"中国软件工程和谐融入世界"，首次在发展中国家举行

（续表）

年份	时间	会议名称	备注
2006	10月9日	技术预见与区域创新国际研讨会	无
	11月16日	2006上海国际导航产业与科技发展论坛	无
2007	4月16日	第四届中欧生物与医药技术企业对接会	无
	5月10日	SNEC太阳能及光伏大会	无
	5月20日	第三届食品安全国际论坛在沪举行	无
	8月22日	第四届中国国际半导体照明论坛	无
	10月22—25日	第九届国际高技术高分子学术会议	无
	10月23—24日	2007国际氢能研讨会	为
	11月21日	第三届上海国际纳米技术合作研讨会	主题"创建全方位的合作平台"
2008	5月9日	第2届（2008）中国国际太阳能及光伏大会	无
	5月18—19日	首届浦江创新论坛	主题"创新型国家之路"
	6月20—22日	第2届上海国际骨科学术会议	无
	6月28日至7月2日	首届建模、辨识与控制国际会议	无
	9月12—13日	2008计算蛋白质结构和动力学上海国际会议	无
	9月24—25日	2008中国国际嵌入式大会暨第8届全国嵌入式系统学术研讨会	无
	11月19日	"低碳经济建设——上海临港新城和崇明生态岛的可持续发展"国际论坛	无
2009	8月2日	第21届国际生物化学与分子生物学联盟学术大会	无
	9月3日	第3届杨浦发展国际论坛暨2009南南全球创意经济与技术产权交易论坛	无
	9月14日	第13届亚洲化学大会	无
	10月24—25日	第2届浦江创新论坛	主题"经济全球化与自主创新"
	11月18日	2009上海海洋论坛	无
	12月3日	2009上海会展论坛展示工程的科技与创新	无
2010	6月22日	2010中国国际物联网大会	无
	7月6日	中欧能源合作会议	无
	9月16日	2010上海创意产业国际论坛	无
	10月19日	2010年南南全球技术产权交易峰会	主题"促进全球技术产权交易，大力发展低碳经济"
	11月6—7日	2010浦江创新论坛	主题"绿色·转型·创新"
	12月15日	2010上海国际数字媒体技术与产业发展论坛	无

表 2 - 3 - 2　2000—2010 年国际科技展览情况表

年份	时　间	名　　称	地　点
2000	3 月 15—16 日	国际半导体设计与材料展览暨研讨会	上海国际展览中心
2001	6 月 21 日	"CeBIT Asia"——亚洲信息技术展览会	无
2002	3 月 26—28 日	第四届中国国际地面材料及铺装技术展览会	上海新国际博览中心
	4 月 23—26 日	第八届中国国际照明电器展览会	上海光大会展中心
	4 月 24—27 日	第七届中国国际船艇及其技术设备展览会	上海国际会议中心
	10 月 10—12 日	第十一届中国国际电子工业展览会	上海展览中心
	10 月 22—23 日	第五届上海国际供水与水处理展览会	上海世贸商城
	11 月 13—15 日	上海国际网络能源与计算机机房设备展	上海展览中心
	11 月 28—30 日	第三届上海国际石油、石化及天然气技术设备展览会	上海光大会展中心
2003	3 月 24—26 日	2003 中国国际集成电路产业展览暨研讨会	无
	8 月 21—24 日	上海国际印刷、包装、造纸工业博览会	上海新国际博览中心
	11 月 13—15 日	首届上海国际职业安全与健康技术会展	上海国际会议中心
	12 月 2—5 日	2003 年中国国际海事技术学术会议和展览会	上海新国际博览中心
	12 月 11—14 日	中国(上海)国际科学仪器、化学试剂及实验室设备展览会(ISCL2003)	无
2004	4 月 27 日	中国国际光电子展览会	上海国际展览中心
	8 月 11—14 日	2004 中国(上海)国际多媒体技术与应用展览会	上海国际展览中心
2005	5 月 18—20 日	2005 上海国际金属工业展览会	上海国际会展中心
	7 月 8 日	郑和航海暨国际海洋博览会	上海展览中心
	12 月 6 日	第十三届中国国际海事会展	上海新国际博览中心
2007	5 月 11 日	2007 年中德光伏太阳能展览	光大会展中心
	7 月 4—6 日	2007 中国国际生物技术和仪器设备博览会	上海国际展览中心
	10 月 17—18 日	2007 上海国际阀门设备技术展览会暨研讨会	上海国际会议中心
	12 月 6—8 日	2007 第二届上海国际营养、运动与健康大会暨展览会	上海展览中心
2008	5 月 10 日	2008 中欧国际太阳能产业及光伏工程(上海)展览会	上海光大展览中心
	5 月 28—30 日	2007 中国国际生物技术和仪器设备博览会	上海国际展览中心
	12 月 4—6 日	2008 第 3 届上海国际营养、运动与健康大会暨展览会	无
2009	5 月 13—15 日	2009 上海国际淀粉及淀粉衍生物新技术、新设备展览会暨研讨会	上海世贸商城
	6 月 1—3 日	2009 中国国际生物技术和仪器设备博览会	上海国际展览中心
	7 月 7 日	中国(上海)国际 LED 产业技术展	浦东新国际博览中心

（续表）

年份	时　间	名　　称	地　点
2010	5月26日	2010上海国际科学与艺术展	上海浦东展览馆
	6月2—4日	2010中国国际生物技术和仪器设备博览会	上海国际展览中心
	9月7—9日	2010中国国际嵌入式展览会	
	11月17日	2010第15届中国(国际)小电机技术研讨会暨展览会	上海光大会展中心

六、技术出口

2000年，全年技术出口471项，出口金额13.23亿美元。2001年，上海高新技术产品出口超过52.49亿美元；上海技术出口611项，金额14.5亿美元。软件出口达1.02亿美元，包括软件在内的信息电子产品仍然是上海技术出口的主项，出口金额超过10亿美元。2002年，上海技术进出口总额达50.64亿美元。其中技术出口额15.97亿美元，软件出口达1.7亿美元。美国、日本、欧洲仍然是上海技术出口的主要市场，同时对越南、俄罗斯等新兴市场的技术出口也呈现出较好的发展势头。

2003年，上海技术进出口总额达50.7亿美元，其中技术出口额18.4亿美元。软件出口达2.6亿美元，电子、信息、通讯类技术出口达14.54亿美元；美国、日本、欧洲仍然是上海技术出口的主要市场。2004年，上海高新技术产品出口达288.68亿美元，占全市外贸出口总额39.27%。计算机与通信技术产品、电子技术产品、光电技术产品分别占高新技术产品出口的前三位，出口额占全市高新技术产品出口额的96.2%。外商投资企业是上海高新技术产品进出口的主要力量，其出口额所占比重近97%。

2005年，上海高新技术产品出口362.23亿美元，占全市外贸出口总额的比重39.93%。计算机与通信产品、电子技术产品、光电技术产品分别占高新技术产品出口前三位，出口额占全市高新技术产品出口额的96.27%。外商投资企业是上海市高新技术产品进出口的主要力量，其出口额占全市高新技术产品进出口总额的比重近95.70%。2006年，上海高新技术产品出口达439.91亿美元，占全市外贸出口总额的比重达41.07%。计算机与通信产品、电子技术产品、光电技术产品分别占高新技术产品出口的前三位，出口额占全市高新技术产品出口额的95.55%。外商投资企业是上海市高新技术产品进出口的主要力量，其出口额占全市高新技术产品进出口总额的比重近94.50%。

第三编

技术创新、
科技企业与
科技园区

建立以企业为主体、市场为导向、产学研结合的技术创新体系是上海科技创新的重要方面。技术创新体系的重点在于提高企业的技术创新水平、发展高科技企业和壮大高科技园区。

2000年,市人大常委会颁布《上海市鼓励引进技术的吸收与创新规定》,强化引进技术吸收与创新的各项优惠政策;2009年,市科委设立专项资金支持企业实施引进国外先进技术和并购海外研发机构的战略。2001年,制定《上海市新产品市场准入有关认证补贴的实施办法》等。2003年,市科委首次设立"上海市重点新产品财政专项补助资金";2009年,出台《上海市自主创新产品认定管理办法(试行)》,成立工作小组,设立认定办公室。1998年6月1日,市委、市政府推出《上海市促进高新技术成果转化的若干规定》;2000年,成立"上海市高新技术成果转化服务中心";2010年1月1日,新修订的《上海市高新技术成果转化项目认定程序》正式颁布实施。至2010年底,上海科技企业孵化器59家,孵化基地面积超70万平方米。2010年,上海拥有国家认定企业技术中心42家,上海市企业技术中心323家。产学研合作形成长期、全面的创新战略联盟。

2000年以后,高新技术企业和民营科技企业更加重视技术创新和知识产权等,成为高科技产业发展的重要力量,认定的高新技术企业从2000年的1 136家增加到2010年的3 129家。2000年起,实施上海市科技型中小企业创新资金计划,资助科技中小企业的技术创新和发展。2006年起,实施科技小巨人工程,到2010年,资助科技小巨人企业135家、科技小巨人培育企业459家,市、区两级政府支持经费达13.23亿元。2006年,开始创新型企业试点工作。2009年,启动技术先进型服务企业认定工作。

2000年,市委、市政府制定"聚焦张江"的战略决策;2003年,上海市高新技术产业开发区全面实施"二次创业";2006年,经国务院批准,"上海高新技术产业开发区"正式更名为"上海张江高新技术产业开发区"。2011年1月19日,国务院正式批复,上海张江高新技术产业开发区成为国家自主创新示范区。

第一章 技术创新

第一节 技术引进、吸收与再创新

2000年,先进技术的引进发生一些变化:计算机软件引进项目增多,技术引进来源国呈现多元化趋势,大金额合同较为集中,国有企业在技术引进合同项目数中仍占高比例等。市人大常委会颁布《上海市鼓励引进技术的吸收与创新规定》,强化和规范引进技术吸收与创新的各项优惠政策,突出体现技术创新在上海经济发展中的战略地位,专门设立吸收与创新的专项基金,推进产业升级和技术进步。上海技术引进结构合理发展平稳,技术引进合同注册数990项,合同金额7.2亿美元。全年设备进口项目数619项,成交金额3.2亿美元。技术引进和设备进口合同总数1 609项,合同总金额10.34亿美元。技术引进的行业分布主要集中在软件、汽车、电子、房地产、化工、船舶、轻工等。计算机软件引进项目增多,各行业购买国外计算机升级软件和管理软件的合同总数221项。技术引进来源国呈现多元化趋势,共计34个国家(地区)。大金额合同较为集中,金额占比过半,单个合同金额在1 000万美元以上的合同有12项。国有企业在技术引进合同项目数中仍占高比例,仅次于合资企业,位居第二。

2001年,为进一步贯彻落实市人大通过的《上海市鼓励引进技术的吸收与创新规定》,指导企业开展技术创新工作,市经委会同有关委办和集团公司研究制定《上海市引进技术的吸收与创新重点项目指导目录》《上海市新产品市场准入有关认证补贴的实施办法》等。上海技术引进合同注册及设备进口共1 573项,金额26.29亿美元,达到上海改革开放以来的最高水平。其中汽车所属的机电项目最多,达433项,金额10.85亿美元,占总额的41%。技术引进的行业分布主要集中在机电、软件、电子、房地产、化工、轻工等。引进技术和进口设备来自30个国家和地区,引进金额较大的国家为德国、美国、日本。2002年,针对引进技术过程中存在的引进硬件和成套设备多,引进软件技术少;引进技术投入多,用于消化、吸收、创新的投入少;引进技术出国考察多,对引进技术的专利情况查询少;有研发成果报奖多,主动申请专利少等问题,市科委启动以企业为主体的"专利技术二次开发专项"。上海技术引进合同注册及设备进口共2 160项,金额34.69亿美元,其中机电行业引进技术最多,达549项,金额14.26亿美元。引进技术和进口设备来自30个国家和地区。根据国家经贸委颁布的《行业技术发展重点》和《上海市鼓励引进技术的吸收与创新规定》,当年下达的191个市引进技术的吸收与创新计划项目,项目总投入30亿元。

2003年,全市登记的技术引进合同共2 637项,金额32.3亿美元。全年制造业的技术引进金额最大,达25.25亿美元,1 578项,其中电子及通信设备制造业的技术引进金额最多,达8.68亿美元,297项。技术引进来自47个国家和地区。2004年,上海登记的技术进口合同共2 824项,合同金额达36.27亿美元。其中,制造业的技术进口规模最大,合同数1 670个,合同金额达26.95亿美元。上海的技术进口来自45个国家。日本、德国和美国为主要技术来源地,合同总数分别为754项、472项和375项。其中,美国是上海进口技术合同额最大的目标市场,进口技术总额达10.66亿美元。

2005年,上海登记的技术进口合同共2 877项,合同金额53.42亿美元。其中,制造业的技术进口规模最大,合同1657项,金额数41.79亿美元。上海的技术进口来自50个国家。日本、德国和美国为主要技术来源地,合同总数分别为853项、498项和402项。其中,日本是上海进口技术合同额最大的目标市场,总额达15.16亿美元。2006年,上海登记的技术进口合同2879项,合同金额63.37亿美元。其中,制造业的技术进口规模最大,合同数达1648项,金额数达46.03亿美元。上海的技术进口来自49个国家和地区。美国、德国和日本是上海的主要技术来源地,合同金额占全年合同总额的72.92%。其中,美国是上海进口技术合同额最大的目标市场,总额达21.82亿美元。

2009年,市科委设立专项资金支持企业实施引进国外先进技术和并购海外研发机构的战略。该计划对上海飞机制造有限公司和上海医药集团有限公司等26个项目进行资助,力争通过引进国外技术在上海市经济社会发展的重要领域取得突破。市科委继续实施科技兴贸行动计划,支持企业的高新技术研发和产品出口,共对14个项目进行资助,通过投入450万元带动企业研发经费6280万元。

第二节　新产品开发与技术改造

2000年,全年完成新产品产值1620亿元,新产品产值率达到24%。全市工业企业技术开发费的比重达到2.5%。上海工业竣工投产35项重点技术改造项目,总投资为23.7亿元,投产后将形成产值36亿元,利税7亿元。全年安排实施国家节能专项、地方节能节电项目42项,总投资10.8亿元,可实现节约28万吨标准煤,经济效益4.6亿元。“大资本投入、高科技带动、全球化经营”,是上海工业为在“十五”期间向全国工业五大运行中心目标进军而实施的一项新世纪新战略,其核心是以高新技术带动工业发展,支撑产业改造和升级。上海工业改造和升级工作加强高新技术等创新源泉的建设,加快汽车、石化、钢铁等工业的技术改造,以及都市工业的培育和发展。

2001年,制定《上海市新产品市场准入有关认证补贴的实施办法》等。规模以上工业企业完成新产品产值1767亿元,新产品产值率达到25.2%;开发成功150余项重点新品。新产品计划全年共列项218项,总投资27.9亿元,当年新增产值95.01亿元,新增利润15.82亿元,外贸出口额1.94亿美元。上海市被批准为全国首批国家重点新产品计划项目申报备案试点4省市之一,上海市获批87项国家重点新产品,项目总投资19.58亿元,当年新增产值67.97亿元,利润12.01亿元,外贸出口额1.18亿美元。上海市新产品试制计划列项104项,总投资7.26亿元,当年新增产值23.84亿元,利润3.1亿元,外贸出口额0.63亿美元。中试产品计划有27项,85%以上为高新技术产品。全年完成工业投资650亿元,技术改造投资320亿元。

2002年,市经委制定《上海市工业企业新产品市场准入许可及认证费用资助实施办法(试行)》,上海市新产品试制鉴定计划与上海市中试产品计划集成为《上海市国家重点新产品计划》和《上海市重点新产品试制计划》。全市规模以上工业企业完成新产品产值2020亿元,新产品产值率达26.1%。上海重点新产品计划全年共立项222项,总投资31.67亿元,当年新增产值116.71亿元,新增利润13.59亿元,外贸出口额6.51亿美元。上海市重点新产品试制计划全年立项125项,项目总投资7.16亿元,当年新增产值28.66亿元,利润4.88亿元,外贸出口额1.1亿美元。上海市有97项列入国家重点新产品计划。项目总投资24.51亿元,当年新增产值88.05亿元,利润8.71亿元,外贸出口额5.41亿美元。全年完成工业投资688亿元,技术改造投资423亿元。

2003年,市科委在市财政局的支持下,与“国家重点新产品财政专项补助经费”支持政策相衔接,首次设立"上海市重点新产品财政专项补助资金",并落实 1 000 万元补助资金,择优支持创新性强、技术含量高、具有自主知识产权、对行业共性技术有较大带动作用、具有国内和国际竞争力的重点项目 98 项。全市工业企业实现新产品产值 2 427.08 亿元,新产品产值率达到 23.5%。安排 500 万元资金,设立上海市抗"非典"新产品专项,对 69 项抗"非典"新产品进行重点支持。上海市新产品计划全年共立项 295 项,项目总投资 36.06 亿元,新增产值 134.17 亿元,利润可达 15.46 亿元,外贸出口额 3.27 亿美元,上缴增值税 7.28 亿元。101 项被列为国家重点新产品,其中 30 项获得科技部、财政部国家财政专项补助经费 1 020 万元。这些项目总投资 9.27 亿元,新增产值 43.33 亿元,利润 6.36 亿元,外贸出口额 1.32 亿美元,上缴增值税 3.18 亿元。194 项列入"上海市重点新产品试制计划",项目总投资 26.79 亿元,新增产值 90.84 亿元,利润 9.1 亿元,外贸出口额 1.95 亿美元,上缴增值税 4.1 亿元。

2004 年,上海市新产品计划支持引进专利应用开发和二次开发,优先支持专利的自主开发,促进新产品核心技术专利化、专利技术产业化。新产品计划引导企业参与国家、行业乃至国际标准的制订,优先支持企业创制技术标准。在科技成果产业化的基础上,引导技术专利化向专利标准化升级。全市规模以上工业企业实现新产品产值 2 487.6 亿元,新产品产值率达到 19.3%。上海市新产品计划共立项 308 项,项目总投资 49.6 亿元。全市规模以上工业企业用于技术创新活动的经费总支出为 263.1 亿元,技术创新投入占销售收入的比重达到 1.9%。

2005 年,新产品计划共立项 276 项,其中电子信息类占 24.3%、生物医药类占 11.2%、新材料占 23.2%、光机电一体化占 29.7%、新能源与高效节能类占 11.6%。项目总投资 118 亿元,全年新增产值 444.2 亿元、利润 72 亿元、外贸出口额 15.9 亿美元、上缴增值税 36.6 亿元。115 个项目被列入国家重点新产品计划,其中 42 项获得科技部、财政部专项补助经费 1 080 万元。所获国家财政补助经费自 2001 年起连续五年保持全国第一。项目总投资 98 亿元,全年新增产值 364.3 亿元、利润新增 57.3 亿元、外贸出口额达 14.2 亿美元。上海市重点新产品计划立项 161 项。项目总投资 20.1 亿元,全年新增产值 79.9 亿元、新增利润 14.7 亿元、外贸出口额 1.66 亿美元。

2006 年,新产品计划共立项 380 项。其中电子信息类产品占 20.3%、生物医药与医疗器械类产品占 8.2%、光机电一体化产品占 32.6%、新材料类产品占 28.4%、新能源与高效节能类产品占 10.5%。项目总投资 115.7 亿元,当年新增产值 511.7 亿元、利润 81.1 亿元、外贸出口额 14 亿美元、上缴增值税 28.87 亿元。115 项列为国家重点新产品计划,其中 44 项获得国家财政专项补助 1 090 万元,居全国首位。所获补助经费自"十五"以来连续六年保持全国第一。项目总投资 82 亿元,当年新增产值 369.7 亿元、利润 53.5 亿元、外贸出口额达 11.44 亿美元。上海市重点新产品计划立项 265 项。其中 89 项得到上海市重点新产品财政专项资金 1 800 万元的支持。项目总投资 33.7 亿元,当年新增产值 142.0 亿元、利润 27.6 亿元、外贸出口额达 2.56 亿美元。工业纯技改投资 189 亿元。

2007 年,上海市新产品计划继续采取政策引导和财政后补助措施,营造激励企业自主创新的环境,引导和支持企业开展原始创新、集成创新和引进消化吸收再创新,培育一批拥有自主知识产权、知名品牌和持续创新能力的创新型企业,提高产业竞争力,增强自主创新能力。上海市新产品计划共立项 328 项。其中电子信息类产品占 18.6%,生物医药与医疗器械类产品占 10.4%,光机电一体化类产品占 31.4%,新材料类产品占 29.2%,新能源与高效节能减排类产品占 10.4%。项目总投资 45.65 亿元,当年新增产值 364.4 亿元,利润 54.4 亿元,外贸出口额 11.6 亿美元,上缴增值税 21.1 亿元。95 个项目被列入国家重点新产品计划,其中 28 项获得国家财政专项补助共 1 000

万元,连续 7 年居全国前列。项目总投资 12.89 亿元,当年新增产值 107.04 亿元,利润 22.8 亿元,外贸出口额 4.7 亿美元。233 个项目被列入 2007 年度上海市重点新产品计划,其中 78 项得到上海市财政专项补助共 1 800 万元。项目总投资 32.76 亿元,当年新增产值 257.4 亿元,利润 31.6 亿元,外贸出口额达 6.9 亿美元。

2008 年,上海市新产品计划共立项 347 项。其中电子信息类产品占 20.2%、生物医药与医疗器械类产品占 6.6%、光机电一体化类产品占 26.2%、新材料类产品占 29.4%、新能源与高效节能减排类产品占 10.1%、交通类产品占 7.5%。授权和受理专利共 1 715 件,授权专利 853 件,发明专利 96 件、实用新型专利和软件著作权 645 件。项目总投资 80.66 亿元,新增产值 527.24 亿元、利润 65.5 亿元、外贸出口额 10.96 亿美元、上缴增值税 36.55 亿元。有 99 项列入国家重点新产品计划,其中 45 项获得国家财政专项补助共 1 960 万元,连续 8 年居全国前列。99 项中授权专利 264 件(发明专利 34 件、实用新型专利 166 件、软件著作权 32 件、外观设计专利 32 件),受理专利 234 件(发明专利 182 件、实用新型专利 47 件、外观设计专利 5 件)。项目总投资 17.12 亿元,新增产值 151.79 亿元、利润 22.39 亿元、外贸出口额 4.55 亿美元。248 项列入上海市重点新产品计划,其中 81 项得到上海市财政专项补助共 1 800 万元。授权专利 589 件(发明专利 62 件、实用新型专利 316 件、软件著作权 131 件、外观设计专利 80 件),受理专利 628 件(发明专利 367 件、实用新型专利 171 件、软件著作权 26 件、外观设计专利 64 件)。项目总投资 63.54 亿元,新增产值 375.45 亿元、利润 43.11 亿元、外贸出口额达 6.41 亿美元。

2009 年,出台《上海市自主创新产品认定管理办法(试行)》,成立工作小组,设立认定办公室,明确科学评审方法,制定认定工作流程。有 977 项产品在认定系统注册,816 项产品正式提交认定申请,确认 335 家单位的 523 项(含试点的 6 项)产品列入 2009 年度上海市自主创新产品目录。为应对财政部跨年度预算的需要,国家科技部暂停 2009 年国家重点新产品计划的申报工作,将 2008 年批准的 99 个上海市国家重点新产品计划项目拆分为 2008 年 75 项、2009 年 24 项。312 个项目列入上海市重点新产品计划,其中 76 项得到上海市财政专项补助共 1 800 万元。312 个项目中,电子信息类产品占 23.1%,生物医药与医疗器械类产品占 9%,光机电一体化类产品占 24.7%,新材料类产品占 26.9%,新能源与高效节能减排类产品占 7.3%,交通类产品占 9%。授权专利 749 件(发明专利 92 件、实用新型专利 391 件、软件著作权 139 件、外观设计专利 127 件),受理专利 665 件(发明专利 413 件、实用新型专利 185 件、软件著作权 34 件、外观设计专利 33 件)。项目总投资 61.44 亿元,新增产值 293.38 亿元、利润 54.98 亿元、外贸出口额 7.67 亿美元,上缴增值税 20.25 亿元。

2010 年,366 个项目列入上海市新产品计划。86 个项目列入 2010 年度国家重点新产品计划,其中电子信息类 17 个,占 19.8%;新材料类 21 个,占 24.4%;光机电一体化类 27 个,占 31.4%;生物医药类 8 个,占 9.3%;新能源与高效节能 10 个,占 11.6%;交通类 3 个,占 3.5%。86 个项目总投入 19.19 亿元,研发投入 11.2 亿元,销售额 213.45 亿元,授权专利 350 件(发明专利 75 件、实用新型专利 194 件、软件著作权 61 件)。280 个项目列入上海市重点新产品计划,其中有 87 个项目给予 10 万~20 万元的市财政专项资金资助,总共 1 500 万元。280 个项目中,电子信息类 67 个,占 23.9%;新材料类 66 个,占 23.6%;光机电一体化类 70 个,占 25%;生物医药类 22 个,占 7.9%;新能源与高效节能 32 个,占 11.4%;交通类 23 个,占 8.2%。280 个项目总投入 49.3 亿元,研发投入 27.2 亿元,预销售额 385.6 亿元,利润 40.8 亿元,出口创汇 5.2 亿美元,上缴增值税 16.4 亿元,授权专利 986 件(发明专利 129 件,实用新型专利 628 件,软件著作权 229 件)。在列入上海市"新产品计划"的单位中,有 232 个是高新技术企业,9 个是国家创新型企业,46 个是上海市创新型企业。实施《重点技术改造项目竣工验收管理办法》。全年实施 230 项重点技改项目,涉及总投资 460 亿元。

表 3-1-1　2004—2010 年国家重点新产品统计表

年份	项目（项）	项目水平		总投资（万元）	年产值（万元）	年利润（万元）	年创汇（万美元）
		国际领先或先进	国内领先或先进				
2004	106	98	8	272 238	1 982 379	259 441	17 620
2005	115	92	23	980 011	3 643 222	572 523	359 792
2006	115	98	17	820 491	3 696 505	534 982	114 252
2007	95	84	11	128 932	1 070 426	228 027	47 029
2008	99	89	10	171 153	1 517 899	223 885	45 496
2010	86	76	10	191 934	2 134 480	401 939	85 598
合计	616	537	79	2 564 759	14 044 911	2 220 797	669 787

表 3-1-2　2004—2010 年上海市新产品统计表

年份	项目（项）	项目水平		总投资（万元）	年产值（万元）	年利润（万元）	年创汇（万美元）
		国际领先或先进	国内领先或先进				
2004	202	174	28	324 844	2 001 567	477 505	26 925
2005	161	134	27	200 688	798 649	147 446	72 419
2006	265	215	50	337 140	1 418 070	275 382	25 604
2007	233	202	31	327 601	2 574 109	316 433	69 276
2008	248	211	37	635 443	3 754 483	431 060	64 122
2009	312	266	46	614 031	1 899 493	323 023	无
2010	280	234	46	493 036	2 492 000	206 149	32 974
合计	1 701	1 436	265	2 932 783	14 938 371	2 176 998	291 320

第三节　高新技术成果转化

1998 年 6 月 1 日,市委、市政府在全国率先推出促进科技成果转化的首部地方政府政策性文件——《上海市促进高新技术成果转化的若干规定》,俗称"18 条"。"18 条"中,第一次明确提出科技人员通过科技成果转化和转让可获得相应的股权收益;第一次公开提倡科技人员可以兼职从事高新技术成果转化工作;第一次规定企业用税后利润投资经认定的高新技术成果转化项目可返还已征的对应所得税。1999 年 6 月 9 日,市政府对"18 条"进行第一次修订,主要有四大突破:把政策的适用范围扩大到所有在沪注册的企业,其中包括外商投资企业;对上海市企事业单位和个人申请国内外发明专利,政府资助部分专利申请费和专利维持费;进一步突出技术要素分配,成果价值占注册资本比例可以超过35%,不受国家规定限制;减少审批环节,提高办事效率,建设创新创业服务体系。

2000年,上海市高新技术成果转化服务中心认定高新技术成果转化项目411项,项目当年形成产值98亿元。11月12日,《上海市高新技术成果转化的若干规定》再次修订,其明确规定境内外各类资本包括民间资本建立的创业投资机构,可比照享受地方优惠政策。突出股权投入、技术转让和自行转化等三种成果转化方式,形成以股权、权益和奖励为主要内容的三种收益方式,并且鼓励各类所有制企业试行"期权期股"制度,形成对科技人员的长期激励与短期激励的有效结合。成立集政策支撑与市场导向于一体的推进科技成果转化的专门工作机构"上海市高新技术成果转化服务中心"。

2001年,上海市高新技术成果转化服务中心认定转化项目495项,其中电子信息、生物医药和新材料三大领域项目346项,占总数70%。2002年,上海市高新成果转化服务中心共认定成果转化项目502项,其中电子信息、生物医药、新材料和先进制造4大重点领域的项目占87.8%。2003年,高新技术成果转化项目全部采用新版认定申报资料,并同步实现电子申报、认定状态网上查询等。全市认定高新技术成果转化项目543项,其中电子信息类146项,占26.9%;生物医药类109项,占20.1%;新材料133项,占24.5%;先进制造124项,占22.8%。四大领域共认定转化项目512项,占94.3%。

2004年,认定高新技术成果转化项目570项,电子信息类、生物医药类、新材料、先进制造四大重点领域占86.8%。3月29日,上海市高新技术成果转化服务中心宣布:简化高新技术成果转化项目认定审批程序,六大类成果转化项目可"跳"过初评、专家评审,直接"保送"进入政府审批阶段。12月22日,市政府颁布再次修订的《上海市促进高新技术成果转化的若干规定》。2005年,认定高新技术成果转化项目602项,电子信息、生物医药、新材料、先进制造四个重点领域的项目占总数的92.1%。在各区县、部分高校、科研机构及企业集团设立32个高新技术成果转化工作联络站,形成市区联动、服务联动、促进科技成果转化的工作网络。开设"上海高新技术产品与科技成果交易网",编写《上海高新技术成果转化服务指南》,修订《上海市高新技术产业和产品目录》,制定《关于上海市高新技术成果转化项目实行网上评审的办法》等。

2006年,认定高新技术成果转化项目共786个,其中电子信息、生物医药、新材料、先进制造和现代服务业等五大重点领域的项目661个,占总数的84.1%。2月,新修订的《上海市高新技术产业和技术指导目录》颁布。3月1日起,高新技术成果转化项目认定实施网上评审认定,评审专家在市科委专家库中根据专业领域特长随机调用。5月23日,上海高新技术成果转化展示厅在上海市高新技术成果转化服务中心开展。12月29日,市财政局颁布《高新技术成果转化专项资金扶持办法》。2007年,上海市高新技术成果转化服务中心收集国家和上海出台的79项实施细则汇编成册,共计发放到企业4万余册。同时组织4个宣讲小组,深入企业宣讲政策。2月,由上海市高新技术成果转化服务中心发起,由11个相关部门组成"政策服务联动联盟",访问企业解释科技创新政策服务。

2008年,上海市高新技术成果转化服务中心调整"一门式"窗口组成部门的设置,明确"一门式"窗口的基本工作内容,每季度编制"一门式"工作季报。截至12月,"一门式"窗口受理贷款贴息28笔,人才引进申请47人并引进43人,破格受理引进人才居住证15人并办理9人。完善转化项目认定系统和落实政策动态跟踪系统,完成"上海科技成果转化网"改版,实行"网上申报、网上受理、网上评审"的申报方式,利用短信平台将政策信息、服务信息及时传达到企业。6月,上海市高新技术成果转化服务中心联合其他机构开展5场项目与资本对接会,200多个项目参加对接。

2009年,上海市高新技术成果转化服务中心编印《上海市科技创新政策精编》和上海市科技创新政策体系图,免费向企业发放1000多份;开展"企业研发费加计扣除政策"专题培训、科技成果转化实务培训,科技创新政策企业联络员岗位培训等,共计148场,培训14 563人次;编写并发布《2008年度上海科技创新政策报告》。2010年1月1日,新修订的《上海市高新技术成果转化项目认定程序》正式颁布实施。截至2010年底,上海市高新技术成果转化认定办公室共认定高新技术成果转化项目588项(累计认定项目7 169项),其中电子信息类占32.14%,新材料类占14.8%,先进制造类占29.42%,生物医药类占6.97%,环保节能类约占11.2%,新认定项目的总投资额为78.11亿元。

第四节　科技金融与科技创业

一、科技金融

2001年,市科委与银行、投资公司、企业等合作,引导他们向科技型中小企业投资。6月,市科委与市财政局牵头,中国经济技术投资担保有限公司(中投保)上海分公司与上海市火炬中心达成协议,将由上海市火炬中心提供项目,由中投保上海分公司提供担保,为科技型中小企业的技术创新项目贷款担保开辟新的渠道。上海市火炬中心为中投保上海分公司推荐24个项目。2002年,向中投保上海分公司推荐42个项目,有8个项目得到银行贷款1 650万元。8月16日,上海市火炬中心与徐汇区财政局签订"科技型中小企业实施贷款信用辅助担保协议"。在沪设立的海外风险资本机构有100多家,国内入沪的风险投资机构有150多家,可控制调动的资金达2 000多亿元。张江高科技园区批准外资创业投资公司8家,1家增资,投资总额达1.33亿美元,注册资本9 736.5万美元。

2003年,美国硅谷风险投资界的成功典范——橡子园管理公司携800万美元来沪创建IT孵化器;美国另一家大型风险投资机构与上海创业投资有限公司达成初步合作协议:美方出资1.5亿美元,创投系统投入1亿元人民币,共同培育成长期的大型联合基金。摩托罗拉风险投资公司正式参股上海联创投资管理有限公司。在上海开展风险投资活动的中外风险投资机构超过150家。在上海注册登记的以创业投资或创业投资管理为主营业务的机构数为189家,资本总额约为260亿元。新材料及生物医药产业超过软件及通信产业,成为上海创业投资最大的热点。1月8日,上海市创业投资行业协会召开理事会议,由各位理事担任评委评选出上海创业投资有限公司、上海科技投资公司等8家上海优秀创业投资机构。2004年,上海各类创业投资机构达220多家,管理的资金总量超260亿元,约占全国总量的一半。投资项目集中在信息、新材料、生物医药等三大领域。5月13日,"知识杨浦—上海创业投资国际论坛"在上海科技馆举办,创业投资家、金融家、科技专家等近300人与会。6月3日,市金融办召开座谈会,听取科创投融资服务市场主体建设平台的意见和建议。

2005年,市科委与国家开发银行上海分行共同推出科技型中小企业贷款业务。10月21—22日,全国科技型中小企业融资工作研讨会在上海召开,会议介绍科技部和国家开发银行开展科技型中小企业投融资服务体系建设的情况。2006年8月,成立全国首个大学生科技创业非营利性公募基金——上海市大学生科技创业基金会。11 月 28 日,2006 上海首届中小企业国际创投融资峰会在沪举办,海内外知名投资机构、银行、资产评估等机构近 300 人与会。12 月 29 日,上海创业投资公司等 12 家创投机构通过备案审查。

2007 年,市发展改革委根据国家发展改革委有关规定,对符合条件的 12 家创业投资企业予以备案。分别是:上海科技投资公司、上海兆丰创业投资有限公司、上海浦东科技投资有限公司、上海橡子园创业投资有限公司、上海中新技术创业投资有限公司、上海新鑫投资有限公司、上海信虹投资管理有限公司、上海复旦创业投资有限公司、上海信息技术创业投资有限公司、上海张江创业投资有限公司、上海复旦医疗产业投资有限公司、上海鼎嘉创业投资管理有限公司。2008 年,经科技部和中国保监会批准,上海入选第二批科技保险创新试点城市(区)。上海的首批试点在张江高科技园区核心区内的高新技术企业中开展。有关保险公司推出 20 余种科技保险险种,高新技术企业可能遭遇的技术、市场、人才风险大都能找到对应的"避风港"。市科委、市财政局设立科技保险专项资金,对科技保险参保企业提供一定的保费补贴。

2009 年 8 月 10 日,市政府办公厅转发《关于上海市促进知识产权质押融资工作的实施意见》。企业将知识产权出质给银行等融资服务机构,银行等融资服务机构作为知识产权质权人向企业出借资金,企业按期向银行等融资服务机构偿还本息;企业将知识产权出质给融资担保机构、保险公司等第三人,融资担保机构、保险公司等第三人作为知识产权质权人为企业融资提供担保或信用保险,银行等融资服务机构向企业出借资金,企业按期向银行等融资服务机构偿还本息;由拥有知识产权的企业与银行等融资服务机构协商确定的法律允许的其他知识产权质押融资方式。

2010 年,上海积极深化细化有关中小企业融资的具体推进措施。相继出台《关于鼓励和促进科技创业的实施意见》《关于印发〈上海市知识产权质押评估实施办法(试行)〉和〈上海市知识产权质押评估技术规范(试行)〉的通知》《关于上海市开展外商投资股权投资企业试点工作的若干意见》《关于加强金融服务促进上海市经济转型和结构调整的若干意见》和《关于加快上海市融资性担保行业发展进一步支持和服务上海市中小企业融资的若干意见》等政策。2 月 23 日,上海市创业投资引导基金成立,引导基金规模 55 亿元,首期 10 亿元,是由市政府设立并按照市场化方式进行运作的政策性基金,主要发挥财政资金的杠杆放大效应,引导社会资金投向上海重点发展的产业领域,且主要投资于处于种子期、成长期等创业企业。9 月 19 日,上海市大学生科技创业基金新资助模式启动,推出创业基金新资助模式,基金新资助模式分为"创业雄鹰计划"和"创业雏鹰计划"两类,资助对象从上海市高校毕业生扩大到全国范围。12 月 2 日,"科技履约贷"产品发布,开创国内银行和保险公司联合参与贷款产品的先例。科技履约贷以政府引导资金牵头搭建银行贷款平台,由政府、银行和保险公司共担科技型中小企业贷款风险。第一批通过贷款申请的 10 家企业共计受发放的金额达到 2 380 万元。单笔贷款额度一般为 50 万元至 300 万元,最高不超过 500 万元。

二、科技创业

2000 年,上海在内外环带间建立包括专业孵化器、校园孵化器和国际孵化器在内的孵化基地 20 个,孵化面积 21.5 万平方米,在孵企业 567 家,留学生企业(含外资)107 家,孵化专项资金 1.1 亿元,全市在孵科技企业技工贸年总收入 15.2 亿元,利税 1.3 亿元。上海国际企业孵化器正式挂牌,下设上海科技创业中心、漕河泾创业中心和张江高新技术创业服务中心 3 个基地。上海集成电路设计中心、上海科汇科技创业中心、上海互联网创业投资有限公司、上海软件园等 5 家专业孵化器建成。上海创业城孵化基地建成投入使用,23家高新技术企业入驻孵化,6家中介服务机构入驻设点。建立上海市科技企业孵化器网络,其中上海市科技创业中心、漕河泾创业中心、张江高新技术创业服务中心、杨浦高新技术创业服务中心4家被科技部认定为国家级创业中心。4月18—19日,世界企业孵化与技术创新大会在上海国际会议中心隆重召开。中国、美国、俄罗斯、印度等10多个国家近500名代表参加会议。

2001年,上海有科技企业孵化器24家,拥有孵化面积44.4万平方米,在孵企业825家,孵化企业技工贸总收入达35.76亿元,利税2.88亿元。上海科技企业孵化器朝着“六化”的方向发展:管理规范化,出台孵化器的标准和条例进;发展规模化,扩大孵化器规模,实现规模经营;分工专业化,综合孵化器逐步淡出,专业孵化器进一步发展;合作国际化,上海国际企业孵化器融入世界;信息网络化,健全孵化器网络,实现孵化器网络化;服务社会化,孵化服务采取社会化、市场化运作。2002年,市科委先后制定出台《孵化企业(项目)入驻管理办法》和《孵化企业毕业若干规定》等规范性条例。上海市科技创业中心推出《孵化合同》《孵化服务手册》等示范性文本。上海拥有各类孵化机构26家,其中国家级创业服务中心5家,孵化面积56.5万平方米,孵化企业1 331家,在孵企业的技工贸总收入45.2亿元。

2003年,上海企业孵化器共有28家,在孵企业1 509家,孵化面积65.3万平方米,技工贸总收入53.89亿元,利润2.04亿元,税收1.77亿元,提供就业岗位23 051个,累计毕业企业212家。中科院上海生命科学研究院与徐汇区政府在漕河泾联合创建生物技术孵化基地。3月,上海聚科生物园区有限责任公司正式成立,负责孵化基地的运作工作;9月,完成首期4 000平方米孵化器建筑改建工程。4月15日,“863”软件专业孵化器(上海)基地示范工程开工奠基,负责孵化基地建设、管理和运作的上海市“863”软件孵化器有限公司正式揭牌成立。2004年,上海科技企业孵化器共有31家,在孵企业1 698家,孵化面积71.4万平方米,提供就业岗位23 900个,累计毕业企业247家。国内首个多媒体专业孵化器——上海多媒体产业园创业有限公司成立。10月16—18日,亚洲企业孵化器协会第五届年会在上海召开,来自各成员国家和地区的70多名代表开展交流和谈论。

2005年,全市各类孵化器35个,孵化面积55.2万平方米,在孵企业2 095家,其中留学生企业94家,外资企业134家;毕业企业109家,累计毕业企业396家,就业人数2.68万人。全年技工贸总收入55.10亿元,实现利税4.58亿元,有一家企业在美国纳斯达克上市。2006年,全市各类科技企业孵化器35个,孵化面积59万平方米,在孵企业2 123家,累计毕业企业481家,就业人数3.32万人。全年技工贸总收入71.76亿元,实现利税5.45亿元。

2007年6月28日,上海科技企业孵化协会2007年第一次理事长会议在上海市科技创业中心召开。会上提出孵化协会的工作思路是“聚集重点、突破难点、做出亮点”,努力实现协会的引领作用。具体工作目标有:培育1~2家专业孵化器示范点;培育3家准国家级孵化器,争取进入国家级行列;推进10家以上孵化器实施辅导员制度,在全市建百人辅导员队伍;培育科技小巨人苗子20家,争取进入市科委、市经委小巨人或小巨人培育企业行列4家;列入科技部创业项目企业达到20家以上;加强调查研究,完成若干相关软课题。

2008年2月29日,上海研发公共服务平台创业孵化子平台启动。该子平台由上海市科技创业中心牵头,聚集市科委及各区县科委、大学生创业基金会、创投协会、小企业服务中心、科技成果转化中心等机构,以及全市的35家孵化器,分为孵化功能、共享服务、支撑实现、协调管理4个系统。7月4日,2008年上海科技企业孵化协会年会暨“创业导师”推进会举行。35家孵化器和31家中介机构构成的协会成员单位参加年会。8月29日,张江孵化器管理中心开业,标志着张江科技园区企业成长"全线"孵化模式的正式运行。

2009年,上海科技企业孵化器以"创新带动创业,创业带动就业"为指导思想,围绕上海市科技两委"助企业、促创新、渡难关"10项重大举措,在全市范围内开展科技创业导师、科技创业苗圃和大学生见习培训3项重点工作,使上海的科技创业活动上一个新台阶。在全市范围内试行《上海科技创业苗圃试点暂行管理办法》,试点8家科技创业苗圃;试行《上海市科技企业孵化器认定暂行办法》,新认定科技企业孵化器10家,涉及LED、先进制造技术、新能源、动漫衍生产品、创意设计、软件等新兴产业,紧贴市委、市政府及上海市科技两委的产业导向,配套出台《上海市市级科技企业孵化器(市级高新技术创业服务中心)认定暂行办法》。截至2009年底,上海科技企业孵化器42家,基地孵化面积62.16万平方米,孵化器资金总额7.79亿元,孵化专项基金2.39亿元;孵化器总收入3.15亿元,净利润3 869万元,上缴税金2 046万元;基地在孵企业2 242家,在孵企业总收入55.31亿元,在孵企业R&D投入7.32亿元,在孵企业累计获得财政资助额4.20亿元,在孵企业累计获得风险投资额17.41亿元,在孵企业从业数35 131人;累计毕业企业976家,中国火炬创业导师数16人,其他创业导师数214人,批准知识产权保护数1 127项。

"十一五"期间,上海基本构建完成以"创业苗圃+孵化器+加速器"为载体的孵化服务链和以"专业孵化+创业导师+天使投资"为核心的孵化服务模式的新型孵化服务体系,有效帮助企业发展。创业苗圃、孵化器、加速器3个载体针对创业企业不同的发展阶段为企业提供孵化服务。2010年,新建创业苗圃15家,育苗项目405个;截至12月底,共建成创业苗圃23家。新建孵化器17家,共建成孵化器59家,总孵化面积超过70万平方米,孵化企业2 000多家,形成徐汇、杨浦、张江3个孵化器聚集区;加速器试点企业2家,加速培育企业43家。专业孵化、创业导师、天使投资3个服务功能的结合是帮助企业发展的抓手。截至2010年底,上海拥有27个专业孵化器,初步搭建各具特色的专业技术服务平台,推动产业集聚;组建来自投资、管理咨询等机构的100多名资深人士组成的创业导师队伍,可通过创业导师背后的巨大社会资源推动企业发展;科技与金融相结合帮助企业解决实际资金问题,2010年全市孵化器为科技型中小企业争取投融资13.6亿元,服务企业560家(次)。

第五节　企业技术中心

1993年,市经委根据国家经贸委要求,选拔和推荐一批企业(集团)技术开发中心。1994年,宝山钢铁(集团)公司、上海第五钢铁厂、江南造船厂、上海汽车工业总公司、市药材公司、亚太农药(集团)公司、轮胎橡胶(集团)公司、氯碱股份有限公司、中西药业公司等9家企业(集团)的技术中心,被国家经贸委认定为国家级技术中心,并享受国家有关优惠政策。1996年,为强化政策引导和扶持,相继制定《上海市鼓励和支持企业集团和大中型企业建立技术中心的意见》《上海市企业技术中心认定办法》,开展市级技术中心认定工作。并首批批准上海焊接技术和标准件等5个研究所进入企业,建立技术中心。

2001年,根据国家经贸委加强对企业技术中心跟踪考核的要求,结合上海市企业技术中心建设的实际,市经委研究制定《上海市企业技术中心建设评价指标体系》,以进一步提高企业技术中心建设质量。新建上海建工(集团)总公司及上海白猫有限公司两家国家级企业技术中心,新认定19家为第八批市级企业技术中心,累计建立国家级、市级企业技术中心120家,不同层次的企业技术中心150家。根据上海市经贸委发布的2001年国家级企业技术中心评价结果,上海贝尔电话设备制造公司获得 90.6 分,被评为优秀;上海广电集团等 23 家被评为合格,新建国家级技术中心的质量获得国家经贸委的表扬。

2002 年,新建国家级企业技术中心 1 家和市级企业技术中心 13 家。根据国家经贸委发布的 2002 年国家级企业技术中心评价结果,上海 24 家国家级企业技术中心中被评价为优秀的由 2001 年的 1 家增加到 2 家,平均得分从 2001 年的全国第 5 位提高到第 2 位。重点推进和支持上海广电集团公司、上海电气(集团)总公司、上海汽车工业(集团)总公司等建立中央研究院。使重点大集团形成中央研究院、子公司技术中心、生产企业技术开发机构三级技术创新体系。2003 年,根据国家有关部门发布的 2003 年国家级企业技术中心评价结果,上海贝尔阿尔卡特股份有限公司获得 93.1 分,上海宝钢集团公司获得 90.5 分,均被评价为优秀;上海广电(集团)公司等 22 家被评为合格。新建上海外高桥造船有限公司、华宝食用香精香料(上海)有限公司等 2 家国家级企业技术中心,累计建立国家级、市级企业技术中心 127 家。

2004 年,上海市制订并实施《上海市企业技术中心建设纲要》和《上海市企业技术中心重点建设指南》,在企业技术创新体系建设方面体现科教兴市、与国际接轨和分类指导、差别扶持三大原则,实现核心技术能力和技术创新体系的突破。市经委会同市财政局、市税务局、市海关等部门修订"技术中心评定与考核办法"。新考评体系严格对企业技术创新能力等创新指标的考核要求,还将区县级企业技术中心纳入考评范围,构建国家级、市级、区县级三级企业技术创新体系。全年新增 34 家市级企业技术中心,其中,国有企业 10 家,外资企业 8 家,合资企业 3 家,民营企业 13 家,基本呈现国有、外资、民营企业三分天下的局面。2005 年,上海市围绕"上海优先发展先进制造业行动方案",重点鼓励和支持国家认定和上海市认定企业技术中心的建设,并与各区县联手积极培育区级企业技术中心。鼓励和支持企业技术中心开展产学研联合攻关和合建开发机构,构建以企业为主体、市场化为目标、产学研结合的技术创新体系。2006 年,上海电器科学研究所(集团)有限公司、上海振华港口机械股份(集团)有限公司等 2 家企业被国家发改委认定为第十三批国家认定企业技术中心,上海宝信软件股份有限公司被认定为国家级企业技术中心分中心。认定 37 家企业为第十二批上海市级企业技术中心,其中国有企业 14 家,民营企业 14 家,合资企业 8 家,独资企业 1 家。12 个区县共认定 105 家区级企业技术中心作为上海市企业技术中心的预备力量。

2007 年 5 月至 7 月 15 日,市企业技术中心认定办公室认定上海宝冶建设有限公司等 26 家企业的研究开发机构为上海市第十三批企业技术中心。截至 2007 年底,上海经认定的企业技术中心共有 252 家,其中国家级技术中心 32 家(含 3 家分中心)、市级技术中心 220 家。2008 年,修订《上海市企业技术中心认定和管理办法》。新增 46 家第 14 批上海市企业技术中心。2009 年,上海市新增 5 家国家认定企业技术中心,新增 45 家第 15 批上海市认定企业技术中心。2010 年,上海新增 4 家国家认定企业技术中心和 46 家上海市认定企业技术中心,至此,上海累计拥有市级以上企业技术中心 365 家,其中国家认定企业技术中心 42 家(5 家为国家认定企业技术中心分中心),上海市认定企业技术中心 323 家。

第六节　产学研合作

自 2000 年始,原每年一次的产学研专项申报工作改为随时可以申报。2000 年,上海围绕科技与经济结合,进一步推进产学研结合。市科委在推进产学研结合的过程中,以重大项目为结合点,探索科技项目实施和管理的新模式。在市科委重大重点攻关项目中,产学研结合项目有 93 个,投入资金 1.82 亿元。

2001 年，产学研联合从过去的单项合作为主转向高层次战略联盟，从松散性转向紧密性，从单个企业走向全行业，产学研合作的形式不断创新。两年一届的上海市优秀产学研联合工程项目组织评选评出优秀项目一等奖 10 项，二等奖 19 项，三等奖 55 项。5 月 30 日，市经委领导带领部分工业集团领导来到同济大学，与同济大学联合举办"产学研"调研会。市经委主任黄奇帆与同济大学校长吴启迪共同签订"上海市经委与同济大学产学研战略全面合作意向书"。8 月 30 日，中国科学院与上海电气集团举行高技术与产业化合作协议签字仪式。双方共签署 10 个高技术与产业化合作协议和两个合作意向，项目总投资 8 252 万元。11 月 20 日，中国科学院与上海广电（集团）有限公司签订合作协议，共同研究开发信息技术，共同建设信息技术研究开发基地，高层次人才培养基地和高技术产业发展基地，携手推进中国信息技术产业的快速发展。

2002 年，以企业为主体的产学研联合形成新热潮。以重大专项为抓手，推动产学研更紧密联合；推动大集团与中国科学院进行战略合作；推动企业与高校建立长期合作关系。9 月 20 日，东华大学与中国石化仪征化纤股份有限公司举行"仪化东华纤维研究开发中心"成立仪式。10 月，上海电气（集团）公司出资 6 000 多万元，与中国科学院在轨道交通仿真技术研究、计算机语音识别安全系统等 17 个高新技术项目上合作攻关。2003 年，科教兴市重大产业科技攻关项目的选项原则就包括带动产学研结合。市科委"登山计划"提出鼓励产学研联盟的形成和发展，在安排计划项目时，要求产学研各方联合申报项目。《上海市重点实验室建设和管理办法》和《关于进一步加强在沪重点实验室建设和管理的若干意见》中，把促进产学研结合作为重要内容，并首次安排产学研配套经费。由中国科学院上海微系统与信息技术研究所牵头，东南大学、中国科技大学等高校和国内外著名厂商加盟的上海无线通信研究中心在长宁区多媒体产业园成立，形成瞄准未来无线通信产业的产学研战略联盟。

2004 年，市经委与市发改委、市国资委、市科委共同制订改制方案，加快推进工业系统部属和地方行业转制研究院所的机制创新，形成以企业为主体的多层面的产学研联合创新体系。推进企业技术中心与高校、研究院所进行产学研联合，共建联合研发机构、联合研究开发或委托研究开发。《曙光计划》首次设立产学研专项招标。2005 年，市经委组织一批重点产业技术产学研联合攻关项目，经专家评审 34 个项目入选，项目总经费 8.92 亿元。1 月 28 日，上海华谊（集团）公司等 8 家企业和上海交通大学等 5 所高校建立产学研战略联盟，推进产学研合作长效机制的建立。市科委设立"产学研技术创新"专项资金，鼓励以企业为技术吸纳和技术创新的主体，以高校和科研院所为技术开发及技术转移的主力，推进产学研战略联盟的形成。2006 年，市经委重点支持"支柱、装备、战略、新兴和都市"五大产业的技术进步和产业发展，全年落实 34 个产学研攻关项目，下拨启动资金 2 490 万元，带动企业自筹项目经费 9.4 亿元。

2007 年，实现由注重抓具体项目向推进产学研联合机制建设的转变。上海建工集团、上海港口机械制造厂、上海电气集团等大企业、大集团形成"地下空间开发重大装备产业链"，太平洋机电（集团）、华东理工大学共同开发"数字化设计制造与系统仿真技术产学研示范平台"。2008 年 6 月 5 日，"2008 名校校长相约张江—话说产学研论坛"在张江科技园区集电港举行。论坛以"产学研联盟建设与协同创新"为主题，探讨张江自主创新体系的 8 个相关话题。12 月 8 日，"上海电站装备材料与大型铸锻件攻关联合体"成立，首批 10 家单位共同发表成立宣言。12 月 19 日，上海浦东新区政府举行浦东产学研合作模式媒体报道启动暨产学研联盟揭牌、合作项目签约仪式。

2010 年 4 月 15 日，市科委启动"上海市产业技术创新战略联盟"试点工作。围绕上海市高新技术产业化九大重点领域,以行业龙头或骨干创新型企业为重要依托,充分运用市场机制,促进各类企业、大学、科研机构及相关科技中介服务机构,推动产业技术创新战略联盟开展联合攻关,制定产业发展规划。首批确定"上海智能电网终端用户设备产业技术创新战略联盟"等 22 个上海市产业技术创新战略联盟,并安排一定的财政经费用以资助联盟的建设和运行。

第二章　科　技　企　业

第一节　高新技术企业

2000年,经认定的高新技术企业1 136家,人均产值达到46.94万元,人均利税达7.18万元。科研开发经费投入72.4亿元,占销售收入5.24%。在1 136家中,从事三大高新技术产业的企业有668家,占认定企业总数的58.8%。高新技术企业成为上海经济发展的重要源泉。2001年,上海市高新技术企业认定办公室对沿用近10年的《上海市高新技术企业认定办法》进行修订,增添建立现代企业制度、完整管理制度、产品质量保证措施等条款。全年共有1 398家企业获得2001年度上海市高新技术企业称号,其中开发区内通过复审的有290家,新认定的有59家;开发区外通过复审的有796家,新认定的有253家。这些企业提出专利申请2 991件,获得专利授权1 208件,软件登记323件。电子与信息、生物工程和新医药、新材料及其应用类企业成为上海高新技术企业的主力军。外资企业占上海市高新技术企业认定总数的1/3,其销售额占上海市高新技术企业总销售额的2/3。

2002年,上海市高新技术企业认定工作呈现出三大特点:注重企业创新能力和拥有自主知识产权,在认定的高新技术企业中,拥有专利的企业达766家,申请专利4 500项,专利授权3 031项,专利实施许可1 211项。简化软件企业申请高新技术企业认定的程序,只要获得上海市信息化办公室颁发的软件企业证书,年销售额达到规定,即报即批。开展高新技术企业跟踪调查活动和复审制度,通过对2001年认定的1 398家高新技术企业的跟踪调研,及时掌握企业发展中的情况,年内有26家企业被取消上海市高新技术企业称号,淘汰率为1.9%。2003年,高新技术企业的认定呈现出四大特色。注重企业创新能力和拥有自主知识产权,明确企业拥有知识产权是申请高新技术企业的必需条件,认定的1 917家高新技术企业全部拥有知识产权。这些企业拥有各类知识产权9 771项,专利申请5 300项,软件版权1 848项。一批国际跨国公司的研发中心被认定为高新技术企业,如通用电气(中国)研究开发中心有限公司等。开展网上申报工作,在张江、漕河泾开发区等及轻工、电气集团进行试点。高新技术企业认定继续保持不搞终身制,通过对2002年认定的1 743家高新技术企业的复审,取消169家企业上海市高新技术企业称号,淘汰率为9.7%。

2004年,上海高新技术企业认定工作凸显三大亮点:认定的高新技术企业全部拥有知识产权,拥有各类知识产权16 139项,专利申请8 067项,专利授权5 520项,软件版权2 552项。开展高新技术企业信用体系建设,有70多家高新技术企业参与信用体系建设,上海资信有限公司为47家高新技术企业建立信用档案,完成42家高新技术企业资信评级。高新技术企业认定不搞终身制,对没有知识产权、技术创新意识不强、经营管理不善、企业亏损等83家原认定的企业取消其上海市高新技术企业称号,淘汰率为3.8%。2005年,经认定的高新技术企业2 303家,其中民营中小型企业1 538家。申请专利10 756项,软件著作权申请批准3 038项。

2006年,高新技术企业认定强调知识产权、规模效应、产品技术标准、质量保障体系和诚信资质等。重点围绕信息、新材料、生物医药等高新技术产业,支持改造传统产业,如先进制造业等。2007年,高新技术企业认定的过程中推出一系列的新方法:实行公告制,实行网上申报制,实行专家评审制,实行公示制。2008年,科技部、财政部和税务总局分别于4月和7月联合发布《高新技术企业认定管理办法》和《高新技术企业认定管理工作指引》,随后,市科委与市财政局、国税局、地税局、发展改革委、经济信息化委、知识产权局共同组成上海市高新技术企业认定指导小组,负责指导、管理和监督上海市高新技术企业认定(复审)工作。认定指导小组下设上海市高新技术企业认定办公室,设在市科委,负责上海市区域内的高新技术企业认定(复审)和管理的日常工作。

2009年度,上海按国家新认定办法共认定批准高新技术企业713家,其中张江高新技术产业开发区内117家,开发区外596家。这些高新技术企业实现总产值2 690.58亿元,总销售额2 270.20亿元,利税200.76亿元,出口创汇2 770.00亿美元,近3年内获得的发明专利594项,实用新型专利2 283项,外观设计专利937项,软件著作版权1 476项,集成电路布图设计专有权33项。其中按技术领域统计,电子信息技术领域企业数达到182家,占到总企业数的25.53%;高新技术改造传统产业领域企业数达到210家,占到总企业数的29.45%;生物与新医药技术企业数达到46家,占到总企业数的6.45%。

2010年,进一步从受理、分类分组、选择专家、组织评审等七方面明确认定工作流程,实行监督检查制度和信用制度建设,开展网站建设与管理等。为确保认定管理工作高效、规范,对高新技术企业的认定申报程序和认定申报材料提出更明确的要求,严格按照认定办制定的认定工作程序要求,企业提出申请必须具备网上申报与纸质材料提交齐全,方能参加专家评审。修订专家评审要点,确定高新技术企业知识产权必须拥有近3年的规定期限,不得随意理解和解释,充分体现认定评审工作的严肃性和规范性。上海高新技术企业网上申报共有697家。6—11月共组织专家300多人次、分3批对697家企业进行合规性审查。认定高新技术企业629家,张江高新技术产业开发区内73家,开发区外556家。实现总产值1 153.6亿元,总收入1 522.75亿元,年创利税197.03亿元,出口创汇43.31亿美元,近3年内获得的发明专利510项,实用新型专利2 115项,外观设计专利328项,软件著作版权1 656项,集成电路布图设计专有权19项。

表3-2-1　2001—2010年上海市认定高新技术企业统计表

年　度	2001	2002	2003	2004	2005	2006	2007	2008	2009	2010
高新技术企业数	1 398	1 743	1 916	2 161	2 303	2 542	2 743	3 002	2 500	3 129
开发区内	349	444	486	524	535	566	616	675	548	619
开发区外	1 049	1 299	1 430	1 637	1 768	1 976	2 127	2 327	1 952	2 510
总产值(亿元)	1 555.1	1 933.64	2 136.04	3 112.34	4 197.73	4 875.46	5 391.37	6 980.99	7 423.34	9 579.2
总收入(亿元)	1 766.3	2 405.59	2 531.24	3 612.32	4 671.98	5 305.37	5 896.92	7 896.13	8 712.11	11 250.48
利税总额(亿元)	277.9	386.51	314.32	388.55	526.06	660.68	729.5	755.16	945.37	1 446.59
科研开发费(亿元)	112.9	180.80	177.16	222.35	286.39	333.98	371.16	406.74	467.46	610.18
创汇(亿美元)	62.4	59.54	74.31	131.82	156.13	233.79	229.56	343.97	368.22	437.28

第二节 技术先进型服务企业

2009 年 8 月,上海启动技术先进型服务企业认定工作。2010 年,上海市分 4 批次共认定技术先进型服务企业 117 家。全年共有 134 家企业网上申报,其中有效申请 132 家。经近百人次专家网上评审、税务核查、协调小组审定和公示等环节,完成 117 家企业认定。自启动以来,上海市共认定 220 家技术先进型服务企业。认定企业 2009 年经营总收入为 354.46 亿元,其中技术先进型服务总收入 273.61 亿元,离岸外包总收入 36.61 亿美元。220 家技术先进型服务企业中,总收入超过 10 亿元的有 4 家,总收入超过亿元的达 58 家;从技术先进型服务收入来看,收入超 5 亿元的有 9 家,收入超过亿元的达到 55 家。按业务类型划分,认定的 220 家技术先进型服务企业中,从事信息技术外包服务(ITO)企业 104 家,占认定企业的 47.27%;从事技术性业务流程外包服务(BPO)企业 30 家,占认定企业的 13.64%;从事技术性知识流程外包服务(KPO)企业 41 家,占认定企业的 18.64%。从事 ITO 和 BPO 2 项业务的企业 22 家,从事 ITO 和 KPO 2 项业务的企业 8 家,从事 BPO 和 KPO 2 项业务的企业 9 家,具有 ITO、BPO、KPO 3 项业务能力的企业 6 家。上海信息技术外包服务企业约占技术先进型服务企业的半壁江山。按企业注册类型划分,认定的技术先进型服务企业中,外商独资企业 149 家,占认定企业的 67.73%;有限责任公司 34 家,港澳台企业 29 家,私营企业 5 家,股份制企业 2 家,国有及国有控股企业 1 家。外商投资企业和港澳台投资企业是技术先进型服务企业的主体,所占比例达 80.91%。按企业所在地划分,浦东新区技术先进型服务企业达 132 家,占上海市认定技术先进型服务企业的 60%,位居第 1,后依次为徐汇区 22 家,长宁区 12 家,闸北区 9 家,杨浦区 8 家,黄浦区 8 家,闵行区 7 家,嘉定区 5 家,普陀区 4 家,卢湾区 4 家,静安区 4 家,松江区 3 家,奉贤区 1 家,虹口区 1 家。据不完全统计,认定的技术先进型服务企业中,有 116 家注册在高新区内,所占比例达 52.73%。

第三节 创 新 型 企 业

2006 年,由科技部牵头,国务院国资委、中华总工会参加,联合启动创新型企业试点工作。截至 2010 年底,上海拥有微创医疗器械(上海)有限公司、展讯通信(上海)有限公司等 22 家"国家级创新型(试点)企业",其中上海振华港口机械(集团)股份有限公司、上海电器科学研究所(集团)有限公司等 6 家为"国家级创新型企业"。市科委、市国资委、市总工会联合制定《关于推进上海市创新型企业建设的工作方案》和《上海市创新型企业评选指标体系》,7 月 26 日,3 部门授予上海医药工业研究院等 200 家企业"2010 年度上海市创新型企业"称号。其中国有企业 18 家,占 9%;股份有限公司 17 家,占 8.5%;有限责任公司 113 家,占 56.5%;中外合资、中外合作、外商独资企业 37 家,占 18.5%;内地与港澳台合资、港澳台独资企业 15 家,占 7.5%。200 家市级创新型企业在全市参加统计年报的 1 766 家高新技术企业中,研发经费支出占 47.83%,发明专利申请量占 54.26%,总收入占 31.81%,净利润占 24.26%。

第四节 民营科技企业

2000 年,一批"新生代"民营科技企业迅速成长。拥有 10 余个自主知识产权芯片的复旦微电子公司在香港创业板成功上市。上海民营科技企业资产总额达到 1 064 亿元,民营科技企业发展到 12 316 家,资产总额 1 064 亿元,技工贸总收入 811 亿元,成为全市技术创新的新生力量。2001 年,上海市民营科技企业继续保持良好的发展势头。全年新增民营科技企业 4 697 家,新增注册资本 196.1 亿元,全市民营科技企业达 15 462 家,资产总额计 1 388.97 亿元,技工贸总收入达 1 125.78 亿元。

2002 年,上海市民营科技企业保持良好的发展势头,全市民营科技企业达 18 441 家,资产总额 1 902.56 亿元,技工贸总收入达到 1 487 亿元。民营科技企业初步形成市场导向、自主研发、产权明晰、机制灵活的技术创新机制,在国内外具有相当强的技术和市场竞争力。全年民营科技企业科技活动活跃,有 401 个项目被认定为高新技术成果转化项目,累计认定近 1 400 项;有 318 家企业被认定为高新技术企业;技术合同登记 1.8 万多项,成交超过 36 亿元;获国家中小企业科技创新基金项目 47 项,资助经费 3 865 万元,获上海市中小企业科技创新资金总计 4 600 多万元,累计申请专利 2 万多项。10 月 30 日,上海市科技企业联合会在上海科技馆召开"首届上海科技企业创新奖"颁奖大会,市人大常委会副主任任文燕等领导与会并讲话。大会授予 20 家企业"上海科技企业创新奖";授予 6 人"上海科技企业家创新奖";授予 3 人"上海科技企业管理者创新奖"。

2003 年,上海市新增民营科技企业 12 968 家,新增注册资本 365.6 亿元。截至 2003 年底,全市民营科技企业达到 21 516 家,技工贸总收入达到 2 142.96 亿元。收入超亿元企业 260 家,资产总额达到 2 603.60 亿元,上缴税收 109.51 亿元。2004 年,上海 4 位管理者和 11 家企业分别荣获 2004 年中国民营科技促进会科技促进奖和科技企业创新奖;16 家民营科技企业、17 位企业家分别荣获中国优秀民营科技企业奖和中国优秀民营科技企业家奖。

2005 年,上海市科技企业联合会在顺利完成科技企业资质认证试点工作的基础上,制定《上海市科技企业资质认证暂行办法》,并会同全市区、县科技企业联合会共同开展对全市科技企业的资质认定和发证工作,对符合条件的 5 000 家民营科技企业统一发放《上海市科技企业资质证书》。2006 年,高新技术企业认定中民营中小型企业的数量达 1 744 家。民营高新技术企业中销售额上亿元的有 293 家,总销售额达 1 399.45 亿元,占全市总量 26.94%;销售额上 10 亿元的 26 家,总销售额达 731.26 亿元,占全市总量 14.08%。

2007 年 8 月 18 日,中华全国工商业联合会、中国民营科技实业家协会在北京召开"中国优秀民营科技企业、中国优秀民营科技企业家表彰大会"。上海市 19 家企业荣获"中国优秀民营科技企业"称号,17 位企业家荣获"中国优秀民营科技企业家"称号。12 月 22 日,上海市科技企业联合会召开表彰大会,表彰经评选产生的"2006 年度上海市民营科技企业 100 强"。2009 年 6 月,市科协重点针对一些不同类型的,具有一定规模、科技含量较高、热衷于创新的上海民营企业,结合其高端生产研发任务急迫,急需高层次专家队伍提供产学研合作研发的实际情况,探索建立院士专家企业工作站。经国家科技部和国家科学技术奖励工作办公室批准,中国民营科技促进会组织开展"2009 民营科技发展贡献奖"评选活动。经各省市推荐,奖项评审委员会评审,上海市有 15 家优秀民营科技企业、9 名优秀民营科技企业家、2 名先进民营科技工作者获"2009 民营科技发展贡献奖"。

第五节 科技中小企业

为鼓励企业创新,自 2000 年,上海开始实施上海市科技型中小企业创新资金计划。2000 年 5 月,建立并出台《上海市科技型中小企业技术创新资金管理办法》,与国家中小创新基金共同支持科技型中小企业的发展。至 2004 年,上海市设立中小企业创新资金共计投入 4.8 亿元,共资助 1 388 家企业,累计新增产值达 593 455 万元,利税 144 393 万元。

2000 年,上海获得国家第一至第三批创新基金支持项目 66 个,资助金额 5 016 万元,连同上年顺延,落实的项目经费为 8 257 万元,在全国各省市中名列前茅。其中,电子信息类占 46%,生物医药类占 20%,新材料类和光机电一体化类各占 12%,资源与环境类占 8%,新能源与高效节能类占 2%。2001 年,受理国家创新基金项目 248 项,国家农业科技成果转化资金项目 97 项,上海市种子资金项目 357 项,融资辅助资金项目 7 项。获国家批准立项创新基金项目 43 项,资助经费 3 275 万元,连同上年顺延,2001 年到位的国家创新基金项目经费 5 317 万元;农业科技成果转化资金项目 21 项,资助经费 1 090 万元。合计争取国家项目经费 6 407 万元。为配合国家创新基金的实施,2000 年以来市政府每年拿出 5 000 万元资金设立上海科技型中小企业技术创新资金,以"种子资金""融资辅助资金""匹配资金"三种方式,支持上海科技型中小企业的技术创新。2001 年,通过上海市火炬高技术产业开发中心受理 560 个技术创新项目,以"种子资金"方式支持科技型中小企业的技术创新项目 202 项,资助经费达 3 920 万元。

2002 年,上海市获国家创新基金支持 73 项,获资助 5 221 万元,上海配套资金 864 万元;上海创新资金以种子资金方式支持 123 个项目,资助经费 2 285 万元;以农业科技成果转化专项方式支持 19 个项目,资助经费 515 万元;以火炬计划方式支持中小企业成果产业化 46 项,资助经费 300 万元。2003 年,共有 375 家科技型中小企业申报国家创新基金,经专家评审和科技部批准,45 个项目获得 2 445 万元资助,居全国各省市第二位,约占总资金的 10%,上海匹配资金 345 万元。上海市创新资金批准立项 121 项,资助金额 2 595 万元。年中,上海对 81 项国家创新基金项目和 157 项上海市创新资金项目进行验收,其中验收国家创新基金项目 33 项,通过验收比例为 100%;验收上海市创新资金项目 92 项,通过验收比例为 98%,绝大部分项目运行良好。2004 年,上海市的国家创新基金项目的总体进展情况良好。172 个项目中,获专利 253 项,其中获发明专利授权 95 项,新增销售收入达 12 亿元,新增净利润达 1.4 亿元,上缴税收 7 402 万元,出口创汇 1 274 万美元。2005 年,上海市创新资金共支持科技型中小企业创新项目 248 项,上海市获国家创新基金立项 154 项,全市中小科技企业申请专利 8 010 项,获得专利授权 3 970 项。

2006 年,上海市获国家创新基金立项 163 项,资助经费达 7 744 万元,7 年来首次列居全国之首。上海创新基金支持的经费达 15 684 万元,创历史新高。2008 年,市科委确认 559 个项目为上海市科技型中小企业创新项目,支持经费 2.07 亿元,其中市级创新资金支持经费 1.03 亿元,区级创新资金支持 1.04 亿元。2009 年 4 月 21 日,由上海市促进中小企业发展协调办公室、上海市企业科技创新服务中心、上海市高新技术成果转化中心、市教委科技发展中心和上海市商业投资(集团)有限公司 5 家单位发起的"五星联盟"在上海举行成立仪式。联盟的 5 个发起单位将分别在重点中小企业培育、政府财力扶持引导、科技和人才政策疏导、高校科研资源利用、资本市场运作等方面发挥优势,共同帮助和推进上海高新技术中小企业的发展壮大。

第六节 科技小巨人

2006 年 5 月 29 日,市科委和市经委颁发《上海市科技小巨人工程实施办法》。12 月 25 日,根据评审确定首批上海市科技小巨人企业 20 家、科技小巨人培育企业 50 家,市、区支持经费各 8 000 万元。这 20 家科技小巨人企业平均研发人员达到 40%;每年的科研经费投入到达 7%;平均申请专利达到 42.3%;连续三年销售收入平均增长率达到 60% 以上。2007 年,新增 20 家企业为上海市科技小巨人企业,98 家上海市科技小巨人培育企业,上海市、区资助经费各 1.29 亿元。

2008 年,市科委、市经信委审定"上海东方泵业(集团)有限公司"等 27 家企业为上海市科技小巨人企业,市科委资助经费合计 4 050 万元,各有关区县配套经费合计 4 050 万元;"上海宝康电子控制工程有限公司"等 95 家企业为 2008 年上海市科技小巨人培育企业,市科委资助经费合计为 9 500 万元,各有关区县配套经费合计 9 500 万元。2009 年,审定"上海中国弹簧制造有限公司"等 34 家企业为 2009 年上海市科技小巨人企业,市级财政资助经费合计为 5 100 万元,各有关区(县)财政资助经费合计为 5 100 万元;"上海宝景信息技术发展有限公司"等 113 家企业为 2009 年上海市科技小巨人培育企业,市级财政资助经费合计为 1.13 亿元,各有关区(县)财政资助经费合计为 1.13 亿元。

2010 年,有 34 家企业被审定为 2010 年上海市科技小巨人企业,市级财政资助经费合计为 5 100 万元,各有关区(县)财政资助经费合计为 5 100 万元;107 家企业为 2010 年上海市科技小巨人培育企业,市级财政资助经费合计为 1.07 亿元,各有关区(县)财政资助经费合计为 1.07 亿元。至 2010 年,上海共涌现科技小巨人企业 135 家、科技小巨人培育企业 459 家,市、区两级政府支持经费达 13.23 亿元。科技小巨人(培育)企业从业人员总数为 121 852 人,其中海外留学人员数 701 人,研发人员数 38 807 人,占从业人员的 32%。科技小巨人企业累计实现产品销售收入(主营业务收入)2 146.82 亿元,累计净利润 228.24 亿元,累计缴税 117.02 亿元,累计出口 49.32 亿美元。

表 3 - 2 - 2　2006—2010 年科技小巨人资助情况统计表

年　度	2006	2007	2008	2009	2010
小巨人企业数	20	20	27	34	34
市财政资助(万元)	3 000	3 100	4 050	5 100	5 100
区财政资助(万元)	3 000	3 100	4 050	5 100	5 100
小巨人培育企业数	50	98	95	113	107
市财政资助(万元)	5 000	9 800	9 500	11 300	10 700
区财政资助(万元)	5 000	9 800	9 500	11 300	10 700

第三章 科技园区

2000年，上海高新技术产业开发区（上海高新区）各园区围绕信息通讯、现代生物医药、新材料三大产业确定发展功能和特点，聚焦张江高科技园区（张江园区），发挥上海的综合优势和浦东开发开放、先行先试的优势，突出特色更特、优势更优，建设市场化、信息化、产业化程度较高的高科技园区。张江园区以发展现代生物与医药及微电子信息技术等为重点；漕河泾新兴技术开发区（漕河泾开发区）以发展微电子、计算机和现代通信技术等为重点；金桥现代科技园区（金桥园区）以发展现代通信技术和光机电一体化等为重点；上海大学科技园区（上大园区）以发展新材料、新能源和计算机应用技术为重点；中国纺织国际科技产业城（中纺科技城）以发展纺织、新材料等为重点；嘉定民营科技密集区（嘉定民营区）以发展新材料、激光应用技术、计算机和软件为重点，各自形成特有的功能和特点。2001年，上海高新区的企业数达到3900家，技工贸总收入达970亿元，工业总产值达850亿元，出口创汇29.5亿美元。9月，上海高新区成为"先进国家高新技术产业开发区"。

2002年，上海高新区拥有企业约3900家，年内实现总产值1178亿元，总收入1164亿元，出口创汇34.9亿美元，创利59.5亿元，税收54.7亿元。2003年，上海高新区全面实施"二次创业"。拥有企业4713家，全年总产值1413.6亿元，总收入1571.4亿元，创汇62亿美元，创利80.5亿元，创税71.11亿元。9月，上海高新区被科技部授予"实施火炬计划15周年先进国家高新技术产业开发区"。2004年，上海高新区拥有企业4713家，总产值2098.2亿元，总收入2922.3亿元，创汇119.2亿美元，创利196.1亿元，创税90.9亿元。8月，科技部火炬中心发表《2003年度国家高新技术产业开发区评价报告》，上海高新区分别排列创新创业环境第一名、经济发展第一名、技术创新能力第三名，居全国53个高新区首位。2005年，经国家发改委审核、国务院批准，上海高新技术园区"一区六园"的规划面积为42.13平方千米，其中张江园区规划面积由原5平方千米扩容为25平方千米，另外五个园区仍维持原规划面积不变。

2006年，经国务院批准，"上海高新技术产业开发区"正式更名为"上海张江高新技术产业开发区（张江高新区）"。更名后，张江高新区积极推进发展模式的创新，注重从主要依靠土地、资金等要素驱动向主要依靠创新驱动转变，产业发展从大而全、小而全向发展特色产业和主导产业转变，园区建设从主要重视基础设施等硬件建设向注重优化服务等软件建设转变。2007年，张江高新区领导小组全体会议审议通过《上海张江高新技术产业开发区"十一五"发展规划》，提出张江高新区"十一五"发展的总体目标、工作思路和主要任务。张江高新区有企业3580家，实现工业总产值3107.21亿元、总收入3871.27亿元、创汇196.21亿美元、创利226.63亿元、税收194.14亿元。2008年，张江高新区制定并下发《上海张江高新技术产业开发区专项发展资金使用和管理试行办法》和《上海张江高新区专项发展资金项目资助操作细则（试行）》。2009年，张江高新区实现工业总产值3548.53亿元，总收入5169.34亿元，创汇211.42亿美元，实现利税653.60亿元。3月，张江高新区围绕集成电路、生物医药、软件、通信制造4个领域开展"加速企业创新计划"先行先试工作，举办2场大型的政策宣讲会。

2010年，市委、市政府决策向国务院申报张江高新区建设国家自主创新示范区，同年6月，按照"做优顶层、强化指导，做实基层、增强活力，虚实结合、分工协调"的基本思路，改革张江高新区管理体制,设立上海市张江高新技术产业开发区管理委员会(简称张江高新区管委会)。张江高新区管委会作为市政府派出机构,依托市科委,由分管副市长兼任主任,下设综合协调处、政策研究处、发展规划处和企业服务处4个处,协调管理张江高新区政策研究、战略规划、企业服务等工作。全年实现工业总产值4202.59亿元、出口创汇214.97亿美元、实现税收441.81亿元。2011年1月19日国务院正式批复,上海张江高新区成为继北京中关村、武汉东湖之后第三家国家自主创新示范区。3月29日,市委、市政府发布《关于推进张江国家自主创新示范区建设的若干意见》,提出到2020年张江国家自主创新示范区将建设成为世界一流高新区。

第一节 张江高科技园区

2000年,市委、市政府制定"聚焦张江"的战略决策,并于1月组建张江高科技园区(张江园区)领导小组和办公室,出台《上海市促进张江高科技园区发展的若干规定》。全年受理新设企业645家,其中外合资企业191家,注册资本6.5亿美元;内资企业137家,注册资本37.03亿元;私营企业317家,注册资本9.95亿元。开发完成土地面积4平方千米。张江园区工业销售收入50亿元,第三产业经营收入近10亿元,其中高新技术产业产值完成约45亿元,占张江园区总收入的75%。由国家和上海市共同投资兴建的世界上最先进的第三代同步辐射装置之一——上海同步辐射装置(SSRF)工程落户张江园区。4月,张江技术创新区正式对外开园,国家科技部成果基地、中国科学院上海浦东科技园、上海浦东火炬创业园、上海高校科技产业园等首批30多家创业孵化企业进园挂牌。7月20日,第一个国家级软件产业基地——上海浦东软件园在张江园区揭牌。年底,市政府2000年一号工程——上海超级计算机中心在浦东张江园区落成。

2001年,浦东软件园二期工程开工,建设软件出口基地、国家信息安全成果产业化基地、超大规模集成电路芯片设计基地等。年内,《上海市促进张江高科技园区发展的若干规定》实施细则颁布,给予"聚焦张江"促进园区建设政策支持。张江园区相继成立集成电路产业基础、"863"信息安全基地、微电子港和生物医药基地开发公司。全年引进合同项目92家,其中外资37家,吸引外资额达14亿美元;张江园区完成固定资产投资55亿元,总销售收入达61亿元,完成出口交货值1.62亿美元。4月,国家科技部、人事部、教育部正式授牌张江园区留学生创业园和嘉定留学生创业园为国家留学人员创业园。

2002年,张江园区先后引进社会、民间资本和海外资本4.5亿元,相继成立各具特色的"一园四基地",即浦东软件园有限责任公司和吸引社会资本组建的上海863信息安全产业基地有限公司、吸引境外资本组建的上海张江微电子港有限公司、吸引国内资本组建的上海张江集成电路产业区开发有限公司以及吸引集体资本组建的张江生物医药基地开发有限公司。56家企业被认定为上海市高新技术企业,高新技术企业累计达135家,被认定为高新技术成果转化项目共52个。张江园区企业专利申请134项,引进合同项目244项,吸引投资额27.83亿美元。张江园区销售收入达102亿元人民币,税收收入达7.7亿元,固定资产投资达到141.14亿元人民币。一批高校入驻张江园区科研教育区,包括华东师范大学第二附属中学、中国科技大学张江研发中心、上海交通大学信息学院等。

2003年,全年引进合同项目292项;引进合同外资8.22亿美元,内资注册资本金35.1亿元;实现销售收入223.39亿元,工业总产值达138.84亿元,税收收入12.86亿元,完成固定资产投资额131.05亿元。引进美国Honeywell、杜邦全球研发中心,日本欧姆龙、住友电工等研发基地,张江园区有研发中心约50家。张江园区完成开发区域面积17平方千米；累计引进项目809个，注册企业3 009家；经认定的高新技术企业182家。2004年，以集成电路和生物医药两大产业为支柱，金融信息、光电子照明等关联产业衍生发展的基本构架初步确立；以企业为主体，产学研结合的技术创新体系初步建立。8个国家级"基地"落户张江园区。分别是上海国家微电子产业基地、上海国家信息化产业基地、国家半导体照明工程产业化基地、国家文化产业示范基地、国家上海生物医药科技产业基地、国家软件出口基地、国家软件产业基地和国家"863"计划信息安全成果产业化基地。张江园区内经认定的高新技术企业227家，园区内企业累计专利申请数为3 122件，获专利授权数659件，高科技成果产业化项目约200多项。

2005年，张江园区新引进包括汉高化学、朗盛化学、伊士曼化学等全球著名化学材料企业的研发中心，全球最大的化学材料企业陶氏化学也签约建立亚太总部和研发中心，国内外研发机构累计近200家，其中经认定的国家级、市级、区级研发机构达65家。2006年，在2006年度国家科技奖励大会上，张江园区共有5家企业获得殊荣。展讯通信公司研发的"展芯GSM/GPRS手机核心芯片关键技术"获得国家科技进步一等奖；微创医疗、宝信软件、飞田通信、上海超级计算中心等4个单位的项目均获得二等奖。

2007年，张江园区成为全国9个国家高新技术产业标准化示范区之一。园区内拥有10多个国家级产业基地。1月18日，张江科学城（中区）建设暨中国科学院上海浦东科技园启动仪式在中区地块现场举行。3月28日，中国服务外包基地上海示范区在张江园区正式揭牌，同时，中国首个国家级服务外包实训基地——张江创新学院实训基地正式投入使用。4月，上海生物产业基地正式获得国家发展改革委批复成为国家级生物产业基地。基地布局为"一个核心区"：张江园区，以新药创制和合同研究占优。"四个扩展区"：徐汇枫林地区，以原创研究和药物临床研究见长；青浦工业园区，主攻药物制剂和天然药物；南汇周康地区，重点发展生物医学工程；奉贤星火地区，以化学原料药生产和出口为主要特色。9月11日，国内首个装备制造业智能化设计制造平台落户张江园区，首期投资1 000万元。

2008年1月19日，2008首届上海张江现代能源产业发展论坛暨"张江创新之家"建筑节能项目现场会在位于张江园区集电港的"张江创新之家"召开。3月31日，位于张江园区东区的上海天马微电子有限公司TFT-LCD工厂建成国内首条具有完全自主知识产权的4.5代生产线。5月6日，张江园区成立全国范围内第一个国家专利审查员实践基地，旨在促进企业和审查员之间的交流，提高专利申请、审查效率。6月27日，上海市张江动漫谷揭牌。7月16日，国家数字出版基地揭牌暨入驻企业、重点项目签约仪式在上海举行。

2009年4月29日，总投资约12亿的中国最大的大科学装置"上海同步辐射光源"在张江园区正式竣工并面向国内外用户开放。6月3日，中国电信上海公司与张江集团正式签约，共同打造上海首个"数字园区"。7月，中国商飞公司设计研发中心在张江园区奠基。11月26日，中国科学院上海浦东科技园的两个重要项目——国家蛋白质科学研究上海设施和交叉前沿科学中心举行奠基仪式。2010年，张江园区协调服务面积由原来的25平方千米扩大到包括康桥和国际医学园区在内的约73平方千米。园区实现工业总产值1 395亿元，税收130亿元；地方财政收入40亿元。

经过近20年的开发，张江园区构筑生物医药创新链和集成电路产业链的框架。截至2010年，张江园区建有国家上海生物医药科技产业基地、国家信息产业基地、国家集成电路产业基地、国家半导体照明产业基地、国家863信息安全成果产业化（东部）基地、国家软件产业基地、国家软件出口基地、国家文化产业示范基地、国家网游动漫产业发展基地等多个国家级基地。

一、集成电路产业

2000 年,张江园区引进一期投资 14.76 亿美元的中芯国际集成电路制造(上海)有限公司和一期投资 16.3 亿美元的宏力半导体制造有限公司。2001 年 7 月 11 日,规划面积 6 平方千米的张江集成电路产业区建设实质性启动。区域内有中芯国际集成电路有限公司、宏力半导体制造有限公司、贝岭股份有限公司、泰隆半导体等大型项目。7 月,上海贝岭股份有限公司投资 12.8 亿元,在张江园区建设技术水平达 0.35 微米的数模混合集成电路芯片生产基地。

2002 年,中国首家产学研结合、企业化运作的集成电路研发中心——上海集成电路研发中心在张江园区落户。集成电路产业基地引进和组建 96 家集成电路企业,中芯国际(上海)集成电路制造有限公司投资总额从 14.76 亿美元追加到 30 亿美元,注册资本从 5 亿美元追加到 10 亿美元;威宇科技测试封装(上海)有限公司投资总额从 4 980 万美元追加到 2 亿美元,注册资本从 2 000 万美元增加到 7 008 万美元。2003 年,引进近 30 家设计企业,包括全球第四大集成电路企业 Infineon 中国地区总部和无线产品的研发中心,SONY 公司显示产品和游戏产品芯片的研发中心,Conexant (科胜讯)公司的无线产品的研发中心等。引进全球第二大集成电路设备制造企业东京电子、全球第三大的集成电路设备企业 KLA - Tencor 等知名设备制造商。

2004 年,引进世界最大的集成电路气体供应企业之一的 Air Products 的研发中心、世界最大的集成电路材料——电化学材料供应企业罗门哈斯的研发中心等。集成电路设计、研发企业数量超过 80 家,集成电路相关企业 151 家。2005 年,园区内 8 英寸晶圆生产线达到 9 条,产能约占中国大陆的 60%,投资总额超过 100 亿美元,占中国大陆的 50%。10 月,中芯国际开发成功 0.13 微米同制程逻辑电路制造工艺。

2006 年,张江园区引进全球排名第七的芯片设计企业 Marvell 的芯片设计中心、全球图形芯片领域排名第一的 ATI 公司的芯片设计中心、全球著名的 CPU 芯片制造企业 AMD 的研发中心、全球射频通信芯片的领先供应商 RFMD 研发中心。"国家 RFID 产业化上海基地"正式获得批准在张江园区成立,这也是国内唯一的国家 RFID 产业基地。2007 年,张江园区集聚 AMD、VIA、Nvidia、Marvell、Cypress 和 Sunplus 等一批国际知名设计企业,培育展讯、锐迪科等一批知名设计企业。集成电路产业营业收入达 229.7 亿元,占上海的 59%,占全国的 18.4%。

2009 年,集成电路产业销售收入 201.19 亿元,其中 IC 设计业销售收入 42.38 亿元,芯片制造业销售收入 63.63 亿元,封装测试业销售收入 54.05 亿元,设备材料业销售收入 6.13 亿元。2010 年,张江园区集成电路产业销售收入 299.1 亿元,占上海的 54.4%。1 月 19 日,总投资预算达到 145 亿元的 12 英寸集成电路生产线项目正式启动。3 月 22 日,上海集成电路技术与产业促进中心 (ICC)完成搬迁工作,主体入驻张江集电港高科技园区。

二、生物医药产业

1994 年 5 月 21 日,在张江园区正式成立上海新药开发研究中心,一批最新生物医药成果落户,为浦东"生物医药谷"的形成和发展奠定基础。1995 年 11 月,上海新药研究开发中心在张江园区正式破土建造,并建立生物技术的中试基地。1996 年,国家科委、卫生部、国家医药管理局和上海市政府签订共建国家上海生物医药科技产业基地(生物医药基地)协议。

2000年,国家人类基因组南方研究中心、国家新药筛选中心、中国科学院上海生物药物研究所等一批生物医药研究开发机构落户生物医药基地,基地总投资4.45亿元,市科委投入近1亿元。海内外著名企业瑞士罗氏制药、日本麒麟、比利时史克必成、深圳三九生化等22家企业进驻基地,投资额25亿元。2001年,生物医药产业引进项目108个。生物医药基地初步形成产业项目、研发机构、孵化创新、教育培训、专业服务五大群体和"人才培养—研究开发—中试孵化—规模生产"的现代生物医药技术创新体系。

2002年,生物医药基地年产值超24亿元,入驻生物医药企业119家,引进生物医药项目184个。制药、国家级研发中心、医学院校、中小型创业企业、专业化中介服务机构等五大板块逐步壮大。2003年,中科院上海药物研究所整体迁入张江园区,上海中医药大学新校区建成开学,中药创新园和国家生物芯片工程研究中心等相继建成,礼来公司重点实验室运作,一批制药公司通过国家GMP认证并投产等,张江园区生物医药企业累计达210家。

2004年,"研究开发—中试孵化—规模生产—营销物流"的现代生物医药创新体系在张江园区初具规模。现代生物医药完成工业总产值35.8亿元。进入临床试验新药10多个,实验室阶段新药20多个。美国安利(Amway)在张江园区建立生物医药研发中心,日本荣研建立体外诊断试剂盒、医疗器械和基因检测制品的研发中心,由上海市、浦东新区、张江园区共建的生物医药公共服务平台建设取得突破性进展,其公共实验室、法玛勤公司(CRO)和孵化楼等项目正式启动。1月16日,全球知名的罗氏制药企业宣布,罗氏制药中国研发中心落户张江园区。这是罗氏制药第一个设立在发展中国家的研发中心。

2006年,引入诺华、阿斯利康、帝斯曼、雷允上等一批知名企业。张江园区生药企业共申请专利540多项,其中国际专利25项。申报国家一类新药40余个,进入实验室阶段的新药40余个,进入临床试验的新药20余个,完成临床研究的新药项目19个。杜邦公司将大中国区的总部迁入张江园区;从事心脏医疗支架的微创公司与张江集团签订土地合同,拟建其研发中心及总部。2007年,张江园区集聚265家生物医药企业,其中营业收入超亿元规模的生物医药企业达14家;营业收入在5000万~1亿元之间的企业达到11家。

2009年,设立10亿元生物医药产业化促进基金,支持新药项目进入临床研究和产业化,打造本土行业龙头企业。2月5日,张江园区新药孵化平台签约仪式在张江集团举行。4月27日,总建筑面积约3.37万平方米的张江药谷公共服务平台在张江核心园正式落成启用。5月11日,上海抗体药物国家工程研究中心有限公司和上海张江(集团)有限公司签订合同,建立抗体药物国家工程研究中心。

2010年1月6日,科技部公布的第2批企业国家重点实验室建设计划名单中,上海张江生物技术有限公司抗体药物国家重点实验室位列其中,成为抗体药物领域获批的2家国家重点实验室之一。1月13日,罗氏制药亚太运营中心在张江园区启动,罗氏制药由此成为唯一一家将全功能区域总部落户中国的跨国制药企业。3月25日,张江园区申报的"张江药物创新与孵化基地建设"课题以总评第一的成绩在北京通过国家"重大新药创制"科技重大专项的专家组立项评审。

三、软件产业

2000年4月17日,由市科委牵头组建的上海软件园成立,5月,上海软件园被科技部认定为国家火炬计划软件产业基地。上海软件园总体布局为一园三区,即浦东软件园、复旦软件园、交大漕河泾软件园。3个园区依托高校、科研院所和骨干企业,辐射周边区域,组成虚实结合的软件园区。7月20日,第一个国家级软件产业基地——上海浦东软件园,在张江园区揭牌。2001年5月底,上海浦东软件园二期工程正式开工,二期工程总投资2.73亿元,整个园区占地面积再扩大9万平方米,同时在园区内建设软件出口基地、国家信息安全成果产业化基地、超大规模集成电路芯片设计基地以及信息技术学院、软件应用技术研究院、国家软件构建库、创新和孵化中心等。7月,浦东软件园被授予"国家软件产业基地"称号。9月29日,陆家嘴、金桥、外高桥3个分园成立。至年底,软件园二期工程结构封顶,吸引内资22.45亿元,外资1.95亿美元;累计注册企业924家,入驻企业55家。经营范围涵盖软件开发、系统集成、信息服务、电子商务、软件出口、信息安全、芯片设计等领域。

2002年,在浦东软件园注册的企业近1 000家,入驻企业170家,加上技术创新区的40家,入驻张江的软件企业达到210家。2003年,注册企业达982家,入驻企业218家,有6 000多名软件从业人员在园区工作。软件园实现销售额约40亿元,上缴税收逾2亿元,软件出口额达2 000万美元。2004年,累计批准设立企业879家,有9 000多名软件从业人员在园内工作,成为国内规模最大的软件基地之一。12月28日,上海浦东软件园三期(即祖冲之园)工程开工奠基。2007年,园区拥有5家国家规划布局内重点软件企业,占浦东新区的50%,占上海的21.7%。福布斯全球软件企业30强有11家在张江设立研发中心;中国软件企业百强有11家在张江设立研发中心。

2009年,引入上海基础软件应用支撑研究中心,建设基于AVS数字电视嵌入式软件和车载信息服务嵌入式软件创新集群。2010年,上海浦东软件园形成郭守敬园、祖冲之园、三林世博分园、昆山浦东软件园四大园区,成为国家软件产业基地和软件出口基地。软件园总部共有企业1 086家,入园企业476家,从业人员2.5万人;实现经营总收入约257亿元,软件出口4.8亿美元,上缴税收16亿元。

四、文化科技创意产业

文化科技创意产业是张江园区在2000年以来发展最为迅速的产业领域,充分借助资本力量,通过资源整合和技术创新推动产业发展,形成"科技+创意+内容"的产业融合发展模式,形成以盛大为代表的商业模式创新、以PPlive为代表的技术创新和以《爱情国境线》为代表的资源整合创新三种具有代表性的企业发展模式。

2004年12月9日,国家文化产业示范基地在张江园区揭牌,基地以张江园区信息产业相关的多媒体软硬件、动漫画、游戏软件(包括网络游戏)的开发和制作,高科技影视后期制作、产品工业制造设计等为文化产业主要发展内涵。2005年,张江园区文化创意产业营业收入30亿元。年内引进文化创意企业43家,引资额超过2亿元。产出一批具有原创知识产权的文化科技创意类作品,如盛大公司的《梦幻国度》、第九城市的《快乐西游》和SJS公司的《超级青蛙战士》《少林小子》等。至年底,在张江园区有全球最大的互动娱乐游戏软件开发商和发行商美国电子艺界(EA)公司、百度(中国)公司、华纳上海音乐公司、上海公众传媒等国内外知名公司入驻。

2006年,张江文化创意产业基地引进全国印刷业知名企业雅昌集团,并与温哥华电影学院达成战略合作意向。年底,创意基地集聚164家文化创意企业,注册资金13.71亿元。在纳斯达克上市的盛大网络和第九城市成为国内网游业界的两个巨头。张江文化科技创意类企业年内营业收入30亿元,带动相关产业产值约240亿元。2007年,张江文化科技创意产业实现营业收入51.63亿元,利润总额12.89亿元。截至2007年底,园区累计引进各类文化和相关企业达200多家,其中2007年引进52家,获得著作权授权35件。园区文化科技创意产业逐渐形成"3+1"的产业格局:"3"指网络游戏、动漫和影视后期制作,"1"指数字内容产业。

2008年6月27日,张江动漫谷揭牌仪式在浦东新区办公中心举行。2009年,张江园区内集聚100多家核心动漫类企业,包括动漫谷文化创意产业基地、国家数字出版基地等。2010年1月9日,上海动漫产业促进会第一次会员大会在张江园区召开,这标志着国内第一家动漫产业联盟暨上海动漫产业促进会正式成立。4月22日,上海动画、漫画博物馆在张江"动漫谷"正式落成。7月6日,上海市现代服务业集聚区建设推进工作会议召开。会上,张江高科技创意文化和信息服务业集聚区被列为市政府重点加快推进的六大集聚区之一,聚集330多家动漫、游戏、数字出版、新媒体类文化企业,产值突破90亿元,网游产值占全国20%以上,数字出版产值占上海40%、全国10%以上。

五、国家信息安全成果产业化(东部)基地

2001年7月6日,由科技部和市政府共同支持推进,首期投资4.8亿元、占地28.31万平方米的国家信息安全成果产业化(东部)基地在张江园区西南角开工建设。国家信息安全成果产业化(东部)基地分研发区、产业化区、孵化区和基地管理中心四大功能区域,建成后将汇聚国家信息安全工程技术研究中心、国家"863"计划计算机病毒与黑客重点研究中心等四个国家级信息安全研究机构和上海交通大学信息安全工程学院、上海市计算机病毒防范服务中心信息化服务热线两个全市信息安全研究服务机构等一批中国优秀的信息安全企业和专业技术人才。

2002年,国家信息安全基地完成2.37万平方米土地的批租。首期6 000平方米的信息安全孵化楼竣工,上海三零卫士信息安全有限公司、芯原微电子(上海)有限公司、上海迪普网络科技有限公司等10多家企业入驻。2003年,国家信息安全基地内入驻企业42家,承担24个国家及上海市的各类信息安全重大科研项目,其中国家863项目7项,其他国家重点科技项目10项,上海市重点项目7项。成果转化项目46个,其中863计划成果6项,国家科技成果项目4项,产学研合作项目7项,自主开发成果28项,初步形成产业"集聚效应",体现整体优势。该信息安全基地2002年完成土地批租。2004年度入驻单位60家,销售总收入达3亿元;2005年度入驻单位82家,销售总收入达4亿元。入驻基地单位共承担国家"863"项目14项,其他国家重点科技项目11项,地方项目8项;申请专利34项,国际专利7项,获专利授权6项,著作权登记授权28个,制订技术标准3项。

第二节　漕河泾新兴技术开发区

2000年,漕河泾新兴技术开发区(漕河泾开发区)形成以信息、新材料、生物医药三大支柱产业为特色的高新技术产业群,初步建成以孵化器建设为中心的技术创业新基地。注册企业800家,科技开发型企业300多家,高新技术企业186家。新引进外资企业34家,总投资1.8亿美元,其中外商投资总额1.7亿美元,有16家企业增资,增资额9 000万美元。区内企业销售总收入186.7亿元,平均每平方千米销售收入达62亿元,实现利润18.5亿元。其中,高新技术产业销售收入162亿元,占开发区销售总收入的87%;信息产业销售收入95.2亿元。区内企业的R&D投入年递增10%左右,约占开发区销售收入的7%,高于上海和全国的平均水平。从事研发的机构和具有研发

功能的企业近 400 家,占整个区企业总数的 50％ 左右,直接从事研发工作的工程技术人员 8 000 多名。漕河泾开发区孵化器面积 2.2 万平方米,先后孵化企业 200 家,毕业 130 家。孵化基地内企业的研究开发(R&D)投入占销售收入的 29％。投资兴建总建筑面积近 9 万平方米的新一代孵化器——科技产业化楼,建立数据营运中心,建成开发区第一幢宽带互联网大厦。全年在创业中心内孵化的企业计 80 家,主要集中在信息技术、新材料、生物医药、光机电一体化等领域。技工贸总收入 26 842.45 万元,利润 1 333.58 万元,税金 1 565.57 万元,R&D 投入 4 407.3 万元。2001 年,漕河泾开发区形成以上海贝岭股份有限公司为主的微电子、以美国朗讯科技为代表的光电子、以美国英特尔和日本爱普生为主的计算机及其软件、以美国 3M 和德国杜邦为代表的新材料四大产业板块。微电子产业的年销售收入达 15 亿元,年利润在 5 亿元以上;光电子销售收入达 42 亿元;计算机销售收入达 38 亿元;新材料达 20 亿元。区内企业数有 500 家,总产值超过 200 亿元,其中有 25 家企业的产值超过亿元,出口创汇 9 亿美元,利税 25 亿元,经认定的高新技术企业有 160 家,占上海市高新技术企业总数的 11％。3 月,漕河泾开发区和英国宇航集团、阿灵顿公司合资建设的总投资 5 亿美元的"科技绿洲"项目奠基启动。10 月,在漕河泾开发区举办第三期国际孵化器培训班,来自亚太地区 10 多个国家 30 余人参加培训。

2002 年,漕河泾开发区形成微电子、计算机和现代通信技术主导产业。新引进项目 220 项,其中三资项目 89 项;新批准三资企业 43 家,总投资 2 亿美元,实现销售收入 271.9 亿元,税收 12.1 亿元,出口 13.3 亿美元。集聚高科技企业 900 多家,其中三资企业 390 家,有 30 家世界 500 强公司设立 40 家高科技企业。在孵企业达到 95 家,在孵企业技工贸总收入 3 亿元,上缴税收 2 300 万元;成果转化项目 145 项,获得 9 项国家级奖和 2 项省市级奖。漕河泾开发区软件园被认定为上海市级软件产业基地;与徐汇区政府、上海交通大学三方共同投资成立的上海西南软件园有限公司开始投入运营。8 月 28 日,成立漕河泾创业投资公司和投资管理公司,召开 2002 年漕河泾创业投资项目推介会。2003 年,漕河泾开发区发展集成电路、光通信、计算机及软件、电子器件及数字电子和新材料、能源等高新技术支柱产业。集成电路企业达到 65 家,实现年销售收入 39 亿元;光通信及网络设备企业达到 100 家,年销售收入 76 亿元;计算机及软件企业达到 138 家,年销售收入 135 亿元;电子器件及数字电子企业达到 62 家,年销售额 14 亿元;新材料、能源及化工企业达到 47 家,年销售收入 36 亿元。漕河泾开发区销售收入突破 390.7 亿元,税收 13.8 亿元,出口额 24.3 亿美元。集聚各类企业 1 700 多家,其中外商投资企业 451 家。选址闵行区浦江镇建设浦江高科技园,建设光启工业园和徐汇区生物园。

2004 年,漕河泾开发区实现销售收入 628.9 亿元,工业总产值 563.4 亿元,地区生产总值(GDP)241.7 亿元,税收收入 16.6 亿元,出口总额 55.3 亿美元,进口总额 54.8 亿美元。拥有各类高科技企业千余家,累计引进外商投资企业 490 余家,世界 500 强企业在开发区内投资设立 60 余家高科技企业。经认定的高新技术企业 193 家,约占全市的 1/10。集成电路企业 60 余家,实现年销售收入 48 亿元;光通信及网络设备企业 100 余家,年销售收入 26 亿元;计算机软硬件企业 150 家,年销售收入 428 亿元;电子器件及数字电子企业 70 余家,年销售收入 24 亿元;新材料、能源及化工企业 50 家,年销售收入 42 亿元。2005 年 12 月 21 日,漕河泾现代服务业集聚区作为上海首家新开工建设的现代服务业集聚区启动首期工程建设。作为漕河泾开发区"十一五"期间开发建设的重点项目,漕河泾现代服务业集聚区按照国际化、高科技、生态型的标准,定位于总部经济、研发设计、创新孵化、综合服务"四个平台"的功能目标,力争建设成为既具有现代化区域形态,又具有高新技术服务特色的高附加值服务业集聚区。

2006 年,在信息、生物医药、新材料和航天航空等高新技术基础上,漕河泾开发区又集聚汽车配套、环保及新能源、移动通信等高科技产业。10 月 10 日,浦江创新创业园首期 2.4 万平方米工程启动建设。该园建设成为人才密集、技术密集、资金密集、资本密集的集专业孵化器、技术创新体系为一体的示范性创新创业平台,以及定位清晰、功能齐全、设施完备的具有漕河泾品牌特色的精品孵化园区。在 11 月 8 日开幕的 2006 年上海软件外包国际峰会上,漕河泾开发区被授予"中国服务外包基地上海示范区",成为上海市首批 4 家获得认定的"服务外包示范区"之一。2007 年,漕河泾开发区拥有集成电路企业 66 家,实现年销售收入 81.71 亿元;光通信及网络设备企业 115 家,年销售收入 42.88 亿元;计算机软硬件企业 172 家,年销售收入 833.48 亿元;电子器件及数字电子企业 99 家,年销售收入 80.15 亿元;新材料、能源及化工企业 72 家,年销售收入 49.71 亿元。漕河泾开发区实现销售收入 1 405.3 亿元,工业总产值 1 013.6 亿元,生产总值 416.4 亿元,税收收入 27.5 亿元,进出口总额 149.6 亿美元。拥有各类高科技企业 1 200 余家,年内新引进各类项目 285 个,累计吸引外商投资企业 660 家。

2008 年,漕河泾开发区现代服务业集聚区、科技绿洲、浦江高科技园三大重点区域建设全面铺开。形成信息、新材料、航空航天、生物医药、现代服务业五大产业集群,培育汽车零部件研发、无线通信及终端设备以及环保能源等三大新的产业。新引进中外企业 130 家,新批准设立外商投资企业 27 家,新增投资总额 5 亿美元,合同外资 2.76 亿美元。2009 年,漕河泾开发区新引进中外企业 230 家,其中新批准设立港澳台及外商投资企业 21 家,新增合同港澳台及外资 2.6 亿美元。发展电子信息支柱产业和新材料、航天航空、生物医药、汽车研发配套和环保新能源五大重点产业以及现代服务业支撑产业,"一五一"产业格局初步形成。实现销售收入 1 862.6 亿元,工业总产值 1 253.2 亿元,生产总值 562.1 亿元,工业增加值 350 亿元,第三产业增加值 211.8 亿元,税收 44.8 亿元,利润 79.3 亿元,进出口总额 176.9 亿美元。2010 年,漕河泾开发区全年实现销售收入 2 200 亿元,工业总产值 1 260 亿元,地区生产总值(GDP)660 亿元,税收收入 66 亿元,进出口总额 180.3 亿美元。获批工业和信息化部的"国家新型工业化产业示范基地"。

第三节 金桥现代科技园区

2000 年,金桥现代科技园区(金桥园区)形成电子信息、新型家电、生物医药、汽车及其零部件等四大支柱产业,工业总产值计 408 亿元,引进项目 37 个,吸引投资 2.65 亿美元,其中超过 1 000 万美元的项目有 7 项。2001 年,金桥园区引进项目 41 个,合同项目总投资 26.5 亿元,吸引中外投资 3.2 亿美元,其中超过 1 000 万美元的大项目有 9 个,老项目增资扩资有 4 个。园区工业总产值达到 706.5 亿元,出口创汇额高达 16.8 亿美元,利税达 71 亿元。2002 年,金桥园区引进中外项目 29 个,吸引投资 3.9 亿美元。5 月,美国惠普公司宣布在金桥园区成立惠普中国软件研发中心。这是惠普公司在全球建立的第四家,也是在中国建立的第一家软件研发中心。2003 年,金桥园区共引进中外项目 42 个,吸引投资 4.17 亿美元。工业总产值首次突破 1 000 亿元,达 1 038 亿元。

2004 年,金桥园区引进项目 55 个,吸引投资 8.91 亿美元。全年工业总产值达 1 234 亿元,外贸出口达 48.2 亿美元。2005 年,有 19 家企业跨入上海百强企业行列,其中上海通用汽车有限公司以 405 亿元的年销售收入名列第三,11 家企业跻身上海外贸出口 100 强。2006 年 7 月,"金桥生产性服务业集聚区"获市经委批准正式挂牌,使金桥园区成为上海具有代表性的生产性服务业发展基地,形成先进制造业、生产性服务业协调发展的新格局。

2007 年，金桥园区完成工业总产值 1 595 亿元，其中，高新技术企业产值完成 867 亿元，全年工业销售产值完成 1 584 亿元，工业产品销售收入完成 1 998 亿元，工业上缴税金完成 98.8 亿元。7月被命名为"中国服务外包基地上海示范区"。2008 年，金桥园区工业总产值完成 1 608 亿元，其中，高新技术企业产值完成 813 亿元，工业产品销售收入完成 2 118 亿元，工业上缴税金完成 87.85亿元。5 月，生态工业园区通过科技部等组织的专家评审，11 月，浦东再生资源公共服务平台试运行。10 月，成为上海市知识产权试点园区。

2009 年，金桥园区累计引进项目 50 个、增资项目落地 35 个，吸收投资总额 4.78 亿美元，其中合同外资 3.73 亿美元。6 月被命名为生产性服务业功能区。2010 年，金桥园区工业总产值 2 097.3亿元，3 家企业工业产值超过 100 亿元，32 家企业产值超过 10 亿元。营业收入 3 234.2 亿元，上缴税收 252.4 亿，吸纳就业人口超过 15 万人。实现新产品产值 1 198.5 亿元、高新技术企业产值832.5 亿元。

第四节　上海大学科技园区

2000 年，上海大学科技园区（上大园区）累计进驻企业 1 523 家，技工贸总收入 16.33 亿元，工业总产值 11.33 亿元，上缴税收 0.44 亿元，创汇 4.996 亿元（人民币），累计外商投资 0.332 亿美元。上海大学、上海长江计算机集团和闸北区政府联合创办的上大长江软件园，引进 12 家软件企业，总资本 2 000 万元。上大园区内经认定的高新技术企业 14 家，准备在创业板上市的股份公司 1家。2001 年，校内孵化基地工业总产值突破 1.2 亿元，孵化项目总投入 906 万元，在孵企业和项目的研发经费总投入 8 000 万元。技工贸总收入达 24 亿元。有 2 家企业的产值超过 1 亿元，出口创汇 0.15 亿美元，净利润 4 500 万元，上缴税收 2 400 万元；有 16 家企业通过高新技术企业认定。

2002 年，上大园区被科技部、教育部确认为建设中的国家大学科技园。获国家级火炬计划 1项、上海市重点火炬计划 2 项、国家级重点新产品 3 项、上海市重点新产品 6 项和上海市高新技术成果转化项目 4 项。3 家企业被认定为上海市高新技术企业，上大园区内认定的高新技术企业累计19 家。上大园区年技工贸总收入为 15 亿元，其中孵化基地企业总产值 3.95 亿元，在孵项目经费总收入 1 200 万元。8 月，经市科委批准，由上海大学与闸北区联合建立的"上海市多媒体产业化基地""上海市上海大学多媒体应用技术研究中心"同时揭牌，并正式启动"多媒体谷建设"工程。2003年，投入 1 500 万元建立纳米技术测试分析中心，由市科委、上海大学与上海市宝山区政府共同投资建成"上海纳米功能材料中试技术公共平台"，建立海纳大厦，引进国内外纳米科技公司，在上大新校区周围形成以纳米科技为核心的上海纳米科技产业化基地。

2004 年，上大园区企业技工贸总收入 17.5 亿元，其中高新技术企业 14 家，高新技术企业总收入 6.5 亿元，总产值 6.33 亿元，利润 6 600 万元，税收 4 300 万元。园区内企业申请及授权专利 55项，其中发明专利 16 项，计算机软件著作权 12 项，软件产品登记 8 项，注册商标 7 件，申请商标 3件，申请集成电路布图设计 1 项。4 家企业获得国家科技型中小企业创新基金，1 家企业获上海市科技型中小企业创新资金。2005 年 11 月，上大园区创业中心被科技部批准为国家级高新技术科技创业服务中心。

2006 年，上大园区注册企业共 463 家，其中经认定的高新技术企业 20 家，区内人员达 7 900人，工业总产值 27.6 亿元，出口创汇 0.87 亿美元，上缴税收 1.60 亿元。上大园区与上海市技术交易所共同组建上海大学技术转移中心。2007 年，上大园区注册企业共 475 家，其中经认定的高新技术企业 20 家,区内人员达 7 935 人,工业总产值 30.4 亿元,出口创汇 2.05 亿美元,上缴税收 2.44 亿元,新开发建筑面积 1.8 万平方米。

2008 年,上大园区启动延长校区整体功能改造。上大园区延长基地初步形成软件和信息服务业为主导,新能源、新材料和文化创意产业快速发展的产业格局。工商注册企业 494 家,年度新注册企业 71 家。高新区生产总值为 28.5 亿元,其中高新技术企业占 8 亿元。企业营业总收入为 30.1 亿元,其中高新技术企业占 10.1 亿元。企业净利润 1.98 亿元,实际上缴税额 2.28 亿元。2009 年,上大园区工商注册企业 494 家,年度新注册企业 71 家。高新区生产总值为 28.5 亿元,其中高新技术企业占 8 亿元。企业营业总收入为 30.1 亿元,其中高新技术企业 10.1 亿元。企业净利润 1.98 亿元,实际上缴税额 2.28 亿元。

2010 年,上大园区结合中长期发展规划和"一体两翼"的校区功能定位,提出将延长校区改造为高新区、大学科技园、上海大学研究院和 3 000 名规模的研究生培养基地的战略性构想,完成上大园区"十二五"发展规划编制。成为高技术人才培养基地与新技术产业的孵化基地,成为集高科技企业与现代服务业研发中心、技术服务中心及相关配套的高科技园区。

第五节 嘉定民营科技密集区

嘉定民营科技密集区(嘉定民营区)由复华高新技术园区、嘉定高科技园区和中科高科技工业园 3 部分构成。

截至 2000 年底,嘉定民营区有 168 家留学回国人员开办的企业入驻,其中 9 家企业被认定为上海市高新技术企业。嘉定高科技园区被批准为中国亚太经合组织(APEC)科技工业园;10 月 26 日,上海留学人员嘉定创业园被科技部、人事部和教育部首批批准为国家留学人员创业园示范建设试点。2001 年,新进驻企业 98 家,其中吸引留学回国人员创办的企业 84 家,协议引进外资 1 180 万美元,吸引内资企业 20 家,注册资金共 1.77 亿元人民币。总产值达 11 亿元,上缴税收 3 300 万元。

2006 年,嘉定民营区实现工业总产值 87 亿元,其中高新技术企业产值 45 亿元,占园区工业总产值的 45%。2007 年,进驻各类企业 1 000 多家,在进园企业中,汽车产业类企业占 12%,信息产业类企业占 20%,新材料和环保类企业占 10%,现代特色服务企业占 45%,其他类占 13%。嘉定民营区实现工业总产值 64.3 亿元,其中高新技术企业产值 30 亿元,占园区工业总产值的 46%。

2008 年,嘉定民营区新增企业 235 家,新增合同外资 843 万美元,完成销售产值 44.3 亿元,完成税收收入 1.9 亿元,申报成功高新技术企业 9 家;申报小巨人 2 家。2009 年,嘉定民营区实现注册资金 5.04 亿元,实现税收收入 3.1 亿元。2010 年,上海物联网中心落户嘉定,启动嘉定新城环境监测、智慧社区、精准农业等物联网应用示范工程,举行首届中国物联网创意和设计大赛。嘉定区被科技部确定为全国唯一的电动汽车国际示范区,新能源汽车在 2010 上海世博会成功运营。园区科技企业成功申报国家和上海市科技项目 219 个,12 家企业被评为上海市科技小巨人(培育)企业,15 家企业入选上海市创新型企业,新增国家高新技术企业 60 多家;市级知识产权示范企业达 9 家,嘉定高科技园区被认定为上海市知识产权工作试点园区。

一、复华高科技园区

2000 年,复华高科技园区吸引 9 家内外资科技企业在园区内注册。2003 年,完成销售额 1.405

亿元,利润 1 753 万元,完成厂房建设面积 23 700 平方米。共引进企业 15 家,其中引入园区的有 7 家,注册登记企业 8 家。2004 年,工商注册企业数 71 家,境外客商当年实际投资额 7 800 万美元。园区工业增加值为 4.72 亿元,产品销售收入 26.09 亿元,上缴税额 9 300 万元。全年完成入驻新项目 11 个,招租建筑面积 20 956 平方米。完成招商注册项目 15 个,累计注册资本 8 000 万元。

2005 年,复华高科技园实现总产值 32.3 亿元,利税 3.5 亿元,创汇 3.7 亿美元。明确把现代服务业、机电一体化、光电子、信息技术等先进制造业和区域功能性产业(汽车产业)作为园区产业发展方向。2006 年,园区工业增加值为 7.22 亿元,产品销售收入 30.17 亿元,人均工业增加值 5.35 万元,产值利税率为 7.38%,上缴税额 1.12 亿元。企业自办科研机构 8 家,高新区工商注册企业数 79 家,境外客商当年实际投资额 2 500 万美元。2007 年,复华高科技园区工业总产值为 31.53 亿元,总收入达到 30.62 亿元,利税总额达到 2.95 亿元。

2008 年,复华高科技园工业总产值为 33.2 亿元,总收入达到 32.45 亿元,利税总额达到 3.13 亿元。成立上海复华高科技产业开发有限公司,确定园区新规划,首先启动 9 号地块。2009 年,引进企业 6 家,引进国家级工程研发中心 1 个,引进省部级工程研发中心 1 个。截至 2009 年底,园区企业自主研发形成的自主知识产权数 112 个,授权数 68 个。2010 年底,复华高科技园区科技产业集群建设项目——科技创新基地 1 期竣工。基地旨在引进研发创新类企业,为高技术、高附加值、低能耗的产业提供完善而高效优质的服务,提高入驻企业的创新能力,取得企业、园区、地方多赢的经济效益和社会效益。

二、嘉定高科技园区

嘉定高科技园区依托上海嘉定科技卫星城的优势,重点培育留学生企业和民营科技企业,优先发展新材料、信息技术、光机电一体化、新兴医药技术。

2001 年 8 月 30 日,由市侨联和嘉定高科技园区联手创建的上海侨联科教兴国示范基地签订合作协议书。这是全国第一个侨商创业基地。2002 年,吸引各类科技企业 82 家,其中留学人员企业 60 家,吸引外资 1 800 万美元,上缴税收 5 900 万元。11 月 6 日,市政协副主席谢丽娟率 30 余名委员到园区调研,并参观园区高新技术企业上海生大医保技术有限公司。12 月 15 日,嘉定高科技园区被市科协、上海科技新闻学会评选为 2002 年最具影响力的科技园区。12 月 22 日,嘉定高科技园区被科技部和中国民营科技促进会评选为全国十佳民营科技园区。

2003 年,嘉定高科技园新增企业 90 家,注册资金 2 亿元,引进外资 900 万美元。累计入驻企业超出 500 家,年总产值达 14 亿元,创税 4 562.1 万元,实现利润 600 万元,新建产业化楼 6 800 平方米。2004 年,嘉定高科技园初步形成以光电子、汽车零配件为主导的特色园区。园区共引进企业 139 家,(其中留学生企业 10 家),吸引外资 1 291 万美元,园区总产值 15 亿元,实现税收 9 223 万元。2005 年,嘉定高科技园入驻企业 670 家,总产值 38 亿元,上缴税收 2.5 亿元。

2006 年,上海东研汽车工程技术有限公司、确安网络通信设备有限公司、上海森泰医药科技有限公司等企业入驻嘉定高科技园。2007 年,嘉定高科技园实现总产值 150 亿元,上缴税收 5.2 亿元。共有入驻企业 1 000 余家,初步形成汽车研发、光机电一体化的产业集聚。入驻企业中,有归国留学人员创办企业 200 余家,高新技术企业 36 家;拥有国家级企业技术中心 1 家,市级企业技术中心 5 家,博士后工作站 4 家。孵化培育较成功的企业累计达 30 家。

2008 年,嘉定高科技园新增企业 235 家,新增合同外资 843 万美元,完成销售产值 44.3 亿元,完成税收收入 1.9 亿元，申报成功高新技术企业 9 家；申报小巨人 2 家。新引进项目 135 个，申请张江高新区创新专项基金共计 1 970 万元。新增 1 家高新技术企业（万宏动力）、1 个上海著名商标（底特），高新技术企业申报成功共 9 家。2009 年，嘉定高科技园申请张江专项资金 2 000 多万元，经审核批准 1 300 万元，其中主要申报的项目为二次创业。2010 年，嘉定高科技园技术合同登记 369 项，成交额 9.61 亿元；嘉定高科技园科技企业成功申报国家和上海市科技项目 219 个，12 家企业被评为上海市科技小巨人（培育）企业，15 家企业入选上海市创新型企业，新增国家高新技术企业 60 多家；市级知识产权示范企业达 9 家，嘉定高科技园区被认定为上海市知识产权工作试点园区。

三、中科高科技工业园

中科高科技工业园是中国科学院上海中科股份有限公司规划开发建设的园区。

2000 年，中科高科技工业园引进涉及光电子、医疗设备、计算机及信息系统集成等 4 个较大项目，总产值达 4 000 万元。2001 年，嘉定区地方政府与中国科学院达成协议，由嘉定工业园区注入建设资金，并由小股东变成拥有 80% 股份的大股东，而中国科学院则退居拥有 20% 股份的小股东。5 万多平方米的光机电标准厂房交付使用，有 12 家企业入驻，其中外资企业 8 家。2005 年，中科高科技园区年总产值 4.62 亿元，年税利 5 376 万元，出口创汇 3 351 万美元，引进项目 3 个，引进外资 1 738 万美元。2006 年，中科高科技园区总产值 7.9 亿元，年税利 4 500 万元，出口创汇 3 300 万美元，引进外资 1 830 万美元。园区的上海新傲科技有限公司被授予"上海市级企业研发中心"称号，"高端硅基 SOI 材料研究和产业化"获得 2005 年度上海市科学技术进步一等奖。

2007 年，中科高科技园区总产值 7.59 亿元，其中高新技术企业总产值 3.27 亿元；出口创汇 0.65 亿美元，其中高新技术企业 0.26 亿美元；企业实现净利 0.44 亿元，其中高新技术企业净利润 0.47 亿元；上缴税额 0.27 亿元，其中高新技术企业 0.11 亿元。中科高科技园区引进项目增资 3 788.69 万美元，其中新傲 3 078.69 万美元、第一电子 500 万美元、藤仓 210 万美元。2008 年，中科高科技园区实现销售收入 9.5 亿元，上缴税收总额 0.36 亿元，出口创汇 0.8 亿美元。企业申请受理专利 12 项。新傲科技获中国科学院杰出科技成就奖。

2009 年，中科高科技工业园引进新能源和纯电动车辆两个崭新的产业，引进研发、生产环保及生物工程和危险物质检测化器的新漫传感技术研究发展有限公司等。2010 年 3 月 16 日，上海中科深江电动汽车产业合作会议暨中科力帆揭牌仪式在中科高科技工业园举行。中科力帆将充分利用力帆汽车在传统汽车研发、生产和销售上的资源，以及中科深江在电动车辆相关核心技术研发上的优势，在现有力帆乘用车平台上进行纯电动乘用车的研发、生产和销售，并就有关核心技术进行攻关。

第六节　中国纺织国际科技产业城

2000 年，中国纺织国际科技产业城（中纺科技城）引进项目 23 个，总投资 6.1 亿美元；产值 1 197 亿元，税金 1.26 亿元，出口交货值 456 亿元。2001 年，中纺科技城实现工业总产值 12.21 亿元，上缴税收 8 951 万元，全年完成招商引资 3.61 亿元，其中外资 3 000 万美元。区内企业数达到 12 家，其中 2/3 企业为外资企业，有 4 家企业通过高新技术企业的认定，3 家企业的产值超亿元，出口创汇 1.86 亿美元,上缴税收近 9 000 万元。

2002 年,中纺科技城吸引外资 8 285 万美元,注册内资实体项目 4 个,完成注册型企业 60 家,实现税收 9 000 万元。2003 年,中纺科技城实现工业总产值 14.3 亿元,出口创汇 2.7 亿美元,利税 3.4 亿元。吸引外资 9 760 万美元,吸引内资 9 000 万元,完成实体项目 8 个,注册型企业达 145 家。2004 年,中纺科技城拥有外资企业 22 家,民营企业 481 家,其中世界 500 强企业 3 家,上海市高新技术企业 5 家;吸引外资达 7 亿美元,吸引内资近 10 亿元,实现产值 28 亿元,税收 2 亿元。2005 年,中纺科技城完成招商项目 262 个,联盟招商数量达 300 户。

2006 年,中纺科技城企业工业产值 37 亿元,实现税收 2.3 亿元;2007 年,中纺科技城企业工业产值 46.2 亿元,实现税收 2.8 亿元,高新技术产品销售收入 25 亿元,高新技术产品出口额约 9.55 亿元。2008 年,中纺科技城主动适应宏观调控政策,准确把握发展的有利条件,坚持以民营招商为中心,立足高新工作,精细管理两个基点,推动各项工作有序、有效、有质发展。全年注册项目完成 106 个,企业工业产值 50.6 亿元,实现税收 3.02 亿元,区域落户企业实现税收 1.845 亿元,民营经济实现税收 1.178 亿元,高新技术产品销售收入 25 亿元,注册项目 106 户,引进孵化企业 3 家,2 家企业被再次认定为高新技术企业,中纺科技城纺织科技研发平台被国家科技部立项批准列入火炬计划,获得市级张江扶持资金 157 万元。

2009 年,中纺科技城注册项目 153 户,税收收入 1.514 8 亿元,地方收入 7 174 万元,新增税收 1 006 万元,工业总产值 43.3 亿元。2010 年,中纺科技城完成外资项目总投资 7 105.34 万美元,注册资本 4 339.5 万美元,合同外资 4 063.5 万美元,到位资金 1 713.7 万美元;完成内资实体型企业注册资本 3.36 亿元,到位资金 2.446 亿元;完成税收收入 8.44 亿元;完成规模产值 124 亿元。成立上海张江高新技术产业开发区青浦区有限公司。形成南、北两大产业基地,南部为中纺科技城,北部为原青浦工业园区部分区域,总开发面积约为 25 平方千米。

第七节 上海紫竹科学园区

2001 年 6 月 8 日,闵行区人民政府、上海交通大学、上海紫江集团为共建"上海紫竹科学园区"举行签约仪式。9 月 11 日,经市政府和教育部批准,闵行区政府、上海交通大学和上海紫江(集团)有限公司三方联手兴建上海紫竹科学园区。2002 年 6 月 25 日,上海紫竹科学园区奠基仪式举行。规划中的上海紫竹科学园区,由大学园区、研发基地和紫竹配套区三部分组成,总占地面积约 18.9 平方千米。一期总占地面积约 13 平方千米,主要发展数字技术、软件工程、微机械和纳米工程、光通信器件与系统、生物工程和先进制造技术等产业。2003 年,上海紫竹科学园区被列为市级高新技术产业开发区。有美国微软公司微创软件、尚阳科技、中国网通集团南方总部、日本 TDK 投资中国公司、日本东丽研发中心、日本雅马哈发动机销售公司等项目入驻,总投资额逾 3 亿美元。2 月 28 日,位于园区研发基地核心区域的紫竹信息数码港开工建设,建筑面积达 12 万平方米。2004 年,上海紫竹科学园区成功引入英特尔全球研发中心、意法半导体研发中心、美国微软 MSN 公司等项目,总投资额 15 亿美元。日本欧姆龙投资中国项目、美国德州仪器(TI)8 英寸芯片封装项目等一批世界 500 强的高科技项目基本落定,总投资额近 30 亿美元。

2005 年,上海紫竹科学园区投资环境不断优化,入驻企业板块化趋势日渐明朗,并朝着"研发中心+区域总部"的模式发展。如英特尔板块、微软板块、意法板块、雅马哈板块包。2006 年,上海紫竹科学园区围绕入驻企业的土地批租工作,完成晟碟、微软、可口可乐、日清、东丽二期、力芯半导体、六一五所、新华控制等公司的 8 个项目的土地批租工作。英特尔(亚太)研发中心、和勤软件公司、东丽纤维研究所、雅马哈(中国)研发中心、花王研发中心、恩德斯豪斯自动化有限公司等建成并投入使用。2007 年,上海紫竹科学园区引进外资项目 16 个,吸引合同外资 1.33 亿美元,到位合同外资 1.35 亿美元;引进内资项目 67 个,吸引注册资本 4.84 亿元。完成新开工项目 6 个;成功引入博格华纳等项目。2008 年,完成外资项目 22 个、内资项目 46 个,其中合同外资 2.84 亿美元,到位外资 2.02 亿美元,内资 26.89 亿元。

2009 年 9 月,上海紫竹科学园区被国家发改委授予"上海国家生物产业基地",被国家商务部和科技部授予"国家科技兴贸创新基地(生物医药)"。10 月,被中组部认定为"海外高层次人才创新创业基地",被上海市人民政府授予"上海市知识产权质押融资试点园区",被上海市商务委授予"上海市软件出口(创新)基地"。2010 年,上海紫竹科学园区税收收入 23.8 亿元,实现技工贸收入 216.5 亿元。研发基地从业人员 12 304 人,其中女性 4 509 人,研发人员 2 799 人。12 月,中国(上海)网络视听产业基地揭牌。

第八节　杨浦知识创新区

1997 年,杨浦科技园区成立,由市科委委托市科技创业中心、杨浦区政府委托杨浦科投和复旦科技园三方共同投资组建。2003 年 4 月,市委、市政府作出了建设杨浦知识创新区的重大战略决策,作为实施科教兴市主战略的一个重要组成部分。2004 年,杨浦知识创新区以江湾五角场为标志,形成集科技创新、科技中介、科技文化交流、金融服务等于一体的科技特色商务集聚区。由市知识产权局、市工商局、市新闻出版局参与建设的知识产权园,以及复旦科技园、同济科技园、五角场高新技术产业园、上海市软件基地等构成。5 月,市政府正式批准实施《杨浦知识创新区发展规划纲要》,确定了杨浦知识创新区建设的战略目标和主要任务。

通过 10 年的开拓创新,截至 2007 年底,杨浦科技园区拥有孵化面积 6 万多平方米,在建工程 4 万多平方米,净资产 4 亿多元,培育企业 300 多家,累计毕业企业 39 家。2007 年,杨浦科技园区新认定孵化企业 56 家,新毕业企业 16 家,孵化企业新申报专利及著作权 164 项。杨浦科技园区的科技企业认定数达 275 家,占杨浦区科技企业认定总数的 37%。其下属子公司复旦创业中心被认定为上海市初创型科技项目 3 家依托机构之一;创业中心也是全国火炬创业导师行动 10 家依托机构之一;在上海孵化协会对 24 家孵化器考评中,杨浦创业与复旦创业都被评为上海市六家 A 级创业中心之一。2008 年,杨浦科技园区以科技部提出的"创业导师+创业投资+专业孵化"的模式,建立联络员、辅导员和创业导师服务三个层面共同组成的体系,覆盖企业约 200 家。累计引进企业 203 家,注册资金 8.5 亿元,新认定孵化企业 55 家,新毕业企业 12 家,孵化企业新申报专利及著作权 208 项。

2009 年 11 月 10 日,中国(上海)创业者公共实训基地揭牌仪式举行,大学生创业示范园正式开园。2010 年,杨浦园共新引进企业 853 家;注册资金 45.65 亿元,其中注册资金 500 万元以上的企业为 106 家;大学生创业企业达 1 330 余家。全年共获批 16 个张江专项资金项目,获得市级项目资助资金 4 479 万元,基地内 10 家企业获得"加速企业创新计划"项目立项。

第九节　国家大学科技园

2000 年 11 月 2 日,科技部、教育部发布关于印发《国家大学科技园管理试行办法》的通知。

2010 年 11 月 10 日,由科技部、教育部联合召开的第三次全国大学科技园工作会议在上海举行。教育部党组书记、部长袁贵仁在会上代表科技部、教育部做工作报告。科技部党组书记、副部长李学勇,上海市市长韩正出席会议。

一、上海交通大学科技园

2000 年,经科技部和教育部批准,上海交通大学科技园为国家大学科技园试点单位,经过一年的建设,形成一定规模,并为周边地区的发展作出贡献。在上海交通大学周边,有 11 幢闲置楼房被盘活,使用面积达 16 万平方米,有 200 余家企业找到孵化基地;上海交通大学还创建 1 万平方米的慧谷创业中心,入驻企业达 60 多家,学校筹建信息技术、生物工程技术、材料制备技术、环保工程技术、机电一体化技术 5 个工程技术中心,使之成为专业孵化基地。2001 年 5 月,科技部、教育部联合授牌上海交通大学科技园为国家大学科技园。

2009 年,上海交通大学科技园在上海中心城区及长三角地区的园区总面积达 15 万平方米,拥有入园科技企业 457 家,企业从业人员近 9 000 人,园区年总销售收入 23.73 亿元。入园企业获得政府各类支持资金共计 1 918 万元,累计获得投融资总额 9.2 亿元。孵化企业累计获得专利和著作权 307 项,园区累计培育上海市软件企业 69 家、高新技术企业 35 家、毕业企业 72 家,国家、上海市科技型中小企业技术创新资金立项项目 103 项,市、区级科技小巨人企业(小巨人培育企业)7 家。2010 年,上海交通大学科技园共有各类企业 489 家,园区销售收入 25.69 亿元,上缴税金 2.32 亿元。园区企业获得专利及著作权 258 项,累计 565 项。培育科技创业企业 1 000 余家,培育 2 家上市公司,1 家"千人计划"企业,7 家市、区科技小巨人企业(小巨人培育企业),51 家上海市高新技术企业,73 家上海市软件企业。上海交通大学科技园孵化器慧谷高科技创业中心获得国家创新基金 80 万元,有 12 家企业顺利毕业,累计毕业企业 124 家。上海交通大学科技园大学生创业基地先后被科技部、教育部认定为全国首批"高校学生创业实习基地"和"创业见习基地"。7 月,上海交通大学金桥科技园正式成立。

二、复旦大学科技园

2000 年 4 月 28 日,复旦大学科技园国权分园奠基。集创新、创业、孵化、产业化等诸多功能于一体,重点引进生物医药、计算机软件、环保、电子电器等高科技产业,通过营造优质科研环境,使之成为高科技成果的孵化基地、高科技产业的发展基地和创新创业人才的培养基地。2001 年初,复旦大学科技园起步,复旦大学科技园由创业实验园、软件园、产业园、国权分园及若干孵化基地和产业基地组成,使用面积达 5 万平方米,周围聚集 14 所高校和 100 多所科研院所。复旦科技园获得近 8 亿元的风险投资,并孕育出复旦微电子、复旦复华、复旦金仕达等多家知名企业,科技园实现营业收入 36 亿元。5 月,科技部、教育部联合授牌复旦大学科技园为国家大学科技园。2009 年,园区建成具有孵化、研发、产业等功能的场所约 20 万平方米,入驻园区企业 400 余家,其中有 5 家上市公司,学校科技成果转化形成的科技企业占约 50%。在产业类型上,电子信息产业占 70% 以上。园区企业累计获得专利授权数近 1 000 项,就业人员 1.1 万人,园区入驻企业实现税收超亿元。

三、同济大学科技园

同济大学科技园成立于 2001 年,2003 年经科技部、教育部联合认定为国家大学科技园。位于同济大学本部校区南侧,毗邻上海五角场高新技术园区。它以同济大学及其周边地区密集的智力资源和丰富的科技资源为依托,通过体制创新和管理创新,建立有利于技术创新的运行机制,营造良好的创业意识和创新氛围。同济大学控股、地方政府与企业三方共同参与组建上海同济大学科技园企业管理园区的经营与管理,为入园企业提供基本商务、管理咨询和资本运作等高效服务。2009 年,同济大学科技园共引进企业 75 家,注册资本 100 万元(含 100 万元)以上企业 15 家,全年共完成 14 个大学生创业项目立项审批工作,大学生孵化企业 36 家。同济大学科技园企业共上缴地方税收 2 112 万元,完成全年总目标数的 118.5％;协助推荐 28 家企业参与创新基金的项目申报,其中 21 家获得上海市立项资助,13 家企业获得国家科技部火炬中心立项资助,资助总金额超千万元。推荐园内企业申报杨浦区鼎元基金项目 6 项;上海市自主创新产品认定 1 项;市发展改革委服务业引导资金 1 项。申报高新技术成果转化项目 6 项。

四、东华大学科技园

1997 年 1 月,东华大学科技园正式成立,以现代纺织、服装为特色,是中国纺织科研的重要基地和培养创新人才的摇篮。2002 年 5 月,科技部和教育部批准东华大学启动建设国家大学科技园,发展为一校两区:东华大学校本部、新华路校区和长宁东华虹桥临空园区。2003 年 7 月,东华大学科技园被正式批准为国家大学科技园。孵化企业数增至 150 余家,园区销售额达 10 亿元,入驻率达到 100％。2009 年,东华大学科技园新增企业 21 家,其中入驻孵化企业 16 家,大学生自主创业 2 家。年销售收入 25.2 亿元(同比增长 7.6％),上缴国家税收 8 768.1 万元。东华大学专门拨出 200 万元与上海市大学生科技创业基金会(匹配同等资金)共同创办东华大学大学生科技创业分基金会。

五、华东理工大学科技园

2005 年,华东理工大学科技园被认定为国家大学科技园。先后参与建设或直接管理华泾基地、龙华基地、功能材料园等 6 个位于徐汇区的科技园区,园区总面积超过 10 万平方米,在孵科技企业 51 家,成功孵化华昌、华明、三瑞、九钻等 39 家科技企业。先后获国家科技部中小企业服务示范基地、上海市实施火炬计划先进集体、上海市和徐汇区诚信管理体系建设示范基地等称号。2009 年,华东理工大学科技园企业累计实现销售收入 4.7 亿元,税收 1 506 万元。

六、华东师范大学科技园

2006 年 10 月 19 日,华东师范大学科技园被科技部、教育部正式命名为国家大学科技园。2009 年,重点发展电子与信息技术、现代物流技术、生物医药技术、水科学与环保技术、新能源与新材料、仪器仪表与检测技术等六大技术领域,实现销售收入 6.53 亿元,税收总额 0.3 亿元,利润总额 0.96

亿元。引进科技企业 48 家,其中有 5 家大学生创业企业正式落户园区。华东师范大学科技园企业申请专利 6 项,专利授权 7 项,计算机软件著作权登记 4 项;上海市认定的高新技术成果转化项目 2 项、高新技术企业 2 家;申请到政府资金项目 7 项,获得资金支持 190 万元。

七、上海理工大学科技园

2006 年 10 月 19 日,上海理工大学科技园被科技部、教育部认定为国家大学科技园。2009 年,引进入园企业和机构 287 家,其中主导产业企业 252 家,产业集聚度达到 90%;组建大学生创业孵化中心,管理创业项目 54 项,投资创业企业 48 家,批准额度 481.9 万元,投资额度为 362 万元。成立上海理工大学国家大学科技园蚌埠基地,提供 10 万平方米的长三角产业和技术转移空间;成立上海理工大学技术转移有限公司和技术转移平台。

八、上海财经大学科技园

2009 年,上海财经大学科技园被科技部和教育部联合评定为国家大学科技园,被市科委授予"高新技术企业"称号,被市科委初步认定为"上海市科技企业孵化器"。园区所有企业完成税收收入 1 712 万元,园区引进落户企业 144 家,引进企业家数排名科技园区第二,注册资金约为 10 亿元,注册资金为科技园区第一,占杨浦区 2009 年度招商注册资金的 13.1%。引进担保公司、小贷公司等财经服务类企业 54 家。

九、上海电力学院科技园

2009 年 2 月,经科技部和教育部研究认定,上海电力学院科技园被评为国家大学科技园。申报上海市火炬计划环境建设项目、上海市中小企业专项发展资金计划项目、国家科技部火炬计划环境建设项目(2010 年预申报)等项目。其中,上海市中小企业专项发展资金计划项目 12 月通过审批。组织园区多家科技型企业申报各类科技计划项目,包括国家科技部及市科委创新基金项目各 3 项、上海市重点新产品项目 1 项,其中科技部创新基金项目通过审批 1 项,上海市创新基金项目通过审批 3 项,上海市重点新产品项目通过审批 1 项。

十、上海工程技术大学科技园

2010 年 11 月 11 日,上海工程技术大学国家大学科技园揭牌仪式在松江校区举行,全国政协常委蒋以任等出席揭牌仪式。上海工程技术大学国家大学科技园发挥学校在"现代交通工程""信息与通信工程""多媒体创意"等方面的学科优势,与长宁区的"数字长宁、时尚长宁"和"虹桥立体交通枢纽"的区域经济重点领域相对接,通过紧密的区校合作,创建国家大学科技园和区校合作的典范。

第四编
基础科学与高技术

从 2000 年起,上海在组织实施地方重大、重点基础性研究项目时,突出注重加强原始性创新,围绕有限目标,紧抓科学制高点,在若干优势领域重点突破。2000—2010 年,上海市基础研究立项 3 485 个,总计投入 9.029 亿元。上海积极承担国家基础研究项目,为提高国家原始创新作出贡献。2001—2010 年,上海承担国家自然科学基金项目 13 457 项,经费 43.93 亿元。自 1998 年正式实施《国家重点基础研究发展规划》,即"973"计划以来,到 2010 年,上海累计承担 93 项,占全国总数(660 项)的 14.1%。自 2006 年国家重大科学计划启动实施以来,到 2010 年,上海累计主持 49 个项目,占全国立项总数的 20.5%。2000—2010 年,上海基础研究成果众多,在国际上产生广泛影响。上海科学家在美国《科学》(*Science*)杂志上发表论文 23 篇,在《自然》(*Nature*)杂志上发表论文 33 篇,《自然》旗下期刊发表论文 89 篇,多项研究成果发表在《细胞》(*Cell*)、《美国科学院汇刊》(*PNAS*)、《美国化学会志》(*JACS*)、《应用化学国际版》(*Angew. Chem. Int. Ed*)、《物理评论快报》(*Phys. Rev. Lett.*)、《临床肿瘤杂志》(*Journal of Chinical Oncology*)等国际著名刊物上。44 项成果获得国家自然科学奖二等奖,1 项获得国家自然科学奖一等奖。《有机分子簇集和自由基化学的研究》获得国家自然科学奖一等奖,填补该奖项连续 4 年的空缺;完成"国际水稻基因组计划"第四号染色体精确测序任务,这是中国完成的最大的基因组单条染色体精确测序任务;完成第一个扁形动物基因组序列——日本血吸虫基因组测序和基因功能分析工作;国际人类基因组计划 1%(3 号染色体短臂末端)基因组测序;在国际上首次建成基于 OPCPA 新原理的小型化十太瓦级超短超强激光装置,在国际上率先报道宏观超分子自组装现象;首次建立一个无限维空间中非线性映照问题神经网络模型,这个模型被称为陈氏模型或陈氏定理;解决 Courant - Friedrichs 提出的长期悬而未决的难题;首先建立宇宙学 N 体模拟和单个宇宙天体模拟,建立全国统一、规模最大、数据质量最佳的地壳运动观测网络;第一次定量估算中国海第四纪古温跃层的深度变化;首次发现太平洋海区全新世千年尺度的古气候事件。

2000—2010 年,在信息技术、生物技术、纳米技术、新材料技术、光电技术等领域取得一系列重大成果。研制世界第一块具有中国自主知识产权的 TD - SCDMA 无线通信专用基带芯片,研制世界首款 TD - SCDMA/HSDPA/EDGE/GPRS/GSM"单芯片射频收发器 QS3200",制备国际上第一枚磁光材料芯片,VDP - II TM 高清视频解码芯片 HD2201A 在国际上首次实现单载波移动接收功能,"高性能宽带信息网(3TNet)"在国际上首次实现 EPON 系统芯片级互通,0.25 微米级芯片设计技术中的"逻辑综合与物理设计一体化理论"属国际首创。世界上首次获得表达绿色荧光蛋白基因的克隆兔,在国际上首先实现溶葡萄球菌酶大肠杆菌胞外分泌表达。得到世界上第一块晶粒尺寸小于 100 纳米的 ZnO 纳米陶瓷,在国际上首先制备出尺寸均匀、大小可控的锗硅量子点,率先在全世界制备出大尺寸、高质量的新型压电单晶 PMNT,在国际上首次测定在高温钨酸铅熔体中氧化铅和氧化钨的挥发速率,建立国内外第一条分子组装抗菌母粒生产线,在国际上首先解决几丁糖的水溶性和生物安全性难题,在国际上首创"操控排布大面积、多层纳米材料技术",在国际上首创用放电等离子烧结技术实现陶瓷的超快速烧结。在国际气象卫星上首创实时发送 10 个通道的 HRPT 高分辨率数字图像传输资料,在国际上第一次实现月球南北两极高程数据的获取,研制中国第一架具有完全自主知识产权的喷气支线客机"翔凤"ARJ21-700,研制和发射中国首颗重量在100千克以下的自主研制的低轨通信卫星,研制国内第一套"神舟六号返回舱着陆场搜救用地空高速机载宽带无线图传系统",绘制中国首幅全月面高程模型图。国际上首先提出双面镜扫描实现中长波红外星上辐射基准和定标的方法,实现中国第一个半导体照明示范工程实际应用,研制中国首台能够同实际公用通信网络相连接、完整的大气光通信端机。

第一章 基础科学

第一节 生命科学

一、植物学

2000 年,中国科学院上海生命科学研究中心和中国科学院上海植物生理研究所,从模式植物拟南芥中分离出控制植物营养生长的基因 RCN,并克隆该基因。国际上从未报道过 RCN 基因,功能研究表明 RCN 可促进植物细胞分裂。利用转基因技术,把促进细胞分裂的基因导入植物并大量表达之后,可促进植物生长。2001 年,中国科学院上海植物生理生态研究所(植生生态所)通过利用植物的组织、细胞和原生质体培养高效植株再生系统作为外源目的基因的受体系统,通过相应的介导或直接导入方法,研究影响细胞遗传转化因素,建立多种主要农作物及林木的高效基因转化系统,为转基因植物的产业化奠定基础。2002 年,植生生态所何玉科报道具有汞解毒功能的转基因烟草。来源于细菌的 MerA 基因可以将有毒的汞离子转化为无毒或低毒的气态汞,该基因经序列改造后转入烟草,其转基因植株在含有 50 微米的 $HgCl_2$ 的培养基上正常生长,有些转基因系甚至抗 350 微米的 $HgCl_2$。转基因植株的汞汽化水平比正常植株提高 5~8 倍,而且汞的汽化主要通过根部组织进行。

2004 年,植生生态所开展的"棉花 FIF1 基因对植物表皮毛发育的调控研究"获得重要发现。该项目研究发现 FIF1 基因在棉纤维细胞发育的早期高表达。发现 GL1 类 MYB 基因(GL1,WER 和 FIF1)控制表皮毛发育都需要第一内含子,在 GL1 类基因的表达调控上,内含子具有双重作用,既促进基因在表皮毛中表达,又抑制基因在非毛细胞中表达,为深入研究棉纤维和表皮毛细胞的分化与细胞模式形成机制,提供新的信息与思路。2005 年,植生生态所林鸿宣与美国加州大学伯克利分校合作,在国际上首次成功克隆与水稻耐盐相关的数量性状基因 SKC1,并阐明该基因的生物学功能和作用机理。同年,植生生态所薛红卫课题组首次分离一个拟南芥膜定位的甾类激素分子结合蛋白 MSBP1,发现 MSBP1 通过抑制细胞伸长基因的表达负调控下胚轴细胞的伸长,为进一步研究和阐明甾类激素作用机理提供基础。同年,植生生态所杨洪全课题组研究发现:CRY1 与光敏色素(PHY)相似(红光、远红光诱导产生 pfr 和 pr 两种构象的 PHY),蓝光和黑暗导致两种不同构象的 CNT1 二聚体,从而分别导致两种具有活性和非活性的 CRY1。与果蝇 CRY 通过其 N 端功能区(CNT)直接与下游蛋白相互作用不同,高等植物 CRY 是通过光激发 CNT 正调控 C 端功能区(CCT)的活性的。

2006 年,植生生态所何祖华课题组精细定位克隆 EUI 基因,发现 EUI 突变体的最上节间累积大量的生物活性 GA 分子,证明在水稻的节间生长过程中,EUI 蛋白通过降解活性 GA 分子控制一条新的 GA 合成代谢的通路。同年,植生生态所罗达研究组发现在蝶型花亚科的百脉根中确实存在与金鱼草有类似的分子机制参与花瓣和花形的发育,说明在漫长的进化过程中,TCP 基因被独立招募到不同的物种中参与两侧对称性花的发育,提示对 TCP 基因进行遗传操作,可以定向改造花瓣的形态,表明花对称性分子机理的研究具有重要的应用价值。同年,上海交通大学张大兵在水稻功能基因组研究,特别是水稻花粉发育方面,通过 γ 射线诱变,分离到一雄性不育突变体(TDR),表明 TDR 基因在水稻花药绒毡层降解和发育调控过程中发挥重要的作用。

2007 年,华东师范大学朱瑞良等完成的"苔类植物的分类和地理分布研究"获得教育部高等学校自然科学一等奖和上海市自然科学二等奖。提出叶附生苔新的分类体系,发现和发表苔类植物的 43 个新种,界定细鳞苔科相关类群的分类界线,澄清粗鳞苔属、齿鳞苔属和脉鳞苔属在中国和亚洲的分布问题。揭示中国羽苔科的种类和分布,完善羽苔属的分类系统。揭示亚洲、大洋洲、非洲等几大洲的剪叶苔属、岐舌苔属、光萼苔属、叉苔属等类群的物种多样性。同年,植生生态所陈晓亚和他的博士研究生毛颖波发明一种植物介导的昆虫 RNA 干扰技术,可以有效、特异地抑制昆虫基因的表达,从而抑制害虫的生长。该技术利用植物表达与昆虫特定基因匹配的双链 RNA 分子,当昆虫取食这类植物后,其靶基因的表达被明显降低。这一技术不仅为昆虫的功能基因组研究提供便捷的方法。

2009 年,复旦大学卢宝荣等完成的"转基因水稻外源基因逃逸及其环境生物安全机理",获得上海市自然科学一等奖。确定水稻品种间的非对称、低水平(<1%)基因漂移,发现受体异交率和供体的花粉密度对基因漂移的关键作用以及转基因向非转基因水稻逃逸频率随距离增加而迅速衰减的规律,为设置避免转基因逃逸的空间隔离距离提供科学依据。发现抗除草剂转基因以低频率(<0.5%)逃逸到杂草稻群体,基因漂移影响天然杂草稻群体的遗传多样性、控制的复杂性和竞争关系。发现抗虫转基因在有虫压环境带来适合度利益,而在无虫压环境产生适合度成本,栽培稻基因可以通过种间杂种在野生稻群体中传递。确定转基因逃逸的野生稻受体物种以及逃逸到野生稻的时、空和生物学基础,以及基因从栽培稻漂移到普通野生稻的精确频率。

2010 年,中国科学院上海药物研究所(药物所)岳建民等"若干药用植物中结构新颖、多样化天然活性物质的研究",获得上海市自然科学一等奖。该项目对 105 种药用植物进行系统的化学研究和生物活性测试,分离鉴定 2 800 多个结构多样化的化合物。采用多种先进的波谱技术和化学方法相结合,在国际上首次发现新化合物 602 个,阐明多个类型化合物的构效关系;确定 3 个候选新药,阐明多个中草药的药效物质基础。同年,植生生态所龚继明研究组从拟南芥基因组中克隆到一个受逆境因子(Cd^{2+})和营养信号(NO‑3)强烈诱导的基因 NRT1.8,该基因编码一个 pH 依赖的内向型 NO‑3 低亲和转运蛋白。表明 NRT1.8 介导的 NO‑3 再分配在植物逆境胁迫耐受机理中起着重要的调节作用。同年,上海交通大学张大兵研究组开展的"花药发育、花粉形成关键基因及其网络调控机制研究",揭示控制水稻花药外表面结构(角质)和花粉外壁形成的关键基因,提出植物花药表面角质层和花粉外壁的孢粉素成分的合成可能存在共同的生化途径。分离鉴定到一个控制水稻叶片中糖到花器官(包括花药)分配的关键转录因子,该转录因子可以直接控制花药中单糖转移酶的表达,从而实现对糖分子从源到库分配的调节。

二、动物学

2001 年,植生生态所对蓖麻蚕、黏虫等昆虫调控生长发育和生殖的脑神经肽因子的功能及分离纯化进行详尽的研究。对蓖麻蚕 5 龄幼虫脑和血淋巴中 PTTH 生物活性进行全程测定,明确前胸腺分泌 MH 的动态和血淋巴中 MH 滴度的相应关系,从而说明 PTTH 的生理功能;分离纯化七星瓢虫和黏虫的 AT 与 AS,并研究它们的功能;通过蜕皮激素和保幼激素促进与抑制作用同时进行的系统研究,发现蓖麻蚕脑中存在 PTTH、PTSH、AT 及 AS 的生物活性。2004 年,植生生态所主持完成"寄生蜂与寄主昆虫的协同进化研究"。首次发现在多胚发育的腰带长体茧蜂与亚洲玉米螟的寄生体系中,寄生蜂以一种特定的被动抑制机制逃避寄主的免疫反应;从亚洲玉米螟血淋巴中分离纯化多酚氧化酶原,阐明该酶的性质、组织分布和调节功能;在菜蛾盘绒茧蜂—小菜蛾寄生体系中,发现3个因子在生理功能上有相似性,在时效上有互补性,在促进寄生蜂发育上有协同性;证明寄生因子是影响寄生蜂竞争力的物质基础;在腰带长体茧蜂—亚洲玉米螟寄生体系中,提出寄生蜂分两步调节寄主蜕皮激素分泌的假设;阐明有关寄生体系中寄生行为的特征和专化性,寄生蜂对寄主偏爱的可塑性;从寄主植物、过寄生、多寄生以及环境条件影响等,阐明寄生蜂与寄主发育的相互关系。

2005年,中国科学院上海神经科学研究所(神经所)郭爱克与郭建增等取得原创性研究成果:发现果蝇跨视觉和嗅觉模态的学习记忆的协同共赢和相互传递作用。该成果将单独的视觉和嗅觉模态的输入信息衰减到不再能引起果蝇单模态的学习、记忆效果,并分别定义为视觉和嗅觉阈值。然后,将阈值以下的两个模态输入,同步地提供给单只果蝇,实施双模操作条件化。检测双模态复合记忆获取时,发现两者之间的"弱—弱"联合,竟然能导致跨模态的学习记忆达到(1+1>2)的非线性增强,即"协同共赢"的效果。同年,中国科学院上海生命科学研究院(生科院)、上海交通大学医学院健康科学研究所(健康所)戈宝学在果蝇先天免疫的分子机制研究中,利用果蝇S2细胞为研究平台,阐明不同的刺激条件激活p38MAP激酶是通过不同的上游激酶分子实现的,该发现对MAP激酶激活机制的研究有很大的指导意义。克隆一个新的关键骨架蛋白分子dTAB2,发现dTAB2在果蝇先天免疫中起着非常重要的作用。2006年,植生生态所徐春和在黄山发现一种非常特别的青蛙——凹耳急流蛙,其耳朵与其他青蛙不同,不是外凸而是凹陷进去的,它们之间的沟通交流靠的是发出一种别的动物听不到的超声波,至少雄性在竞争领地的过程中是这样的。这是首次发现哺乳动物以外的动物能够用超声波来相互交流,科学家认为是一种新的独立进化的例子。

2009年,生科院生物化学与细胞生物学研究所(生化与细胞所)裴钢研究组发现,一种多功能的信号蛋白βarrestin1在斑马鱼中高度保守,在斑马鱼中βarrestin1的缺失会导致原始性造血异常。研究表明βarrestin1能够结合PcG招募蛋白YY1,通过影响YY1核质定位解除PcG蛋白Suz12在cdx4、hoxa9a和hoxb4a等基因启动子区的富集和转录抑制作用,最终促进中胚层向造血细胞方向的分化。该研究不仅首次揭示信号蛋白βarrestin1在脊椎动物造血发育过程中的新功能,而且发现脊椎动物体内调控PcG蛋白功能的一种新机制,对理解调控PcG蛋白的机制具有促进作用。同年,上海交通大学吴际研究组首次在出生后的小鼠(包括成年和出生后5天的小鼠)卵巢中发现生殖干细胞。将该生殖干细胞移植于经药物处理的不孕成年小鼠体内,能产生新的卵母细胞,并发育至成熟,与雄性交配后能生出正常后代。该研究成果能为动物和人类提供生物技术新来源,建立性细胞途径转基因动物和开发优良动物品种,对治疗卵巢功能早衰、不育症等雌性生殖细胞发生障碍性疾病,再生医学及抗衰老,避孕药的开发,人口调控,探索环境因素对生殖发育的影响,濒危动物的保存,动物繁殖等,都具有重要意义。

2010年,华东师范大学张树义研究组纠正科学界一直认为翼手目动物完全丧失维生素C合成能力的观点。对蝙蝠GULO基因的研究发现,棕果蝠(Rousettus leschenaultii,棕果蝠属)和大蹄蝠(Hipposideros armiger,蹄蝠属)具备完整的基因,进一步对该基因编码蛋白的活性研究表明这两种蝙蝠仍然具备较弱的维C合成能力。实际上蝙蝠正处于一种大规模丧失维生素C合成能力的过程中。研究人员只发现2个属(Rousettus和Hipposideros)的蝙蝠仍保留有维生素C的合成能力,同年,华东师范大学张树义等与多国学者合作,揭示蝙蝠甜觉与食性的关系,发现吸血蝙蝠丧失甜觉。研究人员发现全世界仅有的分布于拉丁美洲的 3 种吸血蝙蝠的甜觉基因都是丧失功能的假基因,没有甜觉能力。这与吸血蝙蝠高度特化的食性相吻合:它们仅以血液为食,依靠发达的嗅觉和红外感受器发现血液,不再需要甜觉。通过对 42 种蝙蝠甜觉受体基因的分析后发现,食虫蝙蝠和植食性蝙蝠的甜觉受体基因的确很保守,进化速度没有显著的差异,从而揭示食虫蝙蝠和植食性蝙蝠一样具有甜觉。

三、微生物学

2002 年,复旦大学预防医学研究所俞顺章、宋立荣等开展的"主要淡水藻类(蓝藻)毒素危害健康机理及预防对策研究",获得上海市科技进步一等奖。该课题应用 ELISA 和 PCR 方法快速、微量、精确检查各种水体中有毒和无毒藻,以及食品中的微囊藻毒素的浓度;经同位素示踪证明微囊藻毒素(MC)等经口、静脉入体后主要分布于肝肾等器官;首次发现 MC 可通过胎盘屏障引起胎鼠畸形和胎肝肾受损;首次应用 HBVx 转基因鼠证明 MC 和黄曲霉毒素、乙肝病毒联合导致肝癌;用流行病学的方法亦证明 MC 和黄曲霉毒素、乙肝病毒危险因素的结合与肝癌有关,肝癌数学模型证明发病始于幼年,MC 能引起学龄儿童肝功能损害。2004 年,上海交通大学邓子新等开展的"抗生素基因工程平台建设的基础研究",获得上海市科技进步一等奖;"抗生素代谢工程的基础研究",获 2008 年国家自然科学二等奖。以多株中国资源特色的、化学结构和生物活性多样的抗生素产生菌遗传操作体系为基础,建立抗生素代谢工程平台。首次分离到井冈霉素生物合成基因簇、通过基因异源重组装浓缩必需合成基因、合成基因的功能分析并获得的重要工程菌。克隆首例聚醚类南昌霉素生物合成基因簇,通过基因簇缺失显著提高南昌霉素产量,阐明聚醚类释放机制,获得脱糖基的南昌霉素新结构衍生物。克隆首例多烯类杀念菌素的生物合成基因簇,阐明杀念菌素的模块式聚酮合酶组装合成机理,提出 4 个同系物的转换模型,获得 8 个新结构衍生物。

2006 年,药物所王明伟课题组以拮抗甲酰肽受体为主要靶点,对 14 个环孢菌素 A 和 H 系列衍生物进行系统药理学研究,确认环孢菌素 A 为甲酰肽受体的选择性拮抗剂,与同家族的甲酰肽样受体-1 和其他趋化因子受体之间无相互作用,揭示环孢菌素 A 药理作用新机制。2007 年,华东师范大学博士生赖玉平与美国国立卫生研究院合作,研究发现控制革兰氏阳性菌感应抗菌肽的三原素感应系统。这项研究成果解答为什么一些细菌能生存于人的表皮从而与人共生的机理,同时为开发新型抗菌药物提供新的靶点。利用基因芯片技术发现表皮葡萄球菌在被人抗菌肽防御素 3 刺激后,许多基因的表达发生改变。利用基因敲除技术,证明三原素的调节子是感应抗菌肽、从而调节表皮葡萄球菌抗抗菌肽的独特调节子,这一调节子是革兰氏阳性菌所特有的。

2009 年,药物所沈旭研究组与蒋华良研究组合作,发现虽然 Ser139 和 Phe140 是 SARS (Severe Acute Respiratory Syndrome Corona Virus、严重急性呼吸综合征,俗称非典)蛋白水解酶(SARS 3CLpro)二聚界面的相邻氨基酸,其突变可引起不同的酶的聚集状态和活性,即 Ser139 突变使酶以单聚形式存在,但却保持一定的酶学活性,而 Phen140 突变使酶以二聚形式存在,却丧失活性,通过晶体结构分析,系统研究 3CL 水解酶酶活与聚集状态的关系。同年,上海交通大学、中国科学院上海营养科学研究所(营养所)和国家人类基因组南方研究中心(南方基因组)合作开展"肠道菌群结构变化与肥胖症关系研究"。该研究从微生物群落生态学的角度,进一步丰富和发展肠道菌群引起代谢性疾病的新理论,找到与肥胖发生关系密切的具体的细菌种类。

2010 年,中国科学院上海巴斯德研究所(巴斯德所)孙兵研究组发现流感病毒具有调控细胞周期的作用,流感病毒 A/WSN/33(H1N1)的复制可以使细胞周期阻滞在 G0/G1 期,这种抑制作用是由于感染后的细胞 G0/G1 期向 S 期的转换过程被抑制。一些调控细胞周期由 G0/G1 期向 S 期转换的蛋白,高度磷酸化的 Rb、p21、cyclinE、cyclinD1 等在感染后明显下调。发现流感病毒通过将细胞周期抑制在 G0/G1 期,对病毒蛋白表达和病毒大量产生有重要作用。研究还发现一些其他流感病毒株也具有类似的阻滞细胞周期停留在 G0/G1 期的作用。同年,植生生态所解析重要产溶剂梭菌丙酮丁醇梭菌中木糖代谢途径,鉴定与之相关的关键酶基因、转运基因和调控基因,并通过代谢工程手段解除该菌的碳代谢物阻遏效应,使其能同时利用葡萄糖和木糖两种底物进行溶剂的生物合成。发现和鉴定丙酮丁醇梭菌木糖代谢途径中的关键酶基因、糖转运基因以及一个特异性的木糖调控因子 XylR;鉴定丙酮丁醇梭菌中介导碳代谢物阻遏效应的多效调控因子 CcpA;通过对 CcpA 基因的中断失活,可解除 CCR 效应,实现菌株对复杂碳源的高效利用。

四、遗传学

2000 年,复旦大学医学院、生化与细胞所等共同完成"持续性感染肝炎病毒(乙、丙、庚型)基因的复制与表达"。发现与 HBV 复制增强相关的位点,可作为抑制病毒复制的靶;用酵母单杂交系统克隆并发现新的细胞调控因子(hB1F);构建上海地区丙型肝炎病毒近全长 cDNA 模板,发现结合蛋白为 hVAP,与阐明发病机理有关;用 HGV 全基因组转录体进行实验感染猴体,证明该转录体可致感染。同年,南方基因组与上海瑞金医院内分泌研究所、上海血液学研究所合作的"全反式维甲酸诱导分化治疗急性早幼粒细胞性白血病基因调控的网络研究"和"下丘脑—垂体—肾上腺轴基因表达谱的研究",取得国际一流的重大科研成果。其论文发表在世界血液学专业权威杂志 BLOOD 和著名国际杂志《美国科学院院报》上。在"全反式维甲酸诱导分化治疗急性早幼粒细胞性白血病基因调控的网络研究"中,采用功能基因组学研究的若干新的技术手段,成功分离和克隆全反式维甲酸诱导急性早幼粒细胞性白血病细胞分化过程中差异表达的基因,筛选到 169 个受全反式维甲酸调控的基因,克隆到 8 个受全反式维甲酸调控的新基因全长 cDNA。在"下丘脑—垂体—肾上腺轴基因表达谱的研究"中,在国际上首次通过大规模表达序列标签即 EST 的测定,获得下丘脑—垂体—肾上腺轴这一神经内分泌重要系统基因表达谱,并克隆出 200 条新基因。

2001 年,上海市转基因研究中心采用体细胞克隆技术,将 1 个生长 32 天的雄性羊胚胎成纤维细胞进行培养,获得相应的成纤维细胞,将该细胞核移入去除遗传物质的奶山羊卵母细胞中,7 头山羊成功妊娠怀胎,其中 3 头生长正常。经分子遗传学方法分析,证实 3 头克隆羊的细胞与其被克隆的"母体"遗传性质一致,均来源于同一"母体"的成纤维细胞。同年,南方基因组等机构,在国际上率先独立完成钩端螺旋体、表皮葡萄球菌和黄单胞菌三种病原微生物的全基因组测序,绘就全基因组"精细图",在国际上首次识别维护它们生命活动相关的整套基因,发现一批与致病性相关的功能基因,鉴定一批可望用于发展新一代疫苗的靶标基因。同年,生科院承担完成"人基因组和后基因组研究及开发利用"和"人类基因组和重要疾病基因的开发利用"。项目建立人类与动物疾病模型的资源库、CDNA 阵列、基因敲除等技术平台,完成多个重要疾病基因的精细定位,在世界上首次克隆人类短指、乳光牙等遗传疾病基因以及大鼠附睾抗菌肽等一批功能基因。

2002 年,上海交通大学贺林等承担的"A-1 型短指(趾)症的基因研究"获教育部自然科学一等奖,获 2003 年国家自然科学二等奖。该项目把 A-1 型短指(趾)症基因定位于 2 号染色体长臂的特定区域,克隆导致 A-1 型短指(趾)症的 IHH 基因,发现 IHH 在遗传学中的作用;揭示 IHH 基因是 A-1 型短指(趾)症的致病决定基因。发现 IHH 基因与身高可能相关,为研究人类身高的形成提供分子生物学线索。同年,中国科学院上海生物工程研究中心孔祥银等参与的"遗传性乳光牙本质致病基因的研究",获得国家自然科学二等奖。该项目克隆遗传性乳光牙本质Ⅱ型基因。通过基因突变分析,在 4 个家系中发现 DSPP 基因的 4 种不同类型的突变,这些突变都导致该疾病的发生。用 RT-PCR 方法首次证明该基因确实在小鼠内耳中表达,证明 DSPP 参与听觉系统的发育。同年,上海交通大学贺林等开展的"贺-赵缺陷症及其致病基因的精细定位",获得上海市科技进步一等奖。贺-赵缺陷症是一种新发现的孟德尔常染色体显性遗传病,国际上第一例以中国人姓氏命名的遗传病;率先把缺陷症的致病基因定位在 10 号染色体长臂 11.2 区域 D10S604 与 D10S568 之间的 5.5 cM 范围内;为人类重要生命现象"乳-恒齿交替"的发生与恒齿形成的机理提供全新的认识;创立 DNA 样品混合法在人类常染色体显性遗传病基因定位中的应用。同年,南方基因组傅刚等共同承担承担的"国际人类基因组计划 1‰(3 号染色体短臂末端)基因组测序",获得国家自然科学二等奖。该项目获得精确度达 99.99％的完成图序列,所有 BAC 序列都经过指纹图谱的验证。完成包括 3 号染色体其他区域,共完成 31.6 Mb 的序列测定。在 3 号染色体短臂端粒至 D3S3397 区域,共识别 122 个基因,其中 86 个是已知基因;在 31 个基因中找到 75 种不同的剪切方式;发现 1 760 个新的 SNP(SNP 数据库中未见报道);进行完成图中重复序列、CpG 岛、GC 含量的分析。同年,上海第二医科大学附属瑞金医院(瑞金医院)陈竺等开展的"造血相关基因表达谱、新基因克隆和染色体定位图谱的建立和研究",获得上海市科技进步一等奖。在国际上首次描绘正常 CD34＋造血干/祖细胞的基因表达谱;克隆 324 条造血系统表达的新基因全长 cDNA;绘制国际上第一张造血系统新基因的染色体定位图,识别 58 个发生显著性差异表达的基因;获得 6 个新的锌指蛋白基因,发现一个新的具有转录激活作用的功能域 KRNB。同年 11 月 21 日,南方基因组韩斌等承担的国际水稻基因组计划第四号染色体精确测序任务,获得 2002 年世界十大科技突破、2002 年中国十大科技进展、2003 年度上海市科技进步一等奖、2007 年度国家自然科学二等奖。率先完成水稻 4 号染色体的精确测序和分析,精确完成水稻 4 号染色体 3 548 万个碱基对序列的测定,精确度为 99.99％,覆盖率达 98.7％,是最先完成精确测定的两条水稻染色体之一。在国际上首次完整测定水稻 4 号染色体的着丝粒序列并鉴定其结构特征,这是高等植物第一个被完整测序的染色体着丝粒。通过对水稻籼、粳稻 4 号染色体的测序分析对水稻栽培稻两个亚种间的基因组序列进行比较分析,鉴定籼、粳基因组异同的重要特征。

　　2003 年,南方基因组韩泽广研究小组等在血吸虫功能基因组研究方面的成果,在国际顶尖学术杂志《自然遗传学》(Nature Genetics)网站上提前发表,这是中国科学家第一次在这个享有盛名的杂志上以全文形式发表论文。2004 年,复旦大学罗泽伟等开展的"复杂性状多基因遗传结构解析与同源多倍体遗传图构建理论及实验策略",获得上海市科技进步一等奖。在国际上率先论证利用自然群体中连锁不平衡衰减速率与遗传重组之间的关系,建立检验与预测主效基因与遗传多态性标记位点或位点群间遗传连锁不平衡的理论与方法;解决同源四倍体物种遗传图构建所涉及的连锁检测、重组率估计的难题;揭示雄性激素受体突变基因的分子生物学机制;发现中国人群中的趋化因子受体突变基因。同年,复旦大学与南方基因组等合作发表"遗传学证实汉文化扩散源于人口扩张"。该课题组通过对汉族群体的 Y 染色体和线粒体 DNA 多态性的系统分析,发现汉文化向南扩散的格局符合人口扩张模式,而且在扩张过程中男性迁移得比女性多。同年,瑞金医院陈竺等开展的"人类造血和内分泌相关细胞/组织基因表达谱和新基因识别研究",获得国家自然科学二等奖。在国际上首次识别、克隆 547 条人类新基因的全长 cDNA,并应用 cDNA 阵列技术研究造血干细胞内克隆的 300 个全长新基因在不同造血细胞系中的表达状态。发现的一个新的功能域 KRNB 为国际上首次报道，在国际上首次描述人造血干细胞和 HPA 轴组织的基因表达谱，获得近 50 000 条 EST。

2005 年，复旦大学金力等参与的"中国不同民族永生细胞库的建立和中华民族遗传多样性研究"，获得国家自然科学二等奖。该项目建立中国 42 个民族 58 个群体的永生细胞库，包括 3 119 个永生细胞株，6 010 份 DNA 标本，这是规模最大的较为完整建立的中国各民族永生细胞库，可供永久性研究需要。同年，复旦大学金力等开展的"东亚人群的起源、迁徙和遗传结构的研究"，获上海市科技进步一等奖，获 2007 年国家自然科学二等奖。该项目在世界上首次系统地利用 Y 染色体上的单核苷酸多态位点为遗传标记，检测和分析东亚人群 Y 染色体单倍型类型及频率分布规律，发现一系列在东亚人群中具有高多态性、高信息量的 Y 染色体单核苷酸多态位点。在国际上首次从父系遗传角度证实现代东亚人群起源于非洲，发现汉文化的人口扩张模式。同年，植生生态所、南方基因组等合作，以鳞翅目昆虫的代表、重要经济昆虫——家蚕的 518 个简单重复序列（SSR 或微卫星），构建一张家蚕第二代分子标记遗传连锁图谱，并作为国际鳞翅目昆虫基因组协作组中内容的一部分。该课题组新构建的家蚕微卫星遗传连锁图，其 28 个连锁群上的标记数目从 7 到 40 个不等，全部的遗传图距约为 3 431.9 cM。同年，复旦大学吴晓晖和许田将一种源于飞蛾的 PB 转座因子用于小鼠和人类细胞的基因功能研究，在世界上首次创立一个高效实用的哺乳动物转座因子系统，为大规模研究哺乳动物基因功能提供新方法。该发现入选 2005 年度"中国高等学校十大科技进展"。同年，南方基因组中心作为国际 HapMap 计划的参与单位之一，负责完成整条 21 号染色体和部分 3 号、8p 染色体区域的 SNP 单倍型图谱构建工作。由 HapMap 国际协作组统计数据反映，该课题组对 21 号染色体所构建的 SNP 单倍型图谱在染色体覆盖率和 SNP 密度上均领先其他中心，名列第一名。

2006 年，植生生态所王成树团队开展"虫生真菌致病机制及遗传改造研究"。发现真菌通过一个渗透压感受蛋白 MOS1 调节对血淋巴高渗透环境的适应，通过分子"拟态"来逃避宿主细胞的识别及免疫杀菌作用。在遗传改造提高真菌毒力的研究方面，将来源于蝎子的一种昆虫特异性神经毒素多肽 AaIT 按绿僵菌基因编码偏好进行基因合成，采用 MCL1 启动子控制 AaIT 基因进行真菌转化，获得具有显著提高毒力的转化菌株，但不影响出发菌株的寄主专化性及环境安全性。同年，营养所贺林领衔的课题组首次在中国汉族人群中证实基因 Episn4 是精神分裂症易感基因。该课题发现两种单倍型与精神分裂症有着极强的关，阐释在 Epsin4 的 5' 端及其附近存在着一个位点能够增加患上疾病的风险。发现在中国人中 rs778293 与精神分裂症存在关联，为 G72 基因是精神分裂症的易感基因提供证据。同年，南方基因组完成国家"十五"期间"973"计划项目"人 CD34＋造血干、祖细胞的转录组学和蛋白质组学研究"。在 CD34＋细胞中鉴定 370 个蛋白质，是国际上鉴定最多的 CD34＋细胞蛋白；首次鉴定出 CD34＋细胞中 46 个未知蛋白；鉴定各种成血细胞的代表性标志，说明脐带血 CD34＋细胞具有多能分化潜力；发现脐带血 CD34＋细胞内含有通常与神经发育、眼睛、性腺发育相关的蛋白质；发现 CD34＋细胞表达一些激素和细胞因子；首次发现 133 个蛋白质；发现有 33 个蛋白在 2DE 胶上有 2 个或 2 个以上的蛋白点；在转录组中有 128 个基因的反义转录本以及相应的正义转录本序列，具有反义转录本的 15 个蛋白质出现在蛋白质组数据中。

2007 年，植生生态所林鸿宣等承担的"水稻耐盐复杂数量性状的遗传机理及其应用研究"，获得上海市自然科学一等奖。在国际上首次成功克隆耐盐数量性状基因（QTL）SKC1，并阐明该 QTL 的功能和耐盐遗传机理。发现水稻耐盐 SKC1 基因为 HKT 转运基因家族新成员，并首次阐明水稻 HKT 转运蛋白的耐盐作用机理。发现水稻耐盐 SKC1 参与木质部导管的 K^+/Na^+ 离子运输,而拟南芥的 AtHKT1 是参与韧皮部筛管的离子运输,揭示植物 HKT 家族的新机理。发现 4 个氨基酸的自然变异是引起 SKC1 基因功能差异的分子基础。创制直接检测耐盐 SKC1 基因的分子标记,定位 11 个水稻耐盐 QTL,系统研究耐盐遗传机理。同年,复旦大学许田、吴晓晖、丁昇开展的"哺乳动物 PB 转基因和基因诱变方法",获得上海市自然科学一等奖。通过改造 PB 因子,使它可在人和小鼠细胞中高效导入基因并稳定表达,为体细胞遗传学研究和基因表达提供一个高效、便捷的新系统。发现可用 PB 培育转基因小鼠,为小鼠及其他哺乳动物建立新的转基因技术体系。发现 PB 可在小鼠体内高效广谱插入小鼠基因组并使基因失活,使在小鼠中高效大规模筛选研究重要功能基因和疾病相关基因成为可能。在世界上首创一个高效实用的哺乳动物转座子系统。同年,生科院张永莲等开展的"精子在附睾中成熟的分子基础研究",获得上海市自然科学一等奖。该项目旨在揭示附睾在精子成熟、储存和防御等过程中作用的分子机制,为雄性生殖调控理论的发展和突破作出贡献,并为男性避孕药的研制、男性不育症的诊治和日趋严重的性疾病传播防治等方面提供理论指导。该研究发现大鼠附睾头部特异表达的 Binlb 基因既是一个天然抗菌肽,又能结合在精子上,使其通过 L 型离子通道摄取 Ca^{2+} 后,起始精子运动。开辟附睾自身免疫系统分子机制的研究,也丰富 β 防卫素基因家族的生理功能。

2008 年,植生生态所林鸿宣研究组,从"海南普通野生稻"中成功克隆控制水稻株型驯化的关键基因 PROG1。该基因编码中的一个功能未知的锌指蛋白,其作为转录因子新基因对水稻株型的发育起重要调控作用;首次阐明水稻株型驯化的分子遗传机理。同年,植生生态所同上海交通大学合作,通过构建 CRY1CRY2COP1、COP1CO 和 CRY1CRY2CO 等多突变体,通过遗传关系分析,获得 CRY 调控光周期开花时间的主要遗传途径,揭示 COP1 与 CO 发生直接的蛋白—蛋白相互作用。同年,植生生态所薛红卫研究组通过构建 At5PT13PHOT1、At5PT13PHOT2 等遗传材料,确定 At5PTase13 对 PHOT1 具有上位效应;首次证明磷脂酰肌醇途径的关键酶——多磷酸肌醇-5-磷酸酶通过调控内源钙离子从而参与蓝光形态建成。同年,神经所郭爱克研究组利用遗传学和药理学方法调控果蝇多巴胺细胞中多巴胺水平来研究多巴胺水平过高对果蝇雄性之间求偶行为的影响,并发现高水平多巴胺可以大幅度提高雄性果蝇同性间求偶的倾向,但并没有显著影响到对果蝇异性求偶行为、雄蝇自身的吸引性、短期自发运动活性及普遍的嗅觉和味觉感知。同年,南方基因组完成"结核分枝杆菌无毒株 H37RaATCC25177 的基因组测序"工作,这是世界上首次完成 H37Ra 的全基因组测序。通过 RT-PCR 对重要基因启动子区域的变异造成的表达量改变进行检测,发现影响转录因子和全局代谢调控的变异。鉴定与结核分枝杆菌的侵入、毒力及体内生长等相关的 57 个基因,揭示 57 个基因的突变及协同作用,可能是造成 H37Ra 丢失毒力的主要原因。

2009 年,华东师范大学王喆等人与其英国合作者,通过对鲸类和其他哺乳动物类群的 Hoxd12 和 Hoxd13 基因测序,发现这 2 个基因在鲸类鳍状肢的起源与分化中起到重要作用。同年,生化与细胞所徐国良研究组将遗传学手段与形态学、分子生物学的方法相结合,研究 RIM-BP3 在精子形成过程中的作用。研究表明,RIM-BP3 是一个在睾丸中特异表达的蛋白,小鼠中 RIM-BP3 基因的缺失会引起精子头部发育的异常,最终导致雄性不育。同年,中国科学院上海计算生物学研究所(计算生物学所)Philipp Khaitovich 研究组通过考量人、黑猩猩和恒河猴三者大脑在不同年龄段的基因表达量,发现从整个基因转录组层面上来看,人、黑猩猩和恒河猴三者大脑的发育速度并不一致,相较黑猩猩和恒河猴而言,一些特定基因在人类身上表现出"加速进化"。同年,南方基因组等完成"日本血吸虫基因组测序和基因功能分析"。该项工作是国际生物医学界首次对扁形动物进行全基因组测序和功能解析。研究显示,血吸虫基因组由近 4 亿个碱基组成,含有 40.1％的重复序列,具有转录活性的反转座子 25 个。血吸虫共有编码基因 13 469 个,包括首次发现的与血吸虫感染宿主密切相关的弹力蛋白酶。

2010 年,生科院陈德桂研究组等发现一个新的含有 JmjC 结构域的蛋白质 KIAA1718 (KDM7A),KDM7A 的表达在胚胎干细胞向神经干细胞分化过程中有最明显的上调。发现 KDM7A 是胚胎干细胞神经分化中不可缺少的一个组蛋白去甲基化酶,对胚胎干细胞向神经干细胞的转化起到促进的作用。提示组蛋白的去甲基化与细胞信号通路的相互作用是调控胚胎干细胞神经分化的一种重要分子机制。同年,健康所金颖研究组发现 Oct4 的新的靶基因 Stk40。研究证明 Stk40 能够激活 Erk/MAPK 通路,并能诱导小鼠 ES 细胞向胚外内胚层方向分化。研究成果发表于《美国科学院院刊》。同年,植生生态所韩斌研究组进行水稻重要农艺性状的全基因组关联分析。通过测定栽培稻两大亚种(粳稻和籼稻)的 500 余份地方品种的基因组测序,构建出一张高密度的水稻单倍体型图谱。对籼稻的 14 个农艺性状进行全基因组关联分析,一些农艺性状相关基因的候选位点得以确定,首次成功开发出大样本、低丰度的基因组测序和基因分型方法。同年,计算生物学所金力研究组与徐书华研究组,利用全基因组基因分型数据,基于群体基因组学研究策略和计算生物学手段,发现出与西藏藏族人群高原适应相关的一系列基因,其中全基因组扫描信号最强的 2 个关键基因——EGLN1 和 EPAS1 都与细胞的缺氧反应有关。

五、分子生物学

2000 年,瑞金医院陈赛娟等开展的"全反式维甲酸与三氧化二砷治疗恶性血液疾病的分子机制研究",获得国家自然科学二等奖。该研究应用转基因技术建成 APL 特异融合基因 PML - RARa、PLZF - RARa 和 NPM - RARa 的转基因小鼠,为研究 APL 发病原理的分子机制提供理想的整体动物模型。首先发现 APL 中变异型染色体易位 t(11;17),提出应用诱导分化治疗人类癌肿的独特思路,证明全反式维甲酸(ATRA)能够调变和降解在 APL 发病中起关键作用的 PML - RARa 融合蛋白,为 ATRA"靶向治疗"的理论奠定基础。揭示 ATRA 所调变的基因表达谱,建立维甲酸调控 APL 细胞分化的信号通路。证实三氧化二砷能通过疏基依赖性的途径,诱导线粒体跨膜电位($\varphi\triangle m$)下降及 Caspase3 活化,使恶性淋巴细胞发生凋亡,同时通过延缓细胞周期抑制恶性细胞生长。2001 年,生化与细胞所张永莲研究组与香港中文大学陈小章研究组合作,在国际上首次从大鼠附睾头部上皮细胞中成功克隆到一个特异表达的新基因,并观察到该基因所编码的多肽具有抗菌功能,并可能与生育有关。这是第一个在附睾中发现的天然抗菌肽家族的新成员。成果发表在《科学》杂志。

2004 年,生化与细胞所裴钢研究组在完成"G 蛋白偶联受体介导的信号传导的研究"项目中,发现休止蛋白 2 通过结合并稳定 IκB 直接抑制 NF - κB 这一转录因子的激活、抑制 NF - κB 的转核,最终导致其下游基因转录不能被激活;同时发现 β2 肾上腺素受体信号还会显著增强这种抑制作用;首次揭示 β2 肾上腺素受体和 NF - κB 信号通路"对话"的分子机制,而 NF - κB 在免疫系统中掌管着许多基因的表达,在机体的免疫功能、应激反应、肿瘤发生、细胞的增殖和分化中发挥着中枢功能。同年,生化与细胞所朱学良研究组利用致死性突变体,分别研究 Nudel - Lis1 及 Nudel - dynein 相互作用的重要性。通过免疫共沉淀、免疫荧光、分泌实验、荧光显微镜活细胞观察等技术,发现 Nudel - lis1 作为胞质驱动蛋白 dynein 的调节因子,两者缺失其一,将严重破坏 dynein 的驱动蛋白功能，导致内膜系统弥散分布，内吞过程受阻、蛋白质的分泌过程延滞等病理现象。

2005年，上海交通大学邓子新等联合英国和美国的科学家，在作为生命中枢的DNA大分子上，首先发现某些微生物基因组中硫的存在，分离出与硫修饰有关的完整基因簇。拥有的硫化修饰基因（簇）和一系列突变株，奠定进行体外基因表达、研究酶学功能的条件，为最终从分子水平上阐明修饰的化学本质和生物学意义奠定良好的基础。2006年，生化与细胞所陈江野研究组筛选并鉴定一个调控白念珠菌白—灰形态转换的关键基因WOR1。WOR1的表达呈现一种全或无的双稳态模式，即在灰菌中大量表达而在白菌中检测不到表达，与白—灰形态转换过程中没有中间态的现象吻合。同年，生化与细胞所裴钢研究组发现抑制"过激"免疫反应的新机制。发现体内一种叫作β抑制因子的蛋白质能够结合免疫反应中的重要信号分子TRAF6，通过调节其功能，抑制TRAF6对NF-κB转录因子的激活以及多种炎症因子的产生。同年，上海交通大学医学院傅国辉等完成国家自然科学基金重点项目"带3蛋白C端域在细胞增殖和凋亡过程中作用的研究"。在国际上首次报道AE1具有新蛋白酶的活性；发现AE1的4个motif对该蛋白的表达、转膜、折叠及其稳定性发挥有重要影响；在国际上首次发现AE1与肿瘤抑制蛋白P16直接相互作用及功能上的联系，也是首次发现离子交换蛋白与细胞增殖或凋亡相关的蛋白质结构基础；发现AE1和AE2是抗肿瘤药物的作用靶点；首次发现只表达在红细胞膜的AE1在胃和结肠腺癌患者分别出现83.33%和56.52%的高频率表达。

2007年，神经所丁玉强研究组发现一种称为Lmx1b的转录因子在胚胎早期中脑、小脑发育过程中起着重要的作用，发现Lmx1b基因缺失的小鼠中脑和小脑发育不全，阐明发生这一缺陷的分子机制。同年，营养所陈雁研究组发现一个新的Raf-1调控蛋白，第一次揭示Raf-1的空间调控方式，并提示一种在高尔基体上遏制ERK信号通路的新机制。同年，生化与细胞所王琛研究组发现，UXT是一个新的转录增强子辅助蛋白，能够与NFκB发生相互作用并调节它的活性。2008年，生化与细胞所李林研究组发现，Wnt信号途径中的关键分子Dishevelled蛋白通过c-Jun蛋白的介导作用结合到下游靶基因的启动子上并调控启动子上的转录复合物的形成。同年，药物所蒋华良研究组、沈旭研究组合作对SARS病毒3CL蛋白酶进行研究。发现G11A突变体在晶体中以单体形式存在，晶体一不对称单元中只有一个蛋白质分子，这是唯一一个3CL蛋白酶单体晶体结构。同年，药物所科研人员首次发现艾滋病病毒转录反式激活因子Tat蛋白上一个全新的高亲和力肝素结合位点。

2009年，药物所丁健等完成的"拓扑异构酶Ⅱ新型抑制剂沙尔威辛的抗肿瘤分子机制"，获得国家自然科学二等奖。项目组从中国药用植物红根草中分离得到抗癌先导红根草邻醌，进行结构修饰优化，最终获得具有自主知识产权的TopoⅡ新型抑制剂沙尔威辛（salvicine，SAL）。SAL是TopoⅡ新型抑制剂，是以TopoⅡ为主要作用靶点的多靶点抗癌候选药物，具有结构新颖、作用独特、毒性低、机制新颖的突出特点。同年，营养所陈雁研究组对RKTG调控Gβγ功能进行研究。研究发现RKTG与Gβγ相互作用，在空间上把细胞内的Gβγ转移到高尔基体，发现RKTG通过改变Gβγ空间位置对细胞生理功能带来影响。2010年，复旦大学附属中山医院（中山医院）钦伦秀等开展的"肝癌转移机理的新发现及其意义"，获得国家自然科学二等奖。该项目发现人多个染色体异常与肝癌转移有关，染色体8p缺失是重点；克隆和鉴定位于8p的肝癌转移抑制基因HTPAP，经体内、外研究证实可抑制肝癌转移；首次发现肝癌转移基因改变在原发瘤阶段即存在，证实其中的骨桥蛋白可作为肝癌转移治疗新靶点和预测指标。同年，第二军医大学曹雪涛研究组发现，免疫细胞膜表面整合素CD11b能够通过一系列信号传导机制促进天然免疫分子的泛素化蛋白降解,从而负向调节天然免疫应答中免疫细胞产生炎症性细胞因子与干扰素,反馈抑制免疫反应与炎症发生,避免病原体感染过程中免疫应答与炎症反应过度发生造成机体组织的损害,从而维持机体内环境稳定与健康。同年,生科院谢东研究组研究贲门癌中糖代谢相关的酶及代谢小分子的变化规律,发现在贲门癌组织中,糖酵解和无氧呼吸的过程明显增强,而三羧酸循环以及氧化磷酸化过程被削弱。同年,营养所陈雁研究组利用体内和体外实验,证明在血管内皮细胞中,RKTG 能够抑制 VEGF 诱导的内皮细胞增殖、迁移和血管生成过程。同年,生科院李亦学研究组与曾嵘研究组等发现:蛋白质磷酸化修饰的进化及其与功能的相关性在脊椎动物和无脊椎动物之间存在显著的差异。

六、细胞生物学

2000 年,第二军医大学免疫学研究所完成"T 细胞介导的特异性免疫应答及其抗肿瘤作用"。该项目研究 T 细胞的活化、CTL 的产生条件以及对肿瘤的免疫治疗作用。建立人 DCcDNA 大规模测序体系和基因差异筛选技术体系,提出 CTL 诱导的新途径,发现全长新基因。同年,中国科学院上海生命科学研究中心承担"脂肪细胞的分化和诱导分化的早期信号传递因子和机理",在脂肪细胞分化过程中发现一个酪氨酸磷酸化蛋白,并确定为原癌基因。2001 年,同年,上海第二医科大学承担的"瘤苗——细胞因子基因传导人肝癌和胃癌细胞的研究"取得重大进展。建立因子基因修饰的人肝癌和胃癌细胞,证明外源性细胞因子基因在肿瘤细胞中的整合与表达,并证实基因修饰的"瘤苗"致瘤性降低,免疫原性增加,能分泌有活性的细胞因子,并能刺激淋巴细胞毒反应。

2002 年,复旦大学承担"糠秕孢子菌对培养角质形成细胞的影响"发现 P53 蛋白为胞浆染色,提示糠秕孢子菌可促使角质形成细胞表达突变型 P53 蛋白,而突变型 P53 蛋白可使野生型 P53 蛋白失活,导致细胞转化生长及增殖;P185 蛋白由 C‐erbB 基因编码,参与表皮的分化。2003 年,第二军医大学曹雪涛等开展的"树突状细胞的抗原提呈、功能调控及其来源的新基因的功能研究",获国家自然科学二等奖。首次证明 DC 摄取的外源性蛋白抗原绝大多数进入胞内富含 MHCII 类分子的器室,以利于抗原提呈;发现 DC 精密调控免疫应答的新机制;提出并证实增强 DC 抗原提呈功能的新方式;提出并证实 DC 具有杀伤靶细胞和支持造血这两种新的生物学功能;从人 DC 中克隆124 条全长新基因;发现唾液酸结合性免疫球蛋白样凝集素家族的第 10 个成员,发现 Septin‐10 并被国际人类遗传组织正式命名。同年,上海第二医科大学陈国强研究组在国际上首次提出低氧模拟化合物和低氧能够诱导白血病细胞分化。该成果发表在国际权威杂志《白血病》上,这一发现对深入认识造血细胞分化和白血病发病机制有重要理论意义。同年,瑞金医院谢青研究组在国际上率先研究肝细胞凋亡相关基因的表达和调控,针对性地设计肝细胞损伤的药物干预、基因干预和细胞干预策略,建立起新的多元化治疗体系并取得很好的疗效。同年,上海第二医科大学盛慧珍领衔的"973"项目"治疗性克隆"课题研究获得重大突破。该项目用人类皮肤细胞与兔子卵细胞融合的方法培植出人类胚胎干细胞,在国际上率先证明可以对人体细胞核进行重新编程。

2004 年,上海第二医科大学盛慧珍主持的国家"973"计划项目"干细胞的基础研究与临床应用",有较大进展。建立灵长类体细胞重编程技术和 ntES 细胞的建系技术;世界上首次证明人体细胞核是可以被重编程的;从流产胎儿分离出人亚全能干细胞、EG 细胞起源的干细胞和胎肝起源的内胚层干细胞。同年,上海第二医科大学、上海市免疫学研究所臧敬五主持的国家"863"计划项目"T‐细胞肽疫苗治疗自身免疫疾病"取得较大进展。首次发现中国人群 RA 患者 TCRBV 取用

BV14 和 BV16 并受 HLA-DRB1＊0405 约束；首次证明 T 细胞疫苗的作用机制可通过诱导 Foxp3 阳性的调节性 T 细胞进行调节；首次发现中国人群 RA 患者 TCRBV14 和 BV16 的共同基序。

2005 年，生化与细胞所裴钢研究组和复旦大学马兰研究组在受体信息传递和药物作用机制研究领域合作研究获得的突破性的重要成果。该成果发现进入细胞核的 β 抑制因子能够引起染色体重构并诱导药物靶基因的激活，从而对细胞功能产生长期的调节作用，揭示 β 抑制因子作为受体信使把信息传入细胞核的新功能以及受体信息传递和药物作用的新途径；首次证明 β 抑制因子扮演 GPCR 信号从胞浆到细胞核的浆—核信使，同时阐明 GPCR 信号从胞膜—胞浆—胞核的信号传递的机制。同年，健康所博士生付继东，利用肌浆网（SR）上 Ca2＋主要释放通道 RyR2 基因剔除的胚胎干细胞系和正常胚胎干细胞系，直接证明 SR 在心肌细胞分化发育的早期就参与调控 E-C 耦联；揭示胚胎干细胞分化的心肌细胞具有与成体心肌细胞相似的 E-C 耦联调控功能。

2006 年，健康所臧敬五课题组发现 γ-IFN 在 CD4＋CD25T 细胞向 CD4＋调节性 T 细胞的转化过程中起着重要作用。同年，健康所杨黄恬课题组，利用正常 ES 细胞和 RyR2 基因剔除的 ES 细胞分化的心肌细胞，直接证明 ES 细胞分化的心肌细胞初步具有成体心肌细胞调控兴奋-收缩耦联的分子基础，发现 SR 及 RyR2 在心肌细胞分化的早期就参与兴奋-收缩耦联的调控。同年，第二军医大学曹雪涛课题组完成"Toll 样受体激动剂促进 ERK 介导的调节型树突状细胞高分泌 IL-10 并引起 NK 细胞活化"。首次发现与脾基质细胞共培养的成熟树突状细胞能够进一步增殖并分化为一类新型调节性树突状细胞 diffDC 高表达 Th2 型细胞因子。同年，南方基因组黄健等研究发现 DLK1 基因在胚胎肝中高表达，但正常成人肝脏中不表达 DLK1 基因，提示 DLK1 可能是一个新的肝脏干、祖细胞的标志物。同年，上海交通大学金颖研究组，建立人胚胎干细胞系 SHhES1，利用人胚胎干细胞分化过程研究印迹基因的表达变化。

2007 年，生化与细胞所裴钢研究组、健康所臧敬五研究组经长期合作研究发现：在机体正常生理条件下，β-arrestin1 蛋白通过影响跟 CD4＋T 细胞凋亡有关的基因表达调控着这些细胞在体内的存活和动态平衡。同年，生化与细胞所耿建国研究组经研究发现：在机体炎症反应中，PSGL-1 蛋白和 Naf1 蛋白的相互结合在白细胞的活化中起重要作用，特异性阻断二者的结合能抑制白细胞活化，从而显著抑制炎症反应。2008 年，生化与细胞所宋保亮研究组发现，一个名叫 NPC1L1 的蛋白质在细胞表面和细胞内循环转运，将位于细胞外的胆固醇"运输"进细胞，并鉴定出这个过程依赖于细胞内的微丝系统和 Clathrin/AP2 蛋白复合体。同年，第二军医大学曹雪涛、安华章等人组成的课题组，发现免疫细胞在病原体刺激和病毒感染情况下产生干扰素和炎性细胞因子的新型调控机制。

2009 年，瑞金医院童建华等开展的"白血病细胞分化相关信号传导途径及关键基因生物学功能的研究"，获得上海市自然科学一等奖。在国际上率先报道 cAMP/PKA 信号通路具有介导氧化砷诱导 APL 细胞分化的能力，并发现维甲酸能快速激活 APL 细胞内的 cAMP/PKA 途径，提出维甲类药物诱导白血病细胞分化时必须激活 cAMP/PKA 等膜浆信号途径；发现 RIG-G 可以通过提高细胞内 p27 和 p21 的水平来抑制细胞生长；对维甲酸作用前后 APL 细胞中的基因表达谱进行比较，筛选并克隆受维甲酸调控的基因，为进一步阐明维甲酸诱导 APL 细胞分化过程中的信号传导网络奠定基础。同年，健康所戈宝学研究组发现，用 LPS（一种细菌感染的主要成分）刺激小鼠外周巨噬细胞可诱导 RIG-I 的表达。同年，生化与细胞所孙兵研究组发现，一个从属于 bHLH（basichelix-loop-helix，bHLH）超家族的转录因子 Dec2，在 Th 细胞朝向 Th2 方向分化的过程中被逐渐诱导表达，而且这一趋势在 Th2 细胞分化的后期显得尤为明显。

2010年，生科院营养所刘勇研究组发现，特异性地抑制ADAR2编辑酶的表达，能够显著削弱葡萄糖刺激下β细胞或胰岛中的胰岛素分泌，也同样导致PC12细胞分泌能力的缺损，而且ADAR2对细胞分泌过程的影响依赖于其编辑酶的催化活性。同年，生科院季红斌研究组和葛高翔研究组合作，从肺癌动物模型以及人肺癌细胞株的基因表达谱数据的整合性分析入手，对LKB1抑制肺癌转移的分子机制进行探讨。同年，健康所沈南研究组研究microRNA在Ⅰ型干扰素主要产生细胞——浆细胞样树突状细胞(pDC)中的调控作用。该研究发现pDC激活后，伴随着大量Ⅰ型干扰素的产生，miR - 155和miR - 155＊分别在不同的时间被显著诱导。同年，生化与细胞所宋建国研究组通过实验研究发现，FOXA2的表达水平与人肺癌细胞的迁移能力呈负相关性，TGFβ1可以显著下调FOXA2蛋白水平。同年，生化与细胞所吴家睿研究组和廖侃研究组合作，发现KLF转录因子家族成员KLF9在前脂肪细胞向脂肪细胞分化的过程中起重要作用。同年，生科院赵国屏和复旦大学赵世民等在能量代谢的调控领域研究发现，乙酰化的蛋白质修饰对于能量代谢具有至关重要的调控功能。该种调控和过去发现的多种代谢调控机制相比，具有直接感知细胞整体能量状态及更广泛的调节范围的优势。研究成果发表于国际学术期刊《科学》。

七、生物物理与生物化学

2001年，生化与细胞所王恩多等开展的"氨基酰- tRNA合成酶及其与相关tRNA的相互作用"，获得国家自然科学二等奖。该项目以大肠杆菌亮氨酰——RNA合成酶和相关tRNA系统为代表，系统、全面研究氨基酰- tRNA合成酶及其与相关tRNA的相互作用；在纯化研究对象方法的简单化和多样化等研究手段上有多项创新。同年，上海第二医科大学曹谊林等承担的"973"项目"组织工程的基本科学问题"，在种子细胞研究方面，建立人胚胎干细胞系；在生物材料研究方面，开发研究出适用于软骨、骨、皮肤组织工程的生物材料支架；在组织构建方面，在具有完全免疫功能的高等动物体内构建软骨、骨肌腱、皮肤和角膜等并修复相应的组织缺损。2002年，复旦大学完成"beta1,4 -半乳糖基转移酶Ⅰ及其相关蛋白"的研究。发现beta1,4GT1及p58PITSLRE都参与细胞凋亡的过程。同年，复旦大学承担完成"酵母系统表达重组人亲肝素性促轴突生长因子及其活性检测研究"。研究酵母系统表达重组人亲肝素性促轴突生长因子及其活性，并观察对体外培养细胞的促轴突生长作用。同年，复旦大学承担完成"硫脂在周围神经炎性脱髓鞘损害中的免疫原性研究"。证实硫脂在周围神经炎性脱髓鞘损害中具有免疫原性，为揭示炎性脱髓鞘损害的发病机理提供新依据。

2004年，药物所陈凯先等完成国家"973"计划项目"重要疾病创新药物先导结构的发现和优化"。发现两项具潜在价值的药物作用新靶标，即抗新生血管生成CD146和抗动脉粥样硬化EPA；建立基质金属蛋白酶高通量筛选模型、钾通道亚型模型等数十种基于新的作用机制的药物筛选模型和筛选体系；发现一批活性化合物和先导化合物同年，复旦大学上海医学院承担完成"乙肝病毒多聚酶调节复制新位点"。该发现乙肝病毒RT基因存在新的调控复制位点，提出病毒多聚酶拇指—掌结构域的氨基酸变化可影响病毒复制。同年，上海第二医科大学在国际上首先报道蛋白激酶Cδ介导全反式维甲酸和佛波脂诱导的磷脂酰融合酶表达，并利用siRNA等技术发现后者在PKCδ介导的白血病细胞分化中发挥重要作用。同年，复旦大学附属华山医院(华山医院)承担完成"衰老——生理性肾虚证HPAT轴分子网络调控研究"。建立肾虚证的基因表达谱，建立以药测证的基因调控网络差异谱。

2005年,生化与细胞所刘望夷等开展的"核糖体失活蛋白与核糖体RNA结构与功能的研究",获得国家自然科学二等奖。从各种植物组织中筛选出6种不同的新RIP,发现专一作用于核糖体大亚基RNA上保守的S/R结构域,核糖体RNA中S/R结构域在蛋白质合成中呈动态结构;核糖体经RIP作用后,S/R结构域中出现的一个活泼醛基是使核糖体失活的重要原因。同年,生化与细胞所李林和曾嵘与美国康州大学吴殿青的合作研究成果,在国际上首次阐明免疫细胞在受到化学趋化物诱导的情况下产生细胞后端极性的分子机制。同年,第二军医大学等单位承担完成"细胞因子神经调节作用的分子机制"研究。该项目通过对作用的研究,阐明α干扰素阿片样神经调节作用的分子结构基础及受体机制,获得新型α干扰素。同年,生科院戚正武等承担的"活性多肽毒素结构与功能的研究",获得上海市科技进步一等奖。阐明钠通道毒素BmKM1的蛋白与基因结构,发现新的钾通道毒素具有高度选择性,发现具有双功能的BmTx3,既可阻断A型钾电流,提出毒素阻断离子通道的新机理,阐明全蝎作为中药抗癫痫及镇痛的物质基础。

2006年,生化与细胞所裴钢等开展的"G蛋白偶联受体信号与其他细胞信号通路间的对话机制",获上海市自然科学一等奖,获2007年国家自然科学二等奖。揭示GPCR和p53信号通路、NF-κB信号通路间的对话作用及机制;发现天花粉蛋白抑制HIV病毒感染细胞是通过作用于人体细胞表面的趋化因子受体CXCR4和CCR5来实现的;发现有功能的CCR5和CXCR4的5次跨膜突变体;揭示GPCR信号与p38MAPK信号通路间的对话是CXCR4和CCR5介导趋化作用的重要机制;揭示抑制型G蛋白激活和p38MAPK通路间的对话是氧化型低密度脂蛋白等引起THP-1单核细胞趋化及动脉粥样硬化形成的重要机制之一。同年,第二军医大学曹雪涛等完成的"免疫应答负相调控的细胞机制研究",获得上海市自然科学一等奖。该项目发现一种具有重要免疫调节功能的DC亚群,在机体的免疫调控过程中发挥重要的负相调节作用,发现并证明成熟树突状细胞能够进一步增殖和分化。同年,第二军医大学曹雪涛课题组研究发现,蛋白磷酸酶SHP2的表达对微生物保守成分内毒素、DNA、双链RNA等通过巨噬细胞Toll样受体诱导的Ⅰ型干扰素及炎症因子的表达具有重要的调节作用。同年,中国科学院上海有机化学研究所(有机所)马大为主持完成国家自然科学基金委重点项目"生命体系中信息传递的小分子调控研究"。发现一类具有创新结构的趋化因子受体CCR5的拮抗剂,发现一类拟肽化合物具有很强的抑制多种冠状病毒蛋白酶的活性,发现一类对金属基质蛋白酶有很好的抑制活性的新型拟肽类结构,发现7-、8-取代苯并八元环内酰胺对蛋白激酶C有不同的异构酶选择性;合成异核苷掺入寡核苷酸、cADPR模拟物等;首次合成具有强抗炎作用的HalipeptinA和有强抗肿瘤活性的ApratoxinA。

2008年,药物所蒋华良等对具有重要生理作用和临床研究意义的烟碱乙酰胆碱受体(nAChR)门控机制力学基础进行分子动力学模拟研究。该研究模拟nAChR在细胞膜中动力学行为,模拟体系包含蛋白质、磷脂双层和大量水分子组成的复杂生物大分子系统;在原子水平上观察到离子通道关闭和张开全过程,揭示该受体通道门控机制。同年,生化与细胞所吴家睿课题组研究发现,类胰岛素生长因子受体(IGF-1R)通过调控肿瘤抑制基因p53的负反馈通路来调控细胞凋亡。同年,上海交通大学医学院陈国强研究组发现,低氧诱导因子-1α(HIF-1α)蛋白累积可直接引起急性粒细胞白血病细胞向中性粒细胞分化成熟。同年,上海交通大学邓子新研究组与美、英科学家合作在DNA骨架上发现磷硫酰化修饰,其精细结构为"R-构象的磷硫酰",构成对DNA结构修饰的又一全新补充。

2008年,生化与细胞所鲍岚研究组首次在Nav1.8中发现内质网滞留信号,并对Nav1.8中内质网滞留信号的功能与调控提供有力的证据,揭示电压门控钠离子通道β亚单位对α亚单位调控的分子机制。同年，营养所王福俤研究组及其欧美的合作者发现，在酸性条件下，正常晚期内体和溶酶体中 TRPML1 具有非常强的泵出 Fe^{2+} 的能力，而 ML4 突变的 TRPML1 蛋白却表现为泵出 Fe^{2+} 的功能受到抑制或阻断。同年，生化与细胞所胡赓熙研究组发现在 γ-干扰素刺激下，β-arrestin1 能够与 STAT1 核内相互作用，通过招募酪氨酸磷酸酶 TC45 到 STAT1，从而加速 STAT1 的去磷酸化，下调 γ-干扰素信号，抑制其抗病毒活性。

2009 年，复旦大学马兰等开展的"阿片类药物信号传导新机制及其在成瘾中的作用"，获得上海市自然科学一等奖。发现阿片类药物给药和戒断调控 GRK、β-arrestin(β-arr) 及 JNK 等基因在脑内的表达，阐述阿片类药物对重要信号分子基因表达的长期影响。同年，生化与细胞所裴钢研究组及其合作者发现一种非编码小 RNA 在 MS 病人的 CD4＋T 细胞中特异性上调，其表达水平与这些细胞中的 IL-17 的表达水平正相关。该研究证实在实验性自身免疫脑脊髓炎（EAE）小鼠（MS 模型小鼠）中人为提高 miR-326 水平会加重 EAE 病情，而抑制该小 RNA 水平则能显著减轻病情。同年，生化与细胞所周金秋研究组发现，端粒酶调控亚基 Est1 可以促进端粒单链 DNA 形成 G4 链高级结构，并且该活性对于体内端粒酶活性是必需的。同年，生化与细胞所耿建国研究组首次发现，用 p50 的特异性抑制剂穿心莲内酯或将 p50 基因敲除，均可以显著降低内皮细胞和单核、巨噬细胞中组织因子的活性，并证实 p65/p50 二聚体可以直接与人组织因子启动子上的 NF-κB 识别位点相结合。同年，生化与细胞所曾嵘研究组与吴家睿研究组等合作，运用阴阳多维液相色谱—质谱系统（Yin-Yang-MDLC-MS/MS）及在线 pH 梯度洗脱对细胞内蛋白质酶解肽段进行分级分离，实现一次实验中对磷酸化肽段和非磷酸化肽段的同步鉴定。同年，药物所李佳研究组、南发俊研究组和冯林音研究组等合作，对小分子化合物调控神经干细胞命运及其作用机制进行研究，首次发现并报道小分子化合物 AICAR 对永生化神经干细胞 C17.2 及来源于不同发展时期及不同部位来源的神经干细胞均有明显诱导分化为神经胶质细胞的作用，该作用可能并不依赖于其传统胞内靶点 AMPK 信号通路。

2010 年，营养所乐颖影研究组通过细胞株 MIN6 和原代培养小鼠胰岛研究炎性细胞因子对胰淀素表达的影响，发现炎性细胞因子（TNF-α）能够显著上调胰淀素基因的表达，这种调节作用呈时间和浓度依赖性。同年，生化与细胞所吴家睿研究组与哈佛医学院袁钧英研究组及有机所马大为研究组合作，发现一种 PKC 的新型激动剂 Sioc145。Sioc145 可增强胰岛瘤细胞系及原代大鼠胰岛的胰岛素分泌水平，其促分泌作用具有葡萄糖浓度依赖性。同年，生化与细胞所陈剑峰研究组首次提出阳离子-π 相互作用调控整合素的功能，揭示整合素 SyMBS 位点通过该阳离子-π 相互作用联系 SDL、协同调控 α4β7 的功能。同年，营养所刘勇等发现：信号接头蛋白 SH2B1 对生长发育、糖脂代谢和寿命的调控作用和机制，提示从低等动物果蝇到哺乳动物小鼠的进化中，SH2B 在特定调节功能上具有保守性。研究成果发表于国际学术期刊《细胞·代谢》。

八、神经生物学

2001 年，复旦大学马兰等完成的"阿片类物质介导的神经信号传导的调控和耐受成瘾机制研究"，获上海市科技进步一等奖，获 2002 年国家自然科学二等奖。该项目确定 G 蛋白偶联受体激酶（GRK），在激动剂阿片药物诱导的同源磷酸化，在阿片受体信号传导的同源调控中的主要作用；证明信号休止蛋白能与磷酸化的阿片受体直接结合，导致阿片受体的脱敏，对阿片受体信号的调控具有受体亚型的特异性；发现阿片受体信号传导调控的异源生理途径，确定 δ 阿片受体 GRK 和 PKC

磷酸化位点，阐述 GRK 介导的阿片受体同源磷酸化机制和 PKC 介导的阿片受体异源磷酸化机制以及两条调控阿片信号途径间的相互关系。

2002 年，药物所金国章等开展的"左旋千金藤啶碱对 VTA - NAc - mPFC 神经系统的 D1 激动 - D2 阻滞双重作用"，获得上海市科技进步一等奖。该项目从中药"千金藤"中分离得到的天然产物——左旋千金藤啶碱(L - SPD)，在国际上首次直接激动 mPFC 的 D1 受体，抑制 VTA、NAcD2 受体功能，具有 D1 激动 - D2 阻滞双重作用，平衡纠正 DA 功能异常。同年，神经所周专等首次发现在老鼠的一种感觉背根神经节细胞上，神经递质不仅可由钙离子指挥而释放到下一级神经细胞，而且电压冲动本身也可以完全独立地导致神经递质的释放。同年，神经所段树民等发现调控神经轴突生长方向的新机制：G - 蛋白偶联受体可以介导神经轴突生长的导向。发现 G - 蛋白偶联受体可以介导神经轴突生长的导向，并阐明相应的信号传导机理。同年，生科院李朝义等研究发现：在初级视觉皮层中存在着一种与处理大范围复杂图形特征有关的功能结构，这种新的脑功能结构不是柱状的，而是形成许多直径约 300 微米的小球，分散地镶嵌在已知的垂直功能柱中。8 月 1 日，成果发表在国际神经科学领域顶级刊物《神经元》(Neuron)，这是中国神经科学家第一次在《神经元》上发表学术论文。

2003 年，神经所袁小兵等，发现在神经细胞内存在一种被称作 Rho 家族小分子鸟苷三磷酸酶的物质。同年，神经所段树民等取得关于胶质细胞的两项研究成果。研究表明星形胶质细胞可以通过释放 D - 丝氨酸，帮助神经元产生长时程增强反应，由于长时程增强反应被认为是大脑学习和记忆的基础，这一发现提示星形胶质细胞可能对脑的高级功能活动具有重要作用。同年，神经所鲍岚等，第一次证明 G 蛋白耦联受体进入可调节分泌途径具有功能意义，阐明初级感觉神经元中 Delta 阿片受体的一个重要的作用机制。同年，神经所王智如等，发现突触可塑性的诱导与神经元兴奋性整合特性的变化规律。该研究成果显示在突触前、后神经元诱导长时程加强和长时程抑制后，不但突触传递效率发生改变，而且突触前神经元兴奋性及突触后神经元的整合特性也发生相应的变化，加深对于突触可塑性的理解。

2004 年，复旦大学杨雄里任首席的国家"973"计划项目"脑功能和脑重大疾病的基础研究"，对神经科学的若干基本问题，包括神经元离子通道及其调控，突触传递及其调控，神经元的受体及信号传导，神经元回路信息编码与加工，神经元生长、发育及其调控，脑高级功能的机制等的研究，以及阿尔茨海默病(AD)、帕金森病(PD)的发病机制和防治基础的研究，取得一批重要成果。同年，生化与细胞所裴钢首次发现交感神经系统调控免疫系统的一个潜在的分子机制，揭示交感神经系统和重要免疫系统细胞信号传导通路间关键的相互作用。

2005 年，上海大学文铁桥在国家"973"计划项目"脑功能和脑重大疾病的基础研究"的支持下，以 SD 大鼠胎脑纹状体神经干细胞为材料，研究神经干细胞分化、发育过程相关基因的表达与调控关系，揭示这一过程可能的基因调控网络，结果表明 RhoGDI2 在分化过程的核心作用，RhoGDI2 等基因表达导致 N - WASP、Calmodulin、LIM - Kinase 等基因抑制，对于实现神经细胞定向分化提供具有重要参考价值的借鉴。同年，神经所袁小兵、金明等发现钙离子(Ca^{2+})是重要的细胞内信使。神经生长锥内 Ca^{2+} 的浓度梯度能够指导神经生长锥转向，使神经纤维朝钙离子浓度高的一侧生长。同年，神经所陈晓科等研究发现：G 蛋白偶联受体的激活通过 $G\beta\gamma$ 和 PKC 调节嗜铬细胞中的量子大小，在大鼠肾上腺嗜铬细胞中钙离子浓度升高所导致的 ATP 型受体的激活减少下游神经递质的释放。同年，神经所王以政、袁小兵等研究发现神经生长锥中的一类非选择性阳离子通道 TRPC 在神经生长锥的导向中起到关键作用。同年，复旦大学卓敏等通过合作研究，首次发现大脑前扣带皮层神经元 NR2B 受体活性降低或阻断后，实验鼠不能形成恐惧记忆，对曾经遭受过电击的实验环境一点也不害怕，而正常的老鼠则会显得惊恐万状。

2006 年，复旦大学杨雄里等开展的"抑制性递质（γ-氨基丁酸和甘氨酸）在视网膜信息处理中的作用"，获得上海市自然科学一等奖。首次报道在双极细胞上存在显著失敏的 GABAc 受体，在视锥终末、Müller 胶质细胞上表达 GABAb 受体；在 Müller 细胞上表达 GABA 转运体；发现锌离子作为神经调质对 GABAc 和 GABAc 受体的动力学特性的不同调制作用；首次报道功能性甘氨酸受体和转运体在 Müller 胶质细胞上表达；显示双极细胞树突和轴突终末表达不同性质的甘氨酸受体；首次报道锌离子对无长突细胞的 GABAa 受体和甘氨酸受体显示不同的调制作用；在 GABAa 受体和甘氨酸受体间存在强烈的协同作用，锌离子的双重调制作用。同年，神经所罗振革等发现一种调节微管组装和稳定性的激酶 MARK2 在神经轴突发育过程中起重要作用，抑制 MARK2 的活性导致轴突的过度生长，而过高的 MARK2 活性则抑制轴突的生长。同年，神经所段树民等研究发现：在突触发育早期，有一类沉默突触并不是由于突触后膜缺乏 AMPA 受体，而是由于突触前神经元不能释放神经递质谷氨酸；发现增加突触前神经元的活动，可以将这种沉默突触快速转化为有功能的突触。同年，神经所王以政等研究发现，在建立和维持神经元极性的过程中，蛋白激酶 B（Akt）和糖原合成激酶-3β（GSK-3β）的不对称性激活起非常关键的作用。

2007 年，生化与细胞所景乃禾研究组在对鸡和小鼠胚胎神经发育过程的研究中发现，在神经干细胞比较集中的早期神经管中，Id 和 Hes1 基因都具有较高的表达。同年，神经所王以政研究组发现 TRPC 通道对于保护小脑颗粒神经元的存活十分重要，BDNF 通过 TRPC3 和 TRPC6 通道促进小脑颗粒细胞的存活。同年，神经所蒲慕明等发现，高度极性的神经细胞在定向迁移过程中，需要一种长距离的细胞内信号传递过程，协调神经细胞的不同部位对外界导向信号的反应。同年，神经所徐天乐课题组研究发现：在一种慢性痛模型（外周炎症）中，脊髓背角神经元中 ASIC1a 的蛋白表达量明显增加。抑制脊髓背角 ASIC1a 通道或降低其蛋白表达，都产生明显镇痛效果；发现 ASIC1a 通道之所以参与病理性痛觉传递，是因为过高表达的 ASIC1a 通道增加整体动物脊髓背角神经元的兴奋性和可塑性，最终导致中枢神经系统敏感化和慢性痛。

2008 年，神经所王以政研究组通过大鼠脑中动脉栓塞的缺血模型发现：半影区神经元 TRPC6 蛋白被特异性地降解，Calpain 切割 TRPC6 蛋白的位点。2009 年，神经所蒲慕明研究组与段树民研究组发现，在接近胞体的轴突起始段（AIS）存在一个由肌动蛋白和 AnkyrinG 构成的分子筛，像滤网一样限制大分子蛋白在轴突和胞体之间的扩散，但允许某些依赖特定马达蛋白转运的膜蛋白通过。同年，神经所周嘉伟研究组建立 mDA 神经元分化过程中全基因表达谱及差异变化基因的数据库，鉴定到一批在 mDA 神经元中特异表达的基因，提出 mDA 神经元发育可以分为 4 个性质各异的时空阶段。同年，华东师范大学曹晓华、钱卓运用化学遗传工程手段，研究 αCaMKII 在记忆各阶段的作用，发现记忆再现时，αCaMKII 瞬时的高表达能快速、选择性地抹除所提取的恐惧记忆，但对大脑所储存的其他记忆没有影响。同年，神经所王以政研究组研究发现：TRPC6 通道在兴奋性突触，特别是突触后大量表达，促进神经元树突棘密度的增加。

2009 年，神经所段树民等开展的"胶质细胞新功能的研究"，获上海市自然科学一等奖，获 2010 年国家自然科学二等奖。发现突触旁星形胶质细胞释放的 ATP 及其分解产物腺苷对该突触及其邻近突触活动产生反馈抑制作用；提出经胶质细胞的介导，神经元之间即使没有直接突触联系也可发生相互作用，神经元环路的概念和意义更为广泛和复杂的学术观点；发现神经元产生长时程可塑性依赖于胶质细胞释放 D-丝氨酸，发现神经元与 NG2 胶质细胞之间突触也可产生长时程可塑性。

这是首次在神经元突触之外找到 LTP 样可塑性证据。同年,复旦大学熊跃与管坤良研究组发现一种体内代谢物 KG 类似物可以有效抑制 HIF1 的增加,降解其活性,阻止 HIF 信号通路的激活,抑制肿瘤细胞的增长。同年,神经所姚海珊研究组研究外膝体的时空频率调谐特征在处理自然图像中的作用。通过测量外膝体的时空感受野,观察到神经元的时空频率调谐具有不可分特性。同年,生科院章晓辉研究组与蒲慕明研究组合作开展的"维持神经网络电活动稳态新机制的研究",发现皮层内微小兴奋性突触活动的数小时缺失可以显著地减弱抑制性突触的功能,从而相应地减弱皮层环路中的抑制性。

2010 年,神经所王以政研究组发现人胶质瘤组织中 TRPC6 的表达明显高于正常脑组织,特异地阻断 TRPC6 通道能将胶质瘤细胞周期阻断在 G2 期,抑制其增殖。同年,营养所乐颖影研究组研究去甲肾上腺素对小胶质细胞摄取和清除淀粉样蛋白的影响并探讨其作用机制。研究结果表明,去甲肾上腺素对于维持小胶质细胞吞噬和清除淀粉样蛋白起重要作用。同年,神经所徐天乐研究组和药物所蒋华良研究组合作,通过电生理方法,发现 GMQ 可导致 3 型酸敏感离子通道(ASIC3)持续激活。

九、生物信息学

2000 年 7 月 3 日,生科院和南方基因组共同开发的"核酸(DNA)序列公共数据库",在上海正式上网试运行,并开始接受中国核酸序列的注册登记,这为建立国家级生物信息公共数据库打下良好的基础。2003 年,药物所蒋华良等开展的"基于超级计算机的生物大分子模拟、高通量虚拟筛选及相应的化学和生物学研究",获得上海市科技进步一等奖。该项目在国产超级计算机上建立和发展大规模生物大分子动力学模拟和高通量虚拟筛选并行算法及相应的软件,在国内率先将超级计算机和并行算法应用于生物大分子结构模拟和药物设计研究。发现近 200 个活性化合物,在国际上首次获得小分子(非肽或类肽)β 分泌酶抑制剂,在国际上首次利用表面等离子共振生物传感技术(SPR)和圆二色谱(CD)技术研究配体与过氧物酶体增殖因子活化受体(PPAR)结合的动力学过程,首次发现 SARS 病毒 N 蛋白与人亲环素的作用途径,在国际上率先获得具有抗 SARS 病毒活性的 3CL 蛋白酶抑制剂。

2006 年,第二军医大学开展的"中药指纹图谱研究",从指纹图谱和定量分析两个方面对信息挖掘和分析,在重叠色谱解析和峰位校正与匹配的基础上,开展指纹图谱法、可视化、药材勾兑技术以及样品的多组分含量测定的研究,建立信息获取、信息挖掘和分析、信息管理与共享三个层次的指纹图谱技术平台以及黄芪、知母等 5 味药材质控标准,建立指纹图谱数据库软件的构架。2007 年,药物所蒋华良等开发出仅根据蛋白质的序列即可预测蛋白质-蛋白质相互作用的新理论预测方法。该方法是支持向量机算法——一种机器学习算法。2008 年,上海交通大学医学院陈国强和药物所蒋华良承担完成"基于生物信息学的药物新靶标的发现和功能研究"。该项目以中国独立完成基因组测序并获得重要功能基因的表皮葡萄球菌为模型,综合应用生物信息学、分子模拟、功能基因组学、蛋白质组学和化学等方法,建立发现和验证药物靶标的技术体系。同年,药物所蒋华良与大连理工大学力学系王希诚合作,发展潜在药物靶标库(PDTD),包含近 1 000 个重要靶标的信息和三维结构,为用反向对接方法寻找化合物的药物作用靶标提供技术支撑。

2009 年,生物与细胞所季红斌研究组与华东师范大学石铁流研究组合作,建立一个整合肺癌相关基因、蛋白(主要是转录因子)以及小分子 RNA 的信息平台。2010 年,第二军医大学贺佳等开展的"复杂数据分析方法的建立及其在生物医学中的应用"，获得上海市科技进步一等奖。建立系列数据挖掘方法，建立药物不良反应信号检测方法及自动监测系统，建立新的蛋白质序列编码方法首次建立 GPCRs 四水平分层分类模型建立一种新的预测细胞遗传学异常区域的方法。同年，东华大学丁永生等完成的"生物系统启发的自然计算理论研究"，获得上海市自然科学一等奖。提出基于生物芯片的 DNA 计算模型；提出基于生物网络的新颖智能控制和协同优化理论；创建面向网络突现智能的生物网络结构；提出新颖的集成智能建模方法用于生物信息的处理与分析；揭示 TS 模糊控制器的解析结构和一般 MISO 模糊系统的最优逼近机理。同年，计算生物学所李海鹏研究组提出一种通过检验树的拓扑结构策略来检测新近发生的正选择，并建立相应的统计学方法。同年，上海生物信息技术研究中心和德国罗斯托克大学免疫学研究院合作完成"基于计算生物学的表观遗传学研究"，项目构建针对转录调控领域最大锌指基因家族的 SysZNF 数据库和分析平台，包含全面的组蛋白修饰数据和功能信息的 SysPTM 数据库和分析平台，开发基于工作流技术的包含有表观遗传学数据分析、相关功能预测的软件系统。

第二节　物　理　学

一、力学

2001 年，同济大学主持的"受施工扰动影响的土体环境稳定理论和控制方法研究"取得成果。该项研究体现近代岩土力学与工程的前沿研究热点，在受施工扰动土体物理力学参数的变化、与城市环境土木工程学有关的几项典型工程，诸如深大基坑开挖、盾构掘进和沉桩施工过程中的环境土工稳定及其变形预测与工程险情预报，以及施工变形的智能预测与模糊逻辑控制软件研制。2002 年，华东理工大学李培新等开展的"含缺陷结构断裂参量计算与断裂评定新方法"，获得上海市科技进步一等奖。该项目以弹塑性断裂力学理论为基础，提出数种含缺陷结构断裂参量计算与断裂评定的新方法。定义具有明确物理意义的裂纹张开能量释放率 J 积分，创建简便的杆系构件裂纹断裂参量 K 计算新方法。定义全新的 J 积分估算表达式，提出等效原场应力法和扩大 EPRI 法应用范围的塑性多段幂次法。解决由压力管道拉伸解和弯曲解直接叠加计算拉弯组合载荷作用下的 J 积分估算。提出当量应力应变关系概念，建立强度不匹配焊缝结构均质化的断裂参量计算法。指出国际上在有二次应力时断裂参量计算修正因子在推导过程中存在的错误，提出更为科学的 ρ 因子计算公式。首次采用声发射技术进行管道断裂试验缺陷启裂监测。

2004 年，上海交通大学吴长春完成的"非协调元与杂交元的优化理论与实践：断裂评估"，获上海市科技进步一等奖。建立生成非协调元单元函数的一般公式，阐明非协调元解的收敛问题，被国际同行称为吴—黄—卞一般公式。将该公式推广应用于非线性分析、结构塑性分析和材料的不可压缩计算，避免塑性和不可压缩计算中的数值自锁等病态问题。该模型为模拟复杂的压电断裂问题提供有效的数值手段。同年，上海电力学院蒋锦良等承担的"流体通过多孔介质区域的流动特性研究"，提出和证明渗流中流线不封闭的特性和条件、许多实际渗流一般都不是小雷诺数流动、流体在充满多孔介质的突变截面通道中流动时一般不会出现旋涡和回流等重要结论。提出一种新的半人工瞬变方法，将多孔介质区域和无多孔介质区域组合为统一流场，导出统一基本方程组进行统一计算。同年，同济大学完成"大跨径桥梁上部结构体系及力学性能研究"，对大跨径桥梁在风荷载作用下的非线性静力扭转发散机理及其影响参数进行深入的研究，建立静风荷载作用下大跨度缆索承重桥梁非线性空气静力稳定理论。积累大跨径斜拉桥在施工过程中和运营阶段的弹塑性稳定的数值求解方面的经验。提出适用于大跨度复杂桥梁的自适应施工控制方法。

2005年，上海交通大学金先龙等完成项目"基于超级计算机的结构动力学并行算法设计、软件开发与工程应用"，获得上海市科技进步一等奖。该项目在结构动力学的并行算法设计、软件开发和工程应用方面共取得多项核心技术与创新成果，包括：基于数学模型、力学模型的区域分解和时域分解的并行算法与软件、特大型工程地震安全性评价的并行算法与软件、汽车碰撞事故再现的并行算法与软件、工程应用的全三维非线性建模方法与技术。同年，华东理工大学开展的"非寻常条件下量子体系奇异特性的可检测遗留效应及相关研究"，在非对易空间量子理论的研究方面，解决文献中理论框架的不自洽性和不完备性。发现在特殊交叉电磁场中冷里德堡原子轨道角动量的零点值为约化普朗克常数的四分之一。解决文献中角动量超对称伴子的带猜测性的困难，发现在零动能极限下冷里德堡原子超对称伴子的轨道角动量的零点值为约化普朗克常数的三分之二。证明畸变量子理论的微扰等价定理。

2006年，上海大学狄勤丰等开展的"预弯曲动力学防斜打快技术研究与应用"，获得上海市科技进步一等奖。该项目在防斜打快钻具组合三维静动力学模型建立与求解、防斜打快机理、钻具组合结构优化等方面开展深入研究，提出预弯曲动力学防斜打快技术，首次提出复合钻井导向力计算的准动力学模型——非等力合成模型。在国内外率先开展带预弯结构钻具组合的静、动力学分析，揭示各种参数对防斜力的影响规律。同年，华东师范大学开展的"冷原子穿越激光束的量子隧穿时间"，研究一束冷原子入射到一个蓝失谐的激光束上所表现出的量子力学隧穿效应。在理论上分析具有内部结构的原子矢量物质波穿过激光束的量子力学反射与透射，量子力学波动性使得冷原子穿越一个激光束时明显地展现出与经典粒子(热原子)不同的结果。

2007年，同济大学项海帆等开展的"现代桥梁抗风理论与方法"，获得上海市自然科学一等奖。该项目为中国大型桥梁结构的设计提供理论基础和技术支撑。在国际上率先提出桥梁颤振全模态方法，实现桥梁颤振的精确分析；提出首个实用的斜风作用下大跨度桥梁抖振响应频域分析方法；提出一系列基于节段模型试验、拉条气弹模型试验和全桥气弹模型试验的气动导数识别方法，实现桥梁断面全部18个颤振导数的实验识别；建立精确的二维三自由度耦合颤振分析方法，实现对气动阻尼和气动刚度各组成成分的定量分析，揭示桥梁颤振气动负阻尼驱动机理；发现拱桥上游拱肋背风侧上下涡旋汇合的拱桥涡振驱动机理，并提出两种有效气动控制措施；发现基于李雅普诺夫稳定判别准则的拉索风雨激振机理，提出相应的控制措施；提出适合于工程应用的阵风、抖振和涡振等桥梁静力等效风荷载方法；建立颤振稳定失效、抖振安全失效和涡振刚度失效等三种概率性评价方法。

2009年，上海交通大学廖世俊开展的"力学中强非线性问题的解析近似方法研究"，获得上海市自然科学一等奖。该项目原创性地提出一个全新的求解非线性方程解析近似的一般方法——同伦分析方法，首次提出"广义同伦"概念，提供一个便捷的方式控制级数解的收敛，使同伦分析方法适用于强非线性问题。该方法克服传统解析近似方法的局限性，提供选取基函数的自由、便捷的途径调节和控制解的收敛性，确保解析近似的精确性和有效性。同年，上海交通大学孙弘研究组开展的"合成超钻石硬度材料理论研究"，研究组采用量子力学密度泛函理论为基础的第一性原理计算方法，计算纤锌矿氮化硼(WurtziteBN)和六方金刚石(Lonsdaleite)结构材料的理想强度。从理论上预测这2种材料的(维氏)硬度可能比地球上已知的最硬材料(立方)金刚石的硬度高18%和58%。

2010年,同济大学葛耀君等开展的"特大桥梁颤振和抖振精细化理论",获得国家自然科学二等奖。该项目针对桥梁颤振和抖振这两种最主要的风致振动形式开展精细化研究,取得以下成果:在国际上率先推导出基于结构与周围气流相互作用机理的结构/气流耦合系统统一方程——正向和逆向标准特征方程,提出求解特征方程的结合矢量逆迭代的QR转换矩阵方法,建立三维桥梁颤振全模态分析理论和方法,从近似的多模态颤振分析跨入到精确的全模态颤振分析。采用三维桥梁颤振分析方法揭示悬索桥颤振稳定性能随不同梁段拼装施工方法的演化规律。结合率先提出的二维三自由度全耦合颤振和自由度参与颤振形态分析法,对五大类13种典型主梁断面颤振性能进行系统的研究,揭示颤振驱动机理——气动负阻尼效应,阐明风嘴、开槽、稳定板、裙板和检修轨道移位等措施的颤振控制原理,取得2项发明专利。基于与桥梁轴线任意斜交的斜气动偏条模型,在国际上首次提出斜风作用下大跨桥梁抖振频域分析方法,开发相配套的桥梁构件气动参数的斜节段模型风洞试验技术。在国际上首次提出缆索承重桥梁风振可靠性评价体系——基于二阶矩可靠度理论的桥梁颤振失稳可靠性评价方法和基于首次超越理论的桥梁抖振失效可靠性评价方法,开拓桥梁抗风可靠性研究领域。

二、光学

2000年,中国科学院上海技术物理研究所(技物所)承担的"风云二号B星多通道扫描辐射计",是中国自行研究设计的静止气象卫星核心有效载荷,具有大口径、高分辨率、高精度、高可靠性等特点。同年,技物所研制成"实用型模块化成像光谱仪(OMIS)"。它能在空间和光谱两个方面对观察目标进行分析和识别,能揭示各种地物的光谱特性、存在状况以及物质成分,使从空间利用遥感手段直接识别地球表面物质成为可能。同年,中国科学院上海光学精密机械研究所(光机所)完成的"微结构光学先进技术研究",在国际上首先提出并实现光折变铌酸锂晶体全息的实时实地激光加热固定方法;在国内首先实现掺铁锰光色效应铌酸锂晶体和掺铜铈等铌酸锂晶体的光折变非挥发性全息记录和同时光固定;在国际上首先提出空间局域光折变全息的概念以及在一块晶体内利用光折变局域全息和晶体的多种效应构成三维光子系统的集成技术。

2001年,光机所徐至展等开展的"复合泵浦X射线激光",获得国家自然科学二等奖。首次实现类锂硅离子的4种新波长的X射线激光并发现类锂离子的两个新的X射线激光跃迁;首次实现类锂钾和钙离子两种新波长的X射线激光;首次利用类钠离子复合泵浦机制实现新波长的X射线激光,开拓类钠离子复合泵浦机制;利用类锂钛离子,首次将复合泵浦类锂离子X射线激光的最短波长进一步推进到46.8埃的世界新纪录;首次采用前置成像光学系统,发展时空分辨的测试新方法;首次观察到复合泵浦X射线激光发射区的时空分辨特性;首次观察到用氩作为工作介质的最短波长高次谐波,并首次发现自由电子的重要影响与谱分裂的实验现象;首次提出并实现高效率纵向泵浦瞬态激发X射线激光的新方案,率先突破驱动激光能量大于1J的限制等。同年,光机所主持的"强场激光物理中若干前沿问题研究"。建成国内最先进并达到国际一流水平的小型化超强超短激光装置,建成具有国际一流水平的强场激光物理实验基地。首次发现:超强超短激光对固体靶等离子体中电子和离子的猛烈加速新机制;超强激光场中多电荷离子的自旋轨道耦合的重要效应;高次谐波发射的谱分裂现象;自由电子对谐波产生效率影响的直接实验证据等。

2002年,光机所邓锡铭等研发的"神光Ⅱ高功率激光实验装置",获上海市科技进步一等奖,获2005年国家科技进步二等奖。实现多项重要单元技术和总体创新集成;首创主激光放大器分系统中的无开关双程组合式放大技术及降低B积分增量的小圆屏技术;终端光学分系统中创新集成的高转换效率三倍频技术,以及突破高精度调试关键的三倍频模拟光技术等。同年,技物所褚君浩等开展的"碲镉汞红外焦平面光电子物理的应用基础研究",获得上海市科技进步一等奖。在碲镉汞光电激发动力学若干重要基础问题方面取得多项国际首创研究结果。发展碲镉汞带间光跃迁和能带结构的实验和理论,建立碲镉汞表面子能带结构理论模型。同年,复旦大学承担的"激光加速器新原理的研究"取得原创性进展。首次证明真空中传播的聚集光束由于衍射效应在光束的外侧存在相速度小于c的低相速度区;提出新的真空中激光加速电子的物理机制。

2003年,光机所承担的"小型化OPCPA(光学参量啁啾脉冲放大)超短超强激光装置研究",获上海市科技进步一等奖,获2004年国家科技进步一等奖。在国际上首次建成基于OPCPA新原理的小型化1 064纳米波长十太瓦级超短超强激光装置,获得高量级泵浦OPCPA激光系统研究中激光峰值输出功率16.7太瓦并对应输出脉冲宽度120飞秒的创国际最高水平的总体结果。首创OPCPA放大系统中泵浦光脉冲与信号光脉冲间精确时间同步的关键技术;首创飞秒激光脉冲注入再生放大器实现脉冲放大、时间和光谱整形的技术;成功解决高量级泵浦条件下获得高能量转换效率OPCPA放大的关键科学技术问题;首次建成与高效率OPCPA放大系统有效匹配并精确时间同步的小型化纳秒级强激光泵浦源;首创OPCPA放大系统中光路精确对准和时间同步调节技术等。2004年,技物所承担完成主动光学对地观测技术——激光三维成像技术研究。在国内首次研制成对地观测推帚式激光三维成像系统原理样机;创新大功率脉冲激光的变角度分束发射技术、地面多点激光回波的阵列探测与处理技术、高精度时间间隔测量技术、推帚式激光成像的多通道定标技术和激光三维成像处理技术等。

2005年,华东师范大学马龙生等开展的"光场时—频域精密控制的研究",获上海市科技进步一等奖和2006年国家自然科学二等奖。率先实现两台独立的飞秒激光器之间的位相锁定,首次演示两个超短光脉冲可相干合成为一个新的超短脉冲;在国际上首次研究成两种高灵敏的光谱探测技术;实现光外差无多普勒探测;发明双程往返相消技术。同年,技物所褚君浩等开展的"碲镉汞薄膜的光电跃迁及红外焦平面材料器件研究",获得国家自然科学二等奖。发现碲镉汞本征光吸收系数随组分、温度、波长的变化规律,提出碲镉汞禁带宽度对温度、组分的关系式,确定碲镉汞能带参数;发现碲镉汞中杂质光吸收跃迁和声子光吸收跃迁;发现碲镉汞中二维电子的回旋共振光吸收和自旋共振光吸收,提出子能带结构模型;发现分子束外延碲镉汞薄膜材料生长中组分控制、均匀性控制、缺陷和位错密度控制以及掺杂控制等关键技术的科学规律等。

2006年,华东理工大学田禾等开展的"有机光电功能材料与分子机器",获得上海市自然科学一等奖。提出利用不同波长的荧光来表征分子机器运动的思路,创新合成带"锁"的荧光分子"梭"和双荧光识别光控分子"梭"等多构型分子机器;提出利用热失重法测定C_{60}在共价键合高分子材料中的含量;创新合成一系列含有光致变色单元的光开关分子体系;创新提出用荧光、磷光作为检测手段的可擦式光存储原理。同年,技物所褚君浩等开展的"铁电薄膜微结构控制和特性研究",获得上海市自然科学一等奖。解决用于红外探测的铁电薄膜制备的关键科学问题;发现铁电极化和介电特性的晶粒尺寸效应及其控制方法,首次实现非制冷铁电薄膜BST红外探测器热成像;首次利用化学溶液方法实现高度择优取向的镍酸镧导电氧化物电极薄膜材料的生长;首次发现利用非对称电场可以使铁电材料的极化疲劳可逆;解决铁电薄膜复合结构非制冷红外探测器关键技术科学问题,研制出室温下工作的铁电薄膜256×1远红外探测器,实现红外成像。

2007年,技物所陆卫等开展的"红外探测效应中局域化机理与操控及其应用研究",获得上海市自然科学一等奖。提出并制备出红外探测多波段集成电子态调谐新结构、红外分光多波段集成光子态调谐新结构、红外子带跃迁新结构、红外耦合增强金属/半导体微结构等;发现 GaAs 基表面量子结构垒上准局域态主导性光跃迁机理、量子阱长波红外探测中金属/半导体近场增强效应、碲镉汞材料中异型特征结构局域化机理、质子诱导局域化—钝化效应间竞争机理等;发展高灵敏度原位调制反射光谱、显微成像光谱新途径、量子阱红外探测器波长预测新方法、载流子参量的红外光谱获取新方法、多层优化第一性原理计算新方法等。2009 年,光机所承担的"强场超快科学前沿交叉研究"取得系列研究进展。建立基于小型化超强超短激光的综合性强场超快极端条件实验研究平台,开展依托该平台的强场超快物理与高技术前沿以及交叉学科方面的基础与应用基础研究,推动强场激光物理及相关新前沿和新方向的开拓发展。

2010 年,光机所徐志展等开展的"强场超快极端非线性光学的前沿研究",获得上海市自然科学一等奖。该项目创立周期量级超快强场极端条件并发现其时空频耦合与谱移新特性;发现周期与亚周期时间尺度量子相干控制与阿秒相干辐射产生新机制;开拓强场超快极端非线性相互作用新理论新物理,发现新效应新机制。同年,技物所丁雷等开展的"星载全覆盖复合分辨率光谱成像关键技术",获得上海市科技进步一等奖。首创 250 米空间分辨率、2 900 千米幅宽的长波红外成像技术;集成创新应用国内规模最大的长波红外光导 40 元线列红外探测器技术,实现高灵敏度性能;采用国内首创的低温工作光学系统实验室校正的技术,突破实验室环境下同时实施常温、低温光学的难题,解决低温状态下红外双光路的光轴配准、光学元部件之间的轴向间隔保证以及红外探测器面阵的焦面调整、多通道探测的像元配准等技术。

三、电磁学

2000 年,中国科学院上海硅酸盐研究所(硅酸盐所)和同济大学完成的"无机材料的电声显微镜术及其成像机理",获得中国科学院自然科学一等奖。建立国际上第一个三维电声成像理论,阐述电声信号的激发和产生,电声像的衬度来源和影响电声成像分辨率的物理机制,建立电声成像系统。2004 年,上海交通大学李征帆等开展的"高速电路系统信号完整性问题基础研究",获得国家自然科学二等奖。在互连和封装的电磁建模和参数提取方面提出 Pade 加速格林函数收敛、MEI 方法等;在互连线信号传输仿真中,提出卷积特征法、改进特征法、广义 ABCD 矩阵法、微分求积法等;对于硅芯片中具有半导体损耗衬底的芯片传输线和无源元件用新的计算方法进行准静态和全波建模和参数提取;在电路组件和芯片的电源完整性分析中,提出 APA-E、PEEC 结合模型降价、奇偶模分解等方法。同年,中国科学院上海微系统与信息技术研究所(微系统所)完成"太赫兹半导体振荡源与探测器的研究"。提出太赫兹辐射感生的碰撞离化机制,首次提出量子阱负有效质量太赫兹振荡器的物理思想,建立基于微观流体动力学模型的太赫兹振荡器计算机模拟方法。

2005 年,硅酸盐所殷庆瑞等开展的"扫描电声显微镜及其相关器件和材料",获得国家技术发明二等奖。研制多参量可控的样品台和控制仪组成的复合结构电声信号传感器、电声信号敏感元件以及作为电声信号传感器敏感元件的大尺寸、高性能铌镁酸铅晶体材料;创建三维电声成像理论,阐明电声成像的衬度机理和近场成像的物理本质;建立低频高分辨率扫描探针声学显微成像技术。同年,上海交通大学毛军发等开展的"新型微波射频电路研究",获得上海市科技进步一等奖。发展手征类复合介质中的并矢格林函数算子理论以及双各向同性和双各向异性介质传输线理论;提出一种 R-∞ 超宽带匹配网络的综合理论和方法及非均匀传输线综合的新理论方法;建立传输线和多种微波器件功率容量模型及多种硅衬底微波射频器件的实验和理论模型；得到硅衬底多层螺旋电感品质因素的解析公式。

2006年，微系统所承担完成"半导体THz辐射源理论及THz时域光谱应用研究"。发展THz辐射感生的碰撞离化模型，解释强THz辐射在低维半导体中的吸收规律，研制THz量子级联激光器和THz量子阱探测器。2007年，中国科学院上海应用物理研究所（应物所）方海平课题组通过多方合作，发现纳米水通道具有优异电学开关特性，在有效力学信号导致足够大的通道壁形变下，"通"或"关"的状态迅速响应；只有在外界电荷非常近时，通道才会响应，迅速关闭。2008年，华东师范大学段纯刚等在"磁电效应机制研究"上取得突破。发现在外加电场的作用下，简单的铁磁金属中的3d巡游电子为屏蔽该电场会集聚在金属表面，屏蔽电子之间的交换关联作用会改变表面磁矩。证明通过载流子的移动，能在铁磁金属表面产生磁电效应。

2009年，光机所在国际上首次实现"中性原子的高频势阱囚禁和导引"。该研究利用高频电磁场导引原子的原理是，有空间梯度的射频场混合在均匀强静磁场中原子的磁子能级，在静磁场和射频场的作用下，原子的本征态是缀饰态。这些缀饰态的本征能级随空间位置的变化给出绝热的囚禁势。

四、固体物理学

2000年，上海交通大学顾明元等开展的"金属基复合材料界面研究"，获得上海市科技进步一等奖。发现铝对碳纤维表面原子排列的诱导作用，提出金属基复合材料界面结合分类新方法；发现基体中存在的碳浓度梯度，提出反应产物生长机制的新学说；建立树枝状界面相的物理和力学模型；创立一种界面结合强度测定新方法和复合材料低应力破坏理论；建立界面结合强度与力学性能间的定量关系；阐明表面氧化涂层的动力学规律以及对性能的影响。同年，硅酸盐所完成"弛豫铁电晶体生长和性能及应用研究"。获得PMN‐PT的高温相图，确定PMNT单晶生长的可行方法，并建立PMNNT单晶的生长工艺，建立PZNT单晶的生长工艺；制备大尺寸高质量PMNT单晶及PZNT单晶，明确单晶性能和结晶学方位、畴结构以及组分之间的相互关系。

2001年，光机所徐军等完成的"4英寸蓝宝石晶体研制"，获上海市科技进步一等奖，获2003年国家科技进步二等奖。首次采用温梯法生长大尺寸蓝宝石晶体；首次采用温梯法生长易挥发性铝酸锂和镓酸锂等晶体；提出蓝宝石晶体的着色新机理；采用两步法脱碳去色新工艺；提出采用双加热温梯法生长大尺寸蓝宝石晶体。生长成功的蓝宝石晶体，晶体衬底尺寸从2英寸扩大到4英寸。2002年，复旦大学陆昉等完成的"硅基低维结构材料的研制、物性研究及新型器件制备"，获得国家自然科学二等奖。在国际上首先制备出尺寸均匀、大小可控的锗硅量子点；首次发现量子点形成时在衬底引入畸变所对应的衍射峰，证实通过衬底畸变实现量子点应变释放的机制；首创使用简洁直观的导纳谱，发现锗量子点的基态到激发态填充1至7位空穴的库仑荷电效应，测量出空穴激活能及俘获截面等物理量；首次研制和设计出光纤通信用的多种锗硅波导光电子器件和单片集成。2003年，复旦大学侯晓远等开展的"用电子能谱方法研究半导体表面的物理和化学特性"，获得上海市科技进步一等奖。解决高质量的InP和GaP清洁极性表面的制备问题；在国际上最早提出两种表面结构模型；在Si(100)表面发现新的C再构相，确定其原子排列模型；对Si(111)氮化表面所形成的(8×8)和"四重度"两种再构，确定它们的原子结构模型。

2004年，光机所徐军等开展的"掺镱和四价铬离子激光晶体的研究及应用"，获得上海市科技进步一等奖。该项研究在材料的相变机理、Cr^{4+} 的被动和自调 Q 激光机理、Yb^{3+} 离子的敏化机理等方面取得突破。发明 Cr^{4+}，Yb^{3+}：Y3AI5O12 激光晶体，首次实现 Cr^{4+}：YAG 对 Nd：YVO4 的被动调 Q 激光输出等，使 Cr^{4+}：Mg2SiO4 晶体的生长以及激光快速、脉冲、连续、可调节输出等 10 多项关键技术得到解决。同年，硅酸盐所承担完成"半导体、金属颗粒复合纳米薄膜的制备及其光学性能研究"。制备出高质量的钛酸钡基、氧化锌基复合薄膜，自组装工艺制备核壳结构的复合薄膜，采用挥发诱导自组装工艺制备高质量的二氧化硅有序介孔薄膜；在国际上首先开展纳米粒子负载介孔薄膜的非线性光学性质研究。

2005 年，上海交通大学张亚非等承担的"氧化物辅助合成一维半导体纳米材料及应用"（合作项目），获得国家自然科学二等奖。开创氧化物辅助制备纳米线的方法，解释形核及生长机制；控制生长线状（一维），链状（零维）及带状（准二维）硅纳米结构并阐明其形成机理；大量制备高纯、特长、高取向、尺寸统一、直径可调的纳米线，成功制备大量性能优越的锗、碳化硅等纳米材料；首创用扫描隧道显微镜实现硅纳米线表面结构观察；首次直接证明硅纳米线量子限制效应的存在；发现氢饱和硅纳米线表面有很强的化学反应性；发展纳米单体的测量方法。同年，硅酸盐所施剑林课题组承担的"973"项目"信息功能陶瓷材料的若干基础问题研究"取得进展：利用空心球的空心核与介孔壳的贯穿孔道以及聚电解质具有环境响应特点，通过层层自组装技术，使包裹在介孔空心球外层聚电解质对 pH 值或者离子强度等条件产生结构性能响应，实现对介孔孔道的封堵与开放，起到药物控制释放的"开关"作用，该研究工作被评为 2005 年中国十大科技进展之一。

2006 年，上海交通大学张荻等开展的"非连续增强金属基复合材料制备科学研究"，获得上海市自然科学一等奖。提出理论计算模型，实现界面反应的控制、界面结构设计与增强体的均匀分布；提出"控型、控形、控性"学术思想，实现原位自生有效增强相形成与控制，为大尺寸高性能高可靠性金属基复合材料的制备奠定科学基础；发现铝基和钛基复合材料超塑性变形机理，并为这两类复合材料超塑性变形加工提供理论依据和技术支撑；系统阐明组分设计、复合工艺、微结构、性能及其加工成形机制，形成系统研究和开发高性能金属基复合材料平台。

2007 年，硅酸盐所施尔畏领衔的课题组，在对约 30 种 III-V 族和 II-VI 族二元化合物晶体的结构与压电常数关系研究中，寻找到能表征偏离中心对称程度的结构参量，发现这些晶体的压电常数与结构参量呈简单的线性关系，具体线性系数取决于结构和成键类型。2009 年，复旦大学龚新高等开展的"金笼子结构与纳米体系结构转变的理论研究"，获得上海市自然科学一等奖。首次在理论上发现金属团簇具有类 C60 的笼子结构；首次提出金属团簇结构的三壳层模型等普适结构规律，建立新的等压分子动力学方法；克服传统方法难以用于有限体系的困难；首次发现稳定金属纳米团簇的玻璃化转变。同年，上海交通大学孙弘研究组开展的"合成超钻石硬度材料理论研究"，采用第一性原理计算方法，计算纤锌矿氮化硼和六方金刚石结构材料的理想强度；理论上预测这 2 种材料的硬度可能比立方金刚石的硬度高 18% 和 58%。同年，上海交通大学与美国普林斯顿大学合作，在对拓扑绝缘体研究中，首次从理论上提出并在实验上实现具有最简洁电子结构的单个狄拉克圆锥新型拓扑绝缘体材料；首次实现在室温条件下的拓扑电子态。

五、热学

2000 年，上海交通大学潘建生等开展的"热处理数学模型和计算机模拟的研究与应用"，获得国家科技进步奖二等奖。该项目建立瞬态温度场—相变—应力应变相互耦合的非线性三维有限元模型;建立界面条件剧变的模型,实现复杂热处理操作的模拟;开发渗碳(或渗氮)动态控制数学模型及其智能控制技术。2001年,复旦大学王季陶定量化解决低压人造金刚石、立方氮化硼等新工艺相图计算等实际问题;发现150年来经典热力学把第二定律的等式看成为平衡体系的标志是不充分或不严格的,提出一个完整的现代热力学分类系统,创建一个非平衡非耗散热力学新领域。

2005年,上海交通大学黄震等开展的"燃油溶气雾化与燃烧新技术的基础研究",获得上海市科技进步一等奖。首次发现喷孔孔内流态和压力分布的两种模式及其对溶气燃油雾化的控制机理,解决燃油溶气喷射中溶气析出气泡生长率低的学术难题;揭示 CO_2 组分比例、温度、压力对溶有 CO_2 燃油的相变过程、闪急沸腾现象和雾化过程的影响规律和控制机理;发现降低柴油发动机氮氧化物和碳烟微粒排放的新方法,提出发动机溶气燃油喷射与燃烧的雾化作用、稀释作用、热作用和化学作用理论;提出高效、快速制备溶气燃油的新方法。2006年,上海交通大学郑平等开展的"纳微系统中流体流动与传热传质的基础研究",获得上海市自然科学一等奖。首次提出适用于微电子芯片冷却的矩形分形树微通道网络系统概念;首次发现在亚微米通道中存在液相/汽液两相/汽相交变流动沸腾模式,以及大幅度、长周期的温度振荡现象;首次提出微扰动器的设计原理,发现纳米管道中微气泡产生的位置与壁面亲疏水特性有关;发现减小通道截面会加速燃料从微通道到电极反应界面的扩散。

2008年,上海交通大学王如竹等开展的"吸附式制冷机理与传热传质特性及循环理论研究",获得上海市自然科学一等奖。揭示活性炭纤维—甲醇工质对的高效制冷性能,阐明化学吸附性能衰减的机理和动力学特性,利用前驱态理论改进化学吸附模型;揭示固化吸附剂传热传质过程相耦合;实现制冷系统蒸发器的高效换热和冷热隔离;提出回质循环新思想和空气调节理论;实现太阳能及低品位余热驱动的吸附制冷系统。2010年,上海交通大学黄震等承担的"燃料设计理论与均质充量压缩着火燃烧的研究",获得上海市自然科学一等奖。突破燃料喷射雾化模式的制约,缩短燃空混合的物理时间尺度;调制火与燃烧的化学时间尺度,对边界层混合气的反应活性进行"修复";阐明不同辛烷值的基础燃料的化学反应过程及其宏观表征;发现均质充量压缩着火与燃烧控制新方法;发展分层复合燃烧模式,实现全工况范围内的燃烧相位、放热速率和形态的调制。同年,上海交通大学魏冬青研究组实现固体硝基甲烷的热分解反应的第一原理模拟,首次完成的固体炸药热分解反应,观察到爆炸反应的微观机理。

六、原子核物理学

2001年,中国科学院上海原子核研究所(原子核所)沈文庆等完成的"重离子核反应的集体效应和奇异核产生及其性质研究",获得国家自然科学二等奖。该课题给出常规核反应总截面的最佳经验公式,被国际同行称为"沈公式";创立用核输运理论研究核反应截面的新方法,解决世界上广泛使用的 Glauber 模型计算反应总截面的中能下偏低的问题;解决用统计法决定反应平面离散有很大误差的问题;发展相对论平均场理论来研究丰中子核的晕中子效应,用加入对称势的主体归一化来计算奇异核内核子分布的新方法;导出轻系统在中能时核态方程和介质中核子-核子相互作用截面的有关结论;给出奇异核次级束的实验截面,发展擦散模型可以用于预言奇异核次级束产生截面。2002年,原子核所为依托单位的"973"计划项目"放射性核束物理与核天体物理"取得成果。提出 23Al 和 27P 是有质子晕核的论断,首次发现一批可能具有奇异(晕)结构的原子核;发现不同同位旋炮弹产生的同位素分布存在强烈的同位旋效应。

2004 年，应物所重分析得到 200 GeV 的 d＋Au 碰撞中 Lamdba、K0 和 Phi 产额的实验结果，发现粒子产额遵循粒子种类依赖型，以及在 d＋Au 碰撞中没有高横动量下产额压缩的现象；分析完成 62 GeV 的 Au＋Au 碰撞中 Phi 介子产额和椭圆流的实验结果。2005 年，应物所完成"丰质子核结构和核反应研究"。提供 23Al 和 27P 可能是质子晕核的实验证据；发现 29P 是质子皮核的候选核；预言放射性核束发射的核子—核子动量关联函数与核的束缚能或核子分离能的关系；提出超重核的性质共存观点。同年，应物所完成"RHIC 能区的 φ 介子的实验数据的系统性分析"。在 RHIC－STAR 首次尝试使用事件混合重构的方法研究 φ 介子的椭圆流，发现两条子粒子的自关联对于椭圆流的影响极大。同年，该所承担的"100 MeV 高性能电子直线加速器"，经测定直线加速器输出的电子束能量均超过 100 MeV，能散度小于 1‰，输出的电子束流发射度小于 1π·mm·mrad。

2006 年，应物所等完成"先进核分析技术在环境科学中的应用研究"。在国际上率先实现单颗粒 PM2.5 污染源的追踪，发现上海市中心大气 PM2.5 单颗粒污染来源；在国际上首次对一个城市估算铅的排放源对大气污染的影响；实验发现炎症反应能明显增加不溶性超细颗粒物从肺组织向血液循环系统的转移；首次在国际上清晰地观察到 PM2.5 染毒造成肺组织约 0.5 毫米的活体鼠的出血斑点。2007 年，应物所马余刚项目组与美国劳伦斯·伯克利国家实验室合作开展的"相对论重离子碰撞研究"，共同发现由奇异夸克组成的 φ 介子具有明显的椭圆流（v2）并与其他介子属于同类，产生 φ 介子的奇异夸克符合热平衡公式描述，φ 介子的核修正因子（Rcp）也与其他介子属于同类，而与重子不同，确认部分子阶段的集体流在 RHIC 中形成。

2009 年，应物所开展的"通过测量中子-质子比提取中子皮厚度的可能性研究"，研究以丰中子核为炮弹的核反应中产生的中子-质子产额比与弹核中子皮厚度的依赖关系。2010 年，应物所马余刚与美国布鲁克海文实验室等中外科学家合作，在上亿次金原子核进行高能"对对碰"的海量数据中寻找反物质超核的证据。通过反氦 3 和 pi 介子衰变道的不变质量谱重构，探测到第一个反超核粒子——反超氚核。相关结果发表于国际学术期刊《科学》。

第三节　化　　学

一、有机化学

2000 年，中国科学院上海有机化学研究所（有机所）沈延昌等开展的"含氟碳-碳重键的新合成方法学研究"，获得国家自然科学二等奖。该项研究在含氟碳-碳重键的新合成方法学有新发现：立体控制地合成 Z-和 E-碳-碳双键的合成方法学；消去三苯基膦形成碳-碳双键的合成方法学；含氟磷酸酯受亲核试剂进攻形成碳-碳双键的合成方法学；四异丙氧基钛促进的还原烯化反应合成方法学和含氟碳-碳三键形成的合成方法学。同年，药物所唐希灿等开展的"石杉碱的化学与药理研究"，获得国家自然科学二等奖。在国际上率先系统报道石杉碱甲改善模拟 AD 病因产生的记忆障碍，保护神经细胞对抗 β-淀粉样蛋白产生的毒性与诱发的细胞凋亡作用；率先在国际上合成消旋石杉碱甲与石杉碱乙；发现一个新衍生物"ZT－1"，是治疗 AD 患者认知缺损的更理想候选药物。2001 年，有机所戴立信等开展的"通过金属配位作用而实现的一些高选择性合成反应"，获上海市科技进步一等奖，获 2002 年国家自然科学二等奖。通过金属配位作用引导环氧化合物的开环反应，实现专一的区域选择性；通过杂原子与钯配位控制的亲核试剂对烯烃的加成，实现区域选择性和立体选择性控制，创新发展一条全新的"发散型"手性药物 β-阻断剂的合成路线；通过锂的配位作用,实现立体选择性和对映面选择性控制;在金属催化的硼氢化反应中通过铑的配位作用,实现优异的区域选择性和对映面选择性。

2002年,有机所蒋锡夔等开展的"物理有机化学前沿领域两个重要方面——有机分子簇集和自由基化学的研究",获得国家自然科学一等奖。该项目首次提出并验证有机分子簇集和自卷的6个概念:提出并用实验验证动脉粥样硬化病因与分子共簇集倾向性有直接关系;提出并实验证明只有带有不同电荷长链分子才能形成静电稳定化簇集体;提出解簇集概念,研制成有效解簇剂,为药物的分子设计提供启示;利用分子自卷形成14、17、18元环大环化合物和催化某些有机反应;揭示溶剂的内在特性溶剂促簇能力对有机分子簇集和反应性的影响;揭示分子几何因素及自卷对分子簇集倾向性的影响;解决在国际上多年未解决的结构性能关系$\sigma \cdot$参数与取代基的自旋离域效应两个重要难题:首次建立最完整、最可靠的反映取代基自旋离域能力的参数$\sigma JJ \cdot$;发现自由基化学中结构性能相关分析存在4种规律性。

2003年,有机所钱长涛等开展的"稀土和一些过渡元素金属有机催化剂化学",获得上海市科技进步一等奖。研制出对水稳定的多种稀土高效催化剂,首次实现稀土催化剂催化的Ene反应,Biginelli反应等10余种重要有机合成反应;设计合成新的3,3双(甲氧乙基)BINOL,烷基、芳基Pybox等多种手性配体及其稀土手性催化剂,首次实现稀土催化的不对称硅氰化反应等;研究出一类高活性的卤代吡啶二亚胺铁、钴配合物乙烯聚合和齐聚催化剂。2004年,有机所麻生明等开展的"金属参与的联烯化学中的选择性调控",获上海市科技进步一等奖,获2006年度国家自然科学二等奖。发展一般方法难以合成的$\beta\gamma$-不饱和烯酸及其衍生物的高效合成方法;发现金属参与的二组分及三组分耦联关环反应,实现反应模式之间的选择性、反应的"接力"和反应的立体选择性调控;发现1,2-联烯基亚砜的高区域及立体选择性的羟卤化反应,实现依序选择性分步偶联反应和光学活性烯丙醇化合物的合成,证明亚砜基参与立体选择性的调控。

2005年,有机所马大为等开展的"氨基酸衍生物的反应、合成及性质研究",获上海市科技进步一等奖,获2007年度国家自然科学二等奖。首次发现氨基酸作为配体,以及酰胺基作为邻位取代基团对于Ullmann反应的加速效应;发展以beta氨基酸酯为手性源合成生物碱的新方法,合成近20个天然生物碱,发展5类通过串联反应合成生物碱的方法,可以加速几类生物碱及其衍生物的合成;首次完成可以治疗角膜炎等天然产物的全合成;发现新结构的APICA是选择性的代谢型谷氨酸受体第二组亚基的拮抗剂。2007年,华东理工大学田禾等开展的"有机荧光功能材料",获得国家自然科学二等奖。提出用荧光作为读出信号的可擦写式有机光信息存储的原理,开拓一系列具有荧光调控性能的光致变色新型分子材料,提高这些材料的光、热稳定性等应用性能,开发出非破坏性读出光存储有机材料。

2008年,有机所丁奎岭等开展的"基于组合方法与组装策略的新型手性催化剂研究",获上海市自然科学一等奖,获2009年国家自然科学二等奖。发展一系列用于催化氢化、杂DA、羰基—烯等反应的新型、高效、高选择性手性催化剂,发现并阐明催化体系中的不对称放大效应、添加物的活化作用及其机理等;首次提出手性催化剂自负载的概念,发展一系列结构可调的新型单齿和双齿手性配体,实现多个不对称反应的高活性和高对映选择性以及底物的普适性。同年,硅酸盐所施剑林等开展的"介孔主客体复合材料组装方法与催化性能研究",获得上海市自然科学一等奖。发展出多种新型介孔主客体材料制备方法,实现不同客体材料在介孔孔道内以不同的形式装载,设计客体材料充满介孔孔道,在孔道内高度分散涂覆于介孔孔道内表面,获得纳米内壁涂层复合的介孔主客体复合材料。2009年,有机所马大为研究组完成具有抗肿瘤活性的海洋环酯肽首次全合成。同年,俞飚研究组完成对 TMG‐chitotriomycin 的全合成和结构修正,完成对该结构奇特的化合物及其修正结构的首次全合成;通过合成修正该天然产物的结构。

2010 年,有机所俞飚等开展的"具有重要生理活性的复杂糖缀合物的化学合成",获得国家自然科学二等奖。首次全合成一系列具有重要生理活性的复杂天然糖缀合物;完成树脂糖苷TricolorinA 和皂苷 OSW1 的全合成;完成上百个皂苷和黄酮苷类化合物的合成;发展对糖缀合物的合成方法学。同年,有机所麻生明等开展的"基于炔烃和联烯的一些反应化学研究",获得上海市自然科学一等奖。通过 4 种效应实现联烯或炔烃的高选择性合成调控,发现 1,3 锂迁移并实现相应的选择性调控;发展原子经济性高立体选择性一步合成甾体类化合物和具有广泛的生理活性 β‐内酯/酰胺类化合物的方法;发展钯催化的联烯及其衍生物和硼酸的偶联反应,为多取代烯烃的立体选择性合成提供新方法;实现带亲核性基团的联烯与丙炔醇碳酸酯、2 炔酸酯 2,3 联烯醇或联烯耦联环化生成具有广泛生理活性的丁烯酸内酯类化合物。

二、高分子化学

2002 年,复旦大学承担完成"高分子共聚物的分子设计和共聚合方法研究"。合成一些新的嵌段共聚物,合成一系列 N‐取代的马来酰亚胺和 a‐取代丙烯酸(酯)的共聚物,提出合成窄分布交替共聚物的 3 个条件。2003 年,复旦大学江明等合作研究的"高分子链在稀溶液中的折叠和组装",获国家自然科学二等奖。该研究制得特高分子量且单分散的一系列聚 N‐异丙基丙烯酰胺样品。利用激光光散射方法跟踪该高分子单链随温度升高从"无规线团"蜷缩成"单链小球"的构象变化过程,首次观察到热力学稳定的单链小球;发现一种存在于这一变化过程中的一种新的高分子构象——融化球;发现当含少量离子基团的高分子从良溶剂中切换到沉淀剂中时,可经过"微相反转"聚集为无皂均一的纳米粒子。

2004 年,上海交通大学颜德岳在国际上率先报道宏观超分子自组装现象,由一类新型的不规则的超支化共聚物自组装得到厘米长度、毫米直径的多壁螺旋管,将自发超分子自组装研究领域拓展到宏观尺度。该项研究结果所展示的从分子直接自组装得到宏观物体的过程和生命体的形成过程有关;开创不规则超支化共聚物自组装的先河;提出和证明宏观超分子自组装机理。2007 年,上海交通大学颜德岳等开展的"超支化聚合物的可控制备及自组装",获上海市自然科学一等奖,获2009 年国家自然科学二等奖。提出由商品化的双组分单体通过一步反应合成超支化聚合物的新思想,建立多种新的不对称合成方法,发展多种控制超支化聚合物支化结构的新策略,揭示产物支化结构和性能之间的内在规律。首次发现超支化聚合物的宏观自组装现象,实现超支化聚合物的介观和微观自组装,建立均方回转半径对支化度的依赖关系,给出产物支化度和分子量分布的公式,揭示单体中官能团的不等活性对产物支化结构及分散度的影响规律。

2009 年,复旦大学金国新、翁林红完成的"有机金属配合物的合成、结构以及催化烯烃聚合反应"项目,获得上海市自然科学一等奖。设计并合成烯烃聚合催化剂,引入具有离域电子体系的碳硼烷基团,首次合成出半夹心结构 Co,Rh,Ir 系列碳硼烷"类芳香性"化合物和含有金属间直接成键的同核与杂核的双、三、四和六核簇合物,提出一种构筑后过渡金属 M‐M 间成键的新方法;首次发现卡宾化合物具有催化乙烯、降冰片烯聚合的活性。同年,有机所唐勇研究组通过配体合理的设计和修饰,成功开发出一类以过渡金属钛为中心的催化剂。同年,复旦大学毛伟勇、龚涛等人,利用改进的正相细乳液聚合法,对疏水的 CdTe 纳米晶进行包覆,得到纳米级的交联聚苯乙烯荧光微球。

2010 年，复旦大学江明等承担的"大分子自组装的新路线及其运用"，获得上海市自然科学一等奖。创建大分子自组装的新路线，首创大分子自组装的"非嵌段共聚物路线"，实现大分子的规则组装；得到核-壳间非共价键连接的聚合物胶束（NCCM）和空心球，构筑不同结构与功能的组装体；提出嵌段共聚物的新的组装机理，实现聚合物胶束的高效制备，获得一系列结构新颖、功能独特的嵌段共聚物组装体，形成包括各类蛋白/多糖体系的天然大分子自组装的绿色化学新方法。

三、物理化学

2002 年，复旦大学参加的"九五"攀登计划项目"分子反应动态学和原子分子激发态"，获得国家和省部级奖励 6 项。在原子分子微观层次上研究化学反应的本质，发现新物质波干涉现象，从而对国外科学家的理论预测从实验上予以证实；在世界上首次成功确定 C60 取向；提出对大气臭氧层破坏起关键作用的冰晶和冰团簇催化碳十二生成的新机理。2004 年，复旦大学赵东元等开展的"有序排列的纳米多孔材料的组装合成和功能化"，获得国家自然科学二等奖。建立多级有序分子筛的构筑方法，在材料形貌、孔结构孔内活性位等几个层次上，实现材料的定向合成和宏观控制；创立电荷匹配理论和有机-无机作用调控理论，将合成材料用于催化、蛋白分离等领域；合成 20 余种新型介孔和微孔分子筛；提出"酸碱对"匹配理论、共溶剂和盐效应等控制纳米孔材料形貌的方法，创造介孔模板微波消解结合硬模板技术等制备介孔材料的新技术，合成新型三维立方和非硅基介孔材料；合成微囊和仿树木多级孔等结构多种沸石催化和功能材料；发明微孔和介孔材料的孔工程方法，实现孔材料活性位的理性组装。

2005 年，硅酸盐所高濂等开展的"纳米微粒和碳纳米管的分散及表面改性研究"，获得上海市科技进步一等奖。首创利用俄歇电子能谱研究分散剂在纳米微粒表面吸附机理及状态；定量揭示沉积物形貌分维值与浆料分散状态的内在关系；首次将 2-膦酸丁烷-1,2,4-三羧酸（PBTCA）成功应用于陶瓷超细粉体的分散；发明表征碳纳米管悬浮液稳定性的半定量方法；首次提出反微乳非共价键合法；率先报道多种新型功能性碳纳米管复合体材料的研制，解决碳纳米管的分散及与基体材料的界面结合问题。同年，复旦大学李全芝等开展的"分子筛材料的表面活性剂模板合成和组装"，获得上海市科技进步一等奖。发现合成微孔和介孔分子筛的模板剂的统一性，采用阳离子表面活性剂合成出 8 种拓扑结构和孔径不同的具有实用价值的微孔分子筛；发明二元和三元混合表面活性剂为模板剂合成介孔分子筛的新路线，实现超分子自组装界面性质的有效调控和组装；提出合成具有强酸性和双模孔结构的新型微孔—介孔复合分子筛的新思路；采用双模板和两步晶化的新方法，合成 Y/MCM-41、Beta/MCM-41 和 ZSM-5/MCM-41 等微孔—介孔复合分子筛；提出合成骨架壁含微孔分子筛次级结构单元（SBU）的 SBU-介孔分子筛的新概念；合成含有 Beta、Y 和 ZSM-5 等微孔分子筛次级结构单元的介孔分子筛。

2007 年，复旦大学周鸣飞等开展的"稳定反应中间体和自由基的光谱、成键及反应研究"，获得上海市自然科学一等奖。制备和捕获一些重要反应过程中产生的瞬态反应中间体；发展将高频放电与低温基质隔离相结合用于制备与大气和燃烧等复杂过程相关的重要带电不稳定中间体和自由基的方法；首次报道一系列具有共价成键特性的正、负离子的红外光谱，发现在 H_2O^{3+} 等离子中通过三中心单电子的成键特性；获得新的反应通道和机理等动力学信息；首次在 OCBBCO 分子中发现硼原子之间的三重键。2009 年，硅酸盐所高濂等开展的"低维纳米结构的液相生长、形貌调控和自组装"，获得上海市自然科学一等奖。该项目发明纳米晶自组装的新方法，实现多种纳米晶的可控自组装;成功合成分散性良好的 6 个外表面均为{100}面的 CeO_2 纳米立方块,发现 CeO_2{100}面可以在纳米尺度下稳定存在的现象,揭示一种基于三维方向上纳米晶的定向聚集生长而生成新的无缺陷纳米单晶的规律;创建快速、节能和环境友好的微波辅助离子液体法,并应用于 10 余种低维纳米材料的快速制备;发展低维纳米结构形貌调控的新方法,率先应用水热微乳液法。同年,华东师范大学胡文浩研究组在多组分反应选择性调控研究中取得突破性进展,实现一类该反应的高立体选择性不对称催化合成;发现一类基于捕捉活泼鎓叶立德中间体的多组分新反应。

四、分析化学

2001 年,有机所开发出计算机辅助构效关系研究系统、三维结构数据库、CA 索引名自动生成系统和碳-13 核磁谱图模拟系统;首次提出一些适合化学结构计算机处理的图论新概念和新算法,提供一个能快速获得有机化合物命名和模拟分子的碳-13 波谱信息的工具。2002 年,有机所袁身刚等开展的"创制新化学实体的计算机方法学",获得上海市科技进步一等奖。该项目取得波谱模拟和结构解析方法、利用远程约束和峰重叠造成的歧义二维相关信息解决未知化合物结构的测定、三维结构检索、虚拟结构生成和同类反应知识库等。首次实现从分子设计、分子动力学模拟、查新检索、合成路线设计发现新化合物,以及中试放大全过程的计算机辅助研究。

2003 年,第二军医大学韩玲等开展的"镧系元素时间分辨荧光分析技术及仪器的配套研究",获得国家科技进步二等奖。时间分辨荧光免疫分析技术的基础试剂及基本技术的研究;时间分辨荧光有关应用项目的研究和方法的建立;时间分辨荧光分析仪器的研制和生产。该项目成果包括合成的螯合剂、基本试剂和建立的技术及核酸、蛋白质、细胞因子、免疫检测方法。2005 年,上海通微分析技术有限公司阎超等开展的"多用加压毛细管电色谱系统",获得上海市科技进步一等奖。该项目将色谱和电泳分离原理综合集成,产生双重分离过程在同一根毛细管色谱柱中实现,提高分析方法的灵活性、选择性和分析速度;首创高精度的纳升级二元溶剂输送技术,实现液体在液压和电渗流的共同作用下通过毛细管色谱柱;利用纳升级微流控制技术实现定量阀进样,提高方法的灵活性、精度、准确度;发明国际首创的电动填充毛细管色谱柱技术;利用紫外/可见和激光诱导荧光检测器解决柱型检测器灵敏度的问题。

2008 年,华东理工大学钱旭红等开展的"生物功能色素及荧光分子传感器",获得上海市自然科学一等奖。该项目首次获得能在水溶液中高选择性识别响应汞离子的检测灵敏度极限(0.1 毫米)的萘酰亚胺类荧光分子传感器,发展高灵敏性的荧光信号传感机理,设计、合成并获得多系列性能突出的能对过渡金属离子、质子、阴离子、农药残留,以及其他生物相关客体高选择性响应的荧光分子传感器及荧光标记。首次发现芳香杂环中硫杂原子不同于氧的 DNA 嵌入及光损伤等促进作用规律,合成十多类含硫杂环并萘酰亚胺 DNA 光敏切断剂。2010 年,华东师范大学程义云研究组和中国科学技术大学合作,发现并首次提出一种基于核磁共振技术的高效、快速筛选树枝形分子药物剂型的方法。该方法可以在 1 小时内从药物混合物中筛选出跟纳米载体结合的药物,同时还能够提供药物在载体中的定位以及相互作用模式等信息。同年,华东理工大学龚学庆研究组与国外研究者合作,采用基于扫描隧道显微镜的实验手段,首次揭示在二氧化钛表面吸附的有机分子邻苯二酚的迁移规律,指出表面共同吸附的羟基物种对于控制邻苯二酚的迁移起到关键性的作用;同时还采用理论模拟的手段,在原子尺度上完整的描绘出各种迁移过程的微观图像和热力学数据。

第四节 数 学

一、基础数学

2000年，复旦大学郑宋穆、沈玮熙开展的"线性与非线性发展方程"，获得上海市科技进步一等奖。建立新的基本分析引理，开创研究非线性发展方程无限维动力系统的新途径，从而对多类从应用中提出的非线性耦合偏微分方程组在尊重原物理模型基础上解决其整体存在性及惯性流形、惯性集的存在性等问题，开辟非线性边值问题研究的新领域。将偏微分方程能量估计方法与算子半群理论相结合，建立研究一般线性耗散力学系指数稳定性及解析性的统框架。同年，复旦大学陈天平等开展的"神经网络中的非线性映照问题"取得成果。首次深刻揭示神经网络的能力是由于Sigmoidal函数的有界性而不是其连续性，找出神经网络的激发函数，给出神经网络模型；揭示EBF神经网络和Sigma-pi神经网络激发函数的特征，给出各类神经网络的统处理方法。

2002年，复旦大学陈天平完成的"神经网络的非线性映照理论、盲信号分离和主成分（微小成分）分析"，获得国家自然科学二等奖。首次建立一个无限维空间中非线性映照问题神经网络模型。这个模型被称为Chen氏模型，也被称为Chen氏定理；首先给出盲信号处理前向神经网络的稳定性分析；解决主成分分析子空间算法中公认的一个挑战性问题；提出微小成分分析新算法。2003年，复旦大学郭坤宇、陈晓漫完成的"解析Hilbert模"课题，获得上海市科技进步一等奖。建立高阶局部化技术，研究商模和解析模在原点高阶局部化之间的相似问题；建立解析Hilbert模的特征空间理论，表明许多重要的解析子模的结构完全由它在一点处的特征空间决定，解决多重圆盘和单位球上的Hardy子模的分类问题；首次提出Fock空间拟不变子空间的概念，首创的非交换Hilbert模理论在群的酉表示方面取得重要进展；证明一个表示相似与酉表示的一阶上同调是平凡的；建立双重圆盘上Hardy模的亏格算子和亏格函数理论，给出模的几何不变量和算子指标的联系。

2005年，复旦大学陈恕行开展的"高维非线性守恒律方程组与激波理论"，获得国家自然科学二等奖。对于三维尖前缘机翼和尖头锥体的超音速绕流问题含附体激波解的存在性与稳定性给予严格的数学论证，解决Courant-Friedrichs半个世纪前提出的长期悬而未决的难题，提出与发展将部分速度图变换与区域分解及非线性交替迭代相结合的方法，发现特征的包络是激波生成的源，揭示解从光滑的初始资料发展出激波的过程，以及解的奇性结构与渐近性态；在超音速流问题中证明弱斜激波的稳定性，证实有关激波稳定性的一个猜测。同年，华东师范大学林华新等开展的"单核C*-代数的分类"，获得上海市科技进步一等奖。首创的分类定理具有一般性并且提供应用方法，推进C*-代数理论及其应用的发展；首创C*-代数上迹秩的概念，当迹秩为零时，C*-代数传统的实秩与稳定秩同时为最小，且低迹秩的C*-代数具有特殊的结构使其包含通常的稳定有限单核C*-代数；发现C*-代数的近似可乘映照的唯一性定理，用KK-理论在稳定近似酉等价的意义下完全确定C*-代数间的近似可乘映照；创建零迹秩单核C*-代数的同构分类理论。

2007年，复旦大学范恩贵领衔的课题组开展的"非线性偏微分方程精确求解的数学理论和方法研究"，获得上海市自然科学二等奖。提出一类带有任意参数新的谱问题，导出联系多个重要物理方程的双Hamiltion发展方程族，将谱问题可非线性化为Liouville意义下完全可积的有限维Hamilton系统；提出一种新的广义qKdV方程族，建立整个方程族统一而显式的q形式Darboux变换、可换定理和非线性叠加公式；建立联系耗散长水波方程的发展方程族和双Hamilton结构，构造耗散长水波方程的代数几何解；建立基于计算机代数统一构造非线性方程多形式精确解的广义tanh 方法和新的辅助方程法。2010 年，上海师范大学曾六川等主持的"凸性约束最优化与广义单调算子的理论及算法"，获得上海市自然科学二等奖。该项目在广义单调算子方程解的存在性与算法，极其在凸性约束最优化问题方面，利用算字广义单调性条件，深入研究解的存在性与算法。同年，复旦大学吴宗敏等开展的"Multiquadric 拟插值对高阶导数逼近的稳定性分析"，为更好地模拟函数的高阶导数，利用 multiquadric 拟插值提出一种新的方法；将 multiquadric 拟插值方法模拟函数导数的稳定性与传统差商方法所得结果进行对比，multiquadric 拟插值方法比差商方法更为稳定；基于散乱甚至有干扰的数据，在逼近函数的高阶导数时，multiquadric 拟插值方法是一个有效的工具。

二、概率论与控制论

2002 年，华东师范大学茆诗松是国内数理统计专业的开拓者之一，撰写的《概率论与数理统计》《概率论与数理统计习题解答》获得国家教育部优秀教材一等奖。2003 年，上海交通大学谷传纲等开展的"基于最优控制理论的多级离心压缩机现代设计方法"，获得上海市科技进步一等奖。该项目提出三多与二非设计新观念。将现代最优控制理论首次应用于压缩机的叶轮设计体系中，建立以控制叶道表面最优速度分布的三元叶轮与小流量、高压比二元叶轮的子午流通与叶片型线优化设计技术；解决三多设计中的优化问题与级间匹配等问题；建立离心式压缩机喘振判断方法与准则。同年，上海交通大学席裕庚完成的"预测控制理论、方法和原理的研究"，获得上海市科技进步一等奖。首次提出其状态空间分析与设计理论，在内模控制结构下给出系统性能和控制本质的完整理论分析；建立基于系数变换分析预测控制系统性能的特色方法体系；提出满意控制概念和有约束多目标多自由度优化理论，提出基于信息论和大系统方法论的串级、多模型、分解协调、优化变量集结等一系列预测控制新方法；提出预测控制三项原理，给出其控制论、信息论解释及多层智能预测控制的概念；首次将预测控制原理推广到动态不确定环境下以优化为目标的各类广义控制问题。

2005 年，上海第二工业大学承担的"大规模的 NP 困难排序问题松弛策略的研究"，取得成果。该项目对大规模的 NP 困难排序问题以及其他的组合最优化问题，从随机化算法、列生成技术、凸性及其最优性条件等三个方面进行理论研究和应用研究，是"离散"和"连续"的相互融合、"确定"和"随机"的相互交叉、经典方法和数学规划最新理论的相互渗透。2006 年，上海交通大学谷传纲等开展的"约束工业过程的满意优化控制理论及应用"，获得上海市自然科学一等奖。首次提出满意优化控制理论框架，提出一种基于阶跃响应测试的多变量系统结构化闭环辨识方法，将强耦合的多变量系统的辨识问题分解成单入单出系统的辨识问题，实现多变量系统的实时在线辨识；发展复杂工业过程自适应预测控制的理论和方法；形成基于最终目标的生产全过程优化控制的系统化理论。

2007 年，复旦大学朱道立领衔的课题组在"复杂优化问题理论和算法研究"领域取得成果：建立变分不等式的映射理论，提出一类广义 Gap 函数和变分不等式 co-coercive 辅助问题等算法；建立求解广义双层优化问题的非精确和精确罚函数方法；提出一种解决多阶段均值——方差金融优化模型的新嵌入技术；得到大规模优化问题的分解算法和广义拉格朗日分解——协调方法；建立约束非凸优化问题的广义增广拉格朗日对偶理论和精确罚理论；建立向量值函数和集值映射的Ekeland 变分原理及其等价定理；建立一般整数规划的渐进强对偶理论，对非线性整数规划问题提出一系列有效的对偶——分解算法。

三、应用数学

2000年,华东师范大学何积丰完成的"设计严格安全软件的完备演算系统",获上海市科技进步一等奖,获2002年国家自然科学二等奖。首次发现可采用"关系代数"作为程序和软件规范的统一数学模型;首次在"关系代数"基础上创造程序代数,使用项重写技术创造程序代数的计算系统;首次提出"软件规范中抽象数据类型实现"的完备演算法则,发明使用"上下仿真映照对"来计算程序模块中各过程的函数说明;提出程序理论的统一化处理技术,发现各类程序理论之间连接的数学模型和检查理论一致性的法则。同年,复旦大学数学系承担的攀登计划"国家基础研究重大关键项目"、国家自然科学基金项目"板壳问题有限元预处理技术中的理论问题及其应用"和博士点基金"壳体问题的离散预算法研究"等项目,解决计算层次板时产生自锁现象,用奇异摄动方法得到层次板的近似边界层强度;对协调元、非协调元和混合元的多重网络、区域分解、多水平方法等预处理技术研究得到新的结果;理论上完整解决两点边值问题混合元离散的超收敛研究和椭圆不定问题的最优超收敛研究结果。

2004年,复旦大学完成"非稳态非线性油膜力的理论建模和转子系统非线性动力分析"。首次在流固耦合、非线性油膜力模型、非线性转子动力学领域建立用三个函数表示的非稳态非线性油膜力新模型;提出"动态油膜"新概念,改进经典的 Gumbel 假设;对圆柱短轴承,导出三个函数精确解,获得非稳态非线性油膜力解析式。同年,中国科学院上海技术物理研究所尹球主持完成"大气短波辐射传输的解析递推算法研究"。以辐射函数概念为出发点,通过对辐射函数各种递推性质和使用方法的研究,建立一种能够高效处理大气短波辐射传输过程的解析递推方法。2005年,复旦大学周子翔完成的"可积非线性偏微分方程的精确求解",获得上海市科技进步一等奖。实现 Davey‐Stewartson I 方程、2+1 维 N 波方程等 2+1 维可积系统到 1+1 维可积系统的非线性约束,首次结合运用非线性约束与 Darboux 变换得到一大类 2+1 维非线性偏微分方程的显式的整体局域孤立子解及解的定性性质;将 Darboux 变换应用于一些几何、物理中重要的且有相当难度的问题,得到有几何、物理意义的精确解;给出 2+1 维可积系统的 Darboux 变换与二元 Darboux 变换的普适的构造方法,对 1+1 维和高维可积系统的 Darboux 变换证明一些普遍性的性质;实现 Davey‐Stewartson I 方程和 2+1 维 N 波方程到有限维可积系统的非线性约束,在辛流形不是欧氏空间时得到显式的周期解和概周期解。

2009年,上海交通大学朱向阳等完成的"机器人操作规划与空间几何推理理论",获得上海市自然科学一等奖。提出凸集间的伪距离函数、伪距离的快速计算方法及其微分的解析计算方法,为机器人工作空间、形位空间和旋量空间的几何推理提供统一的推理引擎;解决曲面物体多指抓取最优规划这一难题;建立离散点域内夹持规划的线性规划模型,为这一组合复杂性问题提供有效的解决方案;建立机器人最优操作参数与微分动力系统平衡点之间的联系。2010年,复旦大学吴宗敏等在《中国科学》发表《Multiquadric 拟插值对高阶导数逼近的稳定性分析》,利用 multiquadric 拟插值提出一种新的方法,比传统差商方法更为稳定。性质表明基于散乱甚至有干扰的数据,在逼近函数的高阶导数时,multiquadric 拟插值方法是一个有效的工具。同年,上海师范大学郭本瑜研究组承担的"高性能计算方法研究",把谱方法推广到非直角区域,拓宽谱方法应用范围。构建一类仿射内点最优路径算法。建立随机误差为滑动平均过程的单响应近似线性模型的贝叶斯最优稳健设计准则和多响应线性模型基于预测置信椭球体积的最优设计准则。建立前列腺间歇治疗的偏微分方程模型,找出最优治疗参数。

第五节　天　文　学

一、天体测量学

2000 年,在亚太空间地球动力学国际合作计划(APSG)第三届年会上,14 个国家和地区的科学家一致决定,在中国科学院上海天文台(上海天文台)设立 APSG 中央局,建立 APSG 综合数据中心。上海天文台共组织 4 次亚太地区全球定位系统(GPS)和甚长基线射电干涉(VLBI)的联测,并首次发现地球自转速率变化对海洋的影响,测得亚太地区的地壳运动速度场等。2001 年,上海天文台承担的"亚太空间地球动力学研究",给出中国大陆地壳运动的基本特征。建立一个新的非刚体地球章动模型,被列为国际 IAU2000 章动模型的 4 个参考模型之一。

2002 年,上海天文台叶叔华等开展的"中国现代地壳运动和地球动力学研究",获得上海市科技进步一等奖。首次建立一个由 500 多个 GPS 测站组成,精度达毫米级的中国地壳运动完整图像,SLR 测距精度提高到 7~8 毫米;给出青藏高原地壳运动的新图像,提出不存在大规模的高原物质挤出现象,高原变形更符合地壳增厚的新见解;建立新的地球章动模型成为国际主要参考模型,多次预测厄尔尼诺灾变事件的发生;建立最精细反映中国海平面变化信息的全球平均海平面模型;对中国未来 30~50 年海平面的上升进行评估;建立当前分辨率最高、对中国地面重力场逼近最好、适用于航天和远程导弹的重力场模型;建立国内首个地基 GPS 气象网,首次得到 GPS 监测雷暴雨天气变化的可靠结果。

2006 年,上海天文台等承担的"九五"国家重大科学工程"中国地壳运动观测网络"(合作项目),获得国家科技进步二等奖。建立全国统一、规模最大、数据质量最佳的地壳运动观测网络,覆盖中国大陆 95% 的国土;具有连续动态监测功能和综合性、多用途、开放性、资源共享的特点。2008 年,上海天文台张秀忠等完成的"甚长基线干涉测量应用于嫦娥一号探月卫星的精密测轨",获得上海市科技进步一等奖。在国际上首次将实时 VLBI 技术应用于探月卫星发射后的工程测轨;在国际上建成若干个实时 VLBI 系统,应用于月球卫星的工程测轨,实时提供 VLBI 测轨结果,在国际上是首例;VLBI 测轨实现多步骤的复杂运算过程全部实时连贯进行。同年,上海天文台平劲松、黄倩等利用中国第一颗探月卫星嫦娥一号第一次正飞阶段获取的约 300 多万个有效激光测高数据点,完成全月球地形图测绘,得到改进的 360 阶次球谐函数展开月球全球地形模型。

二、天体物理学

2001 年,上海天文台马普伙伴小组通过高分辨率的数值模拟推测:在宇宙形成极早期,暗物质可能是"温暖"的;发现在温暗物质主导的宇宙中,模拟出来的星系中心密度比冷暗物质模型预言的要低;它周围伴星系也比先前预想的要少。同年,上海天文台马普伙伴小组获得一组粒子数为 1.3 亿的宇宙学 N 体模拟和粒子数为 3 400 万的宇宙学 N 体/流体模拟,这些模拟在星系形成研究中具有重要的价值。2004 年,上海天文台景益鹏开展的"宇宙结构形成的数值模拟研究",获得上海市科技进步一等奖和 2005 年国家自然科学二等奖。首先建立宇宙学 N 体模拟和单个宇宙天体模拟;

发现并提出小质量暗晕的成团性比 PS 理论的预言要强得多，提出暗晕成团的精确公式；首次发现暗物质晕的密度轮廓随晕的动力学状态而变化的规律，提出描述密度轮廓的密集因子的对数正则分布公式；发现暗晕内部密度轮廓的幂指数在 $1.1\sim1.5$ 之间；首次提出描述暗晕内部物质分布的三轴椭球密度分布模型，首次精确测量星系对的速度弥散，最早提出构造星系相关函数和速度弥散的星系团低权重模型，推断出星系形成模型的重要观测量——晕内星系的占有数。

2005 年，上海师范大学李新洲等开展的"宇宙动力学及相关问题研究"，获得上海市科技进步一等奖。在国际上首先提出或发现：快子场为暗能量候选者的观点；p 暗能量宇宙的 BigRip 吸引子；快子型 p 暗能量并扩充到 Brane 世界；带有 p 暗能量宇宙存在晚期德西特吸引子；p 宇宙追踪吸引子；与卡德威等同时独立构造多分量暗能量模型，首先提出多分量 p 模型；提出具有负动能的查雷金气体模型。建立 3 种解析方法：p 宇宙学动力学的相空间分析方法、广义 ξ 函数正则化技术、爱泼斯坦正则化技术，纠正 4 项错误认识：对"正质量猜测"提出反例；分段弦不能使用 ξ 函数正则化的观点；膜背景时空不能是整数维观点；p 宇宙命运一定为 BigRip 观点。同年，上海天文台博士徐烨等精确测定离地球约 6 370 光年的一个大质量分子云核的距离和运动速度，解决在天文学里银河系旋涡结构中离太阳最近英仙臂距离的长期争论，证明银河系密度波理论；测得银河系旋涡结构中离太阳最近英仙臂距离及这个臂中分子云核的三维运动，首次直接测量银河系的大小及其运动。同年，上海天文台沈志强等通过对位于银河系中心被称为人马座 A＊（SgrA＊）的神秘射电发射源的高空间分辨率观测，发现支持"太阳系所在的银河系的中心存在超大质量黑洞"观点的令人信服的证据；获得 SgrA＊ 在 3.5 毫米波长上的首个图像，推断出的最小质量密度比任何已知的黑洞候选者的密度都要大 1 万亿倍以上。7 月 10 日，上海天文台参与的一个国际研究小组利用大型射电望远镜阵，观测到来自银河系人马座的软伽马射线再现源（SGR）1806‑20 特大爆发的余辉，是在银河系发现的第三个 SGR 大爆发，是前两次强度总和的 100 倍，首次计算出该中子星与地球的距离；探测到该剧烈爆发对应的射电辐射的衰减轮廓；给出到 SGR1806‑20 的距离在 6.4～9.8 千秒差距（2 万～3 万光年）。同年，上海天文台马普小组利用超级计算机，绘出一张全球精度最高的大尺度"虚拟宇宙"图片，首次提出暗晕成团的精确公式，揭示暗晕的构成规律。

2007 年，上海天文台侯金良等开展的"星团银河系结构和星系化学演化研究"，获得上海市自然科学二等奖。该课题利用星团研究银河系结构，整理出具有金属丰度和运动学参数的疏散星团样本，对银河系盘金属丰度梯度的演化给出可靠结论；证实化学演化模型的预言；提出星团成员判定方法和结果，首次对星系的大小进行最全面的统计研究。2008 年，上海天文台开展的"黑洞系统高能辐射的起源问题"，使用国际上敏感度最高的 XMM/Newton 望远镜对三个银河系内的黑洞双星进行长时间观测，成功得到谱，发现谱与喷流模型预言的完全吻合，与吸积盘模型预言的完全不同，认为应该起源于喷流，而不是长期以来公认的吸积盘。2009 年，上海天文台景益鹏等开展的"星系形成的理论和观测研究"，获得上海市自然科学一等奖。发现暗物质晕的质量增长历史包含早期的快速增长和晚期的缓慢增长两个阶段，暗物质晕密集因子在快速增长阶段不变，而在缓慢增长阶段随时间增长；提出暗物质晕密集因子与其增长历史的标度关系和精确预言暗物质晕结构的方法。证明以往星系形成半解析模型的星系并合时标被低估一倍左右，解决大质量星系的数目和颜色问题；通过引入黑洞形成和能量反馈的物理模型，解释宇宙早期大质量、红色星系的形成。发现星系的相对速度弥散随星系的光度非单调变化关系，首次测量星系的成团强度随星系恒星质量的变化关系。2010 年，上海天文台沈俊太研究组开展的"银河系及其核球结构"的研究，证实银河系的盒状核球其实是侧面看到的银河系的棒，发现银河系几乎是由一个纯星系盘演化而来，并不包含由星系并和形成的经典核球。该结果与宇宙学模拟预言的结果相悖。该研究结果表明银河系是一个大质量的纯星系盘，所以现有的宇宙学模型必须在星系尺度上有大的改进。

三、射电天文学与天文仪器

2000年，上海天文台佘山 VLBI 观测基地"18厘米双偏振观测"获得成功，具有很好的左、右偏振信号，该系统使佘山 VLBI 观测基地18厘米波段满足欧洲网的双偏振观测要求。获得射电源 DA193 在佘山——南山基线上的清晰相关条纹。2001年，上海天文台佘山25米射电望远镜参加空间观测研究卫星（VSOP）观测，自1999年至2001年，共参加150多个 VSOP 实验观测，为 VSOP 天体物理研究提供第一手高质量、有价值的数据资料，成为 VSOP 项目中的重要地面台站之一。同年，在卫星导航定位系统建设中，上海天文台提供的4台氢原子钟和研制的时频分系统为工程建设成功和系统正常运行作出贡献。

2004年9月23日，上海天文台与欧洲空间局合作，实施首次对欧洲空间局发射的小型月球探测卫星 Smart-1 的 VLBI 观测，延迟观测精度（弥散度的均方差）和延迟率观测精度，均好于预计结果。同年，上海天文台佘山观测基地的终端系统从原 VLBA4 成功升级到新一代的 MK5A，给今后国际间 VLBI 观测的数据交换、VLBI 整个系统的快速检测、提高观测精度和自动化程度、e-VLBI 工作和科研结果的分析，带来极大的便利和好处。同年，上海天文台射电望远镜和日本 Kashima 的射电望远镜在12月14日和2005年1月5日进行两次单基线 e-VLBI 实验，获得成功。2005年1月14日18点10分，上海天文台25米射电望远镜和10多架国内外的射电望远镜监测"惠更斯号"土星探测器降落到土卫六的全过程，为研究土卫六的大气状况及地面环境等提供高质量的观测数据。

2007年，上海天文台、国家天文台乌鲁木齐天文站和日本航天局共同主持的深空探测器甚长基线干涉仪（VLBI）国际合作观测项目，利用新集成设置的多通道、多比特、可变带宽简易 VLBI 数据采集记录系统，成功实施三台站三基线的集成测试，获得 e-VLBI 干涉条纹。2009年3月1日16时13分，嫦娥一号卫星在经历494天的飞行后成功落月，上海天文台 VLBI 中心成功组织 VLBI 测轨分系统，对卫星整个落月过程进行跟踪测量。

第六节 地 学

一、地理学

2002年，上海市原水股份有限公司吴守培等开展的"北支盐水入侵对长江口水源地影响的研究"，获得上海市科技进步一等奖。揭示长江口南北支水域洪、枯季含氯度时空分布的主要规律，明确提出：南北港盐水上溯对长江口建设和规划水源地的连续不宜取水天数不构成威胁，而北支盐水倒灌是南支水域盐水入侵的主要来源，有显著增强的趋势。2003年，复旦大学金亚秋主持的"地球环境中极化电磁散射信息的定量遥感"，在合成孔径雷达（SAR）对自然植被地表全极化散射观测的特征分析与信息熵理论的基础上，将全极化散射 Mueller 矩阵、相干矩阵与熵和极化回波强度测量相联系，为 SAR 观测复杂地表分类提供新的理论基础；提出宽带脉冲波的 Mueller 矩阵解，提出非均匀散射介质、多次散射的高阶 Mueller 矩阵解，推导 SAR 多视图像中4个 Stokes 参数解析的统计分布,发明单次 SAR 飞行获取数字地形高程的方法。

2004 年,技物所承担完成"数字城市空间信息系统关键技术研究"。提出并建立高光谱高空间分辨率集成遥感系统,建立上海市海量遥感数据平台;设计开发具有自主知识产权的空间信息处理开发平台;首次将空间遥感图像信息对移动用户提供服务;开拓高光谱高空间分辨率集成遥感技术在江河水污染监测中的应用。2005 年,华东师范大学李茂田、陈中原等,利用地理信息系统与数字高程模型技术定量模拟 1994—2002 年宝钢码头前的沙体冲淤演变过程;宝钢码头河床的演变是河床的边界条件、来水来沙及人类活动的耦合结果,上段沙体的下移南偏对宝钢码头存在潜在的不利。同年,华东师范大学陈振楼、许世远等对长江口滨岸潮滩 7 个典型断面三态氮的界面交换通量进行季节性连续观测,无机氮的界面交换行为存在复杂的空间分异和季节变化,盐度是控制长江口滨岸潮滩无机氮界面交换行为的主要因素。

2006 年,上海大学吴明红等开展的"珠江三角洲环境中毒害有机污染物研究",获得国家自然科学二等奖。利用沉积记录,恢复持久性有机污染物区域污染历史,探讨与经济发展之间的关系;首次圈定 2 个有机污染物高风险区,阐述其形成与深化机理;深入研究地质吸附剂与有机污染物的吸附—解吸动力学;发展有机污染物的同位素分析技术,首次建立大气羰基化合物分子碳同位素的分析方法。2007 年,华东师范大学刘红等开展的"长江口表层沉积物分布特征及动力响应"中,基于长江口 2003 年 2 月采集的 58 个表层沉积物样品及以同步水动力资料的分析表明,表层沉积物中值粒径自江阴-长江口外逐渐变细,浑浊带海域表层沉积物中值粒径北港最大,南槽最小,长江口外海域则北槽最大,北港其次,横沙以上区域表层沉积物类型以砂为主,长江口外海域沉积物类型以黏土质粉砂为主。

2009 年,华东师范大学闫虹、戴志军等开展的"长江口拦门沙河段潮滩表层沉积物分布特征",研究表明长江河口四大潮滩表层沉积物主要由砂、粉砂质砂和黏土质粉砂三种类型组成。在受落潮优势流作用的地区,沉积物粒径普遍粗于涨潮优势流作用的地区。在波浪动力强、波能释放的地区沉积物普遍较粗且分选性较好;深水航道工程的堵汊、导流、破水波作用明显,使得导堤两侧的表层沉积物粒度出现粗细分布不均的特点。同年,华东师范大学地理系等研究上海市中心城区近百年来水系演变过程。研究结果表明:1918—2006 年,上海市中心城区河道数由 1 018 条减少到 184 条,水系面积从 37.68 平方千米减少到 15.26 平方千米;水系减少呈从中心向周边逐步发展的趋势,表现为河道裁弯取直、填堵等;人为原因是造成水系演变的主要驱动力,中心城区河网调蓄能力降低,减弱热岛效应能力变差。2010 年,上海市水务局、上海市统计局等 7 家单位共同完成"上海市水资源统计和核算体系研究"。在国内率先建立地区水资源统计和核算体系,并从水资源社会循环的全过程,应用水资源物质流和价值流的分析方法,整合水资源统计和核算成果,揭示和反映上海市水资源社会循环中的"取-供-用-排"特征和价值驱动特征,成为中国和太湖流域水资源统计和核算的示范。

二、地质学

2000 年,上海防灾救灾研究所完成"地震作用下单桩垂直承载力研究"。建立建筑桩基竖向抗震的二维计算模型和全面考虑应力、应变、振动孔隙水压力和震陷规律的土动力有效应力计算模型;提出在地震荷载下桩端与桩侧阻力分析同桩基震陷分析相结合来控制竖向地震承载力的分析方法;首次探索影响桩竖向地震承载力调整系数的因素,给出调整系数随上列因素的变化总趋势。

2000—2005年,同济大学开发成功的"多波地震资料处理系统",能够适用于海上,也能适用于陆地的多波地震资料处理。该系统具备一些国外尚不具备或尚未公开的处理功能,如转换波DMO等,多波地震勘探方法能够解决许多用单一纵波勘探无法解决的问题。

2003年,上海市地质调查研究院严学新等承担的"上海市城市地质环境综合研究与应用",获得上海市科技进步一等奖。重新修订上海地区岩石地层层序,厘定断裂构造格架,确定上海地质构造稳定;修订上海地区第四纪地层年代和层序,建立区域第四纪地层对比格架;提出含水层变形的"临界水位"和弹性—弹塑性—塑性变形的演化规律;完善地下水资源评价模型。同年,复旦大学金亚秋主持的国家自然科学基金重点项目"地球环境中极化电磁散射信息的定量遥感",将全极化散射Mueller矩阵、相干矩阵与熵和极化回波强度测量相联系,为观测复杂地表分类提供新的理论基础;提出宽带脉冲波的Mueller矩阵解;提出非均匀散射介质、多次散射的高阶Mueller矩阵解。

2006年,中国水产科学研究院东海水产研究所(东海水产所)等合作开展的"中国海域地质与资源调查评价",获得国家科技进步二等奖。对中国300万平方千米管辖海域地质调查和资源勘探进行系统研究,填补120万平方千米与周边国家有争议海域的地质与资源调查空白,编制全海域各种图件4 500幅,重点研究黄、东海区的地质特征与资源分布,研制开发中国海域划界咨询系统。2008年,华东师范大学周立旻、郑祥民等,通过多参数磁性测量分析,探讨长江中下游干、支流河流沉积物的磁性特征。研究结果表明,长江中下游干、支流河流沉积物中,磁性矿物类别均以磁铁矿为主,晶粒均以假单畴—多畴为主。与干流相比,支流沉积物中不完整反铁磁性物质含量较多,晶粒较细,X值仅是干流的1/10。

三、大气科学

2000年,上海防灾救灾研究所开展的"上海市中心城区的地貌划分及附属性建筑物的抗风分析及防灾对策",以能量耗散原理为基础,首创风能耗散理论,并成为国际上首先应用于抗风地貌上;制成上海市中心城区的抗风地貌划分地图,成为世界第一张全城市抗风地貌划分地图。2001年,上海市气象局组织完成"长江三角洲及上海地区主要气象灾害短期气候预测系统"。多方面揭示研究区内旱、涝成因及主要影响因子,提供降水预测信号;揭示影响研究区热带气旋年频数异常的气候特征和预测信号及概念模型;揭示上海高温时空分布规律,给出上海人口密度等都市化因素与城市热岛效应强度的定量关系,实施对高温的诊断和预测。

2003年,复旦大学完成"大气中破坏臭氧层的痕量气体的浓度分布和动态研究"。实现大气中痕量的HCFC-141b、HCFC-22、氯甲烷和溴甲烷等的浓度分析,提出:南半球赤道无风带的CFCs浓度最高,盛行西风带和极地东风带的浓度最低,南极大陆冰川地带的浓度显著升高;发现中国CFCs的排放相对较低;北半球CFC-11和CFC-13的浓度随纬度的变化趋势相一致;北半球HCFC-22的平均浓度高于南半球的平均浓度。2008年,华东师范大学徐建华等,在探讨热环境的空间格局基础上,运用空间主成分分析方法替代传统的多准则判断(MCE)方法,分析人类活动对城市热环境的影响特征。发现:城市建筑与人口密度、工业区布局、下垫面类型,以及城市景观多样性四个因子是影响城市热环境空间格局的主导因子;四个因子的线性模型模拟热环境的空间变化,揭示上海城市人类活动对热环境的影响机制。

2009年,上海交通大学王文华研究组与德国于利希环境研究中心合作,参与污染环境中大气氧化性的研究,报道在污染区域大气中大气氧化性这一问题上取得的重要发现,对已知的大气光化学机制提出新的挑战,对预测全球气候变化和控制区域污染有着重要影响。2010 年,中国极地研究中心胡红桥研究组开展的"极区大气环境遥感监测技术",进行低层大气 CO_2 浓度研究。取得基于紫外探测资料的臭氧总量和臭氧垂直廓线反演算法和软件,基于红外探测资料的臭氧总量反演算法和软件;2008 年南极臭氧洞过程资料重新处理,复现臭氧洞过程;2009 年南极臭氧洞全程实时监测;建立从极光紫外极光强度反演极光特征能量和能通量分布方法。

四、海洋学

2002 年,同济大学翦知湣、成鑫荣承担的"西太平洋边缘海三维空间古海洋学研究",获得上海市科技进步一等奖。通过建立晚第四纪冰期旋回中西北太平洋古水团的垂向分布模式,为"冰期北太平洋深层水"的形成提供实证;第一次定量估算中国海第四纪古温跃层的深度变化;首次发现太平洋海区全新世千年尺度的古气候事件;第一次从海洋角度指出东亚冬季风和夏季风驱动机制的不同;首次取得中国海百余万年以来古气候长序列记录,揭示南沙海区约 90 万年前的"中更新世革命"事件和约 15 万年前的海洋古环流改组。2003 年,同济大学汪品先主持完成"东亚古季风的海洋记录"。通过深海钻孔剖面研究,实现中国古气候、古环境研究中深海与陆地相结合,建立一套针对深海沉积基础研究的方法。

2005 年,同济大学汪品先任首席科学家的国家"973"计划项目"地球圈层相互作用中的深海过程和深海记录",揭示"西太平洋暖池"和东亚季风发育的阶段性,发现暖池海区冰消期表层水升温超前于北半球冰盖的融化。在南沙海区发现碳同位素有 40 万~50 万年长周期,证明世界大洋碳储库对于地球运行轨道偏心率长周期的响应,推测是通过浮游植物群改变有机碳在海洋碳沉积中的比例所致。2007 年,上海东海海洋工程勘察设计研究院完成"上海市大陆海岸线修测",修测上海市大陆海岸线 211 千米。掌握其自然属性与其现状、变化,为上海市海岸线开发利用总体规划和海域使用综合管理、海洋生态环境保护以及海洋减灾防灾等提供基础数据和科学依据。2009 年,华东师范大学承担的国家"973"课题"三角洲海岸侵蚀与岸坡失稳灾害的防护对策",揭示强侵蚀岸段的侵蚀过程和机制。研究发现:孤东堤前水域 8 米水深以内由于得不到黄河来沙的补给岸滩表现为侵蚀,飞雁滩区域泥沙来源断绝,向海凸出的地形受到强烈侵蚀;揭示"波浪掀沙、潮流输沙"的作用机制,揭示黄河三角洲岸滩沉积层的垂直分布特点和抗冲特性。

第二章 高 技 术

第一节 信 息 技 术

一、微电子与集成电路技术

2000 年,上海交通大学的"深亚微米集成电路设计技术"项目通过教育部鉴定。项目的延时网络、数据库及管理、电路模拟、版图设计等设计技术达国际先进水平。其中在 0.25 微米级芯片设计技术中的"逻辑综合与物理设计一体化理论",属国际首创。同年,由复旦大学完成的国家"九五"重点科技攻关项目"100 兆位存贮芯片的研究"通过鉴定。研究制备相互垂直的平行金属直线组。全有机络合物电双稳薄膜和单有机电双稳薄膜均为国际上首先发现。2002 年,华东计算技术研究所开发的"32 位微处理器和协处理器芯片",是国内率先开发的与国际主流通用处理器全兼容的 32 位国产处理器芯片。同年 4 月,由上海交通大学等联合研发的"视频格式转换芯片设计及其 FPGA 验证系统"项目通过市科委的专家鉴定。系统从算法研究、功能仿真到电路设计和 FPGA 验证的各项技术均具独创性,将标准清晰度电视的数字格式信号转换到高清晰度电视的功能,达到国外同类产品的性能,并可对 DVD 产品、SDTV 机顶盒产品作升级替代,还可用于 HDTV 显示及 SDTV 的接收。同年 6 月 6 日,上海华虹集成电路公司率先开发出新型高端智能卡芯片,成为国内第一款具有自主知识产权的带 RSA 协处理器的 IC 卡芯片。

2003 年 12 月,同济大学研制的"3G 多媒体手机中的 SoC 核心芯片及其设计平台"通过教育部的技术鉴定,两款芯片分别被命名为"神芯一号"和"神芯二号"。"神芯一号"积累 17 项美国发明专利和 13 项中国发明专利。"神芯二号"达到高品质的数字电视 24 位、105dB 和 192kHz 的指标,使中国的音频集成电路取得从 16 位进入 24 位的重大突破。"神芯一号"和"神芯二号"项目中分别有 6 项和 4 项核心技术属国际首创。

2004 年,复旦大学承担的中国"十五""863"计划和自然科学基金 SOC 重大研究计划"GHz 微处理器的高速时钟网络设计"通过鉴定。在超深亚微米、特大规模 GHz 微处理器的设计中,实现 GHz 时钟网络的自动综合;提出可以保证信号完整性的 GHz 时钟网络自动综合方法和一系列算法;首次提出比 SPICE 快 3 个数量级的基于传输线模型的高速高精度模拟算法;开发 GHz 时钟网络自动综合软件工具原型,是国内第一个集成的时钟网络设计工具。同年 11 月,展讯通信(上海)有限公司研制的"SC9800(TD - SCDMA)双模多频无线通信专用芯片"通过市科委的专家验收。芯片采用 SoC 技术,集成基带模拟电路、基带数字电路和电源管理电路三部分于一个芯片中,并使用软件无线电的概念实现双模工作;实现 TD - SCDMA/GSM/GPRS 双模的系统集成及软硬件协作。该芯片是世界第一块具有中国自主知识产权的 TD - SCDMA 无线通信专用基带芯片。

2005 年,上海华虹集成电路有限公司闵昊等研发的"第二代居民身份证专用芯片模块及其相关技术",获上海市科技进步一等奖。采用具有很强防伪功能和防数据窃取技术;信息适时更新,保证信息的准确可靠;采用符合国际标准的非接触式产品设计;具有自主知识产权的芯片模块设计,以及成熟的芯片模块设计加工的产品链结构。同年 12 月,上海交通大学郑世宝等研制的数字高清晰度电视接收机系列芯片关键技术片通过市科委鉴定,获 2005 年上海市科技进步一等奖。"高清 T 系列"——ADTB－T 数字电视地面广播接收解调芯片 HD2802A,攻克单载波调制技术在国际上尚未实现数字电视地面广播信号移动接收的技术难题。"高清 D 系列"——VDP－ⅡTM 高清视频解码芯片 HD2201A 在国际上首次实现单载波移动接收功能,基于完全的硬件解码处理结构,并在硬件 VLD 译码、运动补偿和多级 SDRAM 控制等算法方面有创新,是国内首颗符合 MPEG－2MP @HL 的高清级别的视频解码器专用芯片。"高清 V 系列"——VTP－ⅠTM 高清视频格式转换处理器 HD1801A,是将标准清晰度电视信号转换为高清晰度电视信号的专用芯片。

2006 年,展讯通信(上海)有限公司武平等开展的"展芯 GSM/GPRS 手机核心芯片关键技术的研制和开发",获国家科技进步奖一等奖。首创基于 GSM/GPRS 多模结构的四合一芯片功能整合架构的 SoC 及软硬件协同设计、并行开发技术;发明 8 项 GSM/GPRS 无线通信系统算法;发明 3 项独特低功耗低噪声电路设计技术;发明 5 项基于单芯片系统架构上的新功能植入技术;首次提出多媒体智能终端及单芯片整合技术;自主开发完整成套的嵌入式软件系统。2007 年,上海安创信息科技有限公司研制的"高性能防伪安全 SoC 芯片",基于国产 32 位 CPU 核,内置 4 通道 MMU、8kBCache,有多种工作模式和多种系统主频,工作频率可达 100 兆赫兹以上,支持包括国际、国家标准算法在内的多种密码算法,能够方便扩展外部存储器,带有 ECC 编码和解码引擎,具有纠错功能。

2008 年,上海交通大学陈文元等完成国家"863"计划等项目支持的"非硅 MEMS 技术及其应用",获国家技术发明奖二等奖。发明 DEM、多层复杂微结构加工、柔性基底微结构加工、电化学微加工和金刚石薄膜微加工技术,创立非硅 MEMS 的支撑技术;发明毫米级电磁型微电机、电化学驱动器和形状记忆合金复合膜微驱动器等微执行器;发明基于聚合物材料的集成微流控 PCR 生物芯片和毛细管电泳芯片,解决新颖集成聚合物生化芯片的关键技术;发明电磁型 MEMS 光开关、微机械可变式光衰减器、自适应微光纤连接器等一系列微光器件;发明基于非硅电磁型 MEMS 技术的磁悬浮转子微陀螺、MEMS 微型专用锁等新颖非硅微系统。申请国家发明专利 71 项,授权国家发明专利 40 项,授权软件著作权 2 项,出版 MEMS 著作 5 部,发表论文 111 篇。

2009 年,展讯通信有限公司在移动通信世界大会上发布并展示世界首款 TD－SCDMA/ HSDPA/EDGE/GPRS/GSM"单芯片射频收发器 QS3200"。该芯片可极大提高手机的接收、发送及功率放大能力。2010 年,华亚微电子(上海)有限公司自行研发"数字电视家庭多媒体中心的高清主芯片和整体解决方案",为 H.264 及 MPEG－2/VC1 等网络内容带来突破性的处理效果。同年 10 月,微系统所发布国内首款 WSNS1－SCBR"全集成传感网节点 SoC 芯片"。该芯片集传感探测模块、无线通信模块、主控处理器及其外围模块等于单芯片上,具有传感探测、通信和信息处理等功能。

二、计算机技术

2000 年,长江计算机集团上海东海电脑股份有限公司研制的"东海海燕 4100 微机",采用 Intel 公司 0.18 微米制造工艺的 PⅢCPU,具有全速二级缓存;810E 芯片组,集显卡、声卡于一体,整合度高;支持 133MHz 外频;大容量高速硬盘,支持 ATA－66;支持 ACPI 高级配置电源管理接口,内建硬件监控功能。采用新型的 FlexATX 结构,具有小巧、美观、新颖的特点。2001 年,上海大学李三立等研制的集群式高性能计算机系统"自强 2000－SUH－PCS"通过市科委鉴定,获上海市科技进步一等奖。整机峰值速度达 4 500 亿次/秒,处于国内集群式高性能计算机系统之首。系统采用 SMP 结点和高速网络的集群式高性能计算机方案,具有较好的扩展性,便于迅速升级;系统的 Internet 网络环境查询管理系统,属于国内首创。同年,上海交通大学研发的国内首个具有自主知识产权的"网络安全操作系统",通过国家公安部的测评,取得国内第一张销售许可证。

2002 年,华东计算技术研究所等开发"TON Office for Windows 办公系统简体中文软件"。软件使用网络组件技术,采用开放的 XML 文档格式,能够进行文字处理、表格处理、幻灯处理、网页制作等,并支持基于网络的协同化办公。同年,上海东海新世纪数码有限公司开发的"东海海豚 5300 台式微型机",运用独特的工艺设计,采用先进的液体冷却技术对机器内部热源进行冷却,改变机箱内部传统采用风扇的散热方式,降低由风扇高速运转而产生的噪声,降低微机故障率,提升系统稳定性。同年 6 月,复旦大学的"数据挖掘应用平台及相关技术研究"通过市科委的技术鉴定。提出以商业逻辑中间层为核心的数据挖掘应用三层体系结构和数据挖掘应用系统构建方法,开发具有自主知识产权的数据挖掘应用平台 Cminer,提出一套新的数据挖掘应用体系结构,解决 CRM 领域所面临的复杂数据分析问题。

2004 年,同济大学吴启迪等完成"网络化服务与工程支持系统集成平台开发及其应用",获国家科技进步二等奖。提出支持产品全生命周期的服务概念,提出建立第三方服务中心的服务模式;建立网络化服务与工程支持的集成平台;实现网络化服务集成平台的集成技术、以及网络化服务集成平台中的设备接入技术。同年,复旦大学吴立德等完成"语义视频信息检索的关键技术及其应用系统",获上海市科技进步奖一等奖。提出:自动门限的镜头分割算法和双重分层迭代镜头拼接算法对视频进行分割和组织;新的视频文字检测算法、中文文档图像版面分割算法、基于 GFST 的人脸识别算法和通用语义对象提取算法;针对场景、物体、运动、音频等多种视频高层语义特征的提取算法;代数格、多重倒排文件、角度树、VA‑File 等多种高维数据索引结构;多种数字水印技术等。同年,上海交通大学等在试管中完成"DNA 计算机雏形"的研制。该 DNA 计算机包括用双色荧光标记对输入与输出分子进行同时检测,用测序仪对自动运行过程进行实时监测,用磁珠表面反应法固化反应提高可控性操作技术等,一定程度上完成模拟电子计算机处理 0、1 信号的功能,标志中国第一台 DNA 计算机在上海问世。

2005 年,上海交通大学金先龙等承担的"基于超级计算机的结构动力学并行算法设计、软件开发与工程应用"项目,获上海市科技进步一等奖。形成一套解决工程应用中大规模复杂系统结构动力学问题的系统技术,提出具有创新性的并行算法和并行软件:基于数学模型区域分解的并行算法与软件;基于数学模型时域分解的并行算法与软件;基于力学模型区域分解的并行算法与软件;特大型工程地震安全性评价的并行算法与软件;汽车碰撞事故再现的并行算法与软件。同年,中国科学院上海技术物理研究所的"大规模材料设计平台的建立和红外光电子材料的优化设计"项目,实现高性能第一性原理的材料设计软件在上海超级计算中心神威计算机上的移植和并行化,建立大规模材料的设计平台。同年 10 月,上海银晨智能识别科技有限公司张青等承担的市科委重大科技攻关项目"大规模人脸识别算法研究及应用"(合作项目),通过验收,获 2003 年度上海市科学技术进步一等奖;2005 年度国家科学技术进步二等奖。针对大型的人脸图像数据库(百万量级),进行快速的特征提取及特征表示、快速准确的比对识别;对光照、姿态、表情、饰物及化妆、背景等干扰因素进行量化,确定此类干扰因素对人脸识别算法的影响程度;创建世界上最大、最完备的人脸识别基础数据库。

2006 年,上海超级计算中心完成"曙光 4000 系列高性能计算机"(合作项目),获国家科技进步二等奖。曙光 4000 在海量数据处理、支持网格环境下的多种商业应用、追求性能价格比和性能功耗比、高性能计算机专用硬件加速部件方面进行成功探索；在高组装密度商用服务器主板设计、大规模机群管理技术、网格路由器技术等方面达到国际领先水平。曙光 4000 多项核心技术成为国家网络与信息安全处理平台最主要的组成部分。同年，复旦大学开发的"基于 INTERNET 以构件库为核心的软件开发平台"（合作项目），获国家科技进步奖二等奖。涉及软件建模、领域工程、构件组装部署（应用系统集成组装）、软件构件管理等 8 个技术领域，覆盖主要的构件化软件开发过程，集成构件库管理系统、软件建模工具等 16 个可独立应用的软件系统（工具），可有效支持 INTERNET 环境下构件化软件的开发。

2007 年 5 月，复旦大学承担的"基于数据挖掘和语义本体的商品编码知识库及其应用"通过教育部鉴定。该项目是基于商品分类标准与编码规范，利用数据挖掘和语义本体技术，实现商品编码语义知识库及其智能查询系统。构造基于概念语义网络的商品编码知识库和推理机，利用语义查询推理机制实现语义识别和推理算法；设计基于串并联混合系统的置信度模型的语义识别和可信度算法及分析方法；利用基于品类信息关联规则挖掘算法和编码历史数据挖掘规则，实现机器学习功能；基于 Oracle 数据库管理系统实现智能查询知识库；基于该语义知识库，利用 J2EE 开发商品编码查询专家系统，支持基于 Web 的编码查询。

2008 年，华东计算技术研究所等承担的"面向多核处理芯片的嵌入式操作系统研发与应用推广"项目，研发面向多核处理芯片的嵌入式基础软件平台，实现面向 PowerPC 双处理器并行处理环境的 ReWorks - 653/ReDe - 653 功能示范系统，大幅提高操作系统的安全可靠程度，实现与自主芯片的配套。2009 年，上海中标软件有限公司承担的"自主高可信操作系统关键技术研究与产品研发"项目，突破可信双因子认证、可信软件栈等关键技术，开发与安全主板、TPM 安全硬件平台对接的自主高可信操作系统中标普华 Linux 桌面操作系统 V4. X 产品，通过公安部信息安全产品检测中心等机构的产品检测。2010 年，上海汽车集团股份有限公司等承担的上海市信息领域重大专项"汽车电子嵌入式基础软件平台关键技术研发及应用"，在国内首次研发出适合国内整车企业的汽车电子嵌入式基础软件产品。创新原型系统台架设计，实现需求的自动测试和验证。

三、网络通信技术

2000 年，上海通用化工技术研究所等攻关的"数字域名系统开发"，通过专家组评审。开发出具备 IP 寻址、传真、发 E-mail、视频点播、电视会议等功能的数字域名解析和服务系统。2001 年，华东计算技术研究所研制的"NAS 网络存储设备（A 型机）"，实现在局域网络环境下，多台服务器或工作站对 NAS 存储设备的数据存储和访问功能；实现大容量文件系统，多种类型文件的访问和保护功能、基于 WED 的集中化的存储设备配置与管理功能、异机数据备份和恢复功能。同年 12 月，华东计算技术研究所研制的"电话机 WAP 浏览器技术"，在电话机上设计基于 WAP 协议的浏览器，浏览器运行在嵌入式 LINUX 操作系统和 NANO - X 图形用户环境上，可用于浏览现有 WAP 网站的内容。使电话机可进行短消息、网上信息浏览和电子邮件等应用。

2002 年，上海第二工业大学的"基于 Web 的信息集成系统"通过鉴定。采用数据集成技术、搜索引擎技术、Web 数据集成技术和分布式技术，将信息搜索、选择糅和在一起，构成开放的 Web 集成的信息服务平台；通过模式匹配引擎，搜索整合中国教育科研网络的高校信息等。2003 年，中国电子科技集团公司第二十三研究所（二十三所）研制的"高抗张强度漂浮电缆组件"通过技术鉴定。

该电缆组件主要用于水中需要承受一定拉力和压力的场合。其技术关键在于电缆外导体编织层使用硅凝胶填充时必须注意控制环境温度对固化速度的影响。特别是要控制好增强层外用聚乙烯和牢固树脂混合挤出的厚度。在连接器设计上,采用压接技术和玻璃烧结等工艺,并通过特殊的电缆和连接器装配技术,解决高抗张强度和耐横、纵向水密等关键技术。

2005年,上海交通大学牵头研制国内第一套地空高速机载宽带无线图像传输系统。为"神舟"载人航天系统返回舱着陆场解决直升机高速变姿态搜救飞行状态下的可视化指挥问题,该系统采用ADTB-T技术,突破七项关键技术,获上海市科技进步一等奖。同年7月,上海海运学院完成的上海市曙光计划项目"网络化远程信息监测与信息融合技术研究"通过上海市教委的专家鉴定。项目基于一维信号直接采样与重构定理的快速频谱高分辨率分析技术,提出基于数据链路层的虚拟网及其在集中式和分布式网络环境下敏感的主机资源的安全模式,完成可提高传送速度10倍以上的PLC数据优化组合传送技术。

2006年,上海航天电子通信设备研究所完成的"微波/毫米波芯片及多芯片组件关键技术研究与应用"(合作项目),获国家科技进步奖二等奖。运用电磁场、集成电路和半导体等理论,研制出毫米波单片功率放大芯片、高效率微波/毫米波功率放大组件、微波/毫米波多芯片组件、小型化微波/毫米波频率综合器、高性能微波/毫米波上下变频、集成化毫米波前端和一体化毫米波数据传输设备等。同年,上海大学完成的市科委重点项目"基于Adhoc技术的微功率无线通信系统",通过市科委验收。开发出微功率无线通信模块、无线手持终端,实现2.4 GHz频段的Adhoc自组织网络功能,具有节能机制和网络实时检测与管理功能,数据传输速率最高可达225 kbps;应用具有自主知识产权的Adhoc改进协议,对Adhoc网络MAC协议和路由协议进行优化研究。同年12月,上海宽带技术及应用工程研究中心邬江兴等承担的国家"十五""863"计划重大专项"高性能宽带信息网(3TNet)"通过科技部等组织的专家验收,获2007年度上海市科技进步一等奖、2008年度国家科技进步奖二等奖。项目提出以核心网基于ASON电路交换、边缘网基于IP分组交换的混合交换体制为基础的新型网络架构;实现4×300千米无FEC情况下BER为3×10^{-4}的远距离传输;首次提出将标准化的ASON扩展到支持组播和支持业务驱动的突发调度的ASON;实现支持业务驱动的突发传送ASON节点设备;实现全分布式无阻塞交换结构——第5代路由平台,总交换容量达到640 G;在国际上首次实现EPON系统芯片级互通,制定中国通信标准化协会行业标准。

2007年,上海大学于洪斌等承担的"基于IPv6的宽带接入汇聚与服务系统的研究"通过验收,获2008年度上海市科技进步奖一等奖。开发在一个业务接入平台集成xDSL、VDSL铜线接入及EPON、GEPON光纤接入等多种接入技术;在同一系统中集成IPv4/IPv6数据、TDM电话、IP电话、IP视频、组播业务、VPN业务、RF-TV等多种业务;在IPv4、IPv6环境下具有QoS功能保障和控制能力,并兼容IPv6的网络安全策略;解决内部组播数据流过度复制和用户频道切换缓慢等问题;解决VDSL铜线接入中高密度和低串扰的关键技术,EPON网络动态带宽分配问题及EPON网络承载TDM业务的端到端QoS保证的难题,TDMA突发方式中高速突发发送、突发接收,时钟快速同步建立等关键难题;解决EPON数据通道对RFTV通道的拉曼串扰问题。

2010年,中国移动通信集团上海有限公司完成"面向3G的服务应用支撑技术研究与系统实现"项目,研发出针对手机视频流媒体服务器在并发数上万情况下的多流直播负载均衡关键技术和海量3GP流媒体内容的快速搜索及推荐技术,实现电信级3G流媒体现场直播和点播系统。同年,上海交通大学承担的"工业无线网络监控系统关键技术研究与应用"项目,以无线传感器网络、认知无线电、工业传感信息和自治控制系统等关键基础研究为支撑,构建具有频谱认知功能的工业无线传感器网络监控系统。同年,上海无线通信研究中心的"新一代无线通信系统组网关键技术研究"通过市科委验收。提出一种移动中继与宏基站的同频组网方案,通过小区间自治功率控制有效解决混合组网干扰问题;提出基于聚合理论和干扰特性的用户分组技术,提高小区频谱利用率和小区边界频谱利用率。同年11月,上海无线通信研究中心承担的"认知泛在路由通信网络关键技术研究与系统仿真验证"项目通过市科委验收。研发的新技术能使得频谱空隙利用率大于30%、网络节点数大于30、频谱效率大于1 bps/Hz;研制的认知泛在路由通信网络仿真系统,具有自组织、自扩展、自修复的功能,验证认知泛在路由通信网络中的频谱感知、频谱分配、自适应媒体接入控制等多项创新关键技术。

四、信息获取与处理技术

2002年,复旦大学施伯乐等承担的"新型数据库技术及其应用",获上海市科技进步一等奖。针对应用领域的复杂实体联系、异构多数据源、数据丰富但知识贫乏等问题,对数据库技术中的面向对象技术和数据挖掘技术进行研究,研制相应系统。一致的面向对象数据模式、对象存储及管理、灵活的事务调度、支持多数据库访问特征、关联规则兴趣度的运用、含负项关联规则的生成、PHC聚类算法、数据挖掘语言、挖掘平台的可移植性、数据库技术对极地科学领域的应用、元数据的查询和管理。同年,复旦大学完成的国家"973"项目"复杂自然环境时空定量信息获取与融合处理的理论与应用",建立创新、全面的复杂环境空间遥感的信息理论,完成从数据到信息的定量转化过程,为中国环境提供多参数综合的、定量的科学信息、演示、数据库与技术示范。同年12月,上海通用卫星导航有限公司研制的"WEB/GIS综合信息数据服务平台"通过鉴定。该数据服务平台主要功能是为客户提供车辆位置信息、路况信息等GIS地理信息服务及其他增值服务。系统通过虚拟分中心为客户提供数据维护及监控和调度。通过该系统,可以远程监控所有在GSM/CDMA网覆盖范围内的特定移动目标。同时"数据平台"还可以提供WEB方式远程监控、调度业务,并同时兼容GSM/GPRS(CDMA)多种通信模式。

2004年,上海交通大学完成国家"863"计划和上海市重点科技攻关项目"基于空间影像信息的智能引擎技术",通过市科委的技术鉴定。提出基于光谱多边形面积的光谱相似性度量及其相似性检索新技术和光谱特征对比相似性模型及其检索技术等理论成果;解决遥感光谱量度模型及其检索等一系列关键技术,开发支持面向网络环境的遥感影像搜索软件。2006年,同济大学完成的"GML空间数据模型理论与GML、WEBGIS研究及应用",研究空间数据的各种模型的理论和技术问题,研制并推广具有完全自主知识产权的GML网络地理信息系统(WEBGIS)。同年6月,微系统所承担的市科委重点项目"多雷达传感器车流量信息获取及其应用示范"通过市科委的验收。研制的智能交通用的车流量检测雷达,利用毫米波测距原理检测多达8个车道运动或静止的车辆,可实现对8个车道的车流量、占有率、平均车速、车型等信息的实时检测,并将这些信息传到相关交通信息平台。

2008年,华东师范大学完成的"面向宽带网络的用户行为分析与个性化信息推送技术研究",通过对用户的行为信息数据进行分析,设计用户的行为表示模型,建立动态实时的推荐系统,提高推送的智能化和可靠性。同年,上海宽鑫信息科技有限公司的"面向宽带网络的数字导购服务应用示范"项目,面向数字媒体互动电视终端,实现各种数字导购点播。2009年,同济大学蒋昌俊等承担的"大规模网络资源管理和优化的虚拟超市技术及其应用",获2009年度上海市技术发明奖一等奖、2010年度国家技术发明二等奖。项目提出物理资源与逻辑视图的实虚映射技术,发明基于信任模型的用户资源视图构造方法,语义驱动的资源发现和优化配置;实现时间约束下的资源冲突消解和死锁避免;松弛标记和双匹配调度算法;发明基于马尔可夫决策过程的服务优选模型及算法;基于通用类型系统和语法、语义分离的插桩模板库的交互式调试和可视化分析技术,发明基于全局路网动态交通流负载均衡模型及诱导方法的交通动态导航系统。

五、信息安全技术

2003年,上海交通大学李建华等承担的"S219工程网络媒体监管信息系统",获上海市科技进步一等奖。提出内容安全体系机构、内容分级管理的标准草案、技术规范及管理策略、网络媒体集中监管和宏观监管体系、媒体网站安全能力指数评估模型、媒体网站新闻管理规范;采用和集成BBS/CHAT内容监管技术、电子邮件过滤及内容监管技术、个人主页内容监管技术等;开发针对BBS/聊天室信息内容监管系统、电子邮件安全监管系统、安全信息发布系统等。同年3月,复旦大学承担的国家"863"计划项目"分布式网络入侵监测、预警和安全监管系统"通过科技部的鉴定。利用智能信息分析技术对实时和非实时两种形式的智能信息分析;解决高速网环境下的高效信息采集和预处理技术、实时信息还原和高效匹配及识别技术等。同年3月,复旦大学承担的国家"863"计划项目"多层次分布式网络化病毒防范系统"通过科技部的鉴定。采用网络侦听、客户端主机监控、病毒检测、应急响应等多种手段,实现网络化病毒防范,网络病毒疫情自动上报和快速反应机制。

2004年,上海交通大学诸鸿文等承担的"国家信息安全应用示范关键技术研究与应用",获上海市科技进步一等奖和2005年度国家科技进步二等奖。首次采用信息安全强审计与集中监控技术解决政府内、外网络信息安全监控、金融网络信息流量的审计追踪、金融犯罪的电子举证、媒体网站黑客攻击防范等实际应用安全需求;实现网络系统各类设备和资源的集中管理、网络运行的实时监管、网络安全预警及应急反应;实现证书的跨应用、跨业务域的用户认证和鉴别机制。同年,上海交通大学完成的由国家"863"计划、市科委基金、国家密码管理委员会基金资助的"基于量子身份认证系统的量子锁研究"通过市科委的技术鉴定。完成量子保密通信模拟器(V1.0)、量子身份认证系统样机和平流层量子通信仿真系统。

2005年,复旦光华有限公司承担的市科委项目"大规模分布式拒绝服务防御技术"通过验收。通过对基于NPU的数据内容检测和转发技术、各种主流分布式拒绝服务的攻击识别技术、七层高速交换技术和网络连接的实时管理和控制技术的研究,研制出对网上的大规模分布式拒绝服务攻击进行过滤防御的串入式平台系统。2006年9月,上海市计算技术研究所的"基于无线传感器网络的实用监控系统"通过验收。研发无线传感监控系统监控中心的硬件和应用软件,完成区域无线传感微网3组和区域间无线传感网。实现传感器与处理单元的一体化设计;预留多种传感器接口,可实现一点多用;采用低功耗器件,对电源供电模块进行优化设计。

2008年,上海信息安全工程技术研究中心研制的"数字加密电话机",采用数字化技术将通话语音信号通过声码器压缩之后进行加密处理,确保通话不被窃听和监听。同年,上海华申智能卡应用系统有限公司等完成"基于中国自主密码算法的射频识别系统密码安全标准制定"。同年,上海华申智能卡应用系统有限公司等研发"电子票务安全防伪管理系统",通过加密技术和射频识别技术的结合,实现电子标签芯片内的数据安全。2009年,上海交通大学完成的"国家信息安全公共服务共性支撑技术研究及应用"获教育部科技进步奖一等奖,在共性核心理论和技术突破的基础上,创新性提出集合信息获取、信息分析与访问控制等多个核心模块的网络信息内容安全管理核心原型系统——智能化信息内容安全管理引擎。

2010年,上海安达通信息安全技术股份有限公司研发的"点对点的VPN软件系统",为联网的计算机之间直接建立安全加密隧道,实现联网的计算机节点之间的安全互联。同年9月,上海华申智能卡应用系统有限公司牵头承担的"基于国家密码算法的电子标签安全应用技术研究与应用"通过市科委验收。率先采用具有中国自主知识产权的SM1、SM2和SM7密码算法来满足RFID应用安全的需求;设计开发基于国家密码算法的电子标签芯片、读写模块、读写器、密钥管理系统等,实现电子标签相关安全应用系统。同年10月,上海启明星辰信息技术有限公司承担的"广域网络安全智能监测与态势分析处理系统"通过市科委验收。提出多维度网络测量引擎、基于主被动结合的安全测量技术、面向宏观网络的关联分析模型等。通过采用安全基准指标分析与评价、异常流量检测、整体安全状态评价,以及安全事件、系统弱点的告警和及时定位等技术,实现广域网络安全智能监测与态势分析处理。

第二节　生　物　技　术

一、农业生物技术

2000年,上海市转基因研究中心等承担的"动物乳腺反应器——人乳铁蛋白转基因羊"项目,采用显微注射法将外源人乳铁蛋白基因导入奶山羊受精雄原核内,完成人乳铁蛋白表达载体、YAC乳铁蛋白表达载体、乳清白蛋白表达载体3个基因构件的转基因山羊的制备。同年,上海市转基因研究中心承担的"优良肉用波尔山羊的批量胚胎移植技术体系",利用胚胎工程技术,扩繁经济动物与优秀畜种;在国内率先建立优良肉用波尔山羊的批量胚胎移植技术体系。2001年,上海市农业科学院(农科院)承担的"主要转基因农作物标准检测技术研究",建立35S启动子nos终止子等基因的定性检测方法,检测灵敏度达0.05%,检测稳定性和重复性在95%以上,率先在国内利用定量PCR方法检测抗草甘膦油菜的gox、epsps、fmv35s等基因,初步研制出10余种转基因农产品定性检测试剂盒。

2004年11月,农科院承担的"实验用猪克隆技术育种平台的构建及其应用"通过市科委的技术鉴定。将巴玛小型猪成纤维细胞、卵丘细胞作为供体细胞,通过电转染、脂质体介导方法,将目的基因导入供体细胞,建立猪体细胞转染技术;对传统的卵母细胞去核方法进行改进,建立二步挤压去核法;建立猪体细胞核移重构胚的融合、激活方法和核移植重构胚体外发育技术,核移植重构胚的体外发育胚囊率最高可达11.7%。2008年,农科院熊爱生等承担的"植物和微生物分子育种新技术及应用"项目,获上海市技术发明奖一等奖。获得带植物内含子的卡那霉素抗性基因;分离苹果EPSPS基因,并改组获得草甘膦抗性提高的新基因;获得耐高温β葡萄糖苷酸酶、耐高温高比活β半乳糖苷酶,从分子机制上探讨β葡萄糖苷酸酶结构与功能的关系,完成从微生物到高等植物的功能研究;基因合成、改造和体外分子进化的新技术在植物转基因领域得到应用;新型基因改组和分子进化体系用于微生物菌株的改造,提高目标产物产量。2009年,上海交通大学医学院附属新华医院陈学进研究组的"表达绿色荧光蛋白基因的克隆兔"研究,以GFP为标志基因,对家兔成体成纤维细胞进行转染,并通过同化培养液优化转染后的筛选条件,获得GFP转基因成纤维细胞系。

将GFP转基因成纤维细胞经血清饥饿后进行核移植,最终获得4只GFP转基因克隆兔,其中一只存活并繁殖后代多只。这些转基因克隆兔的后代在488纳米的荧光照射下能发出绿色荧光。这是世界上首次获得表达绿色荧光蛋白基因的克隆兔。

二、工业生物技术

2001年,华东理工大学张嗣良等承担的"基于参数相关的发酵过程生物反应器优化与放大技术"项目,获上海市科技进步一等奖,2002年国家科学技术进步二等奖。提出以细胞代谢流的分析与控制为核心的生物反应器工程学的观点;针对大量不同发酵规模、产品的过程研究、发酵过程多水平问题研究,以及基于相关与调整的优化与放大理论,设计一种以物料流检测为目标,配置14个以上在线参数检测或控制的新概念生物反应器;研制的计算机控制系统与数据处理软件包,可得到发酵过程优化与放大所必需的间接参数,并实现远程在线数据通信;以工艺、工程、装备一体化研究各种发酵产品取得重大进展。

2003年,上海永业农科生物工程有限公司姚泉洪等承担的"高比活植酸酶基因的获得及耐高温植酸酶的生产"项目,获上海市科技进步一等奖。建立适合于植酸酶体外定向分子进化的高通量筛选技术体系;建立适合于低成本、大规模工业化生产植酸酶的发酵分离技术体系;首次化学合成、分子进化构建高比活、耐高温的植酸酶基因及产品,具有显著的高比活和耐高温特性,植酸酶的酶活达2 500 FTU/mL;首次开发出葡萄糖替代甘油的发酵工艺,使发酵成本下降近1/3;建立细胞代谢流分析与多参数控制,实时反映生物反应器中基因、细胞和工程3个水平多尺度控制优化技术,解决工程菌低溶氧技术难题;实现基因工程植酸酶的大规模、低成本、高效益生产。同年,华东理工大学张嗣良等承担的"新型食品添加剂鸟苷生产优化与发酵过程多尺度研究",获上海市科技进步一等奖和2004年国家科技进步二等奖。针对传统的微生物发酵工艺,提出发酵过程研究的多尺度理论与方法,其中包括:基因分子尺度的网络结构、细胞尺度的代谢网络与生物反应器系统的宏观尺度网络结构间的拓扑结构与网络响应;微生物发酵过程复杂系统的结构性变化所引起的物质转化行为的非线性特性的研究方法;用于跨尺度测量与控制的相关分析和状态估计;以细胞代谢流分析为主尺度的多尺度研究方法;实现跨尺度控制的发酵过程优化。

2004年,华东理工大学承担的上海市现代生物与新药产业发展基金项目"毕赤酵母和抗生素等发酵过程检测与控制技术研究",通过市科委鉴定。在国际上首次将生物反应器中微生物过程的多尺度理论和方法与鸟苷、抗生素和基因工程产品等发酵生产过程结合,开展系统研究,发现发酵过程中代谢流迁移是影响过程优化的限制因素之一;提出的技术路线中,许多发酵产品的微生物过程优化取得重大进展;把菌种、发酵与生物反应器协同起来进行综合研究,实现工艺、工程、装备研究一体化。同年,上海交通大学万大方等承担的"高通量基因功能筛选和验证系统的建立及应用"项目,获上海市科技进步一等奖。创建大规模细胞DNA转染技术;应用"自身杂交"的负筛选技术,共选出具有对细胞促进或抑制生长的cDNA 3 814个;获得具有血清学诊断前景的候选基因2个、药靶候选基因2个、促进血管新生基因1个、基因治疗用候选基因3个。2005年,上海高科生物工程有限公司陆婉英等承担的"溶葡萄球菌酶的复配技术开发、应用及产业化"项目,获上海市科技进步一等奖。研发以溶葡萄球菌酶为核心成分的生物消毒剂。在国际上首先实现溶葡萄球菌酶大肠杆菌胞外分泌表达,且工程菌表达稳定,产率达200 mg/L,回收率达65%以上,纯度达98%以上,属国际首创;采用酶的复配技术,研制出特定的稳定剂和增效剂,提高酶的稳定性和杀菌谱;开发出溶葡萄球菌酶复配制剂,填补生物消毒剂的国内空白。

2006年,上海医药工业研究院陈代杰等承担的"万古霉素关键技术研究及产业化"项目,获上海市科技进步一等奖和2007年度国家科技进步二等奖。采用独特的推理菌种选育技术和原生质体技术,获得一株比出发菌株提高20倍的具有产业化水平的高产突变菌株;创新发酵培养基和工艺,使万古霉素的发酵单位提高到8 000微克/毫升以上,发酵液中有效组分含量提高到70%以上;创新分离纯化工艺,分清杂质组分和结构,解决糖肽类抗生素难以分离纯化的问题;采用特殊的冻干工艺和制剂配方,以及在制备过程中避免与金属物质接触以防止金属离子的影响,解决制剂易氧化、产生凝胶化和变色等不稳定问题。同年,复旦大学的"用微生物发酵转化技术制备人参皂苷compoundK"项目,运用微生物发酵技术,转化三七茎叶总皂苷,可大量制备该化合物,并通过发酵条件优化及分离纯化方法改进,可以在10 L发酵罐上进行中试生产。该工艺具有条件温和、转化率高、成本低等特点。

2008年,上海交通大学医学院附属第九人民医院(第九人民医院)曹谊林等承担的"组织工程化组织构建关键技术研发与应用",获国家技术发明奖二等奖。围绕组织工程中组织构建这一核心,建立多项相关的关键技术,在种子细胞的体外扩增与诱导分化、新种子细胞来源的拓展、生物支架材料在组织工程中的应用及支架材料制备新技术、生物反应器的研发与组织体外构建等方面,形成独创的技术特点与技术体系。在免疫功能完全的大动物体内成功修复皮肤、骨、软骨、肌腱与血管等多种组织缺损类型,并在初步的皮肤、颅面骨修复的外科临床试验中获得成功。同年,上海天伟生物制药有限公司季晓铭等承担的"普伐他汀钠新工艺"项目,获上海市技术发明奖一等奖。自主研发生产成套工艺,突破菌种、发酵、纯化、制剂等方面的关键技术和技术壁垒;独创高耐受筛选模型,选育出高产菌株;发明适合产业化的培养基配方和优化的发酵工艺;发明大孔吸附柱层析的普伐他汀钠纯化工艺;发明节能环保的生产工艺路线;筛选并添加一种稳定剂,突破制剂不稳定易降解的关键技术。

第三节　新材料技术

一、金属材料

2001年,微系统所承担"十五"863新材料领域课题"光电子材料与器件研究"。通过IMOX技术在SSOI圆片上外延厚硅单晶层,解决光子集成SOI材料规模化生产技术中的关键技术问题,获得制备光子集成SOI材料的相关工艺参数;生产适合光通信用SOI材料;建成HVPE外延材料生长系统,制备出实用的GaN衬底用以GaN基材料的生长。

2002年6月,上海大学等承担的"非树枝晶铝合金材料及其成形技术"通过鉴定。完成A356非树枝晶铝合金材料的熔炼工艺和连铸工艺设计,制备出直径60~100毫米多种规格的非树枝晶铝合金坯料,实现铝合金固液相百分比的调节。2003年,上海交通大学丁文江等承担的"阻燃镁合金及其应用关键技术研究"获国家科技进步二等奖。攻克镁合金薄壁产品的压铸、涂层转移法精密模具制造、镁合金汽车轮毂铸造生产、镁合金表面微弧氧化技术和镁合金表面化学镀等关键技术,解决镁合金熔炼过程中的氧化燃烧这一世界难题,并将阻燃镁合金应用到电子产品壳体和汽车零件的生产。2004年,技物所承担的"红外光电子材料的优化设计研究",实现材料芯片技术与红外物理基本机理的有机结合,在国际上首次成功应用到典型红外光电子材料-碲镉汞的功能结构制备工艺优化中,为中国的碲镉汞材料获得第一个关于 p-n 结掺杂浓度和结深对结特性影响的数据库;获得对碲镉汞材料 p-n 结成结工艺的优化参数。

2005 年,微系统所王曦等承担的"高端硅基 SOI 材料研发和产业化"项目,获上海市科技进步一等奖;获 2006 年国家科技进步一等奖。突破离子注入、高温退火等 SOI 材料制备成套的关键技术,自主开发低成本、高质量的超低剂量离子注入 SOI 技术;发明将键合和注氧隔离技术相结合的注氧键合 SOI 新技术,提高 SOI 材料的厚度均匀性;创造性的对常规 SOI 材料进行改性,使 SOI 材料抗总剂量加固水平上新台阶等。同年,上海交通大学承担的"金属硅化物结构和功能应用的基础研究",建立高熔点硅化物体材料及薄膜材料的制备新技术,实现双相组织材料中位向结构控制,首次发现单晶体硅化物氧化行为具有晶体学各向异性的特征;计算几类典型金属性和半导体性硅化物的能带结构,揭示热—电实验现象中的物理本质,探讨硅化物薄膜材料电传导性能与热处理方法的相关性,开发出具有高度稳定性的金属膜电阻材料。

2007 年,上海交通大学丁文江等承担的"新型高性能耐热镁合金研制及其在汽车上的应用"项目,获上海市技术发明一等奖。采用低微稀土合金化、复合精炼净化、层流压铸成型工艺设计与优化、防护工艺与设备开发等技术途径,研发确定两种分别适合于压铸和重力铸造的高性能低成本耐热镁合金及其生产制造技术;发现 Ti 元素对微观组织的细化作用,发明 SJTU-HM3 镁合金材料;发现 Sb 对 Mg2Si 相的细化机制,发明 SJTU-HM1 镁合金材料、镁合金玻璃体覆盖剂、含稀土精炼剂等关键技术;发现超声波对镁合金阳极氧化层生长有促进作用,发明镁合金超声阳极氧化及着色方法及装置,获得高耐蚀高耐磨的表面防护层。2009 年,上海材料研究所(材料所)承担的"特种舰船船体材料的研究开发"项目,解决材料制备过程中的熔炼、热加工、强化热处理、焊接、加工等关键工艺技术,开发出新型高强度低磁奥氏体不锈钢船体材料。同年 3 月,材料所承担的"高性能硬质合金钢轨铣刀材料的研制及应用研究"通过市科委验收。对硬质相、黏结相元素的种类、含量及粒度配比等进行优化,解决抗热疲劳、抗冲击的微结构的关键技术,研制出适合钢轨修复铣削加工用 D16 合金材料。

2010 年,上海交通大学彭立明等承担的"控形—控性一体化高强韧镁—稀土合金及其应用技术开发"获上海市技术发明一等奖。发现微量元素促进镁基体室温非基面滑移和变形合金织构随机化的韧化机制,研制出世界先进水平的高强韧镁合金 JDM1;发明镁稀土合金专用多级多介质连续净化方法及装置,实现镁合金熔体中夹渣夹杂的深度纯净化和稀土元素烧损率的有效控制;发明镁合金水平连铸及晶粒细化技术,获得亚微米级超细晶组织,实现优质镁合金挤压坯料的批量生产;发明镁合金超声阳极氧化、着色方法及装置,解决镁合金部件耐蚀性差和表面防护的难题。同年 1 月,材料所承担的"低温高压烧结技术在超亚微米硬质合金产品中的应用研究"项目通过市科委验收。经过对碳化钨晶粒度、黏结相的相变和润湿性、烧结致密化的研究,优选出复合晶粒长大抑制剂及铈—钴液相引发剂;发出制备超亚微米硬质合金材料低温、气压烧结的整套工艺技术。

二、无机非金属材料

2000 年,硅酸盐所的"高性能大功率压电陶瓷和驱动陶瓷及其应用"项目,研制出压电性能好、介电损耗和机械损耗小、在不同场强和温度条件下电容和损耗变化小的功率型压电陶瓷;开发出高控位精度圆环状压电陶瓷驱动器、不同类型的电致伸缩陶瓷微位移驱动器。2001 年,上海大学的"表面贴装元件用 PTC 热敏陶瓷材料的研制",可确保程控交换机不会因短路而无法工作,并避免触电。同年,上海大学承担的国家"863"项目"通信用微波介质谐振器陶瓷系列化研究与开发"通过鉴定。研制出高介电常数、中介电常数和高 Q 值三大类型的四个系列的温度稳定的微波介质谐振材料。同年,硅酸盐所的"大尺寸、高质量的新型压电单晶 PMNT 的制备"项目,率先在全世界制备出大尺寸、高质量的新型压电单晶 PMNT。同年 1 月,上海第二工业大学和上海理工大学共同承担的"氮化铝半导体薄膜的光学特性研究"通过上海市教委鉴定。采用金属有机化学气相沉积技术在蓝宝石基底上生长光波导薄膜,采用薄膜棱镜耦合和光波导的测试方法,测出薄膜材料的折射率和厚度。

2003 年,复旦大学唐姬等承担的"特殊孔结构的催化和分离材料的分子工程学研究",获上海市科技进步一等奖。在多孔材料形貌、孔结构和孔内活性位等层次上,提出纳米工程新方法,探索组成和结构改性增加材料表面反应和吸附分离能力的途径和规律;发明多种适合于纳米沸石的组装技术和基于沸石晶化特性的再生长技术;在组装模板、方法和机理方面形成新概念,以植物线状细胞和硅藻土为模板合成具有大孔—介孔—微孔三级孔的球状、纤维状、网状和薄膜的沸石新材料;制备具有微管阵列和多级孔结构的沸石仿生材料;发明以介孔氧化硅和粉煤灰微球为模板制备沸石微囊的新方法;发明液相化学沉积精细调变沸石孔径的方法;合成多种功能化的介观或层柱结构的新催化材料。同年,光机所徐军等承担的"大尺寸优质蓝宝石晶体研制"项目,获国家科技进步二等奖。首次采用"导向温度梯度技术",突破蓝宝石晶体生长难关,直接生长光轴方向即双折射方向的高质量晶体;首次提出蓝宝石晶体的着色机理;首次采用两步法脱碳去色新工艺;首次提出采用双加热温梯法新工艺,比国际上采用的提拉法和热交换法省去铱坩埚和大量昂贵氦气。

2004 年,华东理工大学李春忠等承担的"彩色显像管用片状石墨黑底导电涂料工业制备技术"项目,获上海市科技进步一等奖。针对天然鳞片状石墨矿超细粉碎过程,提出切向力作用下的片状形貌可控概念,设计开发新型研磨加工设备;实现石墨粒子的纳米级粉制备;将分散与絮凝可逆变换应用于石墨导电涂料的制备过程,实现粉碎和收集不同过程中的分散与絮凝的可逆变换;创新纳米级石墨粒子导电涂料的制备工艺,发明新配方,提高导电涂料的综合应用性能。2006 年,硅酸盐所的"Nd∶YAG 激光透明陶瓷研究",主要采用高纯商业 Y_2O_3、Al_2O_3、Nd_2O_3 超微粉作为原料,采用纳米 Nd∶YAG 粉体的溶胶—凝胶/燃烧合成法技术,烧结成致密的 Nd∶YAG 透明陶瓷;在国内首次实现 Nd∶YAG 透明陶瓷的激光输出。同年 3 月,材料所承担的"精密、大尺寸陶瓷球的研究开发"项目通过验收。开发出大尺寸陶瓷球批量化生产工艺配套装备,掌握精密、大尺寸陶瓷球磨加工的核心技术,制定出一套完整的精密、大尺寸陶瓷球批量化生产工艺规程和质量控制评价技术。

2007 年,硅酸盐所严东生等承担的"大尺寸掺杂钨酸铅闪烁晶体及其制备技术"项目,获国家技术发明二等奖。发明坩埚下降生长钨酸铅闪烁大单晶的制备方法,实现大尺寸掺杂钨酸铅闪烁晶体的规模生产及其质量控制;提出多离子掺杂以提高钨酸铅晶体光输出的创新构思,发明阴阳离子同时双掺杂的高光产额钨酸铅晶体及其生长方法;在国际上首次测定在高温钨酸铅熔体中氧化铅和氧化钨的挥发速率,并选择氧化钇作为生长掺杂剂。2008 年 1 月,光机所承担的"大尺寸高质量 $LiAlO_2$ 晶片及产业化关键技术研究"通过市科委验收。在 2 英寸高质量 $LiAlO_2$ 晶体制备技术上取得突破,建立大尺寸 $LiAlO_2$ 实验室。

2009 年,硅酸盐所施剑林等承担的"低比表面积高烧结活性氧化锆粉体与制品关键技术开发及产业化"项目,获上海市科技进步奖一等奖。开发低比表面积高烧结活性氧化锆粉体制备与处理技术,在保持粉体低成本的同时,使原有的高比表面积粉体在保持其高烧结活性的同时大大降低其比表面积;利用该粉体开发国产注射成形用有机物配方,薄壁件近净尺寸成型技术和烧结技术;完成从基础研究到产业化的全过程。同年,同济大学的"电可调复合微波陶瓷材料性能调控研究",制备出具有低介电常数、低介电损耗和合适介电可调率的钛酸锶钡基复合微波陶瓷材料;借助于谱学方法对其晶体结构、极性声子模参数、本征介电性能三者之间的关系进行探讨。同年,硅酸盐所的"铁电陶瓷外场诱导相变特性与机理研究",对 PZT95/5 型铁电陶瓷在不同电场、温度和频率下的电滞回线(P-E)进行系统测试和分析,发现极化过程与在不同电场作用下空间电荷的聚集、畴的成核和畴壁运动等密切相关;通过理论拟合,发现其电滞回线面积、剩余极化强度和矫顽场与频率、电场和温度均很好地满足幂函数关系。2010 年,上海海事大学研发的"钢质弯头内衬陶瓷涂层技术",利用燃烧合成涂层技术在钢质弯头内壁形成连续完整的 Al_2O_3 陶瓷涂层,提高管道弯头的耐磨、耐腐蚀和耐高温性能,延长其使用寿命。

三、有机材料

2001 年,东华大学的"可染细旦聚丙烯纤维"项目,通过加入一种或几种自行制备的特定聚烯烃添加剂,设计选择特殊相溶剂,制备出可纺性的共混聚丙烯树脂,并首次纺制出分散染料可染的细旦聚丙烯长丝。同年 3 月,东华大学承担的"丙纶及碳纤维对混凝土强韧化和防裂作用的研究"通过上海市教委鉴定。研制出适合建筑用的改性聚丙烯纤维和碳纤维,并对掺入砂浆及混凝土后,砂浆及混凝土的抗裂、抗渗性和力学性能,以及耐久性等机制和工程问题进行研究。在聚丙烯纤维纺制时,采用添加极性高分子和 β 晶结晶成核剂等方法,改善纤维和水泥集材的亲和性、分散性和抗老化性,特别使砂浆和混凝土的塑性抗裂有明显提高,增强韧性,改善抗渗性、抗冻性和耐久性。

2003 年,华东理工大学承担的"分子组装抗菌化材料的应用与产业化关键技术"通过专家鉴定。在部分基体树脂的分子链上,组装上经过优选的抗菌功能团,使这部分树脂本身就成为抗菌的组成部分。分子组装抗菌功能团属无毒物质,无刺激性、无致微核作用;具有耐高温、抗氧化的功能。同年 9 月,华东理工大学等完成的"PET/PEN 高阻隔包装专用料研制研究"通过中国石油化工股份公司的鉴定。研制处能同时提高阻隔性能、力学性能和耐热性能,并保持良好透光性能的高阻隔包装专用料;首次提出 PET/PEN 共混聚酯具有片状分散、平行交叠的阻隔机理,揭示采用少量 PEN 能获取较大阻隔效果的改性机理和微观形态本质。2004 年 8 月,复旦大学等承担的国家"973"计划项目"通用高分子材料高性能化的基础研究"通过科技部的专家验收。项目达到对高分子链结构的设计与控制。发展新的加工成型工艺。选择通用树脂中双向拉伸聚丙烯(BOPP)专用料在拉伸过程中的破膜问题,研究其链结构、凝聚态结构并与其熔体的拉伸行为相关联;进行分子结构表征工作,设计出适合高速拉伸的 BOPP 薄膜专用料的链结构;开发出的高速 BOPP 专用料,"高速双轴拉伸聚丙烯(BOPP)专用料生产技术的基础研究及工业应用"获 2004 年国家科技进步二等奖。

2005 年,复旦大学承担的"锂离子导电高分子电解质材料研究",通过市科委验收。研究三种方法制备聚合物电解质材料。发现电解质材料与正极和负极的化学兼容性非常重要,电极材料特别是负极材料同电解质的界面反应极大地影响电池性能。同年,东华大学承担的"新型大孔纤维膜在水处理中的研究应用",通过市科委验收。选择价格低廉、成膜性能好的聚氯乙烯为膜材料制膜:确定最佳制膜条件;分别采用聚砜、热塑性聚氨酯、聚偏氟乙烯对其进行共混改性,改善膜的疏水性,并相应提高膜的其他性能;确定最佳溶剂、添加剂以及配方和纺丝工艺条件,首次开发通量大于超滤几十倍的大通量膜,并得到应用。2006 年,中大科技有限公司潘跃进等承担的"高分子制版感光材料"项目,获国家技术发明二等奖。采用有机硅改性聚氨酯乳液,与丙烯酸酯/多官能团交联单体改性醋酸乙烯共聚乳液形成双组分黏附体系;设计双光敏体系,有机苯乙烯基吡啶盐树脂与重氮光敏树脂;解决网版膜耐化学性关键技术,解决活性染料深色印花,雕印工艺等方面的脱胶和渗色的问题。同年,上海申达科宝新材料有限公司的"PVDF 建筑用膜材料研制"项目,获中国纺织工业协会科技进步二等奖。研制采用 7 层结构的建筑用 PVC 膜材,以聚酯长丝织物基材、正反两面由糊状树脂和增黏剂组成的改性层和外压正反两面热熔压延的 PVC 层,以及外表面加有正反两面聚偏二氟乙烯表面处理层。

2008 年,东华大学朱美芳承担的"功能杂化材料设计、组装及其应用关键技术"项目,获上海市科技进步奖一等奖。采用表面活性剂对锑掺杂氧化锡(ATO)纳米粒子进行可控修饰,开发用于极性可溶性高聚物抗静电改性 mATO;采用湿化学法制备镍锌铁氧体、ITO 包覆的碳纳米管(mCNT)复合材料,实现其在聚丙烯腈中的均匀分散和有序定向排列,开发抗静电聚丙烯腈浅色纤维;采用原位生成和溶胶原位聚合技术制备可纺性优良的聚酯/纳米钛系化合物杂化树脂,形成纳米钛系材料原位形成、聚合物合成与杂化树脂制备一步完成技术,开发具有优异紫外线屏蔽和良好抗静电功能的聚酯纤维;采用原位悬浮聚合法,制备 Hy - PS(Y$_2$O$_3$)/聚丙烯复合纤维。同年,复旦大学武利民等承担的国家"863"计划、上海市重大科技攻关计划项目"高固体分丙烯酸树脂及涂层的制备及产业化"项目,获上海市科技进步奖一等奖和 2009 年国家技术发明奖二等奖。发明高固体分丙烯酸树脂的"分离聚合"技术,解决现有合成技术中丙烯酸树脂分子量及其分布难以控制、树脂溶液固含量低、VOC 高的问题;发明高固低黏纳米复合丙烯酸树脂的制备新技术,解决无机纳米粒子的难分散和团聚问题;发明不含任何传统乳化剂的丙烯酸树脂无皂乳液的制备新技术,解决传统的丙烯酸树脂乳液合成需要大量有机小分子乳化剂的问题;发明高固低黏纳米复合聚酯及涂层的制备技术,以及以纳米二氧化硅粒子为乳化剂的硅烷化聚合物后乳液制备技术。

2010 年,东华大学胡祖明等承担的"聚间苯二甲酰间苯二胺纤维与耐高温绝缘纸制备关键技术及产业化"项目,获国家科技进步二等奖。首次采用以高效剪刀为核心的间位芳纶半连续聚合和双螺杆连续中和技术,解决反应后期黏度急剧上升带来聚合反应不均匀、中和反应不完全和过滤性能差的难题;开发高效超声水洗装备和工艺;首创间位芳纶异形纤维纺丝技术;创新间位芳纶沉析纤维产业化制备技术,研制与新工艺配套的新装备,实现沉析纤维质量和产能的同步提高;设计具有特殊外场作用的打浆和纸浆输送系统,开发流浆箱纸浆分配和在线测控技术,开发专用热压设备和热压工艺。同年,上海特安纶纤维有限公司的"芳砜纶耐高温纤维关键技术及产业化"项目,获上海市技术发明一等奖。对大分子的配方进行调整,形成全间位、间对位或全对位的含砜基的苯酰胺大分子结构,改善可纺性;开发分段式大流量的低温轴流聚合系统、高剪切混合中和系统、高效过滤系统、高真空连续喷膜脱气泡系统、高黏度纺丝体的转向湿法纺丝技术和喷丝组件、高温结晶和取向的纤维强化工艺、高旦数和高湿热的卷曲工艺、低浓度废液提取有机溶剂的回收工程技术和工业化自控装置及相关工艺软件;创新集成芳砜纶产业化生产线的聚合、纺丝、回收的产业化工程关键技术。

四、复合材料

2000 年,上海杰事杰新材料股份有限公司承担的"复合型热塑性工程塑料及制品"项目,实现高分子材料分子设计和分子形态学设计,并采用积木式双螺杆挤出机作为主要改性手段,对工程塑料制品实现选材、设计和制造一体化。同年 12 月，华东理工大学承担的"玻纤增强热塑性复合材料的关键技术及成型工艺"通过"863"专家委员会验收。该新型复合材料突破三大关键技术：树脂基体与增强纤维的界面处理、高黏熔体浸渍玻纤毡和主要生产设备设计和制造国产化。

2002 年，上海交通大学张国定承担的"非连续增强铝基复合材料的研究与应用"项目，获上海市科技进步一等奖。开发先进的材料复合技术及成套设备，开发出非真空搅拌熔铸复合技术，解决微米级颗粒在金属基体中分布均匀性及界面结合强度两大难题；发明非连续增强铝基复合新材料；研究颗粒分布均匀性、界面结构及材料力学性能、断裂特征及物理性能等问题；用新的材料表征方法研究材料的微区力学行为；研制出各种形状复杂的构件及各种截面的型材；首次将 SiCp/Al 复合材料应用于航天空间站大面积太阳能电池阵的展开机构，将 SiCp/Al 复合材料首次应用于固体发动机的延伸喷管。同年，复旦大学承担的"有机/无机杂化光功能材料及光波导性质研究"通过鉴定。发现聚合物/氧化硅凝胶复合材料存在从聚合物向聚合物/凝胶玻璃复合材料过渡的结构相变；通过改变聚合物/氧化硅玻璃的配方，可以大幅度提高复合材料的玻璃态转变温度；通过改变波导薄膜的厚度，可实现连续可调谐波导激光输出；采用溶胶—凝胶技术合成多种有机/无机杂化光功能材料和薄膜材料。

2005 年 7 月，核工业第八研究所等承担的上海市稀土计划项目"高磁能积稀土复相永磁材料的研究与开发"通过上海市稀土办验收。通过调整纳米晶永磁材料各种元素的比例，优化材料的成分设计；调整快淬 Nd－Fe－B 永磁材料的快淬速度、液体喷射压力等获得较高性能的磁粉；配制复合黏结剂与软金属复合的复合黏结剂，应用温压工艺技术提高磁体密度和均匀性的双重效果，制备出高磁能积稀土复相永磁磁粉和磁体。2008 年，上海大学施利毅等承担的"无机粉体精细化及材料复合关键技术开发和产业化应用"项目，获上海市科技进步奖一等奖。开发高精度研磨创新技术，实现多种超细或纳米化无机粉体低成本优质化制造；在纳米重晶石等低活性表面构建活性基团丰富的过渡层，吸附或与改性化合物反应，实现表面亲油化；开发醇水体系一步法合成疏水性能优异的精细化无机粉体技术；开发高品质涂层材料、高性能塑料、橡胶及耐火材料等一系列高性能复合材料。同年，硅酸盐所承担的"新型的有序介孔碳/二氧化硅复合陶瓷材料"项目，在电磁干涉屏蔽与吸波材料研究上取得创新成果。利用有序介孔碳材料取代常见的碳纤维、碳纳米管、石墨等填充到二氧化硅基体材料中，采用热压烧结的方法制备出新型的有序介孔碳/二氧化硅复合陶瓷材料。

2009 年，华东理工大学李春忠等承担的"有机化无机颗粒改性聚合物复合材料制备关键技术"获国家科技进步奖二等奖。揭示有机化无机颗粒改性聚合物复合材料的界面结构与增韧机理；提出原位接枝表面修饰、二次研磨湿法分散和固相吸附组装等表面修饰新技术，实现单颗粒修饰和良好分散；提出直接酯化—缩聚原位聚合技术和原位聚合—共混挤出加工一体化技术，提出层间交换和强化原位增强新技术；开发自控温等特性优异的导电复合材料、机械和热性能优良的高性能工程塑料等新体系。同年，华东理工大学李春忠等承担的"无机刚性颗粒和弹性体协同改性耐热塑料及其制备技术"项目，获上海市科技进步奖一等奖。开发纳米颗粒表面接枝功能弹性体的新方法；提出弹性体和无机颗粒协同改性聚合物复合材料的思想，提出多元复合材料的增韧机理及结构控制方法；开发高耐热性和高刚性的无机纳米颗粒改性 PBT/PET 合金及制品；提出无机刚性颗粒与玻璃纤维混杂改性尼龙的新思路，制备高刚性和高耐热性的尼龙复合材料。同年 10 月，华东理工大学的"新型树脂及其复合材料研究"通过国家教育部验收。解决结构与性能最优化的分子结构设计问题，攻克与树脂相关的关键难点；开拓高性能、低成本复合材料需要的树脂基体新品种。属国内外首创。

五、生物医用材料

2000 年 12 月,由上海九凌冶炼有限公司与浙江大学附属第二医院合作研制的"全热解碳双叶人工心脏瓣膜"通过市科委鉴定。研制出全热解碳双叶人工心脏瓣膜,以当前与血液相容性最好的热解碳作为瓣环和瓣阀的材料,内部不含石墨基体,做到全热解碳,提高瓣膜的使用安全性、可靠性。2002 年,硅酸盐所承担的上海市科技发展基金项目"等离子喷涂羟基磷灰石(HA)生物涂层材料制备中的关键技术研究",制备成功 HA - ZrO₂、HA - TiO₂ 和 HA - Ti 等多种复合涂层;发明蒸汽火焰处理技术,使羟基磷灰石涂层的结晶度由 67% 提高至 95% 以上;制备成功一类全新的生物涂层——等离子喷涂硅灰石和硅酸二钙涂层;对等离子喷涂钛涂层进行生物活化改性处理,钛涂层在模拟体液中表面能形成一种类骨羟基磷灰石层;确定人工髋关节涂层的制备工艺技术。

2004 年,复旦大学承担的"具有复杂外形的组织工程支架"项目通过鉴定。以生物相容性良好的可降解高分子为材料,综合盐粒致孔和课题组首次提出的常温注塑等成型方法,获得外形复杂而内部多孔的可降解多孔支架。同年,华东理工大学承担的"可注射原位固化人工骨的研究与应用",通过教育部鉴定。对可注射型磷酸钙骨水泥超浓悬浮体反应体系的流变性能进行研究;运用流变学和管道流动理论,探索材料在水化反应过程中的动态流变性能及其机理,将磷酸钙骨水泥用于椎体压缩性骨折的椎体成形术可注射微创治疗。同年 2 月,材料所承担的"新型高分子形状记忆性医用固定材料的研究及应用"通过技术鉴定。研制的聚己内酯材料具有轻便干净、固化时间快、透气性好、生物相容性好、可重复使用、不影响拍片检查等优点。同年 5 月,东华大学等承担的"周围神经再生导管用 PGLA 生物材料的研制"项目通过市科委鉴定。用聚乙交酯丙交酯(PGLA)生物可降解材料,经特殊的带芯编织、加芯和加筋编织工艺及甲壳素、低温等离子蛋白涂层等工艺,制成具有一定张性和支撑力的导管。同年 6 月,同济大学等承担的"生物可降解材料中间体"项目通过市科委鉴定。以 DL -乳酸、L -乳酸和羟基乙酸为原料,分别合成三种生物可降解材料中间体 DL -丙交酯、L -丙交酯、乙交酯,研发中试生产线,构成整套中试生产线的集成技术。

2005 年,东华大学承担的"共混聚醚砜膜人工脏器"项目,通过市科委验收。研制成功高通量人工肾透析器、血液滤过器、腹水超滤浓缩回输器三种人工脏器用的中空纤维膜。设计并加工完成年产 1.5 万~2 万只人工脏器的中空纤维膜多功能纺丝生产线和上述三种人工脏器的组装设备;研制的共混聚醚砜原材料用于生产人工脏器属国际首创。同年,硅酸盐所研发的"新型超大层间距规则的层结构无机生物纳米复合物",具有酶负载量大的特点,无机层能够有效抵御有机溶剂、酸碱、无机离子等侵蚀。同年 1 月,同济大学承担的"骨组织工程支架材料的制备、表征及应用研究"项目通过专家验收。掌握各种可降解聚乳酸共聚物生物材料的制备方法,形成中国组织工程材料的自主知识产权。同年 10 月,有机所承担的"用于组织工程学的新型天然高分子材料研究"通过专家验收。制备分别包容脂溶性和水溶性火星物质的直径 100~2 000 纳米的微球,并制成微球薄膜;载药微球薄膜具有显著的抗凝血效果。

2007 年,华东理工大学郑安呐等承担的"分子组装抗微生物技术的创建及其应用"项目,获上海市技术发明一等奖。合成一类具有高效广谱抗菌性且对人体安全的抗菌剂;采用分子组装技术,将抗菌剂进行化学修饰,制备具有广谱、速效、持久抗菌防霉功能且使用安全的抗微生物材料,建立国内外第一条分子组装抗菌母粒生产线;采用介面工程理论,使键合在大宗树脂分子链上的抗菌功能团化合物在材料表面富集,提高抗菌剂的使用效率;开发各类母粒与同类基体制造纤维薄膜和塑料制品的关键技术。同年,东华大学承担的"溶胶—凝胶、抗菌、抗紫外、生物包埋酶以及生物医用支架涂层材料"研究,解决未来生物医用材料所涉及的部分技术难点;运用溶胶—凝胶技术研制的纳米抗菌织物具有高效抗菌、价格低廉和绿色环保的特点。同年,有机所研制的"纳米级医用无纺布",能选择性吸附和去除低密度脂蛋白,为高血脂患者提供更快速、有效的体外净化血液方法。

2008年,第二军医大学附属长征医院侯春林等完成"水溶性医用几丁糖的制备技术与应用",属国内外首创,获上海市技术发明一等奖;获2009年国家科技进步二等奖。该项目历时20年,发明水溶性医用几丁糖制备技术,在国际上首先解决几丁糖的水溶性和生物安全性难题,首次将几丁糖研制成可在体内使用的新型医用生物材料,进而开发出系列几丁糖医用制品。使几丁糖从酸溶性变为水溶性,获国家发明专利。2010年,硅酸盐所承担的"介孔碳材料的应用与合成研究",首次发现介孔碳材料对人体内毒素"胆红素"具有很好的吸附性能和良好的血液相容性,并提出介孔碳材料作为血液净化用吸附剂的设想。

第四节　纳　米　技　术

一、纳米材料技术

2001年,上海交通大学在国内最先开展"激光诱导聚合物表面制备微米/纳米结构的研究",首先发现聚合物表面纳米结构中存在着分子链取向。同年,上海交通大学承担的"磁光材料芯片的制备",制备国际上第一枚磁光材料芯片,制得由纳米尺寸的磁性铁粉和非磁性的二氧化硅组成的功能复合材料。同年,同济大学承担的"纳米复合透明隔热薄膜"项目通过鉴定。研制出低成本、性能优良的纳米复合 $TiO_2/Ag/TiO_2$ 透明隔热薄膜;获得薄膜折射率和厚度的控制方法;实现低温下溶胶—凝胶薄膜的固化与致密;研制的纳米复合 $TiO_2/Ag/TiO_2$ 透明隔热薄膜平均透射率在可见光区为 67.1%,近红外区为 9.6%,荫屏系数为 0.26,太阳热增益系数为 0.23。同年,同济大学承担的"纳米复合玻璃研制",实现对材料纳米结构的有效控制,能有效隔离紫外光,防材料褪色老化,具有减反射、防眩光、隔紫外,提高图像清晰度、对比度和逼真性的功能。

2002年,硅酸盐所高廉等承担的"纳米氧化物粉体和介孔材料的制备科学与性能研究",获上海市科技进步二等奖。制备出小于10纳米无硬团聚的 ZrO_2 粉体,具有极好的烧结性能;发明得到晶粒尺寸20纳米的无团聚、无其他杂相的钇铝石榴石($Y_3Al_5O_{12}$,YAG)粉体;发明获得粒径为7纳米的金红石相纳米 TiO_2 粉体;得到世界上第一块晶粒尺寸小于100纳米的 ZnO 纳米陶瓷;实现以功能团修饰介孔孔道表面,增强介孔材料 MCM-41 的应用性能;发明制备高比表面积和高活性的、墙体为锐钛矿相的介孔 TiO_2 光催化剂的方法。同年,上海交通大学在国际上首创"操控排布大面积、多层纳米材料技术",能将一定长度范围的纳米材料拉直和排布,且操控排布纳米材料的面积可随基底的大小和形状而变;可调控间距,均匀排布多层的大面积纳米材料,并可形成复杂的三维网状结构;排布效率具有实际应用的价值,技术比较成熟。

2003年,硅酸盐所高廉等承担的"晶内型氧化物基纳米复相陶瓷的制备科学与性能研究"项目,获上海市科技进步一等奖。发现湿化学法制备纳米复合粉体的科学规律,制备出各种组分分布均匀的包裹型纳米复合粉体;在国际上首创用放电等离子烧结(SPS)技术实现陶瓷的超快速烧结;用创新性的复合粉体制备工艺和SPS超快速烧结技术,制备出各种高性能的晶内型氧化物复相陶瓷;发明兼有高力学性能和高导电性能的纳米复相导电陶瓷;发明将碳纳米管高度均匀分散在纳米粉体中的新技术,制备出添加极少量碳纳米管就使力学性能或电学性能有大幅度提高的纳米复相陶瓷。同年,华东理工大学等开发的"纳米复合抗菌聚氯乙烯功能塑料制备技术",通过市科委鉴定。针对无机抗菌粉体,开发湿法复合表面改性新技术;对载银二氧化钛抗菌粉体进行复合改性,提高抗菌粉体聚氯乙烯的拉伸和冲击强度的力学性能;首次将载银磷酸锆纳米抗菌粉体应用于硬质聚氯乙烯,制备出抗菌性能和力学性能优良的抗菌聚氯乙烯材料。

2004 年,上海大学施利毅等承担的"功能纳米粉体规模化制备及应用技术开发"项目,获上海市科技进步一等奖。以四氯化钛为原料,采用特殊水解工艺获得金红石相结构的水合二氧化钛,制备纳米二氧化钛;获得纳米氧化锌粉体,实现纳米氧化锌形态结构的有效控制;在纳米二氧化钛表面包覆致密氧化物绝缘体,有效封闭纳米二氧化钛光活性,形成纳米二氧化钛和纳米氧化锌水/油分散系列产品;开发特殊结构反应器,制备均匀分散的纳米粒子;实现纳米粉体高效洗涤和过滤;以金红石型纳米二氧化钛基复合颗粒为改性材料,制备纳米材料改性耐变频绝缘漆;制备均匀分散纳米氧化锌水分散液,制备纳米氧化锌/羟基磷酸锆复合抗菌剂。

2005 年,复旦大学武利民等承担的"纳米结构功能涂层的制备和规模化生产关键技术开发"项目,获上海市科技进步一等奖。通过不同粒径、形状无机颗粒材料的选择和改性,使涂料在干燥成膜过程中能在涂层表面形成微观的凹—凸形貌和疏水层,降低灰尘颗粒与涂层表面作用力,而具有自清洁功能;创新设计并制备具有纳米结构的疏水剂,可进一步降低灰尘颗粒与涂层表面作用力和提高水对涂层表面的接触角,有利于水珠在涂层表面的滚落,达到自清洁的目的;将纳米二氧化硅进行表面改性后通过原位聚合法或共混法引入到高固体分丙烯酸树脂中,获得高固低黏的丙烯酸树脂。同年,东华大学张菁等承担的"常压等离子体实时聚合纳米涂层技术"项目通过验收,获上海市科技进步二等奖。运用射流等离子体炬技术,解决常压等离子体涂层方法难以避免的织物微放电损伤的难题,获得均匀辉光放电;应用气封技术,并通过工艺控制,调控纳米涂层的物化结构与特性,首次获得等离子体单晶聚合物纳米结构涂层。同年,硅酸盐所的"微波辅助离子液体法快速制备一维纳米材料"项目,可实现对纳米结构形貌和尺寸的控制,具有快速、环境友好、简便、产率高等优点;将微波辅助离子液体法成功扩展到金属硫化物和含氧酸盐一维纳米材料的快速合成,以及快速制备草酸钴纳米棒、氧化铜纳米线和纳米片;制备四氧化三钴多晶纳米棒。

2006 年,上海大学承担的市科委纳米专项"纳米析出相强化的耐热锻造铝合金研制与机理探讨",通过市科委验收。通过添加合金元素 Cu 和微量合金元素 Zr、Cr、Ti 等,使 6082 锻造铝合金的耐热性能在原有基础上提高 10％以上,强度也提高 10％以上。同年 3 月,华东理工大学承担的"新型生物酶固定化载体的生产技术"通过科技部的项目验收。开发适用于亲水性的含环氧基团的纳米结构高分子聚合物载体合成的反相悬浮聚合新技术,以及一条低成本的生物酶固定化载体的合成路线。同年 12 月,华东理工大学承担的"纳米链/聚合物复合材料的界面结构及增韧机理研究"通过市科委验收。实现纳米颗粒在聚合物基体中的均匀分散并形成链状网络,揭示颗粒尺度效应及表面结构对材料结构及性能的影响规律。

2007 年,上海大学等承担的世博科技专项"多功能纳米材料及涂层技术开发"通过市科委、验收。开发出高性能阻燃涂层材料、具有净化空气和抗菌防霉功能的室内外涂层材料,以及具有净化空气和耐磨防滑功能的地面材料等一系列终端产品。同年,上海大学完成的市科委纳米专项"Mg基-AB2 新型纳米复合储氢材料的制备和研究",通过市科委验收。制备出系列复合储氢材料;合成二元及三元系储氢合金;推导出表征材料吸放氢反应不同控速环节的动力学新模型;研制出传热、传质、抗压性能好的镁基纳米储氢材料轻型储氢罐。同年,上海理工大学完成的"锌量子点干法室温大规模低成本制备设备研制"项目,在国际上率先研制用于纳米结构和纳米材料干法室温大规模低成本制备的滚压振动磨。同年1月,中国船舶重工集团公司第七——研究所承担的"减振降噪纳米复合材料的制备和应用"项目通过市科委验收。制备一系列具有互穿网络结构的聚合物粒子和具有纳米中空结构的聚合物粒子,制备出具有良好减振降噪性能的纳米复合材料,形成较好的混凝土的共混工艺和专用成型装置。

2008年,硅酸盐所开发的"制备氧化锌—二氧化锡复合氧化物纳米材料的新方法",采用氧化锌纳米棒、四氯化锡和氢氧化钠水溶液作为反应体系,制备出氧化锌—二氧化锡复合氧化物纳米结构空心球和由纳米片组装的多级纳米结构。同年1月,上海电力学院承担的"纳米无机/有机复合涂层半导体转变规律研究"通过市教委验收。研究纳米粉体种类、表面处理及分散对海洋工程涂料防腐和耐污性能的影响,研究纳米无机/有机复合涂层失效过程中宏观不均匀性,探讨纳米无机/有机复合涂层失效过程中半导体转变与其微观与宏观腐蚀不均匀性之间的内在联系;形成具有工业化应用前景的高性能海洋工程涂料生产技术。同年4月,上海第二工业大学承担的"高性能纳米流体强化传热介质材料的研究与开发"通过市科委验收。研发出均匀稳定且不含分散剂的含碳纳米管纳米流体介质材料;制备出含铜纳米颗粒的纳米流体。

2009年1月,上海电力学院承担的"纳米绝热材料热辐射特性的研究"通过市科委验收。对热辐射散射进行计算机模拟;研究散射和材料结构之间的联系;建立散射特性和孔隙率以及波长的内在规律;得出气凝胶的半球透射性能接近常规透明隔热材料的性能。研制一台测量双向反射分布函数和双向透射分布函数的实验装置。2010年,上海三瑞化学有限公司完成的世博科技专项"纳米材料及涂层技术"项目,使纳米涂层产品内含独特的金属键交联的水性高分子聚合物,具有优异的流平性能、光泽度、光泽持久性和耐磨性能。在2010年上海世博会期间应用。同年,东华大学"高感性纳米复合功能纤维的规模化生产及其应用"项目开发的高感纳米抗菌衣,在纳米抗菌功能材料和功能树脂的制备、功能纤维成型、针织产品的结构设计以及后整理等方面具有集成创新性。

二、纳米生物与药物技术

2002年,原子核所等取得纳米科技与生物学结合的重大突破,国际纳米界权威杂志《纳米通讯》封面刊登"DNA"3个字母。这3个字母是通过纳米操纵技术,用单个DNA分子长链书写的,每个字母高300纳米、宽200纳米。2004年,复旦大学附属中山医院(中山医院)承担的国家"863"计划项目"磁性药物载体在肿瘤靶向化疗中的应用"通过鉴定。立足于纳米技术,制备三种磁性药物载体。同年,应物所的"药物载体——高分子智能纳米凝胶研究",利用无皂乳液聚合和微乳液聚合的方法,合成粒径受控且具有良好粒径分布粒子、纯度高的纳米凝胶;利用光和辐射作为高分子引发聚合,提高凝胶体系的纯度。

2005年,硅酸盐所的"介孔氧化硅材料在生物医药领域的应用研究",通过层层自组装技术,实现对介孔孔道的封堵与开放。合成一种以磁性氧化铁颗粒为核,以介孔氧化硅为壳,粒度可调的单分散介孔氧化硅核壳结构磁性纳米复合颗粒,实现药物载体与磁性粒子的有效结合。同年,复旦大学承担的市科委纳米专项"隐形纳米粒的肿瘤、脑、脾靶向研究"通过验收。合成PEG化聚氰基丙烯酸烷基酯、阳离子化白蛋白、PEG-PLA嵌段共聚物三大类多种隐形化高分子材料,制备并优化隐形纳米粒;在表面特性与脾、脑、肿瘤关系的系统研究、隐形纳米粒作为脾靶向DNA递送载体、阳离子化白蛋白作为脑靶向载体等方面具有创新性。

2006年3月,华东理工大学承担的市科委纳米专项基金项目"聚肽共聚物纳米胶束实现对药物的控制释放"通过市科委验收。在研究聚肽共聚物的化学结构与自组装行为和载药性能的关系,通过不同化学结构聚肽共聚物的共混控制纳米胶束的结构与形态等方面具有创新性。2007年,上海师范大学完成"功能化多壁碳纳米管药物载体研究"。该载体与传统药物载体相比具有良好的生物相容性、水溶性和很高的比表面积,可以提高药物的负载量。同年,中山医院等承担的"消化道肿瘤及慢性肝病靶向纳米药物载体研制"项目,合成用于纳米药物载体的高分子材料、具有临床潜在应用价值的多种纳米载体材料;制备多种可生物降解的磁性纳米聚合物药物载体;制备一种磁靶向温度敏感的双重响应聚合物纳米粒。同年,同济大学承担的市科委纳米专项"智能温热治癌用纳米锰锌铁氧体微粒研制",以单分散性良好、具有控制自身温度功能的纳米磁热铁氧体为基本单元,通过表面修饰技术制备出一种智能治癌用纳米微粒,其具有自动控温、恒温、比产热功率 SAR 高的特点。

2009年,应物所的"新型高保真热启动聚合酶"项目,发现纳米金粒子可以动态调节聚合酶链式反应体系(PCR)中聚合酶活性,从而实现类似"热启动"的高效 DNA 体外复制过程。2010年1月,药物所等承担的国家重大科学研究计划项目"基于纳米技术的药物新剂型改善肿瘤治疗效果的应用基础研究"启动。重点研究采用纳米材料与技术发展针对肿瘤的纳米药物新剂型,抗肿瘤转移和降低肿瘤耐药性,改善抗肿瘤药物的治疗效果,探索以纳米技术为基础的新剂型的生物安全性等评价方法。

三、纳米器件制备技术

2001年,华东师范大学承担的"铁基纳米微晶材料的巨磁阻抗效应及纳米磁敏传感器",独立发现铁基纳米微晶材料具有巨磁阻抗效应,并利用该发现研制成新型传感器,其灵敏度高、温度稳定性好、使用寿命长、集成化。试制成用于汽车电喷发动机的速度传感器,具有耐高、低温特性。利用纳米磁敏材料研制成的汽车"防抱死装置"的传感器也取得重大突破,具有很好的抗干扰性能,检测距离达到2毫米以上。2002年,上海交通大学承担的市科委纳米专项"纳米技术在液晶显示中的应用",发现聚合物激光诱导微结构中存在分子链取向现象;提出聚合物表面对液晶取向的新机制。申请发明专利2项。2004年,华东理工大学完成的上海市纳米专项"纳米级在线氧生物医学传感器的研究",通过市科委的技术鉴定。首次将分子设计方法用于其中,研制的顺磁共振氧生物医学传感器,检测效果几乎与核磁共振相同,并可直接对人体组织进行评判。同年5月,复旦大学承担的市科委纳米科技专项"超高密度超大容量电存储器研究"通过市科委鉴定。研制的"使用极坐标扫描的特大容量电盘存储器"获国家发明专利授权。

2005年,华东理工大学的"新型高灵敏纳米生物酶传感器"项目,通过市科委验收。将纳米颗粒增强的生物传感技术和树状大分子与酶自组装多层膜传感技术结合起来,制成树状大分子封装金属纳米粒子和酶自组装形成多层膜传感界面的酶生物传感器。开发的纳米生物葡萄糖氧化酶生物传感器,具有灵敏度高、线性范围宽和响应时间短的优异性能。2006年,应物所承担的国家自然科学基金会项目"新型电化学 DNA 纳米生物传感器",通过对电极界面纳米尺度的精细调控,并引入金纳米粒子进行电化学信号放大;研制的传感器具有高灵敏度、高特异性和检测时间短等优点。同年3月,微系统所承担的国家"863"计划纳米专项"纳电子器件 C－RAM 关键技术研究"通过专家验收。建立纳米半导体薄膜材料加工和测试平台;研制出国内第一台 C－RAM 电学测试系统;

建立国内第一套 C-RAM 器件单元的演示系统;制备出相变薄膜、W 电极薄膜和 SiO_2、Si_3N_4 绝热薄膜;制备出 GST 的纳米点和纳米棒;设计一系列 C-RAM 器件结构;首次在国内采用 FIB 法制备出纳米量级的 C-RAM 器件单元,实现器件单元的可逆相变过程。

2008 年 3 月,光机所承担的"实时纳米精度面形干涉测量仪"通过市科委验收。研发正弦相位调制干涉积分实时表面形貌测量新技术和"实时纳米精度表面形貌测量仪"样机。2009 年,上海交通大学的"基于纳米磁性微球的肌钙蛋白快速检测技术的研究",通过市科委验收。提出基于细乳液复合液滴成核的乳液聚合制备方法,首次在纳米尺度实现尺寸均一、磁性物质含量高的磁性功能复合微球的可控制备,建立以磁性纳米微球为标记物的磁性定量免疫层析系统,实现对心肌肌钙标志物 cTnI 的快速、简便、高灵敏度定量检测。同年,华东师范大学研制的新型"纳米巨磁阻抗效应(GMI)速度传感器",通过市科委验收。该传感器成为拥有独立自主知识产权的新一代汽车速度传感器;在汽车测速上的应用尚属国际首次。同年,澜起科技(上海)有限公司"用于高端服务器内存模组的寄存器缓冲芯片"项目,开发的 130 纳米工艺 DDR2 高级内存缓冲芯片,是国内第一款用于高端服务器的 DDR2FB-DIMM 内存芯片。

2010 年,复旦大学承担的"碳包覆钛酸锂电极材料",通过教育部成果鉴定。制备的分散性好、导电性高的微纳结构类球型钛酸锂电极材料,具有长寿命、高安全性和高倍率特性的特点。同年,上海师范大学完成的市科委纳米专项"用于膀胱癌筛查的纳米金免疫层析试纸的研究",研制出膀胱癌纳米金免疫层析检测试纸,具有简便、快速、廉价、灵敏度高、特异性强等特点;建立规范的纳米金免疫层析膀胱癌诊断试纸生产工艺。同年 11 月,上海交通大学承担的"用于测定莱克多巴胺和沙丁胺醇的纳米复合非标记电化学免疫传感器的研制"项目通过市科委验收。研制的 3 种用于检测 β-兴奋剂莱克多巴胺和沙丁胺醇的纳米复合非标记电化学免疫传感器,检出限达到 0.32 ppb 以下,超过现有液相色谱质谱联用法国家检测标准(GB/T221472008)。申请国家发明专利 2 项,发表论文 8 篇。

第五节　空天技术

一、航空技术

2000 年 3 月 4 日中美合作生产的第二架 MD——90 干线客机获得美国联邦航空局(FAA)颁发的单机适航证。2001 年 7 月 15 日上海飞机制造厂生产的第 100 架波音 737-NG 飞机平尾,按计划交付美国波音飞机公司。上飞厂制造的平尾符合国际航空质量体系标准。2002 年,技物所通过系列化实用型机载成像光谱系统,向国内、外遥感用户提供航空成像光谱数据服务。同年 10 月,上海飞机设计研究所研制的"ARJ21 电子虚拟样机"通过评审验收。该项目是由国家计委立项的 ARJ21 新型涡扇支线客机项目的重要研制工作之一。2004 年,技物所王建宇等承担的"轻型机载高光谱分辨率成像遥感系统"项目,获 2004 年度国家科技进步二等奖。攻克飞机姿态不稳不能用于遥感飞行的技术难关;突破面阵和线阵探测器焦平面成像、高光谱分辨率细分光谱、大口径光机扫描、高速海量信息的实时采集及处理、遥感信息定量化和空间定位、数据预处理及成套专用软件等关键技术,实现遥感系统的实用化和图像数据的产品化。同年,上海大学研制一系列翼展在 0.8 米～2 米的超小型无人定翼飞行器、旋翼飞行器的本体结构、飞行控制系统、地面控制站以及弹射系统。生产定翼机和旋翼机样机十余架。

2005 年 3 月,上海大学承担的上海市科技攻关"微机电系统"重大专项"超小型飞行器实用系统开发总体研究"通过市科委验收。申请发明专利 7 项、授权实用新型专利 2 项。同年 7 月,技物所承担的市科委重点科技攻关项目"轻小新型平台(无人机)大面阵 CCD 相机系统"通过专家验收。研制出一套完整的 CCD 数字相机与自动数据采集存储系统、自检系统和地面图像处理系统,填补国内空白。该系统配合无人机平台研制,搭载飞行试验效果满意。技术创新方面,研制三维角位移减振器。同年 11 月,技物所承担的国家"863"计划项目"机载高空间分辨力、高光谱分辨力多维集成遥感系统"通过国家"863"计划信息领域办公室的专家验收。研制由宽视场高光谱成像仪、线阵推帚式高空间分辨力全色立体和多光谱数字相机、激光测高装置、稳定平台和 POS 等组成的机载一体化综合集成系统;开发多维信息处理软件,实现高光谱、高空间、激光测高、POS 数据的融合处理;建立系统性能综合检测系统。

2007 年 12 月,中国第一架具有完全自主知识产权的喷气支线客机"翔凤"ARJ21 - 700 在上海飞机制造厂总装下线。上海飞机设计研究所承担 ARJ21 - 700 的工程发展、实验、产品支持及生产、飞机试验、客户服务等任务。2008 年 11 月,中国首架拥有完全自主知识产权的 ARJ21 - 700 新型涡扇支线飞机在上海首飞成功。ARJ21 - 700 飞机是中国第一架外销欧美的民用涡扇支线飞机。2009 年,由上海飞机制造厂等承担的市科委制造业信息化项目"新型涡扇支线飞机面向生产现场的三维装配仿真及制造执行系统",实现三维数字化装配工艺仿真和数字化制造执行系统,建立新型涡扇支线飞机工艺、制造全过程集成的一体化数字平台。2010 年 7 月,上海工程技术大学等研制的国内最大的运输机仿真产品——"运八飞机的六自由度工程/飞行模拟器",通过教育部鉴定。同年 12 月,"C919 大型客机铝锂合金机身等直段部段样件"在中航工业洪都公司下线。该项目突破铝锂合金钻孔、铆接、蒙皮加工等多项技术难关,并通过技术验收。

二、航天技术

2000 年 6 月 25 日,上海航天局负责总体设计、中国空间技术研究院等共同研制的风云二号静止气象卫星发射成功,运行质量良好。同年 9 月 1 日,长征四号乙运载火箭成功发射中国资源二号卫星,获 2000 年国防科工委国防科技一等奖。2001 年 1 月 1 日投入使用的风云二号 B 星,其所携带的技物所研制的"星载多通道扫描辐射计",提供的云图填补中国西部、西亚、印度洋上的大范围资料空白。2002 年,微系统所承担的"低轨双向数据通信小卫星星座通信系统关键技术研究",通过实验模拟测试。同年,技物所研制的风云一号(02 批)可见红外扫描辐射计,探测通道提高到 10 个;研制紫光增强硅探测器;研制室温工作的短波红外光伏碲镉汞探测器和中波红外光导碲镉汞探测器,首次实现三元中、长波红外探测器表面上直接粘贴低温微型薄膜滤光片形成探测器组件的工艺技术;在国际气象卫星上首创实时发送 10 个通道的 HRPT 高分辨率数字图像传输资料,输出 4 个通道地面分辨率 3.1 千米均匀化的数字量资料;在同一颗卫星上兼有海洋水色水温和气象观察通道。同年 5 月 15 日,技物所研制的"十波段水色扫描仪"随海洋水色卫星成功发射。首创可见、近红外波段硅探测器/微型滤光片的组合工艺;在国内首先解决低温下使用红外滤光片的稳定性;将小型斯特林制冷机应用于空间遥感器,解决配套的小型杜瓦与红外光学、红外探测器的耦合,在国内属首次成功。

2002 年 3 月 25 日,技物所研制的"神舟三号成像光谱仪"随飞船成功发射。研制国产碲镉汞面阵探测器红外焦平面集成组件;焦平面光谱图像数据的信号处理电路;国产大冷量长寿命对置式斯特林制冷机的研制及其与红外焦平面器件的耦合设计;高次曲面反射镜配场致平器的组光学系统结构。同年12月30日,神舟四号飞船成功发射。上海航天局承担其中推进舱、飞船的电源系统、动力推进系统、测控通信系统及回收返回技术相关系统的研制。

2003年,技物所方家熊等承担的"四波段红外焦平面集成组件"项目,获上海市科技进步一等奖。解决短波红外晶体材料和探测器、短波红外列阵读出电路、中波和长波红外晶体材料和探测器、微型低温红外滤光片、多通道列阵金属陶瓷封装结构、红外焦平面集成组件性能参数测试和试验等6项关键技术。在国内首次开发出4波段88元光敏元多波段红外焦平面组件;采用四种不同组分的探测材料制备而成;在组件内实现分光功能,填补国内空白。同年10月21日,由微系统所等单位组建的中科院上海小卫星工程部江绵恒等承担的中国科学院知识创新工程重大项目"创新一号低轨通信小卫星"发射成功。获2004年度上海市科技进步一等奖和2005年度国家科技进步二等奖。项目在低轨道通信技术、大多普勒频移的扩频数据通信技术、测控与通信业务信道共用设计、星上轨道预报和卫星自主管理运行、微小型化卫星通信终端等方面有新的突破和发展;在中国首次实现利用磁控完成入轨姿态捕获及稳态控制;首次实现卫星的自主运行;在中国首次获得全球范围内UHF频段内相关区域的电磁噪声干扰分布图;卫星便携式地面用户终端为国内最小型化的卫星用户终端机;是小卫星研制、地面应用、天地一体集中设计研制的首次创新实践;是中国首颗成功发射重量在100千克以下的自主研制的低轨通信卫星。

2004年,技物所王模昌等研制的"神舟三号地球辐射收支仪"获上海市科技进步一等奖。其腔体探测器解决腔体制作工艺,经受飞船发射、飞行力学试验;首次研制出星上短波定标源,采用卤钨灯作光源,卤钨灯寿命达1 000小时以上;首次采用同心圆槽黑体,性能得到很大提高;全波和短波腔体温控精度高达6.8×10^{-4}℃;采用1553B总线和可编程BU65170通信芯片,功能完善、通用性强、可靠性高。同年10月19日,由上海航天局负责总研制的中国第一颗业务型风云二号C地球静止气象卫星发射成功。填补从西太平洋到印度洋广大地区卫星气象资料的缺乏。

2005年,技物所研制风云三号上的十通道扫描辐射仪、中分辨率成像光谱仪、红外分光计、地球辐射探测仪4个光学有效载荷及红外地平仪单机。突破超窄带滤光片技术、高灵敏度红外探测器、面阵探测器技术、甚长波红外探测技术、大制冷量辐射制冷技术、低温光校等关键技术。2006年,技物所陈桂林等承担的"风云二号静止气象卫星02批五通道扫描辐射计"获上海市科技进步一等奖。开发空间大口径光学主镜支撑装置,实现5扫描辐射计同时对地观测;研制4波段高灵敏度红外探测器和低温微型滤光片的集成组件,中波红外探测性能获重大突破;显著减少杂散辐射的影响;提高辐冷器的制冷性能;提高定标精度;开发低噪声信息获取电路,红外通道图像量化等级和分辨率等。同年9月9日,技物所研制的"实践八号育种卫星留轨舱微重力试验平台"随星发射成功。其搭载细胞培养箱和植物培养箱两套空间生命科学试验装置;获得两台设备下传的高清晰显微图像,构成动态生长发育的过程图集。

2006年,上海交通大学张文军等研制的国内第一套"神舟六号返回舱着陆场搜救用地空高速机载宽带无线图传系统"获上海市科技进步一等奖。首创预滤波式均衡技术;独创与均衡联合反馈的快速虚拟同步技术;块码软判决反馈技术,实现跟踪多径群信号特性的快速变化;发明可靠数字AGC调整技术;独创半球面分级塑型技术的天线;特殊的灵敏度增强技术;流式群路加密技术。

2008年,技物所王建宇等研制的"嫦娥一号卫星激光高度计",获2008年度上海市科技进步一等奖。解决探测距离远、环境温度变化大、目标辐照变化范围大等难点,实现中国空间激光主动遥感的零突破;实现中国第一次大功率、长寿命半导体泵浦固体激光器在空间的应用;实现250千米激光测距,解决空间环境下 200 千米高精度激光收发同轴保证、地面最大测程模拟测试和高精度同轴测试等技术难题;解决整机的轻量化问题,解决激光二极管、雪崩二极管、液钽电容组件、6 000 伏高压电路等关键器件的空间应用难题;在国际上第一次实现月球南北两极高程数据的获取,绘制中国首幅全月面高程模型图。同年 9 月 6 日,技物所研制的"环境一号 B 卫星搭载的红外相机"随星发射成功。攻克高精度与高稳定度的双面镜扫描技术,中长波线列组件与机械制冷机耦合技术,四波段多元信息获取,均匀性校正与配准处理技术以及星上的中、长波定标等关键技术。

2009 年,技物所刘银年等研制的"环境与灾害监测预报小卫星星座红外相机",获上海市科技进步奖一等奖。将高精度双面镜运用到扫描型遥感仪器中,解决双面镜一致性、扫描周期稳定性、双面镜轴系可靠性等关键技术问题;提出双面镜扫描实现中长波红外星上辐射基准和定标的方法,属国际首创,实现双面镜扫描成像定量化遥感;研制出热电制冷的空间用短波红外碲镉汞光伏探测器,优化系统资源;解决弱信号高增益放大及信号饱和快速恢复处理关键技术。同年 9 月 27 日,中科院上海微小卫星工程中心朱振才等研制的"神舟七号微小伴随卫星",在太空成功释放并完成跟踪观测及伴飞任务,是中国第一颗伴随卫星;获上海市科技进步一等奖。解决对同轨非合作目标伴飞的技术难题,实现对轨道舱的远距离接近和持续 70 轨的稳定伴随飞行;突破卫星在轨安全稳定释放、对空间目标的指向跟踪和大纵深清晰观测等关键技术,首次获取神舟飞船在轨多角度全景图片和清晰视频;实现中国高效空间电源应用零的突破,液氨推进、轻小型化等技术填补多项国内空白。

2010 年,技物所为实践六号 04 组空间环境探测卫星 A 星研制"单圆锥扫描式卫星红外地平仪",4 次成功用于该型号卫星的空间飞行任务。同年,中国电子科技集团公司第二十一研究所研制生产的 3 个型号的感应子式永磁步进电动机,为嫦娥二号定向天线、通信畅通、太阳能帆板展开和定向驱动提供保障。同年,上海航天技术研究院为主研制的实践十二号卫星成功发射。同年 8 月 24 日,第 13 发长征二号丁运载火箭成功发射天绘一号卫星。其总体设计的主要关键技术和创新是:火箭加长一级贮箱,增加一级推进剂,提高一级发动机推力;解决箭体刚体、晃动、弹性交耦和静不稳定度增加的难关,采用数字化姿控技术;在结构设计上采用先进的 CAD 技术,大幅度提高运载能力;制导系统设计采用浮动导引、关机延时补偿和工具误差分离补偿等国内首创的新技术。该火箭运载能力属国内领先。获得原中国航天工业总公司颁发的"优质运载火箭"荣誉称号。同年 10 月 1 日,光机所参与研制的嫦娥二号卫星有效载荷"激光高度计",搭载火箭飞向月球。同年 11 月 5 日,中国用长征四号丙运载火箭成功发射第二颗风云三号气象卫星。长征四号丙运载火箭和风云三号气象卫星均由上海航天局抓总研制。长征四号丙运载火箭是上海航天局研制的运载火箭的第 50 次成功发射。

第六节　光 电 技 术

一、光电显示技术

2000 年,上海广电股份有限公司等研制出具有自主知识产权的基于 LCOS 技术的大屏幕高清晰度显示器。同年 10 月,上海大学承担的"有机薄膜电致发光及动态矩阵显示的研究"通过鉴定。在国内首先研制出有机薄膜电致发光原形器件;在有机薄膜电致发光动态矩阵的显示屏方面,研制成绿色矩阵显示屏样机。在材料的掺杂、密封技术、背电极制作及驱动电路方面均有所创新。2001

年,上海谷微电子有限公司承担的"15'TFT 模拟式液晶平面显示器研制"项目,完成 BIOS 软件包、多种接口、15'TFT 模拟式液晶平面显示等关键技术。2002 年,上海华显数字影像技术有限公司承担的"单晶硅反射式液晶显示(LCOS)"项目,核心技术包括投影成像系统、偏振照明系统、分色合色系统、全数字驱动电路和图像处理电路等。同年,长江计算机(集团)公司所属上海长达信息科技有限公司研发出"全彩色 LED 视频显示屏"。采用恒流驱动芯片 TB62706,改善 LED 显示屏亮度的均匀性和显示效果,提高显示屏的使用寿命;利用大规模可编程逻辑阵列设计的数据处理器和数据分配器,提高硬件部分的通用性;采用非线性校正灰度等级扩展技术和亮度校正技术,使大屏幕的色彩更适合人眼的视觉特性;采用 FIFO 实现输入、输出数据同步;采用静态驱动方式,设计 8×16 连体像素一体化结构。

2005 年,华东师范大学等研制出高效率白光 LED 集成光源,实现白光 LED 替代传统白炽灯和荧光灯照明,总节能效率在 70% 以上;在上海崇明科普示范基地应用,实现中国第一个半导体照明示范工程实际应用。同年 3 月,光机所等承担的国家"863"计划项目"基于微型光机电系统无阻塞 16×16 阵列光开关研究"通过国家验收。利用微机电系统技术制备微电磁执行器,采取优化的 Benes 网络结构,以 2×2 和 4×4 光开关为基本单元构成的 16×16 阵列光开关,具有运动部件少、可靠性高和稳定性强等特点。2007 年,上海半导体照明工程技术研究中心(半导体照明中心)承担的"大屏幕显示与平板照明关键共性技术、半导体照明示范工程应用关键技术与半导体照明产业化关键技术"等一系列研究,实现 LED 器件与驱动电路的一体化;推进 LED 国产化器件的应用;开发出 ITO 电极工艺和倒装芯片制造技术;研制出 LED 光源新型矿灯等。

2008 年,华东师范大学研制成功 4 英寸纳米碳基薄膜场发射显示器 RGB 彩色显示器,研制出世界上最大的 40 英寸纳米碳基薄膜场发射显示器样机,首次采用模块无缝拼接技术。同年,上海市激光技术研究所(激光所)承担的"应用于半导体照明工程的激光封装设备及关键工艺技术研究",研制的激光封装系统采用全固态激光,相比传统的封装方式,可以提高生产效率和产品质量,降低成本。同年 1 月,上海大学承担的市科委国际合作项目"TFT-LCD 平板显示器扫描驱动的分形技术研究"通过市科委验收。形成多维子划分显示灰度保持,并向单一生理视觉平面的映射,最终化解平板显示设备彩色深度时间冗余问题。并在理论上推导出解决显示灰度与帧频关系的问题,从而在数字逻辑推导中获得有利于时空分形原理的可实现方法。同年 10 月,半导体照明中心等牵头的"超高亮度 LED 汽车灯具在清洁能源汽车上应用"项目通过验收。实现对 Rover 75 前照灯和组合后灯的 LED 改制,提出车用 LED 灯具的全新设计思路,解决许多困扰 LED 在汽车上使用的技术问题和产品测试问题。

2009 年,上海大学承担的"基于硅基的 TFT-OLED 微显示器核心技术研究",对硅基微显示实现系统模块进行设计、制作和验证,搭建相关的开发平台,并对 TFT-OLED 微显示器采用的技术封装问题进行研究,形成硅基 OLED 微显示器核心技术的价值链。同年,"新媒体展示技术与应用"项目,在三维虚拟场景异型巨幕展示技术、基于 OGRE 实时交互的大屏幕展示平台的开发与大型空间立体成像技术等方面有所创新。由华东师范大学负责的采用 LED 阵列实施扫描技术实现真实体三维立体显示,并在上海世博会上进行展示。同年 5 月,光机所的"微小三维内窥镜成像仪器"项目通过市科委验收。解决内窥镜技术无法得到深度方向三维信息的难题,并基于二维达曼光栅和柱面镜的光栅投影技术,利用 64×64 和 21×21 的达曼光栅,建立一套采用达曼光栅的内窥镜三维成像系统,具有无机械扫描三维成像、效率高、信噪比高等优点。同年 6 月,上海大学承担的"全息立体成像技术及空间显示装置"通过市科委验收。提出动态随机位相层析法计算 3D 物体的相息图,获得并抑制零级斑、共轭像、散斑噪声的计算全息光电再现;基于硅基液晶作为空间光调制器,建立光电再现系统,实现全息图的实时空间再现;设计圆柱形雾屏进行立体影像的承载;制作全息立体成像装置一套。

2010年,技物所陆卫等承担的"高可靠性氮化镓基半导体发光二极管材料技术"项目,获上海市技术发明一等奖。发明基于量子点效应的氮化镓基半导体照明材料量子结构优化设计方法,以及基于离子注入热退火的氮化镓基量子结构材料改性新方法;发明基于图形衬底外延生长的特定生长工艺,实现材料生长工艺优化技术;发明用非接触式发光波长移动手段实现的高精度结温测量方法。同年11月,同济大学的"基于节能优化模型的半导体照明系统集成与应用示范研究"通过市科委验收。建立半导体照明节能优化模型,形成一套智能照明控制系统平台及仿真系统软件,设计相关的LED灯具样品,建成面向公共区域照明的节能示范平台。同年11月,半导体照明中心承担的"上海半导体照明工程与共性技术研究"通过市科委验收。完成LED照明器件发光强度、色品坐标、光通量、光谱特性等技术指标的测试方法研究,形成行业标准,建立与国际接轨的LED照明器件光学性能测试系统。

二、光通信技术

2001年,二十三所研制的"光纤旋转连接器"通过鉴定。攻克光纤精确对准、旋转中保持低损耗等关键技术,解决准直组件、道威棱镜和抗拉张力件的制作工艺,避免因机械加工精度进一步提高带来的困难,能保证光纤准直器之间的平行度,使孔距能保持在0.01毫米以内,连接器正反旋转时能保证光传输信号不受影响。属国内首创。同年,二十三所研制的"单模保偏光纤放大器模块"和"光纤放大器控制模块"通过鉴定。采用掺镱光纤作为光传输放大介质,研制成功滤波器、合波器等关键器件,建成特定波长光脉冲下功率放大测试系统,攻克不同光纤低损耗连接和计算机光控、温控等关键技术,完善软件控制程序,具有调整、测试、显示、告警、保护等功能,能对模块的工作状态进行全面控制,完成前端主要元件的系统集成。

2002年,二十三所研制的"海底光缆遥前置放大器模块"通过鉴定。通过选择激光泵浦源和采用双级放大模块结构设计,使输入信号经过小芯径、小模场直径而数值孔径大的掺铒光纤后,输入信号的功率密度和泵浦光的功率密度增大,增益增加、噪声系数下降,使在泵浦光很弱的情况下得到尽可能大增益和尽可能小的噪声系数。该模块能将从海岸向其供应的光能量经过大跨度距离传输后变得很弱的泵浦光,经过放大变成可以使用的光信号。同年,二十三所研制的"低损耗柔性稳相微波电缆"通过鉴定。选择最佳稳相电缆结构形式,解决绕包工艺难题。产品具备良好的温度和机械相位特性,同时具有低损耗、低驻波等优良电气性能。同年,二十三所研制的"二芯单模船用光纤连接器"通过鉴定。该连接器结构新颖、合理,插入损耗低,具有良好的机械性能和密封性能,能实现快速连接,属国内首创。

2003年,二十三所研制的"光纤振荡器"通过技术鉴定。成功解决稳频、稳模、稳功率等多项关键技术,在国内首次实现特定波长下的单频、单纵模、高稳定性。同年7月,激光所承担的上海市光科技专项"高速光开关交换器及Pigtail(尾纤)基础器件开发应用研究"通过市科委验收。利用高速小惯量微机电偏转寻址扫描技术和同轴环形间隙交叉耦合技术,实现多路对多路的光信号全透明无阻塞的交叉连接。尾纤器件完成尾纤空心管拉制,以及实验生产工艺设计。

2004年,光机所承担的"宽带光纤放大器用于玻璃有源光纤的研制"项目,建立从玻璃光纤参数测定的一整套完整特种光纤研究和实验平台,摸索出一套特种光纤预制棒制备技术和光纤拉丝及涂覆工艺技术,利用吸注法率先在国内拉制出芯径为单模尺寸掺铒碲酸盐光纤。同年,光机所与烽火通信科技股份有限公司合作的"双包层掺镱光纤"项目,采用双端泵浦技术和高掺杂浓度的双包层光纤,在长度为 15 m 的掺镱双包层光纤中获得 444 W 的连续激光功率输出。同年 4 月,二十三所承担的"特种光纤放大器系列型谱研究"通过验收。攻克光纤放大器噪声系数抑制技术、光纤放大器增益和噪声平衡技术、大饱和功率光纤放大器制造技术等核心技术。产品填补国内空白。

2008 年,二十三所研制的"低损耗稳相柔软射频电缆",应用聚四氟乙烯整体微孔成型工艺技术,填补国内空白;采取极小规格金属外导体绕包工艺技术,解决在外径仅为 1.5 毫米的绝缘上进行金属镀银铜带绕制的技术难题,属国内首创。同年,二十三所研制的"高强度低损耗物理发泡漂浮大同轴电缆",采用编织结构的内导体,使电缆的柔软性能大为改善,保证其电气性能;水密性能达到 6.0 兆帕纵横向水密。同年,二十三所研制的"多模、单模扩束型光缆连接器",工艺上取得重大突破,如多模无偏准直器制备、单模插针斜端面抛光、单模斜面准直器制备、单模扩束型连接器对称反射法制作、锥套灌封工艺。产品具有防尘、水密、耐潮湿、耐盐雾、防霉等特点。同年 4 月,光机所承担的上海市国际合作项目"微纳结构光纤器件及检测技术研究"通过市科委验收。建立光子晶体光纤布拉格光栅传输模型,给出典型的光子晶体光纤中布拉格光栅器件的传输特性,分析截面上空气孔排布的变化对于布拉格光栅传输谱的影响。

2009 年,二十三所研制的"高强度碳涂覆密封光纤",通过碳沉积机理研究、反应腔结构设计,突破碳涂覆这一关键技术工艺;通过光纤保护通道气体分布设计,解决高强度和细直径拉丝等关键技术,解决大长度细径光纤拉丝、涂覆、高强度保持等技术难点。同年,光机所的"单频线偏振MOPFA 光纤级联放大系统及其在高占空比相干组束的应用研究",发现基于主振荡光纤功率放大(MOPFA)技术的高效率单频线偏振光纤级联放大系统的功率、光谱与相位噪声特性,以及通过模式控制技术得到近衍射极限单模激光输出的成果;高功率单频激光在引力波探测、相干通信、激光雷达、光参量振荡,以及相干组束等众多领域具有重要作用。同年 8 月,上海大学承担的市科委重点实验室专项项目"电力系统安全的光纤传感与传输"通过市科委验收。提出并研究基于光纤渐逝波传感原理的有机无机混合溶胶凝胶涂覆渐逝波耦合温度传感器以及基于菲涅耳反射和 OTDR技术的准分布式光纤温度传感器;将光纤传感和无线信号传输技术相结合,实现电力系统安全的无线光纤传感系统;实现结构简单的电力系统安全的光纤外腔 FP 超声传感器;提出基于简单电压比较实现光纤 FP 超声信号解调的方法,实现光纤超声距离检测和放电源的定位。

2010 年,上海交通大学主导制定的"光网络测试领域 RFC(Request for Comments)标准",被互联网工程任务组(Internet Engineering Task Force,IETF)国际标准组织作为最高级别的推荐性标准发布(RFC5814)。这是在该领域发布的首篇 RFC 国际标准。同年,上海海事大学研制的"光纤耦合的高分辨率遥感相机",采用特殊排列的光纤束耦合图像、先进的数字信号处理器(DSP)实时处理图像。

三、光存储技术

2000 年,光机所于福熹等承担的"5 英寸可录 CD 光盘生产工艺、材料和母盘开发研究"项目,获国家科技进步二等奖。研发出可录 CD 光盘整套工业生产工艺技术、关键原材料和检测技术及设备,解决 CD－R 光盘的关键生产技术和原材料的工业规模问题;可录 CD 光盘具有可靠性高、保存寿命长、容量大和读出平台多等优点。2002 年,光机所承担的国家自然基金和上海市科技发展重点项目"蓝绿光高密度光盘存储材料研究"通过验收。研制的相变材料用于蓝绿光可擦重写光存储可实现写/擦循环 1 000 次以上;首次在酞菁旋涂薄膜和蒸发薄膜中观察到可逆相变现象及其在短波长高密度可擦重写光盘中的应用研究;在国内首次制成直径为 100 毫米的 Ag‐In‐Te‐Sb 和 Ge‐Sb‐Te 溅射制膜用靶材;合成具有优良吸收和反射特性的亚酞菁染料,开辟实现双波长记录/读出和选择短波长记录的新思路;建立蓝绿光光盘动态测试系统,实现超分辨检测。

2005 年,上海理工大学研制的"蓝光大数值孔径超分辨率存储光学系统",采用大数值孔径透镜设计技术,利用不晕球的特性,设计一个由四片透镜组成的光学结构,使 NA=0.95 的蓝光聚焦透镜像差校正良好,接近衍射极限;使用相移掩模技术,经实测直径为 250 纳米的记录光斑,为实现蓝光大数值孔径超分辨率母盘刻录奠定基础,也为实现单盘容量 100 GB 的研究提供依据和试验手段。2006 年 5 月,激光所承担的"一种新颖动态像素真彩全息光刻技术及产业应用"通过验收。研制新颖动态像素真彩全息光刻制版系统,采用半导体泵浦紫外毫微秒脉冲激光曝光方式,实现 1 000 点/秒快速像素记录;研制出 1 套新颖的光束快速扫描偏转定位控制系统,实现大幅面、高分辨率动态光刻;研制成功干涉条纹间距和方位角快速可控系统,确保快速动态光刻;率先制作出 DVD 光盘用动态像素全息图。2007 年,光机所等承担的"高端光刻机成像质量原位检测技术研究",提出一系列 193 纳米高端光刻机成像质量原位检测的新思想和新方法,检测速度提高 50%,并可在不降低检测速度的同时提高测量精度 20% 以上。

2009 年,光机所的"蓝光激光高速直写技术",提出基于非线性材料的微纳结构的光学制造新原理,并利用蓝光激光直写系统和高速旋转方法,在多层功能薄膜上实现特征尺寸为 300 纳米到 90 纳米的微纳结构高速大面积激光直写制造。直写速率可达 6 米/秒,是传统激光直写方法数百倍以上。最小特征尺寸达到激光直写系统光斑的 1/8 左右。技术为国内首创。同年,光机所的"非线性薄膜结构的超分辨光信息存储技术",采用自行设计的光盘结构和理论模型,利用无机和有机材料相结合,在激光波长为 405 纳米和光学头的数值孔径为 0.65 纳米的光盘动态测试系统上,实现最小尺寸为 80 纳米以下的信息点的动态记录与读出,线密度达到蓝光光盘的两倍以上。

2010 年 4 月,光机所等联合主持的中科院知识创新工程重要方向项目"纳米光信息存储及其原型器件的基础研究"通过中科院基础局验收。采用自行研制的新材料设计、制备的纳米光信息存储器件原型,实现最小信息位尺寸 60 纳米的超分辨动态记录和读出。同年 9 月,激光所的"DMD 数字微镜投影光刻系统研究"通过验收。研制一套高分辨率、高效率的基于 DMD 微镜的激光直写实验样机,它可灵活转换单双光束光刻,实现无掩膜缩微加密、低空频光栅、灰阶图像、衍射元件和动感全息的光刻;开发基于 DMD 数字微镜投影干涉光刻软件,解决图像数据快速处理、时序图像和光栅方位角及激光的同步控制,实现逐面光刻;开发浮雕轮廓及高精度转移的母版工艺技术,建立缩微、低空频衍射、光学衍射、灰阶和动感全息的图像库。

四、激光技术

2000 年,光机所张俊洲等承担的"大尺寸高质量磷酸盐激光玻璃"项目,获上海市科技进步一等奖。研究成功掺钕磷酸盐激光玻璃 N31 型;国际首创磷酸盐激光玻璃半连续熔炼工艺;在原料含水、环境湿度大的不利条件下,有效降低钕玻璃中的 OH 基含量,大幅度提高激光效益和增益。同年 4 月,光机所研制的"无线激光通信系统"通过技术鉴定。这是中国首台能够同实际公用通信网络相连接、完整的大气光通信端机。2004年,光机所承担的"小型化钛宝石超短超强激光装置",采用该所研制的优质大口径钛宝石激光晶体,提高原有的钛宝石超短超强激光系统的性能,使激光输出峰值功率达到120太瓦/36飞秒,成功将采用啁啾脉冲放大技术的23太瓦/33.9飞秒级小型化钛宝石超短超强激光装置大幅度升级到120太瓦/36飞秒级的更高层次。同年,光机所承担的"纳米精度激光激振测振仪"项目,研制出一种MEMS(Micro - Electro - Mechanical System、微机电系统)结构的小光斑激振技术,激振光斑直径小于10微米。该项目研发的纳米精度激光激振测振技术配置相应的MEMS芯片,构成MEMS光学传感器在医学诊断等领域的应用前景。同年,技物所承担的"主动光学对地观测技术——激光三维成像技术研究",突破对地观测的推帚式激光成像若干关键技术,其大功率脉冲激光的变角度分束发射技术、地面多点激光回波的阵列探测与处理技术等五项技术具有创新性;在国内首次研制成对地观测推帚式激光三维成像系统原理样机。

2005年,光机所承担的"掺钕陶瓷激光器",采用808纳米,1 000赫兹输出的LD线列阵侧面抽运Nd:YAG陶瓷棒,获得1 064纳米、236瓦高平均功率输出。同年,硅酸盐所研制的"卤化银光纤CO_2激光手术刀头",突破进入临床实用需要的两项关键技术,即光纤手术刀头的光学耦合技术和治疗端头的防污技术,实现CO_2激光进入口腔、咽喉等人体天然开口部位的临床治疗目标。获得2项国家发明专利。同年6月,激光所承担的"扫描式CO_2激光美容仪产业化研究"通过市科委验收。解决光斑尺寸与扫描均匀性、光学扫描停振安全保护、避开激光起辉点的峰值功率以提高激光输出功率和激光电源的稳定度等关键技术;采用二维激光扫描系统,提升图形软件的处理功能,增加扫描图形种类;小型化扫描头装置的设计,便于用户临床操作,并开发数字电路控制驱动源及接口技术,人机对话界面良好。2006年10月,同济大学研制的"Φ300HTM激光扩束器"通过专家验收。该激光扩束器通光口径300毫米、倍率30、仪器总长950毫米,是短筒长、大口径和高倍率的哈特曼扩束器;物镜采用非球面,光学系统采用平像场设计,光学材料采用石英玻璃,镜筒材料采用铟瓦合金。同年12月,光机所承担的"863"计划项目"神光Ⅱ精密化技术研究"通过验收。该研究使中国激光驱动器在激光功率平衡、激光打靶落点精度、准方波脉冲输出控制等3个精密化核心技术环节方面取得实质性突破。

2007年,光机所承担的"激光光刻用准分子激光系统部分关键技术研究",通过市科委验收。建立用于准分子激光光束均匀性的测试平台;用标准具方法对准分子激光束的谱线进行压缩;研制准分子激光用多种光束均匀器。同年,光机所承担的"石英玻璃高性能偏振分光器研制",利用高密度等离子体刻蚀设备、半导体光刻工艺技术和激光全息技术在石英玻璃基底上加工出优化深度的亚波长光栅,证明具有很高的偏振隔离度和衍射效率,是非常优良偏振分光器件。同年4月,激光所承担的"半导体泵浦高功率矩片型全固体激光器研究",研制的百瓦级矩形板条激光器和角反射泵浦腔激光器通过市科委验收。百瓦级矩形板条激光器在300瓦半导体激光器泵浦下获得145瓦连续激光输出,光光转换效率达48.3%,电光转换效率达20.4%,实现高强度多重反复均匀泵浦界面间的光学热对接问题和大功率半导体激光器简单输出耦合问题。同年12月,激光所承担的"IC探针卡激光微孔成型技术及关键工艺研究"通过市科委验收。利用半导体泵浦紫外全固态激光器技术设计开发精细加工系统,实现光束固定和光束偏转不同组合的控制加工方式;解决扫描物镜在二维扫描系统中使用时光瞳位置随光束偏转而变化造成的光学设计难题。

2008年,激光所研制的"基于半导体泵浦全固态激光器的专用光学系统",优化光束质量,确保能量分布均匀,实现激光参数可控。同年,激光所的"ID卡证亚表面刻绘系统产业化关键技术研究",研制出的桌面式激光ID卡证标刻系统,无须循环水冷,具有操作简便、免维护等特性。2009

年 6 月，光机所研制的"大口径方形激光能量计"，测量口径达 420 毫米×420 毫米，适用基频、二倍频、三倍频 3 个波段，灵敏度大于 $50~\mu V/J$，面均匀性优于±1.8%。同年 12 月，激光所的"激光小线段高速加工衔接研究及应用"通过市科委验收。建立衔接进给速度的递归不等式模型，提出一种在指定的最大预处理段范围内寻找最优解的方法，编制一套小线段高速加工衔接的软件。

2010 年，上海团结普瑞玛激光设备有限公司研制的新型出口型"OLPC 飞行光路激光切割机"，具有良好的加速特性，切割更快更精细；丰富的激光专用功能及 Windows 操作界面，并可进行远程诊断；完美的光束质量；对不同材质和厚度材料进行连续加工，并进行精确的过程控制。同年 1 月，光机所承担的"径向偏振光纤激光器"研究，从掺镱光纤激光器中获得 2.42 W 高效率、高偏振纯度和高轴对称性的径向偏振激光输出。同年 5 月，光机所承担的"强激光场下分子异构化反应的超快成像检测和控制研究"通过市科委验收。利用飞秒激光脉冲产生的超快强场对分子的非绝热取向和高次谐波量子干涉效应等，获得较高的分子取向度，并发现双脉冲光场对分子取向和转动态的控制的延时控制规律，提出理论解释。同年 9 月，激光所承担的"激光精细加工系统关键功能模块开发与技术研究"通过验收。研制全固态激光器计算机实时控制和激光参数优化控制与驱动单元模块、激光束整形及精密调整标准模块，优化激光加工工艺；研制激光束全封闭传输，实现加工系统的模块化组合；开发多波长光束定位及动态调焦模块，实现大面积光束精密定位及动态调焦运动伺服控制，易于和多种激光加工系统进行集成；整合激光加工系统的多轴运动模块化驱动和控制软件。

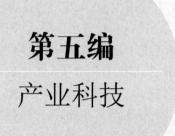

第五编

产业科技

2000—2010年，上海制造业积极承接和实施国家战略任务，以提高自主创新能力为主线，取得许多重大成果。在电子和信息制造技术方面，APEC会议身份自动识别系统、PDA用液晶显示模块系列、网络集成通用系统、42英寸逐行扫描等离子屏、红光高清光盘、基于AVS编解码标准的国标地面数字电视一体机、130纳米工艺DDR2高级内存缓冲芯片、基于硅基的TFT-OLED微显示器核心技术、两款光传输集成芯片、先进封装用分步投影光刻机、12英寸65纳米介质刻蚀机等。在制药技术方面，放化疗新药甘氨双唑钠原料药和冻干粉针剂，国产抗艾滋病新药去羟肌苷、司他夫定，杏灵颗粒、西红花多苷片、扶正化瘀胶囊等中药，溶菌酶蛋白、灵异胶囊、注射用重组双功能水蛭素、盐酸多柔比星脂质体注射液、芩部丹片、肠安颗粒、香雪胶囊等新药。在冶金技术方面，宝钢高炉喷煤技术、宝钢高等级汽车板品种、生产及使用技术、冷轧/电镀锌各向同性钢板、宝钢集团薄带连铸试验线、大直径直缝焊管技术等。在汽车制造技术方面，燃料电池轿车、荣威（Roewe）750、二甲醚城市公交客车、双离合器自动变速器、无人驾驶智能电动汽车等。在造船技术方面，船用低速大功率柴油机、30万吨超大型浮式储油轮、30万吨载重超大型油轮、3 500 TEU巴拿马型集装箱、8530标准箱超大型集装箱船、7 500吨海上起重机、世界最大8000车汽车滚装船等。在华工技术方面，碳一化工与羰基合成重大工程技术、新型结构可控性烯烃聚合催化剂、10万吨乙酸乙酯成套国产化技术、煤基合成气制羰基化专用CO新工艺、大型石化装置节能降耗优化控制技术等。在成套设备和装备制造技术方面，F级重型燃气轮机、百万千瓦级超超临界火电机组、A型地铁列车、450吨三相三摇臂双极串联电渣重熔炉、万吨自由锻造油压机、"进越号"泥水平衡盾构、百万千瓦级核电蒸气发生器、核电堆内构件大锻件、3.6兆瓦海上风力发电机组等。

2000年4月26日，召开上海市科技兴农重点攻关项目招标发布会。2001年10月10日，上海市农业科学技术大会召开。提出4项科技行动：农业高新技术研究、应用技术开发、现代农业装备、农产品精深加工等；建立农业科技五大体系：农业研究开发体系、农业技术推广服务体系、农业科技管理体系、农业科技投入体系、农业科技人才体系。2002年7月27日，上海市农业生物基因中心揭牌。2003年3月，上海优质稻米工程研发中心成立。2005年，开展科技入户试点工作。2006年，建立都市现代农业创新中心。2007年，颁布《上海市促进农业科技进步若干规定》，这是全国首次颁发促进农业科技进步的地方性法规。2008年5月，成立上海现代农业技术转移中心。2010年，启动上海现代农业产业技术体系建设，召开上海市农业科技创新与推广会议，明确提出全市农业"大力推进产学研结合，提高科技自主创新能力"的发展目标。2000—2010年，共有198项技术获国家和上海市科技奖项，其中国家科技进步一等奖1项、国家科技进步二等奖13项、上海市技术发明一等奖2项、上海市技术发明二等奖5项、上海市科技进步一等奖24项、二等奖62项。育成世界上第一份旱稻不育系"沪旱1A"，育成世界首例杂交节水抗旱稻"旱优2号"和"旱优3号"，在国际上率先发明出能有效控制真菌性枯萎病害的新农药-申嗪霉素，H5型禽流感灭活疫苗是国际上首次研制成功并大规模应用的流感病毒反向基因操作疫苗，研制国内首套智能化蔬菜种子加工处理流水线等。

服务业是上海经济发展的重要产业，科学技术为服务业的发展提供动力和支撑。2000—2010

年,上海服务业科技取得众多重大成果。在世界上第一次正式开启带有电子标签的集装箱航线。建成国内第一台用于速递邮件的交叉带式分拣机、国内邮政首台"一车双带分拣机"、国内首台"包裹邮件自助收寄机""新一代信函分拣机"。开发国内第一家支持移动、电信、联通三大运营商,支持GPRS、CDMA、WIFI等多种上网方式的手机银行系统;制定国内第一个公交 IC 卡技术规范标准;建立国内第一个"异地清算系统",国内第一款非接触 CPU 智能卡,上海银行是国内首家在银行Windows 终端采用指纹系统的银行。"上海市医疗保险费用结算审核计算机管理系统""上海市工商行政管理计算机信息系统""电信网监测维护管理的关键技术与系统""上海市民体质网络系统的研发与应用""大型 IP 城域网络关键技术与应用""天地网远程教育关键技术系列产品及其应用""电信级 IPTV 业务的技术研究及规模商用"等获上海市科技进步一等奖。

第一章 制造业科技

第一节 电子与信息制造

一、广电设备制造

2000年,上海广电(集团)有限公司(上海广电)开发有线数字视频广播和非对称数字用户环路终端、多媒体信息彩电及相关视频服务器。同年4月6日,国内第一只具有自主知识产权的大屏幕多媒体彩管——上永牌29英寸多媒体彩管在上海永新彩色显像管有限公司研制成功,获2001年上海市科技进步一等奖。该项目研制电子束的计算机模拟技术和动态真空系统模拟技术、像质评价及测试技术、多媒体彩色显像管的特殊驱动技术、HDTV荧光粉与涂屏技等关键技术;建立多媒体彩色显像管技术开发平台。该成果获得11项实用新型专利、3项发明专利,总体技术属国内首创。2001年,上海交通大学张文军等研制数字高清晰度电视系统关键技术与设备,被评为"九五"国家重点科技攻关计划重大科技成果;获2002年上海市科技进步一等奖和2003年国家科技进步二等奖。研制完成中国第一套完整的含基于单载波VSB技术和多载波COFDM技术两种传输方案的高清晰度电视地面广播传输系统,实现中国数字高清晰度电视系统技术的整体突破;解决数字高清晰度电视系统的7项重大关键技术,研制出13种具有自主知识产权的国产核心设备;在国际上率先攻克单载波调制技术无法在数字电视地面广播传输方面同时实现固定/移动接收的世界性核心技术难题,创新提出并实现基于OQAM—EE技术的ADTB—T(先进数字电视地面广播系统)传输技术方案,及ADTB—T传输方案系统。

2006年,上海广电开发出新一代"双分离结构"的数字电视接收终端,能将除数字电视信道以外的数据信道、双向传输信道、IPTV信道等统一起来,使得该技术和标准具有较大的灵活性、自由度和适应性。同年,上海广电研发成功高对比度动态LED背光源47英寸液晶屏,攻克"拼接曝光""低阻工艺"等难关,使该款液晶屏各项指标达国际先进水平,分辨率达到1 920×1 080的全高清电视标准,上下/左右视角都达到176度的宽视角,响应时间达8毫秒;通过与静态LED背光源本身环保的优点相结合,可大幅度提高画面对比度,满足高清液晶彩电画质及高动态范围影像需求。2007年11月,上海广电推出的"基于AVS的地面数字无线DMB-TH双国标接收机(机顶盒)",获第二届中国国际工博会创新奖。该机是采用AVS音视频编解码标准研制的全球首台标准清晰度国标地面数字电视一体机,可一机接收模拟信号和国标地面无线数字信号,能同时对MPEG-2和AVS视频进行解码等,做到全能接收,一机到位。2009年2月3日,埃派克森微电子(上海)公司推出带数字音量控制的立体声D类音频功率放大器A7023及简化版不带数字音量控制的A7022。该器件为基于自有专利技术架构和电路设计输出4瓦×2的免滤波器功放,主要应用于便携式产品。

二、网络通信设备制造

2000年,上海贝尔公司开发ATM/IP宽带交换系统,吸收ATM和IP技术的优点,支持包括话音、实时数据业务在内的各种业务,可作为 ATM 边缘宽带交换机和配置为交换式 IP 高速路由器。2001 年,上海华虹(集团)有限公司开发成功小区非接触式 IC 卡现场控制器及网络集成通用系统,攻克 Lon Buider 平台上开发以 TMPN3150BIAF Neuron 芯片为核心的各种适用于楼宇小区智能化的现场控制器等关键技术。2003 年,上海自动化仪表股份有限公司(上海自动化仪表)研发微功耗光纤传输一体化储罐综合参数测量变送器,通过上海市经委新产品鉴定。该产品实现现场液位、压力、温度多参数通过一根光纤传输到控制室的终端,并可直接转换成多路 4～20 毫安电流信号输出,具有测量精度高、光纤传输距离长、现场变送器功耗不大特点。

2005 年,上海复旦光华信息科技股份有限公司研制出“高速网络分流交换机”,可支持多种类型的网络端口和通信协议,配合相关应用软件可实现高速网环境下的计费、网络安全检测告警、网络流量分析等功能,解决高速骨干网上海量数据流集群处理的需求。2006 年,上海广电通信网络有限公司成功开发便携式卫星应急通信系统,该终端系统集卫星 VoIP 语音/传真、视频编码传输、GPS 全球定位等多种功能于一体,具备与卫星通信网络固定地球站间的实时双向通讯功能。同年,中国电子科技集团公司第二十三研究所(二十三所)研制成功的超柔性稳相电缆组件,由连接器和稳相电缆组成,柔软性和弯曲相位稳定性俱佳,填补国内空白,可替代进口产品。

2008 年,上海交通大学毛军发等研制“小型化高性能微波无源元件与天线”,获国家技术发明二等奖。该项目提出提高微波无源元件与天线性能并实现小型化的电磁带隙结构、高温超导和硅衬底微波元件与天线设计的创新理论,发明高温超导电磁带隙结构高功率滤波器、电磁带隙结构带通滤波器,及硅基多层堆积差分螺旋电感,其最佳连接方式使自谐振频率提高 100%;发明新的频率可调高温超导微波谐振器,及移动终端水平极化超高频缝隙天线和超高频高增益平面印刷全向天线,克服水平极化全向接收的难题和传统哀福特缝隙天线特性对频率敏感变化的缺点;发明符合 IEEE 标准的基于电磁带隙结构的双频全向一定向天线,实现方向图可重构。成果申请发明专利 32 项,其中 12 项授权。同年,上海信息安全工程技术研究中心研制出 SHS08PSTN 数字加密电话机。该电话机采用混合密码体制,密钥管理采用非对称密码体制、数字语音加密采用对称密码体制,实现端对端的保密通信,无须密钥管理中心介入,实现域内和跨域保密通信管理。同年,上海博达数据通信有限公司完成“兼容 IPv6 的高端路由交换设备研发及产业化”项目,研发出支持 IPv4/IPv6、大容量的高端路由交换设备。从硬件设计到微码到路由操作系统平台 BDROS,拥有完整自主知识产权;支持使用 NP 的多层处理转发线卡和高密度低成本的三层转发线卡。2009 年 5 月 11 日,上海锐合通信技术有限公司与新疆强国科技有限责任公司开发出维文 TD－SCDMA/GSM 双模无线通信模块,表明基于中国自主知识产权的 3G 标准 TD－SCDMA 技术的产品维文 TD 无线固话将进入新疆少数民族家庭和企业用户市场;也成为三大国际 3G 标准中第一个支持维文的 3G 标准。该技术体现中国 3G 标准的自主性和民族性,属国内首创。

三、仪器仪表制造

2000 年 12 月 27 日,上海自动化仪表开发的 HART 协议全输入智能温度变送器和开发扩散硅压力/差压变送器,通过市级新产品鉴定。前者解决低功耗全隔离设计、非线性补偿、数字滤波、自诊断等关键技术问题,开发一整套仪表智能化及通信软件。2001 年,上海自动化仪表开发成功 CYP－100 微差压表,具寿命长、高耐静压的特点。该产品用于测量两个被测气体介质之间的微小压力差值,采用拉丝拉动转轮的传动方式和超压保护装置,表面指示转角达到 240°。同年,上海自动化仪表研发 D500/6D 压力控制器,通过鉴定,属国内首创。该产品设计 3 个微动开关,使控制器能分别设定 3 个控制点,使 1 个控制器起到 3 个控制器的作用;传感器采用氩弧焊焊接技术,使整个控制器耐腐蚀性得到有效提高。同年,上海市计算技术研究所研制的 GC－2000 微机化气相色谱仪,通过专家鉴定。该仪器结构紧凑,两套气路同时工作,控制系统中采用多单片组合;柱温和汽化室气体流量控制平稳,控制温度精度高。

2002 年,上海精密科学仪器有限公司开发出 UV762 紫外可见光分光光度计,通过鉴定。该产品为全新光学系统设计,采用大屏幕中文菜单显示,光学性能优良,具备较强的光谱处理功能。同年,上海自动化仪表开发出 SUPMAX500 分散控制系统,通过鉴定。该系统采用全冗余设计、开放式结构,具有优良的可维护性;系统符合 IEC1131－3 国际标准组态器,可提供 FBD、LD、ST、SAFC、IL 5 种组态方式;采用标准数据库、实时多任务内核;可实现集中化报警、趋势和报表处理。同年 12 月,复旦大学研发新型微分光学大气分析仪,通过市科委鉴定。可对大气中的二氧化硫、二氧化氮、臭氧、甲醛等几十种污染物进行实时、在线监测。同年,上海自动化仪表股份公司完成国家重大技术装备国产化创新项目大型核电站核电仪表和控制系统研制。该项目核心包括 ALSPAP320DCS 分散控制系统、核电站安全保护逻辑控制系统、核电站主控制系统、核电站仿真系统、核电站辅助系统。同年 12 月 19 日,上海第二工业大学承担完成大型流量计壳体泄漏测试机,通过鉴定,属国内首创。该机采用四立柱压机形式,用气动控制自动送给装置,用液压技术控制法兰与壳体的固定密封。该机可测试 350 毫米以下各种规格电磁流量计壳体泄漏。

2003 年,上海自动化仪表研制的 EX 系列无纸记录仪通过市经委新产品鉴定。采用包括事件驱动的软件系统技术、分时多任务技术、记录数据的结构化管理技术、高级人机交互技术、单片机 DOS 软磁盘技术和上位机数据处理技术等先进技术;在 LCD 画面的叠加和卷动方面有独到之处,在测量过程自动化、测量数据的处理和查询、功能的多样化方面具有优势,是传统纸记录仪的更新换代产品。同年,中国电子科技集团公司第五十研究所(五十所)开发的 WJ2005 型热网智能终端,通过市科委鉴定,获国家制造计量器具许可证和计量器具样机检验合格证书。该产品将传统的流量积算仪和无线数传台、调制解调器和不间断电源等相结合,构成热网监测管理系统,新增无线数传、通话等功能。同年 1 月 15 日,上海电动工具研究所完成电机绕组综合参数自动测试系统通过上海市经济委员会鉴定。系统采用单恒流源技术同时测量相邻三片间电压,由专用数学模型计算出焊接和线圈电阻值,测量焊接电阻精确;自动测试夹具的设计,可保证一次装夹完成所有测试项目,探针采用多路程序化控制,准确可靠。同年 3 月,上海交通大学研制的 K－Ⅱ型高速紫外可见分光光度仪,通过市科委鉴定;填补国内空白。该项目的仪器硬件结构、分光技术和软件设计等有创新,特别在消除多级光谱重叠技术、仪器的网络功能、光谱分析软件的自动扫描和自动分析功能等方面具有独创性。项目申请"新型分光光学系统""光栅分光系统中的数据处理方法"和"光谱定量的自动分析方法"3 项国内专利。

2005 年,上海交通大学研制出高精度电感位移传感器及其测量仪。该项目利用差动电感原理制成高精度电感位移传感器,将微小位移的变化转化为电感的变化,通过测量电路和微机系统实现数字和模拟同步双显示;同时具有和差运算、超差报警和信号输出及人性化操作等功能。同年,上海市计算技术研究所、复旦大学等研制的高效液相色谱仪和激光诱导荧光检测器,采用嵌入式电脑色谱数据处理控制器与紫外检测器,L1FD 激光诱导荧光检测器,高压恒流泵,色谱数据采集连接实现全数字接口,具有四元梯度控制、数据处理及控制,使检测器功能实现多元化。2006 年,中国船舶重工集团公司第七〇四研究所(七〇四所)尚维绿等研发 50 kNm 扭矩标准装置,获国家科技进步二等奖。该项目是研究标准扭矩的发生、高灵敏度微小摩擦、高载荷刀口支承技术、双平面六自由度对中技术、精密砝码对偶技术、自动加载技术、计算机控制技术及数据处理技术,是机电一体化的标准装置。

2007年,同济大学研制出实现波差的动态实时测量的Φ300F1200动态哈特曼扩束器,其光学系统采用平像场设计,物镜采用单片高次非球面,光学材料采用进口石英玻璃。同年6月,上海铁路局电务处、上海铁大电信设备有限公司研发的DJK-TI型无线调车机车信号和监控系统,通过铁道部运输局审查;获2008年上海铁路局科技进步一等奖。该系统由地面设备、车载设备和无线通信设备组成,地面主机采用"嵌入式Linux+双机热备"结构,可实现自动切换;实现调车信号的无线发送及对机车作业的实时监控,达到预防"挤、脱、撞"等事故发生。2010年6月3日,上海市计算技术研究所承担热裂解气相色谱技术项目,通过市科委验收。该项目研究出新型竖式微型炉结构的热裂解器和气相色谱仪联用技术,改善温升时间和样品分析重复性的两大重要技术指标;可对液态、气态和部分固态样品较大样品量的直接进样,并同时进行热解吸和热裂解两种分析。

四、芯片制造

2001年,上海福安自动化有限公司研制出"集成电路装备芯片划片机"。创新研发高频内置电机空气轴承主轴,并进行Y轴及Z轴动态零件设置功能和有关加工工艺的研制。2004年,中芯国际集成电路制造(上海)有限公司杨士民等承担的"0.13微米的CMOS超大规模集成电路及铜连线的制造技术"项目,获上海市科技进步奖一等奖。开发膜厚小于17埃的氧氮化硅超薄栅制备技术及N浓度分布及控制技术;超浅结技术中用于抑制增强扩散和控制结深的缺陷控制技术;Cu/低k介质互联技术中界面可靠性和质量控制技术;建立适用于130纳米的器件电路解析模型和MOS场效应管的栅漏电流模型;超薄栅130纳米器件寿命预测和可靠性表征方法;130纳米OPC版图校正方法;130纳米技术代的单元库建库技术;建立稳定可靠的工艺参数,形成独特的工艺流程。拥有专有技术46件,获专利22项。

2005年,中微半导体设备(上海)有限公司的"90及65纳米12英寸芯片生产"项目,研发化学薄膜和等离子体刻蚀生产样机。其芯片加工质量和输出速度远胜于国外同类产品,而加工成本却要低三分之一,为上海微电子装备业填补空白。2006年,锐迪科微电子(上海)有限公司开发的"高性能、高集成、低成本的TD-SCDMA/GSM双模射频芯片"交付厂商联调,标志着中国自主研发的世界上首颗单芯片TD-SCDMA/GSM双模射频芯片进入产业化。2007年,光机所完成的"极紫外光刻机光源技术研究","极紫外光刻"以波长为13.5纳米的"软X射线"为曝光光源。标志着中国在下一代芯片工艺核心技术——极紫外光刻光源转换效率上达国际先进水平。

2009年,中微半导体设备(上海)有限公司尹志尧等开发的"65/45纳米去耦合反应离子刻蚀机",获上海市科技进步奖一等奖。采用独创的"甚高频去耦合反应离子刻蚀技术",首创并率先采用去耦合的60兆赫和2兆赫频率组合,能有效控制反应离子能量和密度。产品采用双台多反应腔的系统设计,产品最多可以加载3个反应腔,可同时处理6片硅片。同年,复旦大学完成的"有机玻璃微流控芯片及其批量低成本加工技术",采用一系列基于表面原位聚合的成形加工技术,解决有机玻璃微流控芯片加工中模具加工、芯片快速成形和封装等技术难点。建立有机玻璃微流控芯片的本体、表面和整体修饰方法,研制一系列多功能有机玻璃微流控芯片。

2010年,上海宏力半导体制造有限公司开发出"0.12微米自对准分栅标准闪存工艺技术",产品良品率达到80％以上,建立0.13微米嵌入式闪存技术工艺及设计平台。同年,上海新傲科技股份有限公司开发200毫米SOI晶片生产技术,建成国内第一条200毫米SOI晶圆片规模化生产线。同年,复旦大学牵头的"国产自主知识产权FPGA的产业化应用和深入研发"项目,完成30万门FPGA芯片的改进设计、设计自动化软件系统的改进和完善,以及百万门级FPGA芯片的研制工作。同年,上海微电子装备有限公司研制出国内首台具有自主知识产权的"先进封装分步投影光刻机"。该设备在投影物镜、高精密工件台、对准调焦测量、软件系统等关键技术领域取得一系列创新成果,具有"大视场、大焦深、高套刻精度、边缘曝光"等技术特点,满足先进封装工艺中8英寸及12英寸硅片级重新布线、凸点工艺等要求。实现国产高端光刻机整机市场销售额"零"的突破。

第二节　制　药

一、中药制药

2000年,中国科学家经过十多年探索首创的新型免疫性药物——牛膝多糖在上海取得成功,对抗病、抗肿瘤有显著功效。牛膝多糖是中国科学院上海有机化学研究所(有机所)田庚元研究员等人从天然中药材牛膝根中分离提纯到的一种小分子量多糖化合物。田庚元研究员按照新药研究的要求,对牛膝多糖进行系统的药理、毒理和制剂研究,确认牛膝多糖的分子结构,这在中国中医药领域尚属首次。牛膝多糖的提取技术和生产方法获得两项中国专利和中国科学院发明一等奖。2001年,上海市雷允上药业有限公司等开发基因工程鉴定野山参新技术,首次将分子生物鉴定应用于珍稀中药,具有鉴定用量少、精度高、灵敏度和稳定性好等特点。

2002年,中国科学院上海药物研究所(药物所)金国章等开展"左旋千金藤啶碱对神经系统激动阻滞双重作用研究",获上海市科技进步一等奖。该项目从中药"千金藤"中分离得到的天然产物左旋千金藤啶碱(L-SPD),通过动物实验,在国际上首次发现该化合物能直接激动mPFC的D1受体,抑制VTA、NAc的D2受体功能,具有D1激动—D2阻滞双重作用,平衡纠正DA功能异常,为国际上精神分裂症药物治疗开辟新的研究方向。同年,上海中医药大学、上海现代中医药技术发展有限公司研发用于治疗肝纤维化的复方中药扶正化瘀胶囊,获得国家新药证书和生产批文,并获得国家科技进步奖二等奖等奖项。2003年,药物所方积年等开发的"香菇多糖静脉注射液",获得国家二类新药证书,获2004年上海市科技进步二等奖。该研究经10多年研发,发明一种与日本专利方法完全不同的提取分离方法,可直接制备成水针剂。经药理、毒理研究及临床试验证明,其疗效与粉针剂完全一致。

2005年,上海交通大学医学院附属仁济医院(仁济医院)研制中药一类新药槐果碱注射液,获国家食品药品监督管理局临床批文。该制剂用于治疗柯萨奇B病毒性心肌炎,经动物试验及临床应用,显示其低毒和明显抗病毒的作用。同年,中科院上海药物研究所研发国家一类新药希普林,在欧洲完成Ⅱ期临床研究。该药品在植物"千层塔"活性化合物"石杉碱甲"基础上,优化合成的衍生物,用于治疗老年性痴呆,是具有中国特色和国内外专利的创新药物。同年,中国科学院上海生物化学与细胞生物学研究所(生化与细胞所)戚正武等开展中药"活性多肽毒素结构与功能研究",获上海市科技进步一等奖。该项目对东亚马氏钳蝎神经毒素的研究,阐明钠通道毒素BmKM1的蛋白与基因结构,发现新的钾通道毒素,发现具有双功能的BmTx3,提出毒素阻断离子通道的新机理,阐明全蝎作为中药抗癫痫及镇痛的物质基础。同年3月,上海百棵药业有限公司研发枫苓合剂,获国家食品药品监督管理局批准上市。该产品采用水醇双提和冷离去沉等现代制药工艺,最大限度保留组方中药材有效成分;通过以毒攻毒和提高机体免疫的双重作用,成为国内第一个治疗性的抗癌中药新药,用于晚期瘀毒结滞证胃癌。同年 5 月 25 日,药物所宣利江等的研究成果——丹参多酚酸盐粉针剂,获国家食品药品监管局新药证书和生产批文;获 2007 年上海市技术发明一等奖。阐明以丹参乙酸镁为主要成分的多酚酸盐是丹参治疗心血管疾病最重要的有效成分。发明的丹参多酚酸盐制备工艺、技术,获得中国及美国专利授权。

2006 年,上海中医药大学胡之璧研究组承担的"黄芪毛状根培养体系与转基因技术平台的关键技术研究",获上海市科技进步一等奖;"黄芪活性产物代谢调控的基因工程关键技术研究",获 2007 年国家科技进步二等奖。该项目建立黄芪毛状根大规模培养体系;系统研究外界因子对黄芪毛状根生长的影响;对所培养的黄芪毛状根化学成分、药理作用和急性毒性,与原药材进行全面对照,各项指标与原药材无显著差异;利用基因工程技术,获得对膜荚黄芪 3 个活性成分含量明显提高的转基因株系;从黄芪药材中分得 5 个新黄酮类化合物和 2 个新的杂多糖,并确定化学结构。同年,第二军医大学药学院对何首乌、黄芪、灯盏花和知母开展心脑血管活性中药基础和应用研究,通过市卫生局验收。首次阐明何首乌二苯乙烯苷类化合物对动脉粥样硬化具有防治作用;首次报道黄芪甲苷抗缺血性心肌损伤的作用机制与其抗氧化和诱导一氧化氮形成的活性有关;首次报道灯盏花中除黄酮外,双咖啡酰化合物及灯盏花苷也具有较强的保护脑血管活性;首次发现知母皂苷对全脑缺血及脑缺血再灌注损伤具有显著的保护作用。开发出 12 个治疗心脑血管疾病的中药新药,包括中药一类新药 3 个。同年,第二军医大学等完成"中药材三维定量鉴定及生产适宜性的系统研究"(合作项目),获国家科技进步奖二等奖。创建基于计算机三维重建和模式识别的中药材三维定量鉴定方法,应用于 100 多种中药材鉴定,被列为国家中医药管理局十大重点推广项目,建立中药材生产基地的评价平台。

2008 年,上海中医药大学王峥涛等承担的进行"中药质量标准综合评价关键技术平台的构建与应用",获上海市科技进步一等奖。首次将薄层色谱—生物自显影技术应用于中药质量评价及活性成分导向分离;首次将 LC/MS 技术应用于微量毒性生物碱的定量分析;研发高纯度紧缺中药化学对照品 400 余种,其中 327 种达批量制备,5 种对照品成为国家法定对照品。同年,上海医药工业研究院开发中药二类新药蝉花菌丝体胶囊,获得临床研究批文。该药从天然蝉花中分离培养出蝉拟青霉,并以其为菌种发酵生产蝉花菌丝体。免疫学实验显示蝉花菌丝体有良好的免疫调节功能,能降低尿素氮和肌酐水平、提高肌酐清除率的功能。同年,上海药港生物技术有限公司研制成功中药二类新药肾参胶囊,主要用于治疗更年期综合征患者,及乳腺增生、子宫小肌瘤等。同年,上海中药创新研究中心发明工业化连续生产原人参二醇的新方法,开发出抗抑郁新药优欣定胶囊,符合中药一类新药的要求。

2009 年,药物所研究出一种治疗糖尿病的药物组合物及其制备方法,获得国家发明专利证书。该药物组合物以中药提取物黄柏生物碱成分、知母苷类成分和肉桂挥发油及多元酚类成分,为有效药用组分配伍而成。制备方法包括乙醇提取,大孔树脂吸附、洗脱、浓缩、干燥等方法。同年 1 月,上海中医药大学附属龙华医院(龙华医院)研制出用于治疗肺结核新药芩部丹片,获药物临床试验批文。该药采用著名老中医临床经验方,由百部等 3 味药组成,有滋阴泻火、行瘀杀虫功能,主治肺结核疾病。2010 年,和记黄埔医药(上海)有限公司研发中药产品 HMPL004,用于治疗炎症性肠病。在全球申请 32 项专利,完成全球多中心 Ⅱ 期临床试验。同年,龙华医院研制成功用于治疗神经根型颈椎病的中药制剂复方芪麝丸,具有益气化瘀、消炎止痛的功效,可改善腰椎间盘局部微循环、抑制炎症介质、延缓椎间盘细胞和神经元细胞凋亡、防止神经纤维脱髓鞘。

二、化学制药

2001年4月,上海瑞圣生物医学科技有限公司研发治疗女性生殖道感染药物新剂型"甲硝唑胶浆",通过国家药品监督管理局审查,获新药证书和生产批件。研制出模仿女性宫颈/阴道黏液形态的阴道外用制剂0.75％甲硝唑胶浆,有效率与甲硝唑栓组无显著性差异,剂量仅为栓剂的1/10。2002年8月,第二军医大学药学院、上海万兴生物研发一类新药来氟米特,获准进入临床研究,获得国家食品药品监督管理局一类新药证书和生产批文。可用于风湿及类风湿关节炎、牛皮癣等自身免疫性疾病的治疗,也可用于器官移植的抗排异反应。2003年,复旦大学陈芬儿等完成"d-生物素不对称工业全合成研究",获上海市科技进步一等奖和2005年国家技术发明二等奖。首次采用48％氢溴酸使双苄生物素在二甲苯中先开环,再用三光气/氢氧化钠/苯甲醚体系续行闭环的高纯度的d-生物素合成新工艺;申请多项发明专利,填补国内空白,打破瑞士罗氏公司垄断。同年,第二军医大学郑秀龙等研发肿瘤放射治疗增敏药"注射用甘氨双唑钠",获上海市科技进步一等奖和2005年国家技术发明二等。筛选出亲电子类的硝基咪唑类新药,开发出其原料药合成和制剂新工艺。该药是国内外第一个肿瘤放射治疗增敏药物,获国家一类新药证书。

2004年,三合生物公司研发"赛米司酮片剂"抗早孕新药,属化学类一类新药,获准进入临床试验。同年,上海华谊(集团)公司开发的治疗2型糖尿病的国家一类新药"谊生泰YST",进入一期临床试验。同年,有机所以自有发明专利"一种甾体烯醇多氟烷基磺酸酯化合物及其衍生物"为核心技术,与中国药科大学等共同开发出良性前列腺增生新药爱普列特及其片剂,属国家一类新药。同年,上海医药工业研究院陈代杰等承担的"环孢菌素A生产新工艺关键技术及其应用"项目,获得适合新工艺的高产突变菌株。获2005年国家科技进步二等奖。该项目利用创新的发酵培养基及其中一种关键成分的加工方法,形成完整的发酵新工艺;设计出独特的菌种选育方案;改进原有的分离纯化工艺。

2005年,上海医药工业研究院王文梅等研发的"新头孢菌素——头孢硫脒",获上海市科技进步一等奖和2006年国家技术发明二等奖。该项目发明将硫脒基引入大分子头孢菌素中,形成系列含硫脒基的头孢菌素衍生物;发明头孢硫脒的合成新工艺,发明特定有机溶剂进行重结晶新工艺。同年,上海睿星基因技术有限公司研制的国家一类新药吡非尼酮及胶囊,完成Ⅰ期临床试验,进入Ⅱ期临床试验阶段。创新设计全新小分子化合物,经细胞水平筛选,获得显著抑制成纤维细胞的分裂和增殖,用于抗急性肺损伤和肺纤维化。同年4月,上海复旦张江生物医药股份有限公司研发国家一类新药芬注射用海姆泊芬,获得国家食品药品监督管理局临床批文。用于肿瘤光动力治疗,具有光动力效应高、毒性低等优点;对人体鲜红斑痣的光动力治疗,具有疗效显著,局部反应较轻,治疗时间较短等优点。同年11月,上海中西制药有限公司、上海医药工业研究院生产出抗抑郁药盐酸度洛西汀肠溶胶囊和片,获得国家食品药品监督管理局的临床研究批文。该研究通过优化合成方法,降低产品成本,易于工业化生产;其合成和制剂工艺具有独特性。

2006年,上海靶点药物有限公司研发抗艾滋病一类创新药尼非韦罗,完成临床前研究。作用于HIV-1进入人体宿主细胞的辅助受体-CCR5,阻断HIV-1进入宿主细胞;具有良好的选择性、广谱性、抗耐药性、安全性。同年,上海医药工业研究院研发抗脑中风盐酸非那嗪奈,获国家一类新药临床试验许可。该药根据药靶位点,在定向设计和合成数百个化合物初复筛基础上发现的,研究显示具有显著抗脑梗死及神经细胞保护功能。同年,第二军医大学研制成功抗真菌新药艾迪康唑,获国家发明专利及临床研究批文。该药是新一代三唑类抗真菌药物,对深部真菌和浅部真菌均有很强的活性,抗真菌作用强、广谱、毒性小、稳定性好。同年,上海瑞广生化科技开发有限公司等研制出抗乙肝国家一类新药"阿德福韦酯"。该药具有用量少、药效好、安全性高,用于治疗成年慢性乙型肝炎。

2007年,上海医药工业研究院时惠麟等承担的一线降压药普利类药物关键技术开发及产业化项目,获上海市科技进步一等奖和2008年国家科技进步奖二等奖。首创采用三光气代替光气,用于N羧烷基二肽型普利的生产;创新药物合成中的手性拆分技术等提高产品光学纯度;在氢化工艺中开发相对廉价、可套用的催化剂取代二氧化铂等昂贵的催化剂;发现培哚普利叔丁胺盐新晶型,打破外国公司垄断。同年,复旦大学陈芬儿等完成用于慢性风湿性关节炎的"双氯芬酸类解热镇痛药生产新工艺关键技术研究与应用",获国家科技进步二等奖。该项目发明以烯胺芳构化为核心技术的合成新路线,改善环境污染和劳保条件,原料成本大幅度下降。同年,上海亚联抗体医药有限公司研发抗人血小板膜糖蛋白Ⅱb/Ⅲa嵌合单抗F(ab')2注射液,获国家食品药品监督管理局临床试验批件,实现中国血栓性疾病治疗性抗体药物零的突破;获美国专利。同年2月14日,上海复旦张江生物医药股份有限公司开发的第1.6类新药艾光动力学药盐酸氨酮戊酸。临床试验表明,该药用于尿道内尖锐湿疣,疣体清除率达95%,复发率低于10%,且耐受性好。同年12月,上海艾力斯医药科技有限公司合成新的抗高血压药"艾力沙坦",获化学药品1.1类新药临床试验批件。临床试验表明,单次或多次口服均非常安全,优于一线药物氯沙坦。

2008年,华东理工大学张嗣良等研发"红霉素生产新工艺",获上海市科技进步一等奖。实现红霉素工业生产菌株代谢工程改造,建立发酵过程动态优化与放大方法,提出反应器流场特性与菌体生理特性研究结合的放大原理,建立工业生产规模微滤、纳滤组合膜分离技术。同年,上海天伟生物制药有限公司等研制第二代他汀类降血脂药普伐他汀钠,获上海市技术发明一等奖。该项目成功选育出高产菌株,发明新发酵工艺,发明大孔吸附柱层析纯化工艺,有效控制三废排放与环境污染,突破制剂不稳定易降解的关键技术。同年8月26日,上海罗氏制药有限公司生产的口服化疗药希罗达,获国家食品药品监督管理局批准用于胃癌治疗。该药为新一代肿瘤内激活口服化疗药物,用于晚期胃癌治疗。2009年,张江生物医药股份有限公司研发出肿瘤光动力治疗1类新药多替泊芬,对呼吸道、胃肠消化道、泌尿生殖道肿瘤及体表部位恶性肿瘤的光动力治疗,具有微创、靶向治疗优势。同年4月15日,药物所研制出国家1类新药盐酸安妥沙星及其片剂,获国家食品药品监督管理局新药证书及批准文号。是国内研发第一个喹诺酮类创新药物。对治疗皮肤系统、呼吸道系统、泌尿系统感染具有显著疗效。

2010年,第二军医大学研制成功"长效抗高血压1类新药尼群洛尔片"(合作项目),获国家自然科学二等奖及国家新药证书。该研究制定该复方药物最佳配比,使其治疗作用相互协同、不良反应相互消减。同年2月10日,药物所等研发抗禽流感药物扎那米韦,获国家食品药品监督管理局新药证书和药品批准文号,成为继达菲之后研发的第2个抗流感新药,用以治疗因甲型流感病毒引起的流行性感冒。同年4月24日,药物所研发的异噻氟定及异噻氟定胶囊,通过上海市食品药品监督管理局认证审评中心现场核查。该药化药1.1类新药,是具有全新结构的非核苷类抗乙肝病毒的药物。

三、生物制药

2000年，复旦大学医学院宋后燕等承担的"重组链激酶（r-SK）研制、开发与临床应用"，获国家科技进步二等奖。构建 SK 基因克隆、改建载体和改良宿主菌，实现 r-SK 基因超高效表达，创建简便的复性和纯化技术。药品临床试验表明，r-SK 溶栓治疗急性心肌梗死安全高效。同年，上海百泰生物技术有限公司研制的基因工程肿瘤疫苗，采用细胞融合技术，能在动物体内有效杀伤肿瘤细胞，消退晚期肿瘤。同年，上海信谊药业有限公司研发国家一类新药转人体内皮抑素基因的双歧杆菌制剂。同年9月6日复旦大学、农科院经过18年潜心攻关，使中国首个抗病毒基因工程疫苗在沪问世。2001年，该项目完成中试生产工艺、制剂配方、制订质量标准等制定。2002年，完成药效学、药代动力学等基础研究，完成临床研究申请工作。

2001年，上海中信国健药业有限公司郭亚军等完成新一代肿瘤因子突变体-重组人新型肿瘤坏死因子研究，制成能选择性杀死癌细胞的药物。2002年上半年，作为国家一类新药应用于临床，被评为"九五"国家科技攻关优秀成果奖。2006年，"注射用重组人 II 型肿瘤坏死因子受体—抗体融合蛋白"，获上海市技术发明奖一等奖及国家新药证书。该药用于治疗类风湿关节炎、银屑病、强直性脊柱炎等疾病。同年，上海第二医科大学在国际上率先制备出治疗肝癌和胃癌的基因工程"瘤苗"，建立一种能应用于临床恶性肿瘤的基因方法，其中"白细胞介素基因工程化胃癌细胞瘤苗"被批准为可用于临床试验的生物制品一类新药。2005年5月，获得国家食品药品监督管理局临床批文。同年，上海三维生物技术有限公司承担的 H101 基因工程腺病毒新药产品，采用基因工程方法对腺病毒进行基因重组，进而杀死肿瘤细胞。

2002年9月16日，上海迪赛诺生物医药有限公司生产的治疗艾滋病的新药——去羟肌苷及散剂，获得国家药品监督管理局的新药证书及生产批号。2003年，上海华谊（集团）公司技术中心开发出2型糖尿病基因药物"谊生泰"，完成临床前安全评价。同年9月，上海中信国健药业有限公司研发基因工程药物注射用重组人白细胞介素-11，获国家新药证书；该药能直接刺激造血干细胞和巨核细胞祖细胞的生长，用于治疗因化疗引起的血小板减少症。2004年3月，上海联合赛尔生物工程有限公司等研制出新型基因工程霍乱口服疫苗（合作项目），经国家批准正式投产上市，并评为国家重点新产品；获2005年国家科学技术进步二等奖。该研究高效分泌表达毒素 B 亚单位的工程大肠杆菌，进行 III 期考核试验，表明疫苗具有很好的安全性和免疫原性。

2005年，上海市计划生育科学研究所（计生所）采用基因工程方法，制备出人绒毛膜促性腺激素抗癌疫苗。该研究将人绒毛膜促性腺激素 β 链和羊促黄体素 α 链单链嵌合肽，并与破伤风类毒素偶联组成新型疫苗，用于治疗直肠癌、胰腺癌、前列腺癌等。同年1月，生化与细胞所开发具有生物学活性的抗艾滋病新药重组天花粉蛋白突变体，获国家食品药品监督管理局 I 期临床批文。该药对天花粉蛋白从基因水平进行改造，降低过敏原性和产品毒性，提高生物活性。同年4月，上海万兴生物制药有限公司成功制备有生物学活性的巴西矛头蛇巴曲酶，成为国际上第一个研制成功的重组生物止血药，获国家食药监管局临床批文。该药成本比养殖毒蛇并从其毒液中提取巴曲酶要低得多，效果优于进口蛇毒提取药。同年5月，复旦大学研发注射用重组双功能水蛭素，获国家食品药品监督管理局临床批文，进行 I / II 期临床研究。该药品应用于血管吻合术后的抗凝、防栓治疗，还治疗心绞痛、深静脉血栓等。同年11月，上海三维生物制药有限公司研发重组人 5 型腺病毒注射液（H101），获国家食品药品监督管理局一类新药证书，成为国内第一个研制的新型肿瘤生物治疗药物,是世界上第一个准许上市的溶瘤病毒药物,主要治疗鼻咽癌等头颈部肿瘤。

2007年,上海美恩生物技术有限公司研发治疗晚期肺癌的碘131肿瘤细胞核人鼠嵌合单克隆抗体注射液,获国家食药品监管局生产批文,并进行脑胶质瘤、鼻咽癌、淋巴瘤等其他适应证的Ⅱ期临床试验。同年,上海亚联抗体医药有限公司研制出抗人血小板膜糖蛋白Ⅱb/Ⅲa嵌合单抗F(ab')2注射液,获国家食品药品监督管理局临床批文,实现中国血栓性疾病治疗性抗体药物的零突破。同年,上海万兴生物制药有限公司研发的重组人酸性成纤维细胞生长因子,获国家食品药品监督管理局生产批文。该产品采用大肠杆菌表达,属多功能细胞生长因子,用于治疗急慢性体表溃疡、创伤、烧伤,及改善肤色肤质,平皱保湿。

2009年2月,上海泽润生物科技有限公司生产的精制甲型肝炎灭活疫苗(Vero细胞),获生产批文。国内首次将甲肝病毒在Vero细胞上适应培养成功,在Vero细胞上培养甲肝病毒的收获期短,采用新的多步精制蛋白纯化工艺。同年3月,第二军医大学等开发注射用重组人凋亡素2配体,获国家食药品监管局Ⅲ期临床批文。该药为抗肿瘤治疗用生物制品1类新药,临床试验显示,对晚期肿瘤病人治疗总临床受益率达96%,总有效率达50%。2010年,复旦大学开展新型乙型病毒性肝炎治疗性疫苗研究,研制开发的乙肝治疗性疫苗(乙克)完成Ⅲ期临床试验与新药申报工作。同年,上海荣盛生物药业有限公司研制成功Vero细胞乙型脑炎灭活疫苗,其安全性和有效性均不低于现有主流市场产品,抗体阳转率不低于90%;完成临床试验及申报生产批文。

四、医用器械制造

2000年,上海九菱冶炼有限公司成功研制全热解碳双叶人工心脏瓣膜,完成临床试验,换瓣病人100%存活。2003年,第二军医大学韩玲等研发"镧系元素时间分辨荧光分析技术及仪器",获国家科技进步二等奖。研制的时间分辨荧光仪,获得国家医疗器械注册证和生产证;研制的5种乙型肝炎时间分辨荧光免疫分析试剂盒,获生产许可证及新药证书;发表论文60余篇,出版专著3部。同年10月,上海交通大学研制的SJTU—1型医用超声设备声输出测量系统,通过鉴定。该系统的被测超声探头具有6个调节自由度,测量水听器有5个自由度,能满足线阵、凸阵、相控阵及机械扫描探头的声输出测量要求。2004年,微创医疗器械(上海)有限公司常兆华等研制的第一代含药缓释血管支架,获上海市科技进步一等奖和2006年国家科技进步二等奖。该项目解决PTCA球囊扩张导管的球囊折叠、热处理和支架压握技术;支架上涂覆能缓慢释放出抑制血管新内膜过度增厚药物,避免血管再度变窄。

2005年,上海拓能医疗科技发展有限公司开展逆向动态适形调强放疗系统的研发与应用(合作项目),通过美国FDA认证;获2006年国家科技进步二等奖。该项目研发头体部立体定向固定架、磁共振定位功能的体部定位架、体部定位架水平调节装置、真空固定垫气嘴、放射治疗的定位标记装置和床面等中心装置等。引入GA算法直接优化子野和射束角度,采用Fsc剂量计算方法和特殊设计的逆向混合优化技术,实现解剖功能多图像融合。研发具有剂量监控功能的动态电动MLC系统。同年,上海数创医疗科技有限公司研制数字心电图设备,该产品采用12导联同步采样、显示、传输、存储和打印,提高心电图诊断精确性。2007年,华东师范大学与复旦大学附属肿瘤医院开发的OPM351永磁型磁共振成像仪,投入临床使用,其核心控制部件"数字谱仪",打破国外公司垄断。同年,上海交通大学附属瑞金医院(瑞金医院)等研制成功大型强功率长波紫外线1光治疗仪,用于治疗皮肤瘢痕与硬皮病,及胫前黏液性水肿,疗效理想,填补国内空白。同年,上海市脑血管病防治所与复旦大学附属华山医院(华山医院)等研制出脑循环动力学检测仪,通过两个类似B超的探头,置于人体左右侧颈动脉处,可无痛测得脑血流动力和脑血管壁弹性等20对相关指标;配合中风危险度评估软件,能为检测者预知未来3~5年的中风概率。

2009年,美时医疗公司研发PICA型全身磁共振成像系统,属低场型磁共振,通过美国FDA认证,获批上市;研发高温超导射频线圈,其磁共振领域灵敏度为世界最高,打破国外设备垄断格局。同年,微创医疗公司研发无线控制贴敷式胰岛素泵,采用压电陶瓷微量泵,通过无线通信使控制器和注射泵分离,注射泵直接贴敷在人体皮表;储液器形状,可以按患者要求来制作,顺应性更好。同年,上海理工大学托研制出医用超低温保存箱,应用于生物、医学研究等领域,用于保存红细胞、白细胞、皮肤、骨髓、细菌等,及电子器件和特殊材料的低温实验。同年4月,上海凯利泰医疗科技有限公司研制成功椎体扩张球囊导管系统,拥有"经皮骨穿刺装置实用新型专利""经皮椎体成形手术中填充骨水泥的助推装置实用新型专利"等多项专利,获上海市重点新产品称号。同年10月,上海爱申科技发展股份有限公司成功研制磁共振导引的超声聚焦肿瘤消融系统,在增加病灶部位的图像实时监控与温度实时监测的同时,实现一体化,是新一代HIFU系统。

2010年,上海医疗器械厂有限公司研制成功DSM80型数字胃肠X射线机系统,获国家食药品监管局产品注册证书,弥补国内空白。该系统实现采集的多线程与子线程;实现系统的模块化设计;具备优越的图像处理特性;适用数字化影像系统。同年,上海汇中细胞生物科技有限公司独创的Semi-Bio Assay特异性细胞检测平台技术,研发T细胞免疫玻片和可视化自动细胞分析系统,应用于肿瘤、艾滋病等疾病诊断、监测及预后判断,辅佐临床诊疗。同年,上海奥普生物医药有限公司成功开发U8/Qpad体外即时诊断技术平台,并在上海世博会及中国工业博览会进行展览。该平台利用光机电原理,整合现代科技技术,建成自动化、信息化、智能化U8/Qpad体外即时诊断技术平台,能即时诊断临床各类疾病。

第三节　汽车制造

一、传统汽车制造

2000年,上汽通用汽车有限公司(上海通用)开发"赛欧"家用轿车。把高档轿车的双安全气囊、ABS防抱死刹车系统及全车碰撞能量吸收设计作为标准配置;国产化率达到40%标准。同年,泛亚汽车技术中心有限公司(泛亚)开发的别克e-Car概念车,属适应现代信息电子技术发展的网络汽车,内设车载GPS系统、无绳电话、后座双电脑上网办公自动化等功能。同年,上海交运(集团)公司完成大众凸轮轴调节机构总成项目,在帕萨特B5和奥迪A6、A4的气门发动机上,采用由发动机管理系统控制的凸轮轴相位调节机构。2001年,上海交通大学林忠钦等承担的"轿车车身制造质量控制技术及其应用研究",获2002年国家科技进步二等奖。该项目建立轿车冲压件仿真工艺参数库,形成拉深筋优化设计系统和基于回弹控制的变压边力优化设计软件,创建轿车冲压件成形质量控制体系。同年,上海明精机床有限公司等启动轿车活塞柔性自动化生产线关键技术的研究,解决轿车活塞非圆柱异型销孔全自动CNC超精加工、网络控制与故障诊断技术以及在线检测与误差补偿及其质量保证等九项关键技术。同年,上海汽车联合电子有限公司开发的汽油发动机电子控制系统,获国家重点新产品财政补贴。该通过匹配标定上万个控制数据,使发动机工作最佳化;通过增加喷油器防积碳板,改进氧传感器结构,使之更适应中国燃油品质。同年12月,上海大众汽车有限公司(上海大众)开发的紧凑型轿车POLO,在上海国际汽车展展出。该车设计4气门电喷发动机,排量有1.4L和1.6L的选择;其空气阻力系数仅为0.31,达到两厢车较高水平。车门能大幅度开启,行李箱在后座靠背折叠。轿车的内部配置为电控液压助力转向、前座双安全气囊、防抱死制动系统等。

2002年,同济大学、上海大众开展的基于知识库的发动机五气门缸盖典型工艺建立与分析,通过市科委鉴定。该系统能对发动机缸盖零件加工自动编制工艺,避免人为因素可能产生的工艺错误。同年,上海德尔福派克电气系统有限公司研发汽车动力分配系统获成功。在开线预装前压接—总装—监测,缩短工艺流程;能在一个公共的介质上传输多重信号,避免单线连接;可多站联结。2004年,上汽通用、泛亚参与的汽车碰撞安全性设计与改进理论、方法及关键技术研究(合作项目),获国家科技进步二等奖。该项目使汽车碰撞安全性设计在缓冲空间利用率上达到毫米级,在缓冲时间利用率上达到毫秒级;解决汽车碰撞瞬态、强非线性工程计算难题;开发车碰撞仿真分析CAE系统软件,及安全气囊设计、仿真与试验的成套技术与装备;研制包括具有优良碰撞吸能性能的新型方向盘、保险杠、主吸能梁以及具有优良碰撞安全性的类菱形新概念汽车;开发以机械储能式螺旋轨道转筒牵引装置的汽车碰撞安全性试验成套技术与装备。同年,同济大学完成虚拟样机汽车分析与试验仿真系统,通过市科委鉴定。该项目根据多体系统动力学的理论,按照实车的拓扑结构,建立刚柔耦合的虚拟样车;建立若干典型路面模型,开发仿真分析与试验平台。

2005年,上海交通大学林忠钦等承担的"轿车覆盖件精益成形技术及其应用",获国家科技进步二等奖。开发镀层抗粉化性能的计算机视觉评估系统;开发基于反向—隐式耦合的毛坯设计与基于响应面法的工艺敏度分析方法及相关软件;提出基于自适应响应面的变压边力优化方法,研制出多点单动变压边力液压拉深实验机;提出基于TRIP效应本构关系的成形极限计算方法。同年,同济大学等开发汽车电动助力转向系统,填补国内空白。该项目研制的小齿轮助力式电动助力转向系统,具备电动助力转向的基本功能;电机伺服系统具体积小、性能高的特点。同年,上海交通大学试制出无人驾驶智能车首辆样车。该样车车头有三双"慧眼",可借助计算机图像分析技术和电脑摄像头,视觉导航装置能识别路上标记;车上装有磁感应器,道路上每隔几米埋个磁钉,组成磁导航装置;车上激光雷达可以判断前方180度范围内的障碍物。2006年,上海汽车集团股份有限公司(上汽)推出首款自主品牌轿车荣威(Roewe)750。该车是第一款在中国量产的中高档轿车产品,是基于Rover(罗孚)75平台核心技术开发而成,具有纯正英伦轿车设计与技术基因,标志着中国国际品牌开始走向市场。同年10月,上海柴油机股份有限公司、上海交通大学研发的SC5DK电控柴油机混合动力总成,通过市经委验收。该项总成包含1台电控柴油发动机和1台具有电动/发电双功能电机MG,两者集成为并联混合动力单元体,实现完整的运行控制功能。

2008年,上海理工大学研制出VDK-1型飞机电源空调综合保障车。运用自动控制方式,为飞机电子舱、乘员座舱提供冷风或热风地面空调;同时具备航空交直流电源,用于保障飞机在地面的原位通电检测和发动机的地面起动。同年6月24日,上海燃料电池汽车动力系统有限公司等承担的基于网络的现代汽车动力总成控制器及其产业化技术研究,通过市科委验收。该控制器是新型节能环保汽车动力系统集成的核心部件,同时也是节能环保汽车创新体系和产业链形成的一环。2009年8月,上汽国内首台双离合器自动变速器"领先一号"装配成功,实现在A0台架上的顺利运转,完成架试验和功能性测试。2010年1月11日,上海通用在成都举行雪佛兰新赛欧全球首发,实现国际品牌本土研发的突破。同年3月26日,上海大众首款都市SUV车型TIGUAN途观上市。此车分有都会版、风尚版、菁英版、旗舰版的多款型号;分别搭载1.8TSI和2.0TSI引擎,配6挡手动变速箱及手自一体变速箱;车型颜色有 7 种。

二、新能源汽车制造

2000 年,上海大众、同济大学在桑塔纳 LX 系列轿车上加装 CNG 压缩天然气装置,使之成为可燃用汽油和 CNG 的双燃料汽车;在桑塔纳电子喷射 Gli 系列轿车上加装电控 CNG 装置,使之成为可燃汽油和 CNG 的电控双燃料汽车。2001 年,泛亚研发成功燃料电池电—电混合驱动车,在上海国际工业博览会上展出。2002 年 6 月,上海交通大学成功研制全国高校首辆太阳能电动车"思源号"。同年 12 月 24 日,上海市发展燃料电池汽车领导小组协调下,上海完成燃料电池轿车虚拟设计、台架车研制、整车调试和转鼓试验,通过科技部组织的验收评审;同时研制成功的国内第一辆四轮驱动线传控制的燃料电池概念车春晖一号。2003 年,上海申沃客车公司完成康明斯压缩天然气发动机在 SWB6115Q1-3 型单燃料压缩天然气城市客车定型试验。该客车采用 T6114ZLQ3B 型单燃料天然气发动机,具有增压中冷、稀混合气燃烧、单点喷射和闭环电控等技术。同年,上海大众实施桑塔纳 3000LPG 双燃料轿车研发,采用两套燃料供给系统,即汽油供给系统和 LPG 供给系统。采用液态顺序多点喷射系统解决 LPG 气态连续直接喷射时经常出现的回火问题;LPG 喷嘴其结构采用类似于汽油喷嘴的电磁阀式喷嘴,避免气态喷射中信号接收迟钝;采用 ME7.1.1 控制器,缩短汽油和 LPG 分别用两只控制器控制而产生的通讯时间;可靠保证在 −25℃ 情况下的正常启动,并达 E3 排放标准。同年,上汽、华谊集团等开发甲醇掺混新型燃料及甲醇燃料汽车技术,完成发动机匹配试验和定型设计;进行甲醇发动机样机的甲醇汽油燃料配方试验,及甲醇汽油发动机样机制造和试验。同年 1 月 11 日,同济大学、上海燃料电池汽车动力系统公司装配在桑塔纳 2000 型上的国内首辆燃料电池混合动力轿车"超越一号",在同济大学校园内试车成功。

2004 年 5 月,上汽燃料电池概念车批准立项启动;8 月,完成整车总布置方案;10 月,完成车头前脸新造型并扫描形成数据、车身改制设计、整车仿真设计和计算;11 月 16 日,燃料电池 MPV 概念样车虚拟设计,通过科技部专家验收。同年 6 月 11 日,同济大学、上海燃料电池汽车动力系统公司开发出"超越二号"燃料电池样车,经加速、最高车速、爬坡等状况下的动力稳定性能,及连续行驶里程和能源消耗等经济性能测试,通过科技部专家组评审验收。2005 年,上汽完成"二甲醚公交客车"样车制造。同年 4 月,上海交通大学利用研发的二甲醚燃料专用发动机,与上汽等单位联手,成功试制中国第一辆二甲醚公交车,通过科技部成果验收。同年 12 月 17 日,同济大学、上海燃料电池汽车动力系统公司开发的第三代燃料电池轿车动力平台,装备三种车型共 10 辆燃料电池轿车,通过科技部的性能测试。第三代燃料电池轿车实现结构设计轻量化、动力系统模块化、功率控制单元化、水冷系统集中化、辅助系统电动化。

2006 年,上海燃料电池汽车动力系统有限公司等攻克燃料电池公交客车核心技术,成功生产出燃料电池公交客车样车。同年,上汽与上海交通大学合作完成"上海牌"混合动力展示样车开发项目。最高时速超过 210 千米,城市综合工况下节油 25%,达欧 IV 排放标准。同年 3 月,泛亚完成 SGM18 别克君越的混合动力样车开发。经性能试验,该样车在不影响动力加速性能前提下,燃油经济性达到显著改善,与国二阶段燃油限值指标相比,燃油耗值低 20% 以上。同年 8 月,上海瑞华(集团)有限公司选用超级电容器组和锂电池为动力的高压道路冲洗车研制成功,该车传动和辅助装置全部采用电机驱动,可无级变速,功率大、无污染、无噪声,可连续作业近两小时。同年 9 月,上汽完成燃料电池客车概念样车开发和基于荣威轿车平台上的燃料电池台架车研制。

2007 年,同济大学万钢等承担的"燃料电池轿车动力系统集成与控制技术项目"获上海市科技进步一等奖和 2008 年国家科技进步二等奖。研制国内第一个电电混合燃料电池轿车动力平台,开发燃料电池轿车动力系统设计方法,开发出基于总线的燃料电池轿车分布式控制系统,实现轿车的百千米氢燃料消耗最低和锂离子电电池电量状态准确估计技术,建立完整的动力系统及关键总成测试方法、测试规范和测试环境。同年,上海瑞华集团与国家电网公司研制出环保型混合电能超级电容车系统,安装在电动公交大巴上,充一次电可以持续行驶 300 千米。同年,上汽成功研发第四代燃料电池组新能源汽车。这款汽车打破传统汽车的布局方案,采用串联式的混合动力驱动结构,搭载的第四代燃料电池组最大输出功率达到 60 千瓦,采用高压储氢系统作为动力源。同年,上海神力科技有限公司研发出新一代燃料电池城市客车"神力一号",成功用"燃料电池＋氢气罐"替换掉传统汽车中的"内燃机＋油箱"。同年,上汽等成功开发大众帕萨特"领驭"燃料电池轿车。该车在 PASSAT 领驭平台基础上,采用串联式混合动力驱动结构,装载国内最先进的燃料电池堆,以高压储氢系统作为动力燃料源。

2008 年,上海燃料电池汽车动力系统有限公司、上汽等承担的燃料电池轿车、公交客车核心技术研究,通过验收。新一代燃料电池轿车动力系统最大输出功率提高到 88 千瓦,最高时速增至近 150 千米,从静止加速到时速 100 千米的时间减至 16 秒。同年,首款上海通用别克君越 EcoHybrid 油电混合动力车面世。该车以别克君越为原型,通过油电驱动系统配合,在测试过程中综合油耗下降 15％,由原来的百千米 9.8 L 下降至 8.3 L。同年 3 月 11 日,上海燃料电池汽车动力系统有限公司、同济大学等承担的燃料电池轿车、客车核心技术研究,通过验收。提出双动力系统的燃料电池公交客车动力系统方案,掌握这一动力系统及整车设计、研制、调试、试验、试运行的关键技术,建立测试手段并研制相关设备,为上海市发展燃料电池公交客车积累经验。

2010 年,同济大学与一汽大众汽车有限公司、奥迪公司三方共建"奥迪同济联合实验室",合作生产"都市晨光"原型概念车,仅靠电力驱动,最大续驶里程 130 千米,最高时速 138 千米。同年 4 月 11 日,上汽研发的"叶子"概念车,全球首发。该车以电能为主要动力来源,集光电转换、风电转换和二氧化碳吸附转换等概念于一身。同年 12 月,同济大学承担的无人驾驶智能电动车项目以高速轮毂电机电动汽车为开发平台,实道路线跟随、避障、自动泊车、ACC、融入交通流、UTURN 等功能。

第四节　船　舶　制　造

一、船舶设计与开发

2000 年,江南造船(集团)有限公司(江南造船)叶彼得等开发建造 16 500 立方米半冷半压式液化气船,获国家科技进步二等奖,属国内首创。该船超大型液罐能同时装载三种不同密度 19 种液化气和部分化学品。设计上,通过总体性能优化,确定大水线面系数的线型、合理的分舱方案,保证船舶快速性能及近千种状态的破舱稳性;建造中,解决超大型液罐的加工与吊装定位技术;对复杂的液货系统采用三维设计和平台预组装的创新工艺;解决无甲板结构状态下,船台下水的重大关键技术。同年 7 月 11 日,江南造船叶彼得等设计,为美国航海人控股公司建造的"航海人火星"2.2 万立方米半冷半压式乙烯液化气船在沪下水。这是世界上规模最大的乙烯液化气船。获 2002 年上海市科技进步一等奖。解决完整稳性和破舱稳性衡准;研制出复杂的液化气系统,在船上配置耐低温大直径超大型液罐,攻克建造液罐的超低温焊接技术关键;确立完整船台和船坞安全下水新工艺技术。

2002年,江南造船江一楠等设计承建的7.08万吨自卸船,获国家科技进步二等奖。建造"A"支架等装置和相应的船体大型钢结构;实现整个自卸系统全自动化。同年,上海外高桥造船厂承建17.5万吨好望角级散货轮,为国内最大吨位散货船,被国家列为重大装备国产化创新项目。该船在设计上着重体现绿色环保意识,将燃油舱安置在货舱区顶边舱内,带有双层隔离空舱,以避免在海损事故中燃油泄漏。同年12月31日,中国船舶工业集团公司第七〇八研究所(七〇八所)研究设计、江南造船建造的中国第一艘跨琼州海峡火车渡船"粤海铁1号",投入营运。2003年6月30日,第二辆火车渡船"粤海铁2号",投入运营。首次采用船、桥、港接口技术,实现钢轨对接精度±2毫米;采用抗横倾技术及稳定性、耐波性等多种性能综合平衡的优化技术;研制出整套绑扎各种不同车辆的快速系固装置。

2003年3月,七〇八所设计、广州广船国际股份有限公司承担的南海海区千吨级巡视船"海巡31",开工建造。该船中国海事系统第一艘适合无限航区的国际航行入级船舶,拥有直升机起降平台、直升机库和飞行指挥塔等船载系统。船上配备凯文汉修斯(KELVINHUGHES)导航雷达,与电子海图和综合航行信息显示组成综合航行系统,实现导航的数字化。2004年,江南造船开发1.5万立方米级液化乙烯船,填补国内设计建造空白,并直接转化为16 500立方米液化乙烯船的设计开发,赢得两艘船建造合同。同年8月,上海沪东中华造船(集团)公司(沪东造船)签署薄膜型液货舱液化天然气(LNG)船建造合同。技术上,实现全船货舱平直区域"零修割",并突破分段总组跨距超大、结构单薄、变形控制难关键技术。该船被誉为世界造船"皇冠上的明珠",项目填补国内空白。同年10月,中国船舶重工集团公司第七〇二研究所(七〇二所)完成国内第一艘采用小水线面船技术的新型综合科学考察船设计。该船是的全天候大型小水线面双体船,总长60.9米、宽26米、型深6.5米、排水量2 500吨;具备国际先进的柴电推进系统和动力定位系统,在有航速下摇动更小,耐波性更好。

2005年,七〇八所胡劲涛等设计开发超灵便型多用途船系列,获上海市科技进步一等奖。在主尺度和线型优化方面采用高稳心线型,实现航速19.4节;在结构上采用船底纵向框架与集装箱箱角对准,舷侧设计为全纵骨架式;采用有限元法进行尾部和上层建筑的振动分析和预报;采用埋入式绑扎件,以适合抓斗和铲车作业的需要;采用最新的"Flexipad"支撑垫块,减小舱盖横向滑移的摩擦系数。同年,江南造船建造的"普陀岛"号和"葫芦岛"号1.6万总吨滚装船,具有装卸快、航速高、操纵灵活、自动化程度高的特点。2006年,江南造船王麟等设计与制造的16 000总吨客/滚船,获上海市科技进步一等奖。国内设计、建造和检验的第一艘能满足国际和国内规定的适合渤海湾航行的客/滚船;国内首次采用概率论的方法计算客/滚船的破舱稳性,通过大型循环水槽做螺旋桨空泡和激振力试验;在客/滚船空调系统上实现国产化。同年,沪东造船开发出超巴拿马型87 000吨双壳及单壳干散货船两种新船型,属采用单机单螺旋桨推进的远洋无限航区散货运输船。该船货舱、压载舱设置永久性维修通道、燃油舱双壳保护、压载水控制及管理等。

2007年,七〇八所设计的中国第一艘天然气水合物综合调查船,在武昌造船厂开工建造。该船以海底天然气水合物资源调查为主,兼顾其他海洋地质、矿产资源调查。该船集成度和自动化程度高,能满足多学科综合调查要求,配置有4 000米级深海水下机器人"海狮号",及深水多波束测深系统、深水浅地层剖面系统、高分辨率地震采集系统。同年4月,江南造船研制出第五代"江南巴拿马型"散货船首制船交船,采用CFD线型设计手段及船舶推进节能技术;建立船舶产品一体化设计流程、规范;对总体结构、机电设备、管系及舾装等几大系统。同年9月29日,七〇八所设计、江南造船承建的新一代航天远洋测量船"远望5"号交付使用。该船集当今船舶建造、航海气象、电子、机械、光学、通信、计算机技术等领域最新技术于一身,突出"绿色环保""以人为本"的设计理念;全船采用减振降噪技术和变风量空调系统。2008年,沪东造船建造的中国第一艘液化天然气(LNG)船"大鹏昊"号,交付船东。这艘海上"巨无霸"能运载6.5万吨液化天然气在−163℃,远涉重洋,标志中国世界顶级船舶建造取得"零"突破。同年,上海外高桥造船公司建造31.8万载重吨超大型油船"华山"号,是世界上建成的第一艘能全面满足国际船级社协会《共同结构规范》的超级油轮。

2009年10月31日,上海江南长兴重工有限责任公司与上海船舶研究设计院建造的5100TEU巴拿马极限型集装箱船,正式交付船东。该产品是第五代集装箱船的最新拓展和改进型,也是国内首次建造的巴拿马极限型集装箱船,具有航速高、设备配置先进、振动控制好、箱位配置灵活性高、航线适应性强的特点。2010年,上海江南长兴造船有限责任公司等单位通过"超大型原油运输船关键技术研究",掌握制船工艺、工艺技术固化优化及批量建造关键技术,研制出上海第一艘29.7万吨原油运输船,打破国外船厂垄断。同年5月6日,沪东造船建造的8530TEU超大型集装箱船("MSC纳瓦里诺"号)命名交付,首次出口。该船满足EP船级符号,绿色环保;最大载重量102 396吨,服务航速达25.8节;能载运20英尺、40英尺集装箱及45英尺集装箱;可在货舱内和甲板上载运危险品货物集装箱,在甲板上装载冷藏集装箱。

二、海洋工程装备制造

2004年,七〇八所完成FPSO(浮式生产储存卸货装置)设计关键技术研究,以15万吨级浮式生产储油船为依托,评估新建和改装FPSO技术、研究结构分析与优化电站系统方案,完成在强台风中不解脱的内转塔式的"海洋石油111"号FPSO设计。同年,七〇八所、上海外高桥造船有限公司开始30万吨级大型浮式生产储油船研制。船总长约323米,型宽63米,型深32.5米,最大满载吃水20.8米;日加工19万桶合格原油,储油量约为190万桶;配有供140人工作居住的上层建筑及直升机平台;可长期系泊于固定的海域,25年不脱卸,能抵御百年一遇的海况。同年8月,七〇八所、江南造船承担的60万桶灵便型浮式生产储卸货装置设计建造项目,通过验收。全面完成海洋工程领域"风险评估分析"关键技术研究;进行内转塔FPSO混合模型的风浪流试验;首创FPSO辅助动力定位系统及三相三线中性接地电网配置;掌握灵便型FPSO可更换生产模块的单元组装和预装技术。

2005年,七〇八所承担的"百万吨级海上油田浮式生产储运系统研制与开发"(合作项目),获国家科学技术进步二等奖。该项目攻克中国渤海和南海石油开发区的关键技术,解决多单元复杂系统总体优化设计技术;提出"大型浮式装置浅水效应"的新概念;开发出冰区海域油田的抗冰设计。同年,七〇八所、上海外高桥造船有限公司承担的深水半潜式钻井平台,完成设计和建造方案,填补国内设计空白。该平台为双沉垫、四立柱(或六立柱)、箱形上平台结构、单井架双钻井系统;具有较大的甲板可变载荷和油水储存能力;属于国际第6代钻井平台,填补国内深水平台设计的空白。突破设计、数值分析、模型试验、建造四大技术体系,攻克动力定位模型试验、大型设备安装调试、超高强度大厚度钢板的焊接等36项关键技术。同年2月,七〇八所完成4 000吨全回转起重打捞工程船详细设计,由江苏东方造船有限公司建造。该船首部设置2 000千瓦的艏侧推装置1台,尾部设置 2 台功率为 1 500 千瓦的全回转舵桨;船艉安装全回转起重机,尾固定时起重能力 4 000吨·40 米,全回转时起重能力为 2 000 吨·45 米。该船集起重作业、救生打捞、铺管作业的海洋工程作业船舶。

2006 年,上海交通大学研制出"浅海海底管线电缆检测与维修装置"(合作项目),获国家技术发明二等奖。该装置既能水面航行又能潜入 20 米水深,还可以坐落于海底。具有独特的通风换气、信号传输、逃生等功能的高通道,及下潜航行、维修作业一体化的船型结构;采用全自动连续追踪技术和高精度"对线控位"动力定位技术。同年 2 月,七○八所完成"中油海 3"坐底式钻井平台设计。该平台最大钻井深度 7 000 米,是中国规模最大、装备最齐全的坐底式钻井平台,作业水深2.5~10 米,适合海床平坦的浅海区域,具有构造简单、投资少、建造周期短等特点。同年 11 月 21日,上海振华港机(集团)公司(振华港机)严兵等研制海上浮吊"华天龙"号 4 000 吨全回转浮吊,正式移交广州打捞局;获 2008 年上海市科技进步一等奖。该浮吊独创大直径回转支撑平面和大针销轮的加工工艺,采用分体锻造与装配技术,攻克高强钢的焊接工艺;研制出浮吊定位关键设备智能型恒张力大型锚绞车;采用交流矢量变频数字控制技术和环网总线光缆通信技术,实现速度控制模式下的钢丝绳张力动态限制,使锚绞车的操控十分灵活。

2008 年,振华港机建成全球最大海洋重工装备 7 500 吨全回转自航浮吊。该浮吊在满滚子全回转大轴承、回转面加工、起重臂高强钢焊接等方面自主创新,突破多项世界级难题,形成十几项发明专利。2009 年,中交第三航务工程局有限公司建造风力发电机安装专用起重船"三航风范"号,用于东海大桥近海风电场施工。该船是为海上风电设备安装定制的双臂架变幅式专用起重船,最大起重能力 2 400 吨,国内同类起重船中起升高度最高的船舶。同年 3 月 20 日,上海船厂船舶有限公司承担的深海油气勘探和开发装备关键技术研究,通过市科委验收。该项目通过 3 年的攻关,掌握半潜式平台的基本性能、设施配置、总装制造、滑移下水、系泊试验、制造计算和仿真、制造焊接共7 个方面技术。同年 7 月 5 日,七○八所、上海振华重工(集团)股份有限公司(振华重工)建造的国内第一艘 1 200 吨浅水铺管船"海洋石油 202",交付使用。该船用于浅海海域海底管线铺设和起重作业,采用 12 点锚泊定位方式,能保持 60 天自持作业能力。

2010 年,七○二所参与的中国第一台自主研制的"蛟龙号"载人潜水器,3 000 米级海上试验取得成功,最大下潜深度达到 3 759 米,超过全球海洋平均深度 3 682 米,标志中国继美、法、俄、日之后,第 5 个掌握 3 500 米以上大深度载人深潜技术的国家。"蛟龙号"载人潜水器可以进入深海,在海山、洋脊、盆地和热液喷口等复杂海底进行机动、悬停、就位和定点坐坡;具备深海探矿、海底高精度地形测量、可疑物探测与捕获、深海生物考察等功能。同年,上海船舶研究设计院、中交博迈科海洋船舶重工有限公司建造的 2 万吨半潜船"希望之路",设计吃水下潜到最大潜深 19 米。采用柴油机—电力推进,变频控制两套推进电动机驱动螺旋桨,首部设 2 个首侧推器,尾部设两个襟翼舵。同年 7 月 20 日,振华重工制造的大型海洋石油浅水起重铺管船,交付卢森堡 MCS 公司使用,填补国内空白。全船采用国际先进的船舶装备,安装自主研发的 12 台变频工作重型锚绞车,可铺设外径为 60 英寸的海底管道。同年 11 月 8 日,振华重工设计制造的"SAMSUNG5 号"8 000 吨浮式起重船,交付韩国三星重工使用。该船为当时世界最大吨位量海上浮式起重船,属于"非自航非旋转双臂架浮吊",船体主结构采用纵骨架式,由横向强框架支撑;船上配有 11 台 60 吨绞车,包括 9 台定位锚绞车、2 台系泊绞车,最大起重量 8 000 吨。水面最大起升高度 131 米,具有臂架长 174 米、起重量大、起升高度高、变幅幅度大、八组吊点等特点。

三、船舶配套设备制造

2001年，中国船舶重工集团公司第七二六研究所改进设计的千米量程新型H/HCS004A型测深仪，通过产品设计鉴定。该测深仪可以兼作舰船导航和海道测量，采用微机作控制核心，可实现工作量程随水深自动转换，发射功率、脉宽和重复率等能随量程变而自动调整。2002年8月，中船重工集团公司七一一研究所（七一一所）研制的船用液化石油气（LPG）动力装置及发电机组，通过市科委鉴定。该项目研发单机船艇推进动力装置和船用发电机组两个系列多种型号产品；通过船用LPG动力装置及发电机组实船中试考核；填补国内空白。2003年，沪东重机股份有限公司（沪东重机）贾维等承担的"船用大型柴油机关键制造技术开发应用"，获上海市科技进步一等奖。该项目开发高效滴水分离器，提升缸体铸造质量及加工精度。制造出世界首台HD-MANB&W5S50MC-C船用柴油机，获国际12家船级社型式认可。2004年，七一一所研制的基于现场总线技术对数字化智能仪表及系统，采用现场总线冗余技术、中央站和网桥等相关设备及技术，用于船舶柴油机及辅助系统，通过对MANB&W有关型号主机配套，和扩展传感器和监控系统，实施监测和控制。同年11月，七一一所研制成功发动机超速保护装置的原理性样机。该样机采用符合汽车电子标准的单片机、继电器、电容等电子元件，具有实时数码显示发动机转速以及在发动机超速后自动报警和自动停机等功能。

2005年，沪东重机推出HHM-Sulzer7RT-flex60C船用智能型柴油机，为国内建造的功率最大的船用智能型柴油机。同年9月23日，七〇四所设计生产的国内首台船用载客电梯，通过中船重工集团验收。该电梯结构紧凑、功能齐全、工作安全可靠；其主要技术性能与国内先进陆用电梯相当。同年12月，上海船用曲轴有限公司吕亚臣等承担的"大功率低速船用柴油机曲轴制造技术"，通过国防科工委验收，获2007年上海市技术发明一等奖。研制出高纯度、晶粒细化、组织均匀的曲轴坯料，开发及优化半组合式曲轴锻压成型技术；采用世界上首创的中频电磁感应曲拐红套孔加热技术，提高曲轴红套的效率和质量；设计出"可调式曲轴红套液压基础平台"；采用数值仿真技术，实现曲轴精加工。2008年，七〇四所成功研制新型深水液压定位锚装置，具有普通锚机功能，又能实现船舶和海上平台定位及调节位置的功能，是特种环境条件下使用的甲板机械；具有结构紧凑、功能齐全、操作方便、可靠性强、易维护等特点。同年11月，七一一所和广州柴油机厂研制G32系列大功率中速柴油机，通过科技成果鉴定。该系列柴油机设计采用等压燃烧模式，燃油系统喷射压力达140兆帕以上；运用三段式连杆、无水机体等结构，满足高燃烧压力下的使用要求。制造采用机体主轴承盖接合面镜面铣削技术、曲轴磨削预变形补偿变形技术、活塞头冷却孔专用复合钻工艺技术等制造工艺技术。产品填补国内空白。

2009年，中远集装箱运输有限公司韩成敏等承担的"远洋船舶全球动态主动监控技术研发及应用"，获上海市科技进步一等奖。该项目采用中间件和接口转换等技术，在船岸两个独立网络之间建立起控制指令链路，开创通过海事卫星远程调用AIS信息（LRF），为国际海事组织应用；开发并集成船舶管理信息系统，成功整合多态异构数据；二次开发完成全球海图与气象数据综合显示平台，填补船岸信息一体化技术空白。同年，上海埃威航空电子有限公司研制出AWENA-1船舶智能导航仪，获中国航空工业集团公司科技进步二等奖、中国航海学会科技进步二等奖及上海市高新技术成果转化证书。该导航仪能实现航行信息综合显示和智能的辅助避碰，获中国船级社型式认可证书，列为市重点新产品。同年3月20日，沪东重机6S80MC-C大功率柴油机关键制造技术研究,通过专家验收。该设备具有超长二冲程,可直接逆转带有双废气涡轮增压器,属环保型新型船用柴油机。同年9月26日,上海中船三井造船柴油机有限公司承担的8K98MC船用低速大功率柴油机研制,通过市经济信息化委验收。该柴油机属世界上最大缸径,开发中解决两段式机座设计与制造、机架的焊接与加工,以及气缸体铸造技术等。

2010年1月12日,七〇一所承担的综合电力推进系统集成技术研究,通过市科委验收。综合电力推进系统具噪声低、污染小、操纵灵活等特点,该项目首次形成集成设计方法,可用于指导综合电力推进系统设计及电力舰船的船—机—桨匹配设计。同年3月18日,七一一所牵头的船用低速柴油机智能化系统国产化关键技术研究,通过工业和信息化部验收。该项目突破低速机智能化系统供油单元和共轨单元关键制造技术,完成国产化率超过50%的智能化系统样件;建立综合试验平台和控制系统专项测试系统;掌握控制系统、燃油喷射控制单元、燃油喷射模块仿真分析及部分关键技术;研制检测诊断系统。同年9月26日,沪东重机承担的船用柴油机数字化集成制造平台技术技术开发研究,通过工业和信息化部验收。该项目采用数字化虚拟技术,实现船用柴油机研发设计、制造的数字化;完成11个专题研究内容,突破18项关键技术;建立52个子系统、31个数据库、10项软件产品登记。

第五节　成套设备与装备制造

一、基础装备制造

2002年,上海理工大学、上海重型机床厂设计制造的"SHZ1044双主轴立式车削",通过市科委、上海市经委鉴定,获中国机械工业科技二等奖。该设备属国际机床制造业新颖数控设备,适用于盘类、短轴(套)类两个端面均有精度要求的零件机械加工。同年6月,上海第三机床厂、上海交通大学启动图像检测的数字化精密曲线磨床项目。该机床具有图像识别技术,集在线识别的砂轮形貌和工件尺寸检测与误差补偿、数字控制与图像处理集成与视屏共享、砂轮磨头直线往复运动数字控制与驱动、复杂曲线(曲面)磨削过程中的砂轮法向跟踪磨削、数字化精密曲线磨削的控制等多项关键技术于一体。同年12月,上海理工大学设计、上海重型机床厂制造的HM-015倒立车削中心,通过上海市经委新产品成果鉴定。设备实现车、钻、铣、攻等工序集中一次加工,及自动上下料的物料传送。

2004年,上海理工大学、上海重型机床厂成功研制的XK2420五轴联动数控龙门铣床,具有三向伺服轴X、Y、Z和主轴C轴及摆角A轴—5根控制轴,能进行空间曲面和五面体加工。同年,上海机床厂有限公司自行研发成功H300数控外圆磨床,具有工作台会转角度数显功能及尾架顶尖加紧力显示功能;头架及尾架均可在轨道上作纵向移动;砂轮架主轴采用静压轴承;头架及砂轮架电机转速均采用变频无级调速。同年9月,上海机床厂有限公司、上海理工大学研制的MKA8612/H数控曲面成型磨床,通过市科委鉴定,填补国内空白。该项目开发出专用软件及二轴数控自动修整器和磨头与头架的联动技术,建立砂轮曲线在线修整与零件误差在线测量系统,实现具有渐开线形、摆线形、圆弧形、矩形、三角形等复杂曲面形状的砂轮自动修整和花键轴工件的磨削加工。同年11月,上海电气(集团)总公司(上海电气)、上海交通大学等研发开放式数控软件平台及应用开发,通过市科委鉴定。该数控平台满足互操作性、可移植性、可扩展性及可互换性等开放指标;解决小线段高速加工的速度衔接;开发以PC104总线为基础的嵌入式控制器硬件平台和通用PC控制器硬件平台;设计高速串行数据通信接口、能配备脉冲序列和模拟量伺服接口、PLC接口的伺服控制卡。

2005年,上海理工大学徐增豪等研发"2MGK99光纤接口数控同轴磨床及C面机",获上海市科技进步三等奖,被授予国家重点新产品证书。该设备解决生产光纤连接器核心零件ZrO₂陶瓷插针同轴精密加工难题,填补国内空白。同年,同济大学洪军等承担的"基于CAD/RE/RP/RT技术集成的新产品快速开发应用系统及反求测量设备开发",获上海市科技进步一等奖。该项目开发数控铣床高柔性附件的反求测量系统,发明用于层切反求测量的包埋材料,建立STL模型切层轮廓的拓扑结构理论,开发出STL模型再设计软件;提出基于四边界参考点的断层图像序列靶区裁剪方法、断层图像序列分割方法、二值图像矢量化轮廓提取方法。

2006年11月,上海电气、上海交通大学开发的SE305M五轴联动的数控软件,应用于XK714-5X数控机床,获中国国际工业博览会创新奖。该数控软件在五轴联动插补算法、微小线段的五轴联动速度平滑技术、五轴联动NURBS曲面高速加工运动控制技术、叶轮和叶片类复杂薄壁零件的五轴加工工艺优化等关键技术,取得创新性突破。同年11月,上海理工大学设计、浙江武义机床制造有限公司制造WXH-36斜床身卧式数控车床,通过浙江省科技厅新产品鉴定。该车床的床身导轨面与水平面呈一定角度,配有倾斜放置的滑板和倾斜式导轨防护罩,是国际数控车床的主流产品。2007年,上海理工大学研制出MK-1000钢轨焊缝数控精磨机,解决手工方式修磨的钢轨平直度达不到高速铁路用轨的技术标准问题。2008年,上海理工大学研制的ZTK2110Ⅲ型数控三轴深孔机床。该机床钻头滑座的光栅尺保证钻头位移精度及重复定位精度,设有故障快速响应监控及自诊断报警系统;对任一钻头磨损、刀崩及超噪声等具有自动退回功能,并有突然停电及急停后保证液压装置正常运行。2009年,上海机床厂有限公司研制的MK84200系列数控轧辊磨床。该产品承担热连轧机组、宽厚板机组支承辊、工作辊等大型轧辊制造的粗磨、精磨,完成辊身、辊颈、托肩的外圆、锥面、端面等部位磨削。

二、通用设备制造

2000年,宝钢集团有限公司(宝钢)等研发出"2030毫米外耦滚筒机构协衡飞剪机"(合作项目),获国家科技进步二等奖。该机找到冷剪板类飞剪最大剪切钢板厚度可达7.0毫米的新机构数组参数X;突破国内外螺旋刃滚筒式飞剪机的螺旋角β统一取1°的传统做法,解决复杂机器超静定设计的难题。2001年,上海锻压机床厂承担的Y27-5000型50 000千牛大型液压机项目,通过鉴定。该项目消化吸收引进技术,创新开发出超大型可靠的缓冲子系统即避震系统;自动化上下料装置;伺服比例控制系统。产品填补国内空白,技术达国际先进水平。

2003年,上海重型机器厂等成功攻克"100MN油压双动铝挤压技术与装备研制"(合作项目),获第五届上海国际工业博览会金奖;获2004年国家科技进步一等奖。该项目突破挤压机主缸设计制造等十三项关键技术,采用机架为卧式三梁四柱的预应力框架;穿孔装置采用"内置式"结构,整体结构小巧;挤压筒为三层预应力组合结构;换模装置采用"两工位",并配置快速剪切装置;挤压速度可调,高速时采用变量泵容积调速,低速时采用变量泵和比例阀联合闭环控制;操作分"单动""单次循环自动""全自动"三种工作制度,整条生产流水实现自动化生产。同年,中科院上海技术物理研究所继国林等开发航天斯特林制冷机系统,获上海市科技进步一等奖。该系统由制冷机、电控箱和真空冷箱三部分组成,主要攻克微型空间长寿命斯特林制冷机、驱动控制技术、红外焦平面组件真空冷箱、制冷机系统实用化技术等;采用电磁屏蔽真空冷箱等技术,解决红外探测与制冷机耦合中关键问题,获得清晰遥感图像;消除工质污染对制冷机寿命的影响。同年,上海交通大学谷传刚等承担的离心压缩机现代设计方法研究,获上海市科技进步一等奖和2004年国家科技进步二等奖。该项目提出三多与二非设计新观念,设计多工况、多目标、多约束条件的整体气动方法;建立非定常、非稳定的离心式压缩机喘振判断方法与准则。开发出22个模型级与20余种离心压缩机组新机型,可替代进口产品。

2004年,上海汇盛电子机械设备有限公司研发的P757-1型全自动双端压接机,具有两端开线、单端或两端剥线、单端或两端压接、单步或全自动加工、在线质量和故障检测以及单批或连续批量处理等全部线束加工功能。同年,上海市离心机械研究所有限公司开发成功900毫米大型污泥脱水环保卧螺离心机,通过鉴定。该离心机采用带有螺旋差速自动反馈调节、推料功率自动补偿的液压差速器,优化转子螺旋体出料腔圆筒结构设计,解决整机动平衡、耐磨损防护、设备内部自动清洗等一系列技术难题。成果填补国内空白,打破国外垄断局面;申请四项专利。

2008年,上海交通大学顾宏中等研发"混合式脉冲转换涡轮增压系统研发及在四冲程大功率柴油机上的应用",获上海市科技进步奖一等奖和2009年国家科技进步二等奖。在国际上首先开发出混合式脉冲转换器增压系统(MIXPC);通过排气管系分支形式和结构优化,解决大功率柴油机的扫气干扰,提高排气能量利用率和涡轮效率,降低燃油消耗率和气缸排气温度;确立管接头压力损失模型与系数;建立稳态工况放热规律计算的关联模型和柴油机瞬态工况放热规律多区计算模型;建立柴油机—增压器匹配快速收敛算法;提出MIXPC增压系统评价指标和管系分支形式设计准则。2009年,上海理工大学张华等发明多级自动复叠制冷系统排气压力控制方法与装置,获上海市技术发明一等奖。该项目发明多元混合工质的选择和配比的充注系统和装置,保证制冷系统压力和温度准确和调节和控制;成功开发-150℃、-86℃、-70℃、-60℃等温区冰箱。

三、电站装备制造

2000年4月7日,国家"863"工程重大项目——10兆瓦高温气冷试验堆的两项关键设备——氦气风机及控制棒驱动机构在上海研制成功。同年6月16日秦山二期工程60万千瓦核电站关键设备、被列入国家"九五"科技攻关项目的核电蒸发器在上海锅炉厂有限公司制造完成。这是在国内首次完整制造整台60万千瓦核电蒸发器。2001年,上海电气研发250千瓦风力发电机组,在广东南澳岛投入运行。完成600千瓦风力发电机制造,安装在新疆达坂城风电场。同年1月10日和11月6日,上海电气汪耕等设计制造的1号、2号两套亚临界600兆瓦机组,在上海吴泾第二发电有限公司相继一次投运成功,获2002年上海市科技进步一等奖。项目攻克现代设计方法与计算程序;首创锅炉中新型对冲圆心正反切圆燃烧、燃烧器摆动机构;开发汽轮机无中心孔转子、三叉三销三联体调节的叶片、新型围带结构和末级长叶片及机组轴系;采用优化发电机通风冷却系统和不锈钢管管束凝汽器。同年12月27日,国内首台自行设计、自行制造的秦山二期工程60万千瓦核电反应堆压力容器在上海锅炉厂有限公司诞生。

2002年,上海核电办公室钱慧敏等承担的"大型压水堆核电站核岛关键技术研究与设备研制",获上海市科技进步一等奖。该项目开发出压力容器安全端异种钢焊接技术、蒸汽发生器管子管板液压胀管技术;解决复杂结构及严格温度梯度条件下环缝焊后去应力热处理的问题;开发出堆内构件下部堆芯支撑与吊篮筒体的工艺技术及控制棒驱动机构中的磁轭线圈灌封技术。同年,上海第一机床厂与法国马通公司合作生产秦山二期 2 号机的 60 万千瓦反应堆内构件,先后攻克五大技术难题,部件国产化率达 95％以上。同年,上海电气希科水电设备公司制造出三峡一期工程水力发电机定子机座,是中国自行制造的特大型水力发电关键设备。2003 年,上海自动化仪表承担的大型核电站控制系统及成套核仪表项目,通过国家经贸委验收。其核心仪表包括 ALSPAP320DCS 分散控制系统、核电站安全保护逻辑控制系统及核电站主控制系统、核电站仿真系统、核电站辅助系统等。研制成功 SH1152 系列压力差压变送器等 10 大类成套核电仪表。

2004 年,核电秦山联营有限公司、华东电力设计院等主持的"秦山 600 兆瓦核电站设计与建造"(合作项目),获国家科技进步一等奖。该工程是中国自主设计和建设的第一座商用核电工程,经过 8 年建设,两台核电机组通过核电规范 100 小时、火电规范 168 小时连续满功率试运行的双考核,投入商业运营。该工程优化方案,使汽轮发电机组最大保证工况热耗优于国内建成的核电厂水平;汽轮发电机厂房采用半地下式布置,降低向凝汽器供给冷却水的循环水泵的扬程;采用以薄壁玻璃管为内衬管,外包厚壁钢筋混凝土管的一体化结构的循环水管,确保循环水管长期安全运行;汽轮发电机厂房除抗震设防外,还对厂房纵向结构整体稳定性按罕遇地震进行设计,确保核安全。

2006 年,上海鼓风机有限公司建成 10 兆瓦高温气冷实验反应堆(合作项目),获国家科技进步一等奖。该项目建成世界上首座模块式球床高温气冷堆,完成严重事故情况下安全性能试验;建成球形燃料元件生产线,制备国际先进水平的包覆颗粒燃料元件;研制出全数字化保护系统及主氦风机。该项目签订建造一座 20 万千瓦级球床模块式高温气冷堆示范电站投资协议。同年,上海汽轮机有限公司黄瓯等承担的"超临界 600 兆瓦中间再热、单轴、三缸四排气凝汽式汽轮机"项目,获上海市科技进步一等奖。项目采用马刀型的设计与制造反动式动叶片和静叶片,提高汽轮机效率;高中压缸采用整体自带围带动叶(ISB)的设计和制造,低压缸末级采用整圈自锁阻尼 1 050 毫米长叶片;开发冷态带旁路的启动控制技术,提高机组可控性和自动化水平。同年 11 月 28 日,上海电气张素心等研制出国内首台百万级超超临界火电机组;获 2008 年上海市科技进步一等奖。项目采用与常规传统汽轮机完全不同的高温部件结构,降低工作温度和应力,保证高温高压参数下的安全可靠性;采取最新的气动、热力设计技术和减少流动损失的结构设计,减少蒸汽流动损失,降低热耗达 20％以上。

2007 年 3 月 30 日,上海交通大学和上海锅炉厂承担百万千瓦级核电站核岛主承压设备、通过验收。完成全端异种金属接头镍基合金焊接、驱动管座 J 型接头焊接、不锈钢耐蚀层宽带单层电渣堆焊及棱形排列管子管板接头全长度液压胀管四个关键技术;掌握压力容器、蒸发器、稳压器的核心制造技术。同年 6 月,上海交通大学承担的"十五"国家"863"计划燃气轮机重大专项"R0110 重型燃气轮机研制"课题中"关于 R0110 重型燃气轮机总体性能计算、优化分析及动态仿真"项目通过验收。项目采用模块化建模技术,建立单轴燃气轮机典型部件的模块库,开发具有实时与非实时仿真功能的单轴燃气轮机性能仿真平台,并能与物理部件结合实现半物理仿真,开始用于控制系统的开发。同时项目开发多级轴流压气机性能预测软件、燃气透平性能预测软件,计算结果与用户提供的试验数据吻合,有较好的精度与可信性。

2008 年,上海发电设备成套设计研究院史进渊等承担"超临界 600 兆瓦火电机组成套设备研制与工程应用"项目,获上海市技术发明一等奖、国家科技进步一等奖。发明超临界空冷汽轮机,实现节能降耗;低压缸排气采用空气冷却实现节水;发明高中压缸的防固体颗粒侵蚀、高温材料、寿命预测、蒸汽冷却的关键技术;研制出汽轮机专用末级叶片和专用低压缸;研制出汽轮机自动控制系统、背压保护曲线和热应力监控系统,实现自动控制与安全保护。同年,上海发电设备成套设计研究院、上海重型机器厂有限公司等承担超超临界火电机组电站装备研制,试制出高压转子一根、在制产品转子两根,实现中国采用电渣重熔技术制造 9%—12%Cr 钢汽轮机转子零的突破;试制高中压缸体中,攻克化学成分控制严、切割易产生裂纹等难关;锅炉用特殊不锈钢管在 650℃高温下的持久强度可达 99 兆帕;叶片和螺栓用高温高强度材料,实现年产 600 吨的产能;高强度穿心螺杆材料,成功应用于 1 000 兆瓦级发电机。这些部件的规模化生产,国产超超临界机组的造价降低一半。

2009 年,宝钢等研制出继法国、日本和瑞典之后的中国首个核电蒸汽发生器用 690U 型管,正式投产。该型管是百万千瓦级核电机组中的关键特殊材料,能成功替代国外产品。同年,上海电气研制出 2 兆瓦风机(SEC - 2000),最大风能利用系数为 0.482;叶片、机舱罩和导流罩的设计,使气动性能达到最佳,能使噪声降低;采用双馈异步发电机和 IGBT 变频器的组合,与电网的兼容性好。同年 8 月 15 日,中广核集团核电技术研究院研发、上海起重运输机械厂有限公司制造型压水堆核电站换料机,通过国家能源局组织的专家组鉴定。该换料样机实现全自动、大偏置、高速运行模式;采用伸缩套筒导向轮内衬石墨纤维轴承和全新的自动模式运行算法等多项创新型设计。

2010 年,上海重型机器厂有限公司对百万千瓦级压水堆核电厂堆内构件大锻件制造技术研发,成功解决超低碳控氮奥氏体不锈钢的成分控制、奥氏体不锈钢锻件的锻造技术、马氏体不锈钢的性能热处理等技术难题。同年,上海电气电站集团开展 1 000 兆瓦级大型超超临界火电机组创新设计、敏捷制造和协同管理数字化集成平台建设,获成功。该平台规范近 150 条业务流程,统一集团和下属企业 4 000 多家供应商和 1 400 多家客户编码,及 4 万多天无图号原材料编码。同年 6 月 10 日,沪东重机有限公司承担核电厂用 6 000 千瓦应急柴油发电机组成套设备研制,获国家核安全局制造许可资格。该项目承担从核电柴油机施工设计到核电柴油机制造、装配,自主实现从机组的磨合试验到机组的性能和起动试验、鉴定等全部工作。同年 7 月 1 日,上海电气经 2 年多攻关开发的国内最大容量的海上风力发电机组 3.6 兆瓦海上风机,顺利下线。该风机采用紧凑型驱动链设计方案、开放性控制系统,设计独立的叶片、机舱微正压防腐、CMS 系统、自动消防系统。具有可靠性高、发电效率高、结构坚固,便于海上安装作业和维护,适应于各类风区和海况等特点。

四、交通运输装备制造

2000 年,上海港口机械制造厂承制的 600 吨—185 米造船用大型门式起重机,其起重量达 600 吨,跨度 185 米,起升高度 89 米,列入国家重大技术装备国产化创新研制项目。2002 年,振华港机田洪等开发的"全自动化双小车岸边集装箱起重机",获上海市科技进步一等奖。该项目在起重机上配置两部在不同轨道上互不干涉运行的小车,通过起重机上的转接平台进行"接力"式转运,优化运行路径、准确定位。设计上采用先进的电子信息技术,实现两台小车的防碰、防摇、自动对位和识别,保证起重机高效的自动化作业。同年,上海隧道工程股份有限公司(隧道股份)承担的复合型盾构掘进机及施工技术通过技术鉴定。在消化吸收国外复合型土压平衡盾构先进技术的基础上,将 2 台使用过的泥水加压盾构,创新改制为两台 Φ6.14 米复合型土压盾构,并用于隧道掘进。同年 9 月 19 日,上海阿尔斯通交通设备有限公司建造的第一列轨道交通列车正式下线。

2004 年,振华港机何钢等研发"双向防摇型集装箱起重机",获上海市科技进步一等奖。该项目利用几何刚性的原理,采用 8 绳缠绕设计,实现吊具和集装箱在起重机的大车和小车两个方向,能很好抑制吊具及集装箱的摇摆。通过吊具上架上的 4 个油缸推动四个顶点的移动,实现吊具的前、后、左、右的微动平移功能,和左右旋转的功能,降低司机对箱作业的时间。2005 年,振华港机田洪等承担的"新一代港口集装箱起重机关键技术研发与应用",获国家科学技术进步一等奖。该项目首创基于倒三角形悬挂固有防摇机理的小车吊具八绳双向防摇与吊具平移偏转系统,实现吊具的双向防摇;研制出集机械防摇、平台中转、自动检测、小车定位与优化运行技术于一体的全自动双小车集装箱起重机;全球卫星定位系统 DGPS 与全行程置磁尺双定位技术相结合,攻克定位、直线运动、抗电磁干扰盲区等难题;开发基于超大容量超级电容储能机理的新型起重机混合供电系统。同年,隧道股份王鹤林等研制国内首台 Φ6.34 米地铁土压平衡盾构,应用于上海地铁区间隧道施工;获 2006 年上海市科技进步一等奖。盾构集德国产品的稳定性和日本产品的经济性为一体,提高盾构可靠性;解决传统环管所产生的油脂不均匀难题;中心回转接头实现刀盘多点加泥(口)的单独控制,提高改良土体塑流性的能力;拼装机悬臂梁结构设置密闭油箱,结构紧凑,施工操作安全;开发盾构专用电气控制系统,使盾构施工质量控制更严密。

2006 年,隧道股份机械制造公司研制出地铁盾构"先行 2 号",是国内首台商品化地铁盾构,国产化率70%左右,是国内首次批量生产地铁盾构。同年,上海建工机械施工有限公司成功研制成功一机多用的模数组合可变截面的矩形隧道掘进设备,可广泛用于各种地下通道和高速公路交叉通道的非开挖施工。同年 5 月 24 日,振华港机研制的市电轮胎式龙门集装箱起重机,正式交付使用。该产品集轨道式集装箱起重机可用市电和轮胎式集装箱起重机便于转场的优点于一身,具有采用低压市电,节约能耗超过 80%;避免震动噪声和排废气冒黑烟;驱动系统可靠性高。同年 12 月,振华港机研制重 120 吨世界首台"三 40 英尺集装箱桥吊",完成整机调试。该吊机的小车上有 3 支吊具,其中每个吊具均可将 1 只 40 英尺集装箱吊装移动,3 支吊具可一起行动而且相当灵敏。2007 年,上海轨道交通设备发展有限公司、同济大学等成功研发 A 型地铁列车,国产化率达 85%,打破跨国公司技术垄断。该列车为"四动、两拖"的配置,六辆车可载客 2 460 人,最高时速 80 千米,可同时满足地面线路、高架线路、地下隧道线路上运营的要求。车体刚度好,自重轻;噪声低,平稳性、可靠性高;起动和制动速度平稳快速;整车系统集成自主完成。

2008 年,振华港机承担的"ZPMC 新一代港口集装箱起重机关键技术研制平台建设",获国家科技进步二等奖。该项目形成由原始创新双向防摇技术、DGPS 定位技术、超级电容节能环保技术、双 40 英尺集装箱起重技术到集成创新双小车起重技术、三 40 英尺集装箱起重机技术,再到系统创新全自动化立体装卸集装箱码头并发展至海洋重工的持续创新能力。同年,上海铁路局研制"客车轮对轴承运行状态监控装置",是现有客车轴温报警器的升级版产品,具有检测精度高、体积小、过量程范围大等特点。同年 12 月 26 日,隧道股份研制的首台大直径泥水平衡盾构"进越号",投入打浦路隧道复线工程。该盾构的直径达到 11.22 米,能实时显示施工过程中的各种信息,及实时计算出盾构机的位置和姿态,反映盾构机和设计轴线的偏差;配备具有 6 个自由度、满足不同类型管片拼装要求的真空吸盘拼装机,管片定位更精确、安全;实现半径 380 米的转弯,创造国内大型泥水平衡盾构最小转弯半径的记录。整套泥水平衡盾构系统运行速度快、自动化程度高,泥水平衡的控制精确,波动小,隧道施工中显示良好的性能。

2009 年 5 月 14 日,上海材料研究所承担的城市轨道车辆车钩缓冲器研制,通过市科委验收。该项目建立强度分析模型,利用有限元方法对车钩、缓冲器关键零件进行模态分析,制订合理的零件加工工艺和整个车钩的装配技术路线;完成缓冲器样机的设计、加工、装配及动静态试验及冲击试验;掌握车钩研制的关键技术,研制出中国第一台地铁密接式自动车钩,打破国外垄断局面,填补国内空白。

2010 年,上海磁浮交通发展有限公司在高速磁浮交通技术创新及产业化研究中,完成 1 列 4 节编组的高速磁浮国产化样车,完成生产、组装、调试及上线测试,并通过第三方安全评估,具备载客运营条件。该样车除部分零部件从德国进口外,其余部件都是在磁浮重大专项科研成果及技术转移基础上,自主研发和本地化生产的。经在磁浮上海示范线上综合测试,车辆的各项性能指标全部达到设计要求。同年1月,振华重工研制成功世界首创的集装箱码头自动化装卸系统,落户唐山曹妃甸码头。该成果集环保、节能、低碳高效为一体,比其他传统码头节能25%以上,二氧化碳排放减少16%以上,为低碳经济集装箱码头装卸系统的发展,开辟新途径。同年11月10日,隧道股份等承担的泥水平衡盾构关键技术与样机研制,通过科技部验收。完成总体设计和集成技术研究,及控制技术、泥水输送和集成式泥水处理系统研究;掌握泥水波动压力控制、监控系统、平衡控制模式、全自动控制流程和盾构智能化等关键技术;创新研制泥水平衡动态自动控制系统和多功能真空吸盘式管片拼装机。

五、机器人制造

2000年,上海大学承担的中国首条精密仪器机器人自动装配线投入运行。经国家863计划专家组及上海市新兴产业办的验收鉴定,被认定为"属国内首创并达到国际先进水平"。2001年,上海电动工具研究所开发智能化水池清洗机器人,采用视觉传感器或摄像机采集视频信号后进行预处理,转换为数字信号进行描述、识别。触觉系统采用压电式传感器或电容式接近传感器;建立污物识别专家系统,协调机器人爬行、转向、动作等执行机构、轨迹;完成对水下作业机械的电气安全设计。2002年,上海大学、上海机电一体工程有限公司开发GMU-VAN后桥机器人弧焊生产线,填补中国空白。采用现场总线连成集中控制的分布式系统;焊接单元的协调控制,保证2台机器人在焊接重叠区域时的安全工作;采用PLC远程交流伺服控制方法,实现6轴机器人与外接轴的联动控制。

2004年,上海交通大学承担的"机器人焊接空间焊缝质量智能控制技术及其系统研究"(合作项目),获国家科技进步二等奖。该项目应用焊接、机器人、自动控制、CAD与离线编程、仿真、焊接质量智能控制等最新技术,研制出弧焊机器人离线编程和CAD仿真系统;研发出用于弧焊跟踪的激光扫描视觉系统,能对焊件初始焊位的焊缝识别、导引及实时焊缝高精度跟踪;设计脉冲TIG熔池计算机视觉传感系统及图像处理算法。同年,煤炭科学研究总院上海分院完成智能型混合式顶管机器人研发,通过市科委鉴定。该套机器人具备顶进过程中机头位置和姿态、顶进速度、顶力及进排泥流量、压力等数据实时采集、处理系统,可通过施工数据的积累、分析和处理,为智能化顶管操作专家系统的开发,提供软、硬件及局部试验的操作平台。

2006年,上海交通大学丁汉等承担的"工业机器人作业系统的关键技术研究、开发与应用",获上海市科技进步一等奖和2007年国家科技进步二等奖。建立夹持封闭性分析的定量指标和多点夹具夹持点位置的高效优化方法,开发夹持规划与夹具设计软件;突破在工装夹具中内置嵌入式控制器,预置级进控制程序和机器人相对作业程序等关键技术;建立机器人工作点的全局可达性条件,开发机器人作业系统协调运动规划与控制软件;设计出机器人作业系统控制平台。2007年11月,上海电气中央研究院、上海交通大学承担的助老助残服务机器人智能轮椅移动平台研究,通过验收。该轮椅集机器人控制技术、自主导航技术、人机交互技术、图像识别技术于一体,由电动轮椅系统、环境感知与控制系统、执行机械臂系统组成,能够协助生活自理能力差的老年人和残疾人完成生活常用动作。

2008年10月20日，上海海事大学研发的水上观察机器人通过验收。该机器人可像锚系浮标那样做定点的水下剖面观察，又能漂流浮标那样做断面观察；可进行巡航观测，又能进入到调查船无法接近的海域；所采集的瞬间数据能与遥感卫星的遥感数据准确同步。2010年，上海交通大学研制的智能陪护机器人，采用传感器和自动控制技术，能通过视觉和听觉与人交流互动，并利用激光雷达实现复杂动态环境中的定位与导航，为老年人提供智能陪护，并可对老人身体状况、饮食起居等信息，记在"芯"里，进行健康状态检测。

第六节 冶 金

一、冶炼

2000年，宝山钢铁股份有限公司（宝钢股份）李维国等攻克高炉喷煤技术，获2001年上海市科技进步一等奖和2002年国家科技进步二等奖。从喷吹煤种理化性能、煤粉的质量控制、制粉和喷吹操作参数的合理选择等展开研究，解决18个影响高炉喷煤的关键难题，形成一整套技术和16个技术秘密。同年，宝钢股份肖永力、郁祖达等开发出"液态钢渣滚筒法处理工艺"。获2006年宝钢技术创新重大成果一等奖、2007年国家技术发明二等奖。发明双腔式滚筒法渣处理装置、倾斜式滚筒法渣处理装置、带有粒化辊的滚筒法渣处理装置等特殊结构的装置，解决在旋转的封闭容器中利用滚动的钢球安全快速处理高温钢渣的难题，实现渣处理生产的安全和环保；发明高黏度熔渣的处理方法及装置，满足溅渣护炉后黏性钢渣处理的需要；发明钢球自磨装置等一系列特殊结构，以适应渣处理设备急冷急热、水火交融的工况。同年，宝钢开发出新一代炼钢过程模型库，以二炼钢新建工程和一炼钢技术工程的20多个模型为基础，以炼钢三电控制系统的集成开发、数字建模、冶金工艺理论、相关软件平台和不停产改造技术为纽带，涵盖铁水预处理、转炉和多种精炼炉等工艺段，属国内首创。

2001年，宝钢完成300吨大型转炉炉体国产化研制，新开发转炉炉壳工业试验钢板SM400ZL，常规力学性能全面达到新日铁原设计的技术标准，其中钢板的抗热蠕变性能和冲击韧性有较大提高。同年，宝钢建成炉外精炼重要设备300吨多功能真空脱气和300吨LF炉钢包精炼炉装置，并开发出相应精炼技术，使得宝钢能够规模生产[C]≤20 ppm、[S]≤20 ppm的超低碳钢、高级别管线钢、DI罐用钢和钢帘线等一系列高难度钢种。同年，宝钢高铁分低SiO_2烧结矿生产攻关研究成功，烧结矿铁份由立项前57.7％提高到59.5％左右，SiO_2由立项前5.1％降低到4.4％左右，高炉渣量大幅度降低。2002年，宝钢股份金大中等研发的"宝钢2号RH（多功能钢水真空处理装置）工艺与设备技术的开发和应用"，获上海市科技进步一等奖和2004年国家科技进步二等奖。该装置具备脱碳、脱氢、脱氧、脱硫、合金化、温控、冷钢控制、钙处理等八大功能。独立设计制造大型钢包液压顶升系统；开发出RH系统真空排气、真空槽、顶枪、钢包系统等17个子系统中的15个子系统；开发出RH钙处理多功能工艺、真空冷凝水斜板沉淀池法和顶枪喷粉脱硫技术，及控制系统的应用软件。同年，宝钢研发铸铁冷却壁高炉维护技术，适用于高炉炉墙冷却设备损坏时，可安全有效替代原冷却壁的冷却功能，或在冷却板式高炉炉墙过热发红时增加冷却强度之用，从而优化高炉冷却状况，确保高炉顺利运行，使高炉因减少休风而延长炉龄2年以上。

2003年，宝钢研发电炉工艺优化项目，通过技术验收。形成宝钢电炉工艺技术体系，适用于超高功率直流电弧炉炼钢、LF/VD二次精炼及圆方坯连铸工艺。2004年，宝钢股份谢企华等开发出客户驱动的宝钢敏捷制造系统,获上海市科技进步一等奖。该系统采用现代信息技术与先进管理理念结合,研制出钢铁制造管理技术和代码设计技术;采用四层架构的集成制造系统,实现管理信息处理自动化和设备控制自动化间的数据无缝衔接与共享;运用数据仓库技术建设质量分析知识库和用户服务知识库,实现客户的网上订货作业。同年,宝钢研究设计出新一代电渣重熔工艺,兼顾 VAR 与 EAR 两种重熔工艺的优点,获得低偏析的凝固组织,实现对易氧化元素的有效控制,获得低硫、低氧含量及微镁合金化,以及高的纯洁度和良好的锭表面质量。

2005 年,上海梅山有限公司开发应用焦炉长寿技术。采用半干法喷补技术,加强焦炉炉体维护,同时严格按焦炉技术管理作业,保证焦炉正常生产。从而延长焦炉使用寿命,提高焦炭产量,保证焦炭和煤气平衡。2006 年,宝山股份开发的"2 号高炉长寿技术",使该炉稳定运行 15 年,获宝钢技术创新重大成果一等奖。同年,上海工程技术大学研发烧结复杂工艺过程智能控制系统。采用小波变换方法对输入样本进行时频特征分析;采用模糊控制器动态调节各参数的变化特性,用神经网络快速预估大滞后系统的响应特性,动态修正模糊控制器的隶属函数的参数;建立整个烧结过程的递阶智能控制系统。

2009 年,宝钢实施钢铁精品研发基地建设,获国家科技进步二等奖。构建具有宝钢特色的技术创新体系,建成研究开发、工程集成、持续改进三大系统互动交融的技术创新体系;培育统筹策划、外部技术资源利用等十大技术创新体系能力;推出"集群式"战略合作模式;以"先期介入"模式开展新产品开发和用户使用技术研究。2010 年,宝钢完成 AOD 炉型改进及精炼工艺综合研究,通过炉壳型式、耐火材料砌筑结构、吹炼模式、造渣制度及侧吹风枪选型等改造,使 AOD 平均炉龄由 92 炉提高至 165 炉,最高炉龄实现 209 炉。

二、金属加工

2000 年,宝钢股份成功进行 BSC3、LT1406 和 410XLF 等热轧酸洗板的试制。该项目通过研加入微量特殊元素和严格热轧工艺,冲压性能达到冷轧钢板 08Al、ST13、ST14 的水平,成功替代冷轧钢板。同年,宝钢股份经一年多开发和研究开发出搪瓷用超深冲冷轧钢板。该项目攻克超低碳和控 S、N 等技术,使搪瓷钢制品达到零爆炸水平;粗糙度、涂油量和宽厚规格等达到特殊要求。同年 10 月,宝钢开发出 140 毫米机组热轧钢管 $\Phi189$ 孔型系列。可使钢管最大可轧外径达到 180 毫米,规格达 1 467 个,而且可生产高附加值的套管、管线管、高压锅炉管、车轴管等品种。2001 年,宝钢股份殷光鸿等开发"油井管水淬热处理和装备",获上海市科技进步一等奖。研制开发出适合水淬热处理的,具有高韧性、高焊接性的低合金、微合金钢种系列,可以满足 N80、P110、Q125 不同级别油井管的需要,打破国外技术垄断。同年,宝钢上海第一钢铁有限公司成功研制连轧 G400W 钢筋混凝土用出口带肋钢筋,采用低合金钢+连轧轧后余热处理工艺,利用成分强化和组织强化的叠加效应,在确保钢筋力学性能和抗震性的同时,产品具有较好的均匀伸长率。同年,宝钢开展 2050 热轧不锈钢热轧工艺研究,经过两年多的生产试制,制定板坯采购、热轧工艺生产操作技术的确立、热轧不锈钢黑皮卷的精整加工等管理制度。掌握热轧生产工艺,生产出最薄的规格为 2.5 毫米×1 035 毫米和 3.0 毫米×1 250 毫米;并成功试轧出 $OCr_{21}Ni_5Ti$ 双相不锈钢,成为国内唯一能生产高质量热轧不锈钢黑皮卷的热轧宽带钢厂,填补国内空白。

2002 年,宝钢第一钢铁公司试制出锅炉结构用 15CrMo 热连轧钢,通过上海市新产品鉴定。该项目通过严格内控化学成分,优化生产工艺,试制的锅炉结构用 15CrMo 热连轧钢带,综合性能良好。同年,宝钢完成连铸辊使用寿命关键技术研究,开发出新型长寿命连铸辊的成套技术,建立八年来连铸辊的现场使用档案数据库,提出下线标准和使用规范。2003年,宝钢采用MatrixX仿真平台,建立冷连轧机多微机分布式实时协同仿真系统,开发轧制动态优化设定技术、动态变规格厚度控制技术和快速过程数据采集系统,属国内首创。同年,宝钢开发成功1420酸轧机镀锡类轧硬卷控制,同时完善计算机功能开发,可以根据产品的出钢记号进行轧制策略的选择,使轧硬卷产品规格从0.3毫米扩大到最薄的0.18毫米。同年,宝钢主持连铸过程优化控制项目,通过验收。该项目形成二冷模型;硫印图像自动识别;切割诊断与优化;结晶器液位控制主动控制算法等成果,开发连铸柔性数据采集系统。

2004年,宝钢股份研制"针状铁素体型厚规格X70管线钢板卷"(合作项目),获国家科技进步二等奖。该项目针对西气东输管线工程的特殊要求,确定较微合金化管线钢更低的超低碳含量(≤0.055%),高锰(≥1.45%)含量,Nb、V、Ti多元微合金化和Mo低合金化,使之具有低的碳当量和低的冷裂纹指数;炼钢上采用纯净钢冶炼技术;热轧优化厚规格高强度管线钢控制轧制工艺和控制冷却后进行低温卷取,从而保证该管线钢板卷具有高的强度、性、止裂性能和良好的焊接性。成果填补国内空白,实现西气东输工程用管线钢国产化目标。同年,宝钢利用模铸和连铸两种供坯方式,研制出厚2.2毫米以上30CrMo、50Mn2V、65Mn和75Cr1等钢坯,用于刀模锯片的中高碳低合金钢热轧板卷,填补宝钢在S45C以上中高碳钢板坯连铸坯连铸和热轧带钢生产空白。同年,宝钢研发车身冲压件起皱和变形刚度控制技术,提出钢板剪应力起皱和不均匀拉应力起皱评价指标;建立变形刚度仿真分析模型,仿真计算精度软钢达到90%以上、高强钢达到80%以上。同年10月,东华大学研制出电火花熔涂强化自动化设备及表面处理强化技术,通过市科委组织鉴定。该项目对热轧带钢用白口铸铁轧辊,进行电火花表面处理,经考核试验,轧辊的使用寿命提高70%。

2005年,宝钢股份王军研制出的"高强度全密封热轧矫直机支承辊",获2007年工人创新奖和国家科技进步二等奖。该项目改变支承辊材料和结构,大幅提高额定动载荷;改变原有的支承辊密封形式,杜绝油脂泄漏对钢板表面的污染;通过有限元模型模拟实际使用工况,模拟辊面接触应力分布,在实际使用中优化接触应力分布。同年,宝钢股份孙澄澜等研制的"张力减径机孔型及孔型系优化",获上海市科学技术进步一等奖。在国际上领先提出张力减径机工作机组减径率分配通式,并首次在多机架张力减径机上采用非线性递降分配规律。首创以控制轧制变形区接触表面形状的K值为自变量,求取相应孔型椭圆度的设计方法。创建宝钢专有的孔型结构优化原则及计算原理。独创多边化及圆多边化优化孔型,并取得显著的效果。创立孔型变形状态指数公式,为孔型系优化研究创造全新的方法、在国内外同类企业中首先实现用一种孔型系生产厚薄两类钢管的工艺。同年,宝钢股份研发不锈钢与碳钢热轧卷板混合轧制技术,形成不锈钢高温析出、不锈钢高温性能及热轧工艺、混合轧制的各项接续基准、混合轧制的方式、轧辊磨损和在线的质量控制六大关键技术。同年12月,上海电气开展大型锻件热加工技术优化调研分析,用计算机模拟船用曲轴钢锭浇注凝固过程和曲轴材料热处理过程,可作为设计和制订大型锻件热加工工艺的重要参考依据。

2006年,同济大学等开展"热轧H型钢产品开发与应用研究"(合作项目),获国家科技进步二等奖。开发高效异型坯连铸、加热炉燃烧控制、异型坯孔型共用、万能轧机小张力连轧、万能轧机控制轧制、H型钢优化锯切等技术;开发出包括国标、美标、英标、欧标、日标等30个系列265个新品,结束国外技术垄断;编制出第一部H型钢设计应用手册。同年,宝钢建筑工程设计研究院郁竑等承担的"高强度高耐候超大规格方矩形管研制",获上海市科技进步一等奖。首创"定轧辊弧度变化弯点位置"的"直接成方"冷弯成型工艺,替代国外"先圆后方"工艺;开发出单边交替成型的排辊直接成方机组;首创原料钢带边部处理技术,解决待焊钢端的平行度问题;建立计算机板材变形预报和验证模型,缩短产品设计周期,提高产品质量。

2007年,宝钢股份赵宇声等研发"热镀铝锌机组生产工艺新技术",获上海市技术发明一等奖。该项目采用一贯制工艺技术,突破退火难题;研发四元锭预先配比铸锭添加方法,具有锌铝液成分波动小、过程控制稳定优点;在镀铝锌机组研发炉鼻子陶瓷套管技术,形成技术秘密;采用辊涂+感应加热模式的先进环保后处理工艺,符合欧盟ROHS环保指令的要求。同年,上海交通大学胡文斌等攻克"关键机械零部件耐磨减摩复合镀层制备技术及其应用",获上海市技术发明一等奖。开发出化学金属镍—磷合金溶液配方,实现镀液稳定性和镀层性能的精确控制;制备微米和纳米的化学复合镀层,实现纳米粒子与Ni-P合金镀层的均匀共沉复合;制备具有优异的自润滑减摩性能的Ni-P-PTFE复合镀层,摩擦系数可低至0.1以下;通过表面活性剂的筛选和复配,制备具有优异的耐磨减摩性能的Ni-P-PTFE-SiC和Ni-P-Gr-SiC双相粒子复合镀层。同年,上海交通大学彭颖红等承担的"连续塑性成形数值模拟与工艺优化技术及其应用项目",获上海市技术发明一等奖。实现辊弯成形全流程高效精确计算;提出型材挤压有限元/有限体积复合模拟方法,计算效率和精度显著提高;提出基于过程模拟的知识获取与智能优化方法,实现工艺优化设计;开发测试装置并构建实验平台,实现成形过程质量控制。

2008年,宝钢股份张忠铧等承担的"抗CO_2、H_2S腐蚀用3Cr系列油套管研制",获上海市技术发明一等奖和2009年国家技术发明二等奖。发明抗CO_2腐蚀用20Cr3MoCuTi新钢种,解决腐蚀环境下的石油天然气开发用材难题;发明26Cr3MoCuNb和29Cr3MoCuNb等新钢种及成分配方系列,解决油气田管材易出现穿孔和应力腐蚀开裂等问题;开发出抗腐蚀中合金油套管系列产品的关键制造工艺技术,可以生产8个不同功能、不同强度级别的系列产品,实现国际上抗CO_2、H_2S腐蚀用中合金钢材料零的突破。同年,宝钢研发镀锌板形控制与全硬钢生产技术,突破普通四辊平整机板形控制能力的瓶颈,开发出镀锌平整机的支撑辊辊形优化、拉矫机矫正辊的神经元网络工艺参数设定两项专利技术,取得卷取张力优化方法及全硬钢表面缺陷控制技术;形成5项专利、12项技术秘密。

2009年,上海交通大学胡文斌等研发"化学镀镍动态控制技术与应用",获国家科技进步二等奖。镀液的使用周期由6~8周期延长到10周期,解决镀液和镀层性能的精确控制关键技术;发明适合镁合金基材直接化学镀镍的镀液配方与工艺;首次发明加入纳米颗粒降低化学镀镍合金晶化温度的方法;运用以次磷酸钠为还原剂的化学镀铜工艺和化学镀镍组合,实现高性能柔性导电布的连续化生产;通过工艺动态调控实现空心镍球粒度和形态结构的控制。同年,宝钢完成1 880毫米热轧关键工艺及模型技术自主开发与集成,对新建热轧产线冷热负荷试车、产品轧制工艺技术和过程机模型开发,进行开发和创新;在低温降技术、分段快冷和低温卷取工艺技术、自由轧制技术、轧制稳定性控制技术、节能降耗技术、高精度模型控制技术等领域实现重大突破;并创造1 880毫米热轧同类生产线投产时间最短、达产时间最快的纪录。

2010年,宝钢集20年冷轧研发经验,实现包括酸轧机组总成技术、三电系统成套技术、高速极薄板工艺技术和酸轧机组关键机械技术开发在内的酸轧机组技术集成;开发包括BiSMEP板形技术、低速下带钢厚度动态控制技术和高效乳化液撇油装置和搅拌器的3项独创性技术。同年,宝钢成功攻克连铸二冷轻压下关键工艺及模型技术,实现连铸核心技术的突破。该项目为2号铸机制定全部的二冷轻压下工艺参数;研发适应高端钢种严格工艺要求的动态轻压下模型控制技术。该成果应用在2、3号连铸机上。同年6月,宝钢、上海交通大学等承担的年产50万吨薄带连铸连轧技术产业化关键技术攻关,通过市科委验收。该项目突破工艺与设备产业化关键技术,自主建成中试线,薄带连铸生产低碳钢 160 炉,开浇成功率从 23% 提高到 90%,连续 8 炉实现连铸连轧成功;过程重要参数实现在线控制;钢卷表面质量得到重要改善。

三、特种金属冶炼

2000 年,宝钢成功制出航天工程整体薄型变截面钛合金锻件。该锻件选用 TC4 钛合金代替 TA7 钛合金,采用全新锻件设计,通过合理的材料冶炼和热加工技术,获得优质锻坯,然后采用超塑等温锻造新技术,在精铸特种材料模具中锻成翼芯。2001 年,宝钢上海第一钢铁有限公司研制 12Cr1MoV 锅炉结构用钢,采用高炉优质铁水—顶吹氧气转炉冶炼—板坯连铸—半连轧机组轧制的工艺生产,产品具有高温耐热性和优良的综合性能,各项指标满足锅炉高温使用环境要求,可取代国外产品。同年,上海有色金属研究所研发高档自行车 Ti - 3Al - 2.5V 钛合金无缝管,通过优化熔炼、热加工及冷加工工艺,严格控制合金成分,使管材的抗拉强度、屈服强度、延伸率等力学性能达到要求,并实现高质量钛合金无缝管材的稳定生产。

2002 年,宝钢上海五钢有限公司双精炼工艺生产航空用 1Cr18Ni9Ti 棒材,通过上海市新产品鉴定。该项目合理调整关键元素含量,在热加工中质量稳定并提高成材率;控制 C、Ti 的烧损规律和残余元素对 C、Ti 等的影响,保证钢的良好耐晶界腐蚀性能;精确控制合金的化学成分,使合金棒材的化学成分、组织性能、外形尺寸、表面质量、无损检测等各项技术指标,全部满足航空专用技术标准 GJB2294 - 95 要求。同年,上海有色金属压延厂成功研制 QBe0.4 - 2 高导电率铍青铜,填补国内空白。该材料导电率可达 50% IACS 左右,强度、弹性等力学性能指标均满足要求,还具有冲制成零件后不再需要时效热处理的特点。同年,宝钢上海五钢有限公司生产的 GH2132 合金冷拉棒,通过上海市新产品鉴定。采用电弧 + 真空自耗双联冶炼工艺,降低低熔点有害杂质元素的含量,提高合金的持久强度和塑性;选择较低的热轧温度、合理的变形量,及电接触加热退火等工艺,保证冷拉棒的良好组织和表面质量。

2003 年,上海第一铜棒厂制成高精度 C38500 低铜高铅合金材料,列入上海市高新技术成果转化项目。该项目通过对铜、铅、锌等合金成分的调整和杂质控制,及对热挤压开坯和冷加工工艺的改进、模具材料的优化与精度的提高,开发出的合金材料,具有金相组织分布均匀、合理、致密及优异的高速切削加工性能。同年,宝钢试制出热强性最好的钛合金之一 TC11 钛合金棒材,通过上海市新产品鉴定。该产品是采用三元中间合金和合理的三次真空冶炼工艺,及"AHLT"工艺、Dβ 处理——晶粒细化法、S - R 交替变形组合式热加工新工艺和轧棒九辊加热轿直新方法,解决 TC11 棒材的组织不均匀、大块 α 组织、超声波探伤的高要求及平直度等技术难点。2005 年,上海交通大学丁文江等研制出铝液电磁连续净化系统,获上海市科技进步一等奖。该项目提出利用熔体二次流动的传输作用提高大体积熔体内微细夹杂物去除效率的电磁净化新机制;发明大尺寸方形孔分离器电磁净化方法和装置,开发出相应的铝液电磁连续净化装备和工艺,实现大流量铝液中 20 微米以下夹杂物的有效去除。成果显著提高原材料的成形性能和力学性能,降低废品率,减少原辅材料消耗。

2009 年,宝钢首次发明 20Cr3MoCuTi、26Cr3MoCuNb 和 26Cr3MoCuNb 等抗 CO_2、CO_2 + H_2S 腐蚀用新钢种,解决油气田中等 CO_2 含量及同时含 CO_2、H_2S 腐蚀气氛下的油气开发用材的技术难题;同时发明出 CO_2 腐蚀试验装备及腐蚀评价方法,开发出 8 个不同功能、不同强度级别产品。2010年,宝钢成功研制出大型钛及钛合金铸锭。该项目通过特冶生产线改造,开发出各类牌号民用纯钛及军用合金钛熔炼工艺,多项成果达到或超过国内外同行,具备国际先进的钛产品制造能力。

四、冶金信息

2002年,宝钢股份杜斌等完成国内第一套"大型转炉过程控制模型研发与应用";获2003年上海市科技进步一等奖。在国际上首次应用智能复合转炉动态模型,国际独创有解的最小成本合金计算模型的算法和结构,研发综合"数据、知识、机理公式"的"傻瓜型"软件,开发包括模型核心算法、通用数据接口、操作界面、系统报警处理、支撑模块等。同年,宝钢股份创建张减机三电改造与壁厚控制技术,创建钢管张力减径变形一维、二维、三维仿真系统,创建国内首创、国际先进的张减机自适应闭环控制系统及功率均衡自适应系统,将张减机28台直流母线供电传动装置,改成单独供电的全数字化传动装置。2003年,宝钢实现数字化煤岩自动分析系统,采用数码技术,提供准确的煤岩分析数据;应用现代数学分析手段,解出煤岩特性与焦炭冷强度、反应性和反应后强度的定量关系数学模型。

2005年,宝钢承担的"高速带钢孔洞检测系统"(合作项目),通过公司验收;获2009年国家科技进步二等奖。该系统成功解决冷轧机组的缺陷在线检测问题,实现对直径不小于1毫米的孔洞、开口深度不小1毫米的边裂的检出率达到100%,对中线和宽度的测量误差小于0.5毫米。实现带钢高速运动条件下的图像采集技术;设计相机多自由度调节机构,发明多线阵相机标定装置和方法;具有批量带钢缺陷图像的处理和识别技术;实现快速检出缺陷的同时,以更高分辨率测量带钢宽度与中心线变化误差;具有温控和抗外部环境光干扰功能,保证系统长期稳定工作。2009年,上海大学周国治等研发"冶金过程中的带电粒子控制技术",获上海市技术发明一等奖。该项目以"可控带电粒子流"新原理,发明用"可控氧流"方法制备高纯 Ti、Ta、Cr、Ni、Nb 及各类稀土金属和合金,实现无污染脱氧;研发出"脱氧体"专利的脱氧电流密度,比美国同类专利高数十倍;研究渣金间带电粒子流运动规律,为"带电粒子控制技术"提供理论基础。部分成果用于生产搪瓷钢,大幅度降低成本。

第七节　化　　工

一、无机化工

2000年,上海氯碱总厂开发出烧碱生产 F1 型离子膜电解槽的新型阴极单元槽,选用高强度、抗腐蚀的材质,使使用寿命延长一倍。2001年,华东理工大学于建国等承担的"恶嗪类氯化钠浮选药剂合成新工艺及其在反浮选氯化钾生产中的应用",获上海市科技进步一等奖。开发出氯化钠浮选药剂合成非催化新工艺,获得高浓度十二烷基吗啉,达到与国外采催化合成法工艺相同的转化率;新生产工艺避免原有工艺中的废气排放,解决原来反应时间长、反应釜内壁黏滞固体副产物、需定期清理设备等弊端;研制出浮选多元药剂复合配方,氯化钠捕获能力达国外复合药剂同等水平,吨产品药剂耗量从 1 100 g 降为 500 g。

2002年,华东理工大学开发成功氟盐氟化制备技术,将复合型相转移催化剂制备、氟化过程水分精确定量控制、快速更新固相表面和强化相间传质的氟化反应设备选用、三废的低氟化处理等技术集成一体,具有通用性强、产率高、可操作性强,能用于开发系列精细芳香族氟化物新品种。同年,上海石化股份有限公司承担裂解碳五制高纯度异戊烯的工业技术开发,经鉴定工艺技术属国内首创,打破国外公司垄断。异戊烯用于农药中间体及人工麝香生产,对引进的工艺软件包进行消化吸收和再开发;对异戊烯开发研究成效果显著,尤其是实现异戊烯中对合成下游产品反应活性较高的 2-甲基-2-丁烯的含量达 90％以上,超过国外同类产品水平。

2005 年 11 月 21 日,华东理工大学、青海盐湖镁业公司承担水氯镁石先进脱水技术,通过中国有色金属工业协会验收。该项目以青海察尔汗盐湖水氯镁石为原料,在国内首次提出反应结晶耦合法水氯镁石脱水工艺,开发出反应结晶耦合脱水核心技术,完成实验室小试、中试及工业试验;建成年产 1 500 吨无水氯化镁示范线,获得的无水氯化镁,含量大于 98.5％,水和氧化镁含量均低于 0.5％,在全国独树一帜;使中国成为继挪威、澳大利亚之后建有水氯镁石脱水工业装置的国家。2006 年 8 月,华东理工大学研发反浮选-冷结晶法生产氯化钾除钙技术,通过青海省科技厅鉴定。该项目针对察尔汗盐湖矿床硫酸钙杂质含量高,在国内首次提出筛分—浮选串联工艺;开发出水力旋流硫酸钙分离技术及工艺设计软件包;完成年产 10 万吨氯化钾生产装置上的硫酸钙分离工程化研究,获得品位 97％～98％的氯化钾产品。该项目解决光卤石矿生产氯化钾过程中硫酸钙杂质分离的核心关键问题,成果形成发明专利 1 项。2010 年,上海交通大学与山东东岳集团研发氯碱工业用全氟离子膜,生产实现产业化。中国成为继美国和日本以外,世界上第 3 个掌握此技术的国家。

二、有机化工

2000 年,上海石油化工股份有限公司(上海石化)林敏仙等承担的"2.5 万吨/年碳五分离工业性试验",获国家科技进步二等奖。该装置以裂解 C5 馏分为原料,萃取溶剂为二甲基甲酰胺,采用 4 种化学品为生产过程的阻聚剂及消泡剂;抽提 3 种双烯烃后剩余的 C5 抽余液可返回乙烯装置利用,仅有少量含烃及溶剂废水需污水处理装置,另有部分溶剂再生焦油需送出装置焚烧处理;装置满负荷生产,各项技术指标达到设计要求。

2001 年,上海赛璐珞厂戴军等开发"高性能长碳链工程尼龙 PDDA-180",获上海市科技进步一等奖。该项目通过添加长碳链第三组分,改善生产过程中反应体系的流动性;通过装置的合理选型和关键工艺的控制,解决传热、水分扩散等技术难关;利用有效控制反应釜内聚合体在高温下的流体特性,使生产长碳链工程尼龙 PDDA-180 成为现实。同年 5 月,中国石化上海石油化工研究院(石化院)完成"齐鲁 2.5 万吨/年丙烯腈装置扩能改造至 4 万吨/年"(合作项目),获中国石化科技进步一等奖和 2002 年国家科技进步二等奖。改造后急冷塔丙烯腈、装置丙烯腈精制回收率,均比改造前提高 4 个百分点。同年 8 月 21 日,华东理工大学钱锋等研发"乙烯精馏装置软测量和智能控制技术",通过市科委鉴定、获中国高校科技进步一等和 2004 年上海市科技进步一等奖。该项目对乙烯精馏过程实时控制,融合自动控制及人工智能等技术与化学工程为一体,基于神经网络的软测量与推断控制技术,及若干专有控制技术,有效地解决技术瓶颈。形成专利技术和软件著作权,总体技术达国际先进水平。成果在 40 万吨/年大型乙烯装置投运,各项指标达最佳工艺要求。

2002 年,上海三爱富新材料股份有限公司刘家禹等研制的"悬浮法聚四氟乙烯粉末的连续制备工艺及设备",获上海市科技进步一等奖。新型结构反应釜,提高气液传质传热,解决黏壁、结块和爆聚现象;设计独特专用捣碎洗涤系统,产品一级品率大幅提高;设计新颖的前倾式螺旋分离系统,解决湿的颗粒 PTFE 和无离子水连续自动分离。技术成果均为首创,获中国发明专利。同年,上海高桥石化丙烯酸厂邵敬铭等研发的"丙烯酸丁酯生产新工艺",获上海市科技进步一等奖。该项目开发复合磺酸型催化剂,提高反应转化率和选择性;优化各分离塔的操作参数,使精制部分能力成倍提高,产品质量优质;开发出新型计算机软件,提高操作的可靠性和稳定性。成果打破国外技术垄断。同年 3 月,华东理工大学、中国石化齐鲁公司成功攻关双塔脱丙烷和丙烯精馏装置先进控制与优化操作,通过市科委鉴定。该项目应用研制的神经网络在线快速递推学习算法和工业过程数据协调与校正技术,分别开发出丙烯精馏塔塔顶丙烷浓度和塔釜丙烯浓度软测量系统;并开发推断控制技术,可确保塔顶丙烯产品的纯度合格和塔釜损失的丙烯最小。

2003 年,华东理工大学开展"基于模拟仿真的聚合物加工及模具设计优化设计与应用"(合作项目),获国家科技进步二等奖。该项目发展和完善高聚物成型,如注塑、挤出、发泡成型等过程的物理和数学模型,构造数值计算方法,采用数值模拟和物理模拟两种方法,建立材料成型过程中各种物理场的定量关系,实现成型过程的动态仿真分析。同年,复旦大学杨玉良等研发"高速双轴拉伸聚丙烯专用料生产技术及工业应用",通过中石化公司鉴定,获 2004 年国家科技进步二等奖。该项目对聚丙烯特殊而复杂的链结构、凝聚态结构并与其熔体的拉伸行为的关联性等方面,进行深入理论分析及结构表征与性能测试,设计出高速拉伸的 BOPP 薄膜专用料的链结构,同时解决高分子熔体拉膜加工中破膜问题,保持生产稳定性。同年,华东理工大学汪华林等开发的"焦化冷焦水密闭循环利用成套技术与示范",获中石化科技进步二等奖、2006 年上海市科技进步一等奖、2007 年国家科技进步奖二等奖。该项目提出含油污水的梯级分离方法;以冷焦水为对象,开发废水、废气、废渣耦合处理新工艺与回收装置;提出低浓度含油废水的预处理与油富集及回炼技术和装置;提出冷焦污水封闭循环处理工艺技术。

2004 年,中石化上海高桥分公司完成"多产异构烷烃的催化裂化工艺工业应用"(合作项目),获国家科技进步二等奖。提出两个反应区概念,Ⅰ区进行重质烃类裂化反应,Ⅱ区将Ⅰ区产生的烯烃转化为异构烷烃;发明具有两个反应区的串联提升管反应器;采用高温催化剂强制冷却,并补充到第二反应区的技术;提出低反应温度和长反应时间的操作理念。同年,上海华谊丙烯酸有限公司邵敬铭等承担的"丙烯酸及酯新工艺生产关键技术"获国家科技进步奖二等奖。同年,上海吴泾化工公司伍登熙等研发的"20 万吨/年醋酸低压羰基合成工艺技术",获上海市科技进步一等奖。该项目开发新型高效反应催化体系和新的羰基合成反应工艺,采用微分浮阀塔板应用于醋酸分离纯化,提高效率 1 倍以上;开发出新的催化剂回收工艺,降低能耗;开发低碘醋酸纯化新工艺,形成整套醋酸生产新工艺技术。

2005 年,华东理工大学钱锋等承担的"大型精对苯二甲酸(PTA)生产过程智能建模、控制与优化技术",获国家科技进步二等奖。该项目成功开发大型工业装置中对二甲苯(PX)氧化反应过程工艺机理模型、PTA 生产过程系列产品质量指标软测量模型、生产过程优化操作系统、PX 氧化反应过程智能控制系统、溶剂脱水塔智能多变量预测控制系统、浆料浓度智能预测控制系统、PTA 产品结晶过程智能控制系统等先进控制和优化操作系统。同年,上海吴泾化工公司研发"年产 10 万吨乙酸乙酯新型成套技术",获上海市科技进步一等奖。该项目解决国内酯化法技术大规模装置化的难题:实现普通金属材质填料、反应器在强酸腐蚀性多组分反应分离系统中的工业化应用和材质差异化整合;首创联酯化反应釜技术和分步法低水低醇酯化工艺;首创酯化—提浓精制—废水回收三塔流程工艺。2006 年 2 月,华东理工大学、上海工程有限公司等研发"大型苯乙烯第一第二脱氢反应器",获中石化科技进步一等奖。该反应器创新采用轴径向二维流技术,提高容积率和催化剂利用率。苯乙烯脱氢反应器温度分布均匀,反应系统总压降低。

2007 年,上海轮胎橡胶(集团)股份有限公司苏红斌等承担的全钢丝子午线工程机械轮胎获上海市科技进步一等奖。该项目针对大型工程机械轮胎须具有负荷能力强、抗撕裂、耐刺穿等性能以适用于矿山、各种施工工地恶劣作业环境的要求,开发出具有自主知识产权的全钢丝子午线工程机械轮胎、国内第一条工程子午胎生产线和专用成型机等关键设备,形成工程胎生产设备的国产化能力。同年 1 月 30 日,上海工程技术大学研制的新型蒙脱土/橡胶纳米复合材料,通过市科委验收。经过多种测试发现,通过傅立叶转换红外光谱(FTIR)、X 射线衍射(XRD)及热重法(TG)测试,表明蒙脱土的各项指标比较理想,力学性能有很好的改善,拉断强度提高 3.1 兆帕、断裂伸长率提高 110%、邵尔硬度提高 12 度。

2008 年,复旦大学武利民等承担的“高性能丙烯酸树脂的制备新技术及其在涂层中的应用”,获上海市科技进步一等奖和 2009 年国家技术发明二等奖。该项目发明“分离聚合”方法,控制聚合物的分子量及其分布,树脂固体分高达 90% 以上,获得该树脂的制备关键技术;将纳米粒子溶胶进行表面改性后,获得高固低黏纳米复合树脂的制备新工艺,涂层的性能达到并部分超过国外产品技术指标。成果获授权中国专利 10 项、美国专利 1 项。

2009 年,上海华谊丙烯酸有限公司等承担的“丙烯酸自主创新技术研发及推广”,获上海市科技进步一等奖。开发丙烯酸生产关键技术,在催化剂开发制备、反应器设计、尾气循环和工艺等技术,形成 11 项核心技术;开发新型丙烯酸催化剂、C4 法制甲基丙烯酸新技术和高吸水性树脂新技术。该项目打破国外公司技术垄断,使中国成为继美国、德国、日本之后第四个拥有该生产工艺技术的国家;成果申请 31 项发明专利,2 项国外专利,授权 25 项。同年,华东理工大学李春忠等开发出“无机刚性颗粒和弹性体协同改性耐热塑料及其制备技术”,获上海市科技进步一等奖。该项目开发纳米颗粒表面接枝功能弹性体的新方法;提出弹性体和无机颗粒协同改性聚合物复合材料的思想;揭示无机纳米颗粒对 PBT/PET 合金界面酯交换反应及性能的影响规律;提出无机刚性颗粒与玻璃纤维混杂改性尼龙的新思路,制备出高刚性和高耐热性的尼龙复合材料及制品。

2010 年,中国石化开发第二代催化裂化汽油选择性加氢脱硫技术,采用将催化裂化汽油切割为轻、重组分,其工艺路线,达到深度脱硫并同时最大程度保持汽油辛烷值。该技术经过上海石化 50 万吨/年汽油加氢脱硫装置连续一年运转,及对 RSDSⅡ技术进行 3 次标定表明,RSDSⅡ技术具有较好的脱硫活性和较高的选择性,可作为生产国Ⅳ或欧Ⅳ汽油主要技术。同年,上海石化、华东理工大学合作承担大型石油化工装置节能降耗优化控制技术及工业应用,提出基于支持向量回归机的非线性预测控制、复合 PID 控制等方法以及新型智能优化算法;研发基于神经网络、数据一致性协调与校正的建模与智能控制等新技术,实现裂解炉、乙烯精馏、丙烯精馏、冷箱与脱甲烷塔等单元的先进控制与运行优化。该技术在上海石化 70 万吨/年乙烯生产装置上,获成功应用。

三、精细化工

2000 年,复旦大学徐华龙等开发“乙二醇催化氧化合成 40% 乙二醛生产工艺”,获上海市科技进步一等奖。在催化剂的研制、反应器的设计和能源的综合利用等方面取得多项关键技术的突破,成功实现高品质 40% 乙二醛的生产,并在较短时间内形成年产万吨级 40% 乙二醛生产装置的规模生产。同年,石化院研制的“HAT-095 甲苯歧化与烷基转移催化剂及工艺开发”,通过石化鉴定;获 2001 年中石化发明一等奖、上海市发明一等奖,成果齐鲁石油化工公司烯烃厂成功进行 4 年工业试验,仍在稳定运行中;在高空速(WHSV1.5-1.7h-1)、高转化率(>48mol%)下呈现高的选择性(>94mol%)。

2001年,上海联吉合纤有限公司魏志红等承担的"聚酯生产能力工艺研究",获上海市科技进步一等奖。优化聚酯生产工艺,缩短酯化反应时间;独创缩聚反应中真空系统关键技术与工艺,由温度控制循环EG的喷淋量,其真空喷淋装置获国家专利;同时解决缩聚、热媒加热、浆料配制等系统和切粒机工艺等关键技术问题。同年,上海染料化工八厂苏鹤祥等研制的"颗粒状活性黑系列染料",获上海市科技进步一等奖。该产品运用现代复配新技术和特殊添加剂,开发出拼色相容性好的新结构橙色活性染料;把纳滤膜分析新技术用于染料提纯工艺;保证活性染料在溶液中的稳定性和均匀性;属环保型染料,主要技术国内首创。

2002年,华东理工大学开发"10万吨/年聚酯成套技术"(合作项目),获国家科技进步二等奖。开发酯化反应过程动力学模型,提供酯化反应过程的操作参数;建立相应数学模型,给出预缩聚过程计算方法;确定不同控制因素的判别式,掌握关键参数间的相互关系;揭示圆盘反应器的成膜机理,确定影响反应器流动特性、传质特性的关键参数间的相互关系;开发仿真系统开发及控制软件。同年,石化院程文才、孔德金等开发"甲苯与重质芳烃歧化与烷基转移成套技术及催化剂",获国家科技进步二等奖。发明歧化与烷基转移制苯和二甲苯的成套技术,发明助催化剂和氧化铝为黏结剂的催化剂,发现向沸石催化剂引入一种助催化剂能与反应介质 H_2 作用产生氢溢流质子 Hs^+。同年,上海染料有限公司章杰等研制的"禁用染料和环保型染料研究与新型环保型染料",获上海市科技进步一等奖。该项目创立禁用染料和致癌芳香胺的检测技术,开发去重金属技术、清洁工艺技术、纳滤膜分离技术、组合增效技术、液相标准化技术和喷雾造粒技术等绿色制造技术和生产工艺;研制出62个新染料,其中22个为全新结构。

2003年,上海化工研究院肖明威等研制出"气相法高效聚乙烯催化剂",获国家科技进步二等奖。该项目开发成功SCG、BCG系列催化剂产品,特别适合无预聚合的气相法全密度聚乙烯流化床工艺,配方具有创新性;其生产工艺路线先进可靠,产品打破国外公司技术及价格垄断,可降低生产企业成本。2004年,石化院缪长喜等承担的"GS-08乙苯脱氢制苯乙烯催化剂研制及工业应用",获上海市科技进步一等奖。对Fe-K系传统催化剂,加入低温活性促进剂,提高催化剂的活性特别是低温活性;引入过渡金属氧化物,提高催化剂选择性,降低物耗;用氧化镁部分替代催化剂中的氧化钾,延长催化剂使用寿命;优化 Fe_2O_3/K_2O 比例,提高催化剂的稳定性,降低催化剂的失活速率。

2005年,上海市涂料研究所研制的6532涉水设备内壁涂料,以环氧树脂为原料,配以特殊环氧固化剂和溶剂,并添加安全无毒颜料、溶剂,经大量配方筛选而研制成。同年11月,华东理工大学完成常减压塔顶冷凝系统防腐蚀涂层研究,通过中国石油化工股份有限公司验收,为国内首创。该项目攻克在细长管束中制备氟塑料涂层等系列难关,研制出耐腐蚀、防结垢氟塑料涂层换热器。同年11月,上海电动工具研究所开发成功UP-850DZ单组分不饱和聚酯绝缘漆,其核心技术包括不饱和聚酯合成单体的选择及控制、活性稀释剂和阻聚剂、引发剂的优选与复配等技术。同年12月1日,华东理工大学完成丙烯气相一步氧化制环氧丙烷的新型催化剂,通过市科委验收。该项目制备系列 $Ag-MoO_3$ 及 $Ag-MoO_3/ZrO_2$ 催化剂,用于丙烯气相一步氧化制环氧丙烷反应,并考察助剂、载体、改性剂、原料气组成和反应操作条件对催化影响;提出提高环氧丙烷选择性的方法和工艺条件,发明具有高选择性的催化剂制备技术。

2006年,石化院杨为民等研发"气相法乙苯清洁生产成套技术及高效催化剂",获上海市科技进步一等奖。首次采用廉价国产模板剂合成高硅铝比、纳米级 ZSM－5 分子筛;创新分子筛催化材料水蒸气处理及有机酸处理结合的改性新方法,与进口催化剂相比,相对活性提高 8％以上,寿命提高 50％;采用多段绝热、段间进料急冷固定床烷基化反应工艺,并建立气相法制乙苯工艺数据库、装置数学模型,开发技术工艺包。2007 年,石化院畅延青等研制"对苯二甲酸加氢精制钯炭催化剂及工艺技术",获上海市技术发明一等奖。该项设计具有特定孔径分布和孔型结构的活性炭载体,大幅度提高钯的分散度和载钯强度;采用国内外首创的乳化浸渍技术,制备出理想的蛋壳型分布型催化剂;通过载体表面金属的屏蔽作用,使较低电子亲和势的金属更易吸附作为电子受体的硫,提高催化剂的耐硫稳定性;开发高空速、高浆料浓度、低氢分压的加氢精制工艺技术。同年 3 月,上海电力学院承担的"脲胺衍生物气相缓蚀剂及缓蚀机理研究",通过验收。该项目以尿素为原料,开发 4 种新型的脲胺衍生物气相缓蚀剂,防锈性能良好。

2008 年,华东理工大学钱旭红等承担的"含氟芳香精细化学品及氟化试剂的关键技术、理论与应用及产业化",获国家科技进步奖二等奖。研制组合型氟盐氟化相转移催化剂,使收率及质量提高;建立微水相调控技术及"水分—反应响应"精确定量控制标准;设计应用新型氟化釜,提高反应效率;实现残留氟离子的回归自然的"矿藏"式处理。将含氟砌块和氟化试剂应用于制备各类氟化合物;开发结构多样的功能性含氟精细化学品。同年,石化院谢在库等开发"高效择形催化技术开发及其对二甲苯生产中的应用",获国家技术发明二等奖。该项目开发低温甲苯择形歧化工艺技术,有效降低物料循环量,能耗物耗显著降低,单位 PX(对二甲苯)产品能耗下降可达 30％以上,成为高效集约化生产 PX 新工艺的核心技术。同年,石化院杨云信等承担的"乙烯气相法制醋酸乙烯催化剂及工艺技术",获上海市科技进步一等奖。研制出有特定孔型结构与分布的遇水不裂硅胶载体;制备出薄壳型分布催化剂,活性层厚度可以控制在 0.1～0.4 毫米;提高催化剂抗老化性能,延缓晶粒长大的速度,有利于催化剂的长周期运行。

2009 年,石化院朱子彬等承担的"乙苯脱氢制苯乙烯关键技术轴径向反应器和新型催化剂的研发及应用",获国家科技进步二等奖。该项目发明新型径向流反应器技术,提高催化剂利用率,简化结构,是国内外首次应用于负压脱氢装置;发明新型离心式 II 型径向流动技术,满足低压降节能要求,延长贵金属催化剂的寿命;发明高均匀度的径向流体均布技术,适合吸热反应特点;发明快速喷射流混合器技术,满足苯乙烯反应器对反应介质混合要求;开发新型径向流动反应器运行平稳节能。同年,石化院刘仲能等承担的"高效裂解汽油加氢催化剂的研制及工业应用",获上海市科技进步一等奖。发明特定结构的复合大孔氧化铝载体制备与疏水改性技术;中等孔径集中分布的 δ－Al_2O_3 载体制备技术;适宜孔径的双峰、单峰孔 γ－Al_2O_3 载体制备技术;及活性组分(Pd)薄层负载及晶粒粒径调变技术等关键技术。2010 年 9 月,上海石化应用 FHUDS－2/FHUDS－5 柴油超深度加氢脱硫组合新型催化剂,通过 330 万吨每年柴油加氢装置为期 4 天的满负荷标定,投用的新型催化剂应用情况良好,脱硫效果达到设计要求,精制柴油中硫含量达到沪 IV 柴油硫含量小于 50 微克/克的质量标准;使沪 IV 标准柴油生产能力从年产 65 万吨提升至 355 万吨。

四、化工机械

2000 年,上海氯碱化工股份有限公司开发聚合防粘釜技术,在防粘釜剂的更新、喷涂和雾化系统的改造取得突破,产品优级品率可提高四个百分点左右,单釜生产能力可提高 5％以上。2002 年,华东理工大学钱锋等研发"乙烯生产过程基于神经网络的软测量和智能控制技术",获国家科技进步二等奖。该项目提出优于传统 BP 算法的神经网络在线递推学习算法,开拓新型模糊 CMAC 和模糊 GMDH 神经网络;开发丙烯精馏系统软测量与推断控制技术,及丙烯精馏系统和裂解炉专家系统的智能控制技术,并应用于大型乙烯装置。

2004 年,华东理工大学等承担的"化工设备预测性维修规划关键技术研究"(合作项目),获国家科技进步二等奖。该项目着眼于设备维修工程基本科学问题突破,建立高温构件损伤局部化的测量与分析方法,得出冶金不连续结构、几何不连续结构、温度不均匀结构的损伤规律,并通过与微观组织定量分析手段相结合,解决高温设备何处修与何时修的问题。同年 5 月,中石化上海工程公司、上海建工(集团)总公司等完成 1 500 立方米低温(-50℃)乙烯球罐设计制造,通过技术鉴定。该乙烯球罐结构为 3 带 8 柱 30 片足球混合式球罐;设计压力为 2.2 兆帕,设计温度为-45℃(实际要求为-50℃),球板厚度为 44 毫米。焊缝共拍片 104 张,一次性探伤合格率达到 98.1%,各类几何尺寸,无损检测均符合设计规定的要求。

2007 年,华东理工大学白志山等开发的"8 万吨/年环己酮装置清洁生产成套技术与应用",获上海市技术发明一等奖。开发出环己烷氧化液分离有机酸、酯的新工艺;发明环己烷氧化液和废碱的旋流分离方法,实现分散相颗粒预排列,提高分离精度;提出梯度分离工艺,开发废碱水蒸发—焚烧—雾化—分离组合新工艺。同年 8 月,七一一所研发苯乙烯尾气螺杆压缩机组,通过国防科工委鉴定。该项目重点解决大流量、高负压、大压比螺杆压缩机设计及制造、运行的安全可靠性等技术难点,达到设计指标。成果应用于海南实华嘉盛化工有限公司 8 万吨/年苯乙烯装置。2008 年,华东理工大学、中石化上海工程公司等完成大型径向流动反应装置的开发与应用,首次将轴径向二维流动反应技术应用到真空条件下的乙苯脱氢制苯乙烯装置中;发明大型离心式Ⅱ型流动径向反应装置;创新出独有的高均匀度的流体均布新技术;开发出快速喷射流混合技术,及第二反应器和再热器的一体化设计技术,构建大型冷模试验和计算机数学模型相结合的大型工业反应装置的新开发方法。

2009 年,华东理工大学徐宏等研制成功"系列高通量换热器研制及其产业化成套装备技术",填补国内空白、打破国际垄断,获上海市科技进步一等奖。提出成分设计与粉末烧结技术相结合,实现铜基和铁基合金粉末冶金结合型系列表面多孔管的可控制造;发明纳米二氧化硅溶胶和稀土强化复合镀技术,及铁基合金粉末表面多孔管喷涂成形技术;解决高通量管表面预处理、粉末涂覆、烧结、校直、U 弯成形、管束空间优化、穿管保护、胀接等技术难题,开发表面多孔高通量管成套技术及装备。

第八节　轻纺产品制造

一、轻工产品制造

2000 年,红双喜冠都体育用品公司为世界乒坛改革研制成功 Φ40 毫米乒乓球大球。同年 10 月 12—15 日在扬州举行第 21 届男子世乒赛上,国际乒联宣布 Φ40 毫米大球首次作为比赛用球,取代沿用百年的 Φ38 毫米小球,开启 40 毫米大球的新时代。同年,红双喜冠都体育用品公司设计制造出具中国特色的彩虹桥状台脚新型乒乓球台,突破球台几十年造型一成不变的模式,具有极强稳定性。同年,红双喜冠都体育用品公司在乒乓球拍上,推出崭新的 V 系列和 O 系列新品。同年,上海海鸥照相机公司生产 33 万像素、110 万像素数码相机,采用专用电路设计、DPS 图像处理、ANOS

控制技术获成功。2001年8月14日,上海海鸥照相机公司研制的第一架海鸥3D-120Ⅲ立体相机,销往美国。该相机有6个镜头,被誉为"6只眼睛的东方巨人"。

2003年,复旦大学方道腴等承担的"高品质紧凑型荧光灯的研究和开发",获国家科技进步二等奖。研究出大幅度降低中国灯管光衰和延长寿命的关键技术,研究出稀土荧光粉生产中的弱化后处理、表面修复和组分配比细化控制技术;发明新稀土荧光粉的组分、配比和制造工艺技术;采用PEO的水浆涂粉工艺技术;透明氧化物保护膜技术;灯管和镇流器匹配技术;单片机控制烤管和阴极分解、激活技术等新技术。2004年,上海高斯印刷机械有限公司开发成功具有网络印刷机系统的SSC-200A卷筒纸胶印机,通过鉴定,填补国内空白,实现从自动化向数字化跨越。该胶印机采用现场通信技术、现场总线技术、局域网技术等,具有印刷速度高、套印准确、文字清晰、图像层次丰富,并可通过开放式PC平台与Internet联网,实现异地远程监控和远程故障诊断服务。该胶印机采用彩色全自动套准系统和墨色遥控系统技术。同年,上海光华印刷机械公司开发成功PZ4650B-AL四开四色酒精润版胶印机,采用单元结构原理、模块化设计、CAD/CAM辅助设计和加工等先进制造技术。其独具特色的5辊式连续(酒精)润版系统,突现出快速优良的水墨平衡性能;整个过程由独立的PLC和变频电机自动控制,并可以对润湿液的温度、酸碱度、酒精含量进行设定,通过闭环控制保持恒定。

2006年4月,上海紫光机械有限公司开发成功LQD8F骑马装订联动机,通过CE认证,通过上海市经委验收;同年7月,被认定为上海市高新技术成果转化项目。该项目采用人机界面的中央PLC控制台和操作显示屏,遥控器操作,机器运行稳定;走书链条导轨耐磨性好,运行噪声低;图像识别错帖检测装置,填补国内空白;三面切书机采提高裁切精度。2007年,五十所研制出WJ6005型智能照明节电器,将传统的补偿变压器技术和现代电力电子技术结合,实行照明系统稳压降压控制,节约路灯照明能源,设备节电率达30%以上。2009年,同济大学陈启军等承担的"基于CC-Link的印刷机系列控制系统开发、应用及产业化",获上海市科技进步一等奖。该项目研制高性能墨量控制器,攻克高速高精度控制、适应宽印刷幅面、智能墨量预置、故障预报及诊断等多项关键技术;开发具有极准印前、印后数据接口;开发出悬浮式随动墨量调节机构;采用CC-Link-以太网相结合的总线控制的管控一体化系统,解决机器设备间实现互联和协同"孤岛"问题,实现印前、印中、印后的一体化管理。

二、纺织生产

2000年,上海春竹企业发展有限公司开发出SWT天丝环保型针织面料及产品。该产品纤维原料取自速生木材林,通过纺纱、染色、织造、后整理攻关,研制成功高级混纺毛针织产品,在国际上首家推出环保型毛针织产品,具有天丝和羊毛2种材料的特性。同年,东华大学研制积板纺纱技术,具有毛羽较常规减少20%、强力高、手感柔软、耐磨性高等优点。同年,上海市纺织科学研究院研制成功液氨技术处理超级耐久高档全棉纺织品。其方法是先用液氨技术处理,再经化学树脂处理,得到手感极佳、免烫、透气,兼具合成纤维织物优点,符合国外消费者舒适要求。同年,上海纺织协会印染技术开发中心和上海鹏麟皮革工业公司开发成功新型高档聚氨酯涂层大块面印花服装面料。该面料选用针织底布,经涂层加工,进行仿人造毛皮图案大块面印花,并解决印花中色浆刮不清和拖刀及色浆渗透问题。同年,上海第二印染厂开发棉、锦、氨纶弹力斜纹织物面料新产品,在上海国际服装文化节中获好评。该产品经特殊工艺,解决布面光洁度及易产生折痕问题;采用二浴二步法染色工艺,解决3种纤维染色易产生色光差异的难题;并使成品织物面料缩水率控制在5％以内。产品具有弹性好、纹路清晰、布面光洁、门幅稳定、穿着服用舒适等特点。

2001年,东华大学潘鼎等研制出"航天级高纯黏胶基碳纤维",获教育部中国高校十大科技进步奖;获2002年国家科技进步一等奖、桑麻纺织科技一等奖。该项目采用国内仅有的棉浆基黏胶强力丝为原丝,开发出稀纬带织造、混合型体系催化、连续松弛超纯净化、零强度点逾越、空气介质低温热处理和两段排焦等一整套具软硬件技术,解决六大关键技术难题,研制出具有高纯度、低密度、高断裂应变、低热导率和耐烧蚀等优良特性产品。同年,东华大学完成集聚纺纱技术研发,其优点是毛羽少,强力和伸长比其他纺纱系统提高15％;纱线清洁度高,能改善机织、针织物轮廓的清晰度;合股加拈少;起球少,耐磨;纤维平行度好,割绒时绒毛头端状态良好;适合免烫整理。同年,上海市毛麻科学技术研究所攻克可织造单纱技术,其纱线结构类似丝罗纺,结构较紧密,纤维之间抱合力显著增强,耐磨性成倍提高,毛羽亦可减少,织造时断头织疵少,可实现免浆织造。生产的单经单纬毛织物,轻薄,挺爽,富于弹性,服用性能好。

2002年,上海日舒棉纺织厂经多年研究,开发出用氨纶和短纤维复合制成的斯林开纱线。其弹性远超过毛纤维纱线,制成贴身内衣,性能优于纯毛织物。经测试,纱线弹性恢复率和染色变形指标均优于全澳毛料产品;织物吸湿透气性能好,悬垂感强;染色后面料呈现出特殊外观。同年,东华大学等通过化学和物理改性方法,改善织物仿毛效果,研制出多重加工变形长丝,获教育部科技进步一等奖。该项目对差别化长丝通过多种复合方式研制新型仿毛变形长丝,创建"多重加工变形理论"、假捻法复合变形工艺,并研制成不同拉伸、粗细节的国内独创的变形纶和节丽丝及三异(异截面、异纤度、异收缩)涤纶多重变形纱,显著改善仿毛效果。同年10月,上海日舒棉纺织厂研制微弹涤黏仿毛纱线,通过上海市新产品鉴定,成果属国内首创。该产品设计选用一种物理和化学改性方法而研制的高收缩涤纶短纤维为主体,以阳离子改性涤纶和黏胶短纤为辅体,采用独特的混并工艺使两组纤维构成主纱和饰纱,经过后整理,形成有弹性势能的力学结构,取得无氨纶纺纱面料微弹性的重大突破。2003年,上海新一棉纺织公司开发出用100％竹纤维为原料的纱、线、布,以及多种比例的混纺纱、线的新产品,其纤维细度、白度接近精漂的黏胶纤维;制成的纱、线和面料,经日本纺织检查协会检验,具有天然抗菌、杀菌保健功能,及良好服用性能。同年,上海化纤浆粕总厂发明竹浆粕变性生产工艺,生产出邦博纯竹纤维黏胶浆粕,为国内外首创。其工艺二步法蒸煮技术,将硫酸盐法造纸技术与苛性钠法黏胶浆粕制造技术巧妙结合,保持和优化竹纤维的一系列优良的天然特性,特别是保持竹纤维的凉爽感和天然的抗菌功能。

2004年,东华大学古丽霞等承担的"功能化系列共聚酯和纤维研究开发"获国家科技进步二等奖。该项目合成高含量三单的两类共聚酯,研究酯化缩聚工艺,创立三单在共聚酯中的均匀分布及控制分子量的新技术,开发八类功能化纤维;实现天然纤维与所生产的纤维混纺不会损伤,改进原涤纶纤维高温染色、手感差的缺点,其持久高收缩纤维还具有毛型的回弹性;研究成功的异形多孔高保水率共聚酯纤维和抗静电共聚酯纤维技术方法有创新。同年,上海日舒棉纺织厂李恩生等研制"具有不规则零星彩般幻彩效果段彩纱",获上海市科技进步二等奖。该项目采用微机自动间歇控制的纺纱技术,织成具有幻彩效果的段彩纱,形成纱线在纵向上有不同色泽的设计理念。同年,上海市纺织科学研究院张庆等研究出"前处理助剂清棉师100T",获上海市科技进步二等奖。该产品适用于棉及棉混纺织物,可减小练漂过程中的纤维损伤,提高白度和毛效,及织物吸收染料能力;实现退浆、精炼、漂白三步合一,做到低碱、低量、低色度、低悬浮物排放。同年,上海市纺织科学研究院吴英等承担的"航空用防寒透汽(气)布研制及应用",获上海市科技进步三等奖。综合纺织、化工等技术,由耐寒透汽(气)及具有多种功能的高分子材料和高性能纺织品复合而成,具有透(气)汽、耐低温、耐高温、耐湿热、耐霉菌、耐盐雾、耐砂尘、耐磨、耐折、强度高、抗粘连等性能;其中耐低温性能达-60℃。

2005 年,东华大学刘兆峰等承担的"高强高模聚乙烯纤维产业化",获上海市科技进步一等奖。攻克高浓度纺丝溶液解缠新技术;开发出运用双螺杆挤出机进行溶解新技术和连续脱泡纺丝新技术;采用丝条凝固的新配方,设计多级连续萃取、连续拉伸装置,发明微粒添加新技术,使成品纤维的模量和耐热性能有明显提高。成果申请专利 9 项,授权 5 项。同年,上海联吉合纤公司历时一年成功推出"葆莱绒"保暖纤,属国内首创。该超细旦中空聚酯纤维材料,具有与北极熊毛皮一样中空结构。在保持 1.67dtex 纤度的情况下,解决高达 20% 的高中空率纤度与中空度的矛盾,保持原有细度,同时具有高中空度的特点,使纤维更具量轻、蓬松、弹性持久、手感柔暖、保温性能优异、易起绒的加工特点,可用于防寒服、冬季运动服、起绒针织物、非织造布、毛毯等保温类产品。同年,上海新型纺纱技术开发中心、东华大学等开发用粘胶路线制造珍珠粘胶纤维一步法生产工艺,攻克珍珠超细粉碎技术、超细微粒的表面修饰和共混相容技术、超细微粒在纤维中的分布等方法,使氨基酸含量达到 0.10%,氨基酸品种不少于 14~17 种,微量元素不少于 11~13 种,珍珠粉体纤维中含量达 5%~6%,具有珍珠特性保健作用,纤维达到国家常规黏胶纤维质量标准,后续可纺性好。

2006 年,东华大学朱美芳等承担的"热塑性高聚物基纳米复合功能纤维成形技术及制品开发",获国家科技进步二等奖。该项目研制出成纤用纳米 TiO_2 等无机功能纳米材料,及具有不同极性的热塑性高聚物基纳米复合树脂;建立热塑性高聚物基纳米复合材料纺丝动力学模型;开发非极性高聚物成纤过程中有机纳米分散相原位生成技术;研制出紫外线屏蔽率 99.7%、UPF>50 的系列抗紫外细旦聚酯纤维和远红外发射率>87%、抑菌率>93% 的多功能异形聚酰胺。同年,上海公泰纺织品公司曹公平等用溴氰菊醋制成"长效防虫织物",获中国纺织协会科技进步二等奖、上海市技术发明三等奖。采用溴氰菊醋、黏合剂、交联剂和催化剂,制成防虫整理剂,选用合适的工艺参数,醋黏在织物纤维上,不仅手感好,而且耐洗 20 次仍有杀灭蚊虫的效果。

2007 年,东华大学王华平等承担的"高导湿涤纶纤维及制品关键技术集成开发",获国家科技进步二等奖。该项目提出流场因子理论设计异形喷丝板的新方法;开发高压纺丝、缓冷与强冷相结合的高导湿纤维成形工艺,开发细旦异形、组合异形、高异形及 PTT、抗紫外等多种新型系列高导湿纤维;建立针织物差动毛细效应模型及高导湿面料专用测试评价体系等。2008 年,东华大学胡祖明等承担的"间位芳纶及绝缘材料产业化关键技术",获上海市科技进步一等奖。该产品解决产业化的制浆过程中原料分散的难题;全面改进间位芳纶浆粕制作工艺,同时提高沉析纤维的质量和产能;开发非圆形截面间位芳纶绝缘材料专用短切纤维的纺丝新工艺,采用高效纤维水洗技术;研制连续聚合技术,溶剂回收率大于 98%,实现高含量 $CaCl_2$ 的脱除和溶剂含水率控制。

2009 年,东华大学等开发出"凝胶纺高强高模聚乙烯纤维及其连续无纬布的制备技术"(合作项目),获国家科技进步二等奖。该项目建立双重解缠新方法和凝胶纺丝新体系,研制出双螺杆挤出机、多级萃取机和百束拉伸机等设备;创建以"釜式预溶胀、双螺杆连续溶解纺丝、连续萃取干燥及超倍拉伸"为特征的新工艺;研制出摩擦静电均匀铺丝机、连续浸胶机和复合机,实现宽幅无纬布的连续生产。研制成功军警用防弹衣、防弹头盔和防弹板;获国家发明专利授权 22 项。同年,东华大学郁崇文等承担的"苎麻高支面料关键技术开发及产业化",获上海市科技进步一等奖。该项目攻克生物脱胶技术瓶颈,减少污染的排放,显著降低能耗;发明苎麻牵切纺纱新技术和维纶伴纺减量技术,生产出 300×500 公支的苎麻爽丽纱织物;应用赛络纺和赛络菲尔技术,解决高支苎麻纱断头和织物布面破洞问题；开发出退浆、维纶伴纺减量和漂白一步完成的新技术、新工艺。

2010年，东华大学俞建勇等承担的"黄麻纤维精细化与纺织染整关键技术及产业化"项目，获国家技术发明二等奖。发明黄麻纤维"生物—化学—物理"可控组合精细化技术，研发复合酶生物脱胶、高效化学脱胶、梳理和牵伸细化等关键技术；发明精细化黄麻纤维纺织加工关键技术，研发纤维纺前处理专用助剂及处理工艺、梳理关键技术及专用元件、专用浆料及上浆和织造工艺；发明精细化黄麻纤维织物染整加工关键技术，研发协同漂白关键技术、阳离子改性染色技术、生物酶—柔软剂联合整理技术。同年11月18日，东华大学承担三维编织复合材料在冲击加载下的频域破坏机理和结构稳定性研究，通过市科委验收。该项目系统研究冲击损伤机理，采用传递函数概念研究三维编织复合材料的破坏演化过程，并通过系统的稳定性判定方法推测该复合材料的结构稳定性，形成在冲击加载下的频域分析方法。该方法可以扩展到其他纺织结构复合材料的冲击损伤研究。

第二章 农业科技

第一节 种源农业

一、粮食作物育种

2000年,上海市农业科学院(农科院)选育出强优势两系杂交粳稻新组合"申优1号",亩产达655千克。同年,农科院选育出爆裂玉米新品种"沪爆二号",平均亩产达300～400千克,比"沪爆一号"增产40％。同年,农科院选育成青贮专用玉米"沪青一号",亩产达4 500千克,高抗倒伏,营养成分好。2001年,农科院利用DNA指纹辅助育种技术,对上海地区的优良杂交粳稻亲本进行RAPD分析,筛选适合水稻强优势杂交组合预测的10种引物,建立上海地区15个常用杂交粳稻亲本的DNA指纹图谱。通过对DNA指纹图谱遗传距离的测定,并与田间种植结合育成4个强优势杂交组合;建立5个杂交粳稻组合的DNA指纹图谱,进行RAPD分析找出差异DNA条带,为杂交粳稻种子实验室快速鉴定真伪和纯度奠定技术基础。

2003年,农科院黄剑化等承担的大麦细胞工程育种技术体系的建立与"花30"选育,获上海市科技进步一等奖。育成集优质、高产、抗病、抗逆等性状于一体的优良啤酒大麦新品种"花30",具有高抗白粉病,中抗赤霉病和锈病,耐黄花叶病,抗寒耐湿。先后通过上海、浙江、江苏的品种审定和安徽的大麦新品种生产性鉴定,是国内第一个通过3个省级品种审定和1个省级鉴定的大麦新品种。建成大麦花药培养无性系变异诱导技术程序、四倍体大麦花药培养技术程序和大麦细胞工程育种技术体系,采用染色体加倍、壮苗、生根、试管苗夏季移栽技术。同年,上海市农业生物基因中心(基因中心)育成世界上第一份节水抗旱稻不育系"沪旱1A",符合国家水稻三系雄性不育系标准,抗旱性达一级水平;育成籼型节水抗旱稻不育系2个杂交组合,在节水50％的条件下种植,产量分别达每公顷8 250千克和9 000千克以上;3个品种均通过专家鉴定。同年,农科院研究水果甜玉米新品种,通家鉴定。该项目引进热带血缘超甜玉米种质,采用新选育途径,育成"申甜一号""申甜二号"两个优质高产杂交品种,含糖量均达14％以上。在生态适应性、品质性状、产量和综合抗病性方面,优于现有推广品种。"申甜一号"通过上海市品种审定。

2004年,农科院万常兆等承担的"优质超高产晚粳稻新品种'金丰''申优一号'的选育与应用",获上海市科技进步一等奖。利用籼粳亚种间杂种优势,多次复交、回交,实现优质、抗病与超高产统一;两个新品种均通过上海市品种审定。同年,农科院育出杂交粳稻"申优4号",亩产约600千克;经农业部稻米及制品质量监督检验测试中心测定,品质指标达国家二级优质米标准,列为上海市优质米推广品种。同年2月,农科院承担的杂交粳稻亲本种子提纯与鉴定,通过上海市农委鉴定。该项目提出成对株系冷藏法、花培提纯法、半分法三种杂交粳稻亲本提纯技术。采用序列特异性标记技术和扩增性片段长度多态性技术对杂交粳稻主要亲本进行纯度鉴定的方法,其鉴定周期为14～21天,仅为田间鉴定周期的1/4,可以作为海南田间鉴定纯度的有效补充。

2005年,基因中心罗利军等承担的"栽培稻节水抗旱种质评价、创新与新品种选育研究",获上海市科技进步一等奖。该项目提出"土壤水分梯度鉴定法",从千余份具有抗旱性资源中,育选出国家审定品种"中旱3号""沪旱3号",上海市审定品种"沪旱7号",在节水50％情况下,均取得较高产量。同年,上海优质稻米工程研发中心、农科院开展海南扩代繁殖实验,育出"3优18""申5优18""中粳3号"三个杂交粳稻品种,实收产量分别达亩产765千克、735千克、630千克,均超过对照品种武育粳3号。同年,农科院承担的"优质鲜食糯玉米系列新品种选育"项目在国内率先开展鲜食糯玉米早熟育种研究,以早熟、优质、高配合力亲本自交系创造为重点,形成利用南方农家种早熟优质特性融合北方糯玉米的高产特性、构建目标性状基因库进行种质创新,创造一批优异早熟亲本材料。育成"申W22"等10份早熟、优质、高配合力糯玉米自交系,以"申W22"成功配制选育出较早熟、优质、高产鲜食糯玉米杂交新品种"沪玉糯二号"。同年,农科院承担的"设施栽培专用矮秆糯玉米新品种选育",在国内首次开展设施栽培专用矮秆糯玉米育种研究。该项目发掘利用国内丰富的糯玉米种质资源,并进行遗传改良,组成矮秆糯玉米基础群体材料50份,育成"申W13"等10份矮秆、优质糯玉米自交系,并以"申W13"为骨干亲本,选育出早熟、优质的设施专用矮秆杂交糯玉米新组合04-2149。

2006年,农科院袁勤等承担的"长江流域杂交晚粳稻恢复系申恢254、申恢1号的选育与利用",获上海市技术发明一等奖。该项目利用籼粳亚种中间材料为桥梁亲本,通过多个恢复基因累加、集聚,提高恢复系的恢复力,解决杂交粳稻大穗、结实率低的弊端。"申恢1号"和"申恢254"获国家植物新品种授权,成为长江中下游地区主要应用杂交粳稻恢复系。2007年,基因中心罗利军等开展的"水稻基因资源创新和分子技术育种",获上海市技术发明奖一等奖。该项目构建17个水稻永久作图群体;培育5套遗传背景的水稻导入系群体;定位130多个水稻高产、优质、抗病和抗逆等相关基因;创造35份有应用前景的新种质;培育出"中优448"等6个新品种,通过国家审定。同年,农科院研发的早熟优质高产鲜食糯玉米"沪玉糯2号、3号"选育技术,获上海市科技进步二等奖。

2008年,上海市海丰农场、农科院育成高营养巨胚米新品系04冬4951,通过品种审定。该品种为中熟中粳,米粒胚大、蛋白质含量高,膳食纤维含量为3.5％,且含有较多的维生素和微量元素,适于精品米及副食品开发;3年平均亩产量538.9千克。同年10月,上海海丰米业有限公司主持承担的"优质中粳水稻新品种选育"通过上海市科技兴农重点攻关项目管理办公室(科技兴农办公室)组织的验收。经过3年研究,构建杂交粳稻育种体系,选育出"申5优18""武3优18"等杂交中粳新组合,品质主要指标达到国家优质米二级标准;育成"中粳3号""中粳9号"等中粳品系;育成巨胚米新品种"04冬4951"。同年11月,农科院育成"申优693""申优8号"杂交粳稻新组合,分别比"寒优湘晴"增产4.0％~20.5％和4.7％~11％,通过上海市品种审定及上海市兴农办验收。

2009年,基因中心利用分子标记定位一批节水抗旱基因(QTL),育成4个常规节水抗旱稻品种。选育的节水抗旱粳型不育系,通过专家鉴定;一批籼粳节水抗旱稻新品种(组合),参加省级以上区试。同年4月,农科院育成膳食纤维含量高的功能型粳稻新品系06JD40,平均产量325.6千克/亩,膳食纤维和抗性淀粉含量分别为7.2％和14.9％,通过上海市兴农办验收。同年5月22日,农科院承担"粳型水稻优质超高产育种与示范",通过市科委验收。培育的粳型水稻新组合"花优14",抗倒伏、抗条纹叶枯病,适合直播、机插,7项品质指标达国标优质米一级标准。

2010年,农科院主持完成的"节水抗旱稻不育系、杂交组合选育和抗旱基因发掘技术",获得上海市技术发明一等奖。首次育成旱稻不育系"沪旱1A",获植物新品种保护权;成功实现杂交节水抗旱稻"三系"配套,育成世界首例杂交节水抗旱稻"旱优2号"和"旱优3号"。建立基于水旱稻配组结合大田强胁迫鉴定和选择的育种体系,发明水旱稻三交种育种新方法与制繁种新技术。同年,复旦大学杨武云等承担的人工合成小麦优异基因发掘与川麦 42 系列品种选育推广,获国家科技进步二等奖。同年,农科院承担的"超高产优质粳稻品种(系)或杂交组合的创新"项目,将分子标记辅助选择应用于杂交粳稻恢复系选育,标记鉴定杂交粳稻恢复基因,提高育种效率。该项目筛选出"S07-49""申繁 15"等 6 个具有优质、高产、抗病等性状的粳稻种质;育成"宝农 219""申优繁 15""S07-55"等 3 个粳稻新品种(系)。同年,上海市海丰农场良种发展中心和农科院产学研合作,利用细胞工程育种技术选育的矮秆高产大麦新品种"海花 1 号啤麦",具有高产稳产、矮秆、抗倒、耐盐等优点。

二、油菜育种

2000 年,农科院孙超才等采用双交法完成早中熟甘蓝型双低油菜新品种"沪油 15"选育,通过上海市品种审定,获 2002 年上海市科技进步一等奖。2001 年,被农业部确定为中国"十五"重点推广的品种之一;2002 年,"沪油 15"双低油菜通过国家品种审定,成为国内第一个获得品种权保护的油菜品种。该品种在技术上采用品种(系)间杂交;在杂交后代的选择上,采用先抗病性鉴定筛选,其次为农艺产量性状选择,最后为品质性状纯合。

2003 年,农科院周熙荣等育成优势明显的双低油菜新品种——双低显性核不育杂交种"核杂 7 号",通过上海市品种审定;2004 年通过全国品种审定;获 2008 年上海市科技进步二等奖。"核杂 7 号"是采用甘蓝型油菜显性核不育三系法选育的双低杂交新组合,含油率 41%,芥酸含量为 2.68%,优于中国颁布的双低油菜质量标准。同年,农科院孙超才等育成双低隐性核不育杂交种"沪油杂 1 号",通过上海市品种审定,获 2010 年上海市科技进步一等奖。该项目在油菜花粉培养后代中发现不育材料,采用杂交、测交、"兄妹"交和自交的育种方法,选育成 7 份双低两型系、3 份双低临保系和 10 余份双低全不育系。2004 年,农科院孙超才等研发的高产、抗病双低油菜新品种"沪油 16",通过全国品种审定,获上海市科技进步二等奖。"沪油 16"是通过品种间的复交方法而培育的甘蓝型双低油菜新品种,在熟期和抗倒性方面优于"沪油 15"。同年,农科院作物所育成的"沪油 17"通过上海市品种审定,2006 年通过国家品种审定。"沪油 17"是通过品种(系)间杂交方法育成的国内第一个适应机械收获的双低油菜新品种。

2008 年 5 月 8 日,农科院完成的核不育油菜恢复基因分子标记研究通过科技兴农办公室组织的验收。该项目采用回交育种方法,以沪油 15 株系 4224 为轮回亲本,结合自交、兄妹交、测交等育种方法,选育显性核不育纯合两型系 HY15AB,成功获得甘蓝型雄性核不育油菜的恢复基因连锁的分子标记。2009 年,农科院承担的"杂交油菜新组合(核杂 7 号、沪油杂 1 号)示范及配套技术推广"项目,建立核不育油菜杂交种高产制种技术规程,繁育"核杂 7 号"和"沪油杂 1 号"的纯合两型系、全不育系及恢复系。同年 3 月,农科院主持实施的"优质杂交油菜新组合的选育"通过科技兴农办公室组织的专家验收。项目利用具有显、隐性油菜核雄性不育系培育强优势双低杂交组合,育成双低隐性核不育近等基因两型系 20118-1AB 和 20118-2AB,近等基因临保系 M-6477 和 M-6475,显性核不育近等基因两型系 HY15AB 和 78AB,近等基因临保系"沪油 15"和"05-4040",获得显性核不育 Rf 恢复系基因连锁标记 MAEM17-350 和隐性核不育保持基因标记 Y1、Y2;育成显性核不育双低杂交种"核杂 9 号",隐性核不育双低杂交种"沪油杂 1 号"和"向农 3 号"。

2010 年 8 月 14 日,农科院主持实施的 2006 年上海市科技兴农重点攻关项目"高含油率双低油菜育种"通过科技兴农办公室组织的专家验收。通过构建高含油量显、隐性油菜不育系、临保系和恢复系基础群体，培育含油量 47％以上的种质材料，育成含油量 45％的双低油菜品种和杂交种。筛选出 5 个不同遗传背景、含油量 50％以上的双低自交系种质材料 3 份；转育获得含油量达 45％的双低显、隐性核不育材料 6 份、临保系 7 份；育成芥酸含量为 0.1％、硫苷含量为 18.87 微摩/克、含油量为 49.16％双低油菜新品种"沪油 19"，育成芥酸为零、硫苷含量低、含油量较高的隐性核不育杂交种"沪油杂 4 号"和显性核不育杂交种"核杂 9 号"。

三、蔬菜育种

2000 年，农科院用细胞质雄性不育系培育出青花椰菜"沪青一号"，花球紧实，适合早秋季早熟栽培。同年，农科院筛选 5 个产量水平、抗性及果实性状等，有较强优势的甜椒新组合。同年，上海交通大学承担的大豆多抗性亲本资源的创新及遗传基础的研究，最终选育出能抗大豆孢囊线虫、花叶病毒、灰斑病例、疫霉病四种病害的新品种东北 43 号。2001 年，农科院广泛收集青菜亲本，并通过对青菜亲本的自交和"兄妹"交进行提纯、复壮，进而进行 TPS 转育，首次采用不育性稳定、彻底的青菜 TPS 细胞质雄性不育系开展青菜杂交育种，育成具有显著增产优势的新组合"8008"和"7207"，建立一套 TPS 杂交青菜的制种技术。

2002 年，农科院以常规育种为主要手段，创造出一批新的羽衣甘蓝种质资源。经多代自交分离和系统选择，选育出 7 个园艺性状较稳定的优良新品系，通过杂交育种，育成 2 个综合园艺性状优良的杂交羽衣甘蓝新组合：白簪和红簪，填补国内羽衣甘蓝育种工作的空白。同年，农科院开展特早熟毛豆 95 - 1 推广与开发，通过鉴定。通过良种繁育技术，95 - 1 毛豆的干豆百粒重提高至 33 g，亩产 150 千克以上；并提高毛豆的鲜荚产量，延长毛豆上市期。同年，农科院针对国内温室栽培的特点和要求，分别育成耐低温弱光、适于温室长季节栽培、抗病性和品质优异的华南型纯雌性黄瓜杂交新组合 C96 - 06×C96 - 03、甜椒新组合 P201 - 10 和番茄新组合 T72，形成三种蔬菜优质、高效的栽培技术体系。同年 12 月，上海交通大学进行优质早熟毛豆新品种的筛选及开发利用研究，通过市科委鉴定。选育出"交选 1 号""交选 2 号"，具有成熟期早、丰产性好，及抗大豆花叶病毒病、荚部褐斑病特性。2003 年，农科院培育的温室栽培专用番茄新组合 9962，果实圆整，粉红果，平均单果重在 150 克以上，无肩果，果实硬度好，抗病性及温室内的综合表现与国外对照品种 TRUST 相当，性状稳定，一致性好。

2004 年 1 月，农科院承担的瓜尔豆种质资源研究，通过上海市中西部科技协作办鉴定。筛选出交选 01 - 1 - 1、G1、G2 等 3 个瓜尔豆新品系，建立瓜尔豆再生体系，研究出湿法分离提取瓜尔豆胶的生产方法及工艺参数。同年 4 月 16 日，农科院育成鲜食加工兼用菜用大豆新品种青酥二号，继 2002 年通过上海市农作物品种审定后，通过市科委鉴定。该品种的原种繁育亩产 150 千克，发芽率 85％以上，纯度 98％以上，达国家 GB4404 - 1996 质量标准。2005 年 11 月，上海水产大学承担坛紫菜良种选育技术，分别通过国家"863"计划专家组现场验收和项目总验收。该项完成 3 个优良品系生产中试，其中"申福 1 号"具有生长快、生长期长、藻体薄、口感佳等优点；产量比当地传统养殖品种增加 30％～40％，可连续收 7 水以上；适合全自动机器加工。同年 12 月，上海交通大学开展黄瓜单倍体育种体系的研究。该项目筛选出 6 个双单倍体纯系，配制 15 个组合，其中 2～3 个组合表现良好，有望获得优良新品种。

2006 年，上海交通大学陈火英等承担的番茄耐盐种质创新体系的建立和新品种选育，获上海市科技进步二等奖。同年，农科院完成红青菜新品系 18 - 3 优良基因的改良与利用，通过验收。该品系平均单株重 275 克左右,耐寒,抗病,品质好。另选择育出红青菜抗病株系 16-1,单株重 291 克左右,更抗病毒、耐寒性好。同年,农科院完成"塌菜和红青菜优良基因的改良与利用",通过分子生物技术和基因改良等选育手段,获得优良、耐寒、抗病毒病,品质好,风味浓郁,经霜雪后风味更佳小八叶塌菜新品系 12-8、新株系 95-5,具有较好的园艺性状和抗病性。同年,农科院完成野特蔬菜资源的评价和利用项目,筛选出绿茸菜、羊栖菜、迷你桔瓜等 17 个综合性状好的新品种,建立示范推广基地。同年 2 月 15 日,农科院承担的"利用单倍体细胞工程创造耐热青花菜新种质"项目通过验收。该项目利用青花菜单倍体茎尖筛选耐热变异体,建成单倍体细胞诱变及耐热性筛选技术程序,获得一批耐热提高的变异体;在此基础上获得 2 份耐热性比原始品种提高 5℃ 的青花菜变异体材料;建立青花菜游离小孢子培养再生技术程序,获得一批再生植株。

2007 年,上海市农业科学院设施园艺研究所(园艺所)开展优良长茄杂种一代选育,育出果皮紫黑色茄子新品种"特旺达",耐寒性及连续坐果能力强。同年 3 月 14 日,园艺所承担"高含量特异功效分子南瓜种质的创新研究"项目通过市科委组织的专家验收。项目广泛收集国内外各类南瓜品种资源,通过对这些品种资源主要农艺性状研究,借助生化分析手段,筛选获得一批具高含量南瓜肌醇兼具优异农艺性状的品种材料,并采用多元杂交及系统选育方法,创新育成一批具高含量南瓜肌醇兼具抗逆、优质、早熟、丰产等优良农艺性状的南瓜新品系。项目在国内首次育成具高含量南瓜肌醇、低含量葡萄糖、适合各地春秋两季栽培的南瓜新品种"金香玉"。同年 5 月,上海市动植物引种研究中心等研发采用生物技术方法培育优质、高产、抗病大豆新品系,通过上海市兴农办的验收。该项目经 3 年实施,应用分子标记辅助育种技术培育大豆新品种"青酥四号"和"南农 99-10",通过地方品种的审定。

2008 年,上海市园艺重点实验室承担空间诱变项目,育出青菜自交不亲和系的有益变异材料"DZ0201";育出番茄变异材料"沪番 2662",果实商品性较好;培育特小型黄瓜自交系 CHA03-10-2-2。同年,上海交通大学蔡润等承担的黄瓜分子标记与新品种选育,获上海市科技进步二等奖。项目把黄瓜遗传图谱分为五大类,构建较饱和的分子标记遗传连锁图,并建立其 DNA 指纹图谱。培育高产优质抗病设施栽培黄瓜新品种,其中"申绿 04",通过上海市农作物品种审定。同年 5 月 16 日,农科院承担的"番茄新品种选育"项目通过科技兴农办公室组织的验收。该项目育成番茄新品种两个,分别为大红果新品种"浦红 968"和粉红果新品种"申粉 9 号"。"浦红 968"获得植物新品种保护权授权,通过全国番茄新品种鉴定,"申粉 9 号"通过上海市农作物新品种认定。经春季番茄栽培示范,两种番茄都具有高抗 TMV、中抗 CMV 优势株系,叶霉病优势生理小种,病毒病、叶霉病的田间发病率比"合作 903"降低 20% 等优点,更易保鲜保存。同年 10 月 28 日,上海海洋大学主持的紫菜、江蓠等优质、高产、抗逆新品种的培育,通过阶段性验收。参加生产中试的"申福 1 号""申福 2 号"和"改良申福 1 号"坛紫菜选育品系,附苗浓密、长势良好、色泽正常、无白边和腐烂现象,表现出良好的抗高温特性和生长优势。

2009 年,农科院完成"优质安全青菜种质创新与分子育种"。项目在收集、评价、选育、研究国内外青菜种质资源和优良稳定自交不亲和系以及不育系的基础上,采用多种育种技术手段,获得 10 份具有优良性状的青菜新种质;培育出 3 个优势明显的青菜杂交一代新品种:其中"新夏青 2 号"和"1A×043"为耐热性好、抗病、品质优良,适合夏季栽培。"新绿"耐寒性较强,适合秋冬季生产,产量与综合园艺性状均优于原有品种"新矮青"。新品种累计推广面积 1 840 多亩次,"新夏青 2 号""新绿"通过上海市品种审定。同年,园艺所完成夏秋露地栽培抗病番茄新品种培育,选育出"申粉 10 号",抗果实坏死病毒,单果重 180 克,平均产量 65 000 千克/公顷。同年 8 月,上海星辉蔬菜有限公司、上海交通大学通过对传统农家品种进行杂交、选育,选育出两种适宜观赏的扁豆新品种,通过上海市品种审定,并命名为"翠绿扁"和"艳红扁",扩大农业种质资源发掘创新和开发利用的途径。

2010年,农科院完成的主要特色叶菜优良基因的改良、利用及新品种选育,获上海市科技进步二等奖。同年,农科院筛选出"超美"和"沪甘2号"两个适合云南地区生长的甘蓝新品种。"超美"甘蓝整齐度好、成熟期较早、抗病性强;"沪甘2号"甘蓝外球叶叶色浓绿、球形好,外叶少,抗病性强。同年1月2日,园艺所主持实施的"优质设施栽培番茄新品种选育与种质创新"通过科技兴农办公室组织的专家验收。该项目创新番茄优异育种材料和育种技术手段,为培育新品种奠定基础,并利用分子标记技术,选育出适合连栋大棚和日光温室栽培的番茄新品种,满足生产需要。建立番茄种质创新技术体系,获得一批番茄新种质,为新品种培育奠定基础;建立番茄耐盐、耐旱、多种病害PCR检测和RAPD及SSR分子标记技术体系;选育出设施专用新品种"申粉8号"和"浦红10号",通过新品种审定。

四、菌类育种

2001年,农科院引进国外秸秆栽培香菇专用菌株,通过秸秆替代木屑栽培实验,获得秸秆取代50%木屑的香菇栽培配方。首次采用"生物增温发酵剂",使栽培草菇的生物学效率从10%提高到20%以上。2003年,农科院开展草菇低温诱导基因鉴定及新菌株选育,筛选出代号SV14草菇菌株,经低温驯化实现设施栽培草菇。同年,农科院系统研究以布勒现象为理论基础的非对称杂交遗传机理,建立以原生质体单核体作为受体的非对称杂交育种技术,并首次观察到"先导核"的存在。研究表明拮抗试验方法是鉴定非对称杂交后代的一种简便、有效的手段,在国内首次建立香菇非对称杂交育种技术体系,通过此体系选育出香菇新菌株"申香10号"。2004年,农科院育出草菇诱变菌株VH3,通过上海市品种认定。该项目以单核原生质体为材料,经紫外线诱变、$60Co-\gamma$射线、DES等对出发菌株草菇V23原生质体复合诱变,从1 500株诱变菌株中,选育出低温栽培的诱变菌株VH3。同年,农科院从全国各地收集6个白阿魏蘑菌株,通过菌株间遗传差异研究,选育出白阿魏蘑4号株,通过上海市品种认定。

2005年,农科院搜集23个中国主要灵芝栽培菌种,通过生物学性状测试和发酵产量比较,以胞内多糖和胞外多糖为筛选的双重指标,筛选出胞内多糖和胞外多糖产量均较高的G2菌株。2006年,农科院承担姬松茸的生物评价和种质创新研究,对国内19个姬松茸菌株的亲缘状况和遗传关系试验研究,系统选育获得2号、3号姬松茸菌株,产量分别达6.74千克/平方米、7.80千克/平方米。同年,农科院从国内外搜集6个真姬菇菌株和7个杏鲍菇菌株,筛选出适合工厂化栽培的真姬菇(蟹味菇)菌株FX-1、FX-3和杏鲍菇菌株PE1、PE7;该项目确立2个品种成熟期判断方法,分析8种农药和3种重金属对菌丝生长影响及允许的最高本底值。

2007年,农科院陈明杰等承担的"香菇生产用菌种信息库的建立",通过科技兴农办公室鉴定,获上海市技术发明二等奖。该项目对国内31个香菇菌种的生物学特性、出菇性状和分子标记等进行测试、分析,建立24个香菇标准菌种库、20个菌种的特异性分子标记和香菇生产用菌种名录;研发香菇菌种鉴定系统的构建技术及应用。2008年,农科院潘迎捷等承担的香菇育种新技术建立与新品种的选育,获国家科技进步二等奖。建立以原生质体单核体为育种材料的对称与非对称杂交育种新技术,结合传统育种技术,培育出10个不同类型香菇新品种,覆盖率超过全国香菇用种的

70%，累计推广 130 多亿袋。同年，上海市设施园艺技术重点实验室开展空间诱变食用菌育种，获得蜜环菌变异材料菌丝和菌索。其中翘鳞香菇变异材料，表现出子实体增大。

2009 年，农科院开展羊肚菌资源鉴定及仿生栽培研究，从云南和浙江地区收集 14 个羊肚菌样本。研究表明，羊肚菌土壤中真菌、酵母、放线菌、细菌等代谢产物，有利促进和刺激羊肚菌菌丝生长与子实体产生，为人工栽培羊肚菌提供理论基础。2010 年，农科院主持美味牛肝菌与不同宿主植物幼苗菌根合成技术研究，获得美味牛肝菌与马尾松及栎属植物的菌根苗，在无菌条件和半开放式条件下，实现外生菌根食用菌的菌根合成技术新突破。同年 6 月 3 日，农科院承担的"香菇新菌种'申香 10 号'及其栽培技术推广"通过科技兴农办公室组织的专家验收。"申香 10 号"是中国第一个用非对称杂交技术育成的香菇新菌株。建成具有生产和示范双重功能的食用菌菌种供应基地，生产香菇新品种"申香 10 号"的母种以"育种—种源控制—生产推广"的模式规模生产，在云南省施甸县和浙江省磐安县建立新品种推广示范基地，推广新品种"申香 10 号"。

五、水果育种

2001 年，上海交通大学开展人参果健壮种苗技术研究，从收集原始种群着手，筛选出三种适合上海地区栽培的性状稳定的优良类型，用茎尖培养脱病毒和组培钝化病毒的生物技术使种苗复壮，并在上海市郊种植达 2.67 公顷。2002 年，农科院选育出中小果型黄瓤杂交西瓜新品种"双色冰激凌""金莲"，通过鉴定。丰富西瓜瓤色遗传的理论，综合农艺性状良好。同年 10 月，上海交通大学攻克草莓克隆苗技术应用，通过市科委验收。该项目采用茎尖组织培养克隆苗，和田间扩繁相结合，获得草莓脱毒健壮苗 500 万株。同年 11 月，上海市农技推广服务中心（农技中心）等承担优质、高产、抗病、中小型西瓜新品种选育与示范，通过鉴定。经过四年筛选，育成中型西瓜新品系"早佳（8424）三号""早佳（8424）五号"，其坐果率、抗病性、果实品质和含糖量均优于"早佳"。

2003 年，农科院选育的水蜜桃新品种"清水白桃"，获上海市优质水蜜桃新品奖。该品种成熟期为 7 月下旬，平均果重 200～210 克，可溶性固形物 12%～15%，幼龄树每公顷产量 924 千克。同年，农科院育成优质特种专用网纹甜瓜新品种"春丽"。同年，农科院培育出西瓜新品系"抗病948"，经品种比较试验，综合抗病性显著强于"8424"，每公顷产商品瓜 4.5 吨以上。2004 年，农科院育成 6 月上中旬成熟的早熟甜油桃新品种"沪油桃 018"，通过市科委验收和上海市品种审定。单果平均重 146 克，紫红色覆盖率 50%～75%，果肉黄色，可溶性固形物含量 10.5%。适合南方多雨地区栽培。同年，农科院选育出优质白色光皮型厚皮哈密瓜型甜瓜新品种"明珠一号"，综合抗性可与日本品种"西薄洛托"媲美。同年，园艺所、上海仓桥水晶梨发展公司研发早熟、优质梨新品种"早生新水"，以此品种作为主栽品种的"仓桥水晶梨"，通过国家绿色食品产品认证。

2005 年，农科院在中国南方地区首次以杂交方法育成 2 个优质大粒四倍体葡萄新品系 97 - 34、99 - 147，通过验收。该项目从品种改良着手，果实坐果性能、成熟期等综合性状均优于"巨峰"，粒重 8～10 克，糖度 14～17Brixo，亩产 1 000 千克以上。2006 年，农科院培育出早熟甜油桃新品种"沪油桃 002"，通过上海市品种认定。该品种 6 月中上旬成熟，低温需求量 500 小时，花芽容易形成，自花结实率为 24.1%～30.7%，丰产性能优秀。同年，农技中心利用自交方法，完成"十条筋黄金瓜""青皮绿肉""亭林雪瓜"和"三林浜瓜"四大名特优西瓜、甜瓜地方品种 6 代选优复壮；并收集散落民间的其他类型甜瓜地方品种 4 个，提出地方品种选优复壮技术规范。

2007 年 1 月，上海市林业站、上海市葡萄研究所开展"设施葡萄优质早熟品种选育与先锋大粒无核化技术研究"，通过科技兴农办公室验收。引进早熟葡萄无核品种 6 个，其中先锋的无核化率在 95% 以上，单粒重 12 克左右，可溶性固形物超过 15%，单穗重 500 克，亩产量可达 750 千克。注册"马陆"牌葡萄商标，通过上海市优质农产品认证。同年 1 月 9 日，"设施栽培优质水果新品种选育及保优栽培研究"项目通过科技兴农办公室验收。培育出具有自主知识产权的早熟油桃新品种（系）两个，筛选获得早熟蟠桃和早熟葡萄种各一个；获得早熟油桃、蟠桃和早熟葡萄配套推广品种各一个。同年 3 月，农科院承担的"早中及中晚熟优质水蜜桃新品种选育"项目通过市科委组织的专家验收。围绕特异亲本的选择和实生树提早成花结实、早熟母本胚培效率的培养等关键技术开展研究，选育"早生大团""清水白桃""川中岛"和"沪 411"4 个优良早中及中晚熟水蜜桃品种。同年 8 月，农技中心完成草莓优质种苗繁育体系技术开发，通过科技兴农办公室验收。该项目形成草莓茎尖和花粉组织培养无菌繁殖技术规程，组培优质种苗生产规程。开发草莓有机型基质繁苗技术，壤培肥及修复技术。项目实施期间，提供"新屯一号""章姬"和"益香"等原种一代苗 10 万株、原种二代苗 180 万株，生产苗 6 000 万株。

2008 年 8 月，南汇桃子研究所主持承担的"南汇桃种质资源圃的建立及优良品种筛选"通过科技兴农办公室的验收。该项目通过建立种质资源圃，对国内外的桃种质资源进行驯化、筛选、选配亲本组合，选育出适合南汇地区栽培的后备良种。先后引进桃树资源 83 个，其中包括水蜜桃 48 个、油桃 29 个、蟠桃 6 个，建立桃种质资源圃；确定水蜜桃"清水白桃""浅间白桃""川中岛"，蟠桃"早露蟠"及油桃"曙光""艳光"等 6 个品种作为后备品种。同年 10 月，上海马陆葡萄研究所筛选出中熟葡萄新品种"香悦""翠峰"（无核）和晚熟葡萄新品种"魏可"，通过科技兴农办公室验收。同年 11 月，农科院研发葡萄离体胚挽救技术培育无核葡萄新品种，通过科技兴农办公室验收。该项目经 3 年研究，获得一批无核葡萄植株，培育出"沪培 1 号""9773"。其中"9773"平均穗重 393 克，单粒重 5.1 克，三年生树平均亩产量 1 250 千克。2009 年，农科院完成优质哈密瓜新品种"东方蜜"制种技术与配套栽培技术研究，其鉴定"东方蜜 1 号"和"东方蜜 2 号"的杂交种纯度，与田间鉴定相比，符合率达 98% 以上，杂交种纯度 98% 以上。

2010 年 6 月，农科院承担"优质中晚熟鲜食黄桃新品种选育"，通过专家组验收。该项目在"锦绣"黄桃基础上，历时 4 年选育出中晚熟鲜食黄桃新品种"锦园"，成熟期较"锦绣"黄桃提早 8~12 天，平均单果重 210 克，可溶性固形物含量 12.1%~14.5%，成龄树亩产 1 300 千克以上。同年 6 月 8 日，农科院承担"优质中熟梨新品种选育"，通过专家组验收。筛选出一级优系 12 个，育成"9 - 3 - 1""7 - 12 - 36"2 个新中熟品系。其中"9 - 3 - 1"平均单果重 230 克，圆形、短瓢形，果皮绿色，锈斑少，外形美观，肉质细，品质上等，可溶性固形物含量 12.2%，比"早生新水"梨晚 15 天左右采收，为优秀的中熟株系。"7 - 12 - 36"单果重 240~280 克，扁圆形，果皮黄绿色，外观端正，可溶性固形物含量 12.5%，肉质嫩脆，石细胞少，果汁多，栽培适应性良好。同年 6 月 28 日，农科院育成的优质大粒无核化葡萄新品种"申宝"，通过专家组验收和新品种审定；该项目从品种改良研究着手，通过杂交和实生选种，筛选出"申宝"，还获得几个性状优良的无核化新种质。

六、花草育种

2000 年，上海市花卉良种试验场引进名贵花卉安祖花 13 个新品种，在连栋温室内无土栽培，开展安祖花种苗组织培养繁殖研究。2001 年，上海市花卉良种试验场叶增基等承担的"名优花卉良种引种栽培技术"研究，获上海市科技进步一等奖。该项目引进香石竹、满天星、百合、切花月季、唐菖蒲、郁金香、鸢尾、切花菊、非洲菊和香雪兰等十大类世界著名切花 215 个品种,建立提纯复壮、生物脱毒、快繁和高山种球繁育的良种繁育技术体系。筛选出适合中国种植的新品种 83 个。2002 年,上海市花卉良种试验场运用 DNA 遗传标记技术,对香石竹野生种进行组织培养、驯化栽培,将野生的优良性状转移到栽培种中,培育出适合中国气候条件、抗病抗逆、观赏价值高的新品种。

2003 年,上海市林木花卉育种中心通过重复授粉及幼胚组织培养,克服种间远缘杂交和受精种子发育障碍,自主育成 4 个盆栽香石竹品种,具抗逆性好及周年开花特性。其中"林隆 5 号""97—278"具多年生常绿,耐 −5℃ 低温。2004 年,上海交通大学、上海博露草坪公司经 3 年努力,筛选出"狗牙根 C299""野生结缕草""矮生百慕大"和"上海结缕草"4 个耐践踏暖季型草坪品种,示范种植成功。2004 年 8 月,农科院"君子兰育种及种源本地化研究",通过市农委鉴定。该项目以诱变剂处理君子兰种子,育成 75 份育种材料,经相对亲本的杂交,得到观赏价值较高的君子兰。2004 年 11 月,农科院开展蝴蝶兰繁育研究,通过市农委鉴定,总体水平国内领先。该项目对蝴蝶兰原球茎的诱导率达 80%,经花色相关基因克隆,获得转基因阳性植株,移栽成功,生产出大花蝴蝶兰,符合品级标准。

2005 年,复旦大学开发出转基因草坪型黑麦新品种,整合抗病、耐盐碱和优质坪用性,可在不同气候条件下建植高档常绿草坪或复播草坪。品种生育期、特别是营养生长期显著延长,开花期推迟 1～2 个月。2005 年 8 月,上海交通大学承担的矮生高羊茅草坪草新品系"沪青矮",通过上海市品种认定;其推广项目同期通过验收,达国内领先水平。该品种采用"上农矮生高羊茅"新品系,经多元杂交法培育来的,株型矮,可减少修剪次数 1/3,质地细腻,上海地区能够周年常绿。2006 年,上海植物园进行耐热月季品种筛选及繁育,分离出 3 个高温胁迫下差异表达的蛋白,克隆 2 个与耐热相关基因,筛选出 5 个耐热月季品种。项目通过上海市绿化局验收,达国内领先水平。2006 年 4 月 10 日,农科院对崇明水仙鳞茎核辐射处理和秋水仙素处理,诱导、筛选出 3 份具有明显变异性状的多倍体材料,采用组织培养快繁和田间管理有机结合,提纯复壮崇明水仙。项目通过验收。

2007 年,上海鲜花港企业发展公司等利用生物育种和传统育种相结合,繁育出 8 个光周期不敏感型盆栽菊花新品种,盛花期在炎热夏季,填补国内空白。同年,农科院繁育出适合上海及周边城市栽培的云山白兰、乐昌含笑等木兰科花卉良种 23 个,育苗 250 万株。同年,上海市园林科学研究所(园林所)选育刺玫月季新品系 8 个、抗寒三角梅 5 个、大叶常绿杜鹃 4 个。2008 年 10 月,上海四季生态科技公司"紫菀新品种的中试示范",通过科技兴农办公室验收。该项目经 5 年研究,对该品种进行物候期观察和生长量测量纪录,筛选 3 个紫菀新品种,育出不同花色和株型植株,调控花期在国庆期间开花。

2009 年,园林所完成耐热抗病红刺玫杂交 F1 代优良品种选育,特别在红刺玫遗传背景、杂交结实、耐热性杂交 F1 代鉴定等领域,取得技术突破。2010 年,园林所完成红刺玫与月季杂交子代的选育及推广应用。同年,上海市林木花卉育种中心承担的"盆栽非洲新品种选育及应用"项目,开展盆栽非洲菊杂交育种和相关基础性研究工作,收集育种材料 200 份,建立种质资源库和新品系展示圃,获得有效组合 60 个,筛选出符合育种目标的盆栽非洲菊新品系 7 个,形成盆栽非洲菊杂交育种操作方法及生产技术规程。

七、树木育种

2002 年,上海市林业总站叶增基等开展的速生优质绿化树种"东方杉(培忠杉)"种质特征与生态价值研究,获上海市科技进步二等奖。2003年,上海市林业总站经3年实施,筛选绿化造林新树种10个,包括2个耐盐碱树种,4个耐湿树种,2个经济林树种,2个景观树种。2002年,10个新树种试验营造片林1.33公顷。

2005年,农科院承担的"观赏林木火焰南天竹等观赏林木新品种的引选研究",通过验收,属国内领先水平。该项目筛选出抗逆性强、耐寒的彩叶灌木火焰南天竹,获得无性繁殖系,克服扦插不易生根的难题,其繁殖系数可达平均的4倍以上,发根率在80%左右,移栽成活率在70%左右。2006年4月13日,农科院主持"耐湿树种的筛选",通过验收。该项目收集国内外树种38个,筛选出高地下水位区域造林树种21个,其中13个为耐季节性淹水的耐湿树种。同年4月13日,农科院承担的绿化经济新树种利用课题,通过验收。该项目引进、试种国外7个绿化经济树种,筛选出光皮树、美国黑核桃、黄连木、接骨木等适宜上海地区生长的绿化经济树种,建立种苗繁育基地。

2008年10月,上海四季生态科技公司"上海乡土树种的收集、研究和利用"课题,通过科技兴农办公室验收。该项目历时6年,提出上海主要乡土树种名录,共50科180种,建立种数据库。收集83乡土树种,筛选17种栽培、繁殖和防治病虫害试验。累计繁殖各种苗木23万余株,部分在绿化中应用。2009年,上海市林业总站叶增基等完成的植物新品种东方杉的研究与开发应用,攻克属间杂交种后代无性繁殖率难题,获上海市科技进步一等奖。同年,园科所开展山楂、石榴等花果观赏植物的收集引种和驯化,总结出树干整形修剪技术,及增加开花、挂果,实现快速成型技术。同年,园林所开展山楂、石榴等花果观赏植物的收集引种和驯化,总结出树干整形修剪技术,及增加开花、挂果,实现快速成型技术。2010年,园科所收集冬青属植物52种,建立组织培育体系,及ISSR分子标记的最佳反应体系,获得57粒杂交育种种子。

八、畜禽育种

2000年,上海市畜牧办公室从法国引进的285头种猪与首批引进、育成的120头"杜洛克""大约克"种猪进行扩繁选育,形成6 000多头优质纯种猪,与经过提纯复壮的土种和洋种母猪杂交,繁育出新一代"二洋一土""三洋杂交"型优质肉猪。同年,上海新杨家禽育种中心运用DNA标记辅助选择及远缘杂交,完成伊莉莎粉壳蛋鸡高产配套系的选育。2001年,上海交通大学引入广西巴马白香猪群体,对广西巴马白香猪群体进行系统的生理生化、生长繁殖、遗传育种、饲养管理、微生物监测等方面的研究和分析,培育出1个适合上海气候特点的实验用巴马小型猪,同时进行净化研究并获得SPF级白香猪;制定白香猪微生物与寄生虫监测规程,制定并颁布中国第一个实验用小型猪地方标准;建立有5个家系的巴马香猪核心群。同年,农科院完成"肉鸡种质资源利用及新品种选育",引进隐性白羽K系品种,合成新的父系亲本大C系和黄鸡配套系两个肉鸡新品系。

2002年,上海奶牛胚胎生物工程中心的奶牛移植胚胎和冷冻胚胎受胎率,分别比国内平均水平高17%和5%。同年,上海市新杨种畜场以上海高产奶牛为种源,将奶牛育种、繁殖和胚胎工程有机结合,开展超数排卵、冲胚、胚胎切割、性别鉴定、冷冻及移植,在扩大上海优秀高产奶牛比例同时,将优质奶牛胚胎"移植"到全国。同年,上海新杨家禽育种中心杨长锁等完成新杨褐壳蛋鸡配套系选育,培育出中国第一个正式审定的蛋鸡新品种——"新杨褐",国内覆盖率达35%以上,获上海市科技进步二等奖。同年,上海小绍兴集团公司等完成小绍兴优质鸡的选育,及配套关键技术的研究与推广应用。同年,上海交通大学肉用犬培育研究,通过市科委鉴定。通过对原产于中国青藏高原的藏獒和松狮犬进行杂交研究,培育出生长快、产肉多、肉质好、耐粗饲、抗病力强、适应性好,8~

10 月龄体重可达 45～49 千克的优良藏松肉用犬。

2004—2007 年,光明乳业股份有限公司(光明乳业)主持的"优质奶牛育种项目"是上海市科教兴市重大产业科技攻关项目。通过对 DHI(牛群改良)测试系统的推广、MOET 育种体系的研究(核心良种牛群的建立)、优质种公牛群的建立及克隆技术、性别控制技术、胚胎生产与移植技术等研究,使上海奶牛育种水平得以提升;种公牛扩繁到 200 头,年产胚胎 2 万枚、冻精 300 万剂。2005 年,农科院承担的"分子标记肉鹅新品系培育及配套生产技术研究",应用分子标记技术辅助选育肉鹅品系,引进和利用欧洲鹅种建立三系配套良种繁育体系,培育出适合中国环境条件的优良父本品系,研究种鹅休产期活拔羽绒生产技术、鹅用牧草全年均衡供应技术、鹅场生物安全和疫病防治技术、种鹅和肉鹅高效生产技术等配套生产技术,属国内首创。2006 年,农科院"完成优质黄鸡种质创新"项目。运用分子标记方法,对上海保种及利用的 8 个地方黄鸡品种及培育品种进行系统的种质资源评估,培育出矮脚黄鸡新品系,保持传统"三黄"特征,性成熟早、肉质鲜美,适合散养;筛选出蛋、肉兼用型配套系和"安卡红"为父系的肉用型配套系列。

2007 年,上海市农业科学院畜牧兽医研究所(畜牧所)开展莱茵鹅引种观察及利用研究,选育出两个专门化配套品系,父系和母系的年产蛋量分别为每羽 51.58 枚和 57.93 枚;建立莱茵鹅两系配套和莱茵鹅父系作为终端父系,以国内优良品种为母本品系,进行第一次杂交产生的二元杂交母鹅的三元杂交配套两种繁育体系类型,年产蛋量和商品代 9 周龄体重均有优势。同年 9 月,农科院、基因中心完成猪种种质资源长期保存技术研究,成功保存 3 个地方品种(系)的冷冻精子和冷冻胚胎;其中猪胚胎玻璃化冷冻技术,属国内首创。2008 年,畜牧所开展无氟烷隐性基因的皮特兰猪种选育。该项目经 7 年研究,利用 PCR - RFLP 分子检测方法结合群体继代选育,选育出无氟烷隐性基因的皮特兰猪群体,建立 105 头种猪核心群,测试群体 Haln 基因频率为 0,瘦肉率 70% 以上,平均日增重 700 克以上,无应激和 PSE 肉。核心群体产仔性能达 10 头以上。

2009 年,上海交通大学完成浦东白猪种质提纯复壮研究,该项目以毛色全白、高繁殖力、肉质鲜美为研究重点,经 3 年提纯复壮,猪种体型外貌相对一致,遗传性能稳定,经产母猪胎产仔数达 12.67 头。同年,基因中心、上海杰隆生物工程公司(杰隆生物公司)主持转基因羊扩繁应用研究,获得转基因羊克隆羊 8 头,再克隆羊 1 头;建立转基因羊的超数排卵和胚胎移植技术,回收 20 枚胚胎,移植后受体妊娠率为 91.7%,存活胚胎移植羊 8 头。同年,杰隆生物公司采用 B 超探测妊娠奶牛生殖结节,建立奶牛体内胚胎无损、方便的早期性别鉴定方法。同年 7 月 3 日,上海野生动物园等承担的猎豹繁育研究,通过上海市绿化和市容管理局验收。项目以种群管理难度大、繁殖能力低下、幼仔成活率低、疾病发生率高等技术难点为研究重点,分析和掌握猎豹的繁育规律,通过种群管理、人工育幼、繁殖力提高、降低发病率等技术手段,对圈养猎豹采取人工饲养及相关的繁育保护研究,为这一濒危物种的移地保护,减缓灭绝奠定基础。该项目共繁殖猎豹 41 头,其中子二代猎豹 8 头,幼豹成活率达 69.5%,种群规模达 66 头。同时,对 52 头猎豹植入电子芯片,应用微卫星等技术,建立猎豹国际谱系档案。同年 11 月,杰隆生物公司优秀种牛的体细胞克隆研究,通过科技兴农办公室验收。建立屠宰场卵巢的卵母细胞、成年母牛活体穿刺取卵母细胞和成年牛卵泡超数等 3 种不同来源供质卵母细胞。建立 NT 胚胎的制备技术,融合率达 78% 左右。建立克隆牛胚胎移植与剖宫产技术,移植 262 枚 NT 囊胚,16 头母牛妊娠,产 17 头犊牛经分子鉴定有 16 头为克隆牛,存活 1 头。

2010 年,上海警备区富民副业基地完成"申农 1 号"瘦肉猪新品系选育,通过上海市兴农办验收。该项目经 4 年实施,该项目对新育成"申农 1 号"瘦肉猪新品系进一步固定和选育,建立适合新品种的杂交配套体系,并利用分子标记辅助育种缩短育种周期。种猪性能达预期目标,商品猪平均日增重 700 克以上,瘦肉率 65% 以上,肌内脂 2.5% 左右。同年,农科院完成新疆阿克苏地区肉牛的改良与提高。引进南德温肉牛精液,改良阿克苏黄牛,改良后的肉牛初生、6 月龄、12 月龄的体重和体尺比原黄牛有较明显提高。同年 8 月 21 日,农科院承担的上海市科技兴农重点攻关项目"利用分子标记辅助选择技术培育早熟高繁黄鸡新品系"通过专家组验收。采用 PCR-RFLP 技术对黄鸡胰岛素样生长因子——Ⅰ基因的 5' 端调控区的分子多态性进行研究,育成的新品系 56 日龄公母平均体重 935.8 克,新品系与北京油鸡形成的杂交后代保持传统的"三黄"特征。同年 9 月 28 日,农科院承担的"巴马小型猪的繁育与产业化"通过专家组验收。该项目建立巴马小型猪封闭群体,开展巴马小型猪数据采集,组织巴马小型猪屠宰、肉质性能等测定,建立监控机制维护猪群的健康状况。

九、水产品育种

2000 年,上海水产大学李思发等育成的遗传性状稳定的团头鲂品系,生长速度比原种快 30%,体形好、肉质肥厚,定名为"浦江一号",获 2002 年上海市科技进步一等奖和 2004 年获国家科技进步二等奖。团头鲂"浦江一号"是世界草食性鱼类中选育的首例良种。通过雌核发育予以稳定和纯化,采用分子遗传技术确定良种标记;发展控制近交衰退的理论和实践;建立生产性状显著改良、遗传性能稳定的规模化生产群体,个体间平均遗传相似度达 96.5%。2002 年,上海望新水产良种场承担的上海市科技兴农重点攻关项目"美国大口胭脂鱼人工繁殖研究",通过专家验收。根据美国大口胭脂鱼的生活和繁殖习性,该项目掌握一整套适合上海地区的人工繁殖技术。同年,上海水产大学承担的市教委重点学科项目《中华绒蟹性早熟机理的研究》通过鉴定。该项目研究出"控制中华绒蟹性早熟饲料的配制技术",这项技术依据种类代谢特点,培植营养均衡的饲料,特别是脂类和蛋白质的营养均衡,饲料中不添加任何激素,用这种配合饲料饲养一龄的蟹种,完全可以控制其性早熟的比例在 2% 以下。

2003 年,上海水产大学承担完成"中国大鲵子二代全人工繁育技术及南方工厂化养殖模式的研究"。该项目通过大鲵原代的驯养繁殖、子一代亲鲵性腺人工强化培育、雌雄鲵同步成熟、人工催产、人工授精、人工孵化、子二代幼苗培育等多项技术的研究,实现大鲵子二代全人工繁育零的突破;掌握中国大鲵子二代规模化繁育的全套技术,在国内外首次创建大鲵南方工厂养殖模式。2004 年,中国水产科学研究院东海水产研究所(东海水产所)庄平等承担的"鲟鱼人工驯养与繁育关键技术研究",获得上海市科技进步一等奖。该项目首次对 15 种分布于亚洲、欧洲、美洲的鲟鱼进行个体发育行为学比较研究,攻克鲟鱼无损伤雌雄鉴别、雌性个体连续二年催产等世界性难题,首次从个体发育行为的角度研究鲟鱼的系统进化等,首次在国内完成匙吻鲟和西伯利亚鲟的全人工繁殖,首次在长江口实施中华鲟的人工增殖放流。解决全人工繁殖技术、高效苗种培育技术、不同模式成套养殖技术、低成本饲料技术等关键技术难题。同年,上海水产大学承担的额尔齐斯河流域特种鱼类种质、繁育及开发利用,通过鉴定。该项目首次系统研究并揭示中国新疆额尔齐斯河丁鱥、河鲈和白斑狗鱼的种质特性,在国内率先突破丁、河鲈和白斑狗鱼的人工繁殖技术与苗种培育技术,形成一套成熟的技术体系。同年,复旦大学等整合多年松江鲈鱼研究成果,制定出一套符合松江鲈鱼生长需要的饲养标准,建立起松江鲈鱼亲鱼培育、育苗孵化、饵料生物培育等技术规范,完成松江鲈鱼自然受精和人工授精两种途径的采卵、采精和受精,以及静水和流水两种方式孵化繁育的研究。

2005年,上海水产大学承担的三角帆蚌外套膜细胞培养及有核珍珠培育通过上海市教委的专家验收。该项目在对体外培养的三角帆蚌外套膜外表皮细胞基础研究的基础上,获得具有一定增殖能力且能分泌珍珠质的外套膜外表皮细胞,并将该细胞与人工核形成珍珠囊,直接插入同种育珠蚌体内,经过6个月的培育获得有核珍珠,改变传统淡水河蚌外套膜小片插核育珠法,成功将细胞工程方法运用于珍珠培育。同年4月,上海水产大学和安徽省淮南市窑河渔场共同承担的瓦氏黄颡鱼生物学与养殖技术通过安徽省科技厅组织的专家验收。该项目掌握瓦氏黄颡鱼的行为生态、生长、营养与饲料、繁殖、胚胎与仔稚鱼发育等生物学规律,突破瓦氏黄颡鱼的人工繁殖、苗种培育、商品鱼养殖技术;开发出小网箱、池塘混养等养殖模式。2006年,上海水产大学李思发等承担的罗非鱼良种场从"吉富"到"新吉富"——尼罗罗非鱼种质创新与应用,命名为"新吉富罗非鱼",获2007年上海市科技进步一等奖。首创跨越表型和遗传型的多指标同步选择技术,确定合理中等选择强度和克服产卵不同步影响的培育技术,首次采用多地选育、保种、交换,防控近亲交配的技术,首次揭示新品种选育过程中表型和遗传型两类变异的同步性,发现新品种"新吉富",农业部审核并公告新吉富罗非鱼为优良品种。

2007年,上海水产大学选育出不育团头鲂"浦江2号",产生四倍体可繁育群体3种,建成四倍体种质库。同年8月,上海宝岛蟹业有限公司承担的"崇明岛中华绒螯蟹生态育苗技术研究"通过市科委组织的专家验收。项目选用长江口天然蟹苗经专门培育后用作生态育苗亲蟹,并对育苗亲蟹进行种质评价和筛选,从源头上保障育苗亲蟹的种质。建立一套长江口蟹苗—蟹种、后备亲蟹—育苗亲蟹一条链上的种质保障与筛选技术,保障育苗亲蟹的质量和可追踪性。同年9月,上海水产大学主持实施的"不育团头鲂'浦江2号'的研制"通过科技兴农办公室组织的验收。该课题在"浦江1号"良种的基础上,研制不育的团头鲂"浦江2号",实现团头鲂种质创新,建立四倍体诱导技术,建立可用于规模化生产的四倍体种质库;获得同源团头鲂正交、反交和异源正交等3种三倍体鱼;进行不同倍性团头鲂经济性状和遗传特性的评估。

2008年,上海海洋大学李家乐等研发的淡水珍珠蚌新品种选育和养殖关键技术,获上海市科技进步一等奖。以分子遗传学和杂种优势理论为指导,将种质评价筛选技术、杂交技术和生物技术高度集成,获得中国珍珠贝类第一个具有自主知识产权的新品种——康乐蚌;率先系统研究三角帆蚌种质资源,确立壳宽作为三角帆蚌选育指标;建立三角帆蚌、池蝶蚌和康乐蚌的分子鉴别技术;研究并结合淡水珍珠蚌繁殖特性,改进育苗设施和工艺流程,创新珍珠插核制片工艺,建立蚌病群体防控技术;建立利用复合净水剂进行水质快速净化技术,形成持久稳定的水质生态调控技术,创建环境友好型养殖模式。同年3月,上海市水产研究所主持承担的"美国鲥鱼人工繁殖及养殖技术研究",通过科技兴农办公室组织的验收。项目研究美国鲥鱼的人工繁殖、鱼种培育、成鱼养殖等技术,培育出3厘米育苗17.56万尾,育苗成活率63%,育成15～22厘米的鱼种1.6万余尾,成活率80.6%,成鱼养殖成活率达到81.2%。同年9月,东海水产所主持承担的"中国银鲳人工繁殖及养殖技术研究"通过科技兴农办组织的验收。项目对长江口区主要渔场银鲳资源状况进行调查分析,系统研究银鲳的生物学特性,开展银鲳土池和室内水泥池的养殖和育苗试验,突破亲鱼采捕、海上人工授精及孵化、人工育苗、养殖过程中的度夏越冬等关键技术,建立相应的技术规程。

2009年,上海海洋大学成永旭等承担的中华绒螯蟹育苗和养殖关键技术的研究和推广,获上海市科技进步一等奖;获2010年国家科技进步二等奖。系统研究河蟹的性早熟机理和脂类营养对河蟹生殖性能和苗种质量的影响机制,建立河蟹亲本强化肥培育、河蟹育苗生物饵料培养及营养价值评价、土池低盐度生态育苗、综合强化法培育一龄蟹种新技术等育苗成套技术体系;开发出河蟹营养生态饲料配制新技术,以及以河蟹养殖水体生态修复技术为基础的河蟹池塘生态养殖技术,建立盘锦地区稻田生态养蟹模式——"盘山模式"等多项系列化技术成果。2010年5月14日,华东师范大学主持实施的"红螯螯虾人工育苗和健康养殖技术的研究"通过科技兴农办公室组织的专家验收。该项目通过研究红螯螯虾亲虾培育、人工育苗、成虾养殖等关键技术,为规模化苗种生产、推广养殖提供技术保证。

第二节　生　态　农　业

一、农产品安全

2001年,农科院开展农作物外源基因定性PCR检测研究,建立农产品基因组DNA提取及基因定性检测方法;开发10余种基因试剂盒。2003年,上海市畜牧兽医站、上海市赛群生物科技公司研制瘦肉精检测试剂盒,灵敏度超过农业部规定,回收率≥70%,可替代进口产品。2004年,农科院张大兵等承担的主要转基因农产品定性定量检测技术研究,获上海市科技进步一等奖。在国际上率先研制出适合转基因油菜、棉花、番茄和水稻定性、定量PCR检测的内标准基因,建立一套适合豆腐、酱油等多种农产品中基因组DNA提取方法,建立主要转基因农产品定性、定量PCR检测方法,率先开展转基因农作物深加工产品的相对精确定量PCR检测技术研究,率先开展利用新型荧光PCR技术检测转基因农产品。同年,上海交通大学主持的上海市科技攻关项目"主要农产品有害物质快速检测技术研究",对农产品有害物质检测技术进行研究,研制出农药污染诊断速测卡、CL-F2000残留农药速测仪、ELISA速测试剂盒、亚硝酸盐速测试纸条等系列科技产品。

2005年,农科院承担的"优质绿叶蔬菜安全卫生生产技术研究"以青菜、苋菜和蕹菜为突破口,建立绿叶蔬菜安全卫生生产技术体系,并制定安全生产的标准化操作规程。2006年,农科院完成"食用农产品安全检测技术的研究与应用"。该项目首次在国际上寻找并验证适合转基因棉花、番茄、水稻、油菜定性和定量PCR检测的内源参照基因,填补国内外空白;建立转基因玉米、棉花和番茄品种的定性和定量PCR检测方法;构建可用于转基因番茄、转基因棉花、转基因玉米定量PCR检测的标准序列。同年,上海理工大学承担的果蔬农药残留现场快速检测通过鉴定。该项目提出以同种失活酶作为参比的农药残留检测方法;发明适用于农药快速检测的一次性使用固定化酶柱和配套的生物传感器,提高快速检测农残的准确性和自动化程度。同年,农技中心承担完成蔬菜和水果安全卫生指标检测和评价系统,建立上海市蔬菜和水果安全卫生指标的评价体系,开发出该体系的软件系统。

2007年,农科院朱玉英等研发的出口蔬菜安全生产过程控制技术,获上海市科技进步二等奖。同年,上海市标准化研究院研制完成的"食品(畜产品)安全控制和溯源技术研究"项目,通过对畜产品(猪肉)养殖、屠宰、物流和分割销售全程食品链的深入研究,利用电子标签和EAN·UCC编码标识系统等技术手段,建立畜产品(猪肉)安全控制与溯源模拟系统。同年,上海交通大学建立克隆抗体技术平台,制备出饲料中瘦肉精、雌性激素及抗生素等违禁药物的检测抗体,研制出电化学传感器、免疫传感器、纳米金免疫试纸条和反应板等4种高检测设备及检测方法。

2008年1月,农科院承担的"出口蔬菜上阿维菌素残留检测技术及其降解动态模型研究"通过科技兴农办公室组织的验收。项目建立符合出口果蔬类农产品中阿维菌素残留的检测技术以及阿维菌素及其衍生物甲氨基阿维菌素在农产品、水、土壤中的检测方法;建立阿维菌素在蔬菜上的降解模型。同年6月,上海博纳新技术研究所主持承担的"食用农产品中农药残留检测新技术的研究"通过科技兴农办公室组织的验收。项目研制完成CL-BⅢ八通道型残留农药测定仪,实现八通道同时检测,平均每20分钟检测8个样品;建立检测数据处理平台"复博食品质量安全检测平台软件",制定《八通道残留农药测定仪企业标准》。同年7月,上海大学承担的"畜禽产品中主要食源性微生物毒素残留的检测技术"通过科技兴农办公室组织的验收。项目获得广谱性黄曲霉毒素单克隆抗体,建立免疫亲和微柱—荧光分析法、免疫亲和微柱HPLC测定法以及间接ELISA等三种检测技术;研制高灵敏度的便携式荧光检测仪,建立一种广谱性的黄曲霉毒素的定性检测技术—免疫亲和微柱—吸附柱—荧光测定法。

2009年,上海交通大学建立大肠杆菌O157快速检测的样本预增菌、免疫磁株富集联合PCR快速有效检测方法,研制出试剂盒。同年,农科院建立包括发光细菌法新鲜牛奶、猪肉、牛肉和蔬菜食用安全性快速评价方法,对农产品潜在危险因素进行生物毒性分析,具定性、半定量的现场快速检测功能。同年,上海市动物疫病预防控制中心研发动物源性食品、饲料和饮水中精神类药品的检测技术研究,研制出安定和氯丙嗪两种ELISA检测试剂盒,利血平分子印迹固相萃取小柱快速前处理方法。

2010年,上海交通大学研发食源性致病李斯特菌检测的内控标准物质,建立食品中基于活菌内标的单核细胞增生李斯特菌定量PCR检测体系,开发出内标荧光定量PCR检测试剂盒。同年,中国农科院上海兽医研究所等完成动物源性食品、饲料和饮水中喹噁啉类兽药的检测技术研究,建立该类兽药残留定量测定方法,合成制备出残留标示物及检测试剂盒;建立5种药物仪器分析方法,和高效液相色谱检测方法。同年3月,上海市食品研究所(食品所)承担的"虾中4-己雷锁辛的检测技术研究"通过市科委组织的专家验收。该项目攻克虾中4-己雷锁辛提取技术难关,建立消减基体干扰的技术,对虾中4-己雷锁辛进行准确的化合物结构定性及痕量分析;建立虾中4-己雷锁辛的测定方法(高效液相色谱法、气相色谱法)。

二、农作物病害防治

2000年,上海农乐生物制品公司冯镇态等研发的水稻生物农药真灵悬浮剂,获上海市科技进步二等奖。同年,农科院承担的生物杀虫剂苏云金杆菌通过专家鉴定。该研究对Bt基因进行改造,以提高基因的表达效率和杀虫效果;通过对粗提蛋白的杀虫活性检测,表明经改造后的Bt杀虫晶体蛋白毒力达到国际标准。2001年,农科院对阿维菌素B2埃玛菌素和依维菌素三种超高效杀虫、杀螨、杀线虫半合成抗生素进行分离纯化、化学修饰、结构鉴定分析、生物活性测试、样品小试工艺以及田间应用的研究,研制成与埃玛菌素结构一致的MA-4编号物。2002年,上海市农药研究所研发新型农用抗生素金核霉素,用于水稻白叶枯病、细菌性条斑病等,填补国内空白。项目组在关键技术上实现三点突破:采用多种物理、化学方法诱变金核霉素菌种,使其发酵单位从每毫升不到2 000个单位提高到4 800个单位左右;为解决金核霉素水剂稳定性差的问题,开发研制出30%金核霉素可湿性粉剂;制定金核霉素原药、30%金核霉素可湿性粉剂的上海市企业标准。

2005年,农技中心完成上海主要粮食作物重大病虫害发生程度预测和防治决策系统研究,预报准确率中长期80%,短期达90%。同年,农科院研发西瓜连作障碍因子诊断与防治技术,通过嫁接、生物有机肥等综合处理,发病率降低80%。同年,华东理工大学在国家"973"计划项目的资助下,开展构效关系研究,并进行扩大杀虫谱试验及毒理学研究。通过三年的努力,研究出新一代

IPP系列新烟碱类杀虫剂。2006年,上海交通大学承担"农药溴虫腈纳米功能化制剂的研究",在研制出具光催化活性的掺杂后纳米TiO$_2$与溴虫腈微乳剂的基础上,成功组装出溴虫腈纳米功能化杀虫制剂。经毒性、药效及残留试验表明,该制剂的生物活性高于常规制剂,并能实现原位降解,可有效降低溴虫腈残留,减少污染。同年,农科院开发防治黄菇病的菇安消毒剂及综合防治措施,防治率达99%以上。

2007年,上海交通大学许煜泉等承担的"微生物源农药申嗪霉素(M18)的研制及其应用"项目获上海市科技进步奖一等奖。经过10余年科技攻关,运用分子生物学的原理和现代生物技术,获得能广谱抑制农业作物真菌性病害的微生物菌株M18,完成对该菌株的菌种鉴定和活性成分的分离提取和结构分析,在国际上率先发明出能有效控制真菌性枯萎病害的新农药。同年,上海工程技术大学完成的玉米、果树农药新工艺草甘膦及其相关产品的研究开发与应用,获上海市科技进步二等奖。同年,上海交通大学完成环境友好型农药纳米功能化制剂研制。同年,农技服务中心研制出西瓜枯萎病、甜瓜蔓枯病和西瓜炭疽病试剂盒;筛选出防治西瓜多种病害药剂,推广仿生物药剂阿米西达,有效地控制甜瓜蔓枯病。2008年,农技中心"承担的植物土传病害生成特点和生成规律的研究"通过科技兴农办公室组织的验收。经过3年研究,项目对上海地区土壤线虫和桃树梨树的根癌病进行调查,明确线虫的种类和分布,揭示线虫和根癌病的发生与土壤环境因子的关系;研究土壤线虫与西瓜枯萎病的发生关系,筛选出防治线虫和西瓜枯萎病的制剂,提出生态调控和药剂防治相结合的综合技术措施。

2010年9月25日,农科院承担的"甜菜夜蛾防控技术研究与示范"通过专家验收。明确甜菜夜蛾在中国的发生分布和为害动态;明确甜菜夜蛾在上海、福建、四川甜菜夜蛾种群中的发生动态,阐明其成灾规律。项目筛选出适合上海地区使用的新农药3种,提出相应农药的使用技术;建立甜菜夜蛾淡足侧沟茧蜂的规模化生产流程,制定一套规模化生产技术规程;明确影响生防因子田间控害效果的关键因子;构建基于优化作物生态系统,以生物调控为主体、集成多种技术的可持续防控技术新体系。

三、畜禽病害防治

2000年,农科院优化改进猪细小病毒病油乳剂灭活疫苗,获国家新兽药证书。农科院针对严重危害中国养鸡业的鸡脑脊髓炎病,结合鸡的主要疫病——新城疫、减蛋综合征,通过解决三种病毒的大量增殖、病毒培养的稳定性和不同病毒的特殊测定方法及病毒的组合等关键技术,研制鸡脑脊髓炎减蛋综合征新城疫灭活油乳化三联疫苗。2001年,复旦大学等研制饲用新抗生素品种——那西肽,获国家农业部三类新兽药证书。同年,农科院通过13个猪场340份血清的猪繁殖呼吸综合征病毒(PRRS)的抗体检测,证实上海地区发病和流行的PRRS为美洲型毒株,并分离到2株美洲血清型PRRS强病毒和一株强毒株(SA),完成暂定PRRS弱毒疫苗(SA)的安全性和免疫力试验,免疫力为90%,免疫期达6个月,进行2万头份猪的应用性免疫试验,提出PRRS弱毒疫苗的免疫程序。同年,上海市畜牧兽医站等对上海地区进行猪链球菌病的流行病学调查及猪源链球菌血清型分布的研究,研制出猪链球菌病氢氧化铝二联灭活疫苗。

2002年,上海交通大学完成抗鸡传染性法氏囊病毒研究,成果属国内首创。同年,畜牧所完成猪繁殖呼吸综合征病原分离及免疫制剂研究。同年,农科院针对困扰国内养禽业的鸡典型性新城疫、鸡传染性支气管炎多型性和鸭疫里氏杆菌病等3种家禽传染病,开展流行病学调查和深入研究,研制鸡新城疫复合疫苗、鸡传染性支气管炎二价灭活油乳剂疫苗和鸭疫里氏杆菌灭活疫苗,2003 年,农科院研制成功 PED、TGE、RV 的三联细胞灭活疫苗。同年,农科院等研发的鸡球虫混合苗在集约化鸡场的应用,获上海市科技进步二等奖。同年,上海市畜牧兽医站等完成上海市科技兴农重点攻关项目"HACCP 在鸡场疫病和药物残留控制中的应用研究"。制定肉鸡生产标准卫生操作规范,绘制肉鸡生产流程,对肉鸡饲养过程进行危害分析、确认和评估出肉鸡场内对公共卫生具有风险的潜在的微生物、寄生虫及药物使用不当的危害。同年,上海市畜牧兽医站承担的"高利多疫苗在奶牛乳腺炎预防上的推广应用",考虑病原—宿主—药物之间的相互关系,确定乳腺炎疫苗免疫应是细菌抗原在体内触发体液免疫的同时,诱导中性粒细胞(PMW)进入乳腺,刺激 PMN 的吞噬和杀菌作用。2004 年,农科院钱永清等承担的猪流行性腹泻、传染性胃肠炎和轮状病毒的诊断及三联苗研制,获上海市科技进步二等奖。

2005 年,上海市畜牧兽医站等研发 H5 型禽流感灭活疫苗的研制及应用(合作项目),获国家科技进步一等奖。H5N2 疫苗 2003 年获农业部颁发的新兽药证书,是中国第一个研制成功并应用于 H5 亚型高致病性禽流感防治的疫苗。2004 年 1 月,H5N1 疫苗获农业部颁发的新兽药证书,是国际上首次研制成功并大规模应用的流感病毒反向基因操作疫苗。同年,农科院承担的微载体技术用于兽用细胞疫苗产业化研究通过验收,成果在国内外均属首次报道。项目以猪传染性胃肠炎病毒和猪繁殖与呼吸道综合征病毒为试验材料,从细胞培养和病毒繁殖两个层面对微载体生产工艺的优化进行研究。同年 4 月,复旦大学等承担的绿色兽用抗生素通过市科委组织的验收。项目为中国引进一个饲用新抗生素品种——那西肽,不被消化道吸收、无残留、动物专用、不产生交叉耐药性,被称为绿色兽用抗生素。2006 年,上海交通大学承担的"猪圆环病毒(PCV)流行病学与综合性防治措施研究",确立可以区分 PCV1 与 PCV2 的复合 PCR 方法,特异性强、灵敏度高,准确度达 96%,研究成果经多个养殖场推广应用,养殖场断奶仔猪成活率平均达 85% 以上。同年 9 月,上海交通大学承担的中草药防治奶牛热应激综合征通过市科委组织的验收。经过大量试验优选出的纳米中草药抗热应激添加剂产品,表明纳米芳香中草药对肝组织和机体的保护作用有明显增强,纳米芳香型中草药制剂能有效缓解奶牛热应激,探索出一套纯天然中草药防治奶牛热应激的新途径。

2007 年,上海交通大学在"禽流感自然感染鸡群与免疫接种鸡群的鉴别诊断研究"中取得突破,研制出新城疫、鸭瘟口服型颗粒疫苗;建立和完善检测散养型鸟类传支、传喉、禽流感、新城疫病毒抗体的方法;建立和标化检测鸭瘟病毒抗体的 ELISA 方法。2008 年 1 月 17 日,农科院承担的"猪流感多表位基因工程疫苗研究"通过市科委验收。项目利用生物信息学方法,证实该重组蛋白具有猪流感病毒免疫原性和反应原性。项目在国内外首次采用表位基因串联,研制猪流感病毒表位疫苗。同年 8 月 28 日,畜牧所主持承担的"猪流感监测、诊断技术研究"通过科技兴农办公室组织的验收。项目通过研究猪流感病毒流行株主要血清型,建立其重组抗原的抗体检测技术和 HA 基因多联 PCR 分型检测方法和猪流感病毒及主要血清亚型分子鉴别诊断技术,组建分子诊断试剂盒。

2010 年,农科院刘惠莉等研发的猪流感、口蹄疫检测技术,获上海市科技进步二等奖。同年,上海野生动植物保护管理站等承担的"上海野生鸟类禽流感监测与防控对策的初步研究"项目,对上海市主要水鸟分布区和市内主要公园绿地开展同步调查,反映上海野生鸟类种类数量分布、季节动态、迁徙规律;建立野生鸟类禽流感防控体系及上海地区 90 种野生鸟类种群分布禽流感状况数据库,提出重点监测对象、区域和监测时间。同年 9 月 13 日,中国农科院上海兽医研究所主持实施的 2006 年上海市科技兴农重点攻关项目"宠物(猫、狗)人畜共患流行病学调查及重大病害的检测技术研究"通过科技兴农办公室组织的专家验收。该项目建立狂犬病中和抗体检测方法和宠物结核病、弓形虫等人畜共患流行病的快速分子检测方法,并利用这些检测方法进行上海市猫、狗重要人畜共患病的分子流行病学调查。同年11月,上海交通大学承担的"食用肉和饲料中噻虫啉残留量的液相色谱法测定"通过市科委组织的验收。该项目完成《出口农产品中噻虫啉残留量的测定——高效液相色谱法》行业标准送审稿;建立一套实用可行的噻虫啉实际样品检测前处理技术,以及噻虫啉农药残留高效液相色谱法检测的化学计量学定量分析模型和技术,适用于水果、蔬菜、食用肉和水产品等食品中噻虫啉残留量的测定。

四、花草林木病害防治

2000年,林业防治站采用耕翻灭蛹、人工捕捉,配以BT等生物类农药的防治,有效控制水杉害虫茶尺蠖虫情。2002年,农科院对危害严重的马唐、空心莲子草和香附子等3种草,以及淡剑夜蛾和褐斑病的生物学特性作系统研究。通过对农药种类、性质的研究,引进国外超高效低毒农药,筛选复配22个防除效果达90%以上的药剂。2003年,上海市林业总站主持的水杉害虫茶尺蠖综合控制研究通过鉴定。项目是上海市科技兴农重点攻关项目,针对崇明东平森林公园大面积发生的水杉茶尺蠖危害,对害虫的年生活史、生活学特性和防治进行全面系统研究,并在国内首次提供危害水杉的有害生物目录,提出密切监督第二代幼虫,重点防治三、四代幼虫,严格控制五、六代幼虫的防治策略。

2006年,上海市林业总站承担的上海市科技发展基金项目"检疫性害虫——椰心叶甲的防范与控制",通过验收。该项目从椰心叶甲入侵途径、发生危害规律、防范扑灭技术等方面进行有效深入的研究,筛选出4种低毒环保、防效好的药剂,为防范与控制椰心叶甲提供科学依据。2007年,农科院、农技中心等研发成重要外来杂草监测及其综合防治技术。同年,园林所采用统一的有害生物采集标准,基本查清上海城区绿地、郊区林木(含果树)主要树种病虫种类和分布,运用面向对象模型技术开发出"城市绿地有害生物地理图文信息系统",为城市绿地综合生态环境保护奠定基础。

2010年,园林所调查辰山植物园及周边重要农林植物病虫害,形成农林植物有害生物名录;对67种土著病虫和13种外来病虫,提出综合治理技术建议。同年,上海市林业总站承担的"上海绿化林业病虫害预警体系与防治关键技术研究"项目,形成香樟溃疡病、天牛防治技术规程、对上海市危害较重的刺蛾等3种害虫的测报模型;完成红棕象甲和红火蚁检疫技术操作办法,完成红棕象甲、桔小实蝇2种害虫及蝴蝶兰等6种国外引进植物风险评估报告;明确上海市林业有害生物监测预警、应急防控体系的建设技术路线和建设内容,建立适于上海地区的林业有害生物风险评估方法。

五、农作物栽培

2000年,农技中心等完成的上海郊区稻麦现代农艺吨粮技术研究与开发,获上海市科技进步二等奖。同年,农技中心等主持脆肉型哈密瓜新品种东移上海,获得成功。2001年,农技中心开展的土壤供硅特性与水稻施硅效应研究,获上海市科技进步二等奖。2002年,农科院、上海葡萄研究所开展的葡萄设施栽培技术研究开发,获上海市科技进步二等奖。同年,交通大学、上海东海农垦园艺公司完成的大棚蔬菜反季节栽培技术的研究与应用,获上海市科技进步二等奖。同年,农林局推广"大棚玉米＋夏玉米＋秋玉米;小环棚玉米＋秋玉米"等形式的一年多熟糯玉米栽培模式。同年,上海市四季花木公司探索高山野生花卉冬季催花方法,有12种高山野生花卉播种育苗获成功。

2003年,农科院等开展的名特优蔬菜新品种和设施有机型栽培技术的示范和推广,获上海市科技进步二等奖。同年,孙桥农科公司主持开发的一种新型无土栽培装置进行蔬菜长季栽培的示范推广,获上海市科技进步二等奖。同年,农科院推广双低油菜栽培,全市覆盖率95%以上,效益较上年增长20%左右。2004年,农科院研究有机稻米生产关键技术,以杂交粳稻多品种搭配,通过培养天敌、稻田养鸭,使用有机肥和农药等措施,有效控制病虫草害。

2007年,上海交通大学、农科院等研发的水蜜桃和葡萄有机型栽培技术,获上海市科技进步二等奖。同年,农技中心等开展的水稻高产、高新技术集成创新示范工程,2010年获上海市科技进步二等奖。2008年,农科院、上海浦东天厨菇业公司研发的食用菌工业化生产关键技术与应用,获上海市科技进步二等奖。2009年,农科院、上海市林业总站主持江南地区适生牡丹的栽培与繁育技术,该项目推广江南地区牡丹采用异地栽培、低温冷藏处理、激素处理等方法,延迟牡丹开花。同年,农科院研究羊肚菌资源鉴定及仿生栽培,实现在非羊肚菌发生区栽培成功。

2010年,基因中心建立百合和石蒜种质资源的玻璃化超低温保存技术,获得百合、石蒜种质冷冻保存后遗传稳定的再生植株。同时还建成灌溉田节水种植和望天田抗旱稳产,集化学除草、节水、病虫害防治、高产栽培为一体的节水抗旱稻高产栽培技术集成。同年,农技中心完成优质绿叶蔬菜周年设施栽培研究,筛选出18个品种,形成28种茬口模式,建成"六虫四病"的病虫监测预警和绿色防控技术体系。同年1月12日,农科院承担的市科委振兴东北项目"食用菌高效、高产设施栽培研究"通过市科委验收。筛选出高产、优质的金针,确立适宜的生长温度和相对湿度;建立北方地区金针菇设施生产技术操作规程,确定金针菇设施化栽培的工艺流程及操作要求,制定病虫害预防措施,对生产具有较强的指导作用。同年5月28日,农科院承担的"设施栽培蔬菜田土壤微生态研究"通过专家组验收。该项目针对设施黄瓜土壤次生盐渍化、土壤微生物区系失衡和土传黄瓜枯萎病菌严重等问题,探讨盐分胁迫和有机肥施用对设施土壤微生物生态的影响,研究在设施栽培条件下黄瓜枯萎病菌的演变规律。建立一套设施土壤盐胁迫生物预警的方法;验证施用不同源有机肥都能提高土壤耐受盐分胁迫能力,起到培肥盐渍化土壤、优化土壤微生物生态环境作用的理论假设。项目成果为合理安排种植结构、作物病害防控、科学化施肥、土壤肥力评估指标和土壤保育提供理论和实践基础。

六、花草林木栽培

2001年,上海市林业总站、上海市花卉良种试验场对唐菖蒲、百合等优质切花种球,以变温技术处理,达到促控花期目的。同年,上海交通大学农学院承担的"非土壤营养基质生产地毯式草皮卷的研究",通过对上海地区工农业生产的废弃物进行化学性质、物理性质和颗粒组成分级的全面系统测试,明确生产高级草皮卷的营养源材料和非营养源材料;通过科学加工处理组成的冷地型和暖地型草种专用的非土壤营养基质。其草皮无杂草,草卷抗拉强度高,草卷根系完整无损,铺载后,无缓苗期。

2002年,农科院作物所承担的绿色植物生长调节剂(合作项目)获国家科技进步奖二等奖。首创一种非激素型的生理活性物质植物调节剂和调控植物内源激素含量的方法,从而达到提高产量、改善品质和增强抗性,具有环保无污染的特性。同年,上海市农林局在《切花银柳栽培技术及商品化开发研究》项目中,对传统、零星的银柳栽培技术进行革新,改先出售后留种为先留种后出售,选留无性单系种条,确保种条质量;改适插露地栽培为早插地膜覆盖栽培;改无序密植为合理密植;改多留芽为合理留芽。2004年5月,上海交通大学承担的草本芳香植物研究通过市科委组织的鉴定。从国外引种的6种草本芳香植物为研究材料,其中4种芳香植物建立温室栽培体系,摸索出6种芳香植物的精油提取方法,探讨西洋甘菊和罗马甘菊在上海室温条件下不同播种期的生长习性以及对精油成分的影响,观察不同营养液对胡椒薄荷精油成分的影响,进行甜罗勒的四季栽培研究。

2007年,上海市绿化局承担"古树名木及古树后续资源养护技术规程""上海银杏、香樟古树复壮关键技术的研究"等项目,建立综合复壮银杏和香樟古树方法,判别生长状况等级标准体系。2009年,园林所通过"大叶常绿杜鹃花与菌根菌组合效应研究"项目,首次揭示中国杜鹃花根系分离内生真菌物种形态、分子多样性、纯培养特性及接种效应等,并成功共分离出280个真菌菌株。同年,农科院、上海市林业总站共同承担的"江南地区适生牡丹的栽培与繁育技术示范"项目,共推广牡丹品种25个;通过品种选择、苗木质量、栽培管理等技术,实现对牡丹花期的控制。

2010年,园林所承担的"水生植物引种及其应用研究"项目,共引种水生植物46科91属213种,建立种质资源圃1 100平方米,并观察提出引种植物在上海地区的物候特征和物候表;构建水生植物引种风险评价指标体系,营建4种不同类型水体水生植物群落示范工程。同年,园林所承担的"冬青属、羊蹄甲属植物资源的收集及育种研究"项目,收集冬青属植物52种,其中原种22个、园艺品种和变种30个,羊蹄甲属植物17种;筛选出冬青属、羊蹄甲属植物分化、增殖和生根培养基的优化技术指标;建立组织培育体系。同年,上海辰山植物科学研究中心等承担的"华东区系重要资源植物迁地保护与可持续利用的研究"项目,开展华东地区天目木姜子、小叶买麻藤等14种珍稀濒危植物的群落调查与种群生态学研究、遗传多样性研究、引种繁殖及其适应性研究,确定上述植物的分布式样与集中分布区,提出相应的保护策略和保育建议,对其适应性作出评估,为今后的栽培和迁地保护积累科学资料,并初步提出华东地区珍稀濒危植物迁地保护的技术流程。同年,园林所承担的"辰山植物园保育区植被调查、监测及保育技术研究"项目,从植物多样性、区系、群落结构、土壤、微气候、凋落物、光合特性等角度,系统研究辰山典型森林群落的结构、功能特征;建立固定观测样地,形成辰山植物保育区定位研究观测体系;提出林窗人工引进地带性群落优势种,加速落叶常绿阔叶林的演替,为上海近自然森林培育提供依据。

七、畜禽养殖

2000年,上海新杨种禽场开发蛋鸡规模化养殖及产业化技术,建立系列蛋鸡生产高效模式,选育出新杨褐、新杨粉蛋鸡品系,罗曼蛋鸡新组合。同年,农科院研发基因工程猪生长激素发酵工艺和实验室制备工艺,提取的生长激素,有明显促生长作用。2001年,光明乳业完成科技兴农重点攻关项目"优质高产奶生产技术研究和推广"。项目综合运用国内外先进技术发展奶业,以良种奶业为龙头,辅以饲料营养、饲养、疾病防治、小环境调控,生产管理的各种技术的综合集成,形成规模型、集约化、高产优质的生产模式。

2003年,上海永业农科生物工程公司姚泉洪等开发基因工程植酸酶技术,获上海市科技进步一等奖,此技术获得新型绿色饲料添加剂,用于猪饲料酶活保留达85%。2003年,农科院研制饲料防霉解毒剂,解毒率达90%以上,对黄曲霉毒素B1解毒率达95.47%。2004年,光明乳业开发都市型大群奶牛高产技术,获农业部农林牧副渔丰收奖。同年,农科院研制出产蛋鸡用中草药饲料添加剂。

2007 年，光明乳业研发的南方大城市郊区优质、高效、生态奶牛养殖技术，获上海市科技进步二等奖。同年，上海亘卓生物公司研制出替代金霉素促生长作用的微生物饲料添加剂，可提高生猪生产性能，胴体品质和机体免疫力，降低对环境的污染。同年 9 月，农科院畜牧所主持的"猪体细胞克隆技术的建立和优化"项目通过科技兴农办公室组织的验收。实验成功产下一头体细胞克隆的巴马小型猪，为进一步研究治疗性克隆奠定基础，同时也丰富猪育种、保种技术手段。

2009 年，上海创博生态工程公司主持的"提高母猪繁育性能的微生物饲料添加剂生产技术研究与产品开发"项目，优化微生物饲料添加剂的组成菌种及发酵工艺，建立年产 200 吨以上的生产线，申请"富畜促孕康及制作方法"等专利 2 项。同年 11 月，杰隆生物公司主持实施的"妊娠奶牛早期性别诊断"通过科技兴农办公室组织的专家验收。项目采用 B 超探测生殖结节建立奶牛体内胚胎无损、方便的早期性别鉴定方法，建立应用 B 超检测妊娠早期胎儿性别的技术，研究人工流产对奶牛生产性能的影响。2010 年，上海市肉牛育种中心研发南德温杂交牛规模化养殖日粮配方综合配套技术，牛胴体产量等级均属优级。同年，上海真元乳业公司研究奶牛胚胎体外生产技术实用化技术，鲜胚移植受胎率 45%，冻胚移植受胎率 35%。

八、水产养殖

2001 年，上海市水产研究所戴祥庆等开发的陆基水产养殖技术获上海市科技进步一等奖。该技术是一种全面摆脱自然海、淡水水域、采用全封闭式水循环、运用高技术组合的新型水产养殖设施和技术，属中国水产养殖方式的一次革命。国内首创自主设计陆基水产养殖池和生物净化床，获两项实用新型专利，陆基养殖的水体保持及其装置具有独创性；实现内陆养殖海水鱼"零的突破"；实现工厂化、标准化养殖生产，为国内首创。同年，东海水产所等开展的东海区主要捕捞品种渔业资源动态研究，获上海市科技进步二等奖。同年，上海瀛生实业有限公司承担"长江口中华绒螯蟹生态育苗综合技术的研究与开发"，项目对河蟹生态育苗的亲本蟹的优选优育、活饵料的强化培育，水质控制等三大核心技术问题，提出操作性较强的生态育苗综合技术。

2004 年，上海长江口河蟹发展公司等人工繁殖松江鲈鱼苗种，实现自然和人工授精两种途径的采卵、采精和受精，及静水和流水两种方式孵化繁育。2005 年，华东师范大学陈立侨等承担的中华绒螯蟹的营养学及其环保型全价饲料的研制开发获上海市科技进步奖一等奖。项目针对中华绒螯蟹（河蟹）人工养殖中亲体繁殖营养、幼体的变态发育、幼蟹的蜕皮生长、人工养殖蟹与野生蟹之间的品质差异等一系列问题，在国内外率先完整提出河蟹不同发育阶段对主要营养元素的需求量，揭示河蟹的生殖营养与生殖内分泌之间的相互关系，首次从酶活性水平与分子水平上揭示河蟹对蛋白质的消化生理机制，建立河蟹非特异性免疫指标体系，填补国内外空白。在国内外著名刊物上发表学术论文 55 篇，申请 3 项国家发明专利。

2006 年，东海水产所陈雪忠等承担的"北太平洋鱿鱼渔场信息应用服务系统及示范试验"获上海市科技进步奖一等奖，2008 年国家科技进步二等奖。项目利用卫星遥感技术获得实时大洋环境数据，制作构建中国大洋渔场信息应用服务系统。自主研发现场信息自动采集和传输系统，首创在中小型渔船上实现利用 INTERSAT 进行大数据量传输，研建 SST 反演模型、远洋渔业综合数据库管理系统和生产指挥决策辅助系统，实现中心渔场智能化预报和北太平洋鱿鱼渔场环境信息应用服务系统的业务化运行。同年，上海水产大学朱学宝等承担的"循环水工厂化淡水鱼类养殖系统关键技术研究与开发"获上海市科技进步奖一等奖。项目提出创新性的水产养殖新模式，攻克循环养殖的关键技术问题。开发和发明微细悬浮物颗粒去除技术和水质净化技术,开发高效小型效生物反应器和高效净化装置,发明循环水工厂化水产养殖系统工艺,率先开发"澳洲宝石鲈鱼循环水工厂养殖及品质保障技术",开发闭合循环水养殖—植物水栽培综合生产工艺,实现"养、种、净化"的清洁生产模式。

2007年,东海水产所王慧等研发盐碱地水产规模化养殖关键技术,获上海市科技进步二等奖。同年,上海市星火农场特种水产养殖场在实施"上海市标准化生态型水产养殖场"建设项目过程中,探索出一种南美白对虾生态养殖新模式,形成南美白对虾吃配合饲料、虾粪等排泄物被有益菌分解后肥水培育浮游生物为鱼类提供饵料,实现水产养殖与生态环境之间的良性循环。2009年,上海海洋大学研究海水虾类温室集约化健康养殖,研制出循环水净化处理设备,开发3种水环境调控工艺与模式及技术。同年7月14日,上海水产集团主持实施的"北太平洋公海秋刀鱼资源渔场及其捕捞技术的研究"通过科技兴农办公室组织的专家验收。项目对北太平洋海域内的秋刀鱼资源进行海上实地调查,完成秋刀鱼生物学测定、浮游生物测定和分析、海上环境分析、渔场分布、渔具渔法分析等研究工作,系统分析渔场的生物分布情况、海况环境因子与秋刀鱼资源的关系;根据秋刀鱼的生物学特性,确定舷提网捕捞、灯箱诱鱼等关键技术,建立北太平洋秋刀鱼的捕捞技术规程。

第三节　装备农业

一、农产品加工

2001年,光明乳业开发出子母杯酸奶、益生菌酸奶等20多个乳品新产品。同年,上海市农工商(集团)公司(农工商公司)建成现代化屠宰加工中心,加工生产爱森牌带皮冷却片猪肉,每年可上市优质商品肉猪40万头。同年,上海水产大学开展淡水鱼中间素材的开发技术研究。确立罗非鱼、草鱼、鲢鱼和鳙鱼可作为冷冻鱼糜的原料加以利用,并提出鱼糜加工的技术要求,着重开展淡水鱼废弃物的试制、工艺条件的探索。2002年,农科院与上海市医药工业研究院完成灵芝康泰保健品的研制与开发。2003年,上海水产大学开发利用淡水鱼糜产业化研究,完成淡水鱼的凝胶特性、淡水鱼鱼糜冷冻变性机理,及废弃物有效利用等方面研究;以淡水鱼鱼糜原料试做菜肴,利用淡水鱼及加工废弃物生产鱼酱油调味品均获成功。同年,上海交通大学完成苜蓿叶蛋白的提取方法研究,配制出具降血脂作用"苜蓿植物提取浓缩液"。同年,农科院分离纯化灵芝子实体中多糖类组分,获得4个具有抗肿瘤作用及免疫促进作用的多糖。2004年,上海交通大学摸索出6种芳香植物的精油提取方法,和部分初加工技术。同年,农工商公司研发"瀛丰五斗"有机珍珠米,成为上海首个进入香港市场的有机大米品牌。同年,农科院筛选出适合鲜食加工的甘蓝、西兰花、甜椒三大类6种蔬菜,建立加工流通质量控制技术要点,研制开发出新型的保鲜材料和产品,建立切割蔬菜加工流通质量控制技术6项。

2005年,上海莱仕生物保健品公司开展的稻米及副产品深加工(合作项目),研发低过敏性蛋白和抗性淀粉生产技术,制备多孔淀粉的技术及全新蛋白饮料生产技术等,获国家科技进步二等奖。同年,上海鲜绿真空保鲜设备有限公司等承担的"优质果蔬产地和流通系统低温保湿保鲜装备的研制"通过专家鉴定。真空预冷库采用智能控制系统、防冷害控制装置、预冷库外接冷源系统、内置式捕水器等四项先进技术,车载式冷藏箱增加超声波雾化加湿器,具备温湿度自动控制系统,以及配置去乙烯装置和杀菌装置。同年,光明乳业完成的第三代婴儿配方奶粉研究,获上海市科技进步二等奖。同年12月，上海水产大学研发超低温均温金枪鱼解冻技术，在国内首次获得能保证质量和鲜度的整尾黄鳍金枪鱼，深度冻结状态下解冻鱼体温度场的实测基础数据，建立均温解冻图表，填补国内空白。2006年，光明乳业完成"干酪乳杆菌LC2W的抗高血压作用及其在乳制品中的应用"。通过添加特殊生长因子、高密度培养、冷冻干燥与低温喷雾干燥技术解决LC2W培养困难、生长缓慢等问题，可以大规模、低成本生产高浓度、高活力的LC2W菌粉及深冷冻发酵剂。研究成果被认定为上海市高新技术成果转化项目，申请3项国家专利和1项国际专利，获得国家发明专利2项。同年，农科院研发猪苓多糖固体发酵和提取方法，采用水提取结合超滤分子量截流提取猪苓多糖，多糖得率明显提高。

2007年，农科院研究锦绣黄桃采后生理及冷链装置保鲜技术，采用"锦绣黄桃在2℃下＋自发气调包装＋保鲜剂"技术方案，可保鲜24天，商品率达到99％以上。同年，上海梅林正广和股份有限公司等研发罐头杀菌内循环冷却技术、联机自动控制技术，实现每吨罐头食品杀菌冷却用水节水率及减排率均超过60％，属国内首创。同年8月，上海农业信息有限公司承担的"绿叶蔬菜加工配送的关键技术的应用与研究"项目通过市科委验收。项目应用现代信息技术，建立基于蔬菜加工配送信息管理体系支持的订单农业系统、城市食品安全监测和预警系统和"公司＋基地＋农户"的农业经济组织架构平台。同年11月，光明乳业承担的"益生菌乳制品的加工工艺研究"项目通过科技兴农办公室组织的验收。项目研究益生乳酸菌高密度培养及菌粉的冷冻干燥技术，研制出"健能"牌降脂牛奶，研究干酪乳杆菌LC2W菌株的抗高血压活性功效成分，开发具有抗高血压功效的光明"健能牌活络乳"发酵乳制品，完成益生乳酸菌胶囊的实验研究，申请"健能牌降脂牛奶"和"健能牌活络乳"两项保健食品批号。

2009年，光明乳业郭本恒等研发的功能性益生乳酸菌选育及应用关键技术，获上海市技术发明二等奖。项目建立具有18属、512种、1 023亚种、5 300株的特色菌种资源库，所构建的6种益生菌高效筛选模型选育出功能性益生乳酸菌，并实现对益生乳酸菌的功能性进行评价，从而获得授权专利菌株5株，申请专利菌株3株，公开发表菌株2株。培育形成高密度培养发酵技术、超浓缩制备技术、冷冻干燥保护技术、微胶囊活性保持技术、无菌后添加技术、直投式发酵剂制备技术等。同年，光明乳业承担的"牛奶降膜技术及其牛奶新产品"获得闵行区科技进步一等奖。项目研发成功的降膜新技术，具有降低牛奶浓缩时的热处理强度、保护牛奶中的营养物质、固定投资少、能耗下降显著、污染低等优势。同年，食品所完成非发酵豆制品生产环节微生物危害消长规律及控制研究，提出生产过程中微生物危害解决方法，延长产品保质期。同年9月，上海星辉蔬菜公司主持实施的"蔬果脆片加工工艺研究"通过市兴农办组织的专家验收。项目完成真空低温油炸和调味设备的调试，优化规模化蔬果脆片加工的杀青、漂烫等技术工艺，产品经检测各项指标均达到预定指标要求，卫生指标符合国家相关食品卫生法规和《无公害食品脱水蔬菜》等相关要求。同年9月，上海海洋大学主持实施的"虾类深加工技术的研究"通过科技兴农办公室组织的专家验收。项目优化虾仁冷冻工艺，获得新的冰衣成分及抗冻剂、保水剂，建立冷冻虾企业标准1项，提出完整的冷冻虾仁加工技术规范；申报冷冻虾仁加工和品质评价等方面的发明专利4项。同年11月，上海金山银龙蔬菜加工厂主持的"鲜切加工洁净蔬菜综合保鲜技术研究"通过科技兴农办公室组织的专家验收。该课题根据切割蔬菜生产加工流程，优化净菜鲜切加工工艺，建立和完善产品的加工和保鲜工艺，稳定和提高鲜切蔬菜加工品质。研制在线检测消毒液浓度的控制装置、高效清洗消毒剂和护色保鲜剂配方一种，优化蔬菜鲜切加工过程中微生物控制和检测、气调贮藏和包装等综合技术。

2010年，上海良友（集团）公司古克仁等研发大豆磷脂生产关键技术及产业化开发，获国家科技进步二等奖。同年,食品所开展动物皮生物活性胶原多肽开发及在食品中应用研究,采用生物酶法开发出胶原多肽制备技术、胶原多肽螯合钙工艺技术。同年8月17日,农科院承担的"萝卜硫素提取加工工艺研究和中试开发"通过专家组验收。该项目以萝卜硫素前体物质葡萄糖莱菔子苷为指标,对花椰菜、青花菜等十字花科芸薹属蔬菜进行原料品种筛选,成功筛选出富含萝卜硫素前体的芸薹属蔬菜品种5种;确定以辣根为原料的黑芥子酶的提取纯化方法,建立萝卜硫素的快速检测和鉴定方法,确立萝卜硫素和葡萄糖莱菔子苷快速检测技术,建立萝卜硫素产品的快速制备生产工艺并研究试制出萝卜硫素胶囊和片剂等产品。同年11月20日,上海汉德食品有限公司主持实施的"高效鼓风冻结装置的研制和开发"通过专家验收。该项目在吸收国外设备设计理念的基础上,进行二次创新,完成上下吹风高效冻结装置样机的设计、制造和性能测试,研制出具有自主知识产权的高效鼓风冻结装置。申请发明专利2项,获得实用新型专利2项和软件著作权证书的授权1项。

二、农田园林机械

2000年,上海市农机技术推广站(农机站)设计的4LZ1.5履带全喂入稻麦联合收割机,进入水稻收割试验。同年,上海市农业机械研究所(农机所)、上海拖拉机内燃机公司研发水稻收获烘干机械,列入农业部丰收计划。2001年,农机站4LZ2自走式联合收割机,具有动力大、清粮效果好和整机工作可靠性佳等特点。同年,农机所研发1LS-725七铧犁,采用降阻犁体曲面,降低犁耕阻力15%,与65马力轮式拖拉机配套,实现1.75米耕幅。同年,农机所研制出1GS-200旋耕机,采用正悬挂形式,可通过配换齿轮调换,实现旋耕刀轴转速的改变;研制的1GZN-180正逆铣旋耕机,通过换向机构操作,可快速、实现旋耕刀轴的正逆旋转,分别实现耕整苗床和灭茬埋青还田作业,工作部件特殊设计的双面刃口旋耕弯刀适应刀轴正、逆切的要求。同年,农机所研制4JM-160秸秆粉碎灭茬机,一次作业可完成秸秆的粉碎、掩埋,适应秸秆"禁烧"还田要求。

2002年,农机所等攻克微喷系统关键装置,组成微喷系统,解决微喷与滴灌通用问题。同年,农机所、上海市农工商集团向明总公司(向明公司)等研制出4LZ(Y)-1.5型履带式油菜联合收割机样机,机具割幅宽度1.9米,割茬高度30～35厘米,损失率低于5%,含杂率低于3%,填补国内空白。同年,农机站研发4LB1.2型水稻半喂入自走式联合收割机,具有操作方便、损失率低、潮湿田块通过性好等优点。同年,向明公司承担的水稻联合收割机通过鉴定。该联合收割机对割台、输送、脱粒清选等主要机构进行多项创新和优化设计,整机采用多级变速箱、电动喂入深浅调节机构、下喂入脱粒滚筒等先进技术,具有价格低、操作方便、损失率低、清洁度高、潮湿田块通过性好等优点。2003年,上海市农业机械化管理办公室完成设施内小型作业机械研制和开发。该项目与小型四轮拖拉机厂合作,根据设施作业特点,采取增加爬行挡、液压输出、改变排气位置等措施,研制出性能和外形均适用于棚室内作业的配套动力和农具,实现蔬菜生产耕、耙、作畦、移栽、开沟、铺膜、施肥和植保等机械化作业。

2004年,农机所与农技中心研发"FJ-150发酵搅拌机",通过机械作业将稻秸秆作为栽培基质的原料,经微生物发酵、理化性质调配后制成有机栽培基质。2005年,上海交通大学、农机所研制成功智能型施肥机械,采用电子信息技术对农田土壤状况进行分析,科学地进行精准变量施肥。同年,农机所及合作单位完成微灌系统技术设备研究与应用,确定适应上海地区蔬菜、花卉微灌系统的三种典型应用模式,并形成相应的微灌技术规范;确定适合上海地区河水和自来水不同水源的微灌水处理集成设备应用模式。2005年,上海交通大学完成上海市农业机械中、小型收割机智能测产系统研究,项目研制出便携式低成本测产系统,采用嵌入式操作和GPRS无线网络数据传输智等设备。同年,上海精准信息技术有限公司等完成联合收割机智能测产系统,能伴随收割机作业,实现农作物产量的定点、实时采集。同年,农机站、农机所等试制成功用于高效移栽的成套林木作业机械。该机械为自走式多功能林木作业机具,开发出挖穴、开沟、推土整地、苗木挖掘、装载和植保等作业功能的配套机具,适应苗木带土挖掘作业,叉铲最大负荷500千克,植保作业水平射程20米,推土铲宽度1350厘米。

2006年,上海交通大学等研制的国内首套智能化蔬菜种子加工处理流水线,可对蔬菜、花卉等种子,进行除杂物、脱毛、自动称重、自动分类、均匀包衣和烘干处理。同年,农机所等研发2BGKF-6油菜施肥播种机,可将浅耕、灭茬、开沟、施肥等多道工序与播种联合作业,适用于油菜机械条播,兼用小麦、大豆等多种作物的条播或穴播,实现高效率、低能耗、一机多用功能,达到一体化作业要求。2007年,上海博露草坪有限公司研制成功BV180型吸草机,能基本做到将修剪下来的草屑,吸净无遗漏、作业草坪无压痕。作业幅宽达1.8米,作业量相当于25个人一天的清扫量。

2008年,上海海丰米业有限公司海丰农场基本实现水稻生产全程机械化,有效解决选种、育秧、插秧、水田平整、水田植保、水田撒肥、收获等生产环节机械作业中农机与农艺配套问题,水稻生产综合机械化率达97.2%。该项目改进25马力乘座式小四轮拖拉机,增加爬行挡、液压输出等装置,满足铺膜、移栽作业和驾驶员的操作要求,对可调偏置式四铧犁、开沟作畦机等配套机具,优化设计,解决设施农艺对农机的配套要求。同年1月,农机所等主持承担的"油菜生产机械化成套装备研究"通过科技兴农办公室组织实施的验收。项目通过将油菜种植与收获机械技术组装集成,研究开发油菜生产全程机械化的成套技术装备。项目优化设计油菜施肥直播机的动力匹配和镶嵌组合式排种器等装置结构,可减少机组作业次数,一次完成浅耕、灭茬、开沟、播种等多道工序的联合作业;优化多功能油菜联合收获机的行走变速机构和操作系统,实现一机多用,提高对不同作物收获时的适应性和整机利用率。

2010年,农机所、农机站等研制出多功能变易(量)喷雾机,采用机、电、液一体化技术,集喷洒农药、除草剂和叶面肥等功能于一体,满足水稻等作物不同生育期的田间病虫、草害防治以及施肥等多项机械作业需求;喷杆具有自平衡和主动平衡抑制双重功能,保证水平与行间苗带全封闭喷洒作业过程安全可靠、作业效率高;具有自动对行辅助驾驶功能,大大降低机手劳动强度;具有智能变量喷施功能,实现作业速度和喷雾量之间的自动协调。同年,农机所研制出1LGF-140(175)秸秆还田复式作业机,一种适用于农作物秸秆机械化全量还田新型作业机具,可进行机械翻耕、灭茬、覆盖、平整、施肥等一次联合复式作业,使作物秸秆和留茬直接深埋腐烂熟化,作为有机肥料利用,满足后茬作物种植农艺要求。同年7月21日,农机站主持实施的2008年上海市科技兴农重点攻关项目"水稻机械化育秧中关键设备的研制"通过科技兴农办公室组织的专家验收。该项目配合水稻机械化插秧技术的应用推广,研制具有碎土和筛土功能的作业机械。成功研制FST3000型碎土筛土机,实现碎土、输送、筛土作业一次完成,经检测,粉碎效率7992千克/时,粉碎合格率93%,筛选合格率100%,噪声80分贝,各项指标均超过设计指标;完成54台同型号碎土筛土机的生产。经应用表明,该机作业质量好、效率高、可靠性好,能够有效降低劳动强度,提高工作效率。

三、畜禽水产养殖机械

2000年,上海东武科技环保设备厂研制两种型号有机垃圾环保处理机,将畜禽粪便经过24～

48小时发酵处理后,生产有机肥料,一台机日处理量达百吨。同年12月4日,中国水产科学研究院渔业机械仪器研究所承担的LuC-1200A卤虫卵加工成套设备通过鉴定。LuC-1200A型卤虫卵加工设备采用国内卤虫卵加工的一般工艺,清洗采用比重法去除卤虫卵中含有的各类杂质。卤水清洗采用水泥池,淡水清洗采用不锈钢制的锥形桶;离心甩干选用SS600型三足式离心机;干燥设备采用先进的喷动床技术,温度控制采用双向可控硅自动调压方式。

2002年,上海水产大学研发新型滩涂紫菜收割机,适用多种滩涂及不同网具工况。2004年,上海水产大学研发超高密度闭合循环水产养殖系统,降低能耗成本,用"超高密度闭合循环水产养殖系统"建成的水产养殖车间,养殖水体与养殖装备的比例为4:1,单位水体鱼年产量达58千克/立方米。2005年5月,上海水产大学承担的卫星遥感在远洋渔业中的应用通过农业部组织的专家验收。项目引进国际上先进的遥感接收装置和软件,建成远洋渔业遥感与渔情预报中心;开发相关的应用软件,建立远洋渔业数据库,开展北太平洋柔鱼和东黄海鲐鲹鱼的渔情预报工作。

2007年8月,上海电气现代农业装备成套公司承担的"动物及其产品运载工具自动消毒防疫装置的研制"通过科技兴农办公室组织的验收。该项目在引进项目的基础上,研发出具有消毒防疫功能的自动喷洒装置,实现动物及其产品运载工具安全、快速、高效的防疫消毒作业。该项目研制出的自动喷洒装置,采用离心冲击式喷雾系统和超声波传感等技术,集机械、自动控制与消毒防疫技术于一体,具有高效、雾化、节能的特点。全自动程序化控制;具有行驶车辆限速功能及底部喷水消毒功能,实现快速、高效、安全的全自动卫生防疫消毒作业。同年,东海水产所、浙江省海洋水产研究所主持的渔用自增强聚乙烯及其功能材料新工艺与应用,获上海市技术发明二等奖。

2009年9月19日,上海海洋大学主持实施的"虾类温室集约化健康养殖技术开发研究"通过科技兴农办公室组织的专家验收。项目研究并建立集约化水循环健康养殖模式,探索水产养殖可持续发展途径。自行设计与研制蛋白分离器、粗滤器、水质净化网和人工海水晶等循环水净化处理设备;设计与开发3种廉价、高效、适合都市室内虾类集约化养殖要求的水环境调控工艺与模式,提出海水虾全年生产的养殖技术、工艺与技术规程,形成室内集约化养虾投饵、疾病防治等技术。

四、温室工程

2000年,上海交通大学完成JDW温室计算机控制管理通用软件,采用以太网技术实现温室远程控制,具有图形化的手动控制界面,能自动记录环境参数和自动生成报警信息。同年,农科院、上海都市绿色工程有限公司(都市绿色公司)等开发国产自控玻璃温室,并完成孙桥3公顷自控玻璃温室设计、制造和安装调试。同年,农机所王生涛等承担的上海型智能化温室工程,获上海市科技进步二等奖。同年,同济大学等完成改良型中档薄膜温室的研究。消化吸收从国外引进的高档智能型温室先进技术,开发符合中国国情,适宜大面积推广的中档次改良型自动控制温室系统,并形成产业化。同年,上海三花薄膜厂徐玲等研制的耐候光转换无滴农膜获上海市科技进步奖一等奖。项目研究多核稀土有机配合物的合成工艺,制备含铕有机配合物-农膜光转换剂;研究农膜中光转换的机制和作用;研究农膜及功能母料配方设计和制造技术;研究采用三层共济复合吹膜法制造耐候光转换无滴农膜技术。农膜应用于温室(大棚)覆盖,在大型现代化农业温室得到广泛应用。

2001年,农科院、农技中心等主持的现代化温室肥料国内配套及其肥水运筹管理研究,获上海市科技进步二等奖。同年,奉贤现代农业园区引进加拿大农业高科技温室深池浮板水栽培项目。项目生产工艺先进,它以浮板作为载体在营养池中种植蔬菜,由电脑控制温室温度、氧气质量、光照指数以及池中营养液成分等生态指标,用封闭式生产控制病虫害,创造一个最有利于蔬菜生长的生态环境。同年,上海市蔬菜推广站推广连栋塑料温室蔬菜栽培模式。筛选出一大批适宜连栋温室栽培的优良品种,探索以黄瓜、番茄、西甜瓜、叶菜和紫苏为主的五大系列茬口。开创性地应用有机活性基质和无机基质的合理配比栽培蔬菜,达到基本消除连栋温室盐渍化的目标。取得的一系列成果将填补国内对连栋塑料温室蔬菜生产系统研究的空白。

2002年4月,上海交通大学主持的上海—延安现代化温室建设及蔬菜花卉种植技术通过由科技部、市科委共同主持的专家验收。项目将现代温室制造技术、温室自动控制技术、现代温室花卉蔬菜等作物的栽培技术与陕北地区气候、土地资源等实际情况相结合,进行新型日光温室的设计和建造、自动控制的设计开发,以及现代化日光温室作物种植技术的集成和应用示范。采用后坡面间断式电动开窗通风降温降湿系统,保温被卷放双电机配置以及专用同步技术控制电路,独特的拉索—桁架复合拱结构,具有温度、湿度、时钟、两路滴灌定时控制与显示、温度上下限报警及温室实时监控和数据存储功能,实现种植、肥水滴灌技术等的集成和病虫害防治等相关技术配套。

2003年,农科院承担的温室蔬菜高产优质高效栽培模式通过专家鉴定。项目对现代化温室黄瓜、番茄和甜椒的栽培和生产管理等环节,制定相应的栽培管理操作规程和技术规范,并总结和制定现代化温室黄瓜、番茄和甜椒高产优质高效栽培模式。同年,上海市农机具产品质量检测站完成玻璃温室与塑料薄膜温室性能及标准检测方法的研究。项目对玻璃温室、塑料薄膜温室的主要性能指标的不同测试方法进行试验、对比和筛选,确定在两类温室使用区域内温室能满足农作物生长的主要使用性能指标,如抗风压、抗雪压、保温性、透光性等主要指标范围,并提出对上述温室主要使用指标的标准检测方法。同年,农科院余纪柱等主持的现代大型温室标准化栽培技术体系研究与产业化示范通过鉴定,获2004年上海市科技进步一等奖。形成大型温室番茄、黄瓜、甜椒的优质高产高效的生产技术体系,建立大型温室和黄瓜,甜椒3个生产技术规程和产品质量规格标准、连栋温室黄瓜、番茄栽培技术体系和华东地区大型温室黄瓜、番茄栽培管理专家系统;开发具有自主知识产权的温室环境和灌溉自动控制系统及其部分配套品种,研制出适应上海地区的有机生态型基质与无土栽培全营养液配方肥料。

2004年,上海理工大学等实施的新型高科技环保型温室太阳能供能系统通过验收。项目以太阳能为能源,采用国产高效新颖的直通式全玻璃真空太阳能集热管及新型蓄热器,通过双通道全玻璃真空太阳能集热管的热水循环,产出的热水温度可达80℃以上。大棚温室内采暖70%由太阳能系统提供,大大降低大棚温室内采暖所需的电(煤)能源消耗,实现环保与节能的目标。同年,农科院承担的连栋大棚蔬菜标准化生产技术研究通过上海市农委组织的鉴定。研究塑料三连栋大棚温湿度变化规律,提出相应的调控措施;研制出基质及营养液配方,提出基质栽培及土壤栽培肥水管理操作规程;确定其间病虫害发生的种类与为害时期,提出连栋大棚病虫害综合防治技术,建立黄瓜、番茄、茄子和甜椒的环境、生理和病虫等数据库和栽培管理专家系统平台。同年4月,上海交通大学承担的"JDW温室计算机控制管理通用软件"通过市科委组织的鉴定。采用以太网技术实现温室的远程控制和温室环境的自动控制,具有图形化的手动控制界面,实现对温室环境和各种设备状态的实时监控。

2005年,都市绿色公司研发的WSORZ型屋顶全开温室,开发具有天沟型屋脊的全开型温室顶部结构和适用于大面积屋面全开的屋面转动铰链结构,完成屋顶全开型温室通风换气模型的研究,实现窗屋面角度最大可达83°。2007年,同济大学吴启迪等承担的国产化智能温室及其环境控制系统等配套设施的研制,获国家科技进步二等奖。提出温室冲突多目标相容环境控制理论,发展温室环境多因子协调控制算法和基于叶面积指数图像处理的温室灌溉控制算法；开发多主通讯集散架构的温室环境智能控制硬件平台和与之相配套并体现控制新理论的控制软件；开发以温室有机废弃物生产沼气作为温室生产能源，以及保证沼气供应系统能够温室用能的控制系统；开发低能耗温室建筑结构和环境控制执行配套设备；通过控制网络技术与专家系统结合进行温室环境远程控制，解决温室技术人员短缺和大面积推广之间的矛盾。

2010年11月26日，上海市水利管理处牵头的"温室大棚盐渍化防治和精量灌溉技术研究"项目通过市水务局验收。该项目提出控制排水方式、减少灌溉水量、提高地下水利用率的水肥高效利用和控盐措施，研究主要作物不同频率年份的灌溉制度、大棚水盐调控的控制排水模式和主要作物不同频率年份的节水控盐灌溉制度，建立大棚栽培条件下水盐调控模型及控制排水调控技术，制定《上海市大棚防止土壤盐碱化灌溉排水操作规程》。

五、工厂化生产

2000年，上海交通大学经近两年攻关，研制出蔬菜工厂化育苗播种流水线，采用全自动流程控制、真空种子吸附播种等技术，将基质搅拌、打穴、播种、喷淋一条龙完成，为国内首创。同年，上海水产大学研制成功封闭循环水珍品工厂化养殖技术，建成示范与生产装置，其1立方米的水体养殖能力，为普通水体养殖能力的100倍。同年，农技中心从荷兰引进有机型基质加工流水线。它是国内首次从国外引进的配套较为齐全的加工无土栽培使用基质的设备，整套设备采用电脑自动化控制。

2001年，上海交通大学研制出工厂化育苗基质和花卉栽培复合人造土，项目筛选出3种适宜于甜瓜、番茄、生菜等育苗的有机生态型育苗基质配方，及花卉栽培复合基质土。同年，农科院通过筛选适合的菌品种，确立设施栽培管理和保鲜技术，实现杏鲍菇工厂化栽培，比传统栽培方法人均年产值可提高近20倍。同年，农科院系统开展农业工厂化生产用新基质的研制和开发，研制出适用于大型温室作物栽培用的新型有机无机复合基质和有机生态型基质，研制出与复合基质配套的适用于黄瓜、番茄栽培的营养液和肥水管理技术，提出实用性、操作性强的基质产业化生产的质量标准参数，研制开发出两个分别适用于育苗和栽培的基质用吸水材料。同年4月，上海市林业总站承担的草坪工厂化生产技术研究通过鉴定。项目利用非土壤营养基质工厂化生产草坪卷，形成适宜草皮卷生产的非土壤基质配方，研究温室大棚生产优质冷地型地毯式草皮卷的工艺流程和关键技术。2002年，上海源怡种苗研究所承担上海市科技兴农重点攻关项目"优质蔬菜种苗工厂化、规模化生产技术示范"。通过产学研结合，集成工厂化育苗的系列成果，并运用于生产实践中。工厂化育苗实现标准化生产，秧苗生长整齐一致，移栽后活棵快，深受农民欢迎。

2005年，农科院、丰科生物科技股份有限公司完成"食用菌工厂化栽培和开发研究"，研发"食用菌工厂化生产中HACCP智能控制系统的开发应用"，完成"蟹味菇、白灵菇、灰树花保鲜工艺的研究"。"食用菌工厂化栽培和开发研究"培育出真姬菇、杏鲍菇和灰树花等适合工厂化生产的菌种，确立适合工厂化周年生产的设施栽培管理技术，栽培工艺及产品标准。"食用菌工厂化生产中HACCP智能控制系统"提出一系列影响食用菌产品安全、卫生以及品质控制的关键点，对影响食用菌产品安全与品质的各个因素进行实时监控。2006年，农科院研发工厂化育苗蔬菜厚膜包衣技术，适合甘蓝类、番茄等蔬菜种子的包衣，形成一套厚膜包衣加工工艺流程。

2007年，上海交通大学完成蔬菜瓜果工厂化育苗环境的自动化控制与信息化管理研究，建立工厂化育苗标准化生产管理体系;运用数学、信息学方法分析温度、湿度、光照等环境参数的综合影响,以及环境因子与主要蔬菜瓜果幼苗生长、花芽分化之间的相关关系,与计算机网络技术相结合,形成具有自主知识产权的、适合中国工厂化育苗现状的育苗环境自动化控制与信息化管理的育苗生产管理软件。同年8月,农技中心承担的"优质食用菌设施化生产技术推广"项目通过科技兴农办公室组织的验收。项目推广优质食用菌纯白金针菇、真姬菇、杏鲍菇、秀珍菇、双孢蘑菇设施化生产工艺技术,建立杏鲍菇设施化高产袋栽技术的操作规程,在国内率先明确引起设施化栽培杏鲍菇细菌性病害的病原菌和采用移动式制冷机在秀珍菇栽培时温差催蕾的技术。

2008年,上海交通大学黄丹枫等承担的"工厂化育苗关键技术创新集成及产业化示范与推广"获上海市科技进步一等奖。采用真空吸附、光电感应和智能识别技术,研制基质上料装盘、自动播种、自动喷淋三项独立设备;研制开发多层潮汐灌溉育苗装置,实现园艺作物种苗需水需肥精准灌溉;筛选出抗病性强、机械嫁接适用型、适于机械嫁接的砧木品种3个;创建四段式管理等机械嫁接种苗培育技术体系;建立有机生态型育苗基质生产配方和工艺标准,合成12种育苗基质配方;研发基于QACCP、ERP管理模式的JDS种苗生产管理系统软件,实现农业生产信息化管理。同年,农科院、上海浦东天厨菇业公司研发的食用菌工业化生产关键技术与应用,获上海市科技进步二等奖。2009年,上海市农机具产品质量检测站主持"农业工厂化生产设施标准体系的建立"项目,建立温室系统及配套设施的标准体系;绘制的GSW8430系列温室产品标准图纸和产品技术标准,成为上海市温室制造行业推荐的验收图样和技术标准。

第四节 数 字 农 业

一、农业信息

2000年,上海市农业委员会(市农委)信息中心正式开通上海农业网,并与国内外60多家农业网站链接,获2001年"优秀农业政府网站"奖。2001年,上海市农林局(农林局)创办"上海农林实用技术信息网",开设实用技术、病虫预警、科技动态、专家咨询、法律服务、花卉热线六大板块。同年,上海市粮食局、气象局研发的上海粮食供需平衡预测和辅助决策系统,获上海市科技进步二等奖。2002年,上海农业信息有限公司(农业信息公司)开通全国性农业服务热线——上海农科热线,成为全国首家集电话咨询、网上直播、专家坐堂、现场指导等多种服务方式于一体的服务网络,24小时提供农业科技信息咨询服务。同年,农业信息公司开办上海"科教兴农网",开通技术壁垒、项目管理、成果展示、政务公开、农业转基因、新闻快递、农事气象和农科热线等十几个专栏。同年,上海星辉蔬菜公司建立蔬菜网站及信息管理系统,制定出17个蔬菜产品的企业标准和生产操作规程,有11个蔬菜产品装置"食用农副产品安全信息条形码",获出口蔬菜"国际身份证"。

2005年,农科院、上海精准信息技术有限公司等研究的设施农业数字化技术应用,建立设施农业数字化生产生物及环境信息体系、具有生物信息和环境信息采集的温室计算机控制系统、设施园艺作物数字化生产技术体系和技术平台及设施数字农业系统集成平台,并建立4个设施农业数字化生产核心示范基地,获2006年上海市科技进步二等奖。2006年,市农委、农业信息公司等推进农业综合信息服务"千村通工程",建立市、区、镇、村四级信息服务支撑体系,以实现面向农民的公共信息服务终端的触摸屏电脑(农民一点通)的覆盖。同年,建立畜牧生产管理系统,对猪肉生产过程的关键控制点技术标准和规范建立安全生产过程控制信息化系统,对日常生产中的种畜、饲料、防疫、治疗等环节予以记录,建立生产档案,从而促进企业建立诚信体系。同年,建立蔬菜生产管理系统,以田间生产为中心,对农资管理、生产管理、检测管理等生产过程中的各个环节予以记录,指导生产者按照标准科学、合理使用各类生产投入,帮助蔬菜生产企业有效推行标准化生产。

2007年,上海市星火农场特种水产养殖场、上海水产大学研发精准数字渔业管理软件,通过对日常管理数据的采集、汇总、分析,为企业上市水产品建立"电子身份证",为消费者和采购商建立质量追溯平台,为确保让成品达到安全、卫生、优质、放心食用提供技术支撑。同年,上海爱森肉食品公司建立肉食品生产监控管理及追溯系统,完善和提高从生猪饲养管理、生猪屠宰检疫管理、经营者管理、单证追溯管理、肉品配送管理、车辆运输管理到数据上报、销售品质分析管理等的全方位信息监控管理能力,实现从饲养场、屠宰加工厂、销售配送乃至零售终端全程信息监控,有效杜绝单证交叉、信息重复、信息无从追溯现象。同年8月,市农委信息中心主持实施的"养猪场、市境道口、园艺场档案信息系统软件开发"项目通过科技兴农办公室组织的验收。项目开发养猪场档案信息管理系统,覆盖生猪繁育、养殖、疾病监测与防疫、药物残留检测等关键环节;开发市境道口动物防疫监督检查网络系统,对外来入境生猪的产地、疫情、数量等信息进行实时登录;开发园艺场档案信息管理系统,涵盖园艺场生产、生产资料采购与使用检测、产销统计及生产成本统计分析等生产要素。同年9月12日,具有国际先进水平MODIS卫星地面接收站正式在上海水产大学建成并投入运行。系统能够对指定海域(区域)进行定制各种产品,增强地方政府和行业管理部门的服务能力,不仅可以用于海洋科学的研究,还可用于内陆农业领域的研究。

2008年,农技中心、上海交通大学等研究主要农作物重大病虫预测预报可视化技术。完成全市1950—2006年期间农作物主要病虫害发生状况数据库、病虫症状图像库;通过播放病虫预报,实施地区平均防治效果达92.99%;组建WebGIS与Internet相结合的在线预警系统平台,实现远程教育、病虫诊断、预测预报、情报发布等功能。同年4月,华东师范大学主持承担的"上海农业环境资源信息系统的建立"项目通过科技兴农办公室组织实施的验收。项目开发上海农业环境资源信息系统,建立上海农业环境资源数据库及相应的元数据库,涵盖统计数据、基础地理数据及专题数据;建立农业环境资源信息系统,实现对农业自然资源条件、环境生态条件及社会经济条件等方面的综合信息统计与分析;开发以上海市畜禽养殖和土地利用情况为主的农业生产布局规划与动态管理系统。

2009年,上海市农村综合信息服务平台工程研发及应用项目,获上海市科技进步二等奖。同年,农科院、国家农业信息化工程技研中心完成"上海农产品标准网络平台的搭建",构建国内外农产品相关标准库、HACCP标准库和系统管理等子系统。同年,农业信息公司开发上海农业综合数据库,有可视浏览、数据收集与分析、安全时间处理等功能。同年,上海市动物卫生监督所完成奶牛场信息管理系统,在两个规模化奶牛场示范应用,牛奶乳脂率和乳蛋白率得到提高,每年每头奶牛产量增加154.81~182.9千克。2010年,农业信息公司建成区县信息平台及村网站群,在全市1000多个涉农行政村得到应用,覆盖率超过70%。同年,上海市计算技术研究所开发农业环境信息监测系统,采用创新的无线传感器网络体系结构及传输协议,对花卉大棚农业环境,具有超强抗干扰技术,实现图像采集、传输、处理,监测植物生长及灾害状态。同年,上海市农村经营管理站研究上海市农村土地承包与流转信息化管理系统,建立土地承包与流转信息数据库,实现土地承包合同、经营权流转合同、土地承包经营权证登记簿、土地承包经营权证书的自动编码。

二、农业标准化

2000 年,上海市园林管理局编制《园林工程质量检验评定标准》、《上海市外环线环城绿带养护技术规程》。2001 年,上海市园林管理局完成《园林植物养护技术规程》、《园林植物栽植技术规程》和《绿地设计规范》的修编工作,及《上海市环城绿带养护标准》的编制。同年,上海市蔬菜工作领导小组办公室和上海市蔬菜科学技术推广站制定《上海市蔬菜标准化生产基地操作规程(试行)》。同年,农工商公司启动农业标准化工作,制订出罗氏沼虾、猪等农产品的标准 13 项,操作规程 12 项,管理规范 26 项。2002 年,上海水产大学主持研制的青、草、鲢、鳙"四大家鱼"国家标准,由农业部颁布执行,获国际质检总局标准化评审项目二等奖。同年,上海市种子标准化技术委员会、上海市农艺标准化技术委员会等专业标准化委员,组织制定《寒优湘晴制种技术规范》《农作物品种(一)》《草莓安全生产栽培技术规范》《优质厚皮甜瓜、小型西瓜大棚栽培技术规范》《鲜食优质糯玉米栽培技术规范》《双低油菜"沪油 15"保优高产栽培技术规范》6 项农业标准。同年,上海市农林局制定《鲜切花种苗(球)质量标准》,将香石竹、香雪兰等十种鲜切花按形态分成种苗、种球两大类,提出鲜切花种苗(球)的质量标准,填补国空白。

2003 年,农工商公司又修订产品标准 91 项。累计制定并上报备案的食品和农产品类企业产品标准近 300 项。同年,上海市农林局在"唐菖蒲种球质量标准研究"项目中,建立唐菖蒲优质种球的简单生产判别标准,在国内外首次就唐菖蒲的成花特性和种球性状建立数理评估模型。2004 年,上海市农机具产品质量检测站完成蔬菜《塑料薄膜温室技术条件》上海市地方标准的制定。同年,上海市农机具产品质量检测站承担的市农委科教兴农重点攻关项目"农业工厂化生产标准体系的建立",完成十个子标准的初稿制定工作。2005 年,上海海丰米业有限公司形成稻米生产标准化体系、种子生产标准化、原粮种植标准化、大米加工 ISO9001 和 ISO22000 整合版认证。2006 年 2 月 22 日,上海水产大学食品学院主持的《生食金枪鱼标准》经农业部审查批准,发布为中华人民共和国农业行业标准,自 5 月 1 日起实施。标准明确规定金枪鱼产品中汞的含量,生食金枪鱼的加工禁止使用一氧化碳保色工艺,一氧化碳金枪鱼被禁止上市。该标准的出台填补国内金枪鱼行业管理的空白。

2007 年,农科院建立优质食用菌生产过程质量控制技术及标准体系,制定蟹味菇、杏鲍菇和金针菇 3 种食用菌菌种的质量标准和工厂化生产技术规范,健全企业质量标准体系。同年,上海市农工商现代农业园区、农科院等从树种与品种选择、栽植模式与树体管理、合理施肥与灌水、病虫害综合防治等方面,制订果树有机栽培技术规范。同年 6 月,上海农业信息有限公司承担的"基于 RFID 的电子标签产品研发与标准研究制定"课题通过科技兴农办公室组织的验收。课题结合 RFID 技术,开发适用于各企业内部管理的信息系统以及畜牧业数据整合平台,实现猪肉供应全程可控、可追溯,保证各环节信息及标识间的紧密对接,避免信息丢失或无法关联的情况,为猪肉食品安全监管体系提供完善信息支撑。

2008 年 4 月,上海市花卉良种试验场主持承担的"优质出口花卉标准化栽培技术研究"通过科技兴农办公室组织的验收。项目筛选出以上海地区栽培、国际市场适销的香石竹品种 9 个,常春藤品种 15 个;形成出口花卉的标准化栽培模式。同年 11 月,农科院林果所主持承担的"枇杷标准化生产技术研究"通过科技兴农办公室组织的验收。该项目结合上海地区枇杷规模化生产的特点,建立标准化栽培技术。形成包括园地选择、苗木质量、土壤管理、树体管理、果实管理、病虫害综合防治、采收和栽后处理技术的上海地区枇杷标准化栽培技术规程。

第三章 服务业科技

第一节 信息服务

一、信息分析与处理

2001年，上海华威信息系统有限公司开发成功"华威文档一体化系统"，由"华威公文管理系统"和"轩薇档案管理系统"两大部分组成。该系统的两大部分既可分别作为独立的产品提供给用户，也可无缝连接成为一个系统提供给用户，自动生成案卷目录、卷内目录、全引目录、文件著录卡、文号档号对照表等，并可对各类目录作进一步的编排处理、智能查询检索，同时形成专题目录、统计表等。2002年，上海第二工业大学研制成功"基本三视图重构成三维模型软件"，提出以独立环路的组合为出发点按预定义模式引导的三维重构完整算法，具有将完整的基本三视图转换成三维实心体模型的重构软件。同年，上海市计算技术研究所完成"可视化区域经济运作分析支持系统"。采用数据仓库和OLAP技术，通过对经济信息进行统一、全面的理解和分析，实现从综合查询、数据分析，到数据建模、决策支持的解决方案。

2004年，上海复旦德门软件有限公司完成"可视化数据分析平台VAP"。建立数据可视化分析的规范DM-VAS，形成一套数据可视化分析的方法。用户可从工具箱上拖放分析任务并设置任务参数来完成分析流程的创建，并借助图表、树形结构、三维空间点分布图等数据可视化方法得到分析结果。同年，上海徐汇软件创业投资管理有限公司承担完成"高新技术的市场界定标准及其演示平台"。适用于金融、投资、创业、咨询、评估、中介、企业诊断等现代化服务业，高新技术的市场界定标准获得国家发明专利，具有自主知识产权。同年，长江计算机（集团）公司开发成功"网络多媒体信息处理平台"。集成多种核心技术并由统一门户等11个子系统构成的软件产品，具有对分布式的异构多媒体资源进行二次制作、采集、存储与发布等功能。2005年，上海水晶石信息技术有限公司承担完成"VRCity三维城市数字平台实现虚拟城市实时漫游、规划、数据查询"。利用高效的层次细节模型算法，配合可见面检测技术，实现实时自由漫游和固定路径漫游功能，实现快速的通视分析和视点分析，实现建筑属性的查询和编辑功能，实现场景模型的属性驱动功能。

2006年，上海市公安局何品伟等承担的"上海市应急联动中心综合信息通信系统"，获得上海市科技进步一等奖。提高政府对各类突发事件的应急能力和处置效率，构建跨行、跨地区、跨部门的综合信息通信平台，率先实行统一接警分类处警、社会联动的各类突发事件的统一受理与快捷处置，保证报警呼叫接入"零间断"。同年，上海华东电脑股份有限公司承担的"RFID签到系统"，研发出基于RFID技术的智能会议签到系统，降低会务保障人员的工作量，避免代表到指定地点排队签到，能通过屏幕即时看到自己的签到信息。同年，同济大学主持完成"网格体系结构及其支撑技术"。构建网格资源管理的虚拟超市模型的体系架构，提出优先级Min-min调度算法和双匹配调度算法，给出相应的形式化描述与正确性验证模型及算法；提供网格系统的资源监测与控制技术，给出负载均衡的优化策略和管理方法，研制异构环境下支持多种语言及平台的并行调试及性能分析工具和BPEL语言建模与验证工具。同年，上海市标准化研究院承担完成"上海市技术性贸易壁垒预警信息系统"。及时收集、准确翻译 148 个 WTO 成员的各类 TBT 信息,建立 TBT 通报信息的检索系统、预警信息自动判断系统,并可实现通报信息对相关企业的自动发送。2007 年,上海世博网络信息服务有限公司、上海超级计算中心等合作完成"异构环境下的系统与数据整合核心技术研究"。实现世博票务管理系统原型和世博活动管理系统原型。

二、信息服务与管理

2000 年 6 月,上海在全国率先建立"个人信用联合征信系统"。建立翔实、完善的数据库和个人信用查询系统,摸索出符合中国国情的个人信用联合征信业务模式。该系统由上海华腾软件系统公司承担。同年,上海市工商行政管理局顾仁达等承担的"上海市工商行政管理计算机信息系统",获得上海市科技进步一等奖。系统是一个以企业、社会公众和政府为主要服务对象,具有自主知识产权的开放型综合信息网络系统。实现工商业务计算机化、管理计算机化、辅助决策计算机化和信息网络化的建设目标,解决工商行政管理领域长期难以解决的问题,提高业务工作效率,提高工商行政执法监督的质量。同年,上海亚太计算机信息系统有限公司开发成功"医院综合信息管理系统"。实现门急诊医生诊疗全电脑化,门急诊处方和医技检查单实现无纸化操作,开单速度远快于手工操作,从根本上杜绝本院诊疗外院配药、珍贵处方流失等现象。同年,上海长达信息科技有限公司研制成功"外来流动人口信息管理系统"。实现外来流动人口基本信息数据计算机管理,实现外来数据信息与网上追逃数据信息自动对比、自动预警,提高外来流动人口违法犯罪案件的破案率。

2001 年,"上海市民政信息管理系统"建成。该系统以上海市民政局为中心节点、各区县民政局为二级节点、街道(乡镇)民政机构为三级节点的标准统一的网络平台和信息资源库,实现民政管理信息化和民政信息社会化,为领导决策提供支持,为社会各界和市民服务。2002 年,上海交通大学严隽琪等研发的"制造业信息化中的协同与集成技术研究与应用",获得上海市科技进步奖一等奖。采用现代信息技术、现代管理技术和现代制造技术,解决企业信息技术单元应用所带来的"信息孤岛",实现制造企业、行业和地区间的信息协同与共享和网络化、敏捷化制造。同年,万达信息股份有限公司负责承建的"上海市劳动和社会保障管理信息系统"投入使用。实现三级网络一级管理;建立集中统一的数据库,对劳动就业和社会保障信息实现全过程动态化管理;建立完善的劳动保障信息运作机制,实现既能查询即时数据,又能反映历史数据。同年,上海通用卫星导航有限公司完成"WEB/GIS 综合信息数据服务平台"。主要功能是为客户提供车辆位置信息、路况信息等GIS 地理信息服务及其他增值服务,方便中小企业和私家车用户。

2003 年,上海通用卫星导航有限公司研制成功"GPS 辅助抢险监控调度系统"。通过全球卫星定位技术(GPS)、地理信息技术(GIS)、计算机网络和无线通信技术对抢险车辆实行全程监控和管理。实现 GIS 与故障点的映射,实现智能派车功能。2004 年,上海市计算机软件评测重点实验室、上海大学等 5 家单位共同承担"面向软件企业的质量保障平台"投入使用。提供文档规范的管理和可视化的建模工具及其语言,实现项目开发、产品开发、服务提供、软件维护、采购外包、系统集成和订单加工基本模板,实现对软件企业内项目开发过程管理和项目进度管理,提供项目过程度量分析和统计工具。同年,万达信息股份有限公司承担完成"现代城市信息一体化关键技术及应用示范工程"。构建城市信息一体化系统的总体框架模型,制定符合城市信息一体化集成要求的规范和标准。

2005年,同济大学主持完成国家"863"高性能计算机及其核心软件重大专项"城市交通信息服务应用网格研究"。实现全区域交通路网的实时路况查询、路况预测、动态最优出行方案、网格资源监控等服务,实现交通信息的Web远程点播服务,实现公交站点交通信息服务在触摸屏上的展示。同年,上海市自来水市北有限公司为主承担完成"无线远程抄表系统关键技术及工程示范研究"。实现自来水公司对用水的实时监控,采用纠错编码、小型化低功耗设计、功率控制及自组网等多项关键技术,提高系统的可靠性和安全性。2006年,维豪信息技术有限公司顾青等开发的"电子政务应用支撑平台",获得上海市科技进步一等奖。提高政府行政办公效率,突破注册鉴权技术,开发业务解析、业务逻辑、业务操作与数据和业务界面相分离的业务控制技术,开发对分布式异构信息资源进行统一语义描述和标注的智能代理技术,构建面向全网的、可管、可控的信息化支撑环境。同年,上海城市发展信息中心承担完成"基于地理信息系统的规划与建设数字化技术在临港新城中应用"。建立的规划与建设管理信息系统、空间基础数据平台管理系统和WEB综合浏览系统,具有建设工程管理、统计查询、GIS版本控制、遥感图像管理、三维显示等功能,系统符合临港新城的实际需求。同年,上海城市发展信息研究中心承担完成"基于SIG框架的(上海)城市空间信息应用服务系统"。通过网格计算、规范与标准、目录服务、中间件、Web服务等相关技术,建立能汇集和共享的空间信息资源库,实现系统间的操作以及实时发布与调用,体现系统的扩展性和灵活性。

2007年,上海市医疗保险信息中心高臻耀等承担的"特大城市医疗保险系统集成技术",获上海市科技进步一等奖。形成医疗保险系统的三重保障平台,建立多层次结构化的容灾系统。上海科识通信息科技有限公司、上海复旦微电子股份有限公司等完成"2007年世界夏季特殊奥运会电子标签"项目。实现运动员信息查询、运动员医疗保障服务、健康运动员计划保障与服务、会议保障和服务等功能。2008年,仁济医院承担完成"数字化医院核心平台研究"。完成数字健康支撑平台的建设,避免在急救中凭经验诊断而发生疏忽的情况,提高诊疗的安全性、及时性和有效性。

2009年,上海市标准化研究院承担完成"基于Web Service技术的分布式标准信息服务应用与研究",开发基于Web Service技术的标准文献信息动态接口以及标准文献题录查询接口,实现异地异构系统与上海市标准化研究院标准信息服务平台的无缝对接;开发基于Web Service技术标准的有效性查证接口,实现远程标准有效性查证;开发标准文献电子阅览室系统,实现标准文献电子文本在线可控阅读与打印。同年,华东师范大学承担完成"崇明岛数字生态建设决策支持系统的开发与利用"。建立起崇明生态岛建设基础共享信息数据库,实现生态岛建设信息要素的挖掘、共享、管理和可视化,集成具有模拟预测、评估分析和辅助决策功能的模型库,实现对崇明生态岛建设中重大生态和环境问题的"及时监测—定量估计—动态预测—分级预警—适时发布—综合调控"的动态管理和应用示范。2010年,上海富凯网络信息技术有限公司承担完成"基于物联网技术的智能社区关键技术攻关与应用示范"。建立完整、统一的以物联网为基础的智能社区服务与信息管理系统,实现本地控制、远程控制等功能,方便公共数据的共享。

三、信息安全与监管

2002年,上海长凯信息技术有限公司与上海交通大学图像研究所研制成功"数码影像身份认证系统"。提出一种全新的信息安全技术,即数字水印技术与指纹比对识别相结合的数字认证系统,是国内外首次将指纹、人脸集成的生物特征信息应用于公众智能卡,解决重要证件被假冒的问题。同年,上海易诺科技有限公司开发成功"电子信证系统"。解决计算机网络应用过程中各个环节的信证问题,使电子文件的产生、确认、传输、验收、记录存档、应用管理等全过程、多环节安全保密和真实可靠。2003 年 1 月,上海财税局承担的"上海财税计算机信息安全及保障体系(一期)工程"投入运行。提出主流的网络存储和新型的数据备份等针对性技术解决方案,建立集中监控的网络管理系统,落实财税信息安全管理制度。

2004 年,上海长江科技发展有限公司承担完成"香港招商局集团数据中心灾难备份"。全套方案基于高端智能存储设备的远程数据复制,使用 FC/IP 协议转换设备,是国内第一个将企业级灾难备份应用于 Windows 系统。2006 年,上海信息安全工程技术研究中心承担完成"电子认证服务密码系统相关协议研究"。是国内独立自主编写的大型实用安全协议技术规范,为安全产品生产商提供产品和技术的准确定位和参照标准,提高安全产品的可信度和互操作性。同年,上海颐东网络信息有限公司完成"分布式密码设备物理状态监管系统"。采用先进的网络传输和监测技术,研发出可以实现实时监测设备网络连接状态、物理位置状态、视频传输等功能的分布式密码设备物理状态监管系统"网络黑盒"。

2007 年,上海交通大学等承担完成"移动电子票证安全核心技术研究与实现"。提出移动网络环境下移动电子票证安全技术端到端的解决方案。采用图像加密、数字水印与 DRM 相结合、客户端身份绑定等技术。2008 年,上海复旦光华信息科技股份有限公司承担完成"信息内容安全关键技术与产品研制"。研制出符合国情的信息内容安全专用硬件和软件系列产品,创新基于硬件的分流与合流技术、基于硬件的内容匹配和含有特定内容的连接完整捕获、基于快速联动的实时跟踪定位技术、独特的文本内容分析技术、SPI、NDIS 网络过滤技术、网络协议包分析模块、文件系统过滤驱动技术等。2010 年,上海信息安全工程技术研究中心建设和运行维护的"中国 2010 年上海世界博览会信息安全综合管理系统",设计开发网络诱捕、网络攻击监测、恶意邮件监测、网页挂马检测、终端安全防护等信息安全系统。

四、通信服务

2000 年,上海长江新成计算机系统集成有限公司研制成功"移动通讯的 GSM 计费及客户服务管理系统"。该系统由计费、清算、HLR 管理、营业厅、营销及欠费跟踪等子系统组成。以全网电子工单方式运作,实现联机计费及实时业务更新和开停机等。2001 年 4 月,上海市电信公司(上海电信)与深圳发展银行上海分行联合推出"发展卡电信 IP 电话功能业务"。这是上海地区首次推出银行卡拨打上海电信 IP 电话业务。2002 年,上海电信推出"景视通"ISDN 可视业务,满足人们身居两地又能面对面进行交流;推出"新视通"多媒体视频会议服务,可以同时传输远距离会议的视觉成分和声音。同年,上海电信 10 台多媒体信息终端投入使用。拥有普通公用电话、网络信息发布和服务查询、电子商务代理、电子邮件收发和网上广告宣传等功能。

2003 年 1 月 20 日,上海电信开通上海市医疗急救中心主叫号码信息查询系统,免费提供该系统所需的 DDN 和 ISDN 专线。同年,上海电信 18318 信息时空开通,用户可以享受快捷、方便、精确的信息咨询、信息查询、信息导航、信息定制等信息及增值应用服务。2005 年,上海电信开通市民缴付公用事业费的付费通申付卡电话缴费热线 962233,申付卡支付上海市所有水、电、煤、通信等公用事业的费用,推出电话号码和账单的绑定功能。同年,上海电信全面发展小灵通业务,实现与全国移动、联通手机用户以及小灵通用户互发短信,推出信使服务、点播业务和订阅业务等,实现短信收藏夹、地址簿、商务助理等功能于一体的个人综合信息平台。

2006 年 12 月 30 日,上海电信承建的"800 兆数字集群政务共网"正式开通。能提供短信、定位、数据传送、因特网互联等增值业务,具备与固话、移动电话互通的功能。同年,中国卫星通信集团上海分公司建成"IPSTAR 卫星上海关口站"。依托 IPSTAR 先进的技术和庞大的资源覆盖全国的星基互联网络,可以随时、随地、快速、可靠满足客户各种通信要求,实现三网融合的家庭卫星宽带和高性价比 VSAT 应用两大核心业务。2010 年,中国移动通信集团上海有限公司(上海移动)牵头、上海交通大学与复旦大学共同承担完成"移动多媒体内容监测与管理系统核心技术研究与应用"项目。实现一套完整的移动多媒体内容监测与管理系统,能对移动通信领域中的业务系统进行多媒体内容监管。同年,上海移动通过"面向 3G 的服务应用支撑技术研究与系统实现"的技术攻关,研究出针对手机视频流媒体服务器的多流直播负载均衡关键技术和海量 3G 流媒体内容的快速搜索及推荐技术,实现电信级 3G 流媒体现场直播和点播系统。

五、宽带服务

2000 年,上海信息港主体工程组成项目之一,"上海宽带信息交互中心"建成。为用户上网访问本地区所需信息提供高速宽带,降低用户的通信费用。同年,上海电信宽带通信网形成由 8 个核心节点、90 个边缘节点组成的世界上最大的宽带 ATM 城域网。同年,中国网络通信有限公司在上海建成兼有海底光缆和卫星通信手段的国际出入口局,实现国际对等互联。2002 年,复旦大学承担完成"宽带流媒体服务平台的研制与应用"。采用分布式的体系架构,统一管理各类主流媒体服务器,为大量并发用户提供娱乐、教学、财经、体育及医疗等众多方面的高质量音视频服务,允许网络基础设施提供商提供底层的服务,并可以搭建支付平台、账务平台和审计平台。2004 年,上海电信开发出数字终端新产品——宽带数字机顶盒。提供直播和点播两种频道的业务。

2005 年,上海大学承担完成"综合业务光纤到户接入系统在临港新城应用"。以以太无源光网(EPON)为传输平台,开发融合数据、电话、电视业务于一体的光纤接入网技术,并在临港新城建设 FTTB(针对企业)和 FTTH(针对家庭)的示范网。同年,上海市自来水市北有限公司等承担完成"HFC 宽带双向网远程抄表系统"。开发有线宽带双向网远程抄表系统、专用数据传输终端两项发明专利和直读液封远传水表、专用数据传输终端两项实用新型专利。2007 年,上海电信傅志仁等承担的"大型 IP 城域网络关键技术与应用"项目,获得上海市科技进步一等奖。构建面向综合业务承载的特大型 IP 城域网,实现用户和业务两个维度的差异化服务,规模实现电信级 IP 业务承载网,在国际上首次实现路由矩阵设备的规模部署,在国内率先实现大规模 IPTV 组播、点播和交互式增值业务,实现业务和用户维度的隔离,保证网络和业务安全。

2008 年,上海华山信息技术有限公司承担完成"面向宽带网络的 e - Health 服务应用示范"。该研究在宽带网络上实现一套集健康教育、健康咨询、远程会诊为一体的 e - Health 系统。采用模式创新和互动电视技术,实现远程健康咨询及诊疗服务,为居民提供健康评估和健康促进服务。同年,上海交通大学承担的"面向宽带网络的跨平台数字学习关键技术研究"项目,研究面向新一代宽带网络的普适教育环境,支持新型宽带网络电视及移动设备等多种终端,研究基于普适计算的智能空间授课、跨终端师生交互、多终端漫游学习等内容及关键技术;实现智能、真实的自然授课技术和跨终端数字学习中的实时交互技术,解决多终端之间进行漫游学习中的数据一致性问题。

六、网络服务

2000 年,上海市邮电管理局与锦江高科技公司、新锦江大酒店共同合作建成的"新锦江大酒店多媒体信息服务系统",是中国宾馆业第一个多媒体信息系统和第一个采用 ADSL 宽带接入技术的酒店多媒体信息服务系统。2001 年,万达信息股份有限公司开发成功"会议信息系统"。建成规模庞大的 APEC 会议城域网络体系,应用于 2001 年在上海召开的 APEC 会议。2002 年,市政府办公厅与万达信息股份有限公司联合开发"上海市行政督查网络管理系统"。实现基于计算机网络的包括督查事项跟踪管理、区级督查辅助管理、督查文件管理、督查人员信息管理及督查交流讨论平台等 5 个主要功能。2005 年,上海欣泰通信技术有限公司张永生等开发的"电信网监测维护管理的关键技术与系统",获得上海市科技进步一等奖。实现 700 万线以上本地网的监测管理,推出具有 8 个独立输出、高精度的时间同步全网管系统技术,开发高准确度数据恢复再生技术、动态数据结构和分布式数据处理技术。同年,上海市工商行政管理局信息中心开发成功"商标侵权案件网上异地受理移送和信息交换共享系统"。华东六省一市的跨省(市)协查案件可通过该系统进行联系和合作。

2006 年,上海三零卫士信息安全有限公司承担完成"面向涉密网络的多元非法外联与接入监控系统"。系统采用多项关键技术对信息系统中终端设备的安全策略设置实现内网安全管理目标,及时发现非法的网络连接,并对连接途径实施阻断,降低信息泄漏的威胁,保证数据信息的机密性、完整性。同年,上海电信承担完成"IP 城域网性能监测系统"。项目通过采集分析网络节点、端口链路性能质量指标、网络端到端服务质量指标、关键链路流量构成指标,实时展现网络综合性能状况并快速发现定位网络故障。2008 年,同济大学承担完成科技部国际合作重点项目"基于下一代无线宽带互联网技术的城市交通信息网络研究"。将宽带无线网络传输技术应用于交通管理系统,可以解决网络覆盖、数据传输等问题,实现海量交通动态数据的采集、整合及处理,提出满足 QoS 保证的资源调度机制、安全认证方式和加密算法、基于移动预测和不同业务类型的越区切换新方法。2009 年,上海大学、上海溟鹏软件等承担完成"宽带高性能互联网网络行为实时分析技术研究及系统研制"。能够快速、高效识别互联网中大多数业务流量,对宽带网络进行行为实时安全分析管理,系统业务流量识别率达到 80% 以上。

2010 年,上海体育学院陈佩杰等承担的"上海市民体质网络系统的研发与应用",获得上海市科技进步一等奖。研发出体质监测数据评价软件、运动处方软件、运动营养测评软件、运动心理测评软件、体质简易测评指南软件、健身项目锻炼指南软件、体质在线软件,建立上海市民体质网络系统平台,实现全面意义的体质测评;首创将市、区县、街道体质监测管理系统有效连接,实现市民体质测评与指导工作方法上的创新;首次在运动处方软件中运用能量代谢的计算方法,为指导市民锻炼强度和锻炼量提供科学依据。同年,1 月 4 日,上海市科技信息中心研发的"上海市高新技术企业认定系统"正式在"上海科技"网站发布上线。系统简化申请受理工作中申报者和管理者之间的交互程序,方便管理人员的受理和企业用户的递交工作。同年 5 月 19 日,上海市科技信息中心开发、维护的"上海市自主创新产品认定系统"正式在"上海科技"网站发布上线。该系统由外网填报系统和内网管理系统两部分组成。

七、文化信息服务

2000 年 1 月 12 日,"上海市中小学教育信息系统"开通。改变传统的教学模式和教学方法,促进教育观念和教学思想的改变,提高教育资源的数字化、网络化,改善教育资源分布不平衡、优秀教育人才短缺等,实现学生的个别化学习、跨时空学习,提高教育的社会效益。同年,上海图书馆开发数字图书馆系统平台,成为国内率先通过因特网向全世界读者提供整体数字化资源服务的公共图书馆,建成全国报刊索引、古籍、上海文典、点曲台、科技百花园等9大资源库。

2002年,上海金鑫计算机系统工程有限公司承担完成"数字图书馆系统和数字博物馆系统"。图书馆系统可实现多媒体信息资源站点建设,提供分布式站点信息集成和联邦信息检索能力,满足用户个性化的信息浏览要求,实现以图像为主的多媒体管理,提供对分布式、海量数字化信息资源的有效收集、组织、存储、发现、检索和信息发布。博物馆系统以藏品信息库为核心,构筑组织、管理、检索和建设大规模数字典藏资源的信息管理平台,在国内文博界管理系统中尚属首创。

2004年,上海交通大学申瑞民等开发的"现代远程教育支撑平台研究及示范应用",获得上海市科技进步一等奖和2006年国家科技进步二等奖。解决天地网大规模同步直播和交互、多源流媒体课件自动生成与点播、海量教育资源管理及优化调度、个性挖掘与学习内容自适应导航、自然语言网络答疑5项关键技术难题,开发7套具有自主知识产权的软件产品:天地网远程教育系统、交互式同步实时教学系统、双向卫星多媒体远程实时教学系统、基于天地网的个性化资源预约点播系统、PPT+AUDIO多媒体课件制作系统、课件自动录制及生成工具、多媒体课件播放工具。研制出中国第一套自主知识产权的天地网远程教育系统 SkyClass,是国内唯一能同时支持 Linux 和 Windows、同时支持天地网双传输平台的远程教育产品。同年,长江计算机(集团)公司开发成功"网络多媒体信息处理平台"。实现基于元搜索技术的跨库检索系统、手写草书的内容检索、基于内容的图像检索等,开发具有个性化服务特征的九个解决方案。

2007年,上海金鑫计算机系统工程有限公司研发成功"文化市场行政执法信息监管系统"。是全国文化市场行政执法领域的第一套软件系统。可代替文化稽查领域的人工手动审批系统,实现案件审批的自动化,方便用户解与总结案件的基本规律。2008年,数百位专家学者参与编纂的《彩图科技百科全书》,获得国家科技进步二等奖。先后获上海图书一等奖、国家图书馆文津图书奖,入选新闻出版总署"三个一百"原创图书出版工程。勾画一幅自然世界和人造器物世界的全景图,完成国内出版界的一项原创图书出版工程。同年,上海文广新闻传媒集团等承担完成"GY/T58—2008《广播电视音像资料叙词表》"修订项目。符合广电行业数字化、网络化的发展需要、符合音像资料管理应用和用户检索习惯,通过定期的维护与更新工作,能够确保收词的准确性、科学性、时效性和专业性,延长词表的生命周期。

2009年,文汇新民联合报业集团承担完成"传媒印刷业图片数据协同和标准化应用平台研究"。通过图像数据分析和工具集成,解决传媒印刷业多种图片数据协同问题,建设可存储200万张图片以上的海量图片库,开发传媒印刷业图片数据协同和标准化应用平台。同年,上海音乐学院、上海协言科技服务有限公司等单位承担完成"历史音频修复与数字化保存技术研究"。将心理声学、艺术审美与声学测试相结合的动态频谱修复技术与音乐艺术相结合,达到最佳音频修复效果。

2010年,卞毓麟等编写的《追星——关于天文、历史、艺术与宗教的传奇》,获得国家科技进步二等奖。是一部特色鲜明的原创科普作品。全书以天文学发展为主线,讲述人类几千年来探索宇宙奥秘的若干篇章,并在广阔的历史背景中引出古今中外大量相关的文化艺术素材。同年,上海理工大学和上海阿法迪智能标签有限公司联合研发的"馆外智能图书馆系统设备",采用机械装置对图书进行传送、上架、下架、借阅、清点、整理等操作,实现书库的自动化管理,实现人机委托借还书服务。同年,解放日报报业集团承担完成"报业新闻搜索与分析平台的关键技术研究及应用示范"。实现网站、电子报、新华社、电视视频等多源新闻的实时汇聚与分析,向用户提供新闻浏览、相关新闻、自定追踪等实用功能。同年,上海影城有限公司承担完成"全自动化数字电影放映和网络化管理系统"。实现全部6个数字电影厅的数字拷贝加载、存储、密钥上载、节目编排等功能集中管理和远程控制。

八、广播电视服务

2001年,上海市广播科学研究所承担完成"电视节目资料的数字化"。完成多种格式的数字化转存、编目和各种索引功能的开发;形成集资料压缩、编辑、存储、检索、浏览和下载为一体的电视节目资产管理系统。同年,上海交通大学研制的"信源编码器",能对 HDTV 视频信号进行压缩编码,其音频编码符合国际音频编码标准,多节目复用器能对 4 路 TS 流进行复用。2002 年 12 月,上海高清数字技术创新中心的"数字电视中间件系统"项目,通过市科委的成果鉴定。开发出媒体烽火台(MBT)中间件系列产品,架构先进、功能强大、移植方便、开放性和适应性强。同年 12 月,复旦大学承担的"宽带流媒体服务平台的研制与应用"通过市科委的鉴定。开发一套完整的基于宽带的流媒体综合服务管理系统,采用分布式的体系架构,统一管理各类主流媒体服务器,可为大量并发用户提供众高质量音视频服务。

2004 年 2 月,上海科投同济信息技术公司承担完成的市科委重大科技攻关项目的子课题"基于 AR 技术的虚拟影视娱乐天地研究"通过专家技术鉴定。实现三维虚拟场景纹理映射优化、动态图像实时获取和控制、三维场景的实时交互和视频叠加、多屏幕显示拼接合成、高分辨率数码影视制作、六自由度的动感平台与影像系统的同步和控制、大屏幕拼接显示与控制,以及"四维动感影院"播放、监控、动感控制等。同年 11 月 3 日,国家 MODIS 数据广播接收服务上海示范站在上海市海洋环境预报台建成并投入试运行,进行 MODIS 数据的业务化接收工作。MODIS 卫星数据是中分辨率成像光谱仪数据,每两天覆盖全球一次,是研究地球科学最佳的首选数据源。2005 年 5 月,复旦大学等完成的"基于速率平滑和缓冲区控制的主从式可扩展多请求跨平台流媒体服务器"通过市教委的鉴定。该系统技术先进、结构合理、算法新颖;在缓冲区控制、速率平滑等技术上达到国际领先水平;在多请求架构、单线程派发技术上属国内首创。同年 11 月,上海市计算技术研究所承担的"流媒体网络技术应用环境"通过验收。实现无线技术在流媒体环境中的多种应用;规范的接口标准,允许不同种类的流媒体视频服务器接入;客户端实现多种方式监控。

2008 年,上海文广科技发展有限公司承担的"集中控制式分组播出技术研究"项目,研制出基于广播方式的集中控制分组显示数据广播系统,实现对接收终端的集中控制和内容的个性化显示,实现前端对终端内容的下载、存储、播出、删除等集中分组控制。同年,上海文广互动电视有限公司承担的"面向宽带网络的互动电视信息发布技术及应用示范"项目,提出互动电视引导信息的概念并及其应用模式;确立引导信息的数据结构、组织形式、管理模式及交互方式;实现引导信息发布系统功能以及增值业务示范功能。同年,上海未来宽带技术及应用工程研究中心有限公司完成的"面向宽带网络的互动媒体业务规范及支撑平台",提供基本的直播电视、点播电视等业务,支持其他能以电视为终端的增值业务接入,实现整个支撑平台的运营。同年,复旦大学完成的"面向互动电视的视频搜索关键技术",研究基于语义对象网络的内容搜索技术,开发面向互动电视的视频内容搜索引擎系统。同年 5 月,上海大学完成的市科委国际合作项目"UWB 关键技术研究"通过市科委验收。完成基于 UWB 技术的高清视频传输演示系统。

2009 年,上海电信肖晴等承担的"电信级 IPTV 业务的技术研究及规模商用",获得上海市科技进步一等奖。开发商用基本业务平台及增值业务平台,实现多运营商的综合业务系统,开发兼容多平台的 IPTV 接口中间件,实现多终端与多平台的互联互通;在国内率先提出基于用户体验的 IPTV 业务质量指标体系,自行开发并建立端到端的基于用户感知的 IPTV 质量服务支撑体系,建立针对 IPTV 网络的视频质量监测系统。同年,上海文广新闻传媒集团设开发"虚拟演播室互动系统"。首次在国内实现虚拟演播室环境下的前台主持人对虚拟场景元素的直接控制,提高节目制作效率和制作效果,解决传统虚拟节目制作中主持人无法准确把握与虚拟场景中景物元素间的交流和配合问题。

2010 年 5 月 1 日,上海广播电视台、上海东方传媒集团有限公司技术运营中心承建的"2010 年上海世博会国际广播电视中心"正式运营。包括总控系统、ENG 新闻采访系统、电视转播系统、动力保障系统等九大技术系统,能满足世界各国广播电视媒体对上海世博会报道、转播等各种业务需求。同年,上海高清数字科技产业有限公司,上海东方明珠数字电视有限公司等完成"无线高清数字电视应用服务示范工程"。形成 1 套基于国家标准的普适无线网络优化方案、1 套网络规划软件、5 套终端设计方案和 1 套新媒体终端及应用软件系统。同年,上海文广科技(集团)有限公司研发成功"文广数字电视 VOD 前端点播平台"。是集节目内容采编、内容调度发布、用户管理、视频播出于一体的信息化处理平台,可组装出针对传统媒体和新媒体领域各种业务的应用平台。

第二节　物　流　服　务

一、交通信息服务

2000 年,上海市陆上运输管理处建立上海交通——陆上运输网上服务中心,具有信息查询、网上服务、政务公开等功能。建立上海道路货物运输网上交易市场,形成面向广大车主、货主和中介机构的货运交易信息平台。开发"跨省旅客运输售票系统",实现上海市所有省际汽车客运站的计算机售票,并能收集、汇总和发布相关省际汽车客运信息。研制开发"驾驶员培训教育计时 IC 卡指纹识别计算机管理系统",实现与交巡警车管部门及驾驶员培训基地联网。同年,上海海运学院承担完成"上海工程 LED 显示系统关键技术"。研制能切实保障和提高高速公路安全行车的 LED 显示系统。同年,上海亚太计算机信息系统有限公司、上海通用卫星导航有限公司承担完成"汽车车内自主导行系统"。具有卫星定位功能,优化路径、道路查询功能,接收差分校正信号和数字化交通信息功能和报警求救功能。

2003 年,上海铁路局集装箱 EDI 系统正式投入运行。实现客户、货代、船代、船运公司、报关行、银行、海关、车站、港口等部门的多式联运信息共享。同年,上海市公安局交巡警总队承担完成"上海市城市道路交通流量和车速数据采集、分析、发布系统"。从不同层次反映道路的实际交通流量等状况,向用户提供各种交通流量和车速的统计分析数据。2004 年,上海市长途客运联网售票平台建成。建立全市统一的省际道路旅客运输管理及电脑联网售票信息系统,实现运输经营权电子化审批、班车线路运价、客票状况、票务及多级结算等管理功能。同年,上海市城市交通管理局信息中心研制完成"上海交通动态信息发布系统",为广大车辆和驾驶员提供实时动态的道路交通信息。

2005年,上海铁路局南京电务段研制完成"铁路车站客运服务综合信息系统"。以车站集成管理平台为控制决策中心,实时完成面向旅客和车站工作人员的全部信息导向服务。同年,上海交通大学、同济大学等共同承担完成"基于网格技术的交通信息服务系统"。可在互联网、触摸屏、移动终端、车载终端、电子站牌等多种媒介上实时发布信息。同年,上海市城市交通管理局承担完成"上海市公共停车信息系统"。实时采集停车资源的数据信息,运用多种方式向驾车人发布停车资源信息,向停车场库发布停车需求信息。

2007年,人民广场公共交通枢纽智能服务集成示范系统实现地面公交与轨道交通运营信息、突发应急信息互联和动态发布,建立两种交通方式之间的数据交互和交换模式。同年,上海铁路局信息技术所主持开发的"铁路客运站智能化集成平台系统",获得上海铁路局科技进步一等奖。首次综合应用信息采集、通信和数据库技术,建立铁路客运站智能化系统集成管理和信息资源充分共享的开放式平台。2008年,万达信息股份有限公司、上海市城市交通管理局等8家单位共同承担完成"基于网格技术的上海交通信息服务示范系统及其关键技术研究"。通过网格服务系列部署工具、网格系统软件、领域应用框架系统等产品的研发,形成一整套信息网格领域应用解决方案。

二、港口物流服务

2002年,上海海运学院完成"港口物流信息与决策技术"。提出港口发展信息系统的若干原则、合理选择与评价港口信息系统的原则与方法、装卸设备配置的决策技术。同年,上海港务局开发的"集装箱卡车全场自动调配""无线桥吊手持机终端"和"中控任务管理及机械调度模块",采用以"集装箱卡车找任务"的设计思想,结合多重优先原则算法,实现集装箱卡车全场自动调配。2003年,上海国际港务(集团)有限公司(上港集团)包起帆等承担的"上海港集装箱智能化管理成套技术",获上海市科技进步一等奖和2004年国家科技进步二等奖。开发出面向作业层人员的"集装箱智能化生产系统",实现码头的智能化管理;开发出面向管理层人员的"集装箱生产多级优化管理系统",实现港口管理者实时动态管理码头;开发出面对技术层人员的"集装箱装卸设备远程监控和故障报警系统",缩短设备的维修响应时间;开发面向决策管理人员的"集装箱装卸工艺仿真决策系统",创新寻找集装箱码头工艺效率最大化和投资最小化的决策管理。同年,上海海运学院承担完成"网络化远程信息监测与信息融合技术研究"。提出基于数据链路层的虚拟网及其在集中式和分布式网络环境下敏感的主机资源的安全模式,首次将虚拟网技术和串口设备服务器应用于集装箱装卸桥远程监控系统。

2004年,上海海事大学承担完成"基于Internet的港航EDI信息增值技术的研究"。提出EDI信息的层次组织模型,构造一系列信息增值模型。同年,上海海事大学承担的"多级排队网络系统与港口物流网络设计研究",建立多级排队网络理论方法的港口物流网络设计模型,对上海港集装箱码头进行诊断、优化、设计,提出重构建议方案。2005年,上海出入境检验检疫局开展的"提货单电子化",实现提单电子化管理,完成洋山港符合检港联动要求的出入境货物及集装箱检验检疫业务信息管理系统研发,完成外高桥保税物流园区入境货物检验检疫电子审单系统。完成空运入境应施检货物电子监管系统。同年,上海市计算技术研究所申腾信息技术有限公司承担完成"洋山深水港卡口工程与监管信息系统"。建立具有实时控制和网络信息管理多种功能的分布式系统,满足海关的并行作业与流水线操作的工作模式需求。

2006年,上海同盛物流园区投资开发公司承担完成"园区物流综合技术研究及其在临港地区的实现"。研制危险品区监控一体化应用软件,提出芦潮港铁路集装箱中心站和物流园区的衔接方案,提出基于运输链的信息系统框架,提出从初检口和复检口通行区的道路系统与交通管理措施以及快速通行解决方案。同年,上海市计算技术研究所开发成功"泊位监测与优化分配系统"。系统采用泊位微波探测和信息无线传输相结合的无线传感微网技术、基于实时数据采集和 STRUTS 架构的数据信息管理模式相结合的应用软件系统;应用于洋山深水港芦潮港口岸查验区卡口工程与监管系统。同年,上海外轮理货有限公司承担的"集装箱码头无线实时理货系统",实现理货作业从简单手工作业迈向信息化管理的创新,提升理货作业和管理的科技含量和应用水平。2008 年,上海市计算技术研究所开发的"港区远程调度指挥系统",提供高效、便捷、直观的"无人值守"现场作业管理模式,实现远程调度管理、疏导、监控和双向通话。

2009 年,上海海事大学完成"港区道路监控系统",采用光纤通信与外场设备相连,提高稳定性与可靠性,只需要点击该外场设备的图像就可以显示设备控制界面,完成各种操作,并在控制界面上显示控制效果。2010 年,上海申腾信息技术有限公司承担的"物流车辆引导调度系统关键技术研究与应用系统开发",为港区提供一个具有 GPS 导航、语音提示、LCD 液晶显示的车载导航终端和一套专门为港区定制的监控平台软件。实现导航终端与监控中心的无线通讯,提高终端在查验区的定位精度,有助于车辆快速、准确到达泊位点。实现对进入港区的物流车辆必要的引导、车辆调度与管理的无纸化和自动化。

三、电子商务

2000 年,上海商业高新技术发展有限公司、上海开开百货股份有限公司共同完成国家"九五"科技攻关项目"专卖连锁商场电子信息系统集成及示范工程"的国家级验收。上海商业高新技术发展有限公司、上海八仙超市集团公司共同完成国家"九五"科技攻关项目"大中型鲜活商品商场电子信息系统集成及示范工程"的国家级验收。同年,上海商业增值网、联华超市等承担完成国家"九五"科技攻关项目"商业 EDI 应用和示范工程"。系统可实现商户与其供应商之间贸易单证的电子化、自动化,减少单证传递过程中的人工干预,基本消除人工差错,降低商户与供应商在采购、销售、财务清算等环节中的人力成本。2002 年,上海市商委与上海市统计局联合承担的"消费市场信息快速反应系统"建成开通。系统及时反映上海消费市场最新动态和市场走势,建立起上海市场"零售指数""消费综合指数"等信息发布体系。同年,上海亚太计算机信息系统有限公司研制的"商业电子商务单证交换平台",建立符合 J2EE 标准的单证交换平台。

2005 年,上海理工大学研制成功电子商务实验平台。在国际上首次采用先进的嵌入式 Linux 系统作为电子商务实验平台,提供功能强大的实验课件在线编辑器,引入先进的数字签名技术,保证运作的安全性,维护教师课件的知识产权。2008 年,上海大学开发出具有自主产权的 TK 无线智能 ERP 系统,能够在销售、生产、采购、仓库、物流及资产管理等环节进行智能监控,全程实现移动智能化管理。2010 年,东方钢铁电子商务有限公司通过"钢铁供应链多方业务协同平台"的实施,使电子商务应用领域扩展到网络营销、电子销售、电子采购、电子交易、大客户协同、物资处置、无纸化贸易、供应链融资、服务类采购等领域,为宝钢及产业链上下游企业的数字化运营能力的提升和软实力的构建提供支撑,获得"2010 年中央企业电子商务示范工程"称号。同年,上海第一食品连锁发展有限公司开发的"非集中式收银管理系统",获得 2010 年度上海市信息技术优秀应用成果奖。能够完成补货、退货、销售、调价、盘点、商品信息下发、销售数据回收等一系列操作等内容。同年,上海亚太计算机信息系统有限公司研制完成的"新一代自助式加油站",是集自助加油、远程监控、自动报警、安全、环保为一体的新一代智能化加油机。

四、邮政服务

2001年,上海邮政通用技术设备公司研制成功"带式小车邮件分拣机"。分拣机采用人工按键输入格口代码和全节目信息或自动扫描装置读入全节目信息等多种信息输入方式,上件机采用静态秤重和动态秤重两种方式,带式小车采用短输送带式,分拣过程由计算机和可编程工业控制器控制,并采用先进的全息扫描技术、高速自动条码识别装置、精密视频模数照相系统,使分拣效率达到每小时12 000件。同年7月,上海市邮政局建设开通邮政电子汇兑业务。进行汇款交易处理、汇兑业务会计核算和资金清算为一体的多功能快速汇兑业务,邮政电子汇兑的全过程均由计算机自动完成。2002年,上海邮政系统完成"上海速递邮件(EMS)处理中心技术改造工程",建成国内第一台用于速递邮件的交叉带式分拣机,具有自动称重和资费稽查功能,形成人机结合的生产流水线,对信息流和实物流进行综合处理,实现信息共享邮件网络化自动分拣。同年,"上海虹桥航空邮件转运站总包分拣系统"竣工。形成总包自动分拣生产流程,加快邮件处理时限,减轻劳动强度。

2003年,上海浦东邮件处理中心工程竣工投产,是全国7个一级邮区中心局邮件处理中心之一。实现邮件分拣自动化、装卸搬运机械化、生产管理标准化、内部处理容器化、邮件识别条码化、数据传输信息化,保证邮件处理的准时和安全可靠。同年,上海市邮政局研制成功"智能化信筒"。通过电子锁、电子钥匙和相关的软件,对信箱的开箱时间进行实时记录,一把电子钥匙取代一大串机械钥匙,能防水、防震、防尘、防锈,并能适应各种恶劣的气候环境。同年,上海市邮政局完成电子化支局系统,能够完成收寄处理、封发处理、电子汇兑、大宗邮件处理、邮件投递处理等营业、管理功能等,实现收寄信息上网传输,信采集全网共享的目标,成为上海邮政信息采集、数据共享的综合网基础平台。

2004年,上海邮政通用技术设备公司研制成功国内邮政首台"一车双带分拣机"。同一台分拣设备上既能分拣普通包件和扁平件,又能分拣大邮件或邮袋,大幅提高设备利用率和邮件处理的效率。同年,上海市邮政局实业总公司研制成功的"翻板式分拣机",解决国际包裹的分拣机械化作业问题,实现大、小包裹同机混合分拣。同年,上海邮政监控中心项目一期工程建成。构建综合网数据中心核心平台,完成数据交换中心、经营分析决策系统一期、工资集中发放系统、记账用户管理系统、每日经营收入汇总和硬件集成系统等六个子系统。2005年,上海市邮政局承担完成国家"863"计划项目"射频识别技术"。将射频识别系统与速递生产系统、电子化支局系统、邮区中心局生产作业系统进行网络连接,达到实物流与信息流的统一、速递总包交接勾核等流程的自动化处理,以及速递总包自动化分拣的目的。2006年,上海邮政通用技术设备公司研制的国内首台"包裹邮件自助收寄机"投入使用。操作界面为中文显示,使用十分简便,能自动进行称重、计算资费、收款、打印收据。

2008年,上海邮政通用技术设备公司研发的"夹叉式扁平邮件分拣机",是新一代邮件自动分拣设备。应用于扁平邮件自动化分拣处理,具有自动化程度高,占地面积小,作业时间短,生产成本低,分拣效率高等特点。同年,上海邮政实业总公司开发的"新一代交叉带式分拣机",采用国内外广泛应用的工业级控制信息网络、最新一代的全自动CCD扫描、国外先进竖式直线电机、控制柜模块化等先进设计理念。2009年,上海邮政科学研究院承担完成上海市科技攻关项目"基于RFID

(Radio Frequency Identification、射频识别)技术的邮件传递跟踪与溯源关键技术研究及其应用"。完成包括 RFID 柔性标签及其阅读器、RFID 中间件和后台系统等软硬件的开发研制,可实现对国内邮件传递质量的第三方中立的测试和统一信息管理。2010 年,中国邮政集团公司上海研究院研发成功中文地址识别的"新一代信函分拣机"。采用"地址库驱动的汉字地址识别"的新方法,将汉字识别技术与地址库信息相融合,在地址库的驱动下,实现信封上汉字地址的高效识别,解决长期困扰中国邮政信函自动分拣面临的技术难题,改变中国十几年来完全依靠邮政编码进行信函分拣的现状。

五、物流电子标签

2004 年,上海通用卫星导航有限公司承担完成"现代物流移动数据管理关键技术研究"。在货主—货代公司—"一关三检"—货运公司—浦东机场—航空公司—目的地机场之间建立航空物流信息综合管理系统,对货物、车辆实行全程监控和管理,实现货物车辆的最优化配置与合理调度。同年,上海市消防局率先采用电子标签对烟花、爆竹进行管理,推进电子标签在危险品管理领域的应用。进入上海市场销售的爆竹必须贴上电子标签,监察人员可通过手持的电子标签读卡机具对市场销售的产品进行检查,可杜绝不合格的产品进入市场。2005 年,上海市标准化研究院承接的上海氯碱化工股份有限公司"基于智能标签的液氯钢瓶物流安全管理系统",采用智能标签对液氯钢瓶进行物流安全管理,具有钢瓶客户查询、流出超时报警、定期检验报警等功能。同年,上港集团组织实施"内贸集装箱电子标签系统"。对集装箱运输的信息流和物流进行实时跟踪、自动识别,消除集装箱在运输过程中的错箱、漏箱,提高通关速度,在世界上第一次正式开启带有电子标签的集装箱航线,填补在集装箱物流运输中应用电子标签技术的空白。

2006 年,上港集团承担完成"建立内贸集装箱电子标签示范系统及其技术标准草案"和"电子标签读写设备的研制与开发"等课题。其中,"集装箱电子标签装置""一种用于集装箱的电子标签和电子封条的连接方法"两项发明在巴黎国际发明展获金奖。集装箱运输中,物流和信息流全程记录、自动识别、电子哨兵,在国内外都属首创。同年 7 月,上海复旦微电子股份有限公司承担的"电子标签产品关键技术研究及其在物流中的应用"上海华申智能卡应用系统有限公司承担的"电子标签读写设备的研制与开发"和上海交通大学承担的"电子标签应用系统中间件技术研究与开发"等 4 个子项目通过专家验收。以上项目的完成,标志着上海 RFID 技术从高频迈向超高频领域。

2008 年,公安部第三研究所开发的"基于 RFID 技术的车辆/驾驶员管理服务系统",采用无源 RFID 技术将电子标签研制成汽车的终身"电子身份证"。它与传统汽车号牌共生并用,为汽车创设起"二元化的身份标准信源",建立用于车辆/驾驶员管理服务的现代管理服务系统,可为社会安全、反恐防恐、重大政治活动及涉车涉驾等各行各业提供多达几十种的专业信息服务。同年 3 月 10 日,世界首条集装箱电子标签国际航线正式开航。作为科技部"国家科技支撑计划项目",体现上海港数字化、智能化的管理水平。2009 年,上海海事大学完成"面向目标跟踪的主动式 RFID 技术应用研究"。开发适用于内河船舶监控应用、危险品监控、渔船进出港监管系统等物流领域主动式 RFID 读写器及电子标签,开发适于航运、物流领域的 RFID 中间件,实现目标跟踪和监控功能。同年,上海临港经济发展(集团)有限公司承担完成"基于 RFID 技术的临港物流智能仓储管理系统应用技术研究"。开发一批物流专用的 RFID 标签和读写设备,建立由数据采集系统、RFID 中间件和后台业务系统 3 部分组成的仓储管理系统,实现基于 RFID 技术的收货、上架、出货、托盘和叉车等实时定位功能及仓库内货物的有效控制和监管。

2010年，上港集团代表中国组织起草并由国际标准化组织正式发布的《集装箱RFID货运标签》标准，是由中国提出并主导制定的物流和物联网领域的国际标准。该标准源于"集装箱物流全程实时在线监控系统"，通过计算机互联网实现集装箱的自动识别和信息的互联与共享，帮助货主掌控运输动向，使集装箱物流各环节的安全更可控，防止货物失窃。同年，五十所承担的"公交企业精细管理信息系统"，通过射频识别技术自动、快速、准确采集公交车辆运行信息，实现各类信息共享、交换、集成和再利用。同年，上海市计算技术研究所承担的"基于RFID技术的大型停车场管理软件"项目，基于SOA理念设计的系统框架，采用RFID技术，运用分布信息化车位管理和GIS实时监控技术，可在GIS地图显示车位实时信息，解决大型停车场寻车位难、寻车辆难的现实问题。

第三节　金融服务

一、金融服务系统

2001年，上海市医疗保险局项斯文等开发的"上海市医疗保险费用结算审核计算机管理系统"，获得上海市科技进步一等奖。首次在大规模社会保障体系中采用客户机/事务处理/数据库服务器3层结构及中间件技术，保证业务高峰时段实时交易的响应时间99.9％以上在1秒之内；创造性地在中心及每家医疗机构之间采用前置机和自主开发的交换软件；首次将对各客户端的实时监控技术应用在大规模系统中；在安全性方面，实现异地灾难备份方案，提高系统的可靠性和安全性。2002年10月30日，上海亚太计算机信息系统有限公司开发的"国家黄金交易系统"在沪开通。利用计算机网络技术、中间件/应用服务器技术、数据库/数据仓库技术和J2EE开放平台，由交易、场务、仓储和信息服务等系统组成，面向各个层面的服务对象，覆盖各类交易工具和交易品种。

2004年，上海复旦金仕达计算机有限公司承担完成"金融机构（证券）风险控制平台"。建立完善而高效的风险管理体系，形成国内领先的金融投资风险管理系统和内部稽核审计系统及总部集中化的金融数据仓库系统。2005年，中国工商银行上海市分行（上海工商银行）与上海黄金交易所合作开发成功"实物黄金买卖系统"。实现黄金会员对其自身代理的黄金客户的管理和监控，实现传统实物黄金的电子化的交易。同年，上海证券通信有限责任公司等完成"多媒体证券信息卫星发布平台"。实现多项创新关键技术，解决在DVB-S接收设备上用一片SMART卡同时实现八路独立数据同时解密解扰的技术问题，提出并实现卫星广播系统的行情信息高效策略和行情传送的增量算法。同年，上海亚太计算机系统集成有限公司开发成功"社保卡银行卡绑定支付系统"，建立社会保障卡与银行卡的对应关系，改变个人用现金支付的现状，使社保卡的身份认证功能为金融支付安全性服务。

2007年，上海复旦金仕达计算机有限公司承担的"上海（国际）期货IT服务平台关键技术研究"，完善上海期货交易所等交易市场的交易，发展与国内外其他市场的联系，支持国际期货交易市场的电子交易活动。2009年，上海工商银行研发"第三方存管直通车系统"。将总行第三方存管原有开户确认的功能从柜面拓展至POS终端，补充网点预开户功能，实现第三方存管客户开户业务的一站式服务。同年，交通银行上海市分行开发基于KJAVA、WAP1.0和WAP2.0版本的手机缴费查询、公共事业缴费、账单缴费等一系列特色功能。同年，上海工商银行研发的"对公社保缴费卡系统"投入运行。该系统主要用于对公客户缴纳社保费用，并创造性设计灵活定制多险种管理体系,满足对公社保缴纳客户和社保中心的业务需求。

2010年,上海工商银行开发的"个人理财终端项目",是集客户管理、产品管理、自助交易、销售过程管理、交易管理于一体的金融服务系统。实现客户一站式服务;全程加密,交易信息安全性强;全程实时摄像监控,销售风险管理和控制能力强。同年,上海农村商业银行的"银企直联系统"实现用友"T系列"财务软件与上海农商银行网上银行的无缝连接,满足中小企业对业务处理灵活性、业务形态多样性、操作简便易用性的要求。同年,交通银行开发的"新一代手机银行系统",是国内第一家支持移动、电信、联通三大运营商,支持GPRS、CDMA、WIFI等多种上网方式的手机银行系统,实现手机银行预约无卡取现、预约无卡消费等技术。

二、金融卡服务

2002年,上海公共交通卡股份有限公司丁伟国等承担的公共交通"一卡通"系统及其应用,获得上海市科技进步一等奖。在国内率先设计应用开放式5层架构的清算网络体系;采用多层次应用密钥安全体系,从卡、交易、信息传输各层面保证数据操作的安全性;实现对实际运行的地铁、出租车系统的兼容性改造;在自主知识产权的非接触式IC卡芯片基础上,完成带各行业特性信息元的卡结构设计,在有限空间范围实现"一卡多用"的目标;首次制定国内第一个公交IC卡技术规范标准;建立国内第一个"异地清算系统",满足统一清算、安全认证、信息共享等功能要求。同年,上海市社会保障卡服务中心贺寿昌等承担的"上海市社会保障卡工程",获得上海市科技进步一等奖。实现政府部门间的数据共享、堵塞管理漏洞、减少重复投资、提高管理水平;将信息服务基础设施建设到全市街道(乡、镇),为社会化服务和管理创造条件;将市民办理各类社会保障事务和获取社会服务的功能集于一卡,节约市民的办事成本。

2004年,上海电信推出社会保障卡语音通话业务。该业务采用201A类业务模式,先使用、后付费。2007年,上海复旦微电子股份有限公司开发的国内第一款非接触CPU智能卡,将非接触逻辑加密智能卡和符合银行标准的接触式CPU卡的功能合二为一,适合安全性要求高、交易量大、交易速度快的非接触金融支付应用。2008年,浦发银行成功将境外新加坡花旗银行国际卡中心的浦发银行信用卡业务数据回迁到国内,创造国内信用卡同业三项第一,即第一次从大型主机系统环境迁移到开放系统平台、第一次跨国远程数据迁移系统、第一次迁移百万级持卡人数据级的投产信用卡系统,荣获2008年国家金卡工程金蚂蚁奖——最佳金融应用奖。

2009年,中国银联股份有限公司柴洪峰等研制的"中国银联银行卡信息交换系统",获上海市科技进步一等奖。采用开放式集群系统实现银行卡信息交换,实现"两地三点"容灾体系结构,形成联网联合技术规范2.0标准,兼容国际信用卡组织的交换规范,系统安全措施达到BS7799国际标准的要求。同年,交通银行上海市分行研发POS间直联混用,实现该行POS机既能受理普通银行卡等收单业务,又能受理移动手机支付电子钱包等射频卡收单业务,并能自动识别与银联的间联、直联通讯模式。同年,交通银行上海市分行协同中国银联成功在国内首创自动售货机银行卡小额支付业务。自动售货机采用触摸屏技术以及使用控制程序与嵌入其中的POS机进行通讯,并在控制程序中加入单笔交易限额参数以控制交易风险,具有方便、安全、快捷、环保、利于维护的特点。

2010年,上海工商银行优化银期转账开户流程,开发集中式银期转账开户POS,允许客户在期货公司开户后,当场在开户POS上刷工行银行卡建立集中式银期转账关系,在不需要银行派出柜的情况下实现一站式服务。同年,上海工商银行进行信用卡批量开卡流程再造,即柜面扫描信用卡申请表,申请表影像通过影像处理系统实现影像的存储、查询,全表影像切割成信息碎片由不同柜员分别进行二次录入,所有碎片信息经录入、比对完成后回拼成信用卡申请表,再上送主机进行信用卡开卡申请。项目实施后,信用卡录入业务实现后台集约化、标准化处理,录入时间缩短2/3,并有效保护客户信息隐私。

三、金融信息服务

2001年,上海华腾软件公司承担完成"华腾电子转账与零售银行业务应用系统",被评为"上海市高新技术成果转化项目百佳"。应用于多个全国范围的信息化建设工程,如金卡工程、绿卡工程等,应用于上海市社保卡交换中心、上海交通卡清算中心等领域。2003年,上海第二工业大学开发成功"跨国公司财务管理决策支持系统"。建立跨国公司财务管理三个基本专题,以及整个跨国公司财务管理系统整体模型。开发出以中国企业为投资主体的"跨国公司投资预算子系统"、以资金多边冲销技术和线性规划理论为基础的"跨国公司资金调度子系统"和以跨国公司财务业绩评价指标的无量纲化为特征的"跨国公司财务业绩评价子系统"。

2005年,中国农业银行上海市分行开发成功"综合分析系统"。该系统构建面向客户的统一的客户关系资料库,建立客户与客户交易行为、客户经理、客户所用产品的有效关联,实现对客户的贡献度、风险度的量化分析。该系统在数据存储方面采用数据仓库技术,以IBMDB2UDB(V8)数据库作为数据仓库的存储服务器,采用多分区技术来保证数据的并发查询,具有数据加工控制台、客户访问通讯服务、在线分析汉化服务和加速服务、客户访问权限控制以及客户端控件下载等功能。同年,上海万申信息产业股份有限公司承担完成"环球多市场金融信息分析平台"。该平台开展多方面的应用服务:对数据挖掘技术在金融投资领域中的应用集成最新研究成果;在CMM管理规范实例中,采用CMM3级的标准,制定详细管理规程,使项目开发达到版本统一、成本低、风险降低的基本要求;采用构件的方法,实现金融模型的构造;采用数据挖掘技术对金融信息进行二次开发,对基金经理人员的决策起到辅助作用。

2006年,兴业银行与中国联通公司开展"CDMA无线接入技术",解决银行在离行式ATM机上采用数字专线(DDN)进行通讯所存在的不足,CDMA无线通讯技术具有安全性高、开通周期短、布设灵活、线路故障率低等优点,可应用于ATM机通讯。银行数据中心采用3A认证技术对远程用户的身份进行唯一性确认,构建防火墙对数据包过滤,应用基于IPSEC和3DES加密算法的VPDN来构建中心和远程路由器的加密隧道。同年,上海格尔软件股份有限公司承担完成"中国金融IC卡(基于PBOC2.0规范)密钥管理体系研究"。在中国人民银行完成EMV迁移"根CA"系统建设,与银联实现互联。该"根CA"系统采用安全完善的密钥及证书生命周期管理策略、完整可靠的日志强审计技术、基于分层概念的权限管理,形成符合EMV标准的PBOC2.0证书,与国际通行标准兼容。

2008年,上海银行采用指纹登录系统作为柜员身份认证的方式,成为总部在上海地区同业中应用最早、全国商行中使用规模最大的银行,也是国内首家在银行Windows终端采用指纹系统的银行。同年6月,浦发银行"数据中心服务器虚拟化整合"研发完成。在国内成功建立虚拟化的企业级数据中心和先进的IT基础架构;建立统一的、可适应的、灵活高效的、集约化的IT基础架构和平台。同年,浦发银行上海分行作为承担主体,会同上海市财政局完成"上海市非税收入资金和管理信息系统"。实现全市非税收入资金专户管理,实现上海市财政局对包括执收单位、征收点在内各环节的全过程、规范化、科学化管理;实现上海市内所有中资银行柜面代理非税收费收缴。

2009年,交通银行企业级客户信息管理系统对全行乃至交通银行集团范围客户的数据进行整体战略规划,将全行所有客户信息集中整合到统一平台,建立企业级客户信息模型,统一客户信息的标准。同年,交通银行营运再造示范项目,通过对原有交换提回处理流程进行全新再造,形成以票据分割影像作为柜员操作的基础介质,以各功能要素作为柜员的操作单元,将各分行的提回业务集中到业务处理中心,实现交换提回的集中、批量、快速等基本功能,最终形成以流程为核心的集中提回处理模式。同年,上海工商银行开发的"特别关注客户信息系统"具备四大功能:对再次上门融资的不良信用客户作出拒贷提示并发起催收流程,对有不良贷款客户的金融资产进行搜索扫描,针对不同业务和产品进行不同类型的客户信用评分,以图表等直观方式展示集团和关联客户关系并自动形成分析报告。同年,上海银行建成"企业级数据仓库一期"项目。实现一次加载、多次使用,实现行内信息的单一视图为风险管理、客户关系管理、财务绩效管理、监管报送等提供支持。项目荣获中美CIO峰会2009信息化最佳IT项目实施奖。同年,交通银行上海市分行开发财务智能预警系统,实现对企业财务报表的分析、真假财务报表的识别、财务风险的提示、关联企业信息的收集。同年,上海银行研发的"统一监控展示平台暨电子渠道统一监控系统"上线。实现对上海银行整个IT系统中的关键主机、关键应用服务及各种网络设备等资源、性能、故障的集中监管,实现全网资源运行状态信息的可视化、动态化、直观化。

2010年,上海农村商业银行研发的"客户关系管理系统"是一套完整的企业级客户关系管理解决方案。建立业务自适应转换体系,率先引入客户信息主数据管理模型,搭建先进的客户预测模型,建立以客户为核心的营销服务体系。同年,浦东发展银行上海分行推出的"营业网点现场管理系统",改善营业网点的窗口服务质量,网点服务能力明显提升。同年,市财政局等开发的"非税罚没收入系统"上线运行。该项目建立涵盖罚没收入收缴过程的统一管理平台,将全市3 000多家罚没单位纳入统一的监管体系。

第六编

民生科技

2000—2010年,围绕常见病、多发病和严重危害市民健康的疑难高危冠心病、脑卒中、恶性肿瘤、糖尿病、肝纤维化、高血压、肾功能衰竭等疾病,整合优势,协作攻关取得显著成效。共有711项技术获得国家和上海市奖项,其中,国家技术发明二等奖3项,国家科技进步一等奖3项、国家科技进步二等奖56项,上海市技术发明一等奖1项、上海市技术发明二等奖3项、上海市技术发明三等奖1项,上海市科技进步一等奖77项、二等奖235项、三等奖324项。

2000年起,建成世界上第一个建造于湖沼、海滨软土地基上的F1赛车场,在国际上首次提出并建立涡振等效风荷载方法,"世界第一拱桥"卢浦大桥融合斜拉桥、拱桥、悬索桥等三种不同类型的桥梁施工工艺。在建筑施工技术方面,形成大吨位钢结构整体吊装技术,超高层建筑双向同步施工控制技术,超深、超大基坑的四维预警监控与分析系统,高性能自密实免振捣混凝土配制技术等创新成果,遥控气压沉箱成套设备的螺旋机无排气连续出土系统为国际首创。在地下工程技术方面,实施双圆盾构综合技术,超大口径、超长距离盾构施工技术,箱涵顶进应用技术,大口径薄壁管道浅海敷设施工技术,钢管幕顶进施工和高精度控制,大断面箱涵进出洞控制,大断面箱涵泥浆套压注,复杂条件下的超大地下空间开发施工技术等新技术。在交通技术方面,实现世界上首次用预应力钢筋混凝土技术制作完成高速磁浮直线电机长定子轨道系统,在国际上首次建立车辆诱导、交通控制和公共交通的协调机制。在安全技术方面,在国内率先建立灾害天气精细预报业务系统,建立上海市应急联动中心综合信息通信系统、城市道路交通安全动态控制智能决策系统、火灾报警设备网络监控系统、地震综合预报专家系统等。

2000年以后,在废水处理方面主要开展难降解工业废水处理技术的研究,研究物理方法、化学方法、生物方法、生态方法等,开发微生物技术、生态混凝土技术、催化还原电解法、物理场水处理技术等方法和技术。在生活污水处理方面,开展水力模型实验、污泥处理、污水厂、排水系统等方面的研究。在给水处理方面开展水源地研究、饮用水处理技术、给水处理信息技术等方面的研究。在水环境保护方面,继续开展黄浦江综合治理,苏州河综合整治二期、三期工程,其他河道综合整治等研究。在生活废弃物方面,开展生活垃圾燃烧、智能分类等技术的研究。在工业废弃物处置方面,开展工业污染物控制、报废物品综合利用等方面的研究。在大气环境和噪声控制技术方面,开展微小颗粒、气体排放、汽车尾气净化、气溶胶和交通噪声控制的研究。在环保设备方面,开展污染监测、废弃物处理、污染物拦截等装备的研究。在环保信息技术方面,开展污染监控系统和管理信息平台的研究。

2000年以后,在传统能源综合利用技术方面,主要进行超超临界机组、天然气利用与输送、采矿技术、采油技术等相关技术。在可再生能源与新能源利用技术方面,开展太阳能电池、生物质裂解、制氢、储氢、燃料电池动力系统等技术的研发,研制2兆瓦级风力发电机组。在节能技术方面,开展电站节能减排、工业余热利用、建筑节能降耗等相关技术的研发等。在输配电与电网技术方面,开展电力监测与安全保障、大型变电站、特高压输配电等技术的研发。在城市生态技术方面,开展城市生态环境与规划、绿化系统、规划与指标、植物品种选育与栽培、有害植物与病虫害等方面的研究。在生态保护与修复技术方面,开展崇明岛水环境、苏州河水体生态及水体景观、土壤生态恢复技术等研究。在海岸生态与修复技术方面,开展崇明岛东滩湿地、崇西湿地、河口滩涂湿地等方面的研究。

第一章 健康科技

第一节 预防医学与疾病防控

一、预防医学

2000年，上海第二医科大学附属新华医院(新华医院)沈晓明等承担的铅对儿童生长发育影响及其预防的系列研究，获国家科技进步二等奖。研究发现铅暴露对学龄前儿童的生长发育可产生不可逆危害，发现钙剂和维生素C对铅所致幼鼠学习记忆能力的损害具有一定程度的保护作用，发现上海市婴幼儿铅暴露的现状和一系列危险因素，揭示环境铅污染对儿童发育危害的普遍性和严重性。2001年，上海市第六人民医院任引津等承担的职业性急性化学物中毒诊断的应用研究，获2003年国家科技进步二等奖。提出不同化学物所致急性中毒诊断和治疗共同遵循的原则，反映急性化学物质所致主要靶系统或器官，损害的临床表现、诊断、治疗特点。为《中华人民共和国职业病防治法》提供技术支持、背景资料和法律处理依据。

2003年3月，上海市计划生育科学研究所(计生所)和华东理工大学完成环境类激素污染物对健康影响调查，通过市科委验收。认为DDT和六六六在环境中污染水平低，仅在生长期较长的作物(稻谷)中检出，且残留量低于国家标准；有机磷和拟除虫菊酯农药在蔬菜、水果中有一定残留；自来水中各项指标尚可，但个别地区个别时段六氯苯有超标现象。2004年，复旦大学完成镉人体健康效应危险度评价，通过鉴定。接触镉能引起肾损害的生物标志物升高，骨密度与尿镉呈负相关，骨质疏松与肾功能损害有关，镉接触的居民PSA的阳性率高于对照组居民。

2005年，复旦大学附属中山医院(中山医院)杨秉辉等编写的"相约健康社区行巡讲精粹"丛书(合作项目)，获国家技术进步二等奖。该书以倡导健康的生活方式为主题，内容丰富实用，涉及群众健康生活的方方面面，融权威性、先进性、科学性、趣味性和知识性为一体，堪称大众健康教育之力作，医学科普图书之精品。同年，复旦大学陈秉衡主持的"采用健康危险度科学方法评价上海市大气污染"，采用健康危险度评价的方法结合卫生经济学的理论，研究上海市大气污染改善趋势及相应的健康效益，建立"大气污染→健康危害→经济损失"这一综合评价分析的思路，以及大气污染健康危害定量评价及其货币化的方法。

2006年7月12日，上海交通大学研究高原(山)地区筑养路职工安全与健康保障，通过交通部西部建设科技项目管理中心鉴定；获2008年青海省医药卫生科技奖一等奖。在国内首次建立高原筑养路职工疾病谱，为进一步防治急慢性高原损害和功能康复工作提供理论依据。2007年，复旦大学医学院培育成功一种可直观监测环境雌激素污染的"转基因斑马鱼"，能直观、灵敏地显示水环境中雌激素类物质污染。同年，复旦大学医学院研制成功可显著增强免疫应答的SBP免疫增效剂，具有高效、微量、反应快速、无毒等优点，适用于突发严重公共卫生事件的应急治疗性免疫。同年，复旦大学开展苯的职业危害及其预防策略研究，结果首次报道基因特定多态位点可影响慢性苯中毒的发病风险，并与生活方式、职业接触水平等共同发挥作用。

2008年，上海市疾病预防控制中心(上海疾控中心)主持"上海市重要病媒生物防治技术规范研究"，首次对上海市重要病媒生物的危害现状，尤其是媒介传病的主要危险因子进行调研和评估，掌握全市病媒生物防治效果的关键性影响因素以及相关法规政策对其产生的影响。同时提出和构建符合上海市市情的重要病媒生物控制标准体系。2009年，复旦大学、上海市环境监测中心等开展的城市复合型大气污染对居民健康影响，获上海市科技进步二等奖。

2010年，上海市普陀区人民医院、复旦大学承担棉尘接触与肺功能下降关系的基础研究及应用，获上海市科技进步二等奖。研究发现棉尘接触会导致棉纺工人急性、慢性肺功能下降，棉尘中细菌释出的内毒素是引起气道损害的重要因素。提出的车间空气中棉尘卫生标准成为国家标准，为职业病防治提供理论依据。同年，上海疾控中心制定"五位一体"新社区伤害综合防治模式。该中心在花木社区引入国际安全社区指标体系，结合中国实际，对管理模式进行改革，建立由疾控中心设计开发技术、街道政府牵头的多部门合作的组织实施网络体系、社区管理中心、居委会和社区居民参与的"五位一体"新社区伤害综合防治模式，把风险评估与管理控制机制引入到伤害疾病负担预防与控制领域。

二、疾病防控

2000年，中国预防医学科学院上海寄生虫病研究所史宗俊等承担的"中国阻断淋巴丝虫病传播的策略和技术措施的研究"，获2001年国家科技进步一等奖。首先确立以消灭传染源为主导的丝虫病防治策略；制订安全、有效的0.3%乙胺嗪药盐普服防治方案；提出微丝蚴率小于1%为阻断传播的指征；建立纵、横向结合的主动监测系统；制订基本消灭和消除丝虫病两阶段的防治目标、标准、技术指标和考核方法。2001年，复旦大学医学院徐志一等承担的"甲型肝炎减毒活疫苗保护效果及免疫策略研究"，获国家科技进步二等奖。确定疫苗的规范化滴度，规范化甲肝减毒活疫苗的免疫原性，测定活疫苗免疫后抗体持久性，解决活疫苗的稳定性问题，改进活疫苗滴度的测定方法，确定甲肝疫苗的初免年龄、成人免疫效果，建立甲型肝炎数学模型，提出适合中国的甲型肝炎免疫策略。同年，中国预防医学科学院上海寄生虫病研究所徐百万等研制出"血吸虫病口服预防药蒿甲醚"，获国家科技进步二等奖。首次将中国创制的抗疟药蒿甲醚发展成为口服预防血吸虫病药物，实现血吸虫病口服预防药"零"的突破；首次阐明血吸虫童虫对蒿甲醚敏感性的规律，为蒿甲醚用于预防血吸虫病的研究提供实验依据；并优选出蒿甲醚预防日本、曼氏和埃及血吸虫病的人用剂量与方案。

2003年10月，复旦大学附属儿科医院等研究儿童青少年1型糖尿病防治，通过上海市卫生局鉴定。采用"捕获—再捕获"原理的流行病调查技术、基因克隆和表达检测技术、糖尿病临床治疗的胰岛素泵等新技术，对青少年糖尿病防治中的临床和基础两方面，开展系列研究。同年10月，中山医院研究人群血脂指标变化及影响因素，通过上海市卫生局鉴定。采用重复横断面抽样调查的方法，对上海地区代表性人群进行血脂流行病学调查，开展膳食因素调查分析；并建立住院病例数据库。通过研究国内人群血脂指标的变化及可能影响因素，印证上海市心脏病病种的"流行病学转变"，及冠心病发病的加速与人群中血脂水平的增长相吻合。2004年，上海市卫生局孙晓明等承担的"上海市先天性听力障碍干预对策及13万新生儿听力筛查效果研究"，获上海市科技进步一等奖和2006年国家科学技术进步二等奖。在国内外首次对新生儿期鼓室和外耳道解剖结构、生理学特性改变进行研究；确定畸变产物耳声发射技术；提出两阶段筛查方案，建立一套筛查程序和筛查机制，在国内特大城市中首先建立新生儿听力障碍筛查、早期诊断和综合干预技术体系。

2005年9月,中山医院完成乳房自我检查对降低女性乳腺癌死亡率的评估,通过上海市卫生局鉴定。提出乳腺癌的生物学特征决定良恶性肿块的临床特点具多样性,腋淋巴结转移发生较早,靠手自查发现早期乳腺癌存在技术上的困难,难以达到目的。同年11月,上海疾控中心、复旦大学公共卫生学院等实施糖尿病社区人群计划防治,通过上海市卫生局验收。建立糖尿病高危人群的筛查模型和糖尿病队列人群,纳入计算机动态监测管理系统进行分级管理,开展社区干预方式效果评价,提出糖尿病社区人群防治方案。

2007年,复旦大学公共卫生学院等开展儿童病毒性脑膜炎病原研究,初步判断2003年中国南方部分地区的儿童、少年与学生暴发不明原因病毒性脑膜炎,初步判断Echo30型肠道病毒可能是病因病毒,发现Echo30脑膜炎的隐性感染者普遍存在,人群通过自然感染获得免疫保护。同年,复旦大学附属华山医院(华山医院)、上海市肺科医院等完成"耐多药结核病分子机制及快速诊断技术",筛选出中国耐药结核病相关基因标志、蛋白标志以及多重耐药检测噬菌体类型,建立可快速检测结核多重耐药的快速检测技术,加快耐药结核诊断速度。同年,同济大学承担的上海市儿童口腔健康现况和对策研究,通过专家组评审。调查全市12 045名儿童的口腔健康现状及其口腔卫生知识、态度和行为情况,提出儿童口腔保健建议。同年,上海科学院脑血管病防治研究所开展"社区脑卒中预防与控制适宜技术研究",对社区人群中40岁以上具有脑卒中危险因素暴露者进行脑血管血液动力学检测,建立能够定量评估中风危险度的方法及防治手段。

2008年,上海交通大学医学院附属第六人民医院贾伟平等承担的"糖尿病及其慢性并发症的预测及检查方法的优化与应用",获上海市科技进步一等奖。首次在国际上阐明中国人空腹血糖受损与糖尿病发病的关系;提出筛查糖尿病两步法的优化策略;开展核磁共振对体脂分布的检测;优化慢性并发症的检查方法,创立"医院—社区"糖尿病一体化管理模式。同年,上海疾控中心袁政安等承担的"上海市结核病综合防治模式研究及其推广研究",获上海市科技进步二等奖。利用完善的防治网络,使结核病人督导管理覆盖率逐年提高,病人规则服药率提高;建立完整的菌株库,开展结核病分子流行病学、结核病病因学和耐药机制研究,阐明上海地区复发和耐药结核病产生原因,突破"内源性复燃"是结核病复发和耐药主要原因的传统理论,为政府制定结核病控制策略提供理论依据。同年,上海市肺科医院承担"结核分枝杆菌快速检测及耐药性测定新技术的研究及应用"课题,建立快速检测结核分枝杆菌及其耐药性的微量噬菌体滴板法、双相罗氏培养法和基因芯片检测法,研制相应的检测试剂。可在2~3天获得结核病的细菌学诊断。同年,上海疾控中心开展上海市甲型流感病毒抗原变异及基因分析,提示上海市2000年以来H1N1甲型流感样病毒流行增强,HA1基因的变异不大,而H3N2的流行趋于减弱。但其HA1基因序列分析结果提示现流行分离株可能不同于上海市20世纪90年代的流感病毒分离株。

2009年,上海科华生物工程股份有限公司等研制出甲型H1N1流感病毒核酸检测试剂盒,通过测试并获得国家推荐。同年5月,中国科学院上海巴斯德研究所开发出甲型H1N1流感快速检测分型试剂盒——多重荧光RT-PCR方法,用于甲型流感病毒检测和HA基因分型。同年5月23日,中国军事医学科学院张江研发中心研究出甲型H1N1流感快速检测法。该项目开发出快速检测试剂盒,从标本接收到出结果,仅需1.5小时;产品曾成功参与国内首例甲型H1N1流感患者的诊断。同年7月,华山医院完成癫痫流行病学和社会心理学研究,通过上海市卫生局验收。发现癫痫终身患病率的"双峰"现象,首次获得上海农村地区癫痫治疗数据,及在国际上报道癫痫死亡调查及使用苯巴比妥治疗癫痫发作的药物经济学评价。

2010年,仁济医院与第二军医大学附属长征医院(长征医院)完成慢性肾衰防治研究,建立慢性肾脏病数据库软件和标本库,明确上海社区该病的患病情况及高危因素,建立早期筛查诊断方法;应用代谢组学、蛋白质组学研究方法,筛选发现敏感特异的慢性肾脏病相关的生物学标志物;建立核磁共振成像技术评估汉族人群常染色体显性多囊肾病患者进展速度及影响因素的研究平台;开展雷帕霉素治疗多囊肾病研究,初步获得干预治疗多囊肾病药物治疗新方法;初步明确尿血管紧张素原可能为IgA肾病病情的无创性标志物;在国内首次提出透析中高血压是血液透析患者高血压的一种特殊类型,内皮素1升高是重要发病机制。同年,中国农科院上海兽医研究所在宠物(猫、狗)人畜共患流行病学调查及重大病害的检测技术的研究中,建立狂犬病中和抗体检测方法和宠物结核病、弓形虫等人畜共患流行病快速分子检测方法,并进行重要人畜共患病的分子流行病学调查。

第二节　基　础　医　学

2000年,上海医科大学曹世龙等,历经5年艰辛完成的"肺癌INK4a/ARF基因状态及该基因转染对其增殖、放射敏感性影响的研究",通过卫生部组织的科技成果鉴定。在国内外率先探讨INK4a/ARF基因转染对肺癌细胞敏感性影响等课题,提出INK4a/ARF基因可作为肺癌检测和预后判断的新的标志基因,为开展肺癌的基因治疗和通过基因手段进行放射增敏治疗提供理论和实验依据。8月4日上海东方肝胆外科医院在国际上首次阐明蛋白质Z在调节凝血过程中的重要生理功能,解决了一个科学难题,标志着中国科学家掌握先进的基因打靶技术。2001年,第二军医大学曹学萍等承担的树突状细胞的免疫学功能及其来源的全长新基因的克隆与分析,获上海市科技进步一等奖。对深入研究免疫应答的调控机制及免疫相关疾病的发病机制提供理论基础。同年,上海市第六人民医院项坤三等承担的"全身与局部肥胖及其相关疾病的分子及临床研究",获上海市科技进步一等奖;2004年,"体脂、胰岛素抵抗与代谢综合症(征)关系的研究",获国家科技进步二等奖。该项目初步揭示糖尿病及代谢综合征者的腹内脂肪具有致胰岛素抵抗的作用,股部皮下脂肪对胰岛素敏感性则有保护作用;明确代谢综合征及其相关疾病的流行现状。同年,新华医院主持新生儿能量代谢系列研究,通过专家鉴定。得出结论:不同分娩方式对新生儿能量代谢无影响;出生体重对能量代谢有影响,体重低则能量消耗大;哭闹时比睡眠状态下能量消耗高40.3%;婴儿术后1~3天的能量消耗与新生儿相比明显升高。

2002年,中国科学院上海生物工程研究中心孔祥银等承担的"热休克蛋白转录因子HSF4突变导致白内障",获得上海市科技进步一等奖。该项目首次证明热休克蛋白转录因子-4的突变引起儿童遗传性绕核型白内障。在丹麦Marner类型白内障大家系中,再次证实热休克蛋白转录因子HSF4的突变引起白内障。2003年,上海第二医科大学附属瑞金医院(瑞金医院)王鸿利等承担的"重要脏器血栓栓塞的基础与临床研究",获上海市科技进步一等奖和2004年国家科技进步二等奖。建立配套的检测血管内皮细胞、血小板、凝血、抗凝和纤溶的指标,在国内率先提出按循证实验医学原理优化组合实验诊断指标在血栓病诊断与治疗中的价值;在国内外首先发现多种基因改变对血液凝固的影响。同年,第二军医大学苏定冯等承担的"血压波动性的研究",获上海市科技进步一等奖。首次报道不伴有高血压的单纯性血压波动性增高可以导致器官损伤,首次提出血压不稳定导致器官损伤的四大机制:机械性损伤、肾素血管紧张素系统激活、炎症反应参与和心肌细胞凋亡增加;提出高血压治疗的三要素:确切降压、稳定血压和阻断肾素血管紧张素系统。同年,瑞金医院开展急性肾功能衰竭病因、临床与实验研究,在国内首次开展急性肾功能衰竭前瞻性研究,提出医源性、老龄化因素和内科并发症增多等急性肾功能衰竭病因谱改变特征,形成急性肾功能衰竭病因鉴别的一整套实验室检测指标,修订形成规范的急性肾功能衰竭肾活检指征。

2004年,上海第二医科大学完成"红斑狼疮免疫异常表型的分子遗传学研究"。在国际上率先通过高密度的微卫星遗传标志在中国人群中进行连锁不平衡基因定位,在国际上率先发现16q12区域中存在SLE易感基因位点,得到OAZ是该区域内SLE候选基因,并发现该基因SNP单倍型与SLE有显著关联。同年,上海市肿瘤研究所万大方等承担的"建立、应用高通量基因功能筛选和验证系统",获得上海市科技进步一等奖。创建成以细胞生长基础的高通量脱氧核糖核酸转染技术平台,建立大规模基因功能筛选和验证体系,获得与肿瘤相关的新基因372个。同年,瑞金医院王鸿利等承担的遗传性凝血因子缺陷症和抗凝血因子缺陷症的基础与临床研究,获上海市科技进步一等奖。首先报道30种相关基因突变,诊断准确性达100%。同年,华山医院周良辅等承担的"中枢神经系统海绵状血管瘤的基础与临床研究",获上海市科技进步一等奖。发现人类不同种族间FCCM的遗传学差异以及CHI3L1基因和TGIF2基因两条差异基因,建立完整的数据库。

2005年,同济大学陈义汉等承担的"心房颤动分子遗传学和细胞电生理学研究",获得国家自然科学二等奖。该项目通过对心房颤动家系的遗传连锁分析,把心房颤动致病基因定位在第11号染色体末端,在心脏钾离子通道基因KCNQ1中发现一个改变氨基酸编码的点突变;证明该变异体可以引起心房颤动的基础电生理学改变,KCNQ1为心房颤动致病基因,发现KCNQ1与其辅助亚单位的突变体共同作用也导致心房颤动。同年,上海仁济医院房静远等承担的"表观遗传修饰及其在胃癌发生和预防中的应用",获得上海市科技进步一等奖。发现人胃癌癌灶和癌旁总基因组DNA甲基化水平降低,癌基因甲基化越低,叶酸含量下降,肿瘤的恶性程度越高。发现表观遗传干预可影响胃癌肿瘤细胞系生物学行为;发现叶酸可预防犬胃癌的发生。同年,仁济医院顾顺乐等承担的系统性红斑狼疮的发病机理及诊治策略,获上海科技进步一等奖和2009年国家科技进步二等奖。项目发现系统性红斑狼疮的遗传学发病机制和诊疗策略,建成东南亚系统性红斑狼疮诊疗中心。

2006年,瑞金医院宁光等承担的遗传性内分泌代谢性疾病基因和临床研究,获上海市科技进步一等奖。项目在基因水平上对21种遗传性内分泌代谢病进行诊断,共发现19种基因突变,其中14种突变在国际上尚未见报道。同年,国家人类基因组南方研究中心(南方基因组)赵国屏等承担的"SARS冠状病毒分子进化及其相关流行病学规律的研究",获得上海市自然科学一等奖。发现SARS病毒从果子狸传到人类的来源证据,发现果子狸是SARS病毒的中间宿主;发现SARS大爆发时早、中、晚期SARS病毒的基因组特征性分子标志,及其在人体内的变异规律;建立用微量原始样本进行SARS全基因组测序的技术体系;提出引起SARS爆发流行的可能分子机理假说。第二军医大学王红阳等承担的"恶性肿瘤磷酸化调控的信号传导研究",获得国家自然科学二等奖。发现和鉴定一组具有磷酸化调控功能的重要基因,阐明其磷酸化调控的信号途径,确定其在恶性肿瘤、特别是肝癌发生发展进程的变化特征、功能意义和应用前景。同年,上海交通大学医学院等完成"整合高通量技术平台及计算生物学方法研究重大疾病发生及治疗的分子网络"。在国际首次揭示APL细胞内错综复杂的分子网络在诱导分化治疗过程中的时空变化和药物联用过程中有序且复杂的多层次的时空变化过程;发现毒性极低的维甲酸类似物芬维A胺主要通过诱导肿瘤细胞内多种亚细胞器发生分子网络的相互作用诱导凋亡。

2007年,第二军医大学郭亚军承担的"恶性肿瘤细胞抗原提呈和生物调变机理研究",获得国家自然科学二等奖。该项目提出调变肿瘤细胞抗原提呈功能和激活宿主抗肿瘤特异免疫反应的新理论和新技术;在国际上开创性应用抗原提呈细胞与肿瘤细胞融合;发现局部细胞因子能够增加肿瘤细胞自身抗原的提呈并调节肿瘤细胞免疫刺激和协同分子表达增强;发现肿瘤细胞共刺激分子直接参与肿瘤细胞的生长和转移;发现通过多基因联合修饰的肿瘤细胞,能够促使肿瘤细胞凋亡。同年,第二军医大学附属长海医院(长海医院)李兆申等承担的幽门螺杆菌关键致病因子 CagA、VacA 的生物学特性及其临床应用,获国家科技进步二等奖。该研究在国际上首次证明 CagA 是导致消化性溃疡发生的关键因子,证实 CagA 是中国胃癌发生的重要危险因素。同年,上海市第一人民医院许讯等承担的糖尿病视网膜病变发病机理和临床防治,获上海市技术发明一等奖和 2008 年国家科技进步二等奖。项目完成视网膜病变(DR)流行病学研究,建立国人黄斑区视网膜厚度正常参数。

2008 年,第二军医大学曹雪涛等承担的"免疫识别的分子机制研究",获得上海市自然科学一等奖。发现免疫识别过程中存在的新的分子机制,发现一种新型热休克蛋白,发现一个被 T 细胞识别的病毒来源的新型抗原表位肽,研制出一种富含 HSP、易于被免疫识别并能更有效激活免疫反应的新型 exosomes 瘤苗。同年,瑞金医院陈国强等承担的"白血病细胞生命活动规律的新发现",获得上海市自然科学一等奖。在国际上首先提出以"HIF-1α-C/EBPα 和 AML1/Runx1"为主轴的白血病细胞分化信号途径;发现干扰素 α 通过 PKC-δ 依次活化 JNK 和 STAT1 信号通路上调 PLSCR1 的表达,并提出 PLSCR1 通过抑制细胞增殖、诱导细胞分化和增加细胞凋亡的敏感性;在国际上首先报道三氧化二砷和 velcade 对白血病的联合效应和喜树碱衍生物 NSC606985 在体内也有抗白血病效应;发现以 ANP32B 为代表的多个凋亡相关分子。同年,瑞金医院宁光等承担的单基因遗传性内分泌疾病的基础研究和临床应用,获国家科技进步二等奖。提出并完善单基因遗传性内分泌疾病 3 类 10 种分类体系,建立程式化基因诊断平台,提出并鉴别良恶性嗜铬细胞瘤的生物标志物,提出肿瘤激素异位分泌的新机制。

2009 年,上海市第六人民医院贾伟平承担的 2 型糖尿病的发病机理和临床诊治技术,获国家科技进步二等奖。课题在国际上首次阐明中国人空腹血糖受损与糖尿病发病的关系,在国内首次建立测定胰岛 β 细胞功能精确方法高葡萄糖钳夹技术,并优化出 2 型糖尿病患者急性相胰岛素分泌功能的检测方法。2009 年,中国科学院上海巴斯德研究所(巴斯德所)与巴黎巴斯德研究所合作开展"上海地区儿童支气管炎和肺炎鼻病毒研究"。首次在一种新病毒——鼻病毒 C 中发现大量多重重组,该重组使得鼻病毒具有高遗传变异性。证明儿童人群存在鼻病毒高遗传多样性。同年,南方基因组黄薇研究组与安徽医科大学合作,对银屑病、系统性红斑狼疮开展全基因组关联分析研究。发现人类重要 MHC 区域和报道的银屑病相关基因 IL12B 呈强关联。首次发现染色体 1q21 上的 LCE 基因 4 个 SNPs 也呈强关联。新发现的 LCE 基因则与银屑病的发病有重要的功能关联。发现 5 个与汉族人群发病密切相关的易感基因 ETS1、IKZF1、RASGRP3、SLC15A4 和 TNIP1,并确定 4 个新的易感位点;首次通过遗传学研究证明红斑狼疮发病机制中的遗传危险因素在不同人种间具有相同和不同的易感基因。同年,中国科学院上海生物化学与细胞生物学研究所(生化与细胞所)丁建平研究组与第二军医大学郭亚军研究组合作开展的"单克隆抗体药物 Efalizumab 治疗银屑病的分子基础",揭示单克隆抗体药物 Efalizumab 治疗银屑病(牛皮癣)的分子基础。同年,中国科学院上海药物研究所(药物所)俞强与中国科学院上海有机化学研究所(有机所)马大为研究组合作,发现海洋蓝藻环缩肽类毒素 ApratoxinA 抗肿瘤活性的分子机理,发现其靶点为热休克 Hsp70/Hsc70 家族蛋白。

2010 年,复旦大学通过对 5 个人类重要传染病病原体的耐药性及耐药机制进行研究,发现获得性耐药与原发性耐药并存,是中国多重耐药和泛耐药结核病发生的特点;研究提出适合国情的最佳抗 HIV 病毒治疗方案。同年,中科院上海生命科学研究院/上海交通大学医学院健康科学研究所(健康所)等研究发现:进化上高度保守的 PTEN－C/EBP alpha－CTNNA1 信号轴控制造血干细胞发育与白血病干细胞恶性转化,3 个重要的白血病肿瘤抑制基因共同作用在 1 个进化上高度保守的信号传导轴中,通过调节表观遗传学机制"三把锁"控制造血干细胞发育与白血病干细胞恶性转化。研究成果在线发表于国际学术期刊《血液》(*Blood*)。

第三节　内　科　学

一、心血管内科

2001 年,中山医院杨英珍等承担的病毒性心肌炎与扩张型心肌病的临床与实验研究,获上海市科技进步二等奖和 2004 年国家科技进步二等奖。发现黄芪及其单体可起到保护心肌的作用;心肌细胞离子通道改变在病毒性心肌炎发病中起重要作用;支持扩张型心肌病与病毒持续感染有关;证实 cTnI 可作为急性病毒性心肌炎的心肌损伤的特异性指标;发现黄芪、牛磺酸、CoQ10 等综合治疗优于一般常规治疗。2002 年,复旦大学完成经静脉声学造影评价心肌灌注的临床和实验,通过鉴定。自制经静脉声学造影剂,经静脉注射可用于临床评价心肌梗死再血管化术后的心肌灌注和无再流现象,还可预测术后左室功能的恢复,间歇触发显像 MCE 可用于评价心肌局部心肌血流量的变化和血流储备。2003 年,长海医院主持体表软组织血管瘤及血管畸形研究,通过上海市卫生局鉴定。率先提出栓塞回流静脉能够提高海绵状静脉畸形的疗效;提出栓塞血管瘤微动静脉瘘是治疗快速生长血管瘤的关键;用非相干光红光结合光动力疗法治疗葡萄酒色斑;应用栓塞、硬化综合治疗难治性海绵状动静脉畸形;应用栓塞、硬化结合铜针留置或放射介入治疗蔓状动静脉畸形。

2004 年,中山医院完成骨髓干细胞移植治疗急性心肌梗死研究,通过鉴定。发现粒细胞集落刺激因子动员自身骨髓干细胞,自体骨髓干细胞移植可促进血管增生,减轻左室重构;首次发现心脏自身冠脉侧支循环引起的血管化微环境能促进骨髓干细胞移植归巢到缺血心肌、改善缺血心脏功能;发现经纯化的单克隆骨髓间充质细胞能增加血管新生,改善心脏功能。同年,长海医院承担超声对冠心病时左室功能和心肌存活性研究,提出患者胸超声心动图左冠状动脉管壁的回声和血流动力学变化特点;应用多种技术验证梗塞区局部心内膜运动、心功能、心肌存活性的意义。同年 11 月,瑞金医院承担的胰岛素抵抗型高血压诊治优化方案的研究,通过上海市卫生局鉴定。无糖尿病的伴代谢综合征(MS)高血压患者,在进行小剂量 β 受体阻滞剂为基础的联合降压治疗同时,加用降血糖药二甲双胍,能逆转小剂量 β 受体阻滞剂对糖脂代谢的不良影响,并可提高胰岛素敏感性。同年 11 月,上海第二医科大学承担窦房结细胞的起搏和调控原理及其应用,通过上海市教委组鉴定。建立以机械和酶消化相结合的窦房结细胞分离方法和穿孔膜片钳;证明 IK 和 If 离子流在自律活动中的作用;阐明长 QT 综合征发病机制及抗心律失常药物的治疗机制;证明甲状旁腺激素有增高窦房结自律性作用,并对冠脉流量和心肌收缩力有正性效应。

2005 年 2 月 1 日,仁济医院承担高血压心脏重构机制及白大衣高血压防治,通过市科委验收。提示白大衣高血压存在一定程度靶器官损害,药物治疗可以降低白大衣高血压的偶测血压、明显改善靶器官损害;提示存在能量消耗增加、有氧代谢减少、无氧酵解增多;肥大心肌存在氧化应激障碍,是细胞损伤的主要原因。同年 3 月,中山医院、长征医院等完成疑难高危冠心病诊疗优化方案,通过上海市卫生局鉴定。发现 CD40 配体高表达等血清学指标与冠状动脉粥样硬化斑块的不稳定性,不稳定心绞痛的发作及冠状动脉支架内再狭窄密切相关;发现重组 RGD 肽水蛭素及山莨菪碱能改善大鼠冠状动脉微循环功能。同年 10 月,复旦大学附属儿科医院承担血管瘤增殖机制及其治疗研究,通过上海市卫生局鉴定。发现雌二醇与生长因子 VEGF 和 bFGF 之间有协同促进作用,为血管瘤病因的"雌激素学说"首次提供直接的实验证据;发现环境雌激素可促进血管内皮细胞的增殖,发现抗雌激素药物他莫昔芬在体内、外均可抑制血管瘤的增殖,可作为治疗血管瘤的潜在新药。

2007 年,新华医院、上海儿童医学中心完成围生期先天性心脏病诊断和治疗的基础和临床研究,通过市科委验收。在国内率先提出危重型先天性心脏病的围生期早期干预和计划性治疗的理念,建立胎儿先天性心脏病诊断的网络筛查机制,完善胎内诊断的理念与方法,建立完整的围术期处理常规和监护方法。2008 年,长征医院吴宗贵等承担的"易损斑块及心肌缺血损伤的发病机制和临床",获上海市科技进步一等奖。发现 ox‐LDL、MMP‐9、sCD40L 和 TF 是易损斑块重要的血清学标记物,首次在体证实经外膜途径给予 CD40LsiRNA 阻断 CD40/CD40L 受体配体轴,可显著抑制易损斑块形成,率先倡导以强化他汀类药物应用为基础的综合治疗策略,提出针对易损斑块所导致的急慢性心肌缺血综合治疗的新主张。

二、神经内科

2002 年,复旦大学承担放射性核素脑灌注显像负荷试研究,通过鉴定。首次提出应用潘生丁取代乙酰唑胺进行脑血流负荷显像的设想,并在国内外首次证实其可行性;在国内外首次报道潘生丁对实验动物脑血流量的影响;在国内外首次提出潘生丁反映脑血流储备功能的基本原理仍是"窃血"作用;研究提出乙酰唑胺不会诱发心肌"窃血",而是会改善局部心肌血流灌注。2003 年,华山医院完成脑卒中规范化救治方案,通过上海市卫生局鉴定。包括急性期脑卒中的急诊处理流程,急性期护理,急性期血压控制,血糖、体温控制;按发病时的不同时间窗的治疗方案;脑出血病者按血肿量大小进行神经内外科分流和开颅及小骨窗等手术途径。2004 年,中山医院承担脑卒中后神经康复系列研究,通过鉴定。证实早期神经康复治疗是有效的、安全的、必要的,应建立完善的三级神经康复体系;显示针刺与现代神经康复理论相结合能有效改善急性期中风患者的功能康复,促进损伤脑功能再激活后的重组。

2005 年 1 月 8 日,仁济医院主持恶性脑肿瘤诱导治疗的实验和临床研究,通过专家验收。深入研究榄香烯抗肿瘤作用机制,为恶性脑肿瘤治疗提供实用新型的化疗药物;通过榄香烯治疗胶质瘤和多发脑转移癌的临床研究,提出榄香烯应用的适应证和使用剂量、方法、时程等注意事项。同年12 月,中山医院研究分期辨证治疗急性缺血性脑卒中,通过上海市卫生局鉴定。针对急性脑缺血病理生理变化的不同阶段,将急性脑梗塞分期治疗的观念与中医辨证施治相结合,采用不同作用机理的中药进行序贯综合治疗,治疗组总有效率达到 82%。2008 年,上海中医药大学附属岳阳中西医结合医院开展中西医结合提高脑卒中患者生活质量研究,以缺血性中风患者为研究对象,将传统的针灸、推拿疗法和现代的运动疗法、作业疗法融合在一起,制定综合治疗方案;建立综合治疗临床基地。同年,中山医院开展非嗜酒性韦尼克脑病(WE)临床与实验研究,在国际上首次提出并论证"转酮醇酶活性下降—磷酸戊糖旁路代谢障碍—神经发生与中线结构脑区选择性损害"病理损害机制,提高对该疾病的临床治愈率。

三、内分泌科

2002 年,上海市第六人民医院研发糖尿病全新诊治模式。诊治模式包括个体化诊断+团队综合治疗+功能诊断指导治疗+高危人群干预,个体化诊断讲求精确性,采用功能诊断指导治疗的新理念;对高危人群进行干预。2003 年 10 月,中山医院承担"糖尿病肾脏病变防治",通过上海市卫生局鉴定。在国内首次完成较大样本的有关早期 2 型糖尿病(T2DM)肾脏病变(DN)的流行病学调查与研究,报告中国人 T2DN 的患病率与相关危险因素,首次提出较完整的 T2DN 临床诊断方案。

2004 年,华山医院承担"糖尿病心脏病的临床和实验研究",通过鉴定。糖尿病人存在早期亚临床的心脏病变和心脏植物神经病变;糖尿病合并冠心病以及代谢综合征患者冠状动脉病变程度较重,累积的次数也较多;糖尿病合并高血压、胰岛素抵抗、肥胖时,存在心脏肥大、心功能减低的情况;糖尿病心脏植物神经功能测定频谱方法与传统心脏植物神经功能检查具有良好的相关性;糖尿病心脏病理存在胶原增多,心肌细胞坏死、凋亡,脂滴沉着,微血管内皮肿胀表现。

2006 年 8 月,上海市第一人民医院许迅等承担的"糖尿病视网膜病变发病机理和临床防治",通过验收,获 2007 年上海市技术发明一等奖和 2008 年国家科技进步二等奖。完成视网膜病变(DR)流行病学研究;建立起 DR 社区防盲模式,施行行政结合医疗双线管理,建立并完善国内首个 DR 社区三级防治网络,制定社区健康教育规划,施行个体化规范管理;建立国人黄斑区视网膜厚度正常参数;揭示视网膜血管内皮细胞线粒体活性氧是 DR 早期发生发展的一个上游启动因子;优化传统的玻璃体视网膜显微手术。2007 年,中科院上海营养所翟琦巍研究组研究缓解胰岛素抵抗防治 2 型糖尿病,发现 SIRT1 蛋白水平在胰岛素抵抗的细胞或组织中被下调,而上调 SIRT1 的蛋白水平可以改善胰岛素的敏感性。SIRT1 的激动剂白藜芦醇也可以改善胰岛素的敏感性。

2009 年,第六人民医院、上海市糖尿病研究所优化糖尿病诊治,创立糖尿病个体化治疗的新技术,揭示出新脂肪细胞因子在糖尿病发生中的机制,发现 GK、PPARD、MMP‐9、PAI‐1 和 MnSOD 等基因变异参与中国人 Ⅱ 型糖尿病及其并发症发生的作用。

四、血液科

2001 年,第六人民医院血液科研究骨髓塑料包埋诊断白血病,通过鉴定。在国内首次证明塑包切片可进行急性髓细胞白血病的组织学分型与分类,对临床治疗有参考价值,国内尚无同类报道。2002 年,上海医学遗传研究所黄淑桢、曾溢涛主持"构建反义 RNA 表达载体对 β 地中海贫血进行基因治疗的实验性研究",获上海市科技进步一等奖。首次在转录和翻译水平上证明 β654 剪接缺陷导致 β+ 地贫而不是 β0 地贫;首次设计和构建能在细胞内稳定和持久地产生针对 β654 剪接缺陷的反义 RNA 真核表达载体,不需合成化学修饰的反义核酸,也不需反复给药;首次在培养的 β654 病人的红系细胞中进行反义 RNA 基因治疗的研究;在基因转录水平,及珠蛋白肽链合成的水平上,分析反义 RNA 表达载体对治疗 β654 突变的有效性;建立可随 Hela 细胞传代而传递并能冷冻保存的稳定的反义 RNA 真核表达系统。

2003 年 11 月,新华医院研究儿童白血病化疗个体化,通过市科委鉴定。首次在较大样本范围内同时测定 CYP3A4 和 GST‐Pi 的表型及基因型,在国内外首次报道两个 GST‐Pi 的新的外显子 6 突变基因型;首次发表中国(上海地区)汉族人 TPMT 活性和基因型的多态性分布资料;在国内外首次研究 MTX 联合 GM－CSF 对 M5 细胞的诱导分化作用;在国际上首次发现中国儿童中门冬酰胺合成酶基因存在遗传多态性分布,国内首次发现在诱导缓解过程中患者体内可以产生抗 L－Asp 抗体。在国内率先开展用糖皮质激素早期诱导试验对儿童 ALL 预后判断及临床危险度再分型的研究;首次在国内建立用四色抗体组合的流式细胞术方法来检测 B－ALL 的微量残留病。2005 年,瑞金医院陈国强等承担的"白血病细胞分化和凋亡新机制的提出与发展",获上海市技术进步一等奖和 2010 年国家自然科学二等奖。在国际上首先报道低氧和低氧模拟物在体外也在小鼠体内诱导 AML 细胞分化;在国际上首先报道纳摩尔水平喜树碱衍生物 NSC606985 诱导白血病细胞凋亡,提出 NSC606985 诱导 AML 细胞凋亡的分子机制;在国际上首先研究体内砷甲基化物对 AML 细胞的效应,提出三价砷甲基化物具有很强的凋亡诱导效应;首先报道低氧模拟物明显加强 As2O3 对 APL 细胞的诱导分化效。

2006 年,瑞金医院沈志祥等承担的"氧化砷单用或联合维甲酸治疗急性早幼粒细胞白血病研究",获上海市技术进步一等奖。在国内外率先应用三氧化二砷治疗 APL,在国内外率先进行氧化砷治疗复发 APL 的基础和临床研究,阐明氧化砷的作用机制;率先提出小剂量氧化砷治疗 APL 的可行性和效果;在国内外首先通过基础研究证实维甲酸和氧化砷对治疗 APL 有协同作用,首先提出安全有效的治疗方案;在国内外首先对维甲酸联合氧化砷治疗 APL 进行研究;确立实时定量 RT－PCR 在监测白血病分子水平变化中的作用。2007 年,瑞金医院王鸿利等承担的"遗传性出血病的基础研究和临床应用",获国家科技进步二等奖。建立临床诊断→家系调查→表型检测→基因诊断→功能研究的系列技术平台,国际首次报道基因突变 58 种,国内 44 种;国际首次阐明 16 个新突变基因的分子发病机制;首先开发适合国人的 F8(8 个)、F9(6 个)基因的高信息量多态性位点;改变国外血友病出血和围手术期治疗公式化的常规方案,创用"凝血因子活性监测下的个体化治疗方案"。

2008 年,上海血液学研究所治疗初发急性早幼粒细胞白血病,5 年无复发,生存率达 95%,成为国际上第一个可治愈的急性髓系白血病。2009 年,瑞金医院开展白血病发病和治疗分子机制研究,对 cAMP/PKA、干扰素、维甲酸和氧化砷等多条与白血病细胞分化密切相关的信号转导途径开展研究,阐明白血病细胞耐药的原因。研究成果为推动白血病发病和治疗分子机制研究,筛选和设计新的药物、拓展诱导分化疗法在临床的应用,奠定理论基础。2010 年,瑞金医院以急性早幼粒细胞白血病为对象,揭示异常转录因子阻碍造血分化、形成血液恶性肿瘤的机制,从而解决 APL 特异性的融合癌蛋白 PML/RARα 的形成与造血细胞分化受阻、白血病产生的关联问题。同年,上海南方模式生物研究中心王铸钢研究组研发血友病 A 治疗新技术,建立凝血因子Ⅷ基因剔除小鼠模型,为研究治疗血友病 A 提供理想的动物模型。

五、消化内科

2002 年,中山医院吴肇汉等承担的"短肠综合征治疗的实验和临床研究",获上海市科技进步一等奖。在国内建立短肠和小肠移植大鼠动物模型,首先在世界上提出短肠综合征结肠代偿的概念,成功施行长期家庭肠外营养治疗短肠综合征,首创中心静脉导管置管技术、导管清洗剂预防导管堵塞和治疗导管败血症技术。同年,仁济医院等开展肝纤维化非创伤性检测指标评估及诊断,通过鉴定。建立临床大协作科研质控的模式;建立肝活检组织病理学炎症分级和纤维化分期与肝纤维化非创伤性检测指标的相关性,并分析其诊断肝纤维化的价值;首次将 kappa 分析用于肝活检病理诊断的内部和外部质量控制；首次提出并验证非创伤性诊断指标优势组合对肝纤维化的诊断价值。

2004年7月，仁济医院主持腹透对人腹膜形态结构及腹膜水转运的研究，通过市科委鉴定。提示 AQP1 结构或分布的改变可能是引起腹膜超滤功能衰竭的原因，与国外同时首次发现除小静脉和毛细血管内皮细胞外，人腹膜间皮细胞表达 AQP1，提示间皮细胞可能也参与腹膜跨细胞的水转运。2007年4月2日，上海中医药大学承担清肠栓对大鼠溃疡性结肠炎细胞凋亡影响的研究，通过上海市卫生局验收。溃疡性结肠炎大鼠会出现结肠上皮细胞凋亡增加和结肠黏膜固有层淋巴细胞凋亡减慢，二者之间相互作用共同构成大鼠溃疡性结肠炎发病机制之一；拮抗溃疡性结肠炎大鼠结肠上皮细胞的凋亡加速，有效降低其结肠上皮细胞的凋亡率，从而对大鼠溃疡性结肠炎起到治疗作用。2008年，中山医院完成"肝纤维化细胞分子机制与治疗策略"，获中华医学科技三等奖获。在国际上首次提出肝细胞生长因子具有阻止胆管上皮细胞向间质细胞转化，发挥其抗纤维化的新机制以及甘草酸通过抑制 NF-KB 结合活性发挥其抗肝纤维化的新观念；在国际上率先制备新型肝星状细胞主动靶向脂质体载药系统，可携带有效药物或细胞因子作用于肝星状细胞，阻止肝纤维化的进展。

2009年，长征医院谢渭芬等承担的"肝纤维化发病机制及治疗研究"，获上海市科技进步一等奖。明确 MAPK 信号通路、PDGF、PAI-1 和 uPA 等基因在肝纤维化发生中的作用；发现肝星状细胞在肝脏损伤修复中的双向调节功能；发现肝细胞核因子4α(HNF4α)可抑制肝细胞和肝星状细胞的上皮细胞间质转型(EMT)过程，显著减轻肝纤维化并改善肝功能，提出利用转录因子分化治疗肝纤维化的新策略；明确早期中等剂量熊去氧胆酸，可延缓原发性胆汁性肝硬化患者肝纤维化进展并延长生存期。同年，仁济医院研发小肠疾病诊治新手段，将国际上最新小肠检查新技术——螺旋管式小肠镜在国内率先应用于临床。螺旋管式小肠镜操作简便易用，进镜速度快，能够在短时间内到达小肠较深部位，效果良好，为小肠疾病的诊治提供新的可供选择手段。

六、肿瘤内科

2000年，复旦大学附属肿瘤医院(肿瘤医院)研究豆制品中物质抑制乳腺癌，发现：Genistein 可明显抑制雌、雄激素阳性或阴性的乳腺癌细胞生长，同时证实 Genistein 可促使乳腺癌细胞趋向凋亡。2001年，上海市胸科医院承担的非小细胞肺癌围手术期研究，初步建立肺癌分子病理学诊断，及肺癌多学科治疗模式。2002年，复旦大学承担膀胱癌早期诊断和治疗课题，研究提示可用荧光进行诊断，光动力学治疗膀胱癌具有较好疗效。2003年5月，复旦大学完成胰腺癌 Web-CAS 应用基础研究，采用直接体绘制方法，对胰腺癌的准确诊断等发挥作用。2004年，肿瘤医院邵志敏等承担的乳腺癌的临床和基础研究，获国家科技进步二等奖。阐明维甲酸及 Genistein、茶多酚、姜黄素等天然植物活性成分，抑制乳腺癌生长、转移的分子机制。2005年，瑞金医院完成大肠癌优化综合治疗研究，系统性探讨硒、ATRA、5-FU/CD 系统和 131I-抗 CEA 单抗在大肠癌生物治疗中的应用价值。同年，仁济医院开发恶性脑肿瘤诱导治疗中，研究榄香烯抗肿瘤的作用机制，提出该药治疗胶质瘤和多发脑转移癌的适应证和使用剂量、方法、时程等。

2006年，中山医院汤钊猷等承担的转移性人肝癌模型系统的建立及其在肝癌转移研究中的应用，获国家科技进步一等奖。建立转移性人肝癌模型系统，筛选出干扰素证实有预防病人术后转移作用。同年，上海市第三人民医院、长海医院完成非小细胞肺癌相关基因表达和改变研究，揭示吉非替尼等靶向治疗更适于中国肺癌患者;证实 P27 蛋白表达在 NSCLC 中具有预后价值。2007 年,中国科学院上海营养科学研究所研究干扰素调节因子与食管癌诊治,提示干扰素调节因子 IRF-1 和 IRF-2,可以通过调控一系列与生长和凋亡相关的分子,有可能成为食管癌临床诊断及治疗预后的指标和潜在治疗靶点。2008 年,新华医院完成基于化疗增敏的辅助治疗新方案提高胆囊癌疗效的基础与临床研究,提出"叠加靶点,双重打击"新理论,采用生长抑素改善胆囊癌预后不良的现状。同年,中山医院研究基于 RNA 干扰技术的抗肿瘤新药,认为与传统放疗和基因治疗相比,RNAi 具高效、低毒等特点。

2009 年,长海医院毕建伟等承担的进展期胃癌诊治的关键技术及其应用,获上海市科技进步一等奖。项目构建杀死肿瘤细胞的基因—病毒治疗系统,及抑制新血管生成和肿瘤生长的治疗基因,形成胃癌综合治疗方案。同年,肿瘤医院主持的乳腺癌肺转移机制研究,揭示肺转移过程中的微环境作用,构建由 24 个特异基因组成的针对亚洲人群的预后表达谱,能准确预测患者转移复发。同年,上海市肺科医院承担非小细胞肺癌个体化药物治疗研究,发现 EGFR 突变患者可从靶向治疗获得生存受益。2010 年,计生所建立和完善前列腺疾病动物模型及其效果评价体系,包括 1 种前列腺癌转移模型、2 个前列腺炎模型、3 个前列腺增生模型和 4 种人前列腺癌细胞的裸鼠原位模型。

第四节　外　科　学

一、脑外科

2000 年,瑞金医院在国内率先采用眶上眉弓内钥匙孔手术,成功为一位患者切除前颅窝底脑膜炎。2001 年,仁济医院应用颅底显微外科技术,经左侧去颧弓颞下入路,充分利用颅底间隙暴露肿瘤,使用高速磨钻等器械刚柔并济,将 6 厘米×5 厘米大小的骑跨前、后颅底的脊髓瘤彻底切除。2003 年,上海市卫生局组织的重大攻关课题"脑卒中微创外科治疗新技术",获首届上海医学科技一等奖。2005 年,复旦大学数字医学研究中心研发高精度神经外科手术导航系统,通过上海市医疗器械检测所形式检测。该系统以 CT、MRI 等图像为基础,重建精确的人体虚拟三维模型,在手术前建立模型和实际病人之间的空间位置对应关系,术中能跟踪病人和手术器械位置,指导和监控手术过程。2006 年,仁济医院研究急性重型颅脑伤临床应用,通过数千例急性颅脑创伤患者诊断和治疗,研究证明标准外伤大骨瓣开颅术患者恢复良好率优于常规骨瓣开颅手术,采用规范化亚低温治疗的重型颅脑伤并发高颅压患者的恢复良好率高于常温对照组患者。

2009 年,华山医院周良辅等承担的"建立外科新技术治疗颅内难治部位的病变"研究,获国家科技进步二等奖。首创多影像融合定位新技术,能够清晰显示和精确定位运动功能区;首创术中微导管定位新技术,实时跟踪定位术中发生位置改变的病灶,通过一次手术获全部切除,显著减少手术创伤;首次建立以"新手术安全区+棉片原位牵拉"和"新手术分型+水下电凝+二次剪断"为核心的 2 个新手术方案;首次建立以"硬膜外手术新入路"为核心的新手术方案。同年 7 月,华山医院开展神经导航外科的创新与应用,通过上海市卫生局的验收,获中华医学科技奖一等奖。提出功能神经导航技术新理念;开展基于低场强 iMRI 实时影像神经导航技术;自主研发动态脑移位校正计算模型—薄板样条算法数学模型,并实现基于低场强 iMRI 的实时功能神经导航手术;自主研发动态脑移位校正计算模型—线弹性物理模型,并编写脑变形校正软件;创立"微导管定位法"用于术中监测脑移位。该研究获得 1 项国家发明专利。主编国内第一部《神经导航外科学》专著。同年 8 月

3 日,上海交通大学医学院附属儿童医学中心成功为一名患有罕见全颅缝闭合伴脑积水的 18 个月男婴施行开颅手术治疗狭颅症。经过治疗,患儿康复出院。2010 年,复旦大学研发新一代神经导航系统,实现弥散张量成像(DTI)技术与增强现实技术在神经导航方面的应用。

二、心胸外科

2000 年,第二军医大学张宝仁等承担的"危重心脏瓣膜病外科治疗的基础与临床研究",获国家科技进步二等奖。首次系统研究和揭示风心病心肌功能不全的基本发生和发展规律;在国内最早系统提出危重心瓣膜病的标准,制定完善的危重心瓣膜病外科治疗处理方案;首先提出原发性心内膜炎按心功能分为急性和慢性心功能不全两种类型;在国内首次建立肺动脉顺应性测定方法和装置,阐明肺动脉高压的生物力学机制。同年,上海市第一人民医院成功地运用机器人"伊索",施行心脏微创瓣膜外科手术和心脏搭桥手术,手术时只需将指令声卡插入控制盒内,就实现"医生动口机器人动手"。同年 4 月 14 日第六人民医院成功施行一例世界首创的、体外循环长达 23 小时的动脉搭桥手术。2001 年,新华医院苏肇伉等承担的"危重婴幼儿先天性心脏病的急诊外科技术研究",获上海市科技进步一等奖和 2005 年国家技术进步二等奖。系统分析各类急诊手术病例,研究术前"最佳状态"的调整方法,扩大危重儿先心病急诊手术指证;对危重复杂疑难先心病,分别采用开展大动脉换位术、"翻板门"和"心包罩"等新技术、主动脉根部整体后移技术、"双换位"手术等;通过对手术,体外循环,心、肺和脑保护以及监护技术临床和实验系统研究,显著降低死亡率。同年,第六人民医院日前成功完成国内首例微创食管癌切除术,患者术后生命体征平稳。仅在颈部开个 6 厘米大小的口子,就能"探囊取物",将癌变食管全部切除。

2002 年,中山医院开展心肌桥对冠状动脉粥样硬化和血流影响研究,通过鉴定。证实人类心肌桥的发生率较高,其组织结构可导致动脉受压程度差异很大;制作出"心肌桥—壁冠状动脉"的血流动力学模型;在国际上首次发现心肌桥在血管内超声影像上有特殊的影像现象;临床研究显示壁冠状动脉远段血流储备低于近段。2003 年 11 月,上海第二医科大学附属上海儿童医学中心完成小儿先心病右室双出口手术优化方案,通过市科委鉴定。完成:右室双出口手术方案的判别与分析;右室双出口心室内隧道修补适应证与手术方法优化;右室双出口室间隔缺损远离大动脉开口的根治手术方法与适应证优化;Taussig – Bing 畸形的手术方法与适应证的优化;房室连接不一致右室双出口的手术方法与适应证优化;矫治手术影响手术生存的危险因素筛查和分析;右室双出口近远期治疗效果。

2004 年,长征医院承担胸部创伤救治实验和临床研究,通过上海市卫生局鉴定。设计出便携式创伤性血气胸救治包,填补国内外空白;在国内外首先提出连枷胸在呼气相无浮动区凸出的观点;在国内外首先采用甲壳素纤维增强 PCL 复合材料制备人工胸壁;在国内外首先制作单纯性液压肺挫伤模型。2006 年,长海医院完成心脏瓣膜病二尖瓣病变外科治疗和研究,通过上海市卫生局验收。实施国内首例二尖瓣置换手术,率先报道风湿性二尖瓣严重狭窄小左心室的概念、巨大心脏的病例分型和外科治疗方案,开创一系列二尖瓣手术的新技术和新方法。同年 4 月,肿瘤医院研究早期诊断乳腺癌模式及早期乳腺癌外科治疗,通过专家验收。提出乳头溢液的新的手术治疗指征;率先在国内开展对乳腺癌高危人群的钼靶检查及随访;完成具有遗传倾向的乳腺癌病例及家系分析。

2008 年,上海第三人民医院程云阁主刀完成中国首例"胸壁 3 孔全胸腔镜下二尖瓣置换+三尖瓣成形术"。手术应用全胸腔镜微创心脏手术，在保证手术效果的前提下，最大可能减少手术创伤。2009年，上海市胸科医院借助"机器人"图像放大、三维视野、精确定位、振动过滤以及对人手高度仿真等优势技术，成功为一名肺癌患者切除病变的右上叶肺，完成中国大陆地区首例"达芬奇机器人辅助下的肺叶切除术"。2010年，新华医院优化国际上"微创漏斗胸矫正术"，设计出采用两头可分别与术中使用的引导器及固定片相套接的新型弧形漏斗胸矫治钢板，成功为一名17岁男孩实施漏斗胸矫正手术。

三、普通外科

2000年，华山医院倪泉兴研究胰腺癌阶段性治疗策略，通过对患者进行减黄、介入、营养和免疫支持等系列综合手段，使一部分无法一期切除肿瘤的患者，获得根治手术。2001年12月7日，华山医院胰腺癌诊治中心的大胰腺癌分阶段治疗使手术切除率达到36%，该技术在世界上为首创。

2005年，长海医院孙颖浩等承担的"微创治疗泌尿系结石新技术的应用研究"通过上海市卫生局鉴定；获2006年上海市技术进步奖一等奖和2007年国家科技进步奖二等奖。研制螺旋形双"J"管，并应用于复杂性泌尿系结石的体外震波碎石；在国内首先采用输尿管镜下钬激光碎石，改进输尿管镜进镜技术，提高碎石术治疗效果；采用输尿管软镜碎石，并改进输尿管扩张鞘内进镜；输尿管镜下钬激光治疗肾盂输尿管交界处狭窄并肾盂结石；研制前端可弯曲的输尿管硬镜；在国际上首先提出并采用超声引导微创经皮肾镜大功率的钬激光碎石取石术；成功研发国产化体内电动碎石机。同年11月8日，瑞金医院完成大肠癌优化综合治疗研究，通过专家鉴定。在国内首先提出直肠癌全系膜切除的理念；提出直肠癌扩大根治术术式及大肠癌手术中吻合器的选用原则；国内率先开展腹腔镜结直肠手术；开展腹腔镜肠癌CO_2气腹肿瘤种植的影响等相关基础和临床研究。2007年，长海医院承担胃黏膜下肿瘤的微创治疗课题，率先提出并采用腹腔镜代替传统剖腹手术来治疗胃黏膜下肿瘤，并制订出微创手术治疗方案。

2008年，瑞金医院郑民华等承担的"结直肠肿瘤微创手术的技术规范与临床应用"，获上海市科技进步一等奖。率先在国内开展腹腔镜结直肠癌根治术，填补中国在该技术领域的空白；率先开展腹腔镜结直肠癌手术的卫生经济学评价和生命质量研究；牵头制定中国腹腔镜结肠直肠癌根治手术操作指南；自主研发CO_2气腹模型和CO_2加热加湿机，建立全参数热CO_2气腹体外实验模型。同年，中山医院研究肝癌门静脉栓形成机制及多模式综合治疗技术，首创肝癌切除、门静脉取栓、化疗泵植入＋术后门静脉肝素冲洗、持续灌注化疗＋经肝动脉化疗栓塞等外科综合治疗技术；开创直线加速器三维适形放疗、超选择减量肝动脉化疗栓塞、经皮门静脉支架植入＋肝动脉化疗栓塞等非手术综合治疗新技术。

2009年10月8日，新华医院为患者实施国内首例经腹前会阴超低位直肠癌极限保肛手术，成功在直视下完整切除直肠肿瘤，并且保留患者的肛门形态和功能。2010年，仁济医院参与全球多中心临床前瞻性随机双盲对照研究，施用"凝血酸治疗创伤大出血"，发现简单一针止血剂（凝血酸），每年能挽救10万严重创伤大出血病人生命。研究成果发表于《柳叶刀》。

四、血管外科

2000年，长海医院血管外科"腹主动脉瘤患手术治疗"，获军队科技进步一等奖。该项目应用腹膜后径路腹主动脉瘤手术和腹主动脉瘤内隔离术,对 136 例腹主动脉瘤患者施行外科手术,成功率 95％以上,居国内首位。同年,中山医院血管外科为一位 90 岁高龄腹主脉瘤患者,成功施行腹主动脉瘤隔离术,是迄今世界文献中,此类手术年龄最大的病例。2002 年,华山医院首次在国内应用喷水分离器——"水刀",成功为一名患者切除直径 30 厘米、瘤内积血达 1 000 毫升的巨大肝血管瘤。完成被认为传统手段无法彻底清除的血管瘤手术,术后患者恢复情况良好。同年 9 月,长海医院血管外科主任景在平应用微创血管腔内治疗方法,实施胸主动脉夹层动脉瘤的腔内隔绝术,对一例男性 53 岁患者成功实施手术,攻克这一世界难题。2003 年,中山医院实施新的手术微创疗法,成功治疗大动脉炎脑缺血,手术时间比原来缩短 3/4,且一般无须输血,疗效与原法相同。

　　2005 年 5 月 20 日,第九人民医院颈动脉切除及重建术实验与研究,通过上海市教委验收。该项目以羊作为动物模型,采用自体颈外静脉、Gore - Tex 人造血管和冻干—辐照异体颈动脉 3 种血管移植材料,重建颈总动脉缺损,评价 3 种不同材料的重建效果;开展颈动脉重建术 11 例,均未出现明显的神经功能障碍。2006 年 9 月,华山医院周良辅等承担的"中枢神经系统血管母细胞瘤的基础与临床诊治"项目通过验收;获 2007 年上海市科技进步一等奖。提出脑干 HBs 分为小型、大型和巨大型三种情况和脑干内生和外生型的分类,首次提出内生型脑干 HBs 可手术治疗;在国内首次应用术中 B 超定位囊性 HBs 的瘤结节,提出对颅内多发 HBs 可以用伽马刀治疗;在国内外首次完成 HBs 生物学特性的系统研究;采取术前肿瘤栓塞＋术中亚低温和(或)控制性降血压＋熟练的显微外科手术操作＋严密的围手术期处理综合治疗策略。同年 9 月,第九人民医院承担内膜下血管成形术治疗下肢动脉硬化闭塞症,通过上海市卫生局验收。内膜下血管成形术后的病理组织学改变与腔内血管成形术后的变化基本一致;NAD(P)H 氧化酶参与 SIA 术后的病理变化过程;治疗病人 40 余例。

　　2008 年,中山医院教授符伟国等承担的"主动脉扩张性疾病的腔内治疗",获上海市科技进步三等奖。腔内治疗微创、有效,死亡率和并发症率明显低于传统开放手术。2010 年,仁济医院完成上海首例完全闭塞性颈动脉内膜切除术。手术通过对患者颈动脉进行 MR 核磁共振造影,明确内膜性状;在颈动脉内放置转流管,保证颅内供血"不断流";最后切开堵塞血管段管壁,将斑块完整切除。术后患者 5 天出院。同年 5 月,仁济医院器官移植科采用活体肝移植的技术和精准肝切除的理念,为一名患者成功切除直径近 45 厘米、重达 6 千克的巨大肝脏血管瘤,保存患者的部分肝脏,使其免受肝移植之苦。

五、骨外科

　　2000 年,长征医院脊柱外科研究脊柱疾病新技术临床诊疗,自创颈椎前路减压后空心螺纹式内固定技术、空心椎弓螺纹钉固定系统和新型螺柱颈前路内固定技术、颈和脊柱畸形矫形术等一系列新技术,临床诊疗水平和国内外知名度不断提高。2001 年,上海交通大学王成焘等承担的"个性化骨关节假体 CAD/CAM 技术与临床工程系统",获上海市科技进步一等奖。形成个体化定制型人工关节的敏捷制造体系,建立能符合临床要求的应用流程;设计髋、膝、肩、肘、踝、腕、骨盆、长骨等 20 余种假体,对 208 例患者施行个体化定制型人工关节。成果获发明专利 1 项,实用新型专利 2 项。

　　2003 年,华东理工大学刘昌胜等承担的自固化磷酸钙人工骨的研制及应用,获国家科技进步二等奖。成果通过试验,植入骨缺损后能与宿主骨形成牢固的骨性愈合。同年,长征医院研究脊柱骨肿瘤外科治疗，通过上海市卫生局鉴定。系统研究不同节段脊柱骨肿瘤的手术入路、术前瘤体血管栓塞、肿瘤切除方式与重建策略；探讨寰枢椎肿瘤的临床特点及手术方法和上胸椎肿瘤切除与前方内固定重建技术；阐明脊柱恶性纤维组织细胞瘤的临床特点、治疗方法及预后；提出颈胸交界角的MRT测量有助于颈胸段脊柱骨肿瘤前方手术入路的选择；在Tomita分期基础上提出KPS评分对脊柱骨肿瘤预后评价的作用；观察定期局部化疗对脊柱恶性骨肿瘤的疗效；研究新生血管形成与脊柱转移性肿瘤预后的相关性。

2004年，长海医院李明等承担的"脊柱侧凸外科治疗基础与临床研究"，通过上海市卫生局鉴定；获2009年上海市科技进步一等奖。在国内率先引进开展脊柱侧凸三维矫形新理论和新技术；在国际上首次提出"关键椎体置钉"的理念；国内率先提出重度僵硬性脊柱畸形手术新策略，首次制定Lenke5/6型AIS选择性融合新标准；在国际上率先创立脊柱侧凸患者生存质量评价体系"简体中文版SRS-22量表"；针对脊柱侧凸诊疗难点研制出诊疗设备。同年，华山医院顾玉东等承担的"全长膈神经移位与颈7移位治疗臂丛根性撕脱伤"项目，获上海市科技进步一等奖和2005年国家科技进步二等奖。提出电视胸腔镜下全长膈神经移位并应用于临床；创立健侧颈7全根移位术，恢复臂丛上干大部分功能；使臂丛上干撕脱伤的治疗从单组肌肉恢复进入多组肌群恢复的新水平，从双重代偿机制进入单侧代偿机制和确立颈7无独立支配肌群的概念。同年4月，第九人民医院研究骨质疏松性骨折愈合特征及生长激素治疗，通过市科委鉴定。在国际上首先提出软骨内成骨延缓是骨质疏松性骨折愈合的共同本质特征；提出对骨质疏松性骨折的处理必须同时对原有骨质疏松症的病理状态进行治疗，发现外源性重组人生长激素(r-hGH)对实验性骨折愈合有明显的促进作用。

2005年，长征医院袁文等承担的"退变性颈脊髓压迫症的基础与临床研究"，通过上海市卫生局鉴定；获2006年上海市科技进步一等奖和2008年获国家科技进步二等奖。明确提出减压术后恢复并重建颈椎生物力学功能；明确提出CSM外科干预的时机是提高外科治疗效果的关键之一；提出颈椎前路间隙彻底减压的范围和标准；率先提出CSM早期诊断的概念，确立CSM早期诊断指标和临床分期标准；发现89%CSM患者呈逐渐加重的发展趋势。同年，长海医院完成微创技术在创伤骨科的基础及临床研究，通过上海市卫生局鉴定。应用微创技术治疗不同部位、不同类型骨折1 000余例，降低感染和骨不愈合的发生率，保存伤病员肢体功能。2006年10月，第六人民医院主持富血小板血浆修复骨组织和软组织研究，通过验收。该项目利用PRP中高浓度的生长因子协同促进组织和软组织的修复，临床研究显示可以加速骨组织和软组织的修复，促进伤口愈合，减少瘢痕形成及术后并发症。

2007年，第九人民医院蒋欣泉等承担的"组织工程技术构建口腔颌面部骨组织的研究与应用"，获上海市科技进步一等奖。在国内外最早利用CAD/CAM技术，复合构建个体化组织工程骨；在国内外首先以体外培养的自体bMSCs与藻酸钙材料复合物进行大动物犬牙槽骨水平型缺损的修复；以聚羟基乙酸/聚乳酸预制人型下颌骨髁突模型；选择具有明确成骨潜能的BMP4作为目的基因，与天然型无机骨支架复合，为颌骨缺损修复提供有效方法。同年，长征医院倪斌等承担的"枕颈部损伤和畸形的临床治疗"，获上海市技术发明一等奖。在国际上首次对齿突畸形的手术适应证和手术方式进行优化，写入《美国颈椎损伤治疗指南》，成为该疾患的治疗规范；自行设计开发出枕颈部内固定器械和技术；在国际上首创一种新型寰枢椎内固定技术和两种植骨技术。同年，上海复旦数字医疗科技有限公司、复旦大学完成经皮微创计算机辅助脊柱手术系统的研发，实现由中枢结构定位向神经功能定位；由术前影像导航向术中实时影像导航；由静态颅脑模型向动态计算模型校正;由平面三维向虚拟现实立体三维。研究成果获得 1 项国家发明专利。

2008 年,第六人民医院实施膝关节周围骨折治疗与软组织损伤修复研究,提出按软组织分级确定治疗方案;制作胫骨平台内髁骨折的模型;提出胫骨平台骨折新的诊断、分型标准并作为制定手术方案的依据;提出胫骨平台三柱划分和分柱固定理念;提出新型后侧胫骨钢板的设计思路。同年,中山医院等研究"基因修饰骨髓间充质干细胞构筑新型组织工程软骨修复关节软骨缺损"课题,选用组织工程技术修复关节软骨缺损,并进行从基础研究到临床应用的系列研究,取得良好的动物实验和临床应用修复效果。同年 4 月,中山医院承担的"新型血管化组织工程骨修复兔大段皮质骨缺损",通过上海市卫生局鉴定,获上海市医学科技二等奖。该课题成骨诱导因子、支架材料和种子细胞,进行提高成骨效能和促进人工骨血管化研究,构建新型血管化组织工程骨,修复大段皮质骨缺损的动物模型。为体外批量生产具有生物活性的血管化人工骨提供实验依据。

六、五官外科

2001 年,长征医院赵薇等承担的"喉癌功能保全性喉手术外科治疗及预后的临床和基础研究",获上海市科技进步一等奖。在国内外首次将肌皮瓣设计呈三角形,用于喉切除重建,有利于创腔关闭;在国际上创建喉癌喉部分切除术后喉功能失败转门肌皮瓣Ⅱ期喉重建术;国内首先采用咽缩肌、环咽肌、咽丛神经切断术和食管吹气法,完善对 Blom - Singer 发音重建术;在国际上率先对喉癌和喉其他不同病变新鲜组织标本进行基因组型感染检测,首先在喉癌颈转移淋巴结中发现 HPVDNA 感染阳性病例,提示喉癌发生、转移和预后与 HPV 感染相关。2002 年,复旦大学附属眼耳鼻喉科医院(眼耳鼻喉科医院)研究耳显微外科,通过鉴定。改进侧颅底术中塔式导航技术,设计多种新型耳神经颅底手术入路切除疑难肿瘤,在三维重建前庭谷、面神经逆行变性、螺旋神经节神经元分布及渗出性中耳炎喹琳酸内耳中毒机制等方面有所创新。

2005 年,眼耳鼻喉科医院王正敏等承担的耳外科神经功能的保护和重建获国家科技进步二等奖。首先在世界上发现耳蜗内部的多种病变,并用激光、显微技术等方法治疗;发现膜迷路谷形解剖特征,发明可与之适形的人工镫骨,解决耳硬化手术常致眩晕的问题;提出按听力划分梅尼埃病病期,和按病期选择不同手术方法的外科治疗方案;发现面神经牵拉伤的高位逆行变性通过高位神经减压(或移植)可获得理想效果;提出面神经减压的精确期限。同年,眼耳鼻喉科医院等承担的准分子激光视觉光学矫正关键技术及其装备(合作项目),获国家科技进步二等奖。进行包括单纯近视、单纯远视、复性近视散光、复性远视散光、单纯近视散光、单纯远视散光、混合散光等屈光不正的眼科激光矫正手术,术后裸眼视力达 20/20 以上;大幅度提高视网膜的成像质量,术后裸眼视力可达 20/8;打破国外眼科大型高精度医疗装备在国内的垄断。2006 年,眼耳鼻喉科医院褚仁远等承担的"近视眼手术微型角膜刀系统的关键技术及应用",获国家技术发明二等奖。建立角膜层间分离能力与刀片锋利度、压力、直线速度、旋转速度相互关系的数学模型,采用船坞式刀片插座随角膜起伏运动技术,解决国外难以突破的自动旋转式 Epi - LASIK 刀系统制造技术,创立旋转式 Epi - LASIK 手术方法;独创多功能微型角膜刀系统;首创国产 LASIK 与 LASEK 手术刀系统。

七、修复外科

2000 年,瑞金医院史济湘等承担的"烧伤创面愈合机理的研究",获国家科技进步二等奖。发现混合移植中嵌入的自体表皮所导致的"自体皮岛效应"是混合移植成功的关键所在,提出"局部免疫耐受"的新概念;发现细胞因子及其受体在创面愈合过程中起着调控作用;发现表皮细胞活化、增殖、迁移等生物学活动的特点以及生长因子刺激表皮细胞增殖有量效性和配伍性,适时适量合理应用生长因子有利于创面修复;发现深Ⅱ度烫伤创面局部抗凝是导致深Ⅱ度烫伤创面进行性加深的重要原因之一。同年,第九人民医院采用"组织工程技术"复制"鼠神经",在国内外首次将体外大量扩增的近交大鼠的雪旺氏细胞种植在聚羟基乙酸(PGA)纤维上,复制出雪旺氏细胞的"人工神经",用来桥接大鼠15毫米坐骨神经缺损取得成功,打破过去直认为"神经桥接物一定是管状材料"的观念。

2002年,生化与细胞所甘人宝等承担的重组人表皮生长因子研制及临床应用,获国家科技进步二等奖。该生长因子可促使外胚层和中胚层细胞生长、皮肤和神经干细胞生长。同年,瑞金医院研究早期削痂防治深二度烧伤创面加深课题。表明深二度烧伤创面局部坏死组织,可导致创面的加深;使新生肉芽形成和表皮修复迟滞,创面愈合延迟;因此早期削痂,去除创面坏死组织,可减轻创面加深。同年11月,第九人民医院应用带蒂胸锁乳突肌转位术修复晚期面瘫,通过鉴定。该手术利用胸锁乳突肌瓣局部带蒂转位,经过面颊部的弧形隧道引出肌瓣并和口角的口轮匝肌缝合固定。2003年,第九人民医院研究伤口瘢痕增生修复治疗,在国际上首次证实针对TGF-β信号转导的基因治疗,可有效抑制伤口瘢痕形成。2004年,上海组织工程研究与开发中心曹谊林等承担的组织工程化肌腱的应用基础研究,获上海市科技进步一等奖。项目率先应用肌腱滑膜细胞构建组织工程化滑膜组织并修复缺损。

2005年6月23日,第九人民医院完成"上颌骨大型缺损个体化功能性重建",通过专家验收。设计出符合患者外形的钛支架,获得上颌骨大型缺损的个体化解剖构筑;首次提出并建立针对上颌骨大型缺损进行的外科重建治疗模式;通过以钛支架重建上颌骨大型缺损,恢复上颌骨大型缺损患者原有的口腔生理功能。同年,上海组织工程研究与开发中心曹谊林等承担的"组织工程皮肤的体外构建、低温保存和临床应用",获上海市科技进步一等奖。发明一种双层人工皮肤移植物及其制备方法,可修复全层皮肤缺损;开发一种由壳聚糖和明胶构成的组织工程表皮替代物,具有成本低廉、操作方便等优点;开发出以二甲基亚砜为低温保护剂的组织工程皮肤的低温保存技术。该项目申请发明专利4项,获授权2项。

2006年,长海医院夏照帆等承担的"严重烧伤多发伤救治的基础研究与临床应用",通过上海市卫生局验收;获2008年上海市科技进步一等奖。将"细胞保护""免疫调理"等新理念和新技术应用到严重烧伤多发伤的临床救治;发现与失控性全身炎症反应、应激性溃疡和应激性糖尿病的发病相关的细胞信号通路和干预靶点;发明微孔无细胞真皮替代物、新型口腔矫形器、水凝胶制剂和复方肝素水凝胶等;制定中国首部《成批烧伤、多发伤伤员救治组织实施预案》。同年,第九人民医院张志愿等承担的"口腔颌面部肿瘤根治术后缺损的功能性修复",获上海市科技进步一等奖。在国内最早将显微外科技术用于口腔颌面部缺损重建;在国内最早将CAD/CAM技术、牙种植体和颧种植体技术、计算机辅助导航技术用于颌骨的功能性重建;在国际上率先开发出腓骨瓣牙种植牵引技术;成功开展高位颈动脉重建术;在国内率先开展颅颌面联合根治术治疗晚期口腔颌面部恶性肿瘤;在国内最早开展全舌、口底及全喉切除与重建术。

2008年,中山医院研究将干细胞、基因转移技术,和组织工程技术结合,以TGF-1目的基因修饰骨髓间充质干细胞构筑基因修饰组织工程软骨,用于修复关节软骨缺损。2009年,第九人民医院张志愿等承担的口腔颌面部血管瘤与脉管畸形的基础与临床研究,获上海市科技进步一等奖和

2010 年国家科技进步二等奖。项目创建口腔颌面部巨大静脉畸形修复手术,率先开展氩激光光动力治疗各类微静脉畸形。2010 年,新华医院自主设计漏斗胸矫治钢板,在胸腔镜下为一名 17 岁男孩实施漏斗胸矫正手术。该新术式优化国际上多年来运用的"微创漏斗胸矫正术",采用两头可分别与术中使用的引导器及固定片相套接的新型弧形漏斗胸矫治钢板,避免手术中钢板翻转所造成的损伤。

八、移植外科

2000 年 4 月和 5 月,第一人民医院和中山医院分别为一位 17 岁的男青年及一位 12 岁的女孩,施行同种原位心脏移植。后者是当时国内接受该手术年龄最小的一位。同年,华山医院采用异基因脐带血造血干细胞移植术,治疗慢性粒细胞性白血病患儿。同年,第一人民医院成功利用异基因外周血造血干细胞移植技术,救活一位重型再生障碍性贫血伴有绿脓杆败血症患者,在国内未见先例。同年 7 月 12 日,新华医院成功完成国内首例母子异体纯化造血干细胞移植,9 岁急性淋巴性白血病儿童,接受母亲造血干细胞和淋巴细胞后,病情得到缓解。同年 9 月 17 日上海血液中心和南京 454 医院合作实施的上海首次、中国首例采用脐带血移植医治淋巴癌获得成功。12 月 10 日长征医院为一名 1 型糖尿病肾病尿毒症患者进行胰-肾联合移植手术,填补上海医学空白。

2001 年,第一人民医院承担的"中国汉族人器官移植基因配型研究与临床应用"(合作项目),获国家科技进步二等奖。通过建立 HLA 全套基因分型技术,提出中国汉族人氨基酸残基配型标准等;首创快速盐析法提取有核细胞基因 DNA;国内率先建立适合中国国情与临床需要的 HLA - I、II 类 PCR - SSP 全套基因分型方法;首次证实血清学方法用于汉族人 HLA 分型的误差率。同年,第一人民医院研究针刺与小剂量硬膜外麻醉肾移植,通过鉴定。该研究表明,针刺能减少硬膜外阻滞局麻药用量,复合针刺可维持术中循环功能稳定;针刺可明显提高血浆肾上腺素浓度,而对去甲肾上腺素影响不大;针刺复合硬膜外阻滞的两组病人术中肾血管开放时肾上腺素浓度明显高于术前,且显著高于单纯硬膜外麻醉组。同年,华山医院研究黑素细胞异体移植治疗白癜风。在国际上首次证实正常人黑素细胞不表达与免疫排斥相关的 HLA - DR 抗原,发现黑素细胞移植无致炎、致畸、致突变及排异现象,从而为正常人黑素细胞异体移植奠定理论和实验基础。同年 6 月,华山医院成功实施成人神经干细胞自体移植。研究人员从脑组织中培养出神经干细胞,采用核磁共振扫描导向的立体定向手术,将细胞注射移植到患者脑内。

2002 年,第一人民医院研究腹部大器官移植,开展 32 例肝脏移植、3 例胰肾联合移植、2 例肝肾联合移植;实现上海首例肝肾联合移植、首例减体积式原位肝移植,及国内首例胰腺内分泌门腺系统引流,外分泌肠内引流式——一期胰肾联合移植,手术成功率为 95%。同年,长征医院骨科专家运用肩胛骨、肋骨和背阔肌肌皮瓣联合组织游离移植手术,为一小腿胫骨缺失长达 12 厘米的患者重新再造缺损的小腿骨。2003 年,上海市肺科医院成功为一名 63 岁的终末期双肺慢性阻塞性肺病患者,进行同种异体左全肺移植手术,属亚洲首例获成功的老年肺移植术。同年 11 月,长征医院研究移植器官保存和临床应用,通过上海市卫生局鉴定。研制成功高渗枸橼酸盐嘌呤的肾脏保存液和多器官保存液;建立低温保护剂灌注、降温与复温、离体肾脏机器灌注 3 个器官深低温保存的实验模型;提出并参与设计能严格控制温度的器官保存用低温冰箱。2004 年,华山医院研究造血干细胞移植时供受者间免疫耐受,通过鉴定。实现脐血造血干细胞体外扩增,同时避免干细胞分化;进行人胚胎干细胞向造血干细胞诱导分化的研究,获得表达 CD34 抗原的干细胞;发现移植前输注辐照处理的供者淋巴细胞可以减轻移植物的排斥反应;提出造血干细胞大量动员的改良方案,对G－CSF作用下干细胞黏附分子表达的变化规律进行探讨。

2005年,第一人民医院彭志海等承担的"肝脏移植和门静脉—肠道引流式胰肾联合移植的临床研究",获2006年上海市科技进步一等奖。建立完整肝移植技术规范体系;在国际上首先提出"血型不相容主动二次肝移植治疗濒临死亡的急性肝功能衰竭"的观点;在国内首先成功开展门静脉—肠道引流式胰肾联合移植;在国内最早系统进行肝移植术后细菌和真菌感染的流行病学调查,并提出防治策略。同年,中山医院王春生等完成的"心肺联合移植",填补中国空白,手术成功率和术后一年生存率均高于国际先进水平。同年,中山医院、瑞金医院、第二军医大学东方肝胆外科医院承担"多种脏器移植的临床研究",成功完成同种异体肝脏移植约400余例。

2006年,上海交通大学医学院盛慧珍领衔"治疗性克隆胚胎干细胞核移植"项目。研究结果显示,年龄不影响体细胞被重新启动的效率,而且该核移植干细胞具有人染色体并具有分化成3个胚层的潜力,证明从人体细胞核获得的核移植干细胞与普通人胚胎干细胞同样具有向多种细胞类型分化的能力。2007年,上海儿童医学中心通过非亲缘供体异基因外周血造血干细胞移植,实现国内首例原发性免疫缺陷症患者的完全康复。2008年,中山医院王春生等承担的"原位心脏移植治疗终末期心脏病",获上海市科技进步二等奖。建立一整套心脏移植技术规范,共完成原位心脏移植227例。同年7月,仁济医院完成上海首例成人间辅助性原位肝移植手术,用供者的右半肝代替患者的右半肝,而保留患者的左半肝。属上海市首次施行,全国成功实施的例数也屈指可数。

2009年,瑞金医院李宏为等承担的"部分肝移植的基础研究和临床应用",获上海市科技进步一等奖和2010年国家科技进步二等奖。首次在国内开展劈离式肝移植治疗终末期肝病患者、非相同血型两供一受活体肝移植,国内率先建立移植物体积MSCT半自动测量法,在国内率先提出根据肝中静脉的分支类型,在国内率先研究小体积移植物损伤的影响因素。同年,上海市肺科医院完成一例小儿活体肺叶移植手术,接受该手术的患者仅11岁,属国内首例。同年,仁济医院研究自体骨髓干细胞移植治疗晚期肝硬化的新技术。从患者体内抽出一定量的骨髓,用细胞分离技术分出移植所需要的干细胞,再通过介入方法将提取的干细胞通过肝动脉注入病肝,以直接修复损伤肝脏。

第五节　介　入　医　学

2000年,中山医院、第一人民医院等开展国内首例冠状动脉瘤带膜支架术、无保护性冠状左主干PTCA术、高频旋磨术;施行急性心肌梗死急诊PTCA加支架术、硬膜外麻醉及病人心脏不停跳冠状动脉搭桥术、机器人辅助微创冠状动脉旁路移植术等。同年,第六人民医院承担"经血管电解脱弹簧圈栓塞颅内动脉瘤的应用研究"课题,获上海市科技进步二等奖。该课题依据不同类型动脉瘤,采用改良或创新的"蚕食"填塞技术、"蚕茧"填塞技术、球囊或支架帮助下的GDC填塞技术以及分期填塞技术,使各类动脉瘤腔GDC完全、致密填塞率达74.7%;采用微导管远端"双塑型"技术,使颅内动脉瘤的经血管技术操作成功率达96.8%。

2001年,中山医院周康荣等承担的"肝癌综合性介入治疗技术的应用研究",通过鉴定;获2002年上海市科技进步一等奖。首次制定出全国肝癌综合介入治疗的规范化方案;提高中晚期肝癌及小肝癌的介入疗效;首次揭示介入治疗导致肝癌细胞死亡的机制——缺血性坏死和细胞凋亡;揭示肝肿瘤介入治疗后复发的机制及相应的治疗措施;国内外首创"经皮穿刺脾静脉行门静脉插管技术"。同年,第六人民医院采用国际流行的心包置管引流术,将化疗药物和生物反应调节剂直接注入心包腔内进行腔内化疗,降低恶性积液重聚的概率,提高对局部肿瘤的杀伤力,降低药物的全身反应。同年,同仁医院应用双介入法姑息性治疗晚期胰腺恶性肿瘤伴有肠道和/或胆道梗阻,通过鉴定。制定区域性和选择性相结合、多靶点联合灌注的动脉插管血管途径介入方法,使胰腺肿瘤抑制有效率达 61.18%,癌性疼痛症状缓解率达 95.6%;通过研制支架和输送系统,用非血管途径介入方法,取得胆道梗阻缓解率 100%、肠道梗阻缓解率 96.97%的效果。同年,长海医院研究"泌尿系疾病的腔内治疗",获军队医疗成果一等奖。首创"尿道镜下尿道会师术治疗尿道球部损伤",在国际上率先提出尿道镜下尿道会师术;在国际上率先将小剂量腔内近距离放疗,应用于尿道狭窄内切开术后狭窄复发的防治;在国际上率先开展经尿道微波针凝治疗膀胱癌;首创超酸水膀胱灌注治疗难治性腺性膀胱炎;改进"输尿管镜下气压弹道及钬激光碎石术治疗泌尿系结石";采用"闭孔神经反射区膀胱肿瘤经尿道电切术的麻醉方式、手术体位与电切方式"等;在国内首创经尿道输尿管口切开治疗输尿管壁段梗阻;在国内率先开展经尿道前列腺部分电切术。

2002 年,中山医院周康荣等承担的"影像学和介入放射学新技术在肝癌诊断和治疗中的系列研究",通过鉴定;获 2005 年国家技术进步二等奖。采用无创性影像技术,检出率明显提高;首次采用超声造影增强技术,提高病灶的血流检测率、诊断的敏感性和准确性;首次采用肝脏 MR 特异性造影剂在体研究肝癌的侵袭性;采用合理的经动脉栓塞术取得好的疗效;在国内外首次制定出肝癌综合介入治疗的规范化方案;国内首先开展介入性肝段切除治疗不宜手术的小肝癌,疗效显著。同年,复旦大学研究先天性心脏病巨大动脉导管未闭非开胸堵闭术,通过专家鉴定。通过对应用钛合金或镍钛形状记忆合金支架治疗动脉导管未闭的临床研究,改进应用血管内支架的动脉导管未闭堵闭装置,及动脉导管未闭装置的国产化,将非开胸堵闭术提高新水平。

2003 年,瑞金医院主持高危复杂冠心病介入治疗,通过上海市卫生局鉴定。表明:年龄因素对冠心病冠脉内支架术的疗效和安全性无显著影响;非 ST 段抬高急性冠脉综合征患者应早期施行冠脉介入治疗;急性心肌梗死原发性冠脉内支架术对改善患者心功能及临床预后具有重要临床意义;选择性严重左心室功能不全冠心病患者在主动脉内球囊泵反搏支持下施行冠脉介入治疗可提高手术的安全性;肾功能不全冠心病患者同时存在肾动脉狭窄时,可同时施行冠脉和肾动脉支架术治疗;某些严重冠心病在外科手术前进行行肾动脉支架术。

2004 年,长海医院李兆申等承担的"上消化道纤维内镜临床应用研究",获上海市科技进步一等奖;"胃、十二指肠镜微创技术的研究与应用",获 2005 年国家技术进步二等奖。率先在国内采用超声内镜对消化道肿瘤进行分级诊断;牵头制定应激性溃疡并上消化道出血的内镜诊治建议;开展胆道疾病的内镜微创治疗;自制的针状切开刀治疗结石嵌顿导致的急性胰腺炎获得成功;开展ERCP 下胰液收集、胰管细胞刷检等新技术早期诊断胰腺癌;制定消化内镜消毒指南。同年,长海医院田建明等承担的"CT 介入治疗新技术的临床应用及其相关基础研究",获上海市科技进步一等奖。CT 引导下经皮穿刺酒精消融术治疗肾上腺嗜铬细胞瘤、醛固酮瘤,CT 引导下经皮穿刺胸腺微波辐射和酒精消融术治疗重症肌无力,CT 引导下经皮穿刺腹腔神经丛阻滞术治疗顽固性、难治性上腹部癌性疼痛,CT 引导下经皮穿刺腹膜后、腹腔转移性淋巴结酒精消融治疗,率先开展 CT 引导下肝癌电化学治疗与其他常用非手术疗法疗效比较及机理探讨。

2005 年,长海医院刘建民等承担的血管内支架在脑血管病的应用研究,获上海市科技进步二等奖。项目对缺血性脑血管病的支架选择、定位和成形技术进行探索,对肌纤维发育不良性动脉狭窄和 DAVF 等疑难病的治疗,进行支架植入探索,总结出肝素化支架在缺血性脑血管病治疗中的应用、颅内支架侧孔成形术等技术。同年1月，肿瘤医院研究介入化疗治疗巨块型宫颈癌，通过上海市卫生局鉴定。介入化疗对治疗巨块型宫颈癌疗效优于腔内放疗。2006年，新华医院研发小儿复杂先心病影像和介入新技术。建立心内虚拟现实诊断系统、复杂型先心病虚拟现实诊断的方法和先心病心内结构运动功能的三维测定新方法和参考指标；提出运用心肌应变率评估小儿复杂型先心病局部心功能方法；开发出动态三维MRI重建软件；制定符合中国国情的先心病内外科介入镶嵌治疗新理念及治疗指征。

2008年，第三人民医院心胸外科主任程云阁主刀完成中国首例"胸壁3孔全胸腔镜下二尖瓣置换＋三尖瓣成形术"。手术为应用全胸腔镜微创心脏手术，在保证手术效果的前提下，可避免传统胸外科开胸切骨达20厘米的创伤。同年9月，中山医院葛均波等承担的"冠状动脉介入治疗后再狭窄的机理及干预研究"，通过上海市卫生局鉴定，获高等学校科技进步一等奖和2009年上海市科技进步一等奖。在国内率先开展基因多态性与治疗后再狭窄的相关性研究，揭示治疗后再狭窄发生的内在遗传因素，冠心病危险因素亦是影响治疗后再狭窄发生的重要因素；在国际上率先开展抗血小板药物防治治疗后再狭窄的多中心随机对照研究，药物洗脱支架仍是再狭窄防治的主要手段，在国际首创的大黄素洗脱支架和三氧化二砷洗脱支架；成果获国家发明专利3项。

2009年，长海医院秦永文等承担的缺损性先天性心脏病介入治疗系列封堵器及相关器械研制与应用研究，获国家科技进步二等奖。进行室间隔缺损应用解剖学、室间隔缺损动物模型、封堵材料组织相容性、系列封堵器及输送装置的研制，研制4种室间隔缺损封堵器及其输送装置，创建膜周部室缺介入封堵治疗的新技术和方法，在国际上率先应用细腰型、零边偏心型封堵器治疗特殊形态的室间隔缺损，率先提出术前超声"三切面"法，界定封堵治疗的筛选指标。同年，第六人民医院研究诊治颅内动脉瘤的介入腔内重建术及其覆膜支架应用，获国家发明和实用新型专利6项。建立颅内动脉瘤的诊治流程；优化颅内动脉瘤腔内弹簧圈栓塞技术；采用颅内覆膜支架治疗各种类型颅内动脉瘤，疗效远优于弹簧圈栓塞术；采用蘑菇状覆膜内支架、气管—主支气管分支状覆膜内支架及倒Y型气道自膨胀覆膜支架治疗食管胃吻合口瘘、气道瘘及气道隆突部狭窄性疾病，临床效果良好。

2010年，瑞金医院沈卫峰等承担的急性心肌梗死直接冠状动脉介入治疗基础研究和临床应用，获上海市科技进步一等奖。首次提出新型转运流程，缩短自患者就诊至接受再灌注治疗的时间延迟，改善临床预后；确立早期静脉应用血小板Ⅱb/Ⅲa受体拮抗剂及联合应用他汀类药物，显著提高直接冠状动脉介入治疗疗效和改善患者预后；首次明确高危患者直接冠状动脉介入治疗及应用药物洗脱支架安全、有效；首次阐明微血管内皮细胞损伤是急性心肌梗死再灌注治疗产生无再流的核心机制，提出保护内皮细胞的结构和功能是预防和治疗无再流的关键；首次证实他汀类药物可促进急性心肌梗死时骨髓间充质干细胞移植后存活性；主持制定上海市地方标准《急性ST段抬高型心肌梗死急诊经皮冠状动脉介入治疗规范》。胸科医院在国内率先开展并成功为一名81岁高龄主动脉瓣置换术后瓣周漏患者实施介入治疗。手术在局部麻醉下，导管仅穿刺一侧股动脉，在超声和心血管造影监测下释放封堵器，堵闭瓣周漏。术后复查心超显示主动脉反流基本消失，且未影响机械瓣膜的正常启闭。一周后患者心功能不全症状明显改善，痊愈出院。同年，肿瘤医院在国内率先开展气管镜超声引导针吸活检术临床诊疗，应用于诊断纵隔肿大淋巴结。同年，第六人民医院应用射频消融术治疗肾肿瘤技术，治疗3厘米以下的肾肿瘤，技术成熟、安全可靠、疗效显著。

第六节 中医学与中西医结合

一、中医学基础

2001年,上海中医药大学承担的"中国三维穴位人"研制,通过市科委鉴定。采用层次和断面解剖的方法,对中国人体的157个常用穴位结构进行解剖,获得穴位解剖结构图像资料,建立起穴位解剖结构图片数据库和人体断面图片数据库,将标准成人的穴位进行表面和大体结构重构,首次提出大体解剖薄层刨削的二维图像数据采集的免配准方法,构建中国"常用穴位解剖学多媒体"教学平台,将穴位的形态结构展示出来。2005年,华山医院沈自尹领衔的肾虚证HPAT轴分子网络调控的新内涵研究,通过自然衰老符合生理造模的老年大鼠模型,及中药淫羊藿总黄酮、补肾复方、活血复方分别进行干预,并利用基因芯片技术,研究衰老大鼠HPAT轴的基因表达,建立以药测证的基因调控网络差异谱。研究成果对衰老和肾虚证以及补肾药调控规律的阐明,具重要意义及应用前景。同年2月,华山医院等研究中医肾本质理论及临床应用,通过上海市卫生局鉴定。发现中医的肾具有复杂的分子调控网络背景,其功能涵盖神经内分泌免疫网络,下丘脑在其中起调控整合作用,提高多种疑难病症的疗效,发现异病同证具有相同的病理环节,首先提出辨病与辨证相结合、宏观辨证与微观辨证相结合的中西医结合的重要原则。

2006年,华山医院首先发现并证实"肾阳虚症"的病理基础,研究发现该病患者24小时尿17羟值低下,同时存在下丘脑—垂体—肾上腺皮质、性腺、甲状腺三轴功能紊乱,使用淫羊藿等助阳补肾药可提高下丘脑促肾上腺皮质激素释放因子mRNA丰度及双氢睾酮受体亲和力,由此将"肾阳虚症"主要病理环节定位在下丘脑,从而证实中医"肾阳虚症"有其特定的物质基础。同年,上海中医药大学附属龙华医院(龙华医院)施杞、王拥军主持的气血理论在延缓椎间盘退变过程的运用与发展,获中华中医药科技进步一等奖。项目以椎间盘为观察主体,从组织形态、细胞活性、基因蛋白表达三个层次研究"气血"的功能,认识到细胞内外信号转导与"气血生化"间存在着内在联系;提出椎间盘退变性疾病防治的关键是"调和气血",益气化瘀法具有重要的主导作用。同年,长征医院参与的"络病理论及其应用研究"(合作项目),获国家科技进步二等奖。研究络病发病与病机特点、提出络病病机、创立络病辨证八要和络以通为用的治疗原则,在中医发展史上首次形成系统络病理论,为络病学学科建立奠定理论基础;选择心律失常、慢性心衰、流感及SARS、肿瘤、重症肌无力等5种难治性疾病,以络病理论指导治疗,显著提高临床疗效,研制出4种国家专利新药,佐证络病理论临床价值。

2007年1月23日,上海中医药大学、上海亚太计算机信息系统有限公司承担中医舌脉象分析系统研究,通过市经委验收。构造出基于多态切换的舌象分析决策模型,并建立符合人体工程学标准的舌象优化拍摄环境,实现舌象色彩分类的可靠的量化分类标准和计算机舌象判读体系,建立专家知识库,提出多特征的脉象分析算法,构建特征值到脉象描述的判读模型。2008年,上海中医药大学开展从中医肾本质基础和代谢组学角度研究肾阳虚证的特征模式,从神经内分泌功能变化和尿液代谢组学角度研究肾阳虚证的本质特征取得重大进展。运用气—质联用的代谢组学的方法观察人及大鼠肾阳虚证状态下尿液代谢组分的变化,明确肾阳虚证存在着特异代谢组分的变化,并首次将其明确为肾阳虚证最佳模型。2009年3月2日,上海中医药大学等研发中医四诊智能化诊断系统,通过市科委验收。研制出舌诊、面色诊、三部脉诊、穴位探测样机各2台,中医问诊软件1套,开发中医四诊信息融合的智能化诊断软件 1 套,构建基于中医八纲等症候的研究平台,建立中医四诊信息数据库。

二、中医临床

2000 年,上海中医药大学附属曙光医院(曙光医院)承担的"鹿角方治疗慢性心力衰竭疗效及机制研究",通过国家中医药管理局鉴定,获上海市科技进步二等奖。同年,曙光医院承担的"复方葶苈注射液治疗肺动脉高压的临床和实验研究",获上海市科技进步二等奖。临床上用复方葶苈注射液,治疗肺心病肺动脉高压患者 100 例,有效表达 88.00%。2001 年,曙光医院采用中医治疗慢性肾功能衰竭,通过鉴定。在扶正降浊为主的治疗基础上,着重活血化瘀,能显著降低慢性肾衰患者的血清肌酐、尿素氮、血管紧张素 Ⅰ 和 Ⅱ、内皮素、血栓素 B_2、6-酮-前列腺素、层黏蛋白、Ⅲ 型前胶原、Ⅳ 型胶原和肿瘤坏死因子,增加内生肌酐清除率、纤维联结蛋白、一氧化氮的作用,并得到动物实验的证实。

2003 年,上海中医药大学刘平等承担的"扶正化瘀法在抗肝纤维化治疗中的应用及相关基础研究",获国家科技进步二等奖。提出并论证"正虚血瘀"是肝纤维化病机的假说;发明一种抗肝纤维化的有效中药复方——扶正化瘀胶囊,获得国家发明专利与新药证书;揭示扶正化瘀方促进肝窦毛细血管化的逆转是其抗肝纤维化的重要机制之一;发现扶正化瘀胶囊抗肝纤维化的主要物质基础及组分。同年,上海中医药大学对中药双龙丸治疗冠心病心绞痛的疗效和动脉粥样硬化的消退进行临床和实验研究,通过鉴定。显著降低 AS 模型细胞的细胞异常增长率和使其生长曲线下移;显著降低 AS 模型细胞自分泌 PDGFmRNA 和 MCP-1mRNA 表达;显著减少 ET-1 和 TXB2 分泌;显著降低 AS 斑块内 bFGF 和 VEGF 表达面积、密度和密度指数;显著改变平滑肌细胞表型,抑制细胞超微结构的改变。

2005 年,中山医院研究分期辨证治疗急性缺血性脑卒中,进行中西医结合辨证施治,通过对醒脑开窍、祛风活血通络以及养肝熄风方药的基础研究,为临床序贯综合治疗提供理论依据。同年 8 月 25 日,龙华医院刘嘉湘取得"中医扶正法治癌"学术成果,通过上海市教委验收。发现正虚是肺癌发病之本,阐明肺癌正虚本质与脏腑病机的基本规律;建立肺癌中医辨证分型标准和肺癌中医治疗的疗效评价指标体系;研制国内第一个纯中药复方治疗肺癌的新药——金复康口服液和肿瘤辅助治疗药物——正得康胶囊。

2006 年,上海中医药大学完成原发性肝癌中医药辨证论治机理研究,总结肝癌中医药辨证论治的现状和规律,提出肝癌常见基本证候的辨证标准,发现中医药在延长带瘤生存期、改善生存质量方面的疗效明显。同年,复旦大学完成儿童性早熟中医药临床干预及中西医结合诊疗研究,提出儿童性早熟发病机理为"肾阴虚相火旺"的观点,制定中药为主,中西医结合的治疗方案。同年 3 月,上海中医药大学完成中药胃肠安治疗胃癌研究,通过市教委验收。系统评价健脾为基础的中药复方胃肠安对胃癌细胞的体内抑瘤和转移抑制作用,证明复方胃肠安抑制人胃癌细胞裸小鼠移植瘤生长和转移,诱导凋亡。同年 7 月,上海中医药大学采用疏肝和胃法治疗反流性食管炎,通过市卫生局验收。将混合返流性食管炎的病因病机归为肝气犯胃,胃失和降,采用疏肝和胃方法予以治疗,能有效改善混合返流性食管炎的临床症状,减少食道内胃酸和胆汁返流及胃内胆汁返流,促进食管黏膜愈合。

2007 年 7 月,龙华医院采用活血潜阳法治疗高血压病,动物实验发现该法能改善自发性高血压大鼠高血压内皮细胞功能,有效阻止靶器官损害。2008年,龙华医院研究蝉花有效组分对慢性肾功能衰竭进程的影响,研究明确蝉花抗肾纤维化、延缓慢性肾衰竭的作用及机制,成果为国内首创。同年,上海中医药大学附属岳阳中西医结合医院(岳阳医院)开展中西医结合提高脑卒中患者生活质量研究,将中药治疗与传统的针灸、推拿疗法和现代的运动疗法融合在一起,制定综合治疗方案。

2009年,岳阳医院房敏等承担的推拿治疗颈椎病经筋机制与临床应用,获上海市科技进步一等奖。项目从生物力学角度对推拿治疗颈椎病经筋机制进行研究,创立安全有效的颈椎微调手法新技术,建立颈伸肌群对颈椎间盘及小关节影响模拟活体状态新技术。同年,肿瘤医院研究华蟾素注射液治疗恶性肿瘤,项目完成华蟾素注射液不同组分的分离,进行体外、体内对胰腺癌的抑瘤实验,发现非极性组分是华蟾素抗肿瘤的有效组分。同年,华山医院研究冠心病中药治疗性血管新生的系列,阐明中药治疗冠心病心肌缺血的机制,为中药治疗性血管新生的研究提供重要思路。同年,龙华医院研究益气化瘀方调控神经营养因子和细胞外基质表达促进神经再生修复,证明该方和川芎嗪均可明显改善压迫神经根的病理改变,加速神经再生修复进程。

2010年,龙华医院施杞、王拥军等承担的平衡导引与手法在脊柱筋骨病防治中的应用,获上海市科技进步一等奖。项目阐明"筋骨系统"与"动静力系统"一致性的基本原理,提出并证明"经脉痹阻、筋骨失衡、气血失和、脏腑失调"是脊柱筋骨病的基本病机,提出并证明"筋骨并重、内外兼顾、局部与整体统一"是脊柱筋骨病防治的基本策略,提出并证明"舒经理筋正骨、调和气血脏腑、恢复脊柱平衡"是脊柱筋骨病防治的基本法则。同年,龙华医院主持黄芪牛蒡子系列方分期治疗糖尿病肾病的临床与实验研究,证实能够减轻早中期糖尿病肾病肾损害;探讨黄芪牛蒡子系列方,治疗糖尿病肾病的作用机理;证实早期糖尿病肾病阴虚内热明显,而晚期糖尿病肾病则转为脾肾阳虚;揭示对糖尿病肾病Ⅳ期患者能取得较好疗效。

第七节 生殖健康

一、科学生殖

2001年,复旦大学附属妇产科医院(妇产科医院)原癌基因黏附分子在胚泡着床研究,通过市科委鉴定。该课题对多个原癌基因、黏附分子E-选择素及其配体的糖基转移酶在同一模型小鼠胚泡着床过程中转录和翻译水平的动态变化进行观察,并对E-选择素及其配体的相互作用在胚泡着床中的作用机制进行研究;原癌基因参与胚胎着床的过程以及E-选择素及其配体在小鼠体外黏附、扩展中的作用。同年4月,上海市计划生育技术指导所(生育指导所)研究男性不育症精子相关基因缺陷筛查,通过市科委验收。无精子症患者有11例存在着Y染色体上不同基因片段的微缺失,缺失率为7.38%;外周血染色体异常核型发生率为14.09%;Y染色体微缺失是引起无精子症造成男性不育的一个重要原因。

2002年3月,瑞金医院承担"Kallmann综合征KAL1基因缺陷研究",通过上海市人口计生委验收。KS仅占IHH总数的一小部分,IHH也可视为是KS的一种临床表现;临床绝大多数KS患者表现为散发型,家族遗传仅为少数;应重视KS患者GnRH脉冲分泌模式;头颅核磁共振检查可能有助于KS的临床诊断;KAL基因突变仅占KS的极少数(主要为X连锁遗传患者),可能牵涉其他外显子和常染色体基因缺陷问题。同年10月,妇产科医院完成子宫内膜容受性及人类生育调节研究,通过市科委鉴定。雌、孕激素对子宫内膜容受性相关分子细胞间黏附分子、白血病抑制因子

(LIF)、整合素 β3 等表达有调节作用;首次发现 LIF 可以上调 ICAM‐1、整合素 β3、纤连蛋白(FN)表达;创建胚胎着床三维模型;胚泡促进整合素 β3 表达。2003 年 7 月,上海市第一妇婴保健院研究剖宫产后子宫瘢痕处妊娠规范化诊治,通过市科委、市人口计生委鉴定。研究认为子宫瘢痕在氨甲蝶呤治疗的基础上应用孕囊穿刺技术可提高疗效;子宫动脉栓塞与刮宫联用技术值得推广应用。

2004 年,妇产科医院对"E‐选择素及其配体在胚胎黏附、扩展和着床中的作用"及"原癌基因 c‐fos、c‐jun 在着床过程中的表达和作用"进行实验观察,适当浓度的 E‐选择素可以促进小鼠胚泡的黏附;阻断 E‐选择素配体 sLex 可以抑制 E‐选择素介导的胚泡黏附;抗 sLex 抗体可以部分阻断胚胎着床,提示 E‐选择素及其配体的结合介导的胚胎黏附,在胚胎着床中十分重要。同年,长海医院围生期缺氧缺血性疾病的基础与临床研究,通过市卫生局鉴定。在国内外首次进行阿片 μ、κ 和 δ 受体在胎儿窘迫及新生儿窒息中作用的基础与临床研究,发现 μ 受体在围生期缺氧缺血性疾病中起主要作用;进行脑源性神经营养因子载体细胞脑内移植与新生儿缺氧缺血脑损伤的基础研究;在国内外首次进行孤啡肽与围生期窒息的相关研究,探讨孤啡肽水平的测定对窒息的诊断及预后判断的重要性及有效性;建立有效的胎儿窘迫及新生儿窒息的临床综合评价及监测指标。

2005 年 10 月,妇产科医院完成母—胎免疫调节机理研究,通过市卫生局鉴定。建立分离、纯化和鉴定绒毛滋养细胞和绒毛外滋养细胞的方法;证实共刺激分子在母—胎免疫调节中的作用;发现母—胎界面优势表达某些趋化因子及受体,并证实滋养细胞通过自分泌方式发挥上调作用;发现环孢素能明显促进滋养细胞的侵袭生长能力,并诱导母—胎免疫耐受,从而改善妊娠预后。2006 年,中福会国际和平妇幼保健院开展人类子宫内膜着床窗口研究,提示卵巢高反应引起的高雌激素环境影响子宫内膜对移植胚胎的接受性,卵巢高反应周期子宫内膜腺体发育迟滞,发现卵巢高反应周期子宫内膜表达谱 364 个基因中,233 个上调,131 个下调;提示原因不明反复自然流产妇女子宫内膜种植因子表达没有改变。

2007 年,上海交通大学医学院研究精子发生与成熟分子机制,对生殖细胞核因子(GCNF)以及胱氨酸蛋白酶抑制剂相关的附睾和精子发生基因(CRES)在小鼠、大鼠的睾丸、附睾发育中的表达情况进行研究。研究发现 GCNF 和 CRES 在鼠睾丸、附睾发育中表达均有明显的时空变化规律。同年 11 月 6 日,国际和平妇幼保健院开展孕妇血浆及血清中胎儿 DNA 出现的机制及组织来源研究,通过市科委验收。孕妇外周血中存在胎儿游离 DNA,检出率随孕周增加而明显增加;怀有唐氏综合征胎儿孕妇外周血胎儿游离 DNA 含量比正常孕妇高 2 倍左右;TaqMan 探针实时定量 PCR 技术适合于临床大规模产前筛查及诊断;子痫前期孕妇外周血胎儿游离 DNA 含量异常升高。

2008 年,仁济医院林其德等承担的"免疫型复发性流产的发病机制及诊治"获国家科技进步奖二等奖。首次在国内提出自身免疫型和同种免疫型 RSA 的全新概念,在国际上首次发现人类子宫蜕膜 T 细胞受体谱;首次发现 NOD/SCID 小鼠模型内 NK 细胞功能过度抑制或激活均可诱发流产;在国内率先根据病因将 RSA 分为免疫型和非免疫型 2 大类共 6 种类型;在国际上首次报道采用"抗心磷脂抗体+β2 糖蛋白 1"双指标多次检测抗磷脂抗体;制定和规范免疫型 RSA 的免疫治疗方案。

2009 年,计生所进行人卵透明带‐B 和‐C 蛋白中线性抗原表位的精细鉴定和功能研究,发现通过选用 2 个长度合适的链霉亲和素和谷胱甘肽‐S‐转移酶蛋白作为融合高表达的载体进行短肽合成,构建 3 组原核高表达质粒;证明人卵透明带 C 蛋白上至少存在 6 个线性抗原表位,为研制具抗生育效果且自身免疫卵巢炎的人卵透明肽疫苗奠定基础。同年 6 月,计生所承担的人精源性新基因 ssp411 在辅助生殖技术中的应用研究,通过国家自然科学基金委员会验收。发现:ssp411 蛋白也在成熟卵及早胚中表达,ssp411 基因表达与氧化损伤的程度和损伤的时间存在相关性;建立用精原干细胞载体法及卵胞浆内单精子注射法制备转基因 RNA 干扰小鼠模型的技术平台、遗传性状稳定的转基因 RNA 干扰小鼠模型和精子功能检测平台。

2010 年 3 月,计生所承担小鼠着床相关基因(EMO1 和 EMO2)的功能研究,通过国家自然科学基金委验收。发现 Sec63 在着床位点的蜕膜化细胞高表达,提示其可能影响蜕膜化细胞的增殖与分化;发现 Sec63 的功能可能和 Comt 等基因的表达调节有关;发现 Sec63 影响 PKD1L3 蛋白的细胞内转运。同年 10 月,计生所研究胚胎着床相关因子功能的研究及其在生育调节中的应用,通过验收。该项目分别从子宫内膜组织和生殖细胞中筛选参与调节胚胎植入过程的基因,对它们的功能及其在着床中的作用进行研究,并尝试从中发现避孕节育的新途径。同年 11 月,计生所研发的前列腺疾病模型,通过市科委的验收。建立和完善前列腺疾病动物模型及其评价体系,包括 1 种前列腺癌转移模型、2 个前列腺炎模型、3 个前列腺增生模型和 4 种人前列腺癌细胞的裸鼠原位模型。

二、优生优育

2000 年,中科院上海药物研究所完成醋酸烯诺孕酮皮下埋植剂的临床前药理毒理工作,认为该皮下埋植剂适合于哺乳期妇女使用。2001 年 2 月,上海市第一妇婴保健院完成紧急避孕方法比较性研究,通过市科委鉴定。研究认为,低剂量米非司酮合并小剂量米索前列醇可作为临床紧急避孕方案。2002 年,计生所研制"含孕二烯酮的长效皮下避孕埋植剂",获中国发明专利。采用药囊型制作工艺,具有较厚管壁结构,放取方便,可免除原使用药芯型工艺制备的两根型皮埋剂中经常出现的破损断裂不易取出的缺陷。同年,计生所研制出孕二烯酮新型阴道避孕药环,并开展药代动力学等第二阶段临床前研究。新型阴道避孕药环有助于子宫内膜的维持,点滴出血副反应的发生率与严重程度有所降低;能以零级速率恒定释药,8~10 μg/d,维持一年;药物释放曲线平稳,避免缓释制剂常见的爆破效应;阴道环大小和强度更适于中国妇女,可减少脱落及可能的阴道黏膜损伤。同年 9 月,新华医院等承担先天愚型的诊断与干预研究,通过市人口计生委验收。提出诊断与干预建议:开展以超声测量胎儿颈项皮肤、多标记酶联免疫等 DS 产前筛查;开展以传统细胞遗传学诊断与产前诊断,结合 FISH 技术和 PCR 方法,最大限度地检出 DS。

2003 年 6 月,计生所完成荧光定量 PCR 在唐氏综合征产前诊断应用,通过市人口计生委验收。研究结果表明:所选择的 4 个 STR 位标在中国人中 PIC 较高,用这 4 对位标对唐氏综合征进行 QF - PCR 产前诊断,具有准确、快速等优点,适合于临床诊断的需要。同年 6 月,计生所完成妊娠期补锌对幼儿生长发育影响研究,通过市人口计生委验收。该研究分为二个阶段,第一阶段将 160 例孕妇随机分为补锌干预组 A、B 和 C 组,自第一次孕期保健门诊开始至分娩期间,分别口服补充 5 mg/d、10 mg/d、30 mg/d 剂量的锌,以及对照组口服安慰剂。第二阶段研究,是在其幼儿 3 岁左右进行体格、智力及行为适应能力的测量,观察孕期锌干预对幼儿生长发育的影响。同年 12 月,生育指导所研究"Implanon 皮埋剂配伍十一酸睾酮抑制精子发生",通过市科委验收。研究结果显示:20 例受试者中 19 例达到无精症状态,1 例为少精症,平均起效时间为 10.74±2.68 周;停药后多数受试者(19 例)精子计数恢复正常的时间为 13.47±1.98 周,仅 1 例恢复时间较长(24 周)。

2004 年,生育指导所参与的"米非司酮作为短效口服避孕药的临床探索"(合作项目),获国家科技进步二等奖。该课题包括 3 个部分：9801——两种剂量米非司酮用于紧急避孕的随机、双盲、多中心临床研究；9802——使用米非司酮和米索前列醇为月经延迟妇女催经的多中心临床研究；9803——米非司酮和米索前列醇用于黄体期避孕。首次使用中国生产的米非司酮作为一种用于房事后补救的避孕方法的大样本多中心临床研究。研究成果证实：使用中国生产的米非司酮为广大育龄妇女提供紧急避孕、黄体期避孕和催经止孕是安全有效的。同年 7 月，瑞金医院完成宫内节育器妇女围绝经期子宫出血研究，通过市人口计生委验收。放置 IUD 的围绝经期妇女短期发生的月经异常，并不是子宫内膜癌的信号；对围绝经期妇女月经失调的处理必须注重药物治疗及随访，预防子宫内膜上皮内瘤样变及子宫内膜癌。

2005 年，计生所开展妥塞敏预防宫内节育器放置后经血过多的临床试验，结果显示：妥塞敏全剂量应用（1.0 克，2 次/日，月经 1—5 天服用）可有效减少 IUD 放置后的经血量和经血过多的发生率；半剂量应用（0.5 克，2 次/日），也有明显疗效，但低于全剂量；妥塞敏对 IUD 放置后经期延长和不规则出血无显著疗效。同年，计生所研制含天然孕酮哺乳期用阴道避孕药环，获得 3 项工艺及配方发明专利。该避孕药环能缓慢释放低剂量天然孕激素，不影响乳汁分泌、不影响婴儿生长发育。同年 1 月，瑞金医院研究儿童生长障碍与 SHOX 基因突变，通过市人口计生委验收。发现部分 ISS 病人中存在参与 SHOX 基因表达调控的 5′UTR 区发生 - 372bpG→A 碱基突变，阐明此突变是否影响 SHOX 基因在生长板的作用。研究结论为：SHOX 基因 - 372A 突变降低 DNA -蛋白的亲和力，但增加启动子的活性，最终阻碍 ISS 患者长骨的生长。同年 9 月 15 日，新华医院承担串联质谱在遗传性代谢病检测中研究，通过专家验收。在国内首次应用串联质谱新技术和干血滤纸片法进行氨基酸疾病、有机酸代谢紊乱、脂肪酸氧化障碍性疾病等遗传性代谢病的检测；建立中国不同年龄组儿童干血滤纸片法氨基酸谱和酰基肉碱谱正常参考值；建立国内第一个串联质谱遗传性代谢病新生儿筛查技术平台和国遗传性代谢病高危儿童串联质谱检测协作网。

2007 年，新华医院等完成围生期先天性心脏病诊疗研究，通过市科委组织的专家验收。在国内率先提出危重型先天性心脏病的围生期早期干预和计划性治疗的理念。建立胎儿先天性心脏病诊断的网络筛查机制，完善胎内诊断的理念与方法。建立在胎儿期经胎儿镜介入和子宫小切口食管超声引导下对动物进行干预的实验模型，为开展胎儿介入并逐步过渡到临床应用打下基础。开展新生儿复杂性先天性心脏病手术治疗，并建立完整的围术期处理常规和监护方法。同年，计生所等完成"严重出生缺陷和遗传病的防治研究"。提出出生缺陷一级预防，应围绕宣传倡导、健康促进、优生咨询、高危人群指导、孕前实验室筛查和均衡营养 6 方面进行。

2008 年，新华医院蔡威等承担的"危重新生儿营养支持基础研究与临床应用"，获上海市科技进步一等奖。在国内外首次提出 60～80 千卡/（千克·天）的新生儿营养支持能量推荐量，开发研制成功国内首个小儿专用型氨基酸；提出适用于中国新生儿的脂肪乳剂应用方案，并率先开展经空肠穿刺造口术和经皮内镜胃造口术；在国内最早成功实施新生儿短肠综合征的肠康复治疗；发现氧化应激线粒体凋亡途径是 PN 相关肝损害的重要作用机制，证实中药丹参等抗氧化药物对 PN 相关肝损伤具有防治作用。同年 6 月，计生所研究酸性生物黏附热敏凝胶剂及其制法和用途，通过市科委验收。研究认为，热敏凝胶剂与市售 N‐9 胶冻剂比较，避孕效果相似，而前者副作用较小，为研发外用阴道短效避孕 Ⅰ 类新药提供技术支持。同年 10 月，第二军医大学完成吲唑类男性避孕药设计合成及药效学研究，通过市人口计生委验收。首次构建人顶体酶三维结构，设计合成 46 个新结构类型吲唑 3 羧酸酯与酰胺类化合物，发现高活性男性抗生育化合物 26 号。

2009 年 4 月，计生所完成双功能强离子型酸性聚合体凝胶剂的前期研究，通过市人口计生委验收。研究表明,热敏型酸缓冲避孕凝胶剂具有良好的杀精避孕作用,对 STDs 病原体具有较强的体外杀灭作用;对阴道黏膜刺激性小于市售 N-9 凝胶剂。同年 11 月,计生所探讨丝氨酸蛋白酶抑制剂 AEBSF 在动物体内的抗生育作用,通过市人口计生委验收。研究成果揭示 AEBSF 的注射制剂或口服制剂,可能具有比阴道内给药制剂更好的抗生育效果。2010 年,计生所研制成功低剂量复方口服避孕药复方左炔诺酮片,相对于普通口服避孕药,其具有生物利用度更高、避孕效果和安全性更好、副作用更小、服用更方便特点。

第八节 体 育

一、竞技体育

2001 年,上海体育科学研究所(体科所)研制的"枪神 2000"射击训练系统,通过专家鉴定,获 2002 年上海市科技进步三等奖。由红外发射靶、瞄准轨迹光电接收系统、红外无线数据接收器、多路智能充电器和微处理机等组成。能实时记录、显示瞄准击发过程中枪支的晃动轨迹,准确地显示击发环数、击发点,同时提供数据处理、数据保存、查询等功能。2002 年,上海市体育局建成游泳运动水下摄像系统。该系统由出发、转身摄像及游程同步跟踪摄像两部分组成,达到整个游程图像采集,为全程动作技术分析、解析提供支撑。研制的水下摄像头,达到清晰度高(450TVLines),体积小(60 毫米×110 毫米)水密性好,图像畸变小等特点,保证图像解析的需求。

2003 年年底,上海体育学院承担的运动应激后心肌细胞热休克蛋白的表达及意义课题,通过市教委鉴定。观察不同强度、不同持续时间和不同周期运动对心肌细胞热休克蛋白 72 诱导表达的变化,同时研究热休克蛋白 72 诱导表达与心肌细胞的结构、功能和代谢变化关系,从分子水平揭示心脏保护的可能机理,为心脏病运动康复合理制定运动处方提供理论依据,增加心脏运动康复的理论内容。同年,上海市体育局研制出青少年选材测试车,配备身体成分、有氧和无氧能力、骨龄、生理生化指标等测试仪器。

2004 年,上海体育学院承担的"高水平运动员大赛前训练行为控制规律探索——以中国男子体操队备战 2000 年悉尼奥运会为例""中国竞技体育后备人才培养模式的研究"和"体育发展新论——学校、家庭、社区一体化体育发展研究",获中国体育科学学会科学技术奖三等奖。同年,体科所主持的"刘翔雅典奥运会夺金综合攻关服务"研究,获国家体育总局第二十八届奥运会科研攻关和科技服务一等奖。对刘翔采用先进训练理念和训练方法,运用图像分析系统对其训练和比赛的跨栏技术进行全程跟踪、定点捕抓、图像处理和数据解析,把刘翔的技术与世界纪录保持者杰克逊的技术进行比较分析,寻找适合其本人的技术特征。同年,体科所等承担的"中国优秀运动员竞技能力状态的诊断和监测系统的研究与建立"研究,获中国体育科学学会科学技术奖一等奖。同年,上海市体育局研发游泳水下三维摄像系统,属国内领先。该系统使教练员实时解运动员在游泳训练时的三维(侧面、顶部、后部)水下技术动作,尤其是观察运动员在全程游过程中三维技术动作。通过对运动员的全程跟踪、拍摄、记录运动员的三维技术动作,为对游泳运动员的技术诊断,提高科学训练水平提供支持。

2005 年,体科所研制智能化多参数帆船训练及监控评价系统,通过 GPS、风速、风向、倾角 4 种传感器,可对帆船的纵倾角、横倾角、速度、位置、航向、风速、风向等指标,同步采集、实时监控,为帆船训练评价和量化提供数据,能实时监测运动员驾帆船在海上航行的船速和轨迹,教练员在岸上利用手掌微型电脑接收数据,掌握第一手资料,解决帆船训练评价和量化的难题,对提升训练效果具有积极作用。2006年,上海市体育局完成上海优秀运动员基因库的初步建立及身体素质相关基因的研究,开发有氧运动能力相关基因多态性检测基因芯片,集成6个与有氧运动能力关联的基因位点。

2007年,上海中医药大学承担运动性疲劳的脉图无创伤评价研究,在对急、慢性运动性疲劳前后生理、生化及脉图指标变化的研究中发现,运动疲劳前后,血压、心肺功能、血乳酸、血清皮质醇等生化指标发生明显改变,疲劳前后脉图指标有不同的变化。急性疲劳以降中峡降低、脉频增大、脉位变浮、脉图生物龄增大为主要脉图变化特点。慢性疲劳则以降中峡抬高为主要特征。同年,上海市体育局历时3年建立部分重点耐力性项目优秀运动员的基因库,研发与基因库配套的"优秀运动员基因多态性和相关信息管理系统"软件,为基础研究在竞技体育实践中应用提供技术平台。同年,上海中医药大学运用中医药调节上海女子体操运动员营养,针对不同运动员特征,推进平衡膳食营养的措施,结合训练、比赛不同阶段,针对不同运动员的特征,采用益气补血养阴、活血助阳为主的中药膏方、汤剂等个性化调理,从而使运动员瘦体重增幅上升,并改善血色素偏低的现象,进一步改善控体重状态下运动员机体的生长发育、运动能力和免疫能力。

2008年10月30日,体科所完成"骨骼肌的损伤及治疗研究",通过市体育局验收。对骨骼肌损伤后的早期处理标准化程序、骨骼肌损伤后的力量训练安排和骨骼肌康复评定标准等方面做深入研究,为骨骼肌损伤的预防打下很好的基础。课题总结出的治疗手段、康复方法和评定指标实用性强,为上海水球队、赛艇队、皮划艇队夺取全运会金牌,及中国女排夺取2008年北京奥运会铜牌提供医疗科技保障。同年10月30日,体科所完成"运动员膝关节本体感觉训练研究",通过市体育局验收。该项目通过实施运动员膝关节伤病调查,分析发病因素,为伤病的预防提供参考;探讨本体感觉训练对提高膝关节损伤后康复的作用,总结出一套针对运动员的训练模式和方法手段,为膝关节的损伤康复提供理论依据。同年10月30日,体科所完成射箭技术稳定性监测与反馈研究,通过市体育局验收。采用高清、高速运动影像解析,表面肌点测量等方法,对射箭优秀运动员进行长期、系统的跟踪测试、分析评价,确定箭速、撒放速度、推拉角、撒放节奏等与专项技术水平密切相关的运动学指标,并结合运动员个体动作的肌电特征,准确反映出运动员技术训练中存在的问题。

2009年,同济大学承担的"上海体操队女子团体、男女个人夺金战略体操项目重点运动员运动训练的监测与诊断研究",通过建立上海优秀体操运动员数据库管理系统,将参加全运会的重点运动员基本信息进行记录、比较与分析,从数据中挖掘出对训练有价值的指导信息;通过影像对比分析、录像解析等方法将运动员完成难新动作时的影像进行横向、纵向比较和分析,找出主要瓶颈,辅助教练员在训练中更好地完成训练任务;通过表面肌电测试方法探索运动员在完成吊环动作时各肌肉的用力情况,合理安排训练,为上海体操队在第11届全国运动会上获得4枚金牌、1枚银牌、2枚铜牌提供科技支撑。同年,体科所完成优秀游泳运动员全程技能分析评价与水槽游泳技术信息快速反馈系统的开发与应用课题,针对上海优秀游泳运动员的全程技术进行诊断分析,建立技术档案,并运用水槽设备进行专项能力训练,取得效果。采用水下技术摄像、出发训练仪等的同步采集图像和数据处理,解析出运动员在训练或比赛中的全程技术参数,包括出发、转身、冲刺的时间和速度以及途中游的平均速度、平均划频和划幅等,分析运动员的全程技术特征与技术细节的差异。为上海游泳队在第11届全国运动会上获得6枚金牌、打破1项世界记录作出贡献。同年,上海师范大学对女子曲棍球队的运动训练,历经夏训、冬训、赛前及部分比赛的跟踪测试,建立女子曲棍球队员的运动素质档案,为合理安排训练计划,达到最佳训练效果提供科研保障。

2010年5月,同济大学、体科所等研制自行车运动训练信息管理系统,通过市体育局的验收。该项目将电子信息技术、网络通信技术、数据库技术三者融为一体,实现运动训练相关数据信息远程管理与自动输入,为运动训练数据实时分析反馈提供快捷、简单、适用、科学的操作平台。无线智能计时秒表和配套软件属国内首创。

二、群众体育

2001年元旦,上海市体育局研制的上海市民体质监测车,正式上街运行。车内装备有世界领先水平的仪器设备,其中,BioSpace身体成分测试仪,可以精确地测量人体体内的脂肪含量、水分含量及各种身体成分,以及它们的分布情况;BioDex力量测试设备,运用最新的等速理论,可以精确地测量和分析人体各部位肌肉力量;DMS超声成像骨密度仪,可以判断和预测骨质疏松症的发病概率;Jaeger心肺功能测试仪,可以精确地测试和分析运动条件下人体心肺功能的情况。系统还将采用先进的IC卡对被测试者进行识别和档案管理,可以实现对历史测试数据的调用、对比和跟踪。2003年,上海市体育局研究推进全民健身开展,构建的以学校体育为中心,社区为依托,家庭为基础的一体化体育发展模式,为实施全民健身计划创建可行性和可操作性的途径。通过市民体质监测车,运用车载式体质测试系统的高科技手段对市民体质进行研究及健身指导。通过对市民身体成分、肌肉力量、有氧运动能力、骨密度等测试、研究,对人体体质状况作出准确的评价;通过采集的各项数据基本解和掌握上海市市民体质的基本现状,建立相应的测试、评价方法和评价标准,并对计算机健身锻炼指导模型开展研究,制定推演原则,提升体质测试的科技含量,对市民科学健身提供更为科学的指导。2004年5月,市政府颁发《上海市全民健身发展纲要(2004年—2010年)》,为此,上海市体育局和上海体育学院创立上海市民体质研究中心,对市民体质数据进行科学分析与跟踪研究,建立市民体质数据库,指导市民科学规范的体育锻炼和体质监测工作;接纳市民个人及团体的体质测试,通过测试帮助市民更准确地解自身的体质状况,并提供测试结果、评价及运动处方,进行个体化、人性化、科学化的健身指导,使市民的体育锻炼目标更明确,方法更科学,效果更显著。

2008年10月28日,同济大学承担"中日大城市青少年骨密度的对比分析",通过上海市体育局验收。该项目采集上海、东京、大阪等大城市两万余名中日学生的超声骨密度数据。通过研究分析,解中日学生骨密度的现状,初步分析骨密度与运动、饮食习惯的关系,基本建立学生骨密度评价标准。研究发现:上海与日本大城市6—20岁学生右足踵骨的SOS值都有先降后升的变化趋势,16—18岁时达到SOS的峰值,随后下降。上海学生的SOS处于较低水平,除6岁年龄段外,均显著低于日本大城市学生。上海女生的骨骼健康存在较严重的问题;还发现运动及饮食习惯等对骨密度都有着较大影响。对上海学生骨密度促进作用较大的运动项目有足球、跳绳、武术、健美操等。调查发现经常运动的上海学生比例远低于日本学生。2010年1月,上海市体育局、上海市青少年训练管理中心等研究业余体校规范化建设,通过上海市体育局的验收。该项目对业余体校规范化建设的评估指标、评估实施等环节,进行专题探讨研究,形成上海区(县)业余体校规范化建设评估方案等成果。

第二章 建设科技

第一节 城市规划

2003年,上海市房地产科学研究院承担完成"黄浦江两岸土地开发综合研究"。确定沿岸地块拆、改、留的方案,提出黄浦江两岸土地再开发机制和补偿安置机制的模式,分析黄浦江两岸土地再开发投资对上海市城市建设与发展的影响,提出完善黄浦江两岸土地利用规划的设想和两岸土地再开发的建议。同年,同济大学主持完成"上海中心城道路交通十年发展战略研究"。该项目立足基础设施发展的普遍规律和上海的实际情况,吸收、借鉴国内外同类城市交通发展的经验,将前瞻性、实证性、操作性有机结合,重点研究中心城范围内的道路交通;对上海交通现状作较深入的调查,分析上海道路交通所面临的主要问题及原因,提出城市道路建设的新理念,如道路建设与城市发展是一个相互依存的互动过程、城市道路的主要功能是解决城市内部的出行问题、不同的道路应具有不同的功能等。

2006年,同济大学承担完成"世博园与世博场馆规划设计导则研究"。在世博园规划与设计研究方面,提出世博会主题深化与物化对策、世博园区与上海城市整体结构与布局策略、世博园交通规划导则、世博园生态环境建设目标与指标体系、世博园资源优化技术方案、滨水环境综合设计对策、世博园绿色设计指南等。在世博场馆建筑设计导则方面,提出世博场馆建筑设计通则、不同主要建筑类型的建筑设计导则、中国馆的设计思路与对策、场馆后期可持续使用方案等。同年,同济大学承担完成"世博园区景观光环境规划的新技术研究"。提出世博园区景观光环境的总体规划原则和夜景照明方法,为构建世博园区高效节能与景观艺术并重的夜景体系提供技术保障。同年,上海市市政工程管理处和同济大学共同完成"上海市中心城道路专项规划深化研究"。项目为制订城市道路交通"十一五"建设计划提供技术支撑,确定中心城干道交通功能改善的重点,调整中心城越江设施的布局,提出6条新越江通道方案和功能定位。同年,同济大学完成"上海市地面公共交通系统规划研究"。提出中心城外围区和郊区应巩固、发展地面公交,公共交通系统应以枢纽、专用道建设推动线网优化,以公交系统要素整合提升公交服务水平和吸引力的科学的规划方法。

2007年,上海市城市科学研究会、同济大学等单位完成"上海城市发展对地下空间资源开发利用的需求预测研究"。提出城市发展对地下空间资源开发利用的"和谐发展需求预测"理论;创建城市发展对地下空间资源开发利用的和谐发展需求预测的指标与指标体系框架;提出上海市"十一五"中心城区地下空间专项规划的基本内容、目标、任务,研究预测2010年前及2020年内上海城市地下空间资源开发利用的发展趋势。2008年,同济大学和上海市绿化管理局共同承担完成"上海城乡一体化绿化系统规划研究"。提出上海市新一轮绿化系统的结构模式和具有针对性的措施,提出上海绿化系统规划时空演变、绿化相关规划协调、城乡一体化绿化要素分类、绿地生态网络构建、城乡一体化绿化系统布局模式和绿地应急避难功能等6个方面,在要素立体化、郊野公园体系、应急避难功能等方面填补上海绿化系统规划的空白。同年,同济大学承担完成世博科技专项课题"2010世博会规划建设全过程的控制管理"。建立结构简明清晰的世博园区可视化管理平台,建立真实互动的规划设计方案虚拟仿真环境,模拟世博园区参观者的静态分布与动态轨迹。同年,上海世博会事务协调局和同济大学共同承担完成"世博会场馆重要建筑规划设计导则研究"。为世博会六大标志性场馆建筑(主题馆、中国馆、世博中心、演艺中心、城市未来馆、城市文明馆)的建设制定一套完整系统的设计指导,提出"场馆设计的全指标体系"。

2009年,上海市信息中心牵头负责,会同上海市投资咨询公司共同完成市科委世博科技专项"世博后续利用(关键技术)研究"。对国内世界级重大活动后续利用开展深入研究;分析上海举办世博会将产生的效应,提出"培育上海新城市中心、加快科技成果产业化、提升城市能级、带动区域经济文化发展、塑造'世界城市'"等世博会后续利用总体思路和定位。2010年,同济大学主持完成"中国城乡历史空间保护与适应性再生的理论及其应用研究"。建立历史空间的综合价值评估体系;探索地方风土特征及匠作系统延承的方法和技术手段;提出历史空间活化和再生的适应性理论,形成具有前瞻性、鲜明特色和影响力的系统理论和操作方法。提出4种历史空间再生模式:历史标本保存与博览模式、历史地标与历史场景重现模式、风土聚落新旧共生模式、历史地望与文化产业建构模式。

第二节 道路设计与施工

一、道路结构与施工

2001年,上海市市政工程研究院(市政院)和同济大学共同完成"半刚性基层上沥青路面结构组合与厚度研究"。提出适用于高等级公路/道路路面的设计要求,为建立适用于高等级道路/公路路面设计打下基础;建立一套基于使用性能路面结构组合的设计方法;给出路面面层厚度、材料的设计准则和设计方法;将路面设计标准划分为高、中、低3个等级,给出三级设计标准的设计诺谟图。2003年,上海市市政工程管理局(市政局)和市政院共同完成"过湿土路基加固处理技术",采用石灰土处理技术处理过湿土,对石灰土的组分提出合理掺量,确定石灰土路基顶面回弹弯沉的评定指标,提出土工格栅路面结构组合设计方法。同年,市政局和市政院完成"路面内部排水系统研究"。项目测定不同级配水泥稳定碎石混合料的空隙率、渗透系数和强度值,建立三者之间的经验关系,提出水泥稳定碎石混合料的组成设计方法和要求,提出合理的水泥稳定碎石混合料的组成设计。同年,市政局和市政院完成"半刚性基层上沥青路面结构组合与厚度研究"。提出力学稳定性更好、造价更节约的路面结构,提出半刚性基层上沥青路面结构的三级诺谟图。

2004年,上海国际赛车场有限公司毛小涵等承担的"上海国际赛车场工程关键技术研究",获得上海市科技进步一等奖。首次突破建设中的软土地基上大面积不规则高填方复杂造型的设计与施工,解决赛道建设中路基不均匀沉降、沥青面层设计和施工等关键技术难题,在国内率先采用有利于抵抗道路不均匀变形的全柔性路面结构,开发出F1赛道面层专用沥青,首次运用分层磨耗技术进行分层混合料设计及其成套施工工艺与技术,在国内首次实现满足国际汽联技术要求的基于统一平台的F1比赛信息化系统集成,创新超大跨度梭形钢结构桁架、新型复合膜结构的设计和大体量清水混凝土施工技术,制定中国首部《F1赛道施工验收技术规程》。同年,上海国际赛车场有限公司等完成"F1赛道沥青混凝土面层技术研究"。在国内首次提出并实践多级异步磨耗的沥青混合料设计思想,确定适用的集料,首次将国产SBS改性沥青用于赛道,开发一套完整的施工工艺、操作规程和施工质量控制技术,成功地应用于F1赛道面层施工,形成适用于优质路面工程的整套施工技术。同年,上海市公路管理处和同济大学共同完成"公路改造路基路面关键技术研究"。总结公路改造工程的常见病害及其成因机理,明确旧路性能评价指标和方法,建立路面剩余寿命的预估方法和路基拓宽的设计理论,提出旧路利用与处理原则、路基拓宽设计方法和加铺层设计方法,提出旧路利用与处理技术、路基拓宽处置技术和沥青加铺层反射裂缝防治技术等实用技术。

2006年,同济大学、上海沪洋高速公路发展有限公司等完成"水网重交通高速公路低路堤关键技术研究"。揭示水网地区地下水位的时空特征及其影响因素,提出路基最小相对高度的确定方法,确定细粒土路基和处置土路基基质吸力与含水量、含水量与回弹模量的关系,提出"基于地下水位变化的路基顶面回弹模量预估方法",首次建立低路堤路基残余变形的计算模型,提出残余变形的控制指标和标准,为低路堤技术的应用奠定理论基础,补充和完善公路路基综合排水设计方法。2007年,上海同盛大桥建设有限公司皇甫熹等承担的"外海高速公路海堤关键技术",获上海市科技进步一等奖。形成外海高速公路海堤软基处理设计施工与海堤填筑施工过程控制成套技术,创新对插板装备和施工工艺,研发深海海堤网格法施工工艺,发明监测设备保护装置及其施工安装专利,首次发现孔隙水压力与潮位之间存在椭圆状"滞回圈"关系。

2008年,同济大学孙立军等承担的"重交通沥青路面设计理论及其应用",获上海市科技进步一等奖和2009年国家科技进步二等奖。建立一套适用于重交通的沥青路面结构设计理论,发现沥青的迁移现象,研制轮路接触压力测试设备,首次实测接触压力分布,揭示Top-Down开裂的必然性,首次建立路面温度场的实用模型,提出沥青混合料抗剪测试原理,发明抗剪强度测试系统,创立全寿命结构行为方程,发明一系列沥青综合改性技术,统一国际沥青路面核心分析理论,研制沥青混合料细观结构分析系统,建立混合料均匀性评价方法和标准。2009年,上海市公路管理处和同济大学共同完成"上海地区特重交通条件下公路路面结构技术研究"。总结上海地区特重交通对沥青路面结构性能影响及各类病害成因机理,建立特重交通轴载换算方法,系统提出特重交通路面结构设计方法,推荐适应特重交通条件路面结构组合形式,建立基于多指标体系的既有道路结构性能评价方法,总结分析旧路利用与处理技术,提出基于防止反射裂缝的沥青加铺层设计方法。

2010年,同济大学、上海市公路管理处等完成"上海地区高速公路拓宽路基路面关键技术研究"。首次提出新老路面结构协同设计方法,详细规定路面拼接部位的处置方法和技术要求,系统构建软土地区高速公路拓宽技术指标体系。从变形协调、模量协调和结合处置等3个方面提出路基拓宽的处置技术,并首次提出基于非饱和土力学理论的路基湿度和回弹模量预估方法。建立考虑荷载传递耦合作用的桩承式加筋拓宽路堤设计分析模拟平台,提出系统的优化设计方法和施工工艺。基于半刚性基层结构性能演化规律,提出以应力应变为控制指标的剩余寿命预估方法,实现老路的工作状态合理判定和最大化利用。

二、道路检测与养护

2004年,同济大学承担完成"高速公路早发性损坏机理分析和设计理论研究"。首次发现沥青在路面中的迁移现象,解释高速—多雨—重载作用下路面损坏的过程;首次系统地证明自上而下裂缝的存在条件、发展过程和产生的原因,论证剪切破坏是重载交通路面的主要损坏原因之一,建立沥青混合料抗剪强度试验分析方法,提出路面结构的全寿命行为方程,统一路面分析设计理论。同年,同济大学等承担完成"重盐碱地区公路翻浆处置技术、材料及工艺的研究"。编制《盐渍土地区道路翻浆处置技术指南》,规范盐渍土地区公路翻浆的判定与勘查方法、翻浆处置对策以及防翻浆等养护技术;《盐渍地微观形态图集》系统收集不同地区、不同盐类在土中的典型微观形态及变化;

绘制《青海省柴达木盆地公路沿线盐渍土分布图》。

2005年,同济大学等开展的"公路养护关键技术及系列装备的研究"(合作项目),获得国家科技进步二等奖。开发系列的自动化检测装备,在国内首次实现公路的快速自动检测,创立具有自主知识产权的装备体系;形成适用于各等级公路的养护评价体系和标准;建立近160种典型结构的使用性能预测模型和50多类损坏修复技术及方案;建立10余种预测模型的知识库;首次研究开发具有自主知识产权的公路养护分析软件平台。同年,上海市公路管理处和同济大学共同完成"公路沥青混凝土路面预防性养护技术研究"。提出公路沥青路面预防性养护的标准以及对策选择的方法和流程,建立上海市公路沥青路面预养护对策库,提出最佳预养护时间的确定方法,总结上海市常用预防性养护措施的技术特征,提出相关的设计理论和施工技术。同年,同济大学等完成"水泥稳定碎石基层沥青路面裂缝防治研究"。总结和完善水泥稳定碎石基层上沥青路面产生反射裂缝的理论,提出防治水泥稳定碎石基层反射裂缝的设计和技术措施。2006年,上海市市政工程管理处和同济大学共同完成"道路挖掘评价与修复技术"。总结出掘路工程主要开挖方式及其分类方法、常见病害及其成因机理,调查和评定开挖后的路面性能,揭示开挖后道路受力模式的变化及原有计算模型存在的缺陷,建立掘路修复的计算模型和设计方法,提出不同条件下掘路修复的处置方法及其施工技术。

2009年,上海铁路局工务处完成"浙赣线岩溶路基塌陷病害整治研究"。分析总结并探索建立适合岩溶地区既有线对岩溶塌陷的整治方法,包括岩溶塌陷注浆效果检测与评价体系、检测方法和相关指标;首次提出物探检测评价岩溶路基注浆质量的标准,为国内首创。2010年,上海市城市建设设计研究院(城建设计院)等完成"高速公路路基路面整治关键技术研究"。首次提出一套适合高等级公路路面大修整治的设计流程、设计方法及设计原则;形成一套水泥稳定沥青面层铣刨旧料应用于高等级公路底基层的施工工艺与质量控制技术。

第三节　桥梁设计与施工

一、桥梁设计

2001年,上海市隧道工程轨道交通设计研究院等完成"轨道交通槽形梁的设计研究"。研究拟定的槽形梁结构尺寸和断面布置合理,适用于双线轨道交通高架桥;理论研究的结构计算模型正确,采用三维实体块单元的有限元法研究槽形梁正确可靠,分析手段先进;两片主梁预制后,吊模施工道床的施工方法技术先进可行,能避免施工时对地面交通的影响。同年,城建设计院等完成"预制节段混凝土桥梁的设计和施工应用研究"。提出预制节段混凝土桥梁的计算与设计方法,包括按极限状态法设计的系数取值、箱梁设计断面与尺寸拟定、预应力设计、接缝构造设计以及与施工程序有关的结构构造设计;C60高强度混凝土节段预制、架桥机研制、现场组拼和节段拼装施工工艺;2 000兆帕级高强度钢绞线与锚固体系研制、内卡式轻型千斤顶等预应力新技术在新浏河大桥预制节段桥梁工程中的应用。2002年,上海市隧道工程轨道交通设计研究院等6家单位共同完成"共和新路高架一体化高架结构综合研究"。提出用基于极限状态设计理论的荷载系数法设计一体化结构,提出一体化高架桥墩的荷载分类、荷载组合和荷载系数,编制一体化桥墩的荷载检算方法,建立应用于高架一体化结构梁轨相互作用的力学模型,推导出高架一体化结构梁轨相互作用的微分方程,分析计算一体化结构无缝线路伸缩区和固定区桥墩各项纵向水平力数值与分布,建立一体化高架桥结构—桩基—土动力相互作用的分析模型。

2003年,上海市政工程设计研究院林元培等承担的"上海卢浦大桥设计与施工关键技术研究",获上海市科技进步一等奖和2005年国家科技进步二等奖。首次推导闭口薄壁结构有轴向力作用的几何非线性分析的微分方程精确解和相应的空间杆件单元刚度矩阵,为国际首创;在国内外钢拱桥中首次采用中跨、边跨钢拱与钢梁连接节点构造,钢拱与拱座连接节点等构造;施工控制采取多目标监控关键技术;实现超大跨度结构由斜拉体系转换成拱桥体系,实现理论设计的主拱线型;在国际上首次提出并建立涡振等效风荷载方法,定量采用首次涡振概率和期望涡振时间来描述的涡振概率性评价方法;在抗震性能分析方面采用国内外先进的二水平设防和二阶段设计思想,进行空间结构非线性地震反应计算分析,确定地震响应中的行波效应、结构延性和变形能力;开发的黏滞阻尼装置属国际首创。2004年,同济大学承担完成"宁波庆丰大桥锚碇关键技术研究"。首次研究软土层大型基础的时效性特征,通过相似材料模型试验、室内流变试验和饱水模型沙试验、多工况连续计算的三维数值模拟等方法研究宁波庆丰大桥锚碇基础的变形和受力规律。

2005年,上海市政工程设计研究院林元培等承担的"上海东海大桥超大型跨海桥梁设计综合关键技术研究",获得上海市科技进步一等奖。首次从结构设计、材料、施工、检测维护等方面进行结构耐久性的综合研究,提出满足100年使用寿命的防腐蚀方案和技术要求;首次采用大型构件陆上预制,海上整体吊装新理念,解决大型预制构件结构设计、现场安装定位、调整、预制构件连接等技术难题;首次在斜拉桥上提出并采用钢—混凝土箱型结合梁这种断面形式。斜拉桥主跨径达420米,为同类桥梁世界之最。首次采用承台施工围堰与防船撞设施一体化的消波力套箱。通过空间有限元和模拟碰撞仿真计算分析,指导与改进防撞栏杆设计。2009年,同济大学等承担完成"体外预应力设计施工技术研究"。完成体外预应力结构弹性阶段的计算方法研究;建立极限阶段考虑体外预应力桥梁受力全过程、节段施工接缝影响的分析方法;提出应用于混凝土桥梁抗剪配筋的"拉应力域"配筋设计新理论;提出体外预应力桥梁结构关键部位设计与配筋方法;预制节段体外预应力桥梁接缝设计与配筋方法;建立体外预应力结构完整的设计方法;研制具备单根操作性的体外预应力体系、锚固体系以及防腐措施;编制体外预应力体系施工工艺、流程及应用方法;建立完整的体外预应力桥梁结构的设计与施工指南。

2010年,上海市政工程设计研究总院邵长宇等承担的"江海长大桥梁设计关键技术",获得上海市科技进步一等奖。建立公轨合建桥梁公轨车辆过桥动力仿真技术和安全评估方法,突破箱梁悬臂板布置轻轨时的局部振动机理和技术,提出公轨合建桥梁设计技术标准与设计方法;率先解决新型分体式钢箱梁的合理结构构造和可施工性等技术难题;提出阻尼器加刚性限位的体系约束方式,突破强风强震、公轨合建条件下超大跨度斜拉桥结构体系面临的技术瓶颈;开创大跨度整孔预制吊装组合箱梁构造技术与工艺方法,首创钢梁反弯法并系统研究支点升降、结构双层组合等多项技术,提出基于耐久性和可靠连接的钢混凝土结合部设计方法;提出基于结构受力合理性、长期变形稳定性及耐久性的设计优化方法与技术对策;首次研究人字形塔、分体钢箱梁新型斜拉桥的抗震性能及易损部位,并首次提出大跨度高墩连续组合箱梁桥减隔震技术。

二、梁桥施工

2002年,上海卢浦大桥投资发展有限公司和江南造船(集团)有限责任公司共同完成"特大型越江拱桥钢结构制造技术"。制定出一套成熟工艺,编制《焊接工艺指导书》,提出卢浦大桥钢结构工程焊接顺序基本原则,平面分段焊接顺序及立体分段的施焊顺序。2004年,上海建工(集团)总公司(上海建工)高振锋等承担的"东海大桥主通航孔索塔基础工程综合施工技术研究和应用",获得上海市科技进步一等奖。首次用海上采油平台的导管架技术,解决海上施工定位难和工程桩打设困难,套箱水下安装困难以及在海浪作用下无法固定的难点,解决大体积砼养护过程的边界和外界温度交流快的问题,优化及解决钢护筒设计、钻进工艺、泥浆性能和指标、泥浆循环系统设计、抗渗混凝土设计和施工、桩端压浆工艺等,解决施工受气候影响大、不确定因素多等。同年,城建设计院承担完成"预制节段拼装预应力混凝土连续弧形宽箱梁试验研究"。创造预应力混凝土连续弧形宽箱梁,开发预制宽节段架桥机拼装施工工艺,首次在国内采用节段短线法密贴浇注、架桥机拼装施工工艺,形成制作、运输、安装、测量、变形控制等一整套设计施工控制方法,掌握弧形宽箱梁结构的应力应变分布规律,解决复杂断面结构设计难题。

2005年,中国船舶工业集团公司上海船舶研究设计院等研发的"海上长桥整孔箱梁运架技术及装备"(合作项目),获得国家科技进步二等奖。该课题采用整体预制架设技术满足建造工期和使用寿命的要求;研究中国沿海多处规划桥位的水文、地质、气象等建桥条件,绝大多数孔跨采用60米～70米的孔跨布置,架设方式有简支架设和悬臂架设两种;采用双体船型可以架设简支、先简支后连续、先悬臂后连续的上部结构和整体预制的承台、墩身;采用中心起吊方式的船体主尺度相对较小,减少设备投入;采用自航运架一体方式,简化运架作业程序;填补中国海上桥梁整孔箱梁运架一体技术及装备的空白。同年,上海隧道工程股份有限公司(隧道股份)完成"东海大桥造桥机海上现浇箱梁施工技术研究"。针对大跨度下行式造桥机施工现浇箱梁线型控制和裂缝控制的难点,通过造桥机原位堆载试验、三维数值模拟及实测验证分析,掌握造桥机在不同工况条件下的变形规律。通过高性能C50海工混凝土和首次海上大跨度现浇箱梁造桥机工艺下蒸汽养护技术的应用,满足每跨箱梁12天的工期要求,并控制箱梁裂缝的产生。同年,上海市第二市政工程有限公司完成"东海大桥60米预应力混凝土箱梁桥建设关键技术研究",填补国内预应力连续混凝土梁结构跨海大桥的空白。该项目针对承建的东海大桥Ⅱ标段标准跨径为60米的连续箱梁,进行施工手段和机械的专项研究、试验和实施,尤其是一次性预制吨位达到350吨的墩柱和1 600吨的箱梁,并采用浮吊架设的方法,在国内尚属首次。开发、应用大型自动化液压模板系统,成功实现60米混凝土箱梁整体预制。采用大型扒杆式浮吊完成60米箱梁的海上架设施工在国内外跨海大桥施工中具有独创性。

2006年,上海同盛大桥建设有限公司张惠民等承担的"东海大桥工程关键技术与应用",获得上海市科技进步一等奖和2007年国家科技进步一等奖。形成外海超长桥梁精确测量定位技术、蜂窝式自浮钢套箱施工技术、外海超大型整体箱梁预制安装技术、外海桥墩承台混凝土套箱施工技术、海上大跨度钢—混凝土箱形结合梁斜拉桥建造技术、外海浑水环境下大规模水下湿法焊接技术和适用于外海超大型桥梁的防灾防损技术等七大关键技术。2008年,上海市基础工程公司承担完成"特大规模全焊接钢桁架双层桥梁结构施工技术及应用"。开发"工厂节段制作、地面拼装、整体提升、高空滑移"的施工工艺,采用"杆件制作、单元组拼、节段总成及嵌补余量现场配割总装"的工厂加工工艺,采用定长钢丝绳非对称的滑轮组,利用永久墩顶设置提升系统,采用同步液压控制提升技术,解决特大规模全焊接钢桁架双层桥梁结构施工中的温度产生的结构变形问题。

2009年,上海市基础工程有限公司等完成"大跨度双层钢桁架组合梁结构公路斜拉桥关键施工技术研究与应用"。形成桥梁承台大体积混凝土一次性整体浇捣技术、温控自动补水及循环热水混凝土养护技术,解决特大规模全焊接钢桁架双层桥梁结构施工的技术难题,在国内首次应用边跨钢桁架＋外包混凝土的组合结构形式,采用三维数字造桥技术、多点平行焊接工艺等技术措施,实现特大跨度双层钢桁组合梁斜拉桥的整体合龙,开创大跨度斜拉桥整体合龙的新工艺和新方法,解决传统支架法无法实现的上横梁结构与桥面主梁立体交叉施工、相互影响的技术难题。同年,市政院等完成"上海长江大桥钢筋混凝土裂缝抑制的应用研究"。评估混凝土配比、构件尺寸和形状、约束条件、养护条件与混凝土收缩开裂间关系,研究施工现场混凝土配合比对塑性收缩开裂的影响,研究各种抗裂措施对混凝土抗裂效果影响,提出降低混凝土在凝结过程中开裂程度的技术措施。

2010年,上海建工完成"深水大跨度预应力混凝土连续梁桥施工技术研究及东南亚国家推广与应用研究"。形成一套适合东南亚地区特殊环境的施工工艺和技术,提出半人工基床、管桩工作平台、利用钢管桩尖焊制"十字"破岩钢板、简易导向架的钢管桩下沉技术方案,采用冲击挤压工件,提出混凝土裂缝控制技术。同年,同济大学主持完成"大体积混凝土桥墩抗开裂技术开发"。研发"保湿保温抗开裂混凝土模板材料""大体积混凝土相变控温模板"和"混凝土裂缝现场测试装置及测试方法",有效控制大体积混凝土由于水化温差产生的裂缝并便利地进行现场检测,对于避免大体积混凝土施工中容易出现的开裂现象具有显著效果。该技术成果适应恶劣施工条件,操作简单,效果显著。

第四节　建　筑　工　程

一、地下基础工程

2002年,隧道股份完成"大型超深基坑工程施工技术"。首次采用钢管桩地下墙代替原有地下连续墙作围护结构,并采用地下连续墙施工工艺施工钢管桩墙;采用分层降水跟踪水位方法控制地下水位和地面沉降;针对临黄浦江边粉砂层的特殊地质条件,旋喷桩施工技术应用取得突破;基坑施工采用信息化施工,对每一步开挖进行有针对地跟踪预测计算,提前两周得到计算结果;首次应用超明星非线性空间基坑围护工程设计理论和软件进行开口型基坑研究,进行计算墙体变形、支撑轴力、墙顶、墙后和墙体位移的实测和预测以及土压力的实测研究。同年,同济大学承担的"50米超深基坑支护开挖设计和施工理论研究"。采用50米嵌岩地下连续墙钢筋混凝土内支撑方案,选用矩形锚碇围护结构设计方案,研究完成锚碇施工的整套锚碇基础设计与施工技术。

2004年,同济大学承担完成"阳逻长江公路大桥南锚碇基础工程嵌岩大直径圆形支护结构超深开挖的受力机理和施工工艺技术控制"。完成整个施工过程的支护结构力学分析和施工过程变形控制的理论研究,解决南锚碇基础工程施工的关键技术问题。同年,上海建工组织完成"特殊环境下超大型逆作法综合施工技术研究"。综合应用主楼顺作裙房逆作的方案,包括一柱一桩垂直度控制、逆作法施工的吊模设计与施工、分层分块挖土、承压水降压、大体积混凝土施工、地下空间连通等多项施工技术,解决特殊环境下超大型深基坑逆作法的施工难题,形成一套较为系统的施工控制方法。

2005年,城建设计院承担完成"基坑施工对下卧运营地铁隧道的保护技术研究"。总结出一系列对运营地铁隧道的保护技术(地基加固、抗拔桩、分块施工、堆载),确保运营中的上海地铁2号线的绝对安全。2006年,上海建工基础公司等共同承担完成"软土地基水平旋喷的机理、施工设备和工艺的研究"。开发水平旋喷施工工艺,提出水平旋喷桩的设计施工方法,研制复合式喷射管。2007年,隧道股份承建的轨道交通4号线修复工程采用原位修复方案,克服长度264米超深基坑工程中面临的紧邻高层建筑、南浦大桥以及黄浦江等复杂工况困难,圆满完工。修复中攻克饱和软土地层中超深基坑开挖深度41米、清除大量深层障碍物、侵入黄浦江60米等复杂环境条件下施工65米深的地下连续墙等世界级技术难题。

2008年,上海市第二建筑有限公司完成"世博主题馆超大深基坑无支撑新型围护体系建造技术研究"。采用新颖的超大深基坑无支撑新型围护体系设计施工技术,形成一种新型的围护体系,解决超大面积超深基坑围护体系对主体结构施工的影响问题。同年,上海市第五建筑有限公司、城建设计院等共同承担完成"紧邻打浦路隧道28米基坑施工风险控制技术研究"。提出以风险识别为前提,风险因素分析为手段,主要解决该超深基坑施工中基坑变形控制、基坑降水和地墙施工质量的主要风险、提出半逆作框架支撑体系的施工工艺。

2009年,上海建工等完成"上海虹桥交通枢纽地下工程关键技术研究——基坑围护工程关键施工技术研究"。优化基坑总体围护设计方案,优化施工部署以及围护支撑体系的布置形式;在软土地基上,竖向梯级围护,平面上相邻基坑同时施工;提高基坑整体稳定性。同年,同济大学和上海交通大学共同完成"复杂条件下软土基础工程设计理论与关键技术"。构建刚性和柔性基础下地基承载力计算方法;建立层状单相地基及饱和地基中非等长群桩基础积分方程分析方法,提出采用长短桩组合变刚度调节基础沉降的设计理论,研发具有自主知识产权的设计分析软件;建立往复荷载作用下层状地基中桩筏基础的沉降分析方法;提出深开挖条件下抗拔桩承载力损失的计算方法;提出基于地层损失比的层状地基中地下工程开挖引起的临近群桩以及既有管道变形和内力的位移控制分析方法;建立高桩基础竖向和水平振动特性的分析方法。同年,上海市第一建筑有限公司、同济大学完成"超大型基坑工程踏步式逆作施工技术"。提出踏步式逆作法的施工工艺,采用逆作区楼板与临时圆环梁相结合的组合支撑体系,采用逆作岛式开挖技术,探索出自承重式后浇带施工技术。同年,上海市基础工程有限公司和同济大学共同完成"复杂地层中地铁车站施工对已运行交叉换乘站影响与控制技术"。提出交叉换乘站保护、地下连续墙施工工艺和施工流程、泥浆材料配置和质量控制、钢筋笼吊装和混凝土灌注等关键技术问题的解决措施,确保地下墙的成槽和墙体质量;获得降水、基坑开挖等因素对运营4号线换乘站、基坑隆起和侧向位移以及周边环境沉降变形影响的量化关系及其变化规律;首次采用三重管双高压旋喷桩箱体水平封堵加固。同年,上海市第二建筑有限公司等承担完成"毗邻历史风貌建筑群深基坑施工控制技术研究"。提出"孤岛效应"的评价指标,建立超大规模深基坑"时间/空间"均衡控制方法和深基坑群施工"刚度比"控制方法,开发砂性地层地下连续墙槽壁复合稳定技术;通过集成应用深层地下障碍物微扰动清除技术、深基坑群复合加固技术、历史风貌建筑群安全监测技术等专项技术,取得深基坑群"叠加效应"控制的核心施工技术。

2010年,上海建工等完成"自适应支撑系统及超深基坑施工对地铁安全影响控制研究"。研发自适应支撑系统基坑变形施工工艺及技术;形成自适应支撑系统有效控制基坑变形的理论成果;开发有效控制深基坑施工严格变形要求的成套系统设备,形成基坑施工对邻近地铁安全影响成套控制技术及施工工法。同年,上海建工基础工程有限公司完成"软土地基砂性土层超高层建筑钻孔灌注桩关键施工技术"。开发正反循环结合的成孔工艺、研制钻孔垂直度过程检测、桩端注浆管内部疏通技术,采用土体摩阻力隔绝措施,解决软土地基砂性土层超高层建筑钻孔灌注桩施工难题;解决缩径、坍孔、沉渣等在砂性土中的超深钻孔灌注桩的质量问题;首次在钻孔灌注桩施工中采用C60高标号混凝土,解决高强水下混凝土的施工难题;提出一套在钻孔过程中方便快捷检测垂直度的方法,开发间歇式二次桩端后注浆技术。同年,上海建工第一建筑有限公司、同济大学针对超高层建筑群塔综合体工程关键施工技术进行攻关研究,提出分区支护技术,解决超大型基坑大体量卸荷对周边环境影响大的问题;提出裙边支撑技术,缩短施工周期;采用混凝土配合比的优化设计、分段浇注、留设后浇带等针对性措施,控制基坑的变形;提出立体化同步施工技术、阶梯形回筑施工技术。

二、模板体系与墙体工程

2001年,上海信息大楼首创滑轨式模板平移机构,解决超高层劲性砼筒体施工模板脚手的难题;采用高精度测量手段和周密计算,解决桁架分块吊装后的整体平整度处理的难题。2006年,上海建工、上海建工第一建筑工程有限公司、同济大学共同完成"超高层建筑复杂体形模板体系的研究与应用"。项目对各种类型超高层建筑的结构体系分别研究和设计出"内筒外架支撑式整体自升钢平台脚手模板体系"和"钢柱支撑式整体自升钢平台脚手模板体系"。2007年,上海建工龚剑等承担的"超高建筑的整体自升钢平台脚手模板体系成套建造技术",获得上海市科技进步一等奖。该项目形成两套新的脚手模板体系,为国内外首创。采用内筒系统、外架系统、钢平台系统、脚手架系统、模板系统、提升机系统合为一体的系统装置与施工方法,开发用于整体钢平台脚手模板体系的穿心式液压提升机,研制出悬挂脚手架单独滑移和整体钢平台带悬挂脚手架整体滑移的装置与施工方法,研制出整体自升钢平台脚手模板体系实时监控系统及其在线监控方法。

2008年,上海市第一建筑有限公司承担完成"超高异型结构施工技术研究及应用"。项目形成完整的适合超高层异型钢筋混凝土结构施工的组合式整体自升钢平台模板系统成套施工技术;首次采用以结构劲性柱作为钢平台体系的支撑系统;首次提出利用钢平台体系同步竖向和水平结构的施工工艺;提出采用拟合的曲线进行模板设计。2009年,上海建工、上海市机械施工有限公司等共同完成"YAZJ-15液压自动爬升模板系统研制与应用"。优化施工工艺,将传统液压自动爬升模板工艺的8道工序简化为4道工序,确立单元组合式总体设计路线,研制具有整体同步爬升和倾斜爬升功能的成套施工设备,取得跨越钢架爬升和截面收分爬升等多项核心技术。2010年,上海市第一建筑有限公司、同济大学完成"超高层建筑群塔综合体工程关键施工技术"。该项目采用多种形式的模板脚手体系进行群塔施工,并研制出液压爬模加长爬升靴和液压爬模复合式爬升靴,提出整体悬挂平台技术。

三、钢结构设计与施工

2000年,同济大学王肇民等承担的"高耸钢结构设计理论研究与工程应用",获得国家科技进步二等奖。在国内首次提出钢结构电视塔整体空间非线性分析方法并用于工程实际;在国内首创网球状塔楼等一大批钢结构电视塔新颖结构形式;研究大跨越输电塔线耦合体系静动力特性及风振响应及控制。2001年,同济大学承担完成"多高层钢结构设计系统"。支持空间三维和平面建模,提供多国标准截面库、截面自定义功能、风荷载自动导算功能、构件优化设计功能、参数化设计与节点构造图的自动生成、设计图、计算书和工程量统计。

2003年,上海市机械施工公司开发特大型钢结构整体顶推、牵引技术和设备,采用"高空胎架组装,整体牵引滑移"的方法,形成包括整体提升、整体爬升、整体牵引、整体顶推、折叠展开提升等各种施工方式的系列化技术和设备。同年,上海建工开展的"广州国际会展中心大跨度复杂形体钢结构安装技术研究",制定具有针对性的吊装方案,在特大型钢节点的试验研究和深化设计、大跨度张拉工艺、起吊和平移过程中结构稳定、平移滚动载重小车的研制和组合使用、计算机同步控制和液压牵引技术,在充分利用结构和结构件简化和优化施工工艺等方面均有创新。2004年,上海建工完成"南京奥林匹克体育中心主体育场钢结构安装技术研究"。通过结构吊装总体路线的确定、吊装过程分阶段跟踪分析、临时支撑体系的设置、临时支撑与主体结构受力的相互转换等一系列施工工艺的研究,完成跨度360米三角形变截面且倾斜45度的钢桁架组成的大型马鞍型屋盖吊装工作。

2005年,上海市机械施工有限公司吴欣之等承担的"国家大剧院壳体钢结构安装工艺研究",获得上海市科技进步一等奖。采用上段梁架竖向上拱,并辅以梁架支座径向、竖向预调整等预变形方法,解决壳体变形控制;采用局部结构整体空间预拼装和主要构件平面预拼装的方法,保证壳体结构一次安装成功;采用一系列特殊吊装技术,解决梁架起板、回直、吊装的施工难题;采用切面法,解决壳体施工的空间测量、定位、校正;首次采用多道平面,竖向螺栓球节点网架作壳体施工的临时支撑体系。同年,上海建工完成"上海旗忠森林体育城网球中心钢结构施工技术研究"。提出定点吊装,无固定物理轴心的累计旋转顶推的总体施工技术路线。采用环梁地面分段分批拼装、分阶段定区域安装、累积旋转滑移合拢,以及叶瓣整榀拼装、分阶段区域逐个安装整体旋转滑移到位的吊装工艺,在计算机控制技术、测量定位技术、机电一体化技术、结构验算、机械设备研制等成套技术方面进行研究并取得突破。同年,同济大学完成"新型钢—混凝土组合楼盖系统受力性能研究"。项目组进行钢—混凝土组合梁负弯矩区受力性能、钢—混凝土组合连续梁受力性能及方钢与混凝土墙体连接节点、组合梁端与方钢连接节点受力性能的研究,保证设计方案的科学性、经济性、合理性,丰富钢—混凝土组合结构的理论成果和工程应用实例。

2006年,上海建工机施公司完成"复杂异形曲面单层钢网壳结构施工技术研究"。制定"分块制作,大型吊机高空分块跳格组合拼接,独立支撑分段承重"的施工技术方案和"整体分块、局部预拼、嵌固校正"的精度控制工艺;采用"切面法"将网壳切成两个水平面和17个垂直面,并辅以结构内外设置测量点的平面测量方法;采用大块网壳带胎架整体船运的施工方案;开发计算机结构建模和数值模拟分析技术。2008年,上海市机械施工有限公司完成"国家航海博物馆双风帆状交叉组合钢网壳结构施工技术"。丰富中国异形曲面钢网壳的施工技术,并在提供侧向支承的刚柔结合的支撑体系、超大型关节轴承安装、大悬挑异形网壳高空合龙和变形控制以及整体建模结构验算等方面具有创新和突破。

2009年,上海市第二建筑有限公司完成"多节点大直径钢管劲性柱施工技术研究"。形成多节点大直径钢管劲性柱成套施工技术,解决大直径钢管劲性柱柱梁节点构造形式复杂、受力特点不稳定的难题。2010年,上海建工和上海市机械施工有限公司共同完成"复杂环境下大型、超宽钢结构施工安装技术的研究与应用"。采用钢梁(柱)与车库顶混凝土(柱)梁组成滑移桁架作为滑移承载系统,解决安装过程中吊装分块重心与吊点不一致的问题,在桁架下方设置临时支撑(支架)确保桁架的整体稳定性,采用计算机模拟分析和跟踪测量技术,对幕墙柱的安装制定每9米的测量校正单元。

四、高层建筑施工

2001年7月1日,上海信息大楼正式落成。大楼在国内超高层建筑中首次采用劲性砼简体和巨型钢结构桁架技术,首创仅设三道支撑深基坑围护与地下室外防水"倒做法"新技术,首创滑轨式模板平移机构,解决超高层劲性砼筒体施工模板脚手的难题;采用高精度测量手段和周密计算,解决桁架分块吊装后的整体平整度处理的难题。2005年,上海建工针对超高层建筑在特殊环境下进行建设的实际情况,解决特殊环境下超高层建筑建造过程中的几项关键技术:环境保护和安全防护技术、深大基坑的设计和施工技术、避高峰减污染的特种施工技术和设备,提出斜爬模技术、可收分整体提升钢平台等专项工艺及设备,首次研制用于高重桅杆吊装的"攀升吊"设备和专项技术。

2008年,上海建工龚剑等承担的"上海环球金融中心工程关键技术",获得上海市科技进步一等奖。提出一套适合软土地区超高建筑桩基承载力和变形的综合分析方法,采用顺逆作相结合的方法解决超大基坑围护施工难题,开发基坑降水三维渗流场与地面沉降变形分析的计算机软件,研制出低水化热低收缩的大体积混凝土,采用液压爬升模板脚手体系,研究出斜向爬升施工方法。同年,上海市第四建筑有限公司、上海市机械施工有限公司共同完成"复杂多变体形超高层建筑钢—砼组合结构施工关键技术研究",该项目形成复杂形体超高层钢和钢筋混凝土组合结构的成套施工技术;解决复杂环境、特殊地质条件下超大、超深基坑施工的复杂施工组织及地铁保护难题;填补C70等级以上高强混凝土施工的空白;首创钢平台整体穿越桁架层施工技术;首次实现电动整体升降脚手架在钢结构外框中的应用。

2009年,上海市第五建筑有限公司完成"超高层仿古罗马柱及穹顶结构的关键施工技术研究"。采用GRC模板、GRC干挂、组合钢模板3种模板体系进行塔楼标准层罗马柱施工,将穹顶结构分段制作,解决运输问题;设计胎架临时支撑系统,形成一整套施工工艺。2010年,上海建工第一建筑有限公司完成"超高层建筑测控技术研发平台建设"。完成一套超高层建筑高精度测量新方法;建立适用于超高层建筑高强高性能混凝土施工期时变特性演化的时变模型;提出超高层建筑施工期时变控制的计算分析方法;建立高效、高精度超高层建筑竖向变形监测系统;完成示范工程上海中心大厦的测控方案编制。同年,上海建工第二建筑有限公司、同济大学等完成"双向同步逆作法建造施工技术研究"。研究高层建筑双向同步逆作施工工况下整体结构受力性能、传力机制,提出剪力墙体系的逆作施工工艺;研究高层建筑双向同步逆作施工中关键节点及其受力性能,采用跃层施工技术;提出工况确定方法和荷载控制技术,建立动态监测体系。

五、重大工程设计与施工

2000年,上海建工徐征等承担的"浦东国际机场航站楼工程成套施工技术与设备研究",获得国家科技进步二等奖。采用"屋架节间地面拼装、柱梁屋盖跨端组合、区段整体纵向移位"施工方法,以自行研制开发的电脑控制的液压千斤顶多缸串联技术,进行集群液压牵引器连续牵引,首次将斜柱支承移位斜滑道和平滑道高差达14米的大跨度主楼和高架进厅双跨度钢结构整体平移;登机长廊钢屋盖的安装则采用"地面拼装、四机抬吊、高位负荷、远程吊运"施工方法;创立临海大面积超长深基础与地下结构施工技术和超长大截面沿口大梁施工技术和大体积清水砼施工等技术。同年,上海浦东国际机场建设指挥部、上海建工等承担的"上海浦东国际机场工程建设与研究",获得上海市科技进步一等奖。实现机场建设、营运和管理的可持续发展,机场总体规划与设计、九段沙种青引鸟工程等获得极佳的环境效益;研究和攻克临海特殊地质条件的大面积地下工程施工、特种钢结构安装、特大型结构移位和提升等一系列施工技术难题。同年2月25日,上海城市规划展示馆对外开放。该工程制定钢筒结合的一柱一桩逆作法和整体吊装等全新的施工方案,采用"两明一暗"逆作法施工技术；在屋顶施工控制技术上，采用分榀整体吊装，以及预应力钢绞线分别调整各屋盖的标高与应力等施工技术。获得 2000 年度上海市"白玉兰"奖和国家建筑最高荣誉"鲁班"奖。

2001 年，上海科技城建设指挥部等完成的"上海科技馆工程建设与研究"，获得上海市科技进步一等奖和 2002 年国家科技进步二等奖。在土木建筑方面采用荷载代换，主梁迭浇，逐步加载，信息化施工等技术措施，将原水渠相邻管节沉降差控制在 2.5 毫米以内、基坑变形控制在 10 毫米以内；采用高精度三维空间定位在埋件埋设和节点校核新方法，为铝钛合金单层网壳结构提供设计参数、验证网壳受力及与相邻钢筋混凝土结构协同工作的可靠性；采用计算机辅助控制和全站仪测控相结合的方式，制定精确空间定位方法，解决螺旋空间曲形屋面的精确定位、吊装和焊接施工等难题，确保结构安装一次成功。同年 11 月 2 日，上海新国际博览中心（一期工程）建成开幕。上海建工确立"超大面积耐磨地坪和柔性钢结构体系施工技术——上海新国际博览中心（一期）工程"科研项目。超大面积耐磨地坪一次成形，质量全优，形成一套完整的施工工艺及质量验收标准；大跨度柔性钢结构安装工艺，应用计算机控制技术克服结构施工形成过程中的不稳定结构和大变形体系。同年 11 月竣工的上海海洋水族馆，是一个标志性建筑。上海建工组织科研攻关，开发应用计算机辅助系统、精密测距仪导线法布点、极坐标法放样等先进施工方法，实现水池及步道的定位准确；通过优化模板方案解决复杂形状水池模板支设问题；通过优化砼配合比，解决特殊结构砼的防水防腐和细长砼结构的防裂抗渗问题。

2004 年，上海建工完成"东方艺术中心综合施工技术研究"深基坑施工采用"组合一套叠"的施工方法，采用一道支撑解决 13.5 米深坑的支护问题；采用特殊工艺解决舞台升降钢套管沉放，实施地下车道从电缆底下安全穿越难题；设计"套模法"定位和"铰链模"组合模板体系，采用由特殊立杆组成的排架系统，大面积空间曲面钢屋盖采取"高空拼装法"，开发特殊幕墙安装技术。2005 年，上海建工完成"大型交通枢纽——上海铁路南站施工技术研究"。提出"分批分段施工"总体方案，形成复杂条件下地下空间开发施工技术，分析复杂地基条件下超大混凝土施工排架支撑技术，提出钢结构屋面节间对称综合安装的施工技术，研制大跨度张弦梁回转龙门吊设备，解决超高型特殊形体钢结构建筑建造中出现的变形和内力问题。

2006 年，上海宝冶建设有限公司等合作开展的"现代化体育场施工成套装备技术与应用"（合作项目），获得国家科技进步二等奖。对项目总承包信息管理技术和工程技术数据库开发研究、环向超长钢筋混凝土无缝施工综合技术、变界面 Y 型柱与悬挑大斜梁施工、大跨度双斜拱空间结构钢屋盖体系施工、大悬挑预应力索桁钢结构——张拉式索膜屋顶施工和体育场智能化系统集成应用方案施工技术等 6 项技术进行攻关，解决国内外尚未解决的施工难题。同年，上海建工、上海机场（集团）有限公司等共同完成"上海浦东国际机场二期航站区综合施工技术研究"。取得复杂条件下的大面积深基坑施工技术、大体量多品种清水混凝土施工技术、超长混凝土结构裂缝防裂防渗技术，集成组合跨内外安装、整体滑移、整体提升等先进技术。

2007 年，同济大学等承担的"世博场馆大空间结构安全保障关键技术"，研制"大型结构整体施工新型动力系统"，编制"计算机同步控制、集群液压油缸整体顶推移位工法"，开发"大空间结构施工过程模拟"仿真软件，提出利用弹簧支撑的新型枕式膜结构，开发新型索—玻璃组合结构的体系，提出基于性能化的现代钢结构抗火设计方法。2008 年，上海市第七建筑有限公司、中国科学院上海应用物理研究所等共同承担完成"同步辐射装置结构防护关键技术"。设计符合辐射防护要求的隧道墙、顶板结构施工缝、后浇带、整体墙诱导缝、变形缝等构造的设置方法和施工技术措施；通过研究实施，创新设计与施工辐射屏蔽墙孔、洞、口的局部防护封堵，包括封堵材料的选择与封堵技术措施，并达到局部防护设计效果。

2009年，上海市第四建筑有限公司、上海市机械施工有限公司共同承担完成"世博演艺中心施工关键技术研究"。首次采用底板环梁换撑技术，解决大型基坑施工难题；完善斜钢管混凝土的施工技术，形成标准化的施工工艺；完成大跨度、大悬臂钢结构吊装和多功能蝶形曲面幕墙的精确安装。同年，上海世博会有限公司、上海市第四建筑有限公司共同承担完成"世博中国馆综合建造技术研究"。提出大空间展览建筑的建筑、结构、生态三位一体整合设计理念，提出大空间展览建筑基于性能统一框架下的防灾设计理论，形成面向多环境保护基准的基坑分区施工依据和方法，采用大悬挑钢屋盖无支撑施工工艺和空间安装技术。同年，上海市第七建筑有限公司承担完成"世博轴及地下综合体工程关键施工技术研究"。研究解决不同围护体系协调工作和衔接位置的技术措施，实现超大基坑支护施工的技术创新；实现重荷地下大空间结构的施工，形成阳光谷高精度钢结构基础施工的新技术，采用先张拉预应力梁后施工清水混凝土挂板的方法。

2010年，上海市政工程设计研究总院的"重大市政工程关键技术创新研发与集成"，获得上海市科技进步一等奖。在大型现代桥梁前沿设计、综合交通枢纽和资源利用生态道路、净水厂污染源水处理技术集成、污水处理升级节能改造和水资源利用、大型地下空间综合开发和高速磁浮运行线工程等六大方面，形成22项企业核心技术。同年，上海机场（集团）有限公司刘武君等承担的"浦东国际机场扩建工程建设关键技术研究"，获得上海市科技进步一等奖。利用计算机仿真与模拟技术，对机场功能和设施布局的模拟仿真；提出的"一体化交通中心"、机场"运行中心"等规划理念；首次建立多机场信息系统整体业务流程，提出钢结构多跨连续张弦梁结构体系和机场跑道接缝病害控制新技术，解决超大钢构件的设计安装和金属屋面所需要特种材料的加工和安装、道面类型与结构设计等关键技术问题。同年，上海建工、上海市第二建筑有限公司等共同完成"上海虹桥综合交通枢纽东交通广场及磁浮虹桥站关键施工技术研究"。对劲性结构中的复杂劲性节点施工进行三维仿真模拟；解决劲性柱钢筋环箍及劲性梁对拉钢筋穿越劲性钢结构的问题；解决变截面劲性柱梁结构多梁交错复杂节点下预应力波纹管定位技术；形成超大面积下布置多台、多机型的垂直及水平施工运输的群塔管理制度及方法；形成超大超重TJ-Ⅱ型耗能支撑在封闭环境下的安装工艺，建立国产超长超重TJ-Ⅱ型耗能支撑的支撑与安装验收标准；形成一整套劲性结构与钢结构相结合的组合结构施工技术，解决钢结构与劲性结构交叉施工以及复杂钢结构系统的工序搭接问题。

六、绿色生态建筑

2003年市科委启动的"世博专项"重大课题"生态建筑关键技术研究与系统集成"，通过关键技术突破，把建筑节能、建筑环境、建筑智能和绿色建材等技术，根据上海特点进行集成，开发成套技术。同年，上海市房屋土地资源管理局制定《上海生态住宅小区技术实施细则》。该实施细则分为环境规划设计、建筑节能、室内环境质量、小区水环境、材料与资源、废弃物管理与收集系统六大部分，提出明确的技术要求和技术措施，首次提出上海市住宅生命周期的建设管理办法。2005年，上海交通大学承担完成"再生能源建筑一体化技术与系统研制"。在太阳能热利用技术与建筑一体化集成、太阳能吸附式空调、太阳能/空气源热泵热水器以及太阳能热水系统建筑一体化研究应用与产业化方面取得成功，对国内资源节约型社会建设起到重要作用。同年，上海植物园承担完成"生态建筑绿化配置技术的研究"。该项目着重研究植物及其群落在生态建筑中的作用，为上海地区生态建筑不同绿化形式进行科学的绿化质量评价提供依据。该项目建立生态建筑的植物配置综合评价模式和综合评价指标体系；完成示范点绿化设计和建设，进行不同绿化形式的生态功能测定。

2006年，上海市建筑科学研究院（集团）有限公司汪维等承担的"生态建筑关键技术研究与系统集成"，获上海市科技进步一等奖。提出并诠释生态建筑理念内涵；集成创新"高效复合超低能耗围护结构、太阳光热光电、地热、风力等再生能源综合应用，雨污水、3R（低消耗、再利用、再循环）材料等资源回收利用、智能高效舒适环境控制"等技术体系。开发太阳能综合利用与建筑一体化整合设计、神经元网络自学习功能的生态建筑智能控制系统，温湿度独立控制的环控系统技术。同年，上海建工第二建筑工程有限公司、安装公司承担完成"大型节能环保住宅施工技术"。项目综合应用地源热泵系统、天棚盘管供冷供热系统、健康新风系统、外墙保温系统、外窗隔热系统、外遮阳系统、屋面保温系统、隔声和降噪系统、排水噪声处理系统和吸尘排污系统10项节能环保新技术，完成国内首座大型节能环保住宅小区的建设。同年，上海市房地资源局等承担完成"建立生态住宅建设地质环境指标及评价方法"。首次提出并引入服务于生态住宅建设的地质环境指标体系及评价技术方法，确定适合上海市的土壤环境现状特征的评价指标、区间和方法。2007年10月21日，"浦东机场二期工程节能研究"课题通过市科委验收。课题组通过信息化手段，使用敷膜、引风、水蓄冷、雨水回用等技术，浦东机场二期扩建工程使浦东机场由"耗能大户"变成"节能大户"。

2008年，上海市建筑科学研究院（集团）有限公司作为负责单位，联合上海现代建筑设计（集团）有限公司、同济大学等多家单位共同开展攻关研发"智能化生态建筑技术集成研究"，是市科委世博科技专项和上海市城乡建设和交通委重大科研示范项目，课题形成生态住宅设计策略，制备相变储能材料、装置和3R建材等，集成智能家居系统、建筑节能技术、建筑环境技术、资源利用技术等。作为核心研究成果之一的2010年世博会城市最佳实践区，上海案例"沪上·生态家"，形成"节能减排、资源回用、环境宜居、智能高效"四大技术体系共30个技术专项。同年，上海世博（集团）有限公司承担完成"世博会公共活动中心智能化生态建筑技术集成研究"。世博中心采用兆瓦级太阳能发电设备、冰蓄冷系统、江水源空调系统、LED照明和雨水收集等节能环保技术。同年8月4日，世博中心获得中国绿色建筑最高级认证。同年，"崇明陈家镇生态办公示范建筑"是市科委2006年重大科技攻关项目——"现代生态办公楼综合技术研究与应用示范"的重要载体。该项目以低能耗、低排放、高品质为目标，综合示范应用国内外先进的生态建筑技术成果和适宜推广的技术体系，节能技术目标为综合节能75%～80%，可再生能源利用率大于50%，再生资源利用率大于60%。

2009年，市科委支持开展"大型公共建筑物光伏建筑一体化并网发电项目技术研究"，实施"光伏建筑一体化系统的适用条件和发电系统优化""光伏组件与屋面结合安装形式研究""光伏组件反射光污染问题研究""大面积光伏组件表面清洗方案研究""大型光伏发电场电气设备选型及布置的研究"等5个子项目，开发出具有创新性的光伏电站检修通道和电缆通道一体化设计方案，适用于光伏建筑一体化系统的光伏电站。同年，上海市建筑业管理办公室与上海交通大学等15家单位研究完成的世博科技专项"太阳能与建筑一体化应用研究"。制定上海市工程技术规范《民用建筑太阳能应用技术规程》，是国内首次发布的工程技术规范；完成高层居住小区的分体式太阳能热水系统示范项目和太阳能并网发电系统示范项目。

2010年，上海世博会有限公司、上海市第四建筑有限公司共同承担完成"世博中国馆综合建造技术研究"。项目提出大空间展览建筑的建筑、结构、生态三位一体整合设计理念，实现中国馆的节能环保示范效果。同年，上海市绿色建筑促进会和上海市建筑建材业市场管理总站共同提出既有大型公共建筑单层玻璃幕墙节能改造技术、热工性能评价方法，编制《既有大型公共建筑单层玻璃幕墙节能改造技术导则》《既有大型公共建筑单层玻璃幕墙热工性能评价技术导则》《既有大型公共建筑单层玻璃幕墙节能改造管理办法》等。

第五节 地下、水下工程

一、地下空间开发

2000年，上海市土木工程学会、上海市城市科学研究会等9家单位共同完成"上海城市地下交通空间的开发利用"。开发利用地下交通空间建设人流的高效、快捷的运输系统，建立以地铁等快速轨道交通为主体的城市公共交通体系，有序开发利用换乘枢纽站域的地下空间资源；适度发展地下立交与地下道路，构筑现代化、立体化的城市道路交通体系；中心城区大力发展地下车库，地下车库应结合城市绿化、公园以及地铁车站等进行建设；建设足够的浦东、浦西连接通道，而在南浦大桥为标志的黄浦江下游地区，应以隧道建设为主，同时利用地下空间建设交通隧道，这也是促进崇明开发的一条有效途径；地下交通空间的开发利用应与民防工程建设相结合；地下交通空间的开发利用，必须做好防涝措施。

2005年，隧道股份、北京中煤矿山工程公司等单位共同完成"轨道交通大型枢纽站立体交叉施工新技术研究"。该项目针对地铁4号线的上海体育场车站工程，位于饱和软土地层、穿越地铁1号线运行车站、临近高层建筑群和高架立交桥的复杂工况条件，研究开发多种针对性的施工工艺，成功完成立体交叉施工。该成果对大型立体交叉换乘枢纽站的设计施工提供理论依据和技术保障。在上海轨道交通4号线上海体育场车站工程中形成的地下墙侵界处理、拔桩、插入法立柱桩施工、托换加固、二次开孔、全方位保温、连续控温、控制冻胀和融沉等关键技术，具有参考价值，为同类工程积累大量施工经验和资料。

2006年，上海建工第四建筑公司联合同济大学共同完成"上海港国际客运中心地下空间建造技术研究"。首次对基坑工程旁的重点对象进行基坑开挖风险分析，采取"有机分隔、对撑为主、提高刚度、坡向推进、快速成撑"的方式组织施工，严格控制超长基坑的长边变形，确保基坑和周边重点对象的安全。优化围护施工流程和工艺，建立对防渗帷幕施工分析、评估的方法，对帷幕进行重点补强，使帷幕密贴挡土桩，并严格控制变形对防渗帷幕的影响，确保临江超大基坑的防渗性能；实现钻孔灌注桩＋防渗帷幕的体系，突破临江大型深基坑工程难度，降低建设成本。同年，上海建工基础公司、上海交通大学、同济大学建筑设计研究院共同承担完成"穿越高架区域地下空间开发中的关键技术"。形成紧邻高架超深换乘地铁车站基坑施工的配套关键技术，包括十字换乘段施工技术、超深基坑施工技术、保护高架施工技术。对基坑进行全方面和全过程的监测，使基坑完全处于安全的可控状态，实现信息化施工并保证周边复杂环境的安全。推出完整的预估理论，对穿越高架段基坑的整个施工过程进行全过程的三维有限元计算分析。同年，上海市政工程设计研究院完成"世博园区地下空间的综合利用和开发技术"。提出上海世博园地下空间生态建设技术体系，建立世博园区数字地下空间基础平台。

2007年，上海市第七建筑有限公司王美华等承担的"超大规模地下空间开发施工技术在综合交通枢纽工程中的应用"，获得上海市科技进步一等奖。主站房的与铁路零距离条件下超大基坑施工工艺、多个相邻基坑同时施工的技术、基坑不平衡卸载条件下内支撑和拉锚相结合的围护设计技术；南广场施工过程中的大直径扩底桩施工工艺、超大面积基坑逆作法与中心岛施工相结合施工工艺、顶部落低地下连续墙施工工艺、工具式格构柱施工工艺；全逆作法开挖技术、超大面积逆作法施工中超大取土口的留设、一柱一桩施工工艺、逆作法通风照明技术和相关节点处理技术、桩端后注浆工艺。同年,上海建工、上海建工第一建筑有限公司等共同研究完成"人民广场轨道交通枢纽工程风险控制与绿色施工技术研究"。项目主要以施工过程中遇到的各种技术难题和工程建设对环境的影响为研究内容,围绕着绿色施工技术和工程风险控制技术两大主题。取得以下研究成果:一种门式抗浮结构、老结构地下墙开门洞施工方法、管线不搬迁前提下地下建筑出入口施工方法、新车站与老车站之间的接缝处的防水处理方法、可移动式声屏障等。

2008年,上海市第二建筑有限公司、上海市机械施工有限公司等共同完成"上海500千伏世博地下变电工程关键施工技术和设备的研究"。工程为全地下4层筒型结构,地下建筑直径(外径)为130米,地下结构最大开挖深度为35.25米。上海世博500千伏变电工程的设计和施工是超深基坑工程的逆作法施工范例,是在软土条件下,超深地下空间开发采用逆作法施工的重大突破。2009年,上海建工、同济大学等7家单位共同完成"压气法和盖挖法等新工法及在外滩地下通道工程中的应用研究"。开展压气法工艺工程适用性分析,"三墙合一"地下连续墙施工工艺研究,集清障止水功能于一体的连续桩墙新型围护技术,城市核心区深基坑群施工技术和都市核心区模数化盖挖法施工技术应用等专题研究,成功解决外滩综合改造沿江地下空间开发所遇到的特殊围护结构、深基坑群施工控制及交通组织等难题。

2010年,隧道股份、城建设计院等共同完成"利用都市地下空间建设地铁换乘枢纽站技术研究"。研发的低净空条件下先插后喷围护结构新工艺——IBG工法,解决在既有地下室内施作围护结构的难题;软土地层中微扰动旋喷桩加固施工工艺和泥浆处理系统,可实现紧邻运营地铁车站条件下的大面积地基加固,并能有效地控制对环境的影响。软土条件下大面积利用既有地下空间改造建设地铁车站的设计与施工技术、在交通主干道下紧邻运营地铁车站的既有地下空间下暗挖加层设计与施工技术属国际首创。同年,上海建工第四建筑有限公司完成"大型地下剧场建造技术"。根据地下剧场结构阶梯状的基底造型特点,创新采用加固土台加加筋垫层组合支护技术,减少基坑变形;设计大空间立体组合式结构换撑技术,解决地下大空间结构施工转换难题;采取分区、动态控制承压水技术,最大限度地实现按需抽水,保证基坑安全。根据剧场声学设计要求,通过对围护、装饰的吸声材料选择,楼板、设备及管道减振、降噪的构造措施优化,满足剧场声学环境高敏感度的要求。对全周期的天井自然采光、雨水收集、大面积绿化综合利用节能技术进行优化,形成"覆土型"地下剧场综合采光、节能、节水体系。

二、管道顶进施工

2001年,上海市第二市政工程有限公司结合复兴东路220千伏电缆过江顶管工程特点,开展"水下超深曲线顶管施工技术研究与应用"。针对超深基坑施工、顶管掘进机设计与制造、出洞口加固技术、顶管密封技术、测量与轴线控制等水下超深越江顶管的关键技术,开创"越江顶管口径最大、自动化程度最高、沉降控制最小、轴线控制最好、管道防渗等级最高"的越江混凝土管顶管的5项国内最新纪录。2003年,上海建工研发"地下顶管二工序施工方法""前置式刀盘切削泥水排土扩孔装置"和"非开挖塑料顶管装置"等新技术,完成直径200毫米、400毫米、600毫米3种管径,钢管、混凝土管和硬聚氯乙烯管3种材质管道的顶进施工任务。

2006年,上海市第二市政工程有限公司沈桂平等承担的"大断面管幕—箱涵顶进应用技术研究",获得上海市科技进步一等奖。提出适合浅覆土、大断面非开挖地道的管幕—箱涵顶进工法,开发同步跟踪可视化软件和激光诱导纠偏装置等钢管幕高精度姿态控制技术、大断面箱涵开挖面软土不加固的稳定控制技术、大断面箱涵液压同步自动化控制推进技术;研制特种复合泥浆材料和注浆工艺。2008年,上海市机械施工有限公司承担完成"闹市区 Φ4200 大夹角进出洞地下车行道钢顶管施工技术研究"。开发狭小接收井内顶管机进洞接收方法、大角度、斜进洞时顶管机姿态测量控制方法、非开挖顶进与液氮水平冷冻开挖铺设相结合的管道铺设施工法等。

三、盾构施工

2000年10月,上海外滩观光隧道建成运营,是国内首条行人过江专用隧道,隧道股份承建。在科研攻关方面,建立盾构叠交隧道地层移动的数学模型,得出上海软土条件下盾构掘进相互影响的规律和理论,该项成果为国内外首创。在隧道盾构施工方面,采用先进的监测和控制方法;在隧道竖井深基坑施工中,运用时空效应规律,将基坑挡墙位移和坑外侧地面沉降控制到要求的限度。同年,隧道股份完成"盾构法隧道施工智能化辅助决策系统"。系统主要具有三大功能:预测地面沉降、保护地面建筑物和地下管线安全、实时施工参数最佳匹配。2002年,隧道股份完成"复合型盾构掘进机及施工技术"。技术指标达到既能切削强度较低的软土,亦能切削强度为2～50兆帕的风化岩,满足在土压平衡和非土压平衡模式下掘进的施工要求;根据风化岩的不同强度,选取可拆卸换装成不同的刀具形式;建立盾构控制模型,系统的逻辑和时序关系、数值变换关系等。

2005年,上海城建(集团)总公司、上海市第二市政工程有限公司等完成"复兴东路双层越江隧道工程技术研究"。上海市复兴东路双层越江隧道是国内第一条双管双层越江盾构法隧道,也是世界上第一条投入正式运营的双层式盾构法隧道。形成"单管圆隧道的双层结构的施工方法""单管圆隧道的双层结构""盾构三维姿态精密监测系统"等10项专利技术。同年,隧道股份等5家单位共同完成"DOT(双圆)盾构综合技术研究",形成5项发明专利和1项实用新型专利。DOT盾构技术使双区间隧道总宽度从原来的18米以上减小为约11米,可实现曲率半径300米和坡度3.5%的施工;开挖总面积比两个单圆隧道小、车站盾构端头井的宽度减小、隧道衬砌的钢筋混凝土工程量以及同步注浆量减少。2006年,同济大学承担完成"软土盾构隧道设计施工关键技术与应用"。课题组在国内外首次提出"土体—盾构"系统的概念,建立其相似准则;提出梁—接头不连续模型,解决接头的非线形特性及接头张开角精确计算的难题;开发可视化数据处理系统,建立盾构近距离施工相互变形影响的控制模型和监测方法,研制盾构隧道冻结法施工实时监测系统。

2007年,上海建工基础公司、同济大学共同研制成功"盾构并行和上穿已建隧道施工技术研究"。针对盾构三线平行,盾构掘进中存在近距离上穿隧道、覆土浅、小半径进洞等技术难点,课题组通过三维仿真模拟、现场监测等手段,辅以有限元模拟计算,对各施工阶段的变形控制技术进行分析研究,为施工中的变形控制、施工参数优化提供理论依据和实测数据。2008年,同济大学朱合华等承担的"软土盾构隧道设计理论与施工控制技术及其应用",获得国家科技进步二等奖。该项目在软土盾构隧道衬砌结构设计新理论与新方法、新型管片、试验技术、施工微扰动控制技术及施工探测与监控技术方面取得创新性的成果。同年,隧道股份杨国祥等承担的"超大直径、超长距离盾构推进技术",获得上海市科技进步一等奖。该项目首次采用泥水盾构相似模型试验、数值模拟分析和施工三维可视化仿真技术相结合的方法;创新控制隧道稳定的同步浆材料和同步单液注浆施工方法;首创的预制和现浇相结合的"即时同步施工"工艺,解决隧道结构在脱出盾尾之后整体上浮的难题;富水软土地层的泥水处理方式解决黏土颗粒回收利用的技术难题。

2009年,隧道股份承担的"地下工程施工技术与重大施工装备的创新研发",获得上海市科技进步一等奖。形成以"超大直径盾构法隧道综合施工技术"和"隧道盾构掘进机设计制造技术"为代表的六大核心技术。同年,上海市基础工程有限公司、同济大学等共同完成"浅覆土大直径泥水平衡盾构法隧道环境友好型施工技术"。建立包括浅覆土大直径盾构隧道开挖面安全风险控制;浅覆土、近间距长距离平行隧道施工影响及控制;快速、微扰动隧道中间风井建造技术;全封闭型泥水处理工厂的应用等多个技术。同年,同济大学和上海长江隧桥有限公司负责完成"城市越江隧道结构的性能与安全控制技术"。提出越江盾构隧道的整体性优化设计方法和服役性能保障技术;揭示土层不均匀、隧道渗漏、地下水变化对越江隧道纵向长期沉降、受力的影响规律以及隧道接头变形和破坏的机理,形成隧道整体化设计的计算方法和长期沉降预测方法。

2010年,隧道股份杨宏燕等承担的"盾构法隧道施工测控关键技术",获得上海市科技进步一等奖。研发出盾构控制系统、盾构姿态导航系统、盾构施工信息管理系统;开发光学测量和电子检测互补技术,首创盾构掘进纠偏控制技术、通过计算预测和优选管片的纠偏方法、盾构施工信息管理通用性技术等,研制泥水平衡自动控制技术。同年,上海市第二市政工程有限公司周松等承担的"盾构穿越成套控制技术及其应用",获得上海市科技进步一等奖。揭示建筑物下方重力场经扰动后的重分布规律及深层扰动位移发展规律,揭示软土在分台阶剪切实验条件下,扰动土的强度与刚度恢复或增长等重要力学行为;集成泥水与土压平衡盾构的正面稳定控制、姿态控制、微扰动注浆控制以及连续高精度监测等穿越施工技术;开发PMS泥水系统、高分子泥土改良材料、大比重低稠度同步浆液等新材料、新工艺。同年11月6日,上海城建(集团)总公司等承担的"超大直径土压平衡盾构浅覆土施工技术研究"通过市科委专家验收。首创以施工参数匹配为核心,以开挖面稳定控制及同步注浆双控技术为重点,以高效、快速、连续立体出土系统为辅助的超大直径土压平衡盾构施工技术,填补国内空白;首创以外套管内螺旋取土隔离桩隔离、注浆阻断影响线、微扰动推进技术为核心的超大直径土压平衡盾构隧道浅覆土近距离穿越重要构建筑物分类分区域保护技术,沉降控制在毫米级。

四、沉管与沉井

2002年,外环线隧道工程是上海首次采用沉管法工艺建造的越江隧道。该工程采用沉管管段局部高出河床设计方案;大型管段混凝土裂缝控制技术;岸壁围护和超深基坑设计施工技术;沉管隧道抗震及管段柔性接头设计。项目获得专利授权4项(其中发明专利1项)。上海城建(集团)公司朱家祥等承担的"大型沉管隧道工程技术研究",获得2003年度上海市科技进步一等奖、2004年国家科技进步二等奖。综合运用河演分析和计算机仿真分析等手段,提出管段局部高出河床3.61米的设计方案;首次突破软土、高回淤、内河潮汐河口处水工建筑物高出原河床面的施工技术,创建混凝土本体自防水技术;实现岸壁围护和超深基坑施工累计水平位移仅19.9毫米,累计沉降57.5毫米的优异精度;研发带咬口的钢管桩、超深旋喷挡水工艺及深井分层降水技术;在国内首次提出并完成钢索型柔性接头构造型式。2008年,上海市基础工程公司李耀良等承担的"远程遥控气压沉箱设计施工与设备的关键技术",获得上海市科技进步一等奖。该项目研制遥控气压沉箱成套设备,螺旋机无排气连续出土系统为国际首创;自主开发遥控气压沉箱工艺,实现作业环境的无人化、可遥控化;研制高气压环境的生命保障系统,有效保障人员安全;形成完整工法。其中,气压自动调节、支承及压沉一体化纠偏系统、沉箱内三维地貌实时显示监控系统、气压下混凝土自密实沉箱封底技术等均为国内首创。

五、水系工程施工

2002年,上海市基础工程公司曹火江等承担的"大口径薄壁管道浅海敷设施工技术研究",获上海市科技进步一等奖和2003年国家科技进步二等奖。设计建成中国第一艘智能化大型浅海敷管船;使用有利于电焊的气体保护焊工艺,研制水力喷射埋设机;首创大口径薄壁管道浅海敷设施工技术。2004年,中港第三航务工程局研究应用成功"气囊及半潜驳搬运大型沉箱技术研究"。该技术解决在无大型专业沉箱预制厂条件下的重力式码头工程施工的技术难题,是港口重力式沉箱码头工程施工技术的一项重大突破。2006年,中交三航局第二工程有限公司建立一套控制沉桩对环境影响的新方法,解决在重要历史建筑物密集的苏州河口外滩侧,距外国领事馆仅16米的位置进行桩基施工的难题。解决总重量达5 174吨的空箱薄壁混凝土不对称结构的闸底板一次性精确沉放的技术难题。

2007年,上海建工基础公司研究完成"浅海PE海底管道敷埋施工技术研究"。研制开发海底PE管边敷边埋施工技术,设计研制集敷管和埋管于一身的多功能铺管船,形成一套完整的海底PE管道边敷边埋的工法体系。2008年,中船第九设计研究院工程有限公司等7家单位承担完成"中船长兴造船基地大型水工构筑物工程优化设计"。实现船坞坞口或闸首的创新设计、大型船坞底板的创新设计、超深船坞坞墙的创新设计、超大面积船坞基坑工程施工仿真模拟数值分析和变形控制技术。同年,中交三航局第二工程有限公司承担完成"大型水上基坑工程施工关键技术"。采用钢板桩加支撑水上大型直立式基坑围护结构,解决大型水上围护结构的整体稳定和止水难题,实现水上基坑支护结构和坞口结构的一体化施工,形成水上基坑施工工艺。同年,中交三航局承担完成"船坞围堰深基床旋喷止水防渗施工技术"。采用复合抛石基床与二重管高压喷射注浆法新工艺,解决深圳友联船坞围堰基床止水防渗施工技术难题。同年,中交三航局第二工程有限公司承担完成"新型浮箱式闸首施工关键技术"。通过基床形成控制、浮箱沉放定位控制、GPS跟踪测量定位系统开发、浮箱拖运的技术研究、基床注浆与止水帷幕施工工艺革新,解决外闸首浮箱沉放、结构与基床施工期稳定、闸首结构永久性止水等外闸首施工技术难题。

2010年,上海建工第七建筑有限公司完成的"大型港务工程中的新型自立式复合地墙关键技术",形成大型港务工程新型自立式复合墙结构的理论、设计、施工新技术。形成6项专利,其中发明专利3项。同年,中交第三航务工程局有限公司完成的"近海水中大直径嵌岩(斜)桩施工技术",研发人造基床稳桩技术,提出采用泥浆分离净化器的清孔方法,研制出适应大直径斜桩嵌岩施工的专用钻机和技术,解决嵌岩斜桩混凝土浇筑过程中的混凝土面测量的问题,提出预埋定向导管的斜嵌岩桩混凝土钻芯取样检测方法,形成深水浅覆盖层嵌岩(斜)桩成套技术和施工工法。同年,中交第三航务工程局有限公司主持完成"水下挤密砂桩加固软土地基的技术研究"。在国内首次开发成套的水下挤密砂桩施工设备、施工工艺、施工过程自动控制系统以及施工管理软件,首次实现深水条件下采用4.2米×4.2米大型荷载板对水下挤密砂桩加固软土地基效果的现场检测,提出水下挤密砂桩复合地基承载力、沉降及整体稳定的计算方法。

第六节　建　筑　材　料

一、水泥、混凝土

2000 年,上海建工所属构件研究所研制成功"SQ-Ⅱc 高效能混凝土泵送剂"。该泵送剂能满足 C80 高强泵送混凝土生产的需要,具有减水率高、氯离子含量低、坍落度损失小、凝结时间调节性好、缓凝、保坍等优点,是国内唯一成功地工程化应用 C80 泵送混凝土的泵送剂。同年,上海万安企业总公司研制出满足核电站建设工程需要的"50 型抗硫酸盐硅酸盐水泥"。该水泥具有低碱、低水化热、早期强度高等优点。2001 年,上海市第八建筑有限公司与申平建筑科技有限公司研制"SP 建筑砂浆外加剂"。该产品高效、掺量小,其组分包括保水增粘、减水和引气等组分,所用材料均无毒、无腐蚀性,具有改善砂浆的和易性、保水性、黏结性和增加强度等功能。同年 9 月 30 日,中国首根用于磁悬浮铁路工程的 50 米长、重达 350 余吨的轨道梁,在上海磁悬浮制梁基地诞生。

2003 年,同济大学开发成功水下抗分散混凝土,具有在水下直接浇注施工而不分散、不离析,以及在水下自填充模板和自密实的性能,是提高水下浇注混凝土结构体性能、简化水下浇注工艺、节省劳力和避免对附近水域造成环境污染的重要材料。同年,中港第三航务工程局研制成功"高性能混凝土胶凝材料"。该项目采用改变混凝土的胶凝材料组分和组合的方法提高混凝土耐久性和抗氯化物侵蚀的能力,研制成适用海洋工程的高性能混凝土用胶凝材料,满足不同工程耐久性的要求。2004 年,同济大学等承担的"混凝土耐久性关键技术研究及工程应用"(合作项目),获得国家科技进步二等奖。该项目探明混凝土盐冻剥蚀的机理和主要影响因素,提出防治混凝土盐冻剥蚀破坏的技术条件,高抗盐冻剥蚀性混凝土材料设计与施工的关键技术;首次研制成功三萜皂苷新型引气剂和混凝土抗冻性专家系统。

2005 年,上海建材集团水泥有限公司开发成功的"抗氯盐硅酸盐水泥"。通过对硅酸盐熟料的优化,并采用复合掺加矿物掺合料及其他成分,充分发挥不同掺合料的作用,达到叠加效应,满足抗氯离子渗透和低水化热的要求;采用"两磨一搅拌"新工艺,改善水泥各项性能尤其是早期强度。同年,上海大学与上海海笠工贸有限公司共同完成"混凝土用复合矿物掺合料的研制和应用研究"。该项目以高炉渣、粉煤灰为主要原料,配以天然矿物(石灰石、沸石、高岭土等)及少量的增强活化剂,复配成混凝土用新型复合矿物掺合料,用于等量取代混凝土中 30%~50% 的水泥。2006 年,上海市第一建筑有限公司龚剑等承担的"超大体积低水化热混凝土及高性能自密实混凝土在超高层建筑中的研究与应用",获得上海市科技进步一等奖。该项目创新研制出采用优质复合掺合料、聚羧酸系外加剂、低水胶比、低水泥用量混凝土配制技术与搅拌工艺,低水化热低收缩大体积混凝土集成技术,提高混凝结构耐久性。同年,同济大学承担完成"聚丙烯复合纤维水泥基材料防裂技术"。研究组成材料、环境条件、约束状况等对水泥基材料塑性收缩开裂性能的影响规律,建立其塑性收缩开裂的判断依据;制备出聚丙烯复合纤维材料。

2007 年,上海建工第二建筑有限公司等完成"高致密双向调凝喷射混凝土多曲面壳板结构成套施工技术",研发特殊的喷射混凝土及其成套施工应用技术,形成上海市级工法"多曲面壳形板结构喷射施工工法"。同年,上海建工第四建筑有限公司等完成"C80-C100 高强混凝土规模化生产及应用技术研究"。实现 C80 以上泵送混凝土的规模化生产,研发 C80 以上混凝土的成套施工应用技术,形成对材料的可泵性能有可控指标、浇捣有专门工艺、养护有专利技术的配套施工工艺。同年,上海三瑞化学有限公司等承担完成"世博场馆与地下空间多功能地面系统的关键材料与技术开发"。项目开发可见光敏感纳米光催化材料、超细负离子粉体、水泥颗粒以及微纳米颗粒分散用聚羧酸超塑化剂、功能型水泥基地面材料(光催化、负离子释放和抗菌)、彩色水泥基地面材料、水泥基地面养护剂以及水泥基地面护理涂层等产品,形成超细多功能粉体材料制备和表面改性、微纳米颗粒在水相介质中的分散、功能型水泥基地面材料制备、水泥基地面养护护理等多项创新技术。

2009年,市政院等完成"再生混凝土集料用于水泥稳定碎石性能研究及应用"。通过研究再生混凝土集料特性、再生混凝土集料用于水泥稳定碎石的配合比设计,提出相应的生产技术要求和施工技术要求。2010年,上海建工第五建筑有限公司等完成"世博会样板组团工程中再生混凝土结构应用示范"。通过压型钢板——再生混凝土组合结构、钢管再生混凝土构件的相关性能对比试验和再生混凝土小砌块墙体的抗震性能试验,取得相应的研究成果,对再生混凝土结构设计和施工有一定的指导意义;采用工厂化生产的C30级可泵性商品再生混凝土,强度均匀性较好,能够满足相关标准规范要求。

二、路面材料

2000年,市政局等开发新型沥青路面——沥青玛蹄脂碎石,为上海提供一种热稳定性好的沥青材料和品质提高的沥青路面,减少沥青路面车辙、拥包、开裂的病害现象。2003年,市政院等研制出降噪沥青混合料,具有降低噪声功能,路用性能均优于一般沥青路面。同年,同济大学承担"沥青路用性能综合改善技术的研究",研制PS复合改进技术,研制适用不同场合和气候条件的系列改性配方,研制相应的工艺设备,制定施工操作规程;阐明聚合物改善沥青性能的机制,建立沥青温度敏感性评价的标准。同年,市政局等对热焖粉化钢渣、高钙粉煤灰、化工废旧石膏作为沟槽回填材料进行研究。结合肇嘉浜路工程,分别做废黄石膏、热焖粉化钢渣和黄沙作为回填材料的对比试验路段,并编写"施工操作要求"以及"验收规程"。

2004年,上海兰德公路工程咨询设计有限公司等共同完成"SLM在公路工程中的应用和研究"。SLM是一种用膨胀珍珠岩掺加一定比例的水泥、水和SLM专用的可溶性干粉拌制而成的混合料或预制构件,在公路工程中应用此类材料是首创。同年,上海静安新建材科研所有限公司等完成"废石膏改性三渣混合料的研究及应用"。废石膏改性三渣混合料具有早强、收缩小、耐水性好、不扬尘、价廉等特点,以及抗干湿循环、抗硫酸盐侵蚀和抗冻融等性能,是优质的基层材料。2006年,市政院等完成"上海地区改性沥青应用技术研究"。课题组采用中石化的东海牌SBS改性沥青进行SMA沥青混合料试验,试验结果表明改性SMA沥青混合料性能均明显优于规范要求;提出改性沥青生产控制参数、生产工艺和生产过程质量控制措施。2009年,上海市政工程设计研究总院等完成"建筑废弃物在虹桥枢纽道路工程中的应用研究"。项目成果主要用于道路工程或市政工程中的建筑废弃物处理以及土基固化处理。项目充分利用现有筑路材料资源,将原来无法利用的建筑废弃物作为主体筑路材料。

三、墙体及玻璃材料

2000年,上海耀华皮尔金顿玻璃股份有限公司(耀华玻璃)和阳光镀膜公司合作研制成功的"可热加工阳光控制膜玻璃"。该产品具有可钢化、可热弯等后续热加工性能,在热处理后除分别达到热弯、钢化玻璃性能要求外,热处理前后的外观质量、颜色均匀性、耐腐蚀、耐磨损等各项指标均全面超过国内外阳光控制(热反射)镀膜玻璃先进标准要求。同年,上海耀华玻璃钢有限公司和同济大学共同研制成功"大口径缠绕玻璃纤维增强塑料夹砂管"。该项目对传统的玻璃钢管的结构和工艺作重大改进,在普通的玻璃钢管中加入特制的石英砂,形成中芯层夹砂的管壁结构,从而达到既提高管道抗外压的性能,又降低管材成本的目的。同年,市政院成功地在平夹层流水线上开发出各种弯夹层玻璃包括彩色弯夹层玻璃、镀膜弯夹层玻璃、本体着色弯夹层玻璃等新产品。

2001年,市政院技术中心开发成功"点接式玻璃幕墙"。该课题开发 Low‐E 镀膜玻璃孔口的去膜工艺,解决膜层的易氧化问题;玻璃切割、磨边、钻孔的定位工艺,提高玻璃加工精度;中空玻璃孔口的双道密封的胶结工艺,确保中空玻璃的完整性和气密性,提高使用寿命;中空和夹层玻璃的合片工艺。2004年,上海伊通有限公司、同济大学等承担完成"轻质蒸压砂加气混凝土制品"。该项目通过对砌块砌体和板材墙体的系统力学性能及抗震性能研究,以及钢结构填充砌体和外挂墙板的足尺模型的模拟地震震动台试验研究,形成该制品较完整的应用技术体系。同年,市政院开发的"新型金属饰板夹胶玻璃",选用更合理的膜层材料,设计开发全新生产工艺,填补国内空白,产品选材和工艺方法在国际上属首创。同年,自主开发"强吸收紫外和红外的绿色玻璃",填补国内空白。设计新的原料熔化工艺和锡槽设定;形成新的浮法玻璃转色新技术。

2006年,上海市水务局等承担完成上海市建设交通委科技攻关项目"水厂脱水污泥建材利用和产业化关键技术研究"。通过试验,采用粉磨法解决掺有絮凝剂脱水污泥制多孔砖砖坯和制陶粒生料球的工艺难题;制定出"以废治废"的多孔砖和轻质陶粒的合理原料配方。同年,市政院研制成功"双银低辐射镀膜玻璃"。首创双银特殊膜层结构和复合电介质层组合材料,选择镀膜材料和工艺配方,采用最佳交流真空磁控溅射的主流技术,使膜层达到最佳光学、物理和力学性能。2007年,上海侨茂建筑防水材料有限公司承担完成"无害环保型涂料制备关键技术研究与开发"。实现无害环保型涂料生产规模化;制订"丙烯酸酯微乳液"和"零 VOC 纳米涂料"上海市企业标准。2009年,中冶宝钢技术服务有限公司等承担完成"钢渣用于混凝土制品应用技术研究",项目通过对钢渣微粉和特种集料的安定性及稳定性以及钢渣粉胶凝材的性能指标等研究,证实钢渣可以用作混凝土制品原材料。

四、防水防火保温材料

2000年,同济大学研发成功"钢结构水性薄型膨胀型防火涂料"。可有效隔断火源对基材的直接加热,可抑制火势的发展,耐火极限达到54分钟。同年,上海建筑防水材料公司等研制成功新型改性沥青防水卷材。它采用改性沥青和复合胎体制成,能使卷材与卷材、卷材与屋面牢固黏结,构成整体结构防水层。同年,研制成功"彩色沥青瓦"。采用玻璃纤维毡作胎体,以掺用适量矿物粉料的优质氧化沥青作涂盖材料,彩色天然砂粒作面层的新型防水材料,具有良好的抗拉强度和低温柔性,适用于斜坡屋面作防水层。2001年,上海爱迪技术发展公司研制出"AD弹性防水涂料"。该防水涂料具有较好的柔性和较高的机械强度,耐水性好、耐久性长,可在潮湿面施工,与水泥砂浆及其他多种材质有很好的黏结性。2003年,上海消防研究所(上消所)承担完成"新型建筑防火阻火材料的开发研究"。该项目开发的低烟无毒阻火圈在高温膨胀时封堵时间短、阻火效果好、不产生有毒气体;无卤膨胀有机防火堵料,耐火时间长、不含卤素、烟密度低、针入度大、可塑性好、便于施工;新型电缆防火涂料、耐火电缆用绝缘耐火带和低烟微毒钢结构防火涂料等。

2005 年，同济大学主持完成"ETICs 保温预混（干）砂浆研究"。该项目采用多种外加剂改性保温砂浆，解决搅拌中 EPS 颗粒易上浮的难题，为建筑节能提供一种新型保温材料。2006 年，上消所承担完成"低烟无卤防火封堵新技术"。该项目开发三种新产品：无卤膨胀有机防火堵料具有膨胀效果，可以严密封堵孔洞，有效防止热量和有毒烟气的蔓延；复合型无卤膨胀防火板主要用作大开孔防火封堵；水基无卤膨胀防火密封胶适用于各种贯穿孔及建筑接缝的防火封堵材料。同年，同济大学承担完成国家"863"高技术计划项目"超薄膨胀型钢结构防腐防火双功能涂料"。该产品专门用于建筑物钢结构防腐防火保护，集防火、防腐蚀功能于一身，同时具有良好的装饰性。

2008 年，城建设计院承担完成"纤维增强桥面黏结防水层的开发与应用"。在聚合物改性沥青基桥面黏接防水涂料中，加入纤维，与涂料在施工时同步切割喷涂，该技术可以解决涂料防水层难题，提高防水效果，增强结构耐久性。2009 年，上海建工等完成"复合保温围护墙板工业化成套技术研究与应用"。研制的预制外墙板形式具有高强、保温、隔热、隔音、抗渗、观感优美以及工业化装配等诸多优点。2010 年，复旦大学主持完成"建筑玻璃用隔热保温涂膜的规模化生产技术与应用"。在国际上率先开发出可用于建筑和汽车玻璃节能保温的高分子基隔热涂膜。

第七节　建筑工程信息

2000 年，同济大学开展的"同济启明星"专业软件在岩土工程中的应用，将设计理论和设计方法以及工程设计经验融合于软件中。同年，上海市政工程设计院研制成"大型有限元程序 AlgorFEAS 后处理系统"。该项目专门研究适合于地下工程与隧道设计的大型通用有限元程序 AlgorFEAS（Super SAP91/93）的后处理系统 SAPTOOLS。2001 年，上海市市政工程管理处与同济大学联合开发研制的"上海城市基础设施管理系统"，将市政工程、计算机应用和管理工程有机结合，形成一个完整的、集行业管理、主体业务管理和主体业务实施为一体的基础设施管理的计算机网络系统。同年，同济大学的"多高层钢结构设计系统 MTS"通过鉴定。提供一整套功能：支持空间三维和平面建模；多国标准截面库和截面自定义；专门的风荷载自动导算；针对梁、柱、支撑的属性过滤和构件组的设定以及基于构件组的构件优化设计；钢结构梁柱节点、主次梁节点、支撑节点和柱脚节点的参数化设计与节点构造图的自动生成；组合板、组合梁的参数化设计；自动生成设计图、计算书和工程量统计。还融合现代多高层钢结构计算与设计的最新内容：结构计算采用高效有限元分析理论；结构设计和验算紧密结合中国相关的国家规范和地方标准；采用最新的设计研究成果，包括钢管混凝土柱的设计验算，钢构件抗火验算和防火保护层厚度计算的功能。系统使用方便、界面友好、各项功能处理正确。

2002 年，同济大学承担完成"地下工程施工机械网络多媒体与计算机技术管理系统"。研制编录的隧道盾构施工工程数据库和盾构施工变形智能预测与控制的理论、方法与技术手段，以及施工变形多媒体视频监控和三维动态可视化仿真技术，组成盾构施工计算机技术管理系统。同年，同济大学完成"同济曙光岩土及地下工程设计与施工分析软件"。首次提出考虑施工过程的增量反演分析方法、跨开挖步应力释放方法及梁—接头不连续模型，首次将遗传模拟退火算法和混合遗传算法融入岩土及地下工程的优化反演分析中。2004 年，同济大学开发的"3D3S 钢结构 CAD 集成系统——多高层钢结构软件"通过市科委的鉴定。软件采用 ObjectARX 和 VC++为开发工具，基于 AutoCAD 平台研制开发适用于多高层钢结构的计算机辅助设计软件。

2005 年，上海市市政工程管理处和同济大学共同完成"城市交通基础设施管理决策综合技术的研发与应用"。该项目将土木工程、地理信息、计算机、现代检测等,综合运用于城市交通基础设施管理,建立基于地理信息系统平台和计算机网络平台的上海市城市基础设施管理系统。2006年,上海长江隧桥建设发展有限公司承担完成"上海崇明越江隧道工程建设关键技术研究——特大型工程项目信息化管理系统"。该项目研究内容包括:特大型工程项目的管理模式和方法体系;分解结构和编码体系;投资控制与合同管理信息集成模式;进度控制、投资控制及质量控制信息集成模式;信息门户;基于地理信息管理系统的数字化工程模型;管理信息系统的开发和应用;基于保密要求的广域网和局域网建设方案等。同年,上海城市发展信息中心承担完成"基于地理信息系统的规划与建设数字化技术在临港新城中应用"。该项目建立的跨部门、动态、可扩展的"临港新城"空间基础数据平台,综合能力强、应用功能强大,能为政府规划、建设部门的决策提供支持。

2009年,同济大学主持完成世博科技专项项目"大型群体复杂项目系统性控制关键技术研究"。项目提出以五大技术为核心的大型复杂项目群系统性控制思想,形成以项目对象分解技术为基础的结构化项目管理创新体系,建立工程建设进度控制的优化系统。2010年,中交上海港湾工程设计研究院有限公司开发的具有独立知识产权"SHEDRI港口工程三维交互设计——高桩码头结构方案设计软件V1.0"。该软件进行高桩码头结构方案三维快速设计系统的开发,完成码头模型库、参数化建模、功能分析处理等三大功能模块。

第三章　交　通　科　技

第一节　交　通　设　施

　　2000年，上海铁路局轨道交通研究设计院是明珠线一期工程的设计总承包单位。通过科研攻关，取得一大批技术含量高、先进实用的科研成果。其中长大无缝线路的设计与铺设研究项目，解决较大温差影响梁轨而产生的伸缩力、在列车荷载作用下产生的挠曲力、钢轨收缩产生断轨力、列车制动时承受的制动力等难题。研制成功的 WJ－2 型小阻力、大调高量扣件，具有节点刚度强、轨道调高量和轨距调整量大等特点。解决跨距为 54 米＋128 米＋54 米三孔连续混凝土预应力系杆拱梁施工难题，其跨度在国际上属罕见。上海铁路建设集团承担规模最大、难度最大的车站——上海站等施工任务，研究应用"城市高架轨道交通新型整体轨下基础施工"等多项科技成果。2001年，中港第三航务工程局华耀良等承担的"长江口深水航道治理工程护体软体排铺设工艺及设备研究"，获得上海市科技进步一等奖。研制开发舷侧变幅滑板异铺技术；独创设计动力卷筒和异梁装置；布设解决三维坐标传递的 GPS 首级控制网；解决防止河床冲刷和提高整治建筑物自身稳定的关键问题，实现高效、精确、高度机械化和自动定位与监控的施工目标。同年，上海铁路局利用对运输干扰相对较小的夜间，在一个封锁天窗内应用大型养路机械同时进行换轨、成段更换Ⅲ型轨枕、全断面道床清筛或抛床、基床病害处理等项目；解决铝热焊质量控制、锁定轨温控制、桥上无缝线路铺设、长心轨与翼轨现场胶接等技术难题。

　　2002年，上海铁路局参与的"中国铁路提速工程成套技术与设备"（合作项目），获得国家科技进步一等奖。开发具有自主知识产权的最高运行速度达 160～200 千米/小时的机车和动车组；开发出提速四显示信号系统及列车运行控制系统；建立提速安全管理和控制体系，研制提速列车运行安全监测系统及轨道弹性检查车。2003年，上海市磁浮快速列车工程指挥部吴祥明等承担的"上海磁浮示范线轨道关键技术研究"，获得上海市科技进步一等奖。开发适于高速磁浮的轨道结构，解决温差变形对轨道结构系统公差的影响，首次开发新型叠合式轨道梁，创制双向无级可调专用支座。同年12月30日，上海铁路局在沪宁线上海西—南京站间铺设成功跨越 40 个封锁区间、全长 294.5 千米的无缝线路，创国内无缝线路新纪录。采用工厂接触焊、小型移动气压焊、法国铝热焊等焊接手段和提速道岔心轨与翼轨现场胶结技术，攻克道岔焊接这一制约跨区间无缝线路铺设的技术难关。2004年，上海航道勘察设计研究院承担完成"长江口深水航道治理二期工程总平面方案优化研究"。建立容纳二维和三维潮流数模、全沙数模、定床物模、动床物模、水槽试验、试验性工程、现场系列实测资料分析等科研手段评价体系，以及复杂分汊河口治理工程总平面优化的评价标准。

　　2005年，中港第三航务工程局上海分公司完成"多孔空心方块水下定位安装施工技术实现预制构件定点位、定数量安装"。设计采用混凝土空心方块作堤身结构，安放原则为"水平分层、质心定点、姿态随机"，实现混凝土预制构件定点位、定数量的安装，国内外尚无先例。同年12月10日，上海国际航运中心洋山深水港区正式开港。港区工程建设：创建四边开敞可模拟柯氏力影响的潮流泥沙数模物模复合模型，建立类似海域的海床冲淤演变预测和顺岸式港池淤积计算公式，揭示高含沙强潮流外海多岛礁水域建港潮流泥沙运动规律,确立归顺水流、减少港池和航道泥沙回淤强度的单通道水域总体布局方案;首创斜顶桩板桩墙承台接岸结构新型式,深水强潮流裸露基岩实施袋装砂人造基床稳桩和深厚软土地基上大直径砂桩加固粉细砂地基技术,克服高填土、深海软基建造码头的难题,为码头施工和陆域快速回填同步实施创造条件;首次将散粒体介质的颗粒流分析方法应用于粉细砂无填料振冲加固的力学机理研究,开辟无填料振冲加固深厚砂土地基的研究新途径;陆域碱性吹填沙深层基质改良和柔性防冲蚀复合技术,解决岛礁建港水陆域生态立体修复技术难题。上海同盛投资(集团)有限公司归墨等承担的"上海国际航运中心洋山深水港区(外海岛礁超大型集装箱港口)工程关键技术",获得 2008 年度上海市科技进步一等奖、2010 年度国家科技进步二等奖。

2006 年。上海磁浮交通发展有限公司吴祥明等承担的"常导高速磁浮长定子轨道系统设计、制造和施工成套技术研究",获得国家科技进步二等奖。采用定子铁芯、功能件、轨道梁分段"以直拟曲"多级拟合解决长定子空间曲线实现问题;采用简支—连续轨道结构实现"静载简支、动载连续""水平简支、垂直连续"功能。开发长定子轨道梁生产线及配套工艺,研制出高精度可调节模板系统和双五坐标数控机床组成的自动化机械加工线。在磁浮上海示范线制造成功定子段长 1 200 米,总长 30 千米的直线电机长定子。实现世界上首次用预应力钢筋混凝土技术制作完成高速磁浮直线电机长定子轨道系统。编制完成《高速磁浮线路设计标准》等 6 项有关高速磁浮交通标准,并获专利授权 11 项。2006 年,上港集团陆海祜等承担的"外高桥集装箱码头建设集成创新技术研究",获得国家科技进步二等奖。该创新现代集装箱港区功能模块断面布置模式;建立集装箱码头虚拟仿真模型;提出集装箱船舶柔性靠泊通过能力评价方法;创新振动碾压、无填料振冲和低能量强夯联合降水法等大面积粉细砂吹填成陆快速地基加固技术,实施半刚性基层沥青铺面港区道路等施工新技术;在世界上第一次成功采用双 40 英尺(12.2 米)集装箱岸桥,并创新与之配套的工艺系统和码头设计;开发全新的信息管理系统和"量清价定""银行保函"等一系列工程管理新方法。

2007 年,交通部长江口航道管理局等 10 家单位共同完成的"长江口深水航道治理工程成套技术",获得国家科技进步一等奖。提出选择北槽先期进行工程治理的科学论断;提出稳定分流口、充分利用落潮流输沙,采用中水位整治及宽间距双导堤加长丁坝群,结合疏浚工程的总体治理方案;采用新型结构来整治建筑物;开发成套施工新工艺;开发航道回淤预测数学模型。2008 年 4 月 18 日,国内第一条时速达 250 千米的上海铁路局管内合宁铁路客运专线投入运营。建设过程中应用的多项关键技术填补国内空白,包括:客运专线 32 米后张法预应力混凝土简支箱梁研制技术、国产 CPG500 型无缝线路长轨条铺轨机组应用技术、时速 250 千米有砟轨道高速道岔铺设技术、客运专线 CTCS-2 级列控系统列控中心技术、全补偿弹性链形悬挂接触网创新应用技术、客运专线 CTCS-2 级列控系统工程技术、客运专线 ZPW-2000A 轨道电路工程应用技术、综合视频和 SCADA 系统同步联动监控技术等。课题荣获 2008 年度上海铁路局科技进步特等奖。

第二节　交　通　管　理

2000 年,同济大学和上海交通大学合作承担完成国家"973"重大基础性项目"城市交通监控与管理系统"。该课题结合国际上发展起来的智能交通系统新概念和技术,兼顾开发研究相应的交通控制与管理技术和理论,形成适用于中国城市、具有版权的交通控制与管理系统。同年,上海交通局组织开发"计算机公交营运管理信息智能化系统"。对车辆运行时的基本数据进行实时采集、综合分析、智能选方案,满足市民快速乘车的需要,实现资源优化配置。同年10月18日,"上海铁路局行车调度管理信息系统"正式启用,调度人员可以通过电脑,监督路局管内各干线调度区段列车运行情况,跟踪重点列车的运行,解分局、枢纽、编组站和列车运行的实时动态,以及各调度区段的基本运行图、日班计划和阶段计划,完成各种图表的绘制和自动统计。

2001年,上海市公路管理处和同济大学共同完成"高速公路网监控系统、收费系统和通信系统"。在国内首次提出适合高速公路路网的交通监控系统、收费系统和综合通信系统的组成体系结构,收费系统的有关技术标准和典型设备配置,信息传输交换技术及通信网组网方式。同年,上海亚太计算机信息系统有限公司承担的"上海市高速公路结算中心软件研制和收费清算、通信、监控及应急指挥三中心系统集成"开通运行。该系统实现集收费、监控和通信系统为一体的管理模式,实现统一交易数据采集、统一结算账户管理、实时数据清分、统一结算资金划拨的结算管理模式。同年,上海通用卫星导航有限公司研制的"公交一体化智能调度系统",采用GPRS无线通信方式,通过计算机网络实现车辆监控调度、自动报站、多媒体等功能。

2002年,市政局等共同完成"上海快速路网交通监控收费技术与应用研究"。分析上海快速路网交通监控收费系统的功能和策略,提出监控系统的实施方案和技术框架,形成公路网收费系统的组成方案和规划,进行不停车收费工程试验。2003年,上海市隧道工程轨道交通设计研究院和同济大学共同完成"城市轨道交通网络的共线运营与系统规划管理"。开发城市轨道交通网络运输组织仿真系统,实现轨道交通网络基础信息的管理和维护、列车开行方案的编制、列车运行图的铺画、网络通过能力的计算。同年9月,上海铁路局集装箱电子数据交换系统(EDI)系统投入运行。实现铁路集装箱进出口运输EDI信息传输,以EDI方式传输集装箱箱单输入和集装箱箱单输入回复信息。

2004年,上海市市政工程管理处冯健理等承担的"上海市高架道路交通监控系统研究及工程示范",获得上海市科技进步一等奖。提出适合上海高架道路特点的"区域控制、广域诱导"的监控策略,制定"申"字形高架道路完整的交通监控规划方案,以及"发现问题,确认问题,解决问题,评估效果、改变指令"的监控管理四步准则;建立适合于上海高架道路监控系统的算法模型,编制示范工程的交通监控应用软件系统。同年,同济大学承担完成国家"十五"科技攻关项目"智能交通系统项目评价方法的研究"。建立智能交通系统(ITS)评价的三维框架,提出从经济、交通、环境和社会综合效益方面对ITS项目进行综合评价的方法,编制评价指南,开发评价系统软件。2005年,市政院完成"上海市中心城道路交通影响评价技术研究"。提出交通影响评估及评估所采用的技术方法、交通运行标准、技术手段、项目分类、影响费制,以及道路建设类和土地开发类项目对交通影响的评价程序和方法。同年,上海铁路局研制完成"铁路燃油配送管理系统",获得上海铁路局科技进步一等奖。该系统运用供应链管理理念,利用企业网络,以信息化手段实现跨部门、跨业务、跨地域信息的整合和共享,实现燃油配送的统一管理。同年,同济大学与上海地铁运营有限公司合作完成"城轨交通列车运行图计算机编制系统研究"。率先在国内城市轨道交通领域实现列车运行图的计算机智能化编制和调整。

2006年,上海宝信软件股份有限公司等开展的合作项目"城市道路智能交通系统理论体系关键技术及工程应用",获国家科技进步二等奖。率先提出并创建城市交通智能协同理论体系,在国际上首次建立车辆诱导、交通控制和公共交通的协调机制,提出一系列交通信息融合和交通状态自动判别技术,研发车辆诱导系统,开发"混合交通自适应控制系统"。同年,上海电器科学研究所(集团)有限公司江绵康等承担的"城市道路交通信息智能化系统及平台软件",获上海市科技进步一等奖。首次提出并实施基于 SCATS 采集数据的地面道路交通状态识别和行程时间预测技术;首次提出"报社—邮局—订户"数据共享管理模式;首次提出基于交通影响波动理论的交通信息发布联动控制模型;创新设计复杂立交系统交通信息的 GIS 展示方法和人机交互方法;提出快速路的基于神经网络的自校正 3 次指数平滑实时行程时间预测模型。同年,上海申通地铁集团有限公司应名洪等承担的"城市轨道交通自动售检票系统'一票换乘'应用研究",获上海市科技进步一等奖。在世界上首创建立大型轨道交通网络在线票务信息系统和数据集中、实时的精细清算体系;建立自动售检票系统五层构架模式和完整的系统安全体系;研制出薄型非接触 IC 卡;制订国内首套自动售检票系统技术标准。

2007 年,同济大学孙立军等承担的"城市交通智能诱导系统与关键技术",获得国家科技进步二等奖。提出复杂网络交通管理的规划设计理论、交通监管策略和网络路由控制方法;创建适合中国不稳定交通条件下的连续流和间断流的分析模型;建成中国第一个城市级交通信息综合集成平台和智能诱导系统;解决中国城市智能交通建设中普遍面临的信息资源分散、集成度低、系统可靠性差的问题。同年,同济大学完成"基于下一代互联网的智能交通监控管理系统"。构造基于 CNGI 的城市智能交通监控管理系统,开展智能交通监控管理系统的示范应用。同年,上海铁路局信息技术所主持开发的"铁路客运站智能化集成平台系统",获得上海铁路局科技进步一等奖。建立铁路客运站智能化系统集成管理和信息资源充分共享的开放式平台。

2009 年,卡斯柯信号有限公司孙锡胜等承担的"智能列车监控系统在城市轨道交通中的推广和应用",获得上海市科技进步一等奖。开发出城市轨道交通运输信号系统的自动化管理和全自动行车调度指挥系统;首创 CBTC 信号系统下的 ATS 整套技术;首创 CBTC 信号系统下的无人驾驶模式的 ATS 技术;首次提出三层 ATS 系统的架构模型和分散自律的体系结构,建立列车运行计划的自动调整和即时冲突检测算法。同年,同济大学完成"上海世博智能交通技术综合集成系统"。提出兼顾日常交通出行和世博交通出行的世博交通管理策略和技术手段需求;建设完成具有开放体系结构的市域综合交通信息服务基础平台,整合城市快速道路、地面道路、轨道交通、公共交通、航空港、水路码头六大行业系统的综合交通信息;提出快速道路、地面道路一体化的世博道路网络的路由控制技术方案、世博信号优先技术方案和交通事件应急管理技术方案。

2010 年,上海申虹投资发展有限公司等完成"虹桥枢纽综合交通系统建设关键技术研究和示范—枢纽交通信息化系统",该项目规划"一总五子"的信息管理系统架构,构建基于 SOA 的实时监控和非实时信息服务应用体系,奠定虹桥综合交通枢纽信息化系统的框架;提出基于枢纽内外交通信息互通与协调的交通联动诱导策略和基于网络计划的应急事件处理预案库方案。同年,上海申通轨道交通研究咨询有限公司完成"城市轨道交通无人驾驶系统应用研究"。该项目提出系统集成管理方式、综合监控系统技术、车库停车线长度的安全控制技术、车辆故障信息传输技术、全编码处理器理论和方法等。

第三节　交通辅助设施

2001 年,同济大学承担完成"九五"国家重点科技攻关项目两个专题"200 千米/小时电动车组牵引变压器的研制"和"200 千米/小时电动车组制动系统的研制"。项目采用微机控制直通电控制动系统,是国际上最先进的制动控制系统。同年,上海集装箱码头有限公司和上海港口设计研究院共担完成"40 英尺集装箱吊具防误操作装置"。利用一套机械装置来判别不同尺寸的集装箱,并结合控制电路瞬间断开起升电路,实现防误操作。2003年,上海铁路局、中铁第十一工程局等研制成功"工地钢轨接触焊作业车",填补国内空白。预定工艺要求自动焊接钢轨、记录焊接数据、判别焊接质量。同年,上海理工大学自行研制的一台大型的集光、机、电一体化的专用设备,适用于无缝钢轨焊接后的测量和校直。

2004年,上海地铁运营公司和中国铁路通信信号集团公司共同开发设计新型转辙机"ZYJG型轨枕式电液转辙机"。避免过去因转辙机与道岔尖轨之间的拉杆过长而造成的稳定性差、占用空间大等一系列不利因素,输出力的变化规律与尖轨运动所需转化力相匹配,安全可靠。同年,上海材料研究所研制出可调节轨道梁支座并成功应用于上海磁浮示范线。开发出9种型号可调节轨道梁支座,以消除沉降引起的轨道移位和错位,同时也解决轨道梁在施工安装时精确定位所需的精密调整问题。同年,上海铁路局承担完成"160千米/小时以上红外线轴温探测车及动态检测装置",利用GPS实现自动运行预报及精确测速。开发的"监控装置IC卡施工限速控制信息处理系统",实现行车调度、机车运用、现场施工部门的安全互控和施工期间行车安全的闭环管理。

2005年,上海申磐产业有限公司等完成的"基于本体的交通系统驾驶员个性化培训技术开发及标准化"(合作项目),获得国家科技进步二等奖。建立机动车驾驶员和机车乘务员驾驶培训指标体系;建立驾驶员个性化培训的模糊评判模型;构筑基于本体的驾驶员个性化培训的通用技术平台;研制驾驶员个性化培训专用设备;开发驾驶员个性化培训成套系统软件;研制交通行业标准《汽车驾驶培训模拟器》,编写配套教材《汽车模拟驾驶指导教程》。同年,上海铁路局站场调速中心研制的"TDW908新型全液压高效减速顶",使减速顶的整个工作行程都能进行制动。采用滑套结构解决车轮压过减速顶时油缸工作腔容积变化的问题。获国家专利和上海铁路局科技进步一等奖。同年,上海铁路局技术中心承担完成"铁路接触网非接触式接触线磨损动态检测技术",获得上海铁路局科技进步一等奖。该技术完成对各类型号接触线磨损情况和接触线安装几何位置的非接触式动态检测,为接触线的养护提供检测手段,填补国内空白。

2006年,上海铁路局等研制的"铁路线路大型养路机械成套装备技术与应用"(合作项目),获得国家科技进步二等奖。实现电气控制系统、激光准直系统和制动系统等关键技术的再创新,完成连续式捣固车、道岔捣固车、全断面道碴清筛机研制;研制动力稳定车、配碴整形车,实现大型养路机械装备的配套;创造跨局施工、夜间作业、综合天窗等多项施工新方法。同年,上海铁路局工务处开展的"采用新型复合材料研制扣件"课题,获得上海铁路局科技进步一等奖。经试验选用的由高强树脂基复合材料制作的轨距挡板、扣件挡板座、绝缘轨距块具有自重轻、强度高、耐腐、耐热、耐低温、耐老化的特点。同年,上海铁路局技术中心科研所主持完成"新型提速道岔锻造辙叉焊接装置"。具有自动控制精度高、焊接参数可调整性好、焊接功耗小的特点,可焊接各类型辙叉和钢轨,填补国产辙叉焊接设备的空白。

2007年,中国科学院上海微系统与信息技术研究所等完成"无线传感器网络关键技术攻关及其在道路交通中的应用示范研究"。建立无线传感网的仿真、测试、环模平台和交通信息采集综合测试实验外场。完成在沪宁高速路段进行的"嘉松公路A11-A9无线传输"中期演示。同年,上海理工大学研制的"VDK-1型飞机电源空调综合保障车"是在飞机发动机停机状态下,为飞机同时提供地面空调保障和交直流电源保障的航空综合地勤保障装备。同年,上港集团承担的"集装箱桥吊机械远程诊断系统"项目利用企业局域网络,根据TCP/IP协议,基于C/S模式,克服现有集装箱起重机状态监测评估系统(CMAS)应用上的不足,开发出网络化的应用技术——远程监评系统(Net CMAS)。系统集状态监测技术、网络通信技术、计算机数据处理等技术于一体,对所测设备进行网络实时监评,能随时掌握港区岸边集装箱起重机的机械性能状态,为实现港口设备现代化管理与维修提供技术保障。

2008年,中交上海航道局有限公司研制成功"新型高效耙头"。提出沿齿面高压冲水的创新方法,对增加耙齿的贯入深度和提高泥浆浓度方面发挥显著作用,可大幅提高耙头挖掘沿海疏浚工程中遇到的硬质黏土和密实粉土细沙时的效率。同年,上海理工大学研制成"GTD500焊接长钢轨数控同步群吊"。可对焊接后500米长钢轨进行整体装卸横向移位吊运,拥有铁路钢轨自动多层堆放吊装的钢轨机械手吊钩等多项专利。2009年,上海海事大学完成"港区道路监控系统"基于工业以太网架构,由数据采集子系统、视频监控子系统、信息发布子系统、信号控制子系统构成。只需要点击该外场设备的图像就可以显示设备控制界面,完成各种操作,并在控制界面上显示控制效果。

第四章 安全科技

第一节 自然灾害预防

2000年起，上海市防汛信息中心建立"上海市防汛风险图"。建立对洪涝灾害进行预测预报、分析模拟、风险评估的决策支持系统。建立的"基于WebGIS的台风信息服务系统"，将模式识别技术中的Hausdorff算法应用到相似路径查找方面具有创新性。2001年，上海市房屋土地资源管理局承担完成"上海市GPS地面沉降监测网络规划与基准网建设"，在上海首次建立大面积的高精度GPS沉降监测网，以及GPS沉降监测数据处理模型。同年，上海市地震局承担完成的"更新地震监测预报设施二期工程"由四个子项目组成：数字化地震台阵（网）建设；数字化地震前兆台网建设；地震通信网络建设；数字化强震台网建设。

2002年6月，市政府投资建设的"上海地区GPS综合应用网"开始运转，提供长江三角洲地区的可降水汽量的变化信息，分辨率从12小时采样一次提高到30分钟一次，站点分布由300千米以上下降到100千米左右。2004年，上海市地质调查研究院严学新等承担的"上海地面沉降监测标技术与重大典型建筑密集区地面沉降防治研究"，获得国家科技进步二等奖。该成果在基岩标、分层标的标体结构设计等方面较之国内外同类技术有诸多创新，并取得国家技术专利。针对密集建筑的地面沉降效应较为明显的现状，建筑密度与地面沉降的关系与时空变化特征，提出防治对策措施。

2005年，同济大学吕西林等承担的"结构抗震防灾新理论新技术研究"，获得上海市科技进步一等奖和2006年国家科技进步二等奖。开发橡胶耗能和油阻尼器组合消能减震支撑新体系，获得国家专利；建立阻尼器连接主楼和裙房进行消能减震的体系及分析方法；开发滑动支座和橡胶支座组成的组合基础隔震系统及分析方法；提出结构抗震变形验算的各种指标，并被国家标准采纳。编制全国第一本由政府批准的《超限高层建筑工程抗震设计指南》。同年，上海市地质调查研究院承担完成"西气东输"上海输气管网沉降监测与应用研究。对22.5千米高压输气管道建成两年内的沉降变形进行连续跟踪监测，提出管道沉降的预警值。对管道沉降变形的安全性做分析评估，指出管道沉降危险性较大区段，并对管道沉降的防治措施提出对策建议。

2006年，上海市气象局开展的"基于WSR-88D资料和GIS信息的城市灾害天气精细预报技术"，提高气象部门对城市灾害天气的预警能力，在国内率先建立灾害天气精细预报业务系统。2007年，上海市气象局承建的气象现代化建设项目——移动式双偏振多普勒天气雷达正式投入业务运行。移动雷达可以贴近天气现象的发生现场、重大活动的保障现场和应急响应的工作现场，实现对天气过程的精细探测，气象保障工作提供先进的技术支持。同年，上海市气象局负责的"世博会强对流天气动态预警技术研究"，建立上海地区强对流天气发生发展的概念模型、强对流天气资料库、适合上海地区的高分辨率数值预报模式业务系统、针对世博会园区的强对流天气短时预警系统；研究综合使用地面自动气象站、多普勒天气雷达、闪电定位仪、风廓线仪、GPS等观测资料的技术和方法。

2008年，同济大学范立础等承担的"特殊桥梁抗震理论与减震技术"，获上海市科技进步一等

458

奖和2009年国家科技进步一等奖。首次提出包括寿命期与性能的大跨度桥梁抗震设计理论；首次建立地震作用下大型桥梁高桩承台的桩—土—承台—结构共同作用的动力模型，揭示冲刷深度、承台质量、自由桩长等因素对结构地震反应规律的影响和高桩承台的地震易损性；开发黏滞阻尼器在大跨度桥梁减震中的技术和应用；开发弹塑性抗震挡块，防止地震中落梁，具有合理分配横向地震力、耗散地震能量的特性；研制的大吨位全钢减隔震支座填补中国大吨位减隔震支座的空白。该成果被《公路桥梁抗震设计细则》采用，形成的特殊桥梁抗震理论与减震技术，为中国大型桥梁结构的自主设计提供技术支撑以及为确立中国的桥梁建设大国奠定桥梁抗震理论基础。同年，国家海洋局东海预报中心承担完成"海洋灾害应急信息系统研究"。建立上海沿海风暴潮、海浪灾害多层次评估模型，能提前12～24小时，快速评估出在即将出现的海洋环境条件下可能发生的风暴潮、海浪灾害及所造成的直接经济损失。同年，国家海洋局东海信息中心、上海海洋大学等单位承担完成"城市风暴潮灾害辅助决策系统建设"。建立风暴潮洪水三维渐进溃堤模型，实现风暴潮灾情动态仿真，进行城市风暴潮灾害空间分布评估，形成受灾人员撤离应急等预案。同年，上海市气象局开展的国家科技支撑计划世博科技专项"世博园区小尺度环境气象观测与综合服务技术研究"，在国内首次构建以城市边界层模式为核心的精细化数值预报系统，提供空间分辨率500米的上海地区不同高度的温度、风场、相对湿度的逐小时预报和体感温度、人体舒适度、紫外线预报等环境健康产品。

2009年，上海防灾救灾研究所承担完成"城市地震灾害应急救援技术研究"。项目研究地震灾害监测技术的关键和技术难点；研究地震灾害快速评估的技术难点，研究应用遥感技术进行震害快速评估的可行性及关键技术问题；研究建立智能化、区域化、有针对性的地震应急救援指挥决策系统的关键技术问题；研究探讨具有一定专业知识的应急救援志愿者队伍建设问题；对地震中人员自救互救及实用技术、工具、避难场所的规划建设等问题也进行研究。同年，上海市气象局承担"上海城市和沿海大雾遥感监测预警系统"。采用卫星遥感与地面观测相结合的天地一体化方式，建立集卫星遥感、气象观测、预警预报与服务于一体的大雾遥感监测预警业务系统。同年，上海市海洋环境预报台、国家海洋局东海标准计量中心等承担完成"海洋综合观测平台关键技术研究"。项目主要解决海上锚系大型浮标能源供给和布放技术、海洋观测系统技术及海洋观测系统综合数据接收分析与数据管理关键技术3项内容。首次建成中国海底综合观测网，首次形成中国多参数综合监测系统。

2010年，同济大学李国强等承担的"多高层建筑钢结构抗震关键技术研制与应用"，获得上海市科技进步一等奖。项目建立考虑损伤累积效应影响的梁滞回模型和考虑空间受力互相影响的柱滞回模型，解决多高层钢结构非线性地震反应分析的关键基础问题，以及多高层钢结构非线性地震反应分析的高精度高效率计算问题；研制出多高层钢结构抗震计算与设计软件，解决抗震理论技术的工程应用难题；研制的屈曲约束支撑耗能减震技术产品，攻克套筒与支撑间既无黏结又足以约束支撑整体与局部屈曲的技术难关，具有结构构件与减震器双功能。同年，上海市气象局承担完成世博科技专项"世博园区雷电监测预警与风险评估关键技术研究"，建立针对世博园区的三级雷电监测预警系统，开发TSS928和ALARM系统进行世博园区单站雷电临近预报的方法；构建世博园区区域雷击风险评估模型，开发世博园区雷击风险评估系统。同年，上海市水利工程设计研究院、河海大学等共同承担完成"上海市海堤防御能力评估研究"。该项目对上海可能遭遇的风暴潮特性及代表型台风、强台风和超强台风的分析、潮位与风浪叠加的风潮组合频率估算、海塘经济最优防御标准探讨等方面的研究，提出以频率潮加定级风形式表达的上海市适宜的海塘分区段设防标准。

第二节　生产与公共设施安全

一、食品安全

　　2000 年，上海市食品（集团）公司和上海市食品研究所（食品所）承担完成国家"九五"科技攻关项目"国家储备冷冻肉解冻还鲜进入冷链流通的技术研究""上海生鲜自宰肉物流冷链示范工程研究"。项目完成生鲜肉的包装技术研究；建成生鲜肉生产加工线、生鲜肉冷藏链配送设施；编制生鲜肉质量标准、技术管理标准等。基本建立起一个适合中国国情的生鲜肉流通冷链的示范工程。同年，食品所承担完成"肉馅料加工中心质量关键点控制技术研究"。确立原料验收、冷冻绞碎、辅料灭菌等 7 个工序为关键控制点，制订相应的监控临界值，编制保证措施和程序，以及监控出现偏差时的修正措施，为肉馅料实施中心厨房生产或工业化生产，提供可靠的依据。课题为生产高质量的肉馅料引入餐饮业尚未采用的冷冻绞碎、真空搅拌、冷却保鲜等新技术，促进传统中式点心生产的技术进步。

　　2001 年，食品所承担的国家"九五"科技攻关项目"生鲜肉物流冷链系统产业化关键技术研究"课题，被国家科技部等评为"九五"国家重点科技攻关计划优秀科技成果。上海市食品（集团）公司和食品所参与、承担的国家"九五"科技攻关项目"生鲜食品物流冷链系统关键技术及综合示范工程"，被中国食品工业协会评为"1981—2001 年中国食品工业 20 大科技进步成果"。2003 年，食品所承担完成"厨房工程食品产业化关键技术研究及其示范应用"，被评为全国商业科学技术进步二等奖。主要成果是定量化自动熟制技术、产业化真空急冷技术和生产线减菌化技术串接等。同年，食品所承担完成"栅栏技术在中式肉禽制品中的应用"。根据食品内不同栅栏因子的协同作用或交互效应，研究食品微生物达到稳定性的食品防腐保质技术。同年，食品所承担完成"花式蛋制品的开发及其保质期研究"。开发出适合中国人口味的可直接食用的菜肴式蛋卷、蛋饺各 2 个品种，产品采用塑罐包装技术及含气巴氏杀菌工艺，在 0—4℃流通条件下可保质 21 天。

　　2005 年，食品所承担完成"豆制品定型包装技术"。对经臭氧水表面杀菌和丙碳酸钙液表面抑菌的筒状素鸡、厚百叶等非即食豆制品，用 OPP/PE 袋包装后，能在 25℃的环境中，保质期达 24 小时；对即食鲜汁豆腐干，用 N/PE 袋真空包装，并经沸水杀菌后，能在 0—4℃的环境中，保质达 10天。同年，上海市标准化研究院研制完成《欧盟食品、饲料添加剂管理制度》。主要对欧盟食品和饲料添加剂的管理制度及其许可清单进行研究，并与中国的法规及国家标准作出对比，为企业出口提供指导。同年，上海市标准化研究院承担完成"上海市食用优质农产品安全质量标准体系国内外技术水平对比分析研究"。进行国内外食品安全标准体系的定性定量深度对比分析研究；反映上海市食用农产品安全质量标准体系的总体技术水平，指出与国际先进标准体系间存在的主要技术差距。

　　2006 年，食品所承担完成"上海市主副食品流通安全检测预警系统构建研究"，首次建立上海市流通的 41 类主副食品有关质量安全检测数据库，实现多种条件形式输入、查询和数据分析、挖掘以及输出功能；首次将食品质量安全不合格率图形分析技术，应用在食品流通安全检测预警上。同年，上海出入境检验检疫局动植物与食品检验检疫技术中心承担完成国家"863"计划重大专项——"生物芯片在动物源性食品安全监测中的应用"。研究利用生物芯片技术，开展对 8 种动物的冠状病毒以及禽流感病毒、新城疫病毒等的检测，建立小分子检测的蛋白芯片平台，并研制成功用于检测磺胺、链霉素、恩诺沙星、克伦特罗的蛋白芯片。同年，上海交通大学承担完成世博科技专项"食品中病原体、有毒有害物质、转基因成分等快速、现场检测方法研究及产品开发"。研制食品中重要有毒有害物质的快速、灵敏检测方法及其产品，以及现场检测技术和标准。主要有农药残留快速检测试剂盒、氯霉素 ELISA 检测试剂盒、氯霉素 MIPs 微球纳米结构材料、利血平 MIPs 纳米结构材料、转基因成分(CryIAb)ELISA 检测试剂盒等。

2007 年，上海新成食品有限公司承担完成"食品生产过程安全与品质控制关键技术研究"。开发出反式脂肪酸含量低、安全、营养、符合国际食品安全卫生标准的中式快餐产品，探索 6～8 种适合于工业化生产的中华食品，建立中华菜肴工业化的生产工艺与配套设备，开发安全优质的食品添加剂，探讨中央厨房运行模式，建立中央厨房示范性企业。同年，上海市食品药品检验所开发采用柱前衍生化、乙酸乙酯提取的样品前处理技术，以同位素内标进行定量的检测方法，方法快速稳定，检测准确性大大提高，可对食品中硝基呋喃类代谢物进行监控。同年，食品所承担完成"上海地区高危食品预警与加工控制技术研究"。建立起上海地区食品安全质量检测数据库，提出相关技术规范。同年，上海市食品药品检验所通过对国内外多种食品安全快速检测技术和方法的比较研究，形成食品安全快速检测方法体系，开发食品安全快速检测车，组建食品安全快速检测专业队伍，构建食品安全快速检测信息管理系统。

2008 年，上海东方种畜场有限公司完成世博科技专项"特供东方风味猪肉安全控制技术"。将 HACCP 质量管理体系引入生猪安全生产在线控制之中，对整个肉猪养殖过程进行危害分析、明确关键控制点、确定关键限值和纠偏措施以保证关键控制点控制；将"冷链生产—冷链运输—冷链保鲜—冷链销售"的销售模式引入专卖店，优质猪肉严格 P2P 的温度控制；建立肉猪生产安全体系—市场物流安全体系—食品卫生安全体系，实现产品质量控制做到"控制源头，保证终端"的全程质量监控和药物残留的预警与快速检测。同年，上海交通大学承担完成"食用植物性产品快速检测技术研究"。制备出绿茶提取物的 8 种标准样品，建立茶多酚、儿茶素和 EGCG 的检测方法，对绿茶提取物的安全性作出评价；项目研究利用辣根过氧化物酶，研制出现场检测食品中过氧化氢的光电型及电流型传感仪。同年，上海交通大学承担完成"动物性食品中重要致病菌检测技术的研究"。获得重要食源性致病菌大量的特异性序列，建立沙门氏菌和李斯特菌的荧光定量 PCR 检测方法以及一次可检测多种致病菌的多重 PCR 方法。

2009 年，上海海洋大学承担完成的市科委世博科技专项"世博会特供食品质量与安全保障体系"。编制世博会食品备案基地和供应企业遴选相关文件(草案)，完成《中国现有蔬菜技术法规和标准的研究》，制定《世博蔬菜冷链流通技术规程》《世博会特供水产品保活流通的操作规程(草案)》，构建世博会食品信息平台框架，建立世博会食品公共信息交流平台。同年，上海交通大学承担完成"崇明生态农业与食品安全实验室完善与提升"。建立起以天然植物和功能食品开发、种质资源创新与深加工、循环农业环境生态安全、水产养殖和现代农业区域规划为特色的崇明生态农业与食品安全研发技术平台。同年，上海市质量监督检验技术研究院、上海出入境检验检疫局合作完成"辐照食品检测关键技术研究"，建立高效液相色谱柱法测定辐照食品中邻酪氨酸的方法、辐照食品的单细胞凝胶电泳实验法和直接外荧光过滤技术需氧平板计数法检测辐照食品的方法。

2010 年，世博科技专项课题针对世博园区的自来水水质，研发形成颗粒活性炭柱吸附、超滤膜过滤分离及紫外线消毒的集成净水技术与设备，并成功应用于上海世博会。园区直饮水不仅符合现行国家《饮用水卫生标准》和《饮用净水水质标准》的要求，而且主要水质指标优于欧盟标准。同年，食品所承担完成"中式熟肉制品的微生物危害分析及控制技术研究"。运用微生物培养以及分子生物学的方法，分析典型中式熟肉(酱牛肉、咸鸡)产品中特定的细菌，对于造成产品品质下降的主要腐败菌提出具有针对性的安全控制措施。同年,上海交通大学承担完成"进出口食用农产品中双草醚、溴螨酯的测定"。该项目对粮油原料中双草醚残留的检测方法进行研究,最低检出限达到0.01毫克/千克。拓展进出口农产品中溴螨酯的测定方法,最低检出限达到0.005毫克/千克。同年,食品所承担完成"塑料包装西式火腿中PAEs类增塑剂检测方法的研究"。首次建立塑料包装西式火腿中PAEs的GC-MS检测方法;首次对上海市场塑料包装西式火腿中PAEs污染程度进行调查研究。

二、生产设施安全

2004年,华东理工大学刘长军等承担的"压力管道安全保障评估体系的平台建设及应用",获得上海市科技进步一等奖。建立"压力管道检验方法",国家质量监督检验检疫总局在此基础上,编制《在用工业管道定期检验规程》。建立涉及缺陷表征、载荷及应力分析等内容的"在用含缺陷工业管道安全评定方法"。建立比国际上通用的FAC更加合理的两种考虑缺陷几何因素的FAC,和仅通过查表就可以同时完成起裂评定和塑性失效评定的U因子工程评定方法。

2005年,华东理工大学等合作开展的"在役重要压力容器寿命预测与安全保障技术研究"(合作项目),获得国家科技进步二等奖。从缺陷检测、安全分析与寿命预测、延寿监控三个方面提出介质环境作用下压力容器安全保障技术方法,首次在国内系统解决介质环境、超期服役及设备大型化引起的安全保障技术难题。研究成果被国家有关技术规范、国家与行业标准采纳。同年,上海市自来水市北有限公司承担完成"上海市供水管网爆管事故预防关键技术和工程示范研究"。建立管网爆管预测模型,开发管网地理信息系统和管网动态水力模型。同时,提出铸铁管材是造成上海市供水管网爆管的最主要原因,道路和地下管线不文明施工是造成爆管的另一主要原因,并分别提出相应的对策。同年,复旦大学研制成功"全光纤输油(气)管道安全监测系统"。利用白光干涉原理和光纤定位技术,根据光的相位调制/解调原理,研发出一套利用单根光纤和全光干涉组件,能对管道安全构成的威胁行为进行早期监测、定位和预警。该系统的技术路线与现有的光纤管道监测技术完全不同,具有完全知识产权。同年,公安部上消所承担完成"化学灾害事故现场堵漏技术"。开发化学灾害事故现场堵漏材料及其应用技术。堵漏材料属于无机耐老化无毒无污染无腐蚀材料,具有高效快速带水堵漏的优点,对接触面适应性好,具有卓越的耐久性、抗渗性、黏结性、抗冻性、早强性、和易性和耐酸碱性。

2006年,上海华申智能卡应用系统有限公司承担完成上海市重大科技攻关项目"基于电子标签的液氯危险化学品物流安全管理解决方案""基于电子标签的危险化学品气瓶安全管理系统"。采用防金属屏蔽、防频点漂移以及应用系统集成等关键技术,形成"防变形电子标签封装装置"等5项专利和多项软件著作权,并获得2006中国国际工业博览会银奖。2007年,中国电子科技集团公司第五十研究所研制成功"VCAM微型管道内部影像记录系统"。该系统具有微型的防爆摄像头,主要应用于自来水管、燃气管道等微型管道进行检查、评估。

2008年,上海煤气第二管线工程有限公司完成"高压天然气管道抢修技术及其装备研究"。针对天然气管道发生点漏甚至大面积泄漏的原因进行分析,列举多种管道受损状况的检测技术;研究国内外各种抢修技术的特点和应用范围,尤其对带压开孔封堵技术的原理和应用有较充分的经验积累;为城市天然气抢修工作提供重要的技术支撑和理论依据。同年,上海申达自动防范系统工程有限公司承担完成"智能自适应泄漏电缆入侵探测器"。智能自适应泄漏电缆可以对人员、自行车、汽车等不同物体进行智能模式判断,确认入侵或路过意图,实现有效警戒;对暴雨、大雪、狂风、雷电、极端高低温气候和安装地形自动调节工作状况,自适应气候和地形变化。

2009年,上海市特种设备监督检验技术研究院等完成"气瓶附件安全技术及易熔合金共晶的研究"。解决易熔合金的化学成分设计,提高易熔合金的动作温度的准确性。同年,上海市安装工程有限公司负责完成"城市燃气输送不停输管道检测与抢修技术研究"。采用超声导波检测技术对埋地燃气管道的管体腐蚀进行检测,确定埋地管道管体损失情况;根据测量结果结合管道运行管理情况确定是否进行维修。同年,上海市特种设备监督检验技术研究院、华东理工大学共同完成"压力容器火烧后的安全性评价技术"。建立以风险工程为基础的火灾热暴露区的工程估算技术,研究火烧温度、时间和区域大小对残余应力的影响,形成局部火烧或火灾后材料损伤程度的工程评定技术。同年,上海防灾救灾研究所承担完成"重大生命线工程抗震可靠性设计和安全预警技术研究"。进行管网优化设计和优化改造方法研究,确定可用于上海市供水、供燃气管网抗震分析与优化改造的方法,确定进行工程抗震能力分析的技术,建立上海市生命线系统地震紧急自动处置系统的可行性并提出进行生命线系统的实时状态监测以及地震自动处置技术的可行性方案。

2010年,上消所承担完成"中国化学事故现场处置技术现状及发展规划的研究"。归纳和阐述中国化学事故现场处置技术、装备、人员素质等方面的现状,分析中国在这些方面存在的不足以及与发达国家之间存在的差距,总结和提出化学事故现场处置的技术措施和发展规划构想。

三、交通安全

2001年,上海市陆上运输管理处在全市70余家重点运输企业的405辆危险品货物运输车和国际集装箱运输车上,安装GPS定位记录仪。这种车载式GPS定位记录仪不仅具备车辆跟踪、信息传输、网上查询等功能,还能对车辆行进路线、超速、超载运输情况自动予以记录并作出报警告示。2003年,上海市汽车维修管理处和上海市城市交通信息中心共同开发的"上海市车辆性能检测信息管理网络"投入试运转。实现上海市汽车维修管理处与各检测站的联网,满足信息传递及行业管理、服务、监督的需求。同年,上海铁路局、铁道部科学研究院等完成"沪宁线行车安全综合监测系统"。系统由行车安全监测、行车安全信息网络、行车安全信息管理和事故救援应急处理四个子系统组成,是国内铁路行车安全监测技术的重要突破。

2004年,上海铁路局研制成"铁路行车事故快速救援处置预案应用系统"。实现事故救援预案查询,快速选择切合实际的救援方案,有效缩短事故救援的准备时间和线路恢复开通时间。同年,上海铁路局等研制的机车车载轨道安全监测系统,可对线路状态进行高密度动态监测,实现线路重大病害的实时报警及一般监测信息的自动下载、传输和处理。同年,上海铁路局承担完成"160千米/小时以上红外线轴温探测车及动态检测装置",利用GPS实现自动运行预报及精确测速。开发的"监控装置IC卡施工限速控制信息处理系统",实现行车调度、机车运用、现场施工部门的安全互控和施工期间行车安全的闭环管理,使施工限速地段的列车运行速度由"人控"转变为"机控",防止因超速可能引发的重大行车事故。同年,上海市城市交通管理局组织开发的"上海危险品车辆电子技术档案管理系统"投入使用。该系统实现危险品运输车辆的技术等级、维护、修理等方面全过程有效监控,实现车况信息在各检测及维修网点的资源共享。

2005年,上海铁路局杭州机务段研制成功"机车运行安全音视频记录分析系统",获得上海铁路局科技进步一等奖。机车乘务员的作业全过程在装置里形成信息记录,敦促机车乘务员执行标准化作业程序的自觉性,保证行车安全。同年,上海地铁运营公司等承担完成"DC01型电动列车辅助逆变器起动失效的分析研究及其新型控制器研究"。该项目探明列车辅助逆变器起动失效的故障机理,并采用分级启动与专用DC/DC变换器的方案,解决由蓄电池电压跌落所造成的无法起动以及采用应急电池起动时所存在的问题。同年,上海地铁运营公司等完成"轨道交通运营设施安全及事故应急处置研究"。为轨道交通的事故和故障的信息管理和预警控制、列车运行延误调整和恢复提供依据,规范和优化轨道交通事故和故障预案的制订和管理。同年,同济大学等完成两项公路行业标准。"公路项目安全性评价指南"提出对国内高速公路和一级公路进行安全性评价的内容、方法和标准。"公路养护安全作业规程"是在总结国内公路养护维修实践中的经验,吸取有关的科研成果和多次征询专家意见的基础上编写而成。

2006年,上海铁路局管内的"京沪、浙赣线200千米提速区段列车超速防护系统(ATP)"全面建成。通过地面应答器收集线路数据、轨道电路显示等信息,与牵引机车的地面信号组合后发送至车载ATP设备,形成指令指挥司机高速驾驶机车。同年,上海市公路学会和同济大学共同完成"上海市灾害性天气高速公路事故预防管理系统"。建立灾害性天气下高速公路路网安全运营管理系统,提出灾害性天气下道路安全管理对策算法和决策方法,建立局域高速公路网安全运营决策库,制定服务于路网安全运营管理的信息采集、分析与发布标准,提出灾害性天气下车辆安全运营车速控制标准。2008年,上海铁路局电务处与上海铁大电信设备有限公司研究开发的"DJK-TI型无线调车机车信号和监控系统",获得上海铁路局科技进步一等奖。实现调车信号的无线发送及对机车作业的实时监控,达到预防"挤、脱、撞"等事故的发生。

2009年,同济大学和上海地铁运营有限公司工务分公司联合完成"轨道交通运营基础设施安全检测与保障技术研究"。梳理轨道工务设备数据和轨道几何状态检测数据,建立相应的管理数据库;对城市轨道交通轨道几何状态养护标准进行研究,提出建议;开发城市轨道交通工务管理的软件系统。同年,上海铁路局电务处等联合开展的"工频交流轨道电路分路不良技术研究",开发出适用于工频交流轨道电路50赫兹相敏轨道电路(UI型)系统,解决480轨道电路分路不良问题,避免列车挤岔、脱线以及侧面冲突等重大事故的发生。同年,上海铁路局组织开发的"铁道货车脱轨制动停车装置",当检测到货车脱轨的异常震动时,通过比对脱轨阈值条件判断列车是否脱轨。当检测到的特征数据判断车辆发生脱轨时,装置在0.1~1秒内即可发出指令,通过打开电磁阀,使控制列车制动的主风管大量排风,实现整列货车的紧急制动,避免脱轨车辆长距离拖行损害线路、侵入邻线。同年,上海海事大学完成"面向目标跟踪的主动式RFID技术应用研究"。项目开发适用于内河船舶监控应用、危险品监控、渔船进出港监管系统等物流领域主动式RFID读写器及电子标签。

四、桥梁安全

2001年,上海市黄浦江大桥工程建设处和同济大学共同完成"莘庄立交工程抗震性能评估"。建立全立交总体、各主线和局部三个层次的计算模型,采用多模态反应谱方法研究结构的空间耦联性,最不利受力位置以及局部模型的简化方法;建立非线性时程分析的局部计算模型,编制非线性动力分析程序,对莘庄立交工程的抗震性能进行评估。2002年,上海卢浦大桥投资发展有限公司和同济大学共同完成"卢浦大桥抗震性能及减震装置研究"。考虑桩—土—结构相互作用、多点激励和行波效应的结构非线性地震反应分析;进行系杆拱的抗震性能的研究,找出地震作用下的结构薄弱部位,解结构的破坏机理;进行结构的减隔震措施研究,提出必要的抗震构造措施,保证结构在强震作用下的安全性。

2005年,同济大学承担完成"四渡河深切峡谷悬索桥抗风性能研究",进行山区风环境风洞试验和桥位地形风环境对桥梁的影响及四渡河桥的抗风性能研究,填补国内桥梁抗风规范中有关山区峡谷特性等方面的空白。同年,同济大学等完成"采用光纤光栅及无线智能传感技术的桥梁结构健康检测系统研究"。研制适于桥梁健康监测系统的多种封装形式的光纤光栅应变和温度传感器及光纤光栅传感解调仪;开发利用GSM公共无线通信网络与Internet网络来实现振动测量的无线传感系统。2006年,上海同盛大桥建设有限公司、同济大学等承担完成"外海跨海大桥健康监测系统开发研究与应用"。提出监测与检测相结合、在线预警和离线评估相结合的理念;提出数据处理和评估方法,设置系统预警阈值。

2007年,上海铁路局技术中心桥梁检定所研制开发"HFBV-Ⅱ型无线数传桥梁振动检测分析系统",获得上海铁路局科技进步一等奖。在铁路系统首次采用无线检测方式完成对桥梁性能的实时检测,实现对桥梁振动信号的远程采集、存储、实时传送和处理分析。2009年,同济大学完成"大跨度拱桥抗风设计理论及其工程应用"。建立拱桥准定常气动力模型、三分力系数识别中的高雷诺数效应修正、台风灾害气候模式大跨度拱桥风致响应特点、三维弹塑性静风稳定性计算方法及其失稳机理、大跨度拱桥潜在风振形式发现和拱桥涡振机理及其控制原理。拱桥涡振等效静力荷载计算方法、拱桥涡振概率性评价方法等研究成果属国际首创。

五、建筑设施安全

2003年,同济大学承担完成"上海市崇明越江通道工程风险分析研究"。采用多种方法对越江通道工程的设计方案、施工方法的技术可行性、工程可造性以及运行可靠性进行全面的风险分析;对桥梁、隧道方案的建造期、营运期以及长江口河势演变、越江工程对长江口生态环境的影响、恐怖袭击风险、越江工程交通量预测、财务等专题进行风险分析,并提出风险防范的对策和措施。2006年,同济大学承担完成"既有建筑结构检测评定理论与工程应用技术"。课题在混凝土部分炭化区概念、浸油混凝土和锈蚀钢筋本构关系、混凝土裂缝分布式光纤传感器监测技术、锈蚀钢筋混凝土梁受力性能、基于目标使用期的结构安全评定、结构体系可靠性实用评价方法等方面有理论创新;发展和完善钢筋强度检测的里氏硬度法、砌体抗剪强度检测的原位双剪法、砖强度检测的回弹法、混合砂浆强度检测的贯入法等。同年,上海市房地产科学研究院和同济大学合作完成"房屋建筑无损检测应用新技术"。研制新型的无线传感监测数据传输系统,该系统可以满足房屋建筑实时监测的需要,提高房屋建筑的工程质量,提高房屋建筑的检测、监测与管理水平。

2008年,上海市特种设备监督检验技术研究院研制成"公共安全设施(电梯)监控超高频电子标签技术规范",对电梯安全监控管理用的电子标签和记录在电子标签内的电梯基本信息、动态安全管理信息数据等进行规范,为电梯安全的监督管理采用电子标签等新技术提供技术保障。同年,同济大学等承担完成"山岭隧道承水压衬砌结构长期安全性预警与保障技术"。建立衬砌混凝土水力渗透与开裂损伤等规律的联合表达;开发山岭隧道衬砌墙后地下水自动卸压系统;建立承水压隧道衬砌结构安全监测系统的总体框架;开发具有远程实时监测功能的隧道安全健康监测系统。2009年,同济大学顾祥林等承担的"建筑结构全寿命维护中的检测评定理论与技术",获得上海市科技进步一等奖。开发和完善砖、混凝土及钢筋强度的无损检测技术和结构构件的现场加载试验装置;发展基于目标使用期的既有结构构件安全性评定方法;建立一般大气环境下混凝土中钢筋锈蚀的发生与发展的预测模型,提出锈蚀构件性能退化规律和剩余使用寿命的预测方法;实现地震作用下建筑结构倒塌反应的数值仿真。

第三节　消　防　安　全

一、公共设施防火灭火

2004 年,上海消防研究所(上消所)承担完成"城市灭火救援力量优化布局方法与技术研究"。采用离散定位——分配模型作为城市消防站优化布局方法和区域灭火救援装备及人员优化配置方法的应用基础,采用子区域划分方法、事故簇节点的抽象方法进行消防站布局,利用最差火灾规划场景进行区域火灾风险评估。2006 年,上消所承担完成"机车、发电车消防技术研究"。研制出适用于机车、发电车的综合消防安全系统,包括探测报警监控系统,灭火系统(细水雾、脉冲干粉、七氟丙烷)和防火隔热衣等装置。同年,上海市激光技术研究所承担完成"激光烟雾指示装置"。开发成功适用发生火灾烟雾环境中的逃生指示新装置,与消防应急灯组合应用,弥补广泛使用的消防应急灯的缺陷,使消防安全产品升级换代。同年,上消所完成"低烟无卤防火封堵新技术",提出新的防火封堵技术和施工方法,获得实用新型专利 2 项。

2007 年,同济大学完成"地下空间防灾安全关键技术及其应用"。建立隧道衬砌结构综合火灾试验系统,提出一种新型的抗爆裂复合耐火管片;成功研制出国内第一套支持多传感器数据融合的隧道火灾预警系统、自组网无线传感安全监测系统和基于 GPRS 和 GPS 的无线传感安全监测系统、可移动充气式应急救生装置,以及无卤膨胀有机防火堵料、复合型无卤膨胀防火板等新型环保防火材料等。2008 年,上海市消防局(消防局)承担完成"世博园区消防规划技术研究"。制定出世博会建设与管理消防安全指南、世博园区建筑工程消防审核验收管理、世博园区消防安全管理等一系列消防管理的规定,为指导世博会场馆建设和展会期间消防安全管理工作提供理论依据。同年,上消所等承担完成"地铁消防安全技术研究"。揭示地铁火灾烟气流动特性及其规律,给出地铁初期火灾人员逃生评估方法,确定火灾烟气的控制方法,提出实施火场救援的技术途径,研制出两种地铁火灾应急救生装置;得出移动式排烟装备在隧道内和站厅到站台的楼梯环境下的实用排烟性能参数,和不同风速时的最大送风面积。

2009 年,上消所完成"高层宾馆火灾情况下电梯应急疏散可行性研究",确定高层宾馆电梯疏散中的防烟部位及可采用的防排烟措施,得出在每层待疏散人数变化情况下的最佳疏散模式,编制《高层宾馆电梯疏散风险评价指南》。同年,上消所完成"消防应急激光导向器技术研究",便携型导向器可在船舱、地下空间、隧道等灾害事故现场进行快速设置,为消防部队火场抢险救援和遇险被困人员提供疏散逃生指示。同年,上消所等承担完成"十一五"国家科技支撑计划课题"城市消防能力优化技术研究及应用示范"。在国内首次提出并构建以性能化理念及分析手段为基础的重大火灾隐患评估方法,在国内首次提出消防响应时间与城市火灾危险性水平关系模型、消防响应时间与潜在抢救人员比例模型、消防响应时间等级标准和消防站布局多目标决策模型。在国际上首次提出基于城市火灾危险性水平分级标准的城市火灾危险性评估方法、消防保障能力匹配原则、匹配模型、城市消防安全等级划分标准框架、消防装备体系评价指标框架。同年,上消所等完成世博科技专项课题"上海市世博园区火灾风险评估研究"。提出世博园区展馆火灾风险综合评估方法,适合世博园区具体场所的消防安全风险评估方案和世博园区火灾风险评估总体方案，开发编制"上海世博园区消防安全风险评估管理信息系统"软件，编写《上海世博园区消防安全风险评估指南》，形成成套完整的可用于世博园区展馆火灾风险评估的方法、技术及配套工具。

二、消防装备

2000年，上消所、上海交通大学等研制成"ZXPJ01型消防机器人"。"ZXPJ01型消防机器人"由移动载体、消防炮系统、计算机控制系统、传感器系统、观察系统、防爆系统、隔热防护系统、卷盘系统以及附属机构等组成。同年，上消所、上海浦东特种消防装备厂等研制成"洁净气体灭火剂"。开发七氟丙烷灭火系统，对保护大气臭氧层，替代哈龙灭火系统提供应用技术和工程产品。2001年，上海华夏震旦消防设备有限公司研制成"PPD40型电动模拟遥控空气泡沫炮"和"PPTD·C型、STPD·C型、SPD·C型大流量电动消防炮"。突破常规电动消防炮的结构模式，对炮的俯仰、回转及喷射等以电动模拟遥控操作，适用于大型石化企业、码头、飞机库、油轮和消防船等场所。

2002年，上消所承担的"消防炮远程柔性控制系统"项目，获得2002年度公安部科技进步二等奖。国内率先采用现场总线分布式控制技术在远控消防炮灭火系统中的应用，以及在石油化工、机库、油码头、大型场馆等不同火场环境中的工程应用技术。2003年，上消所承担完成"消防过滤式自救呼吸器标准检测技术及装置的研究"。该项目是消防过滤式自救呼吸器的整套试验装置，包括一氧化碳防护性能和吸入气体中二氧化碳含量试验装置、烟雾透过性能及防护罩漏气系数试验装置、视野试验装置、耐燃试验装置、抗辐射热渗透性能试验装置、振动试验装置以及材料强度试验装置，该整套装置属国内首创。同年，上消所研制、上海强师消防装备有限公司生产的JMX灭火机器人荣获科技部等部门联合颁发的"国家重点新产品证书"。可在救灾人员远距离遥控操作下，进入火场喷射灭火剂灭火或冷却保护，洗消和稀释化学危险品灾害中的有毒有害物。2004年，上消所完成"石油化工高效环保型灭火技术与设备的研究"，研制出包含高效环保的成膜氟蛋白泡沫灭火剂（FFFP），以及BPPH泵入平衡压力式泡沫比例混合装置等新技术和新产品。

2005年，上消所研制成"消防救援机器人"。解决消防救援机器人救援拖斗在机架中空间定位和运动的平稳性，以及各类信息的采集、集成融合、传输、处理问题。同年，上消所完成国家"863"计划项目"消防侦察机器人"。可对灾害现场进行环境参数及图像的实时采集和无线传输。具有爬坡和跨越垂直障碍物能力强，具有多通道通信系统、多传感器信息集成、辅助决策等技术。2007年，上消所和上海强师消防装备有限公司共同完成"多功能水枪及应用技术的研究"。消防水枪具有射流转换、流量无级可调、防流道阻塞和水带扭转等功能。同年，上消所承担完成"穿透式破拆喷雾水枪"。采用撞击式、多孔式和组合式喷雾结构设计，具有穿刺功能强和雾化性能好等特点。同年，上消所承担完成"便携式水力摇摆消防炮"。首次在国内采用水轮安装在消防炮的主流道内，俯仰与水平摆动机构中采用双球体的结构形式，使该产品具有结构紧凑、重量轻、外观质量好、操作方便灵活等优点。同年，上消所和上海强师消防装备有限公司开发QLD8FA多功能消防水枪产品、QLD8PB自适应多功能消防水枪样机。具有射流转换、流量无级可调、防流道阻塞和水带扭转等功能及结构紧凑、重量轻、反力小、耐用可靠、操作简便等特点。

2009年，上消所承担完成"高聚化合物吸热降温技术在降低消防员生理热应激上的应用研究"。研制的高聚化合物吸热式消防员降温背心蓄冷量大、使用时间长、穿着轻便舒适，可满足消防员在高温环境下灭火救援行动中使用。同年，上消所研制出"消防应急激光导向器"。体积小，敷设灵活、方便,可在船舱、地下空间、隧道等灾害事故现场进行快速设置,为消防部队火场抢险救援和遇险被困人员提供疏散逃生指示。同年,上消所研制出"消防排烟机器人"。采用履带式专用底盘为平台,装备大风量专用排烟机,采用有线、无线遥控技术,整机动力性能和机动性好,适合火场进行排烟或冷却作业。同年,上消所承担完成"压缩空气A类泡沫灭火系统模块化研究"。研制压缩空气A类泡沫灭火系统模块,开发泡沫比例混合系统的关键装备——齿轮式泡沫泵及流量控制装置,解决驱动泡沫泵用大功率低电压直流电机及驱动器的技术关键,开发主控制系统,实现水系统、泡沫系统和压缩空气的有机整合,满足消防实战需求。2010年,上消所完成"新型消防员隔热防护服",具有抗辐射热渗透、耐高温、整体热防护性能好、强度高。同年,上消所承担完成"消防员无线定位呼救系统研究"。研发的消防员搜救器通过两根垂直天线的信号磁场强度差异判断与遇险消防员的相对方向,利用天线间的终端电压差异判断与遇险消防员的相对距离,其搜救范围达50米,缩短搜救时间。

三、消防信息

2003年,上消所等承担完成"火灾报警设备网络监控系统"。建立火灾远程监控和数据采集系统,在制定有关火警信息、设备状态和系统运行等方面数据转换协议的基础上,研制开发火灾报警设备网络监控系统,通过公共电话网实现对城市火灾自动报警的集中自动化监控。2004年,上消所研制成"消防侦察机器人信息集成及处理技术"。运用现代信息采集、处理和传输方面的先进技术,完成消防侦察机器人信息集成及处理技术的研究工作。

2006年,上海市公安局研制成"车辆调度管理系统",将消防车辆日常管理、火场情况车辆实时定位显示跟踪、车辆信息、火场信息、指挥调度辅助决策与GPS系统融为一体,形成消防车辆管理的实时调度,实现消防车辆在火警处置及应急抢险过程中的位置信息和各种处警状态的实时监控。同年,上消所承担完成"上海市区域火灾风险评估方法与技术研究"。提出建立区域火灾风险准则的基本原则及方法,确立上海市区域火灾个体风险准则和区域火灾社会风险准则。建立区域居民火灾、人员/财产密集建筑火灾风险评估方法。

2009年,消防局承担完成"上海市消防信息化建设规划技术研究"。项目研究确定2009—2012年上海消防信息化建设的主要目标,2009年优先建设消防基础网络设施,建立世博消防安保指挥信息系统;2010—2011年进行硬件基础设施和安全系统建设,实现硬件资源保障模式;2012年进一步完善全网通讯融合平台和系统统一运维平台。同年,消防局等承担完成"基于测控技术的世博场馆消防救援人员定位技术研究"。开发出一套基于三维实景技术的世博场馆建筑实景人员定位平台软件,建立消防预案管理平台、灾害现场的消防救援人员定位指挥系统和指挥平台,实现在突发复杂环境中消防救援人员的快速定位。

第四节　社会公共安全

一、交通安全监管

2000年,上海市公安局交警总队(交警总队)和上海宝康电子控制工程有限公司共同开发成功"道路运行车辆违章监测记录系统",用于交通管理部门对机动车违章闯红灯、超速行为的自动监测取证。2002年,交警总队与国家司法部司法鉴定中心承担完成"人体内血醇清除率",建立抽血时与肇事时血中酒精浓度的时间推算关系,建立中国人自己的血醇清除率试验库。2005年,上海市公安局承担完成"金盾工程"实时图像监控系统分项目。该项目在出入上海市境道口、边防卡口建设图像监控点,用于公安追逃和为快速查堵各种违法犯罪车辆、船只提供现场实时图像。同年,同济大学人机与环境工程研究所等完成"城市道路交通安全动态控制智能决策系统"。创建新的道路交通安全动态控制综合集成研究方法,通过对道路交通安全宏观和微观规律的研究,建立道路交通安全动态控制研究的理论框架,提出影响道路交通安全状态变化的"中介变量"新概念,建立描述道路交通安全动态控制过程的多重反馈控制模型理论和道路交通事故发生机理的事故致因模型。

2006年,交警总队完成"人体唾液中酒精含量与血液中酒精含量相关性研究"。实现无创伤性检测和唾液检材代替血液检材的目标,提高酒精检测的效率并降低执法成本,并为采用唾液检测酒精作为法庭证据奠定科学基础。同年,上海市公安局刑事科学技术研究所(刑科所)研制完成"唾液中乙醇含量现场快速检测试剂的研究"。设计5种定量颜色,可以作为乙醇半定量显色测试;制成唾液中乙醇含量现场快速检测试剂条,一个人份的乙醇成分检测在2分钟内完成。2007年,交警总队研制成"上海公安道口机动车、驾驶人查控系统"。系统通过在道口前端布置的环形线圈检测器和高清晰摄像机联动,自动捕获并记录驶过道口的机动车的图像信息,同时对号牌进行定位,实现号牌动态识别。

2008年,上海市公安局科技处承担完成"长三角地区道口公安查控技术的应用研究",在信息查询比对的动态配置和负载均衡技术、人像自动识别的神经网络识别算法技术、无线移动图像传输的COFDM调制技术、图像还原的时域空间和频域空间的代数及几何运算技术等多项关键技术中取得突破。同年,同济大学承担完成"面向世博的紧急交通事件动态处理关键技术研究",研发面向世博的紧急交通事件动态处理决策支持系统。交警总队、上海交通大学等承担完成"数字技术运用于交通事故现场取证及事故再现的研究",将数字化技术运用于交通事故现场取证和事故再现,实现对事故场景进行二次检验和三维测量。2010年,上海市公安局建设完成"交通指挥调度、事故应急处理信息系统",提供"一站式"信息服务窗口,掌握全市交通管理方面的静态、动态、文字、图形、图像等各类实时和非实时信息,查询各类交通信息和业务统计报表,办理各种交警业务,快速发现和处置交通突发事件。

二、社会安全保障与应急处置

2001年,上海市公安局承担完成"实时图像监控系统",为APEC会议、上海合作组织会议提供安全保障。"实时图像监控系统"对数十个重点场所的图像监控系统进行联网,实现图像信息和资源的共享,为决策和指挥调度提供辅助手段。2003年5月,非典肆虐期间,万达信息股份有限公司突击开发"上海入境人员管理及防非辅助指挥系统",部署至各大交通口岸的数百个输入终端。该系统包含入境人员健康信息登记、人员信息汇总与分发、人员信息综合分析及区县联动等功能。2004年,上海市应急联动中心正式启用,由接处警信息处理系统、计算机辅助决策指挥系统、有线和无线通信调度系统、实时图像监控系统、电子记录存储系统、大屏幕显示系统、视频音响保障系统和信息网络传输系统8个子系统组成,可统一接处110、119、交通及其他紧急事件报警。同年,上海交通大学研制出代号为Super-D1的新型反恐机器人。可以在手臂上安装爆炸物销毁器,实现远距离控制销毁爆炸物;也可以带有简易机械手的挂车式防爆筒,在远距离控制下取、放爆炸物;还可以在其前摆上安装一只铲斗，铲起 30 千克重的物品，以更安全的方式运送爆炸物。

2005 年，上海银晨智能识别科技有限公司等参与的"人脸识别理论、技术、系统及其应用"（合作项目），获得国家科学技术进步二等奖。该项目在预处理、人脸检测、人脸识别与确认等方面，提出新算法和改进算法；开发会议代表身份认证、识别系统，银行智能视频监控系统，嫌疑人面像比对系统，面像识别考勤、门禁系统，出入口黑名单监控等系统。2006 年，上海交通大学和上海超级计算中心共同承担完成"上海市安全事故防范的数字化公共平台及其应用"。提出基于三维多刚体模型的事故抛落点位置优化的交通事故重构方法，减少事故分析的误差和不确定性；提出适用于隧道火灾模拟的曲面边界建模方法，提高隧道火灾模拟的建模效率和计算精度。同年，上海市公安局组织开展"市图像监控系统建设"。完成重要场所、道路、水域和出入市境道口的监控点及其图像存储设备建设，建立无线图像传输系统，实行"统一平台，专业共享"的运行模式。

2007 年，仁济医院承担完成"突发性重大灾难现场应急救治设施研究"。包括应急快速室外洁净帐篷系统、应急安全隔离仓、安全转运担架、LED 手术照明系统和应急水源供应系统。2008 年，上海公安高等专科学校承担完成"上海城市危情控制战略与应急联动指挥体系研究"。首次提出并界定城市危情的概念，对城市危情的预警、评估和监控指标进行分析和总结；完成重大危难事件、群体性事件、城市轨道交通案（事）件、城市爆炸案（事）件、城市人质事件等 5 个专题的组织架构和处置流程的研究工作；对上海城市危情从时、空、人、事、物等 5 个角度展开科学分类、辨识，并对其可能的影响力和破坏力作评估分析；完善应急联动指挥工作的各项制度和操作流程，将危情控制的阶段提前定位于危险可能发生的前兆期，以便实施预警、控制和隔离等措施。同年，上海防灾救灾研究所和上海世博会事务协调局承担完成"上海世博园区安保指挥调度系统方案研究"。提出世博园区安保指挥调度系统框架、世博园区突发事件处置系统以及构建上海世博园区安保指挥调度系统建议。

三、刑事检测

2001 年，上海市公安局刑侦总队（刑侦总队）完成"刑事案件信息特征分析对比系统"。利用计算机自动检索、分析比对、逐层筛选，提高对同类型案件串并的准确率，从多角度刻画出犯罪分子的特征和活动轨迹，为侦察破案提供支持。2002 年，刑科所完成"胶体金标记杜冷丁单抗免疫检测板研究"。建立抗杜冷丁单克隆抗体的杂交瘤细胞株和胶体金标记杜冷丁单抗免疫检测板，适合现场对大量样品进行初筛，对提高侦查破案和打击吸食毒品等有重要作用，属国内外首创。2003 年，刑侦总队承担完成"法庭科学 DNA 数据库"。集成 DNA 分析、计算机自动识别和网络传输等技术，可以为侦查破案提供线索，为确认罪犯提供直接依据，为辨认失踪人员提供帮助。同年，刑侦总队承担完成"毒品及易制毒化学品的系统分析研究"。开发"毒品信息管理系统"，收集 270 余种毒品及易制毒化学品的基本信息和理化特性，建立 9 种尿中毒品的柱切换 HPLC 分析方法和 19 种尿中毒品的 LC/MS/MS 分析方法。

2005 年，刑科所承担完成"毒品快速检测技术——胶体金标记苯丙胺单克隆抗体免疫快速检测板"。在国内首次成功采用小分子半抗原物质脾脏直接免疫技术，建立规范的完全抗原的合成和制备方法，制得具有分泌抗苯丙胺单克隆抗体的杂交瘤细胞株；建立规范的胶体金制备和标记包被方法，研发出胶体金标记单克隆抗体免疫快速检测板。同年，刑科所承担完成"汗液潜在指印的DNA 分型在法医学应用上的研究"。通过研究指印中 DNA 提取方法、指印中 DNA 基因型检测成功率的影响因素等,探索出汗液潜在指印的荧光STR复合扩增检测的方法。2006年,刑科所承担完成"新毒品氯胺酮金标单克隆抗体免疫快速检测法"。解决现场查获的大量可疑物品和大量嫌疑人尿样、水样、血样中是否含有氯胺酮成分快速检测的国际研究难题,研发出胶体金标记氯胺酮单抗快速检测板。同年,刑科所承担完成"毛细管电泳在毒物与毒品检测中的应用"。建立固相萃取小柱处理体内样品的方法、体内毒品的区带毛细管电泳分析方法、胶束电动毛细管电泳分析方法、激光诱导荧光检测体内苯丙胺类药物的区带毛细管电泳分析方法等。

2007年,刑科所完成"刑侦快速检验技术——胶体金标记大麻单克隆抗体免疫快速检测板的研究",创立规范的胶体金标记制备和抗大麻单抗包被方法,制成胶体金标记大麻单克隆抗体免疫快速检测板。同年,上海市公安局消防总队和刑科所承担完成"氯酸钾炸药的理化性能分析与爆炸破坏效应研究"。研究7种典型氯酸钾炸药的配制技术,获得氯酸钾炸药与常用炸药在猛度值和做功能力等对比数据、氯酸钾炸药爆炸残留物的基本分布规律,掌握氯酸钾炸药的分析鉴定方法。同年,刑科所承担完成"便携式炸药(毒品)探测仪"。可以检测出TNT、RDX等炸药,海洛因、冰毒等毒品。同年,刑科所承担完成"极微量DNA分析的研究"。通过激光显微捕获技术收集有限、单一和去除污染的细胞,利用全基因组扩增技术处理极微量DNA,利用MiniSTR技术进行DNA分析。

2008年,上海市公安局刑事科学技术研究管理中心完成"多功能潜在印痕显现、提取系统"。用于多种特种照相实验,对2 000多种光谱进行快速任意组合,并能即时自动显示出42幅不同光谱下的效果图像进行高速检验,提高现场潜在印痕的提取率。2009年,刑侦总队完成"高通量毒品、毒物快速检测系统——生物芯片的研究"。建立吗啡、苯丙胺、甲基苯丙胺等13类毒品、毒物完全抗原和单克隆抗体杂交瘤细胞株,制备出生物芯片,可一次检测大量样品中毒品、毒物的成分含量。同年,刑侦总队开展的"投毒案件中食品和人体内毒物的系统分析研究",建立242种药(毒)物的液相色谱—质谱分析数据库、筛选定性指标,建立毒品、有毒生物碱的分析方法、农药的分析方法。

2010年,刑侦总队完成"重特大案事件中疑难检材DNA检验的研究",建立针对大面积载体上生物物质DNA提取方法和法医微量物证DNASTR检验优化方案,解决隐性浸润性微量检材检验难题。在国内率先建立双色荧光原位杂交和激光捕获显微切割相结合分离混合细胞的方法,解决男性与女性体细胞混合检材的个体识别难题。同年,上消所承担完成"傅立叶变换红外光谱法在汽油燃烧残留物分析中的应用研究"。发现汽油的红外吸收谱带的主要指纹峰特征及其变化特点,确定汽油分析的谱段,有助于判定火灾原因、打击放火犯罪。

四、治安管理信息

2000年,完成开发相关人口信息系统基本、外来流动人口信息管理系统;"上海公安分、县局综合信息系统"全面推广并投入运行;研发的"上海公安派出所综合信息管理系统",关联治安、案件场所、安全防范、110接处警、法律法规等,形成公安综合数据平台。2001年9月,"上海公安"网站正式开通,及时发布各类公安信息等。同年,上海公安实施建设上海公安综合数据库,对主要业务信息系统的数据进行整合。

2002年,上海市公安局"违法犯罪人员信息系统"开发完成。通过分布式操作、数据集中管理的模式对违法犯罪人员信息进行管理,通过信息共享为日常办案、社会治安控制等提供信息支持。同年,上海市公安局科技处研制成"公安特种车辆实时定位系统"。对车辆的指挥调度系统提供详细、实时的警力分配及部署情况,覆盖整个上海地区。同年,上海市公安局"案(事)件信息管理系统

（一期）"全面推广使用。建立统一的刑事、治安案（事）件的管理流程，实现全市案（事）件信息的统一存储、管理和信息资源共享。同年，上海市公安局刑事现场勘查信息系统投入使用。实现勘查信息录入、查询、串并和自动统计等功能，并通过浏览器实现信息的查询功能。同年，上海市公安局"计算机辅助决策系统（一期）"投入使用。用于网上公文流转和处理，辅助领导指挥决策和警力调度，辅助对治安形势的宏观分析和刑事案件的发案规律分析，网上收集、筛选、处理各类动态信息。

2003年，上海市公安局开发完成"上海公安信息比对系统"。实现中国公民出入境信息、驾驶员信息、看守所在押人员信息与CCIC在逃人员信息的比对，以及机动车信息与被盗抢机动车辆信息的比对。同年，刑侦总队承担的"江、浙、沪刑侦协作网系统"，实现江苏、浙江、上海公安刑侦部门通缉、协查、通报等信息电子化的计算机信息管理系统。系统具备信息资料流转、审批、存储、查询和比对等功能。2004年，上海市公安局完成"上海公安800兆无线移动数据系统关键技术研究"，实现数据库查询、短消息传输、文件传输等数据传输功能和系统管理功能。

2005年，上海市公安局科技处承担完成"800兆数字集群移动基站无线链路研究"。运用数据压缩技术构建无线传输数据链路，研制专用的协议转换设备，实现基站与中心系统的数据交换。同年，上海市公安局承担的公安部"金盾工程"一期建设任务基本完成。包括人口信息管理、经济犯罪案件信息管理、重大刑事案件信息系统、边防前台查验信息系统等23个一类应用系统，七大基础信息资源库。2006年，上海公安"金盾工程"——"指纹自动识别系统（二期）"建成。新建的十指纹库实现将三面指纹、平面指纹和掌纹图像同时入库、比对，实现对指纹库中的重卡指纹进行自动重卡归档管理的功能，在全国同行中都是首次实现。

2009年，上海市公安局科技处承担完成"公安综合信息分析处理研究"。利用关联分析与粗糙集的算法对样本数据进行清洗、转换，对各种信息进行量化、深化分析、处理、反馈积累，建立起公安分析主题与分析模型并对这些数据进行挖掘。2010年，上海市公安局承担完成"上海公安警用地理信息应用平台"。包括地形图展示、航空影像展示、三维场景展示、模拟飞行，并实现二维和三维的平滑切换；包含警用基础地理信息、警用公共地理信息、警用专业地理信息共计386个图层；开发全球定位系统（GPS）、图像监控应用。同年，上海市公安局建设完成"上海公安350M数字集群系统"。系统具备GPS单兵定位业务、短数据业务、分组数据业务、外部用户数据网络互联、用户鉴权等高级功能。同年，上海市公安局建设完成"上海公安移动警务系统"。定制开发移动终端应用系统和应用服务管理平台，为广大基层民警通过移动终端查询警务信息、采集基础数据、处置交通违章等提供方便。

第五章 环境科技

第一节 水处理与水环境保护

一、污水处理

2000年,同济大学研制生态混凝土废水处理技术,依靠在生态混凝土上发生的化学、物理、物理化学及逐渐形成的生物膜的生物化学作用,清除和降解污染物质,达到净水的目的。2001年,中国船舶科学研究中心上海分部开展西部地区唐家沱污水处理厂进水泵房水力模型试验研究。建造唐家沱泵房水力模型,完成大量模型试验,检测和研究各种水泵组合运行工况的运行参数,提出设计和运行方案。同年,同济大学承担微生物—蚯蚓生态滤池处理城镇污水的中国—法国科技研究计划项目。该技术利用在滤床中建立的人工生态系统,对城镇污水的污染物质,通过蚯蚓和其他微生物的协同作用,进行处理和转化。同年,同济大学的生态混凝土污水处理技术通过上海市建委组织的技术鉴定。研制出集沉淀、过滤、曝气合一的预处理装置,设计出一种推流式生物滤池,同年,东华大学奚旦立等承担的高效亚滤技术及设备通过由市科委组织的专家组鉴定,获2003年上海市科技进步二等奖。该研究是市科委重大项目,它采用陶瓷膜和轻质陶粒等多项技术相结合,达到分离污染物、净化水质、净化气体、回收资源的目的。成果属国内首创。

2002年,同济大学承担的催化还原内电解工艺通过市科委组织的鉴定,提出全新污水处理方法,开发出"催化还原内电解工艺"。同年,同济大学承担的物理场水处理技术通过验收。探明物理场杀菌灭藻机理主要是装置中产生的活性物质综合作用;掌握水垢形成过程中液相析晶过程及液固界面上沉积过程的一些规律;揭示电极的电化学性能参数与有机物氧化电流效率的关系;证实超声增加自由基产额及与其他化学成分的作用概率;探明在一定温度、过饱和度等参量范围内磁具有阻垢作用。同年,上海市水务局组织实施的"上海市城市污水处理厂尾水回用处理工艺及实施方案研究"项目通过市科委的鉴定。提出城市污水处理厂污水回用工艺技术和实施方案,进行上海市城市污水处理厂尾水回用试点。同年,上海市水务局实施的"上海市城市污水厂污泥稳定化、资源化研究——好氧发酵技术"项目通过市科委鉴定。开发出城市污水处理厂污泥好氧固态发酵关键技术和设备,建造污泥好氧发酵堆肥试点工程。同年,上海市水务局实施的"城市排水泵站及水质净化厂臭气现状调查与对策研究"通过市科委鉴定。在国内首次对污水收集、输送和处理全过程的恶臭污染的成因、规律和特征进行调研,对国内外恶臭污染处理处置技术进行综合评估,提出上海市城市排水恶臭污染防治的综合对策。

2003年,同济大学承担的"有毒有害有机废水高新生物处理技术"(合作项目)获国家科技进步二等奖。利用高新生物技术选育高效菌种,并结合先进的反应器,研究并开发出几套适合于难降解有机工业废水的高新生物处理技术及设备。同年,同济大学承担的难降解工业废水预处理的新方法——"高级催化还原技术",列入国家高技术研究发展计划。"难降解工业废水预处理新工艺——催化还原内电解法的研究"通过市科委鉴定,解决废水处理中的许多难题。同年,由上海水环境建设有限公司和同济大学合作进行的"现有城市污水厂脱氮除磷应用技术"通过市科委组织的鉴定。

项目研究"沸石强化"和"投加填料的活性污泥"两种脱氮除磷工艺,表明两种工艺均可在各种类型的城市污水处理中进行推广应用。2004年,中国船舶科学研究中心上海分部承担的"上海市污水治理二期工程系统水力后评估试验研究项目"完成。项目对工程全线中的泵站、预处理厂、排放口等重要设施进行测试和分析研究,建立的测试系统满足大型水利工程系统现场试验研究的要求。同年,同济大学承担的"小型污水处理工艺设施研究及其示范工程建设"取得进展。研发污水处理技术、污染物净化原理、多项技术的优化组合,建立城市水环境改善综合技术体系。同年4月,中科院上海应用物理研究所承担的"新型膜生物反应器"通过市科委鉴定。项目采用浸没式平片滤膜元件进行 MBR 中试运行,处理市政污水的出水水质符合国家回用水标准;研发的改性 PVDF 滤膜处理洗涤废水及市政污水的临界过滤通量达到国际同类产品指标。同年,上海理工大学承担的"小区生活污水处理及中水系统关键技术与示范"通过验收。研制间歇/循环活性污泥技术、高层次全自动控制运行和监测水质系统、消除二次污染的设备系统等。

2005年1月,华东理工大学和复旦大学共同承担的废水中"三致"物质和难降解有机污染物的深度净化技术通过市科委验收。选择城市污水和焦化废水两类典型生化处理出水,对废水中的"三致"物质和难降解的有机污染物的深度净化技术研究取得成效。同年7月,上海市城市排水有限公司等单位承担的"白龙港污水处理厂一级强化污泥处理工艺研究"通过验收。项目在白龙港污水处理厂进行厌氧消化中型试验,为大型污水处理厂一级强化污泥厌氧消化工程设计提供参照依据。2006年,上海大学承接的"难降解腈纶废水治理技术的开发和应用"项目,研究和开发出几种腈纶废水预处理工艺。同年,上海电力学院发明的环境友好型铜和铜合金水处理缓烛剂,缓烛效率显著提高,具有毒性低、可被微生物降解的特点。同年,由上海市昂为环境生态工程有限公司和上海交通大学共同承担的生态型污水联合处理系统的研究开发与应用示范项目通过验收。课题研究生态化、低能耗、运营简便、处理效果良好的污水处理技术及其组合工艺;提出小城镇污水分散处理技术和水环境生态修复与生态保持模式。同年1月,同济大学主持的城市污水处理与资源化示范的"863"子课题通过科技部验收。提出碳调控为核心的脱氮除磷新方法,建立以城市水环境需求为目标的物化/生化/生态处理相互协调的城市污水处理技术系统和调控模式。

2007年,华东理工大学汪华林等承担的"石油焦化冷焦污水封闭分离成套技术与应用"获得国家科技进步二等奖。项目组开发全密闭的低能耗旋流脱焦技术、高精度亚微米油滴多场协同旋流脱油技术、快速旋流油脱水(脱盐、脱碱)技术、废水和废气耦合处理技术,发明全循环的多级降温冷凝—梯级污染物分离—快速纯化再生集成的冷焦污水封闭分离利用工艺,设计开发流场结构可控的微小型旋流芯管及大型旋流器。以多组分多相流体多场耦合快速微小旋流分离系列技术为核心的冷焦污水封闭循环成套工艺技术为国内外首创。2008年,同济大学赵建夫等承担的"耦合式城市污水处理新技术及应用"获国家技术发明二等奖。发明基于射流曝气器的新型 AmOn 一体化生物反应器、独特分体式射流曝气器曝气技术;发明基于加药和曝气自动控制系统的化学—生物絮凝—悬浮填料床污水处理工艺。同年,东华大学奚旦立等承担的"印染废水大通量膜处理及回用技术与产业化"获国家科技进步二等奖。该项目申请国家发明专利14项,其中获授权10项;出版专著《清洁生产与循环经济》;部分成果被中华人民共和国环境保护标准《纺织染整工业水污染物排放标准》等采纳;研究技术在江苏、浙江、广东、福建等地区的21家企业应用。同年,同济大学承担的"难降解有机物微电解处理技术研究"项目,解决传统铁碳微电解法仅适用于酸性废水的局限性,为微电解法在碱性废水处理中的应用奠定基础。

2009年,同济大学李凤亭等承担的"功能化系列水处理剂研制与产业化生产及应用"获上海市技术发明一等奖。项目突破水处理化学制剂的性能和无二次污染的新型生物可降解水处理制剂核心技术,发明系列混凝剂和水处理缓蚀阻垢剂,形成新型水处理药剂体系。同年,同济大学承担的"平板膜—生物反应器关键技术与产业化应用研究"(合作项目)获得国家科技进步奖二等奖、2010年中国膜工业协会科学技术奖二等奖、2010年上海国际工业博览会铜奖等奖励。项目组获得高通量稳定运行的新型膜配方,提出主动诱导型控制技术,在平板膜组件研制及质量控制技术、以平板膜—生物反应器为核心的组合处理工艺优化设计及配置、新型膜污染控制措施开发等方面取得关键技术突破。同年9月,上海交通大学承担的"废水生态化处理技术研究开发与应用"通过市科委验收。项目研究蚯蚓生物滤池、新型组合式复合生物滤池、新型外曝气生物滤池、UBF厌氧反应器及高通量潜流湿地处理污水的性能;建立新型组合式复合生物滤池——高通量潜流湿地的示范工程。

2010年,同济大学马鲁铭等承担的"催化还原技术强化废水生物处理工艺开发"获上海市技术发明一等奖。揭示毒害有机物分子结构共性规律,发明催化还原技术及成套处理工艺,发明催化还原内电解系列方法,发明催化铁催化还原方法强化难降解工业废水生物耦合处理工艺,发明耦合生物脱氮除磷工艺,解决生物法的两大局限。同年,国家科技重大专项"水体污染控制与治理"取得突破性进展。其中,"微污染江河原水高效净化关键技术与示范"项目初步建立利用黄浦江原水中的锰离子提高臭氧化效能的技术体系,建成60万吨/天的临江水厂臭氧生物活性炭与紫外组合消毒技术示范工程。"高截污率城市雨污水管网建设、改造和运行调控关键技术研究与工程示范"项目研发出排水管道多功能检测机器人,建立示范区域雨水管网运行监控系统;"饮用水区域安全输配技术与示范"项目建成市中心城区管网GIS系统,形成城乡联调联控的供水系统优化调度支持系统;"城市供水系统风险评估与安全管理研究"项目在城市供水系统风险源调查与识别、风险评估方法与数据库建立等关键技术取得突破;"城市排水管网系统优化模式和管理技术研究"项目制订南方多雨水城市的初期雨水治理标准,开发城市污水集中与分散处理综合效能评价系统,廓清典型行业废水的水质、水量波动的叠加效应对生活污水厂的冲击负荷。

二、给水处理

2001年,上海市水务局承担的"自来水深度处理工艺研究与应用"通过鉴定。结果表明,黄浦江上游原水经"预臭氧、常规处理、臭氧活性炭"处理,与常规处理相比,水质明显提高,耗氧量、氨氮、色度、锰及毒理学等主要水质指标基本达到发达国家水质标准。2002年,同济大学高廷耀等承担的"大型源水生物处理工程工艺研究及应用"获上海市科技进步一等奖和2004年国家科技进步二等奖。项目将生物接触氧化工艺应用于微污染源水的预处理,研制成功新型环状曝气网格,开发出填料方阵间隔整流技术和新型导流装置,创造出苔藓虫和椎实螺工程控制方法;开发出新型悬浮填料和悬浮填料源水生物处理工艺,研究出多段式悬浮填料生物转化耦合快速混凝新技术,探明最佳生物相沿程分布规律。

2003年,上海市水务局陈美发等承担的"长江口北支咸潮倒灌控制工程及南支水源地建设"专题研究,获2005年上海市科技进步一等奖。掌握长江口咸潮入侵的规律和长江口水源地受咸潮入侵影响的程度,以及对自然和生态环境的影响,发现长江口和杭州湾间的水沙交换规律,揭示长江口咸潮入侵的规律,为开发建设大型河口水源地提供技术支撑并积累经验。同年,上海市自来水市北有限公司承担国家"863"计划项目"太湖流域安全饮用水保障技术"的研究,提出水厂内净水技术集成体系和安全饮用水保障技术集成体系。2005年,上海大学承担的"应用FTC"(流过式电容器、Flow-through capacitor)脱盐技术的苦咸水、海水淡化技术示范工程建成。提出适合FTC电极制作的纳米碳管最佳性能指标要求及其前处理工艺,确定电极制备工艺、最佳组合方式;形成FTC脱盐的最佳工艺及装置再生的工艺条件;将微滤、超滤和纳滤等集成膜海水预处理技术与FTC脱盐技术结合,形成一条淡化海水的新途径。同年12月,上海市自来水市北有限公司承担的"黄浦江原水生物预处理后续净水工艺研究"通过验收。对黄浦江原水生物预处理后续净水提出建议工艺,为黄浦江为水源的自来水厂的深度处理工艺的设计,提供可靠的技术参数。

2008年,宝钢"梯级利用与系统节水技术的开发应用"项目,在长江取水方面深化"避咸蓄淡"技术的基础上,开发并应用"避污取清"技术,解决海水倒灌时的Cl离子问题,攻克上游排污时影响取水水质的技术难题,开发应用废水再资源化的梯级节水技术、系统极限压力供水技术和电化学保护技术,开发适合复杂工艺和工况的水质稳定技术,解决宝钢水库控藻技术难题。同年1月,上海市水务规划设计研究院等单位承担完成的"黄浦江上游水源地安全保障模式研究"项目通过上海市城乡建设交通委组织的验收。项目首次联合采用太湖流域河网水量水质模型和黄浦江原水工程系统水力模型进行综合分析与研究,提出黄浦江上游水源安全保障模式及其对策措施。2009年,上海市城市建设投资开发总公司承担的"世博园区直接饮用水与排水安全保障集成技术",通过提升饮用水源地的建设和保护,强化自来水厂深度处理和饮用水输配技术水平,形成颗粒活性炭柱吸附、超滤膜过滤分离及紫外线消毒的集成净水技术与设备,建立起世博园区优质安全供水保障系统。同年,上海市水务局负责承担的"长江口水源地咸潮控制和保障体系研究"项目,建立长江口咸潮入侵数据库,开展潮汐动力、枯季风场和长江径流量等影响因子的敏感性分析,提出保障上海市长江口水源地供水安全的压制咸潮所需临界流量是个流量过程,并提出枯季压咸所需的长江大通流量量值范围。

三、水环境保护

2000年,同济大学承担的"苏州河水系水环境改善措施研究"分析水环境中污染物迁移转化规律、底泥的释放和耗氧状态下的氧平衡方程,获得相应的水质、底质参数可靠数值。研究成果应用于苏州河综合整治和上海市水环境河道综合整治。2001年,上海市环境保护局(环保局)徐祖信等承担的"上海市水环境污染源调查研究"获得上海市科技进步一等奖。首次采用国际上最新的GIS(Geographic Information Systems,地理信息系统)组件技术进行应用系统的集成,自主开发上海市水环境污染地理信息系统,首次采用基于地图全要素的污染源定位技术,对全市6万个污染点源在大比例尺的电子地图进行准确定位,建立一套上海市1:10 000全要素GIS空间数据库,实现全要素数字地图的无缝拼接,对地面主要河流、建筑物等实行矢量化处理。同年,环保局研究编制《上海市水环境治理与保护规划暨"十五"计划》。项目运用系统工程的理论和方法开展水污染控制系统规划,建立全市河网水动力模型、水质数学模型和河网水环境容量数学模型,指导上海市水环境综合整治工作。同年,上海市水务局组织完成的水资源普查通过鉴定。该报告是国内第一份水资源普查的综合分析报告,调查和分析上海市境内的所有地表水体和地下水体,以及所有向地表水体排放的污染源,对水资源和水环境影响的水工程设施,改变水资源调查重数量分析的模式,建立水资源数量、质量以及影响因子与涉水工程相统一的水资源普查和评价新框架。

2002年9月,上海市苏州河环境综合整治领导小组办公室牵头的"苏州河水系水环境改善措施研究"课题通过鉴定。建立与 GIS 整合的苏州河水系和上海市河网水环境数学模型,研究苏州河水质模型主要过程系数。2003 年,同济大学徐祖信等承担的"苏州河水环境治理关键技术研究与应用"荣获国家科技进步二等奖。开发一系列污染治理关键技术,包括苏州河水环境治理决策支持系统、截污治污技术、河道水质修复技术和污染底泥资源化实用技术等。同年 3 月,上海市环境科学研究院(环科院)承担的"上海城市水环境质量改善技术与综合示范研究"全面启动,2005 年底结束。建立以污水处理、河水就地净化和水生态系统改善技术为核心的中心城区河道、郊区水环境和景观水域水质改善技术体系,建立适合于各类污水处理工艺研究试验的中试基地,建成崇明森林旅游园区人工湿地污水处理示范工程,建立应用土壤生物工程方法的生态河道现场试验基地,建成苏州河梦清园景观水体生物净化系统示范工程。

2005 年,上海市农业科学院承担的"郊区污染河道的水环境治理技术研究与示范达"通过验收。研发 9 套自主创新生态浮床治理污染河道的技术方案与纳污减污栅技术,提出可根据水体污染程度及目标进行定量设计的技术实施方案。同年 3 月,上海市水务规划院等承担的苏州河环境综合整治二期水务工程环境效益研究通过验收。建立苏州河水质水量模型和水环境承载能力模型,研究苏州河水质改善效果、纳污能力和水质稳定达标条件。2006 年,同济大学等单位承担的"黄浦江、苏州河受污染水体生态修复关键技术研究"通过验收。项目在水生生态系统状况、动态变化与复育技术、污染水体生态修复及评价指标体系技术与规范、土壤生物工程在坡岸侵蚀控制和生态修复中的工程性研究、生态浮床技术修复水生态系统的作用及其工程模式、高效人工湿地修复受污染河水技术等方面取得多项重要研究成果和技术创新。同年,环科院等承担的"黄浦江突发性水污染事故预警预报与河网水环境决策支持系统研究"通过验收。提出基于"特征时间指数法"的风险应急评估方法,开发黄浦江二维水动力和溢油模型,建立黄浦江二维化学品迁移扩散模型,编制黄浦江溢油应急速查手册,分析黄浦江事故易发地段化学品泄漏事故的可能影响,建立突发性水污染事故模拟系统。同年 6 月,上海市水务规划设计研究院、同济大学等承担的"重点地区城市雨水调蓄设施应用研究"通过验收。通过计算机模型,对采用调蓄池提高现有雨水系统排水标准、新建雨水系统采用调蓄池的技术经济效益,以及新建雨水系统设置初期雨水调蓄池的控制污染的效率进行考察和评估,得出具有普遍性的可靠结论。

2007 年,"上海市水污染控制与水环境综合整治技术研究和示范"及"上海市饮用水安全保障技术集成与示范"列入国家"水专项"。饮用水部分:构建特大型城市饮用水安全保障技术和管理示范体系,建立饮用水安全保障监管体系,建立上海市饮用水安全保障关键技术集成体系;建立饮用水安全保障综合示范工程。水环境治理部分:解决上海水环境污染控制和综合治理所面临的关键问题,通过系统技术集成及水环境综合整治示范,形成水环境污染控制技术与管理体系。同年 1月,上海市城市排水公司、同济大学等单位承担的"上海城市面源污染的水量水质特性研究"通过市科委验收。掌握上海市地表径流于泵站雨天出流的事件平均浓度于主要污染物的年污染负荷,确定不同类型排水系统的初期效应,确定排水系统雨天出流水量的主要影响因素与水量构成。同年 1月 17 日,上海市水务局等单位承担的"苏州河中下游排水系统截污治污现状评估与完善关键技术研究"通过市科委验收。课题研究内容为苏州河中下游排水系统调查和梳理、排涝泵站截污治污技术调研、典型排水系统水力模型模拟、评价与优化和排水系统优化计算程序开发四个部分。同年 12月,上海市城市排水公司、上海市政工程设计研究院等单位承担的"上海市中心城雨天污染防治配套措施与规划研究"通过市科委验收。通过对雨水径流污染的控制,改善水环境和生态环境,保护饮用水源。

2008年4月，上海海洋大学承担完成的"朱家角大淀湖水环境生态治理工程"项目通过市科委验收。通过重建大淀湖湖泊生态系统、防止大淀湖水质富营养化，使大淀湖水质等级达到国家地表水水环境质量GB3838－2002标准Ⅱ-Ⅳ类，实现大淀湖生态服务功能。同年9月，上海市水利管理处、华东师范大学等单位承担的"上海城区中小河道黑臭水体水质修复与维护研究"项目通过上海市水务局验收。项目提出上海城区中小河道水质黑臭的评价指标与评价方法，提出上海城区中小河道水质修复集成技术，提出上海城区中小河道水质维护与管理的对策和建议。同年12月，上海市水务规划设计研究院等单位完成的"普陀区重点排水系统水力模型应用研究"项目通过上海市水务局验收。项目建立较为完整的管网模型，制定达标改造优化方案，提出联合调度优化运行方案。

2009年1月，环科院承担的"苏州河底泥污染评价、疏浚与综合利用研究"通过市科委验收。项目提出苏州河底泥耗氧机理以及底泥主要耗氧物质；确定苏州河底泥耗氧物质在不同深度的分布，确定苏州河底泥现状SOD及其在不同深度的变化，确定苏州河底泥重金属AVS在不同深度的分布，预测底泥疏浚后的重金属毒性变化；建立苏州河底泥通量和上覆水水质耦合的数学模型，确定苏州河底泥综合利用的最佳方案和工艺。同年4月，上海市水文总站承担的"黄浦江沿岸温排水对水环境的影响"通过市水务局验收。项目建立黄浦江温排水三维数值模型，首次系统开展黄浦江热负荷承载力研究。2010年，上海市水利管理处承担的引江济太上海市青松片调水试验研究，采用不同水闸控制组合方式对青松片进行调水试验，全面分析各引排水闸的水量交换状况以及主要河段和重要区域的水质改善程度，同时为建立流域调水与水利片调水相结合的综合调度模式进行有益尝试。

第二节　固体废弃物处理及资源化利用

一、生活废弃物处理

2000年建成的老港废弃物处置场三期扩建工程，通过技术改造，采用新设备，完善填埋和垃圾渗沥处理工艺，使老港废弃物处置场的生活垃圾消纳提高约30％。"上海市固体废物处置中心"为上海市2001年度重大工程项目。废物安全处置采用五重保护措施：钢筋混凝土地下箱式结构，高密度聚乙烯防渗膜柔性结构，轻质遮雨棚防水措施，废物预处理固化稳定化技术和渗沥水监控系统。2002年1月17日，上海建材集团开发的国内首条新一代环保型75吨/日生活垃圾焚烧处理生产线，在上海奉贤区泰日镇上海华轻热能实验厂内建成。同年12月20日，国内最大的生活垃圾焚烧厂——上海江桥生活垃圾焚烧厂一期工程点火成功。该厂垃圾焚烧主要由垃圾称重及卸料、垃圾焚烧、助燃空气、余热锅炉、出渣、烟气净化、汽轮发电机、自动控制和辅助工艺等系统构成，焚烧采用德国施泰因米勒（STEINMULER）公司的顺推往复式炉排焚烧炉。2003年，浦东新区垃圾生化处理厂建成。由20多台机械组成的大型垃圾分拣系统，是国际上最先进的分拣设备。采用生物菌种对有机垃圾的催化发酵，垃圾只需发酵15天就可以变成酒糟状有机肥，并确保恶臭异味不会泄漏和废水循环利用。

2004年，浦东新区固体废弃物管理署等单位合作建立一套城市生活垃圾焚烧灰渣物理化学表征与工程特性的分析方法和程序，利用焚烧飞灰制备微晶玻璃、生态水泥基材料等，在浦东建成新型土木环境材料生产基地，是国内第一条大型生活垃圾焚烧炉渣资源化利用生产线。2005年，中国船舶重工集团公司第七一一研究所（七一一所）承接的"上海老港垃圾填埋场热气机沼气发电"项目,将填埋气燃烧后产生的热能转换为电能提供给场区使用,余热用来加热污水,提高污水处理效率,是中国第一个利用垃圾填埋气的热电联产项目。

2008年,同济大学赵由才等承担的"可持续生活垃圾填埋处置及资源化研究与应用"获上海市科技进步一等奖。项目开发水平防渗与垂直防渗系统,研发内向水力梯度控制的原位排水固结技术,发明矿化垃圾生物反应床处理渗滤液和矿化垃圾改性污泥技术,优化筛选适合堆场生长的各种植物。同年,老港生活垃圾填埋气体发电项目正式投入运行。运行工艺和设备生产全过程采用计算机控制,是亚洲最大的生活垃圾填埋场之一。每年可节约发电用煤3 700万吨,输送电力约1.1亿度,解决约10万户居民的日常用电,约占全市绿能发电的50%。同年,同济大学承担的"生活垃圾智能分选技术的计算机仿真优化研究"开发适合国内生活垃圾分选的滚筒筛和风力分选机以及生活垃圾的破碎设备等,设计出一套参数可调节的、处理量50千克/日的生活垃圾分选系统。同年,同济大学承担的"生活垃圾厌氧型生物反应器填埋成套技术及示范"项目,阐明易腐有机物富集的生活垃圾在填埋层内厌氧代谢不平衡状态的调控机理,发展厌氧生物反应器填埋技术,发展经回灌后的渗滤液覆土层灌溉减量与净化处理方法,发展强化收集与覆盖结合的减排技术。

2010年,"超大型固废处置基地污染减排和资源利用关键技术集成与示范"项目成为上海市"科技创新行动计划"社会发展领域重大科技项目,围绕基地环境污染、资源综合利用效率不高等民生关注的焦点问题,以臭气全过程削减与生态净化、高浓度混合型渗沥液深度处理为重点,开展面向"零排放"的污染减排和共处置技术集成与示范;以多元化可再生清洁能源综合利用、填埋场土地修复及安全开发利用为核心,开展资源能源循环利用技术集成与示范;以环境质量监测监管、环境风险预控及应急响应为途径,开展预控应急与管理保障技术集成与应用。建成总装机容量100兆瓦的多元化清洁可再生能源系统,建立适应超大型固废处置基地安全运行的在线和离线相结合的环境监测、预警应急网络体系。

二、工业废弃物处理

2001年,上海电力学院承担的大型燃煤电站锅炉污染物处理通过市科委鉴定。通过对大型燃煤电站锅炉有毒重金属的迁移过程、转化规律和控制技术的研究,使煤中有毒重金属组分在锅炉燃烧过程中毒性降低,并生成稳定化合物随灰渣排出,减轻烟气中重金属污染物的危害,用添加环糊精等固体吸附剂来控制汞和铬污染物的排放为国内首创。同年,同济大学承担的工业废弃物焚烧炉技术和设备通过鉴定。开发在炉膛和炉排设计、第二燃烧室出口温度及尾气组合处理工艺,建立工业废弃物焚烧炉技术和设备。

2004年,华东理工大学承担的"上海市重点行业——生物制药行业污染物排放标准项目"通过市环保局鉴定。提出上海市生物制药行业污染物排放标准送审稿、编制说明和研究报告,填补国内空白。2005年8月,上海交通大学承担的"上海报废汽车处置关键技术与示范研究"通过市科委验收,就上海市报废汽车处置相关的政策和地方性规范提出建议,建立覆盖全市的报废汽车处置与管理网络系统和报废汽车管理信息平台。

2007年,同济大学、建科院承担的"废弃混凝土再生及高效利用关键技术"获上海市科技进步二等奖。同年,上海绿人生态经济科技有限公司承担的"废旧轮胎热解资源利用的集成技术"获上海市科技进步二等奖。2008年,华东理工大学承担的"氯碱工业废弃全氟离子膜回收及其应用技术"获上海市技术发明二等奖。同年,上海新兆塑业有限公司承担的"利用再生聚苯乙烯生产XPS

保温板的技术"获上海市科技进步二等奖。

2009年3月,上海电力学院承担的"燃煤电站锅炉多种污染物控制技术研究"项目通过市科委验收。开发多种污染物控制试验系统和催化/吸附剂评价系统及其装置;通过自主研发,所研制吸附剂对燃煤电站锅炉烟气汞的脱除效率比现有吸附剂有显著提高,并具有脱硫、脱硝的能力,在相关燃煤电站进行试验验证,具有混凝土友好特性,能够在较好经济性的情况下降低污染物排放的同时,不影响电站飞灰的综合利用。项目还对上海典型燃煤电站锅炉进行汞排放测试,为上海燃煤锅炉汞排放水平提供基础数据,为汞排放法规的制定、采取合适的汞减排措施提供参考依据,并开发在脱硫装置上实现同时脱硝、脱汞的技术。同年,上海橡胶制品研究所开发完成"废旧轮胎生产灌溉用微渗管"。利用废旧轮胎资源,经粉碎、筛选、混合、发泡、挤出成型等工艺,生产节水灌溉用微渗管。该产品在充分利用废旧轮胎资源的同时,所生产的节水灌溉用微渗管可广泛应用于城市绿化、球场绿化、农业灌溉、沙漠治理等领域,与传统喷灌方式相比,能够节约用水60%以上,同时对水质和环境不造成二次污染。

2010年,上海第二工业大学等单位开展"废弃电路板及含重金属污泥(渣)微生物法金属回收技术"的研究,建立废弃印制电路板、含重金属污泥(渣)的微生物浸出—浸出液金属提取—溶剂法回收非金属的一体化集成产业化清洁技术与装备,具有能耗低、资源利用广、污染小等诸多优点。同年3月,同济大学主持的"十一五"国家科技支撑计划项目"废旧机电产品综合利用工业园区产业链关键技术开发及集成示范"通过科技部验收。该项目主要以废旧机电产品资源高效利用和污染物减排为核心,发展废旧机电产品逆向物流技术与循环经济产业链链接技术,研究区域特征污染物集中处理技术,建立相应资源化产品技术规范与标准,形成一个具有高效资源共生网络的典型废旧机电产品循环利用生态工业园区发展模式,实现园区内废旧物资的资源利用最大化与固体废弃物排放和能源消耗最小化。

第三节 大气环境和噪声控制

2000年,环科院承担"氮氧化物(NO_x)污染分担率研究"。通过更新污染源数据库、实测典型设备和工艺过程NO_x排放系数,分析确定典型车型的NO_x排放系数,查明上海市主要NO_x污染源的排放分担率和各种污染源对区域环境空气中NO_x污染浓度的贡献,掌握污染源排放与上海空气质量之间的关系,明确NO_x总量控制的重点对象,提出电厂、中小锅炉、机动车尾气排放控制和分行业设定NO_x总量控制目标的思路。2001年,环保局组织开展"上海市大气环境保护'十五'规划研究",采用国际先进的能源模型、空气质量模型、机动车环境影响模型、污染源信息系统等技术,研究确定大气环境保护合理的目标、污染物总量控制规划措施和电厂、中小锅炉、机动车、扬尘等重点污染控制,及大气环境监测网络优化行动计划。同年4月12日,上海交通大学联合上海柴油机股份有限公司,对车用柴油机降低排放的燃烧技术进行研究。通过对D6114A柴油机燃油喷射、混合气形成和燃烧组织与优化的理论及试验研究,使发动机的燃烧与排放得到显著改善。同年12月,环保局组织开展"扬尘污染来源与控制管理研究",通过市科委鉴定。通过采用化学元素平衡法进行物源解析、元素分析和磁学分析,并用扫描电镜与能谱分析及X衍射的矿物分析加以论证,探明上海地区扬尘污染的主要来源,建立上海市扬尘发生源判别的地理信息系统,提出总体管理思路和方案。

2002年,环保局组织完成"上海市大气中微小颗粒物污染特征及控制对策研究",掌握上海市PM2.5、PM10污染状况及其时空分布情况;摸清PM2.5与PM10、TSP(总悬浮颗粒物)的关系;研究 PM 的粒径分布及 PM2.5 污染与气象条件、气态污染物污染状况的关系;对上海市 PM2.5 的化学组成进行检测和分析;提出上海市大气中微小颗粒物污染控制对策。同年,复旦大学承担的"甲基叔丁基醚和汽油无铅化后机动车排出物毒性及健康影响研究"通过鉴定。运用一系列毒理学及环境流行病学研究方法,研究汽油添加剂甲基叔丁基醚的毒性;开展含铅、无铅汽油的毒性比较,并首次开展汽油无铅化后的经济效益分析。同年 8 月,环保局组织开展"汽油无铅化后环境及人体健康效益评估研究",通过市科委鉴定。表明实施机动车汽油无铅化两年后,上海的大气铅污染大大降低,大气铅浓度平均降至历史最低水平。2003 年,同济大学与上海隧道工程轨道交通设计研究院共同承担的"大型沉管隧道废气扩散规律及其对环境的影响研究"通过专家评审。采用模型实验与数值计算的方法,对隧道内废气经隧道洞口及排放塔排出后在大气中的扩散规律以及对附近区域的大气环境造成的污染进行研究,使外环线越江隧道污染物排放得到有效控制。

2004 年,复旦大学承担的"上海市大气污染的健康危险度评价及其经济效益分析"通过鉴定。研究上海市大气污染改善趋势及相应的健康效益,分析大气污染对居民的健康危害及其经济影响;建立相应的软件计算平台、"大气污染→健康危害→经济损失"综合评价分析思路、大气污染健康危害定量评价及其货币化方法。2005 年,七一一所承担的"大型、中高压可燃气回收方法及其装置专利技术二次开发"项目通过验收。形成若干个具有独立知识产权的新技术,包括完成氢气螺杆压缩机、天然气螺杆压缩机、丙烯气螺杆压缩机的研制开发,入选"上海市重点新产品计划"项目。同年,上海理工大学、宝钢发电厂等共同承担的国家"863"项目"燃煤锅炉采用气体燃料分级的低 NOx 燃烧技术开发",研究各种因素对气体再燃降低 NOx 的影响,在 350 兆瓦机组锅炉上改造实施,对NOX 进行深度还原使之达到 160 毫克/标准立方米。同年,七一一所自主研发的"降低轨道交通结构噪声浮置板隔振系统",可显著降低地铁、轻轨、高架等轨道交通的结构振动传递,隔振效果大于40 分贝,通过 300 万次疲劳试验。

2006 年,华东理工大学卢冠忠等研制的"汽车尾气三效净化催化剂"获上海市技术发明一等奖。发明稀土基储氧材料、氧化铝基复合材料、"稀土-非贵金属-微量贵金属"的催化剂和工艺、整体式催化剂的制备方法和工艺,形成整体式催化剂的专有技术;解决催化剂制备的工程化问题。同年,复旦大学承担的"中国气溶胶的特性、来源、转化、传输及其对全球环境变化的影响",研究中国气溶胶(包括沙尘暴)及其中污染物的理化特性、来源、时空分布、组分转化机理、长距离传输及其对全球环境变化的可能影响,研究沙尘暴的成因和远距离传输过程中所发生的化学变化机制,揭示沙尘暴传输的四个阶段,论证沙尘和污染物气溶胶的相互作用及对污染物的积聚作用。同年,同济大学开展"新型高效声屏障和新型高效通风隔声窗的研究与示范",确立声屏障工程设计中选用吸声材料的基本原则,建立车体的 1∶4 轨道交通声屏障模型。声屏障采用 Y 形吸声顶端和铝纤维吸声板与铝穿孔板的新型复合吸声结构,不含传统多孔纤维材料,吸声性能好,吸声频带宽。

2007 年 10 月,复旦大学完成的"城市复合型大气污染对居民健康影响研究"项目通过上海市卫生局组织的验收。研究城市复合型大气污染对居民健康的影响,发展适合中国城市特征的大气污染急性健康效应研究的时间序列方法,在国内首次建立适合中国情况的大气污染物浓度最佳统计学模型;在国内首次系统研究 PM10、PM2.5 和 PM10-2.5 的健康效应,在国内首次探索采用大气能见度作为大气颗粒物的替代指标。2008 年,七一一所自主研制 60.5 万吨/年废气焚烧及余热回收装置。突破多项关键技术,保证废气中的有害成分得以完全燃尽,实现对高温烟气余热的回收,填补国内技术空白。同年,上海市环境监测中心等完成"上海市环境空气质量预测预报系统的建立及在高污染日预警联动中的应用"项目。在国内率先实现空气数值预报系统的自动化并行业务运行,成为国内首个建立高精度完整大气污染物排放清单的城市,建立空气质量集合预报系统框架。

2009年,上海华谊集团焦化有限公司开发出甲醇/柴油组合燃烧技术,可以使柴油机的尾气排放标准提升一个档次,能效进一步提高。同年1月19日,东华大学完成"聚四氟乙烯短纤维系列产品国产化"项目。开发用于工业炉窑高温烟气除尘使用滤料的聚四氟乙烯短纤维系列产品,烟尘减排效果显著。同年2月26日,上海理工大学等单位参加共同完成的"世博园区空气环境治理分析研究与应用"通过市科委验收。提出符合世博园区规划要求的优化方案与建议、世博规划区展览建筑室内热环境及气流组织示范工程、高价银军团菌特效杀菌剂产品、气流设备、大型环境风洞实验系统装置、建筑室内外空气污染相关性系数及其治理方法等。2010年,华东理工大学褚良银等承担的"封闭循环微细颗粒的快速分级回收技术及其应用"获上海市科技进步一等奖。发明封闭循环微细颗粒快速分级回收大型工业新装置和新工艺。揭示旋转流分离过程中能耗与效率的基本规律,提出能耗降减的原理和方法,发明微细颗粒高效低耗旋转流分离新技术,开发封闭循环微细颗粒快速分级回收新工艺,研制封闭循环微细颗粒快速分级回收的大型工业装置。

第四节　环保设备和信息

一、环保设备

2002年7月,上海船舶设备研究所研制的"YJ-D型油烟净化器",取得"上海市科学技术成果鉴定证书"。该产品运行电流小、功耗低、性能稳定,且油烟去除效率高,通过将电离区和集油区分别优化设计,利用板式刺状结构,使电晕放电性能、电场场强分布和吸附集油性能得到加强,解决传统静电型油烟净化设备电离集油去除效果不高的问题。同年,由上海市市容环境卫生管理局立项研制的水草拦截打捞装置投入使用,通过该装置在苏州河上游即对水草打捞,实现喷水造流、拦截、打捞、压缩和输送等连续的机械化作业,提高效率10余倍,并缩小体积75%,运转成本为原人工打捞作业的50%。2003年,上海环境科技装备有限公司承担的中型生活垃圾中转站集装设备通过上海市建设和管理委员会组织的科技成果鉴定。通过引进荷兰DWS技术,在分析研究垂直压缩式压实系统、垃圾容器及密封形式、卸料溜槽与驱动机构、转运车工作机构、电子监控系统等基础上,对压实系统的液压、容器的密封、容器的制作工艺、电子监控系统等进行改进,达到荷兰DWS技术标准。

2005年,中科院上海光学精密机械研究所承担的"新型城市空气污染激光监测仪",可安装在车上移动测量城市空气中的三种污染气体:臭氧、二氧化硫和二氧化氮。同年10月,上海理工大学研制的建筑环境和设备系统多功能测试装置通过专家评审。该装置集变风量空气处理、冷冻水、冷却水、供热、制冷、除湿、净化和环境等多个系统于一体,配合高性能的控制和高精度的测量手段,具有完备的数据采集和处理功能,是国内外最完整和测试控制手段最完备的实验装置之一。2007年8月20日,上海易清环保工程技术有限公司承担的"利用撞击流技术快速净化污水为中水回用设备产业化的研究"项目通过市科委验收。该项目对催化膜管、催化剂和撞击流反应区的物理结构进行研究,研制出撞击流快速净化污水为中水回用设备样机,具有清洁、可持续、环境兼容性好、投资运行费用低等特点。2008年11月,七一一所研制的60.5万吨/年乙二醇装置废气焚烧及余热回收装置通过科技成果鉴定。设计并制造燃烧器和配气系统,余热锅炉烟气进口端采用磁套管及薄管板的技术,焚烧炉系统的燃烧、保护环节引入双PLC软冗余控制。

2009年4月8日，上海市排水管理处、上海天予实业公司共同承担完成的"雨水口防臭及垃圾拦截装置研究"项目通过市水务局验收。通过对雨水口井身特点、臭气来源、散发方式的分析，开展相关材料、工艺的研究，开发雨水口拦截装置和防臭装置。同年，上海市市容环境卫生水上管理处承担完成的"苏州河航行无障碍漂浮垃圾拦截装置应用研究"项目通过市绿化和市容管理局鉴定。项目所研制完成的拦截装置对水面漂浮垃圾具有很好的拦截效果和明显的导流效应，对漂散在河面的漂浮垃圾拦截率达到97％以上，同时不影响船舶航行。2010年，上海水域环境发展有限公司与张家港飞驰机械制造有限公司共同研制的水葫芦、绿萍水面打捞装置，采用单机、双明轮、全液压的打捞输送设备，大幅提升打捞效率，为黄浦江、苏州河暴发水葫芦、绿萍季节的水域打捞保洁工作起到重要作用。

二、环保信息

2001年，环保局开发的"重点污染源在线监测监控系统"是为提高环境实时监控能力而开发的应用系统。针对污水流量、PH、COD等主要污染物、环保设施运行情况等，进行实时监测和GIS定位报警，具有排污总量审核、污染大户筛选等分析管理功能。同年，环保局开发"上海市环境保护地理信息系统"。由环境统计、污染源申报、环境规划、水环境与自然保护、大气污染防治、环境监测、固体废物等分布式网络地理信息系统组成，实现环境信息的地图显示、分析、规划和决策等功能。2002年10月，上海理工大学研制的PSTN(Public Switched Telephone Network、公共交换电话网络)排污源远程监控系统通过市教委鉴定，获2003年"上海市重点新产品"证书，并被国家环保总局定为中国环保系统推荐产品。上海理工大学在此基础上开发基于GPRS(General Packet Radio Service，通用分组无线服务)无线网络技术与ETHERNET(以太网)有线网络技术的城市废水排污口监控系统。2003年，环保局开发"上海市污染源在线监控网络系统"。开发监控版、管理版和企业版软件，实现对污染源废水排放实时和历史数据采集、远程反控、超标报警、综合分析及GIS空间分析等功能，实现污染源监控信息共享。

2007年，长江计算机(集团)公司所属上海广域信息网络有限公司研制开发的"区域性环保综合监控系统"，在同一平台上实施监控与处理，实施与其有关的管理，例如统计、分析、上报、征管、信息发布、信息公告等，支持对区域环境质量的评估。2008年，上海市自来水市南有限公司承担的"信息化远程监控城市供水泵站构建、运行及管理模式研究"项目，应用自动化、网络和在线检测等设备和技术，对城市供水泵站实施自动化、网络运行与管理，突破城市供水泵站传统生产和管理模式，实现泵站生产集约化控制，提高生产运行安全性与可靠性。2009年4月10日，上海市水务信息中心等完成的"水务公共信息平台关键技术及其应用研究"通过国家水利部鉴定，获得2009年度国家水利部大禹水利科学技术奖二等奖。首次提出水务公共信息平台的理念、总体架构、网络架构、数据架构和应用架构，研究信息分类与编码等标准，构建标准规范体系，开发据交换系统。2010年，上海市绿化和市容管理信息中心承担的"上海城市生活垃圾物流信息系统"项目完成框架建设，并实现部分管理功能。建立上海市生活垃圾收集、转运、处置全程物流管理系统，实现生活垃圾物流的全程监控。

第六章 能源科技

第一节 传统能源利用

2000年，华东理工大学开发新型水煤浆气化炉技术。通过冷模实验对新型气化炉内流场结构、速度分布等基础研究，提出数学模型和设计软件包；中试运行结果表明通过多喷嘴配置和优化炉型结构，提高煤浆气化的有效成分，降低能耗，技术性能优于进口装置。2001年，上海市电力公司完成"大型电站锅炉掺烧新煤种的开发与研究"。通过锅炉燃煤特性对其运行状况、设备损耗等成本综合影响的研究，对燃煤变化后锅炉燃烧是否稳定、结渣结灰与否、主辅机设备磨损、干出灰品质、尾部排放及系统性能参数将发生何种变化等作出定性或定量判断。同年7月，上海外高桥发电有限责任公司开发的"汽轮发电机故障诊断专家系统"通过验收。实现对汽轮发电机可能发生故障的综合诊断，具有技术先进、实用、经济的特点。同年12月，七一一所承担的"气、煤"混烧技术通过市科委鉴定。研制的JZLG400气体燃烧器设计先进、结构紧凑、布置合理；"气、煤混烧"技术在大庆油轮锅炉和海洲轮锅炉燃烧控制系统中应用。

2002年12月，上海焦化有限公司赵持恒等承担的"煤浆气化的生产工艺和设备"通过市经委鉴定，获2003年上海市科技进步三等奖。开发适用高温煤气洗涤水系统的阻垢分散剂CHQ-1，提出"混凝软化一步法"新工艺，提出新型喷淋头结构及喷淋方法、新型结构的激冷环、气化炉新型锥口高铬砖技术密封O型球阀技术等。2003年，上海焦化有限公司建成"碳-化工与羰基合成工程技术开发平台"，通过市经委验收，平台被列为上海市经委10大科技平台建设，以此为依托的"碳—化工与羰基合成重大工程技术与关键产品"开发项目被市经委列为上海市64项重大科技创新项目之一。同年，上海市燃气管理处和上海蓝焰科技有限公司承担的"上海市燃气优化调度及SCADA（Supervisory Control and Data Acquisition，数据采集与监视控制）研究"通过鉴定。编制完整的《燃气应急预案》和《优化调度方案》，提出"建立新的燃气调度结构体系""建立现代化燃气输配调度SCADA系统的设想""通讯方式的比选和建议"和"在综合调度管理系统（DMS）的框架下建立SCADA"等建议。2004年，上海科技重点攻关项目——天然气"能源岛"，在闵行紫竹园区3 000平方米的软件大楼示范，利用天然气独立发电，余热夏天制冷、冬天制热，实现热冷电三联供，能源利用率高达80％以上。

2005年，上海交通大学黄震等承担的"燃油溶气雾化与燃烧新技术"获上海市科技进步一等奖。首次发现喷孔孔内流态和压力分布的两种模式及其对溶气燃油雾化的控制机理，揭示CO_2组分比例、温度、压力对溶有CO_2燃油的相变过程、闪急沸腾现象和雾化过程的影响规律和控制机理，提出发动机溶气燃油喷射与燃烧的雾化作用、稀释作用、热作用和化学作用理论，提出高效、快速制备溶气燃油的新方法——气体射流溶气法，解决国际上溶气燃油快速制备的技术难题，提出燃油溶气雾化与燃烧新概念和理论。同年，上海燃气工程设计研究有限公司承担完成"长三角天然气发展趋势及战略保障"。该项目的研究有利于分析和解决现有长三角地区天然气供应体系中的不足，明确远期天然气的发展趋势，为今后长三角地区天然气供应体系的规划、建设、合作协议等相关工作的重要依据，并有利于提高长三角地区天然气供应的战略保障能力，对长三角地区乃至全国的天然气发展都具有一定的探索和指导作用。同年,七一一所承接完成以天然气为燃料,向宾馆内部提供热、电、冷的分布式供能系统,被列为上海市 2005 年度分布式供能示范项目。

2006 年,上海燃气工程设计研究有限公司和同济大学共同完成的"上海 21 市级初期天然气发展应对策略研究"通过验收。分析天然气发展趋势、天然气市场、天然气气源、天然气主干管网等,提出上海天然气调峰措施、天然气安全供应战略体系等。2007 年 3 月,上海电力学院承担完成的"高效节能和环保的重油燃油回油冷却技术研究"通过验收。具有设备简单、运行方便、安全可靠等特点,利用高温燃油回油的余热,减少燃油系统在热备用状态下所需的能量,降低能源品质或能级的损失。

2009 年,上海电力学院承担的"多级分段再燃控制电站锅炉 NO_x 生成技术的研究项目"分析多级分段再燃机理,建立氮氧化物控制数学模型,提出多级分段再燃理论的实际应用方案,调整原有制粉系统磨煤机的工作方式,采用交叉分段再燃和空气分级等多种技术组合,实现多级分段微细煤粉再燃控制氮氧化物生成技术,控制氮氧化物排放量。同年,上海焦化有限公司承担的"大型煤化工综合节能技术研究与示范"项目,实施系统热能综合利用优化、净化闪蒸汽回收利用等研究。同年,七一一所承担的"燃气热气机热电联供机组批量及应用"通过国防科技工业局组织的验收。突破民用燃气热气机批量生产工艺,解决一批关键技术,研发的燃气热气机填补国内空白。

2010 年,华东理工大学王辅臣等承担的"气态烃非催化部分氧化制合成气关键技术及工业应用"获上海市科技进步一等奖。开发出气态烃非催化转化技术,形成成套工艺技术,提出新型气态烃非催化部分氧化烧嘴,提出新的转化炉拱顶隔热衬里设置结构型式,提出气态烃非催化部分氧化新的流程组织模式、自动控制及安全联锁保护系统的理念。同年,上海外高桥第三发电有限责任公司冯伟忠等承担的"1 000 兆瓦超超临界机组综合优化和节能降耗关键技术研究与应用"获上海市科技进步一等奖。研发超超临界机组蒸汽氧化及固体颗粒侵蚀预防系列技术,独创回转式空预器接触式簇状全向柔性密封技术,采用直流锅炉蒸汽加热启动和稳燃技术,独创大型超超临界机组FCB(孤岛运行)技术,开发汽轮机侧、锅炉侧的综合节能技术。同年,华东理工大学轩福贞等承担的"全寿命预测关键技术及其在大型汽轮机上的应用"获上海市科技进步一等奖。建立汽轮机及部件的蠕变—疲劳全寿命预测方法,提出高温结构安全性评价技术体系,解决蠕变寿命数据获取试验周期长和高温紧固件松弛设计数据匮乏的难题,实现微米/亚微米尺度下的蠕变、疲劳寿命演化过程的原位观察和定量分析的一体化集成,提供寿命实验的新手段。同年,华东理工大学田恒水等承担的"二氧化碳减排与资源化绿色利用的关键技术开发及应用"获上海市技术发明一等奖。发明近临界催化反应、热循环节能和反应吸收耦合过程强化新技术,提出社会资源有效利用率的环境友好的评价理论体系,建立反应耦合过程特性多尺度模拟与优化技术及工程技术放大模型,发明生产碳酸甲乙酯、碳酸二乙酯新的合成方法,开发产品耦合、过程耦合能量系统集成等多项过程强化关键技术和塔设备单元强化技术。同年,华东理工大学牟伯中等承担的"油藏保护性可持续开发的微生物采油调控技术及工业化应用"获国家科技进步二等奖。在油藏环境微生物群落结构分子检测技术、采油功能微生物分子识别与评价技术、高效采油菌种及营养体系以及微生物油藏井间示踪技术等方面取得突破,解决油藏极端环境微生物群落结构解析和采油过程中油藏微生物活动动态检测的难题,实现油藏保护性开采和微生物体系的循环利用。同年,上海石油天然气有限公司昌锋等承担的"东海平湖油气田薄油层开发技术研究及应用"获上海市科技进步一等奖。建立适合于海上薄油层开发的一体化技术体系:建立适合东海薄油层的识别与描述技术,首次提出自流注水采油新方法,形成海上薄油层开发设计方法,提出多分支井开发方案,首次采用修井机钻成多底、多分支水平支井，解决三维复杂结构井高摩阻、井眼轨迹控制、长井段泥岩井壁稳定等技术难题。

第二节　可再生能源与新能源利用

2001年1月4日，国内最大的100—125瓦的太阳能光伏组件在上海交通大学诞生。年产2兆瓦晶体太阳能电视关键设备及生产线通过专家鉴定。2004年，华东理工大学承担生的"生物质快速裂解制燃料油技术及应用研究"通过市科委鉴定。在小型流化床快速裂解装置上得到生物质裂解液体产品液体，产率达70％；进行尾气净化，实现尾气循环；对燃料油燃烧特性进行分析，建立50千克/小时的冷模裂解装置。

2005年，上海电力学院承担的"户用并网光伏系统"通过专家验收。优化光伏方阵的结构和倾角，建造容量为5千瓦的屋顶并网光伏试验电站，研制逆变控制器，开发"并网光伏系统优化设计"软件。同年，上海交通大学承担的"太阳能建筑一体化项目"通过市科委验收。建立世界上第一个集太阳能空调、地板辐射采暖、强化自然通风以及全年热水供应功能于一体的太阳能复合能量系统。同年，上海太阳能科技有限公司研制成功的大功率双面玻璃封装太阳能电池组件，在同样面积上可以提供更多能源。研制出CYY-A3200P型大面积太阳电池组件封装层压设备，一次封装层压太阳电池组件最大功率可达到500瓦以上，实现封装层压设备的国产化及生产的规模化。2006年，华东理工大学承担的"生物质制乙醇技术研究"课题，利用秸秆、木屑及稻壳等工农业废弃物制取乙醇，探索出一系列生物质能的高效清洁利用技术。

2007年，上海核工程研究设计院欧阳予等承担的"恰希玛核电工程技术研究设计"获国家科技进步二等奖。设计中实施应用足够的安全裕度、充分的设计分析、提高电厂固有安全性、改进人机接口等12条安全原则，以及严重事故预防和缓解等14项安全设计措施；采用一体化核岛建筑群布置、分析法设计技术等先进设计技术；推行安全文化、质量文化，实施12条设计管理准则。同年，上海奥威科技开发有限公司华黎等研制的"超级电容器"获上海市技术发明一等奖。发明非对称型电极结构、独有的活性炭成型技术、毛刺集流体技术。同年，上海前威新能源发展有限公司投资建设的崇明县前卫村兆瓦级太阳能光伏发电站投入并网发电商业试运行。该项目工程为上海太阳能光伏发电工程示范项目之一，采用晶体硅太阳能电池作为光电转换装置，由逆变控制器将直流电逆变成400伏三相交流电，然后升压至10千伏接入当地公共电网。崇明兆瓦级太阳能光伏发电示范工程装机总容量达1.046兆瓦，为当时国内最大。同年，上海太阳能科技有限公司承担的"崇明生态风光互补应用示范研究"通过市科委验收。主要为公路太阳能示范系统、屋顶并网发电及建筑一体化系统、太阳能景观及小型太阳能实用化系统、太阳能车站。同年，上海电气集团承担的"2兆瓦级风力发电机组自主开发"项目，完成2兆瓦级风电机组的整机设计，拥有自主知识产权，创出电气风电2兆瓦的中国品牌。同年，华东理工大学"纤维素废弃物制取乙醇关键技术研究及世博会应用展示"项目在国内首次设计制造连续稀酸水解反应器，开发纤维素废弃物双稀酸水解制备乙醇的工艺、纤维素的稀酸—酶联合水解工艺，以及副产品的生产工艺。同年10月26日，同济大学汽车学院承担的国家"863"电动汽车重大专项"燃料电池汽车高压氢气加气站及供氢技术研发"项目通过专家验收。研发出膜分离和变压吸附相结合的氢气提纯新工艺及建成标准体积为120立方米/小时的示范装置，在国际上首次开发出非电驱动增压移动加氢车，建成上海第一座加氢站，研制出钢内胆的加氢站用复合材料缠绕瓶。

2008年，上海太阳能工程技术研究中心建成首个兆瓦级太阳能并网建筑示范工程，利用多种太阳能发电技术与建筑结合的可能性,采用太阳能光电保温发电墙体技术等太阳能建筑一体化的技术。同年,华东师范大学孙卓课题组研制出一种与叶绿体结构相似的新型电池——染料敏化太阳能电池。该仿生太阳能电池的光电转化效率超过10%,接近11%的世界最高水平,成本仅相当于硅电池板的1/10。同年12月,上海海事大学承担完成的"临港新城可再生能源发展应用研究"项目通过市科委验收。提出一种基于直流并网的可再生能源综合发电系统,实现多种可再生能源的互补发电,提高电网的电能质量和可靠性。

2009年,上海市建筑业管理办公室与上海交通大学等15家单位研究完成的世博科技专项项目"太阳能与建筑一体化应用研究"通过市科委验收。制定《民用建筑太阳能应用技术规程》,这是国内首次发布的工程技术规范;完成《民用建筑太阳能系统应用图集》,完成近分体式太阳能热水系统示范项目和太阳能并网发电系统示范项目。同年,亚洲首座海上风力发电场——东海大桥风电场首批3台机组正式并网发电,是国内第一个大型海上风电项目,是上海市最大容量的新能源项目。采用国内自主研发、亚洲单机功率最大的离岸型风电机组、世界首创的风机高桩承台基础设计、国内首创的海上风机整体吊装方法,首次建立基于网络计划方法的海上风电场运行维护理论体系,提出海上风电场运行维护成本影响因素的分析方法。同年,上海四方锅炉厂等承担"中型秸秆发电锅炉的研究及应用"项目通过专家验收。采用独特的"层燃+悬浮燃"专利燃烧技术,开发出燃烧效率高、燃料适应性广、具有自主知识产权的75吨/时秸秆发电锅炉新产品。同年,上海交通大学承担的"崇明岛生物质能循环型应用技术的研究与示范"通过市科委验收。开发出两段式气化炉,完成60千瓦级生物质气内燃发电机组研究,设计生物质气前处理系统,研究以生物质气为燃料的分布式供能系统技术,开发生物质成形压制成套设备。

2010年,国内单机容量最大、型号最多风电场——上海临港新城风力发电项目6台机组正式并网发电。安装的3.6兆瓦风机是国内容量最大的风力发电机组,发电项目装机容量13.7兆瓦,年上网电量约2 600万千瓦·时。同年,中国科学院上海硅酸盐研究所承担的"染料敏化太阳能电池(DSSC)关键材料开发、电池设计、制备及光电转换性能评价"研究,制备氧化钛纳米管阵列基DSSC;首创将石墨烯添加入氧化钛光阳极中,解决石墨烯的分散及其与基体界面结合的问题;试制出高效DSSC用纳米二氧化钛(TiO_2)溶胶。同年,同济大学等单位共同完成"绿色生物质燃料应用技术与河道淤泥自保温烧结多孔砖开发研究"通过验收。提出秸秆、木屑类生物质燃料替代煤在砖厂直燃应用关键技术,河道淤泥100%替代黏土的自保温烧结多孔砖的核心技术与生产工艺。同年1月20日,上海电力学院主持的"大规模太阳能与风力发电系统监控及优化技术研究"通过市科委验收。研究大型风电场在线监测系统的技术方案、大型风力发电机组运行状况和故障的机理,设计并网型太阳能光伏发电系统,建立光伏发电和风力发电系统数学优化模型,编制风光互补优化设计软件。同年11月5日,复旦大学承担的"高效率多光谱太阳能电池研究"通过市科委验收。解决太阳能分光谱和光电池组合等关键工艺和技术问题,解决从系统设计、元器件加工、系统调试到数据分析的一系列技术难题。

第三节　节　　能

一、工业节能

2000年,上海电力股份有限公司闵行发电厂等完成闵行发电厂9号机组增容降耗改造工程。

通流部分采用可控涡流设计技术，低压缸采用三元流动设计技术，在锅炉改造中采用偏转、对冲、浓淡分离等项技术。2004年，上海交通大学研制成功国内第4种热水器——空气能热泵热水器，获得国家发明专利。消除电热水器漏电、干烧以及燃气热水器使用时产生有害气体等安全隐患，克服太阳能热水器阴雨天不能使用等缺点，具有高效节能、安全环保、全天候运行等优点。同年6月，七一一所开发的新型耐腐蚀热管省煤器通过市科委鉴定。利用热管等温和热阻可调两大特点，解决硫黄制酸工艺中高腐蚀性气体低温酸露点腐蚀的难题，提高尾气余热回收利用率。2005年，上海市计算技术研究所开发"ST－2000型路灯智能节能控制系统"实现对路灯的节能、开闭、状态或故障的检测和报警等智能化管理，节能率在30％左右。

2006年，上海电力学院承担的"电站锅炉煤粉浓度的在线监测与燃烧优化技术"完成验收。设计和开发"电站锅炉一次风粉流动参数在线监测与运行指导系统"，以锅炉效率与污染物NO_x排放为优化目标，根据多工况试验分析得出数学模型，采用多参数测控技术实时对运行参数进行调整，可使锅炉保持在较佳的工况下运行。同年，上海理工大学研发的"高温高压自然循环干熄焦余热锅炉"，采用全程封闭流程工艺，大大降低环境污染，能回收利用红焦显热的83％左右，使炼焦过程的热效率提高10％以上。同年，上海科学院研制出世界首创的雾化冷却式高效节能空调。申请或授权发明专利3项，实用新型专利6项，国际PCT1项、香港专利登记1项。用空调加装雾化冷却装置，能效比提高8％～26％。同年，上海华谊（集团）公司开发的节能型浮头管壳式冷却器，利用空气作为冷媒冷却洗油，克服喷淋式蛇管冷却器存在的喷淋水量多，管表易腐蚀，使用寿命短等缺陷。

2008年，宝钢股份王鼎等承担的"钢铁企业副产煤气利用与减排综合技术"获国家科技进步二等奖。首次在国内建成能源中心，借助信息化平台指导燃气系统经济运行；创转炉煤气柜双柜并网运行系统，建成世界上第一台燃用低热值纯高炉煤气的燃气—蒸汽联合循环热电机组，形成煤气设施安全保障运行的系列技术。同年，中国电子科技集团公司第五十研究所研制WJ6005－1型智能照明节电器。产品在第一代常规补偿变压器降压与电力电子交流斩控调压相结合的技术基础上，增加兼补偿变压器和电力电子式可连续调压稳压的优点，设备整体总节能约25％。

2009年，上海外高桥第三发电有限责任公司承担的"脱硫岛零能耗系统设计"通过专家验收。针对外高桥第三发电厂超（超）临界机组的脱硫系统，开展脱硫烟气余热回收利用和风机综合优化运行技术攻关，实现脱硫岛低能耗甚至是"零能耗"运行。同年3月31日，同济大学承担的"高能耗企业能效综合评估研究与应用"项目通过市科委验收。运用系统工程分析方法，重点研究高能耗企业能效评估指标体系、评估方法以及评估系统，为高能耗企业高效使用能源提供定量的分析与优化手段，实现企业能效评估的数字化和系统化。同年4月，上海焦化有限公司承担完成的"大型煤化工综合节能技术研究与示范"通过专家验收。实施系统热能综合利用优化、净化闪蒸汽回收利用、空分空冷系统改造、提高煤浆浓度方法等技术。

2010年，上海交通大学王如竹等研制的"太阳能空调与高效供热装置与应用"获国家发明二等奖。该发明太阳能硅胶—水吸附制冷机和太阳能两级转轮除湿空调，解决利用集热器产生60～90℃热源实现稳定制冷空调过程的难题；发明太阳能/空气源热泵装置，实现供热系统高效稳定工作；集成创新太阳能采暖、空调、自然通风与热水供应复合能量利用技术并获得规模应用。国际上首次实现太阳能全年高效利用，使建筑太阳能系统保证率达到60％以上。同年，上海外高桥第三发电有限责任公司开展"1 000兆瓦超超临界机组综合优化和节能降耗关键技术研究与应用的研究"，研发出"超（超）临界机组蒸汽氧化及固体颗粒侵蚀预防系列技术"等8项重大世界首创技术和"大型超（超）临界机组FCB（孤岛运行）技术"等5项重大国内首创技术，两台机组成为世界最高效的火力发电机组。同年,上海电力学院承担完成的"大型火电厂厂用动力系统节能技术研究与应用"通过市科委验收。建立三大厂用动力系统能耗模型,形成节能改造和优化运行的技术方案,集成火电厂节能减排技术。同年,上海电力学院建立的"数字化信息协同控制的电动机组节能系统"通过市科委验收。采用新的电力电子技术及新的拓扑结构和控制方法,进行全厂电动机组优化节能决策,填补国内空白。

二、建筑节能

2003 年上海市建筑科学研究院(建科院)开展上海住宅建筑节能技术集成及应用研究,针对四种外墙外保温体系、三种内保温体系及两种屋面保温构造体系的热工性能、物理性能及施工技术进行系统研究分析,确定上海市住宅建筑节能技术集成体系。2005 年,建科院开展既有综合性商办楼节能成套技术研究,通过调研、测试和模拟分析等方法研究确定一套较为完整的既有综合性商办楼节能技术体系,开展上海市建筑能耗统计分析研究,明确上海市建筑能耗水平。2006 年,上海市房地产科学研究院(房科院)等单位共同研究完成"既有住宅围护结构节能技术研究",提出适用于既有住宅围护结构节能改造的多种技术方案,编制出《上海市既有住宅围护结构节能改造技术规范》和《既有住宅节能技术施工规范及操作工法》。同年,房科院与上海克络蒂涂料有限公司共同开发出 GM 矿棉墙体内保温系统,其耐久性能与抗灾性能较高,防火性能好,可广泛应用于各类建筑墙体内保温,节能效果显著。同年,上海理工大学开发的"建筑环境和设备系统多功能实验装置",可进行室内热舒适性环境、室内低温环境、空气处理、制冷、除温、供热、净化、自动测量和控制等综合试验,是国内外最完整和测试控制手段最完备的实验装置之一。

2007 年,建科院等单位开展高效节能建筑围护结构技术与体系研究,就实现 65％节能目标展开针对性研究与开发,提出相应的技术路线和解决方案。同年,上海市房屋土地资源管理局承担的"资源节约型住宅建设关键技术与综合示范"项目围绕"节能、节地、节水、节材和环保"五方面研究开发出外墙保温、屋面保温、节能门窗、外遮阳、太阳能利用、照明节能、雨水和河道水利用等 28 项适用技术体系,为资源节约型住宅发展提供方向。2008 年,崇明陈家镇生态办公示范建筑是科技攻关项目"现代生态办公楼综合技术研究与应用示范"的重要载体,10 多项生态技术的综合使用使其综合能耗节约高达 80％、可再生能源利用率达 60％,是国内节能比例最高的生态建筑之一。同年,建科院开展大型公共建筑运行能耗实时监测管理的关键技术研究,开发出用电分项计量对象选取方法,确立大型公共建筑典型的能耗计量对象,建立大型公共建筑运行能耗实时监测平台。

2009 年,上海建工等承担的"复合保温围护墙板工业化成套技术研究与应用"项目通过验收。研究表明:建筑物通过外墙体损失的热量占建筑总热耗的 35％～49％。项目研制的预制外墙板形式具有高强、保温、隔热、隔音、抗渗、观感优美以及工业化装配等诸多优点。2010 年,市政院承担的"低反射高效遮阳低辐射镀膜玻璃"项目通过市经信委验收。创新镀膜玻璃的多膜层组合结构,完成镀膜层的结构优化和总厚度控制,在大面积玻璃镀膜设备上实现新产品批量生产。

第四节　输配电与电网

2000 年,上海市电力公司组织上海电力试验研究所、上海电力变压器修造厂对变压器故障进行专题分析研究,提出雷电过电压是引起接地变压器故障的主要原因,采取反事故技术措施,避免系统中接地变压器再次发生故障。2001年,上海超高压输变电公司采用全国先进的SD-6000T自动化监控操作装置,获上海市电力公司科技进步一等奖。通过以太网,连接32个节点来执行受控站遥信、遥测、遥控和遥视功能,是上海220千伏电网中首次采用集控—受控的运行方式,使用计算机网络使信息和资源共享。同年,上海电缆输配电公司与三原电缆附件公司研制127/220千伏油纸绝缘自容式充油电缆死密封GIS终端。采用金属电极嵌入环氧套管、电容锥作内绝缘、计算机有限元分析电场分布、优化极板设计,实现充油电缆GIS终端长期可靠运行。同年,上海交通大学完成"参数法消弧线圈组自动调谐与智能接地成套技术"研究。解决自动调谐技术在电力系统应用的关键问题,研制出消弧线圈全自动调谐与接地选线成套装置。

2003年,华东电力调度通信中心承担的"华东电网功角监测技术及应用研究"获上海市科技进步二等奖和华东电网有限公司科技进步一等奖。建成国内第一个多点电网功角实时监测系统,在国内首次运用GPS(Global Positioning System,全球定位系统)相量测量技术实现发电机内电势的实时监测。同年,"500千伏电压等级变压器全过程管理技术"获华东电网有限公司科技进步二等奖。项目提出对大型变压器采取全过程技术管理的理念和相应的技术规范。2004年,华东电网有限公司研究成功输电线路故障定位系统。通过检测流经杆塔故障电流来进行输电线路故障定位,解决故障电流从其他杆塔分流造成故障点误判的问题。2005年,上海电缆研究所承担的"三峡输变电工程用500千伏大容量输电线路技术"(合作项目)获国家科技进步二等奖。包括7个子项目:大截面导线的研制;大截面导线配套金具的研制;大截面导线防振技术的研究;大截面导线张力放线设备的研究;同塔双回路铁塔结构的优化设计;防覆冰措施及其设计方法的研究;大截面导线配套技术研究。该项目属输配电线路机械、力学技术领域,为三峡送出工程服务。同年,华东电网有限公司开发的动态监视测量分析系统则将监控信息从静态扩展到动态,并引入分析、决策、保护、控制功能,进一步提高电网安全稳定控制水平。

2006年,上海电力学院承担的"城镇配电网柔性规划技术"通过市教委验收。率先提出配电网的柔性规划理论,形成配电网柔性规划技术体系。同年,上海海事大学承担的"新能源并网发电及电力管理技术"通过验收。实现新能源发电由分散电源成为并网电源,以及实现远程控制、电力管理试验的研究。同年,华东电网有限公司承担的"500千伏同塔四回输电线路关键技术"通过国家电网公司验收。在同塔四回线路应用原则、500千伏同塔四回线路全方位综合相序优化、综合场强分布范围的塔型及相序优化方法、系统运行技术研究模型、导线电气舞动研究模型,以及带电作业技术等方面取得重要成果。2007年,上海交通大学承担的"电力系统安全保障技术",通过市科委验收。建立电力系统安全保障技术的理论框架,改进电源规划、电网规划、静态电压稳定分析、静态安全预警和多馈入直流输电等技术,开发相应软件系统。同年,中国科学院上海硅酸盐研究所与上海市电力公司研制容量为650 Ah(安时)的钠硫储能单体电池,建成2兆瓦大容量钠硫单体电池中试生产示范线,完成100千瓦级钠硫电池储能系统以及相配套的150千伏安电网接入系统的样机研制,建立钠硫研制基地质量体系。使中国成为继日本之后世界上第二个掌握大容量钠硫单体电池核心技术的国家。

2010年,上海市电力公司重大攻关项目"市南地区110千瓦电压等级发展研究"通过上海市电力公司专家验收。项目分析110千瓦现状电网的基本情况、发展历程及存在问题,建立变电站面状分布、条状分布、点状分布模型,研究110千瓦电压等级发展的土地费用边界条件和主变容量边界条件,研究110千瓦电网建设发展的多种模式。同年,上海市电力公司技术与发展中心等承担的"上海电网电能质量监测管理系统研究与建设"通过上海市电力公司验收,获得国家电网公司科技进步奖三等奖,上海市电力公司科技进步奖一等奖。制定电能质量监测终端技术规范、上海电网电能质量监测管理系统功能规范、上海电网电能质量监测管理系统监测屏设计、检验、安装、调试规范等。同年,上海市电力公司电网建设公司牵头的"地下变电站大型设备的运输和吊装方案研究"通过中国电力建设企业协会验收。国内外首次全方位研究单件最重(268吨)大设备垂直向下吊装方案,研究主变设备的盘路技术和上基础就位技术。同年,上海电力设计院有限公司等完成的"上海电网输变电通用设计系列"通过上海市电力公司验收。对地下、半地下、地上(户内)变电站、同杆双(多)回路线路、电缆线路建设情况开展研究,采用模块化设计手段,补充编制相应的工程通用设计实施方案。

第七章 生态科技

第一节 城市生态

2000年,上海自然博物馆承担的上海地域自然生态环境建设与维护通过评审。提出上海的自然生态环境建设的三个方面——城市生物多样性、生态规划及设计、生态伦理和知识;提出上海地域生物多样性保护的步骤与措施。2002年,环保局会同市政府17个相关部门,首次开展上海市生态环境现状调查。建立上海市生态环境状况地理信息系统,掌握上海市生态环境现状及其发展趋势,揭示出生态环境现状中存在的主要问题及其成因,提出相应的对策措施。2003年,上海市绿化局承担的"构建上海现代化国际大都市城市绿化系统的技术研究"通过市科委鉴定。首次提出"环、楔、廊、园、林"城乡一体的城市绿地系统的形态格局,建立人工示范植物群落和城市绿地植物群落评价模式,制定《城市绿地设计通则》(国标),编制《大规格苗木移植规程》和《新优行道树栽植养护技术规程》。

2004年5月,同济大学编制《苏州生态市建设规划纲要》和《苏州市循环经济发展规划》。提出苏州市生态环境承载力,并对生态格局进行科学评价;从不同层次和空间尺度对苏州循环经济的总体目标、主要内容、实施保障措施等进行科学规划。同年,上海市园林科学研究所(园林所)等承担的"城区新建绿地有害生物疫情监测及生态治理示范体系"通过市科委鉴定。新发现害虫11种,害虫新寄主65种,发现新病害或寄主51种;建立气候因子与樟个木虱适生性风险植评估的系统框架;对金叶女贞叶斑病和高羊茅褐斑病提出防治对策,开发的软件"城区新建绿地有害生物信息查询系统"是上海首个绿化有害生物的数据库和信息查询系统。

2005年,上海世博局承担的世博园控温降温综合技术研究立项。研究包括遮阳降温、空间绿化降温、喷雾降温、水幕降温、自然通风降温、多点迫接式空调降温、喷水降温、流水水体与水池降温、地冷风降温等多种降温技术的集成应用,提出室外空间控温降温的设计技术指南和降温冷源的选择与优化设计技术。同年,华东师范大学承担的"世博区域生态规划和生态要素配置关键技术研究"立项。提出生态功能区景观构建,关键物种筛选,群落结构配置及模式优化;建立生态要素的评估指标体系并进行生态要素评估;形成世博会生态建设关键技术体系。同年,上海市气象研究所承担的"城市绿地规划与改善城市生态环境的研究"通过成果验收。构建上海城区人体舒适度指数公式,研制多要素GIS综合评估模型,设立绿地外围500米服务半径缓冲区的实用计算分析方法,提出城市绿地改善"热岛、浊岛"效应的合理面积。

2006年,华东师范大学承担的"上海中心城区绿地植物群落现状及综合评价研究"通过上海市绿化管理局验收。构建上海绿地评价指标体系和城市绿地人工植物群落的分类体系,阐明上海绿地植物群落的主要特征。同年,园林所承担的"城市绿地枯枝落叶特征及生态利用研究"通过验收。率先在国内开展城市绿地枯枝落叶数量与分解动态的系统研究,率先在国内开展枯枝落叶生态功能的系统研究,揭示枯枝落叶在养分归还、持水性、界面微气候、杂草和幼苗生长、土壤改良等方面的生态功能,提出城市枯枝落叶综合生态利用途径和技术。同年,园林所承担的城市生活污泥在园林绿化中应用的评价指标研究通过验收。提出污泥在园林绿化上应用的技术评价体和污泥合理利用的技术指南。同年 1 月,上海市绿化管理信息中心等承担的 3S 技术在城市绿化建设和管理中的应用研究通过上海市绿化管理局验收。提出 3S 技术在城市绿化建设管理中的应用内容、技术流程以及应用效果,建成 3S 集成绿化建设管理信息系统。同年 4 月,上海市林业科技推广站等承担的上海市森林生态网络工程体系建设研究通过科技兴农办公室组织的验收。开展乔木、灌木、草本、竹类等植物材料选择的研究,开展城市森林植物群落设计及模式优化的研究,建立 7 个不同类型的城市森林试验示范区。

2007 年 2 月,中国科学院上海技术物理研究所等承担的"城市生态环境基础状况的遥感评价技术研究"通过验收。建立基于遥感的定量评价方法,开发城市生态环境基础质量遥感评价 GIS 系统,首次对上海市内环以内区域、内外环间区域、外环以内各行政区以及陆家嘴和世博园区等区域 1988—2006 年生态环境基础质量进行综合评价、因子评价和空间配置评价。同年,园林所承担的"红刺玫园艺品种的选育"项目通过上海市绿化局验收。建立种质资源圃;从形态学、细胞水平初步推断红刺玫三倍体的杂种起源,填补国内空白;在国内首次建立蔷薇属植物 SSR - PCR 反应体系和反应程序。同年,园林所承担的"抗寒三角梅选育研究"通过上海市绿化管理局验收。筛选出 5 种较抗寒三角梅品种,建立艳紫三角梅组织培养再生体系。同年,上海植物园承担的"萱草属植物品种分类、筛选及应用研究"项目通过上海市绿化管理局验收。建立上海地区露地栽培萱草品种资源圃,制订萱草园艺品种的 8 级分类方案,筛选出适合上海露地应用的优良萱草品种 20 个。

2008 年,上海市水务局、上海市绿化局、华东师范大学共同承担的"上海市河道绿化建设导则研究"通过验收。分析上海河道绿化的类型、特点及其影响因素,找出上海河道绿化存在的主要问题,并提出改进方案,这是中国第一部关于河道绿化建设的导则。同年,园林所等单位承担的"上海城市绿化重要有害生物预警技术研究"项目通过市科委验收创建外来有害生物对城市绿化生态安全风险分析体系,建立评价指标及计算方法,提出褐边绿刺蛾预警的警源、警兆和警情指标体系和计算方法,构建城市绿地害虫灾害预警指标体系和评价方法。

2009 年,园林所承担的"上海生态型城市绿化指标与评价研究"通过专家组验收。完成国内外生态型城市绿化发展特征及其评价方法分析,确定上海生态型城市绿化指标的建立原则和指标框架体系,形成一套生态型城市绿化指标与评价的技术和方法体系。同年,园林所承担的"上海城市绿地生态系统定位研究"项目通过专家组验收。开展上海绿地生态定位和城市绿地群落 UVB 辐射屏蔽功能研究,开展绿地植物群落固定样地的连续监测研究,揭示绿地植物群落动态过程特征,初步探讨绿地自维持机制。同年,园林所等承担的"城市绿化有害生物治理标准、入侵物种预警控制技术及生态健康关键指标研究"项目通过专家组验收。创建外来有害生物对城市绿化生态安全风险分析体系,提出褐边绿刺蛾预警指标体系和计算方法,构建城市绿地害虫灾害早期预警指标体系和评价方法提出城市绿地生态系统健康评价指标。

2010 年,上海市绿化和市容管理信息中心建设的"上海绿化专业网格化管理系统",通过搭建绿化专业网格化管理信息平台,实现绿化专业管理的信息化、标准化、精细化和动态化的管理目标,实现绿化专业的业务信息整合。同年,上海辰山植物科学研究中心等单位开展的华东区系重要资源植物迁地保护与可持续利用研究,确定华东地区天目木姜子、小叶买麻藤等 14 种珍稀濒危植物的分布式样与集中分布区,提出相应的保护策略和保育建议,提出华东地区珍稀濒危植物迁地保护的技术流程。

第二节　生态保护与修复

2002年，上海水产大学承担的"食藻虫"项目，驯化一种咸淡水浮游动物摄食蓝绿藻，成为蓝绿藻的天敌——食藻虫，利用"食藻虫"进行生物控藻，发明"应用食藻虫控藻恢复湖泊生态"新方法，解决世界难题——蓝绿藻污染、水体功能退化问题。2004年，上海市环境监测中心承担的"苏州河生态恢复阶段目标及其监测体系研究"通过市科委鉴定。建立苏州河生态恢复监测评价指标模型，提出苏州河生态恢复的各个阶段及其目标。2007年，同济大学等单位承担的崇明生态岛建设科技专项"崇明岛水资源保障与水体生态修复技术与示范"，构建基于崇明水环境特征的富营养化水体的风能驱动复合人工湿地——高效泳动床组合处理工艺、村镇沟渠生态改造与生态复育技术体系。

2008年，环科院徐祖信等承担的"城市景观水体生物净化关键技术研究与苏州河梦清园示范"获上海市科技进步一等奖。建立城市景观水体水质改善综合技术体系，提出生物栅净化技术，研制成碳源生物栅净化装置，研制成新型复合生物制剂，开发就地处理水体沉积物底泥的技术，在国内首次研制成新型泡腾式混凝剂，开发重建健康水生态系统组织结构的净化技术。同年，同济大学等单位承担的"崇明岛域水环境演变规律与水质改善技术研究"项目，揭示崇明北湖水体浮游藻类和溶解有机质的季节性演变规律及其发生机理，长江河口持久性有毒物质以及内分泌干扰物的赋存特征及来源；建立崇明岛地区面源污染产汇流—面源污染入河分配—面源污染在河网中时空迁移转化过程的可视化演示系统；研究探索农药面源污染形成过程以及利用河岸带植物降解的机理；开发研制适合崇明岛苦咸水淡化的超滤—活性炭—纳滤组合新工艺。同年，环科院等单位承担的"苏州河生态系统恢复目标及综合管理机制研究"项目完成。选择适合生态恢复管理目标需要的监控指标选择和分析方法，提出与生态恢复目标配套的技术手段，提出符合苏州河生态系统修复目标和长效管理的机制措施。同年，上海市水务局牵头的"淀山湖富营养化水华控制关键技术及集成示范"研究，查明淀山湖水域富营养化和蓝藻水华的主要影响因素及成因，恢复湖中高等植物类群、湖泊生物多样性、群落结构和水域生态功能，建立防治水体富营养化、控制蓝藻水华的试验性工程。同年，华东理工大学等单位承担"受污染土壤电动强化快速原位修复技术研究"项目，建立受污染土壤原位修复试验基地，进行电动修复集成技术的工程示范，形成电动强化原位修复组合工艺。

2009年，上海市水利管理处、华东师范大学等单位承担的"已整治河道良性自循环生态系统的构建和维持研究"项目通过上海市水务局验收。查明生物群落结构特征和多样性指数，建立整治河道的生物评价方法，提出河道生态修复建议和整治对策。同年，园林所承担的"上海城市有机废弃物土地循环利用技术的示范研究"项目，将土壤改良和有机废弃物土地利用相结合，提出既解决城市废弃物出路又提高绿地土壤品质的模式。首次制定有机废弃物土地利用的5项技术标准，对国内城市有机废弃物利用有重要指导意义。

第三节　海岸生态保护

2001年，国家海洋局东海分局与华东师范大学共同承担的"三峡工程对长江口及其邻近海域的环境和生态系统的影响研究"通过验收，获2002年国家海洋局海洋创新成果二等奖和国家海洋局东海分局海洋创新成果一等奖。掌握20世纪末项目水域环境和生态的主要特征及其规律，建立符合长江口及其邻近海域实际情况的数学模拟及资料信息库。2003年，上海市房屋土地资源管理局与华东师范大学收集大量翔实的资料,得出近期长江入海泥沙呈明显下降趋势;研究岸滩淤涨速率同大通站输沙率的关系,分析海平面上升对岸滩资源的影响。

2005 年,复旦大学生承担的"崇明东滩国际重要湿地的监测、维持和修复技术"项目,研究崇明东滩湿地生态系统的动态与生态过程的关系,揭示主要功能群、食物网结构、物质循环和能量流动规律;研究人类活动下湿地生态系统的受损机制,提出保护与修复的关键技术;研究河口湿地生态系统时间与空间的健康特征,提出相应的评价标准;实施"电子生态警察"建设,力争培育新型产业。2006 年,上海市 24 家科研单位和院校联合完成的"长江河口滩涂湿地可持续发展的战略研究项目"通过验收。可利用泥沙资源是滩涂湿地淤涨的物质基础,其区划应随滩涂湿地与生物类群演替过程适时进行相应调整,亟须对国家级自然保护区生态恶化区域与新增优质湿地进行功能区调整与置换,应重视优化滩涂湿地的时空分布与潮间带生境的重要性,加强污染源控制与湿地过程管理。同年,复旦大学等单位承担的"上海九段沙湿地自然保护区科学考察与总体规划"通过验收。揭示长江的河口新生湿地的特征,主要包括湿地形成与演变、群落结构与植被分布、生物多样性等。

2007 年,华东师范大学等单位承担并实施的"崇西湿地生态建设研究"项目,使崇明岛迁徙鸟类大大增加,湿地公园的生态食物链基本形成,江南桤木、落羽杉和沼生栎等乔木在潮滩湿地上存活生长。同年,华东师范大学承担的"上海市滩涂资源可持续利用研究",对全市五大滩涂湿地、13 块主要区域开展现场调查和室内分析,运用遥感技术研究滩涂湿地资源的数量、分布、变化和演化趋势,系统调查上海市滩涂生物的种类和分布。同年,上海实业东滩投资开发集团有限公司承担的"东滩园区生态化建设研究"项目通过市科委验收。研究东滩园区生态化建设开发运营模式,开展东滩园区生态化建设应用技术研究,将东滩建成国际化生态示范区,研究东滩滩涂盐渍土改良实用技术,总结出盐碱土改良的主要措施和辅助措施。同年 1 月,东海环境监测中心等单位承担"生态长江口评价体系研究及生态建设对策"课题。开展长江口海洋产业与绿色 GDP 指标体系及滨海宜居环境、海洋生态保护、污染控制、生态修复目标和评价指标体系研究,构建生态长江口评价模拟模型。同年,东海环境监测中心承担的"典型河口、海湾生态系统健康评价模型技术研究及应用示范"是国家高技术研究发展计划("863"计划)课题。建立河口、海湾生态系统健康评价指标体系、生态系统健康评价模型、开发系统软件,选择长江口和辽东湾为示范区,开展应用示范。

2008 年,同济大学承担的"上海九段沙湿地生态系统主要营养元素循环与退化过程研究"项目通过市科委验收。建立定量的、动态的九段沙湿地生态系统退化诊断与评价指标及指标体系,提出湿地退化动态诊断与评价指标阈值的新概念,确定湿地退化的生态特征参数,探明湿地退化过程与湿地退化的机制。同年,上海实业(集团)有限公司承担的"东滩生态社区发展模式设计与指标体系研究"项目通过市科委验收。提出东滩生态社区发展模式和动态与量化的评价指标体系,探讨现代农业园区市场运行模式,指出新型生态社区文化发展方向和路径,提出符合东滩生态社区特点的绩效监控和评估指标体系。同年,上海海洋大学承担的"海藻生态修复与生物能源产业链研究"项目通过市科委验收。研究数种大型海藻生态因子以及营养盐吸收动力学模型,建立大型海藻生态修复模型、条斑紫菜多糖分离纯化技术、海藻颗粒制备技术、紫菜多糖制备工艺等。同年,华东师范大学等单位承担的"崇明滩涂湿地的合理利用与保护技术研究"通过验收。建立健康的滩涂湿地生态系统,研发滩涂湿地植被优化和修复技术,底栖动物、鱼类和鸟类生境保育技术,污染物控制技术,并开展崇明东滩受损湿地生态修复应用示范。

2009 年,上海市水利工程设计研究院等单位承担的"南汇东滩水土资源综合开发利用与保护关键技术研究与应用"项目通过上海市水务局验收。项目集成工程河势影响分析技术,提出河口

（海湾）大区域多敏感点联动分析技术、水土资源开发利用与保护时空置换技术、滩涂开发利用与保护方案，滩涂开发外围控制线和围区总体布局。同年，华东师大承担的国家"973"项目"中国典型河口—近海陆海相互作用及其环境效应"子课题项目，揭示流域和河口自然及人类活动对长江三角洲冲淤演变的影响。

2010年，崇明县旅游局、华东师范大学开展的"崇西湿地生态保护与区域发展双赢模式的示范研究"，建立具有科研和科普功能的野外研究样区，开展珍稀鱼种（胭脂鱼）的野外放养研究，建立和完善湿地珍稀物种保育示范工程。同年，上海市水务规划设计研究院等单位开展的"十一五"后上海市滩涂资源开发利用与保护方案研究，为促淤圈围工程提供有益的经验借鉴，对维护滩涂资源动态平衡、保障海塘安全、控制河势和航道稳定具有指导作用。同年，复旦大学等单位开展的"崇明东滩互花米草控制与鸟类栖息地优化工程的关键技术研究"，对刈割淹水法控制互花米草的关键参数进行系统研究，开展互花米草控制示范工程；研究水鸟栖息地修复的关键因子。同年，华东师范大学等单位承担的"典型脆弱生态系统重建技术与示范——崇明岛生态系统修复与生态安全预警关键技术及示范"（2006—2010年）通过中国21世纪议程管理中心验收。开展滨海滩涂湿地生态修复研究和示范、滨江有林湿地生态修复和持续利用研究与示范、滨岸多功能海防林体系建设关键技术研究和示范、滨海盐渍区生态修复研究和示范和重要生态风险的综合预警和减防技术系统开发与示范。

第七编

区县科技

2000年,浦东新区科技局成立,金山、松江、闵行等区县建立高科技园区,闸北区成立上海市首家"科普超市"。2001年,黄浦区科技京城集成电路设计中心拥有全国一半以上的集成电路设计企业及设计专利,被认定为国家集成电路设计产业化基地。2002年,徐汇区荣获科技部"1999—2000年科技进步先进城区"称号,长宁区被信息产业部认定为"国家信息资源开发利用综合实验区",闵行、长宁、松江、南汇、崇明等区县的6个科技园区被授予"上海市科技园区"称号,卢湾、普陀和青浦等区县荣获全国科普示范城区称号。2003年,上海市区县孵化基地面积超过90万平方米,孵化企业1700多家。2004年浦东新区科技局和上海市高新技术产业开发区管理委员会获得全国科技管理系统先进集体称号,长宁区科委主任杜建英(女)获得全国科技管理系统先进工作者称号。

2005年,浦东新区、长宁区、闵行区、徐汇区、杨浦区荣获"全国科技进步先进区"称号,浦东新区、长宁区、闵行区、徐汇区、杨浦区、普陀区、闸北区、嘉定区获"2003—2004年度上海市科技进步先进区(县)"称号。2006年,浦东新区启动科技金融服务体系以及知识产权质押融资等试点改革;杨浦区整合区内大学科技园区、经济园区,完成创新基地框架体系的构建;黄浦区大力推进科技进步的评估机制和指标体系建设。2007年,徐汇区、杨浦区、浦东新区、长宁区、闵行区、嘉定区荣获"2005—2006年度全国科技进步考核先进区(县)"称号,徐汇区、杨浦区、浦东新区、长宁区、闵行区、嘉定区、卢湾区、闸北区获"2005—2006年度上海市科技进步先进区(县)"称号。

2008年,市科委与浦东新区、闸北区政府签署市区联动协议;浦东新区出台《浦东新区促进自主创新的若干意见》,形成13个综合配套改革重点改革事项;静安区提出建设科技创新最佳实践区;杨浦区完成杨浦知识创新基地的功能定位和新规划范围;青浦区东方绿舟获首批国家环保科普基地授牌。2009年,市科委与宝山区签订市区联动协议,与杨浦、闸北、闵行、宝山、长宁等区县签订市区联动年度工作计划;徐汇区制定《本区关于加快推进高新技术产业化的实施意见(2009—2012)》等;浦东新区和闵行区被国家科技部评为"全国科技进步示范区",被列为首批实施国家知识产权强区(县)工程;奉贤区被授予"上海国家生物产业基地"和"上海国家科技兴贸(生物医药)创新基地"。2010年,市科委分别与浦东、静安、黄浦等区签订市区联动年度工作计划;推进杨浦区"国家科技创新型示范城区"和浦东新区、闵行区"国家科技进步示范县(市)"建设;嘉定区入选中国首个电动汽车国际示范城市;科技部批准崇明县为创建国家可持续发展实验区。

第一章 浦 东 新 区

2000 年,推出《关于支持浦东新区企业技术开发机构发展的若干规定》等优惠政策。上海浦东科技创业(人才)资助资金受理 3 批 125 位创业人才,资助项目 59 项,资助金额 900 余万元。11 月 1 日,浦东新区企业技术创新大会召开,会议印发《关于鼓励浦东新区企业技术开发机构发展的若干意见》。2001 年,修订科技发展基金及各专项资金管理办法。新区科技发展基金立项 237 个,资助金额 7 305.03 万元。

2002 年,发布《"十五"期间浦东新区鼓励和支持软件产业发展的若干意见》等科技政策;搭建"浦东创新创业周"和"浦东科技电子政务系统"两个科技工作平台。投入科技发展基金 12 806.33 万元,立项资助 420 个项目。科技创业人才资助资金专项资助 44 个创业项目,其中信息技术领域 24 项,生物医药领域 11 项,新材料领域 4 项,环保领域 5 项,协议无偿资助额为 868 万元。2003 年,科技发展基金实现项目网上申请、网上受理和网上评审,累计资助项目超过 1 000 个,资助总额突破 2.8 亿元,带动社会资金投入 30 亿元,受资助企业上缴税金约 50 亿元。浦东科技创业人才资助资金立项资助 30 项,合同无偿资助创业者资金 870 万元。新引进上海市光电子行业协会等市级行业协会 7 家,浦东新区与科技产业相关的协会发展至 25 家。与芬兰贸工部签署科学与技术合作谅解备忘录,拓展中欧技术转移中心等服务机构的功能。

2004 年,被授予"全国科技进步城区""全国科普示范城区""全国'科教进社区'活动先进集体""国家电子政务应用奖""上海市科技进步先进区"等荣誉。通过科技发展基金向科技企业拨付各类资金 15 535.8 万元;贷款担保高新项目 30 项,贷款金额 6 650 万元。技术创新活动经费支出 100 亿元。与杨浦区签署《关于实施科教兴市主战略加强两地合作共同发展框架协议》。2005 年,形成推进科教兴市主战略 2005 年行动计划和"高举一面旗帜(张江高科技园区)、实施四个一批(引进一批、培养一批、建设一批、做强一批)"的工作方案。获国家科技进步奖 4 项,获上海市科技进步奖 31 项。科技发展基金支持项目 600 项,合同资助额 2.4 亿元,资助项目主要集中在生物医药、软件和集成电路等三大产业,安排 4 000 多万元合作组建浦东生物医药基金。

2006 年,推出浦东新区自主创新杰出成就奖,每年安排 1 000 万元,对在自主创新中做出突出贡献的领军人才和创新创业团队进行奖励。启动 10 亿元创业风险引导基金,推动张江国家知识产权试点园区挂牌启动,出台《浦东新区科技公共服务平台建设和管理暂行办法》《关于整合新区政务信息资源的建议意见》等政策性文件。4 月 6 日,召开"浦东新区自主创新推进大会",颁布《浦东新区区委、区府关于加快建设自主创新示范引领区的决定》,研究制定"2006 年度浦东新区自主创新行动计划"。2007 年,制订《浦东新区 2007 年电子政务建设推进方案》,颁布《浦东新区推进电子政府建设实施纲要》,制订《2007 年新区信息化和社会诚信体系建设工作要点》。全社会研发投入占 GDP 的比例达 2.8%。创归并浦东新区科技发展基金原来 9 项专项资金,设立"自主创新专项资金",优化无偿投入的资金比例和使用方式。科投公司与恒邦公司等 6 家民营企业正式签约成立规模为 4 亿元的"慧眼创投基金"。在全国率先启动知识产权质押融资业务。新区集聚创投机构达 70 多家,管理资金总量约 200 亿元。

2008 年,高新技术企业、高新技术成果转化项目、软件企业、软件产品认定等事权下放浦东。

发布《浦东新区促进自主创新的若干意见》。吸引 10 家创投机构迁入浦东,引导基金引导形成总规模 109.35 亿元的创投资本集聚浦东,设立专注于集成电路、生物医药等领域的科技型中小企业的浦东科技金融服务公司。全年提供知识产权质押贷款担保 30 多笔,担保金额 5 000 万元。新认定研发机构 77 家,新认定科技公共服务平台 26 个,推动上海市研发平台分中心在浦东布局。实现加计抵扣税基达 20 亿元。获得国家科学技术奖 13 项。2009 年,开展"推动张江成为国家自主创新示范区""探索建立鼓励高科技企业境外并购的便捷通道"等 10 余项科技领域的综改事项。浦东新区科技发展基金管理办公室印制《浦东新区科技基金政策汇编》5 000 册。创业风险投资引导基金累计出资 8.36 亿元,引导在浦东新区设立 16 支创业风险投资基金,总规模超过 300 亿元。通过企业信用互助为 39 家企业担保 1.12 亿元,通过知识产权质押为 59 家企业融资 1.02 亿元,通过金融服务公司为企业提供 2.08 亿元的贷款。5 个项目获国家科技进步奖,浦东新区被国家科技部授予"国家科技进步示范县(市)"称号。

2010 年,浦东新区创业风险投资引导基金出资 1.9 亿元,发起设立浦东科创基金和上海诚毅新能源基金;引导社会资本向浦东科技企业投资 10.8 亿元,累计达到 60 亿元。通过知识产权质押、企业信用互助、金融服务公司委托贷款累计帮助 100 余家科技企业获得逾 5 亿元的商业贷款。51个项目获国家或上海市科学技术奖,与复旦大学等高校合作,举办创新领导力计划第一期培训班。制定《浦东新区科技事业"十二五"规划》。

第一节　高新技术产业与园区

2000 年,高新技术工业总产值 676 亿元,信息产品制造业产值 455.11 亿元。14 项新产品被列入上海市新产品试制鉴定计划,其中 6 项被批准为国家级重点新产品。认定上海市高新技术企业206 家;民营科技企业新增 319 家,技工贸总收入超过 50 亿元;完成 60 项上海市高新技术成果转化项目,引进近 50 家科技企业和投资企业,注册资金 10.8 亿元。科技专项资金立项 31 项,资助 480万元。180 多家企业申报国家科技部和上海市的科技型中小企业创新基金,其中 40 多项批准立项,获资助 4 000 万元。张江高科技园区引进项目 140 个,中外合资企业、独资企业投资额 31.67 亿美元,内资企业投资额 22.5 亿元,园区工业销售收入 50 亿元,其中高新技术企业产值约 45 亿元。2001 年,获国家火炬计划项目 3 项,总投资 930 万元。获市级火炬计划项目 14 项,总投资 12 263万元,实现年销售额 2.9 亿元。获国家重点新产品计划项目 9 项,资助资金 240 万元。获市新产品试制鉴定计划项目 8 项。获国家科技型中小企业创新基金项目 17 个,资助金额 1 237 万元。获上海市种子资金项目 27 个,资助资金 575 万元。认定市高新技术成果转化项目 87 项。高新技术工业企业产值达到 912.7 亿元。新增市高新技术企业 112 家,复审通过 174 家。新增民营科技企业261 家,注册资金为 38.98 亿元。张江高科技园区全年开发面积 5 平方千米,超过前 8 年的总和,实现高新技术产值 43.24 亿元。金桥出口加工区实现高新技术产值 516.92 亿元。外高桥保税区全年投资额接近 12 亿美元,是保税区建区 11 年来吸引投资的最高年份。孙桥现代农业园区分别被国家质量技术监督局和科技部认定为农业标准化示范区、国家农业科技园区。

2002 年,高新技术企业产值 911.86 亿元。认定上海市高新技术企业 97 家,新认定上海市高新技术成果转化项目 101 项,新审批民营科技企业 371 家。12 月 19 日,由 20 余家从事创业投资、担保、咨询以及金融等服务的机构、个人自愿组成的浦东新区创业投资协会在中银大厦成立。2003年,新认定上海市高新技术企业 85 家,市级高新技术企业总量达 412 家,实现工业总产值 908 亿元,实现总收入974亿元,总销售额965亿元,利润总额37.9亿元,上缴税金40亿元,出口创汇34亿元。新经审批科技型企业356家,注册资本金约14.7亿元。各类民营科技企业达1596户,企业注册资金总量481亿元。建成软件产业技术增值服务平台、生物医药仪器设备共享网络等专业性公共服务平台。实现高新技术产业产值1215.76亿元,新认定上海市高新技术成果转化项目108项。信息产业实现产值848.97亿元,生物医药产业实现产值80.33亿元,新材料产业实现产值128.89亿元,环保产业实现产值1.98亿元。张江高科技园区实现高新技术产业产值107.59亿元,金桥出口加工区实现高新技术产业产值498.62亿元,陆家嘴金融贸易区软件产业营业收入就达到36亿元,外高桥保税区实现高新技术产业产值330.88亿元。

2004年,实现高新技术产业工业总产值1504.49亿元,实现利润近100亿元。金桥出口加工区高新技术产业工业总产值630.72亿元,外高桥保税区高新技术产业工业总产值406.46亿元,张江高科技园区高新技术产业工业总产值180.27亿元。国家软件出口基地、国家半导体照明工程产业基地和国家文化产业示范基地落户张江。2005年,形成创建国家自主创新示范园区、国家火炬创新试验区和国家知识产权制度试点园区的相关方案。组建“浦东移动视音频产业联盟”“抗体药物产学研联盟”等产业技术联盟。新引进外资研发机构14家,新认定研发机构23家,新认定高新技术企业61家,高新技术成果转化项目108项。高新技术产业实现工业产值1678亿元,集成电路产业基地累计引进200多家集成电路产业相关企业以及20余家研发机构,生物医药产业基地集聚300多家科技创新企业和40多家研发机构,软件产业基地软件企业总数近1000家,基地软件产业销售总收入约180亿元,占上海市的1/3,软件出口约为3.4亿美元,约占上海市的60%。

2006年,集聚20个孵化器,孵化面积50多万平方米,入驻企业超过700家。浦东企业获国家科技进步奖一等奖1项、二等奖5项,上海市科技进步奖一等奖10项、二等奖18项、三等奖14项。高新技术产业产值1728.53亿元,认定的上海市高新技术企业达528家,上海市科技小巨人企业3家、科技小巨人培育企业7家。张江高科技园区被批准为上海国家生物产业基地、RFID产业基地,浦东新区的国家级产业基地达到14个。集成电路产业基地产值突破194.29亿元,生物医药产业基地产值103.02亿元。生物医药产业集聚430家生物医药企业。2007年,新认定高新技术企业96家,总数达624家,上海科技小巨人企业有5家,科技小巨人培育企业有29家。新经济总量2700多亿元,高技术产业产值1318.98亿元。推进展讯通信、药明康德、海德控制等3家企业上市,有5家企业进入上市通道。生物医药平台一期、知识产权平台等成为国内软硬件水平最高的平台之一,国家软件产业基地、国家软件出口基地和浦东软件园三期的建设进入冲刺阶段。浦东新区生物医药产业以张江高科技园区为核心,形成研发创新体系和完整产业链。

2008年,创新经济总量达3100亿元,高技术产业收入1680亿元,高技术产业产值达1471.18亿元,集成电路产业实现销售收入273.8亿元,生物医药产业产值126.93亿元,软件和信息服务业销售收入560亿元。认定软件企业591家,国家规划布局内的重点软件企业10家。浦东软件园本部新引进软件企业64家,新签合同、续签合同及扩租合同累计179个,园区企业总量达918家。2009年,在上海市推进高新技术产业化九大重点领域中,“新浦东”布局8个,浦东新区成为上海高新技术产业化的主战场。高新技术产业规模达2800亿元,新增高新技术企业200家,认定技术先进型服务企业61家,新增市级研发机构6家,新增区级研发机构20家。推动上海数字视音频广播产学研联盟、上海嵌入式系统产学研联盟和上海航空器机载设备产学研联盟设立。浦东张江—周康获“上海国家生物产业基地”和“国家科技兴贸创新基地”授牌。10月10日,发布《浦东新区推进高新技术产业化实施方案(2009—2012)》。

2010年，高新技术产业规模达到3 570亿元，29家企业入选上海市小巨人（培育）企业，196家企业获2010年上海市创新资金项目立项，认定的高新技术企业达到774家，技术先进型服务企业达到131家，各级研发机构达到393家。共有6家科技企业在国内外资上海市场上市。6月28日，正泰新能源产业基地200兆瓦太阳能电池组件项目在南汇工业园区举行落户签约仪式。10月12日，由浦东56家新能源企业和机构组成的浦东新区新能源产业联盟成立。联盟覆盖太阳能、风电、核电、生物质能、新能源汽车及电池、IGCC、智能电网等新区重点发展领域。12月7日，出台《浦东新区推进高新技术产业化的决定》。

第二节 科 学 普 及

2000年，浦东新区科协主办，以"崇尚科学文明、反对迷信愚昧"为主题的科普活动，历时一个半月，于6月中旬结束。主要活动有：主题科普展板巡展，大型广场科普宣传和首次群众科普文艺汇演。2001年4月18日，浦东新区举行科协第一次代表大会。大会通过浦东新区科学技术协会章程，选举产生新区科协第一届委员会和新区科协第一届常委会。11月8—14日，2001上海科技节浦东新区活动举行，活动主题为"生物科技——为新世纪人类的幸福"，活动分生物科技知识传播、学术研讨、成果展示、评比表彰四大板块，区重点活动、基层活动、中小学活动三个层面，共举办各种活动20多项。12月6日，由浦东新区科技局、浦东新区科协联合举办的"2001年中国科学院院士系列科学报告——上海浦东报告会"在浦东假日酒店举行。

2002年，形成以"区科协—街道（镇）科协—村（居）委会科普小组"三级网络为主体，学校、社区、企业等社会各界共同参与的科普工作体系。5月，浦东新区举办科技周活动，200余家单位参与，受益人数达80余万人次。期间举办科普广场活动、科普讲座、科普咨询等活动326场次，科普文艺汇演12场次，青少年专题活动202场次，展出板报558块。8月，浦东新区被中国科协命名为全国科普示范城区创建单位，建造科普画廊25个和科技报廊近500个，建设科普教育基地达到18家、科普村（居委）231家、科技教育特色学校32家、科普商业单位1家。形成"心连心"健康科普巡讲等系列科技下乡活动，成立科技拥军专家组。开展"院士进校园""浦东小院士"评选等青少年科技活动。9月11—18日，浦东新区人民政府主办，浦东新区科学技术局和科学技术协会承办每两年一次的"浦东创新创业周"活动。首届"浦东创新创业周"组织"2002创新精品项目展""创新论坛"等系列活动。浦东新区首届学术年会与"浦东创新创业周"活动同期举办，活动主题为"加入WTO后中国科技创新与可持续发展——挑战与机遇、责任和对策"。

2003年，组建科普教育基地23家，其中国家级6家、市级13家。"科普一日游"全年接待游客241万人次，全区推广12座电子画廊。设立"浦东新区重大科技、科普活动专项资金"，共立项资助14个项目，立项资助资金146万元。浦东科普网开通，网站内容包括电子画廊、地球故事、生命奥秘、科普动态等。3月20日，浦东新区正式组建科普工作联席会议制度，并首次召开联席会议。5月17—23日，以"依靠科学，战胜非典"为主题的上海市浦东新区科技节成功举行。期间推出区级活动20余项，100余家单位参与活动，20多万人在活动中受益。7月21日，浦东新区举办第三届群众科普文艺汇演。10月26日，浦东新区科普志愿者协会召开第一次代表大会，选举产生协会第一届理事会成员。12月23日，浦东新区科协牵头举办"学会·学校·基地"手牵手共建协议签订仪式，为开展青少年科技教育、科普活动牵线搭桥。12月27日，浦东新区科普信息网络传播中心启动。

2004 年,创建科普居委、科普村 501 个,科技特色学校 47 所,科普社区(街镇)12 个,建立科普教育基地 23 个。开通上海市第一个区县科普专业网站,依托该网络开展"互联浦东人"等活动。新区 67 家中小学与区内 17 家科普教育基地、13 个专业学会签订共建协议。浦东新区科协等部门联合建设综合活动、社区科普、校园科普、科普旅游等平台,举办群众科普文艺汇演、院士科普讲坛、专家进社区等活动,推进科普画廊、报廊、电子画廊进社区等项目。10 月,浦东新区被命名为"全国科普示范城区",被中国科协、中央文明办授予全国"科教进社区"活动先进集体称号。2005 年,举办 4 期以"产学研联盟"为主题的科技沙龙活动;对浦东集成电路、生物技术、光电子领域的科技活动和科普工程实行支持,专项资助达 360 万元;在"市级科普示范社区""市科普示范企业""市科技特色示范学校"和"市级科普教育基地"评审中取得佳绩;举办以"突出人本理念,聚焦科技热点,群众广泛参与"为特点的 2005 浦东新区科技节,组织六大板块 29 项区级重点活动,基层科普活动达到 200 多项,共有 69.3 万人次的市民在活动中受益。

2006 年,累计建立科普教育基地 26 个;上海数字科普公共服务平台在浦东新区建成;评选出一批科普示范居(村)委、科普示范家庭、优秀科普志愿者、科普传播功臣;积极推进互联浦东人信息化培训实事工程。在 2006 年科技节(周)期间,举办亚太地区创新孵化论坛等重大活动,举行各种科技、科普活动总数达 300 场次,15 万余人次参与科技周活动。启动"《科学家庭》系列科普读物进家庭"项目,编印 11 万册;开办知识讲座、讨论、研讨、咨询等多种形式的科普活动 150 余场次,受惠居民 2 000 余人。参加第二十一届英特尔上海市青少年科技创新大赛,共获得一等奖 10 项、二等奖 25 项、三等奖 48 项、各类专项奖 31 项。开展"科普共建"行动,有 20 家科普教育基地、10 家科技团体、67 所学校的代表签订合作协议,结成 155 对科普对子。2007 年,推进实施国务院《全民科学素质行动计划纲要》,建立由 15 家委办局任成员单位的公民科学素质领导小组,制订实施《全民科学素质行动计划纲要》的工作方案和具体措施。由浦东新区科协负责实施的 3 个"5"科普设施建设项目被新区政府列入 2007 年实事项目。在张江、金杨、潍坊等社区建立 5 座"科学体验馆",建成 50 个新型"科普画廊",500 个"科普数字终端"进社区。

2008 年,浦东新区财政拨付科普专项经费 1 028 万元。通过全国科普示范城区复查验收,获得两连冠荣誉。建成上海集成电路科技馆、3 个市科普示范社区和 3 所市科技教育特色示范学校等。5 月 15 日,浦东科技周在浦东展览馆开幕。科技周期间,开展 12 项区级主题活动、30 项重点活动,发动基层和社会各界开展普及活动 2 086 场次,超过 30 万人次参与。9 月 24 日,浦东院士科普讲坛在区行政中心举行。吸引近 700 名听众。10 月 20 日,浦东新区科协承办的第 5 届长三角科技论坛在浦东开幕。来自苏、浙、沪两省一市 300 多名科技工作者出席论坛。2009 年,推动建成张江镇、潍坊街道、金杨街道 3 个科技成果应用型示范社区,推进科普场馆提升改造成世博配套服务的专题性场馆;举办 2009 年上海科技节和上海科技活动周;上海动漫博物馆获得市科委支持 300 万元,中医药博物馆、电信生活体验馆得到市科委支持各 100 万元。5 月 15 日,以"携手建设创新型国家——科技世博,你我同行"为主题的浦东科技节拉开帷幕。浦东科技节突出四大内容:科技塑造和谐城市、科技创新美化生活、科技演绎精彩世博、科技构建和谐浦东。科技节期间组织 10 个主题活动、21 个重点活动、600 个普及活动,共有 31 万人次参与。

2010 年 5 月 14 日,以解读、演绎、传播"科技世博""低碳发展"为主题的浦东新区科技活动周开幕。科技周围绕"科技世博、绿色世博、低碳世博"等社会热点,组织 10 个主题活动、15 个重点活动、1 700 多项普及活动,35 万多人次参与。5 月 26 日,由浦东新区政府等主办的 2010 上海国际科学与艺术展在浦东展览馆开幕。10 月 20 日,浦东新区第 5 届学术年会开幕。学术年会以"科学技术与经济发展方式转变"为主题。

第三节　知识产权与技术服务

2000年，认定各类技术合同1 940项，成交额3.97亿元。其中，技术转让合同交易额达1.58亿元。2001年，获市发明专利一等奖3项、二等奖2项、三等奖1项，实用新型二等奖2项，专利申请优胜奖1项，专利实施效益奖2项。6月14—15日，由世界知识产权组织主办，国家知识产权局协办，上海市知识产权局和浦东新区政府联合承办的知识产权保护高级研讨会在浦东新区举行。国家知识产权局副局长马连元，世界知识产权组织国际研究会副会长普希彭德拉，以及中国、印度、澳大利亚等22个国家的专家、学者约150人与会。浦东新区区长胡炜提出浦东新区知识产权工作新目标。11月26日，国内首家在欧洲注册的非营利性机构——中欧技术转移中心在荷兰正式成立。中欧技术转移中心由上海浦东生产力促进中心与荷兰安永会计师事务所中国部、西荷兰外商投资局等多家机构共同创办。

2002年，企业申请专利2 397件，位居上海市各区县的第二位。在浦东科技网和科技电子政务系统实现对专利文摘与最新专利公报的远程检索。技术合同成交2 281项，成交额8.68亿元。5月，浦东生产力促进中心自主开发建成专利库及检索系统。9月，召开首次知识产权联席会议。2003年，专利申请2 580件，其中发明专利达1 064件。技术合同登记2 406项，合同金额11.3亿元。在上海市第二届发明创造专利奖中，浦东新区共获16个奖项。确立知识产权试点企业7家，建立"专利示范店"。

2004年，制订进一步加强专利工作的若干意见，开展企业专利试点和公共服务平台建设工作，编制知识产权公共服务平台建设方案。深入8个街镇开展"知识产权社区行"活动，举办"4·26世界知识产权日暨科普嘉年华"等活动。专利申请2 871件，其中发明专利达1 676件。有12家企业被列为上海市专利试点企业。获得第三届上海市发明创造专利奖8项。技术合同登记2 362项，合同成交额22.13亿元。2005年，技术合同认定3 034项，交易额38.64亿元，专利申请达3 141件，获上海市发明创造专利奖10项。张江高科技园区获批为国家知识产权示范园。建设知识产权公共服务平台，成立浦东知识产权中心。推荐申报上海市第二批专利试点企业8个；辅导新区25家上海市专利试点企业和专利培育试点企业。

2006年，技术合同登记2 631项，技术交易合同金额达64.1亿元。专利申请6 767件，其中发明专利2 557件。荣获上海市知识产权示范企业4家，新增申报上海市专利培育示范企业9家。设立"知识产权融资服务中心""国家知识产权局上海浦东受理点""浦东新区知识产权保护中心"。2007年，建立知识产权平台和知识产权保护协会，为企业提供信息检索、法律培训、质押融资、技术转移等多项服务；国家知识产权局在平台上设立国家知识产权局专利局浦东受理点，成为国内首创。专利申请量8 435件，其中发明专利3 054件；专利授权4 086件。拥有上海市知识产权示范企业12家，上海市专利示范企业5家，专利试点企业24家，专利培育企业14家；有2家商业企业获得上海市商业系统知识产权示范企业称号，4家商业企业列入上海市商业系统知识产权保护试点单位。

2008年，技术交易合同登记2 294项，技术交易合同金额达95.73亿元。发明专利申请3 065件，发明专利授权748件。步入国家知识产权示范园区行列，建立国家知识产权局专利局上海张江专利审查员实践基地。2009年，技术合同登记2 518项，合同成交额达到129.97亿元。专利申请量达到 14 645 件,位居全市之首,其中发明专利 5 372 件。7 月,国家知识产权局复函市政府,同意张江园区为国家知识产权示范创建园区。2010 年,专利申请 17 587 件,专利授权 12 764 件。编制知识产权发展"十二五"规划,推进知识产权创造、运用、保护、管理"四位一体"建设,探索建立专利、商标、版权"三合一"的执法机制,聚焦重点,整合资源,创新机制,提升水平。

第二章 徐 汇 区

2001年10月15日,徐汇区科技创新大会在上海光大会展中心召开,近300余人与会。2003年4月,向获得国家自然科学奖一等奖的蒋锡夔院士、计国桢研究员颁发徐光启科技奖章金奖,向获国家自然科学奖二等奖的戴立信院士和侯雪龙研究员颁发徐光启科技奖章银奖;对《徐汇区人民政府关于徐光启科技奖章和徐光启科技荣誉奖章评选和颁发的实施细则》进行修改。11月27日,开通徐汇科技网。

2004年,徐汇区被中国科协命名为"全国科普示范城区",被中国科协、中央文明办评为"全国'科教进社区'活动先进集体",被市科委命名为"上海市科技进步城区",被市科协命名为"2004年度电子科普画廊建设工作先进集体""2004年度上海市'科教进社区'活动先进集体""2004年度上海市青少年科普活动开展先进集体"称号。2005年,第四届徐光启科技奖章评选揭晓,向张岑等10人颁发徐光启科技奖章金奖,向郑晟等20人颁发徐光启科技奖章银奖。区级财政用于科学事业费的支出为498.92万元。徐汇区荣获"2003—2004年度全国科技进步先进城区"荣誉称号。

2006年,出台《徐汇区"十一五"科技发展规划》和《徐汇区贯彻〈国家中长期科学和技术发展规划纲要若干配套政策〉和〈上海市中长期科学和技术发展规划纲要若干配套政策〉的实施意见》等文件。区级财政用于科学事业费的支出为490.64万元,设立2 000万元自主创新产业化项目专项资金。8月23日,徐汇区科技工作会议在市委党校报告厅举行。颁布《徐汇区科技发展第十一个五年规划》和《徐汇区增强区域创新活力的实施方案》。2007年11月,徐汇区政府与市科委签署《市区联动,增强徐汇科技创新能力协议书》。10月下旬至12月上旬,徐汇区开展"提升自主创新能力,完善区域创新体系"的专题调研,深入区域内科研院所、科技园区、科技企业就开展自主创新和创业发展过程中遇到的瓶颈问题进行调研,并提出对策措施。

2008年,徐汇区科委被评为全国科技管理系统先进集体。与市科委共建上海医药临床研究中心,推动葛兰素史克公司在徐汇建立全球研发中心,支持中国科学院上海有机化学研究所建设枫林生命科学园化学信息服务平台,推进上海工业自动化仪表研究所建设新型自动化仪表检测技术平台。2009年,被命名为"2008—2009年度全国科技进步考核先进区"。与中国科学院上海生命科学研究院签署新一轮合作协议,共同推进枫林生命科学园区建设、生物技术和生物医药产业发展;举行徐汇区政府与上海中医药大学战略合作签约仪式,共同推进上海中医药大学附属龙华医院"国家中医临床研究基地"建设和生物医药产业发展。2010年2月5日,第6届徐光启科技奖章颁奖仪式在徐汇区政府会议厅举行。徐汇区区长陈寅及区内科技工作者代表出席颁奖仪式。陈寅为工作或居住在徐汇的4位新当选的两院院士丁健、王曦、林鸿宣、周良辅颁发徐光启科技奖章荣誉奖,为19名科技人员颁发徐光启科技奖章金奖和银奖。

第一节 高新技术产业与园区

2000年,新办各类民营科技企业332家,注册资金14.44亿元;共有民营科技企业913家,技工贸收入56.54亿元,利润2.8亿元,税金2.34亿元,总资产74.3亿元。获国家科技部"973"专项基金 2 000 万元,列入上海市高新技术成果转化项目 10 项;列入国家重点新产品计划 7 项,其中 2 项获得 60 万元资金资助;列入上海市第一批科技产业化项目 9 项;3 家企业获 135 万元国家中小科技企业创新基金资助。91 家企业经复审,认定为市、区级高新技术企业。徐家汇科技密集区吸引 134 家民营科技企业、2 亿元注册资金入住。徐汇区软件基地招驻企业 50 余家,被纳入国家科技部火炬中心上海软件园区。2 月 23 日,颁发《上海市徐汇区人民政府关于促进徐家汇科技密集区发展若干意见》,建立密集区联席会议制度,组建密集区办公室。

2001 年,32 个项目被认定为上海市高新技术成果转化项目;44 个项目被列为国家和上海市各类科技产业化项目;24 家科技企业获得国家和上海市创新基金资助,资助金额达 590 万元。以徐家汇为中心的科技密集区,聚集两个国家级大学科技园区和国家知识创新工程园区,崛起徐汇软件基地、慧谷创业中心等六大科技产业化基地,民营科技企业近 600 家。召开企业上市专题研讨会,交流企业上市的经验体会。8 月,由徐汇区政府和华东理工大学共建的上海纳米技术产业化基地正式揭牌。2002 年,23 个项目分别获得国家或上海市创新基金支持,共 905 万元。25 个项目分别被认定为国家级或市级科技产业化项目,40 个项目被认定为上海市高新技术成果转化项目。5 家民营科技企业获得 2001 年度上海市科技进步奖。电子信息领域的企业达 430 家,技工贸收入 43.38 亿元;生物医药保健品企业有 137 家,技工贸收入约 20 亿元。10 月 22 日,徐汇区召开首次科技园区、产业化基地工作座谈会。各科技园区、科技产业化基地负责人及区科委等有关部门负责人参加会议。

2003 年,18 个项目获得国家创新基金和上海市创新资金支持,获资助金额 570 万元;36 个项目被认定为上海市高新技术成果转化项目。电子信息产业企业 430 家,技工贸收入 43.38 亿元;生物医药保健品企业有 137 家,技工贸收入约 20 亿元。11 月 27 日,区委、区政府举办"区高新技术产业发展推进大会",会上,区政府同中科院上海分院等签订科技合作协议;颁发《关于加快徐汇科技园区发展的若干意见》等政策文件。11 月 27 日,由上海市知识产权局和徐汇区人民政府合作建立的上海专利技术产业化徐汇示范园区在徐汇区正式揭牌。这是上海市第一家以自主知识产权和专利技术转化产业为主要群体的科技园区。2004 年,23 个项目获得国家创新基金和上海市创新资金支持,获资助金额 845 万元;4 家科技企业的技术创新项目分别获得 2004 年度上海市科技进步奖一、二、三等奖;有 26 个项目被认定为上海市高新技术成果转化项目。区政府和上海市纳米科技与产业发展促进中心共同资助建设的上海市纳米材料公用服务平台对社会开放。

2005 年,获得国家创新基金资助立项 11 项,国家重点新产品立项 4 项,上海市创新资金资助立项 24 项,上海市火炬计划项目 15 项,上海市重点新产品计划立项 12 项,上海市高新技术企业认定 16 家,上海市高新技术成果转化项目 43 项。5 月 10 日,国家信息中心上海 DRS 数据修复中心,在徐汇区正式挂牌成立。这是国家信息中心 DRS 数据修复中心在北京以外成立的第一家分中心。8 月 3 日,"上海徐汇生物医药技术国际外包服务中心"揭牌成立。力争在枫林—漕河泾形成以生物医药国际 CRO 服务、生物医药国际知识产权合作为特征的国际化生物医药产业集群。

2006 年,2 家企业获 2006 年度上海市科技小巨人企业称号,10 家企业获上海市科技小巨人培育企业称号,12 家入选企业共获市级财政资助 1 300 万元。5 月 18 日,徐汇区与漕河泾新兴技术开发区举行战略发展联盟协议的签署仪式。5 月 29 日,徐汇区与复旦大学、中钢集团签署合作协议,共同促进枫林生命健康科学园区发展。2007 年,上海市高新技术企业认定和复审 315 家;13 家企业被评为上海市科技小巨人企业和科技小巨人培育企业。3 月 30 日,徐汇区科委、经委联合召开科技小巨人工程推进工作会议,会议颁布《徐汇区科技小巨人工程实施意见》。9 月,徐汇区数码娱乐基地被正式批准为"国家数字媒体技术产业化基地"。

2008年,25个项目被国家科技创新基金立项,共获1 400万元资助;上海市创新资金立项111项,对其中68项给予市区联动立项支持,支持资金2 005万元;评选区自主创新产业化项目30项,资助金额2 016.5万元;上海市创新行动计划重点新产品16项;上海市高新技术成果转化项目67项。7家企业当选上海最具活力科技企业,8家企业被评为上海最具活力科技企业提名奖。7月29日,市区联动共建平台暨上海市动漫公共技术服务平台落户徐汇区签约仪式在徐汇数字娱乐大厦举行,上海市科技信息中心和徐汇区科委签署共建动漫公共技术服务平台的合作协议。12月29日,徐汇区科委召开2008年度徐汇区科技园区、孵化器工作会议。2009年,徐汇区政府与市经信委、漕河泾开发区总公司共同签署《共同推进徐汇区软件和信息服务业高新技术产业化工作的合作协议》和《共同推进徐汇区电子信息制造业高新技术产业化工作的合作协议》,颁布《徐汇区关于加快推进高新技术产业化的实施意见(2009—2012)》以及三大产业的推进计划和配套政策的实施细则。获国家和上海市科技产业计划项目254项,其中国家级计划项目58项,市级科技计划项目196项;认定15项区自主创新产业化项目,累计完成105项自主创新产业化项目立项扶持。

2010年,21个项目被列入2009年度上海市高新技术产业化重点项目徐汇区资金配套计划项目,项目配套资金总额3 955万元,其中首付金额1 405万元。通过上海市高新技术成果转化服务中心认定的成果转化项目56项,新增国家和上海市创新基(资)金项目122项。获得国家创新基金39项,累计获得资助金额2 475万元。1月26日,2009年度徐汇区科技园区(孵化器)建设工作研讨会召开。

第二节　科　学　普　及

2000年,开展"徐汇区科普需求状况"调查和社区科普资源摸底工作。新建上海气象局等科普教育基地6个,使徐汇区市、区级科普教育基地增至23个。田林十村居委会荣获上海市"十佳"科普村称号。以"崇尚科学文明,反对迷信愚昧"为主题,通过举办科普报告、播放科普录像、科普志愿者下社区等形式,推进科普社区工作。9月5日,科普手册——《我们的科学》在上海图书馆举行首发式,首批1.5万册分发各街道(镇)。2001年,开展"科普进社区,知识进家庭"活动;组织实施"反对邪教,保障人权,百万公众签名活动";举办首届"科技活动周"系列活动;组织上海科技节徐汇区活动;首次举办网上科技节活动,设置"科技在徐汇、科普进社区、知识进家庭、青少年科技、科技节动态"等五大板块内容;编撰发放第二、第三册《我们的科学——社区科普系列手册》,受到广大社区居民的好评。

2002年5月,围绕"科技创造未来"的主题,开展第二届上海科技活动周徐汇区活动。在各个社区开展各种科普活动,表彰青少年科技创新大赛优秀选手。开展居民科普一日游活动。举办"科技在徐汇"专题展览,宣传和展示科技产业等成果。举行以"讲科学生活、建文明社区"为主题的全国"科教进社区"上海徐汇启动仪式。编印、发放第四、第五册《我们的科学——社区科普系列手册》。制作《科普法》宣传移动展板和社区科普成果系列展板,巡回展出。2003年,修订区科普联席会议制度,调整区科普工作联席会议成员单位,并召开会议;审议并通过《徐汇区科普创新项目实施办法》和《徐汇区科普表彰奖励办法》;召开社区科普工作会议及区域内国家、市级科普教育基地负责人座谈会。启动网上科技节活动;完成《我们的科学——社区科普系列手册》编印及"五进社区五到家"展板制作等各项工作;承办2003年"科技创造未来——城市、创新、主人"市民科普讲坛科研和教育工作者专场的市复赛。

2004年2月14日,在漕溪公园联合举办徐汇区科普志愿者社区行动计划启动仪式暨徐汇区科普志愿者协会漕河泾街道分会授证仪式。行动计划主题是"将科学种子撒向社区、用科学方法享受生活"。5月16日,在六百广场举行"2004上海科技活动周"徐汇区活动开幕式。以"绿色生活区""绿色家居区""绿色行为互动展区"和"青少年绿色教育互动展区"为主要展览内容的广场科普宣传。2005年,举办科普讲座23场,参与者8 630人次;开放科普教育基地17个,参观人数10 500人次;发放科普宣传资料3种,计53 200余份;制作展出科普展板85块,总长度110.5米。举办各类学术交流活动21次,参加人数1 600人次。5月15日,2005年上海科技节徐汇区活动暨徐汇区第十八届中小学生科技节开幕仪式在上海植物园举行。市、区领导向社区代表发放《我们的科学——社区科普系列手册之八》,向2003—2004年度徐汇科技特色示范校以及新增的科技特色学校授牌,为2005年徐汇区"明日科技之星"授证,举办科普版面社区巡展的揭幕仪式。

2006年5月20—26日,主题为"携手建设创新型城市"的2006年度上海科技活动周徐汇区活动举行。活动期间举办"互动、展示、宣传、实践"四大类6个板块近50余项活动。9月14日,围绕2006年全国科普日活动的主题"预防疾病,科学生活,节约能源,从我做起"在全区开展各项主题科普活动。12月29日,举办"五进社区五到家——科普套餐进西南"主题活动。包括"科普之窗"电子触摸屏、园艺科普书籍、科普影片放映周等内容。2007年5月19—26日,徐汇区举行2007年上海科技节徐汇区活动。组织"聆听花语"摄影图片展"科学与生活""科普伴我行"等科普活动60多项。10月24日,"2007上海节能减排社区科普巡展启动仪式暨徐汇社区展开幕式"在徐汇区青少年活动中心举行。巡展采用图片、文字、实物等形式,在社区居民中普及节能减排的科学知识。

2008年,通过全国科普示范城区复查。举办2008年上海科技活动周徐汇区活动,组织科技奥运主题展等近70项活动,参与者约8 000人次。开展节能减排宣传活动,发放专题科普挂图6 000份,发放节能知识相关的书籍200册。举办各类学术交流活动30次,参加人数近2 000人次。徐汇区84件作品入围上海科普多媒体作品大赛。"5·12"汶川地震发生后,紧急加印地震小常识挂图3 000张和《避震小常识》10 000册。2009年5月16—22日,举办以"科技·人·城市——与世博同行"为主题的2009年上海科技节系列活动。活动共分展示、论坛、青少年、社区等六大板块,安排70余项内容,参与人数近6万人。7月20日,举行"探索宇宙奥秘、赏日食奇观——天文科普进军营"主题活动。9月19日,2009年全国科普日徐汇区活动正式拉开帷幕。科普日活动的主题是"节约能源资源、保护生态环境、保障安全健康"。5月12日是中国首个防震减灾日,徐汇区地震办以"加强防震减灾、关注生命安全"为主题,组织防震减灾知识宣传活动,编制宣传小册子10 000余册、挂图1 000余套(3 000张)。

2010年1月25日,召开2010年度社区科普工作会议,会议通报徐汇区2009年科普工作总结和2010年科普工作思路。4月26日,徐汇区召开科普工作联席会议暨公民科学素质工作联席会议2010年度联会。对徐汇区科普"十二五"规划制定工作进行沟通和讨论。5月15—21日,"2010上海科技节"徐汇区活动举行,主题是"城市·创新·世博——让生活更美好"。活动分八大板块,共70余项活动内容。7月22日,徐汇区召开2010年度防震减灾联席会议,会议通报世博期间区域防震减灾工作重点、徐汇区防震减灾近期工作及"7·28"活动方案。9月18日,全国科普日上海地区活动暨上海市民节能科普知识网上竞赛活动正式启动。

第三节　知识产权与技术交易

2000 年,认定技术合同 4 357 项,成交金额 7.6 亿元。2001 年,申请专利 2 346 件。2002 年 12 月 12 日,举办以"WTO 与企业核心竞争力"为主题的专利论坛活动。会上,10 个专利实施优秀项目分别被授予徐汇区专利一、二、三等奖。5 家单位获得区专利申请优胜奖;4 家单位被命名为区专利工作试点企业。2004 年,申请专利 1 621 件,其中发明专利申请 691 件;认定技术合同 2 269 项,成交金额 9.3 亿元。12 家企业被命名为上海市专利试点与培育专利试点企业。

2005 年,申请专利 2 173 件,其中发明专利 1 005 件,实用新型专利 612 件,外观设计专利 556 件。技术合同 6 021 项,合同金额达到 31.6 亿元。4 月 24 日,徐汇区政府举行 2005 年上海市保护知识产权宣传周徐汇区系列活动。11 月 16 日,徐汇区知识产权局等有关部门在上海市第二初级中学举行学校知识产权教育活动推进研讨会。12 月 30 日,徐汇科技网发布《徐汇区专利申请奖励办法(试行)》。2006 年 4 月 22 日,徐汇区举办"我创意、我设计、我发明"——徐汇区"世界知识产权日"宣传活动。活动表彰 2005 年度徐汇区知识产权优秀学校。2007 年,申请专利 2 521 件,其中专利发明 1 210 件;授权专利 2 825 件,其中发明授权 1 261 件。技术合同 8 375 项,合同金额达到 144.11 亿元。

2008 年,申请专利 3 011 件,其中发明专利 1 680 件,实用新型专利 996 件,外观设计专利 335 件。专利授权 3 185 件,其中发明专利授权占 51%。实现技术合同交易金额 159.58 亿元。2009 年,技术合同成交 7 115 项、成交金额 133.97 亿元。1 月 19 日,徐汇区举行贯彻落实知识产权战略纲要、鼓励企业持续创新表彰大会暨区知识产权局、上海专利商标事务所知识产权战略合作签约仪式。2 月 25 日,徐汇区知识产权局启动 2009 年知识产权培训专项计划。2010 年,实现技术合同交易金额 155.70 亿元。2 月 9 日,徐汇区政府和上海联合产权交易所举行签约仪式,双方就搭建知识产权转让交易一门式服务平台等达成协议。启动"4·26 知识产权培训月"计划,举办系列知识产权相关培训。8 月 15 日,徐汇版权保护联盟正式成立。

第三章 长宁区

2000年3月28日,长宁区技术创新大会召开,区各部门、街道(镇),科研院所、大专院校和有关企业、机构300人出席会议。2004年,长宁区通过科技部2003—2004年度全国科技进步考核,被评为全国科技进步先进城区。3人获"2003—2004年度全国市(县、区)科技进步工作先进个人"称号。2006年,颁布实施《长宁区鼓励企业自主创新的若干政策(试行)》,制定《关于建立科技政策服务机构的工作方案》,22个"长宁区科技政策服务站"全部挂牌成立并开始运行。被评为全国科技进步先进区,被中国科协命名为"全国科普示范区"。2008年,对《长宁区鼓励企业自主创新的若干政策(试行)》的部分内容及实施细则进行修改,制定《长宁区科技小巨人培育企业试行办法》《长宁区科技型中小企业技术创新资金试行办法》,编制《科技政策早知道》。2010年,连续3次被评为全国科技进步先进区。

第一节 高新技术产业和园区

2000年,科技企业技工贸总收入52.75亿元,实现税收1.55亿元。19家企业入围上海市民营科技企业百强。列入上海市高新技术成果转化项目17项,总数计41项,产值3.5亿元。形成长宁信息园区、东华大学科技园、临空经济园区、长宁科学园、江苏路邮电通讯世界和上海交大长宁科技园等。新认定上海市高新技术企业10家,总数达33家。2001年,科技产业技工贸总收入59.4亿元,实现税收2.1亿元。19家企业入围上海市科技型中小企业"百强",位居全市各区县第一。新增19个市高新技术成果转化项目,4个项目获得国家创新基金无偿资助,5个项目获得市种子资金无偿资助,获国家火炬计划项目2项,市火炬计划项目8项,国家级新产品计划项目2项。长宁信息园入驻一批软件开发企业。东华大学科技园将新华路1万平方米商务楼和交通学校1.7万平方米的商务楼纳入科技园整体招商。

2002年,科技产业技工贸总收入272.81亿元,认定的上海市高新技术成果转化项目24个,列入2002年上海市高新技术成果转化"百佳"项目15个。10个项目获得市技术创新种子资金无偿拨款195万元。5个项目获得国家火炬计划立项和新产品计划立项;2个项目获得市火炬计划立项。1月16日,长宁信息园被认定为"市级软件产业基地"。3月15日,市科委批准在中山公园地区建立"上海多媒体产业园"。5月9日,市科委授予"虹桥临空经济园区"为市级科技园区。5月23日,科技部、教育部同意东华大学启动建设"国家大学科技园"。2003年,科技产业技工贸总收入363.97亿元,新增认定为上海市级高新技术成果转化项目24个,列入国家、市的创新计划项目12个,2个项目列入国家火炬计划,5个项目列入市火炬计划,5个项目列入市重点新产品试制计划。获得国家、市创新基金资助项目16个,LPG多点自喷直喷装置获得科技部中小企业创新基金资助80万元。上海多媒体专业孵化器分别在兆丰广场、兆丰世贸大厦建立两个孵化基地,吸引入孵企业30多家。长宁信息园"慧谷白猫科技园"将原双鹿冰箱厂的旧厂房改建为以吸引软件企业为主的科技园,引进企业65家。由市、区两级政府投资800万元建设的长宁信息园信息基础服务平台项目完成一期工程。9月10日,长宁区政府召开"推进科技园区工作会议"。会议出台《长宁区推进科技园区建设和发展的若干意见》,印发《科技产业政策指南》。

2004 年,排名前 100 强的科技企业技工贸总收入 351.49 亿元,获国家创新基金无偿资助项目 10 个,无偿资助金额 625 万元;获市创新资金无偿资助项目 15 个,无偿资助金额 350 万元;新增上海市认定的高新技术成果转化项目 25 个。长宁区 10 个信息技术项目获得国家创新基金无偿资助 625 万元。上海工程技术大学在市级软件产业基地“长宁信息园”启动大学科技园建设。2005 年,入选市科技型“百强”企业 12 家,获得国家“863 计划”立项资助项目 4 个,国家创新基金资助项目 8 个,市创新基金资助项目 11 个,市科技攻关计划资助项目 3 个。长宁区信息服务业税收达到 5.45 亿元,占全区现代服务业税收的 24.8%;信息服务业税收超 100 万元的企业达到 70 家。新增市认定的软件企业 15 家,市认定的高新技术企业 15 家,市认定的高新技术成果转化项目 28 个。上海多媒体产业园被认定为“国家数字媒体技术产业化基地(上海)园区”。

2006 年,推荐申报国家创新基金项目 29 个,受理匹配资助项目 64 个,全区匹配资金 1 020.3 万元。7 月 1 日,市科委和长宁区在长宁机关大厦联合召开第二次“市区联动,推动‘数字长宁’建设联席会议”。双方签订“市区联动,增强长宁创新活力”协议书。10 月 30 日,上海上生慧谷生物科技园举行开园仪式。园区引进 14 家生物医药企业入驻。2007 年,新增上海市认定的高新技术成果转化项目 28 个,16 个项目入选市创新基金项目,9 个项目入选国家创新基金项目,获得国家资助 460 万元。国家“863”计划“B3G”项目无线通信测试场、“新一代宽带无线移动通信网”全国技术测试中心等落地虹桥临空经济园。

2008 年,认定高新技术成果转化项目 20 项,获得国家创新基金资助项目 4 个,市创新基金资助项目 12 个。“GSN 世博通多用手持终端”项目,获 2008 年度上海市科技型中小企业技术创新资金市区联动共计 35 万元的资金资助。7 月 20 日,落户长宁区临空经济园的全球最大手机设计公司之一——晨讯科技集团下属希姆通信息技术(上海)有限公司研制出中国首台融合 TD‑SCDMA 和 CMMB 的电视手机。2009 年,制定《推进长宁区高新技术产业发展的意见》和《推动长宁区软件与信息服务业发展的意见》。认定高新技术成果转化项目累计 15 项。成立上海手机测试公共服务平台。8 月 31 日,长宁区政府与中国电信上海公司签署共同推进“大虹桥”2009—2012 年度信息化合作协议。9 月 17 日,长宁区召开 2009 年上海市高新技术企业、技术先进型服务企业认定政策解读会,区内百余家相关企业参加该次会议。10 月,长宁区获首批上海市软件和信息产业化基地命名。

2010 年,制定《长宁区推进上海市高新技术产业化(软件和信息服务业)产业基地工作方案(2010—2012 年)》等。认定上海市高新技术成果转化项目 6 项,10 个项目被认定为国家创新基金项目,19 个项目获市创新资金资助,8 个项目获区创新资金资助。4 月 27 日,在多媒体产业园设立咨询服务台,从上海市高新技术成果转化项目认定政策、企业研发费加计扣除政策、人才政策、成果转化项目享受财政扶持政策、投融资服务、技术转移服务等 6 个方面,为园区各企业提供现场政策咨询服务。

第二节　科　学　普　及

2000 年,有国家级科普教育基地 4 个,市级科普教育基地 6 个,区级科普教育基地 14 个,上海市科普志愿者 14 165 人。举行各类科普活动 1.6 万次,参加者 170 多万人次。4 月 17 日,长宁区科委和科协主办的“崇尚科学文明,反对迷信愚昧”科普宣传活动在天山商厦广场举行。150 多块科普宣传版面、150 余幅图片资料、10 多架科普实物模型等参展。2001 年,有国家级科普教育基地

4 个,市级 9 个,区级 15 个;市"十佳科普村"2 个,市级科普村 6 个,区级科普村 93 个;市科技教育特色学校 8 所,区级 21 所。11 月 8—14 日,上海科技节长宁区活动围绕"生物科技——为新世纪人类的幸福"这一主题,举办各类活动 1 500 余次,约 80 万人参加,被市科技节组委会评为优秀组织奖,区"网上科技节"项目被评为市优秀项目奖。

2002 年 4 月 21 日,区科委、科协在长宁信息园举办"全国科教进社区"长宁区活动启动仪式,5 000 多人参与。"科教进社区"共组织活动 2 611 项,吸引 20 多万人次参与。5 月,在虹桥时代电子广场举行"科技活动周"长宁区活动,2 000 多人参与 23 个项目的活动。第二届全国"科技活动周"长宁区活动共 278 项,参与者达 12.5 万人次。2003 年,有国家级科普教育基地 4 个、市级科普教育基地 8 个,其中上海工程技术大学汽车工程实训中心被列为首批"上海市科普旅游点";有市级科技教育特色学校 9 所,其中天山中学被列入上海市"防震减灾科普特色学校";有市级科普村 6 个,其中程桥二村被评为"全国科普先进集体";程家桥街道、天山路街道被授予"上海市科普示范社区"。将 300 多套《非典型性肺炎》科普挂图分发给全区。长宁区财政拨款 49.66 万元专项资金,在区科委办公楼内设立有感地震应急处置中心指挥部,编制《长宁区政府地震应急预案》,制作长宁区首张《防震减灾重要目标图》。5 月 17—23 日,围绕"依靠科学,战胜非典"的主题,创新"科技节"形式,策划"五个一"活动项目,网上科技节点击率达 2.7 万余次。

2004 年,上海神州数码有限公司被命名为上海市科普教育基地,华阳路、程家桥街道被命名为上海市科普示范社区,上海复旦上科多媒体有限公司和上海天宇技术发展有限公司被命名为上海市科普示范工业企业。5 月 17—22 日,在以"科技创造绿色生活"为主题的科技活动周中,长宁区组织国际论坛、知识竞赛、主题征文、科普大篷车、科普一日游等活动。7 月 28 日,在中山公园广场开展"7·28 防震减灾"宣传咨询活动,内容有现场咨询、版面宣传、发放资料、播放宣传片、防震减灾先进设备展示和实地演习。2005 年,中科院上海微系统与信息技术研究所、上海宽带技术及应用工程研究中心、上海多媒体产业园被命名为上海市科普教育基地,天山路街道、周家桥街道被命名为上海市科普示范社区,延安中学被命名为上海市科技教育特色示范学校;长宁区被中国科协批准列为第三批全国科普示范县(市、区)创建单位。上海儿童博物馆提升改造项目申报列入市科普重大项目,获得市科委支持资金 350 万元,长宁区政府匹配资金 100 万元,项目实施单位投入 300 万元。3 月 30 日,召开长宁区 2005 年度科普工作联席会议第一次会。5 月 14 日,以"数字创造新生活"为主题的 2005 年上海科技节长宁区活动在多媒体产业园会展中心揭开序幕。9 月 15 日是全国科普日,长宁区科委等发起组织"爱护水域资源,保护河道环境,做可爱长宁人"大型科普日宣传活动。

2006 年 7 月 21 日,首届全国青少年科学工作室教师培训班在长宁区少年科技指导站开班。来自全国 20 余个省(区、市)的青少年科学工作室的 41 位学员代表和长宁区 13 所"2049"项目试点学校的负责教师参加培训。9 月 16 日全国科普日,主办长宁区社区网络可视互动科普竞赛。该活动以"科普、创新、生活"为主题,以"预防疾病、科学生活、节约资源"为主要内容。2007 年,组织 2007 年上海科技节长宁区活动等一系列科普活动,成立长宁区未成年人科学素质推广项目工作领导小组,开展 2049 青少年科学素质行动计划试点项目。周家桥街道、新华路街道被评为市级科普示范社区,延安中学、延安初级中学被评为市级科技教育特色示范学校。

2008 年,在 10 个街道(镇)建成视频科普资源为载体的数字媒体活动中心;完成上海市科普重点项目——科普资源共享信息化示范工程区级配套项目;有 50% 的街道(镇)成为市级科普示范社区。举办"节能从我身边做起——长宁区青少年节能减排科学实践活动",有 40 所学校、69 239 人次参与。5月17日，以"携手建设创新型国家——科技走近生活"为主题的2008年上海科技活动周长宁区活动在中国科学院长宁科学园举行开幕式。科技活动周期间，安排报告会、沪杏科技创新论坛、长宁青少年论坛、市民科普讲坛、节能减排万人知识竞赛总决赛等活动，吸引80 450余人次的参与。2009年，上海科技节长宁区活动期间，举办科普大讲坛走进数字科普活动中心、国际健康生活方式博览会科普系列论坛等活动组成的论坛板块；由"科教进社区"系列活动等评选活动组成的社区板块；由科技创新大赛等组成的青少年科技板块；由CG大奖赛、科普多媒体作品大赛等组成的展示板块；评选和表彰各类科普示范社区、示范学校和示范点的活动板块。长宁区"数字科普活动中心"项目入选2009年全国"百县百强科普示范特色建设专项"优秀项目。5月11—15日，组织开展防震减灾系列宣传教育活动：发放《珍爱生命，防灾避险》宣传册10.2万册，制作防震减灾宣传版20块；举办防震减灾系列专题讲座；举行大型宣传咨询活动。

2010年，2010年上海科技活动周长宁区活动开幕式暨相约名人堂——与院士一起看世博长宁专场活动在世博园公众参与馆内拉开帷幕。活动围绕"城市、创新、世博——让生活更美好"主题，组织34项科普重点活动。召开2010年全国科普日长宁区活动暨第4届科普多媒体作品大赛工作交流会。与会代表围绕"节约能源资源、保护生态环境、保障安全健康"主题，为建设长宁"东虹桥"宜商宜居低碳城区出谋划策。4月21日，召开2010年科普工作联席会议、公民科学素质工作领导小组联会。会议传达上海市科普工作联会精神，就长宁区"十二五"科普专项规划编制情况作汇报。举办"5·12防震减灾日"专题讲座，发放防震减灾宣传光盘、挂图及资料，防震减灾宣传版面巡展。

第三节　知识产权与技术交易

2002年10月30日，副市长严隽琪在长宁区召开知识产权工作调研座谈会。市政府副秘书长杨雄、市科委副主任张鳌、市知识产权局局长钱永铭、副局长陈耀忠等领导出席会议。长宁区区长薛潮作"夯实知识产权工作基础，提升长宁经济持续发展的核心竞争力"的发言。2003年3月14日，为配合全市"3·15"打假工作，对天山商厦、上海康交乐购超市有限公司进行检查。11月14日，召开长宁区知识产权工作表彰交流会。区有关委、办、局和街道（镇）领导、区内有关高校、研究院所的代表以及各有关企事业单位负责人共100多人出席会议。2004年，长宁区10家企业被列入第四批市级专利试点企业。

2005年，通过市认定的技术开发、技术转让合同228项，成交金额6.01亿元；专利申请1 854件，其中发明专利749件。2007年，专利申请1 960件，其中发明专利947件；认定技术开发、技术转让合同337项，成交金额9.94亿元；知识产权信息平台长宁工作站建成开通。2008年7月28日，制定《长宁区青少年知识产权工作三年行动计划（2008—2010年）》。10月9日，上海市首批知识产权试点园区授牌仪式在长宁区举行，虹桥临空经济园区等4个园区被命名为上海市首批知识产权试点园区。

2009年，专利申请1 639件，其中发明专利867件，实用新型496件，外观设计276件；认定技术合同409项，成交金额17.17亿元。长宁版权工作站获授牌。2010年，认定技术合同279项，金额12.65亿元。长宁区少年科技指导站和上海市建青实验学校被命名为上海市知识产权示范学校。

第四章 普 陀 区

2000 年 7 月,区政府召开科技工作会议,提出"加强技术创新,推进区域科技事业发展,为繁荣西大堂多作贡献"的号召。2001 年 5 月,召开普陀区首届科普工作会议,提出以人为本,实施大科普策略,增加科普的政府投入,修订《普陀区街道、镇科普工作考核奖励办法》,将科普工作纳入区政府对社区工作考核的目标。2006 年,召开全区科技大会,出台《关于加快推进自主创新工作的若干意见》和《普陀区落实〈上海知识产权战略纲要〉推进计划》。2 个项目获上海市科技进步一等奖,4 个企业获"企业创新奖",4 位企业负责人获"企业家创新奖"。2007 年,4 个项目获上海市科技进步奖,创历年新高。9 月,成立上海市研发公共服务平台普陀服务中心。2008 年,完善《普陀区科技发展专项资金管理办法》等实施细则。完成普陀区科技发展"十·五"规划中期评估报告。2010 年,制定完善《信息产业发展扶持政策实施细则》,修订完善区科技发展"十二五"规划。编制《科技平台资源共享服务指南》。

第一节 高新技术产业与园区

2000 年,列入国家级、市级科技产业化计划项目 15 项(国家火炬计划 3 项,上海市火炬计划 3 项和上海市星火计划 9 项),总投入 6 275 万元。组织申报国家科技部中小企业创新基金项目 9 项(3 项获 140 万元资助)。批准上海市中小企业创新基金项目 4 项,获市科委 44 万元资助。组织新产品鉴定 3 项,列入国家重点新产品计划 3 项,上海市新产品试制计划 5 项,列入 2000 年度中试产品计划 3 项,上海市科技攻关项目 3 项,专家辅导项目 7 项,列为上海市高新技术成果转化项目 11 项。新认定高新技术企业 7 家,复审 20 家。复审的 20 家高新技术企业年度总收入 10.76 亿元,利润 4.39 亿元,税金 1.2 亿元,创汇 586 万美元。新增民营科技企业 300 户。新增注册资金 6.5 亿元,技工贸总收入 35 亿元,利润 3 亿元,税金 1.15 亿元。2001 年,列入国家和市级重点新产品试制计划项目各 5 项,市级新产品鉴定计划项目 1 项、中试产品计划项目 1 项、火炬计划项目 10 项和科技攻关项目 1 项,获科技部与市科委科技发展基金资助 64.5 万元;列入科技部创新基金项目 2 项,获得资助 115 万元及市科委匹配资金 11.5 万元;列为上海市种子资金项目 10 项,获得市科委资助 190 万元;列入上海市高新技术成果转化项目 21 项。新认定高新技术企业 10 家,通过高新技术企业复审的 26 家,全区高新技术企业达 36 家,年度总收入 22.20 亿元。全区在册民营科技企业 1 415 户,总注册资金 50.33 亿元,技工贸总收入 118.86 亿元,出口创汇 2 590 万美元,利润 66 161 万元,上缴税金 67 671 万元。普陀区政府与华东师范大学合作共建华东师大科技园,有 38 家企业入驻华东师大科技园,注册资金 9 000 余万元。

2002 年,列入国家级重点新产品试制计划项目 2 项、市级新产品试制计划项目 6 项;列入国家级"火炬计划"项目 2 项、市级"火炬计划"项目 5 项。列入科技部创新基金项目 1 项,获得无偿拨款 80 万元及市科委匹配资金 8 万元。列入上海市高新技术成果转化项目 16 项。新办民营科技企业 393 户,注册资金 8.1 亿元。全年技工贸总收入 196.54 亿元,出口创汇 7 278 万美元,实现利润 17.1 亿元,上缴税金 12.9 亿元。新认定高新技术企业 12 家,全区高新技术企业总数达到 51 家,技工贸总收入 36.2 亿元,利润 6.63 亿元,税金 1.02 亿元,创汇 2 034.4 万美元。2003 年,列入国家级重点新产品试制计划项目 5 项,获无偿拨款 80 万元;列入市级新产品试制计划项目 6 项;国家级"火炬计划"项目 1 项;市级"火炬计划"项目 3 项;列入科技部创新基金项目 1 项,获得无偿拨款 40 万元及市科委匹配资金 4 万元;列入上海市高新技术成果转化项目 13 项。新认定高新技术企业 16 家,共有高新技术企业 68 家,年度总收入 48.41 亿元,投入科研开发费用 5.98 亿元,利润 6.89 亿元,税金 1.87 亿元,创汇 2 882 万美元。民营科技企业 1 809 户,资产总额 540.35 亿元,技工贸总收入 415.61 亿元,出口创汇 2.00 亿美元,利润 32.12 亿元,上缴税金 35.96 亿元。12 月 29 日,上海武宁科技园区正式挂牌成立。

2004 年,获准全国重点新产品、上海市重点新产品、专利二次开发、标准专项和纳米专项等科技专项计划 52 项,获准国家中小企业创新基金、上海市创新资金等各类资金项目 33 项,资金总额 1 057 万元,获准上海市高新技术成果转化项目 10 项。民营科技企业总户数 1 663 户,技工贸总收入 433.91 亿元,上缴税金 41.28 亿元,利润 26.72 亿元,资产总额 550.63 亿元。新增民营科技企业 237 户,注册资金 5.99 亿元。新认定上海市"高新技术企业"17 家。累计高新技术企业 115 家,高新技术企业总产值为 84.38 亿元,实现利税 13.6 亿元,出口创汇 7 271 万美元。科技园内企业完成技工贸收入 7.26 亿元,完成年利润总额 1.403 亿元,税收总计 0.346 亿元。2005 年,6 个项目获上海市创新基金项目(市区联动项目),获市科委无偿资助 60 万元,区配套资金支持 150 万元。4 个项目获科技部科技型中小企业技术创新基金支持,获无偿拨款资助 225 万元。民营科技企业 1 778 户,总资产 593.01 亿元,总收入 502.42 亿,实现税收 54.04 亿元,实现利润 34.81 亿元。新认定上海市"高新技术企业"16 家,累计"高新技术企业"120 家,总产值突破 110 亿元,高新技术产品或技术性收入达到 86 亿元,创利税 16.98 亿元,出口创汇 9 487 万美元;获批上海市高新技术成果转化项目 11 项。科技园区完成技工贸总收入为 12 亿元、年利润总额 1.8 亿元、税收总计 0.5 亿元。

2006 年,获批国家新产品、国家创新基金等科技专项计划项目 54 项,争取各级各类科技扶持资金支持 1 677 万元;认定高新技术成果转化项目 12 项。7 月,普陀区政府授予 10 家企业 2006 年度"普陀区自主创新领军企业奖";授予 2 人 2006 年度"普陀区自主创新精英奖";授予 2 人 2006 年度"普陀区自主创新精英提名奖";授予 10 项科研成果 2006 年度"普陀区自主创新精品奖"。11 月,4 家企业获上海"科技企业创新奖";4 人获上海"企业家创新奖"。2007 年,获批国家新产品、国家创新基金等科技专项计划项目 56 项,争取各级各类科技扶持资金超过 1 820 万元。年内认定高新技术成果转化项目 22 项。有科技企业 1 317 家,资产总额 704.82 亿元,年技工贸总收入 569.44 亿元,年利润总额 31.21 亿元,上缴国家税金 54.03 亿元。9 家企业进入上海市百强民营科技企业,其中复星高科技集团连续 6 年蝉联上海市科技企业百强之首。申报成功上海市科技小巨人企业 4 家和上海市科技小巨人培育企业 3 家。全年新认定上海市高新技术企业 12 家。2007 年全区高新技术企业总产值约 130 亿元。1 家企业获"国家火炬计划重点高新技术企业"称号,6 家企业获"上海市创新示范企业"称号。

2008 年,4 个项目获国家科技部科技型中小企业技术创新基金项目,获国家科技部资助 190 万元;1 个项目获国家科技部科技型中小企业技术创新基金项目重点项目,得到国家科技部和市科委资助共 270 万元。科技企业申报国家及市级各类科技专项计划项目 81 项,获得各级科技扶持资金 2 410 万元,8 个项目被列为国家和上海市重点新产品计划,申报市科技成果转化项目 26 项。有科技企业 1 405 家,资产总额达到 920 亿元,技工贸总收入 614 亿元,上缴国家税金 64.99 亿元,实现利润 52.40 亿元。上海市高新技术企业 85 家,8 家企业分别获得上海市第 1 批创新示范试点企业和国家创新示范企业称号,科技园区引进科技企业 233 家,新增注册资金达 8.2 亿元,实现技工贸总收入 31.4 亿元,上缴税金 4.9 亿元。1 家企业获上海市科技小巨人企业称号,5 家企业获上海市科技小巨人培育企业称号,获市资金资助 650 万元。2009 年,支持区内企业实现科技创新项目 42 项,支持金额 900 万元。先后为 100 家企业发放 5 000～10 000 元的"创新服务礼包";推荐中小型科技企业享受政策性融资服务达 8 000 余万元。指导帮助企业申请各类专项计划 151 项,获批 121 项,获得支持资金总额达 2 605 万元。实现高新技术成果转化项目 20 项,完成 172 项区自主研发项目备案。科技企业 1 172 家,资产总额达 1 010 亿元,技工贸总收入 750 亿元,上缴税金 65.05 亿元,实现利润 61.37 亿元。全区新增高新技术企业 20 家,达到 99 家,区内实现税收 11.48 亿元,新增上海市科技小巨人(培育)企业达到 20 家。全区科技产业在区内实现税收约 19 亿元;各科技园区共引进科技企业 165 家,注册资金 28 464 万元。培育区级科技小巨人企业 10 家,7 家企业名列上海民营科技企业 100 强排行榜。7 月 28 日,召开区科技产业发展推进大会,提出普陀区科技产业发展三年推进计划,并配套出台《普陀区科技小巨人企业评审办法》等政策文件。

2010 年,实施高新技术成果转化项目 10 项。全年共安排科技投入 2 亿元,支持各级各类科技创新项目 350 余项。全区科技企业 1 224 家,资产总额达 1 244.34 亿元,技工贸总收入 655.16 亿元;上缴国家税金 50.53 亿元;实现利润 78.76 亿元。高新技术企业总数突破 110 家。科技产业全年完成税收 26.35 亿元,实现区级税收 6.98 亿元。新培育 5 家上海市科技小巨人(培育)企业、17 家区科技小巨人企业,共支持科技企业实施科技小巨人工程 1 400 余万元。科技园区实现税收 9.61 亿元,完成区级税收 2.70 亿元,;科技楼宇实现税收 3.07 亿元,完成区级税收 0.86 亿元;高新技术企业实现税收 13.67 亿元,完成区级税收 3.42 亿元。

第二节　科　学　普　及

2000 年,有市、区级科技传播基地 12 家(市级 5 家),欣大洋有限公司被命名为国家级科技传播基地;市、区级科普里弄(村)59 家(市级 8 家,区级 51 家),曹杨五村七居委被命名为上海市"十佳"科普示范里弄;国家级、市级科技特色学校 5 家,曹杨二中被命名为全国环保特色学校。建立全区科普工作联席会议制度,实施科普工作"五个一"实事项目,制作"普陀区科普工作回顾与展望"光盘,完成街道、镇撤并后社区科普网络的调整。2001 年,举办以"科技在我身边——珍惜生命、热爱生活、崇尚科学、反对邪教"为主题的首届科技周活动和以"生物科技——为新世纪人类的幸福"为主题的科技节活动,以及社区科普电影节活动;分步实施科普工作"五个一"实事项目,建成一批科普电子显示屏和画廊,巩固和完善社区科普宣传阵地的建设。

2002 年,举办以"科技创造未来"为主题的全国第二届科技活动周普陀区活动。建立科普电子显示屏 14 个,新建科普画廊 12 个。组织万余青少年参加"我动手、我快乐、我成功——新众巨网电脑装机科普夏令营"活动等。科技活动周期间,区科协组织 6 家学会到社区开展科普活动。与长风社区共同举办"科普万里行、科教进社区"大型专题活动。2003 年,通过全国科普示范城区检查验收,建立"科普知趣园",有科普画廊 167 座(个),创建科普里弄(村)117 家,完成覆盖率达 60%。8 月,召开社团改革与发展研讨会,进一步探讨社团改革方案,以增强适应新形势下工作的意识和能力。12 月 10 日,召开区科协第六次代表大会,产生由中国科学院院士孙钧为首的新一届领导班子。

2004 年,组织上海科技活动周普陀区主题活动,开展科普工作金点子征集活动,共征得金点子

332条。结合《科普法》颁布两周年全国科普日活动,组织《科普法》学习竞赛。3月3日,普陀区科委、科协举办首届科普实事项目擂台赛。各街道、镇、教育系统等11个单位,携带15个科普项目参赛。6月底,"科普智趣园"实现全区9个街道、镇的全覆盖。2005年,长征镇、甘泉路街道、曹杨街道和石泉路街道被命名为"上海市科普示范街道、镇";上海复星高科技(集团)有限公司被命名为"上海市科普示范企业";曹杨二中被命名为"上海市科技教育特色示范学校"。实现科普小区覆盖率达到80%以上的目标。举办八方人士话科普科技节专刊和全市第一个为外来建设者开放的科普教育活动场所"新长征人科普教育活动中心"揭牌仪式。首次命名111个科普示范家庭。

2006年,举办普陀区第三届科普实事项目擂台赛,拨出18万元项目匹配资金支持优胜项目的实施。苏州河梦清园科普馆申报并获批为市级科普教育基地,被列为普陀区政府实事工程的科普项目"科技乐园"一期工程全部完成。举办"携手建设创新型城区"和以"从我做起,建设节约型社会"为主题的全国科技活动周、全国科普活动日普陀区主题活动,举办科普讲座75次,21 400人次参加,制作科普版8件,发放宣传资料172次、6 000多份。长征镇和石泉路街道再次荣获"上海市科普示范社区"称号。2007年,新申报成功一家市级科普教育基地——上海化工研究院"化学科普教育基地",完成长寿、长风、宜川社区学校的LED"科普之窗"建设。成功举办科普活动周、活动月、普陀区第四届科普实事项目擂台赛。组织开展2007年上海科技节普陀区活动,活动共分为6大板块,计30多个科普项目。

2008年,通过全国科普示范城区复查验收。上海科技活动周期间,围绕"携手建设创新型城区"主题,开展综合、社区、企业、青少年、科技社团和科普基地六大板块、近10项全区性大型科普宣传活动。1月8日,普陀区青少年科普实践基地启动仪式在普陀区青少年活动中心举行。3月25日,上海市科普教育基地——宝贝科学探索馆举行揭牌仪式。6月24日,上海市科普旅游示范基地——苏州河梦清园环保主题公园免费向公众开放。2009年,举办2009年全国科普日主题活动——迎世博·上海市社区居民"东方之冠"模型制作邀请赛。指导石泉路街道和长征镇成功申报上海市科普示范街道、镇,12个社区和100户家庭分别被命名为普陀区科普示范小区和普陀区科普示范家庭。创建上海纺织博物馆等4个单位成为上海市科普教育基地。5月17日,以"科技·人·城市——与世博同行"为主题的2009年上海科技节普陀区主题活动拉开帷幕。活动周期间,开展综合、社区、青少年、科技社团和科普基地五大板块近10项全区性大型科普宣传活动,同时各街道、镇科协和有关单位组织40多场科技节活动。

2010年,拟定《普陀区创建全国科普示范区工作方案》,指导石泉路街道和长征镇政府成功创建上海市科普示范街道镇,同济二附中、真如文英中心小学成功创建上海市科技特色示范学校。有全国科普教育基地3家、上海市科普教育基地7家、上海市二期课改实践基地2家、区级科普教育基地14家。组织小院士参与"相约名人堂——与院士一起看世博"普陀专场活动,举办"启思带你畅游世博,科技点亮美好生活"科普巡展,发动全区公众参与"看世博 讲科学"上海市民节能科普知识网上竞赛活动等。9月16日,举行全国科普日普陀区主题活动启动仪式。启动仪式以"低碳生活进社区"为主线,分"科普文艺""家庭节能减排经验交流""低碳生活展板"3个版块进行。

第三节　知识产权与技术交易

2001年,认定登记技术合同822项,合同成交金额9 993万元。11月13日,普陀区知识产权局正式成立,与区科委合署办公。这是上海市成立的第一家区(县)级知识产权局。2002年,认定登记技术合同 1 968 项,合同成交金额 1.78 亿元。申请专利 1 094 件。2003 年,申请各种专利 897 件,其中发明专利 220 件,实用新型 314 件,外观设计 363 件。认定、登记技术合同 2 144 项,合同成交金额 19 532 万元。2004 年,申请专利 1 178 件。培育专利试点企业 27 家,其中,全国专利试点企业 1 家,上海市知识产权示范企业 1 家,商品流通领域专利试点企业 3 家,受理和调处 3 起专利侵权纠纷案。完成各类技术合同登记 266 项,合同成交金额 6 042 万元。

2005 年,上海电器科学研究所(集团)有限公司被列为全国第三批知识产权试点企业,上海复星医药(集团)有限公司、上海化工研究院和上海电器科学研究所(集团)有限公司被评为上海市知识产权示范企业培育企业。申请专利 1 758 件,技术合同登记 724 项,合同成交金额 25 993 万元。2006 年,新获批上海市培育专利试点企业 4 家,3 家企业被命名为上海市首批知识产权示范企业。3 家企业在全区率先开展企业专利战略的制订工作。上海市知识产权公共服务平台普陀服务站落户武宁科技园区,协调处理专利纠纷 3 起,有商业专利试点企业 4 家。

2007 年,专利申请 1 610 件,其中发明专利 629 件。登记技术合同 315 项,合同成交金额达 6.6 亿元。有 4 家企业成为上海市知识产权示范企业,2 家进入知识产权示范培育企业行列,3 家企业被评为第一批上海市商业系统知识产权保护示范单位,3 家企业成为第二批知识产权保护试点单位。2008 年,专利申请 1 466 件,其中发明专利 570 件,实用新型专利 599 件。认定技术合同 323 项,合同金额达 2.1 亿元。3 家企业成为上海市第 3 批知识产权示范企业,2 家企业被认定为上海市专利工作示范企业,1 家企业被认定为上海市专利工作试点企业。7 家企业成为 2008 年度上海市专利培育试点企业。出台《普陀区贯彻落实国家知识产权战略纲要的若干意见》《普陀区知识产权专项扶持资金实施细则》。

2009 年,申请专利 1 568 件,其中发明专利和实用新型专利 1 226 件。奖励 11 家专利示范、试点企业 130 万元,为 80 家企业的 279 项专利办理专利费用减缓证明,给 66 家企业的 300 项专利发放 58.2 万元的专利申请专项资助。撰写《普陀区授权专利的实施状况的调查报告》,出台《普陀区保护世博会知识产权专项行动计划》。2010 年,申请专利 2 078 件,其中发明专利和实用新型专利 1 484 件,发放专利申请专项资助资金 55.73 万元。认定技术合同 200 余项,合同成交金额达 49 659 万元。有 2 家国家级专利示范企业、6 家市级专利示范企业及 10 家试点企业,共给予专利示范、试点企业奖励资金 50 万元;办理区专利专项资助 55 万余元,涉及专利 396 项、企业 59 家;同步完成上海市专利试点企业的专项资助初审,获市级资助金额 47 万余元。

第五章 闸 北 区

2001 年,全年引进内资企业 39 户,注册资金 5 807 万元;引进外资企业 1 家,投资金额 600 万美元。7 月,组织开展第六届闸北区科技创新活动评选,共收到申报项目 27 个,受理项目 25 个,评出各类奖项 23 个,4 个项目获得一等奖,6 个项目获得二等奖,8 个项目获得三等奖,5 个项目获得鼓励奖。2002 年,区科委在上海市民营科技企业年检年报工作评比中获得一等奖。2003 年,完成 5 个项目的市科技成果登记,"供电行业服务质量指数和技术平台"项目获得 2003 年度上海市科技进步奖二等奖。2004 年,建立与上海大学的区、校合作机制,由区政府分管区长牵头,与上海大学领导建立定期联席会议制度。9—12 月,开展第八届科技创新奖评审工作,受理申报项目 34 项,其中科技经济类项目 14 项,社会公益类项目 8 项,软科学课题类项目 12 项,评选出一等奖 3 个、二等奖 5 个、三等奖 7 个。

2006 年,12 个项目入围上海市科技进步奖,其中入选上海市科技进步二等奖 1 项。2007 年,编制完成《闸北区贯彻落实〈上海中长期科学和技术发展规划纲要〉实施办法》。12 月底,闸北区通过全国科技进步县(市)、区考核。2008 年,荣获上海市科技进步奖二等奖 2 项,三等奖 2 项。2009 年,获国家科技部"全国科技进步先进县(市)"称号。获上海市和国家有关部委科学技术奖 7 项,与市科委签订《2009 年度市区联动计划》,与市经信委签订《市区联动框架协议》。2010 年,制定《闸北区科技创新发展"十二五"规划》《智慧闸北建设"十二五"规划》和《闸北区科普事业发展"十二五"规划》3 个专项规划。

第一节 高新技术产业与园区

2000 年,5 个项目列入上海市高新技术成果转化项目。1 项产品批准为国家级新产品,5 个产品列入上海市新产品试制(鉴定)计划。获市科委融资辅助资金 100 万元,获市科委种子基金 30 万元。新增民营科技企业 132 家,注册资金 422 亿元;全区注册的民营科技企业 742 户,技工贸总收入 22 亿元,利润 1 亿元。18 家企业被认定为上海市高新技术企业。5 月 18 日,召开民营科技企业奖励大会,75 家民营科技企业获得奖励,评出"闸北区'十佳'民营科技企业"和"闸北区'十佳'民营科技企业家"。2001 年,全年新增 135 家民营科技企业,注册资金 4.59 亿元。全区民营科技企业达 921 户,技工贸总收入达到 32.8 亿元,完成利润 2.15 亿元,上缴税收 1.34 亿元。新增 7 家市高新技术企业。复审 9 家企业,全区市高新技术企业达 16 家。3 家企业跻身市百强中小科技企业排行榜。

2002 年,8 个项目列入市高新技术成果转化项目;3 个项目列入国家级重点新产品项目;2 个项目列为国家级火炬计划项目;3 个项目被列为上海市级火炬计划项目。3 个项目获得科技部中小企业技术创新基金 265 万元的无偿资助。新增民营科技企业 211 家,注册资金 6.58 亿元。全区科技型企业注册数达到 1 099 家,技工贸总收入 68 亿元,税收 2.8 亿元。全年新增上海市高新技术企业 9 家,18 家企业通过上海市高新技术企业复审,全区市级高新技术企业达 27 家。建成闸北区高新技术孵化基地,孵化面积 3 600 平方米,有 10 家高新企业注册孵化基地。8 月 22 日,上海多媒体产业化基地、上大多媒体应用技术研究中心在闸北区同时成立,副市长严隽琪等领导出席揭牌仪式。2003年,10个项目获得市高新技术成果转化项目证书,5个项目列入上海市重点新产品试制计划,6个项目列为市级火炬计划项目。10家企业被授予2003年度"闸北区'十佳'科技企业"称号,10人被授予2003年度"闸北区'十佳'科技企业家"称号。全区科技企业总产值35.74亿元,总收入68.35亿元,上缴税金总额2.82亿元。有217家民营科技企业,注册资金6.10亿元,20万美元。全区科技型企业注册数达到1306家。3家企业列入上海市百强民营科技企业排行榜,23家企业通过2003年度市高新技术企业复审,12家企业被认定为2003年度市高新技术企业。高新技术孵化基地孵化面积达5207平方米,有28家科技企业注册孵化基地,招商引资841万元,就业人数371人,在孵企业总收入1.65亿元,上缴税金260万元。召开上海多媒体谷建设领导小组全体会议,闸北区区长丁薛祥对上海多媒体谷建设工作作重要指示。5月28日,举行上海多媒体产业大厦开工奠基仪式。

2004年,10家公司被授予2004年度"闸北区'十佳'科技企业"的称号,10人被授予2004年度"闸北区'十佳'科技企业家"称号。编制上海多媒体谷产业发展规划,多媒体产业大厦、幻维创意科技大楼等工程相继竣工,入驻多媒体企业30家,实现技工贸收入2.6亿元,上缴区级税收2100万元。2005年,列入国家级和上海市重点新产品计划项目6项,申报国家中小型科技企业创新基金和上海市中小企业创新基金11项。17家科技企业申报闸北区科技型中小企业创业扶持资金项目,13家企业获得无偿资助105万元。组建上海多媒体谷投资有限公司,累计55家高科技企业入驻上海多媒体谷。上海互动电视闸北区示范区正式启动。新增科技企业206家,注册资金3.42亿元,累计企业注册数达1651家,年上缴税收总额5.5亿元。新增5家高新技术企业,累计高新技术企业达55家。区科创中心新增科技孵化企业20家,在孵企业总数达到60家。列入上海市高新技术成果转化项目15项,列入上海市火炬计划项目4项。

2006年,编制完成《上海大学科技园区"十一五"发展规划》。形成以上海大学延长校区为核心,以上海多媒体谷产业园区、市北工业园区、永和生产性服务业集聚区为辐射区域的"一区四园"格局。全区科技企业达到2513家,完成市区级税收总额10.51亿元,完成区级税收3.59亿元。上海市科技小巨人企业1家、科技小巨人培育企业4家,共获国家、上海市、闸北区资助金额1100万元。2007年,获16项国家和市级创新基金项目,1项国家科技部初创期小企业创新项目,13项上海市高新技术成果转化项目,5项上海市重点新产品项目,17项闸北区科技型中小企业创业扶持资金项目。新增科技企业160家,注册资金8.59亿元,科技企业总量达2673家。全年获批2家上海市外商投资技术密集型、知识密集型企业,11家市级高新技术企业,1家上海市科技小巨人培育企业,8月,闸北区"上海多媒体谷"被批准为国家数字媒体技术产业化基地(上海)园区。上海大学延长校区和市北工业园区完成"上海大学科技园区孵化器公共服务体系建设""市北科技企业创业服务中心"等7项张江高新区专项资金的申报工作。

2008年,制定《闸北区科技小巨人工程实施办法》和《关于落实上海多媒体谷建设若干政策的实施细则》。申报认定上海市高新技术成果转化项目52项,获国家级创新基金6项,上海市创新基金15项,获闸北区中小科技企业创业扶持资金12项;申报获批上海市火炬计划1项;申报获批上海市重点新产品计划2项。新增科技企业404家,科技企业总量达3077家。新申报认定上海市高新技术企业10家;有6家科技型企业被认定为上海市科技小巨人(培育)企业,区级科技小巨人17家;12月22日,正式批准市北工业园区为上海市高新技术开发区,整体纳入上海张江高新技术开发区上海大学科技园的管理范围。2009年,申报认定上海市高新技术成果转化项目52项,获国家级创新基金6项,上海市创新基金15项,获闸北区中小科技企业创业扶持资金12项;申报获批上海市火炬计划1项;申报获批上海市重点新产品计划2项;引进科技企业417家,科技企业总量达3494家。新批准上海市科技小巨人(培育)企业9家,总量达21家;新认定上海市高新技术企业17家,高新技术企业总量达85家。区域内国家级科技园区载体面积超过60万平方米。科技园区获得国家和上海市专项资金超过4000万元,引进科技企业入驻255家。

2010年,拥有国家、市级企业技术中心21家,市级工程技术研究中心7家,市级研发公共服务平台6家。完成《市北科技创新走廊发展规划(2010—2015)》。申报上海市高新技术产业化项目25项,其中3个项目列入上海市高新技术产业化重点项目。高新技术产业总产值达到374.85亿元。新增国家认定的高新技术企业19家,新获上海市认定软件企业10家,新增上海市科技小巨人(培育)企业7家,新增上海市技术先进型企业3家。全区科技型企业超过3500家;其中,获国家认定的高新技术企业突破100家、获上海市认定的软件企业65家、获上海市认定的科技小巨人(培育)企业28家、上海市技术先进型服务企业9家。全区科技园区载体面积总量突破100万平方米,年经济规模超过450亿元,集聚全区85%以上的科技企业,形成以3个国家级科技园区为龙头、5个特色科技园区为支撑、7个科技孵化基地为基础的格局。

第二节 科 学 普 及

2000年,创建市北医院、铁路上海站和上海市隧道工程轨道交通设计研究院等3个市级科普教育基地、34个区级科普(村)居委会,3个区级科普教育基地。全区有9个市级科普居委会,8个市级科普教育基地,5所市级科技教育特色学校,122个区级科普(村)居委会,15个区级科普教育基地和17所区级科技教育特色学校。9月27日,闸北区科协第六次代表大会召开,会议审议并通过工作报告和区科协章程修改报告。11月19日,上海第一家"科普超市"在华联吉买盛彭浦店揭牌。2001年,闸北区科协承担国家级课题"以弘扬科学精神为核心的科普形式和内容研究"的子课题"社区科普沙龙"的研究。在共和新路街道开展3次不同主题的"科普沙龙"活动。11月8—14日,2001上海科技节闸北区活动举行。各系统、各街道(镇)组织的各类科普活动552场(次)、展示科普宣传画廊、科普宣传板报1000多块,在市、区宣传媒体报道100多篇(次),群众参与近14万人次。

2002年5月19—26日,全国科技活动周期间闸北区共组织开展科普活动90余场(次),科普画廊、科普板报展示共1000多块,在各类宣传媒体上报道20多篇(次),参加活动的居民与青少年达40万人次。5月19—25日,联合举办"上海首届科普超市宣传周"活动。6月15日,开通上海闸北科技网,投入15万元建立科普画廊,共建科普宣传画廊65个。天目西路街道新桥居委会等被命名为2001—2002年度区"十佳"科普村。6月13日,闸北区地震办公室编制印发《上海市闸北区地震应急预案》。10月29日,与市北高级中学共同建设"上海市闸北区防震减灾科普特色学校"。2003年,编写《科普法学习100问》宣传手册,在科技节期间向社区赠送10000余册。天目西路街道、临汾路街道被评为上海市科普示范社区,和田路小学被评为上海市科技教育示范学校,华联吉买盛彭浦店被评为上海市科普示范商业企业。区科委投入16万元,在共和新路、宝山、彭浦3个街道(镇)的全部居委会建立科普画廊,共建科普画廊62个。5月17—23日,组织实施以"依靠科学、战胜非典"为主题的科技节活动。开展科普活动50场(次),科普画廊、板报展示共8000多块,在各类宣传媒体上报道20余次,发放宣传资料15万份(册),参加活动的居民与青少年达25万人次。7月28日,在铁路上海站南广场开展"7·28防震减灾日"宣传活动,制作"7·28防震减灾日"宣传网页,链接有关区门户网站等。

2004年5月15—22日,在科技活动周期间,开展各类小型科普活动和流动科技馆进闸北等活动60余场(次),科普画廊、科普板报展示共2 000多块(次),开展各类讲座及科普沙龙、健康医疗咨询20余场次,发放科普图书5 000余册。参加活动的居民达20万人次。出版发行《科学方法100问》,区科委、科协向社区赠送1 000余册。新建5座电子科普画廊。7月16日,举办"闸北区中学生防震减灾知识竞赛",共有8所高级中学报名参赛。7月26日,在《闸北报》上刊登防震减灾宣传专版。8月28日,上海铁路博物馆开馆。12月10日,中国乳业博物馆改扩建工程于完工并对外开放。2005年,天目西路街道办事处、临汾路街道办事处荣获上海市科普示范街道称号。建成2座大型电子科普画廊、20台电子科普触摸屏以及1座科普馆(上海辽西古生物化石科普馆)。制定《闸北区科普经费使用办法》。12月1日,上海辽西古生物化石科普馆正式开馆。该馆是上海地区以古生物化石为展示内容的主题科普馆。组织大型地震知识宣传咨询活动,发放相关资料;举行地震演练。闸北区地震办公室被评为2005年度上海市区县防震减灾工作优秀单位。

2006年,完成上海眼镜博物馆的建设并对外展出;有市级科技类科普场馆3个,达到每25万人1个科技类科普场馆的目标,有区级科普场馆3个,年参观人数累计8万人次;有市级科普示范街道2个,市级科普示范企业2家,大型科普电子画廊7座,多媒体电子科普触摸屏70台。12篇科学论文、13个创造发明作品、3个创意机器人、20幅科幻画和5个科技实践活动方案参加英特尔上海市青少年科技创新大赛。8月31日,举行创建全国科普示范城区工作会议,提出将科普创建工作纳入"科教兴区"工作体系,纳入闸北区政府目标考核体系。11月19日,闸北区科协召开第七次代表大会。会议审议并通过闸北区科协第六届委员会工作报告、《上海市闸北区科学技术协会章程》以及大会决议,选举产生闸北区科协第七届委员会。2007年,支持上海铁路博物馆、中国乳业博物馆二期拓展,专门开辟科普活动室并配置科普教育活动器材,大宁路街道和天目西路街道被评为上海市科普创新特色示范社区。8月15日,闸北区科委与科学时报、上海科技报共同举行闸北区首届科普与创新论坛。10月23日,由上海市工程师学会、闸北区科委科协主办,闸北区工程师协会承办的"第二届上海市工程师论坛闸北分论坛——创新与科技企业综合竞争力"在地质大厦报告厅举行。11月,中国科协正式命名闸北区为全国科普示范城区。

2008年,开展2008年上海科技活动周闸北区活动,启动社区科普资源配送活动,天目西路街道、大宁路街道创建成上海市科普示范街道,新增上海电气集团中央研究院为上海市科普教育基地。3月22—23日,第23届英特尔上海市青少年创新大赛在闸北区新中高级中学举行。大赛以"体验、创新、成长"为主题。5月14日,闸北区召开2008年防震减灾联席会议,全区30个联席会议成员单位参加会议。9月3日,由市科协和闸北区政府联合主办的2008区域创新与经济发展高层论坛在大宁国际会议中心举行。2009年,新建成上海市禁毒科普教育馆,上海眼镜博物馆顺利完成二期提升改造,全区14个市级科普教育基地全年共接待市民参观近27万人次。完成天目西路、大宁路街道2项社区科普示范项目建设。举办上海市科技节、全国科技周、科普日等科普节庆活动。举办"六个一"日全食科普宣传、国庆游园科技之窗展示。"社区科普讲堂"全年举办67场讲座,惠及20万人次。

2010年,新建幻唯数码影视动画科普教育基地,安装建设93台LED电子科普宣传屏。禁毒科普教育馆和铁路博物馆被评为全国科普教育基地。以上海科技节和全国科普日两大活动为抓手,着重宣传和普及世博会上所展现的前沿科技知识和先进科技理念。组织开展"青少年玩世博"竞赛、"揭开世博奥秘,发现科学精彩"等28项市、区级科普活动。举办"相约名人堂——与院士一起看世博"闸北专场活动。组织"启思带你畅游世博，科技点亮美好生活"大型社区科普巡展，举办"解读世博"系列讲座9场。

第三节　知识产权与技术交易

2000年，认定技术合同612项，合同总金额4 879.2万元。2001年，认定登记技术合同651项，成交金额1.41亿元。2002年，申请专利1 106件，技术合同认定890项，合同成交金额1.52亿元。4月26日，区科委在华东大酒店举办以"知识产权与闸北"为主题的专家研讨会，邀请专家学者、企业负责人、知识产权工作者和科技人员等90余人参加会议。2003年，申请专利695件，其中发明专利220件，实用新型专利282件，外观设计193件。登记技术合同955项，合同成交金额6.38亿元。上海信谊药业公司、大润发闸北店、华联吉买盛闸北店成为全区第一批市级保护知识产权商业试点企业。

2004年，组织"4·26"知识产权宣传周活动，在华联吉买盛大型超市举办商标法、专利法宣传活动。3家企业被批准为上海市专利试点企业，4家企业被批准为上海市培育专利试点企业。1月15日，对环龙商场、太平洋百货站前店两家商场进行执法检查；3月9日，对上海雷允上福济药业有限公司、国美电器闸北店、上海新新百货公司进行执法检查。11月中旬，会同上海市知识产权局走访上海信谊联合医药药材有限公司等3家商业系统专利试点单位。2005年，申请专利1 049件，其中发明专利281件，实用新型专利490件，外观设计专利278件。闸北区知识产权局被评为2005年上海市区县专利事务管理工作先进单位。2月28日，发布《闸北区专利费专项资助试行办法》。认定登记技术合同619项，总金额为6.08亿元。

2006年，制定《闸北区实施知识产权战略行动推进计划（2006—2010年）》，明确知识产权工作重点，提出未来5年知识产权工作的目标，建立知识产权联络员制度。有上海市专利工作示范企业1家、专利试点企业3家、专利培育试点企业2家，上海市商业系统专利保护工作示范单位2家、商业系统专利保护工作试点单位2家。2007年，申请专1 237件，其中发明专利416件、实用新型专利359件、外观设计专利462件，认定登记技术合同333项，总金额为3.37亿元。有5家上海市创新示范企业，3家上海市专利培育试点企业，4家上海市商业系统知识产权工作试点单位。

2008年，申请专利1 242件，其中发明专利402件，实用新型专利515件，外观设计专利申请325件；认定登记技术合同373项，总金额8.42亿元；11家企业获上海市专利技术示范（培育）企业。2009年，申请专利1 340件，其中发明378件，实用新型630件，外观设计332件。对专利申请落实资助或奖励资金63.17万元，共资助各类专利457件。4家企业被批准为"上海市专利工作培育企业"。

2010年，申请专利1 620件，其中发明专利申请量469件，专利授权1 089件，其中发明专利授权量120件。3个发明专利成果分获发明专利奖一等奖、发明专利奖三等奖、实用新型专利奖，实现发明创造专利奖项的突破。

第六章　虹　口　区

2000年9月27日,召开虹口区技术创新大会,宣布启动"223"工程。2004年,申报上海西部开发项目5家(批准立项1项),获得资助5万元。有5个项目被评为上海市发明创造专利奖。有3个项目获上海市科技进步奖。2005年,共组织各级、各类科技项目申报101项,申报上海市科技进步奖5项,通过2003—2004年度国家科技进步先进城区考核。2006年4月12日,虹口区召开"贯彻落实科教兴市主战略,进一步提高自主创新能力大会",对在2005年度获得市级以上科技奖励和科技立项等项目的科技企业和科技工作者予以表彰和奖励。2007年,虹口区科技工作全面贯彻落实科学发展观和科教兴市主战略,围绕区"十一五"规划和"一区一街一圈"的功能布局,坚持以自主创新带动城区能级提升,做好4项重点工作,即以大柏树知识创新和服务贸易圈为重点区域,以数字媒体产业为重点产业,以科技园区建设为重点项目,以培育和扶持科技小巨人企业为重点工程。2008年,制定《虹口区关于加强科技创新能力建设的若干政策》实施细则。组织申报各类科技创新项目共113项,申报上海市科技启明星及学科带头人计划2项,申报上海市科技进步奖11项。

第一节　高新技术产业与园区

2000年,引进和新组建科技企业172家,注册资金5.08亿元。组织申报新产品开发项目109项,其中9项被批准为国家级重点新产品。实施上海市高新技术成果转化项目31项,其中新增13项。实施上海市科技产业化计划项目20项。全区民营科技企业年检户数585家,注册资金16.6亿元,技工贸总收入33亿元。新认定高新技术企业8家。12月28日,出台《虹口区促进高新技术企业孵化基地发展办法》和《虹口区政府关于促进复旦软件园虹口分园发展的若干意见》。2001年,支持企业开发新产品114项;协助申报科技型中小企业技术创新基金项目28项,批准15项,获得无偿资助837.5万元;组织实施高新技术成果转化项目19项,新增科技产业化项目15项。8个项目获全市第二批科技型中小企业技术创新资金批准立项,获市创新资金资助175万元。7个企业被认定为市高新技术企业,区内市级高新技术企业达32家,实现年工业总产值2.1亿元,利税2 093万元。6月13日,召开区科技企业研讨会,强调要为科技企业营造良好的发展环境,研讨科技企业抓住机遇、迎接挑战的对策和措施。

2002年,组织申报市级优秀新产品项目3项,"高抗冲耐热ABS材料"项目被评为上海市优秀新产品一等奖。申报国家和上海市新产品项目21项(其中国家10项,上海市11项),区新产品项目123个。组织申报高新技术成果转化项目16项,全区科技企业高新技术成果转化项目累计达64项,完成年检25项。全年申报上海市火炬计划项目9项,批准8项,其中3个项目得到上海市火炬中心18万元的资助。新增科技企业260家,注册资金92 122万元。全区科技企业近千家,技工贸总收入64亿元,上缴税金2.8亿元。组织申报市科技百强企业9家,批准9家。组织申报上海市高新技术企业18家,批准17家。31家企业通过市高新技术企业复审,全区市级高新技术企业共有51家,其中上海新兴医药股份有限公司被评为国家级高新技术企业。虹口区高新技术企业孵化基地和复旦软件园入驻科技企业30家,认定市软件企业22家。周家嘴路孵化器入驻企业13家。虹口区与中国新兴集团签约，共同将新兴大厦建成虹口区高新技术企业孵化基。5月28日，虹口区同松江区签署共建科技产业园区的协议书。2003年，组织申报国家创新基金、上海市种子资金共计20家，其中1家企业获得国家创新基金无偿资助40万元。累计获国家创新基金无偿资助1829万元，上海市种子资金无偿资助495万元。组织申报国家和上海市新产品项目17项，其中申报国家级新产品项目11项，上海市新产品项目6项，有5个项目列入2003年度国家级新产品计划，2项获得国家新产品资助资金80万元。全年新办科技企业316家，注册资金165亿元。全区共有科技企业1174家，组织申报认定高新技术企业8家，共有市高新技术企业56家。6家企业进入上海市科技型中小企业100强行列，有6家企业的10个项目分别进入上海市高新技术成果转化项目"百佳"表彰行列，有2家企业进入国家级高新技术企业行列。新建3个孵化器基地，引进科技企业101家，注册资金1.06亿元。12月19日，举行虹口区高新技术企业孵化基地总部揭牌仪式。基地新引进科技企业26家，注册资金达2740万元。

2004年，组织申报国家创新基金、上海市种子资金20家，其中4家企业获得国家创新基金无偿资助220万元，6家企业获得市种子资金无偿资助156万元。累计获国家级创新基金无偿资助2109万元，上海市种子资金无偿资助686万元。组织申报国家和上海市新产品项目22个，其中国家级新产品10项。共有17项被批准列入国家和上海市重点新产品计划，其中5项列入国家重点新产品计划。8项获得资助110万元，1项获得国家级资助50万元。组织申报高新技术成果转化12项，组织申报上海市火炬计划11项；新增科技企业315家，注册资金4亿元。申报认定高新技术企业8家，累计市高新技术企业54家。推动复旦科技园公司与上海材料研究所合作共建辉河路科技园，重点发展新材料等高科技产业。推进中科院上海技术物理研究所建造以传感传输产业为主体的科技园区。协调并落实有关扶持"赛格数码广场"政策，赛格电子市场成为上海电子消费品和电子零部件最大的交易市场。2005年，申报高新技术成果转化项目21项，经市科委认定批准14项；申报国家级火炬计划4项，上海市火炬计划7项，均被立项。申报上海市发明创造专利奖8项。申报国家级和上海市重点新产品共12项，11项获得立项，其中4项分别获国家和上海市重点新产品资金资助共计80万元；科技企业技工贸收入超过110亿元，区级财税2亿元。全区共新增科技企业354家，注册资金46424万元。科技创业中心共引进企业79家，在孵科技企业累计达279家。申报上海市高新技术企业12家，批准12家，全区高新技术企业总数达到63家。

2006年，申报上海市高新科技成果转化项目24项，科技进步奖2项。申请上海市科技基金54项，立项27项；申报国家科技基金7项。4家科技企业入围"上海市民营科技百强企业"。11月30日，上海市数字媒体产业园区开园仪式在虹口区东江湾路188号"空间188创意产业园区"举行，是上海市第一家市级数字媒体产业园区。2007年，制定《虹口区科技小巨人企业实施办法》，13家企业参加科技小巨人企业的评审，8家企业获得立项。上海市数字媒体产业园区成为国家数字媒体技术产业化基地（上海）第二批组成园区之一。

2008年，43家企业申报中小企业技术创新基（资）金项目，其中32家企业获得上海市创新资金项目立项。申报国家重点新产品企业4家，上海市重点新产品立项9项，申报百强科技企业5家，申报上海市高新技术成果转化项目19项，推荐申报上海市高新技术成果转化"百佳项目"4项。制定《虹口区科技小巨人企业实施办法》，申报上海市科技小巨人培育企业6家，认定区级科技小巨人企业7家，科技小巨人企业达到15家。细化大柏树核心区实施规划，中图蓝桥文化创意产业园区新建部分基本完工，完成腾克路整体规划设计方案，通风管厂改造项目开始建设，东体育会路860号置汇谷科技项目按进度推进，广纪路沿线的明珠文化创意产业园投入使用。2009年，获国家创新基金项目立项 10 项、国家初创型基金立项 3 家;市创新资金一般项目申报 30 项(立项 25 项),初创型创新资金 8 项(立项 4 项)。获得上海重点新产品项目立项 3 项,市、区两级给予 20 万元无偿资助。5 家企业的 12 个产品申报上海市自主创新产品认定,立项 6 个;组织申报火炬计划项目 3 项(立项 3 项)。14 家企业被评为 2009 年度上海市高新技术企业,3 家企业经评审被认定为上海市科技小巨人培育企业,分别获得市、区两级 100 万元无偿资助。4 家企业经评审被认定为虹口区科技小巨人企业,获得虹口区科技发展专项资金 50 万元无偿资助。

2010 年,获上海市科技型中小企业技术创新资金立项 15 项,获资助 370 万元。实施成果转化项目有 103 项,成果转化项目总产值为 13.93 亿元,总利润为 3.28 亿元,上缴税收 1.11 亿元。引进知识服务业企业 745 家,注册资金 15.12 亿元,完成区级税收 5.93 亿元。数字媒体企业共有 862 家,实现区级税收 1.04 亿元,三级税收 3.38 亿元。高技术企业数量达 75 家,全年实现营业总收入 80 多亿元。上海勘测设计研究院被认定为上海市科技小巨人企业,4 家企业被认定为上海市科技小巨人培育企业,获得市、区两级资助 1 100 万元。5 家高新技术企业被评为上海市创新型企业,先后获国家创新基金立项 10 项,获资助 955 万元。8 月 26 日,2010 年度虹口区高新技术企业工作会议召开。

第二节　科　学　普　及

2000 年,嘉兴路街道瑞康居委被命名为"上海市十佳科普村";南空军械厂被命名为市级科普教育基地;复兴中学和曲阳四小被命名为上海市科技教育特色学校。《地震和防震浅话》获国家地震科普作品一等奖。创建区级科普里弄 10 个,区级科普基地 1 个。组织学生参观科普教育基地、观看科普录像约 4.7 万人次。实施"千米科普画廊工程",完成四川北路、嘉兴、新港街道的科普画廊建造任务。2001 年,全年共创建科普村(居委会)10 个,其中市级 7 个;被评为"上海市十佳科普村"2 个;创建科普教育基地 10 个,其中市级 5 个;创建科技教育特色学校 16 所,其中市级 5 所。5 月 15—21 日,全国科技活动周期间,举办以"科技在我身边——珍惜生命、热爱生命、崇尚科学、反对邪教"为主题的一系列群众性科普活动。举办"崇尚科学、拒绝邪教"科普知识竞赛,发放 3 万份试卷;制作"崇尚科学、拒绝邪教"宣传板 200 余块,约 10 万人次观看。11 月 24 日,举办"上海市第十二届中学生防震减灾科普知识竞赛"。

2002 年,区科普工作联席会议召开两次会议。举办"崇尚科学、破除迷信、清除邪教"漫画展览,参观人数达万余人。5 月 18—24 日,举行以"科技创造未来"为主题的全国科技周上海虹口区活动。活动分 10 场大型科普展示咨询活动,4 场科技学术报告研讨会和社区群众科普大传播活动三个层次在全区展开。5 月 18 日,虹口区"科教进社区"活动正式启动。主题是"讲科学生活、建文明社会",举办科普展览、讲座、竞赛,组织咨询、参观,放映科普录像,印发科普资料等活动 736 次,近 20 万人次受益。9 月 22 日,虹口区科协第六次代表大会召开,表彰 1997—2001 年度虹口区科协先进集体 11 个、先进个人 57 名和先进工作者 5 名。2003 年,曲阳街道等 4 家单位被评为上海市科普示范单位。5 月 17—23 日,举行以"依靠科学,战胜非典"为主题的上海科技节。策划网络、电视、报刊、电话热线、科普画廊五大板块的科普宣传活动,开展网上科技节活动。8 月 8 日,"虹口科技"网站开通。9 月,2049 中国青少年科学素质培育行动计划——上海推广试点项目(2003—2007)选择虹口区作为试点行政区。9 月 15—19 日,举办"2003 年虹口区科协学术年会",40 篇学术论文编入《2003 年虹口区科学技术协会优秀学术论文集》。

2004年5月14—21日，开展虹口区科技周活动，组织"迷你F1"赛车世界、虹口区中小学学生科普知识竞赛、科普情景剧比赛、"绿谷杯"虹口区家庭网上购物大赛、"虫虫宝贝总动员"科普游园、"绿色家园"摄影展览等活动。区教育局、区科协对"2049上海试点项目"进行精心指导，强化交流机制，构筑科技信息发布平台，构筑试点项目咨询库平台。10月29日至11月上旬，举办2004年虹口区科协学术年会，举办12个学术专题研讨活动。组织"2004年虹口区防震减灾科普知识竞赛活动"，36所中学38个代表队的191名同学参加，参赛人数创历年之最。2005年，区科协开展各类学术交流活动88次，各类讲座、培训活动18次。曲阳路街道再次被评为"上海市科普示范街道"，实现"三连冠"。华东师范大学第一附属中学再次被评为"上海市科技教育特色示范学校"。虹口区科技活动中心完成主体结构建造，完成有感地震应急处置中心建设一期工程有关设备的安装和调试。召开"虹口区防震减灾联席会议"，完成公共突发事件应急预案的编制。举办防震减灾知识讲座，筹建北郊高级中学为防震减灾特色学校。

2006年，召开区防震减灾联席会议，推进虹口区防震减灾特色学校建设，在上海市防震减灾知识竞赛活动中，北郊高级中学代表取得优良成绩。5月19日，上海科技活动周虹口区活动在上海邮政博物馆举行。活动围绕"携手建设创新型城市"主题，开展30多项重点科普活动，5万多人次参加。在上海邮政博物馆举行的开幕式上，共对10名虹口区明日科技之星、10名虹口区社区科普先进工作者、10名虹口区中小学优秀科技辅导员、15项虹口区中小学优秀科技特色项目，以及家庭网上购物大奖赛决赛中的10户优胜家庭进行表彰。2007年3月24日，区科协召开第七届代表大会。大会通过虹口区科协第六届委员会工作报告，选举产生虹口区科协第七届委员会。5月9日，区科普工作联席会议暨创建全国科普示范城区工作例会召开，全面部署创建工作。在各创建单位的共同努力下，虹口区成功创建为全国科普示范城区。曲阳街道被评为"2006年度上海市科普示范社区"，华东师范大学第一附属中学、复兴高级中学被评为"2006年度上海市科技教育特色示范学校"。5月18—24日，主题为"携手建设创新型国家——打造大柏树知识创新与服务贸易圈"的2007年上海科技节虹口区活动隆重举行。

2008年，全国科普日虹口区活动围绕"节约能源资源、保护生态环境、保障安全健康"主题，开展科普报告会、科普知识展览等活动，参与群众2 000人次。5月15—23日，虹口区举行主题为"携手建设创新型国家——迎奥运、迎世博、讲文明、讲科学"的2008年上海科技活动周活动，举办科普报告会、科普讲座等活动，发送科技资料2.5万余份，参与群众达15 972人次。同济大学大学生科普志愿者服务社"虹口科学商店"正式揭牌。2009年，举办以"科技·人·城市——与世博同行，推进大柏树知识创新与服务贸易圈建设"为主题的2009年全国科技活动周暨上海科技节虹口区活动，开展科普讲坛、主题宣传活动等活动，参与人数达83 229人次。创建岳阳医院中医药文化与健康科普教育基地等3家市级科普教育基地。四川北路街道被命名为2008年度上海市科普示范社区，继光高级中学、华东师范大学第一附属中学实验小学被命名为2008年度上海市科技教育特色示范学校。9月，开展2009年全国科普日虹口区活动，围绕"节约能源资源、保护生态环境、保障安全健康"活动主题，开展"保护生态环境，迎接科技世博"系列科普活动，参与人数达15 000人次。

2010年，制定《虹口区创建2011—2015年全国科普示范城区的工作方案》，召开街道科普工作会议暨创建全国科普示范区动员会，提出2010—2011年街道社区科普工作指导意见。2月23日，区科协被评为"2009年上海科普资源建设先进单位"。5月14日，上海市汽车科普教育基地揭牌仪式在上海南湖职业学校第二分校举行。5月15—21日，2010年全国科技周虹口区活动围绕"城市·创新·世博——让生活更美好"主题。活动周期间,组织主题宣传活动、科普报告会等活动,发送科技资料 2.9 万余份,参与群众 2.6 万余人次。6 月 25 日,在世博会公众参与馆组织举办"相约名人堂——与院士一起看世博"虹口区专场活动。9 月,以"科技世博,创新城区建设"为主题,围绕区域经济、科技和社会发展等举办学术年会。9 月 16—22 日,围绕"节约能源资源,保护生态环境,保障安全健康"主题,组织开展 2010 年全国科普日虹口区系列活动。

第三节　知识产权与技术交易

2000 年,技术合同认定 434 项,成交金额 7 105 万元。2002 年,认定技术合同 618 项,合同成交额 1.12 亿元。2003 年,申请专利 503 件。确立两家民营企业为专利试点单位,两家商业单位为"专利保护示范"试点单位,开展知识产权专利知识的大型宣传活动,对区域内 2 家大型超市进行专利保护执法检查。4 月 26 日,围绕"世界知识产权日"宣传活动的主题,编制科普画廊、制作专利知识专版、专利科普列车进社区、公园、大型商场。2004 年,申请专利 557 件,有 5 个项目被评为上海市发明创造专利奖。组织"虹口区 4·26 知识产权大型宣传日"活动,对虹口区的专利试点企业和孵化基地的入驻企业进行有关专利制度和专利战略座谈会,对雷允上(北区)、绿谷药业有限公司和华联吉买盛超市进行专利执法检查,组队参加上海市知识产权竞赛团体赛,获优秀组织奖。技术合同成交 605 项,成交金额 2.2 亿元。

2005 年,制订《虹口区专利申请人给予专利申请代理费资助的意见》,举办专利试点企业座谈会。申请专利 617 件,其中发明 212 件,实用新型 271 件,外观设计 134 件。联合虹口区整规办、工商等部门开展知识产权保护专项整治执法共 4 次。新增专利培育型科技试点企业 5 家,上海市商业试点企业 1 家。专利成果转化获得新突破,获得上海市发明创造专利奖 3 项。2006 年,申报第二批上海市知识产权示范企业 2 家,申报上海市知识产权示范试点企业 4 家,全部通过认定批准。上海普利特复合材料有限公司入选上海首批 20 家知识产权示范企业,获得 100 万元的奖励。4 月 26 日,虹口区知识产权局在四川北路公园设摊咨询,开展第六个"世界知识产权日"宣传活动。活动期间征订《知识产权报》宣传特刊 1 000 份,发放宣传资料 500 套。

2007 年,在"4·26"知识产权宣传周期间,举行与知识产权相关的法律、法规咨询宣传活动,发放"如何识别假冒商品"的小册子和经营者"如何注册商标"的宣传资料。上海大学知识产权学院组织 30 名知识产权志愿者,向市民进行知识产权认知度的调查。联合举办"增强青少年知识产权创新意识"辅导报告会,68 所中小学校的科技辅导员和学生代表参加报告会。虹口区科委组织区域内的科技小巨人企业、高新技术企业以及专利示范和专利试点企业 70 多人参加"专利检索与专利侵权判定"讲座。2008 年,召开虹口区保护知识产权专项行动联席会议,开展"雷雨"知识产权执法专项行动,对流通领域的商业企业开展专利行政联合执法检查,对七浦路市场知识产权保护情况进行调研。组织区高新技术企业和专利示范、试点企业举行"企业研发新产品如何用技术秘密来保护"的专题讲座。举办"4·26"知识产权宣传周虹口区系列活动和虹口区首届伯瑞杰杯青少年思维创新大赛。组织申报第 3 批上海市"制定企业专利战略"项目 2 家,组织申报上海市专利试点(培育)企业 3 家,上海科泰信息技术有限公司被市知识产权局推荐为上海市专利示范企业。

2009 年 4 月 13—14 日和 10 月 14 日,进行两次专利行政执法检查,对 6 家商业企业进行集中专利行政执法检查。4 月 14 日,上海市版权工作会议在上海科学会堂举行。会上,虹口区大柏树传媒产业集聚区被授予首批"版权服务工作站"。4 月 26 日,虹口区知识产权宣传周活动拉开帷幕。

在宣传周期间,下发"4·26"知识产权宣传特刊1 000份。2010年4月26日,在鲁迅公园举行"知识产权与世博同行"主题宣传活动。宣传内容主要为专利、商标、版权方面的知识产权保护,以及相关法律法规宣传展板及现场咨询,前来参与的市民有500多人。上海勘测设计研究院被评为上海市专利示范企业。

第七章　杨　浦　区

2000 年 7 月 14 日,区政府作出《关于依托高校优势推进杨浦经济和社会发展的决定》,并出资 1 亿元资金支持发展高新技术产业。2001 年,区科委正式下达软课题研究项目共 10 项。2002 年,召开区科技工作表彰交流会,表彰 2001 年度 10 家科技明星企业、10 家科技创新企业和区科技招商工作先进个人。2003 年,全区科技系统共有 10 人被评为区专业技术拔尖人才,3 人被评为区优秀青年专业技术人才。2005 年 3 月 8 日,浦东新区政府与杨浦区政府召开会议,研究并确定两地的合作机制以及合作重点。

2007 年,制订《鼓励区域内自主知识产权创造细则》《杨浦区科技小巨人 1050 工程实施办法(试行)》《关于界定享受科技扶持政策企业范围的实施办法》《关于发展杨浦区科普事业的有关实施细则》等 10 条相关实施细则。建立科技进步考核长效机制、科技进步考核工作领导小组联席会议制度、科技统计数据监测和季报分析体系。12 月底,科技进步考核获得通过,并荣获"2005—2006 年度全国科技进步考核先进区(县)"称号。2009 年,成功申报"国家创新型试点城区",蝉联 2007—2008 年度全国科技进步考核先进城区,实现全国科技进步先进城区的"三连冠"。2010 年,杨浦区被科技部确定为全国首批国家创新型试点城区。加快建设国家海外高层次创新创业人才基地,设立 3 亿元的创业投资引导资金。市区政府共同研究制定 6 方面 17 项政策支撑体系,市区配套设立每年 3 亿元、五年 15 亿元的"国家创新型试点城区建设专项资金"。

第一节　高新技术产业与园区

2000 年,认定高新技术成果转化项目 12 项,批准下达上海市科技产业化项目 11 项;列入市级科研攻关项目 2 项,获得贷款贴息 24 万元;经市科委认定的中小企业技术创新资金项目 5 项,获得无偿拨款 110 万元;经科技部批准的中小企业创新基金项目 6 项,获无偿拨款 360 万元,市科委匹配基金 36 万元。全年新引进民营科技企业 290 户,认定高新技术企业 15 户。五角场高新技术产业园区全年新增入驻企业 136 户,新增注册资金 6.3 亿元,实现技工贸总收入 15.5 亿元,工业产值 6.3 亿元,完成税收 3 635 万元。10 月,上海高科技企业杨浦孵化基地被科技部批准认定为"国家高新技术创业服务中心"。2001 年,高新技术成果转化项目 16 项,市科委批准下达的科技产业化项目 11 项,其中被列入上海市重点火炬计划 4 项,获资助金额 18 万元;获得国家科技部创新基金项目 3 项,获资 280 万元;上海市种子基金项目 14 项,获资 202 万元。新增民营科技企业 506 家,新增注册资金 20 亿元。新认定高新技术技术企业 13 家。五角场科技园区新增入驻企业 150 家,新增注册资金 12.1 亿元,实现技工贸总收入 23.13 亿元,完成工业产值 9.6 亿元,上缴税收 5 635.11 万元。上海高科技企业杨浦孵化基地全年新吸纳孵化企业 50 家,使基地内孵化企业总数达 175 家,注册资金总额 4.07 亿元。5 月 18 日,同济大学科技园揭牌成立,入驻企业 130 余家,研发机构 5 家,实现年销售收入 18.4 亿元,利润 1.7 亿元。5 月 30 日,复旦科技园获得首批国家级大学科技园称号。

2002 年,11 个项目获得上海市创新基金立项,总资助金额 220 万元。其中"种子资金"项目 9

项,资助金额达 175 万元。"匹配资金"项目 2 项,资助金额为 45 万元。列入国家火炬计划项目 5 项,上海市火炬计划项目 5 项。申报市科委专利二次开发项目 6 项,获批 3 项,金额达 170 万元。列入上海市高新技术成果转化项目 25 项。新增民营科技企业 533 家,新增注册资本 12 亿元人民币、91 万美元。全区民科企业总数达 1 093 户,技工贸总收入 48.2 亿元,工业总产值 15.3 亿元,上缴税收 2 亿元。全年新增上海市高新技术企业 18 家,全区上海市高新技术企业达 93 家,上海市软件企业 25 家。注册在杨浦区各科技园区内的科技企业总数超过 800 家。10 月,市信息化办公室与杨浦区复旦软件园——五角场科技园联合基地签订《上海市软件产业基地发展专项资金项目合同书》。2003 年,获国家中小企业创新基金项目立项 8 项,获上海市中小企业创新资金项目立项 4 项,共获资助金额达 610 万元。获上海市火炬计划项目立项 7 项,其中 3 项获得市科学发展基金资助 18 万元。经报市科委批准专利二次开发项目 4 项。获批 17 项上海市高新技术成果转化项目。获国家和上海市重点新产品计划项目 8 项。完成招商科技企业 502 户,新增注册资本 10.1 亿元人民币和 278.2 万美元;民科企业总数达 1 800 户,科技企业技工贸总收入 48 亿元,工业总产值 15.1 亿元,上缴税收 1.2 亿元。经认定的市高新技术企业共 63 家,其中新批准 11 家。五角场高新技术产业园区全年引进企业 150 户,注册资金 4.2 亿元,销售收入累计完成 24.4 亿元,工业产值累计完成 11 亿元。同济科技园被正式授予"国家级大学科技园",招商 26 家,注册资金 5 950 万元,累计有 76 家企业入驻。

2004 年,申报科技部中小企业创新基金 33 项,13 个项目获中小型科技企业创新基金立项,10 家企业获得上海市高新技术企业称号,14 个项目被认定为上海市高新技术成果转化项目,3 个项目获得火炬计划项目,2 个项目获得专利再创新项目,4 个产品被认定为上海市重点新产品,2 个产品被认定为国家级重点新产品。复旦科技园国权园二期工程开工,SOHO 区拔地而起,"知识新天地"一期工程开工,上海知识产权园开园,都市纺织技术服务平台实施方案完成,创业投资服务平台正式启动。9 月 16 日,上海知识产权园推介会召开。2005 年,有中小型科技企业 2 000 余家,技工贸总收入达到 80 亿元。上海市科教兴市重大产业科技攻关项目"生物可降解材料——聚乳酸"的中试生产线,落户新材料科技园。上海复旦天臣新技术有限公司的聚合物电子发光显示器项目列入市科委 2005 年重点科技项目。11 月 17 日,上海理工大学和杨浦区人民政府为建设杨浦知识创新区,正式成立上海理工大学科技园有限公司。

2006 年,杨浦区科技产业建设面积为 152 万平方米。复旦科技园与 14 家科技企业签订入驻协议。杨浦科技创业中心通过建立科技企业联络员制度,孵化基地二期大楼入驻率达到 95% 以上。五角场高新技术产业园引入开创远洋渔业、上海城市水资源开发利用国家工程中心有限公司等企业和研发中心。6 月 7 日,上海财经大学科技园正式成立;8 月,上海电力科技园股份公司正式开始运营;9 月,复旦科技园国泰三期工程正式开工。10 月 20 日,科技部、教育部正式认定上海理工大学科技园为国家大学科技园。10 月 26 日,同济科技园国康二期工程正式开工。2007 年,上海知识产权公共服务平台形成以专利中心、版权中心、五角场 800 号艺术空间为主体的"点、线、面"布局,国家专利技术展示与交易中心落地园区。建立上海中小企业研发外包服务中心,组建中小企业软件外包行业联盟,并构建一系列适合研发外包服务的功能性平台。举办"百年同济、知识杨浦"大学生创业论坛,完成电子信息、新材料、环保节能和光机电一体化等高新技术产业发展规划初稿,筹划在复旦大学、同济大学、上海理工大学和杨浦创业中心 4 个国家大学科技园(创业中心)建立技术转移中心。9 月 17 日,上海纺织研发公共服务平台通过验收。

2008 年,制订《杨浦区科技小巨人 1050 工程实施办法(试行)》等 26 个实施细则。构建由 3 个国家级高新技术服务中心和5大公共服务平台构成的创新公共服务平台。制订节能环保、电子信息和现代设计三大产业3年行动计划。组织企业申报创新基(资)金项目52项,申报国家(市)重点新产品计划项目10项,申报各类人才计划3项,申报上海市高新技术成果转化项目9项。有国家级大学科技园3个、国家级高校技术创业中心3个、国家级软件园1个、专业化科技园10个。引进企业657家,注册资金11.04亿元,科技企业数累计为3 350家,完成工业总产值21.88亿元,实现总收入43.03亿元。推荐11家企业参加市科委评审,其中小巨人企业1家,培育企业10家。市政府同意把杨浦知识创新基地纳入张江高新技术开发区的管理体制和专项资金扶持范围。2009年,制订节能环保、电子信息、现代设计三大产业3年行动计划。创业基金一般项目35项,共获市级资金745万,初创期项目52项,获市级资助520万元,5家软件企业获得共520万元上海市软件和集成电路专项资金扶持。环同济特色产业基地获得"国家火炬计划环同济研发设计服务特色产业基地"称号。创智天地园区获得市级软件和信息服务业高新技术产业化基地称号。科技企业共获市科委各类市级项目资助资金达2 135万元。其中,全年新增上海市科技小巨人企业2家,小巨人培育企业3家,共获市级资助600万。截至2009年底,杨浦区有科技小巨人企业5家,小巨人培育企业14家。

2010年,获上海市科技中小型企业创新基金项目立项76项,获市级扶持资金915万元,立项数全市排名第3。推荐申报9个重点新产品项目,立项8项。推荐2家企业申报上海市工程技术研究中心,其中上海复旦天臣新技术有限公司建设上海防伪工程技术研究中心获批立项;2家创新战略联盟入选上海市产业技术创新战略联盟,1家技术创新服务平台入选上海市技术创新服务平台,17家创新企业入选2010年度上海市创新型企业。获认定的上海市科技小巨人企业及上海市科技小巨人培育企业各1家,全区累计获上海市科技小巨人(培育)企业认定21家,其中上海市科技小巨人企业6家、上海市科技小巨人培育企业15家。全年新增科技企业710家,完成登记备案的科技企业总数达到4 390家,位居全市各区县之首。

第二节　科学普及

自1995年至2000年,创建并命名区级科普示范村12个,科普文明村70个,科普文明楼组293个,科普教育基地23个,科技特色学校10所。市级科普示范村8个,科普教育基地8个,科技特色学校5所。设计组织青少年以电脑知识、海洋知识、古代四大发明为主线的科普特色游活动,全年有1.5万余人次的青少年参加知识游活动。2001年11月8—14日,举行上海科技节杨浦区活动,以"生物科技——为新世纪人类的幸福"为主题。区、街道共组织策划第二届五角场电脑节、"市民生活质量大家谈"辩论赛等活动100余项,参与科技节活动的人数达30余万人次。

2002年,上海市首个"商业科普广场"在五角场地区落成。全年命名18个区级科普文明村和60个文明楼。4月20日,杨浦区科协第六次代表大会召开。5月,开展以"科技创造未来"为主题的第二届全国科技周杨浦区活动,组织上百项科普宣传活动,25万多居民参与宣传活动。2003年,举办首届杨浦电脑节活动,受宣传面达3万人次。殷行街道、上海柴油机股份有限公司两家单位被评为区先进科普示范单位,评出区社区科普文明村36个,区文明楼组30个。5月12—18日,举办第2届科技活动周。活动周以"依靠科学,战胜非典"为主题。举办"网上科技节",平均每天收到方案129份,点击率每天平均高达351次。

2004年,殷行街道被评为2003年度科普示范街道。举办2004年科技活动周,宣传"科技创造绿色生活"的意义,受到居民欢迎。科技节期间,开展"读科普书,做科学人"等活动,受益公众达 20万余人次。在第十九届上海市青少年科技创新大赛中,市东中学制作的"自动饮水机"获得"机器人创意大奖",同时也获得"机器人展示"二等奖。2005 年,结合复旦百年校庆,推动中学与大学科技社团结对共建、举办中小学生知识产权网上知识竞赛、"百年复旦·知识杨浦"创业计划大赛和创业投资论坛,鼓励并营造"鼓励创新,宽容失败"的创新创业氛围,形成"知识杨浦"良好的创新创业氛围。

2006 年"杨浦科技活动周""全国科普日"以"普及科普知识,共创和谐社会"为主题,开展近百项科普专题活动,吸引 30 余万人参加。同时,利用市科协系统内现有的"上海科普网""科博在线""青少年科技创新网""2049 网"等网络平台开展科普活动。2007 年杨浦区科普活动周、科技节以"携手建设创新型国家"为主题,开展各种科普、咨询活动,参与者达 23 万余人次。成立杨浦区《公民科学素质行动计划纲要》领导小组和《未成年人科学素质行动计划纲要》领导小组。做好防震减灾知识的宣传工作,编制《上海市杨浦区应急专项预案》。

2008 年,支持建立产学研合作促进会等 17 个科技相关学(协)会、13 个创意产业园、1 个上海市科普场馆、2 个上海市科普示范街道、12 个市级科普基地、1 个上海市十佳科普村、2 所上海市科普示范学校、156 个杨浦区科普文明村和 299 个科普文明楼组。5 月 15 日开始的杨浦区科技活动周,吸引 40 余万人次参加系列科普活动。举办首届杨浦科普月坛,参加人数达 9 000 余人次。创办上海杨浦科普影像基地。杨浦区烟草博物馆、中国武术馆、上海电缆研究所展览馆成为科普教育基地。2009 年,召开杨浦区科普工作联席会议暨杨浦区全民科学素质行动计划纲要领导小组会议。五角场街道、四平路街道被评为上海市科普文明示范街道。杨浦区科普教育基地升至 15 家,"上海东区污水处理科普教育基地""上海颐高家庭数码体验科普教育基地"挂牌成立。制作 100 块可双面展示的科普展架、展板。制定并实施杨浦区防震减灾紧急疏散演练等系列活动,启动"杨浦区防震减灾科普网站"建设筹备工作。

2010 年,围绕上海世博会"城市,让生活更美好"主题举办 2010 年杨浦区科技活动周、"低碳生活 绿色社区"科普活动日、"看世博,讲科学"杨浦区市民节能科普知识网上竞赛活动等一系列活动。3 家单位科普馆获全国科普教育基地称号。组织编制防震减灾应急预案,组织特色学校师生参观学习地震科普知识等。

第三节　知识产权与技术交易

2000 年,认定技术合同 700 项,交易金额 3.5 亿元,2001 年,认定技术合同 685 项,交易金额 4.2 亿元。2002 年,申请专利 2 018 件,认定技术合同 518 项,合同金额 2.27 亿元。2003 年,申请专利 1 276 件。认定技术合同 543 项,合同金额 4.5 亿元。2004 年,认定技术合同 1 280 项,合同金额 6.13 亿元。2005 年 4 月 25 日,上海专利交易中心揭牌。9 月 20 日,上海版权中心建设推进会暨国际卡通形象授权展示会召开,成为国内外版权事业的盛事。9 月 23 日,长三角地区专利交易合作网暨上海市专利交易网开通。

2007 年,申请专利 3 137 件,其中发明专利 1 568 件,实用新型专利 896 件,外观设计专利 673件。出台《杨浦区授权专利资助奖励办法》,共受理专利授权资助奖励申请 37 家 494 项专利,申请奖励金额 33.46 万元。申报成功 4 家上海市专利培育试点企业、2 家上海市专利示范企业、1 家上海市商业知识产权试点企业和 6 项上海市发明创造专利奖。完成 4 家专利培育试点和 5 家试点企业验收工作。以"4·26"世界知识产权日和国家知识产权宣传活动周为重点,开展知识产权宣传教育,受众超过 30 万人。2008 年,制订《上海市杨浦区落实〈国家知识产权战略纲要〉行动计划(2008—2010)》。申请专利 3 049 件,其中发明专利 1 779 件。2 家企业被评为第 3 批上海市知识产权示范企业,6 家企业通过专利试点企业和商业知识产权工作试点企业验收。受理奖励申请 754 件,申请奖励金额 49.76 万元。举办知识产权宣传周活动,宣传受众 5 000 余人。

　　2009 年,申请专利 3 483 件,其中发明专利 2 089 件。制定《上海市杨浦区知识产权试点园区工作方案(试行)》,制定《上海市杨浦区保护世博会知识产权专项行动工作计划》。3 月 26 日,创建杨浦区首批知识产权试点园区。4 月,以"4·26"保护知识产权周为契机,以"手拉手迎接精彩世博肩并肩保护知识产权"为主题,开展 10 余项宣传活动。2010 年,申请专利 4 692 件,其中发明专利 2 799 件。认定技术合同 645 项,合同金额 11.92 亿元。起草并完善《上海知识产权园上海知识产权公共服务平台项目建议书》。以"创新与知识产权让世博更精彩"为主题,开展知识产权宣传周活动。完成 2008—2009 年专利授权资助奖励拨付工作,共拨付奖励资金 47.88 万元。8 月 12 日、9 月 15 日,副市长赵雯 2 次专题调研杨浦知识产权工作及知识产权公共服务平台建设工作。

第八章　黄　浦　区

2000年,全年组织实施科技攻关、新产品开发、科技产业化3项计划项目57项,新安排科技发展基金929万元,支持项目22项。安排科技专项资金85.4万元,支持"网上南京路"等项目25项。2003年,全年有98项科技项目立项。上海市科技成果登记项目22项,区级计划项目42项;获上海市科技进步奖二等奖1项。2005年,通过2003—2004年市、区、县科技进步考核,制定《上海市黄浦区科技发展第十一个五年计划及2020年远景规划》,提出"十一五"期间,黄浦区科技发展的目标、任务、措施等要求。2006年,登记科技成果43项,黄浦区科委推荐的"射频识别技术系列芯片及其读码模块关键技术研制"获得2006年度上海市科技进步二等奖。4月,黄浦区科教兴区领导小组成立。2007年,创建全国科普示范城区。完成《黄浦区科教兴区指标体系》的编制工作。2009年,修订《黄浦区科技计划项目管理办法》和《黄浦区科技计划项目管理办法实施细则》。

第一节　高新技术产业与园区

2000年,6个项目申报国家中小企业技术创新基金;11个项目通过上海市高新技术转化项目认定。信息服务科技企业120家,拥有资产总值13.5亿元。19家企业被认定为上海市高新技术企业,销售收入约2.67亿元;高新技术产品及其技术收入占81%;科研开发投入1 338.3万元,占5.1%;利税收入5 101.6万元;上缴税金1 986.6万元。2001年,新发展民营科技企业310家,新增注册资金10.56亿元。获得国家科技型中小企业技术创新基金2项,资助金额140万元;国家级新产品4项;获得上海市科技型中小企业技术创新资金10项,资金支持298万元;上海市火炬项目9项;上海市高新技术成果转化项目15项,新增市高新技术企业15家。建立5 000平方米的科技孵化基地,上门为企业宣传"软件企业29条"政策,协助集成电路设计企业申报国家和上海市的技术创新基金。2002年,争取到国家和上海市科技型中小企业技术创新基金17项,获得无偿拨款600万元。争取到上海市科技产业化项目18项。新引进科技企业315家,注册资金7.87亿元。新认定的上海市高新技术企业5家。2个项目被列为科技部"863"计划项目,新入驻、注册集成电路设计企业23家,注册资金6 800万元。黄浦区创业中心科技孵化基地引进孵化企业21家,注册资金5 750万元。

2003年,组织申报上海市火炬项目5项,国家重点新产品2项,上海市重点新产品4项,认定上海市高新技术成果转化项目8项,新增上海市高新技术企业10家,民营科技企业实现技工贸总收入72.788亿元;税收2.594亿元;利润3.43亿元;创汇2 371.9万美元。12家企业的22个项目申报上海市集成电路设计专项资助,11个项目入选,获得资助510万元;9个项目获得集成电路设计版图布图保护登记;3家企业进入上海市集成电路设计企业销售15强行列。"进口集成电路分类及价格监管分析系统"项目获得市科委AM基金的项目资助。二溴海因消毒剂等项目获得国家技术创新基金160万元。2004年,10个项目被国家和上海市创新基金立项,共获得国家和上海市各类资助拨款575万元。国家重点新产品立项1项,市火炬项目1项,市重点新产品立项3项,认定市高新技术成果转化项目11项。科技京城集成电路设计基地入驻企业达72家;注册在孵化器的企业共有 35 家,总产值 1.89 亿元,完成税收 544 万元。3 月,都市工业设计中心正式运作,吸引设计企业、科研机构和行业协会 32 家,其中设计类企业 29 家,企业总注册资金达 5 200 万元。黄浦区科技创业中心吸收 50 余家科技型中小企业入驻或注册,吸引注册资金超亿元。

2005 年,组织国家及上海市产业化项目 13 项,组织 18 个民营科技企业申请国家科技部创新基金、上海市创新资金。其中 3 个项目获得国家创新基金,无偿资助 165 万元;5 个项目获得上海市创新基金,无偿资助 175 万元。上海市高新技术成果转化项目 12 项。科技京城国家集成电路设计上海产业化基地有 1 家企业获得"国家科技型中小企业技术创新基金"资助 55 万元;3 家企业获得"国家科技型中小企业技术创新基金创业项目"资助 105 万元;1 家企业获得"上海市创新资金(市区联动)项目"资助 35 万元。8 个项目被上海市信息委立项,1 个项目被市科委列为国际技术转移项目。注册企业 16 家,新增注册资本 4 471 万元。11 月,上海集成电路设计创业中心成为全国首批国家级的专业技术孵化器。2006 年,4 个项目获得国家创新基金,获得国家创新基金资助 215 万元;9 个项目获得上海市创新基金,共获得上海市创新资金资助 360 万元;8 项为黄浦区创新资金立项项目,资助金额为 190 万元。13 项科技成果获得上海市高新技术成果转化项目认定,高新技术企业 52 家。制定《黄浦区〈科技型中小企业技术创新资金实施细则〉管理办法》。科技京城引进科技企业 20 家,都市工业设计孵化基地吸引 50 家企业。2007 年,3 个项目获国家创新基金,14 个项目获市创新基金,3 个项目获区创新基金;16 个项目获得上海市高新技术成果转化项目认定。

2008 年,14 个项目获市立项拨款 117 万元,区级立项 21 家。2008 年国家创新基金黄浦区共有 6 个项目立项,获得资助 335 万元。2 家企业被批准为上海市科技小巨人培育企业并获得市科委和市经委共同资助 200 万元。设立每年总额为 1 000 万元的老字号科技创新专项资金,22 个老字号企业的 30 个项目获得首批专项资金的扶持。2009 年,制定《上海集成电路设计孵化基地对在孵企业资金资助暂行管理办法》等。培育科技小巨人企业 3 家;出资 609 万元,对老字号企业科技创新和驰名商标品牌创新给予支持。5 个初创创新基金项目获得市科委支持 50 万元,获得科技部支持 120 万元。14 个一般创新资金项目获得科技部支持 325 万元(5 项),获得市科委支持 275 万元(9 项),全区共支持初创期项目 40 万元,一般项目 445 万元。19 家企业完成创新基(资)金任务并通过验收,其中国家创新基金项目 4 项、上海市科技创新资金项目 8 项。科技京城引进企业 35 家,注册资金 8 310 万元、110 万欧元、10 万美元。

2010 年,新增国家创新基金项目 4 项,获得资助 270 万元;上海市创新资金项目 22 项,获得资助 245 万元;7 个项目被认定为上海市高新技术成果转化项目,2 个项目获上海市科技创新行动新产品计划立项资助;新增高新技术企业 9 家、科技小巨人企业 2 家、创新型企业 5 家、技术先进型服务企业 2 家。对科技京城集成电路设计孵化基地产业进行大调整,调出企业 22 家;引进企业 28 家,注册资金 7 539 万元、138 万美元;增资企业 3 家,增资额 490 万元。

第二节　科　学　普　及

2000 年,组织科普活动 100 多次。参与"崇尚科学文明,反对迷信愚昧"大型科普展,逾 10 万人观展;在街道开展"黄浦区家庭科普创作展评"等活动;外滩街道宁波小区的"鸟类与自然环境"和南京东路街道福海小区的"天文气象"科普基地建成;举办"崇尚科学,破除迷信"科普宣传月活动;组织青少年科普冬令营等活动。区有线电视开设"黄浦科技"和"黄浦科普苑"专栏等。9 月 29 日,召开区科协成立大会。2001 年,组织首届"全国科技周"活动,承办首届科技周上海地区开幕式,举办科普讲座16场,展示科普板报450块,派出科技咨询人员150余人,参与各类活动人数45 000人。开展上海科技节黄浦区活动,举办"绿色消费进万家"主题活动和黄浦区科技成果展示会,举行"科普一日游"。举办"2001年黄浦区青少年科技夏令营"等。

2002年,以"全国科技活动周"为载体,举办多种活动100余项,参加活动人数约6.8万人次。下发《关于黄浦区宣传贯彻科普法的意见》,开展各种学习、宣传活动。区科协编写科普读本《让生活更精彩》,开设"科普班"等,举办课程32讲,听众2 480人次。2003年,黄浦区科技节围绕"依靠科学,战胜非典"为中心开展科普活动,组织2 000余册防非书籍、220套科普挂图、100余块科普展板,赠送到全区9个街道146个居委及30余所科技教育特色示范学校。举办各类科普活动100余项,参加各类活动人数约12万人次。

2004年,区科协举办2004年黄浦科普论坛,进行学术交流150余次,有52 500人次参加。5月16日,黄浦区科技馆在区青少年活动中心重新揭牌,以"科技让黄浦明天更美好"为主题的2004年上海科技活动周黄浦区活动,在区科技馆拉开帷幕。举办各类活动120余项,参加活动6万余人次。2005年,南京东路街道再次被评为2005年度上海市科普示范街道,上海第一医药商店被评为2005年度上海市科普示范企业(商业),上海档案馆被评为2005年度上海市科普教育基地,上海城市规划展示馆被中国科协评为"全国科普教育基地"。以"享受科技成果,感受科普魅力"为主题,举办2005年上海科技节黄浦区活动。举办院士报告、科技讲座等活动,参加各类活动的人数3万人次。6月29日,在南京路步行街举行"健康城市、美好生活'健康面对面'科普咨询"暨"第一医药科普园地"揭幕仪式。9月13日,在新世界商城底楼活动展厅举行"2005年全国科普日黄浦区品牌战略宣传活动"。

2006年,组织以"节约、环保、绿色——建设节约型社会"为主题的2006年科技活动周系列活动。参加各类活动的3万余人次。在"科教兴市在黄浦"网站上开辟"黄浦教育科普资源库"。2007年,举办2007年上海科技节黄浦区活动,主题是"节约资源——构建和谐黄浦"。首次承办北欧科学传播活动——街头科普项目,创新街头科普形式。整个科技节活动有2万余人参与。开展"科普星期二——闪亮南京路"联播活动,播放《家庭节能》等科普知识片,滚动播放科普宣传资料;向旅游观光者和市民发放科普系列丛书1 200余册。8月25日,"2007年上海国际骨科科学与健康论坛"黄浦区分会场报告会在黄浦区青少年活动中心举行,专家为市民作骨科科普讲座。近200名市民积极参加,黄浦区科协编印1万册《骨科科普知识》分发给社区居民。11月底,中国科协发文命名黄浦区为"全国科普示范城区"。

2008年5月18日,以"携手建设创新型国家——节能减排、生态文明、和谐黄浦"为主题的2008年上海科技活动周黄浦区活动开幕式暨市民科普演讲比赛在上海市大同中学拉开帷幕。8月,黄浦科普网正式开通,黄浦科普网被市科协评为上海市科普资源建设优秀项目。2009年5月16日,以"科技·人·城市——与世博同行"和"科技世博、生态世博、和谐黄浦"为主题的上海科技节黄浦区活动开幕式暨流动科技馆进社区启动仪式举行。7月,黄浦区科协参与上海科普资源开发与共享信息化工程建设,拍摄《食在黄浦》系列科普DV片。

2010年3月12日,"相约名人堂——与院士一起看世博"首场科普传播活动在黄浦区半淞园路街道社区文化中心举行。5月15—21日,举办2010年上海科技活动周黄浦区活动,活动的主题是"科技世博、低碳生活、和谐黄浦"。活动周期间,举行科普演讲比赛、科普知识讲座等10余项活动,参加人员约3万人次。8月10日,区科协第3次代表大会在黄浦区青少年活动中心举行。会议总结和回顾5年来科协工作,部署未来5年的工作任务,选举产生黄浦区科协第3届委员会委员。

第三节 知识产权与技术交易

2001年,申请专利203件,认定技术合同1 886项,合同金额2.84亿元。2002年,申请专利1 007件,技术合同交易1 938项,合同金额2.99亿元。组织"4·26"和"7·1"知识产权宣传活动。2月,黄浦区知识产权局成立。7月上旬,与上海市知识产权局共同对福建路上一家企业涉嫌冒充他人专利产品行为进行查处。8月上旬,配合市、区"百城万店无假货"活动,对2家企业开展联合执法检查。2003年,认定技术合同2 007项,合同金额3.23亿元。2004年4月19日,上海市首届"保护知识产权宣传周"活动在黄浦区南京路步行街正式启动,主题是"尊重知识产权,维护市场秩序"。

2005年,编制完成"黄浦区知识产权战略纲要推进计划",提出未来五年的推进目标、主要任务和推进措施等。组织黄浦区保护知识产权宣传周活动,组织"让知识产权知识走近百姓""创意设计与知识产权保护研讨会"等10项活动,参与人或受益群众达1万人次。认定技术合同979项,成交金额3.68亿元。2006年,申请专利1 089件,外观设计专利700余件;发明专利215件。建立上海市专利工作试点企业季度例会等制度。6家企业成为上海市首批商业系统知识产权保护工作试点单位,6家企业成为上海市专利工作试点企业,2家企业被列为上海市专利培育试点企业。4家企业被命名为上海市知识产权示范企业;恒源祥(集团)有限公司被命名为上海市专利工作示范企业。认定技术合同769项,成交金额7.11亿元。

2007年,开展"知识产权网上行"学习活动,有3.5万人次点击该网页。举行"尊重他人知识产权,保护自主知识产权"知识产权日宣传咨询活动,发放《知识产权知识30问》等小册子2 000余份。召开"进一步推进知识产权工作会议",向上海市知识产权示范企业颁发30万元的知识产权扶持专项经费,发表《加强知识产权工作宣言》。举办黄浦区知识产权工作论坛。认定技术合同377项,成交金额5.41亿元。2008年,形成《黄浦区老字号、老品牌知识产权保护情况的调查研究》。上海市保护知识产权宣传周开幕式活动在南京路世纪广场举行,500多人参加开幕式活动。组织以"尊重知识产权,你我共同参与"为主题的"4·26"知识产权日宣传咨询活动,向市民群众发放《知识产权知识30问》宣传资料等。上海坚一华歌旅游纪念品设计有限公司被命名为上海市专利工作示范企业;5家单位被命名为上海市商业系统知识产权保护工作示范单位。上海佳动力环保科技有限公司被命名为上海市知识产权示范企业。上海市电力公司、新华灯具厂等2家企业被列入上海市专利工作培育企业。认定技术合同258项,成交金额9.24亿元。

2009年,制定《黄浦区迎世博知识产权专项行动方案》,出台《黄浦区关于推进品牌创新发展的扶持办法》等政策,投入609万元,用于老字号老品牌的科技创新和知识产权保护。34家商业企业被授予上海市首批"销售真牌真品,保护知识产权"承诺单位。认定技术合同263项,成交金额5.1亿元。2010年,认定技术合同301项,成交金额5.7亿元。4月20日,在南京路世纪广场举行"保障世博,保护知识产权,打击制假售假集中销毁活动",对收缴的侵犯世博会吉祥物保护权的1万余只假"海宝"及盗版图书、非法出版物等进行现场销毁。5—10月,上海世博会举办期间,重点布控南京路、外滩、豫园、世博园出入口等地区,对兜售假冒侵权商品的游商走贩进行拉网式打击。12月21日,50家商业企业被确定为2011年上海市"销售真牌真品,保护知识产权"承诺单位,12月23日,黄浦区知识产权局等获世博会知识产权保护专项行动先进集体。

第九章 卢 湾 区

2000年,召开第六次区长咨询会议,主题是"卢湾南部地区发展战略及规划研究"。区科委开展《建设"网上淮海路"的研究与规划》的调研和论证,起草可行性研究报告。2001年,建立拥有100个项目的高新技术成果信息库,组织科技专家进行成果转化工作。2002年,完成科技成果登记项目12项,1个项目获得上海市科技进步二等奖。建立由27个职能部门和15个民营科技企业组成的科技进步工作网络,建立科技信息服务平台和科技进步评估体系。2003年6月11日,卢湾区第四届科技专家组成立,专家就《新一轮发展规划纲要》和"1+6"方案进行座谈,围绕"卢湾区新一轮发展要统筹兼顾、协调发展"等主题提出意见和建议。

2005年,完成《上海市卢湾区科技发展基金管理办法》的制订。2006年4月10日,卢湾区科技工作会议在白玉兰剧场召开,400余名各界代表参加会议。4月17日,卢湾区与上海交通大学医学院、上海科学院全面合作签约仪式隆重举行。7月12日,《卢湾区推动技术创新和成果转化的若干措施》正式颁布。2007年,给予区域内荣获"2006年度上海市科学技术奖"的11项获奖项目总额110万元的匹配奖励。5月18日,区政府与市科协签订全面合作协议。2008年,对区域内获得2007年度上海市科学技术奖的2家单位6个项目给予共计55万元的再奖励。9月24日,《卢湾区迎世博科技创新行动计划》由区政府办公室印发。2010年,出台《卢湾区关于鼓励和促进科技创业的实施细则》,构建卢湾区"十二五"科技创新总体框架。

第一节 高新技术产业与园区

2000年,发展民营科技企业55家,新增注册资金1.6亿元;民营科技企业技工贸收入18.94亿元,上缴税金4457.2万元,利润4006.6万元。新引进15家高新技术企业,经认定的上海高新技术企业累计16家(新认定企业5家,复审通过企业11家)。2001年,全年列入市火炬计划5项,市高新技术成果转化项目11项,获国家技术创新基金100万元和市种子资金55万元资助。发展民营科技企业115家,新增注册资金2.78亿元。引进高新技术企业64家,新认定市级高新技术企业6家,实现销售收入1.77亿元,利润总额157.1万元,上缴税金399.8万元;16家通过复审,全区市级高新技术企业达22家。评选出区级优秀科技企业6家,优秀科技企业家5名,优秀科技产品和科研成果10项。

2002年,获得科技部技术创新基金和上海市技术创新资金及各类基金资助315万元。民营企业技工贸总收入30.91亿元,新增民营科技企业130家,新增注册资金1.5亿元。新认定的上海市高新技术企业6家,高新技术成果转化项目7项,高新技术产业化计划8项。2003年,制定《上海市卢湾区中小企业科技进步及产业化专家辅导办法》。引进和发展科技企业132家,新增注册资金2.32亿元;新增市高新技术企业5家,认定高新技术成果转化项目8项,列入火炬计划6项,28家科技企业通过市高新技术企业复审;优秀科技企业7家,优秀科技企业家7名,优秀科技产品和科研成果7项。2004年,新增民营科技企业136家,其中高新技术企业79家;新认定的上海市高新技术企业7家,高新技术成果转化项目5项。

540

2005年,2个项目列入上海市科技型中小企业技术创新资金项目,获得220万元资助款;2个项目列入上海市重点新产品计划,其中1个项目获得10万元资助。引进和发展民营科技企业62家,其中从事高新技术的企业50家,新增注册资金2.54亿元;30家高新技术企业通过复审,总收入达到22.51亿元,其中高新技术性收入18.43亿元,上缴税金1.24亿元。2006年,区政府与上海科学院共同建设的"上海科学院科技成果转化基地"建成并运行。入驻的企业机构达到40家,注册资金共9 250万元。区政府和上海交通大学医学院共同创建的"上海医学产学研基地"年内竣工并试运行。

2007年,5个项目列入上海市技术创新资金资助项目;5家企业申报2007年度上海市科技创新示范企业;5家企业申报2007年度上海市科技小巨人工程项目,3个项目申报2007年度上海市重点新产品计划项目。全年引进科技企业112家,新增科技企业注册资金3.04亿元;362家科技企业实现技工贸总收入36.22亿元、净利润1.42亿元、税金1.22亿元;29家企业通过上海市高新技术企业复审,总收入达到25.06亿元,其中高新技术性收入17.87亿元;科研开发投入2.12亿元。2008年,3个项目列入上海市重点新产品,获得40万元资助;1个项目列入2008年度国家科技型中小企业技术创新基金项目,获得60万元的资助;5个项目列入2008年度上海市科技型中小企业技术创新资金项目,获得95万元的资助;申报市科委市区联动项目,获得项目经费50万元。对2家列入2007年上海市科技小巨人培育企业项目给予200万元匹配资助。对2个列入2007年上海市火炬项目给予10万元资助,首次开展卢湾区科技小巨人企业申报及认定工作,8家企业通过专家评审被认定为首批区科技小巨人企业。12月19日,区科委与中国电子科技集团公司第二十一所签订联合推进中电科技大厦项目建设合作协议书。

2009年,8个项目通过上海市高新技术成果转化项目认定申报;2个项目列入国家科技人员服务企业行动备选项目,获得60万元资助;1个项目列入上海市"科技特派员"项目,获得10万元资助;8个项目列入上海市技术创新资金资助项目,获得140万元资助;"凯创建筑节能能耗评测软件"项目列入2009年国家创新基金项目,获得70万元的无偿资助。12月,制定并印发《卢湾区关于鼓励企业自主创新的实施细则》(《实施细则》)。《实施细则》明确包括实施科技小巨人培育工程、引进和培育高新技术企业、鼓励企业科技成果转化与应用以及专利高新技术产业化等10条具体意见。2010年,起草并实施卢湾区《关于鼓励和促进科技创业的实施细则》。2家区级科技小巨人企业被市科委认定为2010年度上海市科技小巨人企业,实现卢湾区上海市科技小巨人企业零的突破。5家企业被授予"上海市创新型企业"称号;2家企业通过上海市技术先进型服务企业认定。3个项目列入国家科技型中小企业创新基金项目;2个产品列入市科委"创新行动计划"新产品计划;2个项目获得上海市高新技术成果转化项目"百佳"殊荣。

第二节　科　学　普　及

2000年,陕南村被评为上海市"十佳"科普村,8个小区被评为区级科普小区,1 850户家庭被评为区级科普家庭,4所学校被评为区科技特色学校。举办以服装服饰为主题的科普传播活动;与上海科技报等单位联合举办科教电影巡回放映活动;举办第13届区青少年科技节活动,近40所学校举行校级科技节,全区青少年学生参加科技节活动等。创建淮海中路商业科普街,召开商业科普工作会议。11月2日,全国首家区级科普网——上海市卢湾区科普网开通。2001年,召开社区科普工作会议;组织区内4 000多名市民参加"反对邪教,保障人权,百万公众签名活动";在全国首届科技周和上海科技节活动中,开展各种科技传播活动;开展淮海中路商业科普一条街活动;举办青少年电脑科普夏令营和科技拥军数码技术培训班;《城市社区科普工作评估体系研究》课题被市科委立项。11月8—14日,以"生物科技——为新世纪人类的幸福"为主题,开展10大类近百项活动。

2002年,新建区级科普小区6个,区级科普指导站8个,区级科普教育基地2个。举办以"科技创造未来"为主题的上海市科技活动周开幕式暨卢湾区第二届科技活动周,开展各类科普活动40余项,参与者9万余人次。举办首届淮海路科技宣传日活动和"3·15国际消费者权益日"科普宣传活动。召开区科协第七次代表大会,制定并实施《学会理事会换届工作暂行办法》。1月24日,副市长严隽琪来卢湾区调研科普工作。4月9日,由卢湾区承担、市科委立项的软课题"城市社区科普工作评估体系研究"通过专家评审。2003年,创建市级科普示范街道1个,市科技教育特色示范学校2所,市科普示范商业企业1家,市科普示范企业1家;新建区级科普示范小区4个、区级科普小区7个、社区科普指导站5个、区级科普教育基地2个、区级科技教育特色学校2所。5月17—23日,举办以"依靠科学,战胜非典"为主题的2003年卢湾科技节。印发《卢湾区政报——2003年科技节专刊》21 000份;组织100块抗击"非典"及"科学生活"宣传版面到社区巡展。11月2日,卢湾区在丽蒙绿地启动全市第一家"流动科技馆"。

2004年,新创建市级科普示范街道1个、区级科普小区9个、科普指导站3个;新建标准化社区科普画廊7座,为街道配置"多媒体电子科普触摸屏"10座;组织青少年参加第十九届英特尔上海市青少年科技创新大赛,获得一等奖5个、二等奖8个、三等奖11个,其中1个项目获得全国比赛一等奖,2个项目获得二等奖;组织青少年参加上海市"明日科技之星"评选活动,4名学生获得荣誉称号;举办以"科技以人为本,全面建设小康"为主题的2004年卢湾科技周暨上海市淮海中路商业科普联展活动开幕式。6月27日,"科学普及——你我共参与"为主题的全国科普活动日在复兴公园举行。11月4日,区科协第二届学术年会开幕。12月8日,江南造船博物馆正式开馆。2005年,举办以"科技领先,创意无限"为主题的2005年卢湾科技节和以"树立科学发展观,共建和谐社会——科学普及,你我共参与"为主题的全国科普宣传日等活动。

2006年,组织辖区居民参加"健康伴你每一天"科普知识大奖赛和"老少共建美好家园"模型赛,开展青少年"科普智趣园"活动,并以"预防疾病、科学生活"及"节约能源"为主题开展全国科普日卢湾区活动;以"科技引领时尚·世博展现创新"为主线开展"知识产权保护与创新发展"专题讲座,召开"社区科技工作者俱乐部"研讨会和"亲近自然,领略高科技中的上海"的活动;举办"创新科学育人机制·构建精品特色教育"主题宣传和"艾滋病预防同伴教育"等主题活动。

2007年,举行以"携手创新,共建和谐"为主题的卢湾科技节活动,内容有市级、区级和社区基层3个层面共40余项。与市激光协会联合举办"激光科普展览"。开展以"节约能源资源、保护生态环境、保障安全健康"为主题的全国科普日卢湾区活动,在复兴公园举办专家咨询、展品展示活动。联合开展"首届上海青少年健康科普互动日"活动;联手举办2007上海国际青少年科学素质教育发展论坛;联合举办"人文·科普·和谐——上海市民科普讲坛";引进"北欧科技之光耀申城"科普传播项目。5月15日,《卢湾区贯彻〈全民科学素质行动计划纲要〉的实施意见》由区政府印发。5月18日,区政府与市科协签订全面合作协议。

2008年,区科协制定《卢湾区科学技术协会资助学术活动暂行办法(试行)》。为各类学术活动提供经费资助约20万元。2月4日,区政府与市科协共建的上海科学会堂青少年英才俱乐部在上海市科学会堂揭牌。5月1日,由上海世博会事务协调局和区政府主办的中国2010年上海世博会展示中心在淮海路香港新世界大厦正式向市民免费开放。10月20日,中国首家世界青少年创新基地在向明中学揭牌。这是发明家协会国际联合会与中国发明协会首次在中国的中学中设立创新基地。11月5日,卢湾区被授予全国科普示范区(2008—2009年)荣誉称号。2009年,卢湾区科技节以"世博·科技与未来"为主题,分别从市、区和街道社区3个层面,组织开展33项活动。举办2009年全国科普日卢湾区活动。4月7日,区政府联合市科协、四川省科协共同开展科技传播——西部、山区行活动。开展"防灾减灾周"主题宣传活动,发放新修订的《中华人民共和国防灾减灾法》等,制作汶川地震专栏宣传版画。

2010年,卢湾区申报的4项"社区科普益民"示范工程,被中国科协列入2010年度全国"社区科普益民计划"6个试点项目之一。3月,卢湾区被中国科协列为新一轮全国科普示范区创建单位。区科普工作联席会议办公室完善创建工作方案,分解创建目标任务,召开卢湾区科普工作联席会议。4月,卢湾区上海青少年科技探索馆和上海民防科普教育馆被中国科协命名为全国科普教育基地。6—11月,开展第2次公民科学素养调查。11月16日,2010上海国际未成年人科学素质发展论坛在上海科学会堂举行。

第三节　知识产权与技术交易

2000年,认定技术合同522项,合同金额6 302.84万元。2001年,认定技术合同696份,合同额达1.52亿元。2002年,认定技术合同713项,合同金额1.8亿元。完成专利申请代理费用资助初审项目22项,资助金额1.68万元,专利二次开发共有3个项目获得140万元无偿资助。2003年,认定技术合同531项,合同金额3.83亿元。2004年,制订《上海市卢湾区发明专利资助办法》,对发明专利的申请资助作出具体规定。获中国发明专利申请受理的项目可获得资助1 500元;获国外发明专利申请受理的项目可获得资助3 000元。20个项目获得资助24 000元。2005年,推荐上海市商业系统专利试点企业2家,申请专利736件,其中发明专利223件,实用新型263件,外观设计250件。认定技术合同332项,合同金额1.47亿元。

2006年4月24日,全市首个创意行业知识产权保护联盟在"田子坊"正式成立。12月4日,《卢湾区专利申请代理费资助和专项奖励实施办法》正式公布,12月25日起实施。2007年,申请专利927件,其中发明专利275件,实用新型333件,外观设计319件;认定技术合同378项,合同金额5.69亿元。4月26日,"淮海中路商业街知识产权保护联盟"成立仪式在卢湾区举行。6月29日,"上海市服务外包知识产权试点区"在卢湾区挂牌。11月19日,国家(上海)能源环保专利展示交易中心揭牌仪式在卢湾区举行。2008年,申请专利987件(其中发明专利374件、实用新型305件、外观设计308件);技术合同金额2.15亿元。12月22日,卢湾区法院知识产权审判庭在"8号桥"创意园区成立。12月25日,14家单位被授予上海市第2批商业系统知识产权保护工作示范单位称号。"淮海中路商业街知识产权保护联盟成立"被评选为"第2届上海保护知识产权十大新闻事件·人物"。

2009年8月,《卢湾区保护世博会知识产权专项行动计划》正式出台,对全区开展世博会知识产权保护专项行动进行部署。2010年,组织32家商家参加"销售真牌真品,保护知识产权"承诺活动,其中12家为新申报单位。6月2日,卢湾区人大举行第十四届常委会第二十七次会议,听取和审议卢湾区知识产权联席会议办公室代表卢湾区政府所作的关于保护世博会知识产权专项行动计划实施情况的报告。7—10月,开展保护世博会知识产权专项行动,开展联合执法16次、专项执法和检查342次。

第十章　静安区

2000年,推进科教兴区总体方案实施,编制2000年静安区科教兴区工作计划。2001年,实施各类科技成果项目22项,4个项目被评为上海市科技进步三等奖。2002年,1个项目被评为上海市科技进步二等奖,2个项目被评为上海市科技进步三等奖。2004年,编制完成《静安区贯彻落实科教兴市战略工作计划(2004—2005年度)》和《静安区2004—2005年实施科教兴区战略实事项目表》。市级以上科技项目立项28项。2005年,组织召开科教兴区工作领导小组会议,审议通过"2005年静安区科教兴区工作要点"。完成静安区"十一五"科技发展规划的编制,提出"十一五"期间全区科技工作的发展目标、指导方针、发展重点和重大举措。14个项目入围2005年上海市科技进步奖,其中2个项目荣获2005年度国家级科技进步二等奖。

2006年,14个项目入围2005年度上海市科技进步奖。完成第九届静安区科技创新奖评选工作,13个单位的12项科技成果获奖。12月13日,召开静安区科技工作会议,提出《静安区增强科技创新能力行动纲要》及相关配套文件。2007年,编制完成《静安区科技创新专项资金管理办法(试行)》及《静安区增强科技创新能力行动纲要若干配套措施的实施细则》。建立由全区41家职能部门组成的科技工作网络。2008年,为130余家重点企业200多人进行相关政策的培训,新增2项科技创新政策,对3项资助政策作修改完善。2009年,首次获得国家科技进步先进区称号。修订并下发《静安区增强科技创新能力行动纲要若干配套措施的实施细则》。完成"静安区科技创新的目标定位和实践路径"的课题研究工作,提出将静安区科技创新战略的目标定位为建设科技创新最佳实践区。2010年,开展静安区"十二五"科技发展规划编制工作,完成"静安区科技创新机制和实践探究"研究课题。4月7日,静安区科技创新工作会议召开,会议发布《2006—2009年度静安科技创新报告》。4月7日,区政府与市科委签订《建设科技创新最佳实践区,共同推进静安科技进步与创新发展协议书》。

第一节　高新技术产业与园区

2000年,认定上海市高新技术成果转化项目10项,7个项目分别列入上海市火炬计划和上海市星火计划,项目总投资6090万元。入选国家技术创新基金项目2项,获154万元资助;上海市种子基金项目1项,获15万元资助;国家级新产品1项,获30万元资助。9家企业被认定为上海市高新技术企业。引进民营科技企业343家,全区民营科技企业总数达1000家,技工贸总收入达30亿元,上缴税金4000万元。以静安科技馆为中心的科技孵化基地,有9家企业13个项目在此培育。2001年,上海市高新技术成果转化项目11项,上海市科技产业化项目8项,市重点产业化项目3项。有10个项目得到市创新基金218万元无偿资助。引进科技型企业192户,全区民营科技企业达947户,实现技工贸收入84.78亿元,上缴税金1.50亿元。10家民营科技企业获2000年度上海市科技型中小企业百强称号。新增市高新技术企业11家,全区市级高新技术企业达到31家,实现技工贸收入39.4亿元,上缴税金1.41亿元。

2002年,8个项目列入上海市高新技术成果转化项目,2个项目列入国家级重点新产品,2个项目被列为国家级火炬计划项目,4 个项目被列为上海市重点火炬计划项目。新引进民营科技企业 200 家,全区民营科技企业总数达 1 000 家,年技工贸总收入达 69 亿元,上缴税金 1.2 亿元,10 家企业入选 2001 年度上海市民营科技"百强"企业。8 家企业通过市软件企业的认定,全区共有 22 家企业通过上海市软件企业认定。13 家企业取得上海市高新技术企业认定,全区市级高新技术企业总数达 41 家,上海博科资讯股份公司被认定为全区首家国家级高新技术企业。2003 年,13 个项目列入上海市高新技术成果转化项目,2 个项目列入国家创新基金,1 项被列为国家级火炬计划项目,3 个项目被列为上海市重点火炬计划项目。新引进民营科技企业 200 家,9 家企业入选 2002 年度上海市民营科技"百强"企业。5 家企业通过市软件企业的认定,7 家企业取得上海市高新技术企业认定。

2004 年,10 项列入上海市高新技术成果转化项目,3 项列入国家创新基金,1 项被列为国家级火炬计划项目,3 项被列入上海市创新基金。新引进科技企业 196 家,5 家企业通过市软件企业标准认定,7 家企业取得上海市高新技术企业认定,10 家企业入选 2003 年度上海市民营科技"百强"企业。2005 年,完成 38 项国家和市级产业化科技项目,9 个项目获得无偿资助 370 万元,高新技术成果转化项目 13 个。民营科技企业技工贸总收入达到 114.5 亿元,上缴税金 2 亿元。5 家企业通过上海市软件企业认定,7 家企业取得上海市高新技术企业认定。6 家企业被授予"上海市静安区科技进步型企业"称号,北大方正等 10 家企业入选 2004 年度上海市民营科技"百强"企业。4 月 28 日,静安科技企业孵化基地正式启用,全年引进高科技和现代服务业企业 53 家。

2006 年,完成 38 项国家和市级产业化科技项目,获得无偿资助 418 万元,8 家企业入选 2005 年度上海市民营科技"百强"企业。2007 年,获得上海市高新技术成果转化项目 13 项,获得国家和上海市科技型中小企业创新基金 12 项,获得国家级重点新产品项目 3 项;有 15 个项目申报静安区科技型中小企业创新扶持资金。3 家企业入选上海市科技小巨人企业和培育企业,7 家企业入选静安区科技小巨人企业,组织 4 家企业申报上海市创新示范企业,10 家企业新申报上海市高新技术企业,通过复审认定的上海市高新技术企业达 47 家;10 家企业入选上海市民营科技"百强"企业;组织开展 2006 年度民营科技企业年报工作,共有 907 户科技企业通过年检;全年完成技工贸总收入 104.96 亿元,上缴税金 2.11 亿元。全年新增信息服务业企业 30 家。

2008 年,获国家创新基金项目 1 项,上海市创新资金项目 8 项,上海市高新技术成果转化项目 20 项,上海市重点新产品计划项目 7 项,上海市火炬计划项目 2 项。完成 41 家高新技术企业审核上报工作,10 家企业被评为静安区科技小巨人企业,4 家企业被评为上海市科技小巨人(培育)企业,4 家企业入选上海市首批创新示范(试点)企业,6 家企业被评为上海市百强科技企业,41 家企业通过国家高新技术企业认定,新增引进信息服务业企业 30 家。2009 年,获国家和上海市创新基(资)金项目 17 项,上海市高新技术成果转化项目 19 项,上海市重点新产品计划项目 7 项,上海市火炬计划项目 3 项,静安区新增国家高新技术企业 8 家。11 家企业被评为 2009 年静安区科技小巨人企业,4 家企业被评为 2009 年上海市科技小巨人(培育)企业。2010 年,获得国家和市级创新资金立项 17 个、重点新产品项目 5 个、高新技术成果转化项目 9 项、创新行动计划项目 4 个、科技部科技支撑计划 3 个、工程技术研究中心 2 个,软件和信息服务业项目 3 个。有 7 家企业入选"2010 年度上海市创新型企业",新增上海市高新技术企业 6 家、科技小巨人企业 2 家。

第二节　科　学　普　及

2000 年,完成创建市级"十佳"科普村 1 个,区级科普楼组 24 个。区科委与有关部门联合举办

"青少年科技节"，在市西中学举办"创造思维的开发"和"生存与环境"科普报告会，有 1 000 余名师生参加。静安时报开辟《科技大观园》等科普专栏，宣传民营科技企业及产品。12 月 15 日，召开区科协第五届大会，200 多名代表出席大会。2001 年，参加"反对邪教，保障人权，百万公民签名活动"，参加者 4 000 余人；举办以揭批"法轮功"为内容的科普报告会、演讲会、座谈会 6 场，参与人数达 1 500 余人；放映科普电影《宇宙与人》，观众达 8 000 余人；围绕"生物科技——为新世纪人类的幸福"的主题，举办 2001 上海科技节静安区活动，在全区组织各类科普活动 425 项，参与人数达 7.1 万余人次；开展青少年科技节、"全国科技周"活动，协调组织各类科技活动近 200 项，参加活动学生达 10 万余人次；创建市级科技特色学校 2 所，组织 5 个街道的近百名学生参加"生物和环境"科技夏令营，进行生物和环境家庭知识竞赛。

2002 年，在以"科技创造未来"为主题的第二届全国科技活动周期间，组织大型活动 17 项，参与人数达 3 万多人次。开设科普讲座 50 余次，听讲者累计达 2 500 人次。区地震办公室编制完成"上海市静安区地震办公室有感地震应急预案"和"静安区地震应急实施方案"，完成"静安区有感地震应急处置中心"的基本建设，建成区防震减灾科普特色学校一所。2003 年，制定《静安科普工作"十五"后三年工作计划》和《关于进一步开展"科普进社区"工作的实施意见》。科技节与防治"非典"相结合，调整科普活动内容，通过宣传资料、黑板报和宣传栏，把抗非典宣传与改变人们生活陋习结合起来。"电子科普触摸屏"项目得到市科委资助资金 40 万元。建立静安区防震减灾建筑数据库，与市地震局签订《静安区有感地震应急处置中心建设协议书》，开展"7·28 防震减灾日"等防震减灾知识宣传。

2004 年，与区机关党工委联合举办《科普法》知识竞赛。上海现代建筑设计（集团）有限公司被命名为上海市科普示范商业企业；静安区健康体育学院的市民体测中心被命名为上海市科普教育基地；静安寺街道再次被命名为上海市科普示范社区。5 月 15 日，以"科技以人为本，全面奔向小康——科技创造绿色生活"为主题的 2004 年静安科技周在区青少年活动中心拉开帷幕。期间，举办各类活动 40 多项。有感地震应急处置中心一期工程通过验收，市西中学建立防震减灾科普专用教室，举办静安区中学生地震知识竞赛，开展"7·28 防震减灾日"的宣传。2005 年，8 个单位创建成为市级科普示范单位和教育基地。组建静安区防震减灾联席会议，围绕"7·28"防震减灾日组织开展一系列防震减灾宣传活动。编辑《禽流感科普知识》宣传册，向全区机关干部、学校学生、社区居民、楼宇员工免费发放 3 000 册。5 月 15 日，以"科技以人为本，全面建设小康社会"为主题的 2005 年静安科技周在静安公园拉开帷幕。

2006 年，召开两次静安区科普工作联席会议扩大会议。新增市级科普示范街道 2 家，全国科教进社区先进单位 1 家，市级科普示范商业企业 1 家。科技活动周期间，以"携手建设创新型国家"为主题，举办各类科普活动 70 余项，承办科技周市级重点项目"市民科普讲坛"总决赛。"全国科普日"活动期间，开展主题科普活动，进行 2004—2005 年度静安区科普工作先进集体和先进个人的表彰。安装 55 台科普宣传屏，更换 6 期播放内容。2007 年，创建市级科普示范单位和教育基地 5 个，创建区级科普示范单位 12 个。开展"7·28"防震减灾宣传和有感地震应急处置实战演练，举办青少年地震知识讲座。科技活动周期间，以"科技让生活更美好"为主题，举办各类活动 275 项。4 月 2 日，举行静安区实施《全民科学素质行动计划纲要》工作启动仪式。11 月，中国科协正式命名静安区为"全国科普示范城区"。

2008 年，开展各类科普活动 120 多次，受众人数 20 000 余人。创建市级科普示范单位 1 个。获得市级科普项目比赛一等奖 2 项。获得英特尔上海市青少年科技创新大赛奖项 68 项。以"流动科技,炫动静安"为主题的 2008 年静安科技活动周,举办重点活动项目 43 个。全国科普日以"节约能源资源,保护生态环境,保障安全健康"为主题,在全区 5 个街道开展群众性科技宣传活动。举办节能减排讲座 20 余次,发放环保购物袋 5 000 余个,《节能减排手册》6 000 多册。编报《地震工作情况专报》7 期,组织"防震减灾保障生命财产安全"图片巡展,发放地震宣传品 1 700 余份,《地震知识手册》1 500 余册。2009 年,以"科技世博新静安,节能减排绿风尚"为主题,举办静安科技活动周大型活动。科技活动周期间,组织开展重点活动项目 19 项。向各街道、园区、机关单位、社会团体发送《科普之窗》宣传册 2 000 余册。以"节约能源资源,保护生态环境,保障安全健康"为主题的全国科普日静安区活动,分别在全区 5 个街道开展科技宣传活动。4 月,举办以"迎世博,城市让生活更美好"为主题的 2009 年静安区社区科普艺术展演活动。5 月,在静安公园举办大型防震减灾综合宣传活动,现场发放宣传手册 2 300 多册。

2010 年 5 月 15 日,以"低碳世博,国际静安"为主题的 2010 年静安区科技活动周开幕式在静安区石门二路社区文化活动中心举行。开幕式上,举行世博科技地图赠送仪式,启动楼宇白领世博科技发现之旅。6 月 22 日,组织 60 多人参加"相约名人堂——与院士一起看世博"静安专场活动。9 月 18 日,2010 年全国科普日静安区活动在静安科技孵化园区举行。活动现场举办东华大学科学商店咨询服务、科技政策咨询、科普宣传等活动。9 月 26 日,"低碳生活体验之旅展览"开幕式在静安科技馆举行,展览围绕"低碳世博",注重科技体验。12 月 17 日,在静安工人文化宫作消防科普知识专题报告,举行《高层建筑防火与逃生手册》赠书仪式,手册首印 3 万册。完成《上海市静安区地震办公室世博会地震应急预案》的制订。

第三节　知识产权与技术交易

2000 年,认定技术合同 2 040 项,成交金额 2.09 亿元。2001 年,认定登记技术合同 1 844 项,合同金额 4.05 亿元。2002 年,申请专利 964 件。1 个项目获得市科委"专利技术二次开发专项"70 万元的无偿资助。认定技术合同 1 465 项,合同金额 2.18 亿元。2003 年,认定技术合同 946 项,合同金额 1.98 亿元。2004 年,梅龙镇广场有限公司、雷允上药城等建立知识产权保护制度;国皓电子有限公司、众恒信息产业有限公司等成为市级专利试点企业。3 家企业共获得市专利技术再创新专项课题资助 75 万元。上海医药工业研究院等企业获得"第三届上海市发明创造专利奖"的发明专利奖、实用新型专利奖、外观设计专利奖等 4 个奖项。认定技术合同 621 项,合同金额 4.53 亿元。

2005 年,开展 2005 年度国际专利、商标申请和保护策略上海论坛等"4·26"世界知识产权日系列活动。建立知识产权联席会议制度,召开第一次全体会议。与区业余大学合作,开设第二期"知识产权基础"课程。认定技术合同 770 项,合同金额 2.8 亿元。2006 年,制定《静安区知识产权战略纲要推进计划(2006—2010 年)》,明确静安区今后 5 年内知识产权战略的发展目标。2007 年,实施《静安区知识产权战略纲要推进计划》,启动静安区"资助授权专利"和"资助上海市各类知识产权示范、试点企业(学校)"资助政策。有上海市商业系统知识产权保护示范、试点企业 6 家,上海市专利示范、试点和培育企业 5 家,上海市知识产权试点学校 1 所。举办"关于外资企业知识产权保护"的大型论坛。申请专利 557 件,其中发明专利 218 件。认定技术合同 639 项,合同金额 3.6 亿元。

2008 年,申请专利 900 件,其中发明专利 351 件,实用新型 295 件,外观设计 254 件。认定技术合同 612 项,合同金额 5.69 亿元。5 家单位被评为上海市第 2 批商业系统知识产权保护工作示范单位,2家企业被评为上海市知识产权示范培育企业。静安区青少年活动中心被评为上海市知识产权示范学校,静安区第二中心小学和区教育学院附属学校被评为上海市知识产权试点学校。4月,举办"2008上海静安保护知识产权,促进创新发展——推进企业知识产权战略"论坛。2009年,申请专利941件。推进实施《静安区保护世博会知识产权专项行动方案》,32家商业企业获准为首批承诺单位。2家企业获得上海市知识产权示范企业称号,3家企业成为上海市专利工作培育企业,2家企业成为上海市专利试点企业,2所学校成为上海市知识产权示范、试点学校。4月,结合"4·26"保护知识产权宣传周活动,主办迎精彩世博、促自主创新——金融危机下知识产权高层论坛。2010年,申请专利1 052件,"资助申请、授权专利"项目488件。新增上海市知识产权试点企业3家,新增上海市知识产权示范学校4所,指导36家大型商业企业开展"销售真牌真品,保护知识产权"承诺活动,举办"现代服务业知识产权保护论坛"。

第十一章 宝 山 区

2000 年,编制《宝山区科技发展"十五"计划与 2015 年规划设想》和《宝山区信息化发展"十五"规划及信息化三年实施计划》。2001 年,3 个项目获上海市 2001 年度科技进步三等奖,30 个项目获宝山区科技进步奖。2002 年,宝山区科技发展基金全年共立项 70 项,安排经费 430 万元。组织鉴定技术成果 5 项,登记上报科技成果 10 项。2003 年,宝山区科技发展基金全年共列项 77 项,安排经费 515.6 万元。24 个项目被评为 2002 年度宝山科技进步奖,1 个项目获得 2003 年度上海市科技进步三等奖。2004 年,宝山区科技发展基金全年共列 78 项,匹配国家级、市级项目 15 个,安排经费 631 万元。2005 年,成立宝山区科教兴区领导小组,区委书记任组长,区长任副组长,相关委、办、局 18 个单位主要领导均参加。两项目入围 2005 年度上海市科技进步奖。

2006 年,宝山区科技发展基金全年共安排工业、农业、医学卫生、软科学等科研项目 62 项,上海市创新资金区县联动项目 15 项,匹配国家级、市级项目 10 项,经费共计 942 万元。11 月 16 日,宝山区召开科技工作会议。会议明确"十一五"期间宝山区科技工作目标和任务;会上,下发《宝山区实施科学与技术发展纲要》《宝山区科技小巨人实施办法》以及宝山《关于贯彻〈上海中长期科学和技术发展规划纲要(2006—2020 年)若干配套政策〉的实施意见》等 3 个文件。2007 年,通过 2005—2006 年度全国科技进步考核。对《宝山区科技发展基金管理办法》进行修订,审定区级项目 91 项。2009 年,设立产学研合作专项资金,组织实施产学研合作项目 32 项,资助 26 项,资助资金 427 万元。通过 2007—2008 年度全国县(市)科技进步考核。2010 年,科技投入达到 2.47 亿元,占本级财政支出的 3.39%。1 个项目获上海市技术发明二等奖,4 个项目获上海市科技进步三等奖。编制完成宝山区"十二五"科技、科普发展规划。

第一节 高新技术产业与园区

2000 年,列入上海市产业化计划 10 项,新增总投资 2 080 万元,验收到期产业化项目 22 项,总投入 1.04 亿元,产值 8.53 亿元,利税 1.06 亿元,创汇 4 653.8 万美元。列入国家级新产品 1 项,市级新产品 6 项;现代生物与医药新产品 1 项。1 个项目得到国家科技部中小企业技术创新基金支持,无偿拨款 70 万元。1 个项目得到上海市科技创新资金 30 万元支持,7 个项目被认定为上海市高新技术成果转化项目。新发展民营科技企业 528 家,新增注册资金 51 293 万元。至年底,民营科技企业达到 1 588 家,资金超过 60 亿元。通过认定的上海市高新技术企业 7 家,复审通过 10 家。2001 年,列入市产业化计划项目 9 项,投入资金 3 952 万元,年产值达 13 680 万元,年创利税 2 823 万元。两个项目得到国家科技部"中小企业技术创新基金"的支持,获得资助 160 万元。全年申报上海市新产品试制计划 3 项,认定市高新技术成果转化项目 19 项。全年新增民营科技企业 549 家,注册资金 5.74 亿元,全区民营科技企业总数达 1 976 家,资产总额达 66.8 亿元,从业人员超过 25 000 人,年总收入超千万元的 33 家,3 家列入上海市百强民营科技企业行列。全年新增市高新技术企业 10 家,16 家高新技术企业通过复审。宝山民营科技园新增落户企业 5 家,引进投资 1 810 万元,累计落户企业达 18 家,合计引进投资 7 717 万元,年销售额达 24 亿元,上缴国家税收 5 888 万元。信息产业企业共 128 家（其中软件业 38 家），注册资金 13 亿元，营业收入 4.28 亿元。

2002 年，列入上海市火炬计划项目 6 项、国家火炬计划 2 项，实施科技成果转化项目 12 项，申报国家创新基金和上海市创新资金项目各 11 项，分别获得国家创新基金 140 万元和市创新资金 70 万元的支持。新增民营科技企业 533 家，新增注册资金 4.7 亿元，2 家企业被评为上海市科技型中小企业 100 强。新增 10 家高新技术企业，26 家高新技术企业通过复审。7 月 16 日，上海市推进郊区信息化工作会议在宝山区召开。全年共审批信息化项目 13 个，组织验收项目 3 个。2003 年，列入上海市火炬计划项目 6 项，投入资金 950 万元。科技成果转化项目 20 项。组织申报国家创新基金项目 3 项，上海市创新资金项目 6 项，分别获得国家创新基金 150 万元，上海市创新资金 140 万元。新增 6 家上海市级高新技术企业，33 家高新技术企业通过复审，39 家企业总收入 51.10 亿元，工业总产值 49.60 亿元，工业增加值 16.76 亿元，科技开发投入 2.77 亿元，净利润 5.47 亿元，出口创汇 1.75 亿美元。新增民营科技企业 467 家，新增注册资金 5.48 亿元，民营科技企业总数达 2 976 家。

2004 年，列入国家、上海市科技计划和新产品项目共 24 项，其中国家创新基金 4 项，获国家创新基金资助 230 万元、上海市创新资金资助 57.5 万元；市创新资金 3 项，获上海市创新资金 51 万元；市科技攻关 4 项，获上海市科研经费 130 万元；上海市火炬计划 7 项，获上海市火炬经费 24 万元；国家级新产品 2 项；上海市新产品 4 项，获上海市新产品项目经费 20 万元。科技成果转化 20 项。新增 12 家高新技术企业，40 家高新技术企业通过复审，高新技术企业总数达到 52 家，高新技术企业总收入 68.72 亿元，工业销售收入 68.76 亿元，工业增加值 20.17 亿元，科技开发投入 3.8 亿元，净利润 7.57 亿元，上缴税收 5.45 亿元，出口创汇 1.89 亿美元，科研项目 312 项。2005 年，列入国家、市科技计划项目和新产品项目共计 26 项，其中国家创新基金项目 1 项、市创新资金项目 6 项、市科技攻关项目 3 项、上海市火炬计划项目 7 项、国家级新产品项目 3 项、上海市新产品项目 3 项，科技成果转化项目 35 项。新增高新技术企业 15 家，60 家高新技术企业通过复审，高新技术企业总数达到 60 家，高新技术企业总收入 49.91 亿元，产品销售收入 44.73 亿元，工业增加值 12.6 亿元，科技开发投入 2.82 亿元，净利润 2.57 亿元，上缴税收 1.93 亿元，出口创汇 2.22 亿美元。上海市功能纳米粉体应用技术中试公共平台正式对外开放。

2006 年，列入国家、上海市科技计划项目和新产品项目共计 42 项，共获国家、上海市科技资助 561 万元。上海市创新资金区县联动项目 15 项，匹配国家级、市级项目 10 项。高新技术企业总收入 60.85 亿元，产品销售收入 55.12 亿元，工业增加值 12.14 亿元，科技开发投入 2.34 亿元，净利润 4.10 亿元，上缴税收 2.57 亿元，出口创汇 2.38 亿美元，科研项目 288 项。上海宝田新型建材有限公司被批准为上海市科技小巨人企业。上海东方泵业（集团）有限公司荣获上海市科技企业创新奖。7 月上旬，市科委核准同意宝山区政府筹建上海宝山科技园。2007 年，列入国家、市各类科技计划项目 28 项，其中国家创新基金项目 3 项，市创新资金项目 12 项，国家级新产品项目 4 项，上海市新产品项目 11 项，42 个项目被认定为上海市高新技术成果转化项目，扶持资金 1 100 余万元。新增高新技术企业 11 家，高新技术企业总数达到 78 家，工业总产值为 97.85 亿元，总收入 98.56 亿元，产品销售收入为 87.29 亿元，净利润为 6.88 亿元，缴税总额为 3.95 亿元，出口创汇额为 3.55 亿美元。1 家企业被认定为上海市科技小巨人企业，3 家企业被认定为上海市科技小巨人培育企业，2 家企业被认定为宝山区科技小巨人企业，3 家企业被认定为宝山区科技小巨人培育企业。

2008 年，获得国家、市创新基（资）金、重点新产品和火炬计划等项目 53 个，共获国家、市级各类科技经费 1 660 万元。列入上海市科技小巨人企业 2 个，上海市科技小巨人培育企业 5 个，评出宝山区科技小巨人企业 2 个,宝山区科技小巨人培育企业 3 个;上海宝山科技园获得市科委批准。通过认定的上海市高新技术企业为 59 家,高新技术企业产品销售收入 99.19 亿元,工业总产值 111.20 亿元,总收入 131.02 亿元,净利润 6.04 亿元,上缴税收 7.7 亿元,出口创汇 0.91 亿美元。

2009 年,54 项产品进入上海市自主创新产品名单,匹配火炬计划及上海市创新资金、上海市新产品项目 49 项,匹配经费 700 万元。41 个项目被列入上海市高新技术成果转化项目。制定《宝山区加快推进高新技术产业化实施方案》。10 家企业被评为上海市科技小巨人(培育)企业,获资助 1 050 万元,4 家企业被评为宝山区科技小巨人(培育)企业。27 家企业被认定为高新技术企业。8 月 18 日,召开推进高新技术产业化工作会议暨市区、校区联动签约仪式,区政府与市科委、宝山科技园与上海大学、宝山城市工业园区与上海理工大学分别签署相关合作协议。宝山区首家科技企业孵化器——上海动漫产业孵化器获正式认定,并获市科委资助 150 万元。

2010 年,匹配火炬计划、创新基金、重点新产品等项目 34 项,匹配经费 535 万元。36 个项目列入上海市高新技术成果转化项目。新增高新技术企业 21 家,累计 110 家,实现总产值 256.19 亿元,总收入 331.54 亿元,净利润 26.27 亿元,实际上缴税收 14.41 亿元。4 家企业被评为上海市科技小巨人企业,8 家企业被评为上海市科技小巨人培育企业,2 家企业被评为宝山区科技小巨人(培育)企业;8 家企业入选"上海市创新型企业"。庙行电子商务孵化器建成全国首个电子商务专业孵化器,宝山区首个区级创业园——庙行镇电子商务创业园在园区成立。上海智力产业园实现社会消费品零售额 15.4 亿元,完成税收 3 000 万元。上海动漫衍生产业园入驻企业总数突破 100 家,总销售额突破 10 亿元,总税收 5 000 万元,被评为首批"上海市示范创意产业集聚区""上海市品牌建设优秀园区"。

第二节　科　学　普　及

2000 年,推荐申报区级科普示范村(居委会)、区级科普村(居委会)共 21 个,3 个村(居委会)被评为 2000 年度区级科普示范村,15 个村(居委会)被评为区级科普村。组织全区中小学师生参加大型科普系列活动暨新千年"六五世界环境日"的宣传。呼玛路小学被评为上海市科技特色学校。2001 年,共申报创建科普村 21 个,科普示范村 13 个,全区 7 所学校被评为上海市生物与环境科学实践活动先进学校,3 项研究型课程教育课题荣获上海市生物论文一等奖,2 项分别获全国一、二等奖。举办以"科技创新与宝山经济"为主题的宝山科技论坛、"读科学书,做文明人"为主题的科普演讲比赛、"绿色消费、健康生活"系列活动,以及"走进创新的信息时代"多媒体设计大赛等六大板块活动。

2002 年,出台实施《区科普示范社区暂行标准》,共创建市级科普村(居委)6 个、区级科普示范村(居委)29 个、科普村(居委)83 个,全区 4 家科普教育基地通过市级验收。5 月 20 日,2002 年上海科技活动周宝山区活动开幕。科技活动周期间,举办报告会、网上科技活动周等活动。完成《宝山区地震办公室地震应急预案》编制工作。2003 年,新创建区级科普示范村 31 家、科普村 63 家,大场镇和友谊街道分别被授予《上海市科普示范街道(镇)》和《宝山区科普示范街道(镇)》。5 月 18—25 日,以"依靠科学,战胜非典"为主题,在"宝科风景线"网站上设计制作"依靠科学,战胜非典"主题网页,开设"历届回顾""活动安排""活动报道""电子画廊""科普创建""科技专题"等 6 个栏目。8 月 30 日,召开区科协第四次代表大会,审议通过《实施科教兴区战略,实现宝山五年大变样》的工作报告。

2004 年,建设市级气象科普教育基地 1 个,创建区域内第一个专业科普馆;创建大场镇华灵路、友谊街道友谊路科普宣传街 2 条;建造电子科普画廊 7 块;建立市民科技学校 6 所;创建科普村 78 家。7 月,宝山区防震减灾联席会议制度建立,成员单位 20 余家。2005 年,4 项科普工作列入宝山区政府实事项目。新建市民科技学校 8 所,达到 14 个街道(镇)全覆盖;创建科普村(居委)69 个,覆盖率达 75% 以上;建造电子科普画廊 2 块,全区电子科普画廊总数达到 9 块;创建区级科普教育基地 1 个——金罗店生态农业园。宝山区被指定为上海市唯一一个同时承担"做中学"和"2049"项目的试点区,成立领导小组及工作小组。全国科普日宝山区活动主题为"树立科学发展观,共建和谐社会——科学普及,你我共参与",共组织 5 项活动。5 月 13 日,2005 年上海科技节宝山区活动在区文化馆广场开幕,以"科技创新·和谐宝山"为科技节重要内容。

2006 年,6 项科普工作列入宝山区政府实事项目。新增科普宣传街 2 条,电子科普画廊 3 个,科普长廊 1 个,创建科普村(居委)30 个,东方假日田园被命名为市级科普教育基地,大场镇、淞南镇,科盟企业集团分别被命名为市级科普示范镇(街道)及市级科普示范工业企业。5 月 21—27 日,开展以"携手建设创新型城市"为主题的 2006 年上海科技活动周宝山区活动。2007 年,成立公民科学素质工作领导小组,完成宝山区实施《全民科学素质行动计划纲要》的工作方案。完成以"携手科普,共创健康宝山"为主题的 2007 年宝山科技节和围绕"节约能源资源、保护生态环境、保障安全健康"开展的全国科普日宣传活动。拍摄科普专题片《科普——公众与科技间的彩虹》。友谊路街道、淞南镇被评为市级科普示范社区。

2008 年,以"科普,与你同行"为主题的 2008 宝山科技活动周圆满完成,活动期间举行 10 项区级科技活动,并有 5 个项目参加市级科技活动,各镇、街道开展 100 多项科技活动,农业科普馆互动数字平台开通。宝山区科普基地建设共获国家、市级资助 108 万元,淞南镇与友谊路街道再次荣获上海市科普示范镇(街道)称号,吴淞炮台湾湿地公园、东方泵业(有限)集团公司的"泵"展示厅成功申报为市级科普教育示范基地。11 月 21 日,区科协第 5 次代表大会在区委党校召开。2009 年,开展以"科技·人·城市——与世博同行"为主题的 2009 年宝山科技节和以"节约能源资源、保护生态环境、保障安全健康"为主题的 2009 年全国科普日宝山区活动暨宝山区迎世博"9·15"环境清洁日活动,突出市区联动形式,在市、区二级层面组织开展各类科普活动 100 余项。申报创建 2 家市级科普示范街镇和 2 家市级科普教育基地,建设完成 2 家街道社区科普活动中心,4 家新农村科普示范点。宝山首家科技馆——长江河口科技馆列入市级专题性科普场馆,并获市科委资助资金 390 万元。建设完成宝山区科普资源开发与共享平台。

2010 年,成功创建国家级科普教育基地 3 家、市级科普教育基地 2 家、市级专题性科普场馆 3 家;高境镇、庙行镇被评选为 2010 年上海市科普示范社区。投资 360 万元启动科普惠农计划,完成 72 个村级电子科普画廊建设,长江河口科技馆建设竣工。罗泾镇陈行村被评为"全国科普惠农兴村示范基地"。组织开展"相约名人堂——与院士一起看世博"宝山专场、"世博,让生活更美好"2010 年宝山科技活动周等系列"世博"宣传活动,以"英语世博""科技世博""健康世博"为主题的"万人科普培训活动"举办 418 期,培训 30 639 人次。创建宝山首家社区科学商店,启动宝山区科普资源开发与共享平台二期建设,开启宝山区首次公民科学素质测评工作。组织全区 119 所中小学的 4 万多名师生进行突发事件急疏散演练。

第三节　知识产权与技术交易

2001 年,申请专利 442 件。1 月,成立区知识产权局。2002 年,申请专利 605 件。4 家企业被列为首批专利试点企业。认定"四技"服务合同380项,合同金额4537万元。2003年,宝山区知识产权联席会议成立,出台《宝山区专利试点企业实施办法》《宝山区发明创造专利奖励实施意见》《宝山区专利申请代理费资助办法》3个文件。申请专利722件,其中发明专利121件、实用新型专利351件、外观设计专利250件。5家企业被列为区专利试点企业。宝山区吴淞中学被列为全市3所"知识产权示范学校"之一。2004年,申请专利978件,其中发明专利221件,实用新型专利488件,外观设计专利269件。7家企业被批准为上海市专利试点单位,5家企业被批准为上海市培育专利试点单位,3家学校被批准为上海市专利申请重点资助学校。评出发明专利奖3项、实用新型专利奖9项、外观设计专利奖6项。5个单位获申请专利优胜奖,3个单位获专利实施效益奖,9位个人获优秀专利工作者奖。

2005年,申请专利为1931件,其中发明专利516件,实用新型专利697件,外观设计专利718件。2家企业被批准为上海市专利试点企业,6家被批准为上海市培育专利试点企业,1家被批准为上海市第二批商业系统专利保护工作试点单位。宝山区第二届发明创造专利奖共评出发明专利奖4项、实用新型专利奖9项、外观设计专利奖5项;5个单位获申请专利优胜奖、3个单位获专利实施效益奖;9人获优秀专利工作者奖。宝山区知识产权信息服务平台精品钢及相关行业专利信息数据库扩容60万条。认定技术合同83项,合同额3671.25万元。2006年,4家企业被上海市批准为专利试点企业,6家企业通过上海市专利工作培育试点企业的评审,3家单位被评为上海市商业系统专利保护工作示范单位,2家单位被评为上海市第一批商业系统知识产权保护工作试点单位,11家单位被评为宝山区专利试点企业。资助专利申请1508件,代理费137.76万元。

2007年,申请专利2594件,其中发明专利1061件,实用新型专利1265件,外观设计专利268件。受理专利申请代理费资助1035件,资助金额97.44万元。7家企业被批准为上海市专利工作试点企业,7家企业被批准为上海市专利工作培育企业,3家商业企业被批准为上海市第二批商业系统知识产权保护工作试点单位,2家商业企业被评为上海市第一批商业系统知识产权保护工作示范单位,10家单位被评为宝山区专利试点企业。认定技术合同73项,合同额8012.03万元。2008年,申请专利3344件,其中发明专利1315件,实用新型专利1755件,外观设计专利274件。4家企业被评为上海市专利工作示范企业,7家企业被批准为上海市专利工作培育企业,2家企业被评为上海市第2批商业系统知识产权保护工作示范单位,1所学校被评为上海市知识产权示范学校,2所学校被批准为上海市知识产权试点学校,评选出10家宝山区专利试点单位。认定技术合同96项,成交金额1.03亿元。

2009年,申请专利3878件,发明专利1480件,实用新型专利2012件,外观设计专利386件。认定技术合同115项,总计成交金额1.69亿元。实施《宝山区贯彻落实〈保护世博会知识产权专项行动方案〉工作计划》和《宝山区"国家知识产权强区工程"推进计划和实施方案》等相关文件。5家企业被批准为上海市专利工作试点企业,5家企业被批准为上海市专利工作培育企业,4家商业企业成为上海市"销售真牌真品,保护知识产权"承诺单位,并评选出10家宝山区专利试点单位。拨出750万元专款用于资助93个专利技术产业化项目,专项经费300万元用于区专利试点、专利奖励和专利申请代理费资助等专项经费。2010年,申请专利4300件,其中发明专利1672件,实用新型2321件。认定技术合同142项,成交金额1.52亿元。开展"保护知识产权宣传周"系列活动,举办知识产权讲座、培训等14次。评选出10家宝山区专利试点单位,专项经费350万元用于宝山区专利试点、专利奖励和专利申请代理费资助等专项经费。

第十二章 闵 行 区

2000 年，编制区科技攻关科技开发项目 89 项。2001 年，编制《科技政策摘编》宣传册；拍摄反映科技企业的《群星耀春申》电视片；出版反映企业家创业历程的《碧空星光》一书。编制区科技攻关开发项目 78 项，安排科研经费和事业补贴经费 430 万元。2002 年，编制第一、二、三产业科学研究、科技开发项目 4 批 90 项。2003 年，新出台《关于设立闵行区科技创新发展资金的若干意见》和《关于促进内资企业发展的若干意见》等政策。获市级科技进步奖 6 项，获区级科技成果奖 34 项。2004 年，出台《关于促进民营（内资）企业发展的若干意见》。获得科技系统市级以上资助经费 3 738.5 万元。批准区级科技开发项目 123 项，下拨科技三项资金 431 万元。共获得上海市科技进步奖等各类奖项 14 项。

2005 年，被评为"2003—2004 年度全国科技进步先进区"。制定闵行区"科技发展'十一五'规划""闵行区专利战略"和闵行区"科普工作'十一五'规划"。获得科技系统市级以上研发经费资助 7 225 万元。获得市科技进步奖等各类奖项 39 项，其中一等奖 8 项。7 月 13 日，区政府与市科委举办市、区联动推进闵行科教兴区战略交流会，就有关合作事宜进行商讨。9 月 26 日，区委、区政府召开科教兴区推进大会。会议颁布《闵行实施科教兴区行动纲要》，出台《关于完善闵行区科教兴区专项资金的试行意见》和《关于进一步推动科技研发和成果产业化的试行意见》。2007 年，签订市科委与区政府联动推进科教兴区战略的合作协议，建立市区联动推进科教兴区战略机制。印制和发放"36 条"政策实施细则汇编 6 000 套，年内落实各项政策性扶持达 1.29 亿元。

2008 年 3 月 28 日，涉及科技、科普口四个条线的联席会议在区政府会议中心召开。会议总结 2007 年全区知识产权、科技活动周、防震减灾、《全民科学素质行动计划纲要》实施的工作情况，并部署 2008 年工作。2009 年，被科技部确定为第三批国家科技进步示范县（市），且连续第四次获得"全国科技进步先进区"称号。3 月 10 日，区委、区政府召开科技创新和高新技术产业化推进大会，大会下发《闵行区人民政府关于贯彻落实科学发展观进一步推进科技创新和成果产业化的实施意见》等文件，明确全区将建立总资金超过 5.5 亿元的科教兴区专项资金作为科技创新扶持资金和高新技术产业发展基金。2010 年，《闵行区建设国家科技进步示范区发展规划》获闵行区人大常委会批准执行。编制出版《自主创新服务世博——闵行区科技企业参与世博工程建设与服务项目汇编》和《2010 年上海世博会科技创新项目关键技术与应用前景汇编》。1 月，闵行区与上海交通大学合作共建上海紫竹新兴产业技术研究院。

第一节 高新技术产业与园区

2000 年，申报国家级重点新产品 12 项；9 个项目列为市级新产品鉴定计划，申报国家级科技型创新基金项目 10 项，批准 4 项；申报上海市科技型中小企业技术创新资金项目 47 项，批准 7 项。这些项目总投资 1.68 亿元。11 家企业认定为上海市高新技术企业。共拥有上海市高新技术企业 50 家。全年总产值 37.1 亿元，总收入达 3 605 亿元，利税 5.43 亿元，创汇 3 488 万美元。全年新增民营科技企业 400 家，新增注册资金 7.631 4 亿元。累计民营科技企业 1 203 家，注册资金总额达

22.69亿元,技工贸总收入达24亿元,实缴税金1.3亿元,利润总额2.3亿元。莘闵高科技园区成立,入驻的高新技术企业和回国留学生创业企业有34家,注册资金约2.5亿元。虹桥高科技园区进入扩初设计及施工阶段。上海"敏谷"高科技园区和"紫江"高科技园区形成"微电子"和"新材料"两大高科技优势。2001年,国家级重点新产品项目8项,市新产品项目10项,申报科技产业化项目18项,其中国家级星火、火炬项目4项,国家级科技创新基金项目2项,市火炬项目8项,市科技型中小企业技术创新资金项目4项,总投资5.84亿元,获得国家、市科技资助经费350万元。认定市高新技术成果转化项目32项,其中新增16项。有科技企业1626家,技工贸总收入达90亿元;新发展民营企业423家,新增注册资金8.8亿元;高新技术企业达63家,新增16家,新认定"双密"型企业4家。莘闵高科技园区落户园区的企业达180家,吸引注册资金超过3亿元;留学生园区企业达100家,注册资金160多万元。紫竹高新技术园区以民营企业为主体,以研发、孵化、产业功能定位的园区。漕河泾开发区招商11家,吸引内资15876万元,外资600万美金,完成一期基建。

2002年,全年认定高新技术成果转化项目25项,列入"863计划"项目2项、市科委火炬计划项目20项,其中7个项目共获得资助金额43万元。列入区火炬计划项目29项。列入国家、市科技项目5项,其中光科技专项3项、都市生态农业关键技术项目2项。列入国家及上海市创新基金项目9项、国家级新产品10项、市级新产品16项。新增民营科技企业417家,区民营科技企业总数2041家,技工贸总收入121.91亿元,实现利润14.6亿元,税收总额8.26亿元。新增高新技术企业17家,总数84家。2003年,新增民营科技企业430家,新增注册资金21亿元,民营科技企业总数达2301家,全区科技企业技工贸总收入162亿元,利润总额14.2亿元,实缴税金9亿元。组织认定高新技术企业25家,全区高新技术企业达104家,组织认定"双密型"企业4家,全区"双密型"企业达9家,高新技术企业销售收入逾100亿元,利润总额9亿元,上缴税金7亿元。

2004年,获批准高新技术成果转化项目34项,获得批准国家"863计划"项目1个、国家和市级火炬计划6项、国家星火计划2项、国家和市创新基金16项。列入国家重点新产品12项,市重点新产品12项。新增科技型中小企业400家,全区科技企业总数达到3000家,实现年销售收入300多亿元;新增高新技术企业29家,全区高新技术企业总数达到130家,实现年销售收入168亿元;新增外商投资"双密型"企业4家,全区"双密型"企业总数达到13家。莘庄工业区集聚220个产业化项目,形成电子信息产业和新材料产业基地。漕河泾经济开发区设立浦江高科技园区,发展为微电子产业化基地。紫竹科学园成为闵行区电子信息,生物医药研发、孵化和产业化基地。莘闵科技园区吸引100多家留学生科技企业落户,形成留学生创业基地。2005年,获得批准的国家和上海市火炬计划项目26项、国家和上海市创新资金项目26项。全年新认定高新技术成果转化项目42项,全区高转项目认定总数累计214项,这些项目共投入科研经费7.8亿元,实现年销售收入58.9亿元、利润9.6亿元、税收3.4亿元。全年立项国家重点新产品14项,上海市重点新产品10项。全年新增经认定的高新技术企业34家,累计达162家;新认定外商投资"双密型"企业5家,总数达到17家。在上海市民营科技企业100强中,闵行区有25家企业榜上有名,连续3年名列全市第一。9月27日,市长韩正赴莘庄工业区调研科技工作,副市长严隽琪参加。

2006年,获得国家火炬5项,国家重点新产品项目7项;上海市火炬计划项目14项,上海市重点新产品项目14项;科技部"863计划"项目18项;上海市高新技术成果转化项目57项。新增经认定的高新技术企业35家(全区共有192家)、"双密"型企业3家(全区共有18家);26家企业入围上海市民营科技企业百强,连续4年位居全市第一位。1月22日,市政府与中国航天科技集团公司在闵行区签署战略合作框架协议,中国航天科技集团公司与闵行区政府签署《共同打造航天闵行的框架协议》。6月20日，市委副书记、市长韩正等前往上海紫竹科学园区，进一步推进和落实上海市科教兴市各项政策。2007年，实施科技小巨人工程，设立1 500万元的科技小巨人专项扶持资金，出台服务小巨人企业的18条措施；上海紫竹科学园区吸引各类意向投资总额达50亿美元，入驻企业186家。7月，上海国家民用航天产业基地落户闵行，形成以闵行区为核心，辐射长三角的航天产业布局。

2008年，认定高新技术企业数量达到205家，位居全市前列；23家企业入选"上海市民营科技企业百强"，连续7年全市第一；2家企业被评定为上海市科技小巨人企业，7家企业被评定为上海市科技小巨人培育企业，9家企业共获得市科委资金资助1 000万元。11月17日，漕河泾开发区创新创业园开园。创新创业园定位于专业孵化器，专门为新能源等企业提供创新创业服务。12月25日，6家创业企业入围年度上海市中小企业技术创新资金评选，合计获得市科委及闵行区科委150万元扶持资金。12月29日，闵行区有7家企业获得第二届上海最具活力科技企业荣誉称号，12家获得第2届上海最具活力科技企业提名奖。2009年，5家企业被评为上海市最具活力科技企业。6家企业被批准为上海市科技小巨人企业，7家企业被批准为2009年上海市科技小巨人培育企业。9月30日，闵行区召开生物医药产业推进大会，下发《闵行区生物医药产业发展行动计划（2009—2012年）》。

2010年，出台《闵行区加快推进高新技术产业化的政策意见》《六大高新技术产业的行动计划》等，增设每年7亿元的高新技术产业化专项资金。3家企业被评为上海市科技小巨人企业，10家企业被评为上海市科技小巨人培育企业，23家企业被评为闵行区科技小巨人培育企业；23家企业被评为上海市创新型企业。闵行区被批准成为全市首个TD网络建设与应用试点示范区。建立孵化器发展专项资金，新增2家孵化器。

第二节　科　学　普　及

2001年，开展科普讲座、科普录像、电影等活动2 000次，参与人数达25万人次。5月15—21日，以"科技在我身边——科普进千家万户，人人讲科学文明"为主题的"科技活动周"活动富有特色和成效。活动通过科普报告会、百块科普版面展、现场咨询和演示、科普知识现场竞猜等活动向群众传播科学文化知识。11月，成功举办上海科技节闵行区活动，以"生物科技——21世纪人类的幸福"为主题进行科普宣传，举办主题报告和科普讲座活动400余次，活动人数达15万人次。

2002年，创建10个科普文明村（居委），古美街道、莘庄镇申报市级科普示范街道（镇）、七宝中学和闵行中学申报市级科普示范学校。建设区级、镇、街道级科普画廊，投资40万元配备科普"大篷车"，改建闵行科技馆，成立闵行科技培训中心。5月18—25日，以"科技创造未来"为主题的科技活动周带动各类科普活动200余项，受众达40余万人次。成立区地震办公室，制定《闵行区地震办公室行政执法责任制》，下发《关于贯彻〈上海市建设工程抗震设防管理办法〉的实施意见》，筹建有感地震应急处置中心。2003年，新建古美路街道科普公园等8个科普教育基地，10米以上科普画廊达28个。闵行科技馆建成区科普活动中心，在各镇、街道和莘庄工业区建有13个科普活动分中心。2003年科技节，发挥互联网、电视台、报刊、小型座谈会和版面展示等作用，广泛普及抗"非典"知识。古美路街道创建成"上海市科普示范街道"。推进"510"科普创建工程，即创建10个科普文明村（居委）、10个科普示范小区、10个科普示范企业、10所科普教育特色学校、10个科普教育基地。

2004年，组织2004年闵行区科技活动周。期间，组织绿色食品进社区、科普进军营、水晶科普展示等 10 多项大型活动。组织"新闵行人科普工作研讨会",虹桥镇举办为期一个月的"外来建设者科普文化月"活动,建立上海市首家来沪青年指导中心。新建立 5 个电子科普画廊和闵行科技百花苑网站。闵行区博物馆被命名为上海市科普教育基地;闵行体育科普公园免费对市民开放,申报市级科普教育基地;全区共有国家级科普教育基地 3 家、市级 6 家、区级 18 家。累计组织下乡活动 15 次,受益群众上万人。2005 年,闵行区组织开展各类科普活动 2 400 多(场)次,参加科普活动总人数达到 60 万人次。闵行区科协被中国科协评为"全国科普日活动先进集体",获得市科协颁发的"科教进社区先进集体""电子科普画廊建设先进集体"等荣誉。古美路街道、虹桥镇成功创建上海市科普示范镇(街道)。创建区级科普文明居委(村)15 个,科普示范小区 12 个,科普示范企业 5 个。区内共有国家、市、区三级科普教育基地 17 个。闵行二中等 30 所学校被命名为新一轮区科技教育特色学校,10 所学校被评为上海市科普示范学校。建成电子科普画廊 26 个,推广电子触摸屏 100 台,添置网络宣传资料近千份,编印 10 万册《专利知识 100 问》、3 万册《防震减灾须知》、2 万册《科普法 100 问》、1 万多册《家庭节能三十六计》和预防禽流感知识的宣传册分发给市民。举办 2005 年闵行科技节,开展各类活动 600 多项(次),受益市民超过 28 万人次。9 月 17 日,组织全国科普日活动,举办各种节能宣传活动。

2006 年,开展各类科普活动 2 000 多场次,受众 60 多万人次;启动实施《全民科学素质行动计划纲要》,确定未成年人、农民、城镇劳动人口、领导干部和公务员、社区居民等五大重点人群,实施科学教育与培训、科普资源开发与共享、大众传媒科技传播能力建设、科普基础设施建设和监测评估体系建设等 5 项基础工程;举办以"航天闵行,创新闵行"为主题的科技活动周,开展各类活动 583 项、参加人员近 20 万人次;开展科技下乡、科普进社区活动 30 次和专家、名人科普讲坛 20 次;新创建市级科普教育基地 3 家,新命名区级科普教育基地 5 家;青少年科技教育获得全国等级奖 86 项、上海市一等奖 226 项,新上海市民子弟学校科普教育活动获全国青少年创新大赛一等奖。2007 年 5 月,"永远的航天精神"展在闵行区博物馆免费向公众开放。展览通过 130 多幅珍贵照片、史料及 100 多件实物,介绍新中国航天事业 50 年历程。

2008 年 3 月 28 日,市科协对闵行区建设全国科普示范城区工作进行复查验收,同意复查验收通过。5 月 17—23 日,以"创新未来,科学发展"为主题的 2008 年闵行科技活动周举办,活动由创新论坛、科普展示、社区科普、青少年科技活动等 8 个板块组成,组织 108 项科普活动,有 20 多万人次参加。9 月 20 日,以"节约能源资源,保护生态环境,保障安全健康——加强产学研合作,推进节能减排工作"为主题的 2008 年全国科普日闵行区活动拉开帷幕,2008 年闵行区科普日主题活动——"热爱自然,保护环境,低碳生活"活动在梅陇镇文化中心举办。2009 年,2009 年科技活动周由主题活动、展览展示、学生创新、科普论坛、评选表彰、社区活动、国际交流、网络宣传等 8 个板块组成,组织 1 281 项科普活动,有 20 多万人次参加。5 月 16—22 日,举行闵行区科技节,主题为"携手建设创新型国家——引进消化再创新"。在 2009 年闵行区科技节上,成立闵行区首个专业科普工作机构——王世杰科普工作室。

第三节　知识产权与技术交易

2002 年,建立区知识产权联席会议制度。申请专利 1 740 件,名列全市第三。认定"四技服务"合同 642 项,合同金额 1.56 亿元。2003 年,开展"4.26"世界知识产权日系列活动,举办专利论坛,开展"知识产权示范企业"创建活动和"专利保护示范店"活动。申请专利 2 332 件,在全市区县继续保持第三位。

2004年,申请专利3717件,名列全市区县第一。召开知识产权工作暨专利对接洽谈会,组织各类专利培训10多次,参加培训人员达到1400多人次。新确定4家专利试点企业和8家试点培育企业,确定3所中学为知识产权教育试点学校。组织多次知识产权保护专项整治行动,制订专项整治行动的实施方案。认定"四技"服务合同492项,技术交易额达3.01亿元。2005年,申请专利4649件,连续第二年位居全市各区县第一,其中发明专利达1760件,企业申请专利3318件。编印10万册《专利知识小册子》分送给全区各机关、企事业单位和社区居民。共有上海市专利试点企业12家,培育专利试点企业12家。有4所学校被评为上海市知识产权教育试点学校,1所学校被评为上海市知识产权教育示范学校。认定"四技服务"合同495项,技术交易额2.6亿元。

2006年,制定《闵行区知识产权战略纲要推进计划(2006—2010年)》,提出到2010年,闵行区知识产权工作的具体目标。申请专利10488件,连续3年位居全市区、县第一位;其中企业申请专利达8971件。以"4·26世界知识产权宣传周"为契机,组织700多人次的专利实务培训、"知识产权与企业发展"论坛等活动。创建上海市知识产权示范学校1所、上海市知识产权试点学校4所。认定技术合同456项,交易额24.27亿元。2007年,加大专利工作力度,开展专利执法检查活动;组织"创新在行动"发明专利大奖赛,开展专利法规和业务培训。认定技术合同196项,合同额21.1亿元。

2008年,申请专利10750件,连续5年保持全市第一,其中发明专利达到2716件;10月9日,莘庄工业区成为首批知识产权试点园区。11月26日,上海市知识产权局局长陈志兴一行来到闵行莘庄工业区调研,就知识产权如何更好地为中小型科技企业服务与闵行区10家科技企业代表进行专题座谈。2009年,国家知识产权局下发《关于确定首批实施国家知识产权强县工程区县(市、区)名单的通知》,确定全国124个区县(市、区)首批实施国家知识产权强县工程,闵行区名列其中。上海紫竹科学园区被认定为"第二批上海市知识产权试点园区",试点期限为3年。2家企业被评为上海市专利工作示范企业,15家企业被批准为上海市专利工作培育企业。

2010年,4家企业获批为上海市知识产权示范企业,并获得市、区两级政府相应资助。共有14家上海市知识产权示范企业,11家上海市专利工作示范企业、29家试点企业和15家专利工作培育企业。在第6届上海市发明创造专利奖的53项获奖专利项目中,闵行区域内企事业单位的11项专利技术获奖,其中获发明专利奖一等奖1项,获发明专利奖二等奖2项,获发明专利奖三等奖4项,获实用新型专利奖4项。

第十三章　嘉 定 区

2000年,嘉定区科技进步奖评审共受理项目20项,评审通过19项。其中一等奖3项,二等奖11项,三等奖5项。2001年,嘉定区组织实施科技创新基金项目8项,组织评审区科技进步奖27项,首届"嘉定杰出人才奖"和"嘉定杰出人才提名奖"各10名。2002年,制定3～5年技术创新计划,评审区科技进步奖21项。2004年,取得科技创新成果180余项,上报评奖的科技成果50余项,其中上海市科技进步奖4项,嘉定区科技进步奖30项。2005年,首次通过科技部2003—2004年度全国科技进步考核。实施科技创新项目550余项,其中集成创新占43%,130项列为国家、市级和区级科技创新项目,重点产业科技攻关项目19项,投入专项资金4665万元,配套资金320万元。

2006年,实施科技创新项目348项,其中申报国家、市级的重点项目69项。重点工业企业投入科技开发的资金突破20亿元。2007年,荣获2005—2006年度全国科技进步先进区。实施技术创新项目350项。2008年,实施各类科研、科普项目5000余项;申报各类各级科研、科普项目300余项。2009年,申报实施市级以上各类科技计划项目204项,区级各类科技开发和创新项目183项,获得国家级、市级无偿科技资助5230万元。评出嘉定区科技进步奖34项。2010年,申报实施市级以上各类科技计划项目527项,获得国家和上海市立项148项,获得国家和市级资助5674万元。推荐17个项目参加上海市科学技术奖评选活动,评出嘉定区科技进步奖42项,召开2010年科技奖励大会。

第一节　高新技术产业与园区

2000年,实施科技产业化计划项目10个,总投资1.7亿元,实现产值10.05亿元。实施国家级、市级和区级新产品开发、试制计划项目29项。申报认定市级高新技术成果转化项目6个,总投资6100万元,实现产值1.25亿元。新认定上海市高新技术企业6家,区级高新技术企业4家。新增民营科技企业559家,注册资金12.2亿元。上海复华高新技术园区引进中外投资企业40余家,实现产值13亿元。中科高科技工业园引进外资企业2家,资金1000万美元,引进内资2家,资金1000万元,实现产值1亿元。嘉定高科技园区引进留学生企业20家,资金180万美元,引进内资企业30余家,资金8000万元。2001年,实施科技创新基金项目8项,科技成果转化项目20项,科技产业化项目13项,组织新产品开发4项。认定市级高新技术企业8家。新增民营科技企业700家,同比增长15%,注册资金5.81亿元。

2002年,实施9个技术创新基金和种子资金项目,实现产值1.08亿元。立项实施科技成果转化项目22个,实现产值2.44亿元。11个科技产业化项目实现产值3.7亿元。认定高新技术企业15家,全区高新技术企业达91家,实现产值76.74亿元。拥有科技型中、小企业428家,年总产值达189.44亿元。新增民科企业1200余家,累计2800家。5家企业进入上海市科技型中小企业100强。上海嘉定高科技园区实现产值13.1亿元。11月,被授予全国"十佳"民营科技园区称号。民营科技密集区新增企业102家。2003年,实施科技创新项目90余项,93项高科技成果陆续转化。开发试制新产品110项,其中15项列为上海市重点新产品。推出扶持科技"小巨人"企业计划。区政府投入 300 万元引导资金，对 30 家企业进行扶持。新增民营科技企业 2 500 家，累计 4 300 家，技工贸收入突破 75 亿元。全年新增（认定）市级高新技术企业 12 家，累计拥有市、区级高新技术企业 125 家，产值突破 80 亿元。

2004 年，实施高新技术成果转化 195 项，其中列入市级高新技术成果转化的 21 项。实施各类科技产业化项目 105 项，其中市重点火炬计划项目、技术攻关项目和农业科技发展基金项目 34 项。累计开发试制新产品 890 余项，其中 29 项新产品被列为国家级和上海市以及区级重点新产品。新增民营企业 3 249 家，民营科技企业总数突破 5 000 余家。新增（认定）市、区级高新技术企业 15 家，累计拥有高新技术企业 140 家，销售额达到 89 亿元。区科委扶持的 11 家科技小巨人企业投入技术开发资金 7 520 万元，科技小巨人企业增加 11 家，累计 41 家。2005 年，扶持的第三批 14 家科技小巨人企业，年底实现销售额 22.31 亿元，实现利润 2.88 亿元，上缴税金 755 万。实施市、区级各类产业化项目 197 项，实施高新技术成果转化项目 230 项。拥有一定规模的科技型企业总数达到 750 家，其中高新技术企业 168 家，有 30 家高新技术企业发展成为上海市知识和技术双密集型企业。在生物医药、信息技术、新材料、先进制造等诸多领域开发新产品 800 项，其中重点新产品 114 项。

2006 年，在生物医药、信息技术、新材料、先进制造等诸多领域开发新产品 3 000 项，产值达到 180 亿元，上缴税金 8 亿元，其中列入国家、市级重点新产品开发计划 42 项。新吸收区级科技小巨人培育企业 15 家，区级科技小巨人培育企业总数达到 46 家，区级科技小巨人培育企业实现销售收入 90.5 亿元，实现利润 7.9 亿元，上缴税金 4.02 亿元。12 家申报市级科技小巨人企业和市级科技小巨人培育企业。2007 年，组织申报上海市科技型中小企业技术创新资金项目 120 项，列入上海市创新资金项目 40 项。列入国家级、市级重点计划的新产品 37 项。实施科技产业化和科技成果转化项目 1 000 项，实施重点项目 64 项。一定规模的科技型企业总数达到 800 家，新增市级高新技术企业 18 家，使高新技术企业达到 188 家，年产值突破 130 亿元。申报上海市科技小巨人的企业有 6 家，申报嘉定区科技小巨人的企业有 7 家。全区有 62 家企业列入科技小巨人扶持计划，其中 11 家企业列入市级科技小巨人企业和科技小巨人培育企业。

2008 年，科技产业产值突破全区总产值的 41%，高新科技产值达到全区总产值的 16%。实施科技产业化、科技成果转化、技术创新项目 1 100 余项。实施新产品开发项目 3 500 项，其中列入国家级、市级重点新产品 41 项。35 家科技企业申报嘉定区科技小巨人企业，20 家科技企业推荐申报上海市科技小巨人企业，11 家科技企业列入 2008 年上海市科技小巨人企业和上海市科技小巨人企业培育计划，总数达到 22 家，14 家科技企业列入嘉定区科技小巨人企业培育计划，总数达到 64 家。2009 年，新培育申报市级科技小巨人企业 54 家，其中 18 家企业（科技小巨人企业 5 家，科技小巨人培育企业 13 家）通过审核，组织立项申报区级科技小巨人企业 48 家。新能源汽车基地、上海物联网中心、国家基础软件基地等落地。

2010 年，申请上海张江高新技术产业开发区专项发展资金嘉定园资助项目 3 项，合计 1 015 万元。完成《上海张江高新技术产业开发区嘉定园扩区发展规划》和《上海国际汽车城高新技术创新基地发展规划》等报告。园区面积扩大到 18 平方千米，形成汽车及关键零部件、新能源和新材料、光机电一体化、文化信息、物联网等五大主导产业。组织申报上海市科技小巨人（培育）企业 55 家，其中 12 家企业通过专家评审立项（科技小巨人企业 3 家，科技小巨人培育企业 9 家），获得资金支持 1 350 万元。

第二节　科　学　普　及

2000 年,组织 3 次大型群众性科普活动,举办各种科普报告会 30 余次。黄渡镇绿苑居委被命名为上海市"十佳"科普居委。组织"崇尚科学,反对封建迷信"的科普巡回展,189 块宣传展板先后在 8 个镇、街道展览,受教育人数达 5 万余人次。年底,在徐行中学内建造嘉定区地震监测站,与上海市地震局计算机指挥中心联网。2002 年,嘉定区徐行中学被上海市地震局、嘉定区地震办公室授予"防震减灾科普特色学校"称号。

2004 年,为各镇、街道配备一台电子触摸屏,在梅园路儿童公园内新建总投资 79 万元、面积为4.5 平方米的电子科普画廊。组织 80 余次大、中型科普讲座、科普宣传、科普文艺汇演、F1 特色的科普版面巡回展览等活动。2005 年,开展"科普关注生活""科学节能进社区""科普日争做环保人""科普为经济社会服务"等一系列城乡科普活动,做到基础知识普及与前沿知识普及相结合、人文科学知识普及与自然科学知识普及相结合,提升文明城区创建内涵。

2006 年,创建离土农民科普教育基地、地震科普专用教室、市级科普特色学校、真新街道科普智趣园、毛桥村新农村新郊区科普活动室等。建立 1 500 多名志愿者组成的科普志愿者队伍。13个村(居委)列入嘉定区科普示范村,嘉定区嘉定镇街道列入上海市科普示范街道;嘉定区第一中学两名青少年跻身全市 22 名"明日科技之星"之列。建立一个地震检测站,两个地震检测点,一个防震减灾科普专用教室,编制一份防震减灾报,举办一系列地震科普活动

2008 年 8 月 26 日,嘉定区召开 2008 嘉定科技城论坛,论坛播放《嘉定——科技的星空》多媒体短片,介绍嘉定科技 50 年取得的成就。2009 年,新建上海市科普教育基地 2 个(上海万金观赏鱼基地、菊园市民健康科普园),上海汽车博物馆、马陆葡萄主题公园申报晋升国家级科普教育基地,华亭幼儿园成为未成年人科学实验基地;新创建科普村(居委)40 家,总数达到 204 家;举行各类科普活动 309 次,受众人数达到 40 多万人次。

2010 年,新增上海市科普示范街镇 2 家,新增市级科普教育基地 1 家,新增国家级科普教育基地 2 家。有区星级科普村(居委)42 家,市级科普教育基地 10 家,国家级科普教育基地 2 家。组织各类世博宣传 83 次,受众人数 30 万余人次;举行以"城市·创新·世博——让生活更美好"为主题的科技活动周嘉定区活动,组织以"低碳·绿色·健康"为主题的全国科普日活动。编制嘉定区防震减灾"十二五"规划,确定嘉定区防震减灾的基本目标。

第三节　知识产权与技术交易

2000 年,成立嘉定区知识产权管理办公室,完善专利事务所的有关手续;开展《专利法》的宣传。嘉定专利事务所直接代理专利申请 9 件,诉讼代理 1 件。认定技术合同 43 项,合同金额3 000.36 万元。2001 年,申请专利 505 件。认定技术合同 74 项。2002 年,申请专利 1 500 余件,认定技术合同 225 项,合同金额 1.33 亿元。2003 年,出台《嘉定区发明创造专利奖励实施意见》。申请专利 957 件。其中发明专利 210 件,实用新型专利 324 件,外观设计专利 423 件。认定技术合同900 项。

2004 年,申请专利 1 018 件,其中发明专利 402 件,实用新型专利 357 件,外观设计专利 259件。专利试点企业 19 家,其中 8 家企业列为市级专利试点企业,11 家企业为市培育专利试点单位。

认定技术合同 507 项,其中技术开发、技术转让合同 79 项。2005 年,申请专利 1 351 件,其中发明专利 410 件。认定技术合同 528 项,合同金额 4.66 亿元。

2006 年,16 项各类专利项目、55 家单位或个人荣获市、区第四届发明创造专利奖励。19 家企业列入上海市培育专利试点企业,18 家企业列入市、区级专利试点或专利示范企业。马陆希望工业园区申报上海市专利试点园区。申请专利 1 737 件,其中发明专利 522 件,实用新型专利 703 件,外观设计专利 512 件。2007 年,专利培育、试点、示范企业达到 55 家,其中市级专利培育企业 15 家,市级专利试点企业 13 家,市级专利(知识产权)示范企业 5 家。

2008 年,申请专利 2 367 件,其中发明专利 637 件,实用新型专利 883 件,外观设计专利 847 件。4 家企业列入上海市知识产权示范企业,8 家专利试点企业通过考核验收,11 家企业申报上海市知识产权示范企业和上海市专利培育企业,拥有市区级专利试点、培育、示范企业 74 家。2009 年,申请专利 2 653 件,其中发明专利 718 件。有 6 家企业列入上海市知识产权示范企业,13 家专利试点企业通过考核验收,18 家企业申报上海市知识产权示范企业和上海市专利培育企业,拥有市、区级专利试点、培育、示范企业 86 家。举办各类专利讲座和培训 12 次,开展专利联合执法检查 2 次。

2010 年,申请专利 3 427 件,其中发明专利 989 件,实用新型 1 584 件,外观设计 854 件。出台《上海市嘉定区专利产业化项目认定实施办法》等政策文件,7 家企业的专利产业化项目立项,兑现专项资助资金 145 万元,争取市级专项资金 310 万元。新增上海市知识产权工作示范企业 3 家,上海市专利工作示范企业 4 家,上海市专利培育企业 12 家。10 月,嘉定高科园区被认定为上海市知识产权工作试点园区。认定技术合同 383 项,合同金额 9.41 亿元。

第十四章 金 山 区

2002年，设立金山区科技创新项目基金，全年批准8个项目。2003年，成立金山区"科教兴区"领导小组。设立区科技创新项目，有4个项目列项。2004年，编制完成《金山区"科教兴区"战略实施方案》，修订并公布《金山区科学技术进步奖励办法》。2005年，列入国家级项目有4个，市级项目47个，区级项目8个。获得国家资助55万元，市科委资助8303万元，金山区科委资助50万元。2006年，制定《金山区企业技术中心认定办法》，积极鼓励企业建立技术研发中心，全区有3个企业申报市级企业技术中心。启动实施"十、百、千"领军人才工程。力争三年内建成一支拥有10名拔尖人才、100名学科带头人和1000名高级优秀人才的领军人才队伍。2007年6月11日，金山区科技创新工作会议在区政府会议中心召开。11月16日，区科委与中国科学院上海有机化学研究所共同签署产学研项目合作协议。2009年，4项成果入围上海市科技进步奖。2010年，完成《金山区"十二五"科技发展规划（征求意见稿）》和《金山区国民经济和社会信息化"十二五"规划（征求意见稿）》的编制。

第一节 高新技术产业与园区

2000年，实施科技产业化计划项目9项，其中国家级项目1项，市级项目8项。申报国家科技型中小企业创新基金1项，上海市科技型中小企业创新基金2项；上海市高新技术成果转化项目12项（批准9项）。全年实施新产品计划项目15项，其中国家级3项，区级12项。申报上海市高新技术企业3家。12月28日，在朱行镇举行"上海金山高科技园区建立暨上海金山高科技园区发展有限公司揭牌仪式"。2001年，金山区申报高新技术成果转化项目11项，批准9项。申报国家创新基金项目3项，市创新资金项目7项，1个项目列为国家科技型中小企业创新基金项目，5个项目列为上海市科技型中小企业技术创新资金项目。列入市新产品试制项目2项。申报市火炬计划11项，市科委批准10个项目。全年新增5家市高新技术企业，全区市高新技术企业达10家。新增民科企业1050家，民营科技企业达2922家。落户金山高科技园区的企业共有18家，到位资金8800万元，总投资1.16亿元。

2002年，申报上海市高新技术成果转化项目10项，批准8项，4个项目被评为市高新技术成果转化项目百佳。申报国家创新项目和上海市创新项目各6项，1个项目被批准为国家创新项目；1个项目被列入上海市创新项目。列入上海市火炬计划4项。申报国家新产品项目1项和上海市级新产品项目3项，均获批准。新增市高新技术企业6家，全区市高新技术企业达17家。新增民科企业1288家，民科企业总数达4168家。2家企业被列入上海市百强科技型中小企业行列。金山高科技园区引进43家实地型企业，协议引进资金1.8亿元，到位资金1.22亿元。2003年，申报高新技术成果转化项目16个，其中13个项目获得认定批准。2个项目列入上海重点成果转化项目。申报国家创新基金和上海市创新资金项目10项，其中4个项目列入国家创新基金项目、1个项目列入上海市创新资金项目。设立区科技创新项目，有4个项目列项。1个项目被列为国家级火炬项目，14个项目被列为上海市火炬项目。共引进实地型企业34家，投资总额为3.26亿元，到位资金

9 000 万元。引进注册型企业 74 家。新认定 6 家企业为上海市高新技术企业，16 家企业通过高新技术企业复审，全区共有上海市高新技术企业 22 家。

2004 年，列入上海市高新技术成果转化项目 15 个；列为国家创新基金资助项目 4 个；列入国家创新基金项目 9 项；列入上海市创新资金项目 2 项；"RM－40 打印电子计价秤"项目列入 2004 年度国家级重点新产品项目；列入 2004 年度上海市重点新产品试制计划项目 6 项；列入 2004 年度国家级火炬计划项目 2 项；列入 2004 年度上海市火炬计划项目 10 项。全区新增民营科技企业 770 家，共有民营科技企业 1 872 家，技工贸总收入 12.8 亿元，利润 2 593 万元，上缴税金 4.9 亿元。有上海市高新技术企业 32 家。2005 年，上海市高新技术成果转化项目 19 项。国家级重点新产品项目 2 项；国家级火炬项目 1 项；上海市创新资金项目有 6 项，共获市科委资助 165 万元。上海市重点新产品项目 5 项，其中有 3 项获得市科委资助，计 40 万元。上海市火炬项目 9 项，各类市级科技攻关项目 6 项。区科委完成对全区 32 家高新技术企业的复审工作，高新技术企业增长 14 家，总数 46 家。金山区 50 强企业中，高新技术企业占 8 家。2 家获得上海市科技百强企业称号。12 月 31 日，上海金山化工孵化基地开工典礼在金山第二工业区隆重举行。

2006 年，12 个项目获得国家科技部立项、28 个项目获得上海市创新资金项目立项、24 个项目获得高新技术成果转化项目立项。获国家重点新产品项目 6 项，国家火炬计划项目 6 项，国家星火计划项目 3 项，上海市火炬计划产业化项目 6 项，上海市火炬计划环境建设项目 2 项，上海市重点新产品项目 10 项，上海精细化工孵化基地工程竣工，华峰集团上海有限公司、上海致达智利达系统控制有限责任公司被确定为上海市科技小巨人培育企业；搭建"上海市知识产权服务中心金山分中心"和"上海金山高新技术成果转化服务中心"两个科技中介机构；组建金山科技投资有限公司；打造国家火炬计划上海张堰新材料深加工基地。4 月 3 日，张堰镇工业园区申报国家火炬计划特色产业基地获批准，成为金山区第一家国家级特色产业基地。2007 年，新增科技小巨人企业 1 家，科技小巨人培育企业 5 家。新培育认定高新技术企业 20 家，累计有高新技术企业 91 家，高新技术企业的总产值达到 120.8 亿元。4 月 19 日，金山区企业科技创新推进会在区科技馆大礼堂举行。会议为 2006 年认定的 26 家高新技术企业颁发铜牌。

2008 年，培育认定高新技术企业 59 家，科技小巨人培育企业 7 家，5 家企业荣列上海市首批创新示范试点企业。金山区科委与中国科学院上海有机化学研究所签订战略合作协议，并全面展开合作。在上海精细化工火炬创新创业园内，共建精细化工分析检测中心、化工化学文献资料查询信息中心，搭起精细化工研发公共服务平台。8 家单位入围第 4 届上海科技企业创新奖。2009 年，获上海市创新资金项目立项 21 项，得到创新资金资助 455 万元。获国家级创新基金项目立项 24 项，得到国家财政资助 1 285 万元。有 13 个项目获上海市重点新产品立项，其中 2 个项目获市科委资助 40 万元。获上海市火炬计划项目立项 4 项，上海市生物医药产业转化项目 4 项。上海嘉乐股份有限公司被评定为上海市科技小巨人企业，5 家企业被评定为上海市科技小巨人培育企业，6 家企业共获市级财政资助经费 650 万元。新培育认定上海市高新技术企业 22 家。上海精细化工火炬创新创业园签约在孵企业共计 36 家，毕业企业 5 家，运行 26 家，园区企业实现工业总产值 5 823 万元，税收 603 万元。6 月 24 日，金山区加快推进高新技术产业化工作会议召开，会议下发《金山区人民政府关于加快推进高新技术产业化的实施意见》等，成立金山区加快推进高新技术产业化发展领导小组及工作小组。会议明确金山区政府设立 5 亿元的专项资金，用于扶持高新技术产业化项目。

2010 年，9 个项目列入 2010 年国家创新基金项目，获得 615 万元资金支持，25 个项目列入上海市创新资金项目,获得上海市财政资助 330 万元;获得上海市高新技术成果转化项目 21 项;共申报上海市重点新产品项目 11 项(3 个项目共获得市财政资助 50 万元);组织 19 个项目申报上海市自主创新产品。17 家企业通过高新技术企业认定,4 家企业列入上海市科技小巨人工程;4 家企业被评定为上海市科技小巨人培育企业,共获市级财政资助经费 400 万元。12 月,经过科技部评审,上海精细化工火炬创新创业园被授予国家科技企业孵化器的称号,这是金山区首家"国字号"科技企业孵化器,也是全国首家国家级精细化工专业孵化器。

第二节 科学普及

2000 年 1 月 20 日,上海科技下乡活动暨科技项目推广会在金山区召开,10 个市郊区县 400 余人参加。7 月,举办"崇尚科学文明,反对封建愚昧"大型科普展,全区有 14 个乡镇、街道,32 个单位组织人员参观。有 10 个单位被评为区级科普村(居委会),使全区的科普村(居委会)达到 23 个(其中 5 个为市级)。2001 年,全区共有市级科普村 5 个,市级科技教育特色学校 4 所,区级科普村(居委会)22 个,区级科技教育特色学校 4 所。5 月,举办金山区首届科技活动周。9 月 28 日,金山网上科技节正式开通。11 月份,举办以"生物科技——为新世纪人类的幸福"为主题的 2001 上海科技节金山区活动,分 10 个板块展开科技节活动。

2002 年,金山区科技周以"科技创造未来"为主题,共举办各类活动 8 大块 20 多项,参与人数达 5 万人次。组织"崇尚科学、破除迷信、清除邪教"大型漫画巡回展,观众超过 1 万人次。拥有市级科普村 5 个,区级科普村 18 个、科普居委会 4 个。举办各类农村适用技术培训班 225 期,参培人数 10 294 人次。漕泾镇被中国科协命名为全国农村科普(精品西瓜)示范基地。2003 年,金山科技节活动内容包括社区活动、农村活动、青少年活动、网上活动、特色活动等五大类 18 项,参加活动总人数达 1.2 万人次,发放宣传资料 2 000 册。举办"2003 年金山网上科技节",开展"2003 年金山网上科技节'依靠科学,战胜非典'原创主题网页设计制作评比活动"。完成"区有感地震应急处置中心"建设,利用科普网、"7·28 防震减灾日"宣传防震减灾知识。

2004 年 5 月 15—21 日,金山科技活动周举行。举办各类活动 20 余项,科普讲座 15 次,上万人次参加。组织农村适用技术培训班 157 期,参加人数 12 071 人次。有感地震应急处置中心一期工程建设进展顺利,完成《金山区重特大安全事故应急处理预案》的修订工作,进行防震减灾科普宣传活动。2005 年,举办各类农业适用技术培训班 288 期,参加培训达 17 622 人次。区科协被评为"2005 年度全国农村科普工作先进集体"和"上海市郊区党员、基层干部适用技术培训先进集体"。5 月,成功举办"2005 金山科技活动周"活动;6 月 30 日,召开防震减灾联席会议。7 月 28 日,在枫泾镇开展防震减灾科普宣传咨询活动。9 月 15 日,在亭林镇组织"地震灾害与防震减灾"的专题知识讲座。10 月,抓住"9·17 全国科普日"契机,举办主题为"科普宣传为社会添和谐"全区性的科普文艺汇演;11 月,针对金山市民的科普需求,举办"'流动科技馆'进金山"大型活动。

2006 年,以"2006 科技活动周""9·17 全国科普日"为载体,开展科普宣传活动 85 次;创建金山中学"智能机器人创作工作室";举办"流动科技馆进金山"全区性活动 3 次,近 3 万人次参与;放映免费科普电影 22 场,服务学生、居民 4 000 多人次。新增农村科普活动中心 5 个,电子科普画廊 2 块,农民土专家调整为 56 名。组织科普活动 65 次,举办农村适用技术培训 263 期,培训农民 1.5 万人次。漕泾镇农村科普示范基地获"2006 年度全国科普惠农兴村先进单位"荣誉称号,这是上海唯一获此殊荣的单位。2007 年,组织大型"农村科普活动中心大联欢"活动,举办各类活动超过 50

项,参与者达 10 万人次。组织农业适用技术培训班 10 期,培训专业农民 1 000 多人。4 月 24 日,金山区第六届青少年科技节在金山区朱行小学举行开幕仪式。这届青少年科技节的主题为"科技创新——让生活更和谐"。

2008 年,上海市金山区枫泾镇荣获上海市科普示范镇称号,成为全市 30 个科普示范社区(街道、镇)之一。举办农业实用技术培训班 250 余期,参加培训的专业农民和科技示范户人数 1.3 万多人(次)。12 月 12 日,上海农业科普馆金山馆建成并正式对外开馆。12 月 17 日,区科协第 3 次代表大会举行。2009 年,区科协实施"科普惠农兴村计划",并被评为上海市科技咨询服务先进集体。5 月 9 日,举办 2009 年金山区中学生防震减灾知识竞赛。9 月,开展全国科普日金山区活动。活动以"节能减排"和"迎世博"为主题。

2010 年,举办"迎世博,科技让生活更美好"系列活动和"世博科技应用"展览、"低碳经济与上海生态城市建设分析"讲座等活动。创建上海科普示范镇 1 个。组织实用技术培训班 16 期,培训专业农民 1 700 多人次。9 月 17 日,举行防震减灾综合演练。11 辆车、1 000 余人参加演练。9 月 17 日,举办以"科技世博,低碳生活"为主题的 2010 年全国科普日金山区市(村)民科普知识竞赛活动。

第三节　知识产权与技术交易

2001 年,认定技术合同 140 项,技术贸易额 1 685 万元,申请专利 40 件。2002 年,申请专利 127 件;认定技术合同 353 项,技术交易额 2 937.45 万元;成立由 38 人组成的专利工作队伍,确定两家企业为专利试点企业。2003 年,申请专利 344 件。"高性能功率铁氧体材料的研制与生产"项目被列入市科委专利 2 次开发项目,获得 30 万元资助。认定技术合同 122 项,技术交易额 2 553.41 万元。

2004 年,成立区知识产权联席会议,制订区知识产权发展战略(草案),开展"4·26 世界知识产权日"宣传活动,举办知识产权论坛等活动。对近 60 家企业开展专利申报的服务和宣传工作。创建 4 家上海市专利试点企业、2 家商业专利保护示范企业。申请专利 547 件,其中发明 52 件、实用新型 48 件、外观设计 216 件。2005 年,申请专利 729 件,其中发明专利 101 件、实用新型专利 105 件、外观设计专利 523 件。有上海市专利示范企业 1 家、上海市专利试点企业 7 家、上海市培育专利试点企业 7 家。4 月 19 日,金山区知识产权周活动拉开帷幕,举办"加强知识产权保护、规范市场经济秩序"大型咨询活动暨打假成果展。7 月,上海市知识产权局批复同意在金山第二工业区内建立"上海金山化工知识产权试点园区"。

2006 年 10 月,启动"上海市金山现代农业园区知识产权战略"项目,完成战略框架。"品牌兴企"战略实施启动,全区现拥有中国驰名商标 1 件,中国名牌产品 2 项,上海市著名商标 10 件,上海名牌产品 22 项。2007 年,申请专利 1 107 件,其中发明专利 222 件。"品牌兴企"战略实施启动,金山区有中国驰名商标 1 件,中国名牌产品 3 项,上海市著名商标 13 件,上海名牌产品 27 项。4 月 20—27 日,开展"保护知识产权宣传周"系列宣传活动。9 月 10 日,金山区知识产权服务网正式开通。

2008 年,申请专利 1 303 件,其中发明专利 313 件。有 14 家市专利试点企业,6 家市专利培育企业,6 家区专利试点企业。累计有中国驰名商标 2 件,中国名牌产品 4 项,上海市著名商标 15 件,上海名牌产品 27 项。"4·26"保护知识产权宣传周的主题为"保护知识产权,促进创新发展"。举办专题讲座、宣传咨询等活动,编印《知识产权局服务手册》2 000 册。实施《金山区知识产权试点、示范学校管理办法》,朱行小学成功创建为上海市知识产权试点学校。2009 年,申请专利 1 150 件,其中发明专利 221 件。17 家企业被批准为上海市专利工作培育企业名单。6 人入选上海实施发明成果优秀企业家奖。

2010 年,申请专利 2 137 件,其中发明专利 501 件。举办知识产权政策讲座和交流会 8 期,服务人次达到 500 余人。5 月 20 日,开展"雷雨"知识产权联合执法专项行动,对 4 家企业或商场进行执法检查。11 月 3 日,枫泾工业区被认定为上海市知识产权试点园区,试点期限为 3 年,这是金山区首家市级知识产权试点园区。

第十五章　松　江　区

2000 年,松江区制定《关于加快实施科教兴区战略的若干意见》。8 月 22 日,召开松江区科教兴区工作大会。每年安排 500 万元科技创新资金。2002 年,组织实施国家和市级各类科技项目 49 项,争取国家和市科技项目资助经费 383 万元。组织实施区级科技发展基金项目 47 项,下拨科技专项经费 175 万元。2003 年,制定《松江区 2003—2005 年科技发展三年推进计划》。组织推荐 4 个项目申报上海市科技进步奖;争取市科委"区(县)发展科技企业扶持资金"25 万元。受理登记科技成果 24 项。2004 年,列入区级科技攻关 18 项,安排扶持资金 102.5 万元。2005 年,获准国家、市级科技项目立项共 64 项,扶持资金 1 685 万元。受理区级科技攻关项目 39 项,立项 27 项,落实支持资金 124 万元。

2006 年,制定《松江区鼓励企业自主创新若干意见》等。确定区级科技攻关项目 28 个,松江区创新资金项目 14 个;评审松江区科技进步奖项目 37 个。12 月 6 日,松江区科技奖励大会召开。2007 年,获得国家、市级各类科技计划项目 96 项,获得上级资金支持 2 534 万元。7 月 16 日,松江区科技创新论坛第一次活动举行。2008 年,在全市率先通过区级知识产权战略《推进计划》中期评估验收。9 月 5 日,松江区政府正式下发《松江区镇、街道和园区科技进步情况工作手册(2008年)》。2009 年,通过全国科技进步考核。汇编《松江区科技创新政策申报服务指南》。6 月 8 日,松江区科技创新服务中心正式开始运作。2010 年 7 月 23 日,松江区科学技术奖励大会在区办公中心召开。10 月 21 日,松江区科技项目立项大会召开,130 个项目被列为区级项目,扶持资金达 950万元。

第一节　高新技术产业与园区

2000 年,列入国家科技型中小企业技术创新基金项目 1 项,列入 2000 年度国家技术创新项目1 项。申报并列入上海市创新资金(种子)项目 3 项。列入上海市科技产业化计划 15 项,列入国家级新产品计划 2 项,列入上海市新产品试制(鉴定)计划 4 项。上海松江(仓桥)高新技术园区有 150多家企业办理进园区注册手续,总投资 9 亿元,其中外资企业 4 家,注册资金 1 620 万美元。上海松江(九亭)高科技园区有 20 多家科技型企业落户园区,总投资 7 亿元。新认定批准上海市高新技术企业 5 家、上海市高新技术成果转化项目 22 项,设立高新技术成果转化风险资金 1 500 万元;区财政给部分项目贴息 1 444 万元。2001 年,23 个项目列入上海市高新技术成果转化项目;申报国家级火炬计划项目 2 项,上海市科技产业化计划 15,获得市科委无偿科技资助经费 34 万元。全年新增民营科技企业 1 225 家,经年检的 881 户民营科技企业,总资产达 19.2 亿元,技工贸总收入 16.2 亿元,实现利润 1.80 亿元,上缴税金 1.46 亿元。新增高新技术企业 4 家,12 家市高新技术企业通过复审,累计高新技术企业达 26 家,实现产值 25.28 亿元,创利税 3.89 亿元,出口创汇 824.6 万美元。上海松江高新技术园区办理注册 384 家企业。其中 53 家实体型科技型项目总投资超过 10 亿元人民币;外资项目 13 家,注册资金 3 776 万美元,总投资 9 642 万美元。

2002 年,有 33 个项目列入上海市高新技术成果转化项目。新增市高新技术企业 10 家,14 家市高新技术企业通过复审,市级高新技术企业达 24 家。新批准成立民营科技企业 1 226 家,区民营科技企业累计达 3 000 多家。上海松江高新技术园区有 561 家企业落户,注册资本 4.94 亿元人民币,总投资超过 8.9 亿多元人民币;外资项目 52 家,注册资本 9 236 万美元,总投资额 1.7 亿美元。九亭镇的上海松江高科技园区有 200 多家企业落户,总投资 10 亿多元人民币,引进外资 8 800 多万美元。9 月,上海松江高新技术园区和上海松江高科技园区被授予"上海市级科技园区"称号。2003 年,4 个项目被列为市火炬计划项目,获 12 万元资助资金,1 个项目被评为"上海市优秀火炬计划项目";申报获批 8 个上海市重点新产品试制计划项目,获得资金支持 10 万元。220 个项目被批准为上海市高新技术成果转化项目,累计高新技术成果转化项目 130 个。全区新增上海市高新技术企业 9 家(其中 2 家软件企业),24 家通过复审,上海市高新技术企业达到 33 家;新增民营科技企业 954 家,新增注册资本达 14.96 亿元。永丰街道高新技术园区累计落户企业 665 家,实现产值 13.42 亿元,创造税收 7 500 万元,出口创汇 1.57 亿美元;九亭镇高科技园区累计拥有企业 89 家,实现产值 9.5 亿元,创造税收 1 820 万元,出口创汇 800 万美元。

2004 年,新认定上海市高新技术成果转化 32 项,全区累计达 168 项,项目总产值 13.34 亿元,利润 1.33 亿元,实现税收 5 741.4 万元。列入国家创新基金 4 项,获得扶持资金 265 万元;列入上海市创新资金 3 项,获扶持资金 106 万元;列入国家级重点新产品试制计划 2 项和市级重点新产品试制计划 5 项,获无偿拨款 50 万元;市火炬计划 1 项,获扶持资金 8 万元。新增上海市高新技术企业 12 家,全区累计达 47 家,年度工业总产值 503.99 亿元,总收入 493.42 亿元,利润 12.51 亿元,税金 2.85 亿元,创汇 55.23 亿美元。新增民营科技企业 690 家,新增注册资本达 9.315 亿元。松江高新技术园区累计落户企业 591 家,实现产值 9.6 亿元,创造税收 1 亿多元,出口创汇 1.5 亿美元。松江高科技园区累计拥有企业 91 家,实现产值 6.41 亿元,创造税收 673 万元,出口创汇 1.31 亿美元。制定《松江区中小企业科技创新管理暂行办法》。11 月 18 日,召开松江区中小企业创新资金项目签约工作会议。2005 年,列入国家创新基金 4 项,获扶持资金 165 万元;立项上海市创新资金 6 项,获扶持资金 60 万元;列入上海市重点新产品项目 2 项,获得资金支持 10 万元;列入国家火炬计划项目 1 项,上海市火炬计划项目 4 项,一个项目获资金支持 10 万元。新增认定上海市高新技术企业 10 家,其中 2 家软件企业,累计达 54 家。新增认定上海市高新技术成果转化项目 35 项,累计达 203 项,项目总产值 17.18 亿元,利润 1.52 亿元,实现税收 6 807.5 万元。共有 1 109 家民营科技企业通过年检,企业资产总额累计达 35.95 亿元,全年实现技工贸总收入 26.79 亿元,完成利润 3.88 亿元,上缴国家税收 2.03 亿元。区级以上工业园区产出占全区工业总产值的 73.6%,电子信息制造业产值占全区工业总产值的 56.1%,达到 1 194.9 亿元,基本形成"一业特强,多业发展"的产业格局。高新技术产业产值达到 1 421.7 亿元,占全区工业总产值的 67.7%。

2006 年,认定上海市高新技术成果转化项目 49 项,累计达到 252 个;组织推荐国家重点新产品计划项目 2 个,获批国家火炬计划项目 2 个,取得国家创新基金项目 7 个,上海市创新资金计划项目 17 个;组织推荐上海市科技小巨人企业 10 家,获上海市重点新产品计划项目立项 6 个、火炬计划项目立项 5 个。年报统计民营科技型企业 1 259 家,累计资产总额 307.6 亿元,实现总收入 591.5 亿元,上缴税金 5.86 亿元,出口创汇 57.9 亿美元;新认定高新技术企业 20 家。2007 年,有民营科技型企业 8 499 家;全区 70 家高新技术企业实现总收入 538.8 亿元,利润 12 亿元,上缴税金 3.4 亿元。

2008 年,推荐 4 家企业申报科技小巨人企业,其中 1 家获得批准;推荐 9 家企业申报科技小巨人培育企业,2 家获得批准。76 家企业通过高新技术企业认定。2009 年,推荐 33 家企业申报上海市科技小巨人企业(含培育型小巨人企业),2家小巨人企业和2家小巨人培育企业获得认定。组织推荐44家企业申报高新技术企业,42家企业被认定为高新技术企业。11月,召开松江区高新技术企业、小巨人企业座谈会。2010年,松江区高新技术产业开发区面积扩大近66倍。有科技小巨人企业31家、国家级高新技术企业180家,松江区科技型企业共获得国家、市、区三级直接资金支持3 750.19万元。

第二节　科　学　普　及

2001年5月14—20日,全区54所中小学全部参加"科技活动周"活动,参与率达100%。11月8—14日,以"生物科技——为新世纪人类的幸福"为主题,组织开展一系列活动。组织参加市科技节组委会举办的网上科技节活动;在区科技馆举行2001上海科技节松江区活动暨"生命科学、生物技术、生活质量图片展";在松江区青少年活动中心举行松江区中小学科普节活动。2002年,区科协制定《关于加强镇、街道科普协会组织建设的意见》。5月18—25日,由区科委、科协牵头,围绕"科学创造未来"的主题,在全区集中开展科学普及活动。制定《松江区地震办公室地震应急预案》,编制"松江区地震灾害应急处置预案",筹建区地震设防应急指挥中心。2003年,组织申报全国科普教育基地2家、市级科普教育基地2家;组织申报2家特色科普教育基地,获得市科委科普资助经费300万元。举办各类科普讲座、报告会34场;发放各种科普宣传资料2.5万多份。5月18—24日,在以围绕"依靠科学,战胜非典"为主题的全国科技周和上海科技节活动中,运用电视、广播、网络、科普画廊、黑板报、横幅标语等宣传形式。11月13日,松江区科协第二次代表大会召开。

2004年,完成7个市级科普教育基地复查工作。上海地震科普馆被命名为第二批全国科普教育基地;松江现代农业园区五厍示范园区被命名市级科普教育基地。松江区科技馆、松江区图书馆申报市级科普教育基地。创建区级科普示范社区3个、区级科普教育基地3个;区级科普村(居委会)42个;区级科技特色中小学5～6所、区级科技特色幼儿园4～5所。4月29日,松江区科普工作联席会议第一次全体会议召开。9月中旬,组织松江区中学生防震减灾知识竞赛。2005年,组建"'2049'上海试点项目松江试点区"领导小组,确定"'2049'上海试点项目松江试点区"8所试点学校并授牌。区科协将"万户家庭网上行"信息化培训纳入社区科普考核指标,完成岳阳等8个培训点的考核。共举办适用技术培训班18期,参加培训人数达1 240人次。松江区科技馆、五厍农业园区科普教育基地被命名为市级科普教育基地,成立松江区气象科普教育基地。共拥有科普教育基地13个,其中国家级3个、市级7个、区级6个。5月13日,举办松江区第四届中小学生科普节,开展适合中小学生特点的科技竞赛、科技展览、科普考察等活动。

2006年,启动2005—2006年度松江区科普社区、科普教育基地、科普居委会(村)、科技特色学校创建工作。围绕科技活动周"携手建设创新型国家"的主题,从社区板块、青少年板块、学会板块等方面共计组织活动20项,吸引6万多市民和青少年参加。完成松江区科技馆科普展厅的扩建工程;上海农业科普展示馆建设工程逐步完善;各街道、园区和部队装备30台科普电子触摸屏;松江区博物馆和松江区气象馆创建为市级科普教育基地,全区拥有各级科普教育基地15个。3月1日,松江区创建"全国科普示范城区"动员大会召开,部署全区创建工作,下发《松江区创建全国科普示范城区实施意见》的通知。2007年,成为全国科普示范城区。对实施《全民科学素质行动计划纲要》提出明确的目标和要求:着眼未来、贴近农村、贴近社区、突出重点、面向外来人群。开展"7·28"防震减灾日科普知识宣传活动,开展防震减灾科普夏令营活动。

2008年，上海科技周松江区活动以"携手建设创新型国家"为主题，通过科普报告、科普巡展等形式，吸引市民广泛参与。举办科技、文化、卫生"三下乡"活动，赠送农业适用科普书籍30种1000多册，展出科普版面80块，近7000人参观。建立松江区防震减灾联席会议，区政府审议通过《松江区地震专项应急预案》。9月19—20日，组织防震应急疏散演练。9月24日，上海工程师论坛松江分论坛在松江图书馆举行。2009年，3家单位被命名为国家级科普教育基地；方松街道连续4年被命名为上海市科普示范街道；"方松社区科学商店"获得市科委资金资助30万元；命名表彰科普居委会25家、科普村21家、科技教育特色学校11所、科技教育特色幼儿园6所；松江区中山小学被授予"上海市科技教育特色示范学校"称号。5月15日，松江区科技馆正式开馆，接待观众4.2万人次。3月25日，松江区防震减灾联席会议召开。9月，完成地震应急预案编制。2010年5月20日，上海市流动科技馆捐赠仪式在松江科技馆举行，"流动科技馆"赴松江区各街镇进行巡回展览。9月21日，松江区召开创建全国科普示范区动员会，全面启动创建工作。

第三节 知识产权与技术交易

2001年，申请专利204件；认定技术合同交易额1462万元。2002年4月26日，挂牌成立松江区知识产权局，申请专利783件。认定技术合同107项，合同金额4226万元。2003年，成立知识产权工作协调小组，设立知识产权工作专项资金。申请专利880件，其中发明专利57件，实用新型专利196件，外观设计专利627件。认定技术合同42项，技术交易额2154万元。建立区级专利试点企业3家；组织开展专利执法检查2次；组织申报上海市专利技术2次开发计划项目6项，批准立项3项，获得市科委专项经费资助90万元。

2004年，申请专利864件，其中发明专利96件、实用新型专利249件、外观设计专利519件；组织开展专利执法检查2次；确定3家企业为松江区第二批专利试点企业，同时列入市试点企业，累计市专利试点企业6家，市培育专利试点企业20家。认定技术合同21项，累计合同金额4.67亿元。2005年，研究制定《松江区知识产权战略推进计划（2005—2010）》，申请专利1113件，其中发明专利177件，实用新型328件，外观设计608件；认定技术合同82项，累计合同金额1.28亿元。确定上海市专利试点企业5家，累计11家；确定上海市培育专利试点企业9家，累计17家；确定上海市知识产权示范学校1家、上海市知识产权试点学校2家、上海市专利试点商业单位2家。4月24日，由松江区政府举办的"保护知识产权万人签名"活动。

2006年，申请专利1250件，其中，发明专利342件，实用新型专利329件，外观设计专利579件。认定技术交易合同52项，合同金额1.76亿元。全区上海市专利试点企业数量累计达19家，专利工作培育试点企业累计达10家，5家单位被上海市知识产权局认定为"上海市商业系统知识产权试点单位"。2007年，申请专利1904件，其中，发明专利677件，实用新型专利546件，外观设计专利681件。认定上海市专利示范企业1家、上海市专利试点企业23家、培育专利试点企业5家、商业系统知识产权示范单位2家、知识产权示范学校1家、专利试点学校2家。认定技术合同43项，合同金额9986.21万元。

2008年，申请专利2334件，其中发明专利1074件。完成区级知识产权战略《推进计划》中期评估工作。4月24日，举办企业知识产权战略运用专题论坛。2009年，出台《松江区专利专项资助暂行办法》，设立松江区专利专项扶持资金，办理160家企事业单位811件专利资助，累计资助金额

145.2万元。申请专利3 068件,其中发明专利申请1 104件,实用新型专利申请755件,外观设计专利申请755件。开通松江区知识产权服务网。2010年,申请专利4 078件,其中发明专利1 650件,实用新型专利1 655件,外观设计专利773件。专利授权3 031件,其中发明专利429件,实用新型专利1 615件,外观设计专利987件。

第十六章　青　浦　区

2004 年,建立"青浦区科技创新资金",出台《青浦区产学研合作项目管理办法》等政策。2005年,中共青浦区委、青浦区政府出台"关于科教兴区的实施意见",明确青浦区到 2010 年科教兴区战略的指导思想、主要目标、任务和主要措施。开展 2005 年度青浦区科技进步奖的评审。共计 29 个项目申报,23 个项目获区级科技进步奖,其中一等奖 4 项,二等奖 9 项,三等奖 10 项。

2006 年,印发《关于实施〈青浦区科技发展"十一五"规划〉若干意见的通知》,出台《青浦区技术创新示范企业争创活动实施办法》等 4 个配套文件,建立 6 000 万元科技扶持资金。6 月 9 日,青浦区科学技术大会召开,明确"十一五"期间青浦科教兴区工作的目标任务。2007 年,召开青浦区科技工作会议,表彰第四届青浦区科技功臣及 2006 年青浦区科技进步奖、青浦区发明专利奖、青浦区科普示范村。修订《青浦区技术交易资助办法》,出台《青浦区新产品计划项目管理实施细则》,制定《青浦区科学技术奖励规定》。

2008 年,制定《青浦区专利新产品计划项目管理实施细则》《青浦区科学技术奖励规定实施细则》等。召开青浦区科技工作会议,表彰 2007 年度青浦区科学技术奖的获得者。2009 年,青浦区财政用于科技的经费支出达 21 381 万元。召开青浦区科技工作会议,召开青浦区推进高新技术产业化工作会议,出台《青浦区加快推进高新技术产业化实施意见》等政策文件。2010 年,制定《青浦区科普资助项目管理办法(试行)》《青浦区财政性资金投资信息化项目管理办法》《信息化运维项目管理办法(试行)》等政策性文件。

第一节　高新技术产业与园区

2000 年,认定上海市高新技术成果转化项目 29 项,申请国家中小企业创新基金 9 项、上海市中小企业创新资金 10 项。高新技术产品产值 58 亿元,高新技术产品的出口值 3 亿美元。列入国家级新产品计划 1 项,列入市级新产品计划 23 项,列入区级新产品计划 43 项。11 家企业被认定为上海市高新技术企业。全区 25 家高新技术企业实现产值 20.4 亿元、利税 2.24 亿元。青浦区民营科技企业发展到 611 家,新增 212 家,注册资金 2.78 亿元。青浦科技园注册企业 108 家,注册资金 2.6 亿元。2001 年,实施上海市火炬计划项目 19 项,其中市级重点火炬计划项目 3 项,市级火炬计划项目 16 项,总投资 2.7 亿元,实现产值 2.9 亿元。确定区以上新产品开发项目 50 项,其中市级以上新产品鉴定计划 10 项。认定市高新技术成果转化项目 28 项,新增高新技术企业 13 家,高新技术产业产值 75 亿元。3 家企业被认定为上海市软件企业。发展民营科技企业 129 家,累计达到740 家。青浦科技园招商引资 81 家,引进资金 2.5 亿元,实现税收达 8961 万元。

2002 年,列入市高新技术成果转化项目 26 项;组织申报国家技术创新基金 13 项,市技术创新资金 15 项,2 个项目批准为国家创新基金项目,6 个项目被市科委批准立项,共获创新资金 205 万元;5 个项目列入国家级重点新产品计划,3 个项目列入上海市重点新产品试制计划,40 个项目确定为区级新产品开发计划项目。新增高新技术企业 18 家,累计达 54 家,实现销售 35.9 亿元,利税4.97 亿元。新增民营科技企业 197 家,新增注册资本 3.1 亿元。青浦科技园实现注册企业 104 户,税收8 080万元。上海高新技术成果转化基地有27家国内外高科技企业落户,累计吸引外商投资1.03亿美元。上海台商工业园即青浦科学园区成立,引进外资5亿美元。2003年,申报国家技术创新基金15项,市技术创新资金10项,2个项目被批准为国家创新基金项目,4个项目被列入市种子资金项目,共获得国家和市创新基金205万元。33个项目被列入区级新产品计划项目,5项新产品列入市级重点新产品计划,2项新产品列入国家级重点新产品计划。新认定14家上海市级高新技术企业,累计达66家。认定市高新技术成果转化项目29项,累计认定151项。申办641家民营科技企业,注册资本8.88亿元,全区民营科技企业达1 578家。青浦科技园吸收注册企业110家,税收首次超亿元。

2004年,40个项目通过市高新技术成果转化项目认定,累计达到195项。7个项目被列为国家创新基金项目,7个项目被列为上海市创新资金项目,共获国家创新基金和上海市创新资金资助591.5万元。有3个项目列入国家级重点新产品计划。有10项目列入市重点新产品计划。高新技术完成产值168亿元,占全区工业总产值的23.66%。新增市级高新技术企业14家,累计达80家。新增民营科技企业771家,累计达2 439家。9月3日,首次召开区技术创新争创企业命名暨工作会议,命名10家民营科技企业为区技术创新示范企业,其中5家是市高新技术企业。青浦科技园新增注册企业114家,全年完成税收1.1亿元。2005年,3个项目被列为国家创新基金项目,13个项目被列为上海市创新资金项目,共获国家创新基金和上海市创新资金资助377万元。2个项目列入国家级重点新产品计划,11项目列入市重点新产品计划。高新技术成果转化项目认定申报45项,认定41项,占全市认定项目数的7.1%。通过复审的上海市高新技术企业达69家,新认定上海市高新技术企业18家,全区上海市高新技术企业总数达87家。规模以上企业的高新技术产业产值达201.1亿元,占全区规模以上企业工业总产值的比重为28.3%。105个新产品开发成功,其中56个新产品投入市场。认定研发中心5家,高新技术研发中心总数达10家。完成10家2004年度技术创新示范企业的考核工作,兑现资助奖励经费47.8万元。新增技术创新示范企业8家,总数达到18家。青浦区科技创业中心签约入驻企业16家,入驻企业总数达32家。高新技术成果转化基地引进外资4 778万美元,新增落户企业3家,老企业增资5家。累计入驻企业达35家,总投资达1.1亿美元。青浦科技园吸收企业660家,累计达1 944家,实现税收1.4亿元。

2006年,11家企业新列入青浦区技术创新示范争创企业,总数达29家;认定5家区级高新技术研发中心,总数达10家;认定区级高新技术研发中心争创单位10家;上海金发科技发展有限公司的研发中心被认定为市级企业技术中心,全区有7家市级企业技术中心。3家企业被确定为2006年上海市科技小巨人企业,获市科委资助经费450万元;上海沪工电焊机制造有限公司被确定为2006年上海市科技小巨人培育企业,获市科委资助经费100万元。22个项目被列入青浦区产学研合作项目,全区累计36项,财政资金资助累计达600多万元。2007年,上海市认定的高新技术成果转化项目达46项。获得市级以上立项的科技项目121项,获资助、奖励金额达1 270万元。高新技术产业产值304.6亿元,新增民营科技企业108家。102家上海市高新技术企业中95家企业通过复审,年内新认定上海市高新技术企业12家,全区上海市高新技术企业总数达107家。4家企业被确定为上海市科技小巨人培育企业。4家民营科技企业进入上海市民科企业100强。区级技术创新示范企业及争创企业共达34家。上海青浦新材料产业基地成为国家火炬计划特色产业基地。

2008年,5个项目被列入2008年度第一批国家科技型中小企业创新基金项目,获资助资金290万元;有10项新产品被列入国家重点新产品计划项目,获资助资金170万元。高新技术产业完成规模产值320.2亿元,占全区规模以上工业产值的比例达29.8%;新增民营科技企业131家,新增上海市科技小巨人培育企业 10 家,总量达 18 家;82 家科技企业申报认定上海市高新技术企业,有 81 家企业获得认定。有 2 个项目分获上海市技术发明奖、科技进步奖,有 10 家企业获第 4 届上海科技企业创新奖,2 家企业获国家科技企业创新奖,2 个项目获第 5 届上海市发明创造专利奖。 2009 年,召开青浦区推进高新技术产业化工作会议,出台《青浦区加快推进高新技术产业化实施意见》等政策文件。27 个项目列为 2009 年国家创新基金项目,47 个项目列入上海市创新资金项目,新增国家重点新产品计划项目 3 项,24 个项目列入上海市重点新产品计划项目,14 项新产品列入上海市首批政府采购自主创新产品目录。被上海市认定高新技术成果转化项目 43 项。各类科技项目获市级以上资助奖励 6 200 多万元。设立 6 亿元专项资金,用于扶持高新技术产业化项目,高新技术产业实现产值 427.9 亿元。落实企业研发费加计扣除政策,审批 98 家企业的 378 个研发项目,涉及加计扣除金额 19 224.26 万元。新增民营科技企业 107 家,新增上海市高新技术企业 33 家,新增上海市科技小巨人(培育)企业 6 家,认定市、区两级专利试点(培育)企业 34 家,认定软件企业 7 家,认定区级技术创新示范(争创)企业 10 家,认定企业高新技术研究开发中心 7 家。

2010 年,5 个项目被列为国家科技型中小企业技术创新基金项目,5 个项目被列为国家重点新产品计划项目。高新技术产业产值 271.8 亿元。新增上海市科技小巨人(培育)企业 7 家,累计 31 家;新增上海市高新技术企业 33 家,累计 147 家;新增区技术创新示范(争创)企业 8 家,累计 65 家;新增科技企业 100 家,累计 2 847 家;有 3 家科技企业成功上市,累计 5 家;11 家企业列入上海市创新型企业;组建成立上海张江高新技术产业开发区青浦园区集团有限公司,完成张江高新区青浦园区扩区工作。下发《青浦区促进软件和信息服务业发展若干意见》文件。青浦区科技创业中心被认定为第 2 批上海市知识产权试点园区,被授予科技部"大学生科技创业见习基地""团中央青年就业创业见习基地"称号。

第二节　科　学　普　及

2000 年,建立 6 个区级科普示范基地和 5 个区级科普示范项目,各镇建立 1～2 个高优高农业科技示范点。20 个镇有科技示范户 340 家、专业研究会 61 个、科普志愿者 271 人,建立和健全科普网络。2001 年,完成全国科普示范县(区)创建验收工作;组织开展科技节活动和科技活动周活动;开展科普进社区活动,组织科普讲座 3 次,科普展板巡展等活动 2 次,科普录像放映 1 次;开展 4 次科技下乡活动,为 7 个村赠送科普资料、电脑等活动;举办信息技术、经济管理等各类科技培训,人数达 3 700 多人。

2002 年,举办第二届全国科技活动周青浦区活动,围绕"科技创造未来"的主题,开展科普征文、科技讲座、科普进军营、科技影视周等 160 多项活动,受益群众达 7 万多人次;开展科技下乡活动,参加服务的科技人员 500 多人,受益群众达 1 万多人次。2003 年,开展以科普进农村、进社区、进学校、进军营、进家庭为内容的科普"五进"活动。开展 14 次科技下乡活动,增加科技知识的宣传内容。科普进社区,定期举办社区科普知识讲座,开展科普展板巡展等。科普进学校,举办"动物百科"标本展览,开展青少年科技创新大赛等竞赛活动。科普进军营,开展军人电脑知识培训班,向 15 家驻青部队赠送科普资料。科普进家庭,编印 15 万册《科学在您身边》,赠送给全区所有的 14.7 万户家庭。

2004 年,组织科技下乡活动 14 次,受益人数为 13 000 人次;举办专题科普宣传 42 次;举办各类科普讲座 354 次,听讲人数达 20 532 人次;举办科普展览 2 次,参观人数达 6 800 人次;开展青少年科技竞赛 30 次,参赛人数达 19 015 人次;举办各类培训班 309 个,培训人数 20 819 人次。在 8 个镇进行防震减灾的有关法律、法规以及地震科普知识的宣传,组织全区中学生参与"上海市第 13 届中学生防震减灾知识竞赛"活动。2005 年,举办 2005 年全国科普日、2005 年上海科技节青浦区活动,推出"科技以人为本,建设绿色青浦"的主题活动,活动内容涉及 24 项,受众人数达 9 万多人次。举办科普"六进"(进农村、进社区、进学校、进军营、进家庭、进企业)活动 13 次。新配置 21 台电子科普触摸屏,建成 4 台电子显示屏。命名表彰 20 个科普村(居委)。在区级学会中继续开展星级学会评比活动,会计学会被评为五星级学会,四星级学会 3 个、三星级学会 2 个、二星级学会 3 个、一星级学会 1 个。8 月 19 日,青浦区召开防震减灾第一次联席会议,建立乡镇、街道、有关委局的防震减灾联络员制度,开展防震减灾科普宣传活动等。

2006 年,开展全国科普日活动,围绕推进新农村建设,紧扣"预防疾病、科学生活"及"节约能源"主题,积极开展各项活动。举办 2006 年青浦科技活动周活动,组织 160 多项活动。19 个村(居委)被青浦区政府命名为青浦区科普村(居委),9 个村(居委)被命名为青浦区科普示范村(居委),6 个单位被命名为青浦区科普基地。华新镇、上海中大科技发展有限公司分别列入 2006 年上海市科普示范镇及科普示范企业上海市科普创建"2211"工程名单。2007 年,举办"院士青浦行"系列科技讲座。在全区各镇(街道)、社区巡回宣传防震减灾法律法规及地震科普知识。

2008 年,新建大型科普电子显示屏 1 座,总数达 7 座。东方绿舟被评为全国首批国家级环保科普教育基地,赵屯草莓研究所被评为市级科普教育基地。全区市级科普教育基地增加到 4 家,新增区级科普教育基地 3 家。华新镇连续第 6 年成功争创上海市科普示范镇。新增区级科普示范村 10 家、科普村 15 家。举办以"携手建设创新型国家"为主题的 2008 年青浦区科技活动周活动,开展全国科普日青浦区活动,区镇(街道)共举办各类活动 200 多项,受众人数超过 15 万人次。2009 年,东方绿舟获首批"国家环保科普基地"授牌。东方绿舟和青浦博物馆被认定为国家科普教育基地。中国科普作家协会批准青浦成立中国科普创作培训基地,是全国唯一一家科普创作培训基地。开展以"关爱生命安全,建设和谐社会"为主题的地震科普知识宣传,完成地震应急预案编制工作。

2010 年,东方绿舟、青浦博物馆被中国科协授予 2010—2014 年"全国科普教育基地"称号;华新镇、夏阳街道被评为 2009 年度上海市科普示范社区;新增 4 家上海市科普教育基地,累计达 11 家。围绕世博、低碳、创新主题,开展 15 项科普活动。组织"相约名人堂——与院士一起看世博"活动,5 次举办青浦名家科普讲坛,举办 2 次网上视频科普访谈活动。编制地震应急手册,完成区、街镇地震专项应急预案修订和演练工作,青浦区青少年实践中心被命名为上海市防震减灾科普教育基地。

第三节　知识产权与技术交易

2002 年,专利申请 1 276 件。4 月 26 日,青浦区知识产权局举行揭牌仪式。2003 年,专利申请为 914 件,其中发明专利为 101 件,专利授权为 695 件。12 月,青浦区知识产权联席会议制度建立。2004 年,专利申请 769 件,其中发明专利 67 件、实用新型 238 件、外观设计 464 件。有上海市专利试点企业 8 家,上海市培育专利试点企业 5 家、区专利试点企业 12 家。

2005 年,青浦区政府推出"青浦区知识产权战略推进计划(2006—2010 年)",明确青浦区知识产权战略的指导思想、基本原则和主要任务。2 家企业被列入上海市知识产权示范企业名单,6 家企业列入上海市第二批培育专利试点企业名单。全区共有上海市专利试点企业 11 家,培育专利试点企业 8 家。新增 4 家企业为青浦区专利试点企业,新增 27 家企业为青浦区培育专利试点企业。

2006年,专利申请1 141件,其中发明专利22件。20家上海市专利工作试点(培育)企业,68家青浦区专利工作试点(培育)企业。

2007年,专利申请1 412件,其中发明专利389件。9家商业单位成为知识产权保护示范单位,全区市、区级专利试点(培育)企业共达96家。上海博大企业(集团)有限公司被确定为上海市知识产权示范企业争创单位。2008年,专利申请1 662件,其中发明专利534件,对995件专利实施资助,资助金额136.42万元。13家企业被列为2008年度青浦区专利培育企业,2家企业列为上海市专利示范企业,1家企业申报上海市知识产权示范企业,4所学校被列为青浦区专利试点学校。上海工商信息学校被命名为上海市知识产权示范学校。

2009年,专利申请2 372件,其中发明专利申请775件,,专利申请资助费205万元。新增市、区两级专利试点(培育)企业34家。4家商业单位列入首批市商业系统"销售真牌真品,保护知识产权"承诺活动单位。青浦区科技创业中心被列入上海市知识产权试点园区。2010年,专利申请3 382件,其中发明专利1 033件,实用新型专利1 404件;外观设计专利945件。专利授权1 912件,其中发明专利授权136件,实用新型专利授权1 031件;外观设计专利授权745件。上海教科院豫英实验学校、青浦区实验中学被命名为2009年度上海市知识产权试点学校,2家企业列入2010年度上海市专利示范企业,10家企业列入市专利试点企业,3家企业被认定为上海市知识产权示范企业(第5批)。17件商标被认定为"上海市著名商标",41家企业产品申报(复评)"上海名牌"荣誉称号。

第十七章 南汇区

2001年1月,撤销南汇县,设立南汇区。2009年4月,撤销南汇区,其行政区域划入浦东新区。2004年,成立南汇区科技创新资金理事会,制订《南汇区科技创新资金管理办法(试行)》和两项实施细则,组织实施各类区级科技项目104项。2006年,全区科技总投入4559万元,占当年本级财政决算支出的1.31%;全区科普经费投入321万元,占当年本级财政决算支出的0.09%。实施区级科技计划项目75项,其中工业科技攻关项目10项,农业科技攻关项目30项,医疗卫生科技攻关项目10项,技术创新资金项目20项,软课题项目5项。共下拨财政资助资金510万元。2007年,全区财政科技总投入4851万元。2008年,全年科技总投入3092万元。获得国家和市级立项127项,获国家、市级资助资金1300余万元。

第一节 高新技术产业与园区

2000年,34个项目被批准为市级科技发展项目,其中上海市科技成果产业化项目16项,上海市高新技术成果转化项目10项,上海市科技创新种子资金项目2项,上海市新产品试制项目5项,上海市中试产品项目1项。制订《关于南汇县鼓励发展民营科技企业的若干意见》。8家企业认定为高新技术企业。发展民营科技企业250家,新增注册资本3.53亿元,累计民营科技企业384家,技工贸总收入超过6亿元,利税超过1亿元。2001年,49个项目列入市级和国家级各类科技发展计划,其中市高新技术成果转化项目17项,市技术创新资金项目10项,市科技产业化项目13项,市农业科技攻关项目6项,国家农业科技成果转化资金项目1项,国家级新产品计划项目2项。新认定市高新技术企业6家,复审通过14家;审批发展民营科技企业560家,注册资金7.5亿元,全区民营科技企业达913家,年技工贸总收入10亿元,利税1.8亿元。南汇科教园区第一期工程竣工。

2002年,实施市级以上各类科技项目46项,其中上海市高新技术成果转化项目13项,市级科技产业化项目13项,国家级和市级科技型中小企业技术创新资金项目8项,国家级和市级新产品项目5项,市级科技攻关项目7项。新增上海市高新技术企业14家,全区高新技术企业总数达33家。新增民营科技企业700家,全区民营科技企业总数达1460家,技工贸总收入26.65亿元,实现利税3.2亿元。5月21日,经市科委审核批准,授予上海南汇科技园区市级科技园区称号。2003年,实施市级高新技术成果转化22项,科技产业化项目14项,其中市级火炬计划项目3项;市级以上技术创新资金项目9项,其中3项列入国家级科技型中小企业技术创新基金项目;市级以上工业新产品项目5项,其中2项列入国家级重点新产品项目。认定新增高新技术企业19家,累计高新技术企业50家。发展民营科技企业860家,累计民营科技企业2033家,技工贸总收入35亿元,利税3.5亿元。南汇区科教园区启动资金滚动到21.6亿元,建筑总面积达100多万平方米。托普软件园及其上海东部软件园有限公司技工贸总收入达到3.63亿元,利税2255万元,被列入上海市民营科技企业百强。

2004年,58个项目列入国家和上海市的各类科技计划。其中上海市高新技术成果转化24项,国家和上海市技术创新资金 14 项,其中国家级技术创新基金 7 项;国家和市级新产品 10 项,上海市专利技术再创新 3 项,市级农业科技攻关 5 项;获得国家和上海市的无偿资助资金 805 万元。培育创建高新技术企业 22 家,有高新技术企业 71 家,资产总值 78.5 亿元,产品销售收入 47.45 亿元,净利润 2.37 亿元,上缴税收 1.66 亿元。发展 494 家民营科技企业,共有民营科技企业 1 945 家。成立上海市科技创业中心南汇分中心,引进注册企业 63 家,注册资金 6 500 万元。在康桥工业区建设南汇第一个科技孵化基地。2005 年,79 个项目获科技部和市科委的立项支持,其中国家级 6 项、市级 73 项,为企业获得资助资金 581 万元。全区 80 家市级高新技术企业资产总值 86.66 亿元,总收入 57.67 亿元,总利润 4.32 亿元,上缴税金 2.79 亿元,创汇企业 27 家,出口创汇 1.44 亿美元,增长 45.45%。在康桥工业区商务区创建"上海先进制造技术专业孵化基地"。全区有 12 家科技企业与 12 家科研院所、高等院校签订合作协议,培育 12 个产学研合作项目。通过年检的高新技术企业共有 69 家,通过复审高新技术企业 66 家,新发展高新技术企业 14 家,共有高新技术企业 80 家。12 月 14 日,国家火炬计划上海南汇医疗器械产业基地项目举行揭牌仪式。12 月 29 日,市科委、临港新城和南汇区三方签署协议书,就共同推进临港新城科技发展等达成共识。

2006 年,新发展产学研联盟企业 9 家,共资助专项资金 135 万元,引导企业投入研发资金 2 361 万元。获国家和上海市技术创新基(资)金项目 10 项,获得资助资金 205 万元;国家和上海市重点新产品项目 21 项,获得资助资金 190 万元,上海市高新技术成果转化项目 47 项,同时有 2 个项目列为上海市高新技术成果转化专项资金项目,获得资助资金 140 万元。国家和上海市火炬计划项目 11 项,其中 1 项获得资助资金 8 万元。新发展高新技术企业 14 家,全区有 6 家科技企业和 3 位企业家荣获上海市科技创新奖。上海医疗器械产业基地有西门子医疗亚洲科技园等项目签约落户。临港科技示范区规划建设上海海洋高科技产业区和上海海洋科技孵化基地,"智能新港城"列入《上海中长期科学和技术发展规划纲要》。5 月 26 日,举行上海康桥先进制造技术专业孵化基地奠基仪式,标志着迄今为止全市唯一以先进制造技术为产业导向的孵化器进入全面建设阶段。

2007 年,获得国家创新基金项目 2 项,资金 105 万元;申报 2007 年度国家火炬计划项目 2 项和国家重点新产品计划项目 8 项;获上海市重点新产品 13 项,2 项获上海市资助资金 60 万元;获上海市火炬计划项目 2 项,获资金资助 40 万元;获批上海市科技型中小企业技术创新资金项目 14 项,获资金支持 200 万元;申报上海市高新技术成果转化项目 46 项,其中 37 项获批准。获批上海市科技小巨人企业 2 家,小巨人培育企业 5 家,并获上海市专项资金扶持 800 万元。92 家高新技术企业的资产总额达到 96.81 亿元,总收入达到 110.27 亿元,利润总额达到 8.91 亿元,上缴税收总额为 4.66 亿元。74 家上海市高新技术企业通过复审;新发展高新技术企业 18 家。高新技术产业产值达到 206 亿元。

2008 年,国家科技型中小企业技术创新基金项目 7 项,获资助资金 415 万元;上海市科技型中小企业技术创新资金项目 27 项,获资助资金 400 万元;上海市重点新产品项目 18 项,其中 5 项获市级资助资金 100 万元;上海市高新技术成果转化项目 44 项;上海市农业科技成果转化资金项目 2 项,获资助资金 60 万元;国家火炬计划项目 2 项;上海市火炬计划项目 22 项。高新技术企业总收入 179.86 亿元,资产总额 135.5 亿元,利润总额 18.45 亿元,税收总额 11.05 亿元。制定《上海市南汇区科技企业孵化器管理办法》。获批上海市科技小巨人企业 1 家,小巨人培育企业 5 家,获市级专项资金扶持 650 万元。上海康桥先进制造技术孵化基地入驻企业 10 家。

第二节 科 学 普 及

2000年,举办10场以"崇尚科学文明,提倡科学生活方式"为主题的报告会,听众1 850多人次。继续开展农村党员干部实用技术培训和"县级科普村、科普教育基地、科技致富示范户"的评选活动。2001年,上海科技节南汇县活动分为六大项,共500多人次参加。举办"珍惜生命、热爱生活、崇尚科学、反对邪教"宣传活动,1 000多人次参加;开展"科技创新带动一方致富"为主题的科技下乡活动。

2002年5月19日,举行全国科技周南汇区活动开幕式暨"科学在我身边"广场科普宣传活动。有科普文艺演出,青少年学生火箭升空表演,科普图片展览,科技产品展示,医疗、气象、专利、地震等科普咨询,以及科普书籍赠送等。2003年,南汇区气象局和上海沪郊蜂业联合社被命名为市级科普教育基地,南汇中学创建为市级科技教育特色示范学校。3月23日,南汇区青少年气象科普教育基地对外开放。5月,举办"依靠科学,战胜非典"为主题的科技节活动,编著下发《科学生活》和《科学预防非典》两种读物,下发预防非典的其他宣传资料和图片4 500多份。

2004年,建立科普工作联席会议制度,成立南汇区科普志愿者协会。建成两块电子科普画廊,安装10台电子科普触摸屏,创建4家科普教育基地。举办2004年科技活动周,围绕"科技以人为本,全面建设小康——科技创造绿色生活"主题,面向社区、农村,组织开展一系列科普宣传活动。2005年,举办2005南汇科技节。在区、镇两个层面共开展12项区级科普活动和40多项镇级科普活动。举行2005年全国科普日活动、科普系列讲座等一系列科普宣传活动。举办农村适用技术培训班52次,有3 000多人次参加。评选农村适用技术培训出示范基地5个和推广项目7个。上海风电科普馆在南汇启动建设,项目列入市政府2005年度资助的10大科普教育场馆。

2006年,组织以"携手建设创新型城市"为主题的2006年科技活动周南汇区活动,开展10多项区级活动和50多项镇级活动。在全国科普日期间,举办"感受海洋南汇、体验科技魅力——南汇科普一日游活动",组织青少年学生代表80名、社区居民和农民代表各40名参观上海风电科普馆、南汇气象站等科普教育基地。组织"南汇科普一日游征文活动",发动中小学生撰写科普作品,共收到文章29篇。2007年,举办"让生活科学起来"第一届南汇科普节,围绕"携手建设创新型国家"主题,开展17项区级活动和50多项镇级活动。开展以"节约能源资源、保护生态环境、保障安全健康"为主题的全国科普日南汇地区活动启动仪式。承办2007年市科协系统科技下乡启动仪式及相关活动,开展专家现场咨询、科普图书展销、科普版面展示等多个服务项目。

2008年,举办"让生活科学起来"第2届南汇科普节和全国科普日南汇地区系列活动、南汇区节能减排科普摄影大赛、"科技惠农"等活动。南汇区航头镇被评为上海市科普示范镇;上海鲜花港花卉科普馆完成2期改造工程并通过市专家验收;各镇建立科普活动中心,在各村(居委)文化活动中心建立科普活动站。

第三节 知识产权与技术交易

2000年,申请专利40项,其中发明专利7项、实用新型专利21项、外观设计专利12项,授权20项。认定登记技术合同42项,合同交易额611万元。2001年,申请专利196项,其中发明专利58项,实用新型专利72项,外观设计专利66项;受理技术合同认定登记112项,合同金额1 110万元。2002年,申请专利1 097件,其中发明专利83件、实用新型专利99件、外观设计专利915件。受理技术合同认定登记112项,合同总金额1 520万元。

2003年,申请专利605件,其中发明专利37件、实用新型74件、外观设计494件。技术合同认定登记180项,合同总金额2 600万元。举办"4·26世界知识产权日"宣传活动,组织专利知识展板和专利知识有奖竞赛;召开专利工作座谈会,开展"专利试点企业"和"专利保护示范店"活动。2004年,申请专利602件。其中发明专利49件,实用新型专利99件,外观设计454件。开展6次知识产权培训讲座,10家企业被评为上海市专利试点企业,建立青少年专利示范学校,举办"4·26世界知识产权日"宣传活动。

2005年,举办知识产权培训班5期,有350多人次参加;处理专利纠纷案件5件,维护专利权人的合法权益。同时做好每年的"4·26"世界知识产权日的宣传活动。专利申请926件,其中发明专利129件。登记认定技术合同263项,合同金额8 478万元。2006年,举办专利知识培训班4期,有150多人次参加培训。申报上海市专利新产品2项,申报"上海飞利浦青少年专利奖"23项。专利申请1 142件,其中发明专利193件。登记认定技术合同150项,合同金额9 800万元。

2007年,专利申请1 400件,其中发明专利255件。技术合同认定登记65项、合同交易额1.25亿元。新增市级知识产权试点/示范单位10家,知识产权试点/示范单位达到19家。上海中路实业有限公司被认定为上海市第三批知识产权示范(培育)企业,获30万元资金资助。建立南汇区知识产权联席会议制度,并于11月8日召开第一次成员单位全体会议。举办"保护知识产权宣传周"活动。2008年,市级试点/示范单位20家,召开南汇区知识产权联席会议第2次工作会议、知识产权助推中小企业创新发展论坛。成立首家上海市区级专利保护协会。开展两次集中执法活动,开展保护知识产权周集中宣传活动,举办"天翔杯"知识产权知识竞赛活动,开展知识产权知识现场咨询活动。

第十八章 奉 贤 区

2001 年,颁发《科技型中小企业技术创新管理办法》《共性技术应用推广计划实施办法》等法规。列入县(区)科技发展基金计划 41 项;完成产业化计划项目验收 8 项,区发展基金项目验收 16 项。2002 年,列入奉贤区科技创新资金项目 17 项;列入奉贤区科技发展基金项目 41 项。2003 年,落实区级科技发展基金立项 29 项。2004 年,召开 14 次科技工作座谈会,制定奉贤区科技发展推进计划。3 月 24 日,区政府召开科技表彰大会,奉贤区区长沈慧琪出席会议并作讲话。9 月专门召开以"推进计划"为主题的"奉贤区科技发展战略研讨会"。

2006 年,组建由高校专家、学者及市科技主管部门领导组成的"奉贤区人民政府科技顾问团"。2007 年,制订《奉贤区科教兴区 2007 年度工作计划》,召开科技创新政策落实推进工作会和专利信息技术人才对接会。2008 年,获得国家、市级各类科技项目立项 201 项,立项金额达到 2 815 万元。6 月 27 日,召开奉贤区科技工作会议,大会表彰奖励 2006 年和 2007 年对奉贤科技工作作出重要贡献的单位和个人。2009 年,储备各类科技项目 500 项,申报市级以上科技项目 300 多项,获得 4 288 多万元资金资助。区、镇两级财政科技经费投入占同期地方财政支出的比重达到 4.5% 以上。通过 2007—2008 年度全国县(市)科技进步考核。2010 年,编制《科技创新政策申报服务指南》,组织科技政策培训讲座。申报市级以上科技项目 307 项,191 个项目批准立项,获得 6 434 多万元资金资助。组织申报产学研联盟计划项目 25 项,其中 10 项获得立项,获得市级资助 64 万元。

第一节 高新技术产业与园区

2000 年,列入星火计划项目 10 个,其中国家级 1 项,市级 9 项;申报国家级火炬计划项目 1 项。这些项目总投资 1 165 万元,贷款 700 万元,自筹资金 465 万元。申报国家重点新产品计划项目 4 项;申报市级新产品项目 9 项。申报市高新技术企业 9 家,申请县高新技术企业 13 家,通过市高新技术企业复审的有 9 家,申请县高新技术企业复审的有 15 家。新创建民营科技企业 128 家,上海金力泰涂料化工有限公司被首次列入上海市民营科技企业 100 强排行榜。2001 年,列入国家火炬计划、国家星火计划各 1 项;列入市火炬计划 9 项,其中 1 项被列入市重点火炬计划,1 项列入西部大开发科技合作计划;列入市创新基金资助计划 11 项、区创新资金计划 14 项,市新产品计划项目 3 项;组织申报市高新技术成果转化项目 17 项,被批准认定 15 项。申报批准市高新技术企业 5 家,复审通过市高新技术企业 17 家;申报批准区高新技术企业 10 家,复审通过区高新技术企业 18 家。办理登记民营科技企业 576 家。

2002 年,申报国家火炬计划 3 项,列入国家火炬计划 2 项。列入上海市火炬计划 5 项,2 个项目被列入上海市重点火炬计划项目,各获得 6 万元资助。申报批准上海市新产品 6 项,专利二次开发专项计划 2 项。新增民营科技企业 550 家,申报批准市高新技术企业 8 家,复审通过市高新技术企业 22 家;申报批准区高新技术企业 7 家,复审通过区高新技术企业 21 家。2003 年,承担国家"863"计划项目 2 项,获得资助经费 6 350 万元;列入国家创新基金 2 项,获得资助经费 188.25 万元;列入市级创新资金 4 项,获得资助经费 70 万元;列入市火炬计划 5 项,2 项获得资助经费共 12

万元;认定市高新技术成果转化项目 20 项,认定市重点新产品计划项目 7 项,其中 2 项共获得资助经费 20 万元;新增民营科技企业 1 067 家,累计 2 625 家。新增市级高新技术企业 9 家,累计 38 家;新增区级高新技术企业 11 家,累计 32 家。市区两级高新技术企业实现产值 45 亿元。

2004 年,高新技术企业总产值达到全区工业总产值的 15% 左右。力争培育 10 家"领军"企业,扶持 10 家科技"小巨人"。7 月 6 日,以"中小企业与可持续发展"为主题的奉贤区首次科技论坛举行,150 多家企业参加此次论坛。2005 年,申报科技部科技型中小企业创新基金计划项目 19 项,立项 8 项,获无偿资助 455 万元;申报国家级新产品 1 项;申报国家级火炬计划项目 2 项;申报上海市科技型中小企业创新资金计划项目 32 项,立项 9 项,获无偿资助 115 万元;申报上海市重点新产品计划项目 9 项,其中 4 项获无偿资助 40 万元;申报上海市火炬计划项目 7 项,其中 1 项获无偿资助 12 万元;申报上海市科技型中小企业公共信息服务体系建设项目 1 项,获无偿资助 42 万元。组织认定上海市高新技术成果转化项目 27 项;申报上海市高新技术成果转化再创新计划项目 2 项。3 月 2 日,上海市高新技术成果转化服务中心等在庄行镇政府签署合作协议,决定在奉贤区庄行镇开发区内设立上海市高新技术成果转化(奉贤)基地。5 月 19 日,市科委主任李逸平、奉贤区区长沈慧琪签订市、区联动推进"奉贤光仪电产业发展"的协议书。

2006 年,4 家企业入围上海民营科技企业百强行列,15 家企业被评为区级科技小巨人企业;2 家企业被评为市级培育型科技小巨人企业;5 家企业获得"上海科技企业创新奖",2 人获得"上海科技企业家创新奖"称号。新增市级高新技术企业 18 家,新增区级高新技术企业 16 家,新增民营科技企业 126 家。4 月,上海海湾科技园正式揭牌。2007 年,累计认定市区两级高新技术企业 169 家,其中新增市级高新技术企业 16 家,区级高新技术企业 25 家。有 2 家企业被命名为市级科技小巨人,6 家企业列入市级科技小巨人培育之列,12 家企业被认定为区级科技小巨人。奉贤输配电产业基地被科技部认定为国家火炬计划特色产业基地,3 家企业被认定为基地首批骨干企业。

2008 年,80 家企业被评为市级高新技术企业。4 家企业被认定为市级科技小巨人培育企业,共有 14 家市级小巨人企业,25 家区级小巨人企业。6 月,上海市大学生科技创业基金会、华东理工大学和海湾科技园区签订《三方开展大学生科技创业工作合作协议书》,设立海湾科技园大学生创业专项基金,引导优秀的大学生创业项目落户海湾科技园。12 个大学生创业项目进行申报,6 个项目经专家评审获得 82.5 万元资金资助。2009 年,6 家企业被认定为市级科技小巨人(培育)企业,41 家企业被认定为高新技术企业。围绕新能源、新材料、生物医药、航空配套等"4+8"产业发展方向,政策聚焦,推进高新技术产业发展。组织 8 个项目总投资额 12 亿元,获得市级生物医药产业化项目立项并获得总投资额 10% 的资金资助。

2010 年,159 家高新技术企业实现产值 290 亿元,127 家企业 444 个项目获得 2.41 亿元申报加计扣除。10 家企业获得市级科技小巨人认定,资助资金 1 100 万元,30 家市级科技小巨人累计产值 82.2 亿元。编制完成奉贤区生物医药产业发展三年行动计划,聚焦以星火开发区和上海奉贤经济开发区为主的"上海国家生物产业基地"(奉贤基地)。申报 2010 年度上海市生物医药产业化项目 11 项,5 个项目列入 2010 年度上海市生物医药产业化项目,资助资金 2 925 万元。全区 51 家规模以上生物医药企业实现产值 66 亿元。7 月 28 日,举行"上海奉贤生物医药产业基地院士专家工作站"揭牌仪式。

第二节　科 学 普 及

2000 年,全年申报创建科普村 15 个,科普居委会 18 个,科普企业 6 家,科普教育基地 2 个,科技教育特色学校 14 所,专业研究会 3 个。4 月 23 日,开展科普大篷车巡回下乡活动。11 月 9 日,奉贤县科普工作会议举行。2001 年 5 月 10—21 日,以"科技在我身边——珍惜生命、热爱生活、崇尚科学、反对邪教"为主题的科技活动周,以"宣传大篷车"的形式,开展宣传活动。11 月 7 日,以"生物科技——为新世纪人类的幸福"为主题的奉贤科技节活动拉开帷幕。分为上海科普展示及相关科技节活动、县科技节重点活动和基层科技活动等三个板块。11 月,奉贤科技网站启动。

2002 年 4 月 12—25 日,以"科技在我身边——珍惜生命、热爱生活、崇尚科学、反对邪教"为主题开展科技活动周,出动科技宣传人员 180 多人次,发放各种科技资料 1 800 份、科普类书籍 2 500 余册,展出科技宣传展板 40 块。成立首家防震减灾科普特色学校。2003 年,以"依靠科技,战胜非典"为主题的科技活动周,制作 40 块图文并茂的防非展板,下发各类宣传图片 160 多套、小册子 500 多册,下发《科学生活》、农村实用小册子 500 多册,科普宣传资料 300 多份,各类宣传板画 100 多块。

2004 年,创建 20 个示范工程基地,其中科普示范村(居委)6 个、科普教育示范基地 6 个、科普教育特色示范学校 6 所、地震科普教育特色学校 1 所、知识产权专利试点学校 1 所。在 2004 年科技活动周中,举办科普文艺演出、科技知识竞赛等活动。举行首次地震应急演练活动。2005 年,建立奉贤区科普工作联席会议制度,开展"科普进社区"现场咨询活动、科技大篷车下乡活动和"科普进学校"活动等。在全国科普日期间,放映科普电影,观众达 5 000 人次。新建社区标准化科普画廊 11 座。创建市级科普教育基地 2 个,创建区级科技教育特色示范学校 5 所,创建区级科普教育示范基地 4 个,创建区级科普示范村(居委会)3 个,创建区级科普示范企业 3 家。出版《防震减灾问答 125 题》和《防震减灾宣传画册》各 5 000 册。4 月 19 日,举行中学生"防灾减灾自救互救演练活动"。7 月 28 日,举办以"珍惜生命,增强防震减灾意识"为主题的活动。

2006 年,开展科技下乡、科技活动周等科普活动。科普进农村、科普进社区、科普进企业、科普进军营、科普进学校和科普进家庭等科普教育"六进"工程,全区约 6.5 万人次参加活动并得到教育。市级科普村(居委会)5 个、科普教育基地 7 个、科技教育特色学校 5 所;区级科普示范村(居委会)13 家、科普村(居委会)20 家、科普企业 12 家、科普教育示范基地 9 个、科普教育基地 6 个、科技教育特色示范学校 11 所、科技教育特色学校 14 所。开展"珍爱生命,居安思危"为主题的防震减灾宣传活动。2007 年,成立公民科学素质工作领导小组,制订《奉贤区公民科学素质(2007—2010 年)工作方案》。庄行镇被命名为上海市科普示范镇,四团神仙酒厂酒文化科普馆被命名为上海市科普教育基地。创建区级科普示范基地 12 家。举办中学生防灾减灾演练活动。

2008 年,制定《关于推进社区居民科学素质行动计划的工作方案》等社区科普指导性文件,建立健全区、镇(开发区)、村(居委会)三级科普网络,推进科普示范社区建设。举办科普讲堂等活动 20 余场次,人数达到 13 200 多人,发放宣传资料 20 000 余份,参与群众达到 10 万多人次。5 家单位分别被命名为市级科普教育基地和市级科技特色示范学校。举办大型防震减灾知识宣传咨询活动。2009 年,开展科技下乡服务、全国科普周等活动,继续实施科普讲堂,提高公民科学素质。青村镇、庄行镇被命名为市级科普示范镇。上海菇菌科普馆落成开放。开展防震减灾综合演练活动,组织参加家庭防震减灾知识竞赛。

2010 年,上海菇菌科普馆、上海海湾国家森林公园、上海申亚农业科技有限公司被批准为上海市科普教育基地,其中上海申亚农业科技有限公司被批准为全国科普教育基地。开展上海科技活动周奉贤地区活动、科普"六进"工程主题月活动、大型科普社区巡展、院士专家科普行、科普讲堂、流动科技馆进奉贤等多项科普活动、共有近 15 万人次参与。制定年度防震减灾宣传教育计划,开展防震减灾综合演练活动。

第三节 知识产权与技术交易

2000年,申请专利62件,其中实用新型专利18件,外观设计专利41件,发明专利3件。认定技术合同116项,合同金额416万元。2001年,申请专利327件、市科技成果登记6项、区科技成果登记22项,认定技术合同148项,合同金额2 200万元。2002年,下发《关于加强知识产权工作的若干意见》,申请专利728件。4月26日,配合世界知识产权日的宣传,在《奉贤报》设立专版。11月,举办首期专利工作者持证上岗培训班。2003年,建立5家第二批专利试点企业,申请专利545件。7月31日—8月1日,上海市区县专利工作会议在奉贤区召开。9月19日,召开区知识产权联席会议,这是第一次由区政府召开的知识产权工作会议。10月15日,上海市知识产权服务中心奉贤分中心正式成立。

2004年,申请专利568件,认定技术合同18项,合同金额553万元。12月2日,召开区第二次知识产权联席会议。2005年,申请专利628件。其中发明专利95件,实用新型207件,外观设计326件。确定区第二批知识产权教育试点学校2所;推荐申报市知识产权示范企业4家;推荐申报市专利试点企业2家,批准2家;组织申报市级培育专利试点企业5家,批准5家;组织申报市发明创造专利奖7项;组织申报市专利新产品及专利技术再创新科研计划项目9项,批准8项;组织验收区级专利试点企业5家;组织审定区级专利试点企业5家;建立企业专利数据库2家。认定技术合同32项,合同金额3 163万元。

2006年,申请专利868件,发明专利150件。新培育认定1家市级知识产权示范企业,5家企业被认定为市级专利(培育)试点企业。开展"4·26"世界保护知识产权日现场宣传活动。在奉贤区流通领域先后查处专利纠纷案件26起。2007年,申请专利1 043件,其中发明专利239件,实用新型专利396件,外观设计专利408件。制订《上海市奉贤区知识产权专利示范(试点)园区认定管理办法》和《奉贤区知识产权专利试点园区工作计划任务协议书》。上海广电电气(集团)有限公司被列为市第三批知识产权示范(培育)企业,5家企业被列为市专利试点企业,3家企业被列为市专利试点(培育)企业,5家企业被列为区专利试点培育企业。认定技术合同99项,合同金额3 070.55万元。

2008年,申请专利1 188件,其中发明专利193件、实用新型专利485件、外观设计专利510件。组织申报市、区级专利新产品各12件,市级知识产权示范(培育)企业1家,市级专利战略计划项目2项,认定技术合同90项,合同金额5 508.8万元。2009年,申请专利1 785件,认定技术合同131项,合同金额2.89亿元。"专利试点园区"——奉贤区现代农业园区完成框架建设。2010年,申请专利1 826件,其中发明专利316件,实用新型专利947件,外观设计专利563件。办理专利申请资助381件,金额362 900元。创建上海通用风机股份有限公司为上海市知识产权示范企业,3家市级专利试点企业提升至市级专利示范企业,2家企业成为2010年度市级专利试点企业。新增5家区级专利试点企业。

第十九章 崇 明 县

2000年,被科技部批准为"全国科技工作先进县"。2003年,评选县级科技进步奖27项,其中一等奖4项,二等奖10项,三等奖13项。通过2001—2002年度全国科技进步考核,保持全国科技先进县的称号。2004年10月,被命名为"全国科普示范县"。2005年3月26日,县政府与市科委正式签署《崇明生态岛建设科技支撑实施方案》协议,构建崇明生态岛生态安全保障系统、产业发展系统和基础设施建设系统等三大系统。8月,科技部部长徐冠华和上海市副市长严隽琪为上海市崇明生态科技创新基地揭牌。

2006年,起草"关于贯彻《上海市中长期科学和技术发展规划纲要(2006—2020年)若干配套政策的通知》的实施意见"等相关政策。组织首届科教兴县奖励,2人获特等奖,25个科技成果获科教兴县奖,其中一等奖3项,二等奖6项,三等奖16项。市科委第二批支撑崇明生态岛建设6个方面科技专项基本落实。申报国家级、市级和实施县级科技项目124项。审核科技企业10家,注册资金733万元,从业人员220人,其中科技人员142人。2007年,1项科技成果获市科技进步奖。市科委把"崇明岛数字生态建设决策支持系统的开发与利用"等19个项目列入在崇明县实施的重大科技项目。

2008年,组织科技成果登记21项。2009年,完成《崇明生态岛建设指标体系》和《2009年度崇明县重点科技计划项目申报指南》编制。成立崇明国家可持续发展实验区领导小组。2010年,编制完成崇明县"十二五"科技、科普事业发展专项规划等。3月16日,科技部正式下发通知,批准崇明县为国家可持续发展实验区。4月22日,崇明县召开国家可持续发展实验区建设工作动员会。

第一节 科技项目与科技示范

2000年,2个项目通过市新产品鉴定,组织申报国家级项目1项、市级项目4项,2个项目被批准为市高新技术成果转化项目,列入市科技产业化计划项目14项,"羊驼绒染色工艺优化研究"被批准为市科技攻关项目。新增民营科技企业72家。2001年,组织实施14个市级与国家级科技开发项目,实施5项农科攻关和8项农科成果推广,创办57家民营科技企业,完成123家民营科技企业的年检工作,实现技工贸收入2.54亿元,利润1.97亿元。安排250万科技发展基金用于支持各类科技项目开发,实施农业科技项目39项,开展6个新产品项目的开发和7个星火计划项目的实施。12个科技示范村(场)实现总产值2.27亿元,总利润3 479.1万元,特色农业总利润增长1 665.9万元。12个科技示范企业3年内投入技术开发资金1 791万元,80%左右的项目投入生产,12个创建企业实现销售收入3.45亿元,利税3 038万元。2001年,开展第四轮(2001—2003年)科技示范村(场)、科技示范企业创建活动。

2002年,申报和确定各类科技项目36项,"果桑产业综合技术开发"被列为国家星火计划项目。"ZJZ型智能化温控节能装置"被列为国家级创新基金项目。6个项目被批准为上海市高新技术成果转化项目。5个项目被批准为市科技攻关项目。"中华绒螯蟹性早熟防治技术研究"项目被批准为市农业科技成果转化项目。审核、登记民营科技企业107家,注册资金2.75亿元。14个项目确定为崇明县重点科技攻关计划项目。6个项目确定为崇明县农业科技成果示范推广项目。12个科技示范村(场)实现产值40 791.4万元,利润5 238.3万元;特色经济总产值5 435.8万元,特色经济利润2 466.1万元。12个科技示范企业开发各类新产品20项,其中1项被批准为市高新技术成果转化项目,1项被批准为市级火炬计划项目。完成年销售收入5.4亿元,利税3 793万元。2003年,组织申报、实施各类科技项目65项,其中,申报国家级、市级项目31项,批准市级新产品6项、高新技术企业5家、高新技术成果转化项目11项;全年发展民营科技企业226家,注册资金3.7亿元。组织实施6项农业科技重点攻关计划项目和7项农业科技成果示范推广计划项目。实施县级重点科研攻关、农业科技成果示范推广和科技产业化项目34项。12个科技示范村(场)实现产值50 819万元,利润6 535万元,特色经济总产值11 779万元,特色经济利润2 549万元。11家示范企业销售收入5.06亿元,利税0.52亿元。

2004年,编制申报各类科技计划76项,其中国家级、市级42项。批准为市级新产品8项,高新技术成果转化7项,农业科技成果转化1项,专利二次开发1项。8家企业被批准为市高新技术企业,审核民营科技企业180家,注册资金2.4亿元。7个项目确定为县级农业科技成果示范推广项目,8个项目确定为县级农业科技攻关项目,2个项目确定为县级软课题项目,7个项目为县级产业化项目,4个项目为县重点科研攻关项目。启动第五轮(2004—2006)科技示范村(场)、企业创建活动,15家科技示范企业销售额14.19亿元,形成利税8 496万元,开发新产品223项。

2005年,列入国家级项目6项、市级项目30项、县级项目36项。其中,国家级创新基金项目1项、国家级新产品5项,市创新资金项目2项、市火炬计划项目3项、市高新技术成果转化项目5项、市级新产品7项、市专利新产品3项、市高新技术企业6家。对376家民营科技企业进行年检、年报统计工作,实现技工贸收入22.6亿元,利润3.5亿元,上缴税金2.28亿元。审核科技企业16家。确定县重点科技攻关计划项目29项、县农业科技成果示范推广计划7项、县科技产业化计划项目7项。2006年,市科委第二批支撑崇明生态岛建设6个方面科技专项落实。申报国家级、市级和实施县级科技项目124项。审核科技企业10家,注册资金733万元,从业人员220人,其中科技人员142人。确立重点县级科研攻关、农业科技成果示范推广计划项目共48项,其中39个项目列入2006年度崇明县重点科技攻关计划,9个项目列入2006年度县农业科技成果示范推广计划。10个项目列入县级科技产业化项目。2个项目为县专利二次开发项目;2个项目为县优秀专利转化项目。35个新产品试制项目列入县重点专利新产品试产计划。

2007年,申报国家级、市级科技项目36项,批准26项。申报市高新技术企业4家、市科技小巨人企业2家、市科技小巨人培育企业1家和市创新示范企业5家,批准市高新技术企业4家。实施县级科技攻关计划项目30项。把10个村列入新一轮科技示范村创建计划,10个示范村共实现农工副总产值4.01亿元,利润6 812.9万元,其中特色经济产值5 601.91万元,特色经济利润2 620.86万元。2008年,组织申报国家重点新产品2项,科技部(上海市)科技型中小企业技术创新基(资)金项目5项,市科技型中小企业技术创新资金初创期小企业创新项目3项,市级新产品2项,市高新技术成果转化项目12项,市科技小巨人企业2家和市科技小巨人培育企业4家。批准国家重点新产品2项,中小企业技术创新资金项目3项,中小企业技术创新资金初创期小企业创新项目2项,市级新产品2项,市高新技术成果转化项目9项,市科技小巨人企业1家和市科技小巨人培育企业2家。组织科技成果登记21项。编制《2008年度崇明县重点科技计划项目申报指南》,确定重点科技攻关计划项目36项,科技成果示范推广与产业化计划项目10项,专利技术研究转化项目4项。10个科技示范村建设实现农工副总产值4.32亿元,利润6 812.9万元,其中特色经济产值6 012.92万元,利润3 032.12万元。

2009年，组织申报国家级、市级等科技计划项目48项。其中申报国家科技部（上海市）科技型中小企业技术创新基（资）金项目12项，市科技型中小企业技术创新资金初创期小企业创新项目1项，市高新技术成果转化项目6项，国家重点新产品2项和市级新产品2项，市科技小巨人培育型企业3家，市高新技术企业10家，市"生物医药产业转化项目——现代中药"项目1项，市高新技术产业化重点项目2项，市科技特派员计划项目5项，市自主创新产品3项。县重点科技攻关计划44个项目，其中农业科技攻关和推广项目27项，医疗卫生系统攻关项目11项，工业企业科技攻关项目6项。2010年，实施县级科技攻关和成果推广项目52项。获批科技部（上海市）科技型中小企业技术创新基（资）金项目11项；获批市高新技术成果转化项目7项；获批2010年度市高新技术企业11家，累计市高新技术企业37家；获批国家重点新产品2项，获批市级新产品5项；获批市"生物医药产业化项目"2项；获批市星火富民科技项目1项；获批市农业科技成果转化项目2项；获得科技部和市科委各类资助资金共520万元。配合市科委实施"崇明生态岛科技支撑专项"，完成"瀛东村生态景观营建关键技术研究与示范"等三大类12个项目。启动陈家镇国际生态社区建设关键技术体系集成与示范等。编制《2010年度崇明县科技攻关和推广招标指南》，收集科技攻关和成果推广课题95个，确定52个课题作为科技攻关和成果推广项目。

第二节　科　学　普　及

2000年，举办科普专题广播宣传468期次；科普讲座（报告会）153场，听讲人数3.42万人次；科普黑板宣传1047块；播放科普录像116场次；印发各种科技小报、资料496万份；举办"科普早市"特色活动90多场。大新镇前卫村生态农业基地被评为全国科普教育基地；新村乡新洲村被评为上海市"十佳"科普村；崇明实验小学被评为上海市科技教育特色学校。编制《崇明县防震减灾"十五"计划与2015年长远规划》，编写《崇明县地震机构沿革史》，修订并完善地震测报点岗位责任制。2001年，开展"科技活动周""上海科技节""批判抵制'法轮功'"及"科普早市"等重点活动。举办学术交流会86次，举办科普讲座80次，听讲人数1.91万人次；举办科普展览13次，参观人数2.5万人次；开展技术培训254期，培训人数3.28万人次。编写《崇明县地震办公室地震应急预案》，筹建崇明县地震应急处置中心。

2002年，开展科技下乡、"防震抗灾、知识产权保护"科普展览和"破除迷信，反对邪教"漫画巡回展等科普活动。举办技术培训班96期次，培训人数2.55万人次。10月31日，上海瀛生实业有限公司瀛生河蟹养殖基地正式被命名为"上海市科普示范培训基地"。制定《崇明县建设工程抗震设防管理实施细则》，崇明中学被命名为上海市防震减灾科普特色学校。2003年，举办2003年上海科技节崇明地区活动。科技节围绕"依靠科学，战胜非典"这一主题，开展"非典"知识宣传、科技、科普法规知识竞赛等活动。崇明中学、建设中心小学被评为上海市科普教育示范学校。

2004年，建立市级科普示范基地1个，县级科普示范基地14个，形成县有示范园、乡镇有示范区、村有示范田的格局。建成崇明县科普网站。开展科普讲座、展览、咨询等活动。举办培训班260期次，培训人数3.17万人次。建立地震应急处置指挥体系和防震减灾的宣传网络。2005年，共举办各类培训班18期，培训人数2000余人次。县科协被评为上海市农村适用技术培训工作先进单位，陈家镇瀛东村被命名为上海市科普教育基地。制定并印发崇明县科普村创建标准，年终进行考核，14个村被命名为科普村。编印出版《生态崇明》《崇明生态岛建设学术研讨会材料汇编》等书籍。成立"崇明县防震减灾联席会议"制度，完成崇明县防震减灾"十一五"专项规划。

2006年,13个村创建为县级科普示范村;完成"陈家镇瀛东村"等3家市级科普教育基地复查工作,崇明县青少年活动中心被批准为上海市科普教育基地,信谊百路达药业有限公司被评为上海市科普示范工业企业。举办各类科普早市活动12次。开展防震减灾科普宣传活动,举办2006年度崇明县中学生防震减灾知识竞赛活动。10月30日—11月3日,举办以"科技伴我成长"为主题的崇明县青少年科普教育系列活动。2007年,上海科技节和全国科普日期间,以"携手建设创新型国家"和"节约能源资源、保护生态环境、保障安全健康"为主题,开展系列科普宣传活动。举办以技术推广应用、食品安全等科普知识讲座46场次,听讲者约2 800多人次。

2008年,在上海科技活动周、全国科普日活动期间,崇明县以"携手建设创新型国家""节约能源资源、保护生态环境、保障安全健康"为主题,举办"走百村,讲百课"活动总结表彰会、科普知识竞赛等活动。绿华镇绿港村、港沿镇骏马村等15个村为县级科普村。新河镇被批准为上海市科普示范镇,这是崇明县首家上海市科普示范镇。举办3场防震减灾科普早市活动,发放相关宣传资料400多份。2009年5月6日,举办崇明县首届农民科技节暨2009年"千村万户"农村信息化培训普及工程启动仪式。启动2009年"千村万户"农村信息化培训普及工作。9月24日,赛复流动科技馆进驻崇明暨捐赠仪式举行。开展防震减灾知识进机关、进社区、进乡镇宣传普及活动。

2010年5月20日,2010年崇明科技节开幕式暨"崇明的未来,我们的责任"低碳科普系列讲座首场式在崇明中学举行。科技节期间,举办低碳科普讲座3场,开展科普知识竞赛、科普早市等活动,直接受众人数达6.6万余人。修订崇明县地震应急预案,举办防震减灾宣传活动,发放《地震知识百问百答》等资料。

第三节 知识产权与技术交易

2001年,成立县知识产权局,举办首届专利技术展示会和知识产权讲座,申请专利40多件,认定技术合同76项,合同金额5 600万元。2002年,申请专利65件,开展"4·26世界知识产权日"宣传活动。认定技术合同151项,合同金额5 900万元。2003年,申请专利92件;认定技术合同110项,合同金额9 000万元。

2004年,申请专利102件,4家企业被认定为"市级专利试点企业",2家公司通过"上海市商业系统专利工作示范单位"的验收。认定技术合同73项,合同金额600万元。2005年,"4·26"知识产权宣传周期间,以"保护知识产权和促进创新发展"为主题,开展宣传、咨询等活动。举办专利工作者培训班,15家企业的40名工程技术人员、企业领导参加培训。4家企业被认定为上海市专利试点企业。认定技术合同30项,合同金额1 070万元。2006年,申请专利326件,其中发明专利53件,实用新型专利82件,外观专利191件。7家企业被认定为上海市专利试点企业。2007年,3家企业成为上海市新一批专利试点企业。

2008年,评选出崇明县商业系统示范单位2家,工业试点示范企业14家,试点学校1家。1家企业开展市级知识产权战略活动,4家企业建立专利数据库,5家企业获得上海市著名商标,1家企业建立市级技术中心,1家企业的3项专利技术进入国家标准。2009年,上海市专利示范企业3家,上海市专利试点企业9家,上海市专利培育试点企业1家,上海市商业系统知识产权示范单位2家,上海市知识产权试点学校1家。2家企业开展市级知识产权战略活动。2010年,开展知识产权宣传活动和保护知识产权专项执法行动,编制《崇明县企业专利工作指南》手册。上海市专利示范企业9家,上海市专利试点企业3家。认定技术合同48项,合同金额3 677万元。

第八编

人　物

本编分四章。第一章为人物传,为 2000—2010 年去世、上海出生或在上海工作的中国科学院院士和中国工程院院士,以卒年为序。第二章为人物简介,为 2000—2010 年在上海当选的中国科学院院士和中国工程院院士,以生年为序。第三章为人物表,为 2000—2010 年评选的上海科技功臣和科技精英。第四章为人物名录,为上海科技人才计划入选者人名录。

第一章 人物传

谢希德(1921.3.19—2000.3.4)

女,福建泉州人。固体物理学家、教育家、社会活动家,中国半导体物理学科和表面物理学科开创者和奠基人。1946年毕业于厦门大学数理系。1947年赴美留学,先后获史密斯学院硕士、麻省理工学院博士学位。新中国成立初期,放弃国外优越的生活待遇,与丈夫曹天钦一起于1952年10月回到祖国,任教于复旦大学物理系。1956年5月加入中国共产党。1962年晋升为教授。1980年当选为中国科学院学部委员,后任主席团成员。还担任过国务院学位委员会委员、中国物理学会副理事长、中国科协委员,复旦大学副校长、校长、顾问,上海市第三届科协主席等职务。1977年获上海市先进科技教育工作者称号,1979—1980年两次获全国"三八"红旗手称号。1997年获何梁何利科技进步奖,1988年被选为第三世界科学院院士,1990年被选为美国文理科学院外国院士。是中共第十二、十三届中央委员,第八、九届全国政协常委,上海市第七届政协主席、党组书记。主要从事半导体物理和表面物理的理论研究,是中国这两方面科学研究的主要倡导者和组织者之一。领导课题组在半导体表面界面结构、Si/Ge超晶格的生长机制和红外探测器件、多孔硅发光、蓝色激光材料研制、锗量子点的生长和研究以及磁性物质超晶格等方面取得出色成果。著有《半导体物理》《固体物理学》《群论及其在物理学中的应用》等书籍。先后获美国纽约市立大学、市立学院、史密斯学院,英国利兹大学及美国霍里约克山学院等十多所大学名誉科学博士称号。

王应睐(1907.11.13—2001.5.5)

福建金门人。生物化学家。1929年毕业于南京金陵大学化学系,获"金钥匙"奖。1938年考取庚款留英,1941年获英国剑桥大学生物化学博士学位。1945年回国任国立中央大学医学院生化研究所教授,1950年任中国科学院生理生化研究所研究员兼副所长。1958年筹备创建中国科学院上海生物化学研究所并担任所长。1978—1983年兼任中国科学院上海分院院长,1984年至2000年4月任名誉所长。1955年被选聘为中国科学院学部委员;创建中国生物化学学会并担任第一、二、三届理事长、名誉理事长;创办生物化学与生物物理学报并担任第一、二、三届主编、名誉主编;美国生物化学与分子生物学学会名誉会员;比利时、匈牙利、捷克等国家科学院外籍院士。是全国第三、五、六届人大代表,上海市第二、三、四、七届人大代表。曾任中国生化学会理事长、名誉理事长,上海生化学会理事长,中国对外友协上海分会副会长,上海欧美同学会副会长。主要研究酶化学与营养代谢,对维生素、血红蛋白、琥珀酸脱氢酶进行深入的研究,并取得重大成绩。研究发现服用过量维生素A的毒理作用和缺乏维生素E的组织变态,在国际上第一个证明豆科植物根瘤中含有血红蛋白,并详细阐明不同生化条件下血红蛋白性质与功能关系。成功纯化第一个膜蛋白——琥珀酸脱氢酶,实现国际上首次膜蛋白的重组合,首先发现以共价键结合的异

咯嗪蛋白质。组织和领导世界上第一个人工合成蛋白质——牛胰岛素的研究,该项研究 1982 年获得国家自然科学一等奖。和王德宝等一起,于 1981 年 11 月成功完成世界上第一个人工合成酵母丙氨酸转移核糖核酸,该项研究 1987 年获得国家自然科学一等奖。在全国率先部署开拓基因工程这一国际前沿的新领域研究。1996 年获香港何梁何利科技成就奖。

邓景发(1933.8.14—2001.5.12)

广东番禺人。物理化学家,化学教育家。1955 年毕业于上海复旦大学化学系,1959 年复旦大学研究生毕业留校任教。1984 年任复旦大学化学系教授、博士生导师。1990—1991 年任日本早稻田大学交换研究员。1995 年当选为中国科学院院士。1989 年获全国和上海市普通高校优秀教学成果奖;1999 年获宝钢教学奖特别奖。他编写的《物理化学》教材,1995 年同时获得国家教委(教育部)、上海市教委优秀教材一等奖。1986 年获国家有突出贡献专家称号,1989 年评为全国教育系统劳动模范,获"人民教师"奖章;1990 年获国家教委和国家科委授予的"先进科技工作者"称号和"金马"奖章。首先在国内研制成电解银催化剂用于甲醇制甲醛的工业生产,获化工部科技成果奖、上海市重大科技成果奖和国家发明奖。首次提出在电解银上甲醇转化为甲醛的分子反应机理,提出 IB 族金属吸附氧的反馈键模型和在催化剂表面存在诱导酸性的概念,充实金属催化剂的催化理论。在国际上首次把非晶态合金以高分散形式负载在大比表面的载体上,解决比表面小的问题。提出非晶态合金的高催化活性是由几何效应引起的观点,并研制成二种新的非晶态合金。开展高温超导材料的催化性能研究,提出晶格中 O1 位的氧是反应的活性物种,此观点被国外文献引用 10 余次。研究出环戊烯催化合成戊二醛的新方法,属国际领先水平。1986、1990、1998 年三次获国家教委科技进步奖。先后发表论文 200 余篇,出版专著 4 部。

王德宝 (1918.5.7—2002.11.1)

江苏泰兴人。生物化学家。1940 年毕业于中央大学农化系。1947 年去美国留学,1949 年获华盛顿大学硕士学位,1951 年获美国西部保留地大学博士学位。1951—1954 年在美国约翰·霍普金斯大学从事博士后研究。1955 年回国后历任中国科学院上海生理生化所、生化所副研究员、研究员,1980 年当选为中国科学院学部委员。1956 年 4 月加入九三学社,1980 年 12 月 19 日加入中国共产党。1979 年、1981 年两次被授予上海市劳动模范称号。曾先后获国家自然科学奖一等奖、中国科学院科技成果一等奖、陈嘉庚生命科学奖、香港何梁何利基金科学与技术进步奖。曾任中国科学院学部主席团成员。是全国第四、五届人大代表,全国第六、七届政协委员。发现胞苷和脱氧胞苷的脱氨酶,腺苷、胞苷和黄苷的核苷水解酶,尿嘧啶氧化酶及脱磷酸辅酶 A 磷酸激酶;解决辅酶 A 中第三个磷酸的位置,首创从 NAD 直接合成 NADP 的大量制备方法,为世界各大药厂采用。在中国最早开展核酸生化的研究工作,是中国生产核苷酸类助鲜剂的创始人。参加并领导世界首次人工合成酵母丙氨酸(tRNA)转移核糖核酸的研究工作,人工合成具有生物活性的酵母丙氨酸 tRNA,使中国人工合成生物大分子的研究水平继续居于世界领先地位。1982 年起主要从事酵母丙氨酸 tRNA 结构与功能的关系和 tRNA 中修饰核苷酸的生物功能等方面的研究。

黄耀曾（1912. 11. 11—2002. 12. 17）

江苏南通人。有机化学家,中国有机氟化学研究的先驱之一和金属有机化学的开拓者之一。1930 年 7 月毕业于南通中学,同年考入国立中央大学化学系。1934 年 7 月毕业于国立中央大学化学系,获理学学士学位。1934 年 9 月去中央研究院化学所工作,任助理研究员。1939 年 3 月—1945 年先后任上海第一医学院生物化学系助教、讲师和上海造化工业化学厂技术厂长。抗战胜利后,回到中央研究院化学所任副研究员。1950 年 8 月,中央研究院化学所、北平研究院化学所、北平药物所整合组建中国科学院有机化学所,是该所创始人之一。曾任中国科学院上海有机所研究员、副所长、国家金属有机开放实验室名誉主任。1980 年当选为中国科学院学部委员。1988 年获国防科学技术委员会颁发的"献身国防科技事业荣誉证章"。中国共产党党员、中国民主同盟会会员、上海市第二、三、四、五届人大代表,上海市第五、六届政协委员。早年从事甾体化学全合成研究,在中国开创有机微量分析方法。从事金霉素提取、结构测定及全合成的研究。20 世纪 50 年代初,致力于金霉素的研究,改进金霉素的提取工艺,弄清金霉素的结构骨架,选择脱水金霉素全合成的目标,半年内即在上海第三制药厂投入批量生产。此项工作获得中国科学院科学奖。20 世纪 60 年代,研制完成核武器制造中急需的高爆速塑料黏结炸药并用在中国原子弹的引爆装置中;从理论上推断出䏲叶立德应比相应的䏲叶立德反应活性高,并从实验中得到证实。成功将固液相转移方法应用于䏲试剂的维蒂希型反应,使䏲盐在弱碱作用下,于室温即能与醛进行烯基化反应,实现第一例催化的䏲型维蒂希反应。对砷、锑、碲元素金属有机化合物的反应及其在有机合成中的应用研究,使这方面工作居国际领先水平。获国家自然科学奖二等奖 2 次,三等奖 1 次,获国家科学技术进步一等奖、第三世界科学院化学奖、何梁何利基金科学与技术进步奖。在国内外著名刊物上发表论文 170 余篇。

苏步青（1902. 9. 23—2003. 3. 17）

浙江平阳人。数学家,教育家。1919 年 8 月以优异成绩考入日本东京高等工业学校,1927 年 3 月入日本东北帝国大学研究院,1931 年 3 月毕业并获理学博士学位。同年 4 月回国,先后任浙江大学数学系副教授、教授和数学系主任。1935 年参与发起成立中国数学会,被推为《中国数学学报》主编。1948 年 9 月任浙江大学训导长,国民政府中央研究院院士兼学术委员会常委。1949 年 5 月杭州解放后,任浙江大学数学系教授、浙江大学教务长,并主持筹建中国科学院数学研究所。1952 年全国高等院校院系调整后,任复旦大学数学系教授并兼任复旦大学教务长。1956 年任复旦大学副校长,开始筹建复旦大学数学研究所,后任所长。1960 年 3 月任中国数学会副理事长。1978 年 4 月任复旦大学校长,1983 年 2 月任复旦大学名誉校长。是政协第五届市委员会副主席,第七届上海市人大常委会副主任;第二、三、七届全国人大代表,第五、六届全国人大常委;第二届全国政协委员,第七、八届全国政协副主席。1951 年 9 月加入中国民主同盟,长期担任民盟的领导工作,历任民盟第四、五、六届上海市副主任委员,民盟第四、五届中央副主席,民盟第一、二、三届中央参议委员会主任,民盟第八、九届中央名誉主席。1955 年被选聘为中国科学院学部委员。从事微分几何、计算几何的研究和教学 70 余载,坚持教育与科研相结合,学风严谨,硕果累累,从 1927 年起,在国内外发表数学论文 160 余篇,出版 10 多部专著。20 世纪 40 年代,被

国际数学界誉为"东方国度上升起的灿烂数学明星"。1980年创办并主编《数学年刊》。创立国际公认的浙江大学微分几何学学派。对"K展空间"几何学和射影曲线的研究，获1956年国家自然科学奖。开展的计算几何在航空、造船、汽车制造等方面的应用研究成果，先后获1978年全国科学大会奖，1985年、1986年三机部和国家科技进步奖。1998年获何梁何利基金科学与技术成就奖。

陈中伟（1929.10.1—2004.3.23）

浙江杭州人。骨科专家，世界显微外科奠基人之一。1948年考入上海同德医学院（后合并于上海第二医学院）。1954年毕业于上海第二医学院。历任上海市第六人民医院骨科主任、副院长，中山医院骨科主任、外科学教研室主任、名誉主任，国际显微重建外科学会创始会员、执行委员、主席，国际外科学会中国委员会理事，美国哈佛大学、瑞士苏黎世大学、日本东京大学等12所大学的客座教授。曾任国务院学位委员会委员、国务院临床医学学科评议组成员、中国显微外科学会荣誉主任委员、中国神经伤残研究会理事长和卫生部医学科学委员会委员以及中华医学会理事等职。是第四届全国政协委员和第四届、第五届全国人大代表。1980年当选为中国科学院学部委员。1986年当选为第三世界科学院院士。长期从事骨科、断肢再植和四肢显微外科的实验研究、临床和教学工作。1963年首次为全断右手施行再植手术成功，开创再植外科，被国际医学界誉为断肢再植奠基人。将显微外科技术用于再植和移植手术，使断手指再植成功率由50%提高到90%。1973年，为1例前臂屈肌严重缺血性挛缩病人施行带血神经游离胸大肌移位再植手术成功。1977年，成功进行吻合血管游离腓骨移植手术治疗先天性胫骨假关节及其他原因造成长段骨缺损。成功进行复合皮瓣移植和游离第二足趾再造拇指手术。1997年创用移植足拇再造手指控造的电子假手。1981年获国务院颁发的"国家科学大会奖"。1994年8月被香港求是科技基金授予"杰出科学家奖"。1999年7月获国际重建显微外科学会颁发的"世纪大奖"。2003年获得年度国际权威杂志"医学植入物的远期功能"杰出科学家奖。2004年2月获国家科学技术进步二等奖。

许文思（1925.3.5—2004.8.18）

台湾高雄人。微生物药物学家。1942年3月—1947年9月，先后在日本东京星药专门学校和北海道帝国大学求学，获学士学位。1948年—1949年，在日本北海道札幌加森制药厂工作任药剂师。1949年1月，加入日本共产党。同年10月，参加东京中国留日科学技术协会，任常任干事。1950年5月回国后，转为中国共产党党员。1950年8月—1952年8月，任中央卫生部生物制品研究所技师。1952年8月—1975年5月，参加上海第三制药厂筹建工作，先后任该厂技术员、研究室副主任、生产技术科科长、总工程师、副厂长。其间，先后3次作为专家组组长，赴印尼、越南援建抗生素厂。1975年5月起，任上海医药工业研究院院长。1995年当选中国工程院院士。毕生致力于抗生素研究开发和产业化工作。1954年、1955年，取得链霉素抗噬菌体高产菌种、金霉素中间实验的成功。1956年，青霉素发酵新工艺研究成功，获得国家发明奖。领导和亲自设计新霉素、四环素、赤霉素的工艺路线，带领研究人员开展红霉素、制霉菌素、灰黄霉素的研究获得成功且批量投入生产，使中国进入抗生素生产全盛时期。在四环素的研究开发中，采用改良提炼法，生产出优质的四环素产品并打入国际市场，享有"中国黄"声誉。1962年，组织科研小组成功找到产生青霉素酰胺酶的大肠杆菌菌株，以此裂解青霉素得到6-氨基青霉烷酸（6-APA）

母核生产出中国第一个半合成青霉素——甲氧苯基青霉素。组织领导半合成头孢菌素的母核 7-氨基头孢烷酸(7-ACA),生产出头孢噻酚,从而开辟中国半合成抗生素领域。1993 年,阿霉素生产工艺和劳动保护研究取得成功,获得国家科技进步三等奖,开创中国生产抗肿瘤抗生素药物的新局面。

李国豪(1913.4.13—2005.2.23)

广东梅县人。桥梁工程与力学专家、教育家、社会活动家。1936 年毕业于同济大学土木系。1938 年赴德国达姆斯塔特工业大学学习,1940 年和 1942 年先后获工学博士和特许任教博士学位。1946 年回国后,历任同济大学教授、土木系主任、工学院院长、教务长、副校长、校长、名誉校长等职。1953 年 5 月加入中国民主同盟。1956 年 2 月加入中国共产党。1955 年被选聘为首批中国科学院学部委员,1994 年当选为中国工程院首批院士。历任国务院学位委员会委员兼土建水利学科评议组组长、中国土木工程学会理事长、中国力学学会副理事长、中国桥梁与结构工程学会理事长、中国工程学会联合会会长、市科协主席。是第三、五届全国人大代表,第七届全国政协常委。取得"悬索桥按二阶理论的实用计算方法""用几何方法求刚构影响线""桁架和类似体系的结构分析新方法""斜交各向异性板的弯曲理论及其对于斜桥的应用""桁梁扭转理论——桁梁桥的扭转、稳定和振动""公路桥梁荷载横向分布计算""关于桩的水平位移、内力和承载力的分析"等一系列理论开创性和实际应用针对性兼具的重大成果,解决武汉长江大桥的晃动和南京长江大桥的稳定问题,创立桥梁抗风、抗震和抗爆动力学等新学科。在国内首次提出大跨叠合梁斜拉桥的建桥方案,力主上海南浦大桥、广东虎门珠江大桥的自主设计建设并得以实现。主持制定杭州湾交通通道预可行性研究、跨越长江口交通通道等课题方案,促成杭州湾跨海大桥、苏通长江大桥的建设。1981 年被推选为世界十大著名结构工程学家,1987 年获国际桥梁和结构工程协会功绩奖,1995 年获得何梁何利科技进步奖,1996 年获得陈嘉庚技术科学奖。专著《桁梁扭转理论——桁梁桥的扭转、稳定和振动》,先后获 1982 年国家自然科学三等奖、1978 年全国科学大会奖和 1977 年上海市重大科技成果奖;"宝钢引水工程咨询"先后获 1987 年国家科技进步二等奖和 1986 年上海市科技进步一等奖;"中国交通运输发展战略与政策研究"获 1993 年国家科技进步三等奖;"公路桥梁荷载横向分布计算"获上海市重大科技成果奖;"桥梁实用空间分析理论与应用"获 1982 年上海重大科技成果一等奖;"宝钢工程调整综合论证"获 1988 年上海市科技进步一等奖;"桥梁抗震理论"获 1985 年国家教委科技进步一等奖;"各类型公路桥梁荷载横向分布的统一理论与实用计算"获 1993 年国家教委科技进步三等奖。

姚　鑫(1915.10.18—2005.11.4)

江苏常熟人。实验生物学、肿瘤生物学家。1937 年毕业于浙江大学生物系,历任浙江大学助教、讲师、副教授、教授。1946 年获英国文化委员会奖学金赴英国留学,1949 年获爱丁堡大学哲学博士学位,1950 年 8 月受聘于中国科学院实验生物学研究所任研究员。历任中国科学院上海细胞生物学研究所研究员、副所长等,曾任中国细胞生物学会副理事长兼秘书长、理事长,亚太地区细胞生物学学会联合会主席、副主席。1980 年当选为中国科学院学部委员。在国际上首次观察到受精卵早期发育中所有体细胞在分化前分裂中发生染色质丢失现象,所丢失的染色质属异染色质。论证水螅组织中枢诱导新水螅的能力不存在梯度分布,以及自然出芽生殖

中新组织中枢形成中的细胞决定。发现碱性磷酸酯酶的活性首先出现在属于成蝇胸部的胚胎胚收缩区域中央,认为这是果蝇胚胎发育的"组织分化中心"。摸索建立细胞化学和组织化学技术,探索正常细胞与肿瘤细胞间的差异性。培养获得世界上第一株人肝癌细胞系,为人体肝癌基础研究提供实验材料。首次成功制备出抗人体甲胎蛋白抗血清并用于肝癌临床早期诊断,建立甲胎蛋白放射免疫测定方法。主持和建立单克隆抗体技术,人体肝癌单克隆抗体的研制及其应用项目。建立小鼠胚胎性干细胞实验体系,进而对胚胎癌细胞和胚胎干细胞的诱导分化和基因表达控制,以及生长因子对其生长和分化的调节等进行系统研究。重视肿瘤发生机理的探索研究。发现人体肝癌细胞表面有一种新的胚胎性膜相关抗原,为肝癌研究提供新的标志蛋白。曾获中国科学院科技进步二、三等奖,中国科学院自然科学二、三等奖,1978年全国科学大会集体奖等。

王 选(1937.2.5—2006.2.13)

江苏无锡人,出生于上海。中国计算机汉字激光照排技术创始人。少年时代就读于上海南洋模范学校。1954年考入北京大学数学系,1958年毕业留校在无线电系任教,历任北京大学计算机研究所讲师、副教授、教授、博士生导师,副所长,所长,文字信息处理国家重点实验室主任。1991年当选中国科学院学部委员,1993年当选第三世界科学院院士,1994年当选中国工程院院士。1994年后任电子出版新技术国家工程研究中心主任,北大方正技术研究院院长,方正控股有限公司董事局主席、首席科技顾问,中国科协副主席,国家中长期科学和技术发展规划总体战略顾问专家组成员,中国国际交流协会副会长,中国国际经济合作促进会理事长,中国印刷技术协会名誉会长,中国专利保护协会名誉会长,中国发明协会名誉理事长,中国青少年网络协会名誉会长。1995年后担任九三学社中央副主席。2003年当选为第十届全国政协副主席。是第八届全国政协委员,第九届全国人大常委会委员、全国人大教科文卫委员会副主任委员。从事计算机逻辑设计、体系结构和高级语言编译系统等方面的研究。1975年,开始主持华光和方正型计算机激光汉字编排系统的研制,用于书刊、报纸等正式出版物的编排。针对汉字字数多,印刷用汉字字体多,精密照排要求分辨率很高所带来的技术困难,发明高分辨率字形的高倍率信息压缩和高速复原方法,并在华光Ⅳ型和方正91型、93型上设计专用超大规模集成电路实现复原算法,显著改善系统的性能价格比。领导研制的华光和方正系统在中国报社和出版社、印刷厂逐渐普及,并出口港、澳、台、美和马来西亚。为新闻出版全过程的计算机化奠定基础。1985年获首届中国发明协会发明奖,1986年获日内瓦国际发明展览会金奖,1987年获首届毕昇奖,1987年和1995年2次获国家科技进步一等奖,1989年获中国专利金奖,1990年获陈嘉庚技术科学奖,1991年获国务院特殊津贴,1995年获联合国教科文组织科学奖、何梁何利基金科学与技术进步奖,获2001年度国家最高科学技术奖。

殷之文(1919.5.30—2006.7.18)

江苏吴县人。材料科学家。1939年肄业于上海大同大学土木系,1942年毕业于云南大学采矿冶金系。1948年获美国密苏里大学冶金系硕士学位。1950年获美国伊利诺大学陶瓷工程系硕士学位。历任中国科学院上海硅酸盐研究所研究员、学术委员会主任等。曾任上海硅酸盐学会理事长、国际铁电体顾问委员会常任委员。长期从事功能陶瓷和闪烁晶体的研究工作,是中国功能陶瓷的首创者。1993年当选为中国科学院院士。长期从事无机功能材料的研究。20世纪50年代,研制成功高硅氧玻璃、电机绝缘硼质玻璃纤维,用国产原材料生产出高压电瓷的瓷坯和研制瓷釉配方及其相应的工艺条件。20世纪60年代在中国开创锆钛酸铅(PZT)压电陶瓷的研究和开发,成功发展应用于水声声呐、超声电声技术等领域所需的压电陶瓷材料和元器件。70年代在对弛豫型铁电体相变的微结构研究中,以锆钛酸铅镧(PLZT)透明陶瓷为对象首先观察到纳米尺度的极性微区,对PLZT的晶界结构、晶界运动和晶界效应进行广泛、详尽的研究。20世纪80年代应西欧核子中心(CERN)L3组的委托,进行锗酸铋(BGO)闪烁晶体的研究,研制成功具有高抗光伤能力的掺铈BGO晶体,并为L3组建造探测器提供12 000支高质量、大尺寸晶体。获国家级和院级奖励10多项,发表论文130多篇。

徐秉汉(1933.8.21—2007.6.14)

浙江鄞县人。船舶结构力学专家。1955年毕业于上海交通大学造船系,1961年毕业于苏联列宁格勒造船学院获副博士学位。中国船舶科学研究中心科技委主任、研究员、博士生导师,中国工程院院士,中国造船工程学会理事,江苏科技大学教授。1986年被评为国家级有突出贡献的中青年专家,1991年享受政府特殊津贴。1997年被选为中国工程院院士。长期从事舰艇结构的研究工作,成功地主持核潜艇结构的研究,并制订出中国第一部自行研制的潜艇结构设计计算规划。主持中国最大的舰船结构试验室群体的建设工作,为舰船力学的发展作出贡献。在中国潜艇几次重大试验中主持过许多开创性工作,包括1969年中国第一艘核潜艇强度考核试验,1977年中国潜艇首次深潜试验,1982年多条出口潜艇的深潜试验,及1988年中国核潜艇首次深潜试验时的艇体结构安全保证监测等。其成果曾获得国家科技进步二等奖1项,三等奖2项,部级科技进步二、三等奖7项。出版的理论专著《壳体开孔的理论与实践》一书在学术水平上处于国内外领先地位。

张香桐(1907.11.27—2007.11.4)

河北正定人。神经生理学家,中国神经科学奠基人之一。1933年毕业于北京大学心理系,1943年赴美国留学,1946年获美国耶鲁大学哲学博士学位。曾任美国耶鲁大学医学院助教、纽约洛克菲勒医学院联系研究员。1956年底回国。1957—1980年任中国科学院上海生理研究所研究员,1980—1984年任上海脑研究所所长,1984—1999年任中国科学院上海脑研究所名誉所长,1999年起担任中国科学院神经科学研究所名誉所长。1957年被增聘为中国科学院学部委员。是第二、三、四、五、六届全国人大代表,罗马尼亚医学会名誉会员,比利时皇家医学科学院外籍名誉院士,国际脑研究组织中央理事会理事,世界卫生组织神经科学专家顾问委员会委员,巴拿马麻醉学会名誉会员。早年关于大脑皮层运动区肌肉局部代表性的研究被公认为是经典性的成果,至今被经常引用。1950年研究脑电的产生机制,所发现的光强化现象曾被人称为"张氏效应"。20世纪50年代初期,致力于树突功能的研究,并探讨大脑皮层神经元顶树突的兴奋及传导性,被称为"历史上第一个阐述树突上突触联结的重要性的人",并被誉为当时美国最好的三个大脑皮层生理学家之一。1965年以后,他在针刺镇痛及痛觉机制研究方面做出重要贡献,提出针刺镇痛是两种感觉传入中枢神经系统内互相作用而产生的理论,是研究针刺镇痛的神经生理学基础。

获1978年全国科学大会奖和1979年中国科学院一等奖、世界茨列休尔德基金会授予的1980年度奖、国际神经网络学会终身成就奖、世界茨列休尔德奖金、中国陈嘉庚生命科学奖、何梁何利基金科学与技术成就奖。

许根俊（1935.11.23—2008.1.8）

安徽歙县人。生物化学家。1957年毕业于复旦大学化学系。毕业后一直在中国科学院上海生物化学研究所工作，历任实习研究员、助理研究员、副研究员，1985年3月晋升为研究员。是全国第九、十届政协委员，九三学社第九、十届中央委员会委员，九三学社第十三届市委员会副主任委员，曾任中国科学院生物学部常委、副主任，中国生物化学与分子生物学会理事长等职。1991年当选为中国科学院学部委员。在人工全合成结晶牛胰岛素这项世界性成果中作出重要贡献，1983年作为"胰岛素人工合成"的参加者获国家自然科学一等奖。用钠—氨还原胰岛素硫键、除去苄基衍生物保护基和还原后重氧化恢复生物活力；提出并成功地实现用天然钛与蛋白质结构功能的研究；在蛇肌果糖二磷酸酯酶的研究中，发现反应中存在磷酰化的中间物、别构部位和催化部位间信息传递的分子基础，提出该酶催化过程的一个新机制以及它在天然状态下活性部位是不完善的观点。把处理后的A-、B-链还原并重氧化生产具有生物活力的胰岛素；提出并成功地实现用天然肽于蛋白质结构功能研究；在蛇肌果糖-1,6-二磷酸酯酶的研究中，测定该酶的一级结构和晶体结构，克隆和表达这个酶，提出该酶催化过程的一个新的机制以及该酶在天然状态下活性部位是不完善的观点。在对果糖-6-磷酸-2-激酶/果糖-2,6-二磷酸酯酶的研究中，确定该酶的催化作用是双底物双产物序列催化机制，镁离子有重要的调节作用，精氨酸残基是底物结合的必需基团，以及该酶有一个非必需的活化基团；确定兔肝果糖二磷酸酯酶的催化和别构部位。此外，还证明胸腺素β-4是由巨噬细胞而不是由胸腺细胞合成的。取得蛋白质的折叠与去折叠、结构域在折叠和去折叠中的作用、结构域在折叠和去折叠过程中的作用等重要研究结果。

刘高联（1931.7.5—2008.3.8）

江西奉新人。工程热物理和力学专家。1950年8月考入同济大学机械系，1952年8月因院系调整入交通大学机械制造系；1953年8月提前一年毕业，到哈尔滨工业大学研究生班（涡轮机专业）学习；1957年2月毕业分配到中国科学院动力研究室（该室1960年起并入中国科学院力学研究所），师从吴仲华院士从事叶轮机气动力学理论研究。历任中国科学院力学研究所副研究员，上海理工大学（原上海机械学院）动力工程系教授、博士生导师、研究室主任，上海大学及上海市应用数学和力学研究所教授、博士生导师。1999年当选为中国科学院院士。长期从事流体力学、叶轮机械气体动力学、气动热弹性耦合理论、变分原理和新型有限元法、燃气轮机和汽轮机气动热力学等领域的研究和教学工作。在吴仲华院士的叶轮机械三维流动流面理论的基础上，创立以变分原理为骨干的新理论体系，提出变分原理和广义变分原理的建立与变换的系统途径。在国内外首次建立旋转流体（非惯性）系统和流—固耦合系统以及反杂交命题的变分原理族；在国际上首先与最优控制论结合，创立三维叶栅和流道的优化设计理论；发展可自动捕获各种未知（边）界面（如激波、自由涡面等）的变域变分原理和新型有限元法（可自动变形的有限元、可调间断有限元、广义有限元与网格优化法）；创立缩项法，并导出流体力学变分的一系列新通用函数；提出

三维流动反杂交命题的映象空间通用理论和解法。致力于并开创连续介质力学的反—杂交命题和最优命题的变分理论,成为该学科的奠基人。1978年获中国科学院重大科研成果奖,1982年、1985年获机械工业部科技成果一等奖,1987年获国家自然科学二等奖(第一完成人)。所著的《叶轮机械气体动力学基础》(与王甲升合作)获1988年全国高校优秀教材特等奖。

吴自良(1917.12.25—2008.5.24)

浙江浦江人。材料科学家,"两弹一星"元勋。1939年毕业于西北工学院航空机械系,被推荐到云南垒允中央飞机制造厂设计科任设计员。1943年在其大姐的资助下,自费赴美匹兹堡卡内基理工大学留学。1944—1948年,在卡内基理工大学当研究生,并获得理学博士学位,在卡内基理工大学金属研究所从事博士后研究。翌年应聘到锡腊丘斯大学材料系任研究工程师,主持美国国防部资助的重要科研项目"软钢的阻尼和疲劳"的研究。1951年回国。历任唐山北方交通大学(现西南交通大学)冶金系教授,中国科学院上海工学实验馆(今中国科学院上海微系统与信息技术研究所)任研究员、物理冶金研究室室主任、副所长和所学术委员会、学位评定委员会主任等职。1980年当选为中国科学院学部委员。20世纪50年代,从事苏联低合金钢40X代用品的研究,研制出含锰1.10%~1.50%、钼0.12%~0.18%的40锰钼钢,其生产成本比40X钢低,低温冲击韧性和回火脆化敏感性比40X优越,疲劳性能和抗氧化性能和40X钢相似,研究成果在抚顺钢厂、长春第一汽车厂和上海柴油机厂推广应用,并获得1956年中国首次颁发的国家自然科学奖三等奖。60年代初,开始研究钢中过渡族元素Mn、Cr、Mo、V、Ti和氮的s-i交互内耗峰,澄清过去文献中许多争论和谬误,证明只有钛才有足够的固氮能力,净化位错,消除钢的应变时效。60年代,领导并完成铀同位素分离用"甲种分离膜"的研制任务,该项研究成果在1984年被授予国家发明一等奖和1985年国家科技进步特等奖覆盖项目。1988年转向研究高温超导体YBCO中的氧扩散机制,求得精确的氧扩散率和扩散激活能。1997年,获得何梁何利基金科学与技术进步奖。1999年9月被中共中央、国务院、中央军委授予"两弹一星功勋奖章"。

谈家桢(1909.9.15—2008.11.1)

浙江慈溪人。生物学家,中国现代遗传科学奠基人之一。1926年7月高中毕业后被保送至苏州东吴大学,主修生物学。1930年8月被推荐至燕京大学攻读硕士学位,师从李汝祺教授。1934年9月—1937年7月赴美国加州理工学院攻读博士学位,师从现代遗传学奠基人摩尔根及其助手杜步赞斯基。1937年8月放弃国外优厚待遇回国,被聘为浙江大学生物系教授。1961年4月起任复旦大学副校长。1979年2月起任第五届上海市政协副主席。1981年当选为中国科学院学部委员。1983年4月—1998年2月任上海市第八、九、十届人大常委会副主任。1951年加入民盟,历任民盟第五、六、七届中央副主席,民盟第八、九届中央名誉主席,民盟第七、八、九、十届市委主委。是第三、四届全国人大代表,第三届全国政协委员,第五、六、七、八届全国政协常委。2003年被评为首届"上海市教育功臣"。20世纪50年代,在复旦大学建立中国第一个遗传学专业、第一个遗传学研究所和第一个生命科学学院,并首将"基因"一词带入中文。为中国遗传学的发展作出重要贡献,发现瓢虫色斑遗传显性现象及其机理和规律,引起国际遗传学界的巨大反

响，被认为是对遗传学的一大贡献。主持开展辐射遗传学的研究，以猕猴作为辐射遗传的材料，在国际上属首创，对解决人类辐射遗传学上的一系列理论问题和辐射损伤等实际应用，具有重大科学价值。他发表具有国际先进水平的学术论文 10 余篇，填补中国遗传学研究的空白。特别在果蝇种群间的遗传结构的演变和异色瓢虫色斑遗传变异研究领域有开拓性成就，为奠定现代进化综合理论提供重要论据。1983 年起，先后当选为国际遗传学大会副主席、主席，美国国家科学院和第三世界科学院及意大利国家科学院外籍院士，纽约科学院名誉终身院士，日本和英国遗传学会名誉会员，曾在联合国多个科学机构担任职务。1995 年获得求是科学基金会"杰出科学家奖"，1999 年国际编号 3542 号小行星被命名为"谈家桢星"。

嵇汝运（1918.4.24—2010.5.15）

上海松江人。药物化学家。1941 年毕业于中央大学化学系，1947 年获中英文教基金资助赴英国留学，1950 年夏于英国伯明翰大学获理学博士学位，随后三年在伯明翰大学药理系从事博士后研究工作。1953 年秋回国，一直在上海药物研究所从事药物研究工作，历任副研究员、研究员、研究室主任、副所长。1980 年当选中国科学院学部委员。20 世纪 80 年代起，任中国化学会理事，中国药学会理事、副理事长，中国药学会上海分会副理事长、理事长、名誉理事长，卫生部药典委员会委员，亚洲药物化学联合会执行委员。致力新药研制，领导研究成功多种有效的临床药物，在国外留学期间研究神经系统药物化学，发现一种比普鲁卡因的局部麻醉作用强 10 余倍的新药。回国后研究试验成功新药巯锑钠，对血吸虫有一定的杀灭作用，并在疫区试用过。在金属解毒药研究中，参加创制新药二巯基丁二酸钠，对锑、砷、汞等多种金属有解毒作用。合成的南瓜子中防治寄生虫病有效成分南氨酸的研究，引起国外的重视。与合作者共同创制新药硫溴酚，对家畜肝片吸虫病有优良疗效。早找到一种更有效而低毒的衍生物，合成多种抗心律失常新药常咯啉的类似物，用液相方法合成脑啡肽，领导东莨菪碱的结构改造供受体研究使用。有目的地合成一系列有活性的化合物，完成价电子从头计算法通用程序 MQMMP-80 和运用于大分子计算的全电子从头计算通用程序 MQM-81，为国内量子药物学研究提供有效的工具。发表论文近 60 篇，撰写《神经系统药物化学》等专著。承担国家"863""973"计划项目、国家重大科技专项和国家自然科学基金项目、上海市自然科学基金等多项重要研究项目，先后获国家和中国科学院自然科学奖、国家技术发明奖等多项奖励，1999 年获中国药学发展奖特别贡献奖，2006 年被授予何梁何利基金科学与技术进步奖。

吴浩青（1914.4.22—2010.7.18）

江苏宜兴人。化学家、化学教育家，中国电化学开拓者之一。1935 年毕业于浙江大学化学系，1952 年起任复旦大学化学系副教授，1961 年任复旦大学化学系教授兼系主任。1957 年，筹建研究双电层结构、电极表面性质的实验室，这是中国高等院校第一个电化学实验室，成为中国电化学研究和培养人才的重要基地。1980 年当选为中国科学院学部委员。对电池内阻测量方法作过重要改进。对中国丰产元素锑的电化学性质作过系统研究，利用微分电容—电势曲线确定锑的零电荷电势为 -0.19 ± 0.02 V，校正文献数据并得到国际公认。这一结果于 1963 年发表在《化学学报》上，得到世界公认，并载入国外电化学专著。在应用研究中取得不少成果，

为储备电池的生产提供有关氟硅酸的电导率与其浓度关系的数据研制海军用海水激活电池,数字地倾斜仪中传感器用电解液和飞行平台用电导液等。在高能电源锂电池(Li/CuO电池)的研究中提出颇有创见的嵌入反应机理,确认阴极反应是锂在氧化铜晶格中的嵌入反应,达到一定的嵌入度后可引起氧与铜间键的断裂而析出金属铜,修正前人的观点并得到国际上的确证。获1980年国防科委科研成果奖。主要著作《锑的零电荷电势》。

钱伟长(1912.10.9—2010.7.30)

江苏无锡人。中国近代力学奠基人之一,科学家、教育家、社会活动家。1931—1937年在清华大学物理系、物理系研究所学习,后留学加拿大多伦多大学应用数学系,并于1942年获理学博士学位。1942—1946年在美国加州理工学院喷射推进研究所任研究工程师。1946年回国,任清华大学教授兼北京大学、燕京大学教授,并任中国科学工作者协会北京市负责人。新中国成立后,历任清华大学教授、副教务长、教务长、副校长,中国科学院学部委员,中国科学院力学研究所副所长、研究员,中国科学院数学研究所研究员,中国科学院自动化研究所所长,中国科学院学术秘书,国务院科学规划委员会委员,中华全国青年联合会副秘书长,中国力学会副理事长等职务。1983年后历任上海工业大学校长、上海市应用数学和力学研究所所长、上海大学校长、中华人民共和国香港特别行政区基本法起草委员会委员、澳门特别行政区基本法起草委员会副主任委员、中国和平统一促进会执行会长、中国海外交流协会会长等职务。是全国政协第六、七、八、九届副主席,中国民主同盟第五、六、七届中央委员会副主席和第七、八、九届名誉主席。1941年,发表深受国际学术界重视的第一篇有关板壳的内禀理论论文。1946年,与导师冯·卡门合作发表《变扭的扭转》,成为国际弹性力学理论的经典之作。1947年,在正则摄动理论方面创建的以中心挠度wm为摄动参数作渐近展开的摄动解法,在国际力学界被称为"钱伟长方法"。1948年,在奇异摄动理论方面独创性地写出有关固定圆板的大挠度问题的渐近解,被称为"钱伟长方程"。有关圆薄板大挠度问题的工作,在1955年获得国家自然科学二等奖。广义变分原理和有限元理论获1980年国家自然科学二等奖。主要著作和论文有《弹性圆板大挠度问题》等200余部(篇)。

施履吉(1917.10.26—2010.12.14)

江苏仪征人。细胞生物学家。1940年毕业于浙江大学园艺系,1944年毕业于浙江省大学理科研究院,1951年获美国哥伦比亚大学动物系理学博士学位。1955年回国后,历任和兼任中国科学院实验生物学研究所、生物物理所、动物所、微生物研究所、遗传所、北京生物学实验中心副研究员、研究员,浙江大学、杭州大学、复旦大学教授等。1978年起任中国科学院上海细胞生物学研究所研究员和复旦大学兼职教授。1980年当选为中国科学院学部委员。主要从事胚胎化学、分子生物学、染色体生物学方面的研究工作。早年曾用高精度、高灵敏度定量定位法测量早期胚胎不同部位中几种重要生化物质和生理活动(呼吸)的变化,确定有头尾和背、腹两个梯度的存在,为胚胎发育双梯度理论提供可靠的证据。肯定细胞质DNA的存在,对DNA碱基组成等进行过研究,是国际上最早发现细胞质内有DNA存在的科学家之一。在国内首先建立真核生物基因文库,其中黑斑蛙基因文库是国际的新库。首先用受精卵作DNA受体细胞探讨DNA的

作用,为高等动物遗传转化打下基础,并首先发现分离染色质可以形成细胞核。证实核仁蛋白质参与中期染色体的组装;对染色体鞘蛋白的组分及着丝粒进行系列分析研究,获得并克隆着丝粒DNA。建立小鼠着丝位DNA文库;1985年提出以动物个体尤其是哺乳类的乳腺作为生物工程发酵罐并与其合作者获得转基因动物。先后在国内外发表论文共40余篇。

第二章 人物简介

第一节 中国科学院院士

张友尚(1925.11.2—)

湖南长沙人。生物化学与分子生物学家。1948 年毕业于浙江大学化工系,之后在湘雅医学院,北京医学院,兰州医学院从教。1957 年考入中国科学院上海生物化学研究所,1961 年获硕士学位。中国科学院上海生物化学与细胞生物学研究所研究员。2001 年当选为中国科学院院士。长期从事蛋白质结构与功能研究。从粗产物中分离纯化结晶的重合成胰岛素,表明重合成分子具有天然胰岛素分子的二维结构。利用酶促方法合成结晶的胰岛素活力碎片。创立猪胰岛素制备的新工艺并研究胰岛素的分子进化。实现重组人胰岛素在酵母细胞中的高表达并研究胰岛素的蛋白质工程。用微量酶促方法合成表皮生长因子类似物。早期曾研究烟草花叶病毒蛋白亚基的晶体结构。

金国章 (1927.6.6—)

浙江永康人。药理学家。1952 年毕业于浙江大学理学院药学系。中国科学院上海药物研究所研究员。2001 年当选为中国科学院院士。早期从事科学整理中药延胡索的中枢神经药理作用,证实四氢帕马丁是它的主要有效成分,具有镇痛、镇静安定和催眠作用。20 世纪 80—90 年代阐明 1 - THP 的镇痛作用主要是阻滞脑内 DA 受体功能,抑制痛觉的传入和痛反应。开创中国天然产物四氢原小檗碱同类物(THPB)与脑内 DA 神经药理作用关系的科研领域,系统阐述 THPB 的构效关系,在国际上首次报道在天然产物中的 DA 受体阻滞剂,首次发现具有 D2 阻滞- D1 激动双重作用的药物左旋千金藤啶碱,获中国科学院自然科学二等奖和国家自然科学三等奖。阐明双羟基-THPB 系 D1 激动- D2 阻滞的不同 DA 受体亚型的双重作用机理,获得中国科学院自然科学二等奖。

张永莲(1935.2.20—)

女,上海人。分子生物学家。1957 年毕业于复旦大学化学系。中国科学院上海生物化学与细胞生物学研究所研究员。2001 年当选为中国科学院院士。获得国家自然科学三等奖和二等奖、中国科学院自然科学一等奖、第二届科技十大女杰、上海市自然科学一等奖和科技功臣和何梁何利基金生命科学奖等。在雄激素诱导大鼠前列腺 PSBP 基因表达的机制研究中,证明其作用发生在转录水平,鉴定到 4 个调控元件和与之作用的反式因子,提出启动子上的通用元件也与组织特异因子结合,为多元件多因子参与协同作用的论点提供证据。揭示孤儿核受体 RTR 表达的时空秩序,完成其 82Kb 基因组 DNA 克隆和结构分析,为通过调控睾丸中精子形态变化的转录因子总枢纽来设计避孕药提供可能。在猴与大鼠中取得 13 个新基因的全长 cDNA,特别是发现其中的一个大鼠新基因 Bin1b 既与生育相关又是一个天然抗菌肽,是首次发现的与附睾特异内在防御系统相关的基因。

王正敏(1935.11.18—)

上海人。耳鼻咽喉专家。1955 年毕业于上海第一医学院医疗系。1982 年获瑞士苏黎世大学医学博士学位。2005年当选为中国科学院院士。主要从事耳科、颅底外科和听觉等方面的临床、研究和教学工作。在中耳外科、耳神经外科和颅底外科以及国产人工耳蜗等方面取得系统的重要研究成果。特别是中耳炎鼓室成形术、耳硬化镫骨外科、周围性面瘫面神经重建手术、侧颅底肿瘤外科和恢复聋残人听力人工耳蜗等临床和科研方面取得重要突破。作为第一完成人，荣获国家科技进步奖3项（二等奖1项，三等奖2项），省部级奖16项，主编、撰写《王正敏耳显微外科学》《颅底外科学》等专著12部，在国内外发表论文200多篇。荣获全国先进工作者（全国劳模）、全国五一劳动奖章、中国医师奖、上海市劳模、上海市科技精英等奖项。

颜德岳（1937.3.5—）

浙江永康人。高分子化学家。1961年毕业于南开大学化学系，1965年吉林大学化学系研究生毕业。上海交通大学教授。2005年当选为中国科学院院士。推导聚合物分子量分布函数等分子参数的解析表达式，建立聚合物分子参数与聚合反应参数的定量关系，比较系统的发展聚合反应动力学的非稳态理论。报道带侧基和主链含杂原子大分子的均方回转半径公式。在超支化聚合物可控合成方面提出不等活性双组分合成思想，设计多种合成途径，发展有效控制超支化聚合物多分散性及拓扑结构的方法，并实现超支化聚合物的多维、多尺度自组装，尤其是在实验室观察到分子宏观自组装现象，提出和证明其分子堆积模型。在国际上率先报道聚丙烯熔体相分离诱导结晶、碳纳米管表面改性、乙烯基和氧杂环的杂化聚合等工作。

陶瑞宝（1937.3.17—）

上海人。理论物理学家。1960年毕业于复旦大学物理系，1964年该校研究生毕业。复旦大学教授。2003年当选为中国科学院院士。从事统计物理和凝聚态理论方面的研究。首创自旋算子玻色变换的投影算子理论，把变换后对玻色空间的限制表示成玻色粒子间的相互作用，受到国际上的重视和采用。与他人合作创立计算周期性多孔和复合媒质中弹性波和电磁波传播的傅立叶方法，计算微结构对弹性模量、介电常数等的影响建立能包括液晶分子位置短程关联的广义分子场理论，解释在"无序相—向列相"液晶理论中的"deGennes迷"。此外，在非周期序列、低维磁性理论等方面都取得一些重要成果。

林其谁（1937.12.15—）

福建莆田人。生物化学家。1959年毕业于上海第一医学院医疗系。中国科学院上海生命科学研究院生物化学与细胞生物学研究所研究员。2003年当选为中国科学院院士。在大鼠肝线粒体中发现一种不同于F1的没有ATP酶活力的可溶性偶联因子。建立从哺乳动物棕色脂肪组织线粒体提纯质子信道解偶联蛋白的方法，并深入研究它的性质。开展膜蛋白与脂质体和天然膜的重组合，分两步将提纯的胆碱脱氢酶参入到线粒体内膜从而表现出与呼吸链联系的活力。以脂质体作为模型膜，设计不同序列的合成多肽，研究它们与膜相互作用的机制。通过研究脂质体与细胞膜的相互作用，发展出将外源DNA有效导入哺乳细胞的新型含硬脂胺的阳离子脂质体。提出表皮生长因子受体酪氨酸激酶活化的二步机制。

江　明（1938.8—）

江苏扬州人。高分子化学家。1960年毕业于复旦大学化学系。复旦大学教授。2005年当选中国科学院院士。主要从事高分子间的相互作用与多尺度相结构研究。提出"高分子相容性的链构造效应"，得到高分子共混物的密度梯度模型；提出和证实氢键相互作用导致的不相容-相容-络合转变。在大分子组装方面，建立一系列的聚合物胶束化的新途径，获得核-壳间由非共价键连接的聚合物胶束和空心纳米球，形成胶束化的"非嵌段共聚物路线"，得到国内外同行的认同和采用。

应邀在国际知名和权威性的化学及高分子期刊上就迄今从事的四个方面的主要研究撰写评述。2003 年因在"高分子在稀溶液中的折叠和组装"研究中的成就作为第二得奖人与香港中文大学吴奇院士同获国家自然科学二等奖(2003),获国家教委科技进步(甲类)一等奖(1996)和二等奖(1989)及中国化学会高分子基础研究王葆仁奖(1987)。发表论文 220 余篇。

郭爱克(1940.2.18—)

辽宁沈阳人。神经科学和生物物理学家。1965 年毕业于莫斯科大学生物系,1979 年获慕尼黑大学自然科学博士学位。中国科学院上海生命科学研究院神经科学研究所研究员。2003 年当选为中国科学院院士。从事视觉信息加工、神经编码和计算神经科学研究。从基因-脑-行为的角度,研究果蝇的学习、记忆、注意和抉择机制。开创果蝇的两难抉择的研究,为理解抉择的神经机制提供较为简单的模式生物和新范式,确立果蝇视觉记忆的短/中/长时程等多阶段记忆模型,再证实学习/记忆的分子和细胞机制的进化保守性,揭示果蝇的类注意状态并发现某些记忆基因突变导致注意状态缺陷。在视觉图形-背景分辨的神经计算仿真和复眼的颜色以及偏振光视觉的生物物理机制方面也有重要研究成果。

郑时龄(1941.11.12—)

广东惠阳人。建筑学专家。1965 年本科毕业于同济大学建筑系,1993 年同济大学建筑系研究生毕业,获博士学位。同济大学建筑与城市空间研究所教授。2001 年当选为中国科学院院士。长期事于建筑设计理论研究工作。建立"建筑的价值体系与符号体系"理论框架,奠定建筑批评学的基本理论基础,填补该领域的空白,并应用该理论在上海建筑的批评与建设实践中起重要的作用。《上海近代建筑风格》专著获 2000 年上海市优秀图书一等奖。主持设计上海南京路步行街城市设计、上海复兴高级中学、上海朱屺瞻艺术馆、上海格致中学教学楼、上海至北京高速火车沿线方案等。

陈桂林(1941.12.17—)

福建南安人。空间红外遥感技术专家。1967 年毕业于西安交通大学无线电工程系。中国科学院上海技术物理研究所研究员。2001 年当选为中国科学院院士。长期从事光电技术研究,主持并研制成功风云二号气象卫星的核心探测仪器-多通道扫描辐射计(MCSR)。设计并实现采用望远镜折镜步进扫描,通过 R-C 光学系统视场分离,实现可见光、红外和水汽三波段同时探测的总体技术方案。主持突破大孔径(Φ410 毫米)轻量化的空间光学系统、高精度(角秒级)空间扫描机构、地球同步轨道辐射致冷器技术等难题。在热轧圆钢光电在线检测的问题上,提出并实现用两个相互垂直探测器实时测定目标坐标的新发法。获得国家科技进步三等奖 1 项,中国科学院科技进步特等奖、一等奖、二等奖各 1 项,上海市科技进步一等奖 2 项。

林尊琪(1942.6.3—)

广东潮阳人。高功率激光技术专家。1964 年毕业于中国科技大学无线电系,后在中国科学院研究生院读研究生。中国科学院上海光学精密机械研究所研究员。2003 年当选为中国科学院院士。从事激光惯性约束核聚变、高功率激光驱动器和 X 光激光研究等。研究高功率激光空间传输的基本物理问题,在神光Ⅱ激光装置研制中创新解决同轴双程主激光放大器的新型空间滤波技术、全激光系统像传递技术、新型三倍频模拟光技术、三倍频稳定高效转换系列技术、神光Ⅱ高效全光路系统自动准直技术等难题,推动激光驱动器研究能力的质的跨越。完成神光Ⅱ激光功率平衡、精密瞄准、远场焦斑旁瓣分布研究等多项装置精密化工作。研究激光在高密度等离子体冕区传播的多种非线性相互作用过程,发现若干重要新现象。

洪家兴(1942.11.5—)

江苏吴县人。数学家。1965年毕业于复旦大学数学系,1982年取得博士学位。复旦大学教授。2003年当选为中国科学院院士。从事偏微分方程及其几何应用方面研究。关于二维黎曼流形在三维欧氏空间中实现的经典问题的研究,有系统深入的成果,首次得到单连通完备负曲率曲面在三维欧氏空间中实现的存在性定理,所得条件接近最佳,对丘成桐教授所提出的有关问题的研究作重要的推进;关于蜕型面为特征的多元混合型方程(包括高阶)的研究,获得相当一般的边值问题的正则性和适定性,建立迄今为止最一般的理论。曾获第五届"陈省身数学奖",1991年获国家教委和国务院学位委员会授予的"有突出贡献的中国博士学位获得者"称号,1996年获得"求是杰出青年学者奖",1997年当选为上海市科技精英。在2002年国际数学家大会上作45分钟邀请报告。

林国强(1943.3.7—)

上海人。有机化学家。1964年毕业于上海科学技术大学化学系,1964—1968年在中国科学院上海有机化学研究所读研究生。中国科学院上海有机化学研究所研究员。2001年当选为中国科学院院士。建立亚毫微克级测定昆虫性信息素结构的方法,合成多种光学活性昆虫信息素,发现昆虫界也存在着手性识别的现象。参与发现Sharpless烯丙醇不对称环氧化试剂的改良,研究手性环氧醇的原位氮、硫开环,以此合成手性多羟基胺、氮杂环和a-取代丝氨酸和丙氨酸。进行多个轴手性连芳烃物的首次合成和结构测定。改良Ni(0)催化的芳基偶联反应。参与发现新氧化酶G38能将羰基按反-Prelog模式还原为羟基。发现(R)-羟氰化新酶源,以及羟氰化粗酶在有机溶剂中的微水相体系,催化合成手性羟氰化物。获国家科技进步奖二等奖、中国科学院重大科技成果奖、中国科学院科技进步奖一等奖等,获授权专利14项。

何积丰(1943.8.5—)

上海人。计算机软件专家。1965年毕业于复旦大学数学系。华东师范大学教授。2005年当选为中国科学院院士。从事程序设计理论及其应用研究。提出"程序分解算子",并将规范语言与程序语言看成是同一类数学对象。提出采用"关系代数"作为程序和软件规范的统一数学模型,使得关系代数可用来描写程序的分解和组合过程,直接支持软件的开发。在数据精化方面,给出处理非确定性程序语言数据精化的完备方法。在总结多类程序语言语义理论和方法的基础上,提出程序设计统一理论和连接各类程序理论的数学法则。还提出用形式化的界面理论沟通几种程序语言,以及非确定性数据流的数学模型及代数定律。研究的软硬件协同设计系统,为减少系统芯片设计时间和降低成本提供有益的方法。

王恩多(1944.11.18—)

女,重庆人。生物化学家与分子生物学家。1965年毕业于曲阜师范大学化学系,1969年中国科学院上海生物化学研究所酶学研究室研究生毕业,获得硕士学位。中国科学院上海生命科学研究院生物化学与细胞生物学研究所研究员。2005年当选为中国科学院院士。2006年当选第三世界科学院院士。主要以氨基酰-tRNA合成酶和相关tRNA为对象进行酶与核酸相互作用方面的研究。在亮氨酰-tRNA合成酶精确识别其底物亮氨酸tRNA和亮氨酸、进而质量控制从信使核糖核酸翻译为蛋白质的机理方面做出系统的重要研究成果,在亮氨酰-tRNA合成酶的编校功能和编校途径的研究中取得重要的突破。2001年获得国家自然科学二等奖,2006年获得何梁何利基金科学与技术进步奖,六次获得中国科学院优秀研究生导师奖。

褚君浩(1945.3.20—)

江苏宜兴人。半导体物理和器件专家。1966年毕业于上海师范学院物理系,1981年和1984

年先后获中国科学院上海技术物理研究所硕士、博士学位。华东师范大学教授。2005 年当选为中国科学院院士。长期从事红外光电子材料和器件的研究,开展用于红外探测器的窄禁带半导体碲镉汞(HgCdTe)和铁电薄膜的材料物理和器件研究。提出 HgCdTe 的禁带宽度等关系式,被国际上称为 CXT 公式,广泛引用并认为与实验结果最符合。建立研究窄禁带半导体 MIS 器件结构二维电子气子能带结构的理论模型,发现 HgCdTe 的基本光电跃迁特性,确定材料器件的光电判别依据。研制成功 PZT 和 BST 铁电薄膜非制冷红外探测器并实现热成像。发表论文 200 余篇。获 1987 年中国科学院科技进步一等奖、1992 年中国科学院自然科学一等奖、1995 年中国科学院自然科学二等奖、1999 年中国科学院自然科学二等奖,1987 年国家自然科学四等奖、1993 年国家自然科学三等奖等。

赵国屏(1948.8.5—)

上海人。分子微生物学家。1982 年毕业于复旦大学生物系,1990 年获美国普渡大学生物化学博士。中国科学院上海生命科学研究院植物生理生态研究所研究员。2005 年当选为中国科学院院士。研究微生物代谢调控以及酶的结构功能关系与反应机理,开发相应的微生物和蛋白质工程生物技术。主持若干微生物基因组和功能基因组研究,完成对重要致病菌——问号钩端螺旋体的全基因组测序和注释,鉴定若干关键代谢途径和基因功能,为深入研究致病机理提供新的思路。主持 SARS 分子流行病学和 SARS 冠状病毒进化研究,为认识该病毒的动物源性及其从动物间传播到人间传播过程中基因组、特别是关键基因的变异规律奠定基础。

杨玉良(1952.11.14—)

浙江海盐人。高分子科学家。1977 年毕业于复旦大学化学系,1984 年获该校博士学位。1986—1988 年在德国马普高分子研究所做博士后研究工作。复旦大学教授。2003 年当选为中国科学院院士。主要从事高分子凝聚态物理的研究,将分子轨道图形理论中的唐-江定理推广到研究具有复杂拓扑结构和共聚物结构高分子链构象统计与黏弹性问题,建立高分子链的静态和动态行为的图形理论。采用射频脉冲与转子同步技术相结合的方法,建立研究高分子固体结构、取向和分子运动间相关性的三项新的实验研究方法。采用自洽场理论和时间依赖的 Ginzburg–Landau 方程方法解决高分子共混体系、嵌段共聚高分子、液晶和囊泡等软物质的斑图生成、斑图选择及其临界动力学领域的众多问题。创立模拟聚合反应产物的分子量分布及其动力学的 Monte Carlo 方法。发展高分子薄膜拉伸流动的稳定性理论。

贺 林(1953.7—)

北京人。遗传生物学家。1981 年毕业于南京铁道医学院临床医疗系,1991 年获英国佩士来大学博士学位。上海交通大学教授。2005 年当选为中国科学院院士。2010 年当选第三世界科学院院士。率先完成 A-1 型短指(趾)症致病基因精确定位、克隆与突变检测,发现 IHH 基因的 3 个点突变是致病的直接原因,并与身高相关;发现得到国际公认的世界上第一例以中国人姓氏"贺—赵缺陷症"命名的罕见的恒齿缺失的孟德尔常染色体显性遗传病并成功地定位该致病基因;建立世界上最大的神经精神疾病样品库并利用这一样品库研究和分析中国人群精神分裂症的易感基因;在精神疾病的营养基因组学和药物基因组学研究方面取得重要进展,证实出生前的营养缺乏会显著增加成年后精神分裂症的发病风险;在基因计算与技术方面取得数项有显示度的工作;结合国情特点提出"百家姓"与药物开发相关性的新思路。

陈晓亚(1955.8.21—)

江苏扬州人。植物生理学家。1982 年毕业于南京大学生物学系。1985 年获英国里丁

(Reading)大学博士学位。2005 年当选为中国科学院院士。中国科学院上海生命科学研究院植物生理生态研究所研究员。从事植物生理和分子生物学研究,早期曾从事植物分类学研究。在植物次生代谢(特别是倍半萜生物合成)、棉纤维发育和植物抗虫新技术等方面取得重要成果。克隆鉴定棉酚合成途径的一系列酶和调控因子,解析青蒿素等倍半萜成分合成调控机制;鉴定棉纤维发育过程中的关键转录调控因子和细胞壁伸展蛋白,为阐明棉纤维和表皮毛发育的分子机制作出重要贡献;利用棉铃虫防御基因,发展植物介导的 RNA 干扰抗虫新技术,推动相关生物技术的发展。2008 年获何梁何利基金科学技术进步奖,2010 年获全国优秀博士学位论文指导教师。

邓子新(1957. 3. 23—)

湖北房县人。微生物学家。1982 年毕业于华中农业大学生物系,1988 年获英国东英格兰大学博士学位。2005 年当选为中国科学院院士,2006 年当选为第三世界科学院院士。上海交通大学教授,微生物代谢国家重点实验室主任。国家 973 项目首席科学家。2004 年被评为教育部"长江学者"特聘教授,2008 获全国五一劳动奖章,2010 年被评为全国先进工作者。主要从事放线菌遗传学及抗生素生物合成的生物化学和分子生物学研究。在链霉菌质粒和噬菌体的分子生物学,DNA 复制调控、限制和修饰系统,微生物代谢途径、代谢工程及生物农(医)药的创新等方面取得系统的重要研究成果。特别是首次在众多细菌的 DNA 上发现硫修饰,这是在 DNA 骨架上发现的第一种生理性修饰,打开 DNA 硫修饰这个全新的科学领域。

张　经(1957. 10. 10—)

山东龙口人。化学海洋学与海洋生物地球化学家。1982 年毕业于南京大学地质系,1985 年山东海洋学院获硕士学位,1988 于法国皮耶尔·玛丽居里大学获博士学位。华东师范大学教授。2007 年当选为中国科学院院士。主要教学和研究工作集中在对河口、陆架和边缘海的生物地球化学过程的探索方面。其中包括:在陆—海相互作用框架下痕量元素与生源要素的循环与再生,不同界面附近物质的迁移和转化机制;化学物质通过大气向边缘海的输送通量和时、空变化,气源物质与近海初级生产过程之间的内在联系;发展边缘海的生源要素与痕量元素的收支模式,深入地分析海洋生物地球化学过程的内在变化特点对外部驱动的响应。

段树民(1957. 10. 20—)

安徽蒙城人。神经生物学家。1982 年毕业于蚌埠医学院临床医学系。1991 年日本九洲大学获博士学位。2007 年当选中国科学院院士。中国科学院上海神经科学研究所研究员。主要从事神经生物学研究,在神经元—胶质细胞相互作用、突触发育和功能等研究领域做出系统的创新工作,尤其在胶质细胞信号分子释放机制、胶质细胞对神经环路和突触可塑性的调控等方面取得重要研究成果,以通讯作者在 Science 等国际著名杂志发表系列研究论文,在神经科学领域产生重要影响,改变人们对胶质细胞功能的认识。2008 年获何梁何利基金科学与技术进步奖,2010 年获国家自然科学奖二等奖。指导的学生多次获全国百篇优秀博士论文。多次担任 973 首席科学家。任 *J Neurophysiol* 等六个国际杂志编委,中国神经科学学会会刊 *Neuroscience Bulletin* 主编。

林鸿宣(1960. 11—)

海南海口人。作物遗传学家。1983 年毕业于华南农业大学农学系,1986 年、1994 年在中国农业科学院研究生院分别获硕士、博士学位。2009 年当选中国科学院院士。中国科学院上海生命科学研究院植物生理生态研究所研究员。长期从事水稻重要复杂性状的分子遗传机理研究。在水稻产量性状以及抗逆性状的遗传机理与功能基因研究方面取得一系列创新性成果。发现多个控制水稻产量性状和抗逆性状的重要新基因,并深入阐明它们的功能与作用机理,加深对作物性状分子遗传调控机理的认识,为该领域的发展做出贡献,同时为作物分子育种提供多个有自主知识产权的重要基因。2007年获上海市自然科学奖一等奖,2010年获何梁何利基金科学与技术进步奖,2012年获国家自然科学奖二等奖。

赵东元(1963.6—)

河北卢龙人。物理化学家。1984年毕业于吉林大学化学系,1987年、1990年先后获该校硕士、博士学位。1993年至1998年先后在加拿大里贾纳大学化学系作访问学者、以色列魏兹曼科学院化学物理系和美国休斯顿大学化学系、加州大学圣芭芭拉分校材料研究实验室进行博士后研究。复旦大学化学系教授。2007年当选中国科学院院士。2010年当选第三世界科学院院士。主要从事介孔材料合成和合成机理的物理化学及其催化的研究。发明SBA-15等介孔材料。采用三嵌段共聚物表面活性剂,通过调节嵌段共聚物的疏水和亲水的比例,合成17种三维孔穴结构的、大孔径的、立方相的介孔分子筛。提出单元分步组装机理,将无机介孔材料的合成扩展到有机组成体系。提出"酸碱对"理论,合成一系列介孔材料。提出热处理和提高孔壁的交联度的方法,改进介孔分子筛的水热稳定性和表面酸性。曾获2004年国家自然科学二等奖、2005年杜邦青年教授奖等多项奖励。

麻生明(1965.5.29—)

浙江东阳人。有机化学家。1986年毕业于杭州大学化学系。1988年获中国科学院上海有机化学研究所硕士学位,1990年获该所博士学位。中国科学院上海有机化学研究所研究员。2005年当选为中国科学院院士。主要从事联烯及其类似物化学方面的研究。引入亲核性官能团,解决联烯在金属催化剂存在下反应活性及选择性调控,为环状化合物的合成建立高效合成方法学发展从2,3-联烯酸合成γ-丁烯酸内脂类化合物的方法建立过渡金属参与手征性中心形成的一锅法双金属共催化的合成方法。同时,实现同一底物中几种碳-碳键断裂间的选择性调控,提出杂环化合物的多样性合成方法。

王　曦(1966.8—)

江苏南通人。材料科学家。1987年毕业于清华大学工程物理系,1990年、1993年先后获中国科学院上海冶金研究所(现上海微系统与信息技术研究所)硕士、博士学位。中国科学院上海微系统与信息技术研究所研究员。2009年当选中国科学院院士。长期致力于载能离子束与固体相互作用物理现象研究,并将研究成果应用于电子材料SOI(Silicon-on-insulator)的开发。在对离子注入SOI合成过程中的物理和化学过程研究基础上,自主开发一系列将SOI材料技术产业化的关键技术,建立中国SOI材料研发和生产基地。在载能离子束与固体相互作用以及离子束辅助薄膜沉积技术研究方面,揭示载能离子作用下薄膜表面微结构、相组分、电子学、光学、生物学特性,实现载能离子束薄膜生长的可控性。曾获国家科技进步一等奖及何梁何利基金科学与技术进步奖等多项奖励。

第二节　中国工程院院士

唐希灿(1932.12.29—)

广东潮阳人。神经药理学家。1957年毕业于北京大学生物系。中国科学院上海药物研究所研究员。2001年当选中国工程院院士。对中国石蒜科植物内分离得到的活性成分"加兰他敏"进行开发研究,获得中国首次颁发的工业新产品奖二等奖。从国内轮环藤植物中首次发现"氯甲左箭毒"，于 1982 年获国家科技发明三等奖。将高乌甲素、草乌甲素用于治疗肿瘤疼痛、关节炎及牙疼等，研究成果分别获国家科技发明三等奖(1985)及国家科技进步三等奖(1987)。发现石杉碱甲改善 AD 患者记忆障碍通过作用于脑内胆碱能、单胺能，抗氧化应激及调控细胞凋亡相关基因表达等多靶点的参与，研究成果分别获国家科技发明二等奖(1987)及国家自然科学二等奖(2001)。

魏敦山(1933.5.30—)

浙江慈溪人。建筑设计专家。1955 年毕业于同济大学建筑系。上海建筑设计(集团)总建筑师。2001 年当选为中国工程院院士。长期从事民用建筑设计工作，主持和参加过 100 多项国内外大型建筑设计。20 世纪 70 年代设计的上海体育馆与 80 年代的上海游泳馆，先后获市级及国家级优秀设计奖及国家科学技术进步奖三等奖。1988 年这二项设计作为建国以来 43 座优秀建筑之二被载入英国出版的"世界建筑史"史册。同时作为 16 位中国著名建筑师之一的最年轻建筑师同时载入该建筑史册。在国外主持设计埃及开罗国际会议中心，获国家优秀设计二等奖，市优秀设计一等奖，国家科技进步三等奖，上海市科技进步一等奖，并荣获埃及总统穆巴拉克亲自颁发的"埃及一级军事勋章"。1997 年完成的上海体育场工程，2000 年获全国第九届优秀工程设计金奖。2000 年 12 月获首届"梁思成建筑奖"。

范立础(1933.6.8—)

浙江镇海人。桥梁结构工程与桥梁抗震专家。1955 年毕业于同济大学路桥系。同济大学教授。2001 年当选中国工程院院士。从事桥梁与结构工程领域的教学和科研工作。在国内首次编写桥梁杆系非线性地震反应分析程序；率先建立中国大跨度桥梁及城市复杂立交工程的抗震理论和计算方法；提出大跨度桥梁抗震设计方法，率先开展桥梁减隔震和抗震加固技术研究，开发研制一、二代橡胶抗震支座；提出基于寿命期和性能的大跨度桥梁抗震设计方法，解决中国大跨、高墩桥梁抗震和减震关键技术，开发研制大吨位全钢双曲面球型减隔震支座。主编中国首部《城市桥梁抗震设计规范》，获国家科技进步一等奖 1 项，交通部科技进步特等奖 1 项，省部级科技进步一等奖 5 项，2010 年获何梁何利基金科学与技术进步奖。

戴尅戎(1934.6.13—)

福建厦门人。骨外科学和骨科生物力学专家。1955 年毕业于上海第一医学院医疗系，1983 年于美国 Mayo Clinic 任客座研究员。上海交通大学教授。2003 年当选为中国工程院院士。在国际上首先将形状记忆合金制品用于人体内部。在步态和人体平衡功能定量评定、内固定的应力遮挡效应、骨质疏松性骨折、人工关节的基础研究与定制型人工关节、干细胞移植与基因治疗促进骨再生、3D 打印技术在骨与关节系统中的应用等方面获创新性成果，获国家发明二等奖，国家科技进步二、三等奖和部、市级一、二、三等奖 45 项，获得授权专利 40 余项。发表论文 500 余篇，主编、参编专著 59 部。2014 年当选法国国家医学科学院外籍通信院士。

孟执中(1934.12.16—)

浙江诸暨人。气象卫星专家。1956 年毕业于华南工学院电讯系。上海航天局研究员。2003 年当选为中国工程院院士。1979 年起主持中国第一颗"风云一号"气象卫星的研制。1988 年、1990 年"风云一号"A、B 星二次发射成功，使中国成为继美、苏后第三个研制成功太阳同步轨道气象卫星的国家。1999 年 5 月"风云一号"C 星发射成功，达到国际先进水平，该星至今还在正常运行。2002 年 5 月 15 日，"风云一号"D 星成功发射，运行良好。获国家科技进步一等奖、二等奖和多项省部级科技奖。2002 年获何梁何利基金科学与技术进步奖。

潘健生（1935.1.25—）

广东番禺人。热处理工艺与设备专家。1959 年毕业于上海交通大学冶金系。上海交通大学教授。2001 年当选为中国工程院院士。将传热学、数值分析、弹塑性力学、流体力学、软件工程等与材料学知识加以集成，建立反映热处理过程复杂现象的数学模型，在国内外率先实现复杂形状零件和复杂热处理工艺的计算机模拟，用热处理虚拟制造解决实际生产中的难题。主持完成"热处理数学模型和计算机模拟的研究与应用"获 2000 年国家科技进步二等奖。主持开发"分段可控渗氮与动态可控渗氮"获国家发明三等奖。获部委和上海市科技进步一等奖二项、二等奖二项。

沈祖炎（1935.6.5—）

浙江杭州人。钢结构专家。1955 年毕业于同济大学土木工程系，获学士学位，1966 年同济大学结构理论专业研究生毕业。同济大学教授。2005 年当选为中国工程院院士。从事钢结构领域科研、实践和教学工作 60 年，为中国钢结构学科发展和工程建设作出重大贡献。发表论文 400 余篇，出版《钢结构学》《钢结构基本原理》等著作 23 部，主、参编钢结构有关技术标准 16 本。主持 50 余项国家及省部级科研项目和 30 余项重大工程项目的结构理论分析和试验研究，为国家大剧院、上海环球金融中心、浦东国际机场航站楼、广州新体育馆、南京奥体中心等提供关键技术支撑，获国家级和省部级科技进步奖 33 项，其中"高层建筑钢结构成套技术"获 1993 年国家科技进步二等奖；"多高层建筑钢结构抗震关键技术研制与应用"2010 年获上海市科技进步一等奖。

林元培（1936.2.8—）

上海人。桥梁专家。1954 年毕业于上海土木工程学校。上海市政工程设计研究总院总工程师，1989 年被建设部首批命名为"中国工程设计大师"。2005 年当选为中国工程院院士。设计或主持设计的大跨度桥梁涵盖上海市杨浦大桥、南浦大桥、卢浦大桥、徐浦大桥、东海大桥等各种桥型。嘉陵江石门大桥获 1991 年国家科技进步一等奖，上海南浦大桥获 1994 年国家科技进步一等奖，上海杨浦大桥获詹天佑土木工程大奖，上海徐浦大桥获国家优秀设计金质奖，上海卢浦大桥 2004 年获美国国际桥梁协会颁发的 Eugene C. Figg Jr. 奖，重庆李家沱长江大桥获国家优秀设计金质奖，东海大桥海上大桥长 32 千米。莆田木兰溪特大桥为国内首例独塔悬索桥，钢箱系杆拱梁长度亚洲第一，世界第二。

项坤三（1936.2.21—）

浙江杭州人。内分泌代谢学（糖尿病）专家。1958 年毕业于上海第一医学院医疗系，上海市糖尿病研究所研究员。2003 年当选中国工程院院士。率先在中国开展糖尿病分子病因学系列研究，建立中国首个大数量糖尿病样本信息库；首先发现中国人线粒体基因突变糖尿病患者，开创基因诊断用于糖尿病日常临床工作的先例，并通过全面筛查确认中国人 MODY 型糖尿病的基因突变谱；对中国人 2 型糖尿病进行分子病因、病理生理和流行病学系列研究，并编著中国首部第三种类型糖尿病——特殊类型糖尿病的专著。发表论文 300 余篇，以第一完成人获国家、省部及市科技进步奖 11 项，其中国家科技进步二等奖和市科技进步一等奖各 1 项。

江东亮（1937.9.1—）

上海人。无机材料科学家。1960 年毕业于南京化工学院硅工系。中国科学院上海硅酸盐研究所研究员。2001 年当选为中国工程院院士。长期从事先进陶瓷的组成、结构、工艺与性能关系的研究与发展工作。先后开展氧化铝陶瓷末期烧结气氛对材料致密化的影响，碳化物或含碳化物的复合材料的高温等静压氮化改性工艺等基础研究，在国内研制成功高致密微晶氧化铝陶瓷及机械密封件，磁流体发电电极材料，氧化铝轻质、重质耐热混凝土，碳化硅基工程陶瓷，复相陶瓷和陶瓷基复合材料等。发表论文 300 余篇,著作 4 本,专利 20 项。获国家科技进步三等奖 1 项、国家技术发明二等奖 2 项,部级一等奖 2 项,二等奖 6 项,以及上海市和国家科学技术大会奖等 12 项。

廖万清(1938.11.11—)

广东梅县人。医学真菌病学专家、皮肤性病学专家。1961 年毕业于第四军医大学。第二军医大学教授。2009 年当选为中国工程院院士。长期致力于医学真菌病学的研究,在中国首次发现 9 种新的病原真菌及新的疾病类型,对隐球菌脑膜炎的诊治及军队真菌病的防治研究作出重要贡献。"真菌病的基础与临床系列研究"等成果获国家科技进步二等奖、三等奖,军队医疗成果一等奖,全军专业技术重大贡献奖及上海市科技进步一等奖等各类成果奖 24 项。2014 年获中华医学会皮肤性病分会"终身成就奖"。

方家熊(1939.10.22—)

安徽黄山人。光传感技术专家。1962 年毕业于南京大学物理系,1966 年中国科学院研究生毕业。中国科学院上海技术物理研究所研究员。2001 年当选为中国工程院院士。从事光传感器研究,为中国空间遥感系统提供多种红外传感器。提出变能隙半导体红外传感器的工程优值参数概念和测试方法;解决空间用红外传感器的技术基础及工程问题,满足中国首次从卫星对地球的长波红外遥感的要求;为新型空间遥感系统的需要实现碲镉汞红外器件对 1~15 微米探测的全波段覆盖;提出中国第一个多光谱红外焦平面组件方案并研制成功;为风云一号卫星、风云二号卫星以及神舟三号飞船提供各种多波段红外传感器组件,并推广应用于航空遥感系统和工业、交通、环境和医学等领域。著有卫星用长波 HgCdTe 探测器的研究等论文报告 100 多篇,参加撰写专著 2 部,获国家科技奖 6 项。

周良辅(1941.7.27—)

福建莆田人。神经外科学家。1965 年毕业于上海第一医学院医学系。复旦大学神经外科研究所研究员。2009 年当选中国工程院院士。专长神经外科,包括脑和脊髓肿瘤、颅脑损伤、脑血管病、先天性病变等。主要从事微侵袭神经外科如显微外科、颅底外科、神经导航外科、内镜外科以及立体定向放射外科和肿瘤干细胞等研究。发表论文 200 余篇,SCI 收录 50 余篇,主编专著 7 本。获国家科学技术进步奖(1990、1995、2009、2014),省部级一等奖 5 次,光华医学奖(1997);上海市医学荣誉奖(1997),上海市科技功臣(2011),华夏医学奖(2013)等奖。

陈赛娟(1951.5.21—)

女,浙江鄞县人。细胞遗传学和分子遗传学专家。1975 年毕业于上海第二医学院医疗系,1989 年毕业于法国巴黎第七大学,获博士学位。上海交通大学医学院附属瑞金医院上海血液学研究所研究员。2003 年当选中国工程院院士。长期致力于白血病发病机理与治疗研究。率先提出并实施白血病基因组解剖学计划,发现一批新的白血病发病相关的突变基因与融合基因,揭示白血病发病的新机制,为临床诊断、预后判断和靶向治疗提供新的生物分子标志和靶标,并建立急性髓性白血病(AML)预后相关的分子分型体系,进一步完善和丰富白血病发病的分子机理,为制定分子靶向治疗策略提供理论依据。获得国家自然科学二等奖、上海市自然科学奖特等奖等国家和省部级科技奖 10 余项。

王红阳(1952.1.31—)

女,山东威海人。肿瘤分子生物学与医学科学家。1977 年毕业于第二军医大学临床医学系。1992 年毕业于德国乌尔姆大学医学院,获博士学位。上海东方肝胆外科医院教授。2005 年当选中国工程院院士。长期从事恶性肿瘤的基础与临床防治研究,对肿瘤的信号网络调控、肝癌诊断分子标志物与药靶鉴定及应用等有重要建树。在 Cancer Cell、J. E. M.、Gastroenterology、Hepatology 等发表论文 150 余篇；获国内外发明专利授权十余项。以第一完成人获国家科学技术进步奖创新团队奖、国家自然科学二等奖、何梁何利基金科技进步奖、上海市自然科学一等奖（2014）等。研发的肝癌诊断试剂获 CFDA 批准用于临床。

丁　健（1953. 2. 20—）

江苏无锡人。肿瘤药理学家。1978 年毕业于江西医学院医学系，1992 年毕业于日本国立九州大学，获博士学位。中国科学院上海药物研究所研究员。2009 年当选中国工程院院士。领导建立符合国际规范的抗肿瘤药物筛选和药效学评价体系，建立系统的酪氨酸激酶及信号通路抑制剂和肿瘤新生血管生成抑制剂的研究平台；系统揭示沙尔威辛、土槿皮乙酸等 10 余个自主研发的抗肿瘤候选新药的作用机制，在新型拓扑异构酶 II 抑制剂与新生血管生成抑制剂的作用机制研究方面取得一批原创性科研成果。以土槿皮乙酸为探针揭示一条新的抑制新生血管生成通路为靶向肿瘤新生血管生成的治疗策略提供重要的理论依据。获国家自然科学奖二等奖、国家科技进步二等奖、上海市自然科学一等奖、上海市科技进步一等奖等各类奖项 10 余项。

金东寒（1961. 1. 11—）

浙江新昌人。动力机械工程专家。1984 年毕业于武汉水运工程学院船舶机械工程系，1989 年毕业于中国舰船研究院并获博士学位。中国船舶重工集团公司第七一一研究所研究员。2009 年当选为中国工程院院士。长期从事热气机及其动力系统研究与应用开发。发展多缸热气机的基础理论，突破热气机及其动力系统的关键技术，取得一系列开创性成果，并在工程中得到应用，为发展中国新一代特种船舶技术作出突出贡献。获国家科技进步特等奖 1 项、一等奖 1 项，国防科技一等奖 2 项，其他省部级科技进步奖 4 项。出版专著 1 部，发表论文 30 多篇，撰写研究报告 70 余篇。创建中国第一个热气机工程研究中心。先后获全国五一劳动奖章、何梁何利基金科学与技术进步奖、上海市科技功臣等荣誉。

曹雪涛（1964. 7. 19—）

山东济南人。免疫学专家。1986 年毕业于第二军医大学海军医学系，1990 年获第二军医大学博士学位。第二军医大学教授。2005 年当选中国工程院院士。从事天然免疫与免疫调节基础研究、肿瘤免疫治疗应用研究。揭示天然免疫识别与炎症发生及其调控的新机制，发现具有免疫调控功能的新型免疫细胞亚群，研究自主发现的 20 余种新型免疫分子功能，提出肿瘤免疫治疗新途径并开展应用研究。以通讯作者发表 SCI 收录论文 220 余篇，包括 Cell、Nature、Science 等。论文被 SCI 他引 6 000 余次。编写和共同主编专著 8 部。获国家自然科学二等奖 1 项（2003）、上海市自然科学一等奖 3 项、军队科技进步一等奖 1 项。获得中国工程院光华奖。以第一完成人获得国家 II 类新药证书 2 个，授权国家发明专利 16 项。

第三章 人 物 表

第一节 上海市科技功臣

上海市人民政府决定自1992年开始,对有突出贡献的科技人员授予"上海市科技功臣"荣誉称号。这项工作由上海市科学技术委员会会同市人事局、市财政局负责进行。从2001年起,上海市科技功臣奖纳入上海市科技进步奖,每两年评选一次,每年授予人数不超过2名,上海市科学技术进步奖评审委员会评定,市政府批准。2000—2010年,上海共有10名杰出科技人员获此荣誉。

表7-3-1 2000—2010年上海市科技功臣情况表

姓 名	单 位	职务、职称	当选年度	主 要 贡 献
谷超豪	复旦大学	教授、中国科学院院士	2001	开创多元和高阶混合型偏微分方程理论,创建位相因子方法、球对称规范场的一般表达式及对称破缺研究成果,解决空气动力学方程有激波超音速绕流解有关的数学问题,开创波映照的研究,发展矩阵形式的Darboux变换方法,提出K展空间的新方法。
刘建航	上海市建委科学技术委员会	主任、高工、中国工程院院士	2001	建立时空效应理论,总结出车站基坑施工要点21条,创立不规则深大基坑的设计、施工和监控方法;提出地层位移的全过程控制及环境保护系列新技术,建立盾构法隧道施工地层位移的精确预测和控制技术,建立特种施工技术、地铁工程科学预测和信息化施工监控的整套技术等。
张文军	上海交通大学	教授	2003	解决数字高清晰度电视系统高速高效数字视频压缩编码和解码等7项重大关键技术,研制完成高清晰度电视视频编码器等13种国产核心设备、完整HDTV地面广播传输系统等。
张永莲(女)	中国科学院上海生命科学研究院	研究员、中国科学院院士	2003	揭示雄激素对大鼠前列腺PSBP基因转录调控机制,提出将雄激素的作用定位在原始转录水平,开辟一条从反式因子、顺式元件、反式因子的研究道路,发现一大批新基因,为中国创立一个器官功能基因组研究的基地。
蒋锡夔	中国科学院上海有机化学研究所	研究员、中国科学院院士	2005	发明含氟烯烃与三氧化硫的重要反应,合成新型化合物β-磺内酯,提出溶剂促簇能力、共簇集、解簇集和静电稳定化簇集体等创新概念,建立研究有机分子簇集的实验方法和判断标准,解决长期困扰自由基化学界如何评估这两种效应的重大问题。
汤钊猷	复旦大学医学院	教授、中国工程院院士	2005	系统提出"亚临床肝癌新概念",创用甲胎蛋白动态分析诊断没有症状的肝癌,大幅度地提高手术效果;国际上最早系统提出对不能切除的肝癌采用缩小后切除的治疗方案,国际上最早建成"高转移潜能人肝癌模型体系"。

（续表）

姓 名	单 位	职务、职称	当选年度	主 要 贡 献
李大潜	复旦大学	教授、中国科学院院士	2007	专于偏微分方程、最优控制理论及有限元素法理论,取得多项具有国际先进水平的成果。其中,对一般形式的二自变量拟线性双曲型方程组的自由边界问题和间断解的系统研究,以及对非线性波动方程经典解的整体存在性及生命跨度的完整结果均处于国际领先地位。
戴尅戎	上海交通大学医学院	教授、中国工程院院士	2007	在国际上首先将形状记忆合金制品用于人体内部。在步态和人体平衡功能定量评定、内固定的应力遮挡效应、骨质疏松性骨折、人工关节的基础研究与定制型人工关节、干细胞移植与基因治疗促进骨再生等方面获创新性成果。
管彤贤	上海振华港机(集团)公司	总裁、高级工程师	2009	首创一次吊运 2 个 40 英尺(1 英尺＝30.48 厘米)集装箱的起重机新技术、全自动化双小车集装箱起重机、应用超级电容的轮胎式集装箱起重机、高效环保智能型立体集装箱码头装卸系统,研制亚洲最大 4 000 吨全回转浮吊、世界最大 7 500 吨全回转浮吊。
陈灏珠	复旦大学医学院	教授、中国工程院院士	2009	国内首次施行选择性冠状动脉造影和冠状动脉腔内超声检查,首次应用导管电极成功施行经静脉心脏起搏,首次研制成功国产埋藏式起搏器,提出"心肌梗死"的疾病命名,率先证实"心肌梗死"可通过单极胸导联心电图进行定位诊断,率先用中西医结合治疗冠心病。

第二节 上海市科技精英

1989 年,市科协开展首届"上海市科技精英"评选活动。之后,每两年评选一次,每次评选 10 名。2000—2010 年,共评选出 50 名上海市科技精英。

表 7－3－2 2000—2010 年上海市科技精英情况表

姓 名	单 位	职务、职称	当选年度	主 要 贡 献
江基尧	第二军医大学附属长征医院	教授	2001	在国际上首先发现亚低温对颅脑创伤具有显著的治疗保护作用;系统阐明三种脑递质受体在颅脑创伤发病机制中的作用;重型颅脑创伤救治成功率达国际先进水平;在国内首先采用超深低温成功复苏脑无血循环 50 分钟的动物。
张文军	上海交通大学	教授	2001	研制成功的"高清晰度电视功能样机系统",使中国成为一个拥有完整数字电视系统技术的国家;研制开发的"数字高清晰度电视测试与转播试验"系统,被评为国家重大科技成果。
张世永	复旦大学	教授	2001	完成中欧合作一致性测试项目,建立国内第一个一致性测试实验室和网络认证中心;参与制定"上海信息港规划",计算机"安全网络框架"获国家科技进步奖二等奖。

姓　名	单　位	职务、职称	当选年度	主　要　贡　献
杨桂生	上海杰事杰新材料有限公司	研究员	2001	先后负责承担国家级科技项目12项,省市级重大科技项目18项,是20项发明专利的主要发明人。该公司成为中国最大的工程塑料研究开发和产业基地之一。
范庆国	上海建工集团总公司	教授级高工	2001	参与南浦大桥和杨浦大桥建设,解决大跨度连续曲线箱梁和208米主桥塔结构砼施工难题;解决金茂大厦超大规模深基础施工和外挑钢架复合型柱砼施工难题;主持磁悬浮列车工程等重大项目。
郁竑	上海钢铁工艺技术研究所	教授级高工	2001	发明的"钢筋冷压连接技术"系列技术,填补中国钢筋机械连接技术的空白;作为主要起草人的中国第一部"钢筋机械连接通用技术规程",推广到全国1 000余项大型工程,并打入国际市场;他代表中国参加ISO国际标准的制定。
侯建文	上海航天局第812研究所	研究员	2001	承担"风云一号"A、B两颗卫星的控制设计和技术创新研究,负责"风云一号"C气象卫星姿态控制系统的技术攻关和工程研制,组织"风云三号"等新一代卫星姿态控制系统技术开发和工程研制。为突破气象卫星高可靠、长寿命的关键技术做大量的研究工作。
贺　林	上海交通大学生命科学技术学院	教授	2001	在国内建立神经精神疾病遗传资源样品库;在国内率先开展精神疾病的致病基因及药物基因组学研究;定位与克隆世界之谜A-1型短指(趾)症;承担国家杰出青年基金、"973""863"计划等重大项目。
黄　倩(女)	上海市第一人民医院	研究员	2001	在抑癌基因Rb突变与视网膜母细胞瘤发生、发展的关系,视网膜母细胞基因诊断领域的研究中取得突出成绩;在观察肿瘤早期新生血管形成过程、抑制肿瘤新生血管形成、治疗恶性肿瘤方面取得新成果。
雍炯敏	复旦大学数学系	教授	2001	从事微分对策论及有关问题的研究,在追踪与躲避最优转换与脉冲控制理论、分布参数控制理论、反馈镇定理论等多个方向上获得一系列成果。完成60余篇论文(40余篇在国内完成),大多数发表在国内外著名杂志上,受到国内外专家的高度评价。
王红阳(女)	第二军医大学东方肝胆外科医院	教授	2003	克隆和鉴定PCP-2等新的酪氨酸磷酸酶3种,提出磷酸酶MAM型新的分类方法。"四种新的基因的克隆鉴定与肿瘤相关性研究"1999年获解放军总后勤部科技进步一等奖(第一完成者)。
孙超才	上海市农科院作物育种栽培所	副所长、研究员	2003	提出在双低杂种后代选择方法上先抗病性鉴定筛选,其次农艺产量性状选择,第三品质纯合的方法,培育成四个双低油菜新品种。"早中熟甘蓝型双低油菜新品种的选育——沪油15"2003年获上海市科技进步一等奖。
陈　进	上海交通大学	教授	2003	领衔主持的"32位高性能嵌入式DSP芯片开发"项目通过863计划专家中期检查,为"汉芯"系列芯片的后续研发和产业化发展奠定基础。后被有关部门证实"汉芯"为重大科研造假事件。

（续表）

姓 名	单 位	职务、职称	当选年度	主 要 贡 献
陈义汉	同济大学医学遗传研究所	所长、教授	2003	揭示高血压病靶器官损害的若干危险因素、部分分子基础和细胞机制。发现心房颤动致病基因,并阐明心房颤动的一个病理生理机制。这是中国疾病基因组学的重大突破。
陆 昉	复旦大学物理系	主任、教授	2003	首次在国际上用导纳谱研究锗硅半导体量子点中的库仑荷电效应。"硅基低维结构材料的研制、物性研究及新型器件制备"2003年获国家自然科学奖二等奖(第一完成者)。
林忠钦	上海交通大学	教授	2003	提出一套新的车身制造质量控制体系,提出新型高精度等效拉深筋阻力模型和变压边力控制模型。"轿车车身制造质量控制技术及其应用"获2003年国家科技进步二等奖。
施剑林	中国科学院上海硅酸盐所	所长、研究员	2003	提出氧化物化学制备过程中团聚体形成机制与团聚防止方法,发现前人在陶瓷烧结理论研究中的问题,提出全新的烧结致密化理论;发展出几种创新的介孔主客体纳米材料制备新方法。
秦宝华	上海市基础工程公司	副经理、教授级高工	2003	负责徐浦大桥、卢浦大桥等多项重点工程的施工。在卢浦大桥建设中大胆采用"钢铰线留缆"方法,解决中跨拱肋安装的难题,攻克当时世界拱桥建桥史上单根长度最大等的水平索施工技术。
蒋华良	中国科学院上海药物研究所	研究员	2003	在国内率先开展大分子复杂体系超级计算机并行算法和应用的研究。带领课题组成功地进行SARS病毒关键蛋白的基因克隆、质粒构建和表达纯化。
戴德海	上海市航天局第801研究所	研究员	2003	主持攻关长征四号甲运载火箭三级姿控系统用于推进剂管理的"表面张力贮箱"关键技术,"推进舱230升金属膜片贮箱"关键技术填补国内空白。
丁 健	中国科学院上海药物研究所	研究员	2005	建立抗肿瘤药物筛选和药效学评价技术体系,阐明新拓扑异构酶Ⅱ抑制剂沙尔威辛独特的抗耐药特性与分子机制,首次发现转录因子c-Jun在抗肿瘤多药耐药中的关键作用;发现其全新的抗肿瘤新生血管生成机理。
马建学	上海华谊丙烯酸有限公司	总工程师、高级工程师	2005	开发出具有自主知识产权的丙烯酸丁酯国产化生产工艺技术,填补国内丙烯酸行业的空白。"丙烯酸及酯新工艺生产关键技术"获2005年国家科技进步二等奖(第二完成人)。
史进渊	上海发电设备成套设计研究所	副总工程师、教授级高级工程师	2005	"大型汽轮机部件寿命评定新技术"获2003年国家科技进步二等奖;"300兆瓦火电机组可靠性增长技术的研究和应用"获2004年国家科技进步二等奖。
陈 楠(女)	上海交通大学附属瑞金医院肾脏科	主任、教授	2005	"急性肾功能衰竭病因,临床与实验研究"获2003年上海市科技进步一等奖;"中国人遗传性肾炎(AIPORT综合征)临床病理和分子发病机制研究"获2003年教育部科技进步一等奖。

（续表）

姓　名	单　位	职务、职称	当选年度	主　要　贡　献
邵志敏	复旦大学附属肿瘤医院乳腺外科	主任、教授	2005	在世界上首次报道在乳腺癌上胰岛素样生长因子结合蛋白-3和激素受体相关及维甲酸受体-a和激素受体相关。"乳腺癌的临床和基础研究"获2004年国家科技进步二等奖。
胡里清	上海神力科技有限公司	总经理兼技术总监、高级工程师	2005	承担国家"863"计划重大专项"燃料电池发动机研发工程"，为同济大学燃料电池轿车提供两代燃料电池发动机4台，为清华大学燃料电池大巴提供三代燃料电池发动机3台。
唐　颐	复旦大学	教授	2005	"有序排列的纳米多孔材料的组装合成和功能化"获2005年国家自然科学二等奖（第二完成人）；"特殊孔结构的催化和分离材料的分子工程学研究"获2003年上海市科技进步一等奖（第一完成人）。
袁　洁	上海航天局	局长、研究员	2005	先后担任运载火箭总体主任设计师、长征二号丁运载火箭总指挥等职。"长征四号乙（CA-4B）运载火箭"获2001年国家科技进步二等奖（第二完成人）。
钱　锋	华东理工大学	教授	2005	"大型精对苯二甲酸生产过程智能建模、控制与优化技术"获2005年教育部科技进步一等奖（第一完成人）；"乙烯精馏装置软测量和智能控制技术"获2004年上海市科技进步一等奖（第一完成人）。
景益鹏	中国科学院上海天文台	研究员	2005	"宇宙结构形成的数值模拟研究"获2004年上海市科技进步一等奖。首次提出暗晕集团因子的对数正则发布公式、暗晕内部物质分布的三轴椭球密度分别模型等。
毛军发	上海交通大学	教授	2007	发表300多篇学术论文，申请发明专利20项（授权10项），1998年获上海市自然科学牡丹奖，2004年获国家自然科学二等奖，2005年获上海市科技进步一等奖，2008年获国家技术发明二等奖。
刘昌胜	华东理工大学	教授	2007	研制出自固化磷酸钙"人工骨"系列产品，发明并制备出载重组人工骨高活性修复材料。获得国家科技进步二等奖、上海市自然科学二等奖等。
沈志强	中国科学院上海天文台	研究员	2007	发现支持"银河系中心存在超大质量黑洞"这个观点迄今为止最令人信服的证据，结果于2005年11月3日在Nature上发表并在国内外引起重大反响。
张志愿	上海交通大学医学院	教授	2007	擅长口腔颌面部与头颈部肿瘤的诊治，承担国家"863""十一五"支撑计划，国家自然科学基金重点2项、面上5项等部、委级课题共19项；获得国家科学技术进步二等奖2项、上海市科技进步一等奖2项。
武　平	展讯通信公司	总裁兼CEO	2007	在系统集成电路、混合信号技术方面拥有丰富的设计经验和技术管理经在国内TD-SCDMA手机大多选用展讯、联芯和T3G这三家厂商的芯片。2007年成功推动展讯通信在纳斯达克上市。

（续表）

姓　名	单　位	职务、职称	当选年度	主　要　贡　献
金东寒	中船重工集团公司第七一一研究所	研究员	2007	发展多缸热气机的基础理论,突破热气机及其动力系统的关键技术。获国家科技进步特等奖1项、一等奖1项,国防科技一等奖2项,其他省部级科技进步奖4项。
段树民	中国科学院上海生命科学研究院	研究员	2007	胶质细胞信号分子释放机制、胶质细胞对神经环路和突触可塑性的调控等方面取得重要研究成果,以通讯作者在 Science 等国际著名杂志发表系列研究论文。2010年获国家自然科学奖二等奖。
俞　洁	上海卫星工程研究所	所长、研究员	2007	在"风云二号"气象卫星研制中,独创多项新技术,为该型号卫星的成功研制和应用作出特殊贡献。开展新一代气象卫星"风云四号"的预研和关键技术攻关,提出具有重要价值的总体思路。
夏照帆	第二军医大学附属长征医院	教授	2007	首次证明烧伤休克细胞能量代谢障碍假说;率先发现皮肤成纤维细胞释放 IL-6 在烧伤后全身炎症反应中的重要作用等。获国家科技进步一等奖1项,二等奖2项,三等奖1项;获国家发明专利授权8项。
龚　剑	上海建工集团股份有限公司	总工程师、教授级高级工程师	2007	在超高层关键技术研究中,共获得省部级以上科技进步奖15项,国家科技进步一等奖1项,上海市科技进步一等奖5项;得得技术专利15项。
马大为	中国科学院上海有机化学研究所	研究员	2009	求是科技基金会杰出青年学者奖(1998),中国青年科技奖(1998),上海市十大杰出青年(2001),上海市科学进步一等奖(2005),国家自然科学二等奖(2007)。
许　迅	上海交通大学眼科研究所	所长	2009	主要从事眼底病的诊断、治疗与研究。多次获得中华医学科技奖、上海市科技进步奖和教育部科技奖。所带领的团队荣获2007年度上海市科技进步一等奖。
孙颖浩	上海交通大学附属长征医院	教授	2009	获国家科技进步二等奖及上海市科技进步一等奖各1项、中华医学科技三等奖1项,军队医疗成果一等奖2项及军队科技进步三等奖各1项,获上海科技进步二等奖1项。
李建华	上海交通大学	教授	2009	主要从事信息安全技术研究2005年获国家科技进步二等奖1项,2003、2004年获上海市科技进步一等和二等奖各2项,2001年获国防科技三等奖1项。
汪华林	华东理工大学	教授	2009	发明液体旋流脱盐、碱、微细颗粒的方法和集成工艺及高效旋流芯管,提出并开发成功石油焦化冷焦水密闭循环处理工艺技术。获2007年国家科技进步二等奖(第一完成人)。
陈代杰	上海医药工业研究院	研究员	2009	"环孢菌素 A 生产新工艺关键技术及其应用"分别获2004年上海市科技进步一等奖和2005年国家科技进步二等奖;"万古霉素关键技术研究及产业化"分别获2006年上海市科技进步一等奖和2007年国家科技进步二等奖。

（续表）

姓　名	单　位	职务、职称	当选年度	主　要　贡　献
陈芬儿	复旦大学	教授	2009	2006 年获何梁何利奖、上海市发明家奖、上海市科技创新英才奖，2005 年获国家技术发明二等奖、中国专利金奖，2004 年获上海市发明创造专利一等奖、2003 年获上海市科技进步一等奖、教育部科技进步一等奖。
金　力	复旦大学	教授	2009	在分子进化、重复片段位点和连锁不平衡等领域发展多个理论和方法，在基因组水平深入解析东亚人群的遗传多样性特征，阐明东亚人群多个性状的适应性变异的分子遗传学基础。曾获何梁何利基金科学与技术进步奖、国家自然科学奖二等奖等奖项。
房静远	上海交通大学医学院附属仁济医院	教授	2009	在国际上首次发现叶酸可以治疗慢性萎缩性胃炎而预防胃癌且其机理与 DNA 甲基化的维持有关。获得上海市科技进步一等奖、国家科技进步二等奖各 1 项，上海市和卫生部科技进步三等奖各 2 项。
樊　嘉	复旦大学附属中山医院	教授	2009	获上海市科技进步奖一、二等奖，中华医学科技奖二等奖，国家科技进步奖二等奖，上海市医学科技奖一、二等奖，上海市优秀发明奖选拔赛一、二等奖。

第四章 人物名录

第一节 青年科技启明星计划

1991 年，市科委开始实施青年科技"启明星"专项计划。1993 年，推出"启明星跟踪计划"，旨在对"启明星"优秀人才提供"续航动力"。2005 年，增设上海青年科技启明星计划"B 类"，强化对企业科技人才的培养。

表 7－4－1　2000—2010 年上海市青年科技启明星计划入选人员情况表

时间	类型	人员名单								
2000		屠大维	鲁雄刚	郑乐平	孙玉望	房敏	揭元萍(女)	张登海	李晓红(女)	
		李万	范建高	杜冬萍(女)		沈文忠	孙雁(女)	徐宇虹(女)	王浩伟	
		倪侃	曹晓卫	李笑天	钦伦秀	余波	吕战鹏	陈永生	袁益超	卞留贯 崔磊
		赵学军	杜久林	王中阳	唐福龙	刘金涛	丁奎岭	刘海涛	龚海梅	沈建华 陈昌明
		孙静(女)	董克用	丁永生	倪波(女)		胡乃红	孙真荣	肖成猷	施国跃
		李元广	李春忠	羊亚平	任杰	陈易	周鸣飞	田增平	张显东	张卫东 王志农
		谢渭芬	刘彦君	章卫平						
	跟踪资助	郑柏存	钱晋武	邹亚明(女)		袁正宏	施欣	范先群	宁光	费俭 叶阳
		王正东	赵由才	资剑						
2001		陈哲宇	吴宏	程树群	施俊义	陈万生	张清华	刘宝红	竺士炀	徐丛剑 马昕
		武培怡	舒先红	薛向阳	王贵友	朱为宏	张卫国	杨帆	季朝能	陈力军 钟云波
		于瀛洁	张博锋	汪希鹏	张庆华	朱亚琴	符杨	张鹏	葛彤	孔德兴 孙军
		刘华	金荣华	吴登龙	周佩军	何鑫	陈军标	张大兵	王岩	王拥军 陈德珍
		肖建庄	陈猛	姚武	李光亚	刘岩	李向阳	谢幼华	吕伟	梁旭文 姚祝军
		沈百飞	胡立宏	张福利						
	跟踪资助	汪源源	殷善开	张苗	孙锟	薛红卫	陈振楼	冯伟	李青峰	邓廉夫 刘振国
		彭颖红								
2002		许传亮	黄勤(女)	林厚文	张宝华	汪军	曹勇	庄军	赵经纬	
		林殷茵(女)	邱枫	王翔	孙惠川	南发俊	杨忠	徐志刚	邹刚	万志坤
		王林军	刘廷章	姜虹(女)	阎俏梅(女)	徐群杰	邓名华	张崇峰	虞鑫海	
		邹志强	谷大武	孔向阳	白占奎	徐斐(女)	杨爱玲(女)	傅乐峰		
		翟向华(女)	于晶(女)	石军(女)	张铭	孙晓东	朱为民	李向红		
		陈新军	何斌	赵英侠(女)	赵爱光(女)	陈建泉	李世亭	田宁	薛伟辰	
		林杰	贺志坚	瞿荣辉	周国清	刘宣勇	黄志明	舒嵘	陶隽	龙亚秋(女)
		张兆国	翟宏斌	戴志敏	王琛					
	跟踪资助	俞飙	周祖翼	李明	沈南	李彪	秦环龙	王兴鹏	姜远英	杨玉社 路庆华
		谈士力	许建和	袁雯(女)	刘杰					
2003		于俊荣(女)	余承忠	董爱武(女)	乔明华	危辉	李富友	徐文东	王鲁	
		钱菊英(女)	吴炅	屈卫东	吴范宏	于广锁	刘漫丹(女)	丁昆明	张桂戌	
		吴明红(女)	徐晖	王小静	罗均	潘晓霞(女)	顾柏炜			
		邱文娟(女)	骆天红	淡淑恒(女)	詹家荣	秦灿灿(女)	战兴群	高超		

（续表）

时间	类型	人员名单
2003		曾小勤　陈江平　刘洪　朱家安　张振东　鞠佃文　薛飞　田红炯　万颖(女) 王美华(女)　王文静　缪德年　范益群　王迅　任廷柱　李柏林　庄洁(女) 阙华发　王顺春　史耀舟　张东　刘志飞　叶爱君(女)　汪镭　陈宇光　陈洪斌 王艺(女)　王阳　郑珊(女)　李宁　吴亦农　刘银年　孙卫宁(女) 卜智勇　吴希罕　柳红(女)　蔡翔舟　袁小兵　李楠(女)　沈洪兴　林川
	跟踪资助	朱泉　王斌　汪华林　李春芳　鲁雄刚　汤亭亭　时钟　王亚光　范建高　季光 刘国彬　沈建华　丁奎岭　张卫东　王杰军
2004		封东来　阚海东　刘天西　钱卫宁　吴纪华(女)　吴宇平　屈新萍(女)　关明 余洪猛　李建勋　李志勇　吕维洁　苏翼凯　钟晓霞(女)　朱利民　谷宝军 王丰(女)　李恺(女)　石艳玲(女)　吴莹(女)　鲜跃仲　赵振杰 徐凌云(女)　王旭东　闻大翔　潘萌(女)　王侃侃(女)　孙振平 王中杰(女)　杨守业　郭杨龙　李慧(女)　颜学峰　赵咏芳(女) 王琳(女)　吴雪卿(女)　曹莉(女)　邓安梅(女)　曲乐丰 程晋荣(女)　李昕　张建华(女)　贾能勤　杨仕平　曹阿民　刘元红(女) 程静　张军杰　王夏琴(女)　曹志伟(女)　钟庆东　吴伟蔚　王会玲(女) 崔国民　胡薇(女)　牛惠燕(女)　陈昶　陈亮　张冬梅(女)　赵东海 郝沛(女)
	跟踪资助	丁小强　武培怡　钦伦秀　徐宇虹(女)　张卫东　任杰　羊亚平　程树群　胡立宏 钟建江　张卫国　钟云波　林晓曦　卞留贯　杨驰　袁益超　沈百飞　李超忠
2005	A类	陈廷　李俊　张亚红(女)　杨武利　汪卫　马志军　杨文涛(女) 明凤(女)　徐锦(女)　忻菁(女)　孙爱军(女)　李静雅(女) 李到　张钦辉　郭耘　轩福贞　周勇　路勇　王张华(女)　周晓明　张田忠 黄德斌　焦正　宋任涛　吴英理　蒋欣泉　周广东　钟春龙　赵维莅(女)　杨义生 王英伟　杨秀　蒋海燕　范同祥　杨小康　李翔　代彦军　王金武　邹俊(女) 宋科瑛　张守玉　李辉　赵敏　熊伍军　熊爱生　邹曙明　陈益强　许家佗 张彤　奉典旭　王怡(女)　陈伯勇　张亚雷　周斌　何斌　童小华　梁爱斌 陈航榕(女)　王少伟　刘小龙　翟琦巍　宋淑丽(女)　余学斌　于坤千　樊春海 唐功利　徐明华　刘文　张勇　曹永兵　苏永华(女)　邵成浩　陈菊祥　谈冶雄 张敬涛　魏劲松
	跟踪资助	陈哲宇　刘宝红(女)　薛向阳　舒先红(女)　胡乃红　谢渭芬　翁培奋　崔磊 李世亭　丁国良　沈文忠　王拥军　沈军　瞿荣辉　孙静(女)　翟宏斌
	B类	伍小平　朱伟峰　陈长松　赵琪(女)　胡大斌　陈晓明　李虎　赵晓梅(女) 董运江　胡金星　朱卫杰　李炜　李雪梅(女)　何春艳(女)　李红波　冉晓龙 吴志红(女)　施险峰　张东　曲奕(女)　刘思国　董径超　陈诚　黄鑫 谈珉　夏建盟　杨茂江　黄刚　刘大涛　胡乃静　王传法　杨桦(女)　玄振玉 杨凯丰　李国栋　常志远　葛平(女)　胡金亮　陈少欣　马英(女)
2006	A类	李炜(女)　罗艳(女)　孙韶媛(女)　陆豪杰　任文伟　吴晓晖　吴义政 叶德建　俞燕蕾(女)　虞先浚　莫晓芬(女)　徐泱　顾锋　马海燕(女) 周炜星　戴志军　江文正　张剑波　张伟(女)　高玉来　李谦　张新鹏　杨俊杰 陈列文　龚景海　李大永　林赫　周永丰　朱新远　赵克温(女)　唐国华 邱丽华(女)　金玮　李济宇　董伟(女)　熊慧 李园园(女)　开国银　刘道军　罗全勇　许杰　邹海东　李燕(女) 李卫华　余舜武　魏勇　吴羧　顾宏刚　刘慧荣(女)　蔡永昌 孙智　田军　任涛　苏良碧　王根水　侯云(女)　宋保亮　龚继明

（续表）

时间	类型	人员名单
2006	A类	杜艳芝(女) 刘波 伍滨和 方德清 胡金波 郭瀛军 李博华 岳小强 李泉 傅强 唐玲(女) 林勇
	跟踪资助	张清华 李富友 孙真荣 施国跃 吴明红(女) 詹家荣 朱家安 张兆国 沈国芳 汪希鹏 王美华(女) 肖建庄 薛伟辰 谢幼华 柳红(女) 姚祝军 袁小兵 黄志明
	B类	刘旭红 杨毓英(女) 刘云辉 张鹰 叶斐(女) 欧海涛 袁传敏 韩峻松 赵家民 张磊 白艳军 田海滨 孙菁(女) 李鹏 黄孝春 苟利平 赵浩 王月桥 崔中发 张绍卫 赵炜 周英辉 李威 陈刚 周栋 张昕 王秦峰 黄成军 王龙 黄莺(女) 牛国琴(女) 张俊宝 邹伟国 刘艺 胡震宇 王吉云 张青雷 张舟云 李琰 严军 岳建勇 刘斌 杨建荣 张炜(女) 梅晓阳(女) 李兴伟 曾爱军 刘健(女) 王骏 李国平 徐洪光 彭学广 蔡海文
2007	A类	张幼维(女) 林伟 他得安 蒋玉龙 徐薇(女) 汪海健 范仁华 吴劲松 戴毅(女) 任宁 李鹤成 王巧纯 李剑 张玲(女) 王振雷 刘桂霞(女) 吴海虹(女) 徐敏(女) 冯涛 蒲戈光 吴永全 卢东强 王军 谢少荣(女) 刘涛 刘永生 洪蕾 欧纮宇 疏达 王景成 彭立明 熊振华 潘理 王久林 陈云鹏 王从容(女) 孙晓文 张萍(女) 何悦 方炜(女) 王立顺 王欣(女) 刘锋 王荣 刘鸿艳(女) 李宗海 赵勇 于新凯 季莉莉(女) 林晓 张珉(女) 成扬 刘广鹏 李培振 吴志军 张晓青(女) 吴珺华(女) 唐恺 王娟(女) 赵广军 步文博 张晓玲(女) 李文君(女) 崔晓峰 吴良才 黄晓宇 陈涛涌 杜奕奇 许国华 鄢和新
	AB联合资助	胡辉 寇庚 张建军 张艳霞(女) 张华 王元凤(女) 杨振乾 林珩
	B类	王敏敏(女) 刘洋 龚广予 颜罡 张爱民 齐红基 陈梁 王新营 温俊明 徐志明 琚长江 张海燕 张文杰 文武 金维荣 孔凡滔 肖斌 万星拱 梅英宝 周晓峰 张和春 俞国华 曾志宏 杨立平 李成斌 徐晓晶(女) 黄轶 耿进柱 顾海峰 周红波 许清风 陈嫣 朱忠隆 袁志扬 陈勇辉 贺樑 张小燕(女) 龚利贤(女) 肖明宇 王曙光 尉小慧(女) 苏华 包伟华 赵昕
2008	A类	曹颖(女) 韩岩梅(女) 顾伟 汪滋民 何海龙 朱元杰 杨立群 孙宝忠 王新 邓勇辉 周树学 李希(女) 江建海 张荣梅(女) 李凯(女) 康玉(女) 赵曜 王艳(女) 张峰 胡震 杜文莉(女) 刘涛 张显程 刘琴(女) 王长波 谢文辉 李晓红(女) 孙越(女) 汪福顺 陈玺 刘志 李国正 李平(女) 李琦芬(女) 李军 吴耀琨 韩韬 欧阳华 贺光(女) 陈立波 李红莉(女) 王昊(女) 王兆军(女) 李启芳 李慧武 张殊(女) 邱伟华 王月英(女) 李斐 蒋盛旦 郭汉明 晋义 施锦绣(女) 张宇鑫(女) 邵莉(女) 钟来平 崔斌 杨娟(女) 刘利平 沈岚(女) 赵晓珍(女) 孙明瑜(女) 曹月龙 马晓芃(女) 李丽(女) 杨超 隋铭皓 丁泉顺 李虹(女) 赵栋 赵晓刚 杨玮枫 刘阳桥 张玲霞(女) 严军 钟琛(女) 沈世银 王丽华(女) 洪然
	跟踪资助	邓安梅(女) 屈新萍(女) 明凤(女) 孙惠川 李佳 周勇 张建华(女) 程晋荣(女) 胡乃静 杨景辉 廖本仁 崔晓强 陈江平

（续表）

时间	类型	人 员 名 单
2008	跟踪资助	石 军(女) 王金武 孙晓东 蒋欣泉 王侃侃(女) 潘 萌(女) 贾能勤 熊爱生 童小华 周 斌 张敬涛 王少伟 翟琦巍 徐明华 冷 颖(女) 樊春海 刘元红(女) 唐功利
	B类	钱余海 刘华飞 艾连中 简蔚滢(女) 步 扬 吴江斌 张 洋(女) 韩文斌 洪少枝 宋 杰 张 燕 杨 军 周扬华 孙煦峰 蔡梦军 罗 鸽(女) 郭 宁 张长远 胡正军 张 松 熊建军 刘 宇 付 丹(女) 方 凯 叶 林 水伟厚 宋 凯 邱 源 沈 光 许嘉炯 孙 晓 温锁林 欧阳志英(女) 王 帆 池 蜂 杨 建 计初喜 蔡正艳(女) 何 军 张紫佳(女) 张向锋(女) 崔耀欣 沈 杰 沈 钢
2009	A类	徐 岚(女) 苏志熙 唐长文 熊焕明 赵欣之 赵运磊 钱莉玲(女) 陈晓军(女) 朱 巍 陶 磊 史颖弘 张 杰 龚学庆 惠 虎 王淑芬(女) 周祥山 郭军伟 王 军 王 平 吴 健 冯艳丽(女) 雷作胜 卢占斌 李东东 吴卫民 许强华(女) 蔡 艳(女) 陈 泳 邓 勇 刘胜利(女) 董 杰 孙卫强 唐晓艳(女) 夏伟梁 方 超 姚玉峰 黄正蔚 苏殿三 陶 然 曹 辉 王现英(女) 张大伟 杨 红(女) 胡 承 刘旭东 黄 陈 张惠文(女) 陈津津(女) 徐金富 孙加源 于 靖(女) 范小勇 段 可(女) 胡宏林 杨 莉(女) 周 泉 陆嘉惠(女) 丁志军 沈 利(女) 王 晟 王亚宜(女) 张小宁 杨正龙 康非吾 冷雨欣 王连军 张 柯 陈莉莉(女) 张新刚 盛春泉 刘 辉 张 黎(女) 陆清声 周 琳(女) 王巍巍(女) 王志敏
	跟踪资助	李 俊 李 翔 刘天西 吴宇平 孙爱军(女) 李静雅(女) 顾 锋 鲜跃仲 周晓明 张田忠 刘 健(女) 伍小平 严 军 吕维洁 朱利民 周广东 赵维荅(女) 王英伟 开国银 谷宝军 邹海东 王顺春 孙 智 王根水 刘小龙 刘 波 刘 文 李 楠(女) 陈菊祥
	B类	曹先常 刘振民 杨增辉 杨 锟 胡 兵 刘 雄 叶 青 雷 霆 李海红(女) 齐 亮 肖永来 顾华年 汪文彬 邓 丹(女) 李来平 乔 赟 何 兵 曹育才 王波兰(女) 胡少坚 吴小建 丁 超 黄 凯 黄兴德 吴伟炯 戴 轶 冯中军 李 伟 胡志强 谭学军 盛海辉 王 鹏 肖贻松 刘 英(女) 许春山 张 亮 侯 盛 郑佳威(女) 王占宏 张敬谊(女) 唐智荣 谢 硕 何训贵(女)
2010	A类	覃小红 雷 震 陈 敏 颜竹君 涂 涛 周 雁 温文玉 沙先谊 马晓静 张晓燕 邵凌云 倪颖勤 高 强 蔡国响 王卫泽 包春燕 白志山 李洪林 杜若霞 赵小莉 吴 光 王正寰 葛先辉 张登松 李 喜 庞拂飞 赵兴明 姚伟峰 彭道刚 朱 瑾 彭 静 杨金龙 钱 冬 刘 磊 陈长鑫 归 琳 蒋兴浩 陶生策 张爱丽 卢 莹 高小玲 胥 春 张燕捷 熊 华 姜 萌 谢 冰 叶 蕾 江 帆 陶 荣 赵 斌 郑继红 罗智坚 朱 建 燕晓宇 彭文辉 朱文辉 徐 健 崔振玲 路丽明 吴 潇 王晓梅 陈宏宇 徐 景 邓海平 钟逸斐 王 琛 陶 枫 程 昊 穆宝忠 梁发云 何良华 张宏超 张 勇 刘伟才 靳令经 曾志男 陈喜红 吕 翔 李 斌 李凌云 章海燕 李 迪 郭振红 陆 斌 马 兵 张 剑 陈 磊
	跟踪资助	吴晓晖 杨武利 张亚红 莫晓芬 徐 泱 轩福贞 李 恺 路 勇 林 勇 焦 正 张新鹏 代彦军 范同祥 李大永 龚景海 唐国华 钟春龙 李济宇 李 琰 任 涛 陈晓明 季莉莉 王 怡 刘广鹏 梁爱斌 田 军 魏劲松 陈航榕 宋保亮 曹阿民 傅 强

（续表）

时间	类型	人员名单
2010	B类	林刚　赵会平　王建　汪恒杰　唐锋　姚鹏　邹叶龙　廖文俊　林瑜　奚培锋 滕丽　何以丰　管云峰　罗志强　周正仙　许长军　李虎林　李子旭　田涌涛　魏长征 程伟　张刚　李明辉　保丽霞　闫兴非　王巍　赵兴波　罗鑫　金东华　张滢清 李志丹　张志钢　孙永岩　董道国　卢旦　秦飞　王湘　彭宣嘉　林峰　杨国红 赵雁　钱志源　沈琼　江华　樊克兴　童庆　唐康健

第二节　优秀学科带头人计划

1993年，上海市开始实施"上海市优秀学科带头人资助计划"。2005年，上海市优秀学科带头人计划增设B类（企业科技人才）。

表7-4-2　2005—2010年上海市优秀学科带头人计划入选人员情况表

时间	类型	人员名单
2005	A类	袁正宏　唐颐　邹云增　陈彧　陈立侨　朱建荣　金颖(女)　江基尧　邓子新 车顺爱(女)　廖世俊　王兴鹏　覃文新　陈义汉　郑洪波　王培军　徐国良　史香林 景益鹏　曹俊诚　马余刚　赵景泰　焦炳华　沈锋　邵惠丽(女)　张忠孝　方勇 房敏　范华骅
2005	B类	杨桂生　陈建泉　徐强　郜恒骏　贡俊　常兆华　陈平　郑柏存　罗楹　刘亚东 吴秋芳　李革　卢晨　张庆华　顾玉亮　袁晓　张辰　陈猛　庄明强
2006	A类	龚新高　金国新　汤其群　樊嘉　施敏　魏东芝　谈胜利　王开运　黄震　朱向阳 陈红专　张济　房静远　费俭　黄薇(女)　宋怀东　姚泉洪　胡义扬　杨志刚 戴宁　张晓坤　陈雁　林鸿宣　沈志强　宋志棠　俞飚　姜远英　潘卫庆　朱世根 王明贵　周梁　鲁雄刚　朱振安　韩茂安　许迅　仲政　赵建龙　徐志云　刘士远
2006	B类	方园　纪丽伟　王杰　黄建民　尹天文　刘凡清　项党　吴承荣　徐良衡　马新胜 潘燕龙　叶晓峰　吉继亮　殷传新　王缦(女)　沈国平　孟杨　梁旻　肖华胜 朱为(女)　李耀良　郑宜枫　朱雁飞　吴伟泳　王丹英(女)　陈代杰　周向争 王进秋　李光亚
2007	A类	周锡庚　武培怡　王斌　黄国英　毛颖　董健　彭卫军　刘昌胜　徐玉芳　郑祥民 周青　瞿介明　仲人前　施利毅　孙锟　彭颖红　汪小帆　杨建民　张长青　范先群 沈南　朱军　蔡威　陈方　钟扬　刘建民　夏术阶　严兴洪　任杰　龚尚庆 朱英杰　丁建平　孙兵　何祖华　夏保佳　郭跃伟　吴国忠　李超忠　段树民　张鹭鹭
2007	B类	伍昭化　高振锋　董军　邵长宇　周伟澄　王卫东　徐强　陈红洁　卜崇兴　雷雨成 李晶　张峰　胡里清　袁萍　卢建熙　袁鹏斌　涂杰　宋韬
2008	A类	曹广文　陆建平　卫立辛　徐沪济　王华平　徐雷　任俊彦　钦伦秀　孔继烈　傅德良 孙兴怀　符伟国　王辅臣　汪华林　李春忠　朱瑞良　张卫平　费敏锐　黄有方　吴国华 苏明　沈文忠　李建华　张陈平　李青峰　何奔　狄文　张欣欣(女)　吴皓 章振林　殷善开　万小平　范慧敏　李惠萍(女)　卢洪洲　肖泽萍(女)　何培民 梁旭文　何立群　王拥军　刘成海　周祖翼　余卓平　徐鉴　杨长青　江莞　邵军 朱学良　薛红卫　罗振革　陈正军　廖新浩　左建平　赵振堂　丁奎岭

（续表）

时间	类型	人 员 名 单								
2008	B类	张孝林	凌　进	叶志强	王水来	王庭山	王怡瑶(女)	张　苗(女)	胡玉银	
		许　峰	孙　卓	罗七一	张志勇	汪　革	徐红岩	李良君	胡景泰	高卫民	毕　强
		陈　诚	陶黎明	薛利群	许　诚	周建龙	杨志奇	金　方(女)		马　骉	杨　宇
		魏　东	傅乐峰	王　皓	王　俊	储双杰(联合申请)				
2009	A类	张　菁	封东来	贺鹤勇	黄志力	汪长春	汪源源	徐　虹	刘　杰	张文宏	王德辉
		徐建江	周　俭	杜　祥	王艳芹	辛　忠	陈振楼	胡文浩	孙真荣	钱晋武	陈新军
		关新平	吴　际	杨洪全	郁文贤	陈万涛	冉志华	郑民华	李毅刚	赵　强	王卫庆
		张　华	张晓燕	王升跃	万　颖	刘丽梅	吴　凡	朱振才	徐家跃	冯年平	刘　胜
		高月求	何品晶	霍佳震	曾国苏	王佐林	张　龙	李永祥	黄志明	陈江野	曹新伍
		耿美玉	吕　龙	缪朝玉	赵　健	郑宏良	朱世辉	袁　文	程树群	陈道峰	刘宝红
		崔大祥	肖冬梅	刘志飞	刘　勇	钱其军	黄凤义	王淑敏	李　俊	郭本恒	张舟云
		吴毅平	杨卫忠	江　斌	刘　琦	陶益民	袁建敏	施晓旦	吕建中	宋志坚	钱红斌
		曹亚东	王文斌	任大伟	葛　宏	樊　灵	薛　渊	陈　则	王美华	邹庐泉	李红波
		俞剑峰	马汝建	张福利	李瑞祥	玄振玉	许长江	姜　锋			
	B类	张汉谦	杨凌辉	刘坐镇	郭建辉	陈　炯	毕英杰	李春亭	张小力	刘　凯	刘志祥
		张青雷	季慧玉	侯正全	王洁民	陈明良	章序文	王　东	鞠佃文	侯永泰	
2010	A类	张　菁	封东来	贺鹤勇	黄志力	汪长春	汪源源	徐　虹	刘　杰	张文宏	王德辉
		徐建江	周　俭	杜　祥	王艳芹	辛　忠	陈振楼	胡文浩	孙真荣	钱晋武	陈新军
		关新平	吴　际	杨洪全	郁文贤	陈万涛	冉志华	郑民华	李毅刚	赵　强	王卫庆
		张　华	张晓燕	王升跃	万　颖	刘丽梅	吴　凡	朱振才	徐家跃	冯年平	刘　胜
		高月求	何品晶	霍佳震	曾国苏	王佐林	张　龙	李永祥	黄志明	陈江野	曹新伍
		耿美玉	吕　龙	缪朝玉	赵　健	郑宏良	朱世辉	袁　文	程树群	陈道峰	刘宝红
		崔大祥	肖冬梅	刘志飞	刘　勇	钱其军					
	B类	黄凤义	王淑敏	李　俊	郭本恒	张舟云	吴毅平	杨卫忠	江　斌	刘　琦	陶益民
		袁建敏	施晓旦	吕建中	宋志坚	钱红斌	曹亚东	王文斌	任大伟	葛　宏	樊　灵
		薛　渊	陈　则	王美华	邹庐泉	李红波	俞剑峰	马汝建	张福利	李瑞祥	玄振玉
		许长江	姜　锋								

第三节　浦江人才计划

　　2005 年 7 月 1 日，市人事局和市科委联合设立并实施"上海市浦江人才计划"，每年投入 4 000 万元作为支持留学人员来沪工作　创业的政府专项资助。资助类型分为科研开发（A 类）、科技创业（B 类）、社会科学（C 类）和特殊急需人才（D 类）等四类资助。

表 7‐4‐3　2005—2010 年上海市浦江人才计划资助人员情况表

时间	类型	人 员 名 单								
2005	A类	章卫平	缪朝玉	张大志	王全兴	许传亮	金　钢	徐沪济	许　青	刘　平	卫立辛
		邱夷平	王宏志	莫秀梅	朱利民	孟　清	张宗芝	王松有	马　斌	丁士进	钟国富
		王志松	孙大林	周　磊	李华伟	金　力	陶无凡	孙　璘	许　田	高　谦	陈世益
		阎春林	杨为戈	臧荣余	虞慧群	唐世华	王艳芹	陈　锋	唐　赟	曾步兵	刘宗华
		黄素梅	张卫平	潘兴斌	倪明康	吴　鹏	孙得彦	林龙年	赵　政	刘建影	郭秀云

（续表）

时间	类型	人员名单
2005	A类	张俊乾 蔡传兵 宋任涛 王健 李庆华 田英 戎伟芳 张文杰 王忠 李海 姚强 王立夫 诸江 李小英 邓廉夫 陶炯 李毅刚 尹文言 李明 杨立 董明 汪辉 沈水龙 何国 崔勇 张澜庭 王沁 韩伟 李明发 明新国 贾楠 罗行 沈建琪 康建成 童若轩 孙大志 魏丽 李晓白 刘灶长 何培民 李建其 张赟彬 张泽安 刘要稳 吴明儿 聂国华 黄争鸣 翟继卫 李岩 杨杰 王佐林 杨长青 张东宁 周圣明 黄富强 祝迎春 陈平平 刘健康 荆清 周志华 平劲松 程建功 蒋寻涯 刘东祥 李勇平 刘文 王佐仁 熊志奇
	B类	詹正云 章纳新 柳根勇 李伟华 罗朗 戚涛 汪鸿涛 孙跃平 雷邦瑜 周蕾 张云福 阎超 谢欣 李娜 王光星 陈曙辉 顾亦君 戴伟民 丛培红 蒋宾 曹剑武 孙卓
2006	A类	陈志龙 王雪芬(女) 张科静(女) 陈彤 葛晓春(女) 黄吉平 黄学祥 黄志力 阚海斌 李速明 刘智攀 邵春林 施郁 薛军工 叶荣 易涛(女) 郑文军 朱依谆 张雪梅 辛宏 穆青 周晓燕(女) 严天宏 周玲(女) 鲍杰 邓卫平 范立强(女) 郭守武 黄永平 梁文(女) 吴国章 岳伟民 张井岩(女) 杜金洲 何品刚 胡金锋 文珂 徐世祥 张季平 张健 苗华栋 白延琴(女) 李建林 卢志明 马国宏 孙德安 汪午(女) 谢华清 朱群志 严伟 常程康 崔大祥 丁剑 董兵 巨永林 李胜天 刘春江 童善保 屠恒勇 万德成 吴际(女) 喻国良 曾凡一(女) 张鹏 张平 朱申敏(女) 汪建涛 杜冬萍(女) 陆红(女) 许钫钫 张国军 林春 郭房庆 黄继荣 刘廷桥 刘默芳(女) 王纲 王慧(女) 谢东 龚谦 杨辉 丁侃 胡有洪 朱维良 李树坤 漆玉金 徐望 王任小 丁玉强 于翔(女) 袁世山 戴建新 孙继虎 戴生明 王昌惠 赵学 袁峰
	B类	刘斌 吴镔 刘胜 李岳 张鹏飞 桑钧晟 贾松仁 达声蔚 黄凤义 潘鹏凯 黄官伟 章文兵 李卫民 俞昌 王淑敏 龚小锋 赵一凡 谢育(女) 杨迪钢 潘戈 郭建辉 王长城 冀晋 何钧
2007	A类	刘善荣 管阳太 王雨田 刘扬 秦宗益 钟跃崎 周兴平 江安全 李洪全 盛卫东 施前 雷群英 曾平耀 石艺尉 王红艳(女) 王学路 王云 孙安阳 杨振纲 魏勋斌 颜波 杨新 余爱水 陈彤(女) 平波(女) 郭旭虹 侯震山 胡爱国 赖焕新 吕树光 钱江潮(女) 王杰 徐海生 杨弋 张建华 钟新华 胡文浩 胡志高 李响 王加祥 徐进 徐信业 张俊良 邓振炎 钱跃竑 王勇 许斌 严六明 吴江 陈文 丁冬雁 高超 过敏意 李丽明(女) 刘品宽 陆志强 施国勇 杨明 杨明 袁建军 张延(女) 赵建军 周虎臣(女) 周健军 祝永新 王琛(女) 赵钢 李晓艳(女) 黄雷 王颖(女) 蒋伟文(女) 谢幼专 薛峰(女) 袁平(女) 郭伟剑 郭雪岩 朱媛媛(女) 易建中 张登海 韩军 吴文惠 许长江 王菊勇(女) 王雄彪 陈凤山 郭占云 金放鸣(女) 林峰 彭鲁英 王春光(女) 于剑 孟月生 杨健之(女) 赖东梅(女) 刘鹏 宁聪琴(女) 曾宇平 张景贤 陈鑫 李党生 陈德桂 程乐平 赵简(女) 李胜 王成树 杨小虎 韩英军 张翱 镇学初 栾洋 黎忠 游书力 杜久林 舒友生 马志永 岑莲(女)
	B类	李一 万碧玉 李振彪 王寅 赵沧桑 叶萍(女) 曹伟勋 梁雅维 秦新华 许海华 陈敏强 许丹(女) 王海霞(女) 张克然 揭元萍(女) 黄予良 邱健 陈春麟 吕原 张宁 贺海鹰 沈路一(女) 薛钢 张文军 丁永旺 李玺

（续表）

时间	类型	人员名单
2008	A类	林丽(女) 胡振林 曲乐丰 赵文元 郁胜强 王勤 石建军 孔永华 何春菊(女) 徐彦辉 汪联辉 朱宇 郑煜芳(女) 余学斌 杨鲜梅(女) 王中峰 谭相石 施冬云(女) 卢文联 李卫华 李世燕 黄燕(女) 丁忠仁 陈焱 陈思锋 冯炜炜(女) 张正望 陈向军 王向东 崔杰峰 朱麟勇 刘柏平 叶金星 李平(女) 李亮 李莉(女) 解永树 花强 陈彩霞(女) 曹旭妮(女) 夏钢 王传贵 潘丽坤 王智如 唐政 罗远哉 李晓涛 贾天卿 段纯刚 董光炯 赵新洛 操光辉 魏斌 张燕(女) 张卫 曾祥龙 武卓(女) 王瑞琦 汪学广 边晓燕(女) 杨斌堂 席鹏 李贻杰 高圣彬 李海滨 叶冠林 王新兵 史熙 马艺馨(女) 李智军 郭益平 郭熙志 沈赞 郑莉(女) 张盛 郝思国 程金科 陈盛(女) 丁健青 朱理敏 陈桢玥(女) 盛晓阳(女) 祁影霞(女) 刘雷 林冬枝(女) 荆志成 鲍大鹏 谭强 丰敏(女) 丘高峰 罗剑平(女) 张慧敏 杨挺 周苏 全涌 乔锦丽(女) 李素贞(女) 景镇子 蒋欢军 胡洪亮 程亚 雷安乐 蓝柯 李海鹏 季红斌 陈剑峰 郭非凡(女) 李来庚 张鹏 钱友存 余文飞 尤立星 缪泽鸿 蒙凌华(女) 李景烨 刘国生 曹春阳 金亚美(女)
2008	B类	王晖 潘今一 戴仕炳 吴少春 戴忠伟 肖国庆 刘勇 杨杲 周春和 王海涛 郑朝晖 伍小强 卢寿福 杨光华 蒋士龙 周歧斌 彭福军
2009	A类	王伟忠 宋云龙 朱驹 杜鹃(女) 胡俊青 史向阳 张耀鹏 黄焰根 隋国栋 田卫东 彭慧胜 陈莹(女) 王忠胜 李溪 胡建强 李向东 阚海东 曲卫敏(女) 彭刚 胡新华 乔山 沈德元 李敏(女) 周旻 刘红 余晓波(女) 程韵枫(女) 郭津生(女) 侯意枫 杨化桂 张乐华 顾金楼 葛子义 程起林 龙亿涛 关士友 刘培念 王勇 刘少伟 廖玮 刘明耀 张增辉 杨海波 翁杰敏 赵欣 荆杰泰 兰曼(女) 刘云启 姜颖 安泽胜 周继杰(女) 单而芳 杨胜齐 黄轶群(女) 吴强 马骏 吴更 何波涌 王开学 龚晓波 殷卫海 陶梅霞(女) 陈彩莲(女) 李以贵 龙承念 叶强 罗云 黄佩森 陆敏 刘俊岭 庄寒异(女) 张绘莉(女) 陈福祥 谷平 汪铮 陶蓉(女) 刘军 傅启华 陈有亮 朱亦鸣 韦朝春 谢舒平 沈增明(女) 王敬(女) 孙一睿 申锷 张皓 余晨(女) 陈炳官 张波(女) 王振 胡伟 唐雪明 蒋晟 潘卫东 薛雷 程进 张伟平 袁志文 殷俊锋 王雪松 张儒(女) 葛艳(女) 孙杳如 盛辉 于泓 李建郎 郭向欣 高彦峰 刘宇 李劲松 赵允 张雷 惠静毅(女) 张鸣沙 惠利健 程红(女) 陈荣 徐永镇 杨财广 李维实 娄新徽(女) 李泽君
2009	B类	陈晓民 范柘 方云才 何长缨(女) 胡铁锋 姜正文 罗平 马明 伊莉(女) 周凯 吴瑛(女) 沈憧棐 陆梅生 刘寒梢 吴梓新 黄晨东 谢雨礼
2010	A类	金武松 张彦中 张锋 刁建波 赵冰樵 于文强 禹永春 俞洪波 郑立荣 郑耿锋 向红军 侯军利 张文献 肖艳红 赵凯锋 杜美蓉 王坚 黄海辉 陈玲 过常发 李影奕 叶朝阳 史萍 漆志文 韩一帆 杨富文 曲大辉 严怀成 杨丙成 王媛 周剑 徐建华 管曙光 冯东海 周迎春 陈浩 崔永梅 胡志宇 赵世金 周全 陈志文 郑红星 孙晓岚 徐漫涛 高彦杰 辛斌杰 郝志永 吕利群 陈兰明 李保界 邵志峰 赵一雷 杨天 熊辉明 冯传良 王宇杰 高春雷 朱燕民 孔令体 彭志科 王旭东 张玉银 周栋焯 王建华 洪登礼 余健秀 王宏林 张健 仰礼真 姚敏 王婷 陈萦晅 李群 汪启迪 李斐 陈源文 张岩 宋成利 陈维芳 李轩 张宏升 张昉 何爱娜 曲伸 孟祥军 孙云甫 程华 崔东红 陆洁莉 王萍

（续表）

时间	类型	人 员 名 单								
2010	A类	刘永忠	赵怀林	冯 伟	房健民	江赐忠	王雪峰	曹曙阳	葛建平	杜建忠	柯三黄
		包志豪	陈君红	张建卫	杨金虎	张 磊	赵全忠	杨 勇	党海政	施明安	朱新广
		冯 英	刘 浥	胡海岚	胡荣贵	许琛琦	胡国宏	刘庆会	郝 蕾	杨 旸	许叶春
		周兴泰	赵 新	程国锋	王云霞	沈洪兴	吴 俊				
	B类	职春星	张志家	何润生	付常俊	楼敬伟	徐 莹	范剑森	李 冰	倪文海	李 军
		祝效国	傅振兴	居金良	罗 平	吴军伟	韩小逸	谢敬祥	马晓光	齐 铭	俞麒峰

附　录

一、科技政策与法规文件选编

上海市鼓励引进技术的吸收与创新规定

（2000年1月25日上海市第十一届人民代表大会常务委员会第十六次会议通过，根据2002年2月1日上海市第十一届人民代表大会常务委员会第三十六次会议《关于修改〈上海市鼓励引进技术的吸收与创新规定〉的决定》修正）

第一条　为鼓励引进技术的吸收与创新，提高上海市引进技术的吸收与创新能力，加快产业升级和技术进步，促进经济和社会发展，根据有关法律、法规，结合上海市实际情况，制定本规定。

第二条　本规定所称引进技术的吸收与创新（以下简称吸收与创新），是指依法通过贸易、经济技术合作等方式，从国外取得先进技术并通过掌握其设计理论、工艺流程等技术要素，成功地运用于生产经营，以及在此基础上开发新技术、新产品并实现商业化的活动。

第三条　本规定适用于上海市范围内的吸收与创新活动。

第四条　吸收与创新应当遵守保护知识产权的法律、法规以及中国加入或者签订的国际条约、协议。技术进出口合同对技术保密有约定的，从其约定。吸收与创新所形成的知识产权受法律保护。

第五条　市人民政府负责吸收与创新工作的组织、协调，做好宏观调控，限制低水平的重复引进。

上海市经济委员会（以下简称市经委）负责组织编制和实施全市的吸收与创新规划；编制、公布上海市吸收与创新重点项目指导目录（以下简称指导目录）和年度计划；指导年度计划项目的实施并组织鉴定和验收。

上海市各有关部门以及区、县人民政府根据各自职责，共同做好吸收与创新工作。

第六条　企业是吸收与创新的主体，有权根据生产经营的需要和市场需求，自主引进先进适用技术，自主确定吸收与创新的内容和方式。

大型企业或者企业集团可以按照国家有关规定，设立吸收与创新基地，承担国家和上海市重大技术装备或者吸收与创新的项目。

职工应当遵守企业依法建立的技术保密制度。

第七条　上海市鼓励企业与科研单位、高等院校开展吸收与创新的联合研究、联合开发，或者联合建立技术开发机构。

参与吸收与创新项目的各方，应当签订合同，约定有关技术权益的归属以及各方的权利与义务。

第八条　企业可以按照指导目录以及规定的条件和程序，申请将本企业的吸收与创新项目列入市吸收与创新年度计划。

市经委接到申请后，应当组织专家，按照公平、公正、合理的原则进行评审，在每年第一季度确定市吸收与创新年度计划的项目，并书面通知申请单位。

第九条　上海市设立吸收与创新的专项资金，列入市级预算并逐步增加。

吸收与创新的专项资金按照本规定用于吸收与创新项目的低息贷款、贷款贴息和技术开发经费补贴等方面的资助。

吸收与创新的专项资金，由市经委委托的企业技术创新服务中心（以下简称创新服务中心）负责结算管理。

区、县人民政府可以根据本地区经济发展情况和吸收与创新的需要，设立相应的专项资金，用于扶持本地区的吸收与创新项目。

第十条　市各有关部门用于技术进步的其他专项资金，应当确定高于10％的比例用于鼓励吸收与创新，重点支持引进高新技术的产品开发、中试和产业化。

第十一条　列入市吸收与创新年度计划项目的单位，可以申请低息贷款；获得金融机构贷款的，可以申请贷款贴息。

第十二条　下列项目或者技术、产品可以获得技术开发经费的补贴：

（一）属于国家技术创新项目或者上海市重点支持的吸收与创新项目；

（二）在吸收基础上创新的、具有市场竞争力或者获得自主知识产权的技术、产品；

（三）未列入市吸收与创新年度计划，但符合指导目录要求，经过市经委组织鉴定，确认其技术上有重大突破并形成一定商业规模的项目。

第十三条　企业用于吸收与创新的技术开发经费，可以按照实际发生额计入成本。

用于吸收与创新的关键设备、测试仪器，单价在规定数额以下的，可以一次或者分次计入成本。

列入市吸收与创新年度计划的项目，经市财政、税务部门审核，可以对设备进行快速折旧，并参照市新产品试产计划或者中试产品计划的规定享受相应优惠。

第十四条　吸收与创新项目属于高新技术成果转化的，或者在吸收高新技术基础上创新的成果转让取得收益的，按照国家和上海市高新技术成果转化的规定，享受优惠。

第十五条　列入市吸收与创新年度计划的项目，可以向市经委申请优先列入市技术改造项目计划，获得资本金注入或者贷款贴息的资助。

第十六条　吸收与创新的技术或者产品申请国内外专利的，可以分别向市科技行政管理部门、市专利行政管理部门、市经委申请专利申请费、专利维持费、专利代理费的部分资助。

企业引进国外专利技术用于技术开发，属于国内首次运用的，可以凭专利转让或者专利许可合同等有效证明，向市经委申请经费补贴。

第十七条　企业在上海市建立吸收与创新的下列机构，可以向市经委申请启动经费的补贴：

（一）国家级或者市级的企业技术开发中心；

（二）国家级或者市级的吸收与创新基地；

（三）与科研单位、高等院校联合建立的市级技术开发机构。

第十八条　吸收与创新的高新技术产品出口，可以按照国家有关规定享受增值税零税率优惠。

吸收与创新的产品进入国际市场，其企业可以向市经委申请有关技术质量认证或者许可的经费补贴。

第十九条　上海市吸收与创新年度计划的项目承担单位需要引进外省市专业技术人才的，可以按照规定直接申请办理外省市专业技术人才调入上海市的手续，需要引进国外技术管理专家、海外高层次留学人员的，可以按照规定申请有关专项资金的扶持。

对列入市吸收与创新年度计划的项目进行关键技术攻关，需要聘用国外专家的，可依据聘用合同向市有关部门申请经费补贴。

第二十条　上海市各级机关在采购活动中,在同等条件下,应当优先采购属于扶持发展产业的吸收与创新产品。

第二十一条　对吸收与创新做出重大贡献的企业经营者、项目负责人和科技人员,有关部门应当给予奖励。

对吸收与创新做出重大贡献的企业经营者、项目负责人和科技人员,企业应当在吸收与创新产品取得的收益中提取一定比例给予奖励,或者按照国家和上海市有关规定将奖励额折算为股份或者出资比例,由受奖励人分享收益。

第二十二条　吸收与创新的成果或者产品,可以申请各级科技成果奖项。

第二十三条　创新服务中心应当根据市经委批准的吸收与创新项目和款额,与项目单位订立合同,并通过有关金融机构将款额及时足额地拨付给项目单位;项目单位应当按照合同约定的内容履行义务。

第二十四条　上海市有关部门和创新服务中心的工作人员,在吸收与创新活动中违反本规定,疏于职守、弄虚作假、徇私舞弊、侵犯吸收与创新项目单位合法权益的,由其所在单位或者上级主管部门责令改正,给予行政处分;挪用、克扣、截留吸收与创新专项资金的,由其所在单位或者上级主管部门责令限期归还,给予行政处分;构成犯罪的,依法追究刑事责任。

第二十五条　违反本规定第四条,侵犯他人知识产权的,依照相关法律、法规处理。

违反本规定第六条第三款,给企业造成损失的,企业有权要求赔偿,并依照相关法律的规定,追究其违法责任。

第二十六条　企业在吸收与创新活动中弄虚作假,骗取低息贷款、贷款贴息或者技术开发经费补贴等资助的,由市经委会同有关部门追回其所得的款额,并由市经委处以所骗款额一至三倍的罚款;骗取其他优惠待遇的,依照有关法律、法规的规定处理。

采取欺骗手段获得奖励的,由市经委及有关部门撤销其奖励,并责令其退回奖励所得。

第二十七条　本规定自 2000 年 3 月 1 日起施行。1987 年 6 月 20 日上海市第八届人民代表大会常务委员会第二十九次会议批准的《上海市鼓励引进技术消化吸收暂行规定》同时废止。

上海市促进张江高科技园区发展的若干规定

沪府发(2001)第 20 号(2001 年 7 月 5 日)

第一条(目的)

为促进张江高科技园区的发展,根据《中共中央国务院关于加强技术创新发展高科技实现产业化的决定》,结合上海市实际情况,制定本规定。

第二条(领导机构和管理机构)

上海市设立张江高科技园区领导小组(以下简称园区领导小组)及其办公室(以下简称园区办公室)。

园区领导小组是张江高科技园区(以下简称园区)开发、建设的领导机构,负责园区的规划编制、政策制定和组织协调工作。

园区办公室是园区领导小组的办事机构,同时为市政府及浦东新区政府的派出机构。园区办公室根据市和浦东新区有关行政管理部门、机构的委托或者授权,负责园区内投资项目、基本建设项目的审批;负责园区内高新技术企业、软件企业、集成电路企业、高新技术成果转化项目的认定;

协调其他行政管理部门对园区内企业的日常行政管理、年检和落实优惠政策;为园区内企业提供各种必要的服务。

第三条(企业的设立)

在园区内设立企业,实行直接登记。

符合企业设立条件的,工商行政管理部门应当在3个工作日内办理完毕。

法律、行政法规规定前置审批的,实行"工商受理、抄告相关、并联审批、限时完成"的方式,有关部门应当在5个工作日内办理完成前置审批手续。

申请设立企业也可以委托企业登记代理机构代为办理有关手续。

取消市政府及所属部门规定的企业设立前置审批。

科技人员和管理人员兼职或者离岗在园区内申请设立科技型企业,可以凭个人的有关证明材料向工商行政管理部门提出申请。对科技型企业不再限定具体的经营范围。

第四条(项目审批)

园区办公室接受市外资委的委托,对园区内的外商投资项目进行审批,并将审批结果报有关行政管理部门备案。

园区办公室接受上海市有关行政管理部门的委托,对园区内的内资项目进行审批。

第五条(规划和工程建设管理)

园区内的规划管理事项,由市和浦东新区规划管理部门委托园区办公室按照经批准的详细规划负责审批;园区内的工程建设管理事项,由市和浦东新区建设管理部门委托园区办公室负责审批。园区办公室应当将审批结果报市和浦东新区有关行政管理部门备案。

第六条(重点扶持的产业)

园区重点扶持下列高新技术产业:

(一)列入《国家高新技术产品目录》的产业;

(二)生物医药产业;

(三)信息产业;

(四)市人民政府规定的其他产业。

第七条(企业和项目的认定、发证)

园区内高新技术企业、软件企业、集成电路企业、高新技术成果转化项目的认定,由市科委、市信息办、市高新技术企业认定机构等委托园区办公室统一进行,实行一门式受理。园区办公室按照坚持认定标准和提高效率、简化程序、方便企业的原则开展认定工作,并将认定结果报市有关行政管理部门、机构备案。

市有关行政管理部门、机构对园区办公室的认定和发证工作进行监督;对不符合标准或者要求的认定结果,有权予以撤销。

第八条(政策优惠)

经市有关行政管理部门、机构或者园区办公室认定的企业和项目,在园区内可以享受下列优惠政策:

(一)国家和上海市有关鼓励技术创新的各项优惠政策;

(二)国家和上海市有关鼓励科技成果转化和产业化的各项优惠政策;

(三)国家和上海市鼓励软件产业和集成电路产业的各项优惠政策;

(四)上海市促进中小企业发展的有关优惠政策。

第九条（企业和科研机构的自主权）

园区内企业依法实行自主经营、自主用人、自主分配和自负盈亏。

园区内科研机构可以根据发展需要，自主设置专业技术岗位，自主聘任专业技术职务，自主确定岗位责任和任职条件。

第十条（告知与承诺）

对园区内企业应当承担的法定义务，有关行政管理部门应当事先以书面的形式告知企业。

企业应当承担的法定义务，可以由企业自行向有关行政管理部门做出承诺或者保证，并承担相应的法律责任。

第十一条（日常行政管理和年检规定）

质量技术监督、药品监督管理部门可以凭合法证件，依法对园区内企业的产品质量进行监督、检查和抽验。

行政管理部门依法对园区内企业实施检查和监督，应当提前 15 个工作日告知相关的企业，并由园区办公室统一协调安排。

行政管理部门依据法律、行政法规的规定对园区内企业进行年检的，应当由园区办公室统一协调安排。

第十二条（收费行为的规范）

园区实行企业交费登记卡制度。

收费单位向企业收费时，应当出示《收费许可证》（副本）等合法证件，并逐项填写《上海市企业交费登记卡》。收费单位不出示《收费许可证》、不填写《上海市企业交费登记卡》的，企业有权拒绝交费。

第十三条（中介服务）

园区应当完善中介服务体系，为从事技术创新及科技成果转化和产业化活动的单位和个人，提供符合国际惯例和国家规范的经营管理、技术、市场营销、信息、人才、财务、金融、标准和计量、专利、法律、公证等各类中介服务。

中介服务机构应当提高技术交易、技术产权交易、技术经纪、技术咨询、无形资产评估、科技投资咨询和技术评价服务的水平。

第十四条（吸引人才和简化出国手续）

鼓励国内外专业人才到园区内企业从事科研项目开发和成果转化工作。

简化园区内企业因公出国、出境的审批手续。对与技术创新及科技成果转化和产业化等重大项目相关的出国、出境人员，实行"一次审批、多次有效"的政策，有关部门应当优先办理。

第十五条（知识产权保护）

鼓励园区内企业开发具有自主知识产权的技术。鼓励企业对于知识产权的职务发明者、设计者、作者和主要实施者，给予与其实际贡献相当的报酬或者股权收益。

园区内的技术创新及科技成果转化和产业化活动，应当遵守保护知识产权的法律、法规以及中国加入或者签订的国际条约、协议。

在园区内设立专项奖励基金，鼓励企业积极申请专利，扶持专利项目产业化。

第十六条（创业投资）

鼓励国内外机构在园区内设立创业投资机构。

鼓励在园区内的企业中形成风险投资资金的进入和退出机制。

鼓励园区内企业开展技术、产权交易。

第十七条（禁止的情形）

禁止行政管理部门和其他单位要求园区内企业参加各种形式的检查、评比活动；禁止以任何名义向园区内企业乱收费。

第十八条（投诉）

园区内企业对行政管理部门不符合本规定的管理行为，或者应当享受的优惠待遇未落实的，可以向园区办公室投诉。

第十九条（适用范围和施行日期）

本规定适用于园区内已开发区域的企业。

园区办公室和有关部门可以根据本规定制定实施细则。

本规定自发布之日起施行。上海市人民政府 2000 年 1 月 7 日发布的《上海市促进张江高科技园区发展的若干规定》同时废止。

上海市科研计划课题制管理办法（暂行）

沪府办发（2002）32 号（2002 年 9 月 10 日）

第一条　为发挥科研人员的创新潜能，吸引海内外优秀科研人才参与政府科研项目的实施，提高科研水平和财政科研资金使用效益，促进经济和社会发展，根据《国家科研计划实施课题制管理的规定》，结合上海市实际，制定本办法。

第二条　本办法所称的课题制管理，是指以课题（或项目，下同）为中心、以课题组为基本活动单位，进行课题组织、管理和研究活动的一种科研管理制度。

第三条　本办法所称的课题制，适用于以财政拨款资助为主的各类科研计划的课题，以及相关管理活动。

第四条　课题制管理实行课题责任人负责制。课题责任人为法人或自然人。

课题责任人为确保课题任务的完成，在批准的计划任务和预算范围内，具有研究方案决定、人员聘用和经费支配等权利，并承担相应的法律责任。

法人课题责任人必须指定所承担课题的课题组长，并在科研合同或计划任务书中明确课题组长的权利和义务，且不得随意变更。

第五条　课题必须有依托单位。一个课题只能确立一个依托单位。依托单位必须具备和提供科研合同或计划任务书中确立的必要的课题实施条件，有健全的科研管理、知识产权管理、财务管理、资产管理和会计核算制度。

法人课题责任人是当然的依托单位。

属于自然人的课题责任人可以根据课题实施的需要，打破单位、所有制界限选择课题依托单位。课题责任人与依托单位之间的权利义务关系以合同的形式确定。

第六条　课题责任人应组建一个结构精干、人员相对稳定的课题组。课题责任人可以跨部门、跨单位择优聘用课题组成员。课题组人数及主要成员应符合各科研计划管理办法的要求。

第七条　科研计划归口管理部门（以下简称归口部门）应根据上海市科研计划和财政管理的有关规定，加强课题管理，建立课题备选库，充分发挥专家和科研管理中介机构的作用，确保课题管理的科学性和有效性。

经政府科技主管部门资质认定的科研项目管理中介机构,可接受归口部门委托,承担课题立项申请的受理和评审、课题实施过程管理等业务管理职能。

第八条　课题立项实行专家评议和政府决策相结合的审批机制。符合招投标条件的,按有关规定实行招标投标管理。对于涉及国家机密或需要紧急决策的特殊目标的课题,可另行规定立项。

第九条　课题立项申请应提交可行性报告和课题经费全额预算表,经依托单位签署审核意见后上报。

第十条　归口部门或受其委托的科研项目管理中介机构收到立项申请后,根据课题研究目标组织专家从技术先进性、实施可行性等方面进行评议。

归口部门负责课题立项的批准。

第十一条　经批准立项的课题,归口部门或受其委托的科研项目管理中介机构应与课题责任人和依托单位签订科研合同,并明确各方当事人的权利和义务、课题的具体目标、执行程序、经费使用、科研成果归属,以及合同生效、解除和违约责任等内容。

第十二条　课题责任人可根据实际需要,对课题实行"课题—子课题"或"项目—课题"两级管理。课题研究的分级情况必须在科研合同或计划任务书中明确,不得自行分解或随意变更。

实行两级管理的课题,课题责任人应与有关当事人签订分级合同,并报归口部门或科研项目管理中介机构备案。

课题责任人不得将课题转包给其他法人或自然人。

第十三条　课题制实行全额预算管理,细化预算编制,并实行课题预算评估或评审制度。

第十四条　课题责任人在编制课题研究经费预算时,必须同时编制经费来源预算与经费支出预算。

经费来源预算是指用于同一课题的来自于各种不同渠道的经费的预算,包括从归口部门、依托单位、国家有关部委或企业获得的经费,以及通过国际合作或其他渠道获得的经费。

经费支出预算是指课题研究过程发生的所有支出的预算。课题研究经费支出预算以课题及子课题为预算对象,预算内容包括与课题研究有关的所有直接费用和间接费用。

直接费用是指课题研究过程中使用的可以直接计入课题成本的费用。一般包括人员费、设备费、试验材料费、燃料动力费,以及其他研究经费等。人员费是指课题组成员的工资性费用。对所在单位有事业费拨款的课题组成员,其所在单位应按照国家规定的标准从事业费中及时足额予以支付。国家或上海市另有规定的,按照有关规定执行。

间接费用是指为实施课题而支付给依托单位直接为课题服务的管理服务人员的人员兼职、现有仪器设备和房屋的使用费或折旧费等。间接费用占课题经费支出的比例,最高不得超过15％。

第十五条　课题资助方式根据课题规模以及管理工作的需要,分为成本补偿式或定额补助式。

成本补偿式资助方式是指对受资助课题的成本费用进行补偿的资助方式,最高为全额。由归口部门会同财政部门对此类课题预算建议书进行审查并批复。课题支出必须严格按照批复的预算执行。

定额补助式资助方式是指对受资助课题提供固定数额经费的资助方式,资助额度依据评议专家的意见和经相关的财政、财务政策审核后确定。

第十六条　由归口部门会同财政部门从目标相关性、政策相符性和经济合理性等方面,对课题预算进行审核,确定课题经费预算。

第十七条　计划管理费是指由归口部门使用、为管理科研计划及其经费而支出的费用,一般包括在规划与指南的制定和发布、招标、课题遴选、评审、预算评估、监理、跟踪检查、验收,以及后评估等科技管理活动过程中所支付的费用。计划管理费总数不超过支出预算经费的5%。计划管理费预算由归口部门在此额度内编制,报同级财政部门核定后执行。该经费专款专用,如有结余,结转下年度继续使用。

第十八条　财政部门或归口部门根据批准的课题经费预算、用款计划、工作进度节点完成情况及经费结存情况,核定当期课题拨款额,并及时足额拨付课题经费;未按工作进度节点按时完成的,延迟或停止拨付课题经费。

按规定需实行政府采购的,经费拨付按政府采购办法的有关规定执行。

第十九条　经批准的经费预算必须严格执行,一般不作调整。由于课题研究目标、重大技术路线或主要研究内容调整,以及不可抗力造成意外损失等原因,对课题经费预算造成较大影响时,必须按经费管理办法中规定的程序进行报批,经批准后方可对经费预算进行调整。

第二十条　实行定额补助式资助的课题只在结题时编制课题研究费总决算,不编制年度决算;实行成本补偿式资助的课题要编制课题研究费年度决算。课题研究费决算以会计年度为计算期,在规定时间内上报归口部门。自课题研究费下达之日起不满三个月的课题,当年不编报决算,其当年经费的使用情况在下一年度决算中编报。

第二十一条　未结课题的年度结余经费,结转下一年度继续使用;已完成并通过验收课题的结余经费,经归口部门和财政部门批准后,可留给依托单位,用于补助科研发展开支。

第二十二条　课题验收包括技术成果或知识产权验收、固定资产验收,以及财务决算。课题验收要以批准的课题可行性报告、科研合同文本或计划任务书约定的内容或确定的考核目标为依据。

第二十三条　课题责任人对课题执行过程中发生的技术路线或主要研究内容调整、课题组主要研究人员变动,以及其他可能影响课题顺利完成的重大事项,应及时向归口部门或科研项目管理中介机构书面报告。

第二十四条　课题因故终止,依托单位和课题责任人应及时清理账目与资产,编制决算报表及资产清单,并将剩余经费(含处理已购仪器、设备及材料的变价收入)归还原渠道;剩余资产按国家有关规定处置。

第二十五条　用课题研究费购置的资产属于国有资产,其使用权和经营权一般归课题或子课题依托单位,资助文件中另有注明的除外。用课题研究费购置的固定资产,必须纳入课题或子课题依托单位的固定资产账户进行核算与管理。资产的处置按国家有关规定执行。

第二十六条　依托单位应对所依托的课题进行成本核算,未经批准不得分立或变更核算对象。对跨年度的课题,应保持其核算对象、口径的连续性。

依托单位应对所依托课题的一切经费开支行使监督权,做到审批手续完备、账目清楚、内容真实、核算准确、监督措施有力,确保政府科研资金的合理使用和安全。

第二十七条　归口部门和财政部门应对课题任务完成情况、课题合同执行情况及课题经费使用情况进行监督检查并开展绩效考评。

课题监督要做到独立、客观、公正、及时,且不得干扰和干预课题的正常实施。

归口部门可依据课题合同和有关的科研计划管理规定,对重大课题实行监理。每个课题监理人可同时进行多个课题的监理工作。

第二十八条　归口部门和财政部门依据监督检查与绩效考评的结果,对课题责任人、课题依托单位和科研项目管理中介机构的信誉度进行评估。

第二十九条　课题责任人、课题依托单位或科研项目管理中介机构有弄虚作假、截留、挪用、挤占课题经费等行为的,有关部门可依据各自职责,视情况采取通报批评、警告、停止拨款、终止课题和取消管理资格等措施。情节严重的,依法追究法律责任。

第三十条　本办法由市科委和市财政局负责解释。

第三十一条　本办法自 2002 年 10 月 1 日起生效。

上海市促进高新技术成果转化的若干规定

沪府发(2004)第 52 号(2004 年 12 月 22 日)

为贯彻《中华人民共和国促进科技成果转化法》、《上海实施科教兴市战略行动纲要》,加快上海市高新技术成果转化,积极培育新兴产业,优化高新技术产业结构,形成高新技术产业链,特制定本规定。

一、市政府颁布上海市高新技术产业和技术指导目录。法人和自然人可按照市政府颁布的指导目录,申请高新技术成果转化项目的认定和高新技术企业的认定。

市政府有关部门在上海市高新技术成果转化服务中心联合设立"一门式"服务窗口,提供政策咨询服务,协调解决高新技术成果转化和高新技术企业发展过程中的疑难问题。

二、上海市实行高新技术成果转化项目认定制度。上海市高新技术成果转化服务中心常年受理并负责组织高新技术成果转化项目的认定。对经认定的软件、集成电路、创新药物等项目,国家"863"计划等各项科研项目,以及获得科技型中小企业技术创新资金资助的项目,简化成果转化认定程序。

经认定的高新技术成果转化项目,若发现其转化内容与项目申请书有严重违背或在规定期限内未实施转化的,撤销该项目的认定资格,并停止其继续享受有关优惠政策的待遇。

三、上海市实行高新技术企业认定制度。上海市高新技术企业认定办公室常年受理并负责组织上海市高新技术企业的认定。对已经认定的软件、集成电路等企业,简化认定程序。经认定的高新技术企业,可按规定享受有关优惠政策。鼓励高新技术企业向国家高新技术产业开发区集中。

四、各类企事业单位特别是高等院校、科研机构和国有企事业单位,要以各种形式实施技术和管理要素参与分配。单位职务成果进行转化的,可根据不同的转化方式,约定成果完成人应当获得的股权、收益或奖励。

以股权投入方式进行转化的,成果完成人可享有不低于该项目成果所占股份 20% 的股权。

以技术转让方式将成果提供给他人实施转化的,成果完成人可享有不低于转让所得的税后净收入 20% 的收益。

自行实施转化或以合作方式实施转化的,在项目盈利后 3~5 年内,每年可从实施该项成果的税后净利润中提取不低于 5% 的比例,用于奖励成果完成人;企业自主开发的非本企业主导经营领域的成果,在项目盈利后 3~5 年内,每年可从实施该项成果的税后净利润中提取不低于 10% 的比例,用于奖励成果完成人。

高等院校、科研机构和国有企事业单位的科技人员在落实技术、管理等要素参与分配遇到障碍时,可以向高新技术成果转化服务中心咨询和申诉。

五、高新技术成果作为无形资产参与转化项目投资的,其作为无形资产的价值占注册资本比例可达 35%。合作各方另有约定的,从其约定。

高新技术成果作为无形资产投资的价值,应经具有资质的评估机构评估,或经各投资方协商认可并同意承担相应连带责任。企业凭评估机构的评估报告,或投资各方同意承担相应连带责任的协议书等,办理验资手续。

具备法人资格的高等院校、科研机构可与外国投资者以合作的方式,设立外商投资高新技术企业。

允许在外商投资高新技术企业工作1年以上的国内科研人员成为该企业的中方投资者。外商投资高新技术企业对所研究开发的产品,可实行委托加工生产模式,并允许对外租赁自产产品。

六、经认定的高新技术(国有独资)企业在实施公司制改制时,经出资人认可,可将前3年国有净资产增值中(不包括房地产增值部分)不高于35%的部分作为股份,奖励有贡献的员工特别是科技人员和经营管理人员。

高新技术企业和高新技术成果转化项目的企业可以期股、期权或技术分红等形式,奖励科技人员和经营管理人员。技术分红享受者可将技术分红作为出资,按照规定的价格购买公司股权,并依法办理股权登记手续。

七、鼓励企业加大技术开发费投入。企业当年发生的技术开发费(包括新产品设计费,工艺规程制定费,设备调整费,专门用于研究活动的专利、技术资料检索费用,委托其他单位进行的科研试制费,与新产品的试制和技术研究有关的其他费用)可据实列支,比上年实际增长10%以上的,可再按技术开发费实际发生额的50%抵扣当年应纳税所得额。企业为开发新技术、研制新产品必须购置的专用、关键的试制用设备、测试仪器所发生的费用,可一次或分次摊入成本。对技术转让、技术开发和与之相关的技术咨询、技术服务获得的收入,免征营业税。

国资重点支撑的产业性集团实际发生的技术开发费,应不低于当年销售收入的1%～3%。

八、上海市注册的企业中经认定的高新技术成果转化项目,根据其综合经济指标的完成情况及项目知识产权的具体属性,在认定之后的一定期限内,由财政专项资金对其专项研发给予扶持。自认定之日起3年内,经上海市高新技术成果转化中心认定实现生产或试生产的,政府返还高新技术成果转化部分项目用地的土地使用费、土地出让金;购置用于高新技术成果转化的生产经营用房的,可免收交易手续费和产权登记费。如改变土地使用性质或用于非高新技术成果转化项目,所享受的优惠须全额退还。

九、鼓励境内外各类资本在上海市设立注册资本不低于1 000万元人民币的创业投资公司,以及注册资本不低于100万元人民币的创业投资管理公司。

创业投资主管部门委托市创业投资行业协会认定的创业投资公司,可按国家规定,运用其全额资本金进行投资。对其投资经认定的高新技术成果转化项目和高新技术企业的资金余额超过净资产50%,并且其他投资的资金余额未超过净资产30%的,给予财政专项资金扶持。

经市创业投资行业协会认定的上海市创业投资管理公司,其管理投资于经认定的高新技术成果转化项目和高新技术企业所取得的投资收益、管理费收入和业绩奖励,自获利年度起3年内,由财政专项资金给予一定的扶持。

上海市注册的创业投资公司可以按总收益中不高于10%的比例提取风险准备金,市科技专款予以等额匹配,市、区县两级科委共同设立创业投资风险救助专项资金。具体办法,由市科委会同市财政局另行制定。

十、市和区、县在有关专项资金中,对经认定的高新技术成果转化项目,给予贷款贴息或融资担保。

担保机构为经认定的高新技术成果转化项目和高新技术企业提供融资担保,所发生的项目代偿损失,经主管财政部门核准,可给予一定的补偿。

市、区县两级财政所属的担保机构要逐步扩大用于高新技术成果转化项目和高新技术企业的担保额比例。

对资产少、科技含量高的科技项目,可探索实行信用担保,以及与专利等无形资产挂钩的担保模式。

十一、在沪注册并缴纳企业所得税的企业(包括外商投资企业的中方投资者),以近3年的税后利润投资于经认定的高新技术成果转化项目,形成或增加企业的资本金,且投资合同期超过5年的,在第二年度内由财政专项资金给予一定的扶持。外商投资企业的外方投资者,将其从企业取得的利润直接再投资,该再投资部分交纳的企业所得税,按税法规定退税。

从事高新技术成果转化的科技人员,用其从成果转化中获得的收益投资经认定的高新技术成果转化项目或高新技术企业的,在第二年度由财政专项资金给予一定的扶持。

十二、建立上海市科技企业孵化器指导委员会,促进孵化器提高成果转化、中介、投融资等培育企业的服务功能。经上海市科技企业孵化器指导委员会批准的孵化基地视其实际运行情况,由市、区县财政安排专项资金给予扶持,用于加快孵化基地的建设和提升服务功能。

十三、从事经认定的高新技术成果转化项目的海外留学生在沪取得的工薪收入,在计算个人应纳所得税额时,可按规定享受加计扣除。企业和研究开发机构聘用的外籍专家,其薪金可列支成本。

经认定的高新技术成果转化项目所组建的企业,不受工资总额限制,董事会可参照劳动力市场价格和当年政府颁布的工资增长指导线,自行决定其职工的工资发放水平,并可全额列支成本。

十四、高等院校、科研院所的科技人员可以兼职从事高新技术成果的转化工作。科技人员兼职从事高新技术成果转化工作,应遵守与本单位的约定,保守本单位的商业秘密,尊重本单位知识产权;使用本单位或他人知识产权的,应与本单位或他人签订许可或转让协议。

科技人员和管理人员整体或者部分成建制脱离高校、科研机构等事业单位,进入企业从事高新技术成果转化的,凭转化证书经与劳动保障部门协商,可享受上海市转制事业单位养老保险的有关政策。

十五、由上海市高新技术成果转化类高级专业技术职务任职资格评审委员会负责对上海市在高新技术成果转化中做出贡献的工程技术人员、经营人员、管理人员以及中介服务组织工作人员的任职资格进行评审。对在高新技术成果转化工作中业绩突出者,可破格评定相应的专业技术职务任职资格。

十六、高新技术企业和高新技术成果转化项目的企业从外省引进大学以上学历(有相应学位)且紧缺、急需的专业技术人员、管理人员和创新团队的,引进人员的配偶(含农业户口)及未成年子女可以随调、随迁来沪。

建设留学人员创业园区,完善对留学人员创业的服务。对海外留学人员回国创办软件、集成电路设计和生物技术企业,给予创业扶持。

十七、上海人才发展资金资助认定的高新技术企业和高新技术成果转化项目的企业建立技术主管、信息主管岗位,并对聘用经考核合格的优秀人才提供补贴。

上海职业培训公共实训基地对开展高技能人才培训的职业培训学院、职业培训机构及上海市相关行业和企业的培训部门免费开放、无偿使用。

十八、由市政府有关部门和区、县政府根据本规定,制定实施细则和服务指南。上海市高新技术成果转化服务中心负责对本规定的落实,进行组织协调和督促推进。

上海市已颁布的有关高新技术成果转化的政策与本规定不一致的,以本规定为准。

关于上海市转制科研机构深化产权制度改革的若干意见

沪府办(2005)1号(2005年1月11日)

为全面贯彻落实党的十六届三中、四中全会和市委八届四次、五次全会精神,加快实施科教兴市主战略,根据《国务院办公厅转发国务院体改办等部门关于深化转制科研机构产权制度改革若干意见》(国办发[2003]9号)精神,结合实际,现就上海市转制科研机构(指上海市地方所属的已经由事业单位转制为具有独立法人资格、国有独资企业的科研院所,下同)深化产权制度改革提出以下意见:

一、指导思想和基本原则

(一)指导思想

按照树立和落实科学发展观、实施科教兴市主战略的要求,通过实施产权主体多元化的改革。进一步转换体制机制,调动和发挥科技骨干、经营管理团队的积极性与创造性,增强科技生产型、服务型企业的竞争力,培育一批充满生机与活力的市场创新主体,着力构建城市创新体系。

(二)基本原则

建立归属清晰、权责明确、保护严格、流转顺畅的现代产权制度;实施分类指导,重点推进与一般指导相结合;明确工作责任,科学规范,公开透明,循序渐进,稳步实施。

二、主要形式

(一)转制科研机构可根据自身特点,分别改制为科技生产型企业或科技服务型企业。转制科研机构的国有出资者要积极支持并鼓励转制科研机构进行产权制度改革。

(二)转制科研机构要积极引入战略投资者,通过增资扩股、产权转让等多种方式,改制为多种经济成分参股的有限责任公司、股份有限公司或其他企业组织形式。

(三)实施产权制度改革的转制科研机构,不再设立职工持股会等职工集体股。由于历史原因已经设立职工持股会的,可委托信托投资机构进行管理;也可本着自愿协商的原则转为自然人持股,由本机构科技骨干和经营管理者购买,或吸收其他投资者认购。

三、基本程序

(一)转制科研机构实施产权制度改革,必须制订改制方案。

市国资委出资监管的转制科研机构,其改制方案由市国资委会同市科委拟订,并报送市国资国企改革工作协调小组批准。

市国资委出资监管单位下属的转制科研机构,其改制方案由市国资委出资监管单位拟订和批准,并报送市国资委和市科委备案。

其他转制科研机构的改制方案,由转制科研机构国有产权持有单位拟订,报送其主管部门批准,并报送市科委和市国资委备案。

改制方案应按照有关规定,提交职工代表大会或职工大会审议,充分听取职工意见。其中,职工劳动关系处理方案须经职工代表大会或职工大会审议通过。改制方案、职工劳动关系处理方案应按规定公示。

(二)转制科研机构实施产权制度改革,要按照国家和上海市的有关规定,进行清产核资和审计,落实债权债务。由出资者委托具有资质的中介机构对转制科研机构资产进行评估,评估结果按规定实行公示后,评估报告报送市国资委核准或备案。

（三）转制科研机构改制中涉及国有产权转让或者吸引社会资本实行增资扩股的,应按照《上海市产权交易市场管理办法》规定的相关程序,在上海市产权交易机构通过拍卖、招投标、协议转让等方式进行,并办理相关手续。

四、具体要求

（一）鼓励和支持转制科研机构技术、管理骨干投资入股

1. 充分发挥知识产权及人力资本在科技创新中的关键性作用。优先鼓励和支持转制科研机构的科技骨干和经营管理者投资入股,同时,可吸收社会的技术和经营管理人才投资入股。在公开、公正、公平的条件下,科技骨干和经营管理者可以持有较大比重的股份。

2. 凡涉及向转制科研机构科技骨干和经营管理者转让国有产权尤其是无形资产,所占比例较大的,由出资者根据上海市有关规定并结合科研机构实际,制定合理的实施方案。实施方案要充分体现鼓励和支持的原则。

3. 鼓励技术、管理等生产要素按贡献参与收益分配。经认定的高新技术科研机构实施改制时,经国资监管部门批准,可将前三年国有净资产增值（扣除房地产增值部分）中一般不高于35%的部分作为股份,奖励给有贡献的员工特别是科技骨干和经营管理者。

（二）搞好国有资产处置与管理

1. 按照国有资产监督管理的有关规定,改制后科研机构的国有产权应明确出资人。

2. 对经市有关部门确定,主要承担行业共性技术开发、基础性研究以及鉴定、检测等科技服务功能的社会公益性国有资产,可采取两种方式处置:一种是委托管理。委托管理的公益性国有资产,应由占有使用单位到国资监管部门单独进行产权登记;另一种是对其中确属改制科研机构开展业务需要的公益性国有资产,可在改制时一并转让。处置方式需报送市国资委和市科委批准。

3. 科研机构转让产权,涉及国有划拨土地的,受让方应按规定,与市房地资源部门签订国有土地使用权出让合同。

改制科研机构自用的国有房产,在不改变用途的情况下,可以继续租赁,并可以在与产权所有者协商的基础上、在一定的年限内,以优惠的租赁价格支持其发展。

4. 科研机构改制时,涉及国有非经营性资产需要移交相关部门管理的,应到国资监管部门办理资产划转手续。

5. 转制科研机构,凡涉及到转制时未处理完的不实资产,在此次改制时,应按照市国资委《关于印发〈上海市国有资产战略性重组中不实资产核销的试行意见〉的通知》（沪国资产〔2003〕153号）的有关规定处理。

6. 转制科研机构不得为管理层和个人筹集收购国有产权的资金,不得以转制科研机构的国有产权或实物资产作标的物,为融资提供保证、抵押、质押、贴现等。

五、配套措施

（一）转制科研机构在改制时,应依法处理好与职工的劳动关系。劳动合同可以由改制后的用人单位继续履行:经当事人协商一致,劳动合同也可以变更或者解除;当事人另有约定的,从其约定。

（二）对改制中依法解除劳动关系（或事业编制的聘用关系）的职工,应按上海市有关规定,向其支付经济补偿金。

对与改制后单位继续履行劳动合同且未获取经济补偿的职工,其在原科研机构的工作年限,应视作改制后单位的同一用人单位连续工作年限;其养老保险待遇,按现行规定执行。

（三）国有产权的转让收入,应优先用于安置职工以及偿还拖欠职工的债务和企业欠缴的社会保险费,鼓励改制科研机构以现金方式支付职工的经济补偿。现金支付职工经济补偿:确有困难的,经与职工协商一致,可在科研机构净资产中予以抵扣,作为改制后单位对职工的负债;偿还期限最长不超过 3 年,也不得超过劳动合同期限。

对按照上海市有关政策规定可以抵扣的抚恤对象安置费和退休人员的相关费用等,可在转制科研机构净资产中一次性抵扣。

（四）转制科研机构改制前的工资、福利性结余,按规定经出资者核准,可结转给改制后的单位,用于职工的补充养老保险和补充医疗保险。

（五）转制科研机构改制时,应按照中央和市委的有关规定,做好组织关系和有关干部管理关系的接转工作。涉及离休干部工作的,按照市委组织部《关于在国资管理体制改革中进一步做好企业老干部工作的若干意见》(沪委组[2003]907 号)执行。

（六）改制科研机构可按有关规定,继续享受有关税收优惠政策。

（七）改制科研机构注册名称,应符合企业名称登记管理的规定。对有特殊情况需继续使用原名称的,经批准可以在保留原名(去掉原主管部门标识)后增加改制的组织形式。改制科研机构经营范围中含有法律、行政法规规定必须报送审批的项目的,在重新办理有关手续期间,可暂时保留原有的经营资质。

（八）科研机构改制后,要积极探索建立以岗位工资为主的基本工资制度。符合上海市有关规定条件的,可试行自主决定工资水平的办法,

（九）对科研机构改制后具备上市条件、具有发展潜力的科技型企业,鼓励和支持其在境内外上市或借壳、买壳上市。

（十）今后,政府将更多地采取购买方式,获取相应的公共服务,并鼓励和支持社会机构开展公益性科技服务。

六、组织实施

由市科委牵头,建立市发展改革委、市国资委、市经委、市建委、市财政局、市劳动保障局、市总工会等部门组成的联席会议。联席会议下设工作小组,主要职责是研究和落实改革政策,建立协调机制,具体推进有关工作。

各有关部门应根据本意见的要求,制定具体实施办法。科研机构的国有出资监管单位应按照本意见精神,制定具体的工作规划和落实措施。力争到 2005 年底,基本完成上海市转制科研机构的产权制度改革。

上海市其他科研机构的产权制度改革,可参照本意见执行。

《上海中长期科学和技术发展规划纲要
（2006—2020 年）》若干配套政策

沪府发(2006)12 号(2006 年 5 月 23 日)

一、加强政府科技投入和管理

（一）加大政府科技投入力度

稳步提高市和区县两级政府科技投入占财政支出的比例。到 2010 年,市级财政科技专项投入总量占当年财政支出的比例不低于 7%,区县财政科技专项投入总量占当年财政支出的平均比例达

到 5％。在政府科技投入总量中，通过专项资金、部门预算等形式，统筹安排各项政策资金需求。

（二）优化政府科技投入结构

市级财政科技专项投入重点支持国家重大专项、上海市中长期科技规划重大专项、科教兴市重大产业科技攻关专项等的实施。区县财政科技专项投入要加大对高新技术成果转化、科技型中小企业发展等的支持力度，营造良好的创新创业环境。

（三）切实保障重大专项实施

在政府科技投入中安排专门经费，为国家和上海市重大专项实施提供配套支持。对符合国家和上海市重点产业发展方向、能迅速形成自主知识产权的重大产业科技攻关项目，由科教兴市重大产业科技攻关项目专项资金给予支持。

市有关部门要按照"成熟一个、启动一个"的原则，对重大专项进行全面深入的技术、经济等可行性论证，经市政府批准后组织实施。

二、大力提升企业自主创新能力

（四）支持企业加大自主创新投入

允许企业按当年实际发生的技术开发费用的 150％抵扣当年应纳税所得额。实际发生的技术开发费用当年抵扣不足部分，可按规定在 5 年内结转抵扣。企业购买国内外专利技术的支出，可一次或分次计入成本费用。

企业用于研究开发的仪器设备，单位价值在 30 万元以下的，可一次或分次摊入管理费，其中达到固定资产标准的应单独管理，但不提取折旧。单位价值在 30 万元以上的，可适当缩短固定资产折旧年限或加速折旧。

企业提取的职工教育经费在计税工资总额 2.5％以内的，可在企业所得税前扣除。

（五）支持企业加强自主创新能力建设

对企业建设技术中心、购买国外先进研发设备等，由企业自主创新专项资金给予资助。

对符合国家规定条件的企业技术中心、国家工程（技术研究）中心等，进口规定范围内的科学研究和技术开发用品，免征进口关税和进口环节增值税；对承担国家重大科技专项、国家科技计划重点项目、国家重大技术装备研究开发项目和重大引进技术消化吸收再创新项目的企业，进口国内不能生产的关键设备、原材料及零部件，免征进口关税和进口环节增值税。

（六）支持高新技术企业和科技型中小企业发展

对符合规定条件的高新技术企业，可自获利年度起两年内免征企业所得税，两年后按 15％的税率征收企业所得税。对增值税一般纳税人销售其自行开发生产的软件产品，按国家规定，对其增值税实际税负超过 3％的部分，实行即征即退。

实施科技小巨人工程，对科技型中小企业技术创新项目，由中小企业创新专项资金给予资助。

（七）切实增强国有企业创新动力

国有重点制造类企业集团要制定提升核心竞争力的技术创新战略规划，研发投入占销售收入比例要逐步达到 5％以上。将研发投入、品牌创新、专利授权和运用、科技成果转化、科教兴市重大产业科技攻关、人才队伍建设等，作为国有企业领导人员业绩考核的重要内容。

（八）支持多种所有制企业推进自主创新

民营、中外合资合作、外资企业和研发机构等均可公平参与申报地方科技攻关项目。鼓励中外合资合作企业创造和获得自主知识产权，发展自主品牌。中方企业在扩大合资合作中，要更加注重对核心技术的引进消化吸收再创新。

（九）鼓励社会资金捐赠创新活动

企事业单位、社会团体和个人通过公益性的社会团体和国家机关向科技型中小企业技术创新基金和经国务院批准设立的其他激励企业自主创新基金的捐赠，可按规定在缴纳企业和个人所得税时予以扣除。

三、增强产学研创新合力

（十）支持以企业为主体推进产学研合作

对产学研公共服务平台建设、产学研联合建设实验室和工程中心、企业购买高校和科研院所的技术创新成果、科研机构从事行业共性技术研发和服务等，由产学研合作专项资金给予资助。

对企业委托高校、科研机构等进行技术开发和科研试制所发生的费用，允许企业列入技术开发费用。对转制为企业的科研机构，5 年内免征企业所得税和科研开发自用土地、房产的城镇土地使用税、房产税，政策执行到期后可再延长 2 年。

对技术转让、技术开发和与之相关的技术咨询、技术服务获得的收入，免征营业税。通过政府购买服务等方式，支持科技中介机构和技术经纪人的发展。

（十一）建立以企业需求为导向的产学研公共服务平台

拓展研发公共服务平台功能，推进资源整合，构筑以项目为载体，集企业技术攻关项目需求发布、高校和科研院所科研成果供给、技术成果交易等功能于一体的产学研公共服务平台。

（十二）深化高校和科研机构技术创新机制

改革高校、科研机构考核评价和科研人员职务评聘制度，加强应用导向。推进公益类科研机构分类改革，对其日常运行经费、重大装备基础设施、保持学科持续发展等给予稳定支持。

（十三）提升高新技术园区自主创新载体功能

深入实施"聚焦张江"战略，通过张江高科技发展专项资金等，支持高新技术企业和科研机构向园区集聚。加快工业园区创新平台建设。对符合条件的科技企业孵化器、国家大学科技园，可按规定免征营业税、所得税、房产税和城镇土地使用税。

（十四）加强科研基础设施和创新基地建设

在政府科技投入中安排专门经费，对落户上海市的国家实验室、国家工程实验室、国家重点实验室、国家工程（技术）研究中心、国家级企业技术中心、国家级质检中心等给予配套支持。推进生命健康、城市生态、计量标准等创新基地建设。建立健全科研基地和科研基础设施的开放共享机制。

四、加快推进高新技术成果转化

（十五）支持高新技术成果转化项目实施

对符合规定条件的高新技术成果转化项目，由转化专项资金给予研发支持；实现生产或试生产的，返还相关土地使用费、土地出让金，免收生产经营用房的交易手续费和产权登记费。

（十六）加大对高新技术成果转化项目投入力度

对企业以税后利润投资高新技术成果转化项目，形成或增加企业资本金；科技人员以高新技术成果转化中获得的收益，投资高新技术成果转化项目或高新技术企业，并符合规定条件的，由转化专项资金给予支持。高新技术成果转化项目所组建的企业和高新技术企业，可不受工资总额限制，自行决定其职工的工资发放水平，并可全额列支成本。

五、加强引进消化吸收再创新

（十七）支持重大技术装备引进消化吸收再创新

加强对引进技术和装备的跟踪服务。对引进重大技术装备的消化吸收再创新，由企业自主创新专项资金给予资助。对政府核准或使用政府投资的重点工程项目中确需引进的重大技术装备,项目业主应联合制造企业制定并实施引进消化吸收再创新方案;鼓励外方与国内企业联合投标。

（十八）建立多层次的项目业主风险共担机制

对项目业主使用重大自主创新产品或国产首台（套）重大装备,由企业自主创新专项资金给予资助。引导项目业主和装备制造企业对国产首台（套）重大装备投保。

六、加大政府采购力度

（十九）建立政府采购自主创新产品制度

对纳入自主创新产品目录的产品,在上海市财政支出和政府投资的重大工程建设中给予优先政府采购。在国家和地方政府投资的重点工程中,国产设备采购比例一般不低于60%。

（二十）建立激励自主创新的政府首购和定购制度

企业或科研机构生产或开发的试制品和首次投向市场的产品,具有较大市场潜力并符合政府采购需求条件的,政府或采购人进行直接首购和订购。

七、改善投融资环境

（二十一）加快发展创业风险投资

通过创业投资引导基金,引导社会创业风险资金加大对种子期、起步期科研项目的投入力度。由创业投资风险救助专项资金与创业投资机构自愿提取的风险准备金等额匹配,用于创业投资企业对中小企业特别是中小高新技术企业的投资风险救助。对创业投资企业投资或管理高新技术成果转化项目和高新技术企业,并符合规定条件的,由财政专项资金给予支持。

（二十二）拓宽科技创新企业投融资渠道

政府性担保机构要逐步扩大用于高新技术成果转化项目和高新技术企业的担保额比例。对政府性担保机构的项目代偿损失,由贷款担保损失补偿资金按规定给予在保余额5%以内的限率补偿。推进设立产业投资基金。争取国家开发银行加大对科技创新企业投资的软贷款力度。支持政策性银行、商业银行开展知识产权权利质押业务试点。

（二十三）加快区域性多层次资本市场建设

推进上海区域性资本市场建设,为张江高新技术产业开发区内非上市股份制高新技术企业股权转让和交易提供平台。完善科技创新企业国有股权转让办法,加快股权流动。

（二十四）加强信用制度建设

完善上海市个人和企业信用联合征信系统,建立科技、中小企业管理、风险投资管理、产权交易等部门对科技企业、中介机构和个人的信用信息共享机制,创立适合科技型中小企业特点的信用评级体系,推进信用产品使用。

八、加强知识产权的创造、运用和保护

（二十五）支持创造和掌握自主知识产权

在政府科技投入中安排专门经费,对上海市单位和个人申请发明专利;企业和科研机构能形成自主知识产权的新产品研发;企业参与制定国际和国家技术标准,培育名牌产品和著（驰）名商标以及知识产权试点、示范单位建设等,给予支持。

（二十六）按合同约定发明创造权属和收益分配

单位与发明人或设计人可通过合同约定发明创造成果权属和收益分配。政府资助的科研项目所形成的发明创造成果,除另有约定外,由承担单位所有,发明人或设计人依法享有署名权和取得荣誉权。

（二十七）切实保障专利发明人或设计人的权益

专利权所有单位在专利转让或许可他人实施后，可在税后收益中提取不低于30％作为发明人或设计人的报酬。其中，专利权所有单位为高校和科研院所的，可提取的比例不低于50％。或可参照上述比例，实行发明人或设计人的技术入股。

专利权所有单位自行实施专利的，在专利权有效期内，对发明专利或实用新型专利的实施，可每年从税后收益中提取不低于5％作为发明人或设计人的报酬。对外观设计专利的实施，可提取的比例不低于1％。

（二十八）加强知识产权运用和保护

完善知识产权评估、登记、投资入股等实施办法，知识产权作价投资入股最高比例可达到公司注册资本的70％。实施专利管理专业工程师计划，纳入工程技术人员任职资格系列。建立重大经济活动知识产权特别审查机制，建立市知识产权举报、投诉中心，加大保护知识产权的执法力度。

（二十九）加强技术性贸易措施体系建设

加强对上海市重点产品出口国技术性贸易措施的监测、研究和通报。整合质量技监、外经贸、海关、出入境检验检疫、知识产权服务中心、WTO咨询中心等信息资源，提升技术性贸易措施预警和服务信息平台功能。

九、加强人才队伍建设

（三十）支持领军人才和创新团队建设

对领军人才和创新团队在创新创业活动中的人力资本投入，由领军人才专项资金给予资助。支持领军人才在承担重大科研项目和重大工程建设、自主选题立项中创新创业。

（三十一）加快集聚海外优秀人才

海外高层次留学人员来沪定居工作或创业，可申请办理《上海市居住证》。入外籍留学人员可按规定申请参加社会保险。从事高新技术成果转化项目的留学人员在沪取得的工薪收入，在计算个人应纳所得税额时，可按规定加计扣除。高新技术企业和科研院所等用人单位聘用的外籍专家，其薪金可列支成本。

（三十二）支持企事业单位培养和吸引创新人才

及时发布上海市重点领域和行业人才开发目录。对企事业单位引进优秀创新人才、解决优秀创新人才特殊困难等，由人才发展资金给予资助。已办理居住证的优秀人才可享受子女在沪就读、参加上海市基本养老保险、医疗保险和缴纳住房公积金等待遇。

对由高新技术成果转化项目组建的企业，引进主要投资经营管理者和关键技术人员，并符合规定条件的，在本人及其配偶和未成年子女申请办理《上海市居住证》等方面给予优先支持。加快职业教育实训中心和公共实训基地建设。通过政府购买培训成果等方式，支持劳动者参加中高级职业技能培训。

（三十三）加大对科技人员的分配和奖酬力度

上海市政府性科研项目经费在保证科研硬件投入的前提下，进一步提高用于人力成本支出的比例。

制定企业对技术、管理骨干进行期股、期权激励的实施、登记办法。国有独资高新技术企业在实施公司制改制时，可按规定将国有净资产增值中不高于35％的部分作为股份，奖励有贡献的企业骨干人员。

企事业单位受聘担任高级专业技术职务的人员，以及获得国家和上海市科技奖励等荣誉的人员，可由单位为其建立补充养老保险。

对在科教兴市主战略实施中有重大贡献的个人和团队，由政府奖励基金给予奖励。

（三十四）加强素质教育和科普宣传

实施全民科学素质行动计划，大力开展群众性发明、革新等创新活动。结合学校教学改革，探索中小学开放式、探究型科技教育模式。加快科普基地网络和功能建设。加大上海市媒体宣传科普的力度。

十、完善推进落实机制

（三十五）加强统筹协调

对事关上海全局的重大科技问题和重大科技攻关项目，建立和完善领导责任制。加强对科技投入、政府采购、引进消化吸收再创新的统筹协调。加强对区县科技创新活动的统筹协调和分类指导。

（三十六）确保政策落实

各部门要根据本通知的有关规定，制定或完善具体实施办法，明确申请条件，简化操作流程，加强考核监督，确保各项政策落实。各区县政府要结合实际，制定相应的具体措施。

上海市促进科普事业发展的实施意见

沪科合（2006）29 号（2006 年 12 月 27 日）

一、提高全民科学素质

1. 各级组织、人事、宣传部门制定以增强科学发展观、自主创新战略为重点的培训计划，党校、行政院校积极开展相关内容的普及教育，提升领导干部创新意识与组织创新活动的能力。

2. 实施上海市青少年科技人才培养计划，构建中小学以创新为核心的科技教育教学体系，结合学校课程改革，运用拓展型、研究型科技教育平台，建立科普场馆与学校教学课程衔接、联动的有效机制。充分发挥科技教育特色示范学校的辐射、示范、引领作用。鼓励中小学生发明创造，扶持其创新成果。建立大学生科普志愿者服务社，鼓励大学生通过科技实践，为校区、园区、社区提供服务。

3. 在全市广泛开展以"百万职工科技创新""百万职工技能登高"为主要载体的群众性技术发明创造、合理化建议和技术交流、技能培训等活动。工会建立为职工科技创新、科技成果转化和提高职工科学素质服务的载体，对职工的职务和非职务发明创造、技术成果、合理化建议等由市总工会等部门组织评审并给予奖励。

4. 在社区建立推广科技应用型成果的新模式，培育若干节能型、节约型、资源循环利用型、信息化等科普示范小区。街道、社区因地制宜，根据不同人群制定提高居民科学素质的方案，开展形式多样的科普活动。对 0—18 岁儿童及青少年的家长进行家庭教育指导，提高其"科学教子，以德育儿"能力；增强弱势人群自我发展和自我保护能力；提高来沪务工人员适应城市生活的能力。

5. 建立健全农村科技教育、传播与普及服务组织网络和人才队伍。鼓励各类农村科教机构和社会力量参与多元化的农技推广服务，深入实施农业科技入户工程，通过开展"绿色证书工程""百千万专业农民培训工程"等，提高农民的科学素质、生产能力和经营水平。

二、提升科普能力

6. 各部门、各区（县）组织科技工作者、科普作者、大众传媒编创人员、高校教师、大学生等充实科普志愿者队伍。大学制定科普专业人才培养计划,开设相关课程,为科普事业输送人才。科技、教育、旅游及有关部门联合开展科普相关人员的再培训,提高他们的科普专业水平。

7. 市、区(县)各级政府加大对科普工作特别是重点科普设施建设的投入力度,并逐年增长。

8. 鼓励和支持境内外社会组织和个人捐赠、投资科普事业。企事业单位、社会团体通过非营利的社会团体、国家机关对科普教育基地的捐赠,可按国家有关规定在年度应纳税所得额的10%以内的部分,予以扣除。

9. 鼓励大学、研究所、企业和个人参与科普场馆建设,建立完善科普教育基地定期向公众开放制度。对经市科技主管部门和税务部门审定的科普教育基地,门票收入免征营业税。对参与学校课程教育改革并取得较好社会效益的科普场馆给予支持。

三、加强科普宣传

10. 充分发挥上海科技节、科技周、社科普及活动周等科普活动功能,市和区(县)的党委、政府及其工作部门以及科协、社联、工会、妇联、共青团、中福会组织开展的科普活动,经市科技主管部门审核和税务部门批准后,门票收入免征营业税。

11. 电视、广播、报纸等新闻媒体要加强科普宣传,加大宣传报道力度,要确定一定比例的科普宣传内容并逐年增加。鼓励电台、电视媒体加强科普节目的制作和采购。

12. 支持原创性科普作品、科普内容制作、现代科技手段和科普内容结合的新展示形式,培育科普作品需求市场,繁荣科普内容创作;对优秀科普作品,由科普创做出版专项资金给予专项支持。

四、完善体制机制

13. 完善领导组织体制和协调推进机制。健全市科普工作联席会议和市公民科学素质工作领导小组联会制度,充分发挥其协调科技、教育、宣传、文化、财政等党政部门和群众团体、大众传媒的功能,积极探索市、区(县)科普工作的协调和联动机制。

14. 形成科普与科研的联动机制。在科研项目研究的同时,凡有科普宣传内容的,应积极加强科普宣传,有利于科学知识的及时传播。

15. 形成科普评估机制。建立科普评估指标体系,定期对领导干部、青少年、在职职工以及社区居民科学素质进行测评,对科普场馆运行情况、科普项目和重大科普活动开展评估。

16. 形成促进科普事业发展的激励机制。在上海科学技术奖中设立科普专项奖。

上海市科技小巨人工程实施办法

沪科合(2006)9 号(2006 年 5 月 29 日)

第一章 总 则

第一条 为贯彻全国科技大会和上海市科技大会的精神,进一步推动科技中小企业的自主创新,提高企业核心竞争力,打造一大批具有国内外行业竞争优势的科技小巨人企业,促进地区经济增长,依据《中华人民共和国中小企业促进法》《科学技术部、财政部关于科技型中小企业技术创新基金的暂行规定》制定本办法。

第二条 科技小巨人企业的培育对象和授牌对象,应是从事符合国家和上海市鼓励发展产业导向的高新技术领域产品开发、生产、经营和技术服务的科技型企业;应有较完善的企业创新体系、创新机制及与之相适应的科研投入;应有自主知识产权的品牌产品,有一定的经济规模和良好成长性;有较强的融资能力。其特征为创新型、规模型与示范性。

第三条 科技小巨人(企业)工程采取市区(县)联动方式,实行市区(县)科技行政管理部门集中受理,市区(县)科技和产业行政管理部门联合评审、共同授牌的方式。

上海市各区(县)科技行政管理部门(以下简称"区(县)科技部门")负责本地区科技小巨人(企业)工程的组织申报、会同区(县)产业行政管理部门(以下简称"区(县)产业部门")审核推荐,实施管理,并制订相应的实施细则、操作规范、规程。

上海市科学技术委员会(以下简称"市科委")负责集中受理市区(县)共同支持的企业的申报,会同市经济委员会(以下简称"市经委")联合评审,共同授牌,制订科技小巨人(企业)工程实施办法,实施工程的管理工作。

第二章 支持对象与条件

第四条 支持对象:面向上海市范围内工商注册登记的科技型中小企业。

第五条 科技小巨人(企业)工程支持对象分为两类:科技小巨人培育企业与科技小巨人企业。

第六条 科技小巨人培育企业主要条件:

1. 企业研发人员不低于职工总数的 10%;

2. 企业每年的科研投入经费不低于年销售额的 3%;

3. 应拥有自主知识产权(专利、软件版权、集成电路布图设计或专有技术以及注册商标);

4. 企业资产负债率低于 70%,有良好的信用等级;

5. 企业 2005 年度销售收入达 5 000 万元(制造类)、或 2 000 万元(软件及科技服务类)或利润 1 000 万元以上,前三年销售收入或净利润的平均增长率达到 20%以上;

6. 企业有强健的经营管理团队,健全的财务制度,较强的市场应变能力,灵活的激励机制。

第七条 科技小巨人企业主要条件:

1. 企业研发人员:制造类企业人数不低于职工总数的 20%,软件或科技服务类企业不低于 50%;

2. 企业每年的科研投入经费不低于年销售额的 5%;

3. 应拥有自主知识产权的专利、软件著作权、集成电路布图设计或专有技术 2 项以上,拥有 1 项以上达到国际同类产品水平的标准或一项同行业中的知名品牌;

4. 企业应有研发机构(技术中心、实验室、测试平台等)、研发计划及与之相适应的知识产权保护、人才培养(含引进)、创新激励等运作机制,并有一套较完善的规范化制度;

5. 企业资产负债率低于 50%,有很好的信用等级与融资能力;

6. 企业 2005 年度销售收入达 1 亿元(制造类)或 4 000 万元(软件及科技服务类),或利润 2 000 万元以上,其中主要产品销售额或利润额应占 60%以上,前三年销售收入或净利润的平均增长率达到 30%以上;

7. 企业有优秀的领军人物与良好的经营管理团队,有较强的抵御各类风险的运营机制,有健全的各项规章制度。

第三章 资金来源与支持方式

第八条 资金来源:

1. 市政府在原上海市科技型中小企业技术创新资金的基础上,自 2006 年起,逐年增加,实施五年；

2. 区县财政应当设立相应的科技小巨人（企业）工程专项资金；

3. 鼓励企业加大自主创新投入，积极吸纳社会融资。

第九条　支持方式：

1. 市政府以补贴资金与区县财政资金配套，资助科技小巨人培育企业与科技小巨人企业的自主创新与发展；

2. 资助规定：市、区（县）资金资助为1∶1配套。并且，两者资助总额不超过企业投入的50％；

3. 资助范围：围绕企业自主创新建设，可含多项内容，如技术攻关、专利二次开发、知识产权保护、成果转化的（中试）规模化、企业实验室、技术中心建设、人才培养、市场策划、技术咨询等企业创新活动的补贴；

4. 实施周期：科技小巨人培育企业的培育周期，一般不超过3年。

第四章　申请、受理与推荐

第十条　申请：符合科技小巨人培育企业与科技小巨人企业条件者，均可按要求提供相应的申请材料（另定）向所在区（县）科技部门申报。

第十一条　受理：

1. 受理工作贯彻公开、公平、公正的原则；

2. 受理时间：

市科委受理各区（县）科技部门和产业部门的联合推荐时间为每年5月与8月；各区（县）科技部门受理所在地区企业申请时间可适时安排。

第十二条　区（县）推荐单位：上海市各区（县）科技部门集中受理后，会同区县产业部门联合审核推荐。

第十三条　推荐要求：各区（县）科技部门应会同区（县）产业部门对申报企业作审核认定，将符合本办法规定的科技小巨人培育企业与科技小巨人企业分类汇总后向市科委推荐。推荐单位应同时确认对所推荐企业的资助。

第五章　评审与选项

第十四条　科技小巨人两类企业的评审工作，由市科委会同市经委组织专家或委托评估机构评审。

第十五条　评审工作采取以专家网上评审方式为主，必要时辅以会议复议或现场考察。

第十六条　选项工作按照科学公正、竞争择优的原则，根据专家评审意见，综合考虑区县政府的提议，选定每年度科技小巨人工程两类企业实施计划数，并予以公告。

第六章　实施管理

第十七条　各区（县）科技部门会同区（县）产业部门负责所在地科技小巨人培育企业、科技小巨人企业的管理，协助解决企业在实施过程中遇到的困难与问题。并每半年将汇总情况报市科委和市经委。

第十八条　变更：科技小巨人工程实施应严格履行合同，因客观原因要求变更的，需由企业提出书面申请，经区（县）科技部门会同区（县）产业部门复核后，报市科委会同市经委审核确认，并作有效文本修改后执行。

第十九条 验收：科技小巨人培育企业实施期完成后，由该企业向区（县）科技部门提交书面的验收申请与总结报告，由市科委会同市经委组织专家或委托评估机构验收。科技小巨人企业实行每年度复审制，由市科委委托评估机构进行。

第二十条 授牌：凡评选为科技小巨人企业者，由市科委和市经委联名共同授予"上海市科技小巨人企业"称号的铜牌。对连续2年年审未达标的，则予以摘牌。

第二十一条 科技小巨人培育企业，按合同规定未能如期达标的，2年内不得再次申报。

第七章 附 则

第二十二条 本实施办法由市科委负责解释并会同市经委修改。

第二十三条 管理办法自发布之日起施行。

上海市创业投资风险救助专项资金管理办法（试行）

沪科合（2006）30号（2006年12月31日）

第一条（目的）

为支持各类创业投资公司对科技型中小企业进行风险投资，减少投资风险，改善创业投资环境，根据《上海市人民政府关于实施〈上海市中长期科学和技术发展规划纲要（2006—2020年）〉若干配套政策的通知》（沪府发〔2006〕12号），特设立上海市创业投资风险救助专项资金（以下简称"风险救助专项资金"）。为充分发挥风险救助专项资金的促进作用，有利于创业投资机构投资高新技术企业，加快科技成果转化，进一步推动上海创业投资事业快速健康发展，特制定本办法。

第二条（资金来源）

风险救助专项资金主要来源于上海创业投资机构自愿提取的风险准备金和政府匹配的资金。

（一）经备案登记并通过主管部门年检的创业投资机构自愿从其年度税后收益中按不高于10％的比例提取并缴纳风险准备金；或自愿按不高于其注册资金5％比例提取并缴纳风险准备金。自愿缴纳风险准备金的创业投资机构，在认缴风险准备金后10个工作日内，将本单位认缴的风险准备金一次性存入上海市创业投资行业协会在风险投资专项资金代理银行（以下简称代理银行）开设的专项资金账户，实行专户存储。

（二）市政府按创业投资机构实际缴纳的风险准备金予以1：1匹配，政府匹配资金列入市财政科技经费预算。政府匹配资金不实行专户存储，由市财政根据风险救助专项资金实际发生的补助金额，每年进行一至两次结算，将资金拨入风险准备金账户。

（三）资金的管理。创业投资机构风险救助专项资金，存入上海市创业投资行业协会在代理银行开设的专项资金账户，专款专用。并根据出资人分设明细账，实施分账管理。

第三条（适用范围）

在本办法施行后，创业投资机构因投资失败而清算或减值退出的风险投资项目所发生的损失，并同时符合以下条件的创业投资机构可以从风险救助专项资金获得部分补偿。

1. 通过上海市创业投资机构备案登记和年度检查；

2. 参与风险救助专项资金的筹集，并缴纳风险准备金一年以上；

3. 所投单个项目的金额未超过该机构自有资金（或其管理资金、或其自有资金与管理资金之和）的15％；

  4. 单个项目的投资行为在1998年5月31日之后；

  5. 所投资的单个项目，投资期已经满2年；

  6. 所投资的单个项目，于本办法施行后因失败而清算或减值退出。

  第四条（管理机构及其职责）

  风险救助专项资金由上海市科学技术委员会、上海市发展和改革委员会、上海市财政局、上海市创业投资行业协会组成风险救助专项资金理事会。理事会对风险救助专项资金运作情况进行指导、监督，定期召开会议对重要事项进行决策。

  风险救助专项资金理事会下设办公室，办公室为风险救助专项资金理事会常设办事机构。办公室设在上海市创业投资行业协会。具体负责管理风险救助专项资金账户和创业投资机构存入的风险准备金；审核风险救助资金的申请；认定损失额度；编制风险救助专项资金理事会书面汇报、资金拨付情况和创业投资机构运营信息。

  第五条（资金拨付审批权限及原则）

  风险救助专项资金的补助项目由风险救助专项资金管理办公室负责审核，并报风险救助专项资金理事会审批。

  （一）创业投资机构对单个项目的投资损失，是指投资机构对单个项目投资回收的货币资金（包括但不限于股权分红、管理费用收入、股权转让收入、项目清算回收等）与退出前累计投入该项目的投资资金之间的差额部分。对符合申请风险救助专项资金补助条件的创业投资机构，经风险救助专项资金理事会核准，风险救助专项资金对投资于经认定的上海高新技术企业的，可按不超过投资损失的50％给予补助；对其中投资于经认定的上海市高新技术成果转化项目，可按不超过投资损失的70％给予补助。风险救助专项资金向申请补助的机构拨付救助资金的总金额将不超过该机构向风险救助专项资金累计缴纳风险准备金总金额的200％。

  （二）对存在出于欺诈目的故意导致创业投资项目减值退出等不诚信行为的机构，一经查实，即取消享受补助资格并由风险救助专项资金管理办公室追回已拨付的资金，同时在行业范围内公布。

  第六条（申请及拨付程序）

  （一）需风险救助专项资金补助的各创业投资机构，须于每年的第一季度结束前向风险救助专项资金管理办公室报送上一年度的风险救助资金申请表，并附项目情况等材料。

  （二）需风险救助专项资金补助的区县属创业投资机构，应在向风险救助专项资金管理办公室报送材料的同时，抄送区县科委、区县发展改革委和区县财政局。

  （三）风险救助专项资金管理办公室对有关风险投资机构提出的资金补助申请进行审核，确定初步补助额度；并编制风险救助专项资金平衡表报风险救助专项资金理事会核准。

  （四）风险救助专项资金管理办公室根据风险救助专项资金理事会核准后的补助经费额度给予拨款。

  第七条（资金管理）

  （一）风险救助专项资金使用必须坚持严格审批，严格管理；专款专用，任何单位或个人不得截留、挪用。

  （二）上海市创业投资行业协会承担风险救助专项资金日常工作，其必需的管理费用，拟每年初由该行业协会按照必需、必要的原则编制年度经费预算，并报经理事会审核后，可在风险救助专项资金(创业投资机构缴纳的风险准备进部分)专户存储所产生的利息中列支。

（三）风险救助专项资金理事会于每年年初委托有关部门或中介机构对上一年度风险救助专项资金及日常管理经费的使用情况进行审计。

第八条(资金撤回)

因被主管部门取消备案资格、歇业、清算或其他原因结束创业投资业务以及不再愿意向风险救助专项资金缴纳风险准备金的创业投资机构,可以从风险救助专项资金里撤回已缴纳且未被使用的资金;同时自动失去获得风险救助专项资金补助的资格。

对于要求撤回风险准备金的机构,需向风险救助专项资金理事会申请。待理事会批准申请后,办公室可以将申请撤回的风险准备金未被使用的部分退回给申请机构。

第九条(风险救助资金清算)

因政策变化及其他不可抗力因素致使风险救助专项资金无法继续运作而宣告终止时,已向风险救助专项资金缴纳风险准备金的创业投资机构,可以从风险救助专项资金里获取本单位已缴纳且未被使用的风险准备金。

第十条(办法解释)

本办法由上海市科学技术委员会会同上海市发展和改革委员会、上海市财政局负责解释。

第十一条(实施日期)

本管理办法自 2007 年 1 月 1 日起施行。

上海市科学技术奖励规定(2007 年修正)

（2001 年 3 月 22 日上海市人民政府发布,根据 2007 年 1 月 11 日上海市人民政府令第 67 号《上海市人民政府关于修改〈上海市科学技术奖励规定〉的决定》修正并重新公布)

第一条(目的和依据)

为奖励在上海市科学技术进步活动中做出贡献的个人、组织,调动科学技术工作者的积极性和创造性,加速上海市科学技术事业的发展,促进科教兴市,根据《国家科学技术奖励条例》,结合上海市实际情况,制定本规定。

第二条(奖项设立)

市人民政府统一设立"上海市科学技术奖"。

第三条(奖励原则)

科学技术奖励贯彻尊重劳动、尊重知识、尊重人才、尊重创造的方针,评奖工作坚持公开、公平、公正的原则。

第四条(奖励委员会设置与职能)

市人民政府设立上海市科学技术奖励委员会(以下简称奖励委员会),负责对上海市科学技术奖励工作的指导和管理,审定上海市科学技术奖的获奖个人和组织(以下统称获奖对象)。

奖励委员会组成人选由市科学技术行政部门提出,报市人民政府批准。

第五条(行政部门与奖励办公室)

市科学技术行政部门负责上海市科学技术奖励的组织管理工作。

市科学技术奖励管理办公室(以下简称奖励办公室)为奖励委员会的办事机构,设在市科学技术行政部门,负责上海市科学技术奖励的日常管理工作。

第六条（奖励类别和等级）

上海市科学技术奖包括五个类别：

（一）科技功臣奖；

（二）自然科学奖；

（三）技术发明奖；

（四）科技进步奖；

（五）国际科技合作奖。

科技功臣奖每两年评审一次，每次授予人数不超过2名。

自然科学奖、技术发明奖、科技进步奖、国际科技合作奖每年评审一次。

自然科学奖、技术发明奖、科技进步奖各分为一等奖、二等奖、三等奖三个等级。

第七条（科技功臣奖评定条件）

科技功臣奖授予下列科学技术工作者：

（一）在当代科学技术前沿取得重大突破或者在科学技术发展中有卓著贡献的；

（二）在科技创新、科技成果转化和高技术产业化中，创造巨大经济效益或者社会效益的。

第八条（自然科学奖评定条件）

自然科学奖授予在基础研究和应用基础研究中阐明自然现象、特征和规律，做出重大科学发现的公民或者组织。

第九条（技术发明奖评定条件）

技术发明奖授予运用科学技术知识做出产品、工艺、材料及其系统等重大技术发明的公民或者组织。

第十条（科技进步奖评定条件）

科技进步奖授予在应用推广先进科学技术成果，完成重大科学技术工程、计划、项目等方面做出突出贡献，创造显著经济效益或者社会效益的下列公民或者组织：

（一）在实施技术开发类项目中，完成重大技术创新、科学技术成果转化或者高技术产业化的；

（二）在实施社会公益类项目中，长期从事科学技术基础性、公共性、普及性工作，并经实践检验和应用推广，产生较大社会影响的；

（三）在实施重大工程类项目中，完成重大技术创新，保障重大工程达到国际先进水平或者国内领先水平的；

（四）在科技管理、决策的软科学项目中取得突出成就，并对政府决策和社会发展产生重要影响的。

前款第（三）项涉及的科技进步奖仅授予组织。

第十一条（国际科技合作奖评定条件）

国际科技合作奖授予对上海市科学技术事业做出重要贡献的下列外国人或者外国组织：

（一）同上海市的公民或者组织合作研究、开发，取得重大科学技术成果的；

（二）向上海市的公民或者组织传授先进科学技术、培养人才，成效特别显著的；

（三）为促进上海市与外国的国际科学技术交流与合作，做出重要贡献的。

第十二条（推荐单位和个人）

上海市科学技术奖的候选个人、组织（以下统称候选对象）由下列单位或者专家推荐：

（一）各区、县人民政府；

（二）市政府各委、办、局；

（三）经市科学技术行政部门认定的具备推荐资格的其他单位和专家。

第十三条（申报程序）

推荐单位和专家在推荐上海市科学技术奖候选对象时，应当填写统一格式的推荐书，提供真实、可靠的评价材料，推荐上报奖励办公室。

第十四条（奖励办公室初审）

奖励办公室负责对推荐的上海市科学技术奖候选对象进行初步审核，符合条件的，按学科、专业进行分类。

第十五条（专业评审组评审）

奖励办公室根据初审分类结果，分别组织不同的专业评审组对候选对象进行评审。专业评审组提出奖项等级，并形成专业评审组评审意见。

第十六条（初评结果公布及异议处理）

经专业评审形成评审意见后，由奖励办公室通过媒体公布初评结果，并自公布之日起 30 日内，受理有关异议事项。必要时可以采用座谈会、听证会等方式，听取有关方面的意见。

有关异议的处理应当在受理期结束后 30 日内，将处理结果答复提出异议的个人或者组织。

第十七条（复核和审定）

奖励办公室应当在初评结果公布及异议处理程序结束后，组织有关专家进行复核。

复核程序结束后，奖励办公室应当将初审情况、专业评审组评审意见、初评结果公布及异议处理情况、复核结果向奖励委员会报告，由奖励委员会对获奖对象、等级进行审定。

第十八条（颁奖与公布）

奖励委员会审定获奖对象、等级后，按照规定的程序报市人民政府批准，由市人民政府对获奖的公民、组织颁发证书和奖金，并在《上海市人民政府公报》上公布获奖名单。

第十九条（奖励经费）

上海市科学技术奖的奖金数额由市科学技术行政部门会同市财政部门提出，报市人民政府批准。

上海市科学技术奖的奖励经费由市财政列支。

第二十条（申请人非法行为处理）

申请人以剽窃、假冒、侵占他人的发现、发明或者其他科学技术成果，或者以其他不正当手段骗取上海市科学技术奖的，由市科学技术行政部门依法撤销奖励，追回奖金。

第二十一条（推荐单位非法行为处理）

推荐单位提供虚假数据、材料，协助他人骗取上海市科学技术奖的，由市科学技术行政部门予以通报批评；情节严重的，暂停或者取消其推荐资格；对负有直接责任的主管人员和其他直接责任人员，责成其主管部门依法给予行政处分。

第二十二条（评审人员非法行为处理）

对在上海市科学技术奖评审活动中弄虚作假、徇私舞弊的专家和工作人员，取消其参加评审活动的资格，并予以通报批评；对情节严重的工作人员，给予行政处分。

第二十三条（生效日期和废止事项）

本规定自 2001 年 4 月 1 日起施行。

1985 年 12 月 25 日上海市人民政府公布的《上海市科学技术进步奖励规定》同时废止。

上海市大型科学仪器设施共享服务评估与奖励暂行办法

(沪府办发〔2008〕2 号)(2008 年 1 月 29 日)

第一条(目的)

为促进大型科学仪器设施的共享,提高其利用率,调动上海市大型科学仪器设施管理单位和相关人员提供共享服务的积极性,根据《上海市促进大型科学仪器设施共享规定》,制订本办法。

第二条(适用范围)

上海市行政区域内高等学校、科研院所、企业等管理单位(以下统称"管理单位")的大型科学仪器设施共享服务评估和奖励工作,适用本办法。

第三条(奖励资金)

上海市设立大型科学仪器设施共享服务奖励资金,所需经费列入市科委部门预算。

第四条(评估与奖励原则)

上海市大型科学仪器设施共享服务的评估和奖励贯彻"公开、公平、公正"的原则,每年度进行一次。

第五条(评估与奖励范围)

凡以市或区、县财政全额或者部分出资购置、建设的大型科学仪器设施的所在管理单位,都应接受仪器设施共享服务情况的评估;鼓励以其他资金,包括中央财政、社会资金等全额购置、建设的大型科学仪器设施的所在管理单位参加评估。

在大型科学仪器设施共享服务年度评估中,评估结果为合格及以上的管理单位,可申请共享服务奖励。

第六条(评估内容)

对管理单位大型科学仪器设施共享服务情况的评估内容包括:大型科学仪器设施提供共享服务情况,可共享大型科学仪器设施情况,共享管理制度与条件保障等情况。

第七条(评估程序)

(一)每年由市科委通知市各有关主管部门组织实施所辖管理单位本年度大型仪器设备设施共享服务评估;评估期为上年度 1 月 1 日至 12 月 31 日。

(二)由管理单位按要求核实本单位有关大型科学仪器设施共享服务情况,通过上海研发公共服务平台的科学仪器共享服务系统,填报评估与奖励申请书,在线打印纸质材料,报送相关主管部门。

主管部门为区县行政管理部门的,报送区县科委;无相关主管部门的,报送市科委。

(三)各有关主管部门组织专家或委托中介机构进行评估,填写专家评议表,形成评估结果。评估结果分为优秀、合格和不合格。其中,优秀名额不超过参加评估的管理单位数量的 10%。

第八条(评估结果公布)

评估结果经审定后,由有关主管部门向管理单位颁发评估证书,并将评估结果通过上海研发公共服务平台向社会公布。

第九条(奖励分类和条件)

大型科学仪器设施共享服务奖励分为管理单位共享服务奖和先进个人奖。

管理单位共享服务奖授予当年度共享服务评估获得合格及以上的管理单位;先进个人奖授予在共享服务工作量、服务质量、服务态度、功能开发等方面表现突出的操作人员,以及在共享管理制度建设、人才队伍建设、运行与服务管理等方面取得明显成效的管理人员。

对先进个人发放奖励资金,并颁发荣誉证书。先进个人名额,原则上不超过从事大型科学仪器设施共享服务的管理和操作人员的 2%。管理人员和操作人员的范围界定,由市科委负责。

第十条(奖励程序)

市科委按年度实施大型科学仪器设施共享服务奖励工作。

(一)管理单位填报相关奖励申请材料。申报共享服务奖的,管理单位将经相关主管部门盖章后的评估与奖励申请书报送市科委;申报先进个人奖的,由管理单位组织遴选,填报《上海大型科学仪器设施共享服务先进个人推荐表》,盖章后报送市科委。

(二)市科委组织核实申报材料。选择不低于 10% 的申报管理单位进行现场抽查和用户满意度调查,现场抽查包括共享服务相关原始记录和大型科学仪器设施运行情况的核实等。

(三)市科委组织专家或委托中介机构进行评议,确定奖励方案。评议主要根据申报奖励单位的共享服务工作情况,并结合现场抽查、用户满意度调查结果进行。

第十一条(奖励金额确定)

管理单位共享服务奖的奖励经费,根据管理单位通过上海研发公共服务平台公开基本信息且服务记录备案的大型科学仪器设施共享服务工作量确定。

奖励金额依据每单台(套)仪器对外服务次数、机时数、样品数、服务收入、社会效益等核定。一般获得奖励的单台(套)大型科学仪器设施对外提供服务的年机时数,应不低于 100 小时。

其中,专门对外服务的仪器设施年服务机时数,应不低于可对外服务机时的 50%。

以非财政资金全额出资购置、建设的大型科学仪器设施,在同等条件下,上浮 10% 的奖励金额。

第十二条(奖励公布)

管理单位共享服务奖励和先进个人奖励的情况,通过上海研发公共服务平台向社会公布,并向市有关行政管理部门和管理单位通报。

第十三条(奖励资金用途)

管理单位获得的共享服务奖励资金,应用于共享大型科学仪器设施的运行维护、服务信息完善、操作(管理)人员的培训与补贴。

第十四条(资金管理与监督)

管理单位对奖励经费的开支行使管理和监督权,应做到手续完备、账目清楚、内容真实、核算准确,确保奖励资金的合理使用。

管理单位有弄虚作假、截留、挪用、挤占奖励资金等行为的,由市科委、市财政局依法追回;情节严重的,依法追究法律责任。

第十五条(解释权)

本办法的具体应用,由市科委会同市财政局负责解释。

第十六条(施行日期)

本办法自印发之日起施行。

关于进一步推进科技创新加快高新技术产业化的若干意见

沪委发〔2009〕9 号(2009 年 5 月 15 日)

为更好地贯彻落实科学发展观,加快推进"四个率先",加快建设"四个中心"和社会主义现代化国际大都市,着眼于抢占科技制高点、培育经济增长点、服务民生关注点,坚持以自主创新为产业结构调整和经济发展方式转变的中心环节,坚持以产业结构调整和高新技术产业化为确保经济平稳较快发展的主攻方向,建立健全以企业为主体、市场为导向、产学研相结合的技术创新体系,现就进一步推进科技创新、加快高新技术产业化提出如下若干意见:

一、组织实施高新技术产业化重大项目

（一）聚焦产业发展重点领域。围绕上海市产业发展重点,聚焦新能源、民用航空制造、先进重大装备、生物医药、电子信息制造、新能源汽车、海洋工程装备、新材料、软件和信息服务等九大领域,重点组织实施一批高新技术产业化重大项目,加快推进上海市产业结构优化升级。（责任部门:市经济信息化委、市科委、市发展改革委等）

（二）建立健全组织实施机制。建立市推进高新技术产业化领导小组和工作小组,由市领导担任组长、副组长,加强决策和协调。明确项目推进责任部门和责任人,形成合力,共同推进。明确项目实施主体,加强产学研合作,建立责权统一的责任机制。（责任部门:市经济信息化委、市科委、市发展改革委等）

（三）加大配套资金投入力度。设立自主创新和高新技术产业化重大项目专项资金,充分发挥财政投入的引导带动作用和市场配置资源的基础性作用,形成企业、政府、社会共同推进自主创新和高新技术产业化的良好机制。加强财政专项资金的统筹和管理,加大对重大项目的聚焦投入。加强监督和评估,建立第三方独立评估制度。（责任部门:市发展改革委、市财政局、市经济信息化委、市科委等）

（四）开展重大科技攻关。根据重大项目技术路线图,制订并实施科技支撑产业发展行动计划,加强前瞻布局,组织开展科技攻关。（责任部门:市科委、市经济信息化委、市发展改革委等）

（五）完善产业配套政策。围绕重大项目的组织实施,根据产业化要求,研究制定产业配套政策和措施,加快推进重大科技创新成果产业化。（责任部门:市发展改革委、市经济信息化委、市科委等）

二、鼓励和促进科技创业

（六）设立"创业苗圃"。引导和支持科技企业孵化器、大学科技园等各类创业服务机构设立"创业苗圃",为创业者完善成果（创意）、制订商业计划、准备创业提供公共服务。（责任部门:市科委、市财政局、各区县政府等）

（七）加强科技创业孵化器建设。鼓励和支持区县建设科技创业孵化器,拓展孵化空间。改进孵化器考核评价机制。根据孵化服务质量,通过政府购买服务的形式,加大政府资助力度。建立"创业导师"队伍,指导和支持创业者,提高科技创业成功率。（责任部门:市科委、市财政局、市地税局、各区县政府等）

（八）鼓励科技人员创业。支持高校和科研院所的科技人员停薪留职创办科技企业,允许其3年内保留与原单位的人事关系。进一步鼓励大学生科技创业。（责任部门:市教委、市科委、市人力资源社会保障局等）

（九）完善研发公共服务平台。完善研发公共服务平台共享奖励机制,进一步推进创新创业资源共享,加强专业化服务。鼓励和引导企业通过研发公共服务平台开展技术创新,降低创新创业成本。（责任部门:市科委、市财政局等）

（十）发展科技中介服务。加快发展行业协会等社会组织,鼓励发展各类非营利组织和专业化中介服务机构。积极推进"创新驿站"建设,拓展服务网络,提升服务能力。加强技术经纪人的培

育,完善政府购买科技中介服务的政策,促进技术经纪人队伍发展。(责任部门:市科委、市教委、市工商局、市社团局等)

三、增强企业创新动力和能力

(十一)增强国有企业创新动力。组织实施国有企业中长期技术发展战略规划,推动其建立和完善技术体系。强化对国有企业负责人创新绩效考核。完善激励政策,对技术创新有突出贡献的企业负责人和重要技术骨干,可以延长任期。(责任部门:市国资委、市人力资源社会保障局、市科委、市知识产权局等)

(十二)引导企业增加研发投入。全面落实国家关于企业研究费用税前加计扣除政策,按照企业自主立项、税务机关受理登记、企业自行申报扣除的办法操作,优化操作流程,建立争议协调机制。(责任部门:市国税局、市地税局、市科委等)

(十三)加强企业研发队伍建设。引导和支持企业加强对创新人才的培养和引进,加大上海市各类人才计划对企业人才的支持力度。实施"科技特派员"制度,鼓励和支持高校、科研院所科技人员深入企业,帮助企业建立技术体系,解决技术难题,研制创新产品。落实技术要素参与分配、技术入股等方面的扶持政策,激发科技人员的积极性。(责任部门:市科委、市教委、市人力资源社会保障局、市国资委等)

(十四)促进企业研发基地建设。支持企业建立研发机构,在企业建设重点实验室、工程技术研究中心、工程研究中心、工程实验室、企业技术中心等研发基地。鼓励和支持企业、高校、科研院所合作建立研发机构。(责任部门:市科委、市经济信息化委、市发展改革委、市国资委、市教委等)

(十五)培育创新产品市场。细化和落实政府采购自主创新产品的政策措施,研究制定自主创新产品认定办法和政府采购自主创新产品操作规程,实现自主创新产品目录与政府采购产品目录的对接。加大政府采购实施力度,切实发挥政府采购对于自主创新产品市场培育的引领作用。(责任部门:市财政局、市科委、市发展改革委、市经济信息化委等)

(十六)提升企业创新管理。实施"企业加速创新计划",引导企业运用先进的创新管理方法,瞄准创新目标,制定创新战略,逐步提升创新能级。(责任部门:市科委、市知识产权局等)

(十七)加强知识产权开发和保护。创新知识产权服务方式,加大知识产权管理人才培养力度,鼓励和支持企业应用"专利地图""技术路线图"等工具,提升知识产权创造、运用、保护和管理的能力。(责任部门:市知识产权局等)

(十八)促进国际合作交流。支持企业"走出去",利用国际资源,开拓国际市场,为重点行业、重点企业购并海外研发团队、品牌和技术型公司提供一定的融资渠道和担保支持。在加强资本项下先进技术引进的同时,继续支持国际贸易项下对产业重大关键技术的引进和再创新。进一步吸引外资研发机构和高科技企业入驻,促进与本土机构的合作交流。(责任部门:市商务委、市经济信息化委、市科委、市金融办等)

四、培育和发展创新集群

(十九)实施创新热点计划。聚焦创新热点,优化基础设施和公共服务,加强产学研合作,建立技术创新联盟,促进人才流动、信息交汇和资源共享,支持企业间开展合作交流和购并重组,完善产业链,培育和壮大创新集群。(责任部门:市科委、市发展改革委、相关区县政府等)

(二十)创新高新区管理体制。进一步完善上海市高新技术产业开发区的管理体制,强化对高新区各分园的指导、协调、督办和服务职能,统筹协调高新区各分园的发展。推动区县政府加强对高新区各分园的管理,减少管理层次,提高政策执行力和服务效率。实现政企分开,理顺高新区各分园行政管理机构和开发公司的职责关系。(责任部门:市科委、市发展改革委、市财政局、市规划国土资源局、市编办、市政府法制办、浦东新区政府等)

(二十一)加强高新区评估。按照国家高新技术产业开发区评价指标体系的要求,制定并执行张江高新区考核评估实施方案,加强对高新区各分园的评估指导,引导和鼓励各分园错位发展、形成特色。(责任部门:市科委、市发展改革委、市规划国土资源局、市财政局等)

(二十二)促进区县科技创新发展。加强市区联动,创新工作机制,提高区县科技管理和服务水平。建设区县科技创新服务中心,加强科技公共服务。结合区县基础条件和优势资源,大力发展高新技术产业和高技术服务业。(责任部门:市科委、相关区县政府等)

五、加强共性技术研发和公益性服务

(二十三)优化研发基地布局。加强重点实验室、工程技术研究中心、工程研究中心、工程实验室、企业技术中心等各类研发基地的统筹布局,明确各类研发基地的功能定位,实行科学评估、动态调整、政府扶持的机制。(责任部门:市科委、市发展改革委、市财政局、市经济信息化委等)

(二十四)深化应用型科研院所改革和发展。加强对应用型科研院所"创新能力点"的识别和挖掘,对具有较强基础性、公益性、战略性,以及关系国家安全的研究开发和技术服务能力点,通过建设工程技术研究中心、重点实验室等方式予以重点支持。对具有较好条件的应用型科研院所,探索实施整建制改革和调整,优化运行机制和管理体制,增强共性技术研发和行业标准、检测等技术服务能力。(责任部门:市科委、市国资委、市发展改革委、市财政局、市国税局、市地税局、市人力资源社会保障局等)

(二十五)发挥高校创新资源优势。加强高校重点学科、学位点设置和教育高地等建设计划与上海市重点产业发展规划的对接。加强对地方政府投入高校经费的绩效考核,引导高校创新资源开放共享,服务地方经济发展。实施知识转移计划,推广学术休假制度,改革完善高校职称评聘制度,促进高校和企业间的人才流动。(责任部门:市教委等)

(二十六)建立政府科研项目信息共享平台。建设政府科研项目共享信息系统,建立健全政府科研立项信息采集、检索、维护和共享的工作机制,加强部门协同,提高财政投入绩效。(责任部门:市财政局、市发展改革委、市科委、市经济信息化委等)

六、推动科技投融资体系建设

(二十七)大力发展"天使投资"。充分发挥政府资金引导作用,积极鼓励和支持企业或私人资本投资"天使基金",开展"天使投资"。改革国有创业投资企业考核方式,引入公共财政考核评价机制,简化投资和退出审核程序,加强对科技型中小企业的投资,提高运作效率,发挥引导作用。(责任部门:市金融办、市发展改革委、市科委、市国资委、市财政局等)

(二十八)鼓励股权投资发展。研究制定促进股权投资企业和股权投资管理企业发展的实施办法,对股权投资企业及股权投资企业管理人才给予奖励和支持,研究拓宽外资股权投资企业的发展空间,优化股权投资企业的发展环境。(责任部门:市金融办、市商务委、市工商局、浦东新区政府等)

(二十九)加强和改善商业银行的金融服务。研究制定鼓励商业银行扶持科技型中小企业发展的支持政策,加快推进商业银行设立信贷专营服务机构,加大对科技型中小企业的金融支持力度。推进中小企业集合债券发行。积极争取国家相关部门的支持,探索开展投贷结合的融资服务。(责任部门:市金融办、上海银监局、市科委、市财政局、浦东新区政府等)

(三十)建设柜台交易市场。加快建立面向中小企业、以合格机构投资者为主要投资人的非公开上市公司股权转让的柜台交易市场。实施科技企业上市路线图计划,支持企业上市融资。(责任部门:市金融办、上海证监局、市工商局、市经济信息化委、市科委等)

(三十一)推进金融创新服务。研究制定科技保险保费补贴扶持政策,加快推广和发展科技保险,支持企业技术研发、市场开拓。优化知识产权评估机制,建立知识产权流通平台,推广知识产权质押贷款。研究制定科技企业信用互助实施方案,开展科技企业信用互助试点。(责任部门:市金融办、市科委、市知识产权局、市财政局、上海保监局、浦东新区政府等)

(三十二)发展担保机构。研究建立中小企业贷款担保联席会议制度,推进担保市场发展。建立担保机构多层次风险分担机制,鼓励担保机构为科技型中小企业提供融资担保。引导社会资金建立中小企业信用担保机构,支持担保机构做强做大。探索建立再担保公司。(责任部门:市金融办、市财政局等)

上海市科学技术进步条例

(1996 年 6 月 20 日上海市第十届人民代表大会常务委员会第二十八次会议通过,根据 2000 年 7 月 13 日上海市第十一届人民代表大会常务委员会第二十次会议《关于修改〈上海市科学技术进步条例〉的决定》修正,2010 年 9 月 17 日上海市第十三届人民代表大会常务委员会第二十一次会议修订)

第一章　总　　则

第一条　为促进科学技术进步,发挥科学技术第一生产力的作用,推动经济建设和社会发展,实施科教兴国战略,建设创新型城市,根据《中华人民共和国科学技术进步法》和其他有关法律、行政法规,结合上海市实际,制定本条例。

第二条　在上海市从事科学研究、技术开发、科学技术成果的推广应用、科学技术普及以及相关的服务和行政管理活动,适用本条例。

第三条　上海市科学技术工作,应当面向经济建设和社会发展,实行自主创新、重点跨越、支撑发展、引领未来的指导方针,增强科技创新能力,提高市民科学素养,促进科学技术成果向现实生产力转化。

上海市支持科学技术基础研究,鼓励科学技术研究开发与高等教育、产业发展相结合,鼓励自然科学与人文社会科学交叉融合和相互促进。

第四条　全社会都应当尊重劳动、尊重知识、尊重人才、尊重创造,营造良好的科技创新氛围。

第五条　市人民政府领导全市科学技术进步工作,组织有关部门开展科学技术发展战略研究,组织制定科学技术进步发展规划,确定上海市科学技术发展的目标、任务和重点领域,保障科学技术进步与经济建设和社会发展相协调。

区、县人民政府应当根据全市的科学技术进步发展规划,结合本地区经济建设和社会发展实际,采取有效措施,推进科学技术进步工作。

第六条　市科学技术行政部门负责上海市科学技术进步工作的综合管理和统筹协调。区、县科学技术行政部门负责本行政区域的科学技术进步工作。

市和区县发展改革、经济和信息化、农业、教育、财政、人力资源和社会保障、国有资产管理等部门在各自的职责范围内,负责有关的科学技术进步工作。

第七条　市国民经济和社会发展规划应当体现促进科学技术进步的要求,并将重大科学技术项目、高新技术产业发展等作为规划的重要内容。

第八条　市人民政府应当确定上海市高新技术发展的重点领域、重点区域、重点工程和重点项目,制定扶持高新技术产业开发区的优惠政策,并为高新技术研究、高新技术成果转化和高新技术产业化提供良好的环境。

区、县人民政府应当对本行政区域内高新技术产业开发区的建设、发展给予引导和扶持。

第九条　市人民政府推进科学技术进步的政策、措施以及经费投入情况,应当根据政府信息公开的有关规定予以公开。市和区、县科学技术行政部门应当充分发挥科技信息平台的功能,汇总相关部门推进科学技术进步的政策、措施,为公民、法人或者其他组织提供服务。

市科学技术行政部门应当编制科学技术进步年度报告,总结和反映科学技术进步发展规划的实施、研究开发经费的投入和使用、科学技术成果的水平和应用、科学技术进步对经济增长的贡献等情况。

第十条　上海市鼓励和支持企业、高等院校、科学技术研究开发机构、科学技术社会团体依法开展国内外科学技术合作与交流。

第十一条　上海市设立科学技术奖,对在科学技术进步活动中做出重要贡献的组织和个人进行奖励。具体办法由市人民政府制定。

第二章　企业技术进步

第十二条　上海市建立以企业为主体、市场为导向、产学研相结合的技术创新体系,积极落实国家和上海市的各项科技创新政策,引导创新要素向企业聚集,培育一批具有核心竞争力的创新型企业。

鼓励企业、高等院校、科学技术研究开发机构采取多种方式建立合作机制,保障科学技术研究开发与产业发展紧密结合,提高科学技术成果的转化效率。

利用财政性资金设立的科学技术研究项目的管理机构对于具有明确市场应用前景的项目,应当鼓励企业联合科学技术研究开发机构、高等院校共同实施。

按照国家和上海市有关规定认定的高新技术企业和高新技术成果转化项目,可以享受国家和上海市的有关优惠政策。

第十三条　根据国家和上海市的产业政策和技术政策,鼓励引进国外先进技术、装备。

利用财政性资金和国有资本引进重大技术、装备的,应当进行技术消化、吸收和再创新。相关部门和企业应当落实对消化、吸收和再创新的经费保障。项目审批部门应当将技术消化、吸收和再创新方案作为审批或者核准的重要内容。

第十四条　鼓励企业实施技术标准战略。支持企业参与地方标准、行业标准、国家标准和国际标准的制定。

制定地方标准,应当听取相关企业、行业协会、科学技术研究开发机构的意见。

第十五条　上海市设立创业投资引导基金,通过参股创业投资企业、为创业投资企业提供融资担保等方式,引导社会资金投向创业投资企业,重点推动高新技术产业领域的创业发展。具体办法由市发展改革部门会同有关部门制定。

上海市设立创业投资风险救助专项资金,由创业投资企业自愿提取的风险准备金与政府匹配的资金组成,用于补偿创业投资企业对高新技术成果转化项目和高新技术企业投资失败的部分损失。具体办法由市科技、财政部门会同有关部门制定。

第十六条　上海市建立促进科技与金融结合的扶持机制,通过引导、激励、风险分担等方式鼓励金融资源向科技创新领域集聚,鼓励和支持金融机构开发适合科技型企业需求的金融产品和金融服务。

市金融服务、知识产权等部门应当与金融机构、相关中介服务机构合作建立知识产权质押融资服务平台,为企业知识产权质押融资提供知识产权展示、登记、评估、咨询和融资推荐等服务。

第十七条　国有企业应当建立健全有利于技术创新的分配制度,完善激励约束机制。

国有企业负责人对企业的技术进步负责。国有企业的创新投入、创新能力建设、创新成效、消化吸收再创新等情况,纳入国有企业负责人业绩考核范围。

第十八条　上海市安排科技型中小企业创新资金,资助中小企业开展技术创新,推动科技型中小企业创新创业。

市和区、县人民政府设立的高新技术创业服务中心应当为符合条件的高新技术创业项目和企业提供必要的场地、设施条件,提供政策咨询以及财务、营销、融资等方面的培训和推介服务。

市和区县科技、经济信息化等部门应当健全中小企业服务机构的服务功能,引导创业投资机构向科技型中小企业投资,鼓励科技型中小企业开发新产品、新技术或者拓展运用成熟技术,扶持具有创新优势的科技型中小企业加速发展。

第三章　科学技术研究开发机构与科学技术人员

第十九条　上海市安排自然科学资金,支持重点基础性科学研究课题以及优秀中青年科学技术人员从事科学研究。

市科学技术行政部门应当会同有关部门确定利用财政性资金设立的科学技术研究开发机构的功能定位和布局。

第二十条　市科技、教育等部门应当充分发挥科学技术研究开发机构、高等院校、企业的科学技术优势,支持重点领域的科学技术研究,逐步形成一批重点实验室、科学研究中心、工程技术研究中心等科学技术创新基地。

第二十一条　上海市鼓励企业建立研究开发机构,支持研究开发机构采用多种形式与企业结合组建为科技型企业或者企业研究开发中心,支持有条件的已转制为企业的研究开发机构继续从事共性技术研发和公益性服务。

第二十二条　市和区、县人民政府应当加强科学技术人才队伍建设,围绕上海市优先发展的科学技术重点学科、重点产业、重大项目,培养、引进科学技术创新人才和创新团队,并为其开展科学技术研究活动和实施产业化提供便利。

企业应当鼓励职工的合理化建议活动,支持工会组织职工开展技术改进和技术创新活动。

第二十三条　市和区县人民政府、企业事业组织应当采取措施,改善科学技术人员的工作条件,保障科学技术人员接受继续教育的权利,提高科学技术人员工资和福利待遇,并对有突出贡献的科学技术人员给予优厚待遇。

鼓励科学技术研究开发机构、高等院校、企业通过科学技术人员兼职、岗位流动等多种方式,实行人才交流。

鼓励科学技术人员创办企业,依法实施科技成果转化。

科学技术人员参加科学技术普及、技术服务、技术咨询活动的情况,可以计入专业工作经历,作为职称评定的依据之一。

第二十四条　科学技术成果完成单位将其职务科学技术成果实施转化的，可以根据不同的转化方式，按照国家和上海市有关规定，约定成果完成人应当获得的股权、收益或者奖励。

职务科学技术成果被授予专利权的，被授予专利权的单位应当对发明人、设计人给予奖励；发明创造专利实施后，应当根据其推广应用的范围和取得的经济效益，对发明人或者设计人给予合理的报酬。

被授予专利权的单位可以与发明人、设计人约定或者在其依法制定的规章制度中规定对职务发明创造给予奖励、报酬的方式和数额；单位未与发明人、设计人约定，也未在其依法制定的规章制度中规定对职务发明创造给予奖励、报酬的方式和数额的，应当执行国家规定的奖励、报酬标准。

第二十五条　科学技术人员应当遵守学术规范，恪守职业道德，诚实守信，努力提高自身的科学技术水平，不得在科学技术活动中弄虚作假。

利用财政性资金设立的科学技术研究项目，项目管理机构应当为项目申请单位、项目承担单位以及参与项目的科学技术人员，建立科研诚信档案，作为对科学技术人员聘任专业技术职务或职称、审批相关机构和人员申请科学技术研究项目等的依据。

第二十六条　上海市鼓励科学技术人员自由探索、勇于承担风险。原始记录能够证明承担探索性强、风险高的科学技术研究项目的科学技术人员已经履行勤勉尽责义务仍不能完成该项目的，不影响其继续申请上海市利用财政性资金设立的科学技术研究项目。

第四章　科学技术资源共享与服务

第二十七条　市科学技术行政部门应当会同有关部门定期开展科学技术基础条件资源调查，并建立以下科学技术资源的信息系统：

（一）科学技术研究基地、科学仪器设备；

（二）科学技术文献、科学技术数据、科学技术自然资源、科学技术普及资源；

（三）专业技术服务资源、科学技术人才资源。

市科学技术行政部门应当及时向社会公布科学技术资源的分布、使用情况。

第二十八条　科学技术资源的管理单位应当向社会公布所管理的科学技术资源的共享使用制度和使用情况，并根据使用制度安排使用。法律、行政法规规定应当保密的，依照其规定。

科学技术资源的管理单位向社会开放科学技术资源，应当与用户约定服务内容、收费数额、知识产权归属、保密要求、损害赔偿、违约责任、争议处理等权利义务事项。

市科学技术行政部门应当会同有关部门制定科学技术资源共享扶持政策，推动科学技术资源的管理单位向社会开放科学技术资源。

第二十九条　市人民政府应当建立和完善研发公共服务平台，为科学技术研究开发机构、高等院校和企业提供科学技术资源信息查询、科学技术服务推介等服务，促进科学技术资源的整合和有效利用，支持科学技术创新活动。

第三十条　市和区、县人民政府应当培育和发展技术市场，鼓励社会力量和科技人员创办从事技术评估、技术经纪、技术咨询等活动的中介服务机构；规范中介服务机构的行为，增强行业自律，提高中介服务机构的专业水平和服务能力。

第五章　科学技术普及

第三十一条　市和区、县科学技术行政部门应当制定科普工作规划，加强科学技术知识的普及工作。

鼓励科学技术、教育、文化、新闻出版、广播影视、卫生等机构和社会团体开展多种形式的科学技术知识的宣传。

第三十二条 市和区、县人民政府应当加强科学技术普及场馆、设施建设和管理,鼓励和扶持社会力量建设科学技术普及场馆、设施。

鼓励企业、高等院校、科学技术研究开发机构依托自身优势,向公众开放科学技术普及场馆、实验室、陈列室等场地和设施,开展科学技术普及活动。

以政府财政投资建设的科学技术普及场馆,应当常年向公众开放,对青少年实行优惠。

第三十三条 市科学技术行政部门应当会同有关部门对科学技术普及工作的管理人员、新闻媒体从业人员、科学技术普及场馆的设计和讲解人员等进行培训。

第三十四条 科学技术行政部门、教育行政部门以及科学技术协会、学校、科普教育基地应当鼓励和积极组织青少年参加科学技术知识的普及活动,形成学科学、爱科学、讲科学、用科学的社会风尚。

第三十五条 利用财政性资金的科学技术研究项目适合科学技术普及的,项目管理机构应当在项目合同中要求项目承担者提交关于科学技术研究成果推广应用的科学技术普及报告。

第三十六条 市科学技术行政部门应当建立科学技术普及评估指标体系,构建科学技术普及监测工作网络,定期对市民的科学素质进行测评,对科学技术普及场馆运行情况、科学技术普及项目和重大科学技术普及活动的开展情况进行考核、评估。

第六章 保 障 措 施

第三十七条 上海市建立以政府投入为引导,以企业投入、市场融资、外资引进等多渠道社会投入为主体的科学技术经费投入体制。

上海市逐步提高科学技术经费投入的总体水平。市和区、县财政用于科学技术经费的年增长幅度,应当高于本级财政经常性收入的年增长幅度。全社会科学技术研究开发经费应当占上海市国内生产总值的百分之二点五以上。

第三十八条 市和区、县财政性科学技术资金应当主要用于下列事项的投入:

(一)对实现国家战略、保障国家安全、促进上海市经济社会发展具有重要作用的科学技术研究开发;

(二)为国家在上海市实施的重大科学技术项目提供配套支持;

(三)为从事公益性研究的科学技术研究开发机构提供运行保障;

(四)支持建设科学技术基础设施、购置科学技术仪器设备以及建设完善研发公共服务平台;

(五)支持科学技术成果的应用转化、科技型中小企业创业孵化和科技型中小企业的技术创新活动;

(六)支持科学技术基础研究和科学技术人才培养;

(七)支持科学技术普及;

(八)其他与国家和上海市经济社会发展相关的科学技术进步工作。

市财政、科技部门应当会同有关部门建立和完善财政性科学技术资金的绩效评价制度,提高财政性科学技术资金的使用效益。

审计机关、财政部门应当依法对财政性科学技术资金的管理和使用情况进行监督检查。

第三十九条 从事技术开发、技术转让、技术咨询、技术服务活动的,按照国家规定享受税收优惠。

企业开发新技术、新产品、新工艺发生的研究开发费用可以按照国家有关规定,税前列支并加计扣除。

第四十条 利用财政性资金设立的科学技术研究项目,项目管理机构应当履行下列职责:

(一)制定项目资金的申请、管理办法,并通过政府网站予以公布;

(二)通过政府网站公布项目名称、项目内容、申请资格条件等信息;

(三)组织专家评审,并依据当事人的申请公开其评审结果;

(四)通过政府网站公布项目立项结果和项目承担者;

(五)实施项目执行中的全过程管理和项目成果验收;

(六)对项目成果推广应用等情况进行后续评估。

法律、法规规定科学技术研究项目应当保密的,按照其规定执行。

第四十一条 对于利用财政性资金设立的科学技术研究项目,市科技、财政部门应当会同有关部门建立政府科研项目共享信息系统。

项目管理机构应当在立项前,使用前款规定的信息系统进行检索、核对,避免重复立项,并将实施项目全过程管理的信息及时录入信息系统,实现项目名称、项目内容、申请资格条件、项目承担者、项目完成情况等信息的及时采集和共享。

第四十二条 对于境内公民、法人或者其他组织自主创新的产品,经纳入上海市政府采购自主创新产品目录,且性能、技术等指标能够满足政府采购需求的,政府采购应当优先购买;首次投放市场的,政府采购应当率先购买。

政府采购的产品尚待研究开发的,采购人应当运用招标方式确定科学技术研究开发机构、高等院校或者企业进行研究开发,并予以订购。

第四十三条 市和区、县人民政府应当保障农业科学技术进步的投入,完善农业科学技术进步管理机制和服务体系,支持公益性农业科学技术研究开发机构和农业技术推广机构开展农业科学技术的研究开发及应用,发展高效生态现代农业。

第七章 法律责任

第四十四条 虚报、冒领、贪污、挪用、截留用于科学技术进步的财政性资金,依照有关财政违法行为处罚处分的规定责令改正,追回有关财政性资金和违法所得,依法给予行政处罚;对直接负责的主管人员和其他直接责任人员依法给予处分。

第四十五条 抄袭、剽窃他人科学技术成果,或者在科学技术活动中弄虚作假的,由科学技术人员所在单位或者单位主管机关责令改正,对直接负责的主管人员和其他直接责任人员依法给予处分;获得用于科学技术进步的财政性资金或者有违法所得的,由有关部门追回财政性资金和违法所得;情节严重的,由所在单位或者单位主管机关向社会公布其违法行为,禁止其在一定期限内申请上海市科学技术研究项目。

第四十六条 滥用职权,限制、压制科学技术研究开发活动的,对直接负责的主管人员和其他直接责任人员依法给予处分。

第四十七条 科学技术行政部门和其他有关部门及其工作人员,玩忽职守、滥用职权、徇私舞弊的,由其所在单位或者上级部门对直接负责的主管人员和其他直接责任人员依法给予行政处分;

构成犯罪的,依法追究刑事责任。

第四十八条　当事人对科学技术行政部门和其他有关部门的具体行政行为不服的,可以依照《中华人民共和国行政复议法》或者《中华人民共和国行政诉讼法》的规定,申请复议或者提起诉讼。

当事人对具体行政行为在法定期间内不申请复议、不提起诉讼又不履行的,做出具体行政行为的部门可以申请人民法院强制执行。

第八章　附　　则

第四十九条　本条例自 2010 年 11 月 1 日起施行。

二、科技规划纲要选编

上海中长期科学和技术发展规划纲要(2006—2020 年)

为进一步落实科学发展观,努力构建和谐社会,加速实施科教兴市主战略,推动上海经济、社会、科技可持续发展,依据《国家中长期科学和技术发展规划纲要(2006—2020 年)》和《上海实施科教兴市战略行动纲要》,编制《上海中长期科学和技术发展规划纲要(2006—2020 年)》。

一、上海中长期科技发展的背景与基础

(一)发达国家在人类迈向知识社会进程中占据先机

20 世纪中叶特别是 80 年代以来,以数字化和网络化为特征的信息技术的飞速发展,使全球财富增长方式和分配方式发生根本性的转变,一种以知识的生产、传播和使用为基础,以创造性的人力资源为依托,以高技术产业为支柱的全新的经济形态——"知识经济"开始出现,人类致富的手段发生根本变化,知识的创造和应用成为财富增长的主要源泉。发达国家凭借其坚实的知识基础、高效的创新体系,使知识源源不断地生产出来并迅速转化为商业价值和社会价值,处在全球知识社会发展的"领跑者"行列。新兴国家在追赶先进国家的过程中,更加注重知识的应用,通过强化知识的消化、吸收和再创新,将外来知识转化为自身财富,并不断缩小与知识生产先进国家的差距。发达国家在加速进入知识社会的同时,凭借强大的知识储备和应用能力,充分利用知识产权、技术标准等工具,制约和削弱发展中国家的竞争力,使广大发展中国家在全球的知识竞争中处于被动地位。发展中国家正积极应对挑战,紧紧抓住信息化、网络化以及经济全球化的机遇,力争在世界科技、经济竞争格局中占有一席之地。

(二)科技革命孕育知识社会跨越式发展的重大机遇

未来的科技将沿着更加深入微观和宇观,更加走向复杂和综合,更加揭示生命和智慧本质,更加与经济社会互动的方向发展,在不断突破人类传统认识极限的基础上,有可能在全球范围内引发新的科技革命和产业革命,这为发展中国家和地区完成面向知识社会过渡的跨越式发展提供难得的机遇。信息技术在未来一段时间内,将继续作为推动经济社会发展的主导技术。重大的科技突破将主要在纳米、生物、信息、认知等多个领域的相互交叉、渗透与融合的技术群落中产生。生物、纳米等技术的影响力将显著提升。同时,全球分工中的研发与创意环节趋于向创新活跃的地区集中,区域层次的科技创新与竞争进一步成为国家间综合实力比较的关键因素,科技特色和创新优势也因此成为区域及其中心城市发展和制胜的重要砝码。

(三)创新型国家被确立为中国中长期科技发展目标

面向全面建设小康社会的需求,在对全球经济、社会和科技发展趋势作出准确判断的基础上,党中央、国务院立足现实国情,明确中国中长期科技发展的总体目标——显著提升国家整体科技竞争力和持续创新能力,到 2020 年进入创新型国家行列,为全面建设小康社会提供支撑,并为中国在本世纪上半叶成为世界科技强国奠定坚实基础。建设创新型国家战略的提出,对上海科技发展提出更高的要求,需要上海更加充分地整合与利用科技创新资源,在实现创新型国家目标中贡献更多的力量。同时,在全面建设小康社会和创新型国家的过程中,全社会对于科技创新的需求将会明显

增长,上海科技发展的内涵将进一步得到丰富。

（四）上海已基本具备面向知识社会转型的良好基础

经过多年的发展与积累,上海已初步具备实现知识社会转型的前提和基础。一是创新的社会环境逐步形成。创新的经济基础和人才基础进一步巩固,信息化基础设施不断完善,外资研发机构大量涌入,科技型企业的创业热情高涨,创新活力不断增强。二是科技投入产出同步增长。全社会研发经费投入逐年增长,公共平台不断完善,研发能力全面提升,国际科技论文收录和引用数量、专利申请与授权数量同步增长,并在生命科学与生物技术、航空航天领域取得一批具有世界影响的科技成果。三是经济结构加快转型。上海高新技术产业和高新技术产品出口同步高速增长,产业的技术密集程度不断提高,产业结构正在向资本密集与技术密集型转变。

（五）科技供需的结构性矛盾是制约转型的主要瓶颈

虽然上海科技发展的经济与社会环境有很大的改善,科技为上海经济社会发展提供有力的支撑,但从上海进一步发展的更高要求以及面向知识社会转型的需求来看,上海科技发展的机遇与挑战并存。一方面,产业竞争对科技提出更高要求。随着成本的上升,上海产业的比较成本优势正逐步丧失,而长三角及其他地区基础设施的完善和配套水平的提高,又增强上海都市圈的产业竞争优势,不断提高上海产业的知识含量与附加价值因此成为科技创新的重要任务。另一方面,社会发展对科技提出新的需求。在经历工业化、城市化的快速发展后,以人为本的个性化、多样化和高度化的社会需求不断增长。这些需求中,有的需以科技进步为支撑保障(如能源、环境、安全、卫生、交通等),有的则以知识消费、知识服务为核心内容(如精神、文化、健康、娱乐等),科技创新的空间因此获得进一步拓展。

然而,上海具有自主知识产权的核心技术的数量和质量都远远落后于世界发达地区,上海的科技自主创新能力和核心技术供给对产业结构调整的贡献有限,对产业能级的提升支撑力度不足。因此,从长远来看,如果上海内生的自主创新能力和技术进步动能还没有培育起来,上海经济增长的动力将面临衰竭的危险,经济社会发展的可持续性将受到影响。所以,大幅度增加科技创新的有效供给,提升上海自主创新能力以及在全球的知识竞争力,是上海科技服务国家战略和促进地方经济社会发展的历史重任。

二、上海中长期科技发展的指导思想、战略目标与基本思路

（一）指导思想

以邓小平理论和"三个代表"重要思想为指导,树立和落实科学发展观,实施科教兴市主战略,发挥知识资本与人力资本的主导作用,持续增强科技自主创新能力,支撑引领经济社会协调发展,提升上海面向全球的知识竞争力,为提高上海的国际竞争力、全面建设小康社会贡献力量。

1. 发挥知识人力资本主导作用。全面落实"科技是第一生产力""人才是第一资源"的思想,充分发挥和释放知识资本以及人力资本的潜在能量,使之成为创造高附加价值的核心生产要素,并在资源配置过程中占据主导地位,为上海知识竞争力的提升创造先决条件。

2. 持续增强科技自主创新能力。通过完善和优化科技创新体系,提供适宜的制度安排和创新环境,在若干优势领域内,聚焦有限目标,进一步夯实上海原始创新能力、集成创新能力、引进消化吸收再创新能力的基础,持续增强上海科技自主创新能力,逐步提高上海知识生产、知识应用、知识转移的层次和效率。

3. 支撑引领经济社会协调发展。服务经济社会发展是科技发展和知识竞争力提升的目标与归宿。科技创新既要为提高经济增长的速度和质量作出贡献,又要为人口、资源、环境等社会问题的解决提供出路,支撑经济社会全面、协调、可持续发展。科技创新要在满足经济增长和社会进步提出的现实需求基础上,更加着眼未来知识社会发展的潜在需求,不断拓展新的空间,引领经济社会发展进入更高的层次。

(二)战略目标

根据世界发展趋势以及国家科技发展战略,结合上海科技、经济和社会发展实际,提出以知识竞争力为测度的上海区域创新体系建设和科技发展的目标。

1. 战略目标(2020 年):知识竞争力充分提升,知识社会形态初现。区域创新体系高效运转,知识竞争力名列亚洲前列并进入世界先进地区第二集团,成为亚太地区的研发中心之一。若干科技领域达到世界领先水平,涌现出一批具有自主知识产权和国际竞争力的产品和产业,全社会研究开发(R&D)经费支出相当于地区生产总值的比重达 3.5% 以上(其中企业 R&D 经费支出占全社会 R&D 经费支出的比重达到 70% 左右),万人 R&D 人员全时当量达 60 人年/万人,公众科技素养达标率超过 15%,国际科技论文年收录数量达 40 000 篇,百万人年专利授权数量达 3 000 件(其中百万人年发明专利授权数量达 450 件),知识密集产业的增加值占地区生产总值的比重达到 40% 以上,为上海基本建成经济、金融、贸易、航运中心和现代化国际大都市提供强有力的支撑与保障,为中国成为科技强国奠定基础并发挥引领作用。

2. 阶段目标(2010 年):知识竞争力加速提升,知识社会基础夯实。区域创新体系逐步完善,知识竞争力居全国前列,全社会 R&D 经费支出相当于地区生产总值的比重达 2.8% 以上(其中企业 R&D 经费支出占全社会 R&D 经费支出的比重达到 65% 以上),万人 R&D 人员全时当量达 45 人年/万人,公众科技素养达标率超过 10%,国际科技论文年收录数量达 25 000 篇,百万人年专利授权数量达 1 500 件(其中百万人年发明专利授权数量达 200 件),知识密集产业的增加值占地区生产总值的比重达到 30% 以上,科技创新成果为上海世博会提供技术支撑,上海成为国家重要的知识生产中心、知识服务中心和高新技术产业化基地,在夯实创新型国家建设基础的过程中发挥重要作用。

(三)基本思路

根据上海科技发展的总体目标,提出"以应用为导向的自主创新"竞争策略,并以此为基点,明确上海中长期科技发展的基本思路:定位上,在确保一定的科学发现作为必要的战略储备的前提下,重点关注技术创新的效率和效益。路径上,在若干优势领域内聚焦有限目标,通过开展原始创新、集成创新和引进消化吸收再创新,持续增强上海自主创新能力。抓手上,将战略产品研发、示范工程建设作为上海科技创新的两个重要突破口,前者以商业价值实现为重心,形成自主知识产权的战略产品并带动具有国际竞争优势的产业发展;后者以社会价值实现为重心,建成在中国全面建设小康社会过程中具有推广价值的工程示范。载体上,将企业作为技术创新的主体,战略产品必须由企业提出并作为主要执行单位,由企业组织高校、科研院所的力量开展联合攻关。

三、上海中长期技术创新的主要任务

贯彻以应用为导向的自主创新竞争策略,按照科技发展的趋势,围绕新兴产业的培育和传统产业的提升,面向上海在健康社会、生态环境、高端制造和智能城市方面的战略需求,将构筑"健康(Healthy)、生态(Ecological)、精品(Advanced manufacturing)和数字(Digital)上海"的"引领工程"(HEAD)作为上海中长期技术创新的主要任务,围绕 11 个应用方向,研发 33 个战略产品或功能,攻克相关的 60 项关键技术。

(一)健康上海——营造身心健康、安全和谐的生活

坚持以人为本的发展理念,满足人口老龄化、居住高密度、交往多流动、工作快节奏、体力低消

耗等带来的健康需求,整合生命科学、医学和药学的综合科技优势,以"早"(早预防、早发现、早治疗)、"快"(快检测、快诊断、快康复)、"低"(低创伤、低毒副、低价格)以及"个性化"等特点和功能为方向,围绕公共卫生与防疫、疾病诊断与治疗、重大新药创制等3个应用方向,重点支持开发7项战略产品或功能,攻克17项关键技术,带动相关技术和产业的发展,使上海疾病预防、诊断、治疗和新药开发的技术总体水平和综合实力居国内领先地位,并具备技术扩散、产业扩散和服务扩散的能力,成为亚洲生命健康科技和产业的重镇。

1. 公共卫生与防疫

以防治结合、重在预防为指导方针,构建覆盖面广的公共卫生与防疫科技支撑体系,开展重大传染病传染源及食源性疾病病因、流行趋势、波及范围分析,在重大公共卫生突发事件处理、食品安全与检测、生物安全和防恐等领域突破关键技术,形成重点产品。

(1)重大呼吸系统传染病预防及疫苗

研制可快速诊断、发现呼吸道传染病病原体及耐药等生物学特性的技术和产品;开发流感、流脑、禽流感及结核病等预防用疫苗;建立针对呼吸道传染病特点的早期发现、隔离和接种疫苗的社会化技术预警体系。

(2)食品安全与生物安全保障

建立跨部门的食品中关键污染物监测点与网络、预警和食品污染应急处理技术体系,建成上海主要食品中化学污染物检测基本数据库;建立生物污染快速检测及预警系统技术与标准体系;食品安全和生物污染的监测预警、检验鉴定、防治疫苗与药物、污染消除、应急处置等技术和装备跨入国际先进行列。

2. 疾病诊断与治疗

通过对心脑血管病、糖尿病和恶性肿瘤的防治研究,在预防和治疗两方面集中攻关,形成一批具有明显应用价值、适合心脑血管病和恶性肿瘤防治迫切需求的防治手段和规范,为重大疾病的早期预防、早期诊断和早期治疗提供新技术、新装备和新途径。

(3)心脑血管病、糖尿病和恶性肿瘤三大疾病诊疗

开展心脑血管病、糖尿病和恶性肿瘤高危人群早诊技术及规范化治疗研究,完善高危人群综合干预和优化筛检方案,使三大疾病得到有效控制,显著提高治愈率,降低死亡率。

(4)智能医疗装备

研制用于诊断和治疗的临床数字医学影像产品和信息系统;开展全自动酶免生化分析系统、核磁共振超声消融系统、医用回旋加速器中的质子束治疗系统、全身正电子发射体层像扫描系统等关键技术研究,进行样机试验和临床验证,实现诊断治疗智能复合设备的商品化生产。

(5)先进生物医用材料

研发用于诊断、治疗、修复或替换病损组织、器官或增进其功能的新材料,促进组织修复、人工器官替换、药物传递取得应用。人工皮肤、人工软骨、人工神经、人工肝等进入临床应用;纳米技术应用于药物控释材料及基因治疗载体材料取得重大进展;复合生物材料得到大规模临床应用。

3. 重大新药创制

探索药物研发新途径,开辟疾病治疗新领域,促进上海医药产业由仿制为主向创新为主、由生产主导型向研发主导型的根本性转变。开发具有自主知识产权的生物、化学技术创新药物,并争取进入国际医药市场;构筑上海中药研发体系,突破中药现代化关键技术,培育具有自主知识产权的中药拳头产品。

（6）基于中药的创新药物

开展中药及天然产物活性成分（群）分离纯化与制备等研究，发现新先导化合物和候选药物；开展基于新策略和新靶标的先导化合物的结构改造与优化研究；推进基于中药先导化合物的、拥有自主知识产权的创新药物通过新药临床研究，实现中医药传承和创新发展。

（7）转染色体动物的构建与应用

基于重组染色体技术，对动物基因进行群体设计和工程改造，研制多品种的体内诊断、预防和治疗用完全人源单克隆抗体药品，进入临床应用。

关键技术1　分子诊断技术

分子与基因水平上的传染病流行规律和传播机制研究；基于核酸扩增技术与质谱技术组合联用的新现、再现传染病的快速诊断，基于荧光素酶报告噬菌体的诊断技术，基于检测耐药相关基因突变位点的生物芯片；病原菌分子分型监测系统所涉及的新技术。

关键技术2　食品安全检测技术

致病微生物、农药、兽药、食品包装等食品关键污染物点的现场快捷化、便携化和高灵敏度、高特异性的食品安全检测技术、检测试剂（盒）和相关标准建立。

关键技术3　生物安全监测与评价技术

生物安全应急体系所需的外来入侵生物监测、预警和防御技术；转基因动、植物安全性评价与监测技术。

关键技术4　心脑血管病、糖尿病和恶性肿瘤早期诊断与规范化治疗技术

急性心肌梗死再灌注治疗方法优选，以冠状动脉搭桥技术、介入治疗技术为核心的冠心病临床规范，非瓣膜性房颤消融技术，心力衰竭综合防治；脑卒中综合规范化临床诊治，脑卒中外科治疗技术，急性脑血管病三级康复；糖尿病早期筛查、人群综合干预；肝癌、肺癌、胃癌、乳腺癌复发转移标志物的确证。

关键技术5　生育与生殖健康相关技术

重要出生缺陷的遗传和环境研究，重要出生缺陷疾病致病基因的确定；无创、高效及多种生物标记物联合分析的出生缺陷筛查诊断技术；常见生殖道感染与艾滋病、宫颈癌等生殖系统疾病病因学关系；前列腺癌、乳腺癌、子宫肌瘤、子宫内膜异位症等生殖相关疾病的预警技术。

关键技术6　营养与健康相关技术

基因组框架内影响代谢调控与代谢平衡的代谢分子和营养因素研究，分子、细胞、动物和临床水平上的破坏代谢平衡靶标基因和蛋白的识别与判定，营养物质和代谢产物分析测试技术。

关键技术7　老年性疾病治疗与干预技术

老年性痴呆、帕金森氏综合征、骨质疏松症、前列腺增生症等重要老年病以及重要代谢性疾病发病机理及综合干预技术。

关键技术8　人源（化）单抗制备技术

关键技术9　转染色体及其应用技术

关键技术10　疫苗制备技术

细胞来源流感病毒疫苗、新型脑膜炎球菌疫苗、结核病预防用改良卡介苗疫苗和核酸疫苗、肝炎、艾滋病等病毒性疾病和肿瘤等的新型预防或治疗性疫苗；利用生物反应器研制预防重要疾病疫苗。

关键技术11　蛋白/多肽药物制备及其输送技术

重组蛋白药物的药用多肽基因工程高效表达、纯化与修饰等技术；延长在人体的半衰期、提高

生物利用度的生物药物输送技术;肿瘤等重大疾病的核糖核酸干扰技术、核苷类药物的临床药理、毒理研究。

关键技术 12　创新药物发现与开发技术

基于疾病相关基因、蛋白等新靶标的识别和确证;基于新靶标和新策略药物的设计;药物高效合成与分离制备,大规模高通量药物筛选,成药性快速分析和预测、结构修饰和优化;先导化合物的结构改造与优化,小分子创新药物的设计筛选优化。

关键技术 13　中药现代化技术

基于疗效确切、用药安全,具有特色古方、验方的新药开发,现代中药小复方、复方中药有效部位群研究;中成药的二次开发,中药传统制剂改进及增加适应证;中药质量控制技术,中药材和中药饮片的质量标准及有害物质限量标准;中药化学成分和脱氧核糖核酸指纹图谱的分析技术,中药标准物质库。

关键技术 14　非专利药及制剂新技术

手性(生物)合成技术及自主创新的工艺专利,规模化生产的新工艺及质量控制体系;新型药物载体系统的构建和功能,药物的靶向传导系统、靶向给药系统及靶向前体药物、透皮给药系统及应答式给药系统,黏膜、口服生物黏附、控释等新型给药系统。

关键技术 15　数字化医疗影像技术与集成技术

数字医学影像功能与结构信息的高质量快速重建;感兴趣区病灶或解剖结构的自动分割与识别;图像的三维重构与可视化;高效的图像压缩与远程传输;与临床应用密切相关的图像后处理软件与装置;高灵敏、微创或无创、易操作、易联网的诊断仪器中生理信息和数据采集、处理和控制的智能化。

关键技术 16　干细胞技术

干细胞体外培养诱导分化和治疗应用,胚胎干细胞及各种组织(成体)干细胞的分离纯化、表型与生物学性能鉴定;干细胞体外长期培养、扩增或非分化增殖、分化与定向诱导分化和调控技术;细胞核移植、体细胞克隆与治疗性克隆等技术。

关键技术 17　医用材料与组织工程关键技术

修复和改善损伤组织结构与功能的生物替代物,骨、软骨、皮肤等结构性组织的组织工程再造,肝脏、肾脏、胰腺等代谢性组织器官工程临床应用。

(二)生态上海——建设资源节约、环境友好的都市

坚持可持续发展的理念,应对能源资源短缺、环境承载力限制等严峻挑战,以替代、节约、修复、再利用和循环等特点和功能为方向,以上海具有优势的生物技术、环保技术、材料技术和制造技术为基础,围绕资源再利用与环境污染控制、能源的高效利用和清洁能源的开发、生态科技工程等 3 个应用方向,重点支持开发 8 项战略产品或功能,攻克 15 项关键技术,建立有利于生命健康和符合循环经济特点的资源能源利用模式、环境保护体系及生态科技示范基地,促进自然生态的逐步恢复和改善,产业生态的不断提升和发展,人居生态的绿色化、宜人化,形成人与自然和谐发展的都市型生态环境。

4. 资源再利用与环境污染控制

促进资源节约和高效利用相结合,实现资源保护与产业发展相协调,提高环境污染控制水平和能力,研发清洁生产共性技术及废弃物综合利用关键技术,开展绿色制造与再制造,实现资源低消耗、生产高效率和污染低排放,以较小的资源和环境代价获取更高的效率和效益。

（8）零排放煤气化多联产装置

构建基于羰基合成、整体煤气化联合循环发电和规模化制氢的清洁工艺与仿真平台，突破以二氧化碳资源化回收为特色的煤气化多联产清洁工艺与集成技术，建成适用于燃料电池的煤制氢气示范生产线。建设零排放煤气化多联产生态工业园区，成为国际先进的煤气化多联产研发基地。

（9）面向能源和资源再利用的钢铁制造流程

引进消化吸收国外先进技术，促进现有钢厂流程结构的调整与优化，重视流程中的资源和能源利用，使钢厂具有冶金材料制造、能源转换（包括发电和大容量氢气制备等）和废弃物处理三种功能，成为循环经济的标志型企业。

（10）水资源处理和再利用成套装置

解决水资源高效、优质利用并与水环境保护相协调的关键技术问题，建立新型城市水环境发展模式。针对水质型缺水城市特点，重点围绕长江水资源的合理利用，研发水资源优化配置、淡水优质深度处理、水污染高效低耗治理及循环利用、水环境生态化代谢及保护技术，保障城市供水安全可靠，实现水资源可持续利用与水环境质量全面改善。

（11）城市地下空间开发利用与生态安全

针对上海特殊地质条件、环境效应和地面空间布局，开展受污染土层与地下水的处理和修复、承压水防治、软土地基深层加固、临近建筑物及地下管线保护等特殊地质与环境条件下的设计与施工技术研究，使城市中心密集区的地下空间开发与周围生态环境保护相协调，城市土地资源得到合理利用。

5. 能源的高效利用和清洁能源的开发

大力发展化石燃料的高效清洁利用技术，及时调整优化能源结构，推进后续能源的开发与利用，研发天然气利用、风能、太阳能、生物质能利用、煤制油装置及先进能源动力系统，促进节能与提高能效技术研究与推广应用，加强能源安全保障体系建设，为"保证供应、节能优先、结构优化、环境友好"的上海能源提供经济、高效、清洁的先进能源技术和保障。

（12）高效节能技术与产品

研发原创性、系列化的节能和提高能效的新理论与技术，首选能耗大且节能潜力大的工业、建筑和交通等主要耗能领域，在新型能源使用及转换技术、高效节能技术及产品上取得突破，大幅度挖掘节煤、节油和节电潜力，为上海建成能源节约型城市提供技术支撑。

（13）可再生能源利用技术与装备

研发具有国际先进水平大型风力发电技术，具备批量生产的技术能力，开展海上风电场示范；突破太阳能规模化低成本综合利用技术；研发生物质能利用技术；形成可再生能源装备和产品制造基地。

6. 生态科技工程的应用和示范

以崇明生态岛建设为生态科技攻关与示范的载体，通过土地修复、湿地保护和绿地建设、建筑和社区生态化、工业与农业生态化、重大灾害与风险监测和预警等生态领域的关键技术研发集成、示范推广，推进自然生态、产业生态与人居生态和谐、持续发展。

（14）崇明生态岛科技示范工程

建立崇明岛生态保护、安全保障体系，为自然生态系统达到国际健康标准提供科技保障；初步形成生态产业化与产业生态化格局，构建完备的生态产业链体系，推进循环经济尤其是生态农业发展；长江口特色水生生态系统资源平衡得到修复和保持；发展崇明地方特色动植物品种；创建崇明岛生态社区综合示范,推进崇明基础设施与人居环境生态化发展,为科技引领和支撑中国都市郊区发展及城镇化建设提供典范。

（15）都市现代农业

按照农产品高品质、个性化发展方向要求,围绕种源农业、装备农业、生态农业、数字农业,利用生物技术和特殊种质资源,实现农产品由依赖表型的传统育种逐渐转变到针对基因型的分子育种,由品种间杂交优势扩展到利用物种间的基因转移;发展高效种养殖技术;提升以全球定位系统、遥感、地理信息系统技术为核心的精准农业技术;开发新型农机具及农产品贮藏、加工和冷链中的装备;开发农产品安全检测技术,建立质量标准体系,提高农产品的安全性;研发非传统农业的生物技术产品。

关键技术 18　高效、清洁、综合利用煤炭技术

羰基合成模试技术装置及催化剂;二氧化碳回收工艺与装置设计及埋存技术;适用于燃料电池的煤基制氢气分离与纯化技术;煤直接液化工艺路线和催化剂合成技术;煤化工联产电力、醇、二甲醚与氢气的系统集成与优化技术;不同配置条件下的技术可靠性、经济性与环境特性的全生命周期分析体系。

关键技术 19　天然气利用技术

天然气发电及燃气轮机技术;天然气分布式供能系统;天然气发动机高效低排放技术;燃气热泵建筑物供热制冷一体化技术;天然气合成油技术;液化天然气冷能利用技术。

关键技术 20　节能与提高能效技术

高耗能工业的节能降耗新工艺、关键技术及设备;电站锅炉、工业锅炉、工业窑炉高效燃烧节能技术;柴油机高效燃烧与节能技术、汽油机缸内直接喷射技术、石油替代途径与代用燃料发动机技术;高效节能建筑造型与围护结构、保温隔热建筑新材料。

关键技术 21　风能、太阳能、生物质能利用技术

兆瓦级变桨距变转速风电机组技术,海上风电场技术装备,海上风电机组基础结构及耐腐蚀性能,海上输电系统;高性价比太阳能电池,太阳能热发电与光热利用技术,太阳能建筑一体化制备技术;生物质液体燃料转化及发电技术和装备。

关键技术 22　先进能源动力技术与系统

氢能制取与储存技术;车用及电站燃料电池;动力型二次电池;高效零排放汽车动力;二甲醚燃料动力系统;复合工质动力系统。

关键技术 23　钢铁制造新工艺技术

冶金炉气制氢的催化剂;杂质元素的有效脱除技术、混合炉气的高效分离和纯净化技术;氢还原铁矿技术;高炉喷吹有机固体废弃物技术;无机固体废弃物的高温处理技术;冶金炉渣的综合利用技术。

关键技术 24　废弃物资源化综合利用技术

生活垃圾收运物流系统智能化与信息化技术;易腐有机废物厌氧消化的能源利用和转化利用技术;工业危险废弃物及垃圾焚烧飞灰安全处置及生态修复技术;工业与农业废弃物、电子废弃物回收、降解和资源化综合利用技术;资源化利用技术和设施的环境预测预警及长期安全性评价技术。

关键技术 25　水净化及循环利用技术

水源地开发与保护;水深度处理新技术;水质安全预警与应急控制技术;海水淡化技术及装备;

高效低耗城市污水处理新工艺及模块化、标准化成套生产技术;高浓度难降解有机废水处理及资源化利用技术;高耗水工业废水循环利用技术;水环境生态化代谢系统构建技术及成套装置;面源污染控制与受污染水体生态修复技术。

关键技术 26　大型地下综合体建设技术

不同深度地下空间开发中的地质环境效应与特殊施工技术;地下综合体高精度安全监控、风险评价与智能化管理技术;地下空间与地面空间系统的协调技术;废弃土生态化处理及地下水综合利用技术;世博园区地下空间后续利用技术。

关键技术 27　土地、湿地、绿地保护与修复技术

土壤污染物筛选与检测技术;受污染场址生态修复和利用技术;湿地生物多样性关键类群的监测与保护技术;城市森林和绿地生态化营建与养护技术;森林绿地树木、植物病虫害监控和综合治理技术;绿化植物品种综合评价体系与优质种质培育技术。

关键技术 28　生态建筑与社区建设技术

生态建筑的构造体系、建筑物(群)总体复合能量系统优化;社区节水、水回用及节能和可再生能源利用技术,再生能源与建筑一体化应用技术;绿色建材开发与应用技术;旧建筑结构改造、加固与功能完善技术。

关键技术 29　生态农业技术

农业清洁生产及生态化畜禽养殖技术,有机农业生产技术;有害生物灾变监测、预警与生态化防治技术;生态型都市农业和休闲观光农业发展模式的构建技术;生态农业装备制造工艺与技术;全球环境变化对都市农林生态系统安全性影响及应对技术;特色植物种质资源收集、保护及开发利用技术;农业面源污染控制技术。

关键技术 30　城市重大突发性人为灾害防范和快速处置技术

大型建筑物安全和保障技术;新型高效的灭火与抢险救援技术;大型复杂建筑火灾防范与控制技术;工业火灾和爆炸综合防范与处置技术;重大化学污染快速检测、动态预测与控制技术;城市人为灾害风险评估与区域安全规划技术。

关键技术 31　城市生命线工程与高危行业生产安全监控技术

大型复杂生命线工程网络的抗灾可靠性设计与控制技术;超大规模电网电力合理配置、安全保障和抗灾技术;重大生命线系统和工业承压设备安全预警及应急处置技术;高危行业危险点、危险源的辨识、评估和监控技术,故障快速诊断及无损探伤技术。

关键技术 32　城市自然灾害监测与预警技术

台风、暴雨、雷电、潮汛等各种灾害信息资源库和高效信息处理技术;中长尺度区域性灾害危险性分析技术;自然灾害数值预报与预警系统;强震监测与预警、抗震设计和应急救援技术。

(三)精品上海——铸造自主产权、升级换代的产品

坚持集约化发展模式,为满足产品升级换代、产业结构优化和新兴产业集群的需求,打造具有自主知识产权的高端、高效、高附加值和低消耗的精品。以数字制造、绿色制造、极端制造等为技术方向,提高上海集成制造能力,重点围绕 4 项新兴产业战略产品、5 项交通运输与机电战略产品和 2 项空天战略产品,攻克 17 项关键技术,构建以先进制造技术为核心的新型工业化体系,提高上海制造业的产业竞争力。

7. 新兴产业战略产品

针对上海先进制造业及现代服务业发展,突破新能源产品制造和材料等关键技术,研发半导体

照明光源及新技术设备,打造节能型战略产品。发展现代服务业硬件装备,开发高清晰、高灵敏显示器和服务机器人。提高制造业整体科技水平和能力,研制面向装备制造业的光、仪、电关键功能产品,实现先进制造业标志性和基础性高技术产品产业化。

（16）半导体照明

依托国家半导体照明工程建设,整合国内外各种优势资源,掌握半导体照明系统、材料、芯片、器件、装备及终端光源产品等方面的核心技术,发展具有自主知识产权的半导体照明终端应用产品,形成上海绿色照明技术产业链。

（17）高清晰、高灵敏显示器

消化、吸收引进技术、设备和工艺,建立自主的工艺、材料与装备研发体系。重点发展大屏幕全彩色长寿命显示技术,以有源驱动有机发光二极管和柔性显示屏为主要研发攻关方向,并建立具有自主研发能力和知识产权的有机发光显示产业及其产业链,带动相关材料、部件和关键设备行业发展。

（18）服务机器人

建立开放式智能服务机器人平台,攻克相关的核心基础技术、单元技术和系统集成技术,开发满足不同需求的各类服务机器人,制造满足家用、教育、助老助残、医疗、反恐、救灾等需要的产品,形成系列化型号,并在世博会上展示重点产品。

（19）面向装备制造业的光、仪、电关键功能产品

通过先进关键功能单元的引进消化吸收和再创新,提升中国关键功能单元的设计和制造水平,解决中国关键功能单元可靠性低、产品档次不高的问题。通过对超高速主轴单元、新型直线电机和驱动系统、精密传动件和支撑件等关键功能单元产品、中高档数控系统和高性能交流伺服驱动系统的技术攻关,实现产业化,为全面提升上海装备制造业提供支撑。

8. 交通运输与机电战略产品

围绕国家和上海未来交通发展需求,针对交通环境以及海洋油气和矿产资源的开发利用等,构建适应未来发展的稳定、高效的交通结构,研发安全、高效、环保的先进车辆与船舶。适应上海能源结构调整战略需求,重点围绕先进核能技术研发、核电设备及新一代能源动力系统的生产,提高能源装备产品的国内外竞争力。

（20）城市轨道交通装备与控制系统

围绕整车、分系统、零部件三个层面,开展车辆的优化设计和制造,形成整车车辆变型设计和系统集成能力、车辆关键零部件设计和生产能力;掌握控制系统的核心技术,形成轨道交通控制系统的生产能力;最终实现城市轨道交通装备总成套和工程总承包能力。

（21）磁浮交通系统技术与装备

根据国家和上海轨道交通需求和发展规划,设计建造低速、高速磁浮工程试验线,结合城际轨道交通线建设,研究并掌握车辆制造、运行控制、牵引供电和系统集成等关键技术,系统技术和专用设备达到工程化应用水平,完成型式认证,投入商业应用。

（22）大吨位海洋油气储运装备

为保障能源供给,实现国家和上海船舶工业战略目标,提高建造效率和产业竞争力,以海洋油气储运重大装备为载体,消化吸收国外先进技术,实现关键制造技术的突破,掌握液化天然气船和超大型海上浮式生产储油轮等油气储运设备自主设计能力及先进建造工艺。

（23）新能源汽车

建立氢能燃料电池等新型动力汽车自主研发体系,重点围绕动力系统优化匹配、能源管理与动

力控制等方面开展攻关，掌握关键部件核心技术，形成自主知识产权，实现具备高性价比的商业化示范运行与技术研发同步；建立汽车电子、电机、新材料等配套高新技术产业。

（24）核电机组关键装置

掌握核电机组的总体设计技术及核岛和常规岛主设备的自主设计、成套、制造关键技术；跟踪新一代核电前瞻性关键技术；提升上海核电设备制造业的技术能级，使上海成为自主设计、制造和成套供应核电机组设备的基地之一。

9. 空天战略产品

针对前沿性高技术战略产品开发，对接国家重大科技工程，依托航空航天研发和产业基地，开展空天战略产品和关键技术研发，实现集成创新，并带动上海在先进制造、新材料、新能源、计算机、通信、微电子等相关产业的发展，培育新兴产业。

（25）空间探测器

（26）支线与干线飞机

关键技术 33　数字化设计技术

建立产品设计知识库、智能决策支持系统和分布式设计系统；根据产品特点集成计算机辅助设计、工程、工艺、制造技术，实现虚拟设计、优化设计、集成设计、可靠性设计和面向产品全生命周期设计；大型核电站模块化三维设计技术。

关键技术 34　先进制造工艺技术

高速与高精度加工工艺技术；精密复杂型面的数控加工技术；电子束、离子束、先进激光加工工艺技术与表面处理技术；纳机械/纳电子机械关键加工工艺技术；微机电系统关键加工工艺技术。

关键技术 35　数字化控制技术

基于知识的智能化控制技术、面向信息集成的产品模型数据交换规范-数字控制技术、智能过程控制和现场总线技术；系统故障自诊断和智能维护技术；基于网络的设备远程状态监测与故障诊断技术。

关键技术 36　结构金属材料制备技术

超细晶金属材料制备和生产技术、薄板坯生产技术与高氮不锈钢生产技术；宽厚高强度钢板批量生产技术、耐低温钢板制备和生产技术、耐海水腐蚀材料和先进表面保护处理技术；高塑性高强度新型钢板以及轻合金金属材料的制备和生产技术；百万千瓦超临界火电机组和核电机组关键件的专用材料制备和生产技术；关键耐磨、耐蚀、耐温材料的制备技术；宽幅厚板镍基合金材料及蒸汽发生器管材的制备技术。

关键技术 37　薄膜材料制备技术

宽禁带薄膜、有机光电功能薄膜、铁电薄膜、反渗透膜制备技术。

关键技术 38　纳米及复合材料制备技术

纳米材料在复合材料基质中的高效分散技术；原位复合、溶胶-凝胶、层间插入和微乳液聚合等有化学反应和物理作用参与的复合技术；具有特种光、电、磁及高强度的纳米复合材料，橡胶基、塑料基高性能纳米复合材料；苛刻环境下使用的高比强度、高比模量复合材料；特殊防腐涂层材料的制备技术。

关键技术 39　发光二极管外延片的工艺装备及封装技术

高质量氮化镓基外延片的制备工艺技术；高效功率型芯片的制造及封装技术；高性能外延片制造装备和光源性能测试设备的设计和制造技术；高效能白光专用荧光粉研制。

关键技术 40　发光显示设备制造技术

有机电致发光显示材料、薄膜晶体管基板工艺技术,器件制造工艺,驱动电路技术,专用基板和柔性衬底技术。

关键技术 41　先进压水堆核电关键技术

关键技术 42　大型复杂构件的复合加工工艺与制造技术

特大型复杂构件和关键零部件的铸、锻、焊、热处理等成形及加工技术、可靠性与安全性评价技术;大型铸、锻件无损探伤与质量控制技术。

关键技术 43　汽车设计与系统集成技术

整车生产制造技术和车辆维修保养技术;汽车电子系统匹配及应用技术;提高整车、关键总成及部件可靠性和耐久性技术;轻量化材料应用技术。

关键技术 44　燃料电池等新型动力汽车设计制造技术

混合动力汽车动力总成设计、集成与匹配技术,主动变速系统控制技术;发动机/电动机一体化和轮毂电机的设计、制造技术;汽车排放后处理技术;燃料电池汽车动力总成设计、集成与匹配技术;燃料电池发动机、高性能动力蓄电池、氢气车载储备技术、燃料加注及安全监测与处理技术。

关键技术 45　轨道交通系统和装备制造技术

城市轨道交通车辆分析与集成技术、磁浮控制技术、机车控制技术、通信信号技术;转向架设计制造技术;空电联合制动系统技术;大功率电力电子变压变频供电技术;安全保障与灾害应急调度技术。

关键技术 46　船舶结构设计和制造技术

液化天然气船型结构优化、液货舱制造及装配技术、低温钢高效焊接技术与装备、液舱绝热和围护技术、液化天然气装卸技术、冷能回收与挥发天然气再液化技术;大吨位海洋油气储运装备系泊系统和外输系统设计与制造技术、原油处理设备的防浪设计技术、上部设施模块化建造技术;耐波性、结构疲劳与防腐蚀分析和优化;紧急关闭系统、火灾和气体报警系统、监控系统、动力管理系统和方位控制系统的集散控制技术;快速造船技术。

关键技术 47　空间自主导航、驱动及供能技术

关键技术 48　功能单元件及传感器关键技术

关键技术 49　飞机制造技术

(四)数字上海——提供无所不在、高效可信的服务

坚持以信息化促进国际现代化大都市发展,围绕移动化、微型化、多媒体及融合型的发展趋势,开发信息技术和产品,提升现代服务业的技术水平和服务效率,满足人们居住、交通、教育、工作、医疗、娱乐等方面需求,重点围绕智能港建设、信息产业基础战略产品 2 个应用方向,开发 7 项战略产品和功能,攻克 11 项关键技术,带动信息产业的发展,实现经济、社会、文化、管理的数字化,构建相关产业链,成为国内重要的信息技术应用示范和产业化基地,使上海从信息港走向智能港。

10. 智能港建设的战略产品和服务功能

研究并综合运用泛在传感网络、遥感系统、全球定位系统、下一代网络、高性能数据处理、信息共享、多媒体技术等共性、基础性技术,建设现代服务业集聚区和先进的物流园区,实现城市管理智能化、城市物流智能化、城市服务智能化、城市生活智能化等。

(27)智能代理服务

发展具有适应性、拟人性和学习性等特征的智能代理技术,形成智能搜索代理、分布式多重智

能代理、移动代理理论和技术体系，实现网络信息收集、处理、检索、监控的智能化，用智能代理等实现虚拟现实，为用户提供迅速、准确、方便的服务。

（28）家用设备智能化

通过新一代技术，赋予家居智能设备位置、姿态、动作等感知能力、识别能力和分析处理能力，并以此提供个性化的智能服务，提供更具亲和力的家居环境。

（29）智能社区

依托传感芯片、传感网络等多种数字技术，建立面向普通疾病治疗的社区化智能医疗服务系统和面向防火防盗及监护服务的家庭安全系统，实现管理者、服务提供者和住户三方在社区环境中的实时信息交互，营造和谐安全的社区环境。

（30）智能交通与物流

通过通信、控制、物联网等高技术的应用，建立交通网络平台和决策系统，全面实现城市交通智能化管理，提高道路交通网络有效通行能力；建立城市现代物流信息平台，使上海成为世界信息枢纽和物流产业中心，为上海成为国际航运中心奠定基础。

（31）智能城市安全

针对反恐防爆需求，研制带有敏感元件的无线传感器，实现立体综合检测。建立一系列完备的网络空间信息安全基础设施，加强网上信任体系和应急处置体系等基础设施的建设。

11. 信息产业基础战略产品

掌握集成电路、通信等信息技术领域的关键核心技术，提高信息的传输速度、存储容量及可靠性和安全性，打造具有自主知识产权和国际竞争力的战略产品，形成新的产业增长点，支撑现代服务业发展，提升传统产业竞争力，使上海信息产业整体研发和制造能力达到国际先进水平。

（32）微型芯片设计、制造及装备

建设微型芯片设计、集成、制造平台，重点开展集成电路设计与整机制造等方面的研发，掌握具有自主知识产权的片上系统设计方法和技术，设计技术水平与国际先进水平处于同一技术周期，形成规模产业。实现有自主知识产权装备的开发和制造，形成生产能力。

（33）新一代宽带移动通信

研制新一代公众蜂窝通信系统及其核心电子器件、芯片及基础软件，建立低成本广覆盖的宽带无线接入系统。参与国际主流技术的宽带移动通信系统标准的制定，并主导制定若干个相关国内标准、企业标准，使上海在整体上成为无线移动通信产业发展的领先地区之一。

关键技术 50　智能代理技术

基于学习和推理、相关度分析、虚拟现实等技术集成的智能搜索代理软件；分布式多重智能代理软件；移动代理软件。

关键技术 51　传感网器件及系统技术

无线智能传感器网络体系结构、网络协议栈；低功耗无线传感器网络核心芯片，模拟、混合信号及射频芯片，信号电路的可测性设计和内建自测试技术、信号隔离技术及自动优化与综合。

关键技术 52　新型人机环境及智能监控技术

生物特征、肢体语言、人脸表情等识别技术；多模式用户模型的交互技术。

关键技术 53　家用设备网络融合技术

信息、通信、娱乐、家用电器等设备互联和管理以及数据和多媒体信息共享的技术；智能内容显示与展示；消费电子类产品及网络、通信、软件、硬件相互兼容技术。

关键技术 54　嵌入式相关技术和标准

嵌入式操作系统内核、编译调试技术;行业性编程应用程序接口规范;自动化测试技术;底层、高层中间件技术;射频电子标签芯片、封装、读写终端、跨平台综合应用技术和标准。

关键技术 55　知识的智能处理技术

大规模知识处理机制和方法;语义环球网的基础软件;智能服务研究;普适计算技术;数字内容智能处理技术。

关键技术 56　可信计算及系统可生存性

可信终端、可信数据库、可信中间件、基于可信可控的信息安全服务协作系统;无界网络下的软件和系统的可生存性。

关键技术 57　微型芯片设计及测试技术

关键技术 58　先进器件和互连技术

新型硅基半导体材料和结构、新型栅堆垛技术、超浅结及其接触技术、非硅基与硅基相结合的新型器件;栅硅金属氧化物半导体新器件、硅基量子器件、单电子器件、非硅新材料的纳米器件、基于新原理的电子器件、光磁新器件;先进互连技术,低介电常数介质、化学机械抛光工艺等技术。

关键技术 59　先进光刻机技术

浸液式光刻机技术、用于先进封装的分步投影光刻机技术、极紫外光刻机技术;刻蚀多种材料一体化技术、终点检测技术、在线诊断技术。

关键技术 60　前沿网络技术

无线自组织网络技术、动态拓扑网络技术、超宽带技术;支持因特网协议 6 版本以及话音与数据、传输与交换、电路与分组、有线与无线多网融合的支撑技术和专用芯片。

四、上海中长期科学研究的主要任务

基础研究及应用基础研究是技术创新的源泉和产业发展的基石,是上海知识竞争力提升的基础。按照原创性、先导性、标志性的原则,面向世界科学发展前沿,结合国家重大战略需求,针对"健康、生态、精品、数字上海"建设的技术创新任务要求和重大基础科学问题,开展前瞻性布局,拓展研究的深度和广度,重点围绕生命科学、材料科学与工程、物质科学与信息、空天与地学、交叉科学等 5个重点领域,开展 23 个优先主题的研究,力争在生命科学和材料科学等领域抢占世界科技制高点,推进纳米、生物、信息、认知等学科的交叉和融合,形成新的学科优势。

(一)生命科学领域

充分发挥上海市生命科学的综合优势,体现对健康上海、生态上海的引领作用,力争在生物复杂系统、蛋白质功能和结构等方面获得重大突破,为生物医药产业提供坚实后盾。

1. 生物复杂系统的结构及其活动过程

生物复杂系统的研究方法;基于系统生物学研究技术的药物设计和筛选新方法;细胞信号传导及重要通路间对话和网络构成;细胞凋亡、增殖、分化和衰老之间的调节机理;重要疾病或复杂慢性疾病的系统生物学研究。

2. 蛋白质的结构与功能

蛋白质分子的折叠过程以及错误折叠引起病变的机制;具有重要功能的蛋白质分子结构分析;蛋白质表达的调控机制;重要蛋白质相互作用网络;蛋白质组表达变化及其调控规律;基于同步辐射光源的蛋白质结构测定的理论和方法;蛋白质单分子研究理论和方法、结构分析的新方法。

3. 干细胞与再生医学

维持胚胎干细胞全能性及定向分化的机制;发现肿瘤干细胞的分子标记物、建立肿瘤干细胞的分离扩增方法;基于干细胞的组织工程新理论和新方法,解决组织工程种子细胞的应用、材料特性对组织形成的影响等组织构建和临床应用的基础性问题。

4. 生殖与发育

生殖活动的细胞与分子机制;节育新方法;精子发生过程机理;受精卵早期发育的分子基础和表观遗传变化;体细胞核重编程基因网络和调控机制;核移植新方法;中枢神经系统早期发育过程中信号通路的分子机制。

5. 重要疾病的发病机制和模式生物

肿瘤、病毒性感染疾病、循环系统疾病、代谢性疾病、神经退行性疾病等重要疾病的分子与细胞发病机制;相关的中医证候理论、组方理论、针灸经络理论研究;建立重要疾病的动物模型,利用模型探寻新的疾病诊断和防治的有效途径;模式生物及其系统生物学研究。

6. 化学基因组与新药发现

运用小分子化合物作为探针研究基因的功能;发现调控基因功能的活性化合物;针对重大疾病,应用化学基因组方法发现药物作用新靶标和疾病相关基因调控途径,在此基础上发现新药先导化合物并进行新药研发;利用化学基因组学进行中药作用途径和中药物质的基础研究。

7. 农业生物的遗传控制和分子改良

整合功能基因组、蛋白质组和代谢组学等研究手段,研究水稻、蔬菜和油料作物重要性状的遗传控制及分子改良;植物的生长发育、代谢调控、抗逆、光合作用、生殖等过程的分子与细胞机制;重大病虫害基础生物学、灾变机理、转基因植物的安全性理论与方法。

(二)材料科学与工程领域

重点研究材料结构功能一体化、新型特种功能材料及其原型器件和部件、过程工业工程科学及其装备,引领纳米科技等高新技术的发展,为上海城市发展和产业提升奠定基础。

8. 材料的结构功能一体化设计、制备与表征

力学性能/生物功能、力学/热学性能、力学/光学性能等结构功能一体化材料;尺度可控的高分子复杂结构和特种功能高分子材料;金属基、陶瓷基和高分子基复合材料;轻质高强金属材料;基于同步辐射光源的材料结构和性能的表征方法和理论。

9. 新型特种材料制备科学及其原型器件与部件研制

左手材料的设计、制备和表征以及基于左手材料的原型器件研制;分子电子材料设计理论与方法以及新型可控分子电子超微型器件研制;生物器官材料的个性化设计与制备及其原型部件研制;材料的可靠性和材料寿命周期预测以及对环境影响的评估。

10. 纳米材料结构与表征

纳米体系的介观物理基础及特性机制与相关理论;纳米材料与结构的构效关系;纳米尺度下物质的输运方法;纳米材料的复合组装体系与集成;纳米结构和性能测量的新技术、新原理和新方法;纳米结构的动态与静态表征;材料的表面、界面结构的表征和测量;纳米结构修饰、组装和定位技术;纳米器件加工技术及实验设备。

11. 面向过程工业可持续发展的工程科学问题

大分子、生物活性、多相物系和极端条件下的工程热力学和传递;催化剂工程设计与工程反应动力学;过程工程设计、强化和优化中的多尺度方法;具有多尺度结构的功能化学品设计理论和方

法；目标导向的产品微介观结构调控和钢铁材料组织精细控制理论与方法；复杂生产制造过程智能建模与控制理论和方法；复杂生产过程与装备的可重构设计方法、可靠性分析与设计理论及时域与空域的综合优化设计理论与方法。

（三）物质科学与信息领域

加强物质科学和信息领域的科学前沿研究，推动涉及未来信息、通信发展的物理、力学等学科的发展，为上海高科技产业发展提供科技支撑，并在强场物理和带隙物理等优势的方面冲击国际前沿。

12. 量子调控

从电子与光子的带隙材料角度，研究单个或少数几个量子过程的能量状态、波函数、自旋态、量子态微观相互作用与纠缠以及量子跃迁和输运过程；新量子材料及器件特性；量子极限下的器件物理学；新一代微纳电子器件的基本物理现象及器件应用；互联网络发展所需要的新型光子学材料和结构。

13. 极端条件下的强场物理

强场与超强场物理、强场高能量密度物理；阿秒科学技术；非线性激光先进制造与遥测的理论和方法。

14. 空天与海洋工程中的力学问题

（四）空天与地学领域

加强对地观测和深空探测、天文地球动力学研究，带动上海一批相关学科发展，为上海空天产业发展做好知识储备和技术积累。加强河口、海岸及城市的生态与环境基础研究，探索深海过程及其资源环境效应，为生态上海和国际航运中心建设奠定科技基础。

15. 对地观测和深空探测

16. 天文和地球动力学

建立高精度天文和地球参考系；利用空间技术监测地球整体及各圈层的物质运动，研究这些物质运动的相互关系与机理；行星流体与磁流体动力学理论与大规模计算机模拟；宇宙结构形成数值模拟和暗物质探索及活动星系核研究。

17. 河口、海岸及城市的生态与环境

河口、海岸演变机理及环境变化；生态安全预警机制的理论和方法；水资源、水环境和水生态的相互作用理论和方法；城市绿地系统的生态效应与空间格局、城市热岛和浊岛效应；典型化学物质的安全和环境生态风险评价；入侵物种生态后果及防治方法。

18. 深海过程及其资源环境效应

深海水层中的物理、化学和生物过程；地震震源带到碳循环、海底以下的流体通量、海底金属和烃类成矿及其破坏过程、海底地壳内微细地震信号的监测。

（五）交叉科学领域

推动纳米、生物、信息、认知等科学的交叉融合，发展计算生物学、计算材料学，探索强场物理在生命科学与医学等科学领域中应用的新原理与新方法，推动数学和物理科学在金融领域中的应用。

19. 纳米电子学

纳米尺度下的量子相干效应和电子波的相位特性；与新器件相关的信息功能材料；纳米微处理器、海量存储器等原型器件及关键技术；全分子系统的设计与实现途径。

20. 纳米生物与医学

基于纳米技术实现对重大疾病的早期诊断与有效治疗;新型纳米靶向控释药物技术及传递系统;基于纳米材料的组织工程;纳米生物诊断技术;基于生物分子的器件如生物传感器、仿生器件、人工视网膜等;基因排序技术与纳米技术组装的生物芯片。

21. 脑发育和可塑性及脑高级认知功能

感觉神经信息处理和调控机理及分子、细胞和组织学基础;脑疾病和脑功能障碍防治;认知活动的脑机制和智力本质及脑式人工智能计算理论;神经细胞的发育、结构和功能的调控机理;学习与记忆过程中信号采集、分析、储存和再提取的机理;神经退行性疾病的重要调控分子及信号转导系统。

22. "深部生物圈"及其微生物的基因组学

深海微生物的生态学;构建种质资源和基因组文库;深海微生物系统发育多样性与深海地质过程的关系,及其在元素循环和有机生物地球化学循环中的作用机理。

23. 应用数学模型与方法

研究客观世界中线性与非线性,连续与离散,确定性与随机性,宏观与微观等诸多现象的数学理论及其数学模型和算法,如生物系统和生命过程的数学建模和计算机仿真;集成电路技术中的大规模微分方程组和代数方程组及其反问题;材料科学、信息、航空航天等高技术中所涉及的非线性偏微分方程、准经典极限理论、随机分析以及数值模拟方法;密码学和编码学的理论和方法;多相反应过程和极端条件下的流体力学模拟与计算理论和方法;金融数学和金融物理中的价格形成,金融风险、经纪人相互作用模型、期权定价等理论和方法。

五、上海科技创新体系的建设

上海科技创新体系是国家创新体系的重要组成部分,是承载科学研究和技术创新活动的重要基础,是实现创新资源优化配置、提高科技创新效率与效益并确保价值最终实现的重要支撑。中长期上海科技创新体系建设的目标是:建成要素齐全、布局合理、运行高效、合作开放、互动充分并具有区域特色的城市创新体系。要综合运用法律、经济以及行政手段,深化体制改革,强化机制创新,重点围绕核心资源形成机制、企业动力激活机制、市场价值实现机制以及科技统筹管理体制的建立与完善,采取 10 个方面的 28 项政策措施,形成创新人才集聚、研发设施完备、创新源泉涌流、技术转移通畅、创业孵化便捷、主体实力强劲、特色产业集群的科技创新创业新局面。

(一)强化人力资源开发,巩固创新人才根基

创新者是驱动创新和经济增长的动力源泉,是知识密集型产业发展的核心资源。要加大培养和引进的力度,增加创新人才的数量,提高人才的创新能力,形成布局完备、结构合理的科技创新人才梯队,进一步巩固知识竞争力提升所需的人才基础。

1. 扩大科技创新人才的储备。要以构筑创新人才高地为目标,致力于科技创新人才的储备。以战略产品的研发与产业化为载体,引进和培养对上海自主创新能力建设具有关键作用的科技领军人才;围绕科技优先发展领域,培养和引进在国内具有重要影响的特色学科带头人和工程化人才,在此基础上重点资助和扶持创新团队,夯实科学家和工程师的基础,并根据产业发展和转型的需求,培养和引进杰出的企业高级技术管理者。加强专职技术管理、知识产权管理、技术转移、投资评估等科技管理人才以及集成电路设计、多媒体、软件、纳米材料等新兴产业的紧缺人才和高技能人才的培养。建立资助在校学生参与科研工作的机制,提高博士生及博士后研究的津贴,吸引更多优秀学生投入研究工作;系统选派优秀人才赴国外进行有针对性的学习;建立"特约研究人员"的资

助机制。改进海外创新人才的引进和服务工作,重点引进跨领域、具有前瞻能力的研发人才,营造良好的服务系统,提高上海对国际人才的吸引力。

2. 激励和培育新一代创新者。创意及实践创意的能力是创新者的基本素质。要进一步加强创造性思维和创新技能、启发思考、应用知识解决问题能力的培养以及终身教育。重视大学生创新创业意识的培育,通过在企业设立工作室、建立风险实验室及辅导机构、模拟商业环境等措施,为大学生和研究生创造实习创新的机会,提高对商业技巧的理解能力,弥补研究开发与商业化运作之间的间隙。促进高校、科研机构与企业间在创新人才培养方面的合作,新评聘的工科教授要求有一定年限的企业工作经历,管理学教授要求具有一定的管理工作经历;鼓励学术休假和研究生联合培养,促进高校、科研机构与企业间人员流动。增设创新管理课程,提高企业经营者的创新技能;加大终身教育力度,鼓励在职培训,提供在职人员职业培训津贴或奖励,通过终生学习提高劳动力的适应性;完善信息及网络教育,丰富终生学习资源。

(二)建立引逼创新机制,加速企业主体到位

企业是技术创新的行为主体。要通过建立引导和约束机制,刺激企业增加研发投入,发挥企业在整合全社会创新资源中的主导作用,继而提高全社会创新活动的整体强度,为价值实现和知识竞争力提升提供重要载体。

3. 强化国有企业的创新活动。年销售收入超过100亿元的国有制造类企业,必须制定提升企业竞争力的战略与研发创新的规划,并建设相应的企业研究开发机构。年销售收入在5亿元以上的国有制造类企业,每年必须按不低于销售收入3.0%的比例提取研究开发经费用于开展研发活动,加强具有自主知识产权的技术和产品研究开发。对于重大引进项目,承担企业在项目引进前必须完成和提交消化吸收及再创新的计划与方案,并在经费上予以保障,计划与方案的实施接受有关部门的监督检查。国资部门完善对国有企业及其负责人的评价及考核,对国有企业考核的重心逐步从资产的保值增值向企业的长期竞争力和资产的长期收益能力转移。

4. 建立产学研有效结合机制。切实落实国家对企业增加研发投入的优惠政策,对企业研发的新产品或新技术给予奖励,对企业与高校或科研院所共建的研发机构予以支持。对由企业主导的产学研项目,建立对参与项目研发的大学和研究机构给予直接资助的机制,并对成功开展合作的产学研机构予以表彰和奖励,促进大学和研究机构紧密围绕企业的需求开展创新活动,大力推动以企业为主体的技术研究组合,发展多种形式的产学研创新网络机制。

5. 探索开放的企业创新机制。提高科技创新的国际化程度,继续吸引外资研发、设计和工程服务等机构入驻上海,鼓励外资研发机构与本地大学、研究机构及企业开展广泛的学术交流与合作科研,促进其融入上海创新系统,通过技术链的垂直传递和水平扩散激发整个创新系统的活力。鼓励企业赴海外设立研发部门,采取措施协助企业建立全球性营销网络并支持其参与全球性营销活动,增强企业利用全球资源能力,利用"专利地图"等工具,提升企业产品价值与品牌影响,增强企业国际市场竞争力。

(三)鼓励中小企业创新,构建集群创新网络

良好的区域集聚环境有利于促进研究开发、风险基金、商业运作和专业人才等各类资源的汇集,加速创意转变为产品、流程或服务,激发中小企业的创新活力,形成创新集群网络,增强区域的竞争优势。

6. 加速成果转化与企业创业。落实国家和上海有关中小企业和成果转化的法规和政策,鼓励中小企业自主创新,加强资源共享服务的供给和专业技术服务的支撑,鼓励以技术作价投资方式带

动科技型中小企业创立及加速成果转化。发挥创业"天使基金"引导效用,释放科研人员和大学生的创业潜能。以资金、项目、平台、人才和政策等为抓手,实施科技企业"小巨人工程"。促进中小企业与大企业的良性互动。

7. 促进技术转移与扩散。鼓励研究型大学和研究机构建立技术转移机构,发挥上海技术交易所的作用,建立和完善区域性技术转移网络。政府对非营利的技术转移机构给予补助。重点增强中小企业的技术吸收和创新的能力。提高科研人员的知识产权观念及法律意识,教授和研究员职称评定时考察知识产权的绩效。

8. 加速区域创新集群的形成。加强自主创新能力建设,推进高新技术产业开发区持续健康发展。继续实施"聚焦张江"战略,提升金桥、漕河泾等园区的自主创新能力,推动紫竹科学园区和杨浦知识创新区建设。充分发挥市、区县两级政府的积极性,建立校区、园区与社区的联动机制,以加速集群创新为目标,构建行业协会,鼓励知识流动与创新协作,促进前沿领域的多学科研究交流,并为新一代创新者提供培训场所。促进研发人员和企业经营者之间的联系,扩大面向中小企业的专业技术和管理服务,为创新者获得早期投资和有经验的创新顾问等提供良好的条件,培育有助于实现创意转让和商业化的网络,形成良好的创新生态系统,提升区域特色产业的竞争力。注重引进知识密集、有成长潜力的企业,协助企业参与区域创新网络,并加强与长三角地区的区域合作和良性互动,形成若干有产业竞争优势的高技术产业集群,促进长三角整体竞争优势的提升。

(四)建设创新基础设施,改进研发公共服务

创新基础设施是承载科学研究和技术创新的重要平台。要通过强化知识库、科研设施、技术基础等公共研发支撑体系的建设,改进与知识生产相关的各类公共服务条件,降低企业尤其是科技型中小企业的创新成本与风险,提高创新的整体效率和水准。

9. 面向重点产业建设知识库。围绕生物医药、能源环境、先进制造、信息通信等产业发展的需求,建设若干个以生命健康和化学化工等为主要特色的国际一流的上海大型综合性知识库。建设数据库群和科技数字图书馆;发展数据库内容产业,形成覆盖主要行业、反应迅速且使用便捷的科技情报信息管理系统,提高知识供给、利用与服务能力。完善专利数据库,提高专利检索的效率与专利分析的效果,方便公众对专利资源的利用,使专利数据库成为创新的重要工具。

10. 改善优势学科的科研设施。着眼提高学科交叉合作能力的需要,建设若干个国家级科学研究设施,促进基础设施的开放共享,为国家和上海的科技发展提供基础条件,重点建设同步辐射光源,支撑生命和材料科学等研究;建设新一代超大激光器,支撑医学、精密加工、空天科学等研究;建设强磁场装置,支撑医药、新材料等研究;建设完善实验动物和模式动物基地,支撑生命健康研究。

11. 强化标准与计量技术基础。重点确立适应中国人群的健康及其相关产品和实验的技术标准、环境技术标准。在保护专利权人利益的前提下,增强标准制定过程中知识产权整合的有效性,为全球协作标准的建立提供良好的条件。围绕上海市支柱产业、特色产业和新兴产业的发展需求,建成国际一流的商检、药检、质检等检测系统,使上海成为全国乃至东亚地区重要的计量检测服务基地。

(五)优化学科机构布局,培育科技创新源泉

在科技创新体系建设中,充分发挥国家科研机构的骨干引领作用及大学的基础和生力军作用,促进中央与地方、本地与国内外、军工和民用力量的结合,形成科技创新的整体合力。

12. 调整与优化重点学科布局。根据科技创新和城市发展需要,适时调整学科设置,继续加强

包括临床医学、公共卫生与预防医学、基础医学、中医药、生物医学工程、体育学、心理学等以生命科学为标志的优势学科群建设,并与材料、光学、化学化工、仪器、机械、电子、环境等其他学科相结合,构建一批汇聚纳米、生命、信息、认知等领域、特色鲜明的学科群,通过重点学科强势化与新兴学科优势化,支撑上海传统产业与新兴产业发展。

13. 优化研发机构的地域布局。新建和迁建的研究机构向有实力的大学和产业区域集聚。在中心城区,重点建设和完善与知识密集产业及知识服务相关的创意、软件、咨询、评估、学术交流、高技术产品展示、高端人才培养机构。在中心城外,重点围绕科技或产业园区,建设和完善与芯片设计与制造、半导体照明、生物技术、创新药物等相关的研发机构和专业技术服务机构。结合上海主导产业发展,重点建设为船舶、汽车、航天、钢铁、电站、化工、物流装备等制造业发展以及崇明生态岛、临港新城、现代农业综合示范提供技术支撑的研发服务机构。

14. 优化研发机构的功能布局。重点培育若干所世界高水平大学、3～5个国际一流的国家级实验室与研究机构,在系统生物学、材料、有机化学等优势领域内抢占科技制高点。依托各类重点(开放)实验室和工程(技术)研究中心,建设和完善应用型研发机构,重点建设生命健康研究院、城市生态研究院、产业技术研究院、计量标准研究院、航天研究院以及核工业研究院。积极探索"任务导向研究机构"的运行机制,强化机构运行和服务的绩效评估,促进战略性前沿技术的研究与产业共性技术的研究与推广,进一步巩固和强化上海应用技术的创新支持体系。

(六)完善创新相关市场,激活价值实现机制

发挥市场配置科技创新资源的基础性作用,进一步完善市场机制,培育中介,鼓励科技型企业在海内外上市,逐步形成知识价值有效实现的完整机制。

15. 发展创新相关的各类市场。依托现有的证券市场、产权市场、技术市场,进一步强化其对知识产权的评估、定价、交易功能,开发无形资产评估工具并发布知识资本投资指南,提高创新管理的水平。健全知识产权保护制度,形成知识价值的发现与实现机制,引导企业重视核心科技资源的创造、积累、转移和利用。在技术及产权交易机构建立规范的技术产权交易平台,发展柜台交易、委托交易等各种交易方式,简化转让环节,提供退出通道,保证多元化投资融资渠道的畅通。重点以浦东新区综合配套改革试点为契机,在浦东张江进行各种技术产权交易和市场化服务的试点。

16. 鼓励科技企业海内外上市。加快创业投资发展,鼓励相关基金参与创业投资和以知识产权为担保的融资业务,并对风险给予适度分摊。利用各类资上海市场,打造有核心竞争力的跨国型科技企业,争取更多的归国留学生企业、民营企业和国有企业进入国际资上海市场。鼓励和引导中小科技企业与上市公司间的并购行为,为科技型企业的发展进一步拓展空间,加速提升企业整体竞争力。

17. 培育创新相关的中介服务。加大对科技中介服务机构的培育力度,通过体现知识服务应有的劳动价值,进一步加强舆论引导与激励政策设计,支持科技创新中介服务机构的快速成长。具有一定研发性质和直接服务高新技术企业的科技服务机构可享受高技术企业的同等政策。承认中介机构的经营范围,利用相关资源推介科技项目,放宽科技经纪人资质条件,鼓励其参与科技成果的经纪活动,切实保障中介机构的合法权益与收益。

(七)优化财政投入模式,提高创新产出绩效

持续增加政府财政科技投入,聚焦有限目标,合理配置用于原始创新、集成创新和引进消化吸收再创新的资源,改进投入的模式和机制,充分发挥政府创新资源的导向作用。

18. 发挥公共财政的杠杆功能。确保市财政用于科学技术进步的经费的年增长幅度高于财政

收入的年增长幅度,其中研究开发经费的年增长幅度应当高于财政支出的年增长幅度,并通过贷款、贴息、担保、产业化服务等各种措施,发挥政府投入的导向作用,鼓励银行加强间接融资与金融服务,扩大和吸引社会资金的投入。优化财政科技支出结构,政府科技支出用于原始创新、集成创新和再创新的比例大致为 2∶6∶2,以此带动全社会的原始创新、集成创新和再创新投入结构趋于 1∶3∶6。

19. 推动公共服务的政府购买。改革科技公共服务的提供方式,促进科技资源共享,提高服务效率。逐步推进科技服务事业单位由行政管理向契约关系的转变,通过引入竞争机制,采用托管经营方式,由行政主管部门以采购服务的方式提供给公众,进一步强化服务质量与效果的考核与评价。

20. 强化政府项目产学研导向。政府科技创新资源的使用以重大专项的实施为主要载体,充分发挥政府科技创新资源在引导产学研合作、促进科技创新战略联盟形成过程中的主导作用,除基础研究以外的重大专项实施方案必须提交明确的产学研任务分工与协作目标,通过产学研互动,提高自主创新产出效益。

（八）提高公众科技素养,营造创新文化氛围

促进哲学社会科学与自然科学协调发展,培养市民的科技素养和崇尚科学的精神,通过多种形式的科普活动让市民增加获得科学知识的机会,为创新文化的建设奠定扎实的群众基础。

21. 促进社会与自然科学融合。加强科技发展中规律性、前瞻性、战略性、综合性问题的研究,充分发挥社会科学的理论研究、认识世界、咨政育人、服务社会的功能,形成哲学社会科学与自然科学互动发展的格局。

22. 强化市民的科学技术普及。强化上海市科普联席会议职能。完善市、区县、街道（乡镇）科普网络。增加科普投入,完善科普设施,加强科普队伍建设。加强科普创作,搞活科普活动,促进公众理解科技、支持科技、参与科技,形成在全社会大力传播科学知识、弘扬科学精神、崇尚科学思想、倡导科学方法的氛围。

23. 营造良好的创新文化环境。加强创新教育,增强全民创新意识,大力开展各类小发明、小创造活动。积极营造鼓励创新、宽容失败的创新氛围,强化科技道德、诚信体系建设。增设创新奖以表彰创新成效显著的地区、机构和个人。发挥舆论导向,大力宣传和倡导科技自主创新的典型,增强自主创新的自信心,使自主创新的理念深入人心。

（九）制订完善相关政策,规范引导创新活动

按法定程序,制订和修订与科技规划纲要实施密切相关的地方性法规以及产业政策,通过法律、规章、政策规范科技行为,为知识竞争力的提升营造一个良好的政策与法制环境。

24. 推动地方的科技创新立法。在跟踪、修订、评估现有法规的基础上,报请市人大常委会把科技方面地方性法规的制订列入工作计划,逐步形成科技创新法规体系。推动优先制订、修订有关科技进步、促进科技成果转化、科技中介服务、政府资助科技创新、科技资源共享、人才市场、促进中小企业发展、企业信用担保、科学普及等法规。同时,着手准备科技经费投入与管理、引进海外留学人员、创业投资、科技和产业开发园区管理、著作权保护、著名商标认定与保护等法规。

25. 制定相关科技及产业政策。研究科技创新相关政策,重点包括促进产学研结合、重大产业攻关项目管理、信息系统安全的测评、公共财政资助项目的知识产权管理、知识产权中介服务机构的管理、集成电路布图设计保护等。同时,制订相关产业政策,鼓励节能技术、清洁能源技术、资源再利用技术的应用,促进低能耗、低污染、高附加值产业以及循环经济的发展。

（十）加强规划落实评估，形成推动创新合力

26. 建立统筹的科技管理体系。推动创新是政府各组成部门的共同职责。相关部门和单位要就规划的落实进行事前协调、整合、分工，加强科技创新活动调查，减少重复与漏失，使科技经费实现合理配置。交通、能源、环保、卫生、气象以及公共安全等部门要围绕本规划纲要的总体要求，根据部门的工作实际与特点，制定相应的科技发展计划，提出各自的科技发展导向目标和任务，为公共管理与服务提供有效的科技支撑与保障。

27. 开展规划落实的动态跟踪。科技行政管理部门要会同相关部门跟踪与评估规划、计划和预算实施的情况。要通过加强技术预见，掌握世界科技发展的新趋势，把握机遇，对本规划纲要进行必要的动态调整与适时修订。

28. 加强规划落实的评估监督。自觉接受市人大对本规划纲要实施的监督。建立与知识经济发展相吻合的创新评价体系，强化科技创新绩效评估，按照区域性和国际性的基准，持续对知识竞争力的评价进行跟踪。

上海"十一五"科技发展规划纲要

未来5年是上海发展的关键时期，上海国际大都市建设将进入攻坚阶段，世博会将在上海举办，科学技术肩负着重要的历史使命。按照上海中长期科技发展规划纲要的基本思路和战略重点，合理部署上海"十一五"时期的科技工作，具有重要意义。

一、总体目标与基本思路

着眼于上海经济社会持续发展和面向知识社会转型的需求，针对上海科技发展的现实基础和薄弱环节，围绕上海知识竞争力提升的需要，提出"十一五"上海科技发展的指导思想、总体目标和基本思路。

（一）指导思想

坚持科学发展观，实施科教兴市主战略，发挥知识资本与人力资本的主导作用，持续增强科技自主创新能力，支撑引领经济社会协调发展，提升上海面向全球的知识竞争力。

1. 发挥知识人力资本主导作用。全面落实"科技第一生产力""人才第一资源"的思想，作为知识竞争力提升应具备的最基本的先决条件，要充分发挥和释放知识资本以及人力资本的潜在能量，使之成为创造高附加价值的核心生产要素，并在资源配置过程中占据主导地位。

2. 持续增强科技自主创新能力。提升上海知识竞争力的主要任务是通过完善和优化科技创新体系，提供适宜的制度安排和创新环境，在若干优势领域内，聚焦有限目标，进一步夯实上海原始创新能力、集成创新能力、消化吸收和再创新能力的基础，持续增强上海科技自主创新能力，逐步提高上海知识生产、知识应用、知识转移的层次和效率。

3. 支撑引领经济社会协调发展。服务经济社会发展是科技发展和知识竞争力提升的目标与归宿。科技创新既要为提高经济增长的速度和质量做出贡献，又要为人口、资源、环境等社会问题的解决提供出路，支撑经济社会全面、协调、可持续发展。同时，科技创新在满足经济增长和社会进步提出的现实需求基础上，更要着眼未来知识社会发展的潜在需求，做好超前部署，不断拓展新的空间，引领经济社会发展进入更高的层次。

（二）总体目标

根据世界发展趋势以及国家科技发展"三步走"目标，结合上海科技、经济和社会发展实际，以

知识竞争力作为主要测度和参考基准,提出上海区域创新体系建设和科技发展的主要目标。

到2010年上海知识竞争力加速提升,知识社会基础夯实。区域创新体系逐步完善,知识竞争力居全国前列,R&D占GDP的比重达到2.8%,每千人劳动力R&D人数达到10人,知识密集产业的增加值占GDP的比重达到30%以上,科技创新为上海世博会的举办提供有力保障,把上海建设成为国家重要的知识生产中心、知识服务中心和高新技术产业化基地,并在夯实"创新型国家"建设基础的过程中发挥重要作用。

知识资本。企业科技创新的主体地位进一步确立,企业占全市R&D投入的比重达到65%以上,一批在全球具有重要影响的本土高科技跨国企业集团开始崭露头角,中小型科技企业的创业活力与创新动力明显提高,产学研协作的集群创新加速,知识资本投入、产出的市场化机制基本形成;知识产权数量加速提升,每年获得发明专利授权的数量占全国总量的比重达到12%以上,百万居民的专利授权数量超过1 500件,知识产权的质量不断提高,尤其在若干战略高技术领域形成丰厚的自主知识产权并在国际市场占据相对的主导地位,知识产权和技术交易活动日趋活跃;国际论文的收录数量和引用数分别达到25 000篇和25 000次,若干优势领域在世界科技前沿占据一席之地,并成为亚太范围内该领域的研究重镇。

人力资本。科技创新的领军人才的团队加快形成,企业R&D活动人力投入当量超过全社会总量的60%;职业经理人快速成长,高技术知识服务队伍逐步建立,初步形成一支有利于知识生产和应用的职业经理人和知识服务队伍;高技术产业从业人员和新兴产业的紧缺人才的需求缺口不断缩小,从业人员的总量和素质基本满足产业发展和升级的需要。

金融资本。科技创新的投融资机制取得较大的进展,资本市场逐步趋于规范和成熟,促进知识资本与金融资本互动的功能开始显现;以政府为主导的风险基金带动并吸引民间资金关注科技创新,资金总量规模不断扩大,伴随中小型科技企业的融资渠道进一步拓宽,科技创新创业资金的巨大缺口在一定程度上得到弥补。

制度和知识支持。随着科教兴市法制环境的营造,科技创新的法律框架基本形成;分工合作、运转高效的政府科技宏观管理体制基本形成,包括研发、人才、投融资、信息和知识产权等平台在内的科技创新公共服务体系趋于完备;人才教育体系趋于完善,劳动人口平均受教育年限达到12.5年,市民的科技素养超过10%;城市信息化基础设施接近国际先进水平,每百万市民拥有安全服务器数量超过200台,每千市民宽带上网人数达到500人以上。

经济社会产出。科技创新成果的转化效率进一步提高,知识服务产业初具规模,高新技术产业化效益明显提升,劳动生产率达到15万元/人,综合能耗产出率达到1.3万元GDP/吨标准煤,科技创新在缓解能源短缺、水资源短缺以及环境保护等方面作出贡献,并为2010年世博会在上海的成功举办提供重要的技术支撑。

(三)基本思路

根据上海科技发展的总体目标,提出"以应用为导向的自主创新战略",以此为基点明确"十一五"上海科技发展的基本思路。

1. 以价值实现为根本目标。科技的价值主要表现为商业价值、社会价值和科技自身积累价值。要将"价值实现"作为判断政府科技资源使用绩效以及衡量各类创新主体(企业、高校、科研机构)创新绩效的评价尺度;将"价值实现"作为创新体系建设和创新机制设计的立足点和组织科研项目攻关的出发点,确保科技创新有相对清晰的市场需求或社会需求指向,从而提高知识生产与应用的有效性。上海科技创新在注重科技自身积累价值的同时,要注重科技商业价值与社会价值的实现,在确保一定的科学发现作为必要的战略储备的前提下,重点强调和关注技术创新的效率和效益。

2. 以战略产品和示范工程为重要载体。战略产品的研发与产业化、重大工程的建设与示范是体现"应用导向"的两个重要载体。要通过学科交叉与技术集成,集中有限力量,加强对经济和社会发展有重大影响的战略产品的研究开发,增强具有自主知识产权的产品在国际市场的竞争力。要通过加大跨部门的协作实施科技示范工程,加快新技术的推广应用,为中国全面建设小康社会,为区域乃至国家经济社会的协调发展提供坚强的技术支撑与保障。

3. 以企业技术创新主体到位为基本保证。鉴于上海企业技术创新主体缺失、创新能力薄弱的现实基础,通过有效的制约和激励措施并举,依靠"引逼"双管齐下,激发出企业技术创新的内生动力和内在活力。一方面,要充分利用市场机制,通过制定和实施鼓励企业开展技术创新的优惠政策,不断完善和优化企业技术创新的环境,提高企业的创新意识,增强企业的创新动力和创新能力,通过增加研发投入、集聚创新人才、获取自主知识产权,促进企业加速高新技术产业化和利用适用技术改造传统产业。另一方面,要加强政府导向,重点针对国有企业,通过建立技术创新的约束机制,强制各级国有企业开展与之规模和产能相适应的创新活动,盘活国有企业现有的创新资源存量,尤其要对国有企业的战略规划、研发机构以及技术引进、消化吸收和再创新提出明确的要求并进行考核,促使国有企业不断加强技术创新的能力建设。

二、战略重点

围绕知识竞争力提升的目标,贯彻以应用为导向的自主创新竞争策略,按照前瞻性与有效性原则,确定科技发展重点领域,对科技依赖较大的健康社会、生态环境、高端制造和数字城市等四个方面,明确上海"十一五"科技发展战略重点,为数字上海、精品上海、生态上海和健康上海建设提供科技支撑与保障。面向世界科学发展前沿,立足上海的优势与基础,进一步明确科学研究的基本方向。同时,在全社会传播科学知识、弘扬科学精神、崇尚科学思想、倡导科学方法,为自主创新奠定扎实的群众基础,营造适宜的文化氛围。

(一)数字上海:创建"无所不在、高效可信"的服务

坚持以信息化促进国际现代化大都市发展,通过掌握核心技术,提高自主创新能力,适应信息技术移动化、微型化、多媒体及融合型的发展趋势。满足人们居住、交通、教育、工作、医疗、娱乐等方面需求,增强信息资源的协同服务能力,提高智能型服务和高端服务的比重,为现代服务业的发展提供强有力的技术支撑。促进信息产业和传统产业的优化升级,形成具有高产出、高效益竞争优势的产业。

目标

到2010年,发展若干具有国内影响力和国际竞争力的自主创新的关键技术,形成新的产业增长点,信息产业占上海GDP的比重明显增长;通过重大示范工程建设及其推广,60%的上海市民能够享受信息技术带来的高质量生活,上海成为国内数字化应用程度高度领先的城市及亚太地区的中文数字文化中心,为"数字上海"建设奠定基础。

战略部署

1. 集成电路。重点研究集成电路进入90纳米量级相关器件设计、测试、工艺和材料。开展SOC设计方法和技术、先进器件与先进互连技术、纳米与微系统技术、集成电路测试等关键技术研发和产业化应用研究。

2. 计算机软件。重点开展新型计算技术、软件技术、人机接口和海量信息智能处理技术等的

研究。构建高可信软件生产体系,形成具有自主产权的嵌入式软件和系统产品;实现人和机器的自然交互,海量信息的有效提取和服务智能化。

3. 网络与通信。重点面向下一代网络建设,发展自主通信技术。实现网络资源的全面共享和高效协同,提供无处不在的计算和服务能力;开发出具有自主知识产权的软硬件产品,如新型大容量路由器、交换机、无线网络设备、家庭网络、各类信息终端、各类网络服务等。

4. 信息获取与处理。重点突破无线传感核心技术,构建分布式、动态大规模民用智能传感网。实时对城市的基础设施、功能机制进行信息采集、动态监管;加强空天信息获取,提高中国自主空间数据源的占有率。

5. 内容产业与数字媒体。重点推进网络视频业务、手机电视、数字影院等内容产业的发展。研究数字电视、数字电影、流媒体以及其他新媒体产业发展中的信息处理和媒体管理科学技术,开发通用数字技术应用领域中媒体处理,数字传输,复杂控制所需的专用芯片和SoC芯片设计。

6. 信息安全。重点建设可信、可靠与可管的网络与信息系统。开展可信信息系统环境建设以及对网络信息系统行为监管与授权的相关技术,并在识别技术,访问控制技术,资源的审计与监管技术等方面有所突破和加强。

(二)精品上海:铸造"自主产权、升级换代"的产品

抓住国际制造产业转移的机遇,坚持集约化发展模式,发展高端产业拓展增长空间,提高先进制造业的研发能力,满足产品升级换代、产业结构优化和新兴产业集群的需求,夯实上海经济发展的基础。要构建以先进制造为核心的新型工业化体系,打造具有自主知识产权的高端、高效、高附加值和低消耗的精品,实现技术含量高、资源消耗低、经济效益好的生产模式,形成上海制造业自主创新的产业竞争力。

目标

到2010年,基本构筑上海产业技术创新体系,具有自主知识产权的产品和技术比重明显提高,制造业的核心竞争力显著增强。新能源及低能耗装备掌握核心关键技术和具备成套能力,新型交通运输装备、生物医疗装备掌握设计和制造关键技术,电子信息装备初步掌握自主开发能力和核心关键技术,高精数字化制造装备掌握自主设计和系统集成技术,掌握精品钢材、精细化工材料、生物医学材料、微电子产业用新材料等的自主开发能力,突破关键的应用技术,为"精品上海"打造提供动力。

战略部署

1. 自主创新设计。重点掌握一批具有自主知识产权、国际知名品牌产品的设计技术和方法。瞄准上海支柱产业、基础产业、都市产业等优势产业的技术应用,在工业设计、数字化设计、可靠性设计、并行设计、分布式协同设计和绿色设计技术方面,形成具有中国特色的核心设计技术。

2. 现代工艺与制造。重点开发影响制造工艺发展瓶颈的核心与共性加工工艺技术。开展重大基础工艺研究和国际竞争前沿高技术研究,形成产品与工艺技术装备自主研发能力,全面提升加工工艺与成形技术创新研发能力;通过先进制造工艺的理论与实验研究和模拟仿真,建立中国在先进制造工艺领域的数据库和理论体系。

3. 成套与系统集成。重点发展重大成套装备、高技术装备和高技术产业所需装备,推进重大装备的国产化。面向上海产业整体技术能力的提高,具备成套装备自主创新能力,提高单机和系统可靠性;加强成套技术的发展,提高成套能力。

4. 先进材料开发与应用。重点开发不同领域所需的先进材料,克服上海产业提升的材料技术

"瓶颈"。聚焦装备产业升级突破的材料技术；支撑制造业实现信息化、数字化提升的关键材料技术；提高制造用材水平的关键材料，以及为发展绿色制造所需的材料技术。

（三）生态上海：建设"资源节约、环境友好"的城市

坚持可持续发展理念，应对城市化进程带来的资源、能源、环境等方面的严峻挑战，以替代、节约、修复、再利用和循环等特点和功能为方向，通过减缓环境压力和降低资源依赖，保障城市发展与安全。促进生态良性循环，资源高效利用，污染全面控制，不断提高上海的国际综合竞争力，满足人民生活质量不断提高的客观要求，使自然生态、人居生态和产业生态三者保持高度和谐。

目标

到 2010 年，退化的自然生态系统得到逐步恢复和改善，初步构筑区域生态安全格局，维护区域生态系统的平衡，有效地控制城市扩展进程。建设便捷、高效、宜人的生态交通体系，大力推进低能耗、低污染生态建筑的发展。实现产业的生态化提升，促进经济增长方式向生态经济方式转变，万元 GDP 能耗和水耗及污染物排放达发达国家中上水平，实现 2010 年"绿色世博"的目标，为"生态上海"建设构建框架。

战略部署

1. 高效清洁能源。重点通过化石燃料的高效清洁利用关键技术研发与推广应用，为上海提供稳定、经济、清洁、可靠、安全的能源保障和技术支撑；开发新型替代能源，形成独力供应能力，促使可再生能源和替代能源对上海多元化能源结构和社会可持续发展发挥重要作用；通过节能与能源安全保障技术的研发与推广应用，为保障上海能源供应，建设能源节约型城市提供技术保证。

2. 资源保护与利用。重点建立国内领先的资源保护与综合利用技术体系。在资源环境逐步修复、地下空间有效开发，海洋资源合理利用、水资源优化配置与循环使用、水环境质量全面改善方面提供技术保障，产业向资源节约、环境友好的生态化方向发展。

3. 生态化建筑与社区。重点提出与上海区域环境相适应的、市场可接受的生态建筑模式。通过关键技术研发与推广应用，制定相应的技术标准和技术方法，提出各类生态社区建设途径和适用技术。

4. 都市现代交通。重点构建适应未来都市发展的稳定、高效的交通结构。形成适合于大都市多式复杂交通的一体化绿色设施建设和管理技术；研发安全、高效、环保的先进交通工具，形成系列自主知识产权，进行大规模的推广应用。

5. 产业生态与循环经济。重点以资源集约化和循环利用为主要内容。开发具有自主知识产权的清洁生产共性技术、绿色制造与再制造、生态产业建设和废弃物综合利用关键技术，实现资源低消耗、生产高效率、污染低排放的产业发展模式。

6. 现代都市农业。重点发展种源农业、装备农业、生态农业和数字农业。采用常规育种技术和生物育种技术结合培育动植物新品种，研发结构先进、功能多样的农业装备，加强农业生态环境建设，生产无公害农产品。

7. 安全与防灾。重点建设管理一元化、决策科学化、信息共享化、防范系统化、技术现代化、指挥智能化、反应迅速、先进高效的上海市公共安全应急与环境健康保障平台。在重点领域形成关键技术体系，提高上海整体安全水平和综合防灾减灾能力。

（四）健康上海：营造"身心健康、安全和谐"的生活

坚持以人为本的发展理念，应对 21 世纪全球生命科学浪潮，适应城市环境迅速变化后，健康保护和疾病控制形成的特殊需求。解决老龄化、高密度、多流动、快节奏、低体力消耗等问题。全面重

视人口数量、结构与质量的安全合理发展，注重生命全过程的健康监测和预防，关注环境、心理与机体交互作用的综合研究，开展城乡社区医疗卫生保健研究。

目标

到2010年，健全科学化的公共卫生保障系统，基础医学研究水平大幅提高，基本形成重大疾病规范化预防和诊疗方案体系。发展具有中国自主知识产权的避孕节育和生殖健康新产品、新方法和新技术，保持国内领先水平。完善新药创新体系，优化品种构成，实现上海医药产业由仿制向创新为主、由生产主导型向研发主导型的两个根本性转变，为"健康上海"建设提供支撑。

战略部署

1. 公共安全与卫生防疫。重点构建上海市公共安全与防疫科技支撑体系。在食品安全与检测和生物安全防恐等领域形成关键技术体系，建立一批具有国际先进水平的创新研究基地和专业实验室，建成上海市公共安全与防疫科技支撑平台。

2. 健康生育。重点发展适合不同人群的避孕节育新技术、新方法和新产品。提高不同人群对避孕节育方法的知情选择水平，降低上海市新生儿出生缺陷的发生率，提高前列腺癌、乳腺癌、子宫肌瘤、艾滋病等危害大或发病率高的生殖相关疾病的预防和诊治水平。

3. 健康生活。重点实现预防与治疗、求助与自助、生理与心理、医学与社会、传统与现代交融汇合的健康保健目标。推广和普及健康的生活方式，促进心理健康，全面提升生活质量和健康寿命。

4. 诊断与治疗。重点为重大疾病的早期诊断、早期治疗和早期预防提供新技术、新方法和新途径。通过对心脑肺血管病、糖尿病和恶性肿瘤的防治研究，在预防和治疗两个方面集中攻克，规范一批具有明显应用价值、适合心脑肺血管病和恶性肿瘤防治迫切需求的防治手段和技术。

5. 新药创制。在生物制药方面，重点开辟新药物研发途径和疾病治疗新领域。开发10个具有自主知识产权的生物技术创新药物，并争取3~5个药物进入国际医药市场；在化学制药方面，重点建立和完善药物筛选新模型、新技术。基于新靶点、新作用机制，加快非专利药物的研发和标准提升，推动新型药物输送关键技术的发展，促进产品高端化和品牌化；在中药现代化方面，重点实施"品牌、标准、专利"三大战略，构筑上海中药研究开发体系。培育具有国际影响力的现代中药跨国集团和具有自主知识产权的中药拳头产品，实现上海传统中药产业向现代中药产业的跨越。

6. 生物医学工程。重点开展高精密医疗仪器的应用基础与开发研究、生物医用材料和组织工程材料的开发研究、诊断、治疗和康复医疗设备研制。发展有自主知识产权的创新产品，基本扭转中国医疗器械市场被国外产品长期占据的局面。

（五）科学源泉：增强"海纳百川、追求卓越"的原创

基础研究作为科技创新的先导，作为经济社会发展的源泉与后盾，是上海知识竞争力提升的基础，是上海产业实现跨越发展的基石。要结合国家重大战略需求，围绕跨越式发展目标，开展前瞻性布局，加强原始性创新，在更深的层面和更广泛的领域，围绕经济与社会发展中的重大科学问题开展研究，提高自主创新能力和解决重大科学问题的能力。

目标

到2010年，数学、物理、化学、生物学、医学、材料学等研究领域在保持国内优势地位的基础上，实现与经济和社会发展需求的有效衔接；基础研究经费占R&D总经费的比例进入国内前列；培养一批优秀科学家和高水平的研究队伍；国际学术论文产出量保持在全国前列，论文的引用率达到世界平均水平；在若干国家和上海重大战略需求领域解决一批重要的科学问题。

战略部署

1. 生命科学领域。充分发挥上海市生命科学的综合优势,体现对健康上海、生态上海的引领作用,围绕系统生物学、细胞活动机制、脑与认知生物学基础、农业生物的遗传控制以及化学基因组学开展研究。

2. 物质科学与信息领域。推动涉及未来通讯、信息发展的物理、力学等学科的发展,在微(纳)光磁电子学、量子调控、红外光电技术以及极端条件下的强场物理等方面开展研究。

3. 材料科学与工程领域。研究材料改性优化、人工结构材料、生物材料、信息材料、复杂材料、智能材料等,为上海城市发展和产业提升奠定基础。

4. 空天和地学领域。开展空天探测和天文研究,加强研究河口海岸及城市的生态与环境基础研究,包括城市环境治理和城市生态、工业生产污染治理和清洁生产、城市安全保障、深海过程及其资源环境效应、有毒化学物质污染治理等。

5. 交叉领域。推动纳米、生物、信息、认知等学科的交叉融合,促进经典实验科学与新兴的"组学"结合,发展计算生物学,计算材料学,探索强场物理在生命科学与医学等科学领域中应用的新原理与新方法,推动数学和物理科学在金融领域中的应用。

(六)科技素养:推进"公众理解、全民参与"的科普

适应科学社会化、社会科学化进程的新要求,科普要在发展主线上,实现从普及科技知识为主向全面提高公众科学素养的转变;在发展重点上,实现从传统科普活动为主向社会化的科普能力建设的转变;在发展形态上,实现从单纯的公益事业向公益事业与文化产业相互补充的转变;在传播手段上,实现从传统的科普手段向信息化和传媒化为主要手段的转变;在功能辐射上,实现从注重本地化向本地化、区域化、国际化有机结合的转变。

目标

到 2010 年,全市公众科学素养在全国保持领先,达到或接近主要发达国家或地区 21 世纪初的水平;科学精神与创新文化成为上海城市精神塑造的重要内容,成为新时代"海派文化"的重要内涵;科普基础设施水平显著提高,每百万人拥有科技类博物馆 2 个,以内容产业为核心的科普文化产业成为科普发展的重要支撑;科普主体多元化格局形成,政府引导、多元协调合作、全社会参与、市场发挥作用的科普运作机制基本形成。

战略部署

1. 构筑和完善科普基础设施网络。重点加大对科普基础设施建设的投入,新建和提升改造上海邮政博物馆等 30 个科普场馆。构筑以综合性的上海科技馆为龙头,以一批具有特色的专业性科普场馆为基干,以社区科普基础设施、各类企事业科普教育基地为辅助的多元化、层次性的科普基础设施网络。

2. 构筑和完善大众传媒科技传播网络。重点促进科学家与公众的相互交流、推动公众参与科技活动。构筑由电视、广播、报刊杂志、科普互联网(市、区县、家庭)、电子类科普画廊等组成的大众传媒科技传播网络和科普社会化共享平台

3. 推进科普文化产业的发展。建立科普内容创业策划平台,重点提高上海在科普内容创作和出版、科学动漫影视、电子游戏产品、科普多媒体制作的中心地位。发展科普旅游、科普游戏、动漫、影视制作、科普多媒体、科普书籍创作出版、科普展教品设计和制作、科普节目策划和制作。

4. 培育科普主体和科普人才。重点培养自然科学、人文和社会科学的科普专职和志愿者队伍。发展科普专业教育和职业培训,促进科普人才、科普主体培育与科普文化产业发展的结合,促

进科普队伍的职业化,促进科普主体的成长壮大。

5. 建立推动公益性科普事业发展的长效运行机制。重点确保政府对发展公益性科普事业的主导作用。加大公共财政的科普投入,建立科研项目追加科普经费的制度,推动科技创新与科学普及共同发展。

6. 逐步构建科普终身教育体系。重点研究科普终身教育体系的内涵、结构、功能和运作机制。加强青少年科技教育,构建学校与科技、经济、社会发展相适应的现代青少年科技教育体系;实施针对领导干部和公务员、专业技术人员、企业职工、社区居民的科普教育计划。

三、科技发展重大任务

(一)重大战略产品

为充分体现科技创新在优化上海产业结构、促进产业升级中的重要作用,提升先进制造业和培育现代服务业,推动支柱产业升级和新兴产业壮大,同时兼顾经济增长和社会发展的良性互动,按照能够形成核心的自主产权,能够发挥企业的创新主体作用,能够体现政府的支持引导效果,能够产生巨大的经济社会效益的原则,布局开发12项重大战略产品。

1. 90纳米以下器件与互连技术

开展90纳米以下工艺方面的研究,开发新型互连技术与先进器件,实现45纳米工艺的大规模生产。

2. 嵌入式系统及产品

提升嵌入式软件技术自主创新能力,实现自主产权嵌入式操作系统及开发环境在信息家电、汽车船舶电子、工业控制等重点行业领域的应用。

3. 射频电子标签

建立起完整的射频识别与应用技术产业链,形成符合国际及国家标准的、具有自主知识产权的射频电子标签芯片及相关读写机具SoC;实现在先进制造业和现代物流业的大规模应用。

4. 新型平板显示器

依靠自主研发,打破国外垄断,掌握OLED的核心技术,具备OLED产品的设计开发能力及其生产线与装备的自主设计和建设能力,实现OLED显示器件及其配套材料、驱动模块等的产业化。

5. 半导体照明工程集成光源系统

实现照明技术标志性的飞跃,在绿色照明技术领域获得具有自主知识产权的设计、装备、材料、芯片及终端应用方面的核心技术,成为中国半导体照明光源的主要研发和产业化基地。

6. 大吨位海洋油气储运装备的高效建造关键技术和装备

以大吨位海洋油气储运装备为载体,开展船舶高效建造技术和自动化装备的研究,掌握自主创新设计和制造技术,提高LNG和FPSO生产效率。

7. 自主品牌混合动力汽车

研究开发和推广应用新型能源汽车,解决交通能源消耗和环境污染问题,带动汽车电子、轻量化新材料、蓄电池等关键技术及产业的发展,形成汽车工业新增长点。

8. 煤气化多联产技术与装备

依据循环经济的理念,通过能源与资源转换过程,达到联合生产电力、液体燃料、高附加值化工产品和规模化制氢的目的,最终建设零排放煤气化多联产生态工业园区,实现污染物的零排放。

9. 太阳能光伏关键技术及设备

解决限制太阳能光伏产业应用技术瓶颈,获得具有自主知识产权的光伏产品设计与制造技术,掌握专用原材料制备技术,实现规模并网发电,结合崇明生态岛和 2010 年上海世博会建设,树立上海科技、绿色环保新形象。

10. 基于中药先导物的创新药物

围绕恶性肿瘤、心脑血管病、神经退行性疾病和代谢性疾病等重大疾病,研制基于中药的自主创新药物,力争进入国际医药主流市场,并在诊断和疫苗方面开发 5～10 个具有自主知识产权产品。

11. 数字化高精密医疗诊断设备

开发具有极好的诊断效率、操作易用性和共享服务资源的功能的数字化高精密医疗诊断设备,实现高效率、低剂量、易操作和优质影响以及远程诊断,扭转中国高精密医疗诊断设备产业的弱势地位。

12. 诊断和基因工程疫苗

发展新型诊疗技术,为重大传染病和生物污染的诊断、慢性疾病的早期诊断、新生儿缺陷诊断提供新技术、新方法和新途径。增强疾病预防、疗效和愈后的判断、治疗药物的监测、健康状况的评价以及遗传性预测等方面的作用。

(二)重大科技示范工程

根据上海国际化大都市建设需要,对接国家重大科技工程的实施,围绕技术显示度与集成性高,公众关注和社会示范作用大,市场潜力和社会集资能力强等特点,建设具有超前性、综合性、示范性的重大科技示范工程,集中体现和发挥科技引领经济社会发展的作用。

1. 科技世博园

以世博会的需求导向为主线,以现代先进的科学技术为支撑,着眼于经济、社会、生态环境的协调发展,依托"部市合作"计划,重点开展世博会高、精、尖展品研发及世博园区地下空间开发与永续利用、突发性重大事故防范与应急反应控制技术、世博交通建设关键技术与管理决策支持系统、面向世博的智能监控系统、水安全保障与水环境治理等关键技术研究,集中展示科技整体实力和成果,使科技让世博更精彩。

2. 智能新港城

围绕上海国际航运中心建设,推进特殊建筑施工、智能物流、宽带通信、智能网络、绿色照明等现代科技在临港新城的应用与示范。到 2010 年,通过电子标签、自动分拣、传感网络系统等技术的研究应用,建成具有现代化信息基础设施,网络空间安全可靠,水陆空物流联运系统高效运行,办公、社区、交通智能化的临港新城,为"智能港"建设提供示范。

3. 崇明生态岛

针对上海国际大都市的综合性生态岛和国际性海上花园的定位,围绕生态功能、产业发展、循环经济和资源集约型社会建设的需求,建立崇明岛生态保护、安全保障体系,为自然生态系统达到国际健康标准提供科技保障;初步形成生态产业化与产业生态化格局,推进循环经济尤其是生态农业发展;创建崇明岛生态社区综合示范,推进崇明基础设施与人居环境生态化发展,为科技引领和支撑中国都市郊区发展及城镇化建设提供典范。

4. 张江生药谷

坚持研究开发、生产制造、专业服务三业并举,突破"资金""孵化""中介"和"产学研"等四个薄弱环节,打造张江生物医药产业集群,推进生命健康研究院的建设,吸引国内外大企业和创业型小企业的入驻,促进跨国制药公司研发中心和国内企业的研发机构的加盟。率先形成国内规模最大的生物医药产业集群,率先形成生物技术、现代中药和生物医学工程的产业化优势,率先形成以自主创新与国际化先进技术引进相结合的创新体系,为培育高科技产业提供示范。

(三)技术创新和科学研究项目

面向上海中长期科技发展战略目标,围绕未来五年上海国民经济和社会发展的需求,部署一批技术创新和科学研究项目。

1. 技术创新项目

数字城市——

(1)宽带通信与终端设备

(2)多核CPU与高端DSP

(3)高端SOC

(4)新型人机环境及智能监控

(5)SOC集成电路测试技术

(6)大型计算与数据处理

(7)下一代网络关键技术与设备

(8)可信计算平台关键技术

(9)信息安全综合监控技术

(10)高分辨率对地观测系统关键技术

(11)伽利略卫星导航系统关键技术

(12)智能交通信息采集与发布综合应用关键技术

(13)数字媒体及创意内容产业

高端制造——

(14)城市轨道交通车辆及关键零部件的设计与集成制造

(15)深海半潜式平台

(16)反应堆堆芯机构的自主设计与精密制造

(17)月球探测车

(18)复合地层地铁隧道掘进机

(19)高性能精品钢及能源装备用钢铁材料

(20)高效聚乙烯系列催化剂

(21)高速高精度数控加工装备关键功能单元和集成技术

(22)创新产品协同开发支持技术

(23)石化行业制造执行系统

(24)MEMS平台和MEMS器件工程化

(25)轻质高强新材料

生态环境——

(26)兆瓦级并网变速恒频风力发电机组

(27)水处理成套技术及装置

(28)长江黄浦江水源中内分泌干扰物的筛选去除技术

(29)长江河口及其毗邻海域生态环境保护与修复

(30)生态社区建设关键技术及集成

（31）石化行业产业微生态系统构建的成套技术与示范

（32）城市核心安全保障工程关键技术

（33）钢铁流程规模制氢关键技术

（34）生物质能综合利用关键技术

（35）废热和自然热能高效环保利用关键工程技术及装备

（36）废弃物资源化利用关键技术

健康社会——

（37）食品安全检测、监测、控制关键新技术与产品

（38）生殖健康促进技术与模式

（39）复方中药质量可控新型制剂与有效部位群研究

（40）慢性非传染性疾病诊疗技术

（41）人源化抗体药物

2．科学研究项目

（1）蛋白质和重大疾病的系统生物医学研究

（2）人胚胎干细胞的体外培养、定向分化及组织工程可降解生物材料的应用基础研究

（3）免疫细胞亚群和新型免疫分子研究

（4）人类重要功能基因的模式生物研究

（5）学习与记忆的认知神经科学基础研究

（6）城市环境中持久性有毒污染物的控制机理研究

（7）基于基因改良的水稻新品种选育

（8）三超（超高强度、超短脉宽、超短波长）激光高技术及其重大应用

（9）未来信息科学中的量子调控技术

（10）微推进系统的重大基础问题研究

（11）全光驱动分子智能材料和原型器件的基础研究

（12）纳米结构与纳米技术

（13）微（纳）光磁电子学研究

（14）自旋电子学

（15）左手材料应用基础研究

（16）结构功能一体化材料及其制备技术研究

（17）面向化学工业可持续发展的新一代反应方法学研究

四、研发基地布局与设施建设

（一）研发基地布局

根据研发基地布局与创新体系建设相协调的原则，适应科技创新集群化、专业化、体系化、全球化的发展要求，针对上海科技力量多元化的特点，围绕科技资源"集聚、整合、优化、共享"的方针，建立内外统筹、市区联动、条块整合的创新集群和合理的分布结构，推动产学研结合，促进基地、平台、人才、项目一体化发展，配合和支撑科技发展重大任务的实施。

研发基地是形成科技创新能力的关键，也是承担科技攻坚任务、凝聚人才的实体。要从上海科技战略需求出发，围绕提高上海科技的资源集聚能力、自主创新能力和持续发展能力，抓紧建设一批在国内外有影响的研发机构，并根据不同类型研发机构的特点，建立起以中国科学院、大学等国

立研究机构与国家级实验室为龙头，以地方工程（技术）研究中心为辅助，以企业技术中心和各类外资研究机构为支撑的研究开发体系。重点建设国家级实验室，提高现有重点实验室、工程中心、企业技术中心的整体水平。要发挥中央部委驻沪各类研发机构的作用，利用跨国公司研发中心在上海的机遇，调动和激活各类科技力量。

要促进研发机构在内、中、外环线区域的合理分布和优势集聚。在内环线内，建设和完善与知识密集产业及知识服务相关的研发及服务机构。在内外环带间，集聚或围绕高新技术园区，建设和发展以信息和生物医药为主的研发机构、专业技术服务机构和企业孵化基地。在外环线以外，重点建设为船舶、汽车、钢铁、电站、化工等制造业发展以及崇明生态岛、临港新城、现代农业综合示范提供技术支撑的研发服务机构。进一步实施聚焦张江的政策，发展上海高新技术园区，构建高新区、大学科技园、企业孵化器为基础的产业化链。

1. 建设以国家级实验室为龙头、各类重点实验室为辅助、相关重点学科为支撑的基础研究单元

培育以中科院、大学为主的基础研究队伍，加强实验室建设。在体现国家优势和特色方面，积极筹建和培育国家级实验室。依托上海市的重点学科建设，围绕优势领域和社会需求，新建 40 个上海市重点实验室，使总量达到近 90 个。提高重点实验室自主创新能力和对外开放、交流水平，力争有 3~4 个市重点实验室升级为国家重点实验室。

2. 建设以四个研究院为核心、各类工程（技术）研究中心为配套的应用研究单元

深化应用型科研机构的改革与发展，积极探索以任务为导向的新型研究机制，整合现有分散资源，巩固和强化应用研究系统。启动生命健康研究院、城市生态研究院、产业技术研究院及计量标准研究院的建设。加强以行业共性技术研究和以企业为中心的竞争性技术研究体系建设。发挥现有国家工程技术研究中心和国家工程研究中心的作用，积极组织食品安全、生物信息等国家工程技术研究中心和电动汽车、汽车电子、核电装备、燃汽轮机等国家工程研究中心的建设。

——生命健康研究院

结合十五期间上海在生物医药与健康领域的研究机构布局与创新体系建设，推进人口与健康研究领域基础研究与临床医学、药物研发的有机结合，以张江国家生物医药科技产业基地为依托，整合资源，联合各方，以资产为纽带、以重大项目为载体，建立跨部门、跨学科的"资源共享、优势互补、联合研究、协同攻关"的生物医药与健康领域创新服务链，成为疾病发生和致病机理研究、食品安全、药物发现与开发关键技术的研发平台，形成上海生命健康应用研究体系，成为国家生物医药创新体系的重要组成部分。

——城市生态研究院

有效积聚上海现有相关研究机构力量，发挥各自在生态技术研究、装备制造、循环经济发展等方面的优势，以生态产业提升与学科发展为研究目标，协调组织全市各方力量开展生态安全、生态修复、污染控制、人居环境、清洁生产、清洁能源以及循环经济等方面的研究，实现多项技术的综合集成，解决能源、资源、大气、水环境治理、地下空间等领域的关键技术问题，为上海建设生态城市提供支撑。

——产业技术研究院

根据上海先进制造业发展的需要，着力关注上海产业共性技术、先导技术的战略研究，跟踪世界产业技术的前沿，推进产学研各方在技术成果的转移、扩散和集成等方面实现优势互补，为全市科技资源整合、开放、共享提供服务。研究院建设本着循序渐进、重点突破、分步实施的原则，形成

一个集现代产业共性技术研发及推广和服务的非营利实体。

——计量标准研究院

围绕科技、经济和社会发展以及国防建设对检测及标准技术的需求,适应检测技术向微量快速、复杂体系、无损检测发展的趋势及更灵敏更精密的特点,结合研发公共服务平台建设,联合相关具有行业标准研究及检测和服务功能的科研院所,重点开展汽车、生物医药、农产品、环境等相关领域的检测、计量和标准研究,研发高新技术检测设备国产化技术和高精密检测技术,为长三角和全国服务。

3. 建设以企业研发中心为基础、外资研发机构为补充、产业促进机构为媒介的开发研究单元

进一步加强企业研发中心,提高大型骨干企业技术吸收和创新能力,实现集成创新和再创新,支持中小企业建立企业技术研发机构。通过政策扶持和项目引导,夯实企业研发中心的技术创新及应用基础,到2010年,包括国家级和市级企业技术中心的总量达到200家,成为支撑上海支柱产业升级和新兴产业发展的重要力量。继续吸引外资研发机构、具有研发功能的地区总部入驻上海,扩大与本土科技创新力量的互动。

充分发挥市区两级政府联动的效应,在"一区一新"的基础上,对接浦东新区电子信息与生物制药、普陀区现代物流、闸北区多媒体、虹口区传感技术和器件、杨浦区知识产权园、闵行区航空航天装备、南汇区先进装备制造、崇明县生态岛等,建立与区县特色产业发展相配套的专业技术服务平台、创业孵化基地和社区学院。发挥科技成果转化、科技创业等服务机构的作用,为特色产业发展和中小企业技术开发提供专业配套支持及相关的产品展示与知识普及。

(二) 科研设施与服务平台建设

围绕企业主体与产学研联盟的能动性、科技布局与资源配置的合理性、知识扩散和技术转移的有效性等方面的需求,按照上海研发公共服务平台建设的总体部署,继续建立由全社会各方资源全面共享、标准统一、分工有序、高效互动的研发公共服务体系,基本完成科技文献服务系统、科学数据共享系统、仪器设施共用系统、资源条件保障系统、试验基地协作系统、专业技术服务系统等十大系统建设任务。加强重要科研设施的建设,完善网络科技环境,建设国际先进、国内领先的数据基础设施、科技数字图书馆等公共服务平台等,使上海成为研发设施完善、创新创业环境适宜的国际大都市。

1. 上海光源后续利用

2010年前,通过光源建安工程、同步辐射光束线等技术的研究应用,建成世界上性能指标最先进的中能区第三代同步辐射光源,为信息、微纳电子、新材料、生物医药等多学科领域的前沿研究和高新技术开发应用研究提供重要的平台。

2. 强激光装置

适应国家重大战略需求,在建立"神光"和"强光"两大系列装置的基础上,研制超高强度、超短脉宽、超短波长激光装置,并应用于强场物理和阿秒科学等前沿领域及激光核聚变和激光雷达等战略高技术领域,引发微纳结构先进制造等方面的技术变革。

3. 强磁场装置

根据上海新材料发展需求,先期建设相对完备的强磁场下材料制备平台,在金属凝固、晶体生长、磁性材料改性、无机材料、高分子材料、生物医药、功能材料等多个领域的材料制备、电化学过程等方面取得一批具有原创性的科研成果,带动提升上海材料、生命、物理、化学等领域的创新能力。

4. 上海大型科学计算平台

以上海超算中心、超高速网络和网络科技环境及海量存储设备为基础,建设服务于科学研究、

技术开发和工程设计的上海大型科学计算平台。同时研究与各类网络科技环境结点的接入技术，尤其是上海研发公共服务平台中的各类数字化科技资源，大型科学仪器和设施之间的联接和数据信息计算处理技术。

5. 纳米技术检测与标准公共服务平台

建设纳米分析测试研究服务平台，开展纳米检测方法标准和相应的标准物质的研制，承接国内外纳米材料、纳米产品的各种特性的测试，成为国际认可的公共服务测试和评估机构，并参与国际标准的制定。

6. 上海地面交通工具风洞中心

在完成汽车风洞设计、建设和运行关键技术攻关的基础上，建设国家级汽车风洞公共服务技术平台和研发体系，研究和开发自主品牌的汽车和轨道车辆，提升先导性核心技术的产权占有率，结合新一代洁净能源汽车工程，研究和开发低风阻的概念化车型。

7. 高、低速磁浮交通工程试验线

通过高、低速磁浮系统集成、悬浮控制、运行控制系统等关键技术的研究，建成高速磁浮工程试验线和低速磁浮工程试验线，自主研制成功高、低速磁浮车及配套的运行控制和供电系统。实现较远距离城市间快速到达及大城市地面轨道交通公交化，优化中国综合交通体系的速度结构，带动和促进相关产业的发展。

8. 上海科技馆自然博物分馆

重点围绕自然类动植物展示、教育、收藏与研究进行建设，开展自然物和人类遗物的研究工作，成为动物、植物、地质、古生物等学科的分类学和生态学研究中心和鉴定中心。

五、科技创新体制与机制

为完成"十一五"规划各项任务，实现上海未来五年科技发展的阶段目标，并为中长期科技发展打下坚实基础，要综合运用法律、经济以及行政手段，深化体制改革，强化机制创新。重点围绕核心资源形成机制、企业动力激活机制、市场价值实现机制以及科技统筹管理体制的建立与完善，优化创新环境，形成创新人才集聚、研发设施完备、创新源泉涌流、技术转移通畅、创业孵化便捷、主体实力强劲、特色产业集群的科技创新创业新局面。

（一）强化人力资源开发，巩固创新人才根基

创新者是驱动创新和经济增长的动力源泉，是知识密集型产业发展的核心资源。要加大培养和引进的力度，增加创新人才的数量，提高人才的创新能力，形成布局完备、结构合理的科技创新人才梯队，进一步巩固知识竞争力提升所需的人才基础。

1. 扩大科技创新人才的储备。上海要以构筑创新人才高地为目标，致力于科技创新人才的储备。以战略产品的研发与产业化为载体，引进和培养对上海自主创新能力建设具有关键作用的科技领军人才；围绕科技优先发展领域，培养和引进在国内具有重要影响的特色学科带头人和工程化人才，在此基础上重点资助和扶持创新团队，夯实科学家和工程师的基础，并根据产业发展和转型的需求，培养和引进杰出的企业高级技术管理者。加强专职技术管理、知识产权管理、技术转移、投资评估等科技管理人才以及集成电路设计、多媒体、软件、纳米材料等新兴产业的紧缺人才和高技能人才的培养。建立资助在校学生参与科研工作的机制，提高博士生及博士后研究的津贴，吸引更多优秀学生投入研究工作；系统选派优秀人才赴国外进行有针对性的学习；建立"特约研究人员"的资助机制。改进海外创新人才的引进和服务工作，重点引进跨领域、具有前瞻能力的研发人才，营造良好的服务系统，提高上海对国际人才的吸引力。

2. 激励和培育新一代创新者。创意及实践创意的能力是创新者的基本素质。要进一步加强创造性思维和创新技能、启发思考、应用知识解决问题能力的培养以及终生教育。重视大学生创新创业意识的培育,通过在企业设立工作室、建立风险实验室及辅导机构、模拟商业环境等措施,为大学生和研究生创造实习创新的机会,提高对商业技巧的理解能力,弥补研究开发与商业化运作之间的间隙。促进高校、科研机构与企业间在创新人才培养方面的合作,新评聘的工科教授要求有一定年限的企业工作经历,管理学教授要求具有一定的管理工作经历;鼓励学术休假和研究生联合培养,促进高校、科研机构与企业间人员流动。增设创新管理课程,提高企业经营者的创新技能;鼓励在职培训,提供在职人员职业培训津贴或奖励,通过终生学习提高劳动力的适应性;完善信息及网络教育,丰富终生学习资源。

（二）建立引逼创新机制,加速企业主体到位

企业是技术创新的行为主体。通过建立引导和约束机制,刺激企业增加研发投入,发挥企业在整合全社会创新资源中的主导作用,继而提高全社会创新活动的整体强度,为价值实现和知识竞争力提升提供重要载体。

3. 强化国有企业的创新活动。年销售收入超过 100 亿元的国有制造类企业,必须制定提升企业竞争力的战略与研发创新的规划,并建设相应的企业研究开发机构。年销售收入在 5 亿元以上的国有制造类企业,每年必须按不低于销售收入 3.0% 的比例提取研究开发经费用于购买新技术或开展研发活动,加强具有自主知识产权的技术和产品研究开发。对于重大引进项目,承担企业在项目引进前必须完成和提交消化吸收及再创新的计划与方案,并在经费上予以保障,计划与方案的实施接受有关部门的监督检查。国资部门完善对国有企业及其负责人的评价及考核,对国有企业考核的重心逐步从资产的保值增值向企业的长期竞争力和资产的长期收益能力转移。

4. 建立产学研有效结合机制。切实落实国家对企业增加研发投入的优惠政策,对企业研发的新产品或新技术给予奖励,对企业与高校或科研院所共建的研发机构予以支持。对由企业主导的产学研项目,建立对参与项目研发的大学和研究机构给予直接资助的机制,并对成功开展合作的产学研机构予以表彰和奖励,促进大学和研究机构紧密围绕企业的需求开展创新活动,大力推动以企业为主体的技术研究组合,发展多种形式的产学研创新网络机制。

5. 探索开放的企业创新机制。提高科技创新的国际化程度,继续吸引外资研发、设计和工程服务等机构入驻上海,鼓励外资研发机构与本地大学、研究机构及企业开展广泛的学术交流与合作科研,促进其融入上海创新系统,通过技术链的完善,激发整个创新系统的活力。鼓励企业赴海外设立研发部门,采取措施协助企业建立全球性营销网络并支持其参与全球性营销活动,增强企业利用全球资源能力,利用"专利地图"等工具,提高专利检索的效率与专利分析的效果,提升企业产品价值与品牌影响,增强企业国际市场竞争力。

（三）鼓励中小企业创新,构建集群创新网络

创新的实现有着固有的地域特性,良好的区域集聚环境有利于促进研究开发、风险基金、商业运作和专业人才等各类资源的汇集,加速创意转变为产品、流程或服务,激发中小企业的创新活力,形成创新集群网络,增强区域的竞争优势。

6. 加速成果转化与企业创业。落实国家和上海有关中小企业和成果转化的法规和政策,鼓励中小企业自主创新,加大资源共享服务的供给和专业技术服务的支撑,鼓励以技术作价投资方式带动科技型中小企业创立及加速成果转化。发挥创业"天使基金"引导效用,释放科研人员和大学生的创业潜能。以资金、项目、平台、人才和政策等为抓手,实施科技企业"小巨人工程"。促进中小企

业与大企业的良性互动。

7. 促进技术转移与扩散。鼓励研究型大学和研究机构建立技术转移机构,发挥上海技术交易所的作用,建立和完善区域性技术转移网络。政府对非营利的技术转移机构给予补助。重点增强中小企业的技术吸收和创新的能力。提高科研人员的知识产权观念及法律意识,教授和研究员职称评定时考察知识产权的绩效。

8. 加速区域创新集群的形成。加强自主创新能力建设,推进高新技术产业开发区持续健康发展。继续实施"聚焦张江"战略,提升金桥、漕河泾等园区的自主创新能力,推动紫竹科学园区和杨浦知识创新区建设。充分发挥市区两级政府的积极性,建立校区、园区与社区的联动机制,以加速集群创新为目标,构建行业协会,鼓励知识流动与创新协作,促进前沿领域的多学科研究交流,并为新一代创新者提供培训场所。促进研发人员和企业经营者之间的联系,扩大面向中小企业的专业技术和管理服务,为创新者获得早期投资和有经验的创新顾问等提供良好的条件,培育有助于实现创意转让和商业化的网络,形成良好的创新生态系统,提升区域特色产业的竞争力。注重引进知识密集、并有成长潜力的企业,协助企业参与区域创新网络,并加强与长三角地区的区域合作和良性互动,形成若干有产业竞争优势的高技术产业集群,促进长三角整体竞争优势的提升。

(四)完善创新相关市场,激活价值实现机制

发挥市场配置科技创新资源的基础性作用,进一步完善市场机制,培育中介,鼓励科技型企业在海内外上市,逐步形成知识价值有效实现的完整机制。

9. 发展创新相关的各类市场。依托现有的证券市场、产权市场、技术市场,进一步强化其对知识产权的评估、定价、交易功能,开发无形资产评估工具并发布知识资本投资指南,提高创新管理的水平。健全知识产权保护制度,形成知识价值的发现与实现机制,引导企业重视核心科技资源的创造、积累、转移和利用。在技术及产权交易机构建立规范的技术产权交易平台,发展柜台交易、委托交易等各种交易方式,简化转让环节,提供退出通道,保证多元化投资融资渠道的畅通。重点以获国务院批准的浦东新区综合配套改革试点为契机,在浦东张江进行各种技术产权交易和市场化服务的试点。

10. 鼓励科技企业海内外上市。加快创业投资发展,鼓励相关基金参与创业投资和以知识产权为担保的融资业务,并对风险给予适度分摊。利用各类资上海市场,打造有核心竞争力的跨国型科技企业,争取更多的归国留学生企业、民营企业和国有企业进入国际资上海市场。鼓励和引导中小科技企业与上市公司间的并购行为,为科技型的企业发展进一步拓展空间,加速提升企业整体竞争力。

11. 培育创新相关的中介服务。加大对科技中介服务机构的培育力度,通过体现知识服务应有的劳动价值,进一步加强舆论引导与激励政策设计,支持科技创新中介服务机构的快速成长。具有一定研发性质和直接服务高新技术企业的科技服务机构可享受高技术企业的同等政策。承认中介机构的经营范围,利用相关资源推介科技项目,放宽科技经纪人资质条件,鼓励其参与科技成果的经纪活动,切实保障中介机构的合法权益与收益。

(五)优化财政投入模式,提高创新产出绩效

持续增加政府财政科技投入,聚焦有限目标,合理配置用于原始创新、集成创新和引进消化吸收再创新的资源,改进投入的模式和机制,充分发挥政府创新资源的导向作用。

12. 发挥公共财政的杠杆功能。确保市财政用于科学技术进步的经费的年增长幅度,高于财政收入的年增长幅度,其中,研究开发经费的年增长幅度应当高于财政支出的年增长幅度,并通过

贷款、贴息、担保、产业化服务等各种措施,发挥政府投入的导向作用,鼓励银行加强间接融资与金融服务,扩大和吸引社会资金的投入。优化财政科技支出结构,提高科技投入产出效率。

13. 推动公共服务的政府购买。改革科技公共服务的提供方式,促进科技资源共享,提高服务效率。逐步推进科技服务事业单位由行政管理向契约关系的转变,通过引入竞争机制,采用托管经营方式,由行政主管部门以采购服务的方式提供给公众,进一步强化服务质量与效果的考核与评价。

14. 强化政府项目产学研导向。政府科技创新资源的使用,将以重大专项的实施为主要载体,充分发挥政府科技创新资源在引导产学研合作、促进科技创新战略联盟形成过程中的主导作用,除基础研究以外的重大专项实施方案必须提交明确的产学研任务分工与协作目标,通过形成紧密而高效的产学研互动,提高自主创新产出效益。

（六）制订相关政策法规,规范引导创新活动

制订和修订与科技规划纲要实施密切相关的地方法规与产业政策,通过法律、规章、政策规范约束科技行为,为知识竞争力的提升营造一个良好的政策与法制环境。

15. 推动地方的科技创新立法。在跟踪、修订、评估现有法规的基础上,有重点地把地方性科技法规的制订列入上海市人大常委会的工作计划,逐步形成科技创新法规体系。优先制订、修订有关科技进步、促进科技成果转化、科技中介服务、政府资助科技创新、科技资源共享、人才市场、促进中小企业发展、企业信用担保、科学普及等法规。同时,着手准备科技经费投入与管理、引进海外留学人员、创业投资、科技和产业开发园区管理、著作权保护、著名商标认定与保护等法规。

16. 制定相关科技及产业政策。研究科技创新相关政策,重点包括促进产学研结合、重大产业攻关项目管理、信息系统安全的测评、公共财政资助项目的知识产权管理、知识产权中介服务机构的管理、集成电路布图设计保护等。同时,制订相关产业政策,鼓励节能技术、清洁能源技术、资源再利用技术的应用,促进低能耗、低污染、高附加值产业以及循环经济的发展。

（七）加强规划落实评估,形成推动创新合力

17. 建立统筹的科技管理体系。推动创新是政府各组成部门的共同职责。相关部门和单位就规划的落实,要进行事前协调、整合、分工,加强科技创新活动调查,减少重复与漏失,使科技经费实现合理配置。交通、能源、环保、卫生、气象以及公共安全等政府职能部门,要围绕中长期科技发展规划的总体要求,根据部门的工作实际与特点,制定相应的科技发展计划,提出各自的科技发展导向目标和任务,为公共管理与服务提供有效的科技支撑与保障。

18. 开展规划落实的动态跟踪。科技行政管理部门会同相关部门跟踪与评估规划、计划和预算实施的情况,把握调整的机遇,对规划纲要进行必要的动态调整与适时修订。

19. 加强规划落实的评估监督。为保证规划实施的严肃性,进一步加强市人大对上海中长期科技发展规划实施的监督。建立与知识经济发展相吻合的创新评价体系,强化科技创新绩效评估,按照区域性和国际性的基准,持续对知识竞争力的评价进行跟踪。

三、统 计 表

附表 1　2010 年上海市科学研究与技术开发机构情况统计表

机 构 类 别	机构数(个)	科技活动人员(人)
国有独立科研机构	247	41 035
高等院校属科研机构(理工农医类)	214	5 928
高等院校属科研机构(社会人文类)	162	无
大中型工业企业属技术开发机构	638	68 273

附表 1－1　2010 年上海市国有独立科研机构情况统计表

机 构 类 别	机构数(个)	从业人员(人)	从事科技活动人员(人)	科技管理	机构数(个)	从业人员(人)
合　计	247	55 443	41 035	6 303	27 645	7 087
国有县以上	229	54 428	40 271	6 172	27 286	6 813
隶属关系						
地方部门属	152	15 974	12 181	1 634	8 204	2 343
中央部门属	77	38 454	28 090	4 538	19 082	4 470
其中:中国科学院	10	7 211	6 236	774	4 387	1 075
领域						
自然科学技术	191	51 816	37 951	5 833	26 102	6 016
社会人文科学	27	1 304	1 203	173	914	116
科技信息文献	11	1 308	1 117	166	270	681
国有县级	18	1 015	764	131	395	274

附表 1－2　2010 年上海市高等院校属科技机构情况统计表

类　别	机构数(个)	从业人员(人)	从事科技活动人员(人)	科技经费内部支出(千元)
合　计	376	无	无	无
理工农医类	214	7 666	5 928	1 343 666
社会人文类	162	无	无	无

附表 1-3　2010 年上海市大中型工业企业办技术开发机构情况统计表

类　别	企业数(个)	机构数(个)	机构人员(人)	研究生(人)	占机构人员(%)
合　计	1 750	638	68 273	12 387	18.14
中央单位	67	43	12 711	3 703	29.13
地方单位	1 683	595	55 562	8 684	15.63

附表 2　2004—2010 年上海市科技经费收入额统计表　　　　单位：亿元

机　构　类　别	2004	2005	2006	2007	2008	2009	2020
国有县以上独立机构	132.52	160.33	113.60	157.25	164.22	186.30	232.91
高等院校(理工农医类)	37.07	45.21	50.40	60.12	69.99	72.09	93.13
大中型工业企业	173.04	215.31	254.82	277.18	289.75	无	无

附表 2-1　2004—2010 年上海市科技经费支出额统计表　　　　单位：亿元

机　构　类　别	2004	2005	2006	2007	2008	2009	2020
国有县以上独立机构	117.37	139.95	98.32	139.90	141.51	173.07	205.27
高等院校(理工农医类)	28.54	36.17	41.39	49.89	56.61	61.00	64.68
大中型工业企业	166.41	184.59	201.54	242.92	274.79	307.73	340.37

附表 3　2010 年上海市国有县以上独立研究与开发机构科技活动收入情况统计表　　　　单位：千元

类　　别	科技活动收入	政府资金	来自地方政府资金	非政府资金	技术性收入	来自企业
合　计	23 290 804	17 183 344	627 361	6 107 460	4 646 296	1 981 507
隶属关系						
地方部门属	3 540 311	2 128 431	376 619	1 411 880	86 363	122 526
中央部门属	19 750 493	15 054 913	250 742	4 695 580	3 459 933	1 858 981
其中：中国科学院	5 070 360	4 402 548	189 503	667 812	459 399	116 950
领域						
自然科学技术	22 415 614	16 472 072	524 557	5 943 542	4 553 566	1 968 606
社会人文科学	381 247	311 778	102 804	69 469	27 856	0
科技信息文献	493 943	399 494	0	94 449	64 874	12 901

附表 3-1　2010 年上海市国有县以上独立研究与开发机构科技活动经费内部支出情况统计表

单位：千元

类　　别	科技活动经费内部支出额	人员劳务费	设备购置费用	其他日常支出
合　计	20 526 945	5 001 940	1 903 906	13 621 099
隶属关系				
地方部门属	4 089 940	1 448 626	435 352	2 205 962

（续表）

类　别	科技活动经费 内部支出额	人员劳务费	设备购置费用	其他日常支出
中央部门属	16 437 005	3 553 314	1 468 554	11 415 137
其中：中国科学院	3 445 870	819 987	693 877	1 932 006
领域				
自然科学技术	19 624 547	4 784 517	1 733 352	13 106 678
社会人文科学	416 280	120 533	12 248	283 499
科技信息文献	486 118	96 890	158 306	230 922

附表4　2010年上海市从事科技活动人员数统计表　　　　　　　单位：人

类　别	从事科技活动 人员数	高中级职称 人员	占从事科技 活动人员数（%）
国有县以上独立科研机构	40 271	22 616	56.16
地方部门属	12 181	6 849	56.23
中央部门属	28 090	15 767	56.13
其中：中国科学院	6 236	4 229	67.82
高等院校属（理工农医类）	44 220	31 106	70.34
大中型工业企业	119 634	32 738	27.37
其中：中央	26 900	10 597	39.39
地方	92 734	22 141	23.88

附表4-1　2010年上海市国有县以上独立研究机构从事科技活动人员数统计表　　　　　　　单位：人

类　别	从事科技活动 人员数	高中级职称 人员	占从事科技 活动人员数（%）
合　计	40 271	22 616	56.16
自然科学技术	37 951	21 029	55.41
社会人文科学	1 203	927	77.06
科技信息文献	1 117	660	59.09

附表4-2　2010年上海市国有县以上独立研究机构从事科技活动人员构成统计表　　　　　　　单位：人

从事科技活动人员		比重%	从事科技活动人员		比重%
合　计	40 271	100.00	合　计	40 271	100.00
按专业技术职称分			按学历分		
高　级	9 980	24.78	博士毕业	3 752	9.32
中　级	12 636	31.38	硕士毕业	9 762	24.24
初级及其他	17 655	43.84	本科毕业	16 019	39.78
			大专及其他	10 738	26.66

附表 4-3　2010 年上海市高等院校(理工农医类)从事科技活动人员情况统计表　　单位:人

类　别	从事科技活动人员数	高中级职称人员	占从事科技活动人员数(%)
合　计	44 220	31 106	70.34
自然科学	5 197	4 748	9 136
工程与技术	13 249	11 309	85.36
医学科学	20 247	11 609	57.76
农业科学	403	353	87.59
其　他	5 124	3 087	60.25

附表 4-4　2010 年上海市大中型工业企业从事科技活动人员情况统计表　　单位:人

类　别	年末从业人员	从事科技活动人员	高中级技术职称人员	全时人员
合　计	1 601 852	119 634	32 738	89 278
隶属关系				
中　央	138 092	26 900	10 597	14 427
地　方	1 463 760	92 734	22 141	74 851
企业规模				
大　型	529 012	57 359	17 532	42 932
中　型	1 072 840	62 275	15 206	46 346
登记注册类型				
国有企业	74 075	7 916	3 631	3 993
集体企业	20 360	137	16	61
"三资"企业	1 080 434	65 650	15 879	54 575
其　他	426 983	45 931	13 212	30 649

附表 5　2010 年上海市研究与技术开发课题数及其经费构成统计表

类　别	课题数(项)	比重(%)	经费支出(千元)	比重(%)
国有县以上独立科研机构	7 955	17.25	10 023 539	21.77
高等院校(理工农医类)	26 774	58.06	5 036 897	10.94
大中型工业企业	11 384	24.69	30 975 134	67.29

附表 5-1　2010 年上海市国有县以上独立科研机构课题情况统计表

类　别	课题数（项）	当年经费内部支出(千元)	政府资金（千元）	课题人员折合全时工作量(人年)	研究人员（人）	技术人员（人）
合　计	7 955	10 023 539	7 682 524	27 123	13 431	9 647
隶属关系						
地方部门属	2 649	1 646 986	508 083	6 549	3 758	2 289
中央部门属	5 306	8 376 553	7 174 441	20 574	9 673	7 358
其中：中国科学院	3 622	2 408 692	2 301 881	3 848	2 476	1 036
领　域						
自然科学技术	7 141	9 928 966	7 612 607	26 080	12 459	9 603
社会人文科学	688	78 371	63 388	786	753	15
科技信息文献	126	16 202	6 529	257	219	29

附表 5-2　2010 年上海市大中型工业企业科技活动经费支出情况统计表　　　　单位：千元

类　别	企业内部用于科技活动的经费支出	委托外单位开展科技活动的经费支出	当年形成用于科技活动的固定资产	仪器设备	使用来自政府部门的科技活动资金
合　计	34 036 648	3 311 617	3 895 241	3 186 757	2 133 143
隶属关系					
中　央	10 028 757	1 190 724	1 370 641	1 138 965	891 149
地　方	24 007 891	2 120 893	2 524 600	2 047 792	1 241 994
登记注册类型					
国　有	1 572 811	593 161	228 086	214 833	198 684
集　体	19 950	100	3 277	3 205	0
"三资"企业	18 954 884	1 438 573	2 050 446	1 704 231	778 127
其　他	13 489 003	1 279 783	1 613 432	1 264 488	1 156 332

附表 6　2004—2010 年上海市四大科技指标统计表

年　份	2004	2005	2006	2007	2008	2009	2010
R&D 经费/GDP(%)	2.11	2.31	2.45	2.46	2.58	2.81	2.81
科技进步贡献率(%)	56.2	57.6	59.5	61.2	62.7	63.8	65.1
高技术产业产值/工业总产值(%)	22.5	25.1	24.4	25.6	24.8	23.3	23.2
高技术产品出口/商品出口总额(%)	39.27	39.95	39	40.36	42.11	44.83	46.53

附表 6‑1 2004—2010 年上海市全社会研究与试验发展(R&D)经费与国内生产总值(GDP)统计表

年 份	2004	2005	2006	2007	2008	2009	2010
R&D 经费/GDP(%)	2.11	2.31	2.45	2.46	2.58	2.81	2.81
R&D 经费(亿元)	170.28	213.77	258.84	307.50	362.30	423.38	481.70
国内生产总值(GDP)(亿元)	8 072.83	9 247.66	10 572.24	12 494.01	14 069.87	15 046.45	17 165.98

附表 6‑2 2004—2010 年上海市全社会研究与试验发展(R&D)经费按执行部门分类构成统计表

单位：亿元

年 份	2004	2005	2006	2007	2008	2009	2010
合 计	170.28	213.77	258.84	307.50	362.30	423.38	481.70
科研机构	43.27	44.91	54.13	58.01	80.57	86.95	105.34
企 业	105.22	143.86	177.07	222.16	245.96	288.49	321.31
高等院校	18.92	23.72	26.51	26.26	34.49	40.23	45.80
其 他	2.87	1.28	1.13	1.07	1.28	7.71	9.25

附表 6‑3 2004—2010 年上海市地方政府科技拨款占地方财政支出比重统计表　单位：亿元

年 份	2004	2005	2006	2007	2008	2009	2010
地方政府科技拨款(A)	39.32	79.34	94.89	105.77	120.27	215.31	202.03
地方财政支出合计(B)	1 395.69	1 660.32	1 813.80	2 201.92	2 617.68	2 989.65	3 302.89
A/B(%)	2.80	4.80	5.20	4.90	4.60	7.20	6.10

附表 7 2004—2010 年上海市重大科技成果增长情况统计表

年 份	2004	2005	2006	2007	2008	2009	2010
科技成果数(项)	1 629	1 701	1 953	2 396	1 866	2 166	2 318
同比增长率(%)	8.02	4.42	14.81	22.68	—22.12	16.08	7.02

附表 7‑1 2004—2010 年上海市重大科技成果分类统计表　单位：项

年 份	2004	2005	2006	2007	2008	2009	2010
市级成果总计	1 629	1 701	1 953	2 396	1 866	2 166	2 318
按计划分类							
国家计划项目	222	200	184	255	223	160	270
省(部)计划项目	562	516	550	669	587	648	629
基层单位计划项目	519	510	670	779	508	565	613
其 他	326	475	549	693	548	793	806
按单位分类							
独立科研单位	344	338	329	490	429	664	560
大专院校	477	386	266	367	262	265	272

（续表）

工矿企业	538	679	969	1 088	767	787	1 041
其 他	270	298	389	451	408	450	445
按应用成果分类							
基础理论成果	70	61	52	139	115	94	152
应用技术成果	1 488	1 555	1 799	2 162	1 695	2 009	2 104
软科学成果	71	85	102	95	56	63	62
按水平分类							
国际领先	147	123	250	180	125	260	188
国际先进	669	629	675	761	664	651	698
国内领先	480	588	655	938	663	831	724
国内先进	155	189	191	254	226	247	202
其 他	37	26	28	29	17	20	292

附表 8　2004—2010 年上海市专利情况统计表　　　　　　　　　　　单位：件

年 份	2004	2005	2006	2007	2008	2009	2010
专利申请量合计	20 471	32 741	36 042	47 205	52 835	62 241	71 196
发 明	6 737	10 441	12 050	15 212	17 829	22 012	26 165
实用新型	6 131	8 711	9 881	12 112	14 327	19 650	23 188
外观设计	7 603	13 589	14 111	19 881	20 679	20 579	21 843
专利授权量合计	10 625	12 603	16 602	24 481	24 468	34 913	48 215
发 明	1 687	1 997	2 644	3 259	4 258	5 997	6 867
实用新型	4 040	4 437	6 739	9 718	11 973	13 158	21 821
外观设计	4 898	6 169	7 219	11 504	8 237	15 758	19 527

附表 9　2010 年上海市技术市场各类技术合同情况统计表

类 别	合同数(项)	合同数比重(%)	合同成交金额(万元)
合计	26 185	100.00	5 254 500
按合同类型分			
技术开发	8 894	33.97	2 646 827
技术转让	1 370	5.23	2 138 565
技术咨询	2 685	10.25	49 273
技术服务	13 236	50.55	419 835
按技术授让方分			

（续表）

类　　别	合同数(项)	合同数比重(%)	合同成交金额(万元)
机关法人	1	0.00	15 832
事业法人	8 110	30.97	355 808
社团法人	334	1.28	1 659
企业法人	17 625	67.31	4 706 288
自然人	7	0.07	14 297
其他组织	98	0.37	160 616
按受让技术方服务的社会经济目标分			
农业、林业和渔业的发展	169	0.65	12 861
促进工业发展	3 456	13.20	1 446 084
能源的生产和合理利用	899	3.43	96 524
基础设施的发展	1 080	4.12	94 477
环境治理与保护	1 585	6.05	30 809
卫生(不包括污染)	900	3.44	305 562
社会发展和社会服务	4 393	16.78	438 009
地球和大气层的探索与利用	22	0.08	673
知识的发展	466	1.78	36 490
民用空间	408	1.56	77 390
国防	221	0.84	19 131
其他	12 586	48.07	2 696 490
按技术流向分			
其中：上海	18 205	70.01	2 773 338
江苏	1 506	5.36	172 830
浙江	1 277	4.42	117 220
北京	855	3.33	217 555
安徽	188	0.80	47 795
辽宁	147	0.72	25 351
福建	134	0.59	12 026
山东	297	1.06	65 689
广东	617	2.48	110 401

附表 10　2010年上海市国有企事业单位专业技术人员数统计表　　　　　　　单位：万人

类　　别	专业技术人员数	大学专科及以上	中等专业	女　　性
合计	82.95	71.81	7.23	39.78
工程技术人员	21.70	18.86	1.50	4.46
农业技术人员	0.31	0.21	0.06	0.08
卫生技术人员	9.49	7.15	2.20	6.56
科学研究人员	164.00	1.58	0.04	0.58
教学人员	16.02	15.59	0.37	11.03
经济人员	21.94	18.62	1.77	10.47
财会人员	6.94	5.73	0.84	4.47
统计人员	0.59	0.46	0.07	0.37
新闻出版、播音人员	0.13	0.13	0.00	0.07
翻译人员	0.81	0.76	0.03	0.43
艺术人员	0.48	0.31	0.10	0.18
其他专业人员	2.90	2.41	0.25	1.08

附表 11　2010年上海市高等教育机构情况统计表

类　　别	院校数(个)	教工总数(万人)	教师(万人)	在校学生数(万人)
普通高校	66	7.42	3.92	51.57
普通高校(本专科)	40	6.63	3.47	41.35
职业技术院校	26	0.79	0.45	10.22
按学校类别分				
综合大学	3	1.98	0.84	6.10
理工院校	25	2.73	1.47	21.62
农林院校	2	0.15	0.11	1.71
医药院校	3	0.20	0.11	0.97
师范院校	2	0.69	0.36	3.85
语文院校	3	0.20	0.12	1.82
财经院校	18	0.91	0.58	11.34
政法院校	3	0.24	0.16	2.39
体育院校	2	0.13	0.06	0.44
艺术院校	5	0.19	0.11	1.33
其他	无	无	无	无

附表 12　2004—2010 年上海市科学技术协会所属学会、区县科协机构情况统计表

年　份	2004	2005	2006	2007	2008	2009	2010
市级协会、学会、研究(个)	176	176	179	180	181	180	184
会员(人)	174 524	176 402	179 924	186 242	185 074	185 398	200 016
高级(资深)会员(人)	无	无	无	无	无	63 797	37 379
区县科协(个)	19	19	19	19	19	19	18
机关从业人员(人)	318	339	344	309	284	282	239
女性从业人员(人)	125	131	148	115	107	113	107

附表 12-1　2010 年上海市科学技术协会所属学会科学普及活动情况统计表

活 动 类 别	合　计	市级科协	市级学会、协会、研究会	区级科协	县级科协
科普讲座(次)	10 905	193	3 582	6 854	276
科普展览(次)	4 179	18	2 205	1 926	30
青少年科技竞赛(次)	935	8	44	855	28
科技夏(冬)令营(次)	150	1	34	113	2
完成技术咨询合(项)	1 257	0	657	600	0

附表 13　2004—2010 上海市高新技术企业发展情况统计表

年　份	2004	2005	2006	2007	2008	2009	2010
高新企业(个)	2 161	2 303	2 542	2 743	3 002	2 500	3 129
其中:开发区内(个)	524	535	566	616	675	548	619
总收入(亿元)	3 612.32	4 671.98	5 305.37	5 896.92	7 896.13	8 712.11	11 250.48
其中:高技术及产品收入(亿元)	3 026.09	3 896.87	4 376.98	4 808.81	5 486.38	5 702.37	7 739.90
总产值(亿元)	3 112.34	4 197.73	4 875.46	5 391.37	6 980.99	7 423.34	9 579.20
利税(亿元)	388.55	526.06	660.68	729.50	755.16	945.37	1 446.59
年创汇(亿元)	131.82	156.13	233.79	229.56	343.97	368.22	437.28
科技投入(亿元)	222.35	286.39	333.98	371.16	406.74	467.46	610.18
年末职工数(万人)	46.97	50.30	56.28	64.26	72.71	75.49	93.76
其中:大专以上(万人)	20.68	22.91	23.40	31.69	33.58	37.68	48.40
开发完成高新园区(平方千米)	22.13	42.10	42.10	42.10	42.10	42.10	42.10

四、2000—2010 年上海科技机构、企业、事业单位全称和简称对照表

全　　称	简　　称
中国上海市科学技术工作委员会	市科技党委
中国上海市科技教育工作委员会	市科教党委
上海市科学技术委员会	市科委
上海市农业委员会	市农委
上海市环境保护局	环保局
上海市科学技术协会	市科协
中国科学院	中科院
中国科学院上海分院	上海分院
上海科学院	上科院
中国科学院上海微系统与信息技术研究所	微系统所
中国科学院上海技术物理研究所	技物所
中国科学院上海光学精密机械研究所	光机所
中国科学院上海硅酸盐研究所	硅酸盐所
中国科学院上海有机化学研究所	有机所
中国科学院上海应用物理研究所	应物所
中国科学院上海天文台	上海天文台
中国科学院上海生命科学研究院	生科院
中国科学院上海生物化学与细胞生物学研究所	生化与细胞所
中国科学院上海神经科学研究所	神经所
中国科学院上海药物研究所	药物所
中国科学院上海植物生理生态研究所	植生生态所
中国科学院上海健康科学研究所	健康所
中国科学院上海营养科学研究所	营养所
中国科学院上海巴斯德研究所	巴斯德所
中国科学院中科院-马普计算生物学伙伴研究所	计算生物学所
中国科学院上海生物化学研究所	生化所
中国科学院上海原子核研究所	原子核所

全 称	简 称
中国科学院上海细胞生物学研究所	细胞所
中国科学院上海生理研究所	生理所
中国科学院上海脑研究所	脑研究所
中国科学院上海植物生理研究所	植物所
中国科学院上海昆虫研究所	昆虫所
中国科学院上海生物工程研究中心	生物工程中心
中科院上海辰山植物科学研究中心	辰山植物园
上海仪器仪表研究所	上仪所
上海市脑血管病防治研究所	脑防所
上海市纳米科技与产业发展促进中心	纳米中心
上海计算机软件技术开发中心	软件中心
上海集成电路技术与产业促进中心	集成电路中心
上海实验动物研究中心	实验动物中心
上海知识产权培训中心	知识产权中心
上海生物信息技术研究中心	生物信息中心
上海南方模式生物研究中心	模式生物中心
国家人类基因组南方研究中心	南方基因组
国家半导体照明应用系统工程技术研究中心	半导体照明中心
上海材料研究所	材料所
上海市计算技术研究所	计算所
上海市激光技术研究所	激光所
上海市计划生育科学研究所	计生所
上海市科学学研究所	科学学所
上海科技管理干部学院	科管院
上海专利商标事务所有限公司	专利所
上海市能源研究所	能源所
中国电子科技集团公司第二十一研究所	二十一所
中国电子科技集团公司第二十三研究所	二十三所
中国电子科技集团公司第三十二研究所	三十二所
中国电子科技集团公司第五十研究所	五十所
中国电子科技集团公司第五十一研究所	五十一所

全　　称	简　　称
中国船舶重工集团公司第七〇一研究所上海分部	七〇一所
中国船舶重工集团公司第七〇二研究所上海分部	七〇二所
中国船舶重工集团公司第七〇四研究所	七〇四所
中国船舶重工集团公司第七〇五研究所上海技术工程部	七〇五所
中国船舶工业集团公司第七〇八研究所	七〇八所
中国船舶重工集团公司第七一一研究所	七一一所
中国船舶重工集团公司第七二六研究所	七二六所
中国工程物理研究院上海激光等离子体研究所	等离子体所
上海高新技术产业开发区	上海高新区
张江高科技园区	张江园区
漕河泾新兴技术开发区	漕河泾开发区
金桥现代科技园区	金桥园区
上海大学科技园区	上大园区
中国纺织国际科技产业城	中纺科技城
嘉定民营科技密集区	嘉定民营区
宝钢集团有限公司	宝钢
宝山钢铁股份有限公司	宝钢股份
江南造船(集团)有限公司	江南造船
上海沪东中华造船(集团)公司	沪东造船
沪东重机股份有限公司	沪东重机
上海电气(集团)总公司	上海电气
上海广电(集团)有限公司	上海广电
上海自动化仪表股份有限公司	上海自动化仪表
上海隧道工程股份有限公司	隧道股份
上海市电信(有限)公司	上海电信
中国移动通信集团上海有限公司	上海移动
上海国际港务(集团)有限公司	上港集团
中国工商银行(股份有限公司)上海市分行	上海工商银行
上海重型机床厂有限公司	上重厂
上海钢铁工艺技术研究所	工艺所
中石化上海石油化工研究院	石化院

全　　　称	简　　　称
上海第二冶炼厂	二冶厂
上海冶炼厂	上冶厂
上海市科技兴农重点攻关项目管理办公室	科技兴农办公室
上海市农业科学院	农科院
上海市农业科学院作物育种栽培研究所	作物所
上海市农业科学院林木果树研究所	林果所
上海市农业科学院设施园艺研究所	园艺所
上海市农业生物基因中心	基因中心
上海市农业科学院农产品质量标准与检测技术研究所	质标所
上海市农业科学院农业科技信息研究所	信息所
上海市农业科学院生态环境保护研究所	生态所
上海市农业科学院食用菌研究所	食用菌所
上海市农业科学院生物技术研究所	生物所
上海市农业科学院畜牧兽医研究所	畜牧所
上海市园林科学研究所	园林所
上海市农业机械研究所	农机所
上海市农机技术推广站	农机站
上海市农业技术推广服务中心	农技中心
上海市食品研究所	食品所
中国水产科学研究院东海水产研究所	东海水产所
上海光明乳业股份有限公司	光明乳业
上海市农工商(集团)公司	农工商公司
上海市疾病预防控制中心	上海疾控中心
上海第二医科大学附属瑞金医院	瑞金医院
复旦大学附属华山医院	华山医院
上海交通大学医学院附属仁济医院	仁济医院
上海交通大学医学院附属新华医院	新华医院
上海交通大学附属第六人民医院	第六人民医院
上海交通大学医学院附属第九人民医院	第九人民医院
上海市(上海交通大学附属)第一人民医院	第一人民医院
第二军医大学附属长征医院	长征医院

（续表）

全　　称	简　　称
第二军医大学附属长海医院	长海医院
复旦大学附属中山医院	中山医院
复旦大学附属肿瘤医院	肿瘤医院
复旦大学附属眼耳鼻喉科医院	眼耳鼻喉科医院
复旦大学附属妇产科医院	妇产科医院
上海市计划生育技术指导所	生育指导所
上海体育科学研究所	体科所
上海市市政工程（规划设计）研究院	市政院
上海市市政工程管理局	市政局
上海建工（集团）总公司	上海建工
上海市城市建设设计研究院	城建设计院
上海市环境科学研究院	环科院
上海耀华皮尔金顿玻璃股份有限公司	耀华玻璃
上海消防研究所	上消所
上海市公安局交警总队	交警总队
上海市公安局刑侦总队	刑侦总队
上海市公安局刑事科学技术研究所	刑科所

编 后 记

  《上海科学技术志(2000—2010)》由上海市科学技术委员会主持编纂,上海市科学学研究所具体承编,上限为2000年,下限为2010年,全面反映上海科技发展的历程和成就。

  2010年1月8日,上海市第二轮新编地方志书编纂工作正式启动。在市科委领导的关心下,在上海市地方志办公室(市方志办)的具体指导下,市科委发展研究处和上海市科学学所研究制定了"《上海科技志书》编纂实施方案"。

  按照"《上海科技志书》编纂实施方案",《上海科技志书》的编纂工作包括两部分,即编纂《上海市志·科学分志·科学技术卷(1978—2010)》(2020年9月出版)和《上海科学技术志(2000—2010)》。前者是市政府部署的《上海市志(1978—2010)》志书系列的一卷,在篇章结构的拟定、资料搜集、资料长篇的编写、编纂内容的选择等方面,严格遵循市方志办的相关要求。后者是《上海科学技术志》的续志,在篇章结构和内容选择等方面,尽量沿用《上海科学技术志》的传统和规范。二者在时间范围、总体容量、整体要求等方面不尽相同,但在资料搜集、资料长篇、篇章结构和内容选择等方面进行资源共享和统筹安排。

  《上海科学技术志(2000—2010)》的编纂工作始于2019年。2021年10月完成志书初稿,并请20多位科技领域的专家对初稿进行审阅,根据专家的建议,对初稿进行了修改和完善,形成内部评审稿。2022年2月,请编委会各成员单位进行内部书面评审,根据编委会的意见,编纂室对内部评审稿进行修改和完善,形成评审稿。

  2023年3月9日,市方志办组织召开评审会议,请科技和方志专家对评审稿进行评审,评审专家一致通过评审并提出修改建议。根据市方志办的评审意见和评审专家的建议,编纂室进行进一步修改和完善。2023年6月提交验收稿。根据市方志办的验收意见进行修改和完善,提交出版社。

  《上海科学技术志(2000—2010)》共八编,分为三大部分:科技基础、科技成就、科技人物。反映了上海科技在体制改革、管理服务、普及合作、高新园区和区县科技等方面的发展历程、变化和成就;展示了上海科技在攀登科技制高点、面向经济增长点、服务民生关注点等方面取得的成就;记录了为上海科技发展做出突出贡献的科学家的生平事迹。

  《上海科学技术志(2000—2010)》编修过程中,得到上海市地方志办公室的具体指导,得到众多专家的指导和帮助,得到许多单位的支持和帮助,这里表示由衷的感谢。

  上海科技志书具有优良传统,已出版《上海科学技术志》《上海科学技术志(1991—1999)》《上海市志·科学分志·科学技术卷(1978—2010)》等。《上海科学技术志》涉及面广、内容翔实、装帧精美,具有较高的思想性、科学性、系统性,出版后受到读者欢迎。该书面世以来广为传递,科技界均以载入为荣。并获"上海市新编地方志优秀成果一等奖""全国地方科技史志研究会优秀科技志书一等奖""上海科学院科技进步一等奖""上海市科技进步二等奖"。《上海科学技术志(1991—

1999)》是上海市第一部专业志续志,是全国地方科技志最早完成的续志之一,受到广泛好评,2009年获上海市第二届地方志优秀成果获奖名单提名奖。《上海市志·科学分志·科学技术卷(1978—2010)》是《上海市志(1978—2010)》的系列志书之一,出版信息登学习强国平台。

《上海科技志书》编纂办公室

2023 年 9 月

图书在版编目(CIP)数据

上海科学技术志：2000—2010 /《上海科学技术志
(2000—2010)》编纂委员会编. -- 上海：上海古籍出
版社，2024. 11. -- ISBN 978-7-5732-1422-5

Ⅰ. G322.751

中国国家版本馆 CIP 数据核字第 20243LB264 号

上海科学技术志(2000—2010)

《上海科学技术志(2000—2010)》编纂委员会 编

上海古籍出版社出版发行

(上海市闵行区号景路 159 弄 1－5 号 A 座 5F　邮政编码 201101)

(1) 网址：www.guji.com.cn

(2) E-mail：guji1@guji.com.cn

(3) 易文网网址：www.ewen.co

上海盛通时代印刷有限公司印刷

开本 889×1194　1/16　印张 46.5　插页 21　字数 1,219,000

2024 年 11 月第 1 版　2024 年 11 月第 1 次印刷

ISBN 978-7-5732-1422-5

K·3748　定价：380.00 元

如有质量问题,请与承印公司联系